Instrumentação e Fundamentos de Medidas

VOLUME 2

gen
Grupo
Editorial
Nacional

Instrumentação e Fundamentos de Medidas

VOLUME 2

3ª EDIÇÃO

ALEXANDRE BALBINOT

Universidade Federal do Rio Grande do Sul – UFRGS
Escola de Engenharia
Departamento de Engenharia Elétrica – DELET
Programa de Pós-Graduação em Engenharia Elétrica – PPGEE
alexandre.balbinot@ufrgs.br

VALNER JOÃO BRUSAMARELLO

Universidade Federal do Rio Grande do Sul – UFRGS
Escola de Engenharia
Departamento de Sistemas Elétricos de Automação e Energia – DELAE
Programa de Pós-graduação em Engenharia Elétrica – PPGEE
valner.brusamarello@ufrgs.br

Apesar dos melhores esforços dos autores, do editor e dos revisores, é inevitável que surjam erros no texto. Assim, são bem-vindas as comunicações de usuários sobre correções ou sugestões referentes ao conteúdo ou ao nível pedagógico que auxiliem o aprimoramento de edições futuras. Os comentários dos leitores podem ser encaminhados à **LTC — Livros Técnicos e Científicos Editora** pelo e-mail faleconosco@grupogen.com.br.

Travessa do Ouvidor, 11
Rio de Janeiro, RJ – CEP 20040-040
Tels.: 21-3543-0770 / 11-5080-0770
Fax: 21-3543-0896
faleconosco@grupogen.com.br
www.grupogen.com.br

Capa: Design Monnerat
Crédito da Foto: © milkos | 123rf.com
Editoração Eletrônica: Hera

CIP-BRASIL. CATALOGAÇÃO NA PUBLICAÇÃO
SINDICATO NACIONAL DOS EDITORES DE LIVROS, RJ

B145i
3. ed.
v. 2

Balbinot, Alexandre
Instrumentação e fundamentos de medidas / Alexandre Balbinot, Valner João Brusamarello. - 3. ed. - Rio de Janeiro : LTC, 2019.
; 28 cm.

Inclui bibliografia e índice
ISBN 978-85-216-3583-3 (volume 1)
ISBN 978-85-216-3584-0 (volume 2)

1. Engenharia - Instrumentos. 2. Instrumentos de medição. I. Brusamarello, Valner João. I. Título.
18-53422

CDD: 681.2
CDU: 681.2.08

Meri Gleice Rodrigues de Souza - Bibliotecária CRB-7/6439

Sumário Geral

VOLUME 1

VOLUME 2

* Capítulos *on-line*, disponíveis integralmente no GEN-IO. (N.E.)

Sumário

Apresentação

A filhinha de um amigo, quando falava ao telefone na casa dos avós em seu aniversário de três anos, se distraiu com os coleguinhas e saiu andando com o telefone no ouvido. O fio do telefone, ao ser puxado, acabou por derrubar um vaso da mesinha. O barulho atraiu os adultos, que correram ao mesmo tempo, olhando para ela com ar de reprovação. E ela disse, assim bem de repente sem precisar pensar: "Também, vovô, você amarrou o telefone na parede!".

Ninguém mais sabe por que temos que "discar" um número no telefone, por que "batemos" o currículo no computador, o que é CRT, LP, letraset, régua de cálculo, Enciclopédia Britânica, papel vegetal, tinta nanquim, **plotter**, régua-tê, telex ou empréstimo interbiblioteca.

É exatamente o que parece: nosso meio ambiente ficou digital em um intervalo muito curto, em apenas uma geração. As pessoas mais idosas tiveram que se acostumar a pagar contas pela *internet*, o *e-mail* chega e sai pelo celular, a vitrola virou *walk-man* e depois *iPod*, o *flop-disk* virou *pen-drive* cada vez menor e com maior capacidade, e precisamente a cada seis meses, comprovando a lei de Moore, meu filho reclama que o computador dele está "uma carroça".

Esse efeito digital alavancou empregos nesta área no mundo todo e apareceram as engenharias da computação, de software e de tecnologia da informação. Mas, ao mesmo tempo, essa correria digital esvaziou o analógico e tirou a atenção de disciplinas como instrumentação, sensores e transdutores.

O som e a imagem são entes analógicos. O som, para entrar no processador ou sair dele, passa pelos transdutores no microfone ou no alto-falante do telefone celular, por exemplo. A imagem da câmera digital, antes de ser processada, é captada em sua forma analógica; o sinal da fibra óptica, antes de virar bytes, é captado analogicamente, não interessa se é datacom, telecom ou TV a cabo. As moderníssimas biopróteses, ou próteses biônicas, necessitam de interfaces biológico-digital para unir os sinais analógicos dos nervos com os sinais digitais dos processadores.

Sim, o mundo à nossa volta é analógico, e sempre será. Sempre que desejarmos nos contactar com fenômenos naturais ou tecnológicos ou exercer algum tipo de efeito no mundo teremos que aceitar a "analogicidade" do mundo e utilizar atuadores ou sensores, convertendo o digital para o analógico e vice-versa. Assim, sempre haverá espaço para a engenharia de instrumentação eletrônica analógica e sensores, que, apesar de serem áreas em extinção de profissionais, são também áreas em grande crescimento tecnológico, com uma demanda enorme para andar *pari passu* com um mundo cada vez mais nano da tecnologia digital.

Esta é a razão deste livro, escrito por dois jovens defensores do mundo analógico, com larga experiência em instrumentação eletrônica e, ao mesmo tempo, conscientes da premente necessidade de a instrumentação evoluir na mesma velocidade da tecnologia digital.

O livro foi escrito para estudantes, técnicos e engenheiros de instrumentação, cobrindo uma grande gama de sensores e interfaces. O leitor certamente encontrará aqui a explicação de suas dúvidas com relação a transdutores e sensores. Se o leitor for um curioso em instrumentação, também encontrará aqui exemplos e aplicações do uso de praticamente todos os sensores utilizados pela indústria hoje, desde a área de óleo e gás até a área de automação e processos.

O livro se inicia com a parte estatística de erros e da exatidão das medidas, uma disciplina que, apesar de omissa nos cursos de engenharia elétrica, mostra-se hoje de grande importância na área de sensores. E o porquê é muito simples: medir é justamente o que todo sensor faz; mas, sem o conhecimento de seu erro, como saberemos se medimos certo? A partir daí o livro leva o leitor a um passeio pelo conceito da eletrônica analógica, com dezenas de exemplos de circuitos práticos de como interfacear um transdutor ou de como processar eletronicamente seus sinais de saída. Na sequência entramos naturalmente nos transdutores e sensores propriamente ditos, capítulos esses que cobrem praticamente todos os tipos de sensores científicos e industriais hoje em uso pelo planeta.

Unindo esses conceitos com a parte experimental, na qual dezenas de experimentos são descritos e sugeridos como exercícios de laboratório, esta obra torna-se uma referência completa e imprescindível na biblioteca de um curso técnico, da universidade, ou na sua biblioteca particular.

Prof. Marcelo Martins Werneck
Laboratório de Instrumentação e Fotônica – UFRJ
Verão de 2010

Prefácio à Terceira Edição

Nesta terceira edição de *Instrumentação e Fundamentos de Medidas*, volumes 1 e 2, buscamos atender principalmente às demandas de vários leitores, o que nos motivou a adicionar uma série de exercícios resolvidos nos finais dos capítulos. Aproveitamos também para corrigir alguns erros detectados nas edições anteriores (agradecemos a todos que nos ajudaram nessa tarefa) e, por fim, incluímos alguns tópicos que nos pareceram importantes.

Percebemos que, transcorrida uma década, alguns tópicos tornaram-se obsoletos, por exemplo, algumas ilustrações referentes a problemas com portas paralelas de computadores ou ainda com os códigos de baixo nível. Assim, eliminamos alguns trechos, embora tenhamos mantido a maior parte do texto por entendermos que os sistemas eletrônicos existentes atualmente (e que certamente continuarão existindo ainda por algum tempo) são frutos de uma evolução tecnológica descentralizadora. Dessa forma, sistemas dedicados continuam utilizando a aquisição de sinais baseados nos métodos clássicos apresentados e transmitidos posteriormente a um computador centralizador com poder de processamento. As técnicas são semelhantes, sendo necessária apenas a adaptação ao novo contexto.

Ainda nesta edição, decidimos remover alguns capítulos da versão impressa do livro, os Capítulos 3, 7 (Volume 1) e 16 (Volume 2), disponibilizando-os revistos e atualizados na íntegra em versão digital no GEN-IO, ambiente virtual de aprendizagem do GEN | Grupo Editorial Nacional, para que este não ficasse muito difícil de manusear. Todavia, o escopo do livro permanece o mesmo da primeira edição. Como dissemos no início, mantivemos o espírito de atualização e aperfeiçoamento do texto, tomando como referência as sugestões dos usuários, a quem somos muito gratos.

Os Autores.

Prefácio à Segunda Edição

A constante evolução tecnológica torna a necessidade de conhecimentos agregados em diferentes áreas um requisito imprescindível. Atualmente, não basta ao profissional da área das engenharias dominar um único campo do conhecimento. É preciso saber integrar minimamente recursos de apoio, seja de informática, seja de outras engenharias.

A instrumentação é um exemplo de área do conhecimento que é formada por vários campos da engenharia ou das ciências. Essa característica é enfatizada pelos crescentes avanços na informática e na eletrônica, o que faz com que sensores e transdutores se tornem cada vez mais precisos e dependentes dessas tecnologias. Como consequência, é exigido do usuário um conhecimento prévio do assunto.

Nos mais diversos campos da ciência e engenharia, procedimentos de controle, medições e automação de processos tradicionalmente utilizam sensores de temperatura, pressão, fluxo e nível, entre outros, salientando a importância da instrumentação no dia a dia das pessoas. Na área da engenharia biomédica, seja em um leito de UTI, seja em uma clínica médica, sensores ou equipamentos baseados na instrumentação estão em uso, beneficiando a saúde e o conforto da população mundial.

Este livro é destinado a estudantes de engenharia (níveis de graduação e pós-graduação) dos cursos de instrumentação e medidas. A proposta é que seja uma referência bibliográfica em língua portuguesa que cobre os seguintes tópicos: fundamentos de sensores, condicionadores, assim como técnicas de processamentos de sinais analógicos e digitais.

Esta obra, em função da abrangência do tema, foi dividida em dois volumes, os quais se caracterizam por uma abordagem teórica e prática adequada tanto a iniciantes quanto a profissionais da área.

Obra em dois volumes pode ser utilizada principalmente nas áreas de engenharia e física. O Volume 1 trata de princípios e definições, análise de erros, fundamentos de estatística, técnicas experimentais, análise de sinais e ruído, eletrônica analógica e eletrônica digital, medições de variáveis elétricas, sensores e condicionadores de temperatura e ainda um capítulo de laboratórios envolvendo os temas abordados, separados em módulos.

O Volume 2 aborda tópicos como medição de pressão, medição de fluxo, medição de nível, medição de força, medição de deslocamento, velocidade, aceleração, medição de vibrações, medição de campos elétricos e magnéticos, além de mais um capítulo de procedimentos experimentais.

Por ser uma proposta abrangente, procura fornecer detalhes que interessem a todas as áreas. Sendo assim, circuitos eletrônicos de condicionamento, bem como técnicas específicas de tratamento, podem ser direcionados aos cursos afins.

Sugere-se que, para cursos das engenharias de modo geral, os Capítulos 1 e 2 sejam abordados na íntegra. O Capítulo 3, apesar de ser uma revisão da área de eletrônica, é útil na explanação de alguns sensores e seus condicionamentos e deve, portanto, ser utilizado de acordo com o critério do professor. O Capítulo 4 aborda assuntos genéricos como análise de sinais no domínio de frequência e a utilização de algumas ferramentas computacionais, mas também trata de assuntos específicos da área de engenharia elétrica, tais como técnicas de supressão de ruído, e pode ser utilizado de acordo com as necessidades do curso. Os Capítulos 5 e 6 apresentam detalhes de sensores e técnicas de medição de grandezas elétricas e temperatura. Os autores acreditam que esses capítulos possam ser utilizados na íntegra para qualquer curso, uma vez que tratam de assuntos de interesse genérico das engenharias. O Capítulo 7, o último do Volume 1, é composto de uma série de sugestões de experimentos em ambiente de laboratório, para que todos os tópicos abordados possam ser aplicados e comprovados em aulas práticas.

Nesta segunda edição revisada, foram incorporados conceitos importantes orientados pelo Vocabulário Internacional de Metrologia (VIM). A seção que relata o cálculo de incertezas de medidas e sua propagação também foi substancialmente modificada. Foram acrescentados vários exemplos práticos, além de um texto mais completo sobre o assunto.

Também foram adicionadas informações aos tópicos que estão associados à interferência e ruído em sistemas de medidas, a sistemas de aquisição de sinais, entre vários outros. Apesar de a estrutura original da obra ter sido mantida, muitos assuntos foram aprofundados e, quando possível, atualizados segundo normas e padronizações universais vigentes.

É importante reafirmar que o objetivo deste livro é fornecer uma referência em língua portuguesa, no contexto de um curso semestral, capaz de auxiliar de maneira eficaz, simples e direta estudantes ou profissionais que trabalham com instrumentação e medidas.

Por fim, cabe esclarecer que os autores não assumem qualquer responsabilidade por danos ou prejuízos causados em função de aplicações inadequadas de sugestões apresentadas neste livro. A fim de aperfeiçoar nosso trabalho, pediríamos, por gentileza, o contato dos leitores para apontamentos relacionados com possíveis falhas, propostas de melhorias e demais discussões.

Os Autores.

Agradecimentos Particulares

Ao finalizar este projeto, não poderia deixar de registrar meus sinceros agradecimentos: aos meus pais Valmir e Maria Elizabeth (em memória), irmãos (Ricardo e Lílian) e minha companheira e esposa Amanda. Palavras são insuficientes para registrar a importância dessas pessoas, portanto deixo apenas o registro de seus nomes. Aos inesquecíveis mestres da minha vida acadêmica, em especial às professoras Neda Gonçalves e Maria Luíza (Faculdade de Matemática – PUCRS), aos professores Valmir Balbinot e Wieser (Faculdade de Matemática – PUCRS), aos professores Juarez Sagebin, Amaral e Dario Azevedo (Faculdade de Engenharia – PUCRS). Aos grandes mestres e incentivadores na área da pesquisa: professores Alberto Tamagna, Álvaro Salles, Milton Antônio Zaro (Faculdade de Engenharia – UFRGS), professora Berenice Anina Dedavid e Rubem Ribeiro Fagundes (em memória) da Faculdade de Engenharia – PUCRS. A todos os estudantes, alunos e ex-alunos, com destaque aos excelentes bolsistas de Iniciação Científica Carlos, Diogo e Jairo, pela parceria em diversos projetos. Ao colega Valner João Brusamarello, pela parceria neste livro. Aproveito também para ressaltar que: *estudante de ciências exatas deve aprender a gostar de aprender (aprender a aprender) e, portanto, ser autodidata, ter curiosidade e buscar informações nas mais diversas fontes. Utilizando palavras do grande mestre meu pai, "ser estudante e não apenas aluno".*

Prof. Dr. Alexandre Balbinot

Renovo meu agradecimento a todos que por intermédio dos seus exemplos, dedicação e auxílio influenciaram diretamente a realização deste projeto.

Aos meus pais Pedro e Adélia, aos meus irmãos Ivorema e Lucas, à minha esposa Rita e a meu filho Benício, pela motivação renovada a cada dia.

Agradeço aos meus alunos e ex-alunos, principal fonte de inspiração para a realização desta obra; aos alunos e ex-alunos que ajudaram a desenvolver vários experimentos apresentados nos capítulos finais de cada volume. Da mesma forma, expresso a minha gratidão a todos os alunos e professores que utilizam ou utilizaram o livro e que dessa forma contribuem para a evolução do nosso trabalho, desde a primeira edição. Agradeço também ao colega Prof. Doutor Alexandre Balbinot, com quem compartilho a autoria desta obra, expresso minha satisfação em contar com sua dedicação e competência desde o início do projeto.

Por fim, agradeço ao GEN | Grupo Editorial Nacional, que nos tem dado suporte há mais de uma década, sem o qual esta obra não teria sido publicada.

Prof. Dr. Valner João Brusamarello

Agradecimentos de Ambos os Autores

À equipe da LTC, integrante do GEN | Grupo Editorial Nacional, em especial à Heloisa Helena Brown e à Carla Nery, pela atenção especial aos autores.

Aos colegas Luiz Carlos Gertz e Rafael Comparsi Laranja pela coautoria nos capítulos sobre força e vibrações. Aos estudantes de engenharia (muitos atualmente formados), em especial Alceu Ziglio, Carlos Radtke, Diogo Koenig, Fábio Bairros, Fernando César Morellato, Gerson Figueiró da Silva, Jairo Rodrigo Tomaszewski, Leandro Fernandes, Márcio Wentz, Maximiliano Ribeiro Côrrea e Tiago Fernandes Borth, Davenir Fernando Kohlrausch, Éverson Magioni, Ismael Bordignon, Juliano Rossler, Márcio de Oliveira Dal Bosco, Rafael Luis Turcatel, Leandro Corrêa, Irineu Rodrigues, César Leandro Agostini, Cássio Susin, Igor Costela, Irineu Rodrigues, Carlos Frassini Júnior, Francisco Martins, Gustavo Rech, Luciano Rosa, entre outros – pela ajuda e participação em muitos dos projetos apresentados nesta obra.

Além dos agradecimentos pessoais, não podemos deixar de registrar nossos agradecimentos às empresas: Analog Devices, Brüel&Kjaer, Emerson Process Management, Flometrics, Infratech GmbH, Interlink Electronics, Icos Excelec Ltda., Indubras Indústria e Comércio Ltda., Kobold Instruments Inc., Minipa, Positek Ltda., Lion Precision, Maxim Integrated Products Inc., MicroStrain Inc., Meggitt (Orange County) Inc., National Instruments, National Semiconductors, Ohmics Instruments Corporation, Tektronix, Thermoteknix Systems Ltda., Vishay Intertechnology Inc., WM Berg, pela colaboração, liberação de uso de imagens, circuitos e referências específicas de componentes, qualificando nosso livro.

Material Suplementar

Este livro conta com os seguintes materiais suplementares:

Volume 1:

- Ilustrações da obra em formato de apresentação, em (.pdf) (restrito a docentes);
- Capítulos 3 e 7 na íntegra, em formato (.pdf) (acesso livre).

Volume 2:

- Ilustrações da obra em formato de apresentação, em (.pdf) (restrito a docentes);
- Capítulo 16 na íntegra, em formato (.pdf) (acesso livre).

O acesso aos materiais suplementares é gratuito. Basta que o leitor se cadastre em nosso *site* (www.grupogen.com.br), faça seu *login* e clique em GEN-IO, no menu superior do lado direito. É rápido e fácil.

Caso haja alguma mudança no sistema ou dificuldade de acesso, entre em contato conosco (gendigital@grupogen.com.br).

A versão *e-book* dos dois volumes traz o conteúdo na íntegra, incluindo os capítulos 3 e 7 (volume 1) e o capítulo 16 (volume 2).

GEN-IO (GEN | Informação Online) é o ambiente virtual de aprendizagem do GEN | Grupo Editorial Nacional, maior conglomerado brasileiro de editoras do ramo científico-técnico-profissional, composto por Guanabara Koogan, Santos, Roca, AC Farmacêutica, Forense, Método, Atlas, LTC, E.P.U. e Forense Universitária. Os materiais suplementares ficam disponíveis para acesso durante a vigência das edições atuais dos livros a que eles correspondem.

CAPÍTULO 8

Efeitos Físicos Aplicados em Sensores

8.1 Introdução

Este capítulo, diferentemente dos demais deste volume, apresenta os efeitos naturais específicos de certos materiais e/ou fenômenos. Isto se faz necessário porque os transdutores e sensores de grandezas físicas têm, em geral, muitos princípios em comum. Por exemplo, o efeito capacitivo pode ser utilizado na medição de deslocamento, pressão e nível, entre outras grandezas físicas. De modo geral, os efeitos utilizados em sensores surgem de pesquisas de propriedades de materiais, sendo esta uma área abrangente e de grande interesse nos dias atuais. O surgimento de técnicas para o desenvolvimento de novos materiais com características específicas, juntamente com o avanço da eletrônica e da microeletrônica, possibilitou a miniaturização e a otimização de propriedades que culminaram em sensores precisos, robustos e de dimensões reduzidas. Nesta obra serão apresentados de forma sucinta alguns dos principais efeitos sensores, bem como as bases físicas dos mesmos. As aplicações desses efeitos sensores podem ser encontradas especificamente nos demais capítulos desta obra, quando forem pertinentes. Para mais detalhes, sugerimos a pesquisa nas referências específicas.

Deve-se esclarecer ainda que esses não são os únicos efeitos físicos utilizados em sensores. No Capítulo 6, no volume 1, no qual foi abordada a medição da temperatura, já foram utilizados outros princípios, assim como no decorrer deste livro poderão ser apresentados efeitos físicos específicos de algumas grandezas. A disposição deste capítulo foi adotada desta forma para apresentar alguns daqueles que são considerados os efeitos mais comuns utilizados em sensores; desse modo, suas aplicações surgirão nos capítulos subsequentes.

8.2 Efeito Piezoelétrico

O efeito piezoelétrico é geralmente observado no dia a dia das pessoas. Por exemplo, as membranas que vibram em um alarme, ou em um acendedor manual de chama de gás. O funcionamento é baseado na aplicação de uma força mecânica em um cristal, que provoca o surgimento de um campo elétrico considerável, capaz de provocar uma fagulha.

A palavra "piezo" é derivada do grego e significa pressão. Em 1880, Jacques e Pierre Curie descobriram que a pressão mecânica aplicada a um cristal de quartzo provoca o surgimento de um potencial elétrico. Eles chamaram o fenômeno de efeito piezoelétrico. Posteriormente, descobriram que, aplicando um sinal elétrico ao cristal, o mesmo deforma-se (fenômeno denominado efeito piezoelétrico reverso).

As primeiras aplicações desses cristais foram feitas em detectores de submarinos na Primeira Guerra Mundial. Em 1940, descobriu-se que entre as propriedades de cristais de titanatos de bário está a propriedade piezoelétrica. Atualmente, os PZTs (uma cerâmica policristalina composta por zirconatos e titanatos de chumbo que apresenta propriedades piezoelétricas) são utilizados como transdutores para posicionamento (na ordem de nanômetros) e têm revolucionado essa área. Transdutores dessa natureza apresentam características notáveis como:

- passos da ordem de nanômetros ou ainda menores podem ser alcançados em alta frequência com grande repetitividade, uma vez que os movimentos são originados pela estrutura cristalina do sólido;
- os PZTs podem ser utilizados para movimentar cargas altas (toneladas) ou cargas leves a frequências de dezenas de quilohertz (kHz);
- os PZTs atuam como cargas capacitivas e requerem baixa potência em operação estática, simplificando necessidades de fontes de alimentação;
- PZTs não requerem manutenção, uma vez que seu movimento é baseado em efeitos moleculares de materiais ferroelétricos.

Deformações da ordem de 0,1 % podem ser alcançadas com alta precisão e repetitividade nesse tipo de transdutor.

Aplicações modernas desse efeito incluem os motores piezoelétricos utilizados nos mecanismos de autofoco de câmeras. Os mesmos caracterizam-se pelo desempenho, simplicidade e eficiência. O efeito piezoelétrico também é utilizado como microfonte de energia de outros dispositivos quando associado a uma estrutura mecânica que vibra (colheita de energia). De fato, esse efeito é encontrado em muitas aplicações.

8.2.1 *Fundamentos do efeito piezoelétrico*

Os cristais naturais, como o quartzo, a turmalina, o sal de Rochelle, entre outros, apresentam o efeito piezoelétrico, porém o mesmo possui intensidade baixa. A fim de melhorar essas propriedades, foram desenvolvidos materiais como $BaTiO_3$ e o titanato zirconato de chumbo (PZT).

Para apresentar efeito piezoelétrico, a estrutura do material não deve possuir centro de simetria. As células cerâmicas de PZT apresentam estrutura cúbica acima da temperatura de Curie. Abaixo da temperatura de Curie, exibem simetria tetragonal e apresentam as propriedades piezoelétricas (Figura 8.1). A razão para o dipolo elétrico é a separação de cargas entre íons positivos e íons negativos. Grupos de dipolos com orientação paralela são chamados de domínios de Weiss. De início, esses domínios estão aleatoriamente distribuídos. No processo de fabricação dos PZTs, um campo elétrico maior que 2000 $^{V}/_{mm}$ é aplicado à piezocerâmica ainda quente. Isto faz com que o material se expanda ao longo do eixo axial e se contraia no eixo perpendicular. Os domínios, então, alinham-se e tendem a permanecer dessa forma quando o material é resfriado.

Quando uma tensão elétrica é aplicada ao material piezoelétrico, os domínios de Weiss aumentam seu alinhamento proporcionalmente ao campo aplicado. O resultado é uma alteração nas dimensões (expansão e contração) do PZT. A Figura 8.1(*a*) mostra a estrutura cúbica simétrica do PZT acima da temperatura de Curie, e, na Figura 8.1(*b*), vê-se a estrutura tetragonal abaixo da temperatura de Curie.

Se uma amostra de PZT inicialmente sem polarização é submetida a um campo elétrico, abaixo da temperatura de Curie, os dipolos ficam mais alinhados. Quando o campo é aumentado além de um valor limite, não é mais observado o efeito de polarização, porque todos os dipolos estão alinhados com o campo — condição chamada de saturação de polarização. Se o campo é reduzido a zero, a polarização diminui, uma vez que os dipolos começam a se dispersar; entretanto, quando o campo é zero, existe uma polarização denominada remanescente, como mostra a Figura 8.2.

Se o campo for aumentado na direção oposta, o efeito semelhante ocorre, porém na direção oposta. Os domínios, os quais representam grupos de dipolos orientados característicos do material, alinham-se gradualmente até atingir uma região de saturação. Se o campo for novamente aumentado na direção positiva, no ponto de campo externo nulo observa-se uma polarização remanescente, para a direção negativa. A curva de polarização completa pode ser observada na Figura 8.3, em que o comportamento de histerese desse material, bem como a condição dos seus domínios, são explicitados.

O comportamento de um cilindro de PZT pode ser visto nas Figuras 8.4 e 8.5. A Figura 8.4(*a*) mostra um cilindro de PZT sem carga. Se uma força $\vec{F}$ de compressão é aplicada ao cilindro, o movimento dos dipolos do PZT faz surgir uma tensão elétrica, como pode ser observado na Figura 8.4(*b*). O fenômeno observado é de excitação mecânica, e a resposta consiste na variação de potencial elétrico.

O efeito contrário, ou seja, a excitação elétrica com resposta mecânica, pode ser visto na Figura 8.5(*a*). Nesse caso, quando um potencial é aplicado ao cilindro, ocorre uma deformação mecânica. Se a polaridade do potencial elétrico é invertida, a deformação também muda. A Figura 8.5(*a*) mostra uma compressão, enquanto a Figura 8.5(*b*) mostra uma tração devido à inversão de polaridade. Os exemplos das Figuras 8.4 e 8.5 são denominados, respectivamente, ação geradora e ação motora. Observa-se que nessas figuras apenas um dipolo foi representado nos PZTs para efeito de simplificação.

Uma vez utilizado experimentalmente, o PZT estará polarizado, e deve-se tomar muito cuidado no sentido de não despolarizá-lo, pois isto implicaria perda parcial ou total das

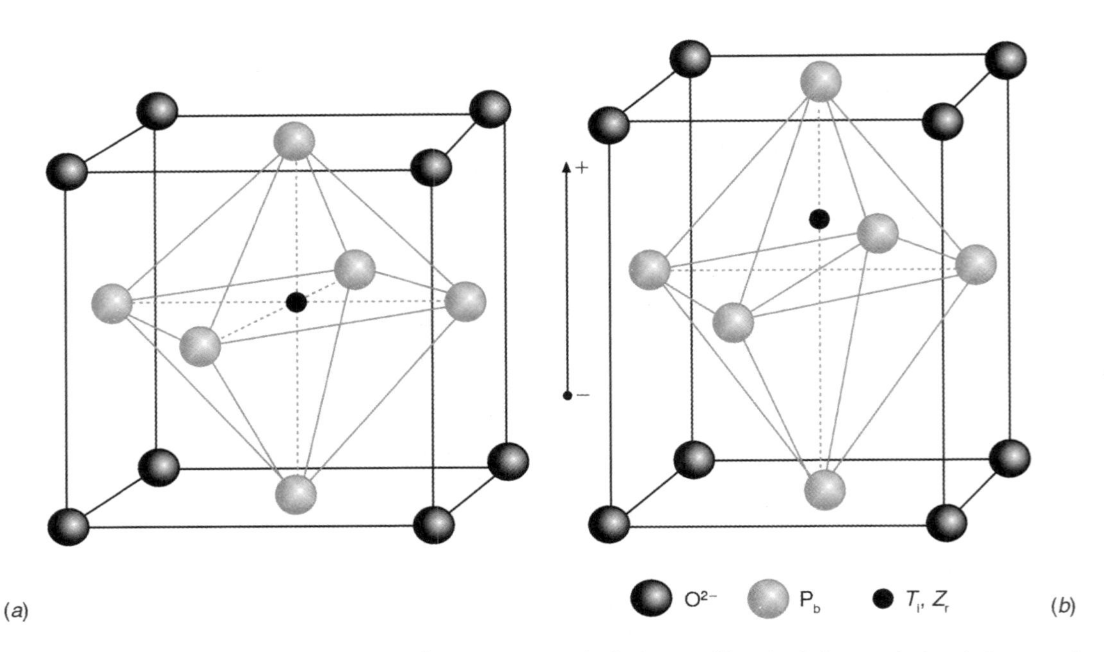

FIGURA 8.1 Estrutura do PZT: (*a*) simétrica — acima da temperatura de Curie — e (*b*) assimétrica — abaixo da temperatura de Curie.

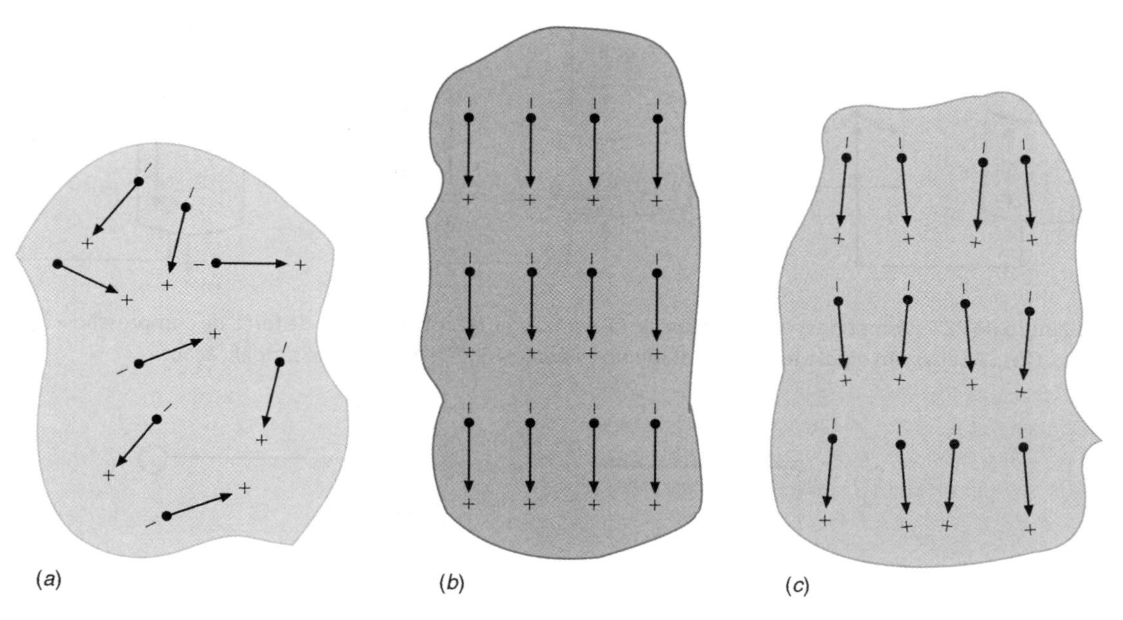

FIGURA 8.2 Dipolos elétricos de material piezoelétrico: (*a*) antes da aplicação de campo elétrico externo, (*b*) durante a aplicação de intenso campo elétrico externo e (*c*) após a remoção do campo externo, apresentando polarização remanescente.

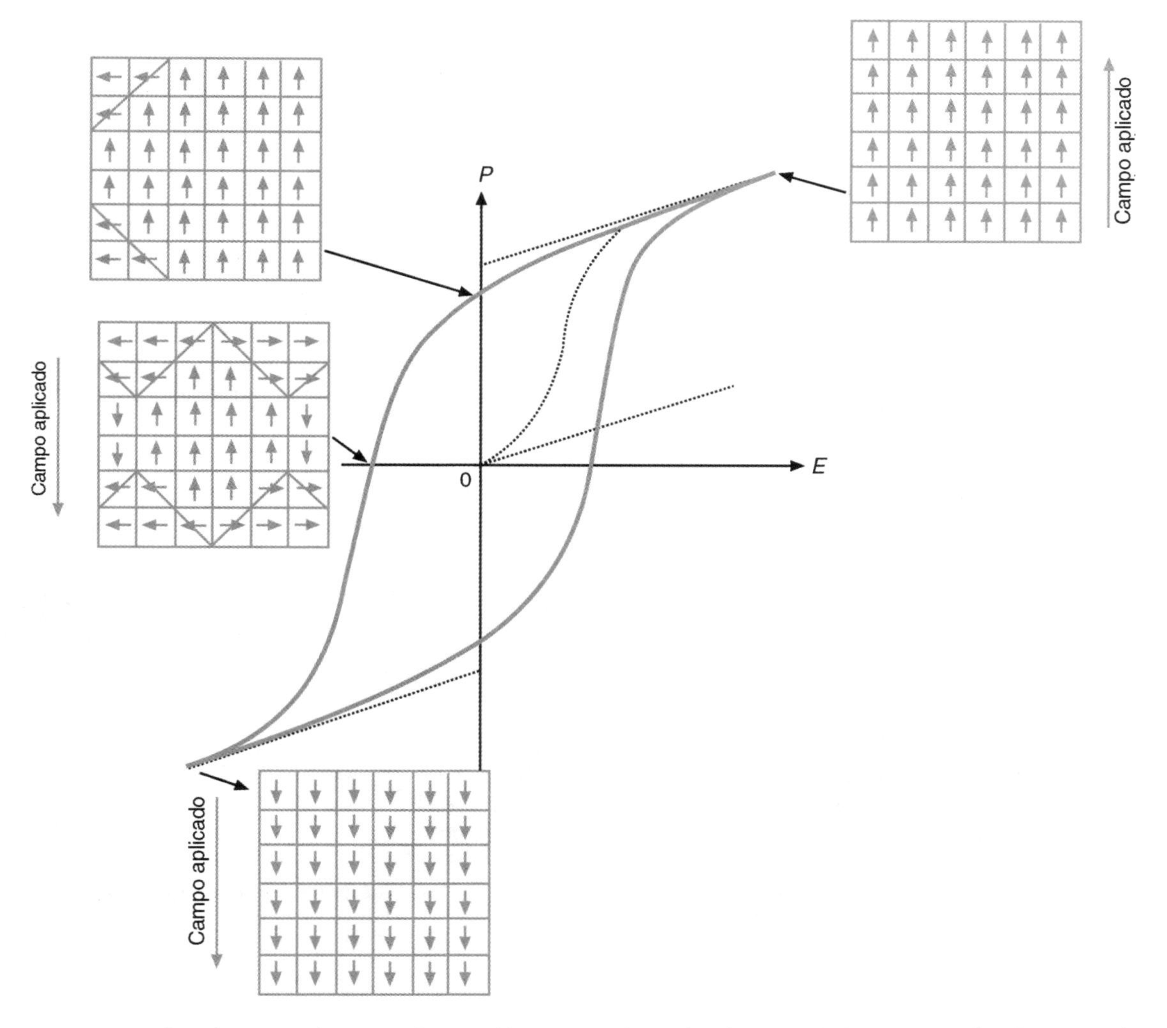

FIGURA 8.3 Curva de polarização de material piezoelétrico e condição dos domínios (E é o campo aplicado e P, a polarização).

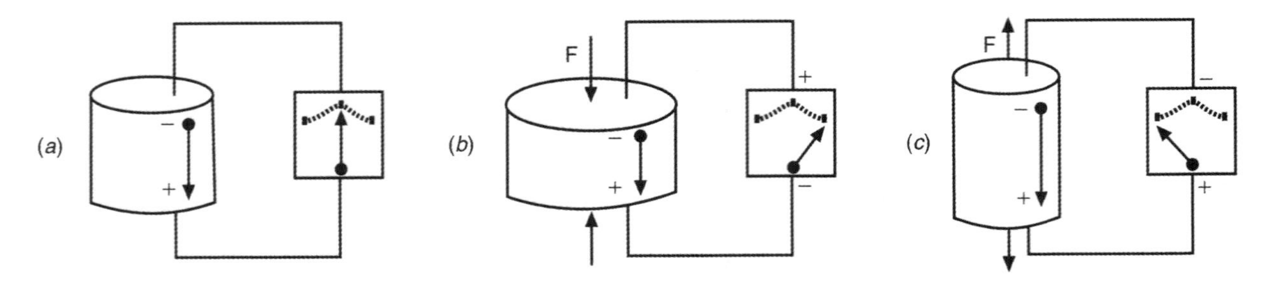

FIGURA 8.4 Cilindro de PZT submetido a carga mecânica: (*a*) sem carga, (*b*) sob aplicação de força de compressão e (*c*) sob aplicação de força de tração. Obs.: Apenas um dipolo foi representado no cilindro de PZT para efeito de simplificação.

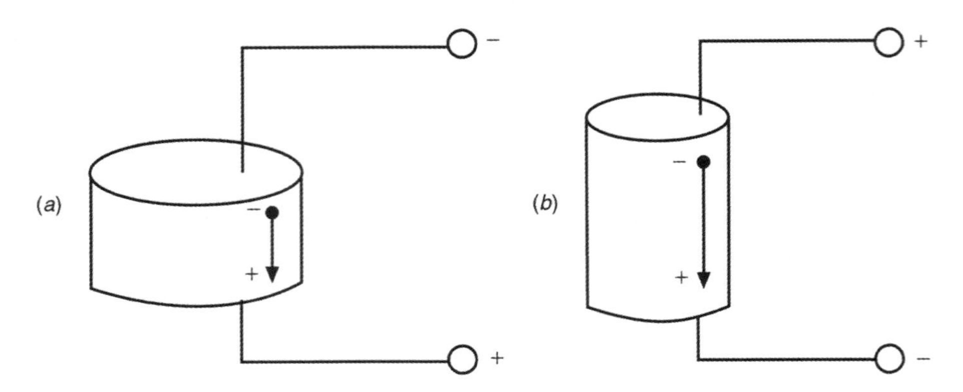

FIGURA 8.5 Cilindro de PZT exposto a tensão elétrica: (*a*) de mesma polaridade ao dipolo do PZT e (*b*) de polaridade oposta ao dipolo do PZT.

propriedades piezoelétricas. A cerâmica piezoelétrica pode ser despolarizada por ação elétrica (campos elétricos altos de polaridade oposta ao processo original), mecânica (através de tensão mecânica) ou ainda térmica (com temperaturas próximas ou superiores à temperatura de Curie).

A Figura 8.6 apresenta a fotografia de um disco e de uma fita PZT destinados a diversas aplicações: pressão e aceleração, entre outras.

Os materiais piezoelétricos apresentam propriedades mecânicas e elétricas relacionadas, como por exemplo, a tensão mecânica $\vec{X}$ e a deformação $\vec{S}$, utilizadas para representar as propriedades mecânicas, que podem ser interligadas às propriedades elétricas como o campo elétrico $\vec{E}$ e o deslocamento elétrico $\vec{D}$. A relação entre o campo elétrico $\vec{E}$ e o deslocamento elétrico $\vec{D}$ para um dielétrico de constante dielétrica ε, não piezoelétrico (sem estar sujeito a tensões mecânicas), é dada por

$$\vec{D} = \varepsilon \cdot \vec{E}$$

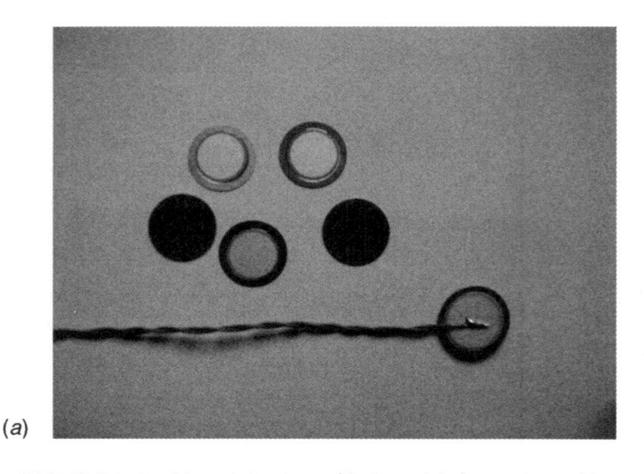

(*a*)

(*b*)

FIGURA 8.6 Materiais piezoelétricos: (*a*) disco piezoelétrico e (*b*) fita piezoelétrica (filme PVDF: Polifluoreto de Vinilideno).

A relação mecânica para o mesmo material, para um campo elétrico nulo e sob a ação de uma tensão mecânica é dada por

$$\vec{S} = s \cdot \vec{X}$$

em que representa a constante elástica do material. Para um meio piezoelétrico a interação entre as variáveis elétricas e mecânicas pode ser descrita por

$$\vec{D} = d \cdot \vec{X} + \varepsilon_X \cdot \vec{E}$$

que representa o efeito piezoelétrico direto (quando se aplica um estresse mecânico a um material piezoelétrico)

$$\vec{S} = s_E \cdot \vec{X} + d \cdot \vec{E}$$

e representa o efeito piezoelétrico inverso, quando se aplica um campo elétrico a um material piezoelétrico. A tensão $\vec{X}$ e o campo elétrico $\vec{E}$ são variáveis independentes, enquanto a deformação $\vec{S}$ e o deslocamento elétrico $\vec{D}$ são variáveis dependentes; s_E é a elasticidade a campo elétrico constante, ε_X é a permissividade a tensão mecânica constante, e d é a constante piezoelétrica (observe que os subscritos indicam a grandeza física que é mantida constante).

Além disso, pode-se definir o coeficiente de acoplamento eletromecânico k^2 como a razão da conversão de energia elétrica em mecânica, para o efeito piezoelétrico inverso; ou como a razão da conversão de energia mecânica em elétrica, para o efeito piezelétrico direto, ou seja,

$$k^2 = \frac{\text{energia elétrica convertida em energia mecânica}}{\text{energia total}},$$

para o efeito inverso

$$k^2 = \frac{\text{energia mecânica convertida em energia elétrica}}{\text{energia total}},$$

para o efeito direto

As constantes piezoelétricas são tensores de terceira ordem (a_{ijk}), pois relacionam um tensor de segunda ordem como a deformação S_{ij} ou a tensão X_{ij} a um vetor de campo elétrico externo $\overrightarrow{E_k}$ ou a um vetor deslocamento elétrico $\overrightarrow{D_k}$.

As equações

$$\vec{D} = d \cdot \vec{X} + \varepsilon_X \cdot \vec{E}$$

e

$$\vec{S} = s_E \cdot \vec{X} + d \cdot \vec{E}$$

podem ser escritas na forma matricial como:

$$\begin{vmatrix} D \\ S \end{vmatrix} = \begin{vmatrix} \varepsilon_X & d \\ d & s_E \end{vmatrix} \cdot \begin{bmatrix} E \\ X \end{bmatrix}$$

A relação matricial anterior pode ser reescrita na forma alternativa utilizando $\vec{X}$ e $\vec{D}$, S e $\vec{D}$, ou $\vec{S}$ e $\vec{E}$ como variáveis dependentes:

$$\begin{vmatrix} X \\ D \end{vmatrix} = \begin{vmatrix} c^E & -e_t \\ e & \varepsilon^S \end{vmatrix} \cdot \begin{bmatrix} S \\ E \end{bmatrix}$$

$$\begin{vmatrix} X \\ E \end{vmatrix} = \begin{vmatrix} c^D & -h_t \\ -h & \beta^S \end{vmatrix} \cdot \begin{bmatrix} S \\ D \end{bmatrix}$$

$$\begin{vmatrix} S \\ E \end{vmatrix} = \begin{vmatrix} s^D & g_t \\ -g & \beta^S \end{vmatrix} \cdot \begin{bmatrix} X \\ D \end{bmatrix}$$

em que c é a constante de rigidez elástica, e, h e g são os coeficientes piezoelétricos tensoriais, e β é definido como o inverso da permissividade, o subíndice t indica a matriz transposta. As definições das constantes d, e, h e g são apresentadas nas seguintes equações:

$$d = \left(\frac{\partial D}{\partial X}\right)_E = \left(\frac{\partial S}{\partial E}\right)_X$$

$$g = -\left(\frac{\partial E}{\partial X}\right)_D = \left(\frac{\partial S}{\partial D}\right)_X$$

$$e = \left(\frac{\partial D}{\partial S}\right)_E = -\left(\frac{\partial S}{\partial E}\right)_X$$

$$h = \left(\frac{\partial E}{\partial S}\right)_D = \left(\frac{\partial X}{\partial D}\right)_S$$

A determinação dos coeficientes piezoelétricos d_{ij} é a razão entre a quantidade de carga elétrica gerada, por unidade de área, e a força aplicada, por unidade de área. A unidade de medida é o coulomb por newton [C/N]. O coeficiente piezoelétrico g_{ij} recebe o nome de coeficiente de diferença de potencial, e é obtido pela razão entre a tensão gerada e a tensão mecânica aplicada. A unidade de medida desses coeficientes é o volt por newton [V/N].

Devido à simetria das variáveis tensoriais ($xij = xji$), pode-se utilizar a Figura 8.7 para melhor representar o sistema de eixos e coordenadas adotados; assim sendo, os eixos x(1) e y(2) representam as direções laterais, o eixo z(3) a espessura, enquanto os eixos 4, 5 e 6 representam, respectivamente, suas direções rotacionais.

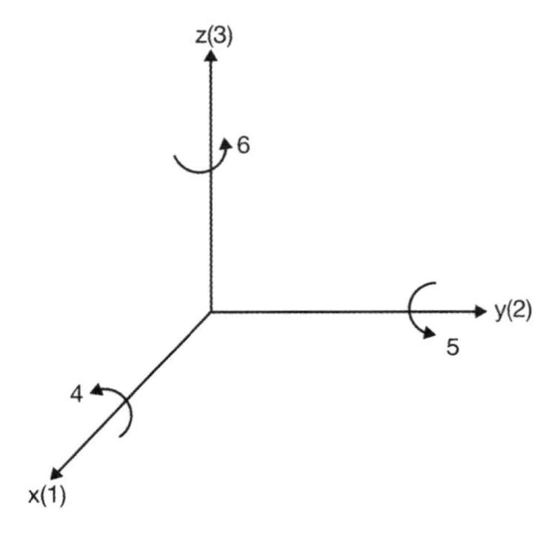

FIGURA 8.7 Representação do sistema de eixos tipicamente adotado para representar o efeito piezoelétrico.

TABELA 8.1 Apresentação do tensor deformação compactado em tensor de primeira ordem

	Tensões Nominais			Tensões de Corte		
Ij	11	22	33	23 = 32	13 = 31	12 = 21
Notação de Voigt	1	2	3	4	5	6

Assim, pode-se descrever o tensor deformação como um tensor de primeira ordem, conforme apresentado na Tabela 8.1. Adicionalmente, utilizando a notação de Voigt pode-se obter uma representação contraída dos índices.

As constantes piezoelétricas são convertidas em tensores de segunda ordem com o primeiro índice indicando a direção do campo aplicado (de 1 a 3), enquanto o segundo indica a direção da deformação (de 1 a 6). Portanto,

$$\begin{vmatrix} D \\ S \end{vmatrix} = \begin{vmatrix} \varepsilon_X & d \\ d & s_E \end{vmatrix} \cdot \begin{bmatrix} E \\ X \end{bmatrix}$$

pode ser reescrita de uma forma completa. Por exemplo, considerando-se uma cerâmica ferroelétrica com estrutura chamada de Peroviskita (por exemplo, o óxido de cálcio, titânio, $CaTiO_3$), polarizada na direção 3, ou seja, ao longo da espessura, sua representação completa fica:

$$\begin{vmatrix} S_1 \\ S_2 \\ S_3 \\ S_4 \\ S_5 \\ S_6 \end{vmatrix} = \begin{vmatrix} s_{11}^E & s_{12}^E & s_{13}^E & 0 & 0 & 0 \\ s_{12}^E & s_{11}^E & s_{13}^E & 0 & 0 & 0 \\ s_{13}^E & s_{31}^E & s_{33}^E & 0 & 0 & 0 \\ 0 & 0 & 0 & s_{44}^E & 0 & 0 \\ 0 & 0 & 0 & 0 & s_{55}^E & 0 \\ 0 & 0 & 0 & 0 & 0 & 2\left(s_{11}^E - s_{12}^E\right) \end{vmatrix} \cdot \begin{bmatrix} X_1 \\ X_2 \\ X_3 \\ X_4 \\ X_5 \\ X_6 \end{bmatrix}$$

$$+ \begin{vmatrix} 0 & 0 & d_{31} \\ 0 & 0 & d_{32} \\ 0 & 0 & d_{33} \\ 0 & d_{24} & 0 \\ d_{15} & 0 & 0 \\ 0 & 0 & 0 \end{vmatrix} \cdot \begin{bmatrix} E_1 \\ E_2 \\ E_3 \end{bmatrix}$$

$$\begin{vmatrix} D_1 \\ D_2 \\ D_3 \end{vmatrix} = \begin{vmatrix} 0 & 0 & 0 & 0 & d_{15} & 0 \\ 0 & 0 & 0 & d_{15} & 0 & 0 \\ d_{31} & d_{32} & d_{33} & 0 & 0 & 0 \end{vmatrix} \cdot \begin{vmatrix} X_1 \\ X_2 \\ X_3 \\ X_4 \\ X_5 \\ X_6 \end{vmatrix}$$

$$+ \begin{vmatrix} \varepsilon_{11}^X & 0 & 0 \\ 0 & \varepsilon_{22}^X & 0 \\ 0 & 0 & \varepsilon_{33}^X \end{vmatrix} \cdot \begin{vmatrix} E_1 \\ E_2 \\ E_3 \end{vmatrix}$$

e reagrupadas como

$$\begin{vmatrix} S_1 \\ S_2 \\ S_3 \\ S_4 \\ S_5 \\ S_6 \\ D_1 \\ D_2 \\ D_3 \end{vmatrix} = \begin{vmatrix} s_{11}^E & s_{12}^E & s_{13}^E & 0 & 0 & 0 & 0 & 0 & d_{31} \\ s_{12}^E & s_{22}^E & s_{23}^E & 0 & 0 & 0 & 0 & 0 & d_{32} \\ s_{13}^E & s_{23}^E & s_{33}^E & 0 & 0 & 0 & 0 & 0 & d_{33} \\ 0 & 0 & 0 & s_{44}^E & 0 & 0 & 0 & d_{24} & 0 \\ 0 & 0 & 0 & 0 & s_{55}^E & 0 & d_{15} & 0 & 0 \\ 0 & 0 & 0 & 0 & 0 & 2\left(s_{11}^E - s_{12}^E\right) & 0 & 0 & 0 \\ 0 & 0 & 0 & 0 & d_{15} & 0 & \varepsilon_{11}^X & 0 & 0 \\ 0 & 0 & 0 & d_{24} & 0 & 0 & 0 & \varepsilon_{22}^X & 0 \\ d_{31} & d_{32} & d_{33} & 0 & 0 & 0 & 0 & 0 & \varepsilon_{33}^X \end{vmatrix} \cdot \begin{vmatrix} X_1 \\ X_2 \\ X_3 \\ X_4 \\ X_5 \\ X_6 \\ E_1 \\ E_2 \\ E_3 \end{vmatrix}$$

Sendo assim, pode-se verificar que uma cerâmica ferroelétrica apresenta tipicamente cinco constantes elásticas independentes: duas permissividades dielétricas e três constantes piezoelétricas. As constantes piezoelétricas não são independentes. Cabe ressaltar que as variáveis nas equações a seguir são matrizes, e as operações são operações matriciais:

$$d = e \cdot s_E = \varepsilon_X \cdot g$$

$$g = h \cdot s_D = \frac{d}{\varepsilon_X}$$

$$e = d \cdot c_E = \varepsilon_X \cdot h$$

$$h = g \cdot c_D = \frac{e}{\varepsilon_X}$$

$$c_{E,D} = (s_{E,D})^{-1}$$

$$\varepsilon_X - \varepsilon_S = d \cdot c_E \cdot d_t$$

$$s_E - s_D = d_t \cdot \frac{d}{\varepsilon_X}$$

Desse modo, pode-se concluir que um material piezoelétrico é totalmente caracterizado a partir do conhecimento dos elementos s_E, ε_X e d nas matrizes das equações.

A Figura 8.8 é tomada como a referência para a denominação dos coeficientes piezoelétricos tensoriais usados na norma ANSI/IEEE, em que se observam três diferentes cenários, nos quais há o vetor força aplicada $\vec{F}$, sob uma direção de polarização $\vec{P}$ do material piezoelétrico, e a carga Q que é medida em consequência dos anteriores.

Como os coeficientes piezoelétricos d_{ij} são determinados pela razão entre quantidade de carga e força aplicada, caso uma força seja aplicada no eixo 3 (veja a Figura 8.7), e esta

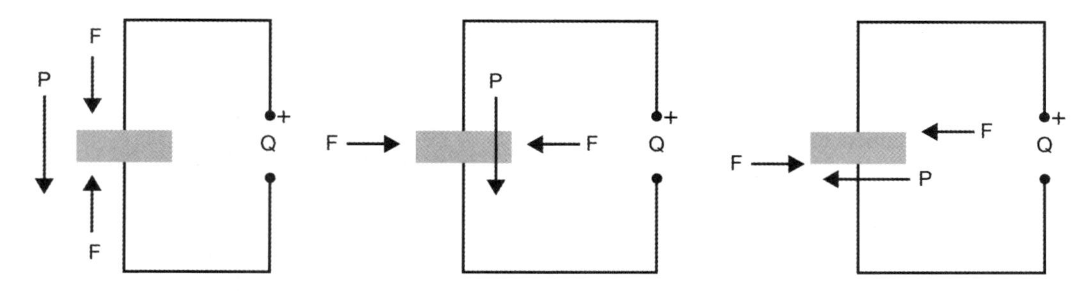

FIGURA 8.8 Representação para determinação dos coeficientes piezoelétricos.

esteja aplicada na mesma direção da superfície de polarização da carga, como sugere a Figura 8.8, então

$$d_{33} = \frac{Q}{F_{33}}$$

em que F_{33} é a força aplicada no eixo 3 e é paralela à direção de polarização, e Q é a carga medida. Quando uma força é aplicada perpendicularmente à superfície de polarização, eixo 3 (Figura 8.8), e uma carga é medida nessa superfície, obtém-se

$$d_{31} = \frac{Q}{F_{31}}.$$

F_{31} é a força aplicada no eixo 3 e é perpendicular à direção de polarização, e Q é a carga medida. Por fim, se uma tensão mecânica aplicada é de torção no eixo de rotação 5 (Figura 8.8), e a carga é medida perpendicularmente ao eixo de polarização, temos

$$d_{15} = \frac{Q}{F_{15}}.$$

F_{15} é a força aplicada no eixo 3 e é de torção no eixo de polarização, e Q é a carga medida. Cabe ressaltar que os coeficientes piezoelétricos d_{ji}, para o efeito piezoelétrico reverso, representam a deformação resultante pelo campo elétrico aplicado, e são os mesmos que os coeficientes piezoelétricos do efeito direto, ou seja, $d_{ij} = d_{ji}$.

Como o coeficiente de acoplamento k é um tensor, portanto depende da orientação do campo elétrico, podem-se definir as constantes de acoplamento como

$$k_{15} = \frac{d_{15}}{\sqrt{s_{33}^E \cdot \varepsilon_{11}^X}}$$

$$k_{33} = \frac{d_{33}}{\sqrt{s_{33}^E \cdot \varepsilon_{33}^X}}$$

$$k_{31} = \frac{d_{15}}{\sqrt{s_{11}^E \cdot \varepsilon_{33}^X}}$$

$$k_t = \frac{e_{33}}{\sqrt{c_{33}^D \cdot \varepsilon_{33}^X}}$$

$$k_p = \frac{d_{31}}{\sqrt{(s_{12}^E + s_{11}^E) \cdot \varepsilon_{33}^X}}$$

em que k_t e k_p representam, respectivamente, o coeficiente de acoplamento longitudinal e radial a espessura da amostra piezoelétrica.

Para as constantes piezoelétricas de diferença de potencial $\boldsymbol{g}_{ij}$ que aparecem anteriormente, é possível obtê-las com a razão entre tensão elétrica desenvolvida e tensão mecânica aplicada. De forma análoga ao coeficiente piezoelétrico, o coeficiente de diferença de potencial se apresenta como g_{33}, g_{31} e g_{15}, e a direção e sentido da tensão elétrica e tensão mecânica também são análogos à direção e sentido do campo elétrico e tensão mecânica dos coeficientes d_{ij}. Podem-se obter os coeficientes de diferença de potencial como

$$g_{33} = \frac{d_{33}}{\varepsilon_{33}^X}$$

$$g_{31} = \frac{d_{31}}{\varepsilon_{33}^X}$$

$$g_{15} = \frac{d_{15}}{\varepsilon_{11}^X}$$

Para estruturas finas, como, por exemplo, filmes, o material piezoelétrico pode ser modelado como uma placa fina (por exemplo, a teoria de placas finas de Kirchhoff-Love: modelo bidimensional usado para determinar as tensões e deformações em chapas finas sujeito a forças e momentos); devido a flutuações bidimensionais de tensão, a tensão normal na direção da espessura da piezocerâmica e os respectivos componentes de tensão de cisalhamento transversais são negligenciáveis, ou seja,

$$X_3 = X_4 = X_5 = 0$$

Portanto, pode-se representar como

$$\begin{bmatrix} S_1 \\ S_2 \\ S_6 \\ D_3 \end{bmatrix} = \begin{bmatrix} s_{11}^E & s_{12}^E & 0 & d_{31} \\ s_{12}^E & s_{21}^E & 0 & d_{32} \\ 0 & 0 & s_{66} & 0 \\ d_{31} & d_{33} & 0 & \varepsilon_{33}^X \end{bmatrix} \cdot \begin{bmatrix} X_1 \\ X_2 \\ X_6 \\ E_3 \end{bmatrix}$$

em que, $s_{66} = 2(s_{11}^E - s_{12}^E)$.

8.2.2 *Comportamento dinâmico dos PZTs*

Quando exposto a um campo variável, o elemento piezoelétrico muda suas dimensões periodicamente de acordo com a frequência de excitação. Se a frequência de excitação é próxima da frequência de ressonância, o sistema pode ser descrito por um equivalente elétrico passivo (como mostra a Figura 8.9), o qual pode caracterizar um circuito ressonante em série ou em paralelo, de acordo com os valores dos componentes.

A resposta em frequência desse sistema pode ser vista na Figura 8.10. Na condição de ressonância em série, o módulo da impedância é mínimo (ou o módulo da admitância é máximo), e, na condição de ressonância paralela, o módulo da impedância é máxima (ou o módulo da admitância é mínimo).

A frequência na qual a impedância é mínima pode ser calculada aproximadamente na condição de ressonância em série, desprezando R_0 e C_0.

$$f_s \cong \frac{1}{2\pi}\sqrt{\frac{1}{L_1C_1}}$$

A frequência na qual a admitância é mínima pode ser calculada aproximadamente pela condição de ressonância paralela:

$$f_p \cong \frac{1}{2\pi}\sqrt{\frac{C_0 + C_1}{L_1C_0C_1}}$$

O parâmetro que relaciona a energia elétrica convertida em energia mecânica e vice-versa é denominado fator de acoplamento (esse parâmetro geralmente recebe índices para discriminar direções). O fator de acoplamento depende da frequência na qual o sistema está operando.

Apesar de os PZTs possuírem um fator de acoplamento maior que cristais, como quartzo, este último possui a vantagem de oferecer um fator de seletividade de frequências mais elevado. Esta característica é útil em aplicações em que são necessários sistemas mecânicos ressonantes de alta precisão, como, por exemplo, em relógios. Os PZTs geralmente têm aplicações em sistemas atuadores (bem abaixo da frequência de ressonância), nos quais a característica de gerar grandes deslocamentos ou forças é mais importante. Também são utilizados em transdutores ultrassônicos, nos quais alta eficiência de conversão e versatilidade de projeto são importantes, uma vez que os PZTs podem ser polarizados em qualquer direção.

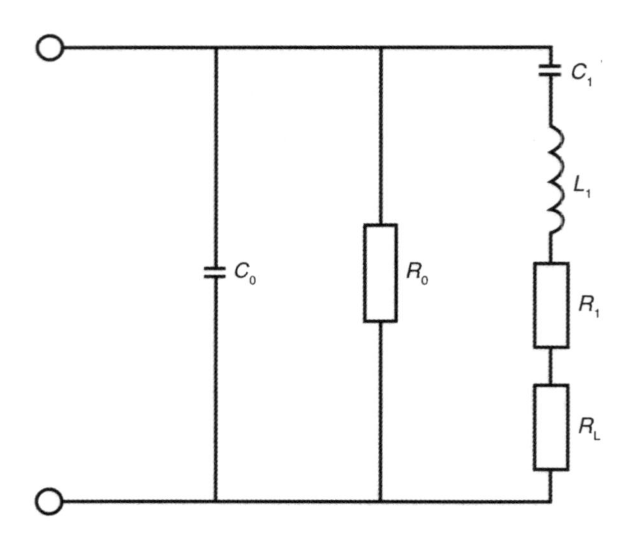

FIGURA 8.9 Equivalente elétrico de um transdutor de PZT. C_0 e R_0 representam a capacitância e a resistência do transdutor, R_1 as perdas mecânicas do circuito, C_1 e L_1 a capacitância e a indutância do circuito mecânico, e R_L, a resistência da carga.

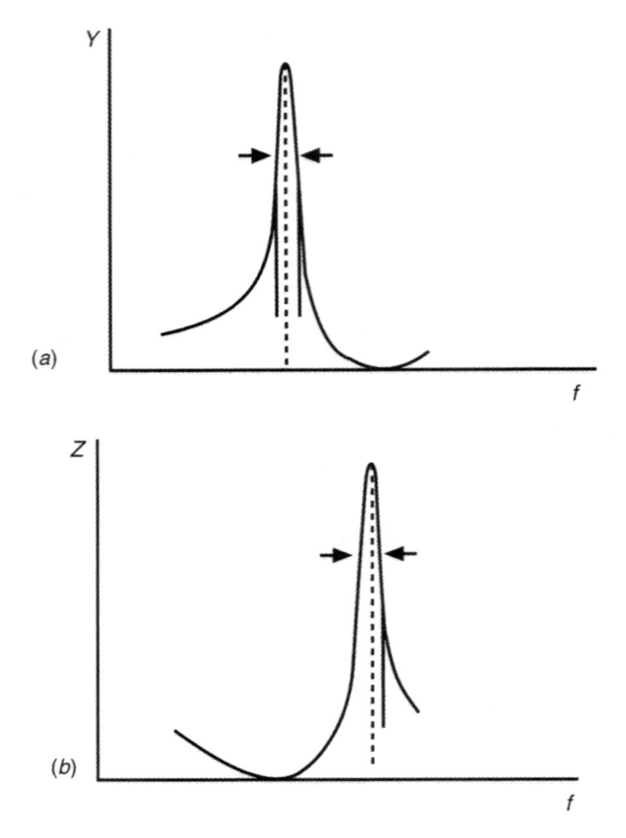

FIGURA 8.10 (*a*) Condição de ressonância em série e (*b*) condição de ressonância paralela.

8.2.3 *Aplicações do efeito piezoelétrico*

8.2.3.1 Atuação na limpeza de componentes

Uma importante aplicação dos materiais piezoelétricos consiste na sua utilização na limpeza de peças através da geração de vibração mecânica de uma estrutura pela excitação elétrica do transdutor. A maioria das aplicações de limpeza requer transdutores de meia-onda com frequência de ressonância entre 18 e 45 kHz.

Em um transdutor de meia-onda, a amplitude encontra seu máximo no centro, porém as bordas funcionam como massas inertes. De fato, na prática, as bordas são substituídas por partes metálicas que são mais baratas e possuem fatores mecânicos de qualidade. Os materiais cerâmicos, quando combinados com metais, denominam-se compósitos.

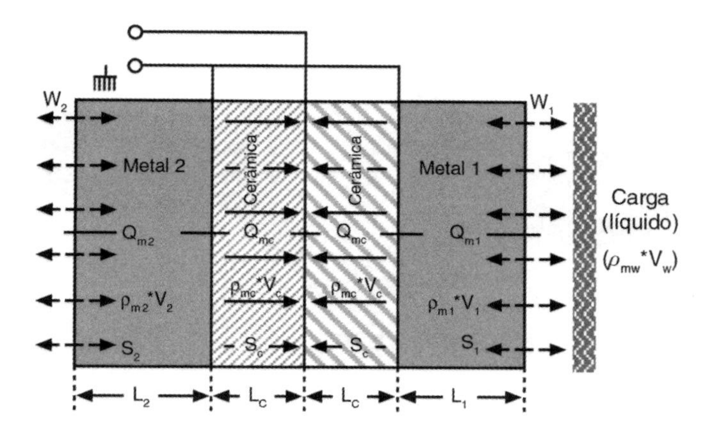

FIGURA 8.11 Detalhe de um elemento piezoelétrico utilizado na limpeza por ultrassom (Q_{mx} é o fator de qualidade mecânico do material, ρ a densidade, V a velocidade do som no meio, S a tensão mecânica, L o comprimento e W a amplitude da velocidade).

Consequentemente, os elementos são denominados transdutores compósitos. A Figura 8.11 mostra os detalhes de um transdutor compósito, no qual as bordas 1 e 2 são construídas por um material metálico, enquanto o centro é cerâmico.

Alguns discos piezoelétricos utilizados nessa aplicação são colados diretamente nos tanques de limpeza. A Figura 8.12 mostra os detalhes dessa aplicação. É preciso observar que, neste caso, a espessura da cola deve ter um compromisso com o sistema. Se a mesma for muito fina, pode romper-se facilmente sob vibração, ao passo que, se for muito espessa, impedirá o fluxo de calor do transdutor. É evidente que ocorrerão perdas significativas. Uma chapa de metal (como o alumínio) entre o transdutor e o tanque pode ajudar a proteger o transdutor e ainda melhorar as condições do sistema.

No caso de aplicações como estas, é sempre melhor escolher um tanque sem curvaturas bruscas, que impedem a propagação do ultrassom. O disco de PZT vibra em modo radial com uma impedância de algumas centenas de Ω diretamente no líquido no interior do banho pelas paredes do recipiente. Transdutores colados no tanque com um metal exibem frequências de ressonância entre 40 e 60 kHz e impedância de alguns kΩ. Uma vez que o tanque se torna parte do transdutor, a espessura de sua parede e sua geometria naturalmente influem no resultado final.

8.2.3.2 Transdutores ultrassônicos para ar

Transdutores ultrassônicos podem ser utilizados tanto como emissores quanto como receptores. Pode-se, inclusive, utilizar um único transdutor para realizar as duas funções, primeiramente como emissor de impulso e, em seguida, como receptor de eco. Alguns exemplos de aplicações desse transdutor incluem: detecção de nível em silos e reservatórios, medição de distância de segurança em carros, alarmes, entre outros.

As características de frequência, potência e consequente faixa de atuação do transdutor dependem das especificações de projeto desse transdutor. Para longo alcance, o amortecimento devido ao ar deve ser o mínimo possível, e, nesse caso, é interessante utilizar baixa frequência. Entretanto, para diretividade e resolução espacial, a frequência deve ser a maior possível.

Para a medição de distâncias, especialmente em faixas curtas, o comprimento dos pulsos deve ser pequeno.

Em um sistema impulso-eco, é necessário fazer uma conversão elétrica-acústica e outra acústica-elétrica. A Figura 8.13 mostra os detalhes de um transdutor de ultrassom típico para esta aplicação.

Dois anéis de PZT geram a vibração da estrutura, que é transmitida pelo corpo do elemento até um ressonador em uma das extremidades. Esse ressonador consiste em uma membrana de alumínio. Com este sistema, frequências de ressonância típicas da ordem de 20 kHz são geradas. As frequências de ressonância do transdutor tanto no modo transmissor como no modo receptor são as mesmas, mas o circuito eletrônico conectado pode alterar esse comportamento. Em 20 kHz, o coeficiente de absorção típico do ar é de $\delta = 0{,}6\,\mathrm{dB}/\mathrm{m}$. O nível de detecção de um transdutor receptor de banda larga é de aproximadamente 10^{-3} Pa. Para um nível de transmissão de som de 10 Pa, um amortecimento de 80 dB é aceitável.

Na prática, correntes de ar e gradientes de temperatura causam fortes variações, resultando em faixas curtas de transmissão confiáveis. É possível melhorar o desempenho de transdutores utilizando refletores para focar o feixe ou utilizando bandas mais estreitas. Faixas da ordem de 100 m podem ser alcançadas, e, para aplicações de pulso-eco, a faixa correspondente seria de 50 m. Em muitas aplicações, a absorção e a reflexão de sinais de ultrassom são parâmetros importantes. Para faixas largas, baixas frequências são vantajosas, uma vez que o amortecimento no ar aumenta com a frequência.

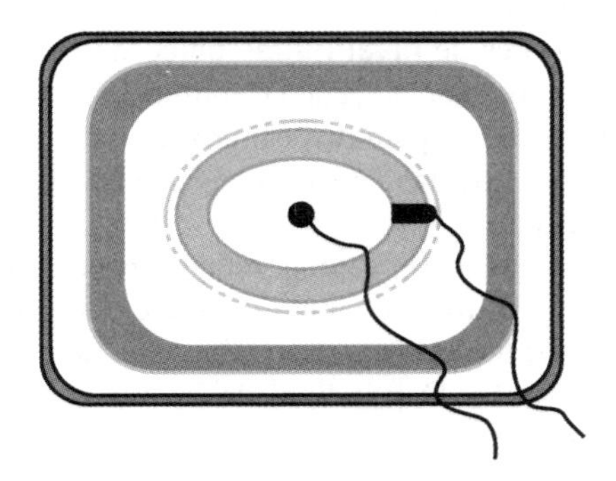

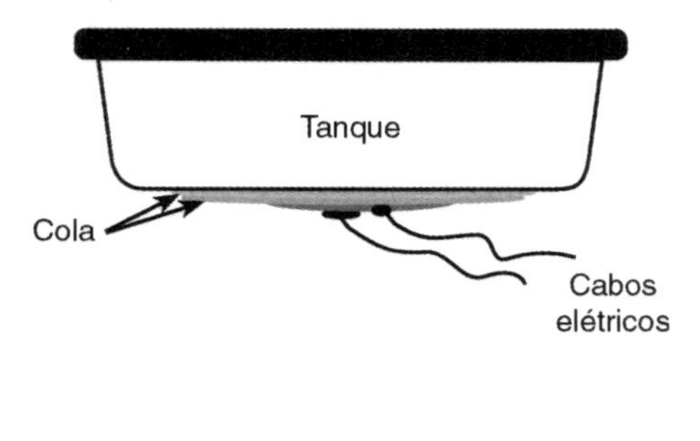

FIGURA 8.12 Atuador do tipo disco de PZT colado diretamente no tanque de limpeza.

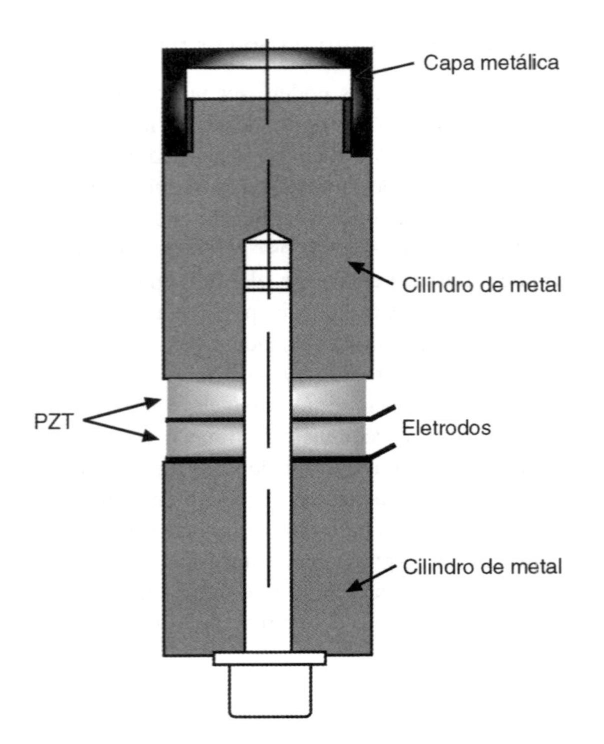

FIGURA 8.13 Detalhe da construção de um transdutor ultrassônico para ar.

Alguns transdutores consistem em membranas metálicas flexíveis construídas com discos metálicos de pequena espessura, os quais possuem alta eficiência eletroacústica (até 10 %). A Figura 8.14 mostra a estrutura de um transdutor ultrassônico para ar.

O disco de PZT é colado a uma chapa de metal, e a estrutura se deforma (vibrando), conforme a Figura 8.14. Se a frequência de ressonância é a mesma que a da excitação, a deflexão, assim como a radiação ultrassônica no ambiente, é máxima.

A Figura 8.15 mostra um transdutor ultrassônico de ar baseado em um elemento flexível de PZT bimorfo flexível. Uma chapa de metal especialmente projetada mantém o elemento de PZT centrado entre duas bordas opostas. A área central desse transdutor vibra em contrafase com suas bordas.

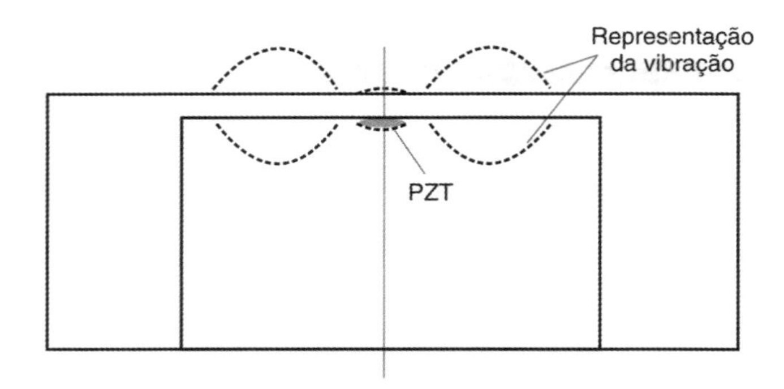

FIGURA 8.14 Estrutura de um transdutor ultrassônico tipo membrana.

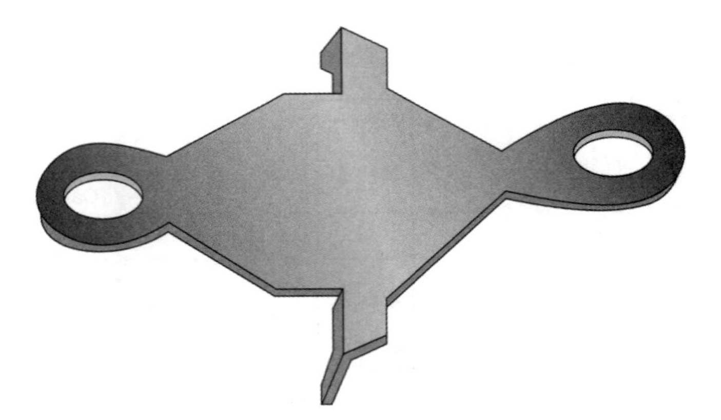

FIGURA 8.15 Transdutor de ultrassom baseado em elemento flexível de PZT.

Transdutores desse tipo apresentam um ótimo fator de acoplamento e uma sensibilidade mais alta do que os transdutores que têm o PZT colado em uma chapa metálica.

Exemplos típicos de aplicações de sensores de PZT combinados como emissores e receptores são os denominados transdutores de eco, utilizados em ar ou água, para medir distâncias, velocidades, entre outras variáveis.

O princípio de medição por eco de som consiste em emitir um pulso curto de ultrassom com o PZT na direção do objeto que se deseja localizar. As ondas deslocam-se, são refletidas pela superfície e então captadas pelo receptor, sendo o tempo entre a emissão e a reflexão relacionado com a distância a ser medida.

O processo descrito (simplificadamente) consiste em um método de medição genérico aplicado a ondas mecânicas (acústicas) ou eletromagnéticas, o qual mede o tempo de atraso (ou, alternativamente, a diferença de fase) entre um sinal emitido e um sinal refletido. Conhecendo a velocidade de propagação do sinal, no meio de interesse, é então possível obter indiretamente a distância entre um emissor e um receptor (ou entre um emissor e um obstáculo ou interface), pois

$$d = v \cdot t$$

em que d é a distância em $[m]$, v a velocidade em $\left[\frac{m}{s}\right]$ e t o tempo em $[s]$.

Exemplos de aplicações desse método podem ser observados em medidores de fluxo ultrassônicos (veja o Capítulo 14), medidores de nível (ultrassônico ou com ondas de rádio — livres ou guiadas; veja o Capítulo 15), medidores de distância a obstáculos (para dispositivos móveis autônomos), medidores de velocidade de automóveis utilizando o efeito Doppler, entre outros.

Por questões de economia e espaço, geralmente um transdutor é utilizado como emissor e como receptor. O sistema é eletronicamente chaveado entre as funções de emissão e recepção. O princípio de operação requer uma distância mínima entre o objeto a ser detectado e o transdutor.

O pulso de ultrassom deve ser o mais curto possível, o que requer uma alta frequência de operação e uma banda de

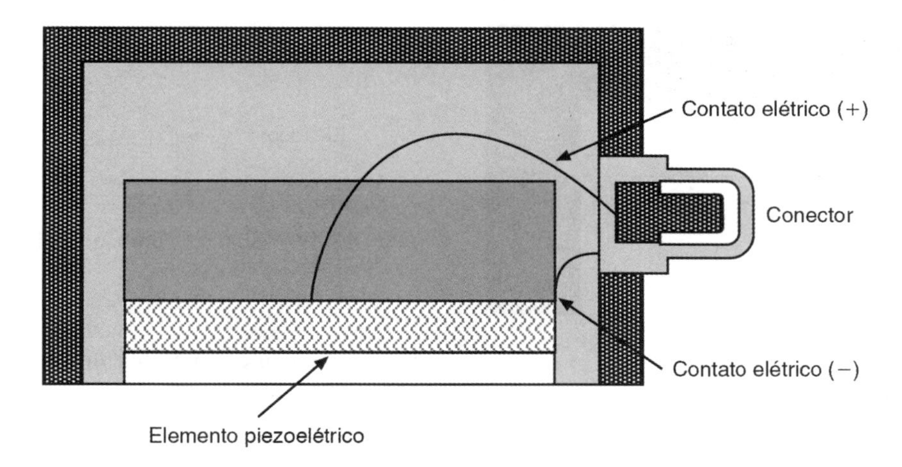

FIGURA 8.16 Transdutor de proximidade de PZT utilizando função emissor-receptor visto em corte lateral.

operação larga. Na prática, um PZT que opere na faixa de 200 kHz terá uma distância mínima de detecção no ar de 0,2 m. Equipamentos de ultrassom modernos, como os utilizados em áreas médicas, operam em frequências na faixa de alguns megahertz (MHz). Os mesmos podem detectar em distâncias de milímetros (mm), porém, devido à atenuação nessa faixa de frequência, surgem limitações com relação ao alcance máximo, dependente da construção do transdutor.

Para um sistema simples, tal como os utilizados em pequenas embarcações, o alcance máximo é usualmente de 100 m a uma frequência de operação de 200 kHz.

A Figura 8.16 mostra um transdutor de proximidade de PZT utilizando ultrassom por eco de um sistema emissor-receptor.

Quando o sistema é excitado por uma tensão elétrica, o PZT vibra, fazendo surgir na face do transdutor uma radiação ultrassônica, que, por sua vez, quando atinge determinado alvo, reflete e retorna à face, que agora atua como receptor.

8.2.4 Diretividade e pressão do som

Se um transdutor flexível deve trabalhar como emissor, é necessário conhecer a diretividade do som irradiado. Essa diretivida-de depende do diâmetro D da área irradiada, da amplitude da vibração sobre essa área e do comprimento de onda (λ) no ar. Para os casos em que $\lambda = D$, a abertura angular do principal feixe de som ao longo do eixo de simetria pode ser calculada por

$$\text{sen}\left(\frac{\alpha}{2}\right) \approx \frac{\lambda}{D}\,\frac{v}{Df}$$

sendo v a velocidade do som no ar ($344\,{}^{m}/_{s}$ a 20 °C) e f a frequência. Nos casos em que $\lambda \ll D$, o feixe é estreito e a diretividade é boa. Nesses casos, ainda se formam lóbulos laterais, conforme mostra a Figura 8.17. A relação anterior não se aplica nos casos em que $\lambda > D$, porque a característica direcional assume uma forma esférica.

Em geral, é necessário um feixe de som estreito, uma vez que o mesmo reduz interferências e a chance de acoplamentos indesejáveis. Por outro lado, um feixe muito estreito pode ser desviado do caminho entre o transmissor e o receptor devido a influências externas. Quanto mais estreito o feixe e quanto maior a distância, mais susceptível será o sistema a interferências.

8.2.4.1 Transdutores de som (*buzzers*)

Elementos de PZT flexíveis também são utilizados para gerar som audível. Sua construção é geralmente simples, e além disso esses elementos apresentam um consumo muito baixo de energia.

O elemento flexível geralmente consiste em um disco fino de PZT colado a uma membrana metálica. Quando uma tensão alternada é aplicada, a membrana vibra periodicamente, de modo que o sistema vibra com a frequência da fonte de tensão. Quando a frequência da tensão de excitação alcança a frequência de ressonância do sistema mecânico, tem-se o ponto de maior amplitude. Esse tipo de sistema encontra

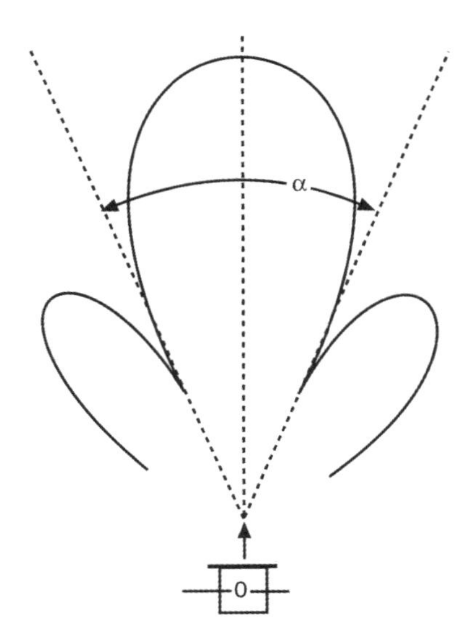

FIGURA 8.17 Característica direcional de um feixe de ultrassom.

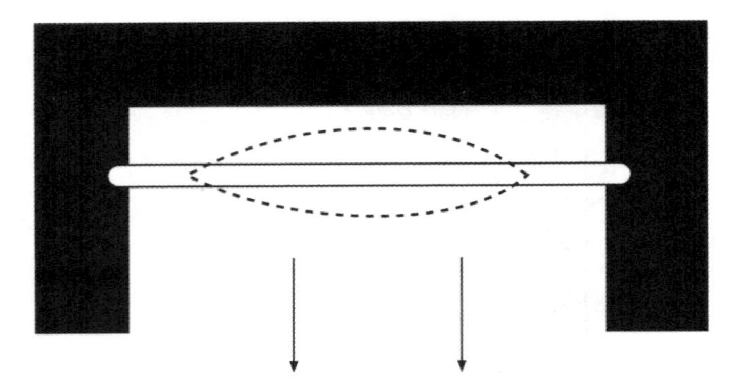

FIGURA 8.18 Detalhe da construção de um *buzzer*, mostrando uma membrana vibrando em uma estrutura.

várias aplicações, tais como em alarmes sonoros, campainhas de telefones, entre outros. A Figura 8.18 mostra o detalhe de construção de um *buzzer*.

Geralmente a impedância acústica de um transdutor de som não é adaptada àquela do ar ambiente e, em consequência, a transferência de energia não ocorre de forma otimizada. Entretanto, a cavidade dentro da câmera pode ser projetada para que a impedância acústica seja a mesma que a impedância da membrana, resultando em uma melhora do som de saída. Essa estrutura é denominada ressonador de Helmholtz.

Dessa forma, a ressonância ocorre como em um circuito LC. Se o ressonador de Helmholtz tem aproximadamente a mesma frequência de ressonância que o elemento flexível, ocorre um acoplamento, que resulta em uma faixa de ressonância mais larga, como ocorre em osciladores elétricos. Como a faixa é mais larga, o pico de ressonância é reduzido. Essa característica é utilizada em *buzzers* multitons, e aplicada em diversos telefones.

8.3 Efeito Piroelétrico

Quando um corpo é submetido à temperatura superior a 0 K, emite radiação eletromagnética (denominada radiação térmica) em função da vibração de suas partículas, de seus átomos e de suas moléculas. As principais famílias de sensores que respondem a essa radiação são os chamados sensores fotoelétricos, ou quânticos, e os sensores térmicos desenvolvidos com determinados tipos de materiais, como, por exemplo, o sulfato de triglicina (popularmente conhecido como TGS). O TGS, quando absorve parte da radiação

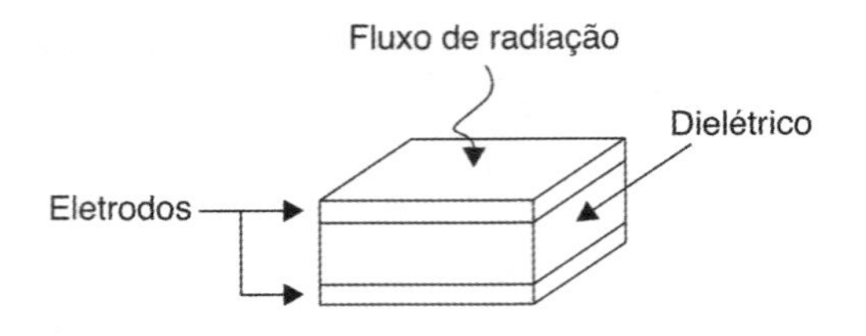

FIGURA 8.19 Esboço de um sensor piroelétrico.

térmica incidente, apresenta um aumento de temperatura, sendo, portanto, uma medida da radiação térmica incidente de uma dada fonte.

8.3.1 Conceitos básicos

Basicamente são sensores de radiação térmica usados principalmente como sensores na faixa do infravermelho. Conceitualmente é similar ao efeito piezoelétrico, porém sua grande diferença baseia-se na indução de cargas elétricas pelo efeito térmico e não mecânico, como nos sensores piezoelétricos. Os piroelétricos são formados por um filme de material cerâmico ferroelétrico formando um capacitor. Dois eletrodos são posicionados neste filme ou pastilha cerâmica formando as conexões do sensor. A Figura 8.19 apresenta o esboço de um sensor piroelétrico.

O efeito piroelétrico é produzido quando a radiação incidente faz aumentar a temperatura do material cerâmico, provocando uma alteração na sua polarização interna devido à agitação térmica. Esta redução na polarização ocasiona uma redução da carga superficial do material e um excesso de carga induzida nos eletrodos. Da mesma forma que o sensor piezoelétrico, o piroelétrico também não precisa de fonte de excitação externa, e sim de um circuito para medir a carga induzida.

A Tabela 8.2 apresenta o coeficiente piroelétrico e a constante dielétrica dos principais materiais empregados na fabricação de sensores piroelétricos. Além disso, apresenta a temperatura de Curie, que determina o limite de temperatura de uso deste material para evitar seu dano permanente, ou seja, para não perder sua propriedade piroelétrica.

O sensor piroelétrico pode ser modelado considerando-se as etapas de conversão da Figura 8.20. Resumidamente, as principais etapas são: (a) o fluxo de radiação emitido pela fonte atravessa um filtro tipicamente para a faixa do infravermelho (ou de outro comprimento de onda de interesse) e é direcionado ao detector, que absorve esta energia térmica provocando uma variação de temperatura. Por efeito piroelétrico

TABELA 8.2 Coeficiente piroelétrico e constante dielétrica de alguns materiais cerâmicos utilizados na fabricação de sensores piroelétricos

Material	Coeficiente piroelétrico C/cm^2K	Constante dielétrica	Temperatura de Curie (°C)
TGS	$3{,}0 \times 10^{-8}$	11	49 °C
TaO_3Li	$1{,}7 \times 10^{-8}$	46	600 °C

FIGURA 8.20 Etapas de conversão de um sensor piroelétrico.

é produzida uma conversão térmica-elétrica gerando uma carga elétrica nos eletrodos do sensor, que posteriormente se transforma em um sinal de tensão elétrica.

8.3.2 Modelo elétrico

O modelo elétrico mais utilizado para representar um sensor piroelétrico (indicado na figura com o símbolo p) é dado na Figura 8.21.

Este modelo se caracteriza por apresentar uma alta impedância de saída e uma corrente extremamente baixa; sendo assim, o condicionamento deve utilizar amplificadores com alta impedância de entrada, e tipicamente são utilizados dois métodos: o modo tensão [utilizando um seguidor de tensão – veja a Figura 8.22(*a*)] e o modo corrente [utilizando um conversor I-V – veja a Figura 8.22(*b*)].

A tensão de saída (v_o) para o condicionador da Figura 8.22(*a*) é

$$v_o = \omega\alpha\tau_F\Phi Ap\frac{1}{\delta}R\frac{1}{\sqrt{1+(\omega\tau_T)^2}}\frac{1}{\sqrt{1+(\omega\tau_E)^2}}$$

sendo ω a frequência da fonte de excitação, α, o coeficiente de absorção de radiação, Φ, o fluxo de radiação, A, a área efetiva do sensor exposta à radiação térmica, p, o coeficiente piroelétrico do material que constitui o sensor, δ, a condutância térmica, τ_F, a transmissão do filtro IR, τ_E, a constante de tempo elétrica e τ_T, a constante de tempo térmica que é determinada por

$$\tau_T = {}^{H_p}\!/_{\delta}$$

em que H_p representa a capacidade térmica do material piroelétrico, e δ, a condutância (condutividade) térmica.

Cabe observar que, na configuração modo tensão, a resistência é dada por

$$R = R_p$$

$$\tau_E = R_pC_p$$

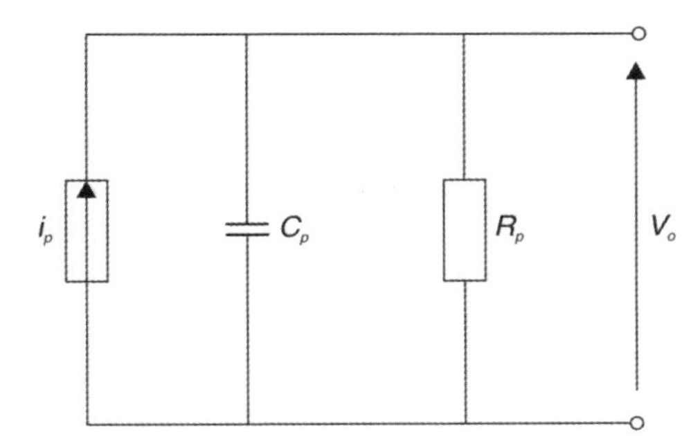

FIGURA 8.21 Modelo elétrico de um sensor piroelétrico.

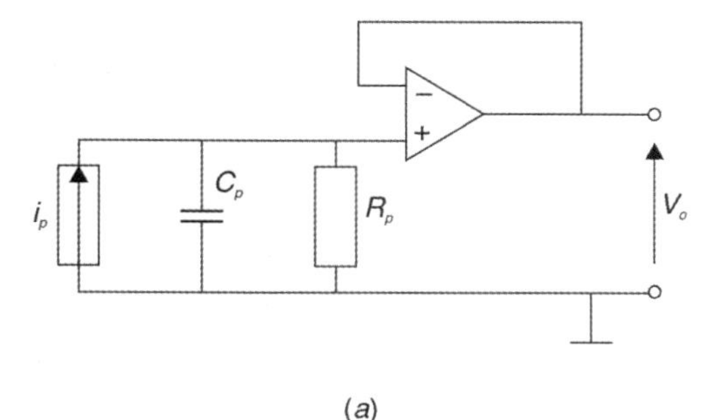

(*a*)

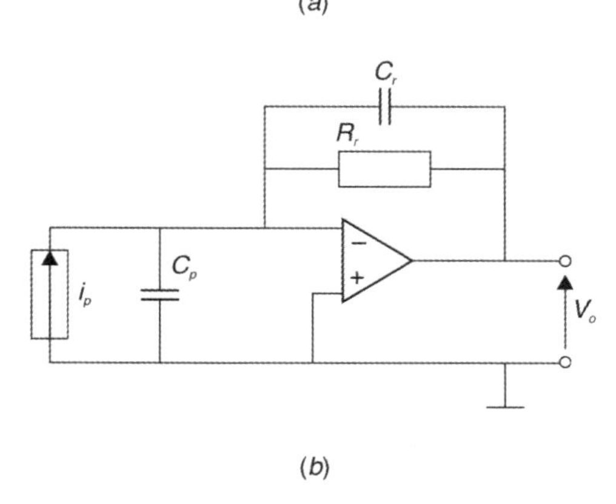

(*b*)

FIGURA 8.22 (*a*) Condicionamento modo tensão para um sensor piroelétrico e (*b*) condicionamento modo corrente para um sensor piroelétrico.

e no modo corrente:

$$R = R_r$$

$$\tau_E = R_rC_r$$

A relação entre a saída desses condicionadores e o fluxo de radiação incidente é denominada responsividade R_V:

$$R_V = \frac{v_o}{\Phi} = \omega\alpha\tau_F Ap\frac{1}{\delta}R\frac{1}{\sqrt{1+(\omega\tau_T)^2}}\frac{1}{\sqrt{1+(\omega\tau_E)^2}}$$

8.3.3 Principais aplicações do efeito piroelétrico

As principais aplicações do efeito piroelétrico são:

- detectores de presença e de movimento;
- medida de temperatura a distância (pirometria óptica);
- medida da potência gerada por uma fonte de radiação (radiometria);
- espectroscopia e análise de gases, como, por exemplo, detectores de CO_2;
- transmissão, reflexão e absorção de IR;
- visão noturna – imagens térmicas;
- detectores de chamas;
- entre outras.

Podem-se citar diversos fabricantes desse tipo de sensor, como, por exemplo, a InfraTec com os sensores de $LiTaO_3$,

FIGURA 8.23 Foto de um sensor piroelétrico LIE312. (Cortesia de InfraTec. GmbH Dresden)

a Eltec Instruments Inc., a Coherent, a Newport, Fuji & Corporation, entre outros. Como exemplo, a Figura 8.23 apresenta o sensor piroelétrico da InfraTec LIE312 – encapsulamento TO39, destinado à configuração de condicionamento modo tensão.

8.4 Efeito Indutivo ou de Indução Eletromagnética

8.4.1 Fundamentação teórica

Até 1820, o único magnetismo conhecido era o magnetismo natural existente em materiais ricos em ferro. Acreditava-se que o interior da Terra era magnetizado. Um fato observado na época é que uma agulha magnetizada visualmente deslocava-se década após década, sugerindo uma pequena variação no campo magnético da Terra. Hans Christian Oersted (professor de ciências na Universidade de Copenhague), em 1820, montou um experimento para demonstrar a seus discípulos e amigos o aquecimento de condutores elétricos devido à corrente, e ainda um experimento sobre magnetismo, o qual continha uma agulha metálica montada em uma base de madeira.

Enquanto fazia a demonstração elétrica, Oersted percebeu que, ao fazer a corrente fluir pelo condutor, a agulha movia-se. A agulha não era nem atraída nem repelida; ao contrário, procurava uma posição fixa em relação ao condutor. Oersted acabou publicando suas observações sem explicar nem entender o fenômeno.

André Marie Ampère, na França, percebeu que, se uma corrente em um condutor exercia uma força magnética sobre uma agulha, dois condutores também deveriam apresentar essa interação. Com uma série de experimentos, mostrou que as interações eram simples e fundamentais. Quando em paralelo, ocorria atração; e, quando em antiparalelo, ocorria repulsão. A força entre os dois condutores era inversamente proporcional à distância entre eles e diretamente proporcional à intensidade da corrente que fluía pelos mesmos. Iniciavam-se os estudos sobre magnetismo e eletromagnetismo.

Quando um condutor se desloca, em um campo magnético, de forma que o número de linhas de campo que o atravessam varia com o tempo, é induzida uma diferença de potencial entre seus terminais. A **lei de Faraday** determina que, se uma bobina de N espiras estiver posicionada na região em que o fluxo magnético está variando, a tensão induzida na bobina, V_b[V], é dada por

$$V_b = N\frac{d\Phi}{dt}$$

sendo N o número de espiras da bobina e $d\Phi/dt$ a taxa de variação do fluxo que atravessa a bobina. Para que o fluxo varie, basta que a bobina esteja se movendo em uma região em que o campo magnético não é uniforme, ou que a intensidade do campo esteja variando.

Segundo a **lei de Lenz**, um efeito induzido em um condutor ocorre sempre de forma a se opor à causa que o produziu. A propriedade de uma bobina de se opor a qualquer variação de corrente é medida por sua **indutância** L, dada em henries [H]. Cabe observar que indutores são bobinas de vários tamanhos que introduzem quantidades específicas de indutância em um circuito. Além de parâmetros geométricos, a indutância depende das propriedades magnéticas de seu núcleo, e normalmente são utilizados materiais ferromagnéticos para aumentar seu valor, ocasionando, portanto, aumento do fluxo magnético no interior da bobina.

O conjunto de linhas de fluxo que emergem do polo sul até o polo norte de um ímã é denominado fluxo magnético Φ. A unidade de fluxo magnético no SI é o weber (Wb). Um weber é igual a 10^8 linhas de fluxo do campo magnético.

O número de linhas de campo magnético, por unidade de área, é chamado **densidade de fluxo magnético** ($\vec{B}$):

$$B = \frac{\Phi}{A}\left[\frac{\text{Wb}}{\text{m}^2} = T\right]$$

sendo Φ o fluxo magnético (Wb) e A (m^2) a área da superfície. A densidade de fluxo magnético $\vec{B}$ define o grau com que o campo magnético é contido na bobina. O tesla [1] é a sua unidade no SI.

Se uma corrente percorrer uma bobina com N espiras, pode-se definir a intensidade de campo magnético $\vec{H}$:

$$H = \frac{NI}{l}$$

em que I é a corrente fluindo pela bobina, l é a distância entre os polos dessa bobina e N o número de espiras. A intensidade de campo magnético é geralmente representada pela letra H. Como se trata de uma grandeza que tem direção e sentido, a mesma é representada como um vetor $\vec{H}$.

Em um ímã permanente do tipo barra existem as linhas de campo concentradas nas extremidades e dispersas no centro. Dessa forma, a densidade $\vec{B}$ é maior nas extremidades, conforme mostra a Figura 8.24.

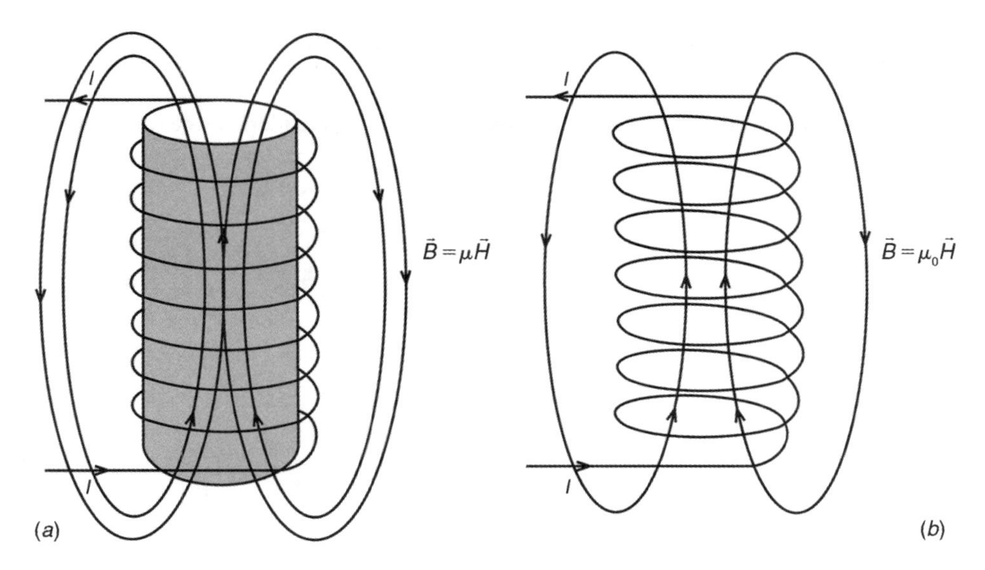

FIGURA 8.24 Densidade de fluxo magnético no interior de uma bobina: (*a*) com núcleo e (*b*) sem núcleo.

A intensidade de campo magnético está relacionada com a densidade de fluxo ou indução magnética $\vec{B}$ por uma constante μ, denominada permeabilidade magnética. A densidade de fluxo magnético ou indução magnética é proporcional à permeabilidade magnética no interior da bobina:

$$\vec{B} = \mu\vec{H}$$

No vácuo, a permeabilidade magnética é denominada μ_0 e tem o valor de $4\pi \times 10^{-7}$ Tm/A.

Diferentes materiais no interior da bobina produzem diferentes intensidades de fluxo magnético (μ diferente), como ilustra a Figura 8.25. Ainda se pode definir a permeabilidade relativa (adimensional) como:

$$\mu_r = \frac{\mu}{\mu_0}.$$

A permeabilidade relativa do material representa o grau a que o mesmo pode ser magnetizado ou a facilidade com que uma densidade de fluxo magnética $\vec{B}$ pode ser induzida na presença de um campo externo $\vec{H}$.

O ímã permanente em forma de barra (como na Figura 8.26) é provavelmente uma das fontes de campo magnético mais conhecidas.

A intensidade de campo magnético de um ímã ou de qualquer outro objeto polarizado pode ser descrita por

$$\vec{H} = \frac{3(\vec{m} \times \hat{u}_r)\hat{u}_r - \vec{m}}{r^3}$$

em que $\hat{u}_r$ é o vetor unitário na direção de r, r é a distância entre a fonte do campo magnético e o ponto de medida e $\vec{m}$ é o momento do dipolo magnético.

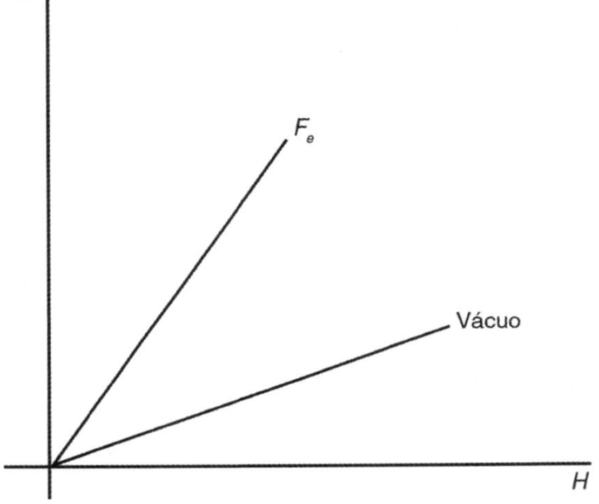

FIGURA 8.25 Influência de diferentes materiais na relação $B \times H$.

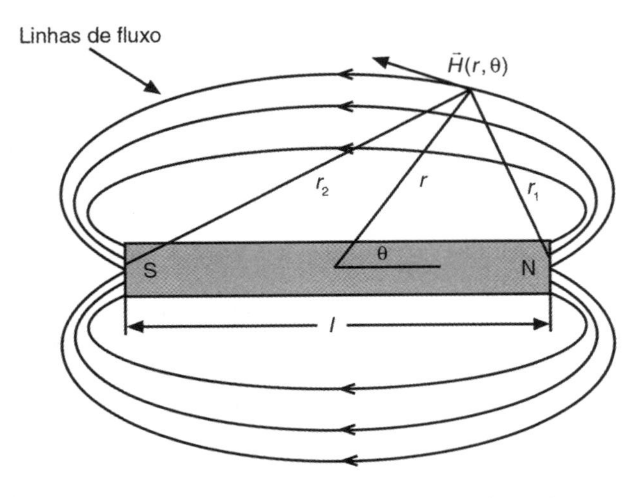

FIGURA 8.26 Ímã permanente e as linhas de fluxo do campo magnético.

TABELA 8.3 Unidades para densidade e intensidade de campo magnético

Sistema de unidades	Densidade de fluxo magnético $\vec{B}$	Intensidade de campo magnético $\vec{H}$
SI	Tesla: $1T = 1 V s/m^2$	A/m
	Gauss: $1 G = 10^{-4} T$	Oersted: $1 Oe = \frac{10^3}{4\pi} \frac{A}{m}$

TABELA 8.4 Conversão de unidades para densidade de fluxo magnético

	T	G	Gama	$weber/m^2$	$weber/in^2$
1T	1	10000	10^9	1	155038759689,92
1G	0,0001	1	10^5	10^{-4}	15503875,96
1 gama	10^{-9}	10^{-5}	1	10^{-9}	155,03
$weber/m^2$	1	10^4	10^9	1	155038759689,92
$weber/in^2$	$6{,}45 \times 10^{-12}$	$6{,}45 \times 10^{-8}$	$6{,}45 \times 10^{-3}$	$6{,}45 \times 10^{-12}$	1

A intensidade do campo de um objeto magnetizado depende da densidade ou da distribuição dos momentos magnéticos em um volume, dado por

$$\vec{M} = \frac{\vec{m}}{volume}.$$

Assim como a intensidade de campo magnético, a magnetização $\vec{M}$ é uma grandeza vetorial e depende das propriedades magnéticas do material, podendo ser originada por fontes internas ou então ser induzida por um campo externo. Dessa forma, se no interior de uma bobina existir um material, deve-se levar em conta também o vetor magnetização $\vec{M}$, cuja relação com a densidade de fluxo é

$$\vec{B} = \mu_0(\vec{H} + \vec{M})$$

sendo μ_0 a permeabilidade magnética do vácuo, $\vec{H}$ a intensidade de campo magnético e $\vec{M}$ o vetor magnetização.

Nesse caso, os vetores indução magnética ($\vec{B}$) e intensidade magnética ($\vec{H}$) não têm necessariamente a mesma direção. Alguns materiais possuem propriedades magnéticas anisotrópicas[1] que fazem esses dois vetores apontarem para direções diferentes.

O vetor magnetização pode ser composto por componentes induzidos ou permanentes. Enquanto a magnetização permanente não depende de campo externo, o vetor magnetização induzido só existe na presença de campo externo.

[1] Materiais cujas propriedades magnéticas não dependem preferencialmente de uma direção são denominados isotrópicos, enquanto os materiais que dependem preferencialmente de uma direção são denominados anisotrópicos.

TABELA 8.5 Conversão de unidades para intensidade de campo magnético

	A/m	Oe
$1 A/m$	1	0,01256
1 Oe	79,5775	1

As Tabelas 8.3 a 8.5 mostram as unidades e conversões de unidades para grandezas magnéticas.

8.4.2 Comportamento magnético dos materiais

Cada elétron no átomo tem um campo magnético associado. A intensidade desse campo depende do seu momento magnético. Esse momento é definido como momento de Bohr, o qual tem intensidade de $9{,}27 \times 10^{-24}$ Am^2 ou J/T.

Cada elétron produz um dipolo magnético formado por dois fenômenos:

- A direção do *spin*[2] determina a orientação do dipolo produzido (no caso, pelo *spin* eletrônico), conforme mostra a Figura 8.27 (regra da mão direita).
- A direção da órbita do elétron (em relação ao núcleo) determina um dipolo no átomo, conforme mostra a Figura 8.28.

[2] Movimento de rotação do elétron. O *spin* pode assumir dois estados, de acordo com a direção do movimento.

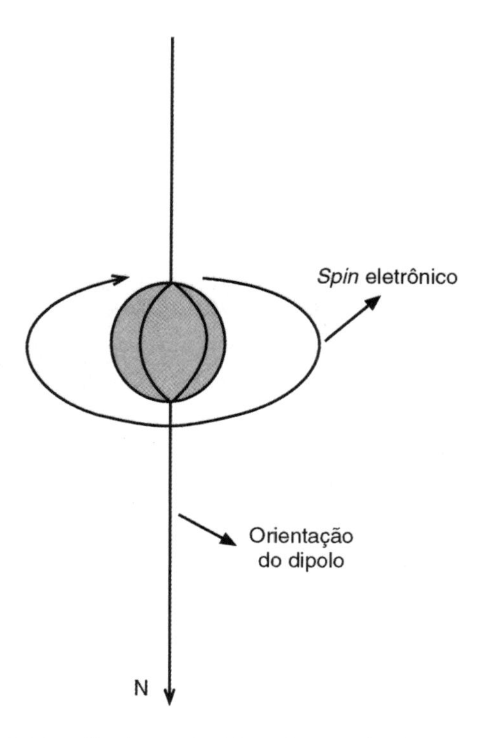

FIGURA 8.27 Dipolo produzido pelo *spin* eletrônico.

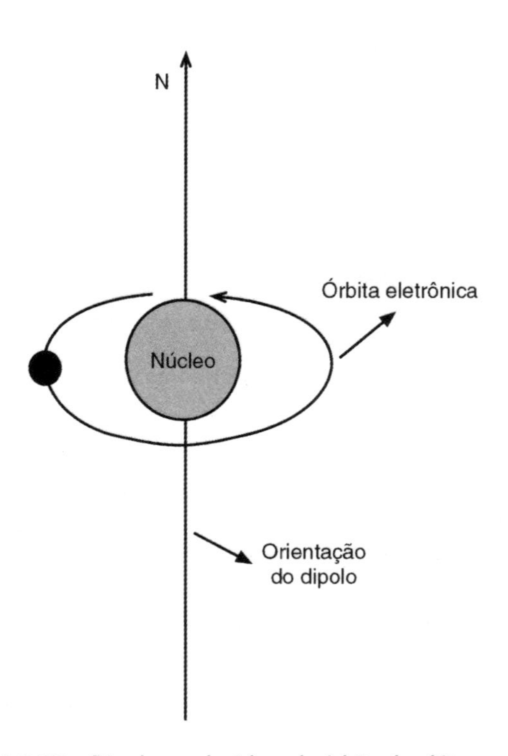

FIGURA 8.28 Dipolo produzido pela órbita do elétron.

Sempre que dois elétrons ocuparem os mesmos orbitais (mesmos números quânticos, exceto *spin*), os *spins* desses elétrons são opostos, de acordo com o princípio de exclusão de Pauli. Dessa forma, os momentos magnéticos produzidos são cancelados (Figura 8.29). Os elementos de transição possuem um orbital *d* que não é preenchido. Devido à natureza

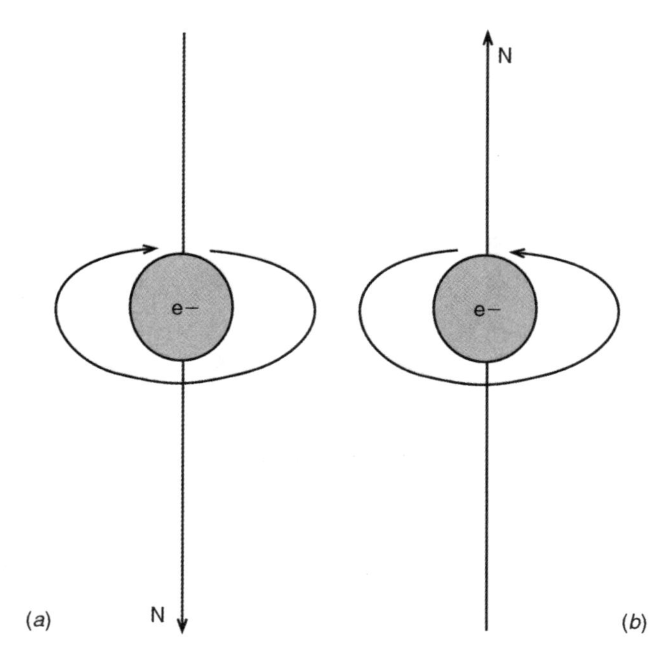

FIGURA 8.29 Elétrons com *spins* opostos.

assimétrica desse orbital e à sequência em que o mesmo é preenchido, esses elementos formam materiais que apresentam comportamento magnético.

A configuração eletrônica mais estável requer que todos os orbitais *d* sejam preenchidos pela metade (1 elétron) antes de se preencher o segundo elétron.

O diagrama da Figura 8.30(*a*) mostra os *spins* do nível *d* para a primeira série dos elementos de transição 3*d*. A Figura 8.30(*b*) mostra a ordem de preenchimento dos orbitais para o rutênio.

Como descrevemos anteriormente, quando um campo magnético é aplicado a um material, surge um fluxo magnético. A permeabilidade do material determinará a densidade desse fluxo.

Os materiais são classificados, de acordo com suas propriedades magnéticas, em

- ferromagnéticos;
- ferrimagnéticos;
- paramagnéticos;
- antiferromagnéticos;
- diamagnéticos.

8.4.2.1 Materiais ferromagnéticos

Quando os orbitais assimétricos *d* contêm elétrons desemparelhados, eles produzem um momento magnético no átomo. Em algumas estruturas, os dipolos nos átomos adjacentes interagem alinhando-se e produzindo magnetização permanente nesse material. Quando um campo magnético é induzido nos materiais ferromagnéticos, os dipolos podem alinhar-se para formar uma magnetização maior. A Figura 8.31 mostra esses efeitos nos materiais ferromagnéticos. Materiais ferromagnéticos exibem alinhamento paralelo de seus momentos

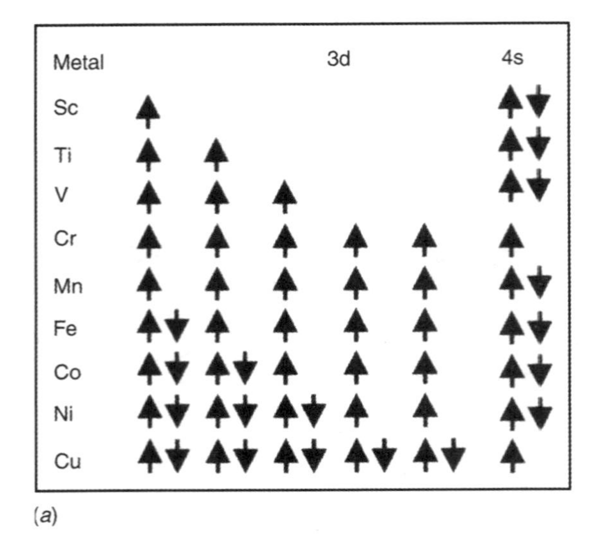

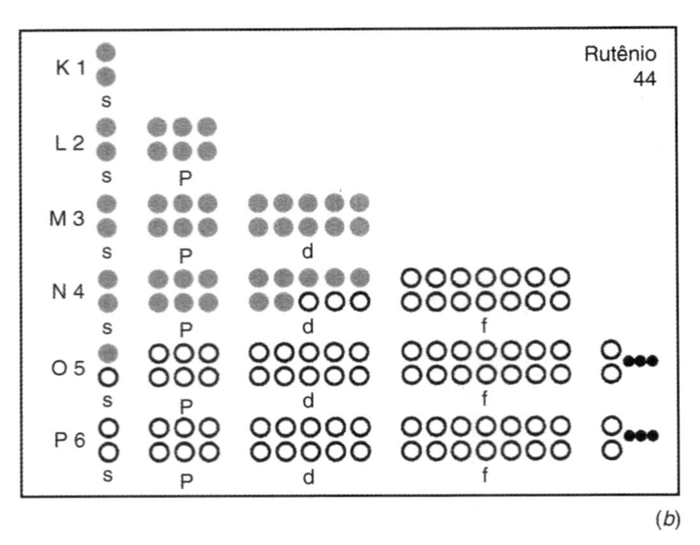

FIGURA 8.30 (*a*) *Spins* do nível *d* para primeira série dos elementos de transição e (*b*) ordem de preenchimento dos orbitais para o rutênio.

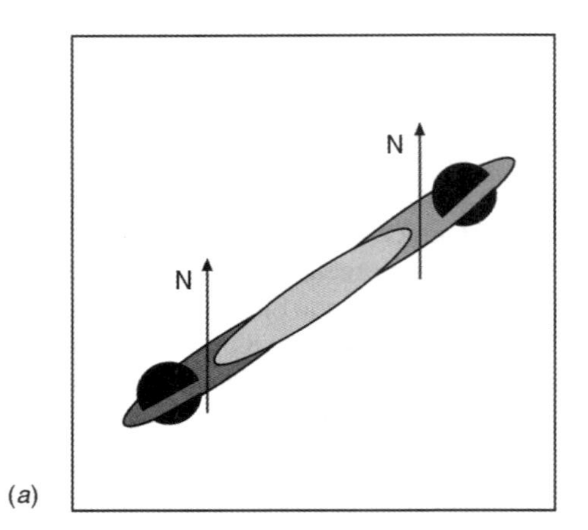

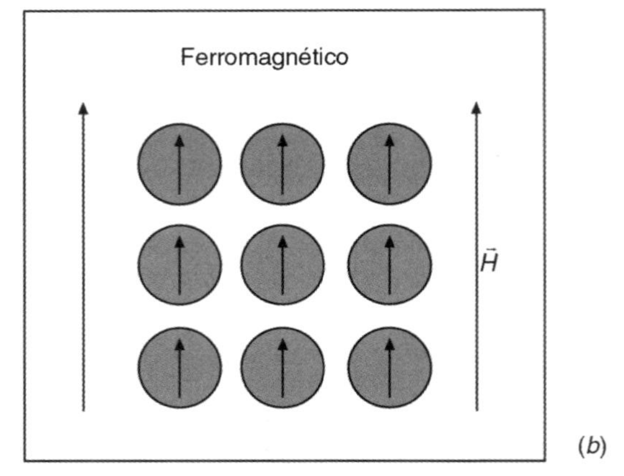

FIGURA 8.31 (*a*) Superposição de orbitais *d* e (*b*) alinhamento dos dipolos em materiais ferromagnéticos.

resultando em grande magnetização até mesmo na ausência de campo magnético. Os elementos Fe, Ni, Co e muitas de suas ligas são exemplos de materiais ferromagnéticos.

8.4.2.2 Materiais ferrimagnéticos

Em compostos como óxidos, algumas formas de ordenamento magnético podem ocorrer devido à estrutura cristalina. A estrutura magnética é composta por sub-redes magnéticas separadas pelo oxigênio. As interações são mediadas por ânions de oxigênio e resultam no alinhamento dos dipolos magnéticos em antiparalelo, de modo que ocorre um cancelamento parcial do campo. Quando um campo externo é aplicado, alguns dipolos se alinham com ele enquanto outros ficam em direção oposta. Um exemplo de material ferrimagnético é a magnetita (Fe_3O_4), cuja estrutura é ilustrada na Figura 8.32 (*a*). Observe que o ferrimagnetismo é semelhante ao ferromagnetismo por apresentar magnetização espontânea, temperatura de Curie, histerese e remanência; entretanto, materiais ferrimagnéticos e ferromagnéticos possuem ordenamentos magnéticos diferentes.

8.4.2.3 Materiais paramagnéticos

O paramagnetismo consiste na tendência de os dipolos magnéticos alinharem-se com um campo externo. Sua permeabilidade relativa é maior que a unidade. O paramagnetismo é causado por, pelo menos, um orbital no átomo, molécula ou íon, o que gera um dipolo magnético permanente. Os dipolos não interagem entre si, mas podem alinhar-se a campos externos. Esse efeito, no entanto, é pequeno e transiente.

Materiais paramagnéticos e diamagnéticos são considerados não magnéticos porque exibem magnetização apenas na presença de um campo externo. Exemplos de materiais que exibem paramagnetismo: compostos contendo Pt, Fe, Pd e elementos de terras-raras.

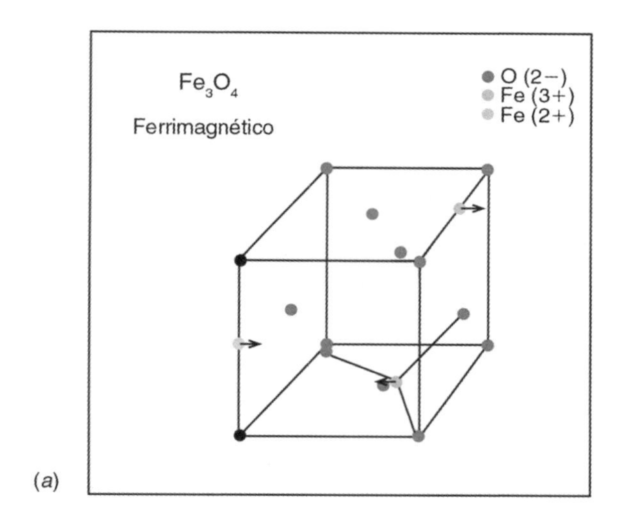

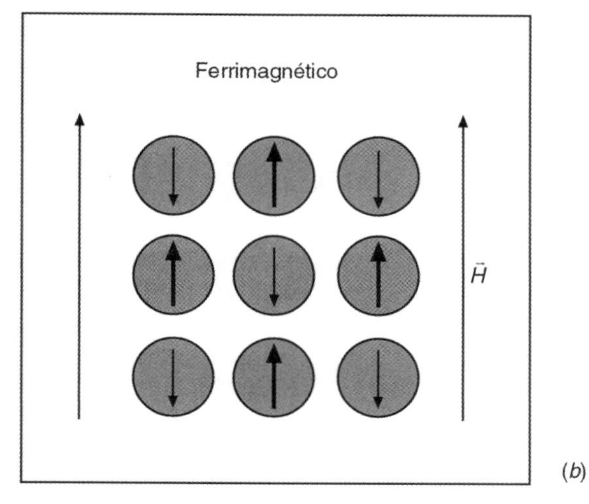

FIGURA 8.32 Estrutura de um material ferrimagnético: (*a*) detalhe da estrutura cristalina da magnetita e (*b*) alinhamento dos dipolos magnéticos.

8.4.2.4 Materiais antiferromagnéticos

Alguns elementos que apresentam momentos magnéticos são antiferromagnéticos devido à estrutura de sua rede cristalina. Nesses materiais, os átomos estão arranjados de maneira que os orbitais *d* interagem entre si. Ao contrário dos materiais ferromagnéticos, a interação gera dipolos opostos, e o material não reage a um campo induzido. Os momentos magnéticos são ordenados na mesma direção, porém em sentidos inversos. O resultado é um cancelamento ou a redução dos valores desses momentos. O fluxo magnético desses materiais é o mesmo do vácuo. A Figura 8.34 mostra o detalhe da estrutura e da disposição dos dipolos de um material antiferromagnético. Exemplos de materiais antiferromagnéticos são o óxido de manganês (MnO) e o óxido de magnésio (MgO).

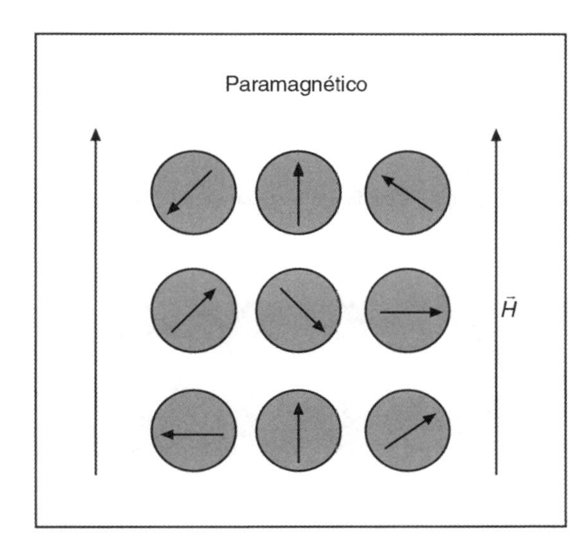

FIGURA 8.33 Disposição dos dipolos em materiais paramagnéticos.

8.4.2.5 Materiais diamagnéticos

Ao aplicar um campo magnético externo em um material diamagnético, o mesmo gera um campo no sentido oposto, resultando em um efeito de repulsão.

Esse comportamento origina-se no fato de os elétrons agruparem-se em pares com *spins* orientados em direções contrárias. Assim, o *spin* total é nulo. Um campo magnético atuando no átomo influencia o momento magnético dos elétrons e em suas órbitas (mudança no movimento orbital de elétrons devido a um campo externo). Isso induz um dipolo magnético que se opõe ao campo externo, conforme mostra a Figura 8.35. A magnetização desses materiais é levemente menor que zero, e a permeabilidade relativa é menor que a unidade. A maior parte das substâncias são diamagnéticas. Exemplo: água, vidro, plástico etc.

Domínios magnéticos e a temperatura de Curie

Domínios são arranjos organizados de dipolos magnéticos de *spins*. Para cada *spin*, a energia é minimizada alinhando-se com os *spins* da vizinhança. O valor do *spin* depende da temperatura. A baixas temperaturas, domínios uniformes formam-se e crescem. A temperaturas médias, os domínios continuam se formando, mas alguns átomos possuem energia suficiente para que seus dipolos temporariamente se oponham ao domínio. Acima da temperatura de Curie (TC), os domínios não se formam. Para esse nível de energia térmica, os átomos mudam seus *spins* frequente e aleatoriamente, e o material deixa de ser ferromagnético.

As interfaces entre os domínios mudam continuamente de uma direção para outra, reorientando os *spins*. A Figura 8.36 mostra a dependência dos domínios magnéticos com a temperatura.

Laço de histerese

Em condições normais, inicialmente os domínios estão arranjados aleatoriamente e o magnetismo total é zero. Quando um

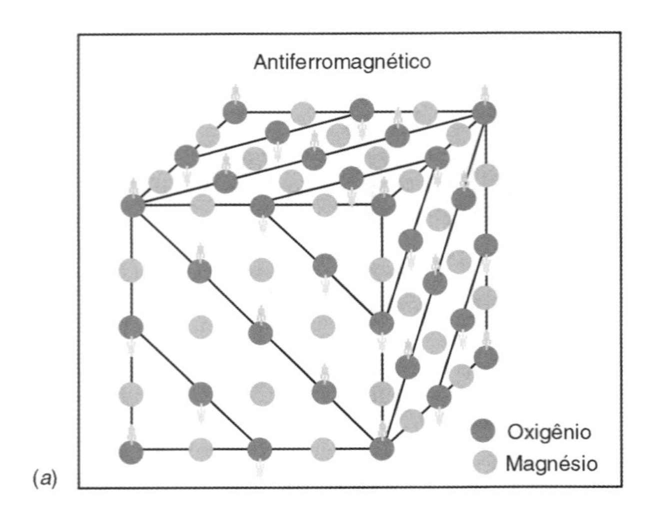

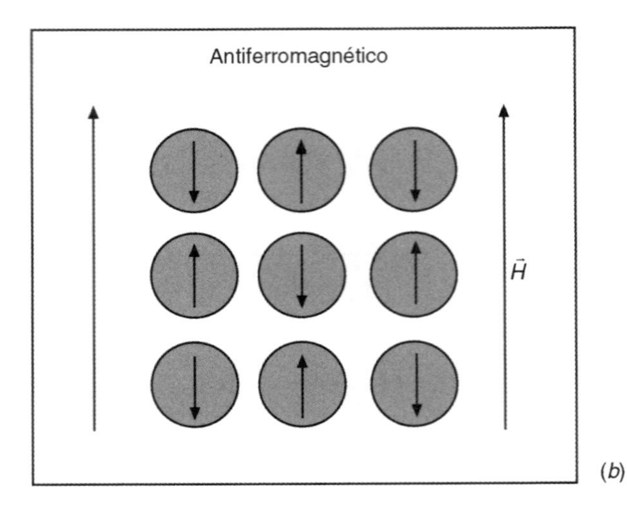

FIGURA 8.34 (a) Detalhe da estrutura e (b) da disposição dos dipolos de um material antiferromagnético.

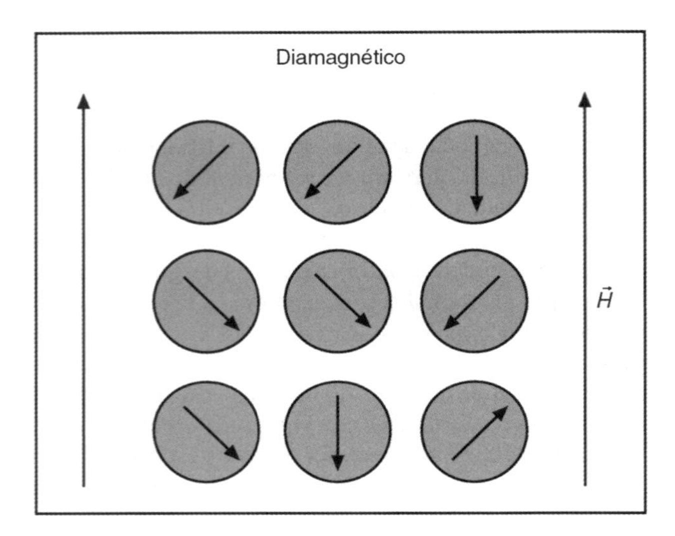

FIGURA 8.35 Disposição dos dipolos em um material diamagnético.

campo externo é aplicado a determinado material, os domínios alinham-se com o campo até alcançarem a saturação. Nesse ponto, mesmo aumentando o campo, a magnetização permanece a mesma. Após o campo ser removido, ainda existe um campo remanescente. Um campo na direção oposta é necessário para alcançar a magnetização zero novamente. Aumentando o campo na direção oposta, é alcançada a saturação novamente com os domínios orientados no sentido oposto. O procedimento descrito é denominado laço de histerese e pode ser visualizado na Figura 8.37.

O comportamento de materiais magnéticos é determinado pelo formato do laço de histerese. A potência de um ímã permanente está relacionada com a energia necessária para desmagnetizá-lo. Isto é determinado pelo produto $B \times H$ do laço de histerese.

Ímãs que têm um laço de histerese estreito são denominados macios (*soft*). Esses ímãs apresentam alta permeabilidade, alta magnetização de saturação, pequena remanência,[3] pequeno laço de histerese, resposta em frequências elevadas e alta resistividade. Ímãs permanentes com laços de histerese largos são denominados duros (*hard*). Esses ímãs apresentam alta remanência, alta permeabilidade, laço de histerese grande e potência alta (produto *BH*). A Figura 8.38 mostra os laços de histerese de materiais duros e macios.

Em um material magnético duro (*hard*), a componente de magnetização permanente prevalece (por exemplo, um ímã permanente). Em um material magnético macio (*soft*), o vetor magnetização é, em sua maioria, induzido e pode ser descrito por

$$\vec{M} = \chi \vec{H}$$

[3] Remanência é a capacidade de um material de reter o magnetismo que foi induzido.

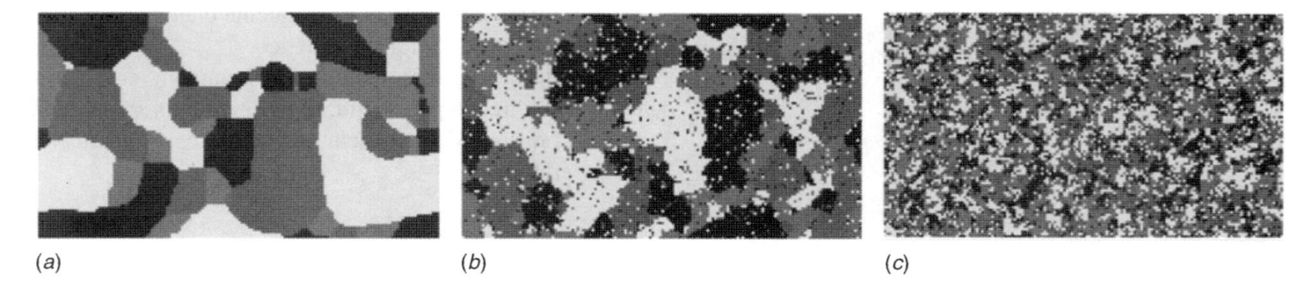

FIGURA 8.36 Domínios magnéticos influenciados por temperaturas: (a) baixas, (b) médias e (c) altas.

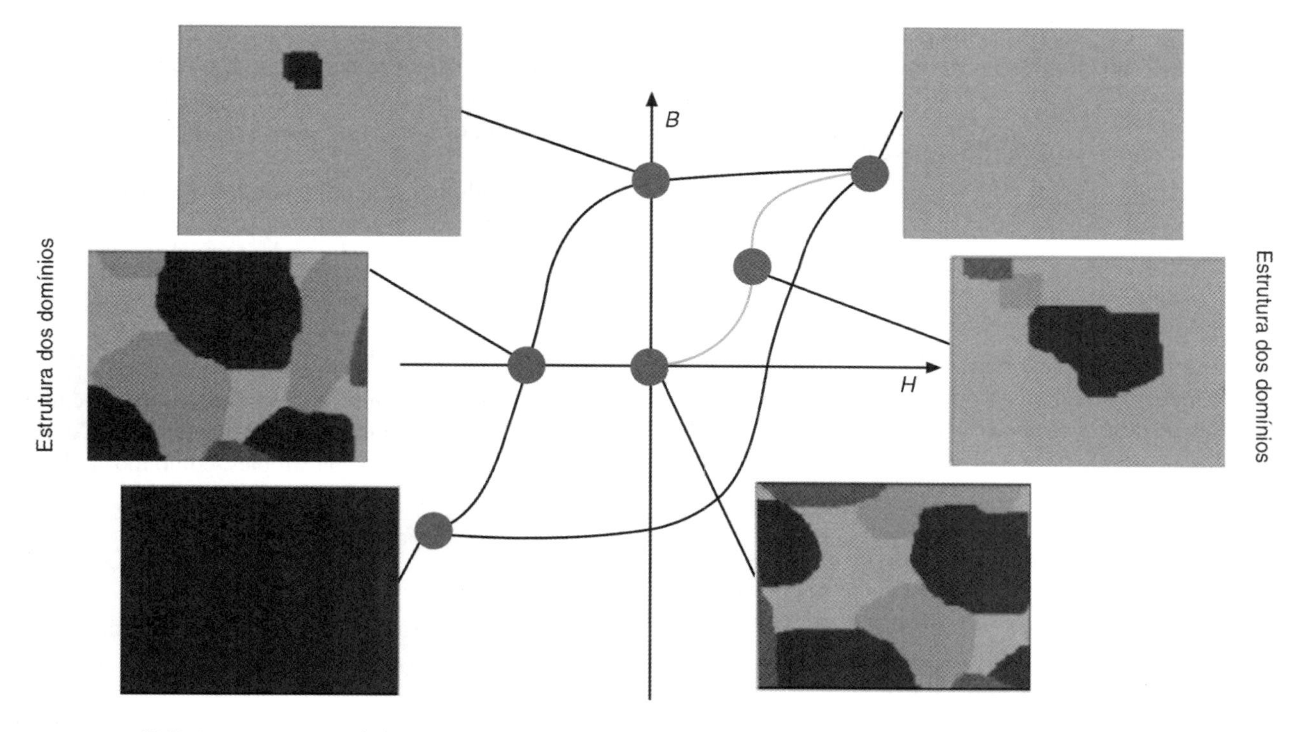

FIGURA 8.37 Laço de histerese com a condição dos domínios magnéticos nos pontos característicos.

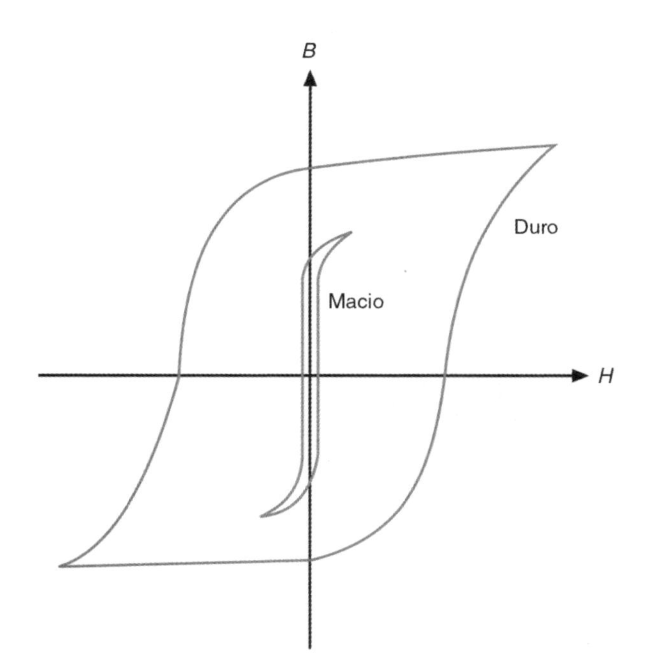

FIGURA 8.38 Curva de histerese de materiais macios e duros.

sendo χ denominado suscetibilidade magnética. Pode-se então rearranjar a equação de $\vec{B}$:

$$\vec{B} = \mu_0(1 + \chi)\vec{H}.$$

Pode-se ainda definir $\mu = (1 + \chi)$ como permeabilidade relativa do material magneticamente macio.

Em se tratando de materiais isotrópicos, χ é um escalar, e o vetor magnetização segue o campo magnético $\vec{H}$. Entretanto, se o material for anisotrópico, χ deve ser descrito por um tensor, e o vetor magnetização depende da direção da magnetização.

Quando dois materiais de permeabilidades diferentes apresentam-se como caminho para o fluxo magnético, este se dirige para o de maior permeabilidade (princípio da relutância mínima).

Princípio da relutância mínima

A relutância $\Re$ de um circuito magnético representa a "resistência magnética". A mesma é calculada com

$$\Re = \frac{l}{\mu \times A},$$

sendo $\Re$[Ae/Wb] a relutância, l [m] o comprimento do caminho magnético, A [m^2] a área da secção e μ a permeabilidade do material [H/m]. Portanto, a relutância é a propriedade de um meio de se opor ao fluxo magnético.

A **lei de Rowland**, para circuitos magnéticos, determina que o fluxo magnético Φ[Wb] é diretamente proporcional à **força magnetomotriz** (f.m.m ou $\Im$, a qual representa a influência externa necessária para se estabelecer um fluxo magnético no interior do material) e inversamente proporcional à relutância $\Re$:

$$\Phi = \frac{\Im}{\Re}.$$

TABELA 8.6 Comparação entre parâmetros dos circuitos elétricos e magnéticos

	Circuito	
	Elétrico	**Magnético**
Causa	V[V]	I[Ae]
Efeito	I[A]	F[Wb]
Oposição	R[W]	R[Ae/Wb]

Na prática, a força magnetomotriz $\Im$[Ae] é proporcional ao produto do número de espiras N em torno do núcleo (no interior do qual se deseja estabelecer o fluxo magnético) pela intensidade da corrente I que atravessa o enrolamento:

$$\Im = N \times I.$$

Existe grande semelhança entre a análise de circuitos elétricos e a análise de circuitos magnéticos, como se pode observar nos parâmetros causa, efeito e oposição apresentados na Tabela 8.6.

Por analogia com a lei de Kirchhoff para tensões, $\Sigma V = 0$, a **lei de Ampère** estabelece que, em circuitos magnéticos, $\Sigma\Im = 0$, ou seja, em um caminho fechado de um circuito magnético, a soma algébrica das variações de força magnetomotriz (f.m.m. ou $\Im$) é nula. Da mesma forma, é possível traçar uma analogia para fluxo magnético com a **lei de Kirchhoff** para correntes. Sendo assim, a soma de fluxos que entram em uma junção de um circuito magnético é igual a zero.

O efeito indutivo é utilizado em vários sensores. Um transdutor que utiliza o efeito indutivo é o LVDT (*linear voltage differential transformer*). Esse transdutor é geralmente utilizado para medir deslocamentos (veja o Capítulo 11). Além desta, existem aplicações de sensores indutivos em medidores de velocidade, detectores de posição e detectores de metais, entre outros.

O efeito indutivo é geralmente aplicado na detecção de campos magnéticos ou em conjunto com a variação de algum parâmetro como a permeabilidade do núcleo baseado na **lei de Faraday**.

Indutor de relutância variável

A utilização de uma bobina com um núcleo móvel é uma estratégia utilizada em muitos sensores indutivos. Consideremos inicialmente uma bobina simples, como mostrado na Figura 8.39(a). O valor da indutância é dado por

$$L = \frac{N^2 \mu A}{l}$$

em que N é o número de espiras, μ é a permeabilidade magnética do meio, A é a área da secção da bobina e l é o comprimento.

A Figura 8.39(b) mostra uma bobina com dois núcleos distintos. Nesse caso, o cálculo da indutância deve levar em conta o novo meio. Consequentemente, teremos duas indutâncias:

$$L_1 = \frac{N_1^2 \mu_1 A}{l_1}$$

$$L_2 = \frac{N_2^2 \mu_2 A}{l_2}$$

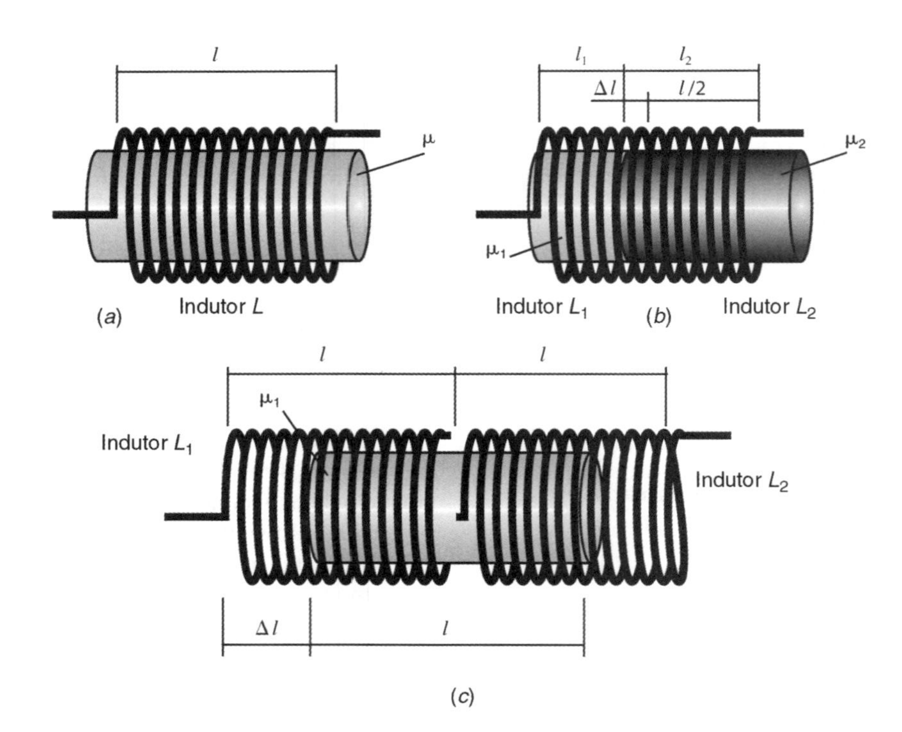

FIGURA 8.39 (a) Bobina com um núcleo. (b) Bobina com dois núcleos de permeabilidades magnéticas distintas. (c) Configuração diferencial composta por duas bobinas e um núcleo em comum.

$$L = A\left[\frac{N_1^2\mu_1}{l_1} + \frac{N_2^2\mu_2}{l_2}\right]$$

Se considerarmos que o núcleo tem sua posição inicial no centro da bobina, podemos afirmar que as posições relativas dependem de Δl:

$$l_1 = \frac{l}{2} + \Delta l$$

$$l_2 = \frac{l}{2} - \Delta l$$

sendo l o comprimento total da bobina. Considerando ainda os números de espiras

$$N_1 = N + \Delta N$$

$$N_2 = N - \Delta N$$

sendo N o número total de espiras e assumindo que as espiras encontram-se uniformemente espaçadas, podemos ainda definir um fator de ocupação k. Assim,

$$N = kl$$

$$\Delta N = k\Delta l$$

Substituindo no cálculo da indutância,

$$L = A\left[\frac{(N + \Delta N)^2\mu_1}{\frac{l}{2} + \Delta l} + \frac{(N - \Delta N)^2\mu_2}{\frac{l}{2} - \Delta l}\right]$$

$$L = A\left[\frac{k^2\left[\frac{l}{2} + \Delta l\right]^2\mu_1}{\frac{l}{2} + \Delta l} + \frac{k^2\left[\frac{l}{2} - \Delta l\right]^2\mu_2}{\frac{l}{2} - \Delta l}\right]$$

$$= A\,k^2\left[\left(\frac{l}{2} + \Delta l\right)\mu_1 + \left(\frac{l}{2} - \Delta l\right)\mu_2\right]$$

$$L = \frac{A\,N^2}{l}\left[(\mu_1 + \mu_2)\frac{1}{2} + (\mu_1 - \mu_2)\frac{\Delta l}{l}\right]$$

Finalmente, a Figura 8.39(*c*) mostra uma configuração diferencial, composta por duas bobinas e um núcleo em comum. Observe que o comprimento do núcleo é igual ao comprimento de uma bobina. Essa configuração consiste apenas na duplicação da configuração mostrada na Figura 8.39(*b*).

Considerando que a posição inicial do núcleo é centralizada com a bobina, podemos afirmar que na posição inicial os indutores são iguais $L_1 = L_2 = L_o$. Da expressão anterior, podemos deduzir que $L_1 = L_2 = L_o$ quando $\Delta l = 0$:

$$L_1 = L_2 = L_o = \frac{A\,N^2}{l}(\mu_1 + \mu_2)\frac{1}{2}$$

Como a configuração é diferencial, enquanto um dos indutores aumenta o valor da indutância o outro diminui (devido a direção de Δl):

$$L_1 = L_o\left(1 + \alpha\frac{\Delta l}{l}\right)$$

$$L_2 = L_o\left(1 - \alpha\frac{\Delta l}{l}\right)$$

em que α depende das permeabilidades magnéticas dos meios:

$$\alpha = 2\frac{\mu_1 - \mu_2}{\mu_1 + \mu_2}$$

Se agora considerarmos que a indutância inicial L_o é incrementada por um dos indutores e igualmente decrementada pelo indutor correspondente, temos:

$$L_1 = L_o\left[1 + \alpha\frac{\Delta l}{l}\right]$$

e

$$L_2 = L_o\left[1 - \alpha\frac{\Delta l}{l}\right]$$

A configuração diferencial torna-se importante, à medida que as ligações de L_1 e L_2 são feitas da seguinte maneira:

$$\frac{L_1 - L_2}{L_1 + L_2} = \alpha\frac{\Delta l}{l}$$

Esse resultado é importante, uma vez que a saída mostra a relação linear com Δl. Além disso, observe que a relação do lado esquerdo da equação cancela efeitos parasitas comuns às duas bobinas. Esse método é muito utilizado no processamento de sinais de sensores indutivos (e capacitivos). Existem blocos analógicos, construídos para executar a relação anterior. Para mais detalhes, veja o condicionador AD598 (ou reporte-se ao Capítulo 11 desta obra, onde o LVDT é abordado).

8.4.3 Aplicações

8.4.3.1 Detector de proximidade indutivo

O princípio do detector de proximidade indutivo baseia-se na alteração da indutância de uma bobina na presença de um núcleo de metal. A bobina pode ser parte de um circuito em ponte, ou apenas um indutor em um circuito, no qual a presença de um metal causará uma condição de perda de equilíbrio. Sensores comerciais que utilizam esse princípio operam ligados a dispositivos de saída (transistores, tiristores, entre outros).

Os detectores de proximidade constituem-se, de modo geral, de quatro blocos característicos: oscilador, demodulador, um circuito de disparo (*trigger*) e um circuito de saída, além do sensor ligado ao primeiro bloco. A Figura 8.40 mostra os blocos citados.

O detector de proximidade indutivo é um elemento ativo capaz de efetuar um chaveamento elétrico sem que seja preciso algum corpo metálico tocá-lo fisicamente (sensor sem contato). Conforme mostra o diagrama de blocos da Figura 8.40, existe um circuito cuja frequência de oscilação é modificada quando se introduz um objeto metálico no campo magnético da bobina, retornando à condição inicial quando se retira o

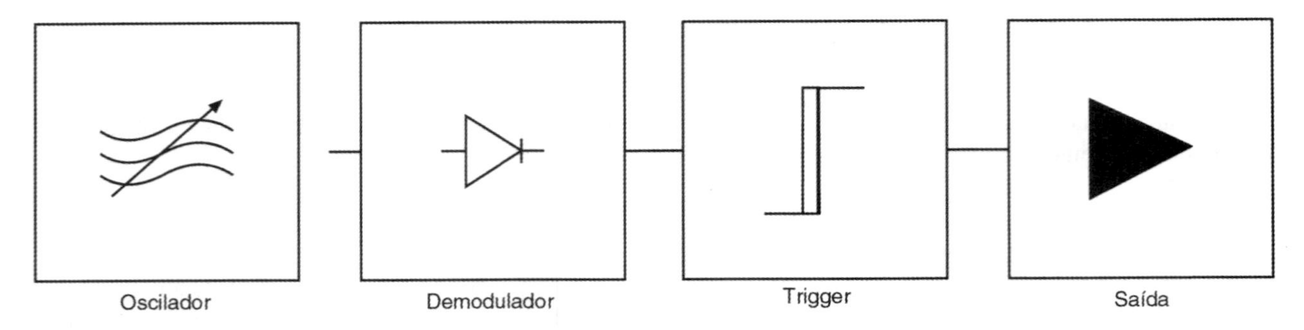

FIGURA 8.40 Blocos característicos de um detector de presença indutivo.

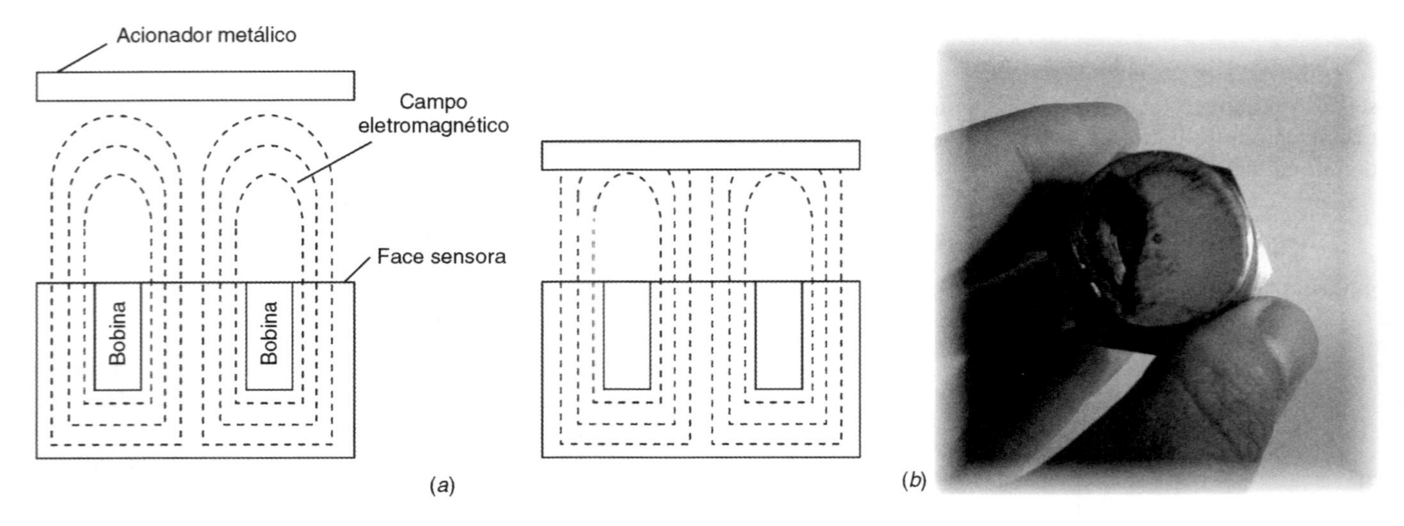

FIGURA 8.41 (*a*) Princípio de funcionamento do sensor de proximidade indutivo e (*b*) fotografia de um sensor indutivo comercial com a bobina sensora exposta.

objeto. As modificações do comportamento do oscilador são demoduladas e interpretadas pelo *trigger* de modo a obter-se uma saída digital, capaz de excitar um circuito de potência, como, por exemplo, um transistor ou um tiristor, obtendo-se, assim, uma chave liga-desliga em estado sólido, com condições de efetuar um chaveamento sobre bobinas de relés ou mesmo alterar a condição de um circuito lógico. Todo esse conjunto eletrônico é montado em invólucros de plástico ou metal e encapsulado com resina epóxi de alta densidade, formando um bloco sólido à prova de água, vibrações e intempéries. A Figura 8.41(*a*) mostra o princípio do sensor de proximidade indutivo; o objeto-alvo está representado pelo acionador metálico. A Figura 8.41(*b*) traz a fotografia de um sensor indutivo comercial.

O formato externo, bem como o tipo de saída, além de características específicas, pode variar de acordo com o fabricante e recomenda-se a consulta de manuais técnicos na aplicação desses detectores. A seguir, um exemplo de especificação de um detector de proximidade indutivo:

- tipo de alimentação: 24 V CC;
- quantidade de saídas: 2 saídas;
- tipo de saídas: em NPN normalmente aberto;
- formato: tubular;
- sensibilidade: com ajuste de sensibilidade.

Os detectores eletrônicos de proximidade indutivos são largamente utilizados na indústria por se tratar de sensores robustos, sem contato e versáteis quanto ao posicionamento. Deve-se salientar, entretanto, que esses sensores só se aplicam em casos em que o material pode sensibilizar o sensor, o que, na maioria das vezes, é material metálico.

A sensibilidade é medida em termos da distância média de detecção de um objeto de aço doce. Alguns termos e expressões são geralmente utilizados nesse tipo de sensores:

Alcance de detecção: o alcance para o qual um alvo de aproximação ativa ou muda o estado da saída.

Alcance efetivo: o alcance de um sensor de proximidade individual medido sob temperatura, tensão e condição de montagem nominais.

Alvo: qualquer objeto que ative o sensor.

Aproximação axial: a aproximação do alvo com seu centro mantido no eixo de referência.

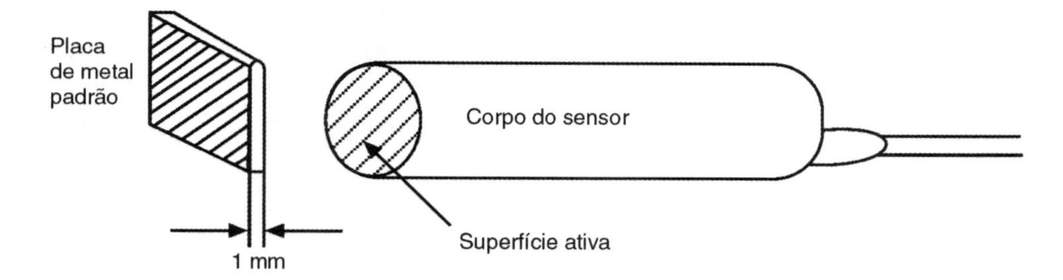

FIGURA 8.42 Superfície sensora dos sensores de proximidade indutivos.

Aproximação lateral: a aproximação do alvo perpendicular ao eixo de referência.

Blindado: sensor que pode ser instalado em moldura de metal, em montagem rente, até o plano da face de detecção ativa.

Corrente de carga mínima: o menor nível de corrente necessário para que o sensor apresente operação confiável.

Imunidade a campo de soldagem: a habilidade do sensor de não comutar sua saída falsa em presença de fortes campos eletromagnéticos.

Não blindado: sensor que apresenta maiores distâncias de detecção e um campo de irradiação eletromagnética maior, mas é sensível a metais em sua vizinhança.

Normalmente aberto: saída que se fecha sempre que um objeto é detectado na área de detecção ativa.

Normalmente fechado: saída que se abre sempre que um objeto é detectado na área de detecção ativa.

NPN: o sensor drena a corrente para o terminal negativo. Sua saída deve ser conectada ao terminal positivo da carga.

PNP: o sensor drena a corrente para o terminal positivo. Sua saída deve ser conectada ao terminal negativo da carga.

Ripple: a variação entre valores pico a pico em tensões CC. É expressa em porcentagem de tensão nominal.

Saída dupla: sensor com duas saídas que podem ser complementares ou que podem ser de um único tipo (isto é, duas saídas normalmente abertas ou normalmente fechadas).

Saídas complementares (N.A. ou N.F.): sensor de proximidade com recursos das saídas normalmente aberta e normalmente fechada, que podem ser usadas simultaneamente.

Sensor de proximidade a dois fios: sensor de proximidade que comuta uma carga ligada em série com a fonte de alimentação. A alimentação do sensor é provida através da carga.

Sensor de proximidade a três fios: sensor de proximidade CA ou CC com três condutores, dois dos quais servem à alimentação do sensor e um terceiro a ser ligado na carga.

Zona livre: a área ao redor do sensor de proximidade que deve ser mantida livre de qualquer material metálico (ou qualquer material detectável).

Superfície ou face ativa: onde é gerado o campo eletromagnético de alta frequência nos sensores, conforme mostra a Figura 8.42.

Metal ativador: pequena placa de aço SAE 1020 de forma quadrada com 1 mm de espessura, cujo lado deve ser igual ao diâmetro "D" do círculo registrado como superfície ativa.

Distância nominal de comutação (S_n): de acordo com a norma DIN EN 50.010, é a distância entre a face ativa do sensor e o metal ativador no momento em que ocorre o chaveamento do sensor, conforme mostra a Figura 8.43.

Repetitividade do ponto de comutação: fornece a dispersão de repetição da distância útil S_n entre duas comutações seguidas em um intervalo de oito horas com temperatura entre +20 e +30°C e uma tensão com variação máxima de 5 % da nominal.

Histerese de comutação: é a diferença entre a distância de comutação e a distância de desativação, a qual pode variar de um sensor para outro, devendo estar compreendida entre 3 % e 15 % de S_n, conforme mostra a Figura 8.44.

Frequência de comutação: maior número possível de comutações por segundo do sensor. Os dados para uma frequência de comutação seguem uma relação de intervalos de impulsos de 1:2, conforme mostra a Figura 8.45, de acordo com a norma DIN EN 50.010.

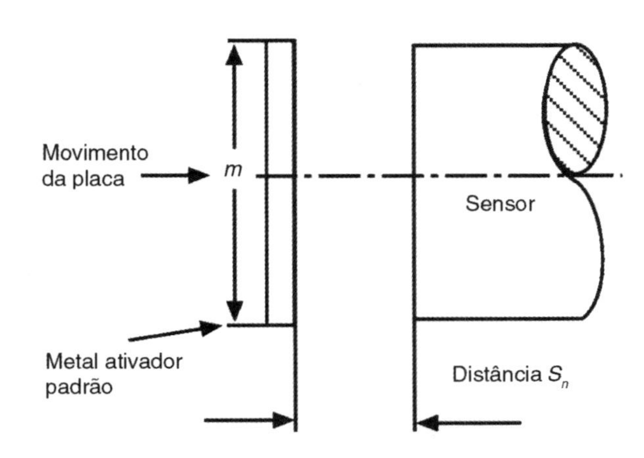

FIGURA 8.43 Ilustração da distância nominal de comutação.

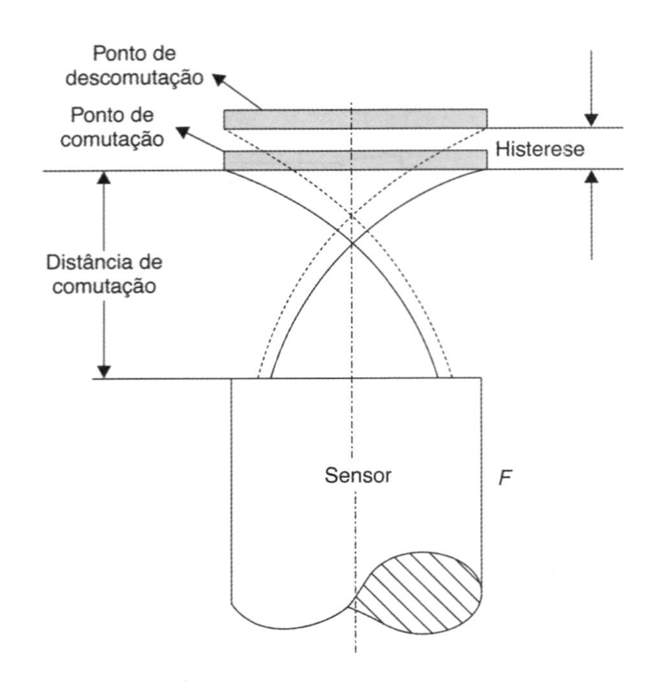

FIGURA 8.44 Ilustração da histerese de comutação.

O alcance desses sensores é variado, e devem-se consultar as especificações do fabricante. Porém é comum a utilização de fatores de correção que levam em conta as variações do material-alvo a ser detectado, conforme se pode observar na Tabela 8.7.

O tamanho e a forma do alvo também podem afetar o alcance. Os seguintes pontos devem ser considerados como orientação geral quanto ao tamanho e à forma do objeto:

- alvos planos são preferíveis;
- alvos arredondados podem diminuir o alcance;
- materiais não ferrosos normalmente diminuem o alcance;
- alvos menores que a face ativa reduzem o alcance;
- alvos maiores que a face ativa podem aumentar o alcance.

TABELA 8.7 Fatores de correção em sensores de proximidade indutivos para diferentes materiais

Material-alvo	Fator de correção
Aço-carbono	1,00
Aço inox	0,85
Latão	0,50
Alumínio	0,45
Cobre	0,40

Podem-se classificar os materiais em ferrosos e não ferrosos. O primeiro grupo é facilmente detectável. No segundo grupo, encontram-se alguns tipos de metal, aço inoxidável, alumínio, cobre, latão e outras ligas de difícil detecção.

Esse tipo de sensor é extensamente utilizado em automação industrial. O baixo custo e a versatilidade de instalação fazem com que, juntamente com CLPs (controladores lógicos programáveis), esses detectores sejam escolhidos em muitas aplicações em que as informações de comutação, distância, início e final de curso, entre tantas outras, são necessárias.

8.4.3.2 Detectores de metais

Trata-se de sistemas indutivos construídos com o objetivo de detectar a presença de metais dentro de determinada distância. Sua aplicação prática iniciou com fins militares na Segunda Guerra Mundial. Como em muitos outros casos, esses detectores trouxeram posteriormente algum benefício à vida civil.

Entre as aplicações, podem-se citar a área de segurança em alarmes e sistemas de controle de acesso. Também são utilizados na indústria, em sistemas de controle de qualidade, na inspeção de solos, tubulações, garimpo de metais, entre outros.

Os detectores de metais mais conhecidos são compostos de um oscilador que gera um campo magnético, formando

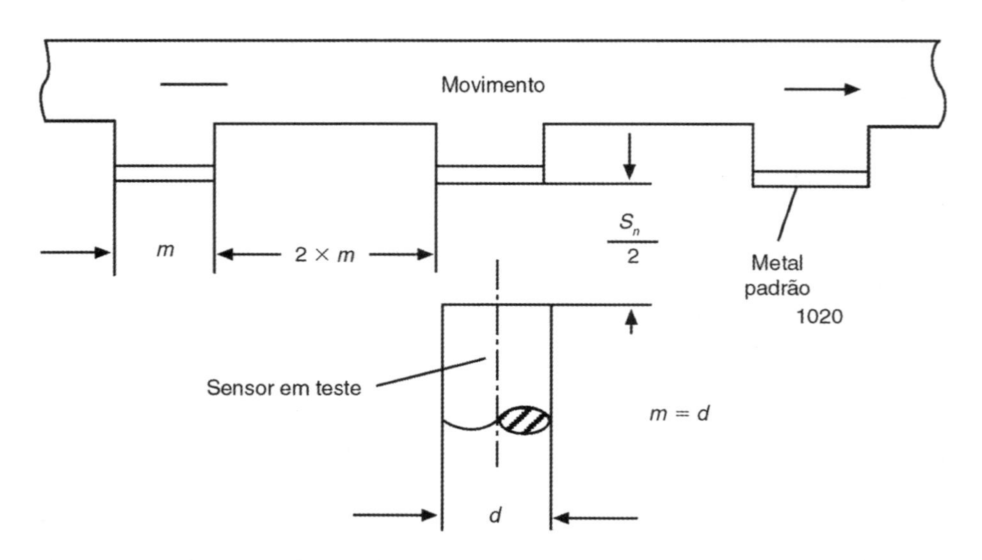

FIGURA 8.45 Ilustração do método utilizado na determinação da frequência de comutação.

uma região passiva que, na presença de metal, provoca uma perturbação. Essa variação será percebida no circuito de comparação, o qual pode acionar um circuito específico de saída.

Apesar do baixo custo e da simplicidade, esses detectores apresentam algumas desvantagens, tais como baixa discriminação, alta taxa de interferências e falha na detecção, entre outras.

Muitos detectores de metais modernos são baseados nas correntes de Foucault (*eddy currents*). Estas consistem em correntes induzidas na superfície dos metais e geram um campo magnético de sentido contrário ao campo de excitação, diminuindo, dessa forma, o campo magnético total, que é a soma vetorial dos campos da bobina e o produzido pelas correntes internas. São sistemas de médio custo, com muitas vantagens em relação aos antecessores, tais como alta discriminação e baixíssima taxa de interferências. A introdução dos microprocessadores no tratamento desses sinais tornou possível a inclusão de outras funções específicas da aplicação dos detectores de metais — como, por exemplo, as portas de controle de acesso a bancos.

Um pulso de corrente é gerado em uma bobina que resulta em um campo magnético. Esse campo induz as correntes de Foucault em moedas ou em objetos condutores próximos. Tais correntes continuam a fluir depois que o pulso primário cessa, induzindo uma tensão de retorno na bobina, a qual é amplificada e detectada.

Exemplos de sistemas de detecção de metais podem ser vistos na Figura 8.46, na qual é mostrado um sistema de indução de pulso único e um sistema com pulso de excitação contínua. Neste último caso, pulsos repetitivos são gerados pelo transmissor e atravessam a pessoa que passa pelo pórtico. Ao atravessar um detector de onda contínua de sensor múltiplo, a pessoa é vistoriada em ambos os lados por um campo magnético que oscila continuamente. Esse tipo de dispositivo se aplica tanto a metais não ferrosos (por exemplo, alumínio, cobre, zinco, ouro, prata) como a metais ferrosos. As reações com os dois tipos de metais são um pouco diferentes, porém o resultado é semelhante. Como correntes fluem pela superfície de um objeto de metal, as mesmas produzem um fluxo magnético. Em geral, quanto maior for o objeto de metal, mais intenso será o campo magnético criado. No caso de um detector de indução de pulso único, o processo é semelhante. A diferença é que existem apenas um emissor e um receptor.

Os sinais captados pelo receptor são processados por um computador ou por um microcontrolador. As Figuras 8.47(*a*) e (*b*) mostram o efeito descrito das correntes de Foucault em uma arma.

Muitas vezes é necessário um processamento para evitar interferências de campos externos, tais como as do campo magnético da Terra.

Sistemas típicos para detecção de metal utilizam chaveamento de correntes nas bobinas da ordem de 1 A durante um período de 150 μs. Esta operação é repetida a uma frequência de 100 Hz. Os sinais de detecção de metal são induzidos nas bobinas junto com as interferências externas e o efeito do campo da Terra. Esses sinais são enviados ao receptor, no qual são canceladas as interferências, e os sinais de interesse são amplificados. A Figura 8.48 mostra o diagrama de blocos de um detector de metais.

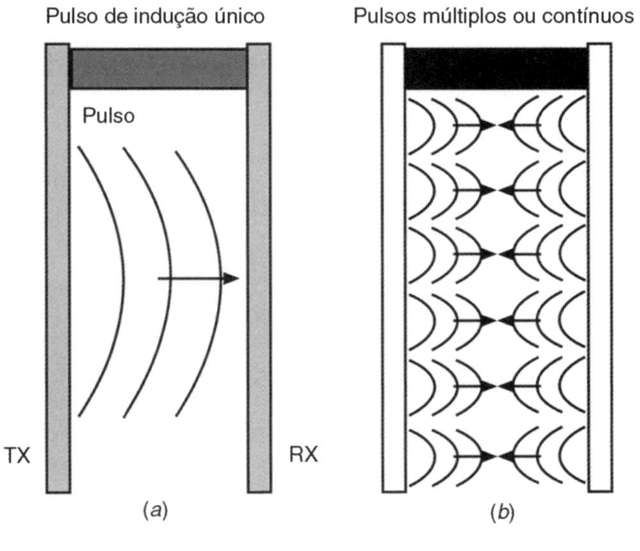

Pulso de indução único
Pulsos múltiplos ou contínuos
Pulso
TX
RX
(*a*)
(*b*)

FIGURA 8.46 (*a*) Sistemas de pulso de indução único e (*b*) de pulsos múltiplos ou contínuos.

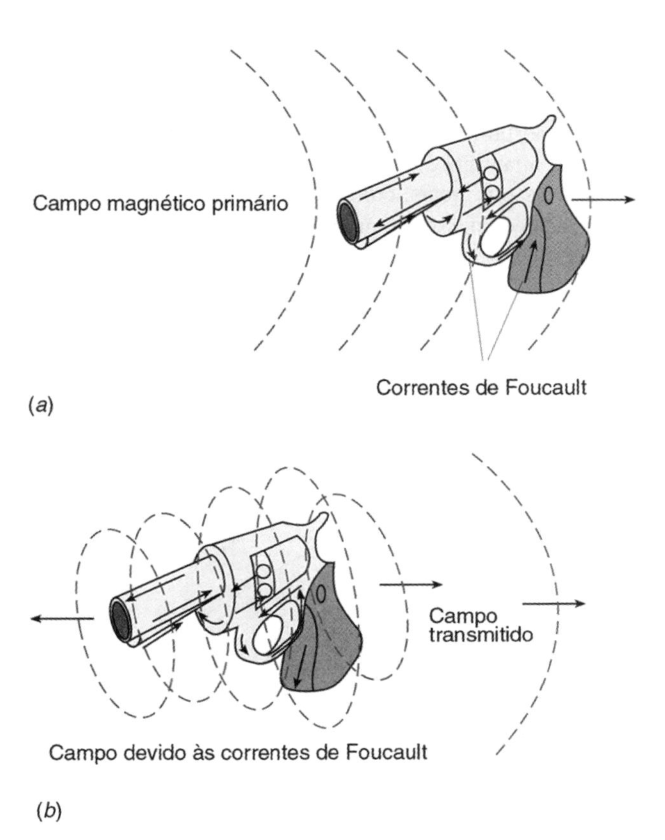

FIGURA 8.47 Efeito das correntes de Foucault: (*a*) indução devida a um campo externo e (*b*) geração de campo pelo objeto metálico.

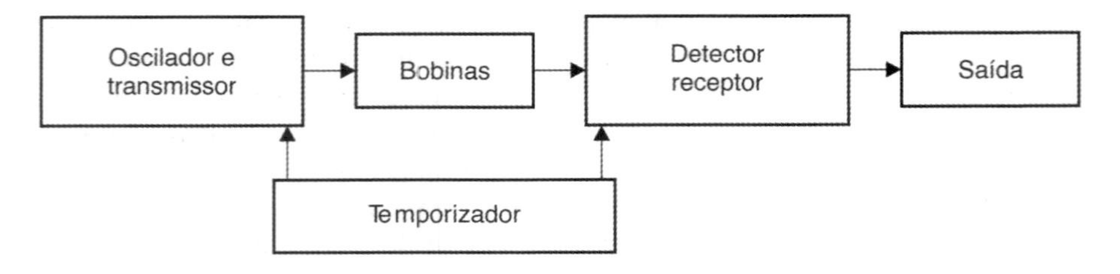

FIGURA 8.48 Sistema detector de metais.

Os sistemas múltiplos incluem várias zonas de detecção, as quais possibilitam que a posição de armas escondidas seja localizada ou determinada.

Uma característica importante da tecnologia múltipla horizontal de zona é a sua capacidade de discriminar eficientemente entre armas pequenas e objetos dotados de lâminas. A pessoa que está sendo vistoriada pode passar pelo detector sem a inconveniência de ter de esvaziar os bolsos de quantidades normais de chaves e de moedas, entre outros objetos.

Os modelos de detectores utilizados em sistemas de acesso a agências bancárias, por exemplo, são do tipo portal. Esse tipo de aparelho, de porte relativamente grande, é constituído de duas laterais nas quais ficam embutidas as bobinas sensoras, as quais são ligadas ao painel eletrônico.

O sistema produz um campo eletromagnético de baixa intensidade, cuja variação é suficiente para acusar a presença de metais que atravessem esse campo, sejam ferrosos ou não ferrosos. O conjunto apresenta-se em forma de um pórtico, pelo qual as pessoas passam rapidamente.

Além desses modelos, existem os portáteis ou manuais. O sistema portátil contém em uma extremidade a bobina sensora. Esse aparelho é frequentemente utilizado para o controle de acesso a locais, como estádios de futebol, em que a concentração de pessoas é grande.

8.4.3.3 Detector de trincas

Outra aplicação das correntes de Foucault (ou correntes parasitas) é no monitoramento de trincas em partes mecânicas, como, por exemplo, na inspeção de grandes tubulações ou na indústria aeronáutica, em que uma falha dessa natureza pode ser catastrófica.

O princípio de funcionamento é semelhante ao princípio do detector de metais. Um campo magnético é produzido por uma bobina ao ser percorrida por uma corrente. O campo magnético na extremidade dessa bobina faz com que sejam induzidas correntes de Foucault na superfície metálica. Essas correntes, por sua vez, geram um campo magnético contrário ao campo da bobina, diminuindo o campo magnético total, o qual consiste na soma vetorial dos campos da bobina e do campo produzido pelas correntes internas. Um circuito eletrônico é responsável pela medição da variação do campo magnético. Se a bobina estiver posicionada sobre uma trinca do material, as correntes induzidas enfrentam uma resistência para circular e são, em consequência, atenuadas. A posição das trincas é então detectada fazendo-se uma varredura da bobina sobre a superfície de metal. A Figura 8.49 mostra o esquema do detector de trincas pelas correntes de Foucault.

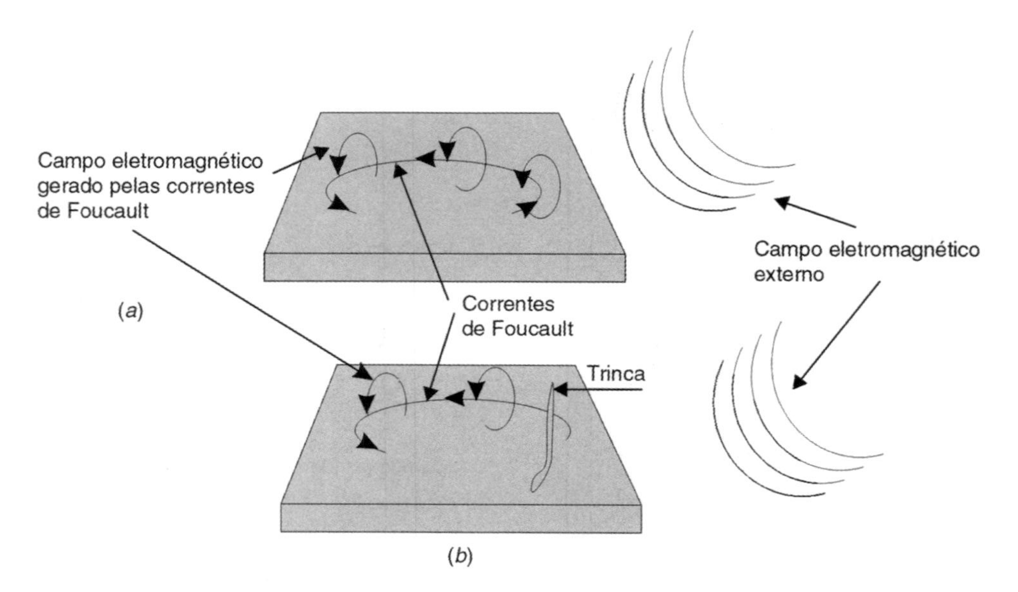

FIGURA 8.49 Correntes induzidas (de Foucault, *eddy currents*) na detecção de falhas em uma superfície metálica: (*a*) sem falhas (*b*) com falhas.

TABELA 8.8 Faixas típicas de campos magnéticos

Campos magnéticos de intensidade baixa	Campos magnéticos de intensidade média	Campos magnéticos de intensidade alta
$B < 1\ \mu G$	$1G < B < 10\ G$	$B > 10\ G$

Sensores magnéticos

Os sensores magnéticos constituem uma família especial. Geralmente são utilizados para medir indiretamente diversas grandezas, tais como deslocamento, corrente elétrica, velocidade, rotação, entre outras, que de alguma forma causem uma mudança ou produzam um campo que é diretamente medido. Uma das características que distinguem esse tipo de sensor é que o mesmo executa a medição através do monitoramento de distúrbios em campos magnéticos provocados pela grandeza de interesse. Outra característica é que essas medidas são realizadas sem contato direto.

É comum classificar os campos magnéticos de acordo com a intensidade. A Tabela 8.8 mostra uma classificação de acordo com a intensidade.

Como foi destacado, o campo magnético é um vetor e, portanto, possui direção, sentido e amplitude. Alguns sensores são denominados escalares, pelo fato de não medirem direção. Tais sensores medem apenas a intensidade do campo. Sensores unidirecionais medem a intensidade da componente de magnetização ao longo do eixo sensitivo do mesmo. Sensores bidirecionais incluem direção em suas medidas, e os sensores magnéticos vetoriais incorporam dois ou três sensores bidirecionais.

8.4.3.4 *Fluxgates*

Um *fluxgate* é um sensor utilizado para medir intensidade de campo magnético, que se baseia em características magnéticas não lineares de um núcleo de material ferromagnético. Trata-se de um sensor direcional que mede a componente de campo paralela ao eixo da bobina.

Os primeiros *fluxgates* foram introduzidos na década de 1930, direcionados para inspeção geomagnética e detecção de submarinos na Segunda Guerra Mundial. Posteriormente, foram utilizados na exploração mineral e também adaptados em vários instrumentos de detecção e reconhecimento de uso civil e militar.

Com o começo da era espacial, nos anos 1950, o *fluxgate* foi adaptado para a magnetometria espacial. O primeiro satélite a carregar um *fluxgate* foi o Sputinik 3, lançado em 1958. Os *fluxgates* voaram em várias espaçonaves para mapear campos geomagnéticos da Terra, suas interações com partículas solares, o campo magnético lunar e os campos planetários e interplanetários.

Apesar do surgimento de novas tecnologias para sensores de campo magnético, os *fluxgates* ainda hoje continuam sendo muito utilizados em todas essas áreas, devido à sua confiabilidade, à sua relativa simplicidade, ao baixo custo e à sua robustez.

Uma das propriedades que fazem do *fluxgate* um magnetômetro muito utilizado é a possibilidade de se obterem medidas em pequenos sinais imersos em campos com intensidade muito maior. Por exemplo, para um observatório na Terra, os sensores geralmente medem variações de aproximadamente 500 nT superpostas a um campo uniforme de 60.000 nT, com níveis de ruído da ordem de 1 nT. Em foguetes e satélites a baixas altitudes, sensores individuais podem detectar campos de aproximadamente 60.000 nT de intensidade com níveis de ruído que variam de décimos de picoteslas (pT) a alguns nanoteslas (nT).

Princípio de funcionamento e teoria de operação

Um *fluxgate* consiste basicamente em um núcleo de um material magnético envolvido por uma bobina, conforme mostra a Figura 8.50. O campo da Terra, ao longo do eixo do núcleo, produz um fluxo magnético $\vec{B} \times A$ na área de secção transversal A. Se a permeabilidade μ do material do núcleo for alterada, as mudanças de fluxo e a tensão V_{sec} são induzidas nas n espiras da bobina em que $\vec{B}$ é proporcional a $\vec{B}_{ext}$ para pequenos valores de $\vec{B}_{ext}$.

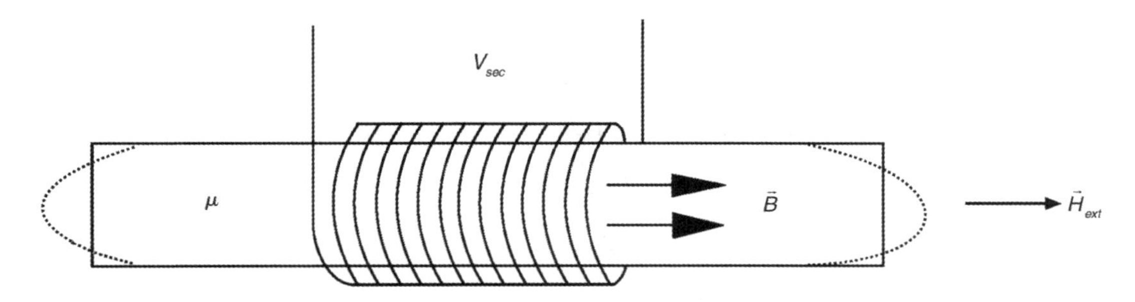

FIGURA 8.50 O *fluxgate* básico consiste em um núcleo ferromagnético e uma bobina. Mudanças na permeabilidade desse núcleo causam uma mudança no campo B, induzindo uma tensão na bobina (V_{sec}).

A tensão induzida no secundário pode ser escrita por

$$V_{sec} = nA\frac{dB}{dt}$$

em que o fator de proporcionalidade μ_a (a permeabilidade efetiva) depende do material e da geometria do núcleo:

$$\vec{B} = \mu_a \vec{B}_{ext}$$

em que o campo dentro do núcleo é dado por

$$\vec{B} = \mu_a(\vec{H} + \vec{M})$$

sendo $\vec{M}$, a magnetização, proporcional à intensidade de campo magnético $\vec{H}$:

$$\vec{M} = \chi \cdot \vec{H}$$

em que a suscetibilidade χ é o fator de proporcionalidade e $\vec{H}$ é dado por:

$$\vec{H} = \vec{H}_{ext} - D\vec{M}$$

em que D é o fator de desmagnetização e

$$\vec{H}_{ext} = \frac{\vec{B}_{ext}}{\mu_0}$$

Assim, temos

$$\vec{B} = \frac{\mu_r \vec{B}_{ext}}{[1 + D(\mu_r - 1)]}$$

em que a permeabilidade relativa é dada por $\mu_r = 1 + \chi$ e a permeabilidade aparente é

$$\mu_a = \frac{\mu_r}{[1 + D(\mu_r - 1)]}$$

Substituindo, temos

$$V_{sec} = nAB_{ext}(1 - D)\frac{\left(\frac{d\mu_r}{dt}\right)}{[1 + D(\mu_r - 1)]^2}$$

que é a equação básica do *fluxgate*.

Esta equação mostra que a ação do *fluxgate* é baseada no tempo de variação da permeabilidade do núcleo. Vários tipos de sensores já foram implementados desde 1928, quando os primeiros *fluxgates* foram construídos para medir distúrbios magnéticos.

Quando o material magnético é saturado, sua permeabilidade, bem como sua magnetização, decrescem.

A Figura 8.51 mostra a curva de magnetização de um material de ferrita. Pode-se observar que a inclinação da curva varia com a mudança do campo $\vec{H}$ aplicado. A mudança da magnetização do núcleo induz uma tensão na bobina, mas, se dois núcleos opostamente magnetizados forem colocados dentro da mesma bobina, as duas magnetizações se cancelam; assim, a única mudança de fluxo é causada por um campo externo $\vec{B}_{ext}$ e as variações da permeabilidade diferencial μ_d.

O tipo mais comum desses sensores é conhecido como *fluxgate* de segunda harmônica. É composto por duas bobinas enroladas em um núcleo ferromagnético. A indução magnética do núcleo varia com a presença de um campo externo. Um sinal é então aplicado em uma das bobinas, denominada primária (de 1 a 10 kHz). Esse sinal faz com que o núcleo oscile entre as condições de saturação. Medindo-se na saída da outra bobina, denominada secundária, percebe-se o sinal acoplado com o primário através do núcleo. Esse sinal é afetado pela mudança da permeabilidade do núcleo que aparece como uma variação da amplitude. A Figura 8.52 mostra um *fluxgate* do tipo segunda harmônica.

Utilizando-se um amplificador sintonizado com detecção de fase, e com um filtro passa-baixas, pode-se então extrair um sinal DC proporcional ao campo magnético externo.

Outros *fluxgates* são mostrados na Figura 8.53. O sensor de Vacquier possui dois núcleos dentro da mesma bobina. Cada núcleo possui uma bobina de magnetização, e essas bobinas têm enrolamento em direções opostas. O sensor tipo anel foi usado por Aschenbrenner e Goubau (1928) e Geyger (1957). Os sensores de Vacquier e Förster foram desenvolvidos nos anos 1940.

O sensor de núcleo simples não necessita da presença de um campo de desbalanço. Tal sensor foi extremamente utilizado para análises geológicas e aplicações em aeronaves.

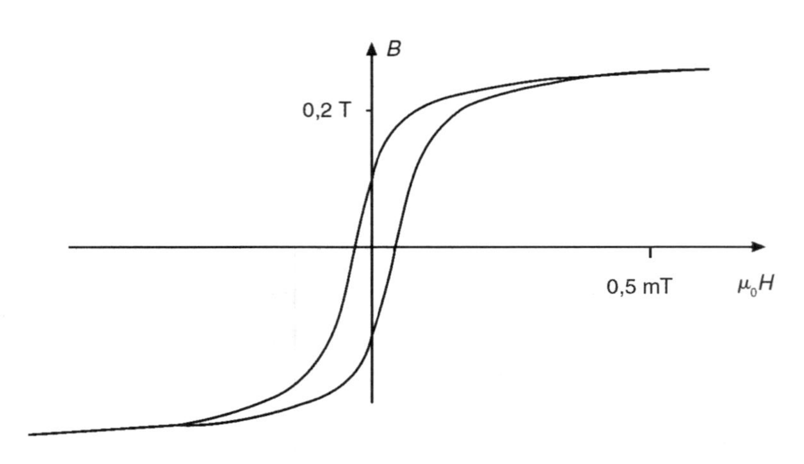

FIGURA 8.51 Detalhe da curva de magnetização para a ferrita.

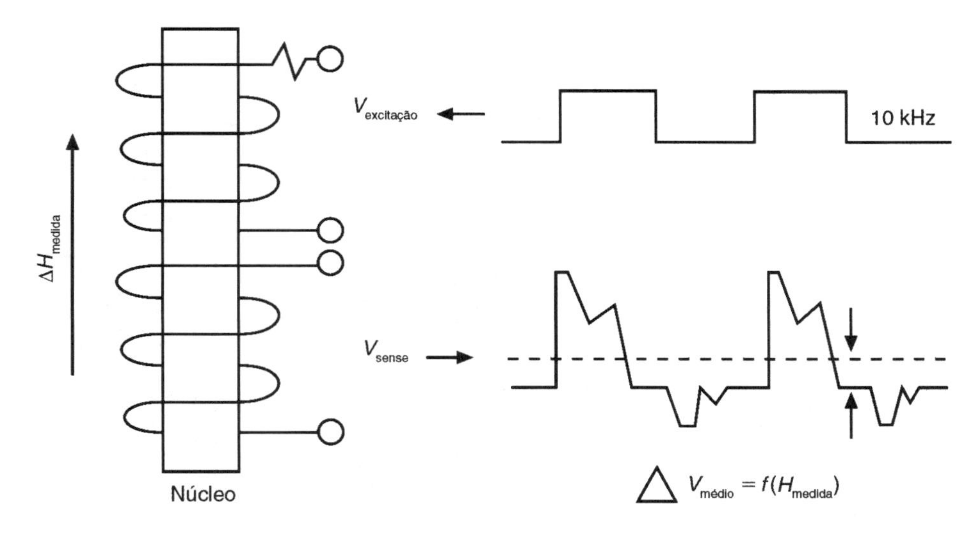

FIGURA 8.52 Ilustração de um *fluxgate* do tipo segunda harmônica.

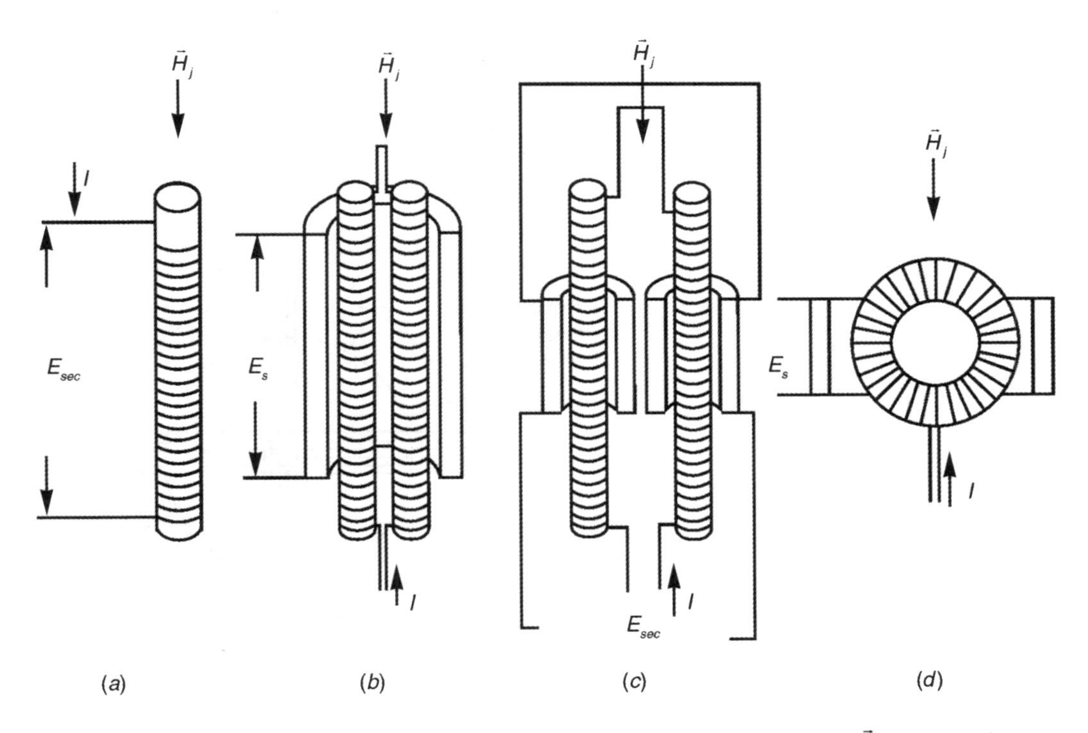

FIGURA 8.53 Sensores que possuem o campo de magnetização paralelo ao campo externo $\vec{H}_j$: (*a*) núcleo simples, (*b*) Vacquier, (*c*) Förster e (*d*) Aschenbrenner e Goubau.

Os sensores mostrados na Figura 8.53 têm o campo de magnetização $\vec{H}$ paralelo ao campo externo $\vec{B}_{ext}$. Por essa razão, são caracterizados como sensores paralelos. A Figura 8.54 mostra sensores *fluxgates* com o campo de magnetização ortogonal ao campo externo.

A bobina é desacoplada do campo de magnetização, e somente um núcleo é necessário. O primeiro sensor da Figura 8.54 é um fio ferromagnético portando uma corrente de magnetização; o segundo é um tubo de material ferromagnético com a bobina enrolada toroidalmente, e o terceiro é um misto de um *fluxgate* paralelo com um ortogonal; o material ativo é uma película enrolada de forma helicoidal sobre um tubo de suporte cerâmico.

Os sensores apresentados até aqui são sensíveis a componentes de um campo externo na direção do eixo do sensor. Os sensores de núcleo tipo anel apresentam a possibilidade de detectar componentes de um campo externo em duas direções. Na Figura 8.55 podem-se ver duas bobinas de sinal relativamente perpendiculares. Além das geometrias citadas até aqui, ainda se podem encontrar *fluxgates* com geometrias esféricas para detecção de vetores triaxiais.

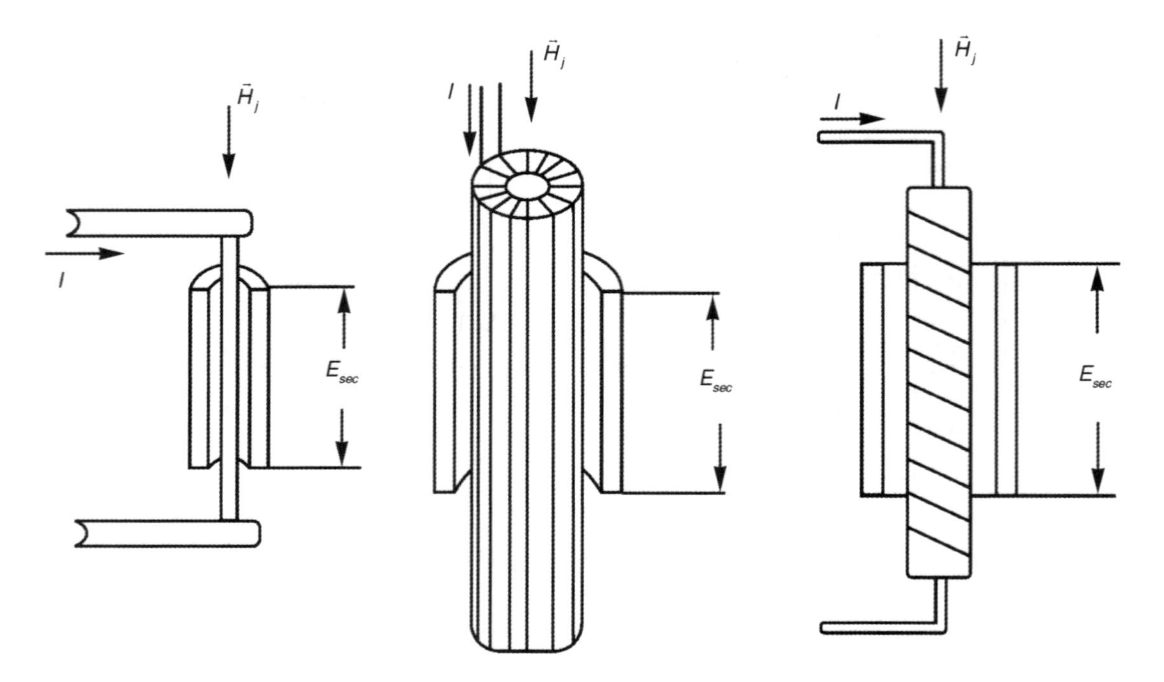

FIGURA 8.54 *Fluxgates* em que o campo de magnetização é ortogonal ao campo externo $\vec{H}_j$.

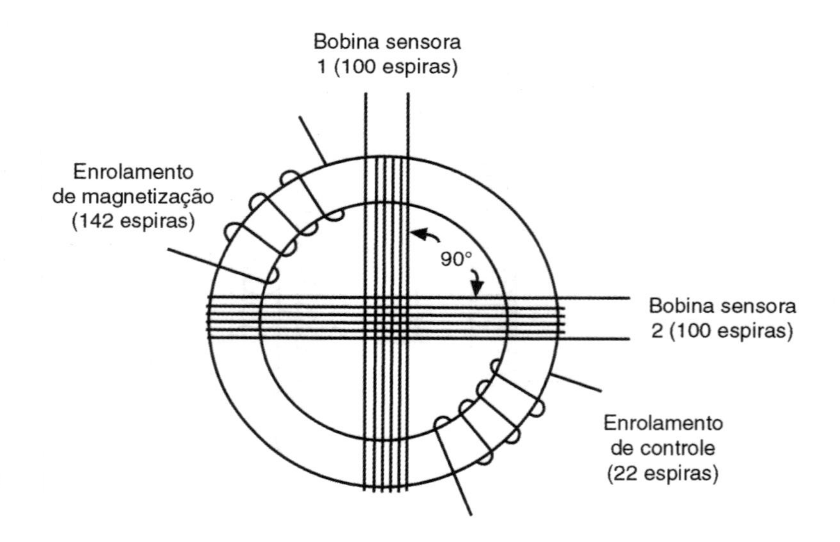

FIGURA 8.55 Sensor com núcleo tipo anel com duas bobinas sensoras.

Uma grande quantidade de materiais tem sido testada e utilizada como núcleo de *fluxgates*. Ligas de mumetal e de permalloy têm sido as mais utilizadas. Entretanto, materiais como barras de ferro comum, ferritas e ainda filmes ferromagnéticos finos depositados em quartzo ou em um condutor cilíndrico também têm sido aplicados.

Métodos para detecção

Aplica-se uma corrente de excitação senoidal, capaz de saturar o núcleo. A tensão de saída terá o dobro da frequência do sinal de excitação devido ao fato de existir saturação em ambos os sentidos da corrente.

Um dos métodos mais conhecidos para detecção de sinal de um sensor do tipo *fluxgate* é o método de detecção de segunda harmônica. A Figura 8.56 mostra um diagrama em blocos de um detector desse tipo.

Pode-se visualizar um gerador que tem a função de produzir a corrente de magnetização responsável pela saturação do núcleo. Quando o núcleo está saturado, a permeabilidade é reduzida (isso acontece tanto nos picos positivos como nos negativos); dessa forma, a variação da permeabilidade do núcleo μ terá o dobro da frequência de magnetização.

Depois de amplificado e filtrado, o sinal de segunda harmônica pode ser captado por um detector síncrono (excitado pelo próprio gerador do *fluxgate*, porém com o dobro da frequência), como se pode observar na Figura 8.57.

É possível observar também que no diagrama da Figura 8.56 aparece um laço de realimentação ligado ao sensor. Esse laço tem a função de anular o fluxo de desbalanço, atra-

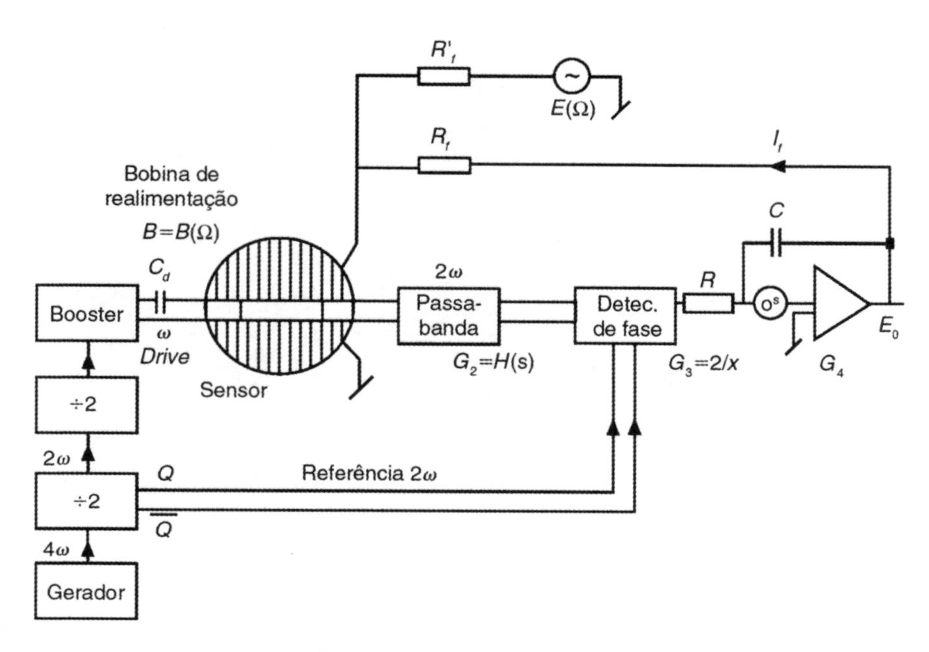

FIGURA 8.56 Diagrama em blocos do circuito eletrônico de um detector de segunda harmônica para um magnetômetro do tipo *flux-gate*, com detecção por desbalanço de campo.

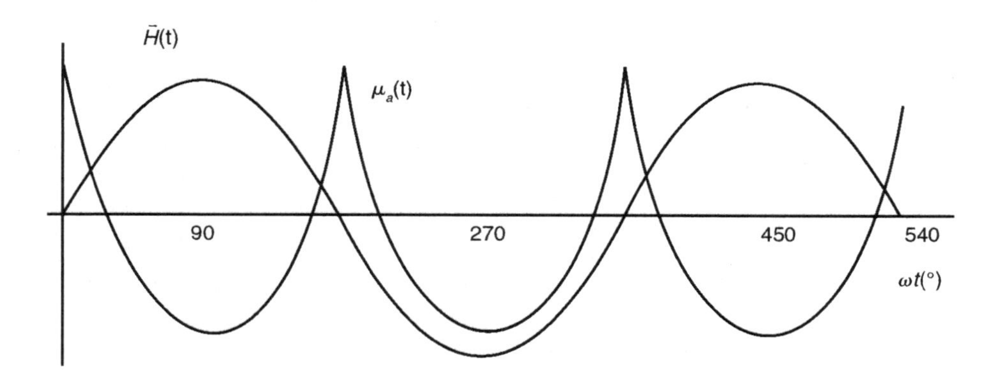

FIGURA 8.57 Permeabilidade aparente μ_a(t) e campo magnético de excitação $\vec{H}(t)$ como função do tempo para um sensor de núcleo tipo tubular de ferrita.

vés de uma bobina auxiliar de cancelamento de campo, caracterizando um sensor de ponto nulo que, segundo algumas referências, é mais estável que o sensor de tensão para o mesmo campo externo.

8.4.3.5 *Reed switches*

O *reed switch* é um dos detectores magnéticos mais simples que existem em uso na indústria. Consiste em um par de contatos ferromagnéticos flexíveis, hermeticamente fechados e selados em uma ampola de vidro com um gás inerte. Um campo magnético ao longo do eixo magnetiza esses contatos fazendo com que estes se atraiam, fechando um circuito elétrico.

Naturalmente, esse dispositivo apresenta histerese no abrir e no fechar dos contatos, o que garante que o mesmo seja imune a ruídos externos. Entretanto, isso implica um limite de frequência de operação.

As capacidades de corrente variam, sendo 0,1 a 0,2 A uma faixa típica para tensões elétricas máximas de 100 a 200 V. Uma vida útil típica vai de 1 a 10 milhões de operações (abre-fecha) dos contatos a 10 mA. Esses contatos podem apresentar-se normalmente abertos ou normalmente fechados.

Esses dispositivos têm custo baixo, são simples, confiáveis e não consomem energia quando abertos. São extensamente utilizados em aplicações de detecção de final de curso (como em cilindros, por exemplo), contagens, contatos de aberturas em alarmes, entre tantas outras. Geralmente sua aplicação está associada a um pequeno ímã permanente que tem a função de excitar o detector. Em um sistema de alarme, por exemplo, o ímã vai fixado na porta ou na janela (peça móvel), enquanto o sensor vai fixado na parede, na qual estão esticados os cabos que levam a informação até a central de controle. A Figura 8.58 mostra exemplos de *reed switches*.

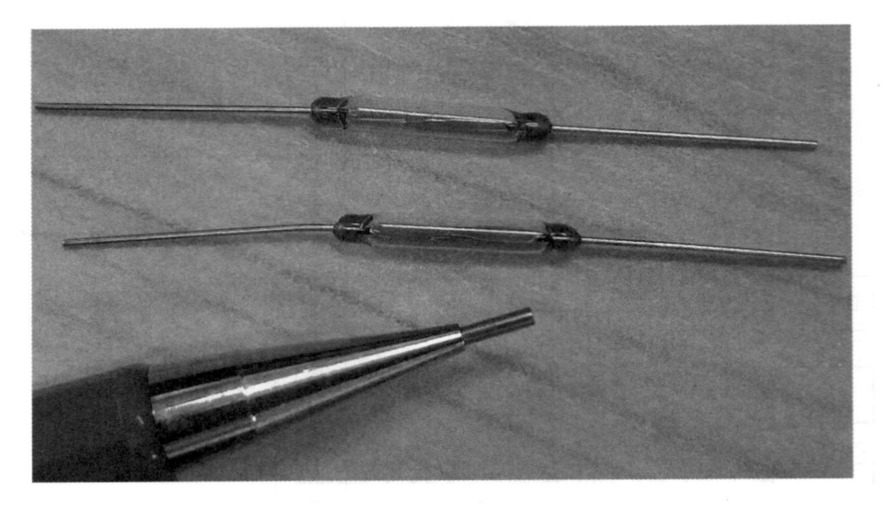

FIGURA 8.58 Fotografia de *reed switches*.

8.4.3.6 Sensores do tipo magnetoindutivos

Magnetômetros indutivos são relativamente novos. A primeira patente surgiu em 1989. Esse tipo de sensor consiste em uma bobina com um núcleo ferromagnético que muda a permeabilidade com o campo da Terra.

A bobina é o elemento indutivo em um oscilador. A frequência de oscilação é proporcional ao campo que está sendo medido. Uma corrente DC é utilizada para excitar a bobina em uma região linear de operação. Quando o sensor é rotacionado 90° em relação ao campo aplicado, o deslocamento de frequência observado pode chegar a 100 %. Esta frequência do oscilador pode então ser monitorada por um microprocessador que tem a função de fazer a conversão para campo magnético. A Figura 8.59 mostra a configuração de um magnetômetro magnetoindutivo.

Esses dispositivos são simples, possuem baixo consumo e baixo custo. Sua faixa de temperatura de operação vai de 20 °C a 70 °C e são repetitivos para campos da ordem de 4 mG.

8.4.3.7 Magnetômetro do tipo bobina

A ideia básica do magnetômetro tipo bobina apoia-se na lei de Faraday:

$$V_{\text{ind}} \propto \frac{d\varphi}{dt}$$

em que φ é um fluxo eletromagnético. Sendo assim, a tensão induzida em uma bobina é proporcional à variação de um campo magnético no tempo. A sensibilidade da bobina sensora é dependente da permeabilidade do núcleo, da área e do número de espiras. Esse tipo de magnetômetro funciona apenas para campos magnéticos variáveis ou quando o sensor movimenta-se sobre esse campo. Dessa forma, não podem medir campos estáticos ou quando a frequência é muito baixa. As características desse tipo de magnetômetro são a simplicidade de construção e o baixo custo.

8.5 Efeito Magnetorresistivo Anisotrópico (AMR)

O primeiro cientista a observar o fenômeno magnetorresistivo foi William Thomson (Lord Kelvin). Atualmente, os sensores magnetorresistivos são utilizados em cabeçotes de leitores magnéticos de alta densidade, bússolas para navegação e sensoreamento de corrente, entre outras aplicações.

Esses sensores são formados por filmes de ligas de níquel-ferro (Permalloy) muito finos, depositados em um substrato de silício. Podem medir intensidades de campos dentro de uma faixa de cerca de 10^{-3} A/m a 10^{4} A/m. O sensor é geralmente utilizado com uma ponte de Wheatstone, como mostra a Figura 8.60.

As propriedades desses filmes fazem com que ocorram variações de aproximadamente 2 % ou 3 % do valor da resistência na presença de um campo magnético. A largura da banda de trabalho pode chegar a 15 MHz. A reação do efeito

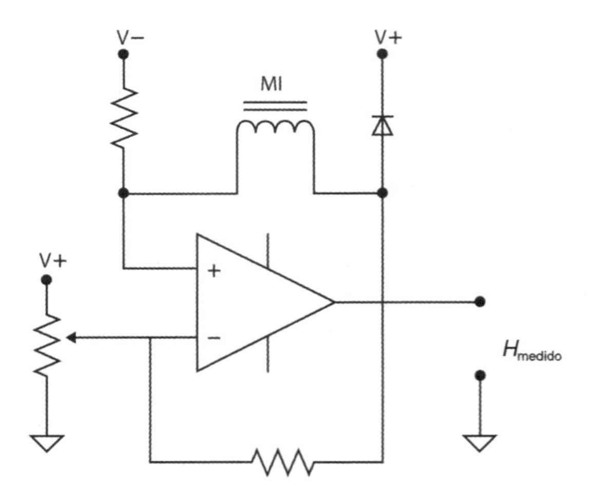

FIGURA 8.59 Magnetômetro magnetoindutivo.

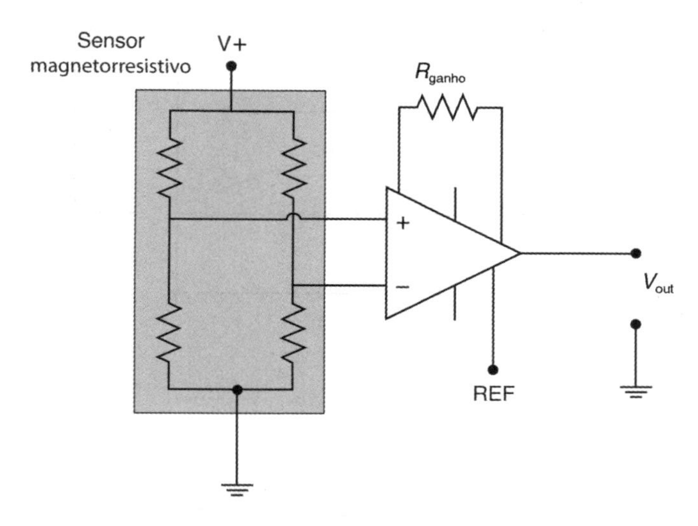

FIGURA 8.60 Configuração de um sensor magnetorresistivo anisotrópico.

magnetorresistivo é bastante rápida e não é limitada por frequências de oscilações ou indutâncias.

Esses sensores apresentam características como alta sensibilidade e dimensões reduzidas. A Figura 8.61 mostra a curva de sensibilidade típica de um sensor magnetorresistivo.

Sensores magnetorresistivos fazem uso da propriedade de que a resistividade elétrica ρ de uma liga ferromagnética é influenciada por um campo externo.

Comparando-se um sensor magnetorresistivo com o sensor de efeito Hall, o primeiro pode captar campos muito mais fracos, saturando, porém, em campos mais intensos. Essa alta sensibilidade é causada por uma camada de material ferromagnético interna que sofre forte influência magnética, podendo ser facilmente rotacionada.

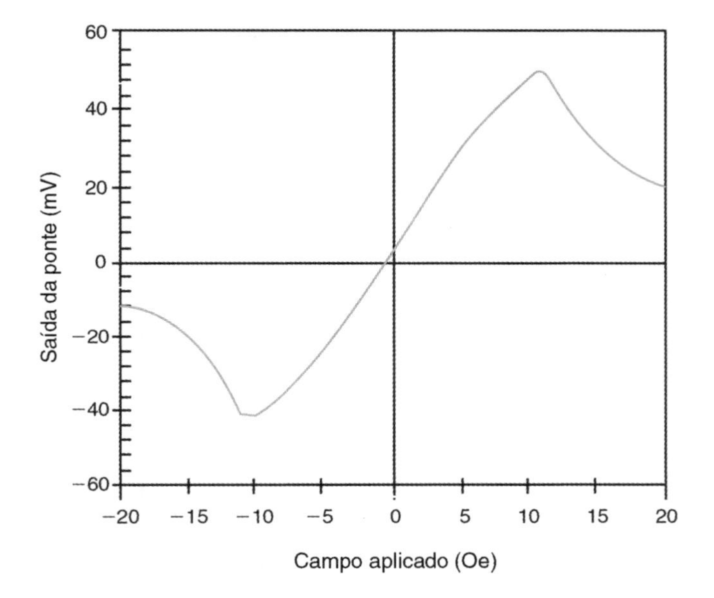

FIGURA 8.61 Sensibilidade típica de um sensor magnetorresistivo.

A resistividade longitudinal ρ do filme de metal anisotrópico ferromagnético depende do ângulo $\phi = \varphi + \theta$ (veja a Figura 8.62) entre o vetor de magnetização M e a corrente I e pode ser expressa por

$$\rho(\phi) = \rho_{\perp} + (\rho_{\parallel} - \rho_{\perp})\cos^2(\phi)$$

sendo $\rho_{\parallel}$ e $\rho_{\perp}$ as resistividades com $\phi = 0°$ e $\phi = 90°$, respectivamente. O quociente

$$\frac{(\rho_{\parallel} - \rho_{\perp})}{\rho_{\perp}} = \frac{\Delta\rho}{\rho}$$

é denominado efeito magnetorresistivo e normalmente é expresso em porcentagem.

Esses sensores são construídos com filmes finos de material ferromagnético por apresentarem duas grandes vantagens: resistências relativamente elevadas ($R > 100\ \Omega$) e anisotropia uniaxial. As camadas se comportam como um domínio simples e possuem uma direção de magnetização preferencial. Ainda, conforme esquema da Figura 8.62, considerando que a corrente flui paralela ao eixo x, podemos deduzir que

$$\rho(\varphi) = \rho_o + \Delta\rho_{mag}\cos^2(\varphi)$$

em que ρ_o é a resistividade com o ângulo ϕ (que quando a corrente flui paralela ao eixo x é igual a φ) entre o vetor M e a corrente I, e $\Delta\rho_{mag}$ é a variação da resistividade causada pelo efeito magnetorresistivo. Embora esteja escrita como função resistividade, essa equação pode ser facilmente reescrita como $R(\varphi)$.

Quando um campo magnético é aplicado perpendicularmente ao sensor, ocorre uma deflexão da trajetória dos portadores devido à força de Lorentz.

A força de Lorentz ($\vec{F}_L$) descreve a força exercida em uma partícula com carga q movendo-se à velocidade v em um campo magnético de densidade $\vec{B}$, dado por

$$\vec{F}_L = q(\vec{v} \times \vec{B}).$$

Deve-se observar que as variáveis $\vec{F}_L$, $\vec{v}$ e $\vec{B}$ são grandezas vetoriais, caracterizadas por uma magnitude, uma direção e um sentido. A força de Lorentz é proporcional ao produto vetorial da velocidade e da densidade de campo magnético, sendo portanto uma grandeza perpendicular a ambas. A aceleração causada pela força de Lorentz é sempre perpendicular à velocidade da partícula carregada; portanto, na ausência de qualquer outra força, um portador carregado segue um caminho em curva sob um campo magnético.

Magnetorresistores comerciais podem ser construídos com semicondutores de índio-antimônio e níquel-antimônio. A fim de se obter uma distribuição homogênea da carga dos portadores, adicionam-se metais condutores (NiSb) ao material básico. O ângulo entre o caminho da corrente a um campo magnético zero e um campo magnético transversal é chamado de ângulo Hall. A um campo de 1 tesla, o valor desse ângulo é de aproximadamente 80°. À medida que o campo externo aumenta, o caminho percorrido pela corrente cresce,

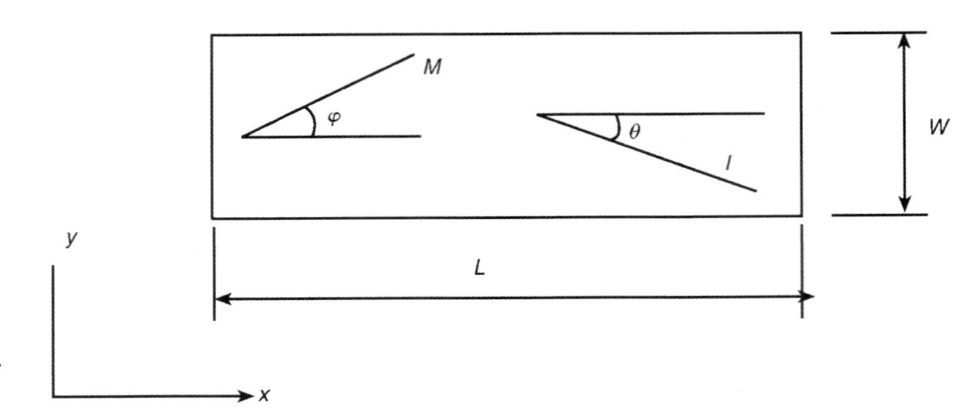

FIGURA 8.62 Esquema de um sensor magnetorresistivo

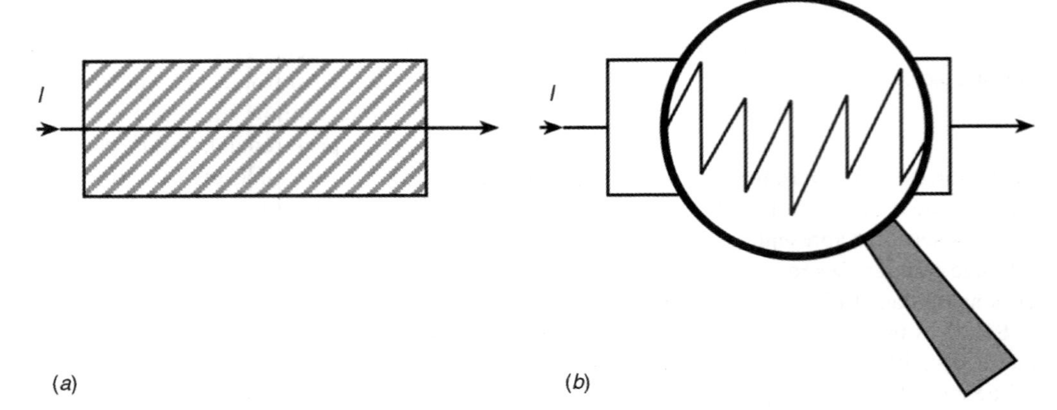

FIGURA 8.63 Caminhos de corrente em um semicondutor retangular: (*a*) com campo magnético zero e (*b*) com campo magnético *B*.

aumentando também a resistência ôhmica, como mostra a Figura 8.63. A resistência R_s do magnetorresistor é a resistência do sensor sob um campo magnético, e depende:

- da resistência básica R_0 (é a resistência do semicondutor sem a influência do campo magnético);
- da amplitude do campo magnético (o qual se deseja medir);
- do fator de *dopping*.

A Figura 8.64 mostra a resistência relativa $\frac{R_B}{R_0}$ para três materiais básicos D, L e N, cujas resistências básicas são, respectivamente, 200, 550 e 800 $(\Omega\ \text{cm})^{-1}$, como função da indução magnética $\vec{B}$.

Abordagem matemática das características do magnetorresistor

A relação da resistência desses sensores com a indução B pode ser escrita em forma de polinômio:

$$R(B) = a_0 + a_2B^2 + a_4B^4 + a_6B^6 + a_8B^8 + a_{10}B^{10}$$

no qual $a_0 \ldots a_n$ representam os coeficientes constantes e B a indução magnética.

Os valores medidos são padronizados de maneira que a resistência a 25 °C e a 0 tesla totalize 100 Ω. Deve-se observar que a dependência com a temperatura é significativa.

8.5.1 Aplicações

A Figura 8.65 mostra a utilização de um magnetorresistor na medição da corrente indiretamente através do campo magnético, que é induzido em um núcleo de ferrita, o qual apresenta um *gap* (ar) onde o sinal é detectado.

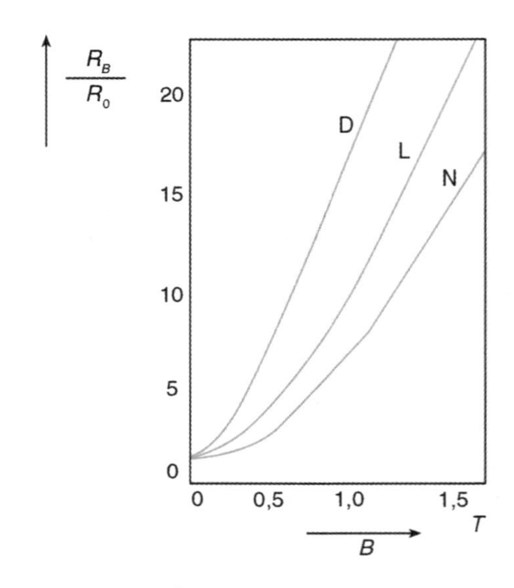

FIGURA 8.64 Razão $\frac{R_B}{R_0}$ como função da indução magnética *B*.

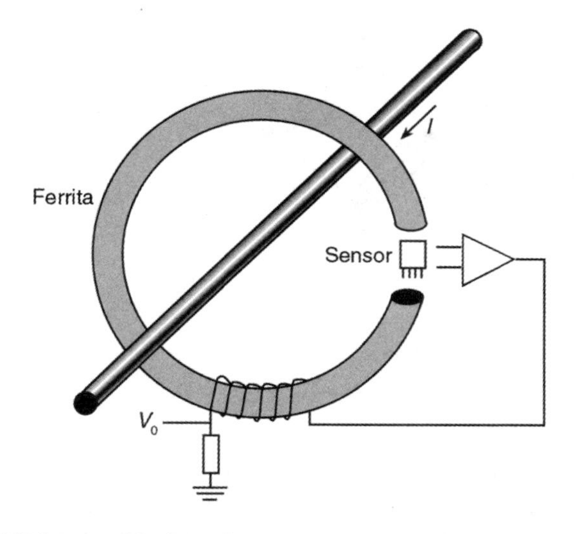

FIGURA 8.65 Medição de corrente por meio de um sensor MR.

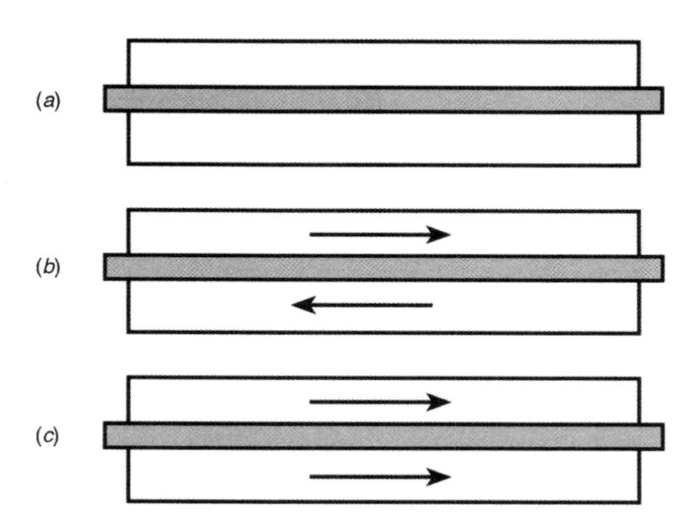

FIGURA 8.66 Estrutura de um sensor GMR: (*a*) "sanduíche" composto por uma camada magnética, um condutor não magnético e outra camada magnética; (*b*) momentos antiparalelos causam alta dispersão e, em consequência, alta resistência; e (*c*) momentos paralelos causam baixas dispersões nas interfaces e resultam em baixa resistência.

8.6 Efeito Magnetorresistivo Gigante (GMR)

Alguns sensores construídos com camadas de filmes finos de material ferromagnético e material não magnético apresentam a variação de resistência quando submetidos a um campo magnético externo. Entretanto, por se tratar de variações da ordem de 70 %, esse efeito é denominado efeito magnetorresistivo gigante (já que é maior se comparado ao efeito magnetorresistivo em materiais anisotrópicos). Esse efeito foi observado primeiramente na França em 1988.

A resistência de duas camadas de filme ferromagnético separadas por outra camada de material condutor não magnético pode ser alterada modificando-se os momentos das camadas ferromagnéticas de paralelo para antiparalelo.

As camadas com os momentos magnéticos paralelos terão menos dispersão nas interfaces, maior caminho médio e menor resistência, ao passo que as camadas com momentos magnéticos antiparalelos terão dispersão maior nas interfaces, um caminho médio menor e uma resistência maior. A Figura 8.66 mostra a estrutura de um GMR.

Para que o efeito seja significativo, as camadas devem ser mais finas que o livre caminho médio dos elétrons do material. Para muitos materiais ferromagnéticos, o livre caminho médio é de algumas dezenas de nanômetros. Dessa forma, a espessura típica dessas camadas é menor que 10 nm (100 Å).

Existem atualmente muitos estudos a respeito do efeito GMR. Vários métodos são utilizados para obter alinhamento magnético antiparalelo em sistemas multicamadas de condutores-material ferromagnético.

Alguns trabalhos têm citado dispositivos que ultrapassam os limites do GMR. Neste caso, o fenômeno é definido como efeito magnetorresistivo colossal (*colossal magnetoresistance*, CMR). Uma mistura de óxidos, em certas condições, forma uma transição semicondutor-metal que, com a aplicação de um campo magnético de alguns teslas, provoca razões de resistência da ordem de 10^3 % a 10^8 %. As principais aplicações dos GMRs como sensores de campos magnéticos são feitas por meio de pontes de Wheatstone, apesar de meias pontes ou ainda simples resistências também serem fabricadas.

A utilização da ponte inteira é vantajosa porque o material de fabricação é o mesmo, e os resistores possuem os mesmos coeficientes de temperatura, cancelando muitos efeitos indesejados. Pequenos concentradores de fluxo são colocados sobre dois dos quatro resistores na ponte, protegendo-os do campo aplicado e permitindo que atuem como referência. Os dois resistores restantes são expostos ao campo magnético externo. Dessa forma, a saída da ponte tem o dobro da amplitude de saída de uma configuração de um quarto, com um único sensor. A Figura 8.67 mostra a configuração típica de um GMR em ponte.

Uma estrutura de uma liga de Permalloy é colocada sobre o substrato para funcionar como concentrador de fluxo. Os resistores ativos são colocados entre os dois concentradores de fluxo, como mostra a Figura 8.67.

A sensibilidade de uma ponte com sensores GMR pode ser ajustada alterando-se o comprimento desses concentradores magnéticos e a distância entre eles. Assim, um material GMR que satura a 300 oersteds (Oe) pode ser utilizado para construir sensores que saturam com 15, 50 ou 100 Oe. Para sensores com sensibilidade ainda maior, podem-se utilizar bobinas externas e realimentação para alcançar faixas em milioersteds (mOe).

Uma das tendências atuais é a construção de "sensores inteligentes". Nesse caso, os sensores são integrados com outros blocos como amplificadores e condicionadores de sinais além de um processamento, juntamente com periféricos como um canal de comunicação, entre outros. O material base do GMR é depositado sobre o semicondutor, no qual os blocos são

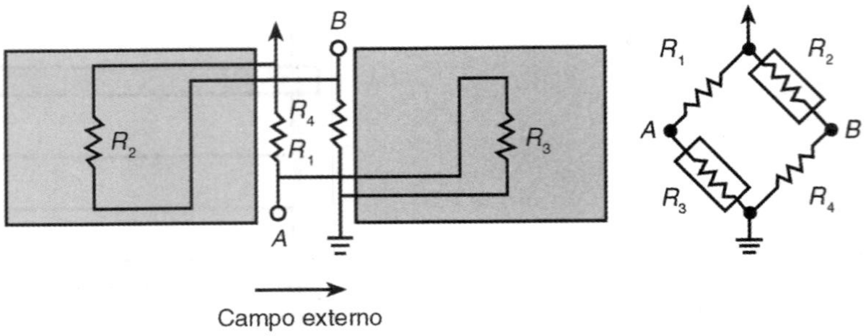

FIGURA 8.67 Configuração de um GMR em ponte.

desenvolvidos. Entre as funções presentes nesses dispositivos podem-se citar: fontes de tensão ou corrente reguladas, proteções internas, amplificadores, funções lógicas, além de circuitos de saída.

Sensores dessa natureza geralmente produzem resultados melhores, sujeitos a menores interferências externas. É sempre melhor amplificar pequenos sinais próximos do local em que são gerados. Converter sinais analógicos para digitais é outra maneira de minimizar a influência de ruídos externos. A utilização de comparadores e saídas digitais faz com que a natureza não linear dos materiais GMR não seja tão importante. Às vezes, os comparadores são construídos com histerese para evitar chaveamento múltiplo em uma transição. A Figura 8.68 mostra o esquema eletrônico de um GMR com saída digital e o detalhe da sua resposta.

8.6.1 Aplicações

Uma aplicação típica é a detecção de proximidade com a utilização de um ímã permanente (eletroímã ou mesmo o campo produzido por uma corrente), como se pode ver na Figura 8.69, em que o ímã permanente é fixado no sensor que conta a passagem dos dentes de uma engrenagem. Entre o ímã e o sensor existe um isolante para reduzir a influência do magneto no sinal de saída. Se a engrenagem for construída de um material ferromagnético, quando o conjunto ímã-sensor aproxima-se é induzido um campo magnético no dente que é detectado pelo sensor.

Para reduzir ao máximo a influência do ímã, este deve ser montado sobre o sensor com o eixo magnético perpendicular ao eixo sensível do elemento.

Aplicações em que se utiliza a excitação com ímãs permanentes são utilizadas apenas com materiais ferrosos a distâncias curtas do sensor, pois é difícil magnetizar um objeto a alguns metros de distância com um ímã permanente. Nesses casos, como, por exemplo, na detecção de veículos (ou aplicações similares), o campo magnético da Terra atua como excitação e gera um padrão magnético. Assim, os veículos podem ser contados ou classificados quando passam sobre os sensores em uma rodovia. Pequenos sensores GMR com baixíssimo consumo juntamente com blocos de memória e baterias podem ser colocados em um invólucro para esta função.

Outra aplicação em que não se pode utilizar uma excitação magnética é na detecção de valor de notas de dinheiro. Muitos países utilizam partículas que possuem propriedades ferromagnéticas. As notas são passadas sobre uma matriz de ímãs permanentes e são magnetizadas ao longo da direção de deslocamento. Um sensor magnético colocado a alguns centímetros, com o eixo paralelo à direção de deslocamento, pode detectar o campo remanescente nas partículas dessas notas. A utilização da magnetização neste caso serve para criar uma espécie de assinatura para cada nota. Se for utilizado um ímã no processo de leitura, pode-se perder a assinatura inicial.

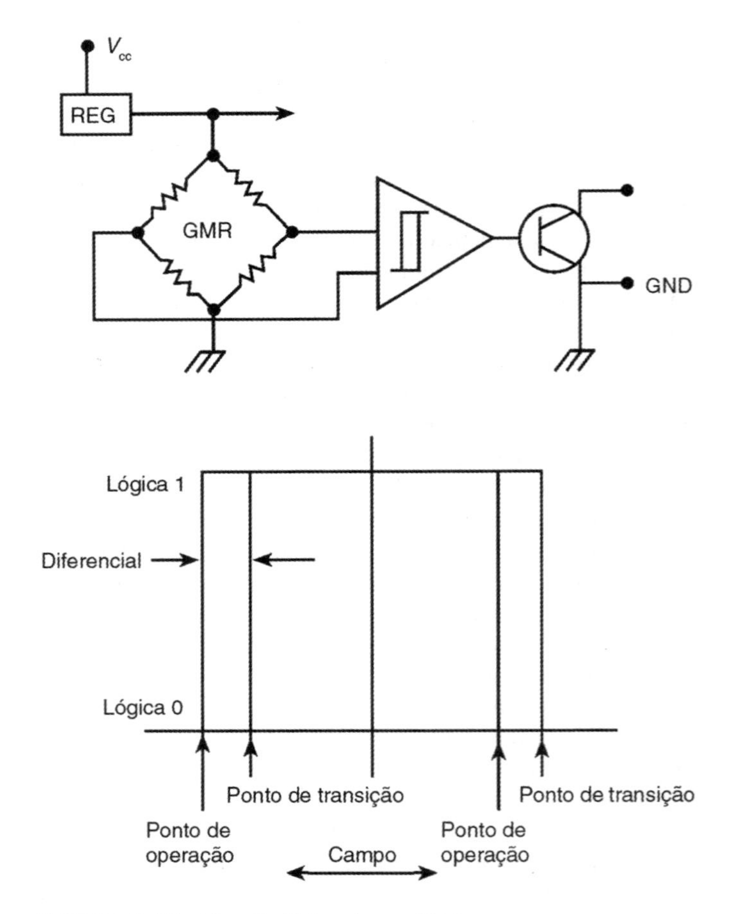

FIGURA 8.68 Circuito típico de um GMR e sua resposta.

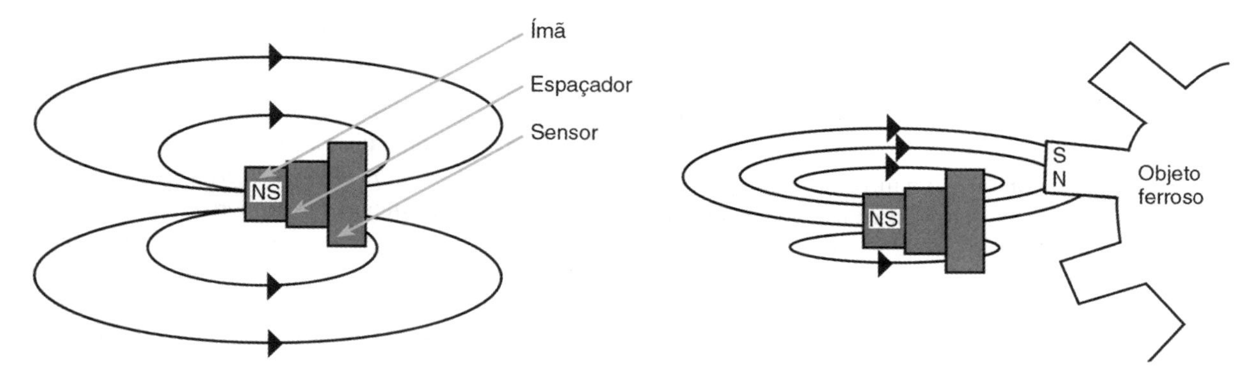

FIGURA 8.69 Aplicação de um sensor GMR para contar ou detectar os dentes de uma engrenagem.

Medição de deslocamento

Uma ponte com sensores GMR pode detectar a posição associada a componentes, bem como pequenos deslocamentos por eles executados. Isso é geralmente feito detectando-se o deslocamento do campo magnético gerado por um ímã permanente. Uma vez que a característica do fluxo de um ímã permanente é não linear, a faixa com deslocamento linear (ou quase linear) é bastante limitada. A Figura 8.70 mostra o deslocamento de dois sensores ao longo de dois eixos perpendiculares.

Pode-se observar que o sensor que se desloca na linha vertical passa por dois picos e, no centro do ímã, a saída é nula. Já o sensor do movimento horizontal passa por um máximo na posição central. Isso se deve ao fato de o sensor detectar a componente ortogonal ao seu eixo sensor.

Sensoreamento de corrente

A corrente que percorre um condutor cria um campo magnético em volta do fio. A intensidade do campo cai com a distância em relação a esse fio. As pontes com sensores GMR podem ser utilizadas para detectar esse campo em corrente DC ou AC. Correntes AC serão retificadas pela sensibilidade unipolar do sensor. Correntes unipolares e pulsadas podem ser medidas com boa reprodução de componentes rápidas (de alta frequência), uma vez que esse tipo de sensor tem excelente resposta em altas frequências. Como os filmes são bastante finos, frequências da ordem de 100 MHz podem ser atingidas.

A Figura 8.71 mostra uma ponte de sensores GMR medindo a corrente percorrendo um condutor. O sensor deve ser posicionado imediatamente acima ou abaixo do condutor. Esse sensor também pode ser montado imediatamente sobre uma trilha de corrente em uma placa de um circuito eletrônico. Altas correntes necessitam que o sensor seja colocado a uma distância maior, enquanto correntes baixas necessitam que o sensor seja posicionado o mais próximo possível do condutor.

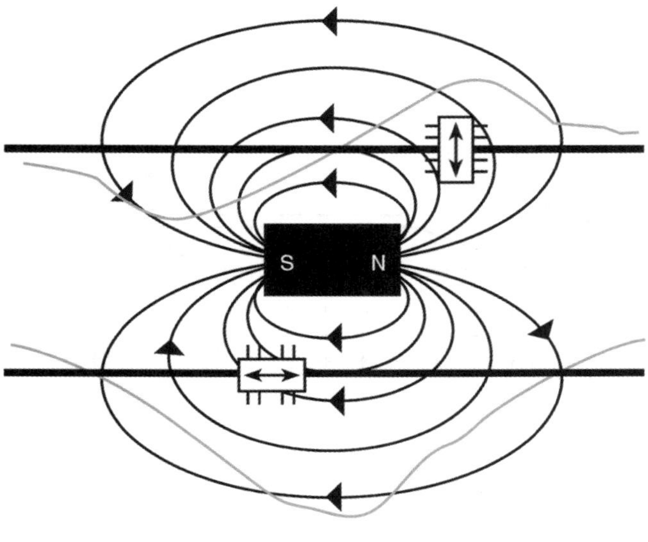

FIGURA 8.70 Aplicação de um GMR como detector de movimento.

8.7 Efeito Hall

O efeito Hall é assim chamado devido ao fato de sua descoberta ter sido feita, em 1879, pelo físico americano E. H. Hall, cujo interesse era provar que um ímã afeta diretamente a corrente e não o condutor, que era aquilo em que se acreditava na época.

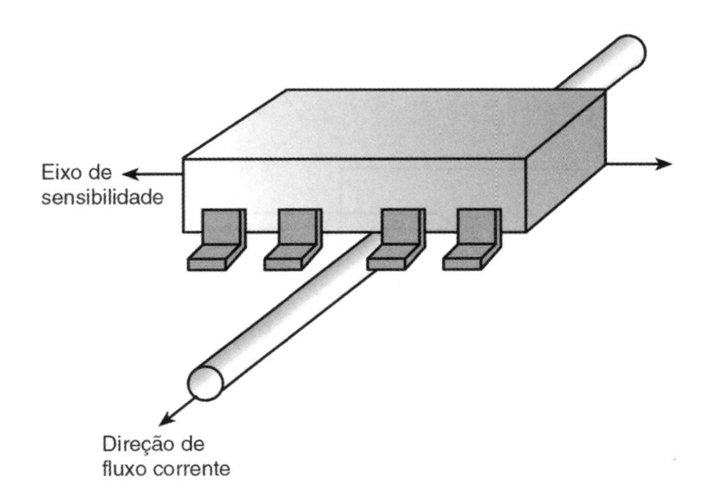

FIGURA 8.71 Sensor GMR medindo a corrente que percorre um condutor.

O experimento era composto de folhas de ouro montadas em um prato de vidro, e uma corrente era introduzida nessas folhas, as quais estavam monitoradas nas bordas por um galvanômetro muito sensível. As folhas de ouro foram colocadas entre os polos de um eletroímã; dessa forma, Hall observou que surgia uma força eletromotriz (f.e.m.) e concluiu que essa f.e.m. era proporcional ao produto do campo magnético $\vec{B}$ perpendicular e à velocidade dos elétrons v, ou seja:

$$E_H \alpha [\vec{v} \times \vec{B}].$$

O efeito Hall depende da força de Lorentz que interage com uma carga em movimento por meio de um campo magnético. Quando um condutor é exposto a um campo magnético transversal, os elétrons em movimento são repelidos para uma das bordas. A concentração de elétrons nessa borda causa um campo elétrico transversal ao condutor e ao campo magnético. O efeito do campo elétrico só anula a força de Lorentz, atingindo o equilíbrio. O campo elétrico transversal ao condutor causa uma diferença de potencial entre as duas bordas desse condutor conhecida como tensão Hall. Essa tensão Hall varia com o tipo de condutor que é exposto ao campo magnético. Devido às pequenas dimensões dos condutores e especialmente à baixíssima velocidade de migração dos elétrons, normalmente a tensão Hall não é mensurável na maioria dos materiais.

As aplicações técnicas só se tornaram possíveis em meados dos anos 1950, com a descoberta de alguns semicondutores que possuem alta mobilidade de elétrons, nos quais a corrente não é oriunda de muitos elétrons lentos se movimentando, mas de poucos elétrons com velocidade bem maior. Dessa forma, nesse tipo de material a tensão Hall é muitas vezes maior que nos metais, sendo da ordem de até 100 mV.

A Figura 8.72(*a*) mostra um arranjo para a medição do efeito Hall, e a Figura 8.72(*b*) ilustra o acúmulo de cargas devido ao efeito Hall.

De acordo com a expressão da força de Lorentz [N],

$$\vec{F}_L = -q \cdot \left(\vec{E} + \left(\vec{v} \times \vec{B}\right)\right)$$

sendo q a carga do elétron em coulombs (C), $\vec{E}$ o campo elétrico em $\mathrm{V/m}$ e v a velocidade em $\mathrm{m/s}$. O acúmulo de elétrons em um dos lados da barra resulta da exposição dos íons do lado oposto, como ilustra a Figura 8.72(*b*).

Segundo $\vec{F}_L = -q \cdot (\vec{E} + (\vec{v} \times \vec{B}))$, a quantidade de elétrons envolvida é diretamente proporcional à indução magnética e à corrente. Essa separação de carga produz uma tensão transversal conhecida como tensão Hall, V_H, que exerce uma força eletrostática, F_H, contrária à força de Lorentz, reduzindo o fluxo de carga na direção y. A F_H é dada por

$$|F_H| = \frac{q \times V_H}{d_l}$$

sendo V_H [V] a tensão Hall e d_l [m] a largura da barra. No estado de equilíbrio, $F_L = F_H$; logo, V_H é dada por

$$V_H = \frac{R_H \times i \times B}{t_b}$$

sendo R_H [C × m³] a constante de Hall e $t_b = \frac{A}{d_l}$[m] a espessura da barra em metros. Uma tensão negativa, V_H, indica a presença de elétrons (caso contrário, um V_H positivo, em um semicondutor, indica a predominância de lacunas). O efeito Hall também pode ser usado para determinar a mobilidade, μ_n, dos elétrons, se as dimensões da barra forem conhecidas:

$$\mu_n = \frac{R_H \times l \times i}{V \times A}$$

sendo l [m] o comprimento da barra metálica e A [m²] a área da secção.

Os sensores de efeito Hall tipicamente utilizam semicondutores de silício tipo n quando o custo é um fator importante e GaAs para capacidades de alta temperatura devido à largura da banda desse material. Além destes, materiais como InAs e InSb e outros semicondutores vêm ganhando

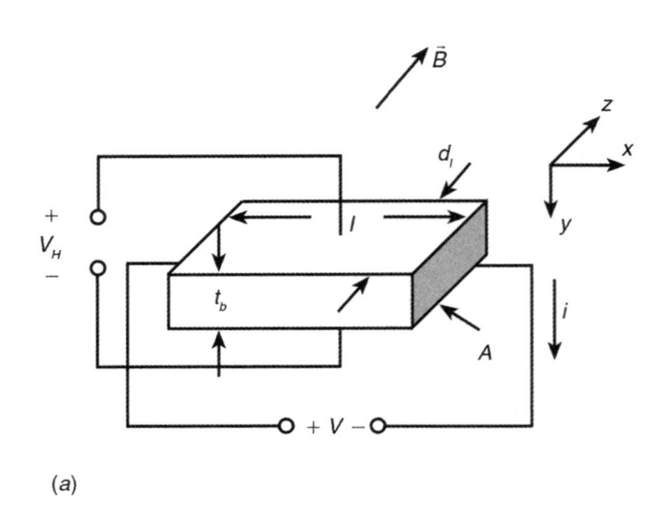

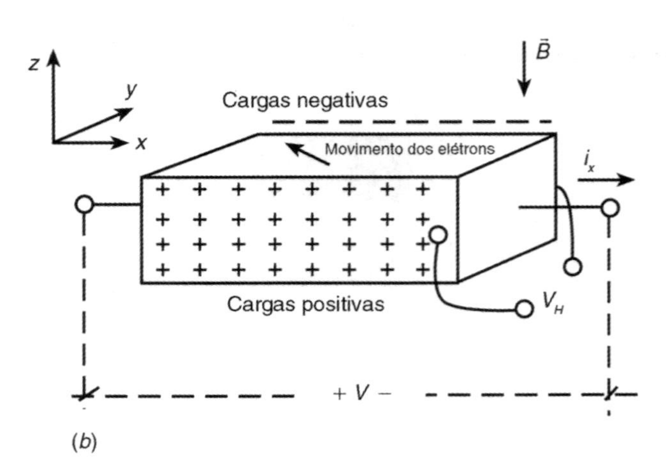

FIGURA 8.72 (*a*) Arranjo para medição do efeito Hall e (*b*) efeito Hall mostrando o acúmulo de cargas.

aceitação devido à alta mobilidade dos portadores, o que resulta em grande sensibilidade e resposta a altas frequências acima de 10 a 20 kHz, que é típico de sensores de efeito Hall de silício.

A geometria do sensor de efeito Hall é geralmente feita com o comprimento, na direção em que os portadores se deslocam mais que a largura. Quando é medida entre os eletrodos colocados no centro de cada lado, a tensão Hall é proporcional à componente de campo magnético perpendicular ao sensor. Este também é sensível ao sentido do fluxo magnético, invertendo a polaridade quando o mesmo varia. A razão do efeito Hall com a corrente de entrada é denominada resistência Hall, e a razão da tensão aplicada com a corrente de entrada denomina-se resistência de entrada.

As resistências Hall e de entrada aumentam linearmente com o campo aplicado até alguns teslas. A dependência com a temperatura da tensão e da resistência de entrada é determinada pela dependência da mobilidade e do coeficiente Hall com a temperatura. Diferentes materiais e diferentes níveis de dopagens resultam em diferentes relações entre as características de sensibilidade e dependência com a temperatura.

Os sensores de efeito Hall são frequentemente combinados com outros elementos semicondutores, adicionando-se, por exemplo, comparadores e dispositivos de saída, resultando em chaves digitais bipolares ou unipolares. Adicionando-se amplificadores juntamente com outros dispositivos, pode-se aumentar a tensão Hall, pré-processando o sinal com funções como filtros, entre outras.

O coeficiente R_H, que depende do material, tem uma dependência muito grande com a temperatura, como se pode observar na Figura 8.73.

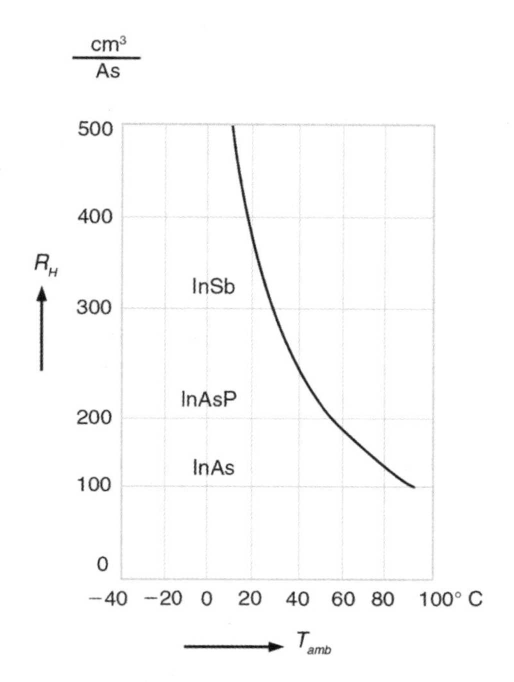

FIGURA 8.73 Dependência do coeficiente Hall R_H com a temperatura.

Características básicas

Quando utilizada como sensor magnético, a componente normal da indução magnética é então o sinal de entrada, e a saída é a própria tensão Hall.

A **sensibilidade** é o parâmetro mais importante. Pode-se definir sensibilidade absoluta como

$$S_A = \left(\frac{V_H}{B_\perp}\right)_C$$

em que V_H é a tensão Hall, $B_\perp$ é a componente normal de indução magnética e C está associado a uma série de condições, tais como temperatura, frequência e corrente de excitação.

A **tensão de *offset*** na saída do sensor Hall não pode ser diferenciada do sinal relativo à indução magnética. Para caracterizar o erro na medida causado pelo *offset*, pode-se afirmar que

$$B_{off} = \frac{V_{off}}{S_A}$$

em que B_{off} é a parcela do erro de indução magnética originada pela tensão de *offset* V_{off}.

O maior causador de *offset* em sensores Hall são imperfeições de fabricação, tais como não uniformidade da resistividade e espessura do material desses sensores. Uma tensão mecânica na combinação com o efeito piezorresistivo também pode causar *offset*.

O ruído na saída do sensor Hall pode ser interpretado como o resultado de uma indução magnética atuando como ruído em um sensor Hall. Uma forma coerente de descrever as propriedades do ruído de um sensor é em termos de um limite de detecção, que é o valor da medida da correspondente relação sinal/ruído.

A sensibilidade cruzada (*cross sensitivity*) do sensor magnético é a sensibilidade indesejada a outros parâmetros do ambiente, tais como temperatura e pressão. A sensibilidade cruzada para um parâmetro pode ser calculada da seguinte maneira:

$$PC = \frac{1}{s}\frac{\partial S}{\partial P}.$$

Por exemplo, se P é temperatura, então PC torna-se TC, que é o coeficiente de temperatura, em que S denota a sensibilidade magnética do sensor Hall.

Em algumas aplicações de sensores Hall como sensores magnéticos, é particularmente importante que a relação de proporcionalidade $V_H = IB_\perp$ seja muito precisa. Como fonte de **não linearidade** podem-se citar imperfeições oriundas do material NL_M, que são definidas como

$$NL_M \approx -\alpha\mu^2{}_H B^2$$

sendo μ_H a mobilidade, o coeficiente de não linearidade do material e $\vec{B}$ a indução magnética. Outra fonte de não linearidade resulta da geometria do próprio semicondutor do qual é construído o sensor NL_G, que é definido por

$$NL_G \approx \beta\mu^2{}_H B^2$$

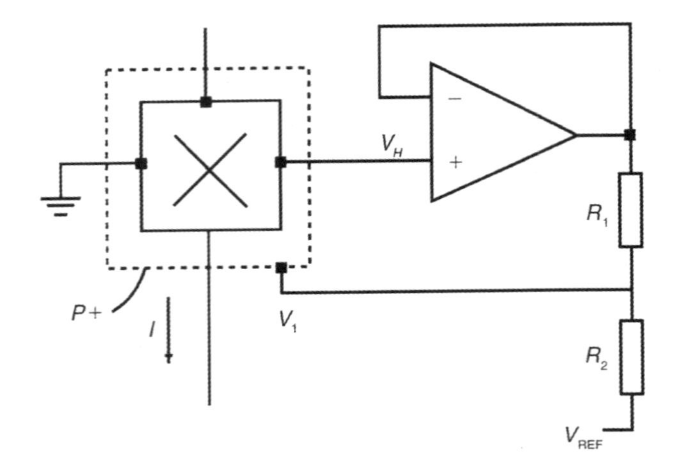

FIGURA 8.74 Exemplo de um circuito para compensação do efeito de campo da junção; o quadrado tracejado representa a área do sensor Hall.

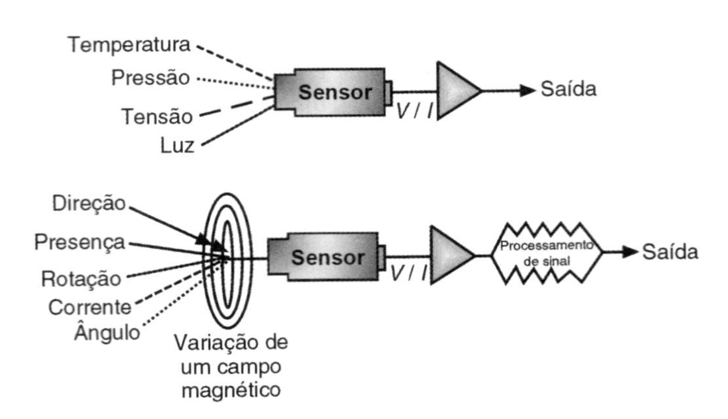

FIGURA 8.75 Comparação entre sensores convencionais e sensores magnéticos.

sendo β o coeficiente de não linearidade devido à geometria do material. Outra fonte de não linearidade que se pode identificar em um sensor Hall é o efeito de campo da junção, NL_{JFE}, que depende da estrutura do sensor e das condições de polarização, em contraste com as duas primeiras causas de não linearidade, que são dependentes do quadrado do campo magnético e independentes da polarização.

Geralmente a não linearidade originada pelo efeito de campo da junção é dominante. Felizmente, porém, quando se utilizam técnicas adequadas de compensação, como na Figura 8.74, ela pode ser minimizada.

O coeficiente Hall não pode ser considerado um parâmetro absolutamente estável, e como se sabe a sensibilidade do sensor Hall é diretamente proporcional a esse coeficiente. Um exemplo disso é que, quando submetido a uma tensão mecânica, devido ao efeito *piezo-Hall,* o coeficiente Hall de um sensor com semicondutor tipo *n* de baixa dopagem pode variar até 2,5 %.

A sensibilidade relativa do sensor Hall também depende diretamente da densidade superficial de cargas. Sendo assim, qualquer efeito físico que venha a causar qualquer variação na densidade de portadores pode causar instabilidade.

Sensores de alta sensibilidade tendem a ser instáveis. Quanto maior a sensibilidade do sensor Hall, maior a influência dos efeitos superficiais. Felizmente, existem métodos de correção muito eficientes para esses efeitos de instabilidade, de modo que os sensores de efeito Hall podem ser extremamente estáveis.

8.7.1 Aplicações

Bússolas ou sensores magnéticos são usados há aproximadamente 2000 anos na navegação de barcos e caravelas. Cabe observar, porém, que normalmente não são usados na medição de campo magnético, e sim na medição de velocidade rotacional, da presença de tintas magnéticas, na detecção de veículos, entre outras aplicações. Esses parâmetros não podem ser medidos diretamente, mas podem ser extraídos das alterações ou distúrbios no campo magnético. Sensores convencionais, tais como temperatura, pressão, sensores de luz, entre outros, podem converter diretamente o parâmetro desejado em uma tensão ou corrente proporcional, conforme esboço da Figura 8.75. Por outro lado, o uso de sensores magnéticos para detecção de direção, presença, rotação, ângulo ou corrente elétrica só é capaz de detectar indiretamente esses parâmetros.

Por ser um vetor, o campo magnético apresenta magnitude, direção e sentido. Dispositivos baseados no **efeito Hall** geram sua saída em função da intensidade do campo magnético, enquanto medidores baseados no **efeito magnetorresistivo** (aumento da resistência de um sólido na presença de um campo magnético) medem a direção do ângulo de um campo magnético tal que sua saída é baseada na resistência elétrica do campo.

Campos magnéticos e induções magnéticas estão inevitavelmente associados à corrente elétrica. Dessa forma, a medição de indução magnética é uma medição indireta de corrente; uma vez que a indução magnética $\vec{B}$ é exatamente proporcional à corrente *i*, a medida de corrente pode ser efetuada sem que se tenha que abrir o circuito ou fazer qualquer contato entre o condutor e o instrumento. A Figura 8.76 ilustra um arranjo básico para efetuar essa medida. Um condutor de corrente passa por um anel magnético que possui um *gap* (ar), no qual é colocado o sensor. Esse anel é construído de um material ferromagnético leve e de alta permeabilidade.

Um sensor Hall é um multiplicador de quatro quadrantes natural, e um método eficiente para medir potência elétrica pode ser baseado nesse princípio, já que a saída é proporcional à corrente e ao campo magnético externo. A Figura 8.77 mostra um medidor de energia elétrica (watt-hora) baseado nesse princípio.

No decorrer deste livro, outras aplicações de sensores de efeito Hall serão apresentadas nos capítulos referentes à variável medida.

8.8 Efeito Magnetostritivo

Magnetostrição é definida como a propriedade que materiais ferromagnéticos possuem e com a qual eles variam suas dimensões quando submetidos a um campo magnético.

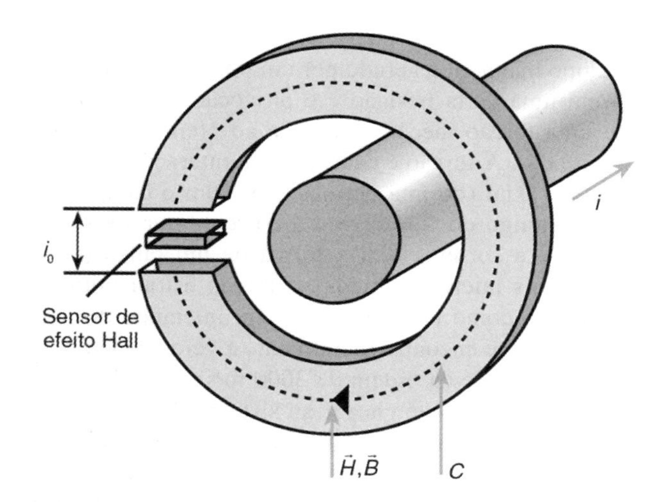

FIGURA 8.76 Arranjo básico para medidas de grandezas elétricas com um sensor de efeito Hall.

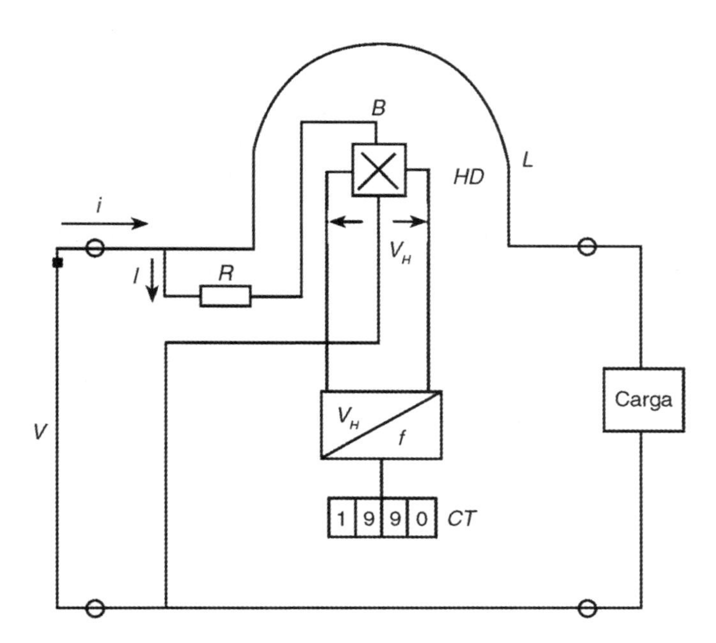

FIGURA 8.77 Diagrama esquemático de um medidor de potência baseado em um sensor Hall. *L* é o condutor, e *B* é o campo produzido pela corrente *I* que será medida pelo sensor *HD*, cuja saída V_H é a tensão Hall.

Essa propriedade foi descoberta em 1842 por James Joule, quando analisava uma amostra de níquel. Subsequentemente, o cobalto, o ferro e ligas desses materiais também mostraram um significativo efeito magnetostritivo de 50 partes por milhão (50 ppm).

O efeito magnetostritivo é explicado observando-se a estrutura dos materiais ferromagnéticos. Esses materiais podem ser considerados um grupo de pequenas regiões que funcionam como pequenos ímãs permanentes (domínios magnéticos). Como foi citado neste capítulo, quando esses materiais não estão magnetizados, os domínios estão distribuídos aleatoriamente. Mas, quando estão magnetizados, esses domínios alinham-se na mesma direção. Dessa forma, a influência de um campo magnético externo cria um desbalanço, rearranjando os domínios magnéticos e alterando as dimensões do corpo.

A Figura 8.78(*a*) mostra um modelo simples para a compreensão do efeito magnetostritivo. Nesse modelo, as elipses representam os momentos magnéticos do material. Ao aplicar um campo magnético, os domínios são alinhados, fazendo com que as elipses sejam levemente rotacionadas, e as dimensões alteradas. Também se pode observar que, se for aplicada uma pré-carga, como mostra a Figura 8.78(*b*), o efeito pode ser incrementado. A Figura 8.78(*c*) mostra o efeito no sólido.

Sob efeito magnetostritivo, os cristais deformam-se de modo que a superfície pode relaxar em um estado de energia mínima.

O efeito de magnetostrição pode ser positivo ou negativo. É considerado positivo, se expandir, ou negativo, se contrair. Em outras palavras, essa propriedade permite que materiais ferromagnéticos sejam utilizados para transformar energia magnética em energia cinética e vice-versa. O efeito de utilizar energia mecânica para modificar uma condição magnética é denominado efeito Villari.

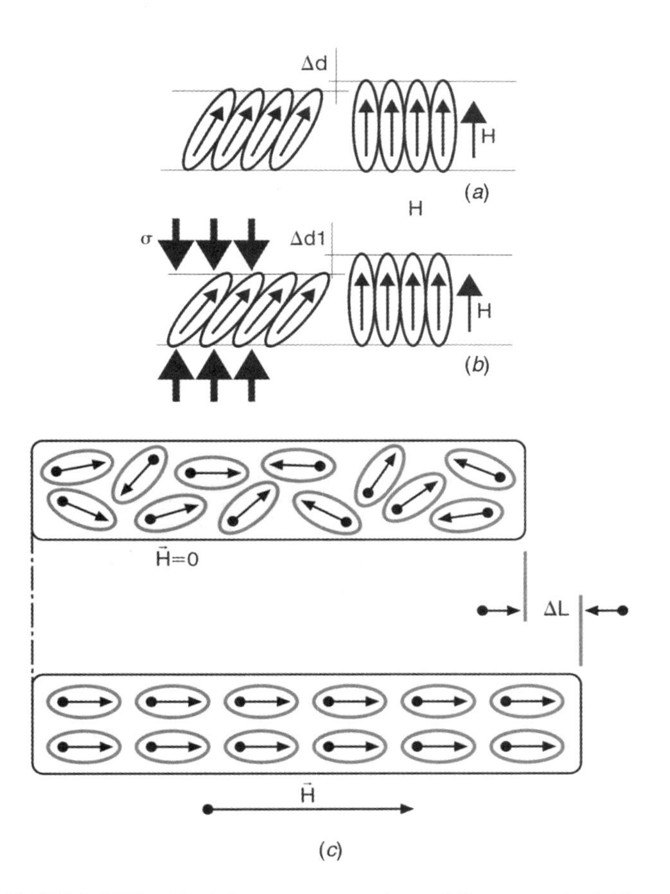

FIGURA 8.78 Modelo representando o efeito magnetostritivo em domínios magnéticos: (*a*) sem pré-carga, (*b*) com pré-carga e (*c*) efeito da alteração de comprimento no sólido.

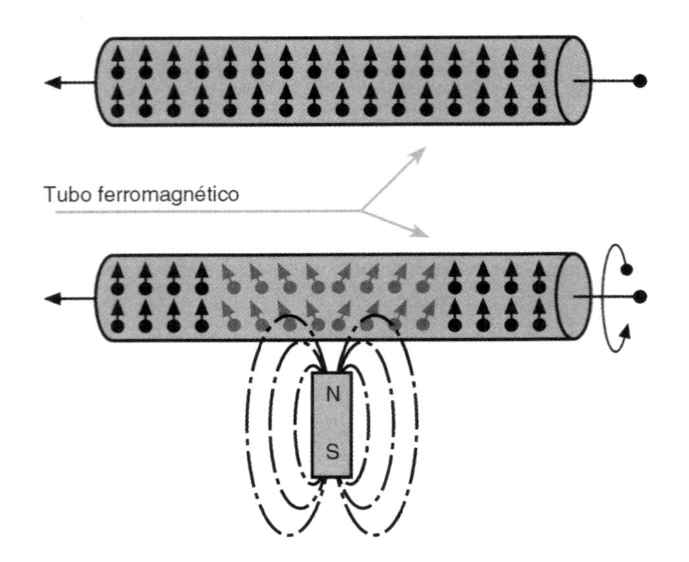

FIGURA 8.79 Efeito Wiedemann mostrando a torção mecânica resultante do campo magnético axial aplicado ao fio condutor de corrente.

Existem ainda dois outros efeitos relacionados ao efeito magnetostritivo: o efeito Metteucci e o efeito Wiedemann. O primeiro é o surgimento de um campo magnético espiral quando um material (com propriedades magnetostritivas) é submetido a uma torção. O segundo é o efeito contrário, ou seja, a criação de um movimento mecânico de torção quando o material é submetido a um campo espiral. A Figura 8.79 mostra o efeito Wiedemann.

Esse efeito pode ser percebido, por exemplo, em dispositivos utilizados em sistemas de alta-tensão, tais como transformadores, pelo ruído que produzem. Também é utilizado na construção de sensores. Considere um fio construído com material ferromagnético. Quando o fio é submetido a um campo magnético gerado por um ímã permanente colocado em uma certa posição e é provocada uma corrente, surge uma torção mecânica devida ao efeito Wiedemann (Figura 8.80). A torção é causada pela interação do campo magnético axial (do ímã permanente) com o campo magnético ao longo do fio, devido à corrente que passa pelo mesmo. Se a corrente tem a forma de um pulso (tipicamente alguns microssegundos), a torção é transmitida ao longo do fio como uma onda de som, iniciando do ponto em que o ímã se encontra (geralmente a velocidade do som nesses materiais é da ordem de 3000 m/s). A onda de som propaga-se pelo fio até chegar ao sistema de recepção, no qual, pelo efeito Villari, o esforço mecânico induzido causa uma variação da condição magnética de outro componente composto de material ferromagnético, o qual gera um novo pulso elétrico.

Nesse dispositivo pode-se acoplar um sistema de medição de tempo e relacioná-lo com a distância do ímã ao receptor. Uma das primeiras aplicações práticas do efeito magnetostritivo foi na construção de sonares, equipamentos utilizados para medir distâncias através da medição de tempo de eco de sinal, principalmente em embarcações e submarinos. Outras aplicações eram a construção de osciladores de alta frequência e geradores de ultrassom (ideia que foi abandonada com o desenvolvimento dos PZTs), além da medição de torque. Os materiais baseados em níquel tinham valores de saturação do efeito magnetostritivo de aproximadamente 50 ppm, o que era bastante baixo e limitado.

O efeito piezoelétrico é semelhante ao efeito magnetostritivo, mas ocorre em materiais dielétricos. Para muitas aplicações, tais como sonares, transdutores ultrassônicos, filtros e ressonadores, linhas de atraso, acelerômetros, entre outros, os materiais piezoelétricos têm muitas vantagens se comparados

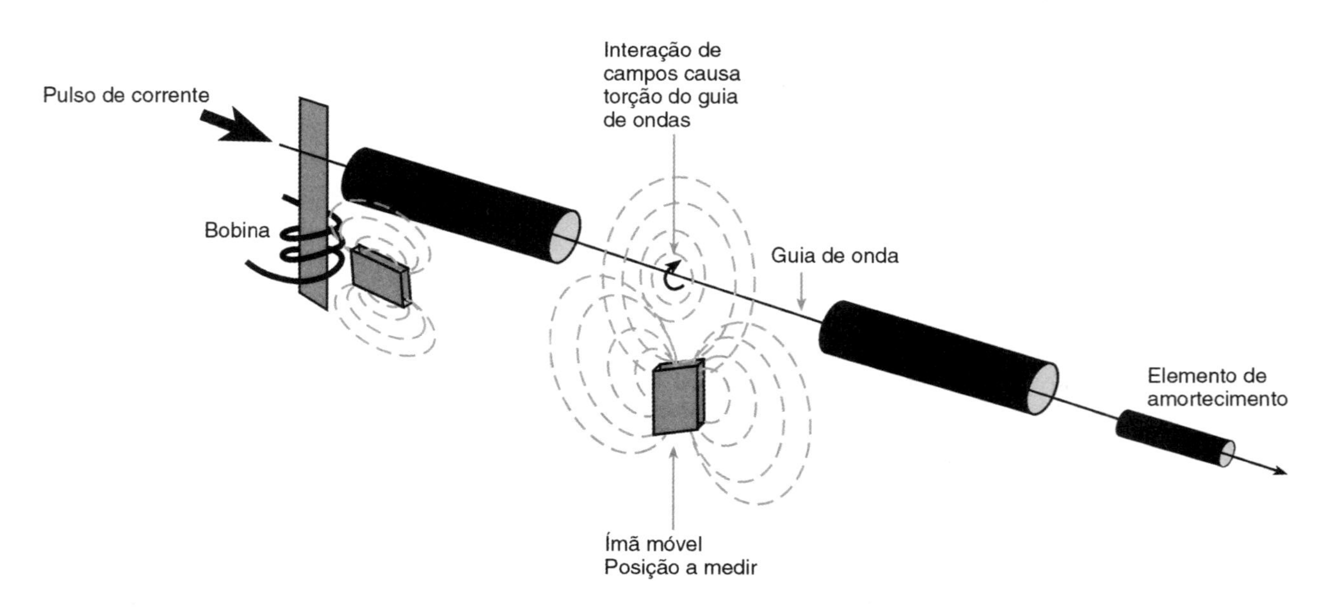

FIGURA 8.80 Princípio de funcionamento de um sensor magnetostritivo. A interação do campo devida ao pulso de corrente com o campo do ímã causa uma onda de deformação que percorre o fio.

aos magnetostritivos. Podem-se citar, por exemplo, tamanhos reduzidos, maior eficiência e facilidade de fabricação. Durante quase três décadas, pesquisas e atividades relacionadas ao efeito magnetostritivo foram reduzidas devido à sobreposição dos dois efeitos.

Nos anos 1960, elementos de terras-raras, como o térbio (Tb) e o disprósio (Dy), mostraram entre 100 e 10.000 vezes a deformação apresentada por ligas de níquel. Entretanto, esses resultados ocorriam apenas a temperaturas muito baixas, e aplicações nas condições ambientes não eram possíveis.

Com pesquisas e desenvolvimento de novas ligas, chegou-se a materiais como o terfenol-D (Tb.27Dy.73Fe1.95), atualmente o mais utilizado e que chega a deformações de 1500 ppm. Apesar disso, o efeito magnetostritivo é um assunto de muito interesse e objeto de muitos trabalhos de pesquisa.

8.9 Efeito Capacitivo

Capacitância é uma propriedade elétrica que existe entre dois condutores que estão separados por um não condutor. A carga q em um capacitor é proporcional à tensão V_a que existe entre duas placas paralelas (modelo mais simples). A constante de proporcionalidade que relaciona a carga q e a tensão V_a é chamada de capacitância C [F], determinada pela relação:

$$C = \frac{q \times A}{V_a}$$

na qual $q\left[\mathrm{C}/\mathrm{m}^2\right]$ é a densidade de carga, A [m²] é a área do capacitor e V_a [V] é a tensão aplicada no capacitor.

Cabe observar que a quantidade de carga armazenada em um capacitor depende da sua geometria e das propriedades dielétricas do isolante. Para um capacitor de placas paralelas (Figura 8.81), a capacitância C é dada por

$$C = \frac{\varepsilon_i \times A}{d}$$

em que ε_i é a permissividade do isolante (reflete a capacidade de armazenar cargas) em F/m e d é a distância de separação entre as placas do capacitor [m]. A permissividade para um isolante é dada por

$$\varepsilon_i = \varepsilon_o \times \varepsilon_r$$

sendo ε_o ($8{,}85 \times 10^{-12}\,\mathrm{F}/\mathrm{m}$) a permissividade do vácuo e ε_r a permissividade relativa ou constante dielétrica do isolante. A capacitância do capacitor de placas paralelas aumenta com a presença de um isolante.

As propriedades dielétricas de um isolante estão diretamente relacionadas com o alinhamento dos dipolos (pares de cargas positivas e negativas). Se os dipolos respondem a um campo elétrico pela alteração de sua orientação ou separação, o isolante pode ser polarizado (fisicamente, a polarização pode ser vista como uma medida do alinhamento dos dipolos).

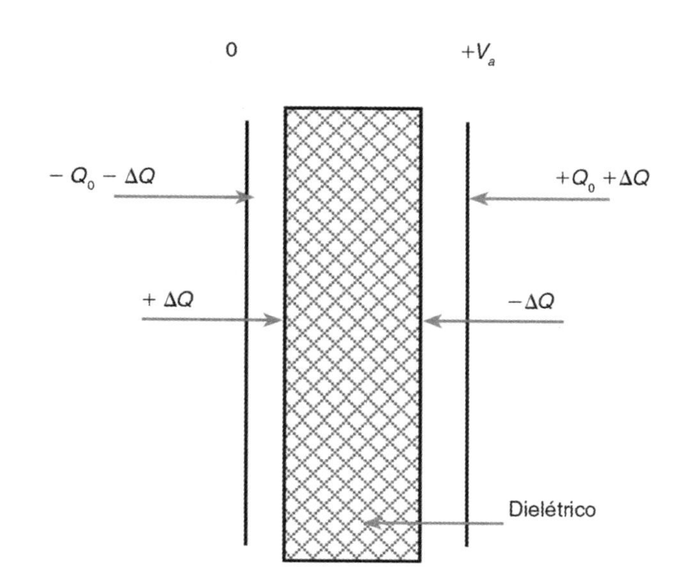

FIGURA 8.81 Modelo de capacitor de placas paralelas.

Admitindo-se que a densidade de carga na presença de um isolante é dada por $\Delta q\left[\mathrm{C}/\mathrm{m}^2\right]$, então a capacitância pode ser escrita como

$$C = \frac{(q_0 + \Delta q) \cdot A}{V_a} = C_0 \cdot \left(1 + \frac{\Delta q}{q_0}\right)$$

sendo q_o a densidade de carga $\left[\mathrm{C}/\mathrm{m}^2\right]$ na superfície sem o isolante e $C_o\left(\frac{q_0 \cdot A}{V_a}\right)$ a capacitância [F] no espaço livre (*gap*) entre as placas paralelas do capacitor.

A permissividade relativa, ε_r, aumenta com o aumento da densidade dos dipolos; sendo assim, isolantes serão mais efetivos na armazenagem de carga se possuírem alta densidade de dipolos ou se os dipolos estiverem alinhados na direção do campo elétrico (a prova matemática desta afirmação é encontrada nas obras clássicas apresentadas na seção Referências Bibliográficas, no final deste capítulo).

Se a configuração do capacitor for cilíndrica, o valor da capacitância deve ser calculado de acordo com

$$C = \frac{2\pi\varepsilon_0\varepsilon_r\ell}{\ln\left(\frac{b}{a}\right)}$$

em que ℓ é o comprimento dos cilindros e a e b são os raios do cilindro externo e do cilindro interno, respectivamente.

Um capacitor cilíndrico pode ser visto na Figura 8.82.

A Tabela 8.9 mostra as constantes dielétricas para algumas substâncias (observa-se que a constante dielétrica ε_r é adimensional, uma vez que é relativa à constante do vácuo $8{,}85 \times 10^{-12}\,\frac{A \cdot s}{V \cdot m}$).

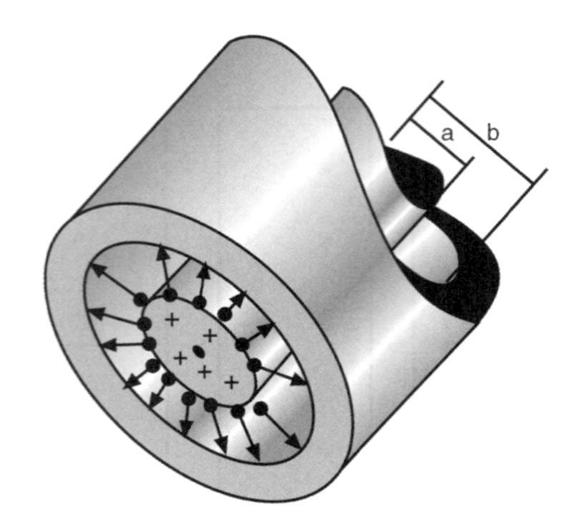

FIGURA 8.82 Capacitor de placas cilíndricas.

TABELA 8.9 Constantes dielétricas para alguns materiais

Material	Constante ε_r
Álcool isopropílico	18,3
Querosene	1,8
Óleo mineral	2,1
Água pura	80
Areia	4,0
Açúcar	3,0
Teflon	2,0
Mica	3,2
Poliéster	3,2
Papel	2
Ar	1,00054
Pentóxido de tântalo	26
Polímeros em geral	1 a 2
Cerâmica em geral	4 a 10

Aplicando-se uma tensão AC, os dipolos, no capacitor, oscilam periodicamente, causando carga e descarga das placas, o que resulta em um fluxo de corrente no circuito. A corrente i_{AC}[A]é dada por

$$i_{AC} = \frac{\Delta q \times A}{\Delta t},$$

em que $\Delta q\left[\mathrm{C}/\mathrm{m}^2\right]$ é o aumento da densidade de carga que flui entre as placas do capacitor, A [m²] é a área do capacitor de placas paralelas e Δt[s] é a variação no tempo. Usando-se $C = \frac{q \times A}{V}$, isto é, $\Delta V = \frac{\Delta q \times A}{C}$, pode-se escrever:

$$A = \frac{\Delta V \times C}{\Delta q}$$

$$i_{AC} = \frac{\Delta q \times A}{\Delta t} = \frac{\Delta q \times \left(\frac{\Delta V \times C}{\Delta q}\right)}{\Delta t} = \frac{\Delta V \times C}{\Delta t}$$

$$i_{AC} = \frac{C \times \Delta V}{\Delta t} \cong \frac{C \times dV}{dt}$$

sendo $\frac{dV}{dt}\left[\mathrm{V}/\mathrm{s}\right]$ a taxa de variação de tensão aplicada e $C[F]$ capacitância dada em farads.

O efeito capacitivo é utilizado em vários tipos de sensores. Em alguns, a grandeza de interesse é detectada pela variação da distância entre as placas; em outros, pela área das placas (sobrepostas). Outros sensores utilizam a variação do dielétrico.

O capacitor como sensor

Os sensores capacitivos têm seu princípio de funcionamento baseado na variação de um dos três parâmetros: i. distância entre placas, ii. área efetiva, ou iii. dielétrico.

i. Distância entre placas

Considerando a Figura 8.83(a):

$$C = \varepsilon_r \varepsilon_o \frac{A}{d + \Delta d}.$$

Podemos ainda simplificar a expressão:

$$\frac{1}{C} = \frac{1}{\varepsilon_r \varepsilon_o} \frac{d + \Delta d}{A} = \frac{1}{C_o} + \frac{\Delta d}{\varepsilon_r \varepsilon_o A}.$$

Essa expressão deixa evidente a dependência da capacitância C com a variação da distância entre placas Δd.

A Figura 8. 83(b) mostra um capacitor fixo e outro variável para serem utilizados em uma configuração diferencial:

$$C_{\text{fixo}} = \varepsilon_r \varepsilon_o \frac{A}{d};\ C = \varepsilon_r \varepsilon_o \frac{A}{d - \Delta d}$$

$$\frac{C_{\text{fixo}}}{C} = 1 - \frac{\Delta d}{d}$$

A Figura 8.83(c) mostra dois capacitores variáveis para serem utilizados em uma configuração diferencial:

$$C_1 = \varepsilon_r \varepsilon_o \frac{A}{d + \Delta d}$$

$$C_2 = \varepsilon_r \varepsilon_o \frac{A}{d - \Delta d}$$

$$\frac{C_1 - C_2}{C_1 + C_2} = \frac{\Delta d}{d}$$

Observa-se que as configurações diferenciais e a manipulação apresentadas são de grande importância, uma vez que os resultados dependem apenas de d e Δd. Problemas relacionados com influências externas, como umidade, temperatura, são anulados.

ii. Variação da área efetiva

O resultado é semelhante ao do efeito da variação da distância. A Figura 8. 84(*a*) mostra três placas: duas fixas, que formam um capacitor fixo C_{fixo}, e uma móvel, que forma um capacitor variável:

$$C_{\text{fixo}} = \varepsilon_r \varepsilon_o \frac{A}{d}$$

$$C_1 = \varepsilon_r \varepsilon_o \frac{A - \Delta A}{d}$$

$$\frac{C_1}{C_{\text{fixo}}} = 1 - \frac{\Delta A}{A}$$

A Figura 8.84(*b*) mostra três placas: duas fixas montadas a 180°, e uma placa móvel, que forma dois capacitores variáveis. Assim temos:

$$C_1 = \varepsilon_r \varepsilon_o \frac{A + \Delta A}{d}$$

$$C_2 = \varepsilon_r \varepsilon_o \frac{A - \Delta A}{d}$$

$$\frac{C_2 - C_1}{C_1 + C_2} = \frac{\Delta A}{A}$$

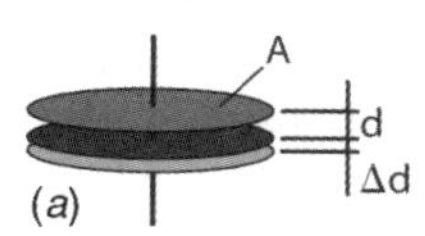

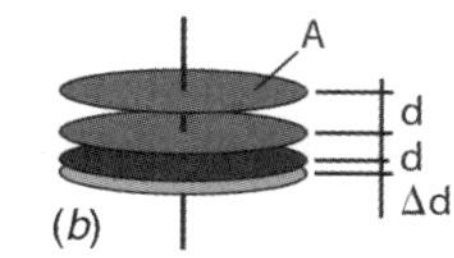

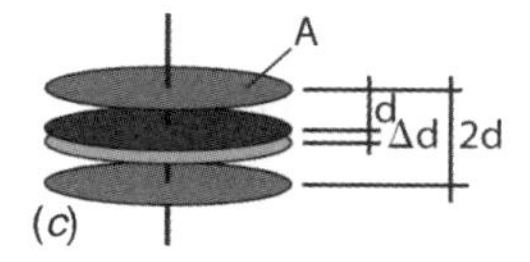

FIGURA 8.83 (*a*) Capacitor com variação da distância entre placas. (*b*) Configuração diferencial com um capacitor fixo. (*c*) Configuração diferencial com dois capacitores variáveis.

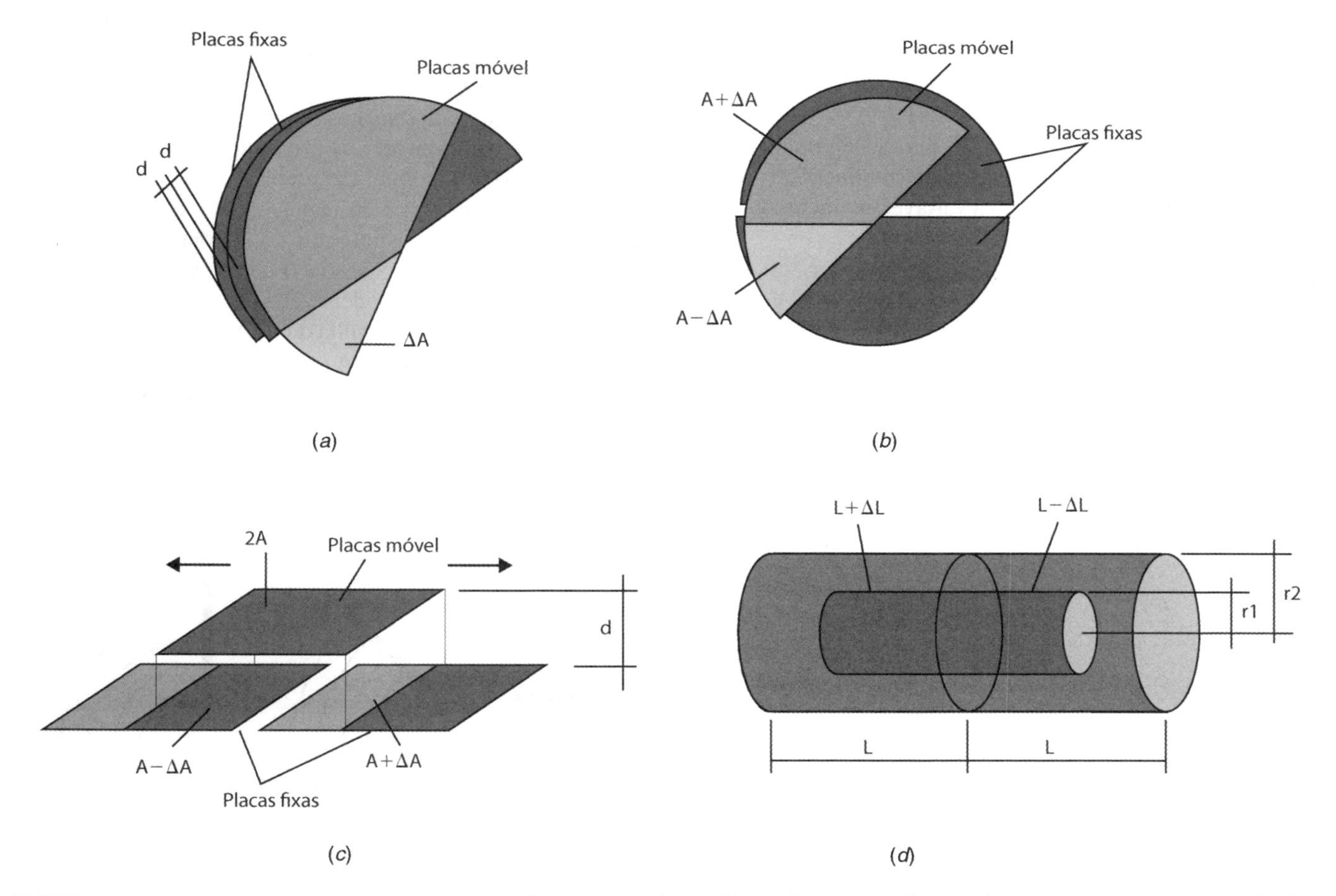

FIGURA 8.84 (*a*) Capacitor com variação da área efetiva entre placas. (*b*) Configuração diferencial com um capacitor utilizando duas placas fixas e uma placa móvel. (*c*) Configuração diferencial com dois capacitores variáveis de geometria plana. (*d*) Configuração diferencial com dois capacitores variáveis de geometria cilíndrica.

A Figura 8.84(*c*) mostra uma configuração diferencial, semelhante à anterior. A diferença é a geometria. Mas também nesse caso temos:

$$C_1 = \varepsilon_r \varepsilon_o \frac{A - \Delta A}{d}$$

$$C_2 = \varepsilon_r \varepsilon_o \frac{A + \Delta A}{d}$$

$$\frac{C_2 - C_1}{C_1 + C_2} = \frac{\Delta A}{A}$$

A Figura 8.84(*d*) também mostra uma configuração diferencial com geometria cilíndrica. Nesse caso, podemos evidenciar a variável deslocamento, ou Δl:

$$C_1 = 2\pi \varepsilon_r \varepsilon_o \frac{L - \Delta l}{\ln\left(\frac{r_2}{r_1}\right)}$$

$$C_2 = 2\pi \varepsilon_r \varepsilon_o \frac{L + \Delta l}{\ln\left(\frac{r_2}{r_1}\right)}$$

$$\frac{C_2 - C_1}{C_1 + C_2} = \frac{\Delta l}{L}$$

Novamente, chamamos a atenção para a importância das configurações diferenciais e da dependência linear dos resultados da capacitância em relação à variável de interesse.

iii. Variação do dielétrico do capacitor

Como a capacitância depende da constante dielétrica, ao mudarmos o meio existente entre as duas placas, ocorrerá a mudança do valor do capacitor. A figura mostra a utilização desse método para detectar a mudança do meio ε_1 por $\varepsilon_1 + \varepsilon_2$.

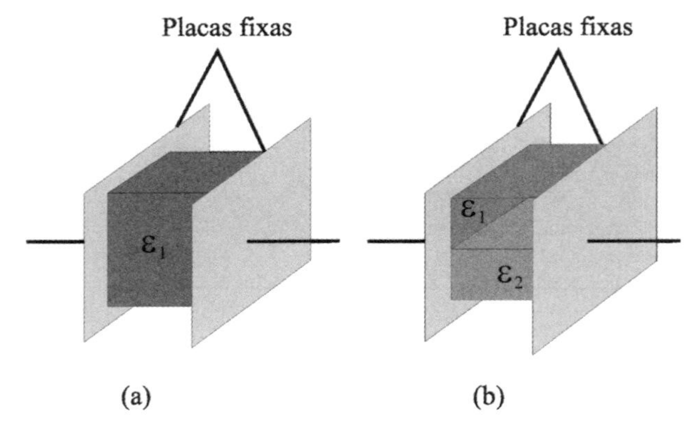

FIGURA 8.85 (*a*) Capacitor evidenciando a constante dielétrica ε_1. (*b*) Capacitor evidenciando a constante dielétrica formada por $\varepsilon_1 + \varepsilon_2$.

8.9.1 Aplicações

Os sensores capacitivos são característicos por serem sensíveis a objetos de qualquer material, inclusive líquido, a uma distância predeterminada das placas sensoras para cada tamanho de sensor.

8.9.1.1 Detectores de proximidade capacitivos

Consistem em dispositivos utilizados para detectar a presença de objetos próximos às placas sensoras. O capacitor é formado por duas placas metálicas, montadas na face sensora, formando assim um capacitor que possui como dielétrico o ar.

Os sensores de proximidade capacitivos são projetados para operar gerando um campo eletrostático e detectando mudanças nesse campo causadas quando um alvo se aproxima da face ativa. As partes internas do sensor consistem em uma ponta capacitiva, um oscilador, um retificador de sinal, um circuito de filtragem e um circuito de saída. Na ausência de um alvo, o oscilador está inativo. Quando o alvo se aproxima, ele altera a capacitância do circuito. Quando a capacitância atinge um valor determinado, o oscilador é ativado, o que aciona o circuito de saída e faz com que ele comute seu estado (de "aberto" para "fechado" ou vice-versa).

A capacitância do circuito é determinada pelo tamanho do alvo, sua constante dielétrica e distância até a ponta. Quanto maiores o tamanho e a constante dielétrica de um alvo, mais este aumenta a capacitância. Quanto menor a distância entre a ponta e o alvo, maior a capacitância.

O alvo padrão para sensores de proximidade capacitivos é o mesmo que para sensores de proximidade indutivos é aterrado de acordo com normas de teste.

A Figura 8.86 mostra o esquema da face sensora, e a Figura 8.87 mostra os blocos internos de um detector capacitivo de presença. O formato externo e o tipo de saída, além de características específicas, podem variar de acordo com o fabricante. Recomenda-se a consulta de manuais técnicos antes da aplicação desses detectores. A seguir, um exemplo de especificação de um detector de proximidade capacitivo.

- Tipo de alimentação: 24 V CC
- Quantidade de saídas: 1 saída

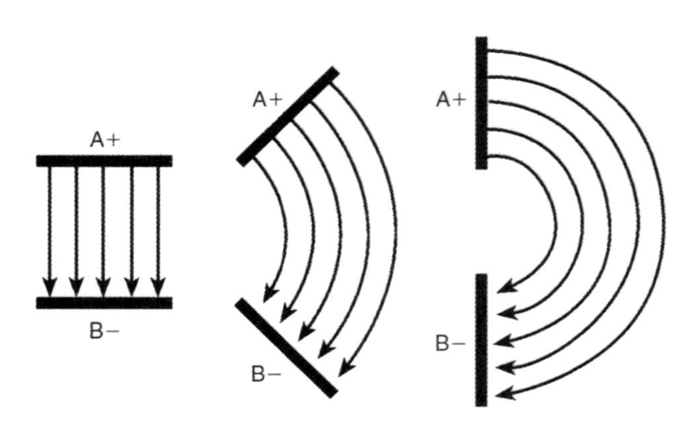

FIGURA 8.86 Face sensora de um detector capacitivo.

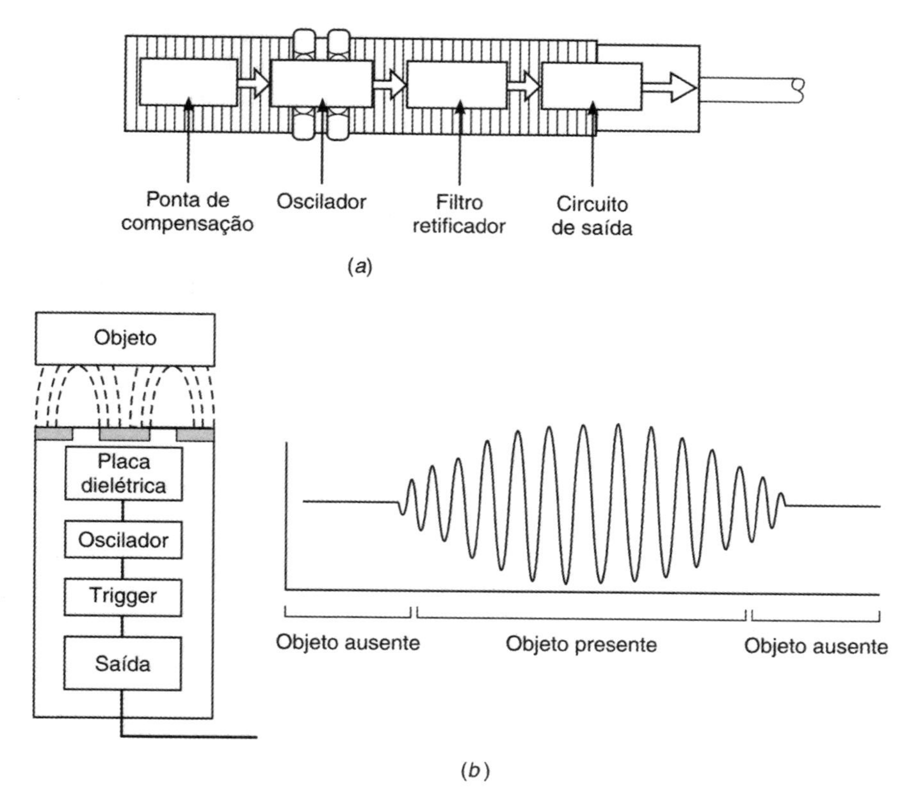

FIGURA 8.87 (*a*) Blocos internos de um detector capacitivo e (*b*) comportamento nas etapas internas do sensor capacitivo na presença de um objeto.

- Tipo de saídas: em PNP normalmente aberto
- Formato: tubular
- Sensibilidade: com ajuste de sensibilidade

Os detectores eletrônicos de proximidade capacitivos são largamente utilizados na indústria por se tratar de sensores robustos, sem contato e versáteis quanto ao posicionamento. Esses detectores podem ser sensibilizados com qualquer tipo de material. A sensibilidade é medida em termos da distância média de detecção de um objeto de aço doce. Alguns termos e expressões geralmente utilizados nesse tipo de sensores são:

Alcance de detecção: o alcance para o qual um alvo de aproximação ativa (muda o estado de) a saída.

Alcance efetivo: o alcance de um sensor de proximidade individual medido sob temperatura, tensão e condição de montagem nominais.

Alvo: qualquer objeto que ative o sensor.

Aproximação axial: a aproximação do alvo com seu centro mantido no eixo de referência.

Aproximação lateral: a aproximação do alvo perpendicular ao eixo de referência.

Blindado: sensor que pode ser instalado em moldura de metal, em montagem rente, até o plano da face de detecção ativa.

Corrente de carga mínima: o menor nível de corrente necessário para que o sensor apresente operação confiável.

Distância sensora nominal (S_n): distância sensora teórica, a qual utiliza um alvo padrão como acionador e não considera as variações causadas pela influência da temperatura e da tensão de alimentação. Consiste na distância em que os sensores são especificados.

Distância sensora efetiva (S_u): valor influenciado pelo meio. Esse parâmetro considera as variações causadas por agentes como a temperatura de operação.

Distância sensora operacional (S_a): distância prática, sendo considerados os fatores característicos do local de aplicação e do dielétrico específico do material a ser detectado.

Face ativa: parte do sensor do qual emana o campo eletrostático.

Frequência de comutação: o maior número de vezes por segundo que a saída do sensor pode mudar de estado (ligado/desligado), normalmente expresso em Hz (medida conforme a norma DIN EN 50010).

Histerese: a distância, em porcentagem (%), do alcance de detecção nominal entre o ponto de comutação e o ponto de descomutação da saída, quando o alvo está se distanciando da face ativa do sensor. Sem histerese suficiente, a saída do sensor de proximidade irá "rebotear" (comutar e descomutar continuamente) quando houver vibração significativa do alvo (ou mesmo do sensor).

Normalmente aberto (NA): saída que se fecha sempre que um objeto é detectado na área de detecção ativa.

Normalmente fechado (NF): saída que se abre sempre que um objeto é detectado na área de detecção ativa.

NPN: o sensor drena a corrente para o terminal negativo. Sua saída deve ser conectada ao terminal positivo da carga.

PNP: o sensor drena a corrente para o terminal positivo. Sua saída deve ser conectada ao terminal negativo da carga.

Ripple: a variação entre valores pico a pico em tensões CC. É expressa em porcentagem de tensão nominal.

Saída dupla: sensor com duas saídas que podem ser complementares ou de um único tipo (ou seja, duas saídas normalmente abertas ou normalmente fechadas).

Saídas complementares (N.A. ou N.F.): um sensor de proximidade com recursos das saídas normalmente aberta e normalmente fechada, que podem ser usadas simultaneamente.

Sensor de proximidade a dois fios: um sensor de proximidade que comuta uma carga ligada em série com a fonte de alimentação. A alimentação do sensor é provida através da carga todo o tempo.

Sensor de proximidade a três fios: um sensor de proximidade CA ou CC com três condutores, dois dos quais servem à alimentação do sensor e um terceiro que fornece a carga.

Zona livre: a área ao redor do sensor de proximidade que deve ser mantida livre de qualquer material capaz de ativá-la.

Os sensores de proximidade capacitivos blindados são mais indicados para a detecção de materiais de constantes dielétricas baixas (difíceis de detectar), devido a seu campo eletrostático altamente concentrado. Isto possibilita que eles percebam alvos que sensores não blindados ignoram. Entretanto, isso também os torna mais suscetíveis à comutação falsa devido ao acúmulo de sujeira ou à umidade na face ativa do sensor.

O campo eletrostático de um sensor não blindado é menos concentrado do que o da versão blindada. Isso torna esse tipo de sensor mais indicado para detectar materiais de constantes dielétricas altas (fáceis de detectar) ou para diferenciar entre materiais de constantes altas e baixas. Para os alvos em material apropriado, os sensores em versão não blindada apresentam alcance maior que aqueles em versão blindada. As versões não blindadas são equipadas com uma ponta de compensação que permite que o sensor ignore névoa úmida, poeira, pequenas quantidades de sujeira e pequenos respingos de óleo ou água que se acumulem no sensor. A ponta de compensação também torna o sensor resistente a variações da umidade ambiente. Versões não blindadas são, portanto, a melhor escolha para ambientes empoeirados e/ ou úmidos. As versões não blindadas são também mais adequadas que as versões blindadas para uso com suportes plásticos para sensores, um acessório projetado para aplicações onde se faz a detecção de nível de líquido. O suporte é montado através de um furo em um tanque, e o sensor é inserido no receptáculo do suporte. O sensor detecta o líquido no tanque através da parede do suporte. Isso permite que o suporte sirva tanto para vedação do furo como para fixação do sensor.

O alcance é especificado pelo fabricante. Existem fatores de correção que levam em conta as variações do material do alvo (material a ser detectado). Os fatores de correção para os sensores capacitivos são determinados segundo a constante dielétrica do material-alvo. Materiais com constantes dielétricas altas são mais fáceis de detectar. A Tabela 8.10 traz alguns exemplos de constantes de correção (constante dielétricas) para diferentes materiais.

TABELA 8.10 Exemplos de materiais e seus fatores de correção devidos a diferenças de constante dielétrica

Material-alvo	Constante dielétrica (fator de correção)
Acetona	19,5
Açúcar	3,0
Água	80
Álcool	25,8
Amônia	15 a 25
Anilina	6,9
Ar	1,000264
Areia	3 a 5
Baquelita	3,6
Benzeno	2,3
Borracha	2,5 a 35
Calcário de concha	1,2
Celuloide	3,0
Cereal	3 a 5
Cimento em pó	4,0
Cinza queimada	1,5 a 1,7
Cloro líquido	2,0
Dióxido de carbono	1,000985
Ebonite	2,7 a 2,9
Etanol	24
Etilenoglicol	38,7
Farinha	1,5 a 1,7
Fréon R22 e 502 (líquido)	6,11
Gasolina	2,2
Glicerina	47
Leite em pó	3,5 a 4
Madeira seca	2 a 7
Madeira úmida	10 a 30
Mármore	8,0 a 8,5
Mica	2,5 a 6,7
Nitrobenzina	36

TABELA 8.10 Exemplos de materiais e seus fatores de correção devidos a diferenças de constante dielétrica *(Continuação)*

Material-alvo	Constante dielétrica (fator de correção)
Náilon	4 a 5
Óleo de soja	2,9 a 3,5
Óleo de transformador	2,2
Óleo de turpentina	2,2
Papel	1,6 a 2,6
Papel saturado de óleo	4,0
Parafina	1,9 a 2,5
Perspex	3,2 a 3,5
Petróleo	2,0 a 2,2
Placa prensada	2 a 5
Poliacetal	3,6 a 3,7
Poliamida	5,0
Polietileno	2,3
Polipropileno	2,0 a 2,3
Poliestireno	3,0
Porcelana	4,4 a 7
Resina acrílica	2,7 a 4,5
Resina de cloreto de polivinila	2,8 a 3,1
Resina de estireno	2,3 a 3,4
Resina de fenol	4 a 12
Resina de melamina	4,7 a 10,2
Resina de poliéster	2,8 a 8,1
Resina de ureia	5 a 8
Resina epóxi	2,5 a 6
Sal	6,0
Shellac	2,5 a 4,7
Soluções aquosas	50 a 80
Sulfa	3,4
Teflon	2,0
Tetracloreto de carbono	2,2
Tolueno	2,3
Vaselina	2,2 a 2,9
Verniz de silicone	2,8 a 3,3
Vidro	3,7 a 10
Vidro de quartzo	3,7

Os detectores capacitivos são muito utilizados para a detecção de objetos de natureza metálica ou não, tais como madeira, papelão, cerâmica, vidro, plástico, alumínio, granulados, pós de natureza mineral (talco e cimento) e líquidos (o que permite a aplicação do controle de nível), entre outros.

A Figura 8.88 mostra uma ilustração e fotografias de um detector capacitivo.

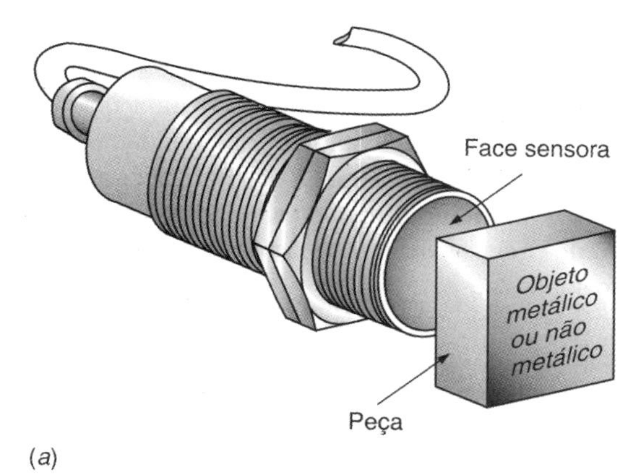

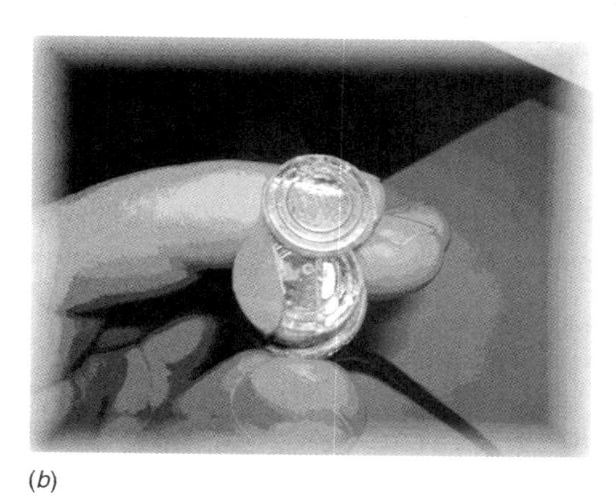

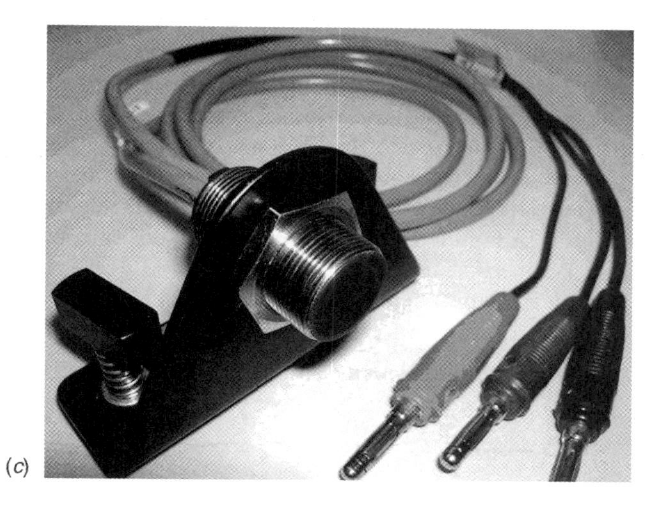

FIGURA 8.88 (*a*) Ilustração, (*b*) detalhe interno e (*c*) fotografia de um detector de proximidade capacitivo.

8.10 Campos Elétricos

Tempestades de raios constituem ameaças a equipamentos e pessoas na maioria das regiões do mundo inteiro. Os dispositivos para detecção desses fenômenos podem ser agrupados em duas classes: detectores de raios e monitores de campos elétricos.

Os detectores de raios fornecem informações sobre relâmpagos com base na descarga dos mesmos. Ou seja, proveem essa informação apenas após a ocorrência do evento.

Os monitores de campo elétrico fornecem dados sobre as condições do campo elétrico local, de modo que se pode prever — ou pelo menos precaver-se de — situações perigosas fazendo-se o estudo da evolução das condições medidas. Geralmente os dois equipamentos são utilizados em conjunto. Enquanto os monitores de campo elétrico podem antever uma situação de risco, os detectores de descargas podem medir e confirmar a tempestade a longas distâncias.

As cargas elétricas exercem forças umas nas outras, e cargas que têm a mesma polaridade se repelem, enquanto cargas com polaridades opostas se atraem. Um campo elétrico surge próximo a cargas elétricas analogamente com o que ocorre ao campo gravitacional que atua em uma massa $\left(g = \dfrac{F}{m}\right)$. O campo elétrico define uma força que atua em uma carga como $\left(\vec{E} = \dfrac{\vec{F}}{q}\right)$.

O campo elétrico $\vec{E}$, portanto, é uma grandeza vetorial cujas unidades são $^{\text{newton}}\!/_{\text{coulomb}}$, o que é equivalente a $^{\text{volt}}\!/_{\text{metro}}$ (Vm^{-1}). A magnitude do campo elétrico é equivalente ao gradiente de potencial.

Uma vez que grandes quantidades de cargas elétricas estão associadas a tempestades, a componente vertical de campos elétricos atmosféricos na superfície da Terra é utilizada no estudo de nuvens carregadas para a prevenção de tempestades de raios.

Por convenção, o sinal do campo elétrico atmosférico é considerado positivo se a carga na nuvem for predominantemente negativa. Em um dia claro, um número relativamente pequeno de íons positivos existe na atmosfera, de modo que um campo característico de –100 a –200 Vm^{-1} é gerado. Esses íons são gerados por tempestades espalhadas na superfície terrestre e distribuídos globalmente pela eletrosfera condutiva. A Figura 8.89 ilustra a convenção dos campos elétricos na superfície terrestre.

Classicamente, a intensidade de campo elétrico é definida como a razão da força em uma carga de teste positiva em repouso pela magnitude da carga no limite da mesma tendendo a zero. As cargas elétricas, assim como as correntes, são fontes de campos elétricos e magnéticos, e as equações de Maxwell fornecem suas relações.

O campo elétrico em um ponto no espaço é definido por componentes ao longo dos três eixos ortogonais:

$$\vec{E} = \hat{x}E_x + \hat{y}E_y + \hat{z}E_z,$$

sendo $\hat{x}$, $\hat{y}$ e $\hat{z}$ os vetores unitários e E_x, E_y e E_z os componentes escalares. Para campos eletrostáticos, os componentes são escalares reais que independem do tempo. Para campos variáveis no tempo, os componentes são fatores complexos que representam magnitude e fase.

Não é necessário medir cada um dos componentes do campo se sua polarização for linear e a orientação do vetor do campo elétrico for conhecida. Por exemplo, a orientação do campo elétrico é conhecida nas redondezas de um objeto condutor, como na terra (se a mesma tiver alta condutividade). O vetor campo elétrico nesse caso deve ser perpendicular à superfície do objeto, e apenas este componente precisa ser medida.

8.10.1 Campos eletrostáticos

A medição de campos eletrostáticos na atmosfera frequentemente é feita com métodos relativamente simples para descrever fenômenos como a carga e a descarga em nuvens (raios durante tempestades).

As medidas de campos eletrostáticos atmosféricos podem ser realizadas próximo à superfície da Terra. Como foi comentado anteriormente, o gradiente de potencial com tempo bom, sem a presença de nuvens, é de aproximadamente –100 Vm^{-1} (exceto em casos em que ocorrem variações rápidas de potencial, geralmente causadas por particulados suspensos devido à poluição). Os campos elétricos em nuvens de tempestade geralmente são bastante fortes e fáceis de detectar. Mudanças rápidas do potencial podem ser registradas durante as descargas (relâmpagos). Alguns parâmetros que podem ser estudados com a monitoração de campos eletrostáticos at-

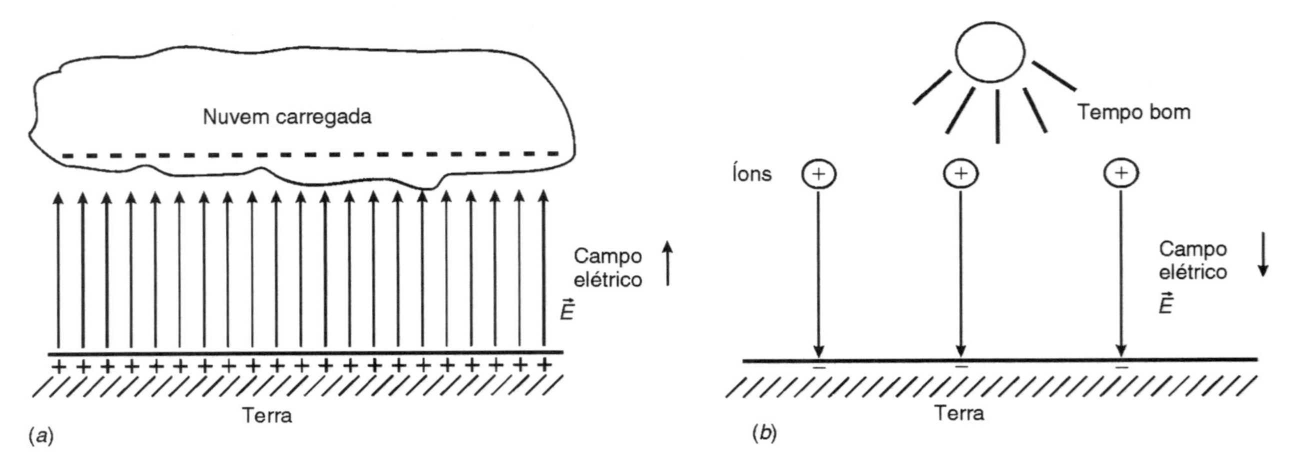

FIGURA 8.89 (*a*) Campo elétrico induzido por uma carga negativa na base da nuvem e (*b*) campo elétrico negativo induzido por íons positivos em tempo bom.

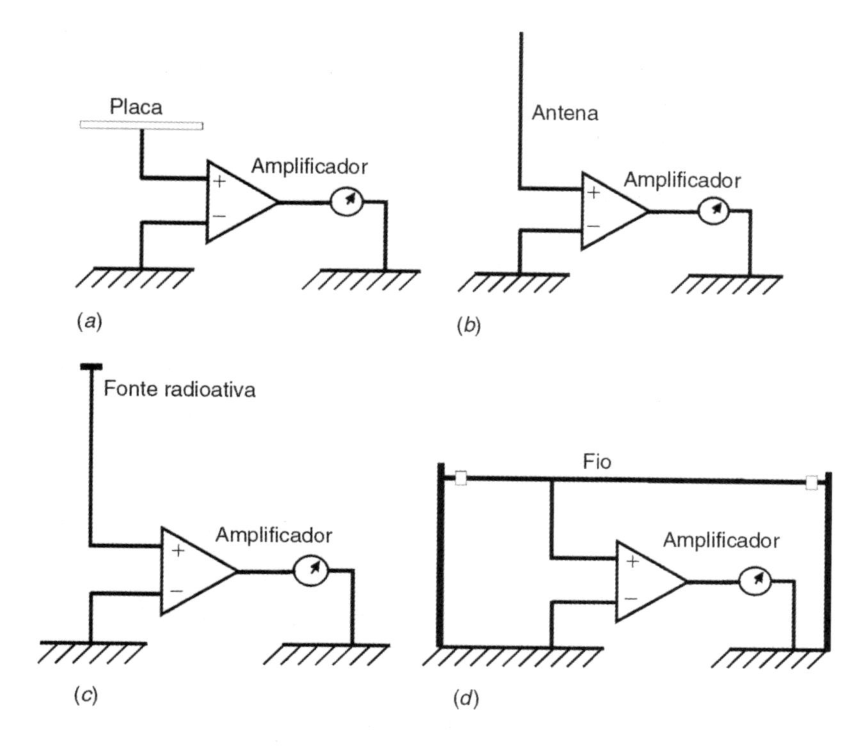

FIGURA 8.90 Antenas para medição de campos eletrostáticos atmosféricos: (*a*) antena tipo disco, (*b*) antena tipo chicote, (*c*) antena tipo chicote com carga radioativa e (*d*) antena tipo fio.

mosféricos são a taxa de carga, a polaridade elétrica e a taxa de descarga, entre outros.

Existem várias maneiras de medir campos eletrostáticos. Um dos métodos mais simples consiste em ligar um eletrômetro (amplificador com algumas características específicas) a uma antena. Dessa forma, a antena serve como sensor de campo elétrico. A Figura 8.90 mostra quatro diferentes tipos de antenas para esse fim.

O funcionamento desses dispositivos é bastante simples: as antenas carregam com um potencial igual (ou próximo) àquele das redondezas, sendo então detectados pelo eletrômetro. A antena com carga radioativa tem o diferencial de fazer com que a condutividade seja incrementada, garantindo um resultado mais preciso.

A Figura 8.91 mostra o circuito de um eletrômetro. Esse amplificador deve ser montado em um gabinete metálico, e, dependendo das condições (intensidade do campo eletrostático), a sensibilidade deve ser modificada, substituindo-se os resistores R_i e R_f.

Outro método utilizado na detecção de campos eletrostáticos utiliza os "voltímetros geradores", ou *field mills*. Consistem em dispositivos que medem cargas (ou correntes) induzidas em placas (eletrodos) móveis. O *field mill* é composto de um ou dois eletrodos que giram em um campo eletrostático A Figura 8.92(*a*) ilustra um *field mill* construído com duas placas metálicas cilíndricas acopladas a um motor. Como essas placas são alternadamente expostas às direções positiva e negativa do campo, o resultado é o surgimento de uma tensão alternada que é coletada com escovas e depois amplificada.

A Figura 8.92(*b*) mostra uma pequena variação do medidor eletrostático denominado *field mill* de disco. Nesse dispositivo, existe um disco girante com janelas, que se move sobre uma placa coletora. Essa placa é, em alguns instantes, exposta ao campo elétrico, e, em outros, o campo elétrico é obstruído pela placa girante, de modo que novamente é produzida uma tensão alternada na saída.

A medição de campos eletrostáticos atmosféricos é apenas uma pequena aplicação da vasta área sugerida neste item. Todos os dispositivos que geram sinais elétricos variáveis no tempo estão gerando campos eletromagnéticos. Aplicações em telefonia, rádio, televisão, entre tantas outras, fazem parte do espectro de sinais que são constantemente gerados, transmitidos e detectados por dispositivos diversos no dia a dia. Antenas e detectores são utilizados para diversos fins específicos, temas que são extensos, dispõem de vasta bibliografia e fogem ao escopo desta obra.

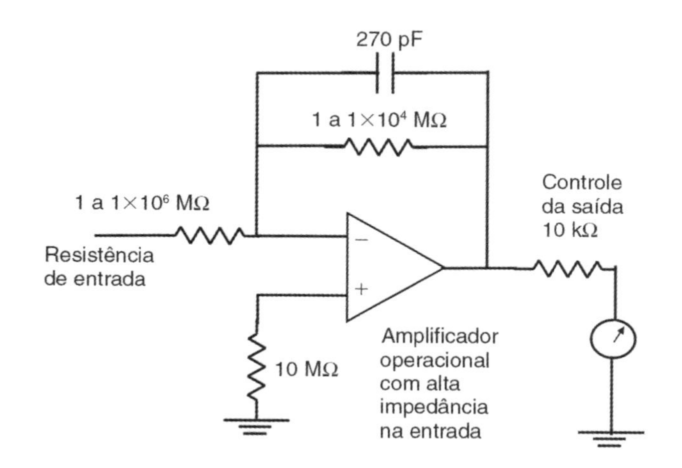

FIGURA 8.91 Exemplo de circuito para um eletrômetro.

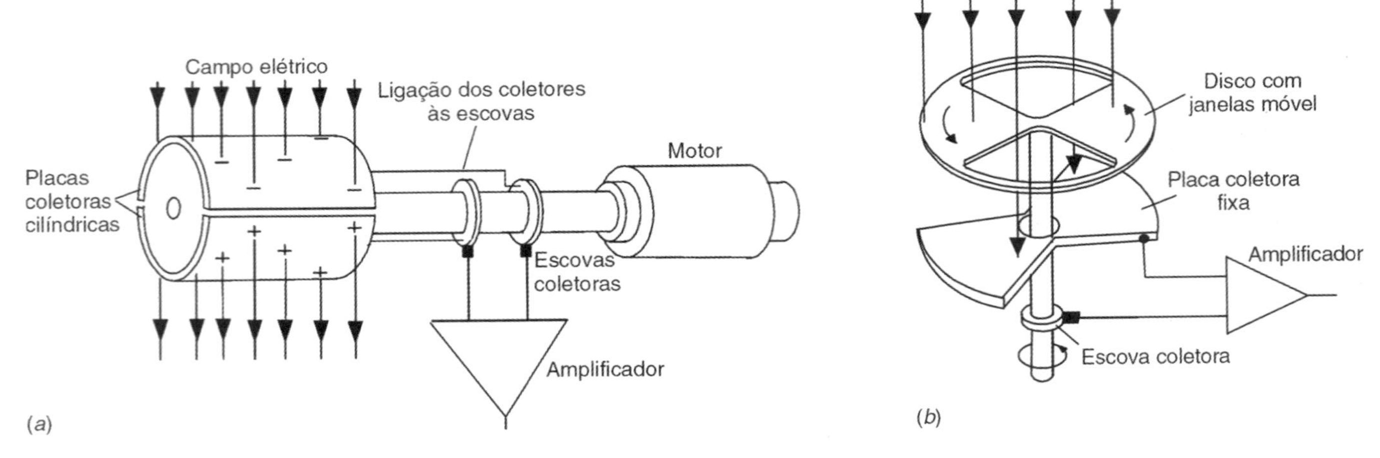

FIGURA 8.92 Esquema de *field mill*: (*a*) cilíndrico e (*b*) de disco.

EXERCÍCIOS

Questões

1. Descreva o princípio de funcionamento do efeito piezoelétrico.
2. Explique o efeito piezoelétrico do ponto de vista de materiais, relatando detalhes da sua estrutura cristalina.
3. O que é "condição de saturação de polarização" de um PZT?
4. Descreva os principais pontos da curva de polarização de um material piezoelétrico, fornecendo detalhes das condições dos domínios do mesmo.
5. Descreva o que ocorre com o PZT em uma frequência próxima à de ressonância.
6. Cite cinco aplicações do efeito piezoelétrico.
7. Descreva o princípio de funcionamento dos transdutores de eco, implementados com material piezoelétrico.
8. Explique o princípio de funcionamento de um *buzzer*.
9. Qual a diferença entre densidade de fluxo magnético $\vec{B}$ e intensidade de campo magnético $\vec{H}$?
10. Qual a influência que os materiais têm ao serem colocados no interior de uma bobina? Cite exemplos de materiais utilizados como núcleos de bobinas.
11. Explique quais são os fenômenos físicos responsáveis pela formação dos dipolos magnéticos nos elétrons.
12. Explique o que são e quais as principais propriedades dos materiais classificados como ferromagnéticos, ferrimagnéticos, paramagnéticos, antiferromagnéticos e diamagnéticos.
13. Qual é a influência da temperatura nas propriedades magnéticas dos materiais?
14. O que é um laço de histerese B × H? O que significam os pontos de saturação no laço de histerese?
15. Do ponto de vista magnético, qual é a diferença de materiais denominados duros e macios?
16. Explique o princípio de funcionamento de um detector de proximidade indutivo.
17. Qual a definição de superfície ativa e distância nominal comutadora em detectores de proximidade indutivos?
18. Cite um exemplo de aplicação em que a frequência de comutação de um detector de proximidade indutivo pode inviabilizar seu funcionamento.
19. Cite cinco aplicações de detectores de proximidade indutivos.
20. O que são as correntes de Foucault (ou correntes parasitas)?
21. Explique o princípio de funcionamento de detectores de metais baseados nas correntes de Foucault.
22. Explique o princípio de funcionamento de um detector de trincas baseado nas correntes de Foucault.
23. O que são fluxgates?
24. Explique o princípio de funcionamento de um fluxgate de segunda harmônica.
25. Quais as faixas típicas de campos magnéticos medidos por sensores do tipo *fluxgates*?
26. O que são *reed switches*?
27. É possível a aplicação *de reed switches* na medição de eventos com frequências muito elevadas? Justifique sua resposta.
28. Explique o que é efeito magnetorresistivo.
29. Explique o princípio de funcionamento do medidor de corrente mostrado da Figura 8.65.
30. Quais são as principais diferenças do efeito magnetorresistivo anisotrópico para o efeito magnetorresistivo gigante?
31. Por que são utilizadas pontes de Wheatstone nas implementações com GMRs?
32. Considere a Figura 8.70 e explique o princípio de funcionamento do medidor implementado. Por que são utilizados dois sensores?
33. Explique o princípio de funcionamento do sensor de efeito Hall.
34. Quais são as faixas de utilizações típicas do sensor de efeito Hall?
35. Cite cinco aplicações de sensores de efeito Hall.
36. Explique o princípio físico do efeito magnetostritivo.
37. Como se pode implementar um medidor de deslocamento com o efeito magnetostritivo?
38. Quais parâmetros podem ser utilizados como detectores em um sensor capacitivo?

39. Quais as principais diferenças entre os sensores de proximidade capacitivos e indutivos?

40. Considere que, em uma aplicação feita com um detector de proximidade capacitivo, o mesmo sempre indica a presença de uma peça na face sensora. Sabendo que o sensor está funcionando, explique o que pode estar acontecendo e sugira uma solução.

41. O que são *field mills*?

42. Como um campo eletrostático atmosférico local pode ser medido?

Problemas com respostas

1. Considere uma bobina com 300 espiras, onde uma espira tem um fio de comprimento de 0,15 m com uma corrente de 150 A. Calcule H e B no vácuo. Calcule também a magnetização M de uma barra de titânio posicionada no interior da bobina. Considere a susceptibilidade magnética $\chi_m = 1{,}81 \times 10^{-4}$, e a permeabilidade magnética do vácuo $\mu_o = 4\pi \times 10^{-7}$ H/m.

Resposta: Considerando as simplificações impostas (para detalhes, procure bibliografia genérica sobre magnetismo e vetor magnetização em materiais).

$$N = 100,\ l = 0{,}15\ m,\ I = 150\ A$$

$$H = \frac{NI}{l} = \frac{100 \times 150}{0{,}15} = 100000\ {}^{A}\!/_{m}$$

$$B = \mu_o H = 4\pi \times 10^{-7} \times 100000 = 4\pi \times 10^{-2}\ {}^{N}\!/_{(mA)}$$

Para a barra de titânio (material paramagnético):

$$M = \chi_m H = 1{,}81 \times 10^{-4} \times 100000 = 18{,}1\ {}^{A}\!/_{m}$$

$$B = \mu_o(H + M) = 4\pi \times 10^{-7} \times (100000 + 18{,}1) = 0{,}1251\ {}^{N}\!/_{(mA)}$$

2. Calcule a capacitância de um capacitor de placas paralelas de 30 × 30 mm com dielétrico de ar. Considere as seguintes distâncias: a) 0,5 mm, b) 1 mm, c) 1,5 mm.

Resposta:

a.

$$C = \frac{\varepsilon_o \varepsilon_r A}{d} = \frac{8{,}85 \times 10^{-12} \times 1{,}000264 \times 0{,}030 \times 0{,}030}{0{,}0005} \cong 15{,}9\ pF$$

b.

$$C = \frac{\varepsilon_o \varepsilon_r A}{d} = \frac{8{,}85 \times 10^{-12} \times 1{,}000264 \times 0{,}030 \times 0{,}030}{0{,}001} \cong 7{,}97\ pF$$

c.

$$C = \frac{\varepsilon_o \varepsilon_r A}{d} = \frac{8{,}85 \times 10^{-12} \times 1{,}000264 \times 0{,}030 \times 0{,}030}{0{,}0015} \cong 5{,}31\ pF$$

3. Repita o problema anterior, substituindo o dielétrico ar por a) teflon e b) mica.

Resposta:

Teflon

a.

$$C = \frac{\varepsilon_o \varepsilon_r A}{d} = \frac{8{,}85 \times 10^{-12} \times 2{,}0 \times 0{,}030 \times 0{,}030}{0{,}0005} \cong 31{,}9\ pF$$

b.

$$C = \frac{\varepsilon_o \varepsilon_r A}{d} = \frac{8{,}85 \times 10^{-12} \times 2{,}0 \times 0{,}030 \times 0{,}030}{0{,}001} \cong 15{,}9\ pF$$

c.

$$C = \frac{\varepsilon_o \varepsilon_r A}{d} = \frac{8{,}85 \times 10^{-12} \times 2{,}0 \times 0{,}030 \times 0{,}030}{0{,}0015} \cong 10{,}6\ pF$$

Mica

a.

$$C = \frac{\varepsilon_o \varepsilon_r A}{d} = \frac{8{,}85 \times 10^{-12} \times 3{,}2 \times 0{,}030 \times 0{,}030}{0{,}0005} \cong 51{,}0\ pF$$

b.

$$C = \frac{\varepsilon_o \varepsilon_r A}{d} = \frac{8{,}85 \times 10^{-12} \times 3{,}2 \times 0{,}030 \times 0{,}030}{0{,}001} \cong 25{,}5\ pF$$

c.

$$C = \frac{\varepsilon_o \varepsilon_r A}{d} = \frac{8{,}85 \times 10^{-12} \times 3{,}2 \times 0{,}030 \times 0{,}030}{0{,}0015} \cong 17{,}0\ pF$$

4. Considere um capacitor cilíndrico como mostrado na Figura 8.82. Calcule a capacitância para a = 5 mm; l = 20 mm, e a) b = 5,5 mm, b) b = 6,0 mm, c) b = 6,5 mm com um dielétrico ar.

Resposta:

a.

$$C = \frac{\varepsilon_o \varepsilon_r A l}{\ln\left(\frac{b}{a}\right)} = \frac{8{,}85 \times 10^{-12} \times 1{,}000264 \times 0{,}020}{\ln\left(\frac{0{,}0055}{0{,}005}\right)} \cong 11{,}67\ pF$$

b.

$$C = \frac{\varepsilon_o \varepsilon_r A l}{\ln\left(\frac{b}{a}\right)} = \frac{8{,}85 \times 10^{-12} \times 1{,}000264 \times 0{,}020}{\ln\left(\frac{0{,}006}{0{,}005}\right)} \cong 6{,}10\ pF$$

c.

$$C = \frac{\varepsilon_o \varepsilon_r A l}{\ln\left(\frac{b}{a}\right)} = \frac{8{,}85 \times 10^{-12} \times 1{,}000264 \times 0{,}020}{\ln\left(\frac{0{,}0065}{0{,}005}\right)} \cong 4{,}24\ pF$$

5. Repita o exercício anterior substituindo o dielétrico ar por: a) teflon e b) mica.

Resposta:

Teflon

a.

$$C = \frac{\varepsilon_o \varepsilon_r Al}{\ln\left(\frac{b}{a}\right)} = \frac{8{,}85 \times 10^{-12} \times 2{,}0 \times 0{,}020}{\ln\left(\frac{0{,}0055}{0{,}005}\right)}$$

$$\cong 23{,}34\ pF$$

b.

$$C = \frac{\varepsilon_o \varepsilon_r Al}{\ln\left(\frac{b}{a}\right)} = \frac{8{,}85 \times 10^{-12} \times 2{,}0 \times 0{,}020}{\ln\left(\frac{0{,}006}{0{,}005}\right)}$$

$$\cong 12{,}2\ pF$$

c.

$$C = \frac{\varepsilon_o \varepsilon_r Al}{\ln\left(\frac{b}{a}\right)} = \frac{8{,}85 \times 10^{-12} \times 2{,}0 \times 0{,}020}{\ln\left(\frac{0{,}0065}{0{,}005}\right)}$$

$$\cong 8{,}48\ pF$$

Mica

a.

$$C = \frac{\varepsilon_o \varepsilon_r Al}{\ln\left(\frac{b}{a}\right)} = \frac{8{,}85 \times 10^{-12} \times 3{,}2 \times 0{,}020}{\ln\left(\frac{0{,}0055}{0{,}005}\right)}$$

$$\cong 37{,}3\ pF$$

b.

$$C = \frac{\varepsilon_o \varepsilon_r Al}{\ln\left(\frac{b}{a}\right)} = \frac{8{,}85 \times 10^{-12} \times 3{,}2 \times 0{,}020}{\ln\left(\frac{0{,}006}{0{,}005}\right)}$$

$$\cong 19{,}5\ pF$$

c.

$$C = \frac{\varepsilon_o \varepsilon_r Al}{\ln\left(\frac{b}{a}\right)} = \frac{8{,}85 \times 10^{-12} \times 3{,}2 \times 0{,}020}{\ln\left(\frac{0{,}0065}{0{,}005}\right)}$$

$$\cong 13{,}6\ pF$$

6. Considere a Figura 8.93(a), com uma distância l = 1 m, com a velocidade de deslocamento do sinal no meio v = 340 m/s. Qual o tempo de atraso entre o sinal enviado por um sensor e recebido pelo receptor (do lado oposto)? Repita o cálculo considerando v = 1000 m/s.

a.

$$t = \frac{1}{340} = 2{,}9\ ms$$

b.

$$t = \frac{1}{1000} = 1\ ms$$

7. Considere a Figura 8.93(b), com uma distância d = 1 mm, α = 30°, com a velocidade de deslocamento do sinal no meio v = 340 m/s. Considere também que o sinal reflita em ambas as interfaces, como no esquema da figura. Qual o tempo de atraso do sinal enviado para atravessar a espessura d? Repita o cálculo considerando v = 1000 m/s.

Resposta:

a. Como existe um ângulo de incidência, a distância percorrida pelo sinal deve ser calculada:

$$\text{distância}_{\text{perc}} \times \text{sen}\,\alpha = 0{,}001\ \text{m} \Rightarrow$$

$$\text{distância}_{\text{perc}} = \frac{0{,}001}{0{,}5} = 0{,}002\ \text{m}$$

Assim,

$$t = \frac{0{,}002}{340} = 5{,}88\ \mu s$$

b.

$$t = \frac{0{,}002}{1000} = 2\ \mu s$$

8. Considere novamente a Figura 8.93(b), com uma distância d = 1 mm, α = 30°, com as velocidades de deslocamento do sinal no meio: a) v = 340 m/s e b) v = 1000 m/s. Em vez de calcular o tempo de atraso, como na questão anterior, considere um sinal de excitação senoidal e determine a frequência para que ocorra um atraso de 90° entre a entrada e a saída (leve em conta toda a trajetória do sinal e considere os transdutores localizados exatamente na interface da superfície superior).

Resposta:

Basta utilizar a resposta da questão anterior, multiplicando-a por dois, para incluir a entrada e a saída para se obter o tempo total de atraso em s:

a.

$$t_a = 2 \times t = \frac{2 \times 0{,}02}{340} = 11{,}76\ \mu s$$

Como se quer um atraso de 90°, pode-se relacionar $\frac{1}{4}$ do período do sinal de excitação e, assim,

$$\frac{T}{4} = 11{,}76\ \mu s \Rightarrow T = 47{,}04\ \mu s \Rightarrow f = 21{,}26\ \text{kHz}$$

b.

$$t_a = 2 \times t = \frac{2 \times 0{,}002}{1000} = 4\ \mu s$$

Como se quer um atraso de 90°, pode-se relacionar $\frac{1}{4}$ do período do sinal de excitação e, assim,

$$\frac{T}{4} = 4\ \mu s \Rightarrow T = 16\ \mu s \Rightarrow f = 62{,}5\ \text{kHz}$$

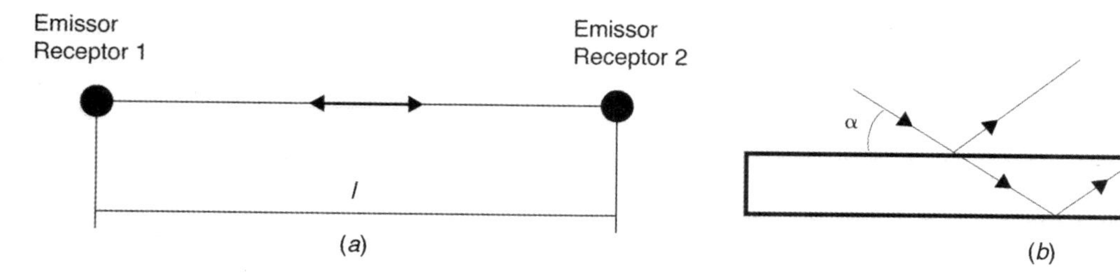

FIGURA 8.93 (*a*) Dois transdutores piezoelétricos em linha. (*b*) Interface de um sinal com um ângulo de penetração (refletindo em ambas as superfícies).

BIBLIOGRAFIA

ANTÓN, J.C.A. *et al. Instrumentación Electrónica*. Thomson. Paraninfo, 2003, 880 p.

ANSI/IEEE (1987). *IEEE Standard on Piezoelectricity* Std 179. New York: American National Standard Institute, 98 p.

BROWN, J.L. *High Sensitivity Magnetic Field Sensor Using GMR Materials with Integrated Electronics, Proc Symp on Circuits and Systems*. Seattle, WA, 1995.

CADY, W. *Piezoelectricity*. New York: Dover Publications, 1964.

CIUREANU, P. e Middelhoek S. *Thin Film Resistive Sensors*. New York: Institute of Physics Publishing, 1992.

CLARK, A.E. *"Magnetostrictive rare earth-Fe_2 Compounds", in Ferromagnetic Materials: A Handbook on the Properties of Magnetically Ordered Substances*, Vol. 1. Wolfarth, E.P. (ed.), 531-589, 1980.

DAUGHTON, J. e Chen, Y. *GMR Materials for Low Field Applications*. IEEE Trans Magn., Vol. 29:2705-2710, 1993.

DAUGHTON, J. et al. *Magnetic Field Sensors Using GMR Multilayer, IEEE Trans Magn.*, Vol. 30:4608-4610, 1994.

DOBBS, E.R. *Electromagnetic Generation of Ultrasonic Waves, Physical Acoustics. Principles and Methods*, Vol. 10. New York: Academic Press, 1973, Chapter 3.

DOEBELIN, O. E. *Measurement Systems: application and design*. McGraw-Hill, 1990.

Emerald, P. *Low Duty Cycle Operation of Hall Effect Sensors for Circuit Power Conservation, Sensors*, Vol. 15, No. 3:38, 1998.

FERNANDO CABRAL e ALEXANDRE LAGO, *Física 3*. São Paulo: Editora Harbra, 2002.

FERNANDO CABRAL e ALEXANDRE LAGO, *Física 2*. São Paulo: Editora Harbra, 2002.

FERNANDO CABRAL e ALEXANDRE LAGO, *Física 1*. São Paulo: Editora Harbra, 2002.

HATHAWAY, K. e Clark, A. E. *Magnetostrictive Materials. MRS Bulletin*, 34-41, April, 1993.

KWUN, H. e Teller, C.M. *Detection of Fractured Wires in Steel Cables Using Magnetostrictive Sensors. Materials Evaluation*, Vol. 52, 1994, pp. 503-507.

LENZ, J.E. *A Review of Magnetic Sensors, Proc IEEE*, Vol. 78, Nº 6:973-989, June 1990.

LENZ, J.E. et al. *A Highly Sensitive Magnetoresistive Sensor. Proc Solid State Sensor and Actuator Workshop*, 1992.

JANICKE, J.M. *The Magnetic Measurement Handbook*. New Jersey: Magnetic Research Press, 1994.

MAIBICH et al. *Giant Magnetoresistance of Fe/Cr Magnetic Superlattices. Phys Rev Lett*, Vol. 61: 2472-2475, 1988.

MASON, W.P. *Piezoelectricity, Its History and Applications. Journal of the Acoustical Society of America*, Vol. 70, 1981, pp. 1561-1566.

MASON, W.P. *Piezoelectric Crystals and Their Applications to Ultrasonics*. New York: D. Van Nostrand, 1950.

MCKNIGHT, G.P. *Introduction in Oriented Magnetostrictive Composites*. PhD Thesis, UCLA, 2002.

MEISSER, C. *Heat Meter Employs Ultrasonic Transducer. Control Engineering*, May 1981, pp. 87-89.

MOODERA, J. e Kinder, L. *Ferromagnetic-insulator-ferromagnetic tunneling: Spin-dependent tunneling and large magnetoresistance in trilayer junctions*. J Appl Phys, Vol. 79, Nº 8:4724-4729, 1996.

NEWCOMB, C. V. *Piezoelectric Fuel Metering Valves. Second International Conference on Automotive Electronics*. London, 1979, Conf. Publ. nº 181.

PANT, B.B. *Magnetoresistive Sensors, Scientific Honeyweller*, Vol. 8, No. 1:29-34, 1987.

RAMSDEN, E. *Measuring Magnetic Fields with Fluxgate Sensors. Sensors*: 87-90, Sept. 1994.

RIPKA, P. *Review of Fluxgate Sensors, Sensors and Actuators*, 33:129-141, 1996.

Smith, C.H. e Schneider, W.R. *Expanding The Horizons of Magnetic Sensing: GMR, Proc Sensors Expo*. Boston: 1997, pp.139-144.

SPONG, J.K. *Giant Magnetoresistive Spin Valve Bridge Sensor. IEEE Trans Magn.*, Vol. 32:366-371, 1996.

TSANG, C. et al. *Design, fabrication and testing of spin-valve read heads for high density recording. IEEE Trans Magn*, Vol. 30:3801-3806, 1994.

WAHLIN, L. *Atmosferic Electrostatics, Research Studies Press Ltd.*, Letchworth, Hertfordshire, England: John Wiley & Sons Inc., 1986.

WATSON, S.C. e STAFFORD, D. *Cables in Trouble*. Civil Engineering, April 1988, pp. 38-41.

WEBSTER, J.G. *Measurement, instrumentation and sensors handbook*. CRC Press, 1999.

CAPÍTULO 9

Introdução à Instrumentação Óptica

Este capítulo apresenta uma introdução à área denominada Instrumentação Óptica ou, como muitos pesquisadores preferem, Metrologia Óptica. Ressaltamos que este assunto, dentro da área de instrumentação, apresenta crescente evolução tanto em novos sensores como em novas técnicas adaptadas principalmente a sistemas eletrônicos de captura e processamento de imagens. Áreas como caracterização de superfícies, caracterização do perfil de fluxo em duas ou três dimensões, aplicações na área da saúde — tais como tonômetros sem contato (medição de pressão intraocular, por exemplo), medição de fluxo sanguíneo por *laser* Doppler, por fibras ópticas —, sistemas de avaliação biomecânica por meios ópticos (medição de velocidade linear, angular, deslocamentos), entre outras, demonstram a importância desta área.

9.1 Princípios Básicos

9.1.1 *Radiação eletromagnética*

Do ponto de vista da física clássica, a radiação eletromagnética consiste em dois componentes (campo elétrico e campo magnético), perpendiculares entre si na direção de propagação, conforme ilustra a Figura 9.1.

Na Figura 9.2 encontra-se ilustrado o **espectro eletromagnético**, com destaque para a luz visível (violeta, azul, verde, amarelo, laranja e vermelho) com comprimento de onda aproximado de 0,4 μm a 0,7 μm.

Toda radiação eletromagnética trafega no vácuo a uma velocidade constante de $c = 3 \times 10^8 \ {}^{m}\!/_{s}$ está relacionada à permissividade elétrica do vácuo $\varepsilon_0 \left(8{,}85 \times 110^{-12} \ {}^{F}\!/_{m}\right)$ e à permeabilidade magnética $\mu_0 \left(4\pi \times 10^{-7} \ {}^{H}\!/_{m}\right)$ do vácuo através da seguinte relação:

$$c = \frac{1}{\sqrt{\varepsilon_0 \times \mu_0}}.$$

A frequência f e o comprimento de onda λ, da radiação eletromagnética, são funções da velocidade c de acordo com

$$c = \lambda \times f \left[\frac{m}{s} = m \times Hz = m \times \frac{1}{s} \right]$$

$$f = \frac{c}{\lambda} \left[Hz = \frac{{}^{m}\!/_{s}}{m} = \frac{1}{s} \right]$$

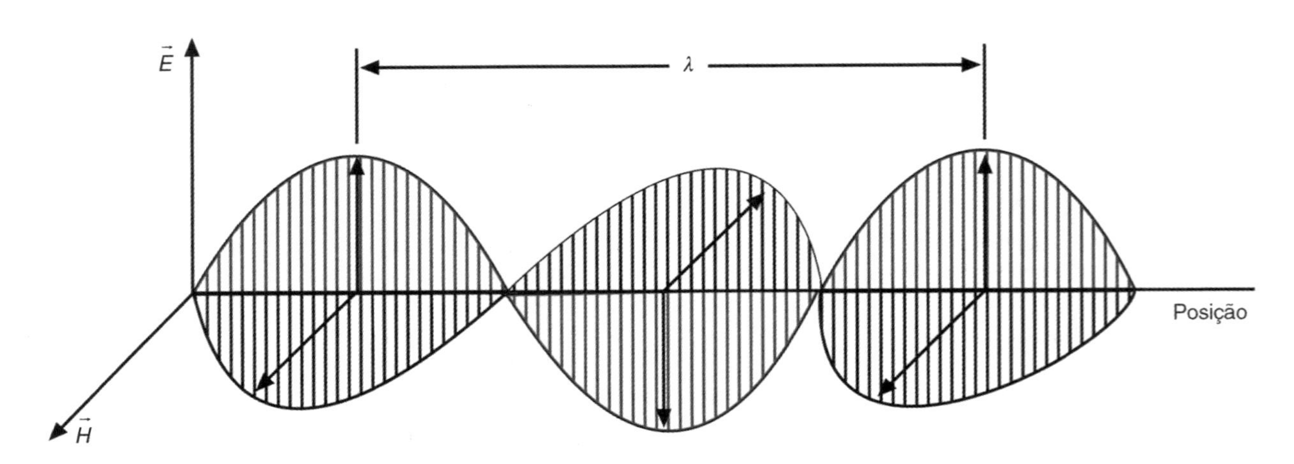

FIGURA 9.1 Onda eletromagnética com os dois componentes perpendiculares entre si: campo elétrico ($\vec{E}$) e campo magnético ($\vec{H}$).

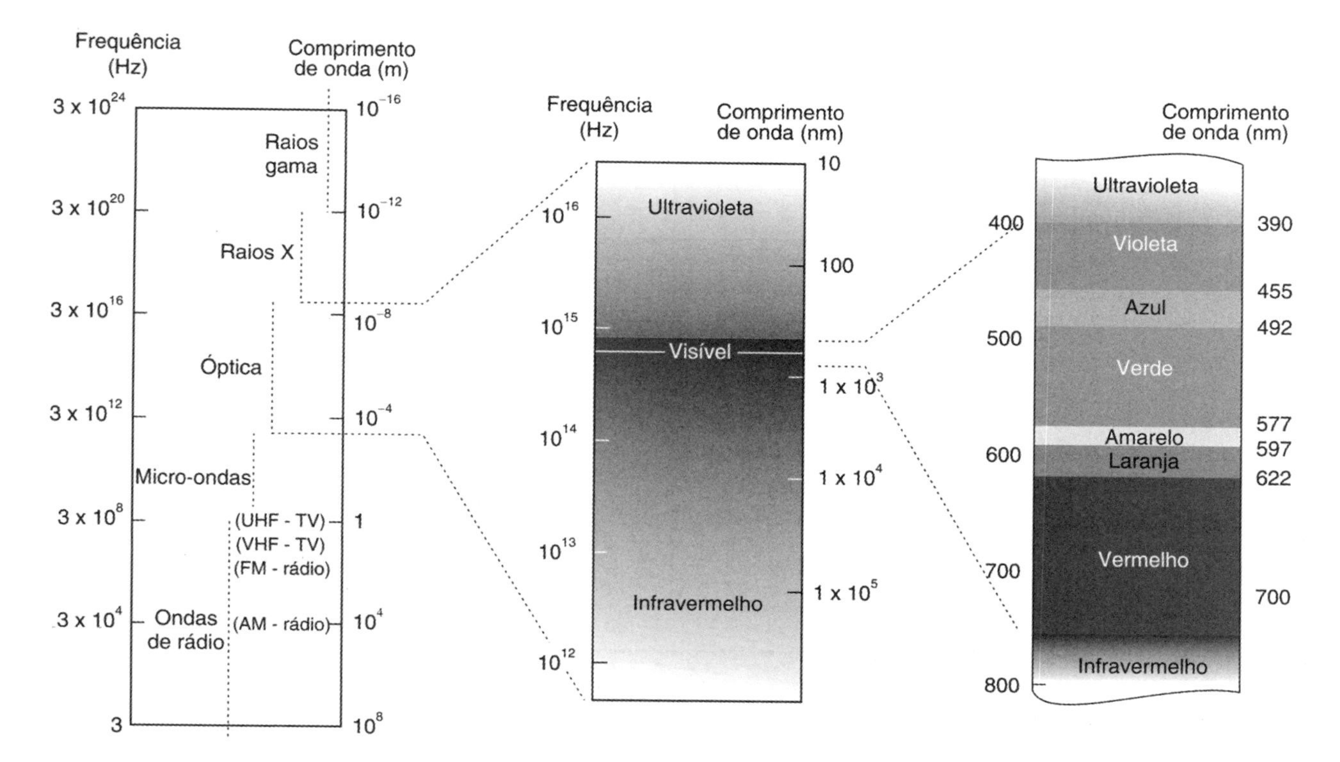

FIGURA 9.2 Esboço do espectro eletromagnético.

ou

$$\lambda = \frac{c}{f}\left[\mathrm{m} = \frac{\mathrm{m}/\mathrm{s}}{\mathrm{Hz}} = \frac{\mathrm{m}/\mathrm{s}}{1/\mathrm{s}} = \frac{\mathrm{m}}{\mathrm{s}} \times \frac{\mathrm{s}}{1} = \mathrm{m}\right].$$

Porém, a radiação, do ponto de vista da Mecânica Quântica, é composta de grupos de **pacotes de energia**; sendo assim, é emitida e se propaga descontinuamente em pequenos pulsos de energia, denominados pacotes de energia, **quanta** ou **fótons** (um fóton é a menor quantidade de luz que pode ser emitida ou absorvida).

Max Planck determinou que a energia de um fóton é dada por

$$E = h \times f = h \times \frac{c}{\lambda} = \frac{h \times c}{\lambda}\left[J = (J \times s) \times \frac{1}{s}\right]$$

em que h é uma constante, denominada **constante de Planck**, de valor $6{,}63 \times 10^{-34}$ J × s. Outra unidade de energia frequentemente utilizada é o elétron-volt (eV):

$$1 \text{ eV} = (1{,}6 \times 10^{-19}\text{ C}) \times (1\text{ V}) = 1{,}6 \times 10^{-19}\text{ J}.$$

Sendo assim, o valor da constante de Planck é $4{,}14 \times 10^{-15}$ eV × s.

Em suma, a radiação pode ser analisada de duas formas: do ponto de vista clássico (radiação eletromagnética ou ondulatória) ou do ponto de vista corpuscular (radiação corpuscular), dependendo da sua aplicação.

9.1.2 Reflexão e refração

A **lei da reflexão** estabelece que o ângulo de reflexão θ_r é igual ao ângulo incidente $\theta_i(\theta_r = \theta_i)$ para um feixe de luz refletido em uma dada superfície (o feixe incidente e o feixe refletido estão no mesmo plano), conforme ilustra a Figura 9.3.

Observe na Figura 9.4 que as condições da lei da reflexão são respeitadas. Nessa mesma ilustração é apresentado o **feixe refratado**, cujas condições são: (1) o feixe incidente, normal à superfície, e o feixe refratado permanecem no mesmo plano (plano de incidência); e (2) a **lei de Snell** estabelece uma relação entre os ângulos incidentes e refratados em relação aos índices de refração do meio: $\text{sen}(\theta_i) \times n_1 = \text{sen}(\theta_r) \times n_2$, sendo θ_i o ângulo do raio incidente, θ_r o ângulo do raio refratado, n_1 o **índice de refração** do meio 1 (do raio incidente) e n_2 o índice de refração do meio 2 (do raio refratado).

Intensidade

A classificação de um feixe óptico gerado, por exemplo, por uma fonte de *laser*, capturado por um detector óptico apropriado, pode ser dividida em dois tipos:

Feixe especular: ângulos incidentes e refletidos são iguais (exemplo: espelho plano ideal).

Feixe difuso: em superfícies reais (com rugosidade), a imagem tende a tornar-se mais difusa, apresentando feixes refletidos em todas as direções e ângulos.

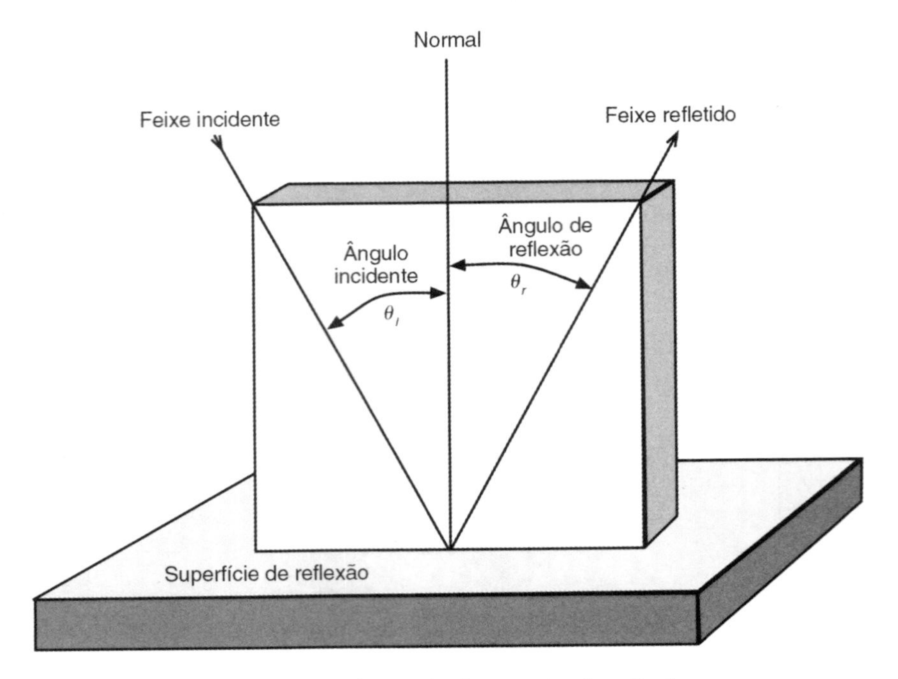

FIGURA 9.3 Ilustração do conceito de reflexão.

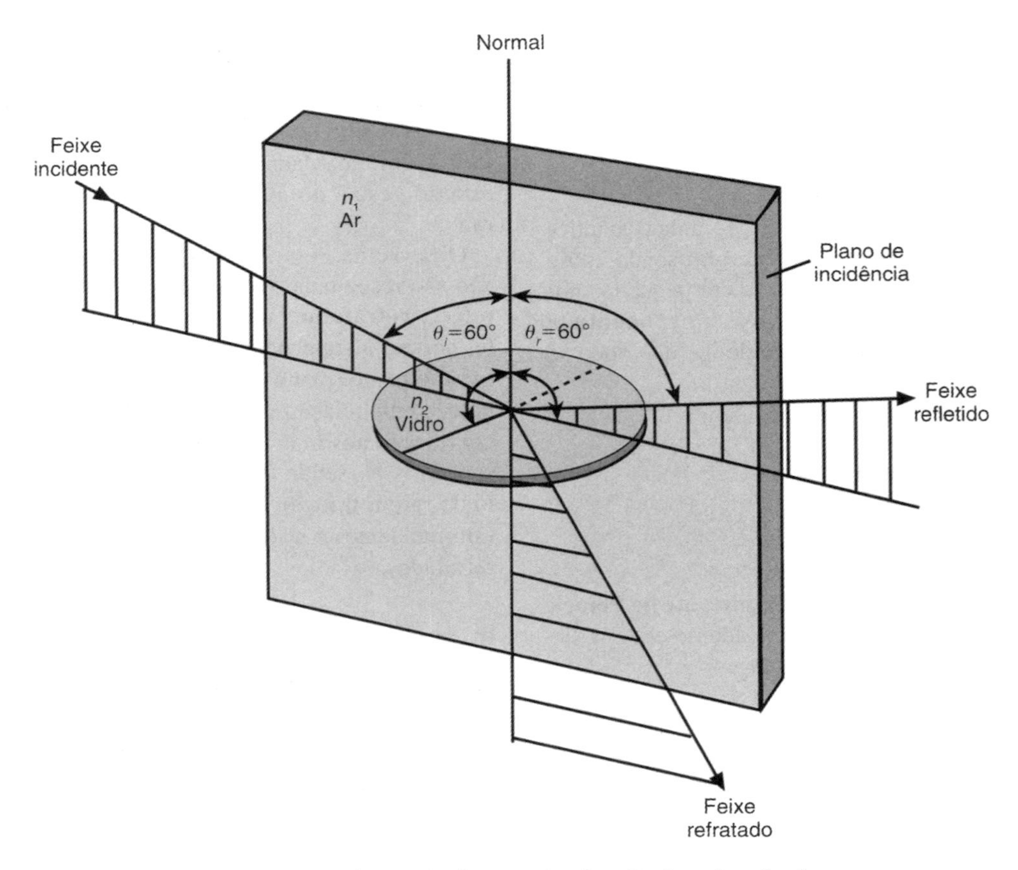

FIGURA 9.4 Ilustração do conceito de reflexão e de refração.

Uma **imagem**, segundo referências clássicas (consultar a seção Referências Bibliográficas, no final do capítulo), pode ser representada por uma **função intensidade bidimensional,** $f(x, y)$, na qual a amplitude da função, nas coordenadas espaciais (x, y), determina a intensidade (ou o brilho) da imagem em um dado ponto (x, y). A função intensidade bidimensional, $f(x, y)$, pode ser caracterizada por dois componentes: quantidade de luz incidente $i(x, y)$ (originada por uma fonte) e quantidade de luz refletida $r(x, y)$ pelos objetos (que indica a refletância e está limitada por 0: absorção total, e por 1: refletância total), representados por

$$f(x, y) = i(x, y) \times r(x, y),$$

em que $0 < i(x, y) < \infty$ e $0 < r(x , y) < 1$. Portanto, $i(x, y)$ é determinada pela fonte luminosa, enquanto $r(x, y)$ é determinada pelas características do objeto. A **intensidade de uma imagem monocromática** f nas coordenadas (x, y) é chamada de **níveis de cinza** (l) da imagem naquele ponto:

$$L_{\text{mín}} \leqslant l \leqslant L_{\text{máx}},$$

cujo intervalo é denominado **escala de cinza** ou tons de cinza. Por exemplo, é possível representar uma imagem digital monocromática de 12 bits ($2^{12} = 4096$), com 4094 níveis de cinza, e as duas combinações restantes (que também fazem parte da escala de cinza) são devidas ao branco e ao preto. Normalmente é utilizado o intervalo $(0, L)$, no qual $l = 0$ é considerado preto e $l = L$ é considerado branco. Todos os valores intermediários são tons de cinza variando do preto ao branco. Outro parâmetro muito utilizado é o **contraste** (diferença entre preto e branco) de uma imagem, que é dado por

$$C = \frac{\sigma_i}{<I>}$$

sendo $<I>$ a intensidade média e σ_i seu desvio padrão.

Para ilustrar esses conceitos, observe a Figura 9.5, que traz uma imagem com uma escala de cinza à direita da imagem.

9.1.3 *Interferência*

Interferência óptica corresponde à superposição de duas ou mais ondas, de mesma frequência ou comprimento de onda, trafegando aproximadamente na mesma direção, resultando em uma irradiação ou intensidade (I) não distribuída uniformemente no espaço.

Consideremos a interferência de duas ondas (onda 1 e onda 2):

$$I = I_1 + I_2 + 2\sqrt{I_1 \times I_2}\cos(\Delta\varphi),$$

em que I_1 e I_2 são as intensidades das duas ondas e $\Delta\varphi$ a diferença entre as fases das ondas 1 e 2 ($\varphi_2 - \varphi_1$), respectivamente.

A modificação na distribuição de intensidade luminosa é denominada interferência, formando uma imagem denominada **franjas de interferência** (este fenômeno produz uma imagem com regiões escuras e não escuras alternadamente). Em alguns pontos dessa imagem, a intensidade será máxima (interferência denominada construtiva) e em outros será mínima (interferência denominada destrutiva). A intensidade máxima $I_{\text{máx}}$ ocorre quando

$$\cos(\Delta\varphi) = +1, \text{ tal que } \Delta\varphi = 2n\pi \text{ para } n = 0, 1, 2, \ldots$$

e mínima $I_{\text{mín}}$ quando

$$\cos(\Delta\varphi) = -1, \text{ tal que } \Delta\varphi = (2n + 1)\pi \text{ para } n = 0, 1, 2, \ldots$$

Para melhor compreensão, considere a analogia (por exemplo, uma pedra jogada em uma dada localização de um lago) com uma onda mecânica, ilustrada na Figura 9.6, com frente de onda circular.

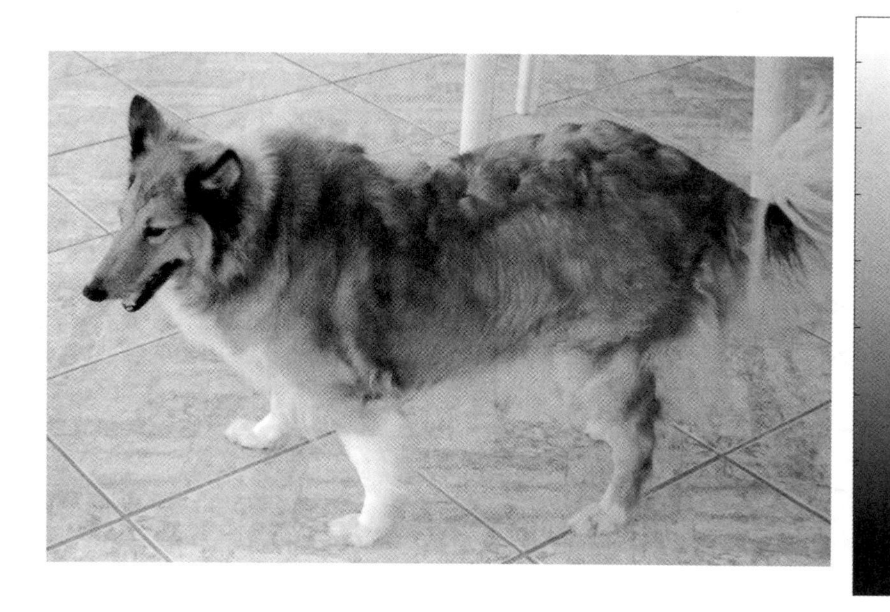

FIGURA 9.5 Imagem monocromática com escala de cinza referente a esta imagem.

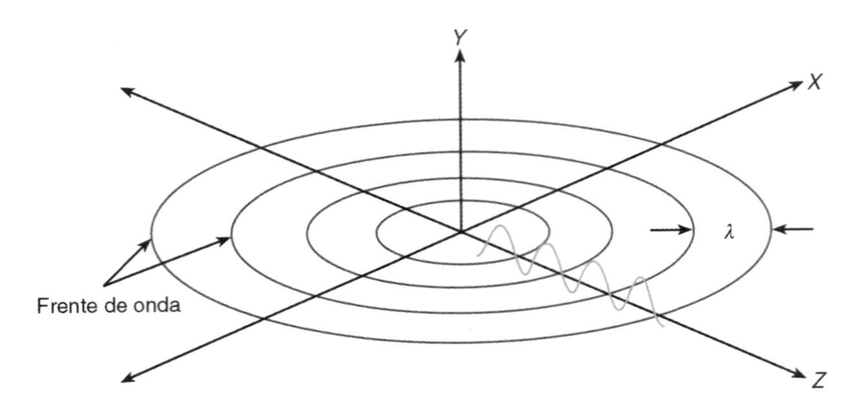

FIGURA 9.6 Criação de ondas circulares (distúrbio mecânico).

Vista do topo, a Figura 9.6 mostra o distúrbio [veja a Figura 9.7(*a*)] em que os círculos sólidos representam o pico máximo do deslocamento (crista) e os círculos tracejados representam o pico mínimo do deslocamento (vale). A Figura 9.7(*b*) apresenta a forma de onda como função do tempo em um dado ponto fixo.

Considerando essa analogia, analise a Figura 9.8, que representa o deslocamento de duas ondas ou sinais: S_1 e S_2. Os círculos sólidos representam as cristas (deslocamento máximo), e os tracejados representam os vales (deslocamento mínimo). Visualizando cuidadosamente as direções OP, OP_2 e OP_2' (ressaltadas por pontos), existem regiões em que ocorrem superposições entre cristas-cristas e vales-vales das ondas S_1 e S_2, gerando a interferência construtiva. Em contrapartida, existem regiões em que ocorrem superposições entre cristas-vales e vales-cristas das ondas S_1 e S_2, gerando a interferência destrutiva.

Para observar o modelo de interferência com radiação luminosa, é possível realizar o **experimento de Young** (veja o esboço na Figura 9.9), no qual uma fonte luminosa F_0 (fonte coerente) incide em um painel com duas fendas F_1 e F_2 formando o modelo de interferência em um anteparo (tela), ou seja, formando as franjas de interferência. A Figura 9.10 apresenta a geometria desse experimento.

Cabe observar que:

- todos os pontos BR do modelo de intensidade são pontos em que a luz de F_1 e F_2 estão em fase, ou seja, cristas encontram cristas;
- todos os pontos PR do modelo de intensidade são pontos em que a luz de F_1 e F_2 não estão em fase, ou seja, cristas encontram vales;
- esse modelo de intensidade pode ser obtido por um detector de luz, como, por exemplo, uma câmera CCD, uma fotocélula, entre outros;
- interferências construtivas ocorrem quando as distâncias $\overline{F_1BR_p} - \overline{F_2BR_p} = p \times \lambda$, para $p = 0, 1, 2, 3, \ldots$ e as destrutivas ocorrem quando as distâncias $\overline{F_1PR_p} - \overline{F_2PR_p} = \left(p + \frac{1}{2}\right) \times \lambda$, para $p = 0, 1, 2, 3, \ldots$

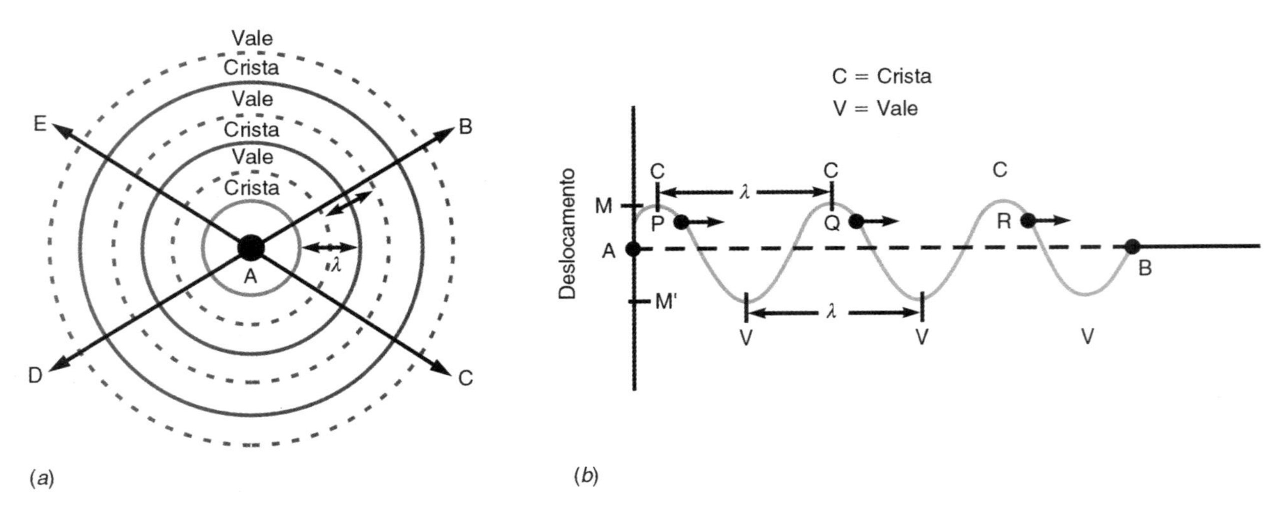

FIGURA 9.7 (*a*) Onda mecânica em movimento circular com ponto de referência A e (*b*) perfil do deslocamento da onda mecânica do item (*a*).

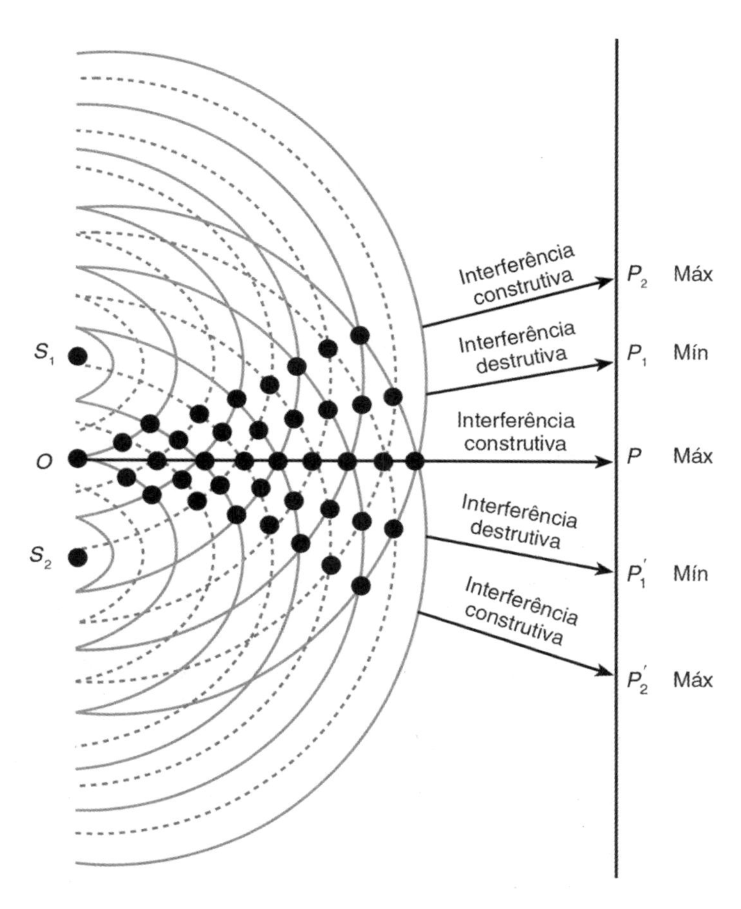

FIGURA 9.8 Ilustração da interferência entre duas ondas S_1 e S_2.

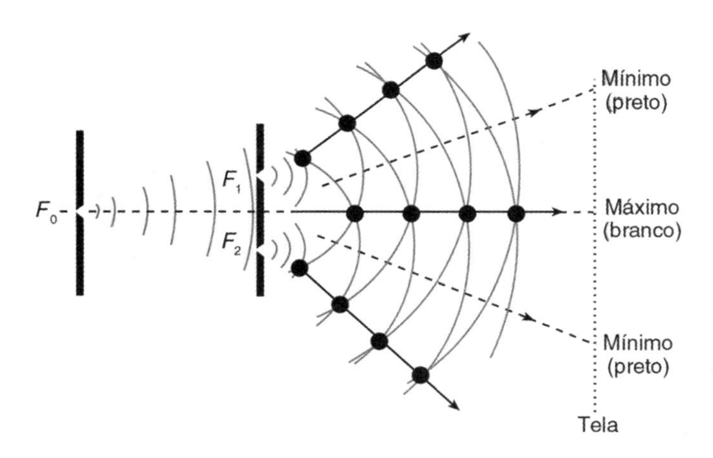

FIGURA 9.9 Esboço do experimento de Young.

De maneira geral, os pontos claros (brancos) ou de máxima intensidade (pontos *BR*) são dados pela equação $l \times \text{sen}(\theta) = p \times \lambda$, para $p = 0, \pm 1, \pm 2, \pm 3, \ldots$ e os pontos escuros (pretos) ou de mínima intensidade (pontos *PR*) são dados pela equação $l \times \text{sen}(\theta) = p \times \lambda$, para $p = \pm\frac{1}{2}, \pm\frac{3}{2}, \pm\frac{5}{2}, \ldots$, na qual l representa a distância entre F_1 e F_2, θ o ângulo entre o ponto O e a linha média, e λ o comprimento de onda.

A **visibilidade ou contraste das franjas**, ***vis***, é definida por

$$vis = \frac{I_{máx} - I_{mín}}{I_{máx} + I_{mín}} = \frac{2\sqrt{I_1 \times I_2} \times |\gamma(\tau)|}{I_1 + I_2}$$

para

$$I_1 = I_2 \therefore vis = \frac{I_{máx} - I_{mín}}{I_{máx} + I_{mín}} = |\gamma(\tau)|$$

sendo $\gamma(\tau)$ o grau de coerência de uma determinada fonte. A visibilidade pode ser descrita como a qualidade das franjas ou do modelo de interferência produzidos pelos equipamentos denominados interferômetros.

Condições para ocorrer a interferência

Para observar a interferência, são necessários dois feixes derivados de uma fonte luminosa, espalhando luz em partes que podem ser recombinadas. As equações determinadas partem do princípio de que a **fonte luminosa é coerente**, como, por exemplo, um *laser*; sendo assim, a diferença entre as fases dos dois feixes varia lentamente no tempo e no espaço quando ambas são comparadas com a resolução espacial e temporal do mensurando (como exemplo de fonte não coerente pode-se

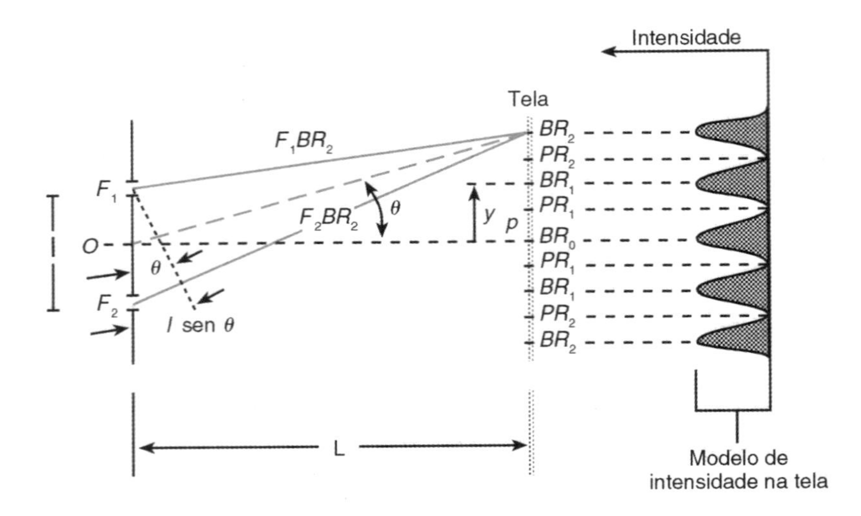

FIGURA 9.10 Geometria do experimento de Young com variação na intensidade da luz no modelo de interferência.

citar a lâmpada incandescente utilizada na iluminação residencial). Os dois tipos de coerência são:

Coerência espacial: é o grau em que um feixe de luz parece ter sido originado de um simples ponto no espaço.

Coerência temporal: exprime a continuidade de fase entre as ondas emitidas em tempos diferentes; logo, todos os fótons em um feixe de *laser* possuem a mesma frequência ou o mesmo comprimento de onda.

É possível calcular a distância em que os fótons permanecem em fase (distância esta chamada de comprimento de coerência).

A coerência pode ser adicionada à equação de interferência: $I = I_1 + I_2 + 2\sqrt{I_1 \times I_2} \times \cos(\Delta\varphi) \times |\gamma(\tau)|$ para $0 \leq \gamma(\tau) \leq 1$. O grau de coerência, $\gamma(\tau)$, de uma determinada fonte é $\gamma(\tau) = 0$ para uma fonte não coerente ideal, $\gamma(\tau) = 1$ para uma fonte coerente ideal e $0 < \gamma(\tau) < 1$ para uma fonte parcialmente coerente.

Como exemplo, a Tabela 9.1 apresenta o comprimento de banda e o comprimento de coerência (distância na qual a fonte se comporta como fonte coerente) de algumas fontes.

Além disso, para boa visualização das franjas, as amplitudes das ondas interferentes precisam, em condições ideais, ser próximas: $I_1 = I_2 = I_0$ (Figura 9.11). Nesta situação,[1]

$$I = I_1 + I_2 + 2\sqrt{I_1 \times I_2}\ \cos(\Delta\varphi)$$
$$I = 4 \times I_0 \times \cos^2\left(\frac{\Delta\varphi}{2}\right)$$

Portanto, $I_{mín} = 0$ e $I_{máx} = 4 \times I_0$.

Os dispositivos em geral utilizados para gerar interferências a partir de fontes coerentes são denominados interferômetros. Existem diversas configurações de interferômetros amplamente utilizadas para examinar formas, condições e qualidade de superfícies, entre outras aplicações.

A interferometria é uma das técnicas mais comuns para medições de alta resolução e de crescente utilização no meio industrial. Porém, apresenta algumas limitações, como, por exemplo, a significativa sensibilidade a distúrbios ambientais (principalmente vibrações mecânicas).

[1] Faixa de 3000 nm a 5000 nm.

TABELA 9.1 Valores típicos de comprimento de onda e de coerência para algumas fontes

Fonte luminosa	Comprimento de banda	Comprimento de coerência
Laser de He-Ne	10^{-6} nm	400 m
Luz branca	300 nm	900 nm
Arco de mercúrio	1 nm	0,03 cm
Infravermelho*	4000 nm	25000 nm
Infravermelho	2000 nm	8000 nm

* Faixa de uso da termografia – 8000 nm a 12.000 nm (veja o Capítulo 6, sobre Medição de Temperatura, no Volume 1).

9.1.4 Difração

Ao atravessar uma pequena abertura, um feixe de luz é dividido, ocasionando variações na amplitude e na fase da onda. Este fenômeno é denominado difração, resultante da interferência da luz em diferentes partes da onda.

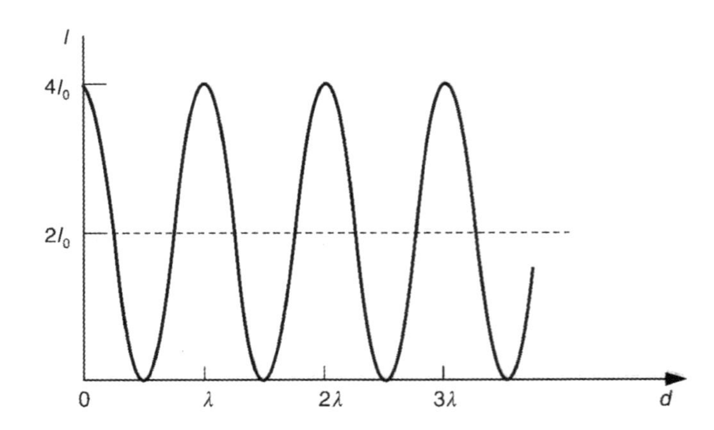

FIGURA 9.11 Condição ideal para boa visibilidade das franjas.

Existem dois tipos de difração: **difração de Fraunhofer** e **difração de Fresnel**. A difração de Fraunhofer ocorre quando a fonte de luz e a tela estão efetivamente a uma distância infinita da abertura ou obstáculo que causa a difração, enquanto a difração de Fresnel ocorre quando as fontes luminosas e a tela estão a distâncias finitas do obstáculo ou abertura, ou seja, a curvatura da onda não pode ser negligenciada. Considere a Figura 9.12(*a*), em que um feixe de **onda colimado** atravessa uma abertura. Este modelo só é válido para pequenas aberturas, mas de qualquer forma serve para se compreender o conceito de difração, no qual se percebe a geração de zonas de luz e zonas de sombras, cujo modelo de intensidade encontra-se no lado direito desse esboço. A Figura 9.12(*b*) apresenta um modelo mais realista do fenômeno da difração, em que ocorrem regiões parcialmente iluminadas, conforme demonstra a distribuição de intensidade dessa ilustração.

Observe a Figura 9.13, que apresenta uma fonte de luz de comprimento de onda λ cuja distância entre a abertura e a fonte é d_1 e cuja distância entre a abertura até a tela é d_2.

Como regra geral, para determinar se o modelo é de Fraunhofer podem-se utilizar as seguintes relações empíricas:

$$d_1 > 100 \times \left(\frac{A_{ab}}{\lambda}\right) \text{ e } d_2 > 100 \times \left(\frac{A_{ab}}{\lambda}\right),$$

ou seja, se a distância da fonte à abertura (d_1) e da abertura à tela (d_2) é maior do que 100 vezes a razão entre a área da abertura (A_{ab}) e o comprimento de onda (λ) da fonte luminosa, o modelo de intensidade na tela é o de Fraunhofer e a tela é chamada de *far field*. Se uma dessas distâncias for menor ou igual a esse fator, o modelo de intensidade na tela é o de Fresnel e a tela é denominada *near field*. A Figura 9.14 apresenta o princípio de um colimador (expansor de feixe) conhecido como

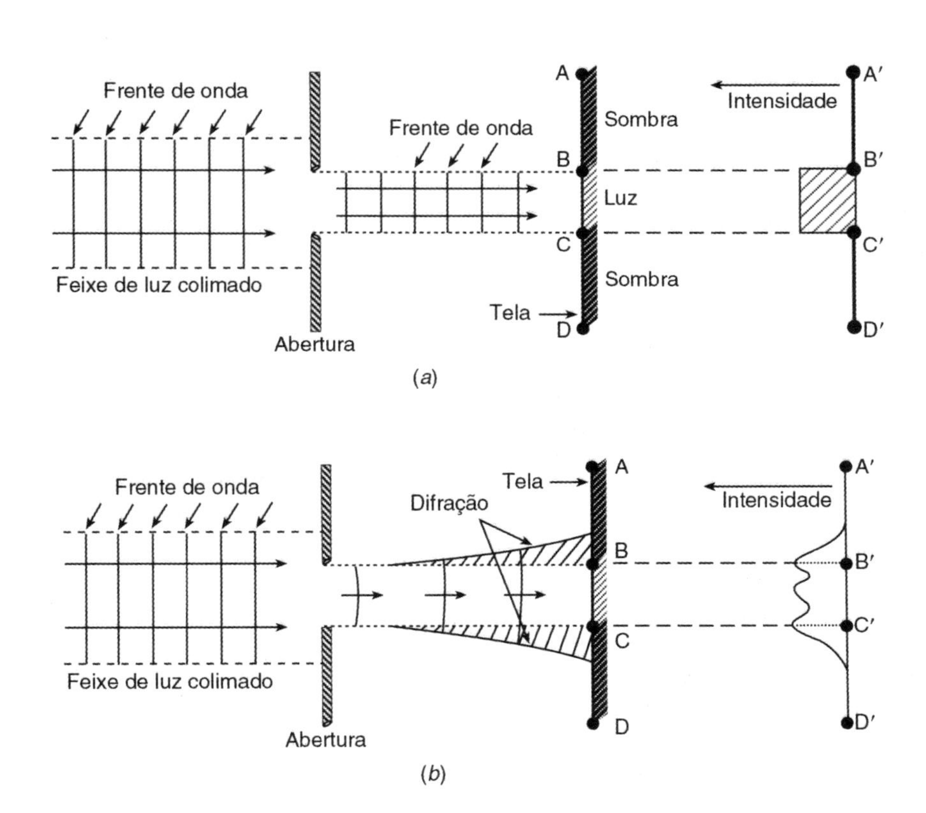

FIGURA 9.12 (*a*) Feixe de luz colimado passando por uma pequena abertura e (*b*) modelo mais realista da difração.

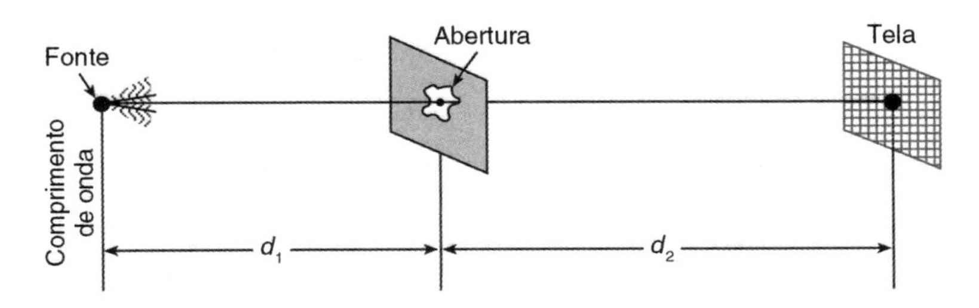

FIGURA 9.13 Ilustração de um modelo de difração.

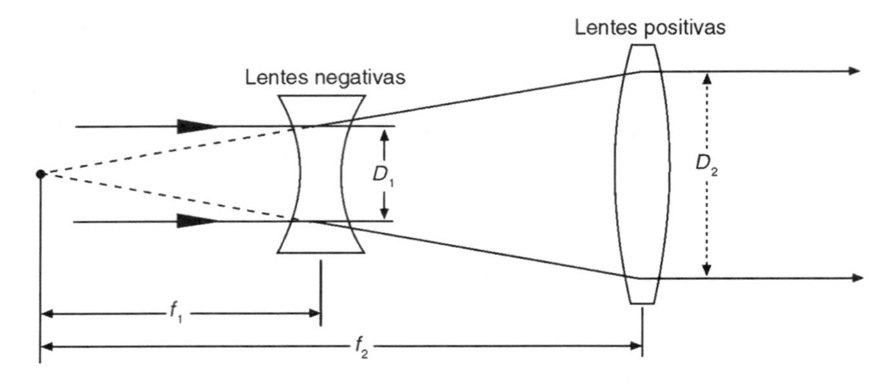

FIGURA 9.14 Construção de um colimador em que se utilizam uma lente positiva e outra negativa (arranjo de Galileu).

arranjo de Galileu, formado por uma lente positiva e outra negativa (consulte a Seção 9.2.1 deste capítulo). Nesse colimador, o diâmetro D_2 do feixe de *laser* expandido pela lente negativa pode ser obtido pela seguinte relação:

$$D_2 = D_1 \times \left|\frac{f_2}{f_1}\right|,$$

sendo D_1 o diâmetro do feixe não expandido, f_1 o comprimento focal da lente negativa e f_2 o comprimento focal da lente positiva.

9.1.5 Holografia

Em 1948, Dennis Gabor esboçou os princípios básicos da holografia, que se popularizou somente com a invenção do *laser* em meados de 1960. Com um holograma é possível armazenar e reproduzir uma imagem tridimensional (3D). A holografia, além da utilização em laboratórios de ensino, é utilizada em medições não destrutivas e em sistemas protótipos de armazenamento de informações. É importante salientar que os sistemas visual e nervoso recebem e processam a amplitude e a fase de um sinal luminoso ou de uma imagem. Porém, a maioria dos detectores ópticos, como, por exemplo, as câmeras de vídeo, registra somente a informação de amplitude — ou seja, a variação de intensidade de uma imagem —, não registrando, portanto, nenhuma informação ou dimensão espacial.

Com o uso de uma fonte coerente, como, por exemplo, o *laser*, o holograma registra a fase e a amplitude, podendo posteriormente ser reconstruído. Como exemplo, a Figura 9.15 apresenta um dos arranjos possíveis para se formar um típico holograma. O feixe de *laser* é inicialmente dividido em dois feixes (divisão da intensidade em dois feixes), denominados feixe objeto e feixe de referência. O feixe objeto é expandido pela lente L_1, refletido pelo espelho M_1 e direcionado ao objeto. A luz do *laser*, refletida pela superfície, engloba a amplitude e a fase do feixe que incide no filme fotográfico. O feixe de referência é refletido pelo espelho M_2 e expandido pela lente L_2, incidindo também no filme. O feixe de referência interfere no feixe refletido pelo objeto, formando as franjas de interferência ou modelo de interferência. Portanto, esse modelo de interferência, resultante da interação do feixe objeto modificado e do feixe de referência padrão, é registrado no holograma.

Com o filme holográfico, a imagem pode ser reconstruída por meio do processo inverso da formação do holograma, conforme esboço da Figura 9.16. Para reconstruir (processo de leitura) um holograma é necessário utilizar um *laser* idêntico, denominado *laser* de reconstrução, com seu feixe direcionado na mesma posição do feixe de referência original.

Resumidamente, a formação de um holograma envolve a interferência e a difração. Na formação de um holograma (processo de gravação), duas ondas interferentes formam um modelo de interferência na tela ou no filme. Na reconstrução do holograma, as ondas da reconstrução são difratadas pelo holograma.

9.2 Componentes Básicos de um Sistema Óptico de Medição

Um sistema de medição baseado em radiação eletromagnética normalmente utiliza a alteração de uma das seguintes propriedades:

- intensidade;
- fase;
- posição espacial;
- frequência;
- polarização.

Intensidade

A grande vantagem da utilização da intensidade deve-se à resposta direta que os principais detectores ópticos, como, por exemplo, fotodiodos, fototransistores, entre outros, respondem às variações de intensidade. Portanto, se um sensor é sensível à intensidade de um sinal óptico, essas variações podem ser simplesmente observadas ou detectadas através de um fotodetector. A Figura 9.17(*a*) apresenta um simples arranjo óptico como sistema de medição de movimento.

No esquema da Figura 9.17(*a*), a fonte óptica é um simples diodo emissor de luz (em geral são utilizadas fontes coerentes), o meio de transmissão é a fibra óptica, e o detector, neste exemplo, um fotodiodo sensível a intensidade. A variação da

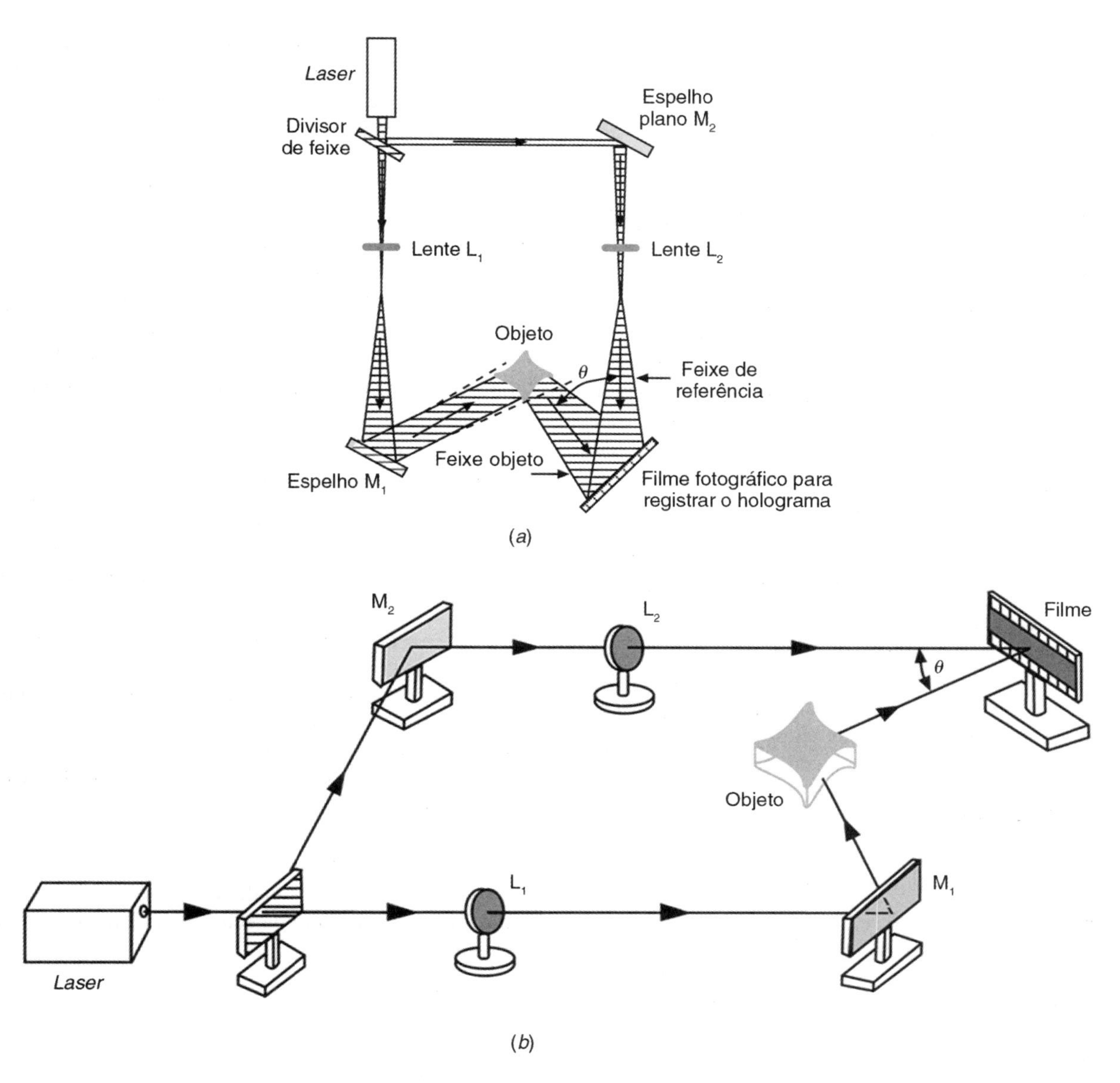

FIGURA 9.15 Arranjos típicos para formar um holograma: (*a*) vista do topo e (*b*) vista em três dimensões.

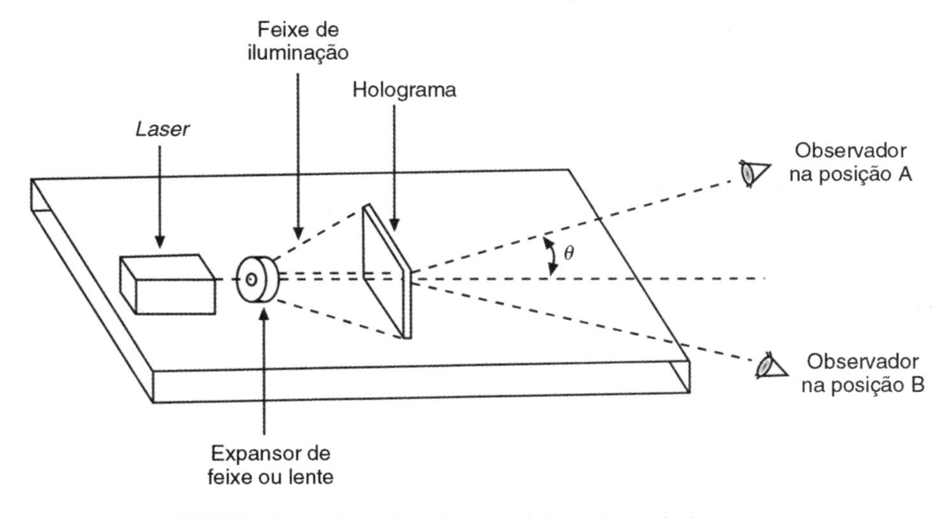

FIGURA 9.16 Arranjo típico para leitura de um holograma.

intensidade do sinal indica o movimento da estrutura. Sistemas baseados em intensidade apresentam como principal desvantagem a flutuação ou variação na intensidade devida a fatores não relacionados ao mensurando, como, por exemplo, a variação da saída de uma fonte óptica em função do tempo e da temperatura. Uma estimativa qualitativa da resolução de sensores baseados em intensidade pode ser obtida pela estimativa do tamanho do feixe óptico: o tamanho mínimo do feixe é da ordem do comprimento de onda da fonte luminosa.

A configuração da Figura 9.17(*b*) apresenta um sistema óptico mais completo para medição de deslocamentos. Nesse sistema, um feixe paralelo de luz é gerado por meio, por exemplo, de uma fonte pontual e de uma lente colimadora (preferencialmente uma fonte coerente — *laser*). Uma peça transparente cuja posição no feixe paralelo está relacionada ao deslocamento interrompe o feixe de luz, controlando, portanto, a intensidade luminosa direcionada para o sensor fotoelétrico (fotodetector). O sensor fotoelétrico, assim como o sistema de lentes, pode ser substituído por uma célula fotovoltaica, cujo comportamento corresponde ao circuito da Figura 9.17(*c*), ou seja, de um gerador de corrente em paralelo com um capacitor. A saída desse circuito depende da carga resistiva (R_m) do instrumento utilizado para registrar a tensão elétrica. Para $R_m \rightarrow \infty$, a saída varia logaritmicamente com a intensidade luminosa, mas uma saída linear pode ser obtida com uma carga resistiva apropriada ou com o circuito condicionador da Figura 9.17(*d*), cujo resistor de realimentação (R_a) deve ser ajustado para fornecer uma saída linear dentro de uma faixa de interesse.

Fase

O movimento de um sensor, em resposta ao mensurando, pode variar o comprimento do caminho óptico — portanto, a sua fase. Os fotodetectores não respondem diretamente à variação de fase — portanto, é necessário convertê-la para uma variação de intensidade (tarefa normalmente realizada por um interferômetro).

Posição espacial

A Figura 9.18 ilustra o princípio de um sistema de medição óptico baseado na alteração da posição espacial. Essa técnica é muitas vezes conhecida como triangulação, cuja principal vantagem é a imunidade às variações de intensidade das fontes.

Considere a Figura 9.19, na qual um feixe de *laser* incidindo em uma superfície é disperso e direcionado por uma lente para um detector.

Supõe-se que o objeto (mensurando) move-se a uma distância *d* normal à superfície. Por trigonometria, o correspondente movimento, obtido pelo detector, como uma imagem borrada, é dado por

$$d = m \times \frac{d \times \text{sen}(\theta_1 + \theta_2)}{\cos(\theta_1)}$$
$$= m \times d \times [(\text{tg}(\theta_1) \times \cos(\theta_2)) + \text{sen}(\theta_2)]$$

em que θ_1 é o ângulo de incidência do *laser*, θ_2 o ângulo do eixo óptico da lente e *m* o fator de ampliação devido à lente. O detector fornece uma tensão proporcional à distância.

Sistemas baseados no método da triangulação são ideais para monitoramento de distâncias pequenas, partes frágeis ou superfícies susceptíveis a deformação quando tocados por uma sonda. Para bom desempenho do sistema, a fonte luminosa deve ter uma intensidade relativamente alta e, preferencialmente, utilizar como detector uma câmera **CCD** (***charge coupled device***).

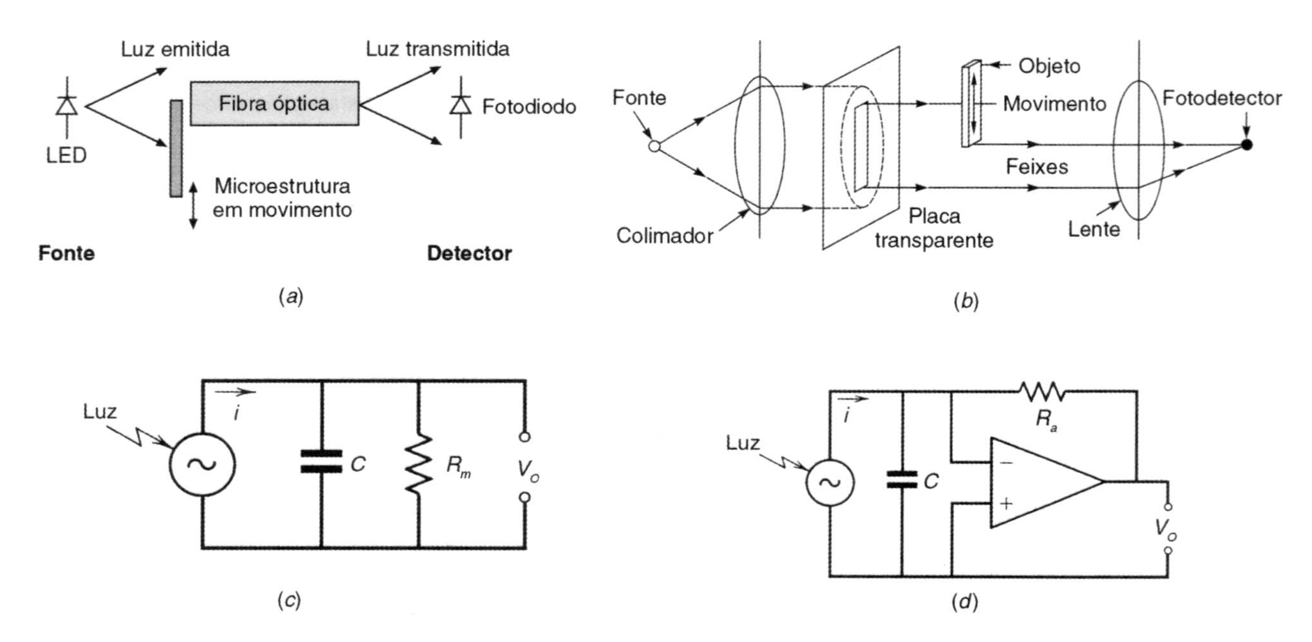

FIGURA 9.17 (*a*) Esboço de um esquema simples para uso da intensidade luminosa como sistema de medição, (*b*) esquema de um sistema de medição de deslocamento com um fotodetector, (*c*) circuito de medição com um sensor fotovoltaico e (*d*) circuito de medição com um sensor fotovoltaico condicionado com um amplificador operacional.

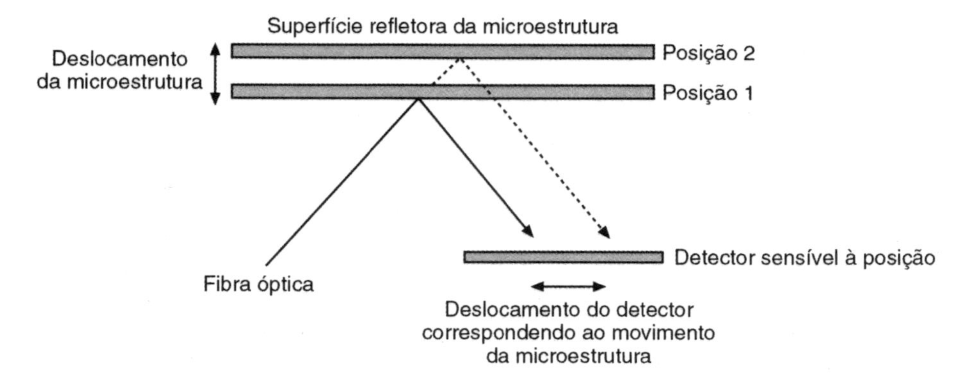

FIGURA 9.18 Esboço de um sistema de medição da posição espacial.

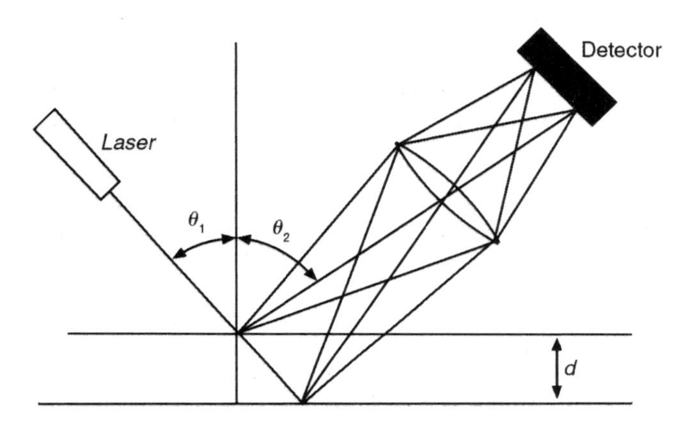

FIGURA 9.19 Uma sonda baseada na triangulação.

Frequência

Se um feixe óptico com uma frequência f_1 está incidindo sobre um corpo que se move a uma velocidade v, então a radiação refletida do corpo em movimento apresenta uma frequência f_2 dada por

$$f_2 = \left(\frac{f_1}{1 - \left(\frac{v}{c} \right)} \right) \cong f_1 \times \left(1 + \frac{v}{c} \right).$$

Polarização

Uma onda eletromagnética não polarizada apresenta um campo elétrico vibrando em um plano perpendicular à direção de propagação, não exibindo direção e/ou rotação conhecida. Diz-se que o feixe é polarizado quando o campo elétrico vibra ao longo de um segmento de linha fixo (**polarizador linear**) ou descreve uma elipse ou um círculo no plano normal à direção de propagação. A polarização pode ser mais bem descrita como a soma de duas ondas polarizadas linearmente:

$$E_x = A_x \times \cos(\omega \times t)$$

$$E_y = A_y \times \cos[(\omega \times t) + \varphi],$$

defasadas entre si. As duas ondas têm a mesma frequência com as direções de seus campos elétricos ortogonais, sendo A_x e A_y as amplitudes. Quando uma luz não polarizada incide na superfície de qualquer material transparente, os feixes refletidos e refratados são parcialmente polarizados linearmente. Diferentes dispositivos, denominados polarizadores, podem ser utilizados para polarizar ondas, com base em princípios físicos como, por exemplo, dispersão e reflexão, entre outros. Como exemplo, a Figura 9.20 ilustra o fenômeno da polarização linear, e a Figura 9.21 ilustra a polarização por reflexão.

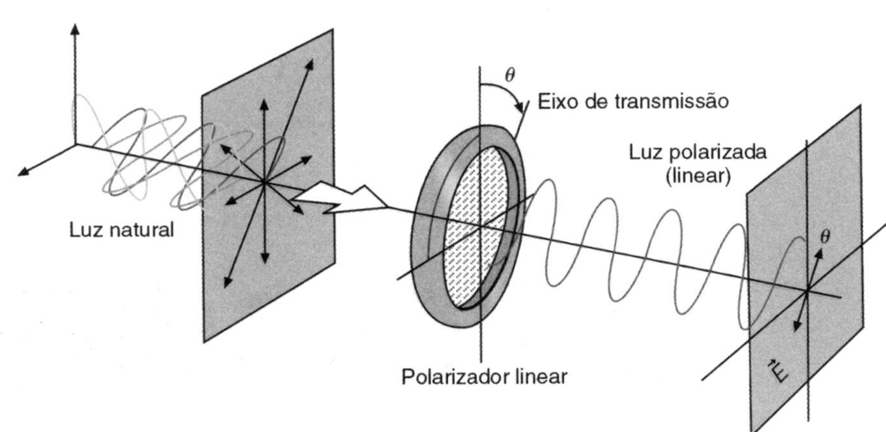

FIGURA 9.20 Ilustração da polarização linear.

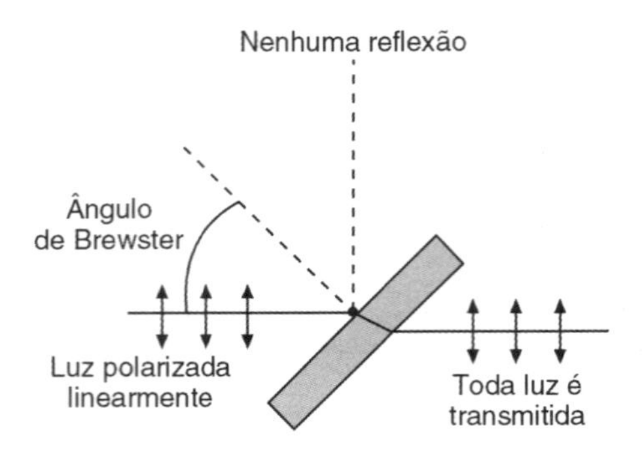

FIGURA 9.21 Ilustração da polarização por reflexão.

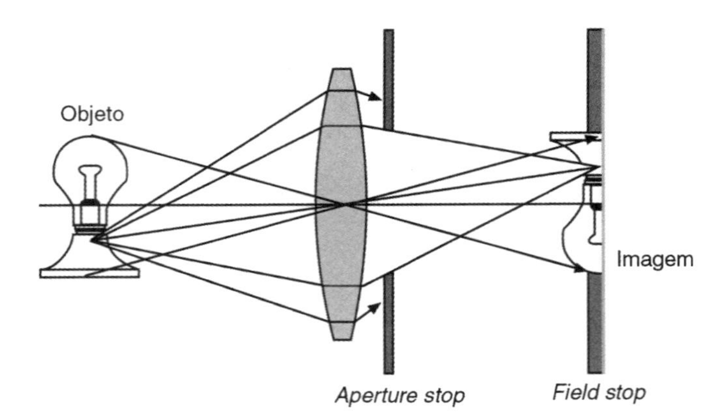

FIGURA 9.22 Objeto, lente e imagem projetada em um anteparo.

Quando a luz não polarizada incide na superfície de qualquer material transparente, os feixes refletidos e refratados são parcialmente polarizados de forma linear. Em um determinado ângulo de incidência, denominado **ângulo de Brewster**, a luz refletida é polarizada linearmente no ângulo direito ao plano de incidência. A **lei de Brewster** mostra que, no ângulo de polarização, o raio refletido gera um ângulo com o raio refratado dado por

$$n = \text{tg}(i),$$

sendo i o ângulo de incidência e n o índice de refração.

9.2.1 *Conceitos e parâmetros básicos*

Muitos sistemas de instrumentação óptica utilizam lentes (coletam apenas uma fração da radiação emitida por uma fonte pontual) no aparato experimental. Para melhor entendimento desse conceito, observe a Figura 9.22.

A partir da imagem da Figura 9.22, podem-se definir alguns elementos importantes relacionados à utilização de uma lente, em um sistema de medição óptico, destacando-se:

***Aperture stop*:** um diafragma que limita e define o diâmetro do feixe de luz coletado ou direcionado por um sistema óptico e determina a capacidade de acúmulo de luz de uma lente. Os principais efeitos relacionados à *aperture stop* são o diâmetro da lente e as aberrações geradas nas imagens (qualidade da imagem).

***Field stop*:** um diafragma que limita e define o tamanho do objeto que pode ser adquirido pelo sistema (totalmente independente da *aperture stop*).

Número *f*

A Figura 9.23 apresenta o conceito do número f (#f) que determina a velocidade da lente. Por definição, o número f (#f) é dado por

$$\# f = \frac{f}{D_{ab}},$$

em que D_{ab} é o diâmetro da abertura e f o comprimento focal. A densidade de fluxo no plano de uma imagem varia com $\left(D_{ab}/f\right)^2$, cuja razão D_{ab}/f é conhecida como abertura relativa, e seu inverso é o número f (também chamado de razão focal). Quando o número f diminui, a intensidade da imagem aumenta.

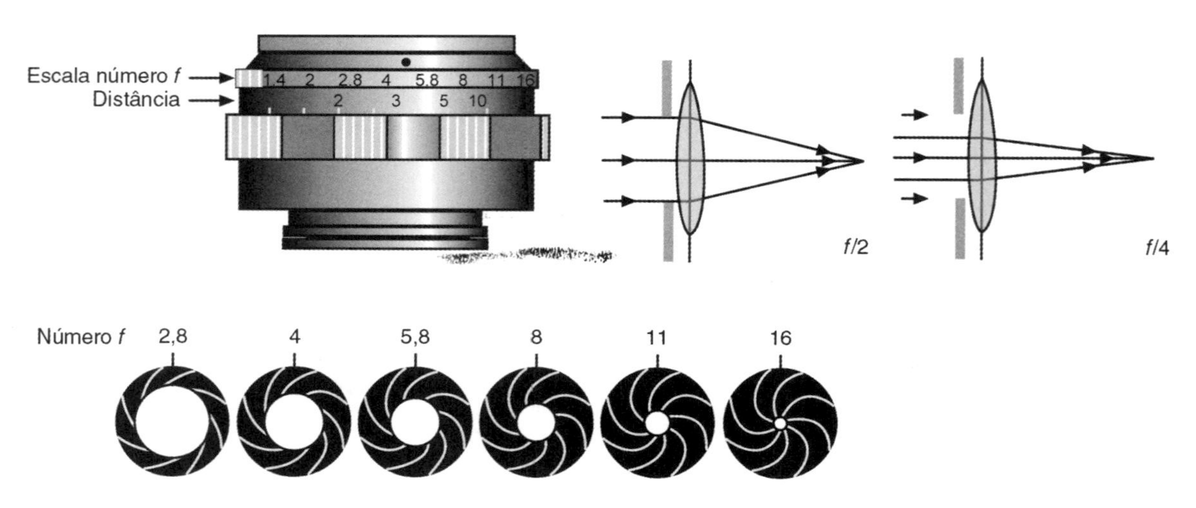

FIGURA 9.23 Especificações relacionadas ao número f (#f).

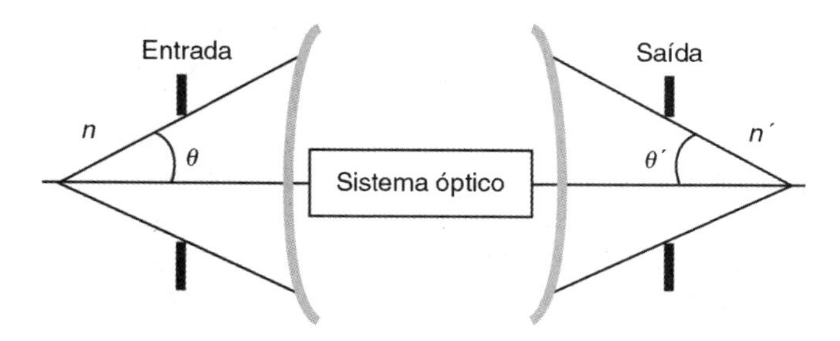

FIGURA 9.24 Esboço para especificação da abertura numérica.

Abertura numérica

A Figura 9.24 apresenta um sistema óptico ressaltando a entrada e a saída do mesmo.

Abertura numérica (*AN*) é definida pela relação:

$$AN = n \times \text{sen}(\theta) \cong n \times \text{tg}(\theta) = \frac{D_{ab}/2}{f}$$

sendo D_{ab} o diâmetro da abertura, f o comprimento focal e n o índice de refração. A abertura numérica (*AN*) mede o tamanho angular do cone focal de luz.

Comprimento do foco (ou focal)

A Figura 9.25 apresenta o esboço de um sistema óptico para definição do comprimento focal (*cf*):

$$cf = \pm\frac{\lambda}{[2 \times n \times \text{sen}(v)]^2} = \pm\frac{\lambda}{4 \times AN^2} = \pm\lambda \times (\# f)^2.$$

Lentes

Elemento utilizado em praticamente qualquer sistema óptico para direcionar os feixes de luz. Normalmente são feitas de materiais em que ocorre o fenômeno da refração, como, por exemplo, vidro, plástico, quartzo, entre outros. De maneira geral, as lentes podem ser classificadas como positivas (convergentes) ou negativas (divergentes), conforme alguns modelos apresentados na Figura 9.26.

Para compreender o uso das lentes em sistemas ópticos, são necessárias as seguintes definições (veja também a Figura 9.27):

Eixo óptico: é a reta que passa pelo centro geométrico *O* da lente, sendo perpendicular à superfície nos pontos de interseção.

Ponto focal primário (*F*): ponto situado sobre o eixo óptico. Para uma lente convergente, qualquer raio luminoso se origina no ponto focal primário, também chamado apenas de foco *F*; em contrapartida, para uma lente divergente, todo e qualquer raio luminoso se direciona para o foco *F*. Para ambos os casos, após a refração, o feixe torna-se paralelo ao eixo óptico.

Distância focal *f*: distância do foco *F* à lente.

Convergência de uma lente *C*: é a capacidade de uma lente de desviar os raios luminosos por refração. Por definição, $C = 1/f$, sendo f a distância focal. A unidade de convergência é a dioptria (*di*) para uma distância focal f medida em metros (m).

Para auxiliar a visualização ou inspeção visual de um objeto pequeno, pode-se posicionar uma lente convergente ou positiva na frente do receptor visual ou detector, como, por exemplo, o olho humano. A lente convergente utilizada com esse objetivo é denominada microscópio (Figura 9.28).

Para esta situação, a magnificação angular β de um simples microscópio é dada por

$$\beta = \frac{\text{tg}(\alpha')}{\text{tg}(\alpha)}.$$

Considerando que a distância do objeto ao olho ilustrado na Figura 9.28(*a*) é de 10 cm e analisando as Figuras 9.28(*a*) e 9.28(*b*), temos

$$\text{tg}(\alpha) = \frac{y}{10}$$
$$\text{tg}(\alpha') = \frac{y}{f},$$

fornecendo, portanto,

$$\beta = \frac{\text{tg}(\alpha')}{\text{tg}(\alpha)} = \frac{y/f}{y/10} = \frac{10}{f}.$$

Para um comprimento focal — por exemplo, de $f = 5$ cm —, a magnificação angular é 2 (normalmente esse valor é indicado por 2,0*X*). Algumas lentes especiais, denominadas filtros, são utilizadas como seletores de comprimento de onda

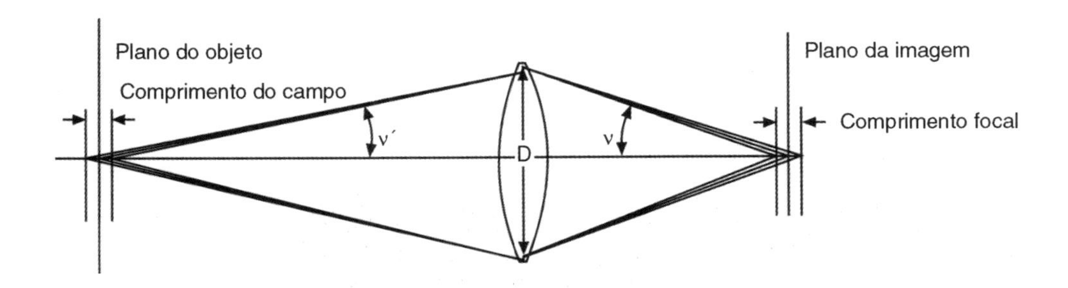

FIGURA 9.25 Esboço para especificação do comprimento focal.

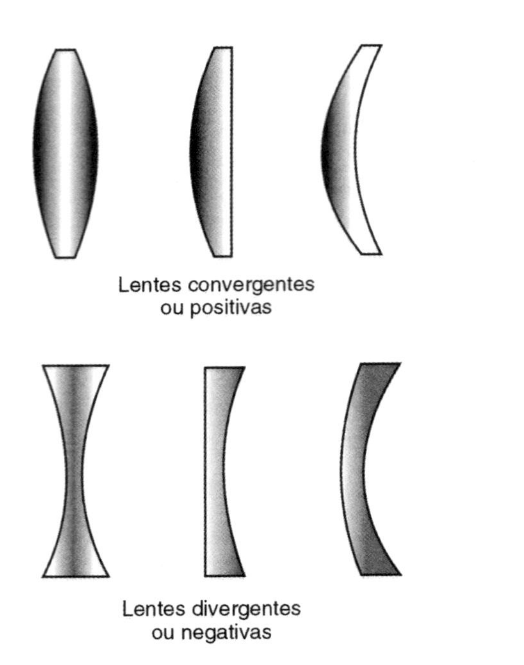

FIGURA 9.26 Exemplos de lentes convergentes e de lentes divergentes.

(passa-baixas, passa-banda, *notch* etc.), em equipamentos de análise química, análise de água, controle de qualidade e colorímetros de proposta geral.

Espelhos

Elementos utilizados para direcionar feixes de onda. Um espelho pode ser dividido em duas superfícies: frontal e segunda. O desempenho de um espelho é determinado por sua refletância. A segunda superfície do espelho pode também refletir uma substancial quantidade de luz denominada reflexão fantasma (uma placa de vidro reflete aproximadamente 4 % da luz visível e pode apresentar uma substancial absorção no comprimento de onda de interesse). Por exemplo, se o espelho opera na faixa do infravermelho, utiliza primeiro uma superfície de metalização ou uma segunda superfície onde o substrato é de seleneto de zinco (ZnSe) ou de outro material transparente de comprimento de onda considerável. Materiais como silício (Si) ou germânio (Ge) (amplamente utilizados na fabricação de semicondutores) são muito utilizados na fabricação da segunda superfície. Para operação na faixa da luz visível podem-se utilizar materiais do tipo ouro, prata, alumínio, entre outros.

Divisores de feixe

Dispositivos muito utilizados em sistemas de medição óptica para dividir o feixe incidente de determinada fonte de luz.

Parâmetros essenciais na especificação de um sistema óptico

Na especificação de um sistema óptico, são determinantes os seguintes parâmetros:

- número f (#f);
- comprimento focal;
- diâmetro da abertura;
- faixa espectral e comprimentos de onda;
- comprimentos, diâmetros e distâncias focais;
- parâmetros ambientais;
- transmitância e iluminação relativa;
- distorções;
- desempenho esperado.

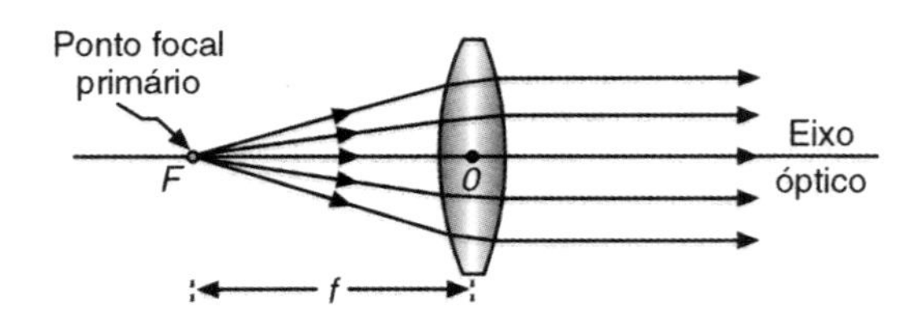

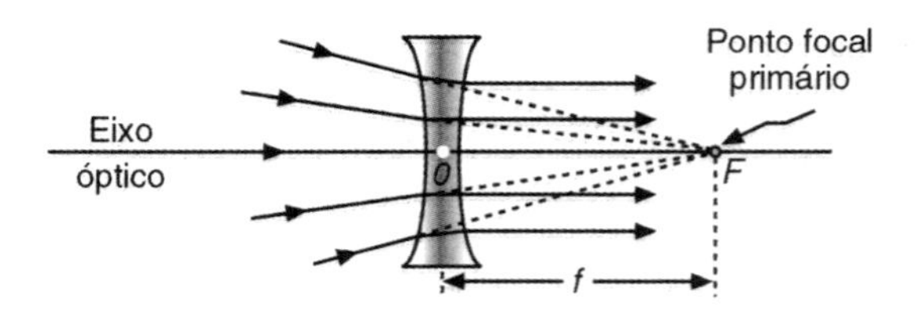

FIGURA 9.27 Ilustração representando o foco *F*, o eixo óptico e a distância focal *f*.

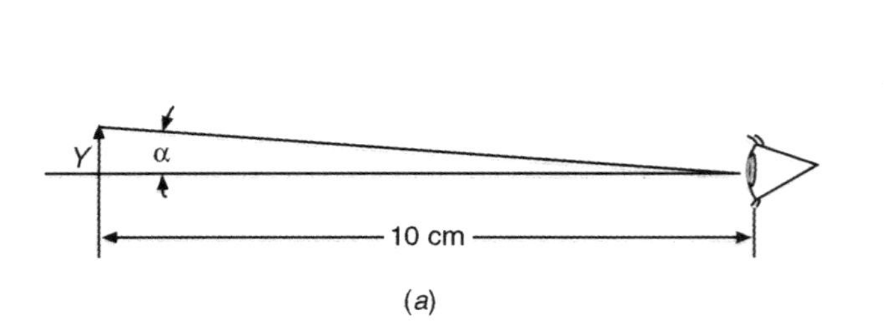

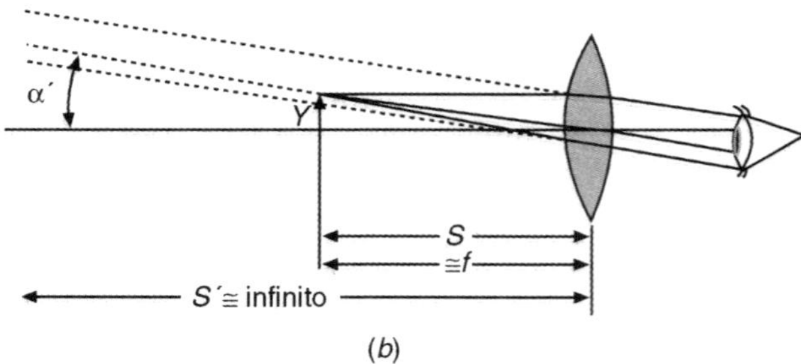

FIGURA 9.28 (*a*) Um objeto qualquer a uma distância do olho humano e (*b*) uso de uma lente convergente entre o objeto e o olho humano como microscópio.

Cabe observar que uma imagem gerada e detectada por um sistema óptico nunca é perfeita, devido principalmente a aberrações geométricas, efeitos da difração e outros parâmetros degradantes como: fabricação, montagem, erros de alinhamento, propriedades do material e efeitos ambientais. As aberrações geométricas são devidas a falhas do sistema óptico em produzir uma imagem perfeita ou pontual. O índice de refração do vidro e de outros materiais de transmissão altera-se em função do comprimento de onda, produzindo alterações em cada comprimento de onda.

Para um sistema óptico apresentar uma imagem de boa qualidade, o **critério de Rayleigh** deve ser respeitado, ou seja, a diferença no caminho óptico (DCO) deve obedecer à seguinte relação:

$$DCO = 0{,}25 \times \lambda,$$

na qual λ é o comprimento de onda da fonte. Dessa forma, o comprimento focal é dado por

$$cf = \Delta = 2 \times \lambda \times (\#f)^2,$$

em que o comprimento focal de $\pm \lambda/4$ corresponde justamente ao critério de Rayleigh. Assim sendo, a imagem será essencialmente de boa qualidade, possibilitando seu uso e seu processamento na caracterização de um evento físico.

9.2.2 Fontes de luz

Na instrumentação óptica as fontes e os detectores de luz são componentes essenciais, cujas características principais são abordadas neste tópico. A optoeletrônica é a área da eletrônica responsável pelos dispositivos que emitem e detectam luz. Como exemplo, dispositivos como diodos emissores de luz (LEDs) e lâmpadas dos mais diversos tipos geram radiação eletromagnética utilizando uma corrente elétrica para excitar elétrons a níveis mais altos de energia. Quando um elétron muda de nível de energia, um fóton é emitido. Em contrapartida, dispositivos detectores de luz, como, por exemplo, fototransistores, convertem radiação eletromagnética em corrente elétrica ou tensão elétrica.

Unidades básicas

Para comparar fontes luminosas, é necessário compreender o significado das principais unidades utilizadas na área, normalmente denominadas unidades radiométricas. São elas:

- **energia radiante** (Q) é a energia que trafega em forma de uma onda eletromagnética, medida em joules (J);
- **fluxo radiante** $\left(\Phi = dQ/dt\right)$ é a razão de transferência de energia radiante, medida em watts (W) (esta unidade muitas vezes é chamada de potência radiante);
- **densidade de fluxo radiante** em uma superfície $\left(M = E = d\Phi/dA\right)$ é o fluxo radiante em uma superfície dividido pela área da superfície;
- cabe observar que, quando emitido por uma superfície, o fluxo radiante é denominado **exitância radiante** (M) cuja unidade é W/m^2; caso contrário, quando o fluxo radiante está incidindo em uma superfície, é denominado **irradiância** (E), cuja unidade é W/m^2 (o termo **intensidade** é proporcional à irradiância);
- **intensidade radiante** $\left(I = d\Phi/d\Omega\right)$ de uma fonte é o fluxo radiante procedente de uma fonte por unidade de ângulo sólido na direção considerada, cuja unidade é W/sr;
- **radiância** $\left(L = d^2\Phi/d\Omega \cdot dA \cdot \cos\theta\right)$, em uma dada direção, é o fluxo radiante originado de um elemento de uma superfície e propagado em direções definidas por um cone elementar contido na dada direção, dividido pelo produto do ângulo sólido do cone e pela área de projeção do elemento de superfície em um plano perpendicular na dada direção, cuja unidade é $W/(m^2 \times sr)$.

É importante ressaltar que todas essas unidades radiométricas apresentam seu equivalente **fotométrico** (parâmetros relacionados à maneira como o olho humano responde à radiação óptica; veja a Figura 9.2). Para completar esta breve introdução das unidades básicas relacionadas a radiometria e fotometria, vamos analisar a Tabela 9.2.

Resumindo, a **radiometria** é a área de medição de qualquer radiação eletromagnética, considerando-se que um instrumento tem uma resposta espectral plana (energia *versus* resposta do comprimento de onda). A área denominada fotometria está relacionada à medição da luz visível, considerando-se que instrumentos (detectores ópticos) apresentam uma resposta espectral aproximadamente semelhante à resposta do olho humano (Figura 9.29).

Algumas fontes não coerentes

Considerando-se o conceito de fonte coerente dado anteriormente, podem-se exemplificar a luz originada pelo Sol e outras de uso comercial — como, por exemplo, fontes incandescentes, lâmpadas de descarga de gás, entre outras — como não coerentes. Como exemplo, segue-se uma breve descrição de algumas lâmpadas bastante utilizadas.

Lâmpada halógena de tungstênio e quartzo (QTH): lâmpada que produz um brilho na faixa visível e do infravermelho. É considerada a fonte incandescente mais comum nos estudos de radiometria e de fotometria e que emite radiação devido à excitação térmica dos átomos ou moléculas. O espectro da radiação emitida é contínuo e aproxima-se do corpo negro (veja o Capítulo 6, Medição de Temperatura, Subseção 6.5.3, no Volume 1). A distribuição espectral e o fluxo radiante total dependem da temperatura, da área e da emissividade.[2] Para esse tipo de lâmpada, a temperatura fica próxima de 3000 K e a emissividade varia em torno de 0,4 na região visível.

[2] Emissividade é a relação entre a emitância de um corpo e a emitância do corpo negro.

TABELA 9.2 Símbolos e unidades padrões para radiometria e seus correspondentes na fotometria

Radiometria	Unidade	Fotometria	Unidade
Energia radiante: Q	J	Energia luminosa	lm × s
Fluxo radiante: Φ	W	Fluxo luminoso	lm
Exitância radiante: M	W/m^2	Exitância luminosa	lm/m^2
Irradiância: E	W/m^2	Iluminância	lm/m^2
Intensidade radiante: I	W/sr	Intensidade luminosa	lm/sr
Radiância: L	$W/(m^2 \times sr)$	Luminância	$lm/(m^2 \times sr)$

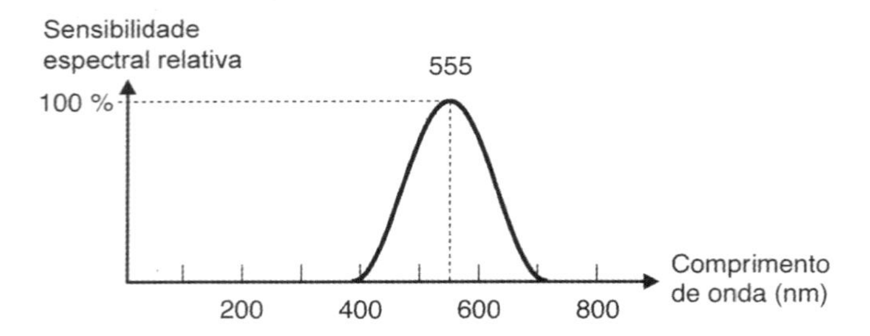

FIGURA 9.29 Resposta espectral do olho humano (resposta máxima em torno de 555 nm).

Lâmpada de descarga de gás: existem dois modelos comerciais, de baixa e de alta pressão. Nessas lâmpadas, uma corrente elétrica passa através de um gás ionizado. As fontes de alta pressão mais comuns são a de xenônio (Xe) e a de mercúrio (Hg), com crescente utilização nos faróis de veículos e na iluminação de ruas e avenidas, respectivamente. As lâmpadas de baixa pressão são utilizadas na calibração do espectro de instrumentos.

A principal fonte coerente

Como salientamos anteriormente, a fonte coerente mais utilizada é o ***laser*** (*light amplification by stimulated emission of radiation*). Aspectos relacionados à construção interna, assim como a diferenças construtivas, dos diversos tipos de *lasers* não serão aqui abordados, por fugirem ao escopo desta obra (consulte referências específicas listadas, sobre esta fonte coerente, no final deste capítulo).

Resumidamente, em sua forma mais comum, um *laser* é um dispositivo que emite luz como um perfeito feixe colimado e monocromático. Seu princípio é a emissão estimulada (Figura 9.30), descrita por

$$h \times f = E_2 - E_1$$

sendo h a constante de Planck ($6{,}6256 \times 10^{-34}$ J × s), f a frequência e $E_2 - E_1$ a diferença de energia dos níveis 2 e 1. Simplificadamente, se um átomo de um nível de energia superior interage com um feixe óptico de frequência f, o átomo é estimulado para um nível de energia inferior. A diferença de energia é emitida em forma de luz.

Existem diversos tipos de *lasers* — alguns comerciais outros em desenvolvimento em fundações ou laboratórios de pesquisa. Alguns *lasers* de uso prático são listados a seguir:

- *laser* a gás: He-Ne, Ar, CO_2, KrF e CO;
- *laser* de estado sólido: Nd:YAG, Nd:YLF e de rubi;
- *laser* semicondutor: *laser* de diodo, azul/ultravioleta, entre outros.

O *laser* a gás He-Ne (normalmente denominado *laser* de He-Ne) é um dos mais utilizados em instrumentação óptica, devido à boa relação custo-benefício. O comprimento de onda (λ) desse tipo de *laser* é de aproximadamente 633 nm, com potência de saída na faixa de 0,1 mW a 50 mW. É utilizado principalmente em sistemas para alinhamento, holografia e medições ópticas. A Figura 9.31 apresenta a estrutura básica de um *laser* de He-Ne.

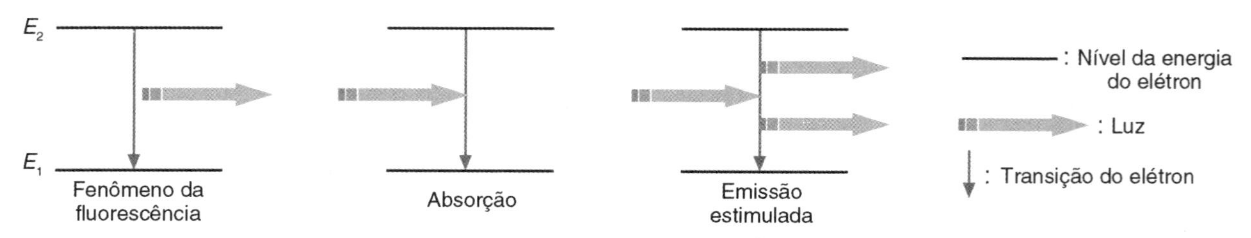

FIGURA 9.30 Princípio da emissão estimulada.

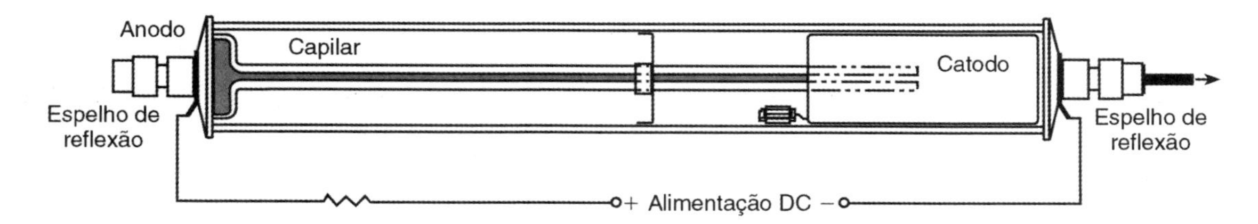

FIGURA 9.31 Esboço simplificado da estrutura interna e das conexões de um *laser* de He-Ne.

Diodo emissor de luz (LED)

Conforme descrição no capítulo introdutório sobre eletrônica (Capítulo 3, no Volume 1), LED são dispositivos similares aos diodos de junção pn, porém desenvolvidos para emitir luz visível (tipicamente nas cores vermelha, amarela, verde, três cores, entre outras) ou infravermelha (utilizada em diversos controles remotos como elemento transmissor, sendo o receptor normalmente um foto-transistor) quando conduzem corrente elétrica. A Figura 9.32 apresenta um esboço simplificado da construção de um LED.

Quando a junção pn é polarizada diretamente, elétrons do lado *n* são direcionados para o lado p, ocorrendo o processo de recombinação, momento em que os fótons são emitidos. Tipicamente essa junção é encapsulada por uma janela ou lente de epóxi dopada com partículas que dispersam luz e um elemento refletor posicionado adequadamente para direcioná-la.

Da mesma forma que os diodos comuns, os LEDs são elementos sensíveis a elevadas correntes elétricas; portanto, é necessária a sua proteção, como exemplifica a Figura 9.33(*a*). Pode-se utilizar um resistor em série com o LED, cujo valor é dependente do LED e da tensão fornecida pela fonte, bastando aplicar a lei de Ohm (para mais detalhes, consulte o Capítulo 3 do Volume 1):

$$R_s = \frac{V_{alim} - V_f}{I_f}$$

em que R_s é o resistor em série com o LED, V_{alim} a tensão de alimentação, I_f a corrente direta através do LED (denominada, nos catálogos dos fabricantes, *forward current*) e V_f a tensão elétrica sobre o LED. A corrente I_f máxima e a tensão elétrica típica V_f são fornecidas pelo fabricante do dispositivo. O circuito da Figura 9.33(*b*) pode ser utilizado para controlar o brilho de um LED.

A Figura 9.34, apenas para exemplificar, apresenta uma aplicação para o LED: uma simples ponteira lógica baseada em um LED.

Cabe observar que existem outros tipos de LEDs, como, por exemplo, o OLED (***organic LED***) e o PLED (***polymeric LED***) baseados, respectivamente, na tecnologia LCD e na tecnologia de polímeros. A qualidade desses dispositivos é superior à dos LEDs comuns, mas não serão abordados aqui por terem ainda aplicações limitadas na área da instrumentação.

9.2.3 Detectores de luz

Princípio da fotocondução e o fotorresistor

Os fotocondutores, quando expostos à luz, aumentam sua condutividade, efeito exibido pela maioria dos semicondutores. A absorção de um fóton resulta em que um elétron livre da banda de valência é direcionado para a banda de condução, gerando uma lacuna na banda de valência. Uma fonte externa de tensão conectada ao material ocasiona o movimento de

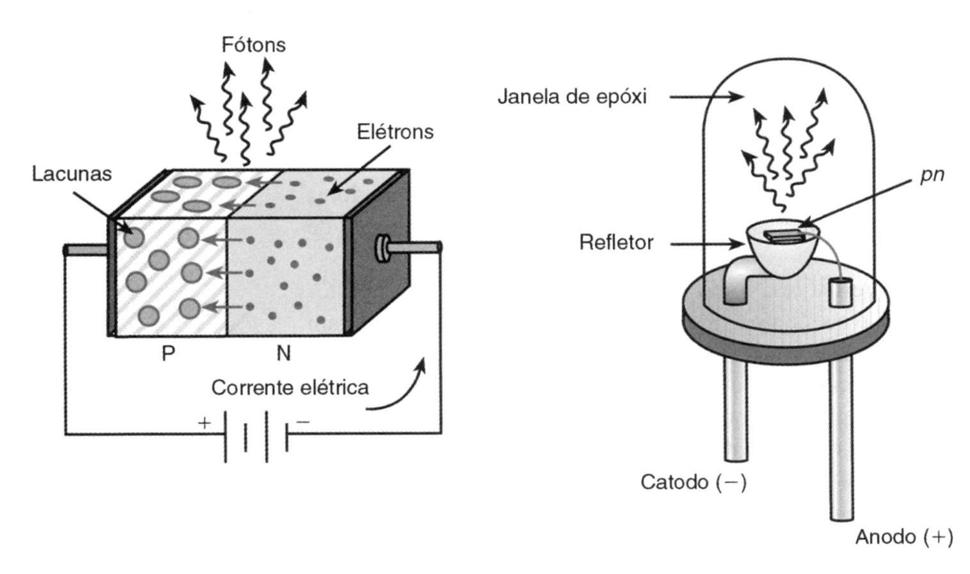

FIGURA 9.32 Esboço de um LED: junção *pn* e estrutura interna simplificada.

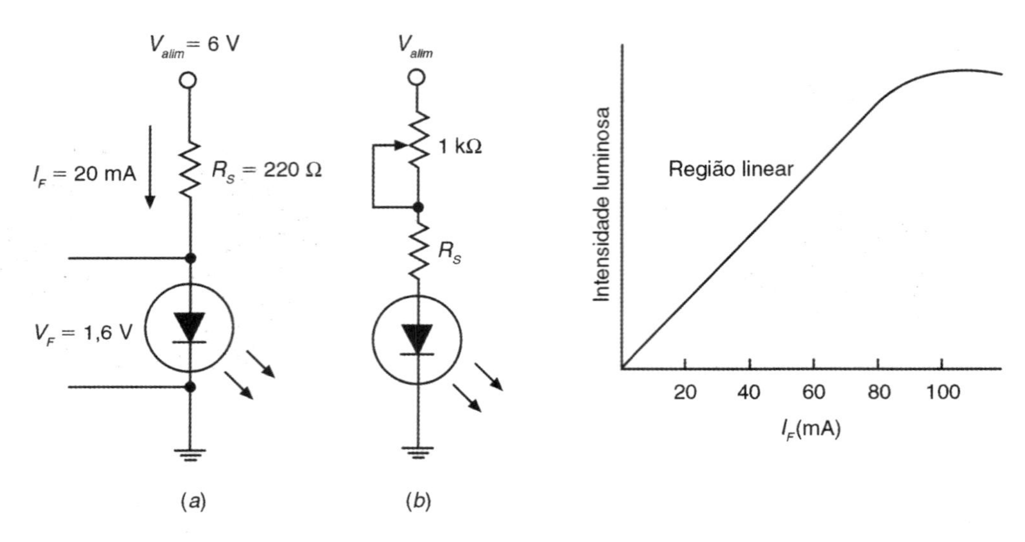

FIGURA 9.33 Típica utilização de um LED: (*a*) resistor em série para redução da corrente e (*b*) potenciômetro em série para controle do brilho e a resposta típica de um determinado LED.

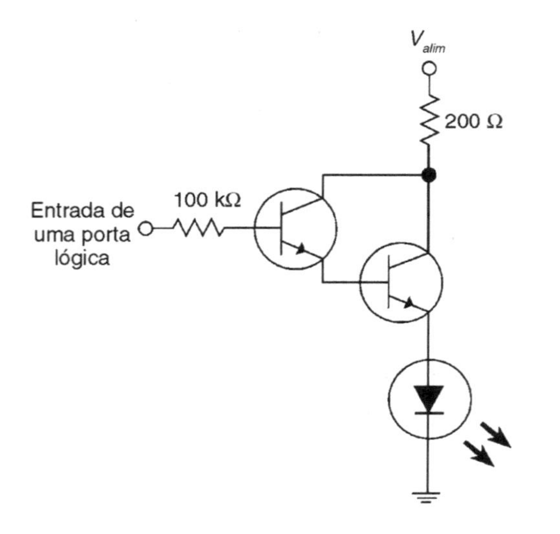

FIGURA 9.34 Aplicação típica de um LED.

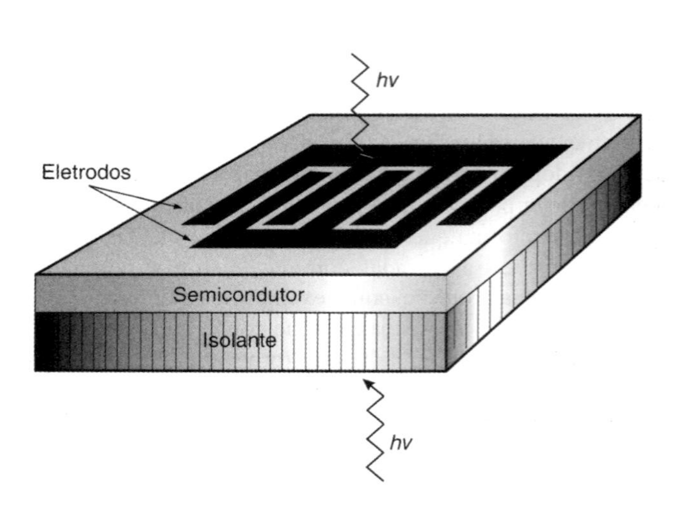

FIGURA 9.35 Esquema de um detector fotocondutor.

elétrons e lacunas, resultando em uma corrente elétrica detectável. A Figura 9.35 apresenta o esquema de um fotocondutor genérico.

Neste componente, a corrente é proporcional ao fluxo de fótons. Materiais do tipo CdS e CdSe são utilizados em sensores de radiação visível de baixo custo (em medidores de luz em câmeras), PbS, InSb e HgCdTe para detecção de infravermelho.

Fotorresistores, como o próprio nome indica, são resistores variáveis controlados pela luz. Tipicamente apresentam resistências elevadas quando no escuro (da ordem de *M*Ω); quando a intensidade da iluminação aumenta, sua resistência diminui significativamente (na faixa de dezenas ou centenas de kΩ). A Figura 9.36 apresenta o símbolo, o esboço interno de um fotorresistor, e a Figura 9.37 mostra a foto de um componente comercial e o circuito elétrico equivalente para detectar a alteração na resistência.

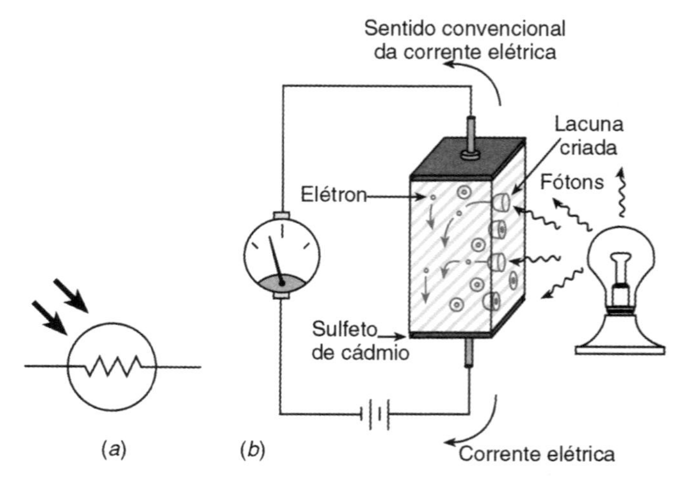

FIGURA 9.36 Fotorresistor: (*a*) símbolo e (*b*) esboço simplificado interno.

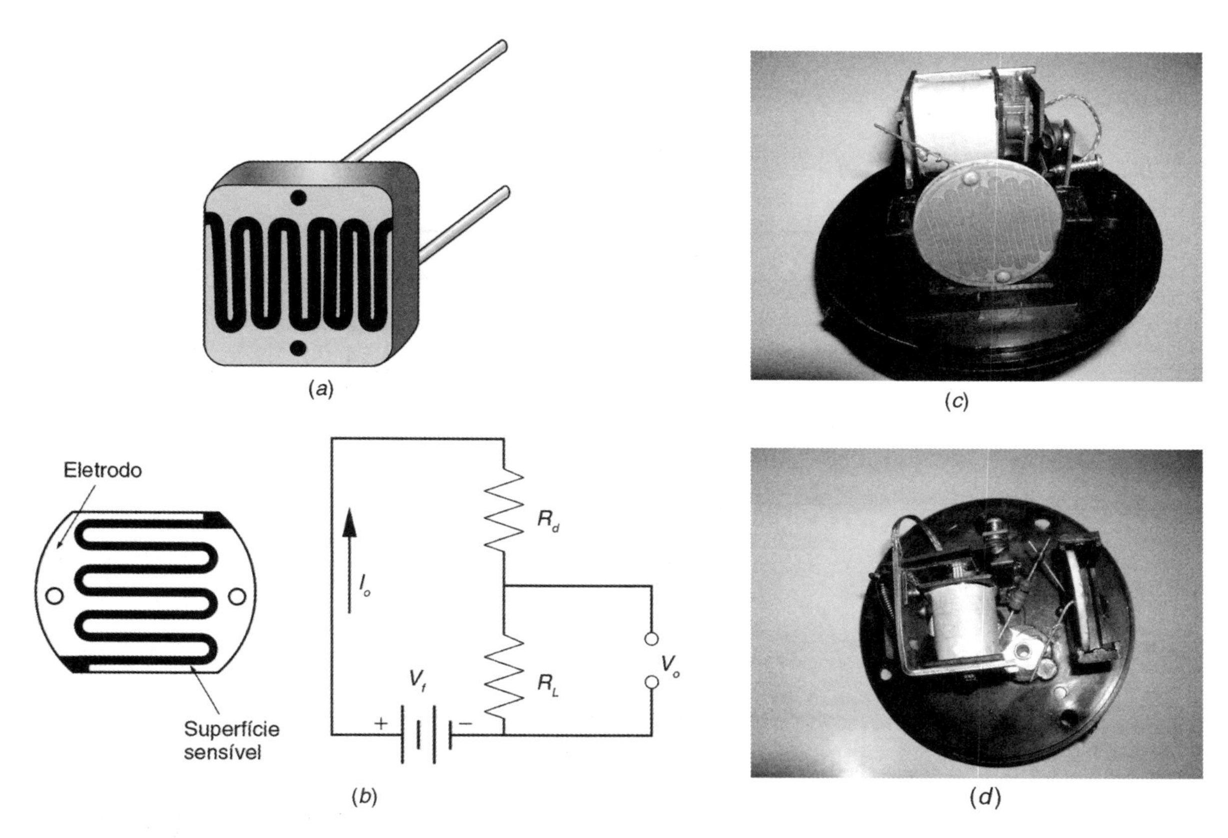

FIGURA 9.37 Fotorresistor (também chamado de célula fotocondutiva): (*a*) símbolo, (*b*) esquema do sensor e circuito elétrico equivalente para detectar a alteração na resistência do fotorresistor, representada no circuito por R_d, (*c*) e (*d*) fotos de uma fotocélula com fotorresistor em detalhe.

Os fotorresistores são feitos de um tipo de cristal semicondutor, entre eles o sulfeto de cádmio — CdS (boa resposta à radiação eletromagnética de comprimento de onda de 400 nm a 800 nm) e o sulfeto de chumbo (boa resposta à radiação infravermelha).

Simplificadamente, quando esse dispositivo é iluminado, a incidência de fótons ocasiona a colisão com elétrons, criando lacunas no processo. Portanto, a liberação desses elétrons contribui para o fluxo de corrente através do dispositivo, reduzindo, portanto, sua resistência.

Portanto, quando o fotorresistor é colocado em um ambiente escuro, sua resistência é alta e uma pequena corrente é produzida. Porém, quando exposto à luz, sua resistência diminui significativamente, produzindo uma corrente maior (a razão típica, em relação à resistência, para componentes comerciais, é de 100 para 10.000). A sensibilidade desse dispositivo depende da área exposta à luz, do tipo de material que forma a célula, da potência de dissipação e da fonte de alimentação do circuito condicionador.

Fotodiodos

Detector do tipo fotodiodo (sensor semicondutor óptico) é uma estrutura em junção *pn* na qual os fótons absorvidos geram elétrons e lacunas. Materiais do tipo InGaAs e InGaAsP são amplamente utilizados na fabricação desses componentes. A Figura 9.38 apresenta a estrutura e a foto de um fotodiodo. No fotodiodo, a energia do fóton (E_f) deve ser maior ou igual à energia da banda proibida (E_h), ou seja,

$$E_f \geqslant E_h$$

Sendo assim, o fotodiodo apresenta um limite na sua resposta. Como E_f é dada por

$$E_f = h\nu,$$

em que h representa a constante de Planck ($6{,}62 \cdot 10^{-34}$ Js) e ν a frequência, o comprimento de onda da luz incidente deve ser menor do que um certo valor que é certo pela E_h do semicondutor. Este comprimento de onda recebe o nome de comprimento de onda máximo ou de corte e é dado por

$$\lambda_h(\text{nm}) = \frac{1240}{E_h}$$

A Tabela 9.3 apresenta valores para E_h e λ_h para alguns semicondutores.

Como exemplo, a Figura 9.39 apresenta a atenuação da luz incidente em um fotodiodo em função da penetração de luz no mesmo.

Portanto, quando a luz incide na superfície do fotodiodo, sua intensidade diminui exponencialmente à medida que atravessa segundo a relação:

$$I(x) = I_0 \cdot e^{-\alpha x},$$

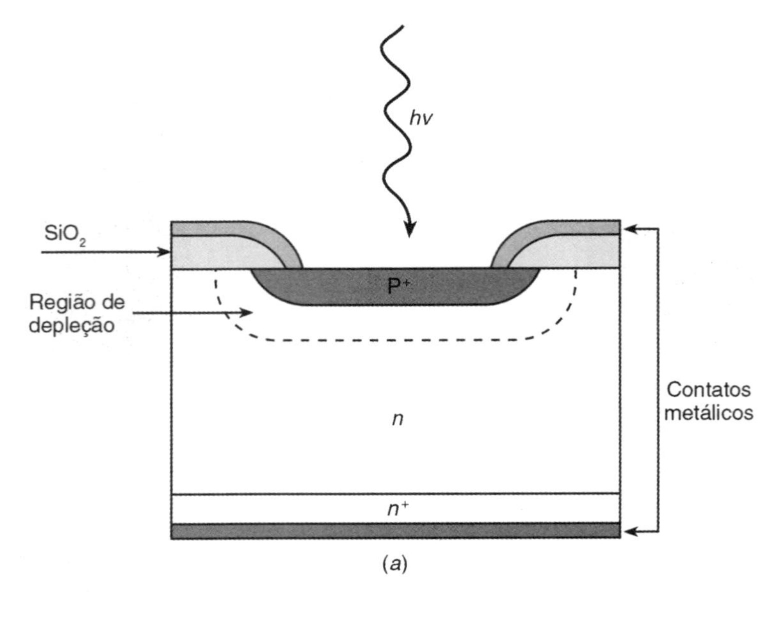

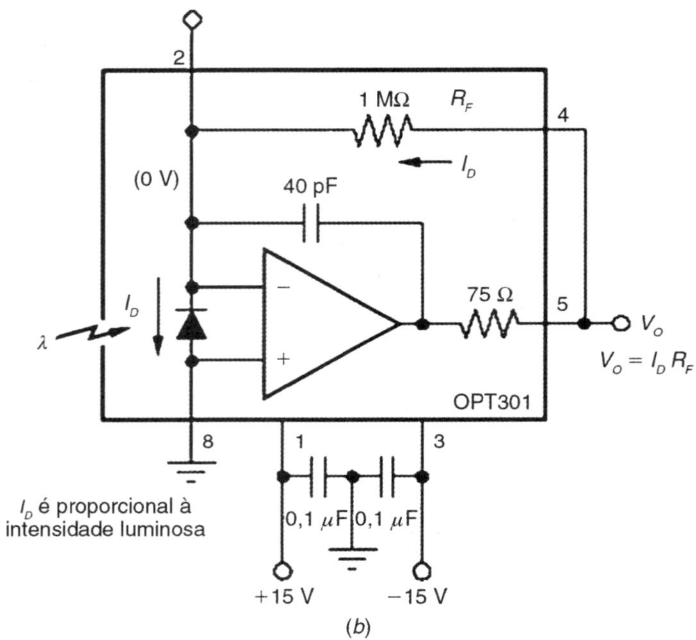

FIGURA 9.38 Fotodiodo: (*a*) estrutura típica e (*b*) diagrama elétrico básico.

TABELA 9.3 Energia da banda proibida e comprimento de onda de corte para alguns semicondutores

Semicondutor	Energia da banda proibida (E_h(eV))	Comprimento de onda de corte (λ_h(nm))
Si	1,12	1100
Ge	0,66	1870
InGaAsP	0,89	1400
InGaAs	0,75	1650

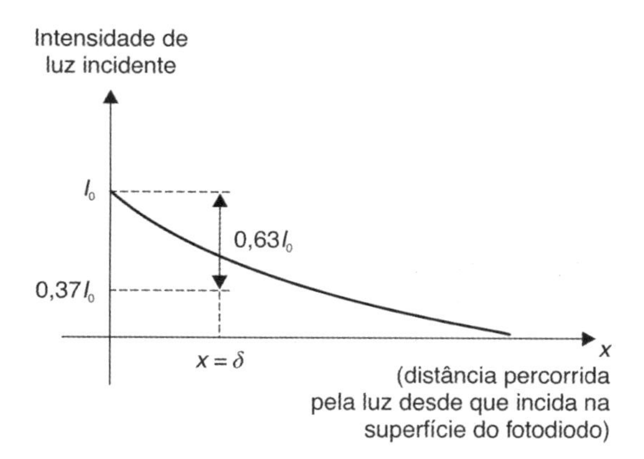

FIGURA 9.39 Relação entre a intensidade de luz incidente e a distância percorrida pela luz desde que incida na superfície do fotodiodo (o parâmetro $d = 1/a$, chamado de coeficiente de penetração, indica a distância que a intensidade da luz diminui 63 % do valor inicial de intensidade I_0, ou seja, é o inverso do coeficiente de absorção, a, que é dependente do material semicondutor).

sendo I_0 a intensidade da luz incidente, α o coeficiente de absorção que depende do material semicondutor e x a distância percorrida pela luz desde que incida na superfície do fotodiodo. A profundidade de penetração da luz no material semicondutor depende do tipo de material e do comprimento de onda da luz. A Figura 9.40(*a*) ilustra a resposta típica desse dispositivo em função de vários níveis de iluminação.

O fotodiodo OPT301, da Texas Instruments Inc., é um componente comercial que agrega um fotodiodo e um amplificador com entrada FET [Figura 9.38(*c*)]. Apresenta uma ampla faixa de aplicações, destacando-se instrumentação biomédica e detector de posição e proximidade, entre outras. A tensão de saída desse componente é produto da corrente produzida pelo fotodiodo (I_D) *versus* a resistência interna de realimentação (R_f): $V_O = R_f \times I_D$, cuja resposta é de aproximadamente $0{,}45\, ^{V}\!/_{\mu W}$ no comprimento de onda de 650 nm (para mais detalhes de como alterar a resposta desse componente, assim como outras configurações possíveis de uso, consulte o catálogo do fabricante).

Um dos fotodiodos mais famosos é o Barreira-Schottky, cujo material é sensível a comprimentos de onda do ultravioleta ao infravermelho (podem ser utilizados como componentes de um CCD). Fotodiodos são dispositivos semicondutores que, na maioria das aplicações, geram uma corrente ou tensão elétrica quando expostos à luz. O fotodiodo semicondutor pode ser utilizado como um fotocondutor (alteração da sua resistência), conforme ilustra a Figura 9.40(*b*), ou como um dispositivo fotovoltaico (uma fonte de tensão), ilustrado na Figura 9.40(*c*), dependendo do circuito externo.

Quando a junção *pn* do fotodiodo é iluminada e uma conexão é realizada de ambos os lados dessa junção, como se vê na Figura 9.40(*b*), sem nenhuma fonte de tensão externa, é gerada uma corrente elétrica proporcional à intensidade luminosa incidente (este é o efeito fotovoltaico utilizado em células solares para converter luz em tensão elétrica). Se o fotodiodo é configurado tal como mostra a Figura 9.40(*c*) e sua junção *pn* é iluminada, é gerada uma corrente elétrica composta de duas partes: uma corrente causada pela polarização reversa (permanece constante) e uma corrente (denominada fotocorrente) que varia linearmente com a intensidade da luz incidente. A escolha da configuração depende essencialmente da resposta em frequência desejada no sistema de medição. Para intensidade luminosa de baixa frequência (menor do que 100 kHz), deve ser utilizada a configuração da Figura 9.40(*b*); caso contrário, para medições de pulsos de luz de alta velocidade ou na modulação de alta frequência de feixe contínuo de luz, deve-se utilizar a configuração da Figura 9.40(*c*). Os fotodiodos podem ser utilizados com amplificadores operacionais fornecendo uma excelente resposta, como, por exemplo, os típicos condicionadores apresentados nas Figuras 9.40(*d*) e 9.40(*e*).

No modo fotovoltaico, sua capacitância pode limitar o tempo de resposta do circuito. Durante a operação com uma carga resistiva [Figura 9.40(*d*)], um fotodiodo exibe um comprimento de onda limitado principalmente por sua capacitância interna (indicada nesse circuito por C_j).

Os fotodiodos comerciais geralmente podem ser utilizados até 100 MHz e são capazes de medir a intensidade luminosa de pulsos de luz com intervalos em torno de 3 ns a 12 ns.

Além disso, os fabricantes apresentam diversas outras características que devem ser levadas em consideração em um projeto, como, por exemplo,

Superfície ou área ativa: área do semicondutor que é exposta à luz — valores típicos de 0,1 mm^2 até 100 mm^2;

Sensibilidade: relação entre a fotocorrente gerada e a potência da luz incidente;

Capacitância do fotodiodo (C): representa a soma da capacitância de transição mais a capacitância parasita entre os terminais do fotodiodo devido a seu encapsulamento. Parâmetro muito importante para determinar a velocidade de resposta do fotodiodo — valores típicos na ordem de pF a nF.

Alguns exemplos de circuitos de condicionamento são apresentados na Figura 9.40. Porém é importante ressaltar que existem diversas maneiras para condicionar um fotodiodo, mas uma das mais utilizadas é a medição da corrente que circula pelo fotodiodo submetido à tensão nula (em curto-circuito) ou a utilização dos conversores corrente-tensão ou conversor I-V [também chamados de amplificadores de transimpedância, conforme exemplo da Figura 9.40(*f*)]. As Figuras 9.41 e 9.42 apresentam o condicionamento de um fotodiodo através de um conversor I-V.

A Figura 9.43 apresenta um amplificador I-V com uma resistência na entrada não inversora do amplificador operacional, com o objetivo de reduzir os erros originados das correntes de polarização, e um capacitor em paralelo para limitar o ruído ocasionado por essa resistência.

Muitos circuitos condicionadores para fotodiodos apresentam-se instáveis devido principalmente à capacitância (C) do fotodiodo. Nessas situações é interessante colocar um capacitor (C_L) na realimentação do amplificador operacional para

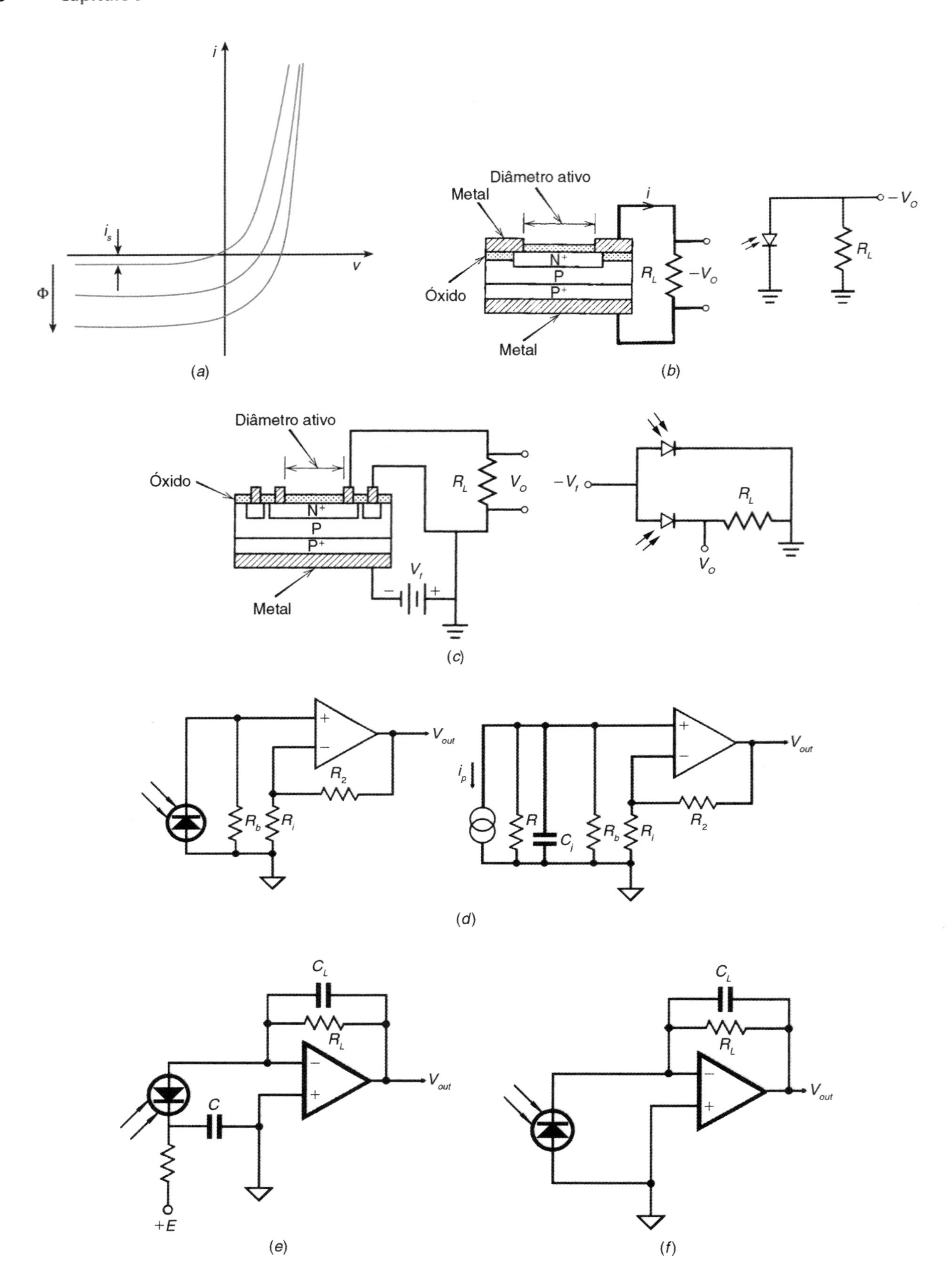

FIGURA 9.40 Fotodiodo: (*a*) resposta característica (tensão elétrica *versus* corrente elétrica) para vários níveis de iluminação (Φ), (*b*) modo fotovoltaico, (*c*) modo fotocondutivo, (*d*) condicionador modo fotovoltaico, (*e*) condicionador modo fotocondutivo e (*f*) conversor corrente em tensão.

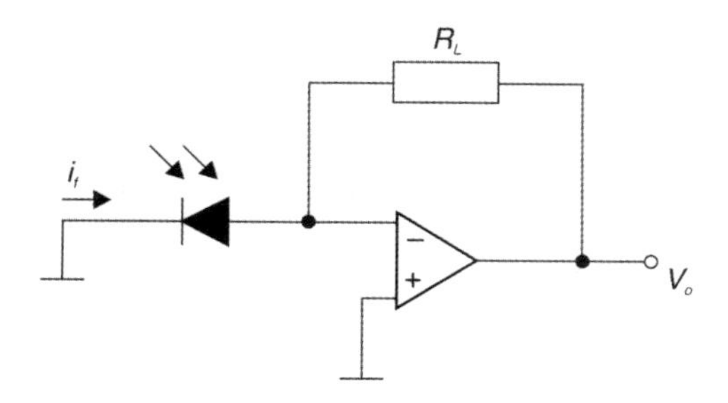

FIGURA 9.41 Condicionador comumente utilizado para medir a fotocorrente gerada em um fotodiodo à tensão nula — observe que os terminais do fotodiodo podem ser invertidos para que a tensão de saída seja positiva, neste caso, $V_o = -R_L i_f$.

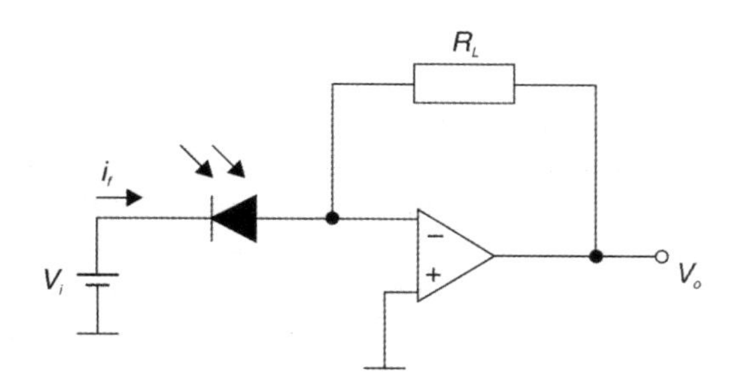

FIGURA 9.42 Condicionador para medir a fotocorrente com o fotodiodo submetido a uma tensão inversa V_i, $V_o = -R_L i_f$; neste caso, a inversão dos terminais do fotodiodo obrigaria a aplicar uma tensão inversa V_i negativa.

adicionar um polo na curva ganho *versus* frequência do correspondente circuito. A Figura 9.44 apresenta esta solução.

Para minimizar as capacitâncias parasitas na realimentação do sistema devido à resistência dos terminais do ampop, é muito comum a utilização de associação de resistências em série, como representado na Figura 9.45.

Fototransistores

Resumidamente, um fotodiodo converte fótons em portadores de carga (par elétron-coluna). Os fototransistores realizam a mesma operação, adicionando ganho de corrente e, por isso, apresentando maior sensibilidade. Sendo assim, fototransistores são dispositivos $p - n - p$ em que a corrente no coletor é proporcional à radiação incidente. As bandas de energia para o foto-transistor são mostradas na Figura 9.46(*a*), cuja sensibilidade é função da eficiência da junção base-coletor e também do ganho de corrente DC do transistor. A característica entre a corrente do coletor *versus* a tensão de coletor é bastante semelhante à dos transistores bipolares convencionais (veja, no Capítulo 3, no Volume 1 desta obra, uma revisão de eletrônica). Sendo assim, um fototransistor pode ser implementado por meio dos métodos usualmente empregados na fabricação de transistores, exceto quanto ao fato de que sua base deve ser usada como entrada de uma corrente fotoinduzida. Quando a base do transistor está flutuante, este pode ser representado pelo circuito equivalente da Figura 9.46(*b*), no qual os dois capacitores C_c e C_e representam as capacitâncias base-coletor e base-emissor, que são fatores limitantes em relação à velocidade de resposta desse dispositivo. A frequência máxima de resposta do fototransistor pode ser dada aproximadamente por

$$f_1 \cong \frac{g_m}{2\pi C_e}$$

em que f_1 é a frequência e g_m é a transcondutância do transistor.

Cabe observar que, quando um detector de alta sensibilidade for necessário e se o tempo de resposta do mesmo não for significativo, um detector do tipo Darlington poderá ser utilizado. Fotodarlingtons são fototransistores seguidos por um estágio amplificador, ou seja, composto de um fototransistor cujo emissor é acoplado à base de um transistor bipolar — portanto, seu ganho em corrente é igual ao produto dos ganhos em corrente dos dois transistores. Existem diversos outros detectores, como, por exemplo, os foto-FET, que são transistores de efeito de campo em que a corrente de saída é proporcional à radiação incidente.

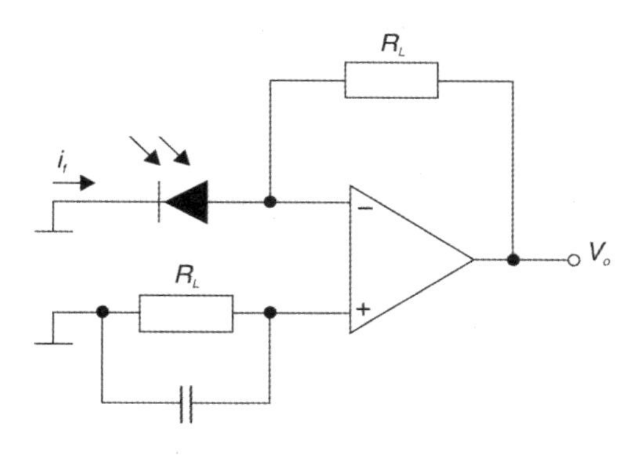

FIGURA 9.43 Amplificador I-V: $V_o = -R_L i_f$.

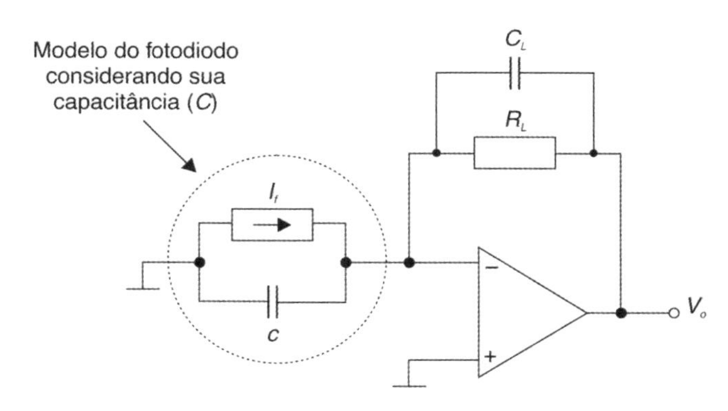

FIGURA 9.44 Condicionador com acréscimo do capacitor (C_L) na realimentação do amplificador operacional para minimizar a instabilidade do circuito devido à capacitância intrínseca do fotodiodo.

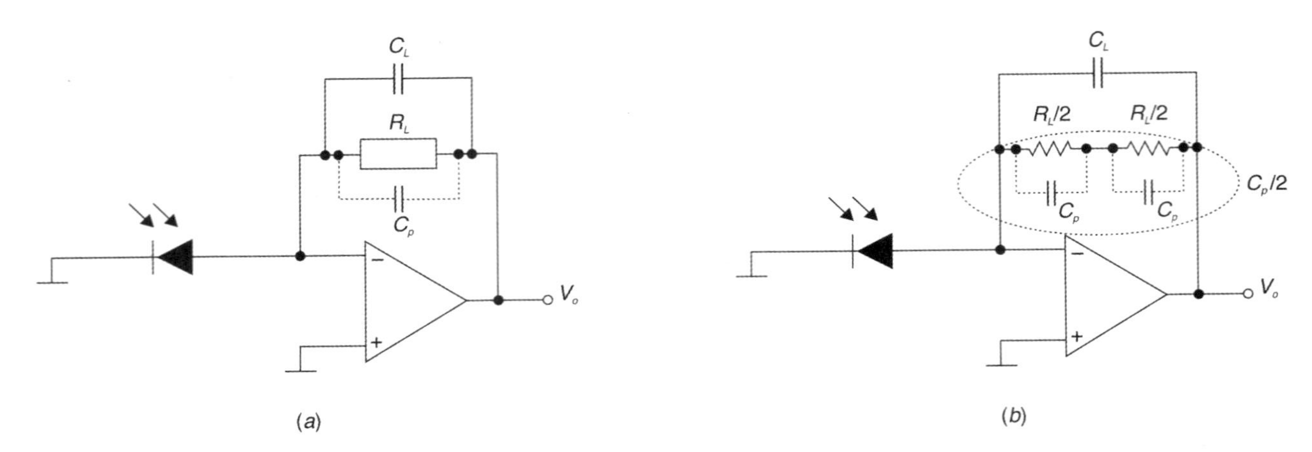

FIGURA 9.45 (*a*) Capacitância parasita (C_p) na realimentação devido à resistência dos terminais do amplificador operacional; e (*b*) técnica para redução das capacitâncias parasitas mediante associação de resistências em série.

A Figura 9.47 mostra, como exemplo, a curva característica para o fototransistor BPW16N. Essa curva apresenta a relação entre a corrente de coletor e a tensão emissor-coletor (V_{CE}) em função da potência irradiada na superfície do fototransistor.

Como citado anteriormente, a grande vantagem do fototransistor quando comparado ao fotodiodo é seu ganho. Devido às suas limitações, como maior dependência com a temperatura, menor linearidade e maior tempo de resposta quando comparado ao fotodiodo, sua faixa de utilização é menor. Normalmente, é utilizado em sistema *on-off*, como em alguns sistemas de detecção de nível, em aplicações digitais caracterizadas por trabalhar nas situações de corte (incidência de luz) e saturação (não incidência de luz). Como exemplo, a Figura 9.48 apresenta dois exemplos de simples condicionamento para o fototransistor.

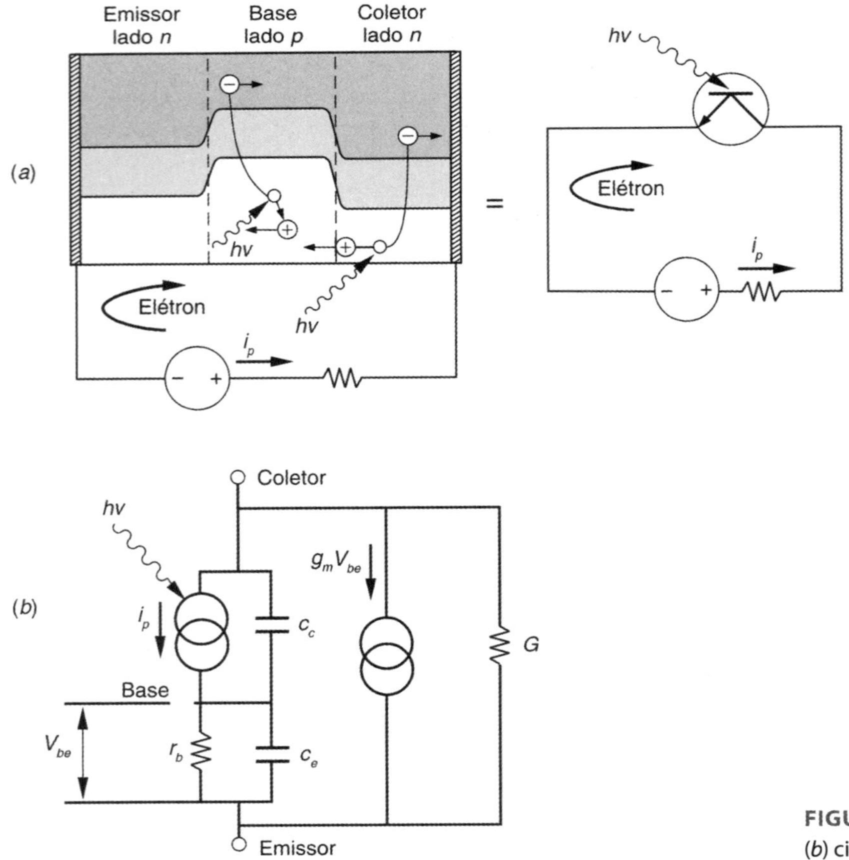

FIGURA 9.46 Fototransistor: (*a*) bandas de energia e (*b*) circuito equivalente.

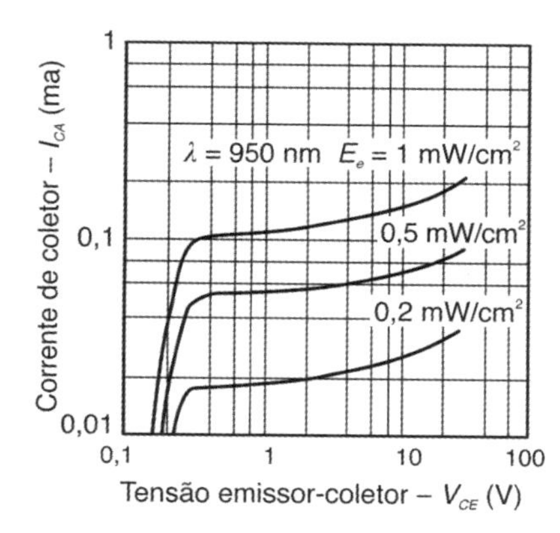

FIGURA 9.47 Curva característica do fototransistor BPW16N para comprimento de onda de 950 nm. (Cortesia da Vishay Intertechnology, Inc.)

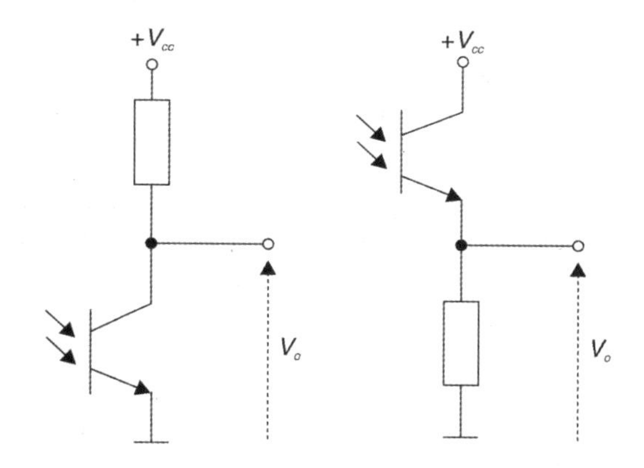

FIGURA 9.48 Exemplo de simples condicionamento para fototransistores.

Típicas aplicações para fotodiodos ou fototransistores

A Figura 9.49 apresenta um diagrama de blocos que representa um sistema genérico de instrumentação óptica e seus principais componentes: um modulador, uma fonte de luz (por exemplo, um LED), um filtro (para definir o(s) comprimento(s) de onda de interesse), um detector óptico (por exemplo, um fotodiodo ou fototransistor), um condicionador (por exemplo, um conversor corrente-tensão), um filtro e um demodulador.

A possibilidade de aplicações com fotodiodos e fototransistores é extensa, mas pode-se citar como preponderantes aplicações, no meio industrial, em sistemas de segurança, em sistemas automotivos e em laboratórios de análises clínicas. Por exemplo:

- detectores de proximidade;
- detectores de posição;
- detectores de cores;
- detectores de fumaça;
- detectores de chuva em automóveis;
- uso em equipamentos, como os medidores de turbidez ou partículas sólidas;
- uso em equipamentos utilizados em instrumentação analítica, como equipamentos baseados em fluorescência, colorimetria e bioluminiscência;
- sistemas de comunicação por fibras ópticas;
- entre outros.

A Figura 9.50 apresenta algumas arquiteturas de detectores de proximidade que utilizam tipicamente como detector um fotodiodo e, como fonte luminosa, um LED ou um *laser*.

Como exemplo de detector de posição (também pode detectar velocidade ou sentido de giro, dependendo da configuração do sistema), por meios ópticos, podem-se citar os *encoders*, ou codificadores ópticos, como também são chamados. A Figura 9.51 apresenta o esboço de parte do disco de um *encoder* com a correspondente fonte luminosa (LED ou *laser*) e o fotodetector (fotodiodo). A medida de posição poderia ser realizada mediante a contagem do número de pulsos utilizando como base um sinal de referência do *encoder* (como, por exemplo, a referência determinada mediante uma ranhura adicional — chamada também de ranhura índice —, cujo passo pode ser detectado através de outro fotodetector). A medida de velocidade pode ser realizada com a medida da frequência do sinal recebido pelo fotodetector. Para caracterizar o sentido do giro, baseado no *encoder*, basta posicionar dois fotodetectores um ao lado do outro de forma precisa, permitindo que, quando um dos fotodetectores estiver situado em

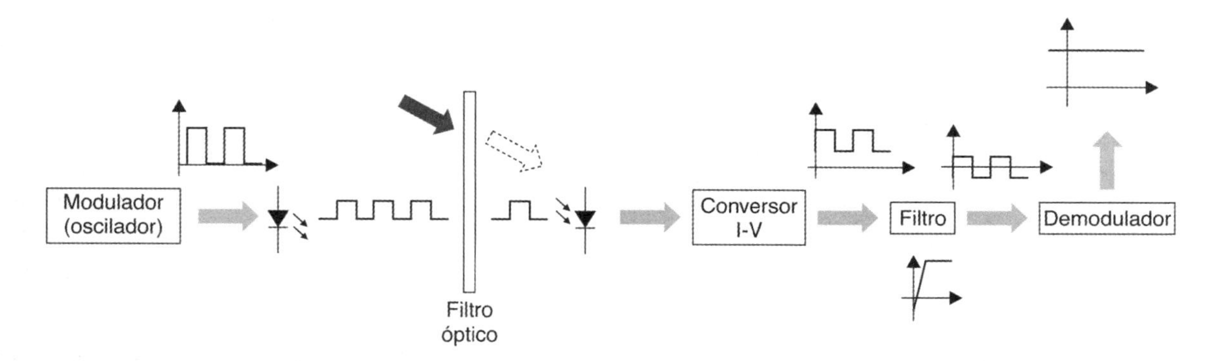

FIGURA 9.49 Diagrama de blocos para um sistema de instrumentação óptico genérico.

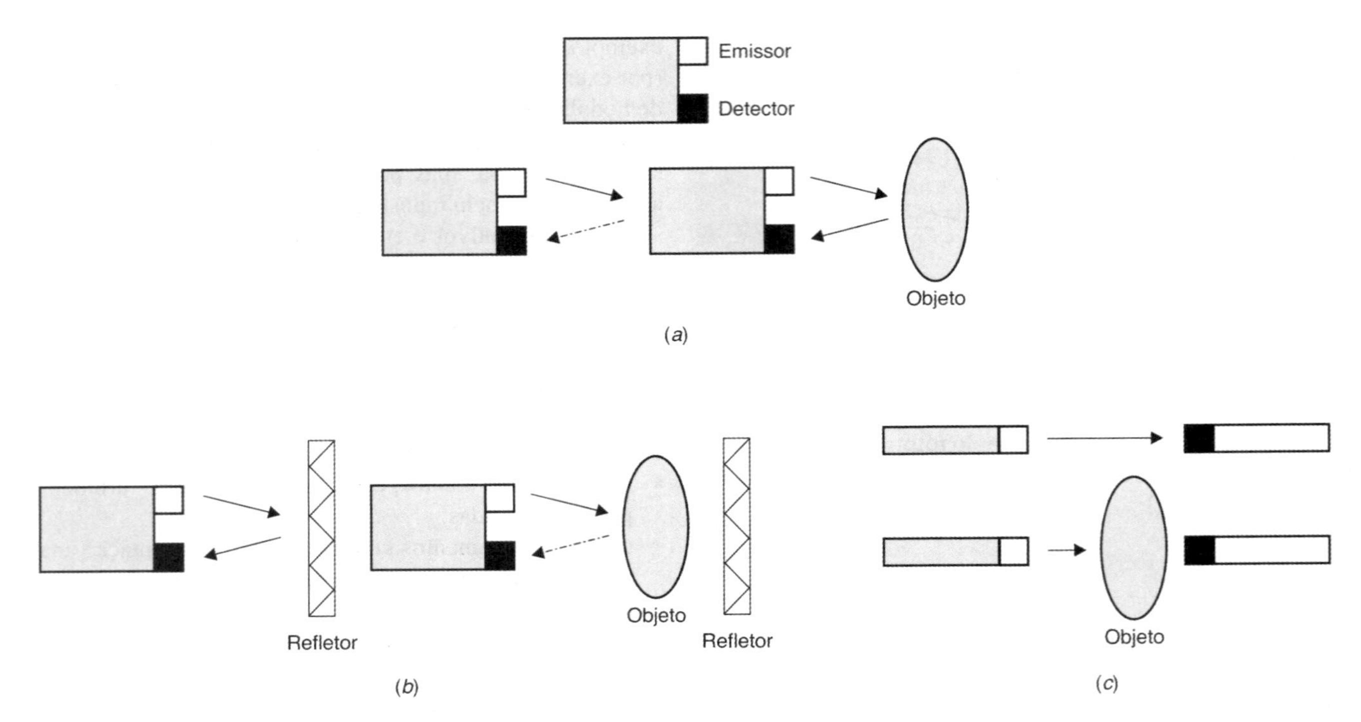

FIGURA 9.50 Principais arquiteturas para detectores de proximidade fotoelétricos por reflexão (tipicamente a fonte de luz é um LED): (*a*) reflexão difusa: a luz incide sobre o objeto e é refletida; (*b*) retrorreflexão: a luz incide sobre um espelho e, se existir objeto, o feixe é interceptado; e (*c*) a luz incide diretamente sobre o fotodetector e, se existir um objeto, o feixe é interceptado.

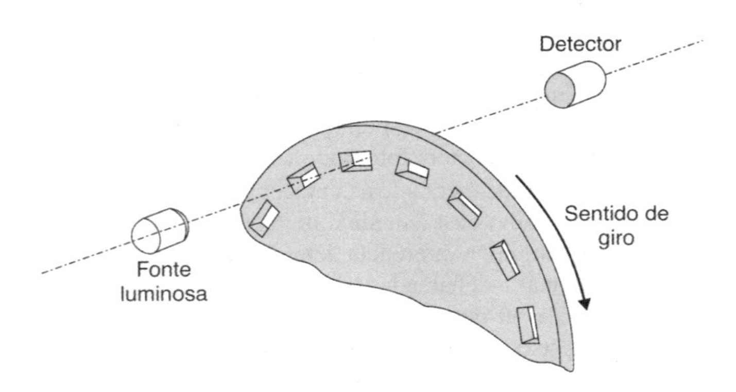

FIGURA 9.51 Esboço de parte do disco de um *encoder*.

frente a uma das ranhuras do *encoder*, o outro esteja tapado por essa ranhura — a sequência dos dois detectores permitirá determinar para qual sentido o *encoder* está girando.

Detectores de cores são muito utilizados principalmente em processos industriais de inspeção e de controle de qualidade. Existem diversos tipos de sensores para esse tipo de aplicação, mas o mais utilizado é o LED de três cores básicas: azul, vermelho e verde (cor RGB). Para exemplificar, a Figura 9.52 mostra a foto de um LED RGB modelo VLMRGB343-ST-UV-RS da Vishay e sua correspondente resposta espectral. Tipicamente o LED é direcionado ao objeto de interesse, e cada uma de suas cores é acionada de forma sequencial. O fotodetector recebe a luz refletida do objeto, e, dependendo do comprimento de onda recebido, é possível determinar, por exemplo, a cor do objeto de interesse ou a graduação de cores.

A Figura 9.53 apresenta um esboço possível de um sistema para detectar fumaça. Esse sistema normalmente consiste em uma fonte luminosa (tipicamente um LED) e um fotodetector na configuração 90° em um recipiente ou uma tubulação apropriada. Na ausência de fumaça, a luz emitida pelo LED não incide no fotodetector, e, na presença de fumaça, a luz dispersa incide no fotodetector — tipicamente um sistema *on-off*. Esse sinal booliano pode ser a entrada de um sistema de alarme. Alguns equipamentos mais simples para medir a quantidade de particulados ou turbidez da água (parâmetro característico da qualidade de água) empregam também o princípio utilizado no detector de fumaça.

CCD

Um CCD (*charge coupled device,* ou sensor de acoplamento de cargas) essencialmente é formado por uma série de capacitores semicondutores de óxido metálico (MOS). A Figura 9.54(*a*) mostra o esboço da estrutura interna de um capacitor da família MOS.

Um substrato semicondutor de silício tipo *p* é coberto com óxido de silício, isolando o substrato de silício dos eletrodos metálicos. Quando uma tensão positiva é aplicada entre o eletrodo e o substrato de silício, os portadores minoritários (lacunas no silício do tipo *p*) são repelidos da interface entre o semicondutor e o isolante, criando uma região livre de portadores móveis (região denominada depleção). Os eletrodos metálicos são transparentes a comprimentos de onda maiores do que 400 nm. Se um fóton incidente tem energia maior que a banda *gap* no Si, é criado um par elétron-lacuna

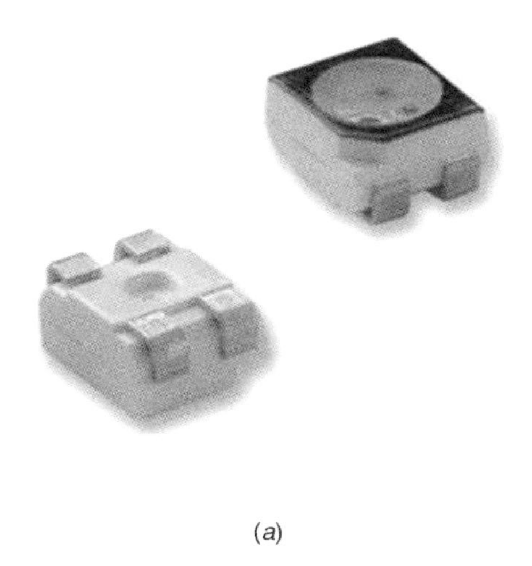
(a)

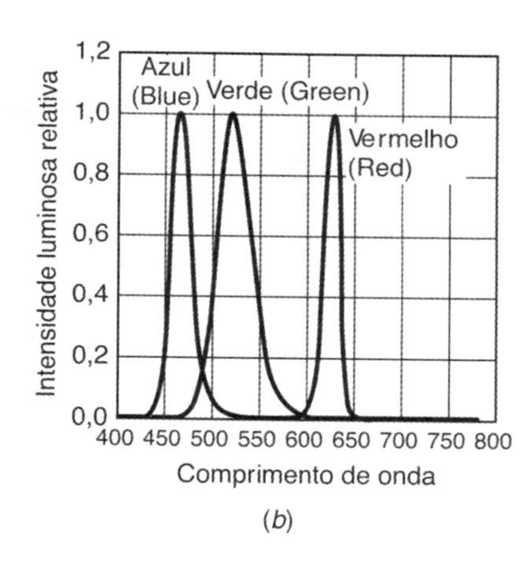

(b)

FIGURA 9.52 (a) Foto de um LED RGB e (b) resposta espectral deste sensor. (Cortesia da Vishay Intertechnology, Inc.)

no semicondutor. Quando esse fenômeno ocorre próximo da região de depleção, o elétron gerado é atraído. A quantidade de elétrons retidos (carga) é proporcional à iluminação desse ponto da imagem. Posteriormente, o potencial dos eletrodos é alterado para os elétrons (carga elétrica) serem transferidos da região de imagem para a região de armazenamento. Nesse momento as cargas são lidas linha a linha de modo a fornecer o sinal elétrico da imagem.

Portanto, quando os fótons (partículas elementares da luz) passam através da objetiva da máquina fotográfica digital ou da câmera de vídeo, incidem na superfície do sensor CCD, e sua energia (intensidade luminosa) é convertida em um par elétron-lacuna, e, se a energia dos elétrons for suficiente, atravessam a banda de valência para a banda de condução. Para esse processo ocorrer, é necessário que os fótons apresentem uma energia suficiente ou superior a 1 eV e que seu comprimento de onda seja inferior a 1 μm. Após o depósito dessa energia no substrato, as cargas negativas (elétrons) são separadas, por meio de um campo elétrico aplicado através do substrato, gerando, portanto, elétrons livres e lacunas absorvidas pelo substrato. A Figura 9.54(*b*) apresenta dois tipos de célula CCD fotossensível. Na figura da esquerda, encontra-se uma junção *np* de um fotodiodo, e, na figura da direita, vê-se uma junção *np* controlada por tensão elétrica (capacitor MOS) — ambas sobre um substrato do tipo *p*. A separação dos pares elétron-lacuna é realizada pelo campo elétrico aplicado na junção *np*. Se a intensidade do campo elétrico diminui, a capacitância do capacitor também diminui e a densidade de cargas elétricas aumenta, ou seja, a sensibilidade do sensor pode ser ajustada através do potencial elétrico.

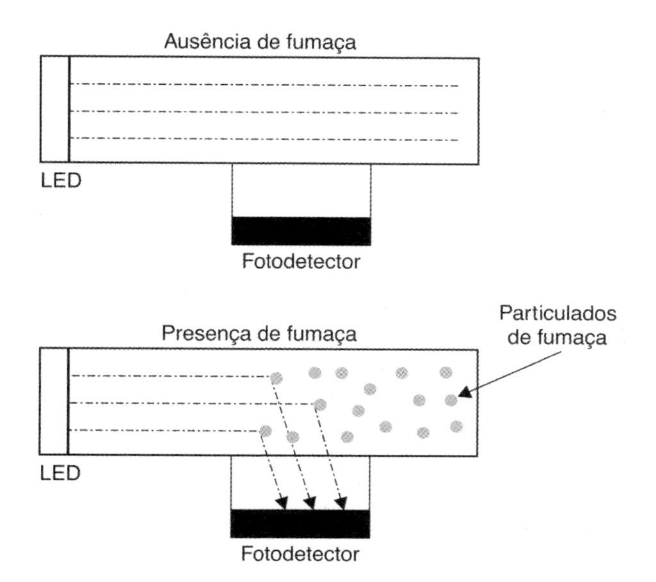

FIGURA 9.53 Esboço de um detector de fumaça utilizando uma fonte luminosa e um fotodetector.

Posteriormente, ocorre o transporte dos pacotes de elétrons retidos nas várias células de imagem (*pixels*) para a saída do sensor CCD. Normalmente são utilizados dois métodos para realizar essa transferência: interruptores do tipo MOS controlados por uma linha de leitura ou por meio de um dispositivo de deslocamento (registrador de deslocamento), como se vê na Figura 9.55. No caso de um registrador de deslocamento, as cargas são movimentadas por aplicação de campos que atraem as mesmas até o acesso de leitura. A maioria dos sensores CCD é fabricada com tecnologia MOS, ou com tecnologia CMOS, por ser esta utilizada na maioria dos circuitos integrados, por causa da redução do custo de produção e devido a outras características, tais como endereçamento individual de *pixels*, aumento progressivo da quantidade de células diretamente relacionadas à resolução da imagem, sensores lineares e pela possibilidade de integrar a fotocélula a seu próprio amplificador, sua memória e seus circuitos de compensação (o que possibilita o uso em ambientes de fraca iluminação).

Filme fotográfico

Considerado um padrão para comparação com muitos outros tipos de detectores quanto à sensibilidade e resolução, o filme fotográfico consiste em uma ou mais emulsões sensíveis à luz

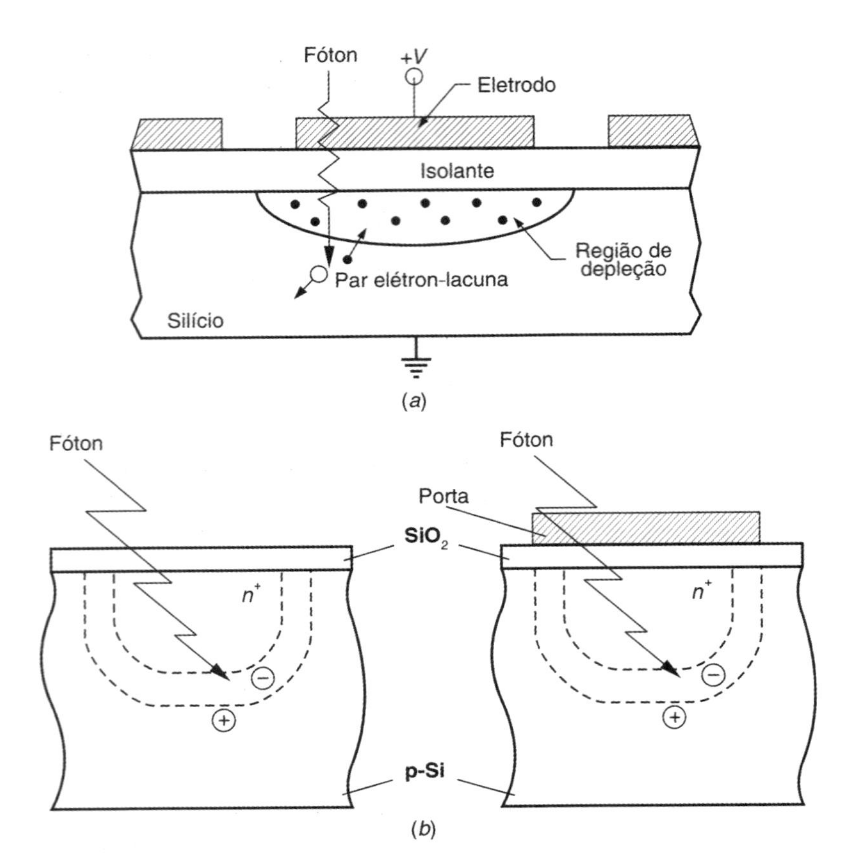

FIGURA 9.54 CCD: (*a*) estrutura típica de um capacitor MOS e dois modelos de uma célula CCD; (*b*) junção *np*-fotodiodo e junção *np* controlada por tensão elétrica.

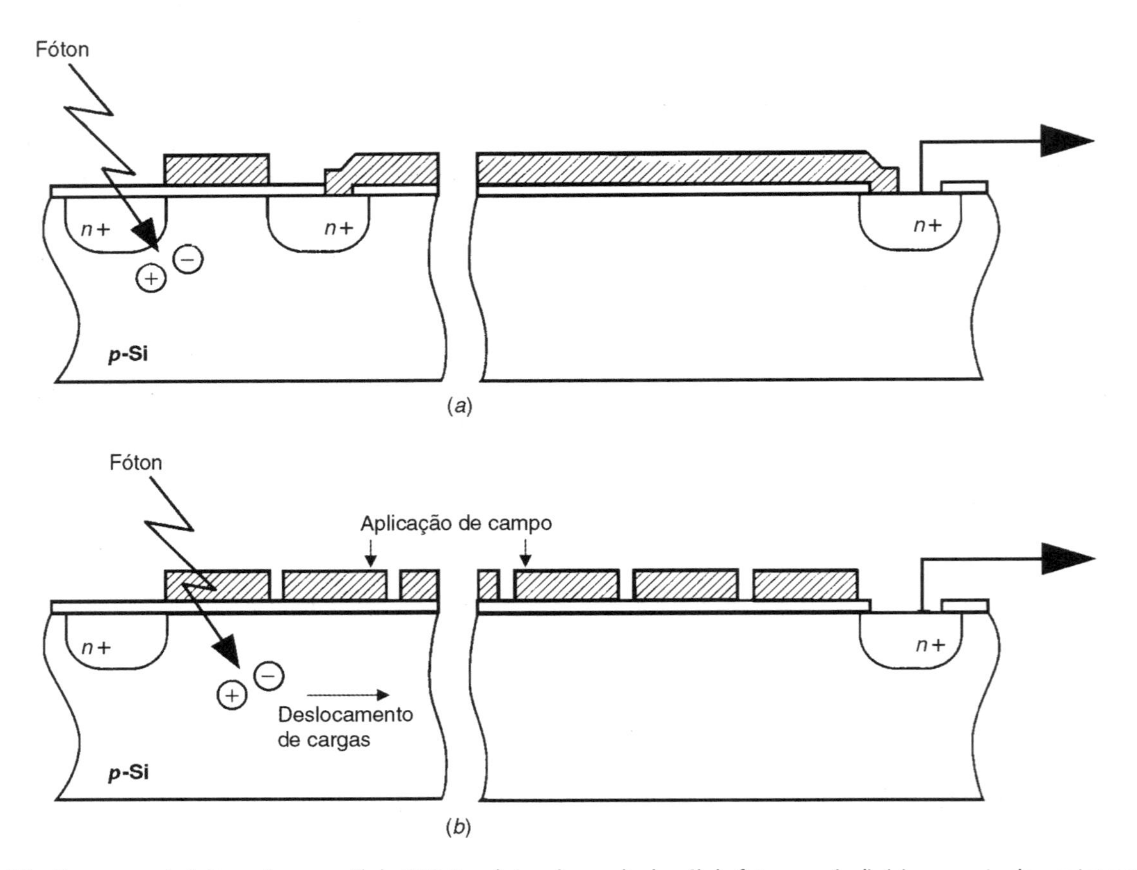

FIGURA 9.55 Processos de leitura de uma célula CCD (também chamada de célula fotossensível): (*a*) por meio de um interruptor MOS e (*b*) por meio de um registrador de deslocamento.

(usualmente três cores) depositadas em uma portadora, em geral papel ou plástico. Pela medição da transmitância, pode-se determinar o resultado quantitativo da exposição por meio da seguinte relação de densidade (D):

$$D = \log_{10}\left(\frac{1}{\tau}\right)$$

sendo τ a transmitância.[3]

Detectores térmicos

Família de detectores que produz um sinal elétrico ou altera sua saída em resposta à radiação eletromagnética na faixa do infravermelho. Pirômetros e termógrafos foram apresentados no Volume 1 desta obra.

Eficiência do detector

Cabe observar que a eficiência do sistema óptico está relacionada com as resoluções espaciais da fonte e do detector. Por exemplo, considere o simples sistema óptico da Figura 9.56(a) com uma fonte pontual cuja intensidade luminosa é detectada pelo fotodetector.

A saída característica, em corrente (i), desse sensor, por exemplo, um fotodiodo, é dada por

$$i = i_0\left[e^{\left(\frac{\text{eV}}{K \times T}\right)} - 1\right] - i_s$$

em que i_0 é a corrente reversa (popularmente chamada "corrente de escuro") atribuída à geração térmica do par elétron-lacuna, eV elétron-volt, K a constante de Boltzmann, T a temperatura absoluta e i_s a corrente devida ao sinal óptico detectado. No fotodiodo a corrente elétrica (i_s) é proporcional à potência óptica incidente no detector:

$$i_s = \frac{\eta e P}{h \times \nu}$$

em que η representa a probabilidade de que um fóton de energia ($h \times \nu$) produza um elétron, e é a carga do elétron e P é a potência óptica. Uma alteração na potência de entrada ΔP (devida à modulação de intensidade no sensor) resulta em uma corrente de saída Δi — a eficiência na conversão direta de potência óptica para potência elétrica é muito baixa, da ordem de 5 % a 25 %. Considerando $i = i_0\left[e^{\left(\frac{\text{eV}}{K \times T}\right)} - 1\right] - i_s$ e $i_s = \frac{\eta e P}{h \times \nu}$ temos a característica típica de um fotodiodo:

$$i = i_0\left[e^{\left(\frac{\text{eV}}{K \times T}\right)} - 1\right] - \left(\frac{\eta e P}{h\nu}\right).$$

Portanto, no sistema da Figura 9.56(a), a saída do sensor é proporcional à potência óptica (também chamada de potência fotônica recebida), que é proporcional à área da superfície receptora (parâmetro essencial do detector). Como exemplo, a Figura 9.56(b) mostra um sistema com lentes para aumentar a área receptora do sistema óptico. De modo simplificado, a sensibilidade pode ser estimada por

$$k \cong \left(\frac{A}{a}\right) \times \left[1 - 2\left(\frac{n-1}{n+1}\right)^2\right]$$

em que A e a representam a área efetiva das lentes e do fotodetector, e n o índice de refração (a eficiência das lentes é significativamente dependente desse fator). Para vidro e muitos plásticos que operam na faixa visível e próximo ao infravermelho, esta equação pode ser simplificada para

$$k \cong 0{,}92 \times \left(\frac{A}{a}\right)$$

Na comparação de fotodetectores devem-se levar em consideração as seguintes especificações básicas determinadas pelo fabricante do componente:

Potência-ruído equivalente (NEP): representa a quantidade de luz equivalente para um nível intrínseco de ruído do detector. NEP é dado normalmente em: $\mathrm{W}/\sqrt{\mathrm{Hz}}$: NEP = $\text{corrente}_{\text{ruído}}\left(\mathrm{A}/\sqrt{\mathrm{Hz}}\right)$ dividida pela sensibilidade à radiação em comprimento de onda A/W.

[3] Transmitância é a razão entre a potência de radiação que atravessa uma amostra e a potência de radiação que incide sobre ela.

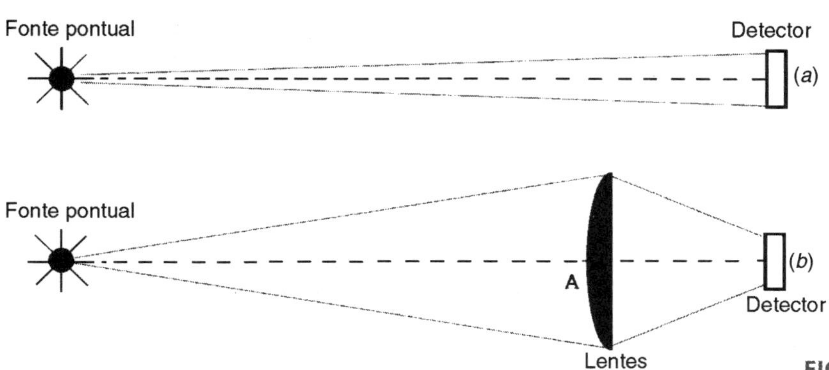

FIGURA 9.56 Esboço de um simples sistema óptico.

Diretividade (D): refere-se à área sensível do detector (A) em 1 cm² e do comprimento de onda do ruído de 1 Hz: $D = \frac{\sqrt{A}}{\text{NEP}}$. Esse parâmetro é muito utilizado para caracterizar a relação sinal-ruído dos fotodetectores.

Comprimento de onda de corte (λ_c): representa o limite em comprimento de onda da resposta espectral.

Corrente máxima: corrente limite que o dispositivo suporta, não podendo ser excedida, para evitar danos ao componente.

Tensão máxima reversa: tensão limite reversa que não deve ser ultrapassada, para evitar danos ao componente.

Resposta radiante: é a razão entre a saída de corrente (ou tensão de saída) e a potência radiante incidente em um dado comprimento de onda. Normalmente é indicada por $^{A}/_{W}$ ou $^{V}/_{W}$.

Field of view (FOV): indica uma medida angular do espaço ou do volume onde o sensor pode responder à fonte de radiação.

Capacitância da junção (C_j): deve ser considerada em sistemas nos quais a resposta em alta velocidade é necessária.

9.2.4 Fibras ópticas na instrumentação

Consideradas como grandes evoluções da eletro-óptica, as fibras ópticas, desde sua primeira utilização em meados de 1960, apresentam-se como uma alternativa atrativa na área da instrumentação: no desenvolvimento de novos sensores ou de novas aplicações. De maneira simplificada, uma fibra óptica consiste em um núcleo central cilíndrico com índice de refração n_1 encapsulado por um material com menor índice de refração n_2 (normalmente chamado de casca: $n_2 < n_1$). A Figura 9.57 mostra a estrutura interna de uma fibra óptica.

O índice de refração (n) indica a relação entre a velocidade da luz no vácuo (c) e a velocidade da luz em um meio qualquer (c_{meio}):

$$n = \frac{c}{c_{meio}}.$$

Pela lei de Snell (reflexão interna total),

$$n_2 \times \text{sen}(\theta_2) = n_1 \times \text{sen}(\theta_1)$$

θ_1 e θ_2 os ângulos do feixe em relação à normal ao comprimento da fibra (veja a Figura 9.57).

Considerando $\theta_c = \theta_1$ e $\theta_2 = 90°$,

$$\theta_c = \text{sen}^{-1}\left(\frac{n_2}{n_1}\right).$$

Para ser transmitido por uma fibra óptica, um raio de luz incidente deve satisfazer o chamado **ângulo de incidência** (Figura 9.58). O ângulo de aceitação (θ_a) é dado por

$$\theta_a = \text{sen}^{-1}\left(\frac{\sqrt{n_1^2 - n_2^2}}{n_0}\right)$$

em que n_0, n_1 e n_2 representam os índices de refração do ar (considerado o meio do raio incidente), do núcleo e da casca, respectivamente.

Outro parâmetro baseado no ângulo de aceitação é a abertura numérica (AN), utilizada para medir a capacidade de captar e transmitir luz, definida por

$$AN = n_0 \times \text{sen}(\theta_a) = \sqrt{n_1^2 - n_2^2}.$$

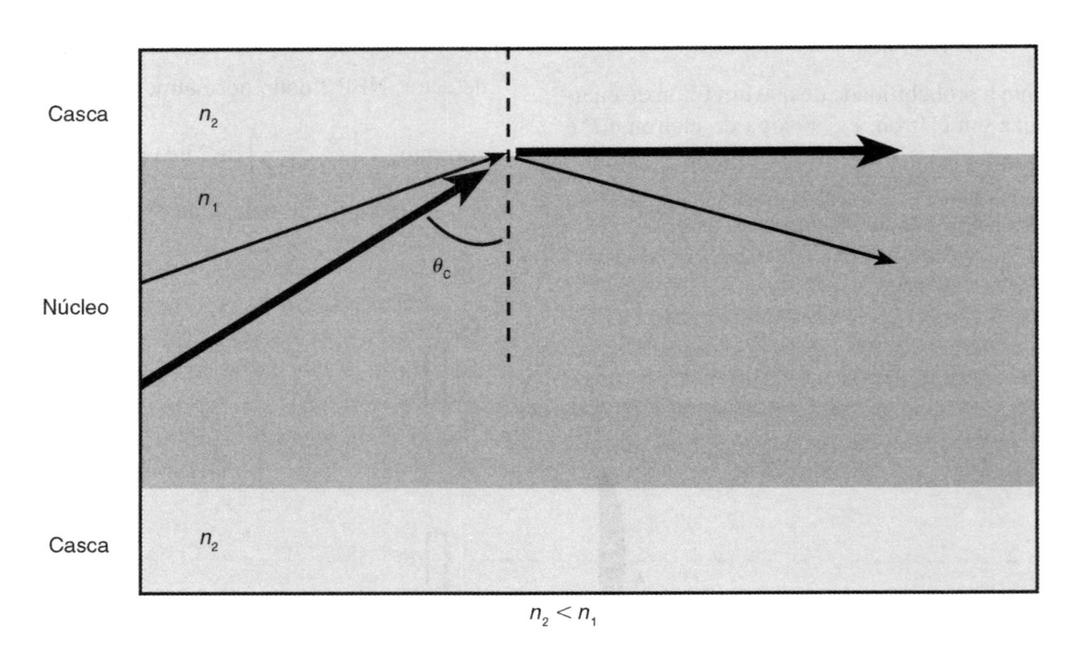

FIGURA 9.57 Esboço da estrutura interna de uma fibra óptica.

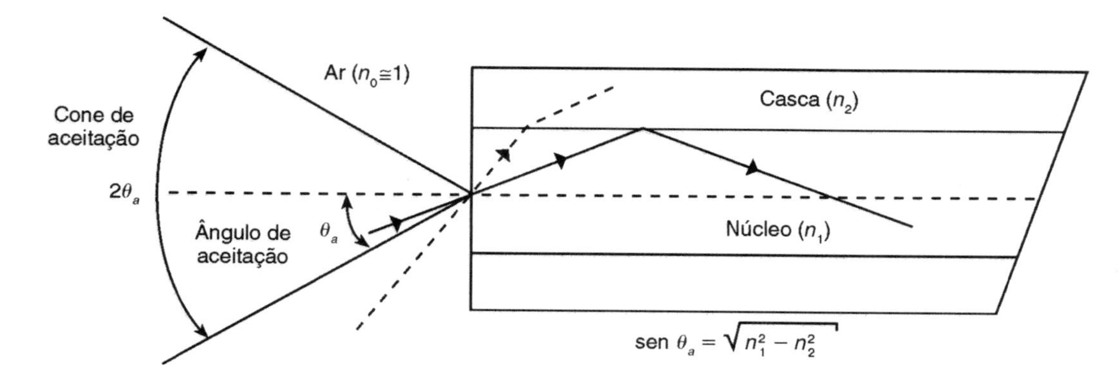

FIGURA 9.58 Ilustração do conceito do ângulo de aceitação.

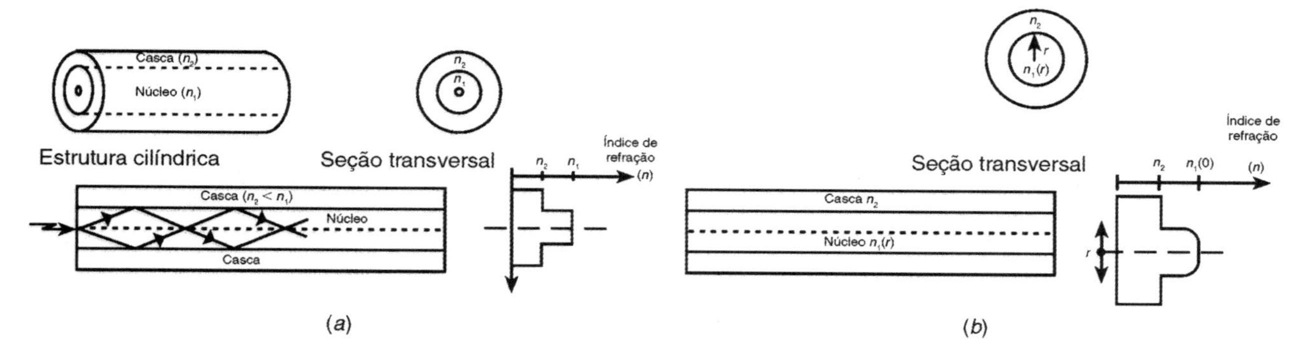

FIGURA 9.59 Esboço da estrutura básica de uma fibra óptica com perfil de (*a*) índice degrau e (*b*) índice gradual.

Para o ar, $n_0 \cong 1$. Normalmente a abertura numérica é expressa em função da diferença relativa de índices de refração (Δd_n) entre o núcleo e a casca da fibra óptica:

$$\Delta d_n = \frac{n_1^2 - n_2^2}{2 \times n_1^2}.$$

Para a maioria das fibras ópticas, $\Delta d_n \ll 1$ e o índice de refração é dado por

$$\Delta d_n \cong \frac{n_1 - n_2}{n_1}.$$

Portanto,

$$AN \cong n_1 \times \sqrt{2 \times \Delta d_n}.$$

Além da fibra óptica, denominada **índice degrau**[4] (SI), existem outras configurações, entre elas a denominada *graded-index* ou **índice gradual**[5] (GRIN), que apresenta um núcleo, cujo índice de refração varia com a distância do eixo da fibra. Resumidamente, as fibras SI apresentam três formas básicas: (a) núcleo e casca de vidro, (b) núcleo de sílica e casca plástica (fibra PCS: *termed plastic-cladded silica*) e (c) núcleo e casca plástica. As fibras GRIN podem transmitir informações a taxas maiores do que as fibras SI. A Figura 9.59 mostra o esboço da estrutura básica de uma fibra óptica com perfil de índice degrau e gradual. Como exemplo, a Tabela 9.4 apresenta valores típicos de algumas propriedades das fibras ópticas.

Para uma descrição mais completa da transmissão de luz em uma fibra óptica, considerando-a um guia de onda, da atenuação e suas perdas, assim como uma abordagem mais completa sobre os diferentes tipos de fibras, consulte as referências listadas no final deste capítulo.

Na área de desenvolvimento de sensores, o uso de fibras ópticas tem apresentado significativo crescimento na área de acústica (medição da pressão sonora), medição de temperatura, aceleração e rotação, entre outras variáveis físicas. A Figura 9.60 traz o esboço de um sistema genérico cujo sensor é baseado em fibras ópticas.

Para exemplificar, a Figura 9.61 apresenta alguns sensores baseados em fibras ópticas.

Na Figura 9.61(*a*), um semicondutor é prensado entre duas fibras ópticas. A luz, ao passar através de uma das fibras, será parcialmente absorvida pelo semicondutor. Como essa absorção é dependente da temperatura, a parcela de luz detectada

[4] Índice degrau: fibra óptica composta por um núcleo constituído de um material homogêneo de índice de refração constante e superior à casca, cuja banda passante é muito estreita.

[5] Índice gradual: fibra óptica composta por um núcleo constituído de materiais de índices de refração variáveis. É mais utilizada que o índice degrau e apresenta banda passante maior; portanto, permite maior transmissão de dados.

TABELA 9.4 Alguns parâmetros das fibras ópticas (valores típicos)

Tipo	Diâmetro do núcleo (μm)	*AN*	Perda $\left(\frac{dB}{km}\right)$
Multimodo* Vidro SI	50	0,24	5
Multimodo Vidro GRIN	50	0,20	1
Multimodo PCS SI	200	0,41	8
Multimodo Plástico SI	1000	0,48	200
Monomodo** Vidro	10	0,10	0,2

* Fibras multimodo: fibras ópticas com núcleo maior que o das fibras monomodo. Permitem que vários feixes luminosos (modos) se propaguem simultaneamente em seu interior.

** Fibras monomodo: fibras ópticas com núcleo menor quando comparado às fibras multimodo. Apresentam apenas um modo de propagação; sendo assim, os feixes de luz percorrem o interior da fibra óptica por um só caminho. Apresentam a variação do índice de refração do núcleo em relação à casca.

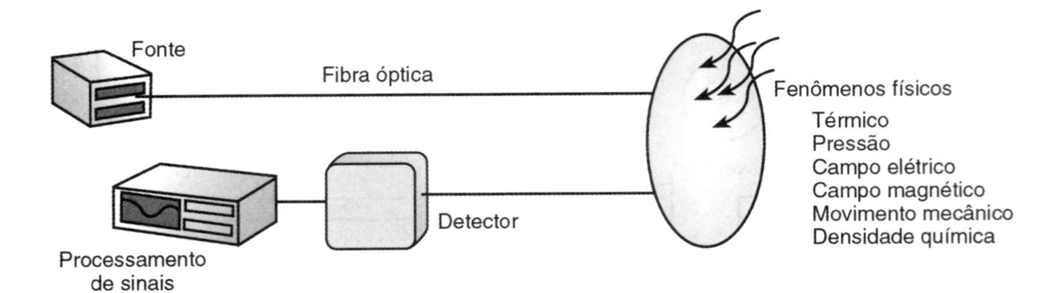

FIGURA 9.60 Esboço do arranjo típico de um sistema genérico de medição baseado em um sensor de fibra óptica.

no final da outra fibra é proporcional à temperatura. A Figura 9.61(*b*) apresenta um esquema de um sensor sensível à pressão. A fibra óptica é colocada entre duas placas, e, quando uma pressão é aplicada às placas, a intensidade de luz transmitida pelas fibras é alterada — este princípio é aplicado em hidrofones e acelerômetros.

A Figura 9.62 ilustra o princípio de um sensor de fibras ópticas baseado no fenômeno da interferometria. O detector registra a intensidade que é dependente da diferença de comprimento do caminho óptico entre as fibras ópticas A e B. Se a fibra óptica B, por exemplo, for exposta a uma tensão mecânica, pressão, temperatura, onda acústica etc., o comprimento do caminho óptico da fibra óptica B é alterado e o sinal detectado varia em função do fenômeno a que a fibra está exposta.

Um arranjo de fibras ópticas, tal como o esboço da Figura 9.63, pode ser utilizado para medição de distâncias sem contato.

No arranjo da Figura 9.63, uma fonte emite luz no ponto A e um detector posicionado no ponto B detecta a luz. O ponto C é fechado por uma superfície, e o detector (ponto B) detecta um sinal de intensidade luminosa proporcional à distância da fibra à superfície (ponto C). A sensibilidade de sensores baseados neste princípio é de nanômetros e pode ser utilizada para medir pequenas vibrações (amplitudes desses movimentos). Posicionando-se uma membrana na frente da fibra no ponto C, esse arranjo pode ser utilizado para medir pressão.

O aparato óptico da Figura 9.64 utiliza fibra óptica para medir deslocamentos. Um grupo de fibras é exposto a uma

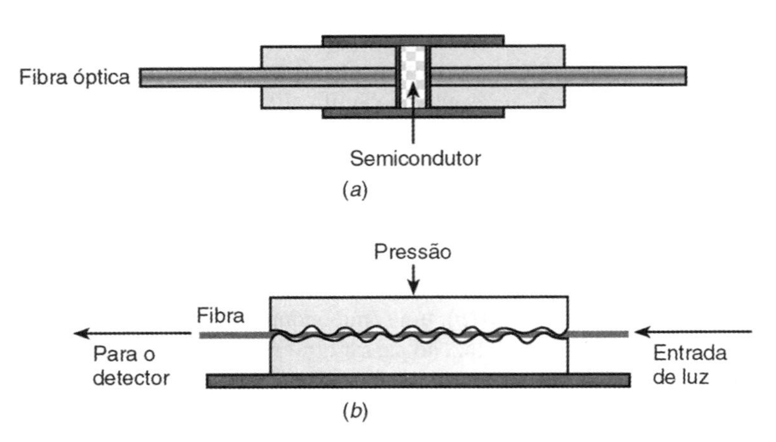

FIGURA 9.61 Sensores baseados em fibras ópticas: (*a*) sensor de temperatura e (*b*) sensor de pressão.

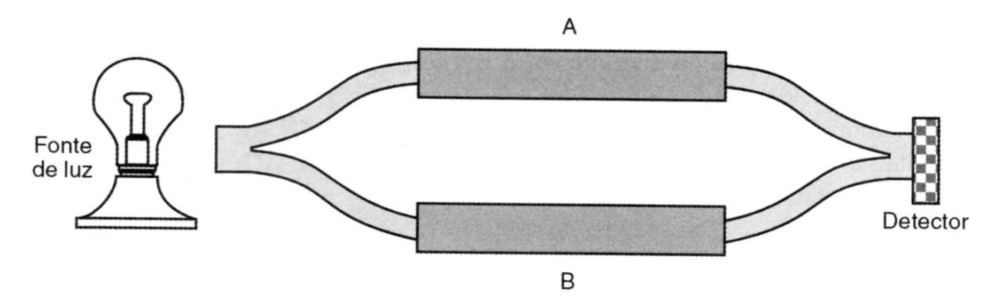

FIGURA 9.62 Sensor de fibra óptica baseado na interferometria.

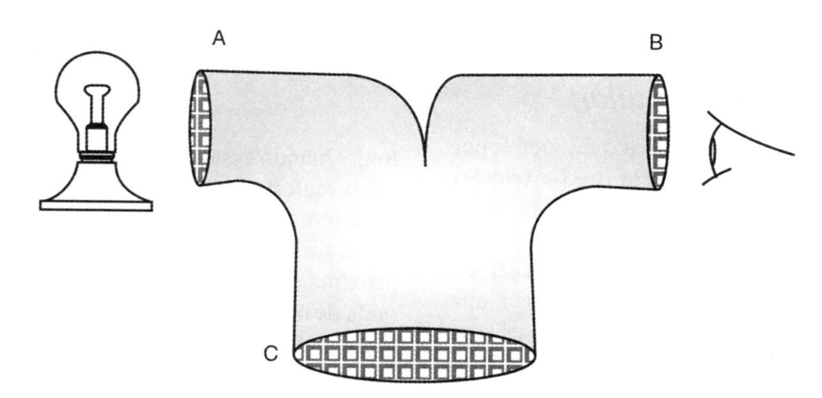

FIGURA 9.63 Arranjo de fibras ópticas como sensor para medição de distâncias sem contato.

fonte de *laser*, cuja luz é direcionada, por uma sonda, para uma superfície que recebe e reflete a luz. Um fotodetector produz uma saída em tensão elétrica relacionada com a distância (*gap*) entre a sonda e a superfície do objeto.

Uma das grandes vantagens do uso de fibras ópticas como sensores é a capacidade de multiplexação (WDM, *wavelength division multiplexing*; ou TDM, *time division multiplexing*), que permite, por exemplo, que diversos sensores baseados em fibras ópticas possam ser conectados a um barramento (meio de transmissão comum a todos os sensores).

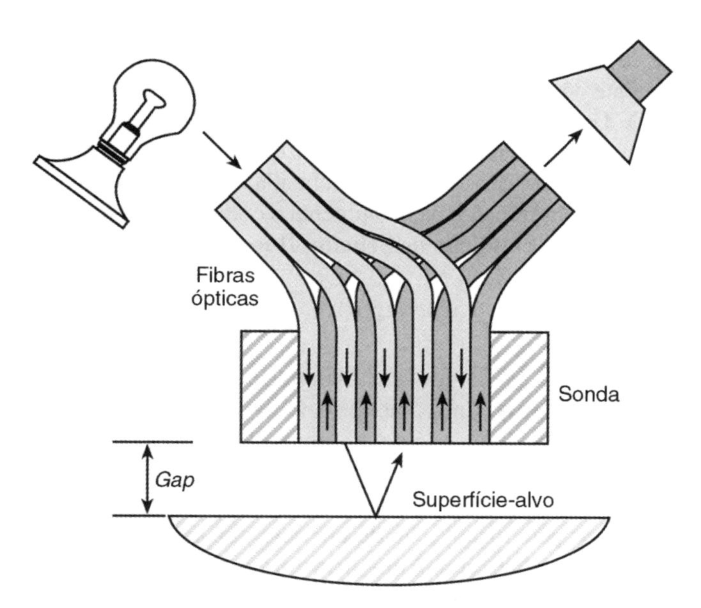

FIGURA 9.64 Transdutor de deslocamento baseado em fibra óptica.

9.3 Métodos Genéricos de Medição por Meios Ópticos

Diversas são as possibilidades de medição de parâmetros físicos baseados em métodos ópticos; alguns, devido à sua importância e à sua crescente utilização, serão aqui abordados. O desenvolvimento de testes não destrutivos, a caracterização de materiais e a avaliação de estruturas são procedimentos fundamentais em diversas áreas. Métodos ópticos são inerentemente não destrutivos e sem contato. Com o advento do *laser*, das câmeras CCD, das placas de aquisição de imagens (de custo e resolução adequados), dos *frame grabbers* (sistemas de armazenamento temporário) e dos computadores de pequeno porte, rapidamente foram introduzidos, nas últimas décadas, sistemas ópticos utilizados no meio industrial ou em laboratórios de pesquisa. Na atualidade, o *laser*, o interferômetro e a holografia são técnicas bem estabelecidas em medições não destrutivas, mas ainda apresentam como principais desvantagens o custo elevado e a sensibilidade a vibrações.

9.3.1 *Metrologia baseada em câmeras*

A maioria dos sistemas ópticos na instrumentação utiliza câmeras CCD, dispositivos de iluminação e sistemas apropriados para aquisição e processamento das imagens captadas. A imagem a ser processada pode ser iluminada frontalmente ou o objeto pode estar localizado entre a fonte de luz e a câmera, tal que a sombra gerada seja analisada. No método de iluminação frontal, a fonte luminosa e a câmera estão no mesmo lado do objeto a ser medido, o que possibilita que detalhes do objeto sejam medidos.

Características, como a forma do objeto, podem ser determinadas com o auxílio de algoritmos de processamento de imagens, como, por exemplo, algoritmos para detecção de bordas, entre outros. Essa metodologia possibilita a determinação de características do objeto, tais como distâncias, diâmetros, ângulos, entre outras.

9.3.2 Speckle *(ou imagem granular)*

O conceito de reflexão pode ser aplicado a qualquer superfície não ideal, ou seja, em uma superfície rugosa (rugosidade $> \lambda$) na qual a luz coerente incidente é dispersa em todas as direções, conforme ilustração da Figura 9.65.

A imagem obtida por um detector (geralmente uma câmera CCD) é denominada *speckle*. Essa imagem apresenta uma aparência granular (distribuição aleatória de pontos escuros e brancos de diferentes formatos e formas), causada pela interferência das ondas dispersas pela superfície. O tamanho médio de um *speckle* ($\bar{\sigma}$) formado em um anteparo, ou capturado por um detector óptico, a uma distância z da fonte coerente, em uma região circular de diâmetro d, é dado por

$$\bar{\sigma} = \frac{1,2 \times \lambda \times z}{d}.$$

Portanto, quando um detector é posicionado no campo óptico, observa-se um modelo aleatório de franjas de interferência, denominadas *speckle* (Figura 9.66) ou imagem granular.

A origem física dessa imagem está relacionada com a dispersão da luz pela textura primária da superfície (conjunto de pontos de alturas distintas e dispostas aleatoriamente; cada ponto dessa superfície, denominada dispersor, reflete alguma

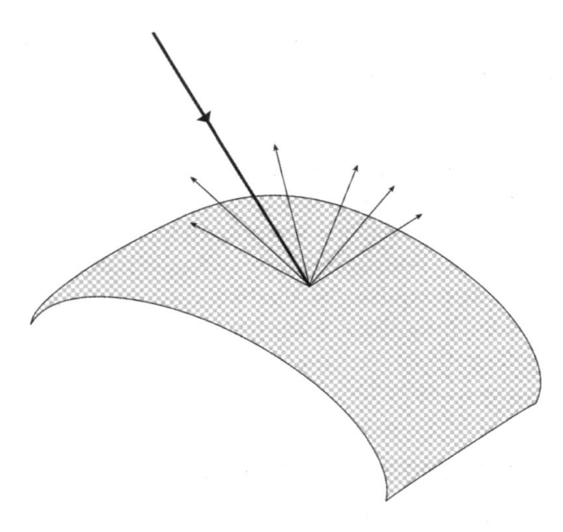

FIGURA 9.65 Dispersão dos feixes por uma superfície rugosa.

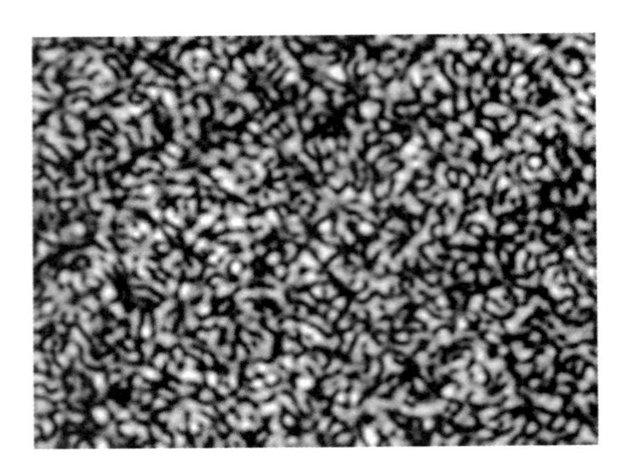

FIGURA 9.66 Foto de um *speckle* ou imagem granular.

luz). Quando essa luz é coerente, a dispersão por um ponto do objeto interfere na luz dispersa por outros pontos do objeto. Portanto, quando as cristas desses feixes de onda se encontram, forma-se uma luz mais intensa (intensidade luminosa próxima do branco); onde uma crista encontra o intervalo de onda de outra (vale), forma-se uma região escura (intensidade luminosa próxima do preto). O *speckle* é específico para cada superfície, podendo, portanto, ser utilizado para caracterizar a topografia dessa superfície.

9.3.3 *Método da análise de sombra*

O objeto de interesse precisa estar localizado no campo de medição cujo diâmetro da sombra é medido (Figura 9.67).

Com o sistema corretamente calibrado e com resolução apropriada, o diâmetro D pode ser determinado diretamente da posição das bordas (transições entre escuro e claro).

9.3.4 *Método da triangulação*

Neste método, um feixe de *laser* é direcionado para a superfície do objeto a ser medido. No ângulo da triangulação θ, tipicamente de 15° a 35°, a reflexão é detectada por uma câmera CCD. Uma alteração na distância entre o objeto e o sensor ocasiona uma alteração na imagem (pontos na imagem). A posição do detector deve ser inclinada em relação ao eixo óptico de observação, o que aumenta o comprimento focal de acordo com a **condição de Scheimpflug**:

$$\text{tg}(\theta) \times \text{tg}(\beta) = \frac{f}{d - f}$$

na qual θ é o ângulo da triangulação, β o ângulo de Scheimpflug, f o comprimento focal da lente de observação e d a distância entre a lente e o ponto de interseção do eixo óptico de iluminação e o ponto de observação (Figura 9.68).

Este sistema permite que se meça a distância entre o objeto e o sensor pela localização de um determinado ponto de luz na imagem do detector. Com distâncias de 5 mm a 5 m e faixas de medições entre 1 mm e 1 m com tempos na ordem de 0,1 ms, é possível obter resoluções de 0,01% da faixa medida, com limite inferior de 1 μm.

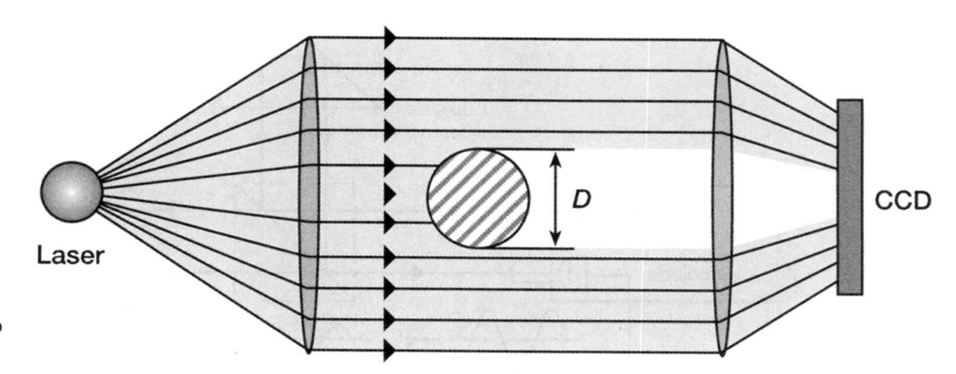

FIGURA 9.67 Arranjo simplificado do método de análise de sombra.

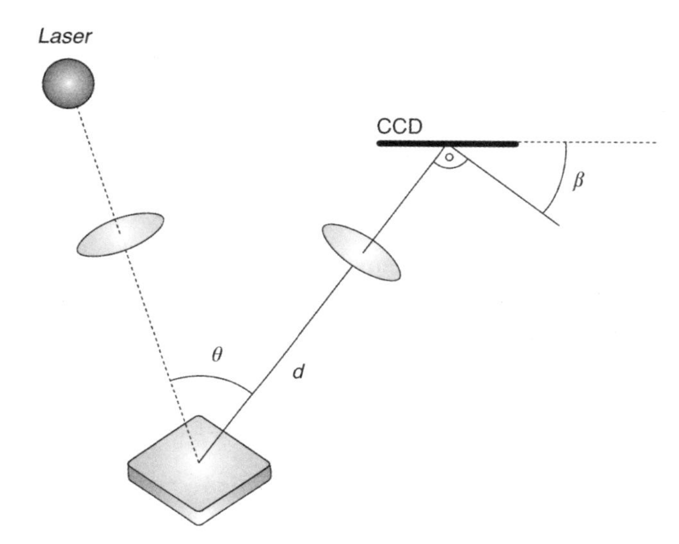

FIGURA 9.68 Arranjo do método da triangulação (também chamado de triangulação pontual).

9.3.5 Método da projeção de franjas

A Figura 9.69 apresenta o esboço desse método. Uma fonte de luz ilumina uma máscara (negativo), um LCD (*liquid crystal display*) ou uma matriz de espelhos DMD (*digital mirror device*). Em consequência, um modelo de franjas é projetado no objeto a ser medido de acordo com a transparência da máscara ou com a ativação dos *pixels* individuais do LCD, posteriormente adquirido por uma câmera CCD.

Esse método possibilita a determinação da topografia de um objeto por meio da caracterização ou do processamento do modelo de franjas.

9.4 Medição de Distâncias, Deformações e Vibrações por Meios Ópticos

9.4.1 Deslocamentos e deformações

A Figura 9.70 apresenta um dos possíveis arranjos. O princípio deste método é o **interferômetro de Michelson**. A luz de um *laser* é dividida, por um divisor de feixe, em feixe de medição e feixe de referência. O feixe de referência é refletido pelo espelho estacionário, e o feixe de medição é refletido pelo espelho móvel (que pode ser movido de acordo com a medição a ser realizada).

A correspondente alteração no sinal de interferência é detectada pelo fotodiodo. A diferença entre as duas intensidades máximas detectadas corresponde à metade do comprimento de onda do *laser*, que representa o parâmetro de medida deste método. Para medições de alta precisão, a dependência do comprimento de onda da luz λ no índice de refração do ar é problemática. Como o índice de refração depende da composição química, da temperatura, da umidade e da pressão atmosférica do ar ambiente, devem ser adotados alguns procedimentos de correção: monitoramento constante da temperatura, da umidade e da pressão atmosférica ou estimativa do índice de refração para recalcular o comprimento de onda. Outro método é utilizar um refratômetro para medir diretamente o índice de refração. Esse método pode ser utilizado para medições de distâncias lineares com resoluções de até 5 nm na faixa de metros.

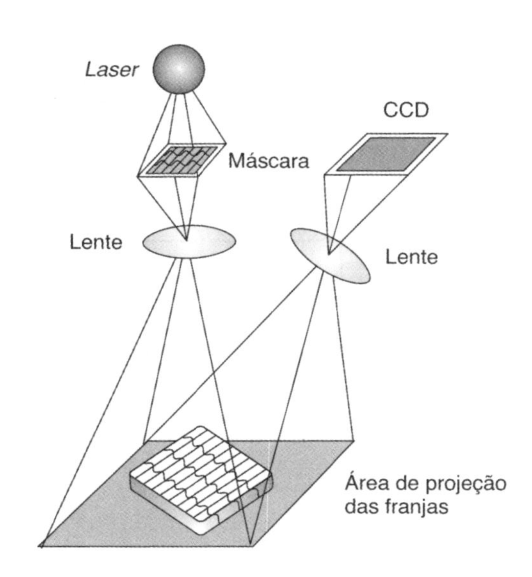

FIGURA 9.69 Arranjo simplificado do método baseado na análise do modelo de franjas.

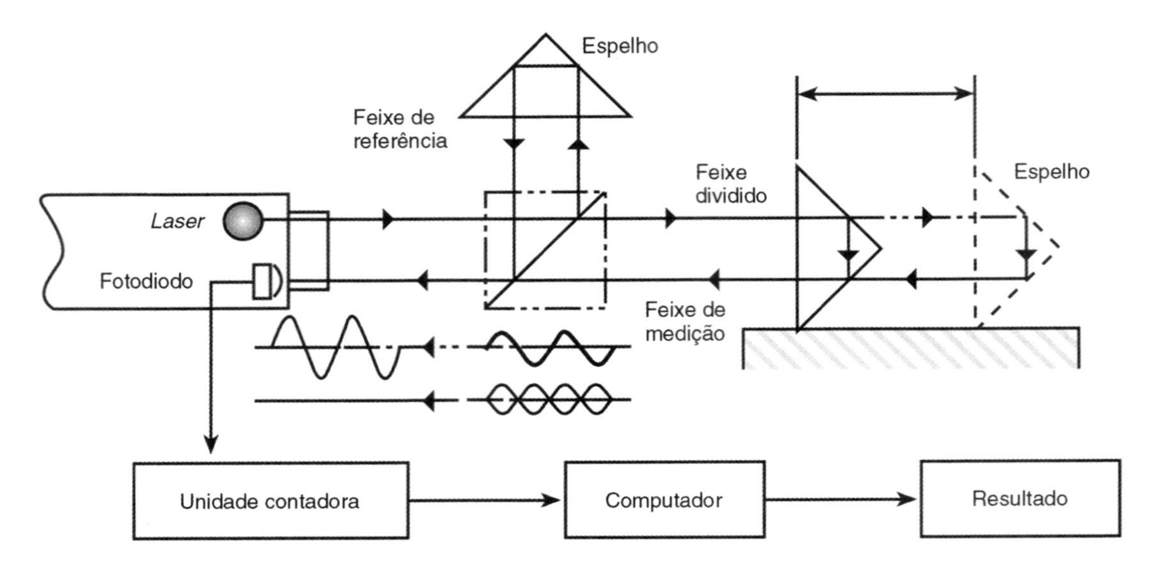

FIGURA 9.70 Arranjo do método de medição de distâncias baseado em interferometria.

Considere, por exemplo, o princípio da interferometria utilizado para medição de distâncias de duas placas paralelas (uma das placas é transparente e precisamente polida) mostradas na Figura 9.71 (d é a distância de separação entre as placas). Os feixes paralelos A e B são projetados nas placas, gerados por uma fonte de *laser*. O feixe refletido A interfere no feixe B no ponto P. Como o feixe refletido trafega mais rápido que o feixe B, em uma distância $2d$, cria uma interferência no ponto P se sua distância for incrementada de um múltiplo ímpar de $\lambda/2$. Dessa forma, para $2d = \lambda/2 = 3\lambda/2$ etc., a tela não detecta luz refletida, onde λ é o comprimento de onda da luz emissora.

Agora, considere as mesmas duas placas, mas com a distância entre elas variável. Se, de um ponto de observação, os feixes de luz refletidos alternam regiões de claro e escuro na tela (franjas ou modelo de franjas), a alteração na distância de separação entre as posições de duas franjas corresponde a

$$\Delta(2d) = \frac{\lambda}{2}.$$

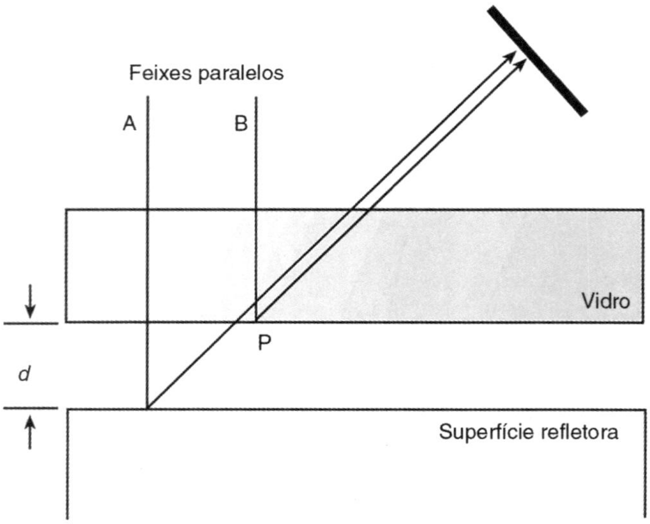

FIGURA 9.71 Princípio da interferência utilizado para medir distâncias.

Holografia como método de medição de deformação estática

Esse método é baseado na análise de um holograma de dupla exposição. A primeira exposição é realizada com o objeto em repouso, ou não exposto à tensão mecânica. Uma segunda exposição é realizada com o objeto tensionado. Dessa forma, o holograma gerado armazenou os dois momentos: um, correspondente ao objeto não tensionado, e o outro, ao estado tensionado (Figura 9.72).

A deformação é obtida analisando-se o **modelo de franjas** gerado e determinando a alteração de fase devido à mudança na posição do objeto entre as duas exposições. Um exemplo de arranjo óptico baseado em um interferômetro para caracterizar a deformação é mostrado na Figura 9.73.

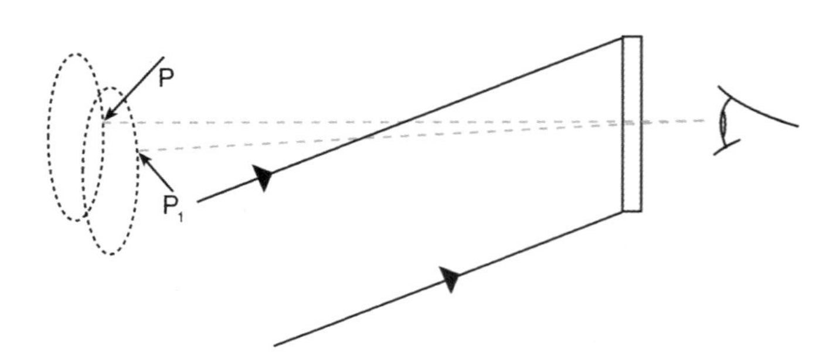

FIGURA 9.72 Esquema da geração de franjas de interferência em hologramas de dupla exposição.

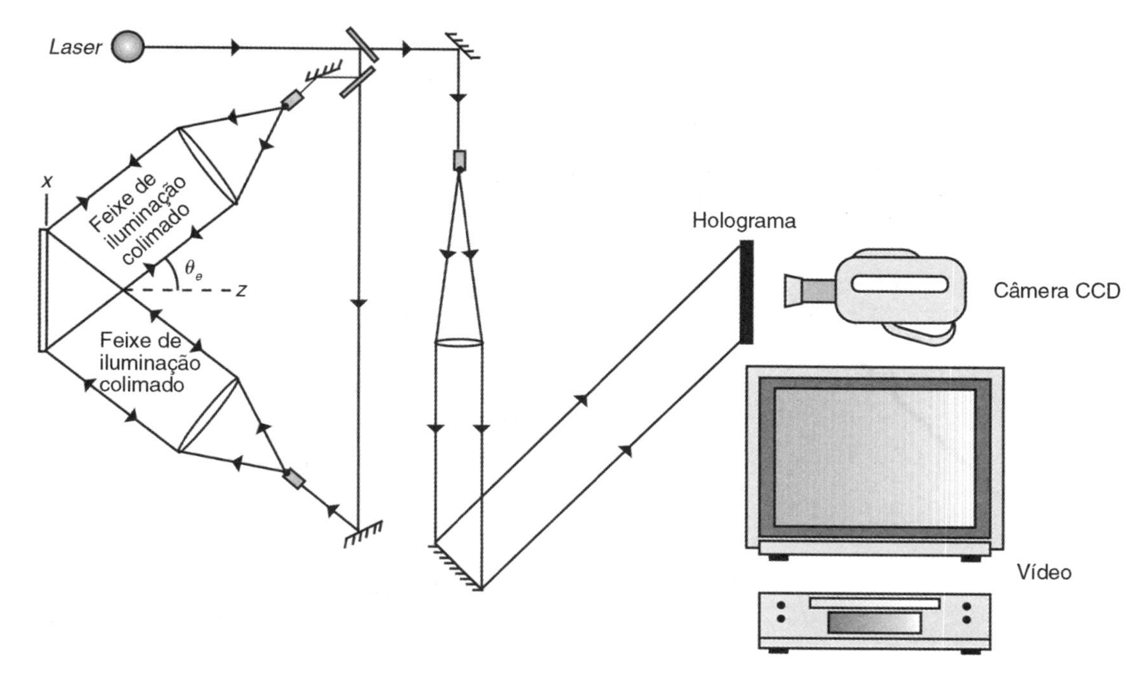

FIGURA 9.73 Arranjo para medir a deformação.

Dois feixes colimados iluminam a superfície simetricamente com relação ao eixo z. O deslocamento no plano, em uma direção contendo os dois feixes, é determinado pela análise da imagem (modelo de franjas) denominado **modelo de *moiré***. Esse modelo aparece como um conjunto de franjas (Figura 9.74).

Por meio desse método, pode-se obter diretamente um mapa de contorno do componente de deformação; sendo assim, é possível visualizar o modelo de franjas e sua evolução.

Método de projeção de franjas

Outro método de determinação de deslocamentos é baseado na projeção das franjas. Considere a Figura 9.75, que mostra

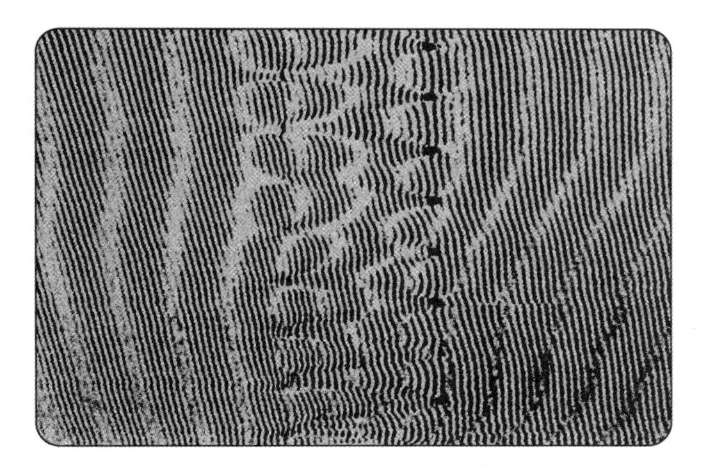

FIGURA 9.74 Exemplo simplificado do modelo de *moiré* da deformação de um determinado objeto tensionado.

duas franjas cuja distância é d, projetada no plano xy, com ângulo θ_1, em relação ao eixo z. O período das franjas d_x em relação ao eixo x é dado por

$$d_x = \frac{d}{\cos(\theta_1)}.$$

Pode-se visualizar que uma franja originalmente posicionada em P_1 é deslocada para P_2. Esse deslocamento (u) é dado por

$$u = z\left[\operatorname{tg}(\theta_1) + \operatorname{tg}(\theta_2)\right]$$

sendo z a altura de P_2 acima do plano xy, θ_1 o ângulo de projeção e θ_2 o ângulo de visualização.

Esse efeito pode ser obtido utilizando-se o **interferômetro de Twyman-Green** com uma pequena inclinação de um dos espelhos (Figura 9.76). A distância entre as franjas de interferência é igual a

$$d = \frac{\lambda}{2 \times \operatorname{sen}(\alpha/2)},$$

sendo λ o comprimento de onda e α o ângulo entre as duas ondas planas.

9.4.2 *Análise de vibrações*

Além dos métodos tradicionais de análise de vibrações (veja o Capítulo 11 deste volume), métodos ópticos podem ser utilizados para caracterizar vibrações em superfícies, destacando-se a holografia interferométrica e as técnicas de *moiré*, em que se utiliza projeção de franjas (também chamadas de sombras de *moiré*).

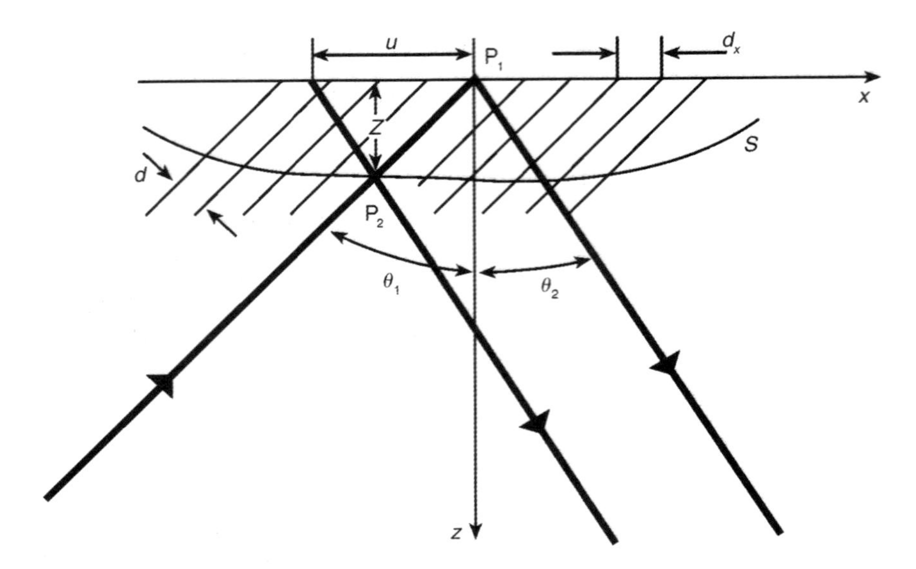

FIGURA 9.75 Geometria do método de projeção de franjas.

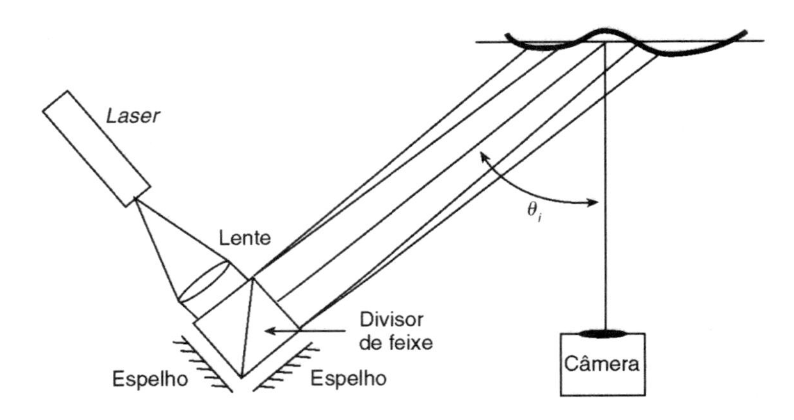

FIGURA 9.76 Geometria do método de projeção de franjas: interferômetro de Twyman-Green.

Holografia como método de medição de vibrações

A holografia interferométrica é muito utilizada na medição de vibração. Um feixe de *laser* é dividido por um divisor de feixe (em dois feixes separados), mantendo fixa a relação entre as fases. Se o objeto se move entre duas exposições, esses dois hologramas são diferentes. Na reconstrução desse holograma, um modelo de interferência será visível. As franjas representam contornos de igual deslocamento ao longo do eixo de visão, e cada sucessiva franja corresponde a um quarto a um meio do comprimento de onda da fonte de *laser* utilizada no arranjo óptico. Para exemplificar, a Figura 9.77 apresenta o resultado obtido da análise de vibração de uma determinada peça.

Seja um objeto exposto à vibração harmônica representada por (veja a Figura 9.78)

$$d(x, t) = D(x) \times \cos(\omega t)$$

em que $D(x)$ representa a amplitude, x são as coordenadas espaciais do objeto (um ponto) e ω é a frequência de vibração. A luz dispersa por esse ponto pode ser descrita pela amplitude no plano do holograma dado por

$$u_0(x, t) = U_0(x)e^{i\phi}$$

com $\phi = g \times d(x, t)$ e $g = \cos(\theta_1) + \cos(\theta_2)$ representando o fator geométrico determinado pelas direções de iluminação e de observação. Nesta situação, considerando-se o movimento do objeto (situação não estática), u_0 varia no tempo durante a exposição do holograma; a distribuição de intensidade registrada e, em consequência, a transmitância de amplitude do holograma serão médias em relação ao tempo. A onda reconstruída fica então determinada por

$$u_a = \alpha|u|^2 \overline{u_0},$$

que representa a amplitude da onda reconstruída, o comprimento da onda e amplitude da onda no plano do holograma.

Considere uma barra vibrando como um corpo rígido, como ilustra a Figura 9.78(*b*). Analisando a distribuição de intensidade obtida, pode-se verificar que, na região em que a barra está

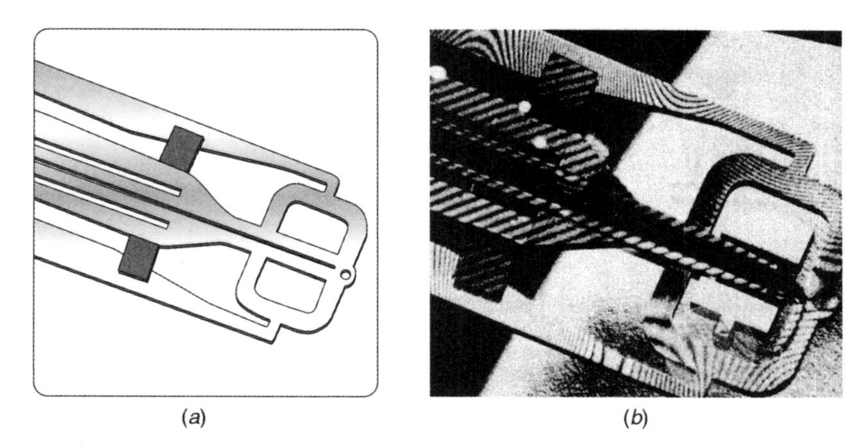

FIGURA 9.77 Holografia registrando a vibração de um componente: (*a*) peça genérica não exposta à vibração e (*b*) peça exposta à vibração.

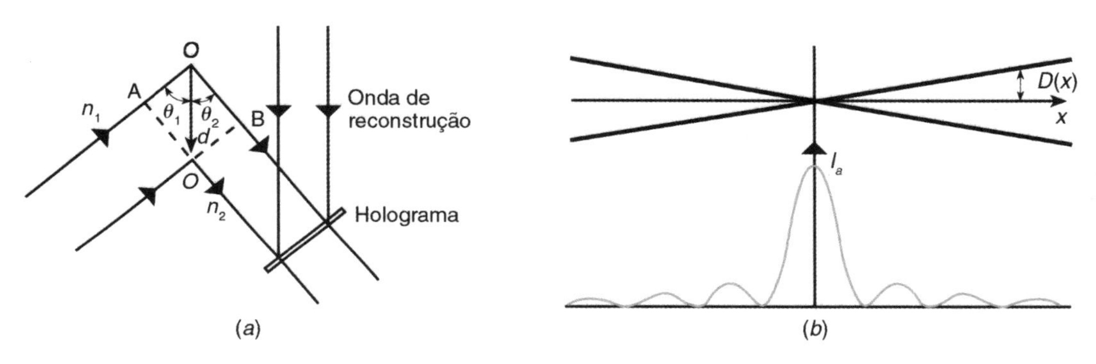

FIGURA 9.78 (*a*) Geometria para compreender o uso da holografia como método de análise de vibrações e (*b*) barra vibrando — vibração em relação a um eixo e sua distribuição de intensidade derivada da reconstrução do holograma.

em repouso, a intensidade é maior (franja de ordem zero) do que em outras regiões (franjas de ordem superior). Para determinar a amplitude de vibração das franjas de alta ordem, basta consultar uma tabela dos valores da função de Bessel, por exemplo,

$$J_0^2(\eta) = \text{máximo para } \eta = 0;\ 3{,}83;\ 7{,}02;\ 10{,}17;\ ...$$

$$J_0^2(\eta) = 0 \text{ para } \eta = 2,40;\ 5{,}52;\ 8{,}65;\ 11{,}79;\ ...$$

Como exemplo, para um $g = 2$ (direções de iluminação e observação paralelas ao deslocamento) e $\lambda = 632{,}8$ nm (comprimento de onda de um *laser* de He-Ne), as franjas serão:

- claras, quando $D(x) = 0;\ 0{,}19;\ 0{,}35;\ 0,\ 51;\ ...$ [μm]
- escuras, quando $D(x) = 0{,}12;\ 0,\ 28;\ 0,\ 44;\ 0,\ 59;\ ...$ [μm].

Princípios do vibrômetro Doppler

O equipamento está baseado no princípio da detecção do deslocamento Doppler (veja o conceito no Capítulo 14, Medição de Fluxo) de um *laser*, cujo feixe é disperso por uma pequena área da superfície de um objeto. O objeto dispersa ou reflete luz do feixe de *laser*, e o deslocamento de frequência Doppler é utilizado para medir o componente de velocidade ao longo do eixo do feixe de *laser*. Um interferômetro é utilizado para misturar o feixe disperso com um feixe de referência. O fotodetector mede a intensidade da luz misturada, cuja frequência é igual à diferença de frequências entre o feixe de referência e o feixe de medição. No famoso interferômetro de Michelson (Figura 9.79), o feixe de *laser* é dividido por um divisor de feixe, gerando dois feixes: o feixe de referência e o feixe de

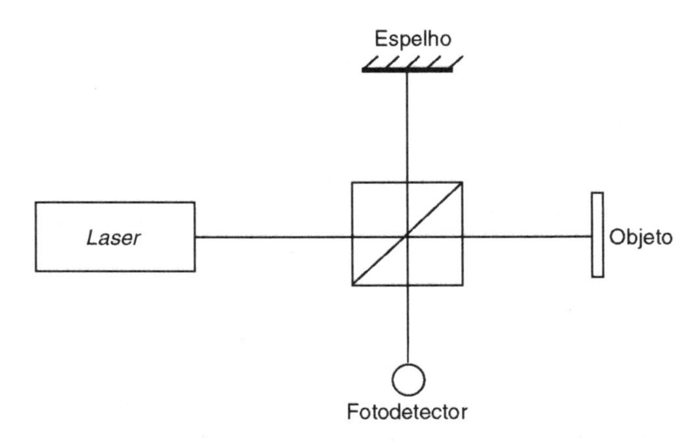

FIGURA 9.79 Esboço de um interferômetro de Michelson.

medição. As distâncias que a luz percorre entre o divisor de feixe e cada refletor são x_R e x_M, respectivamente, para o espelho de referência e para o objeto O.

A correspondente fase (Φ) de cada feixe no interferômetro é dada por:

Feixe de referência $\rightarrow \Phi_R = 2 \times k \times x_R$;

Feixe de medição $\rightarrow \Phi_M = 2 \times k \times x_M$

em que

$$k = {}^{2\pi}\!/_{\lambda}$$

e usualmente $\Phi(t) = \Phi_R - \Phi_M$.

O fotodetector mede a intensidade em função do tempo $I(t)$ no ponto em que o feixe de referência interfere no feixe de medição:

$$I(t) = (I_R \times I_M \times R) + \left[2 \times K \times \sqrt{I_R \times I_M \times R} \times \cos(2\pi f_D t + \Phi\right],$$

em que I_R e I_M são as intensidades dos feixes de referência e de medição, K é uma constante que representa a eficiência da mistura dos feixes e R é a capacidade de reflexão da superfície. A fase Φ é dada por $\Phi = {}^{2\pi\Delta L}\!/_{\lambda}$, em que ΔL representa o deslocamento do objeto (deslocamento em função da exposição do objeto à vibração) e λ o comprimento de onda do *laser* utilizado. Cabe observar que, se ΔL varia continuamente, a intensidade de luz $I(t)$ varia periodicamente. Uma alteração na fase Φ de 2π corresponde a um deslocamento ΔL de ${}^{\lambda}\!/_{2}$.

A taxa de alteração da fase é proporcional à taxa de alteração da posição, que consiste na velocidade (parâmetro para determinar vibração) v da superfície:

$$f_D = \frac{2 \times v}{\lambda}$$

sendo f_D a frequência Doppler.

O vibrômetro Doppler opera com uma variedade de superfícies, porém é essencial que a quantidade de luz dispersa por diferentes tipos de superfícies seja suficiente para análise posterior desse sinal. Em superfícies especulares — ou seja, superfícies de alta reflexão —, o ângulo de incidência é igual ao ângulo de reflexão. Quando o vibrômetro Doppler é utilizado na medição desse tipo de superfície, é necessário que esteja alinhado de tal forma que a luz refletida retorne ao colimador, conforme esboço da Figura 9.80.

Por outro lado, superfícies difusas dispersam a luz em uma área considerável. Neste caso, a intensidade da luz dispersa por unidade de ângulo sólido segue a lei dos cossenos de Lambert; sendo assim, pode variar significativamente, dependendo da superfície (algumas absorvem). É possível, porém, aumentar a capacidade de uma superfície de refletir luz por meio do uso de fitas ou tintas retrorreflexivas (material formado por pequenas esferas de vidro (diâmetro aproximado de 50 μm) coladas em um material à base de epóxi). Cada esfera atua como um pequeno "olho de gato" dispersando luz.

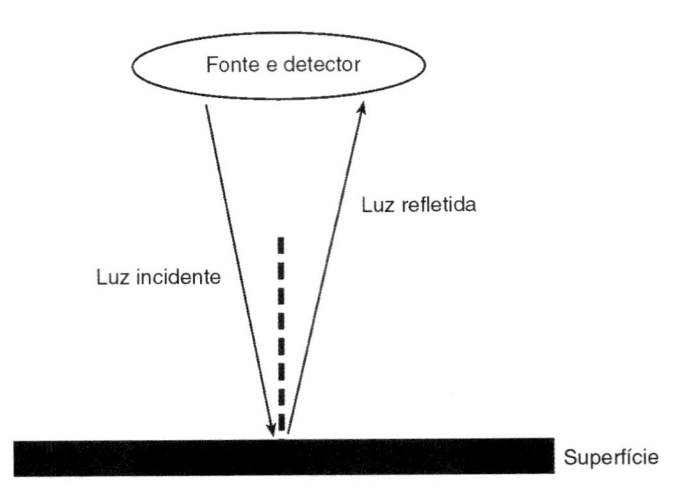

FIGURA 9.80 Esboço da óptica do vibrômetro medindo uma superfície especular.

9.4.3 ESPI *(electronic speckle pattern interferometry)*

O sistema ESPI é um sistema óptico utilizado para medir deformação de superfícies (é possível utilizar esta técnica para observar a evolução em tempo real do modelo de franjas relacionadas à deformação da superfície) e caracterização de superfícies, possibilitando que se apresentem e se revelem danos superficiais.

A ESPI produz resultados na forma de imagens (denominadas modelos de franjas) que são processadas por meio de algoritmos de processamento de imagens para manipular e processar os resultados. Considere o ESPI como o método que captura o holograma e o trata como uma imagem (efetivamente, é uma imagem), ou seja, simplesmente registra o holograma de um objeto (este método trabalha essencialmente com os *speckles*).

O princípio básico do ESPI é registrar uma sequência de modelos ou *speckles* através de uma câmera CCD. A imagem obtida pelo CCD é então convertida em um sinal de vídeo (normalmente se utiliza um *frame grabber* como meio intermediário de armazenamento) e processada de tal forma que as variações de textura do *speckle* são convertidas em variações de brilho (em tons de cinza). Um interferograma do *speckle* é gerado aritmeticamente por subtração (processo digital) de dois modelos de *speckle*. Em termos práticos, a distribuição de intensidade no plano do detector é armazenada com o objeto em seu estado de repouso ou referência.

Posteriormente, o objeto é deformado e um segundo *frame* é armazenado. Os dois frames são então subtraídos, e a correlação entre as franjas pode ser exibida ao usuário através de um monitor ou outro dispositivo de saída de vídeo (Figura 9.81).

Normalmente esse método apresenta uma imagem de qualidade inferior quando comparado ao método holográfico tradicional; porém, com procedimentos de remoção de ruído e com tratamento de contraste, torna-se adequada a sua utilização. As Figuras 9.82 e 9.83 apresentam arranjos simplificados do método ESPI.

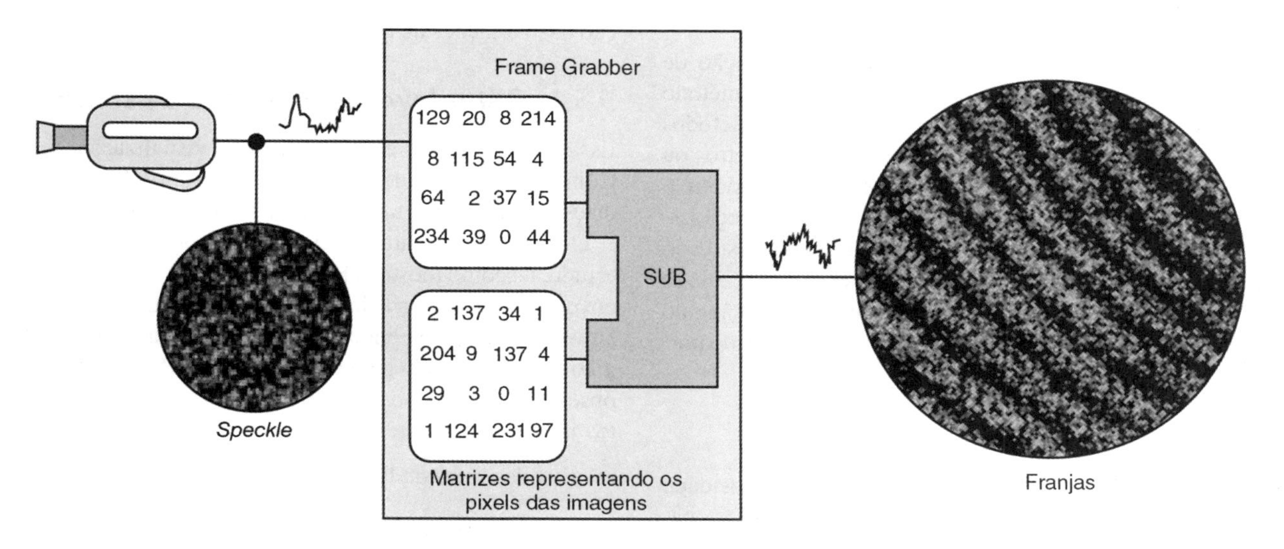

FIGURA 9.81 Procedimentos que a medição baseada no método ESPI envolve.

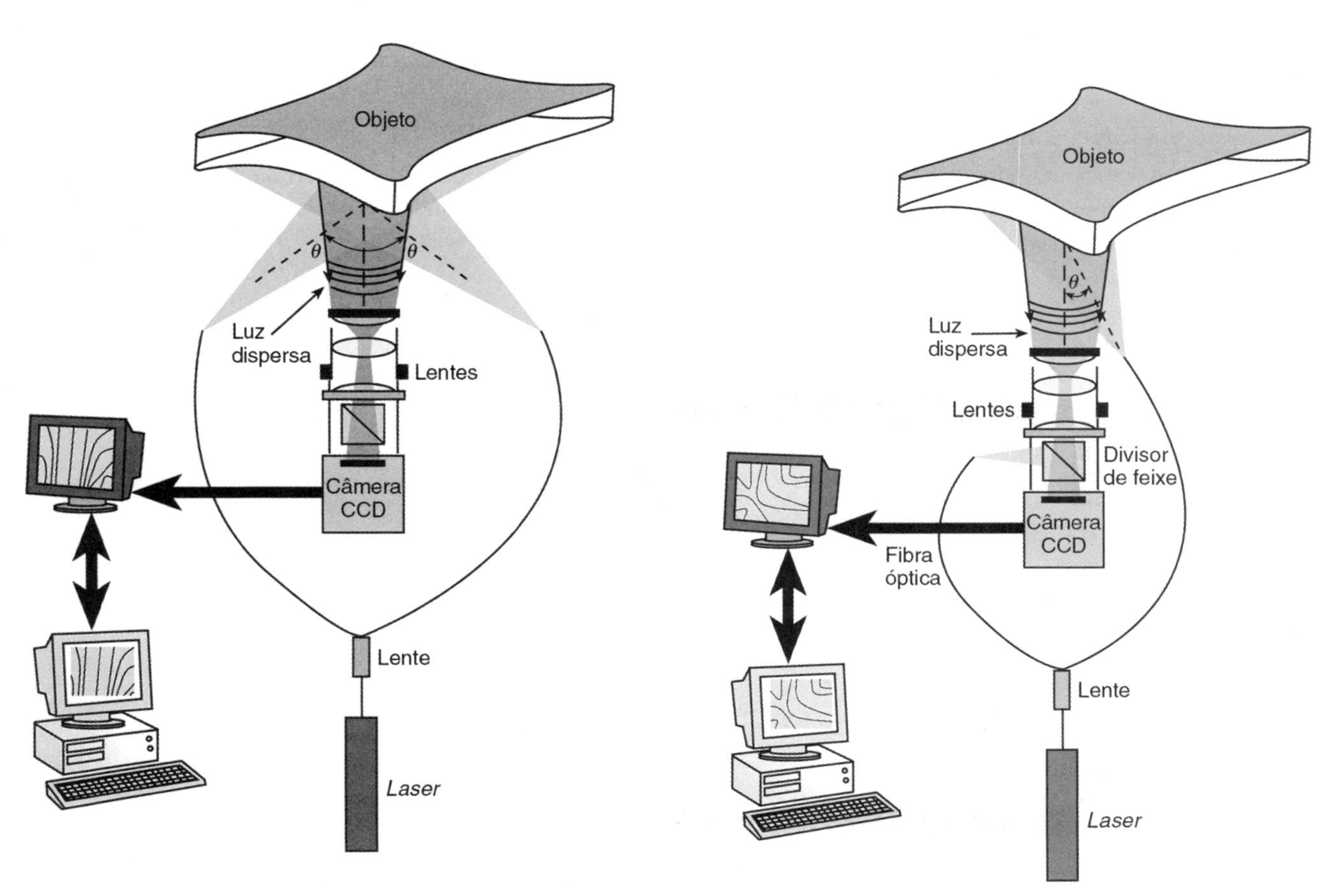

FIGURA 9.82 Arranjo típico de um sistema ESPI: medição no plano.

FIGURA 9.83 Arranjo típico de um ESPI: medição fora do plano.

9.5 Caracterização e Visualização de Fluxo por Meios Ópticos

A grande vantagem do uso da óptica na caracterização de fluxo é o fato de não gerar distúrbios no processo (método não invasivo), dessa forma não alterando esse fluxo. Métodos ópticos podem ser utilizados para medições de parâmetros ou visualização (caracterização qualitativa) de fluxo. Considere o fluxo mostrado na Figura 9.84, o qual se desloca na direção z.

A luz incidente é defletida por um ângulo ε como resultado dos gradientes de densidade do fluxo. Pode-se mostrar (veja as Referências Bibliográficas, no final do capítulo) que o ângulo de deflexão para pequenos gradientes de densidade é dado por

$$\varepsilon = \frac{\lambda}{n_1}\left(\frac{dn}{dy}\right) = \frac{L\beta}{\rho_s}\left(\frac{d\rho}{dy}\right)$$

sendo L o comprimento da região de estudo, ρ a densidade local do fluido, ρ_s a densidade de referência (condições padrões) e n o índice de refração. Para os gases, o índice de refração pode ser determinado por

$$n = \left(1 + \beta\frac{\rho}{\rho_s}\right)n_1$$

em que β é uma constante adimensional cujo valor para o ar é 0,000292 e n_1 é o índice de refração do lado de fora da região de estudo.

Segundo $\varepsilon = \frac{\lambda}{n_1}\left(\frac{dn}{dy}\right) = \frac{L\beta}{\rho_s}\left(\frac{d\rho}{dy}\right)$, o ângulo de deflexão, ε, do raio de luz é proporcional ao gradiente de densidade do fluxo. Esse é o princípio básico utilizado na visualização de fluxo. Além disso, é importante observar que a deflexão do raio de luz é uma medida do gradiente de densidade média em relação à coordenada x. Esse efeito pode ser usado na indicação das variações de densidade em duas dimensões.

9.5.1 *O shadowgraph (gráfico de sombras)*

Essa técnica pode ser utilizada para visualização de fluxo. Como exemplo, pode-se analisar a Figura 9.85, cuja região de estudo apresenta um gradiente de densidade na direção y.

O feixe de luz paralelo entra na região de interesse ou de estudo, tal como mostra a Figura 9.85; sendo assim, nas regiões em que não ocorre gradiente de densidade, o raio de luz passa através da região de interesse sem nenhuma deflexão. Na região em que existe o gradiente, o raio é defletido. No ponto de observação, como, por exemplo, na tela, serão observados pontos negros e brilhantes, cuja iluminação depende da deflexão relativa dos raios de luz $d\varepsilon/dy$ e, então, de $d^2\rho/dy^2$. A iluminação na tela posicionada fora da região de interesse é dependente da segunda derivada da densidade em um determinado ponto. Esse fenômeno é visível, pois os gradientes de densidade resultam do aquecimento do ar próximo à superfície aquecida — método considerado útil para visualização de fluxo turbulento (veja os conceitos no Capítulo 14, Medição de Fluxo) e estabelecimento da localização de ondas de choque com alta precisão, conforme exemplo da Figura 9.86.

9.5.2 *O* schlieren

Enquanto o método do "gráfico de sombras" fornece uma indicação da segunda derivada da densidade do fluxo na região de interesse, o *schlieren* é um dispositivo que indica o

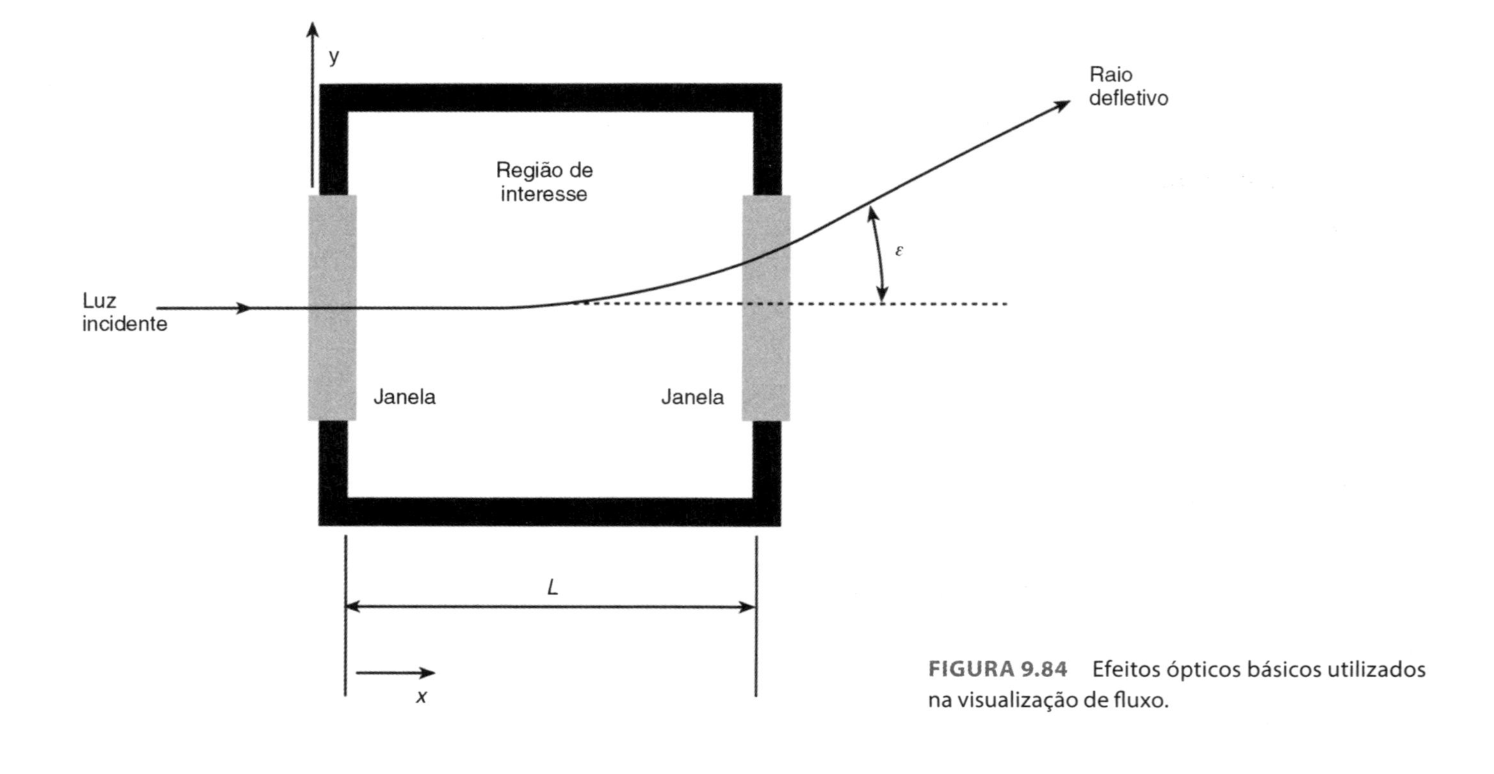

FIGURA 9.84 Efeitos ópticos básicos utilizados na visualização de fluxo.

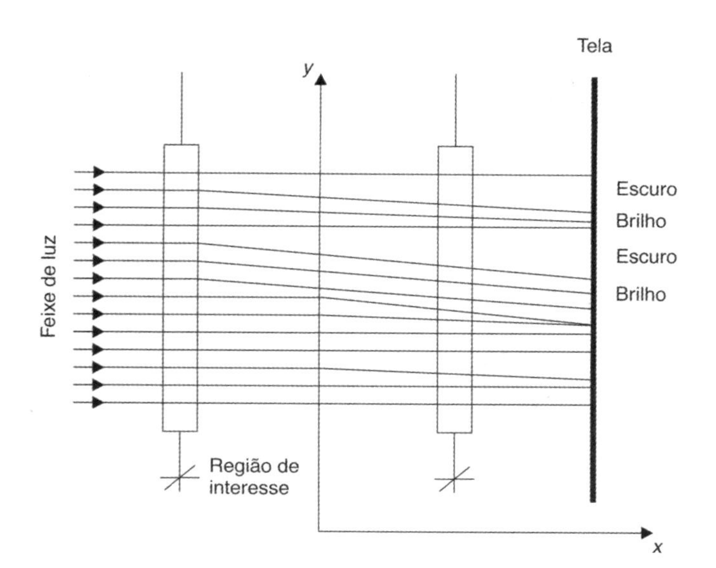

FIGURA 9.85 Esboço do princípio do gráfico de sombras.

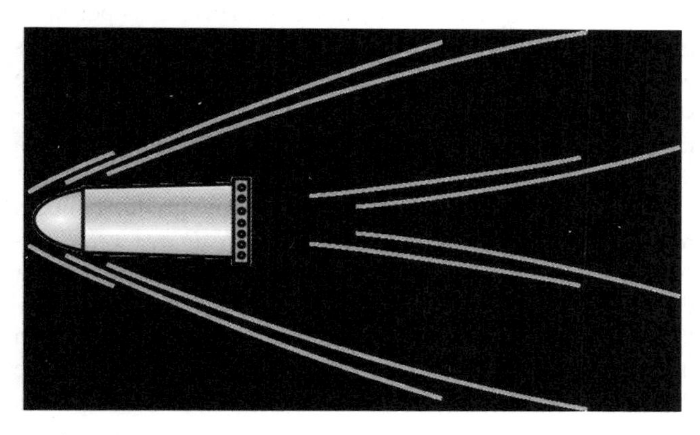

FIGURA 9.86 Esboço simplificado do modelo de sombras do disparo de um projétil.

gradiente de densidade. Considere a Figura 9.87, cuja fonte luminosa é colimada pela lente L_1 no plano 1. Após a luz passar através da lente L_2, uma imagem invertida da fonte no plano focal 2 é produzida. A lente L_3 direciona a imagem para o plano 3.

A deflexão angular é $\varepsilon = \frac{\lambda}{n_1}\left(\frac{dn}{dy}\right) = \frac{L\beta}{\rho_s}\left(\frac{d\rho}{dy}\right)$, cujo contraste (C) é dado por

$$C = \frac{f_2 \times L \times \beta}{y_1 \times \rho_s}\left(\frac{d\rho}{dy}\right)_{cd}$$

sendo f_2 o comprimento focal da lente 2 (L_2). Dessa forma, o contraste na tela é diretamente proporcional ao gradiente de fluxo. Pode-se observar que o contraste pode ser aumentado pela redução da distância y_1. Fotografias *schlieren* são utilizadas para localização de ondas de choque e para estudo de fenômenos que envolvam fluxo supersônico.

9.5.3 O interferômetro de Mach-Zehnder

É considerado o instrumento mais preciso para visualização de fluxo. O esquema da Figura 9.88 apresenta uma fonte luminosa colimada através da lente L_1 e dividida por S_1.

O interferômetro é utilizado para obter uma medição direta das variações de densidade na região de interesse. Se a densidade, nessa região (feixe 1), é diferente da região do feixe 2, isso se deve a uma alteração nas propriedades de refração do meio fluido. Se o fluido na região de interesse apresenta as mesmas propriedades ópticas da região do feixe 2, não ocorre deslocamento no modelo de franjas. A alteração no caminho óptico na região de interesse resulta de uma alteração no índice de refração, isto é,

$$\Delta L = L(n - n_0),$$

sendo L a densidade do fluxo na região de interesse. Para gases, a expressão é $n = \left(1 + \beta\frac{\rho}{\rho_s}\right)n_1$ e a alteração no caminho óptico é dado por

$$\Delta L = \beta L\left(\frac{\rho - \rho_0}{\rho_s}\right)$$

e o número de franjas deslocadas é então dado por

$$N = \frac{\Delta L}{\lambda} = \left(\frac{\beta L}{\lambda}\right) \times \left(\frac{\rho - \rho_0}{\rho_s}\right)$$

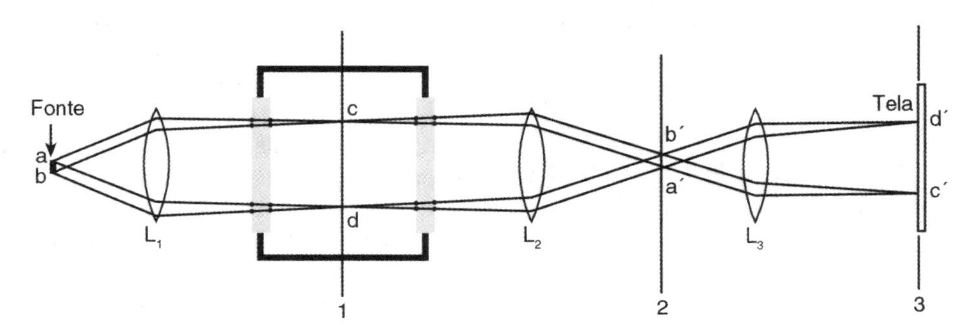

FIGURA 9.87 Esboço de um *schlieren*.

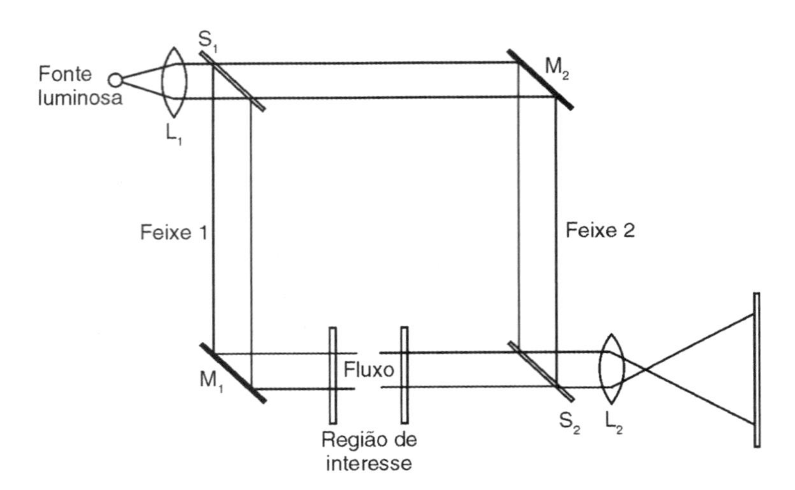

FIGURA 9.88 Esquema do interferômetro de Mach-Zehnder.

em que λ é o comprimento de onda da luz e $\rho - \rho_0$ representa a alteração na densidade da condição inicial. O índice zero em ρ_0 indica a condição inicial (também chamada de franja zero), ou seja, a condição no caminho seguido pelo feixe 2 na Figura 9.88, e ρ_s é a densidade de referência nas condições padrões. O interferômetro fornece uma indicação direta quantitativa das alterações de densidade na região de interesse, conforme exemplo da Figura 9.89.

9.5.4 *PIV* (particle image velocimetry)

A maioria das técnicas utilizadas para visualização de fluxo tem suas bases em dois princípios: um deles é o de introdução de partículas e detecção de fluxo relacionado com alterações nas propriedades ópticas do fluido. Em líquidos, tintas

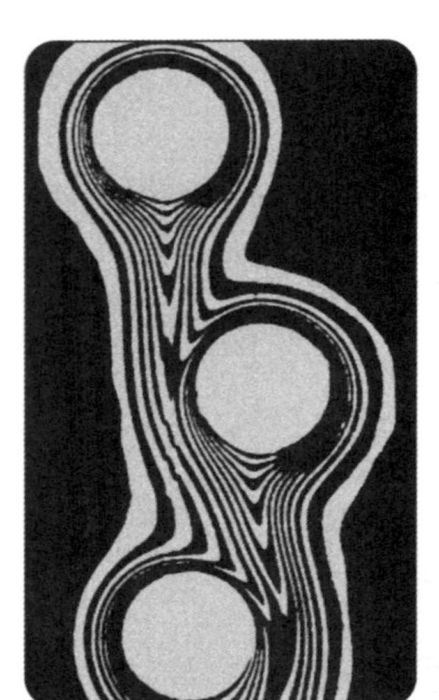

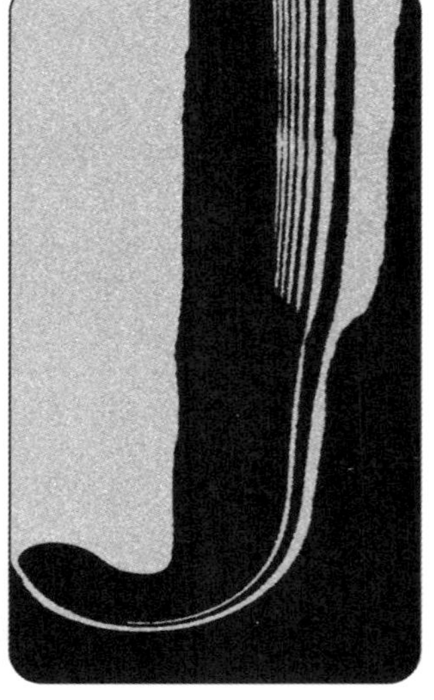

FIGURA 9.89 Esboços simplificados de imagens geradas por interferômetro indicando o fluxo de ar. Cada linha de franja representa uma linha de densidade constante ou uma linha de temperatura constante.

coloridas ou bolhas de gases (existem em desenvolvimento projetos de pesquisa com partículas radioativas, que possibilitam a visualização do fluxo em três dimensões — por meio do princípio da tomografia computadorizada) são elementos comumente utilizados como traços. Os métodos gráficos de sombra, *schlieren* e interferômetros utilizam, de diferentes formas, a variação no índice de refração do gás com a densidade.

Outra técnica de visualização de fluxo que produz também resultados quantitativos é o PIV (*particle image velocimetry*). O fluxo de um líquido ou de um gás é medido a partir da velocidade de partículas flutuantes próximas da neutralidade. Com uma lente, um feixe de *laser* é expandido em duas dimensões, definindo-se um plano no qual a velocidade deve ser medida. Por um método de exposição múltipla, as localizações das partículas, em dois instantes separados por um intervalo conhecido, são utilizadas para calcular a magnitude e a direção da velocidade da partícula [Figura 9.90(*a*)]. Normalmente são utilizados filmes ou câmeras CCD para registrar as imagens necessárias, como mostra a Figura 9.90(*b*), que é o arranjo mais utilizado. Atualmente, o método da correlação cruzada (veja, no Volume 1, o Capítulo 4, Sinais e Ruídos) é utilizado a fim de determinar os deslocamentos de imagem para imagem. A Figura 9.91 traz um exemplo de uma imagem PIV.

Portanto, o PIV (também chamado de PIDV — *particle image displacement velocimetry*) é um método que registra a posição de uma partícula em uma seção do fluxo em um dado instante. De maneira geral, um típico sistema PIV é formado por três blocos principais: um meio para registrar a imagem, uma unidade de processamento de sinais ou imagens para extrair a velocidade, e uma unidade de controle para exibir, preparar e apresentar os resultados futuros. Sistemas PIV são fontes de P&D em muitos centros de pesquisa, mas ainda são considerados como recurso experimental.

A velocidade de um fluido é determinada registrando-se o deslocamento de pequenas partículas contidas no fluxo e, subsequentemente, analisando-se o deslocamento das partículas.

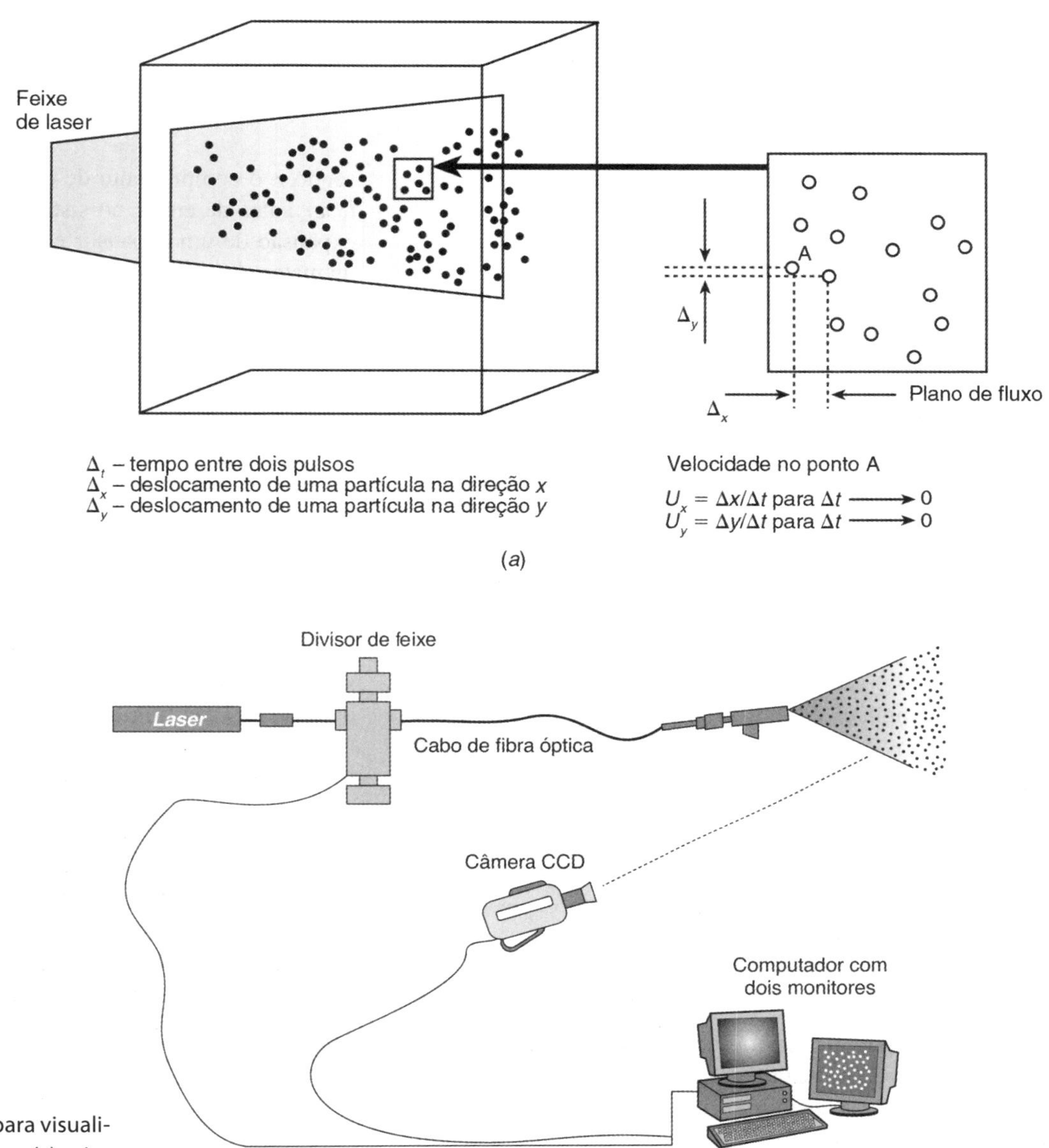

FIGURA 9.90 Método PIV para visualização e caracterização de fluxo: (*a*) princípios e (*b*) sistema típico.

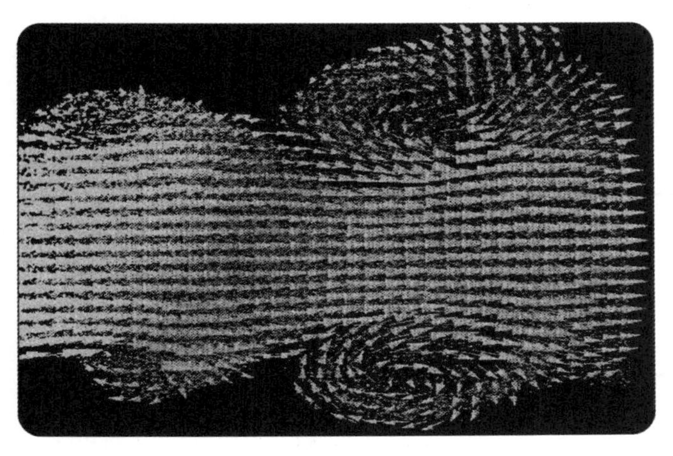

FIGURA 9.91 Desenho simplificado representando a imagem PIV de um fluxo em uma estrutura.

Partículas em uma dada região do fluxo são iluminadas por dois ou mais pulsos de *laser* com tempo entre pulsos conhecido. As posições das partículas são registradas por meio de uma câmera CCD. A interseção entre a região iluminada pelo *laser* e o campo de visão da câmera ou detector determina a região de fluxo a ser medida (Figura 9.92).

A pequena área projetada no filme ou na câmera, a área IA, oriunda da região de medição, determina o volume medido (MV), isto é, o volume do fluxo, cuja informação possibilita que se meça a velocidade. O deslocamento da partícula no plano do objeto, $\Delta x - \Delta y$, é determinado pelos deslocamentos no plano da imagem, $\Delta X - \Delta Y$, do filme ou da câmera CCD:

$$\Delta x = \frac{1}{M}\Delta X \ \text{e} \ \Delta y = \frac{1}{M}\Delta Y,$$

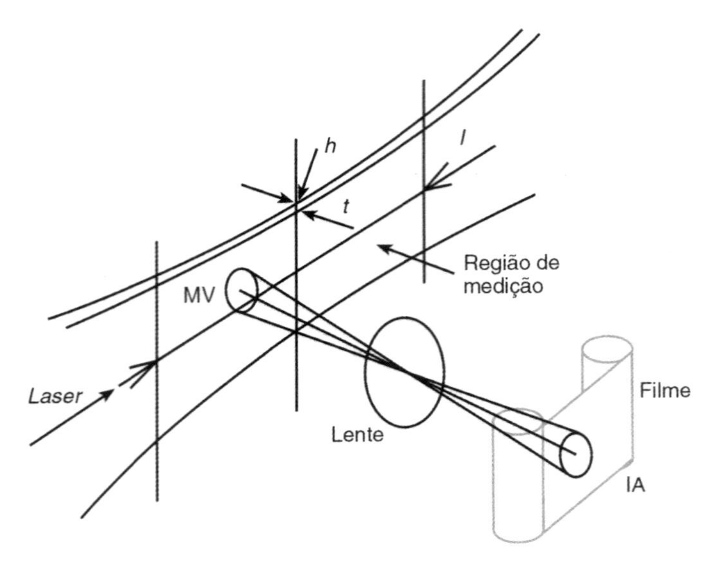

FIGURA 9.92 Esquema mostrando a região de medição pelo método PIV.

sendo M a ampliação da imagem e Δt o tempo de separação entre os pulsos de *laser*. A projeção de velocidade no plano de medição, $u_x - u_y$, pode ser encontrada por

$$u_x = \frac{\Delta x}{\Delta t} \text{ e } u_y = \frac{\Delta y}{\Delta t}.$$

Os resultados são usualmente apresentados em um diagrama vetorial, como mostra a Figura 9.91.

O PIV, de maneira geral, pode ser descrito como um transdutor óptico cujas principais propriedades são descritas a seguir.

Resolução espacial: determina a habilidade do sistema de medir pequenas escalas espaciais. O arranjo óptico que envolve o *laser* e a qualidade do sistema de imagem determina essa resolução. Considere, por exemplo, o arranjo óptico da Figura 9.93, no qual f_1 é o comprimento focal da lente L_1 que determina a espessura do feixe de *laser* na região de medição. As lentes cilíndricas L_2 e L_3 com comprimento focal f_2 e f_3, respectivamente, expandem o feixe de *laser*.

A espessura do feixe expandido t é definida por

$$t \cong \sqrt{\frac{\ln 2}{2}}\frac{4}{\pi}\frac{f_1\lambda}{d_1E_1} = \sqrt{\frac{\ln 2}{2}} \times d_f,$$

sendo λ o comprimento de onda do *laser*, d_1 o diâmetro do *laser* antes de entrar no sistema de expansão, E_1 o fator de expansão de um expansor e d_f usualmente a intensidade do diâmetro de um feixe de *laser* colimado. O comprimento focal l é definido pelos pontos em que a intensidade é metade do seu valor no centro, ou seja,

$$l \cong \frac{8}{\pi}\frac{f_1^2\lambda}{d_1^2E_1^2} = \frac{\pi}{2\lambda}d_f^2$$

e a altura h é dada por

$$h \cong t \times E_2 = t\frac{f_3}{f_2}.$$

Dessa forma, um feixe pequeno pode ser obtido por meio de uma lente L_1 de curto comprimento focal f_1, desde que t seja proporcional a f_1, ou por meio de uma larga expansão E_1 do feixe de *laser* original. Uma boa solução é o compromisso razoável entre uma boa resolução espacial, isto é, t pequeno, e uma espessura constante do *laser*, isto é, um grande l.

Resolução temporal: limitada pela velocidade em que se pode revelar o filme ou transferir a imagem eletronicamente.

***Range* ou faixa de velocidade:** é determinada pelas condições da imagem e por Δt. Determina-se o tamanho de uma imagem de uma partícula por dois fatores: a ampliação (ou magnificação) geométrica e a difração da abertura óptica da câmera (veja a Figura 9.94). O diâmetro da imagem geométrica, d_g, é dado por

$$d_g = Md_p,$$

sendo d_p o diâmetro da partícula.

A difração de uma imagem pontual cria um ponto borrado de diâmetro d_s:

$$d_s = 2{,}44(M + 1)F\lambda,$$

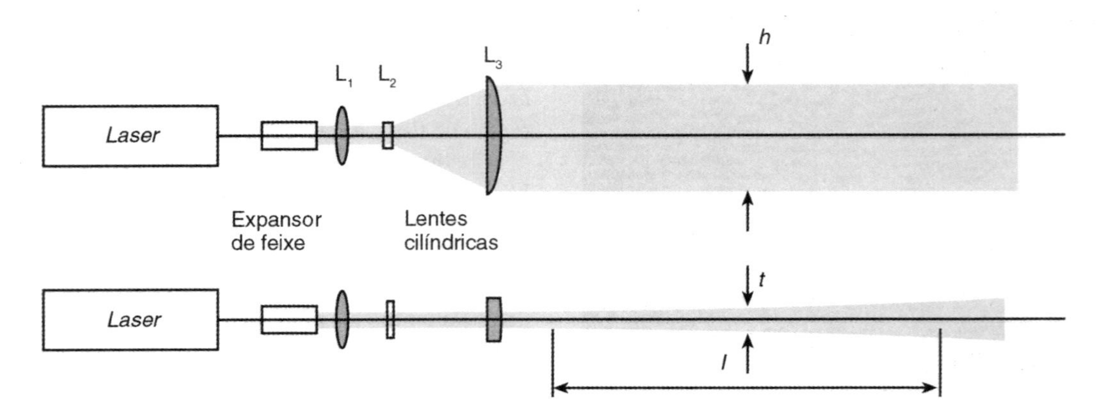

FIGURA 9.93 Arranjo óptico para explicar o conceito de resolução espacial.

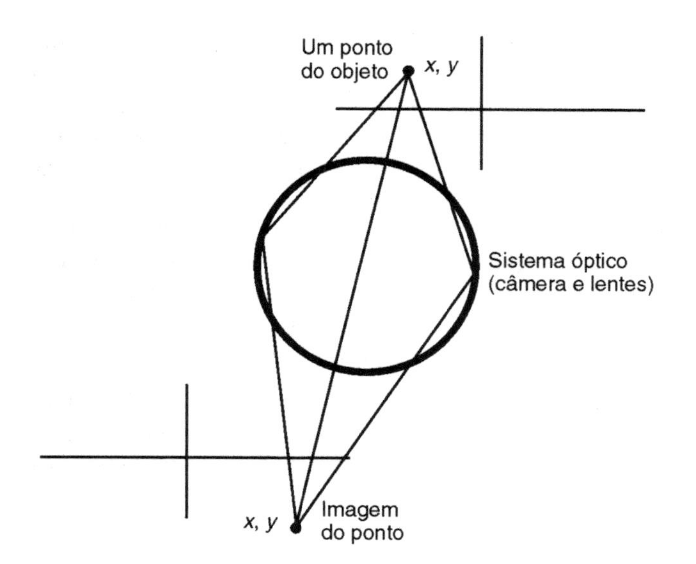

FIGURA 9.94 Geometria óptica de uma imagem.

sendo $F = {}^{f}\!/_{D_A}$, M a ampliação, f o comprimento focal da lente da câmera e D_A o diâmetro da abertura da câmera. O diâmetro efetivo, d_e, é dado por

$$d_e = \sqrt{d_g^2 + d_s^2}$$

que é uma medida útil do tamanho da imagem.

Deslocamento: usando-se o símbolo D para o comprimento do deslocamento no plano da imagem, pode-se definir o deslocamento mínimo mensurável $D_{\text{mín}}$ como o deslocamento no plano do objeto:

$$d_{\text{mín}} = \frac{1}{M} D_{\text{mín}}.$$

Se a faixa de velocidade é especificada como $R = {}^{u_{\text{máx}}}\!/_{u_{\text{mín}}}$, a razão entre as velocidades máxima e mínima no fluxo, o deslocamento máximo é dado por

$$D_{\text{máx}} = R \times D_{\text{mín}}.$$

9.5.5 O efeito Doppler para caracterizar fluxo (*laser-Doppler*)

No método denominado *laser-Doppler anemometry* (anemometria Doppler) não existe movimento em relação à fonte e ao receptor. O deslocamento Doppler (f_D) é produzido pelo movimento de partículas do fluxo que dispersam a luz da fonte capturada pelo detector (método utilizado no radar). Relembrando, o deslocamento Doppler é dado por

$$f_D = \Delta f = \frac{f \times v}{c}$$

em que f é a frequência da fonte luminosa, c a velocidade de propagação da luz e v a velocidade da partícula. A Figura 9.95 traz um esboço dessa técnica, na qual a luz do *laser* é dividida em um feixe de referência e um feixe de iluminação. Parte da luz do feixe de iluminação é dispersa na direção do feixe de referência pelas partículas no fluxo. A intensidade luminosa resultante é detectada pelo fotodetector, cuja frequência do sinal de saída é igual à frequência de deslocamento Doppler (f_D) produzida pelo movimento (velocidade) das partículas. A relação para essa configuração é dada por

$$f_D = \frac{2 \times v \times \cos(\alpha)}{\lambda} \times \text{sen}\left(\frac{\theta}{2}\right),$$

sendo λ o comprimento de onda da luz incidente, θ o ângulo entre o feixe de iluminação e o feixe de referência, e α o

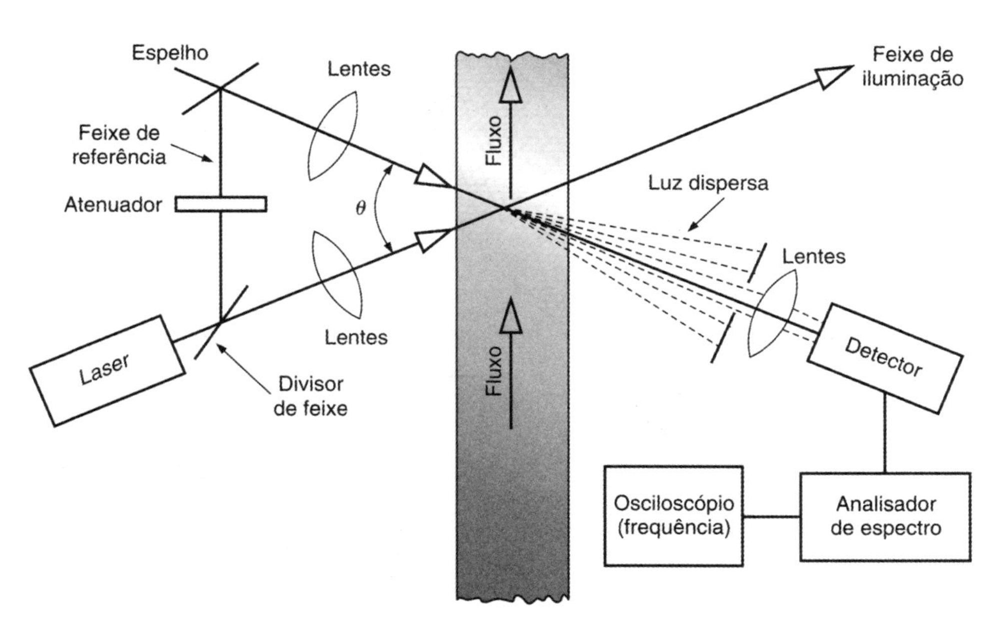

FIGURA 9.95 Anemometria com feixe de referência ou anemometria Doppler (*laser-Doppler anemometry*).

ângulo entre o vetor velocidade da partícula e uma normal entre o ângulo entre os feixes de iluminação e de referência.

Esse equipamento apresenta uma curva típica, representada na Figura 9.96, que relaciona f_D com a velocidade (v) (para um *laser* de He-Ne).

9.6 Caracterização e Visualização da Topografia de Superfícies por Meios Ópticos: Uma Introdução

Na área da microgeometria, a medição ou caracterização da rugosidade da superfície de um objeto é essencial em diversos processos de fabricação. Existem numerosos procedimentos e instrumentos para medir rugosidade, que vão desde a observação puramente subjetiva até a utilização de métodos ópticos.

Apenas como introdução, o perfil de uma peça pode ser dividido em duas partes: (a) rugosidade ou textura primária, formada por sulcos ou marcas deixadas pela ferramenta que atuou sobre a superfície da peça; e (b) ondulação ou textura secundária, conjunto das irregularidades repetidas em ondas de comprimento bem maior que sua amplitude (conforme esboço da Figura 9.97).

Diversos parâmetros podem ser utilizados a fim de caracterizar a rugosidade de uma peça (para mais detalhes, consulte normas relacionadas à medição de rugosidade, como, por exemplo, a NBR6405). Normalmente utiliza-se como referência uma linha média, paralela à direção do perfil, dentro do percurso de medição l_m, de modo que a soma das áreas superiores y_s e a soma das áreas inferiores y_i sejam iguais (Figura 9.98).

A seguir, estão relacionados os principais parâmetros utilizados para caracterizar a rugosidade de superfícies.

Rugosidade média (R_a): é a média aritmética dos valores absolutos das ordenadas de afastamento dos pontos do perfil da rugosidade, em relação à linha média, dentro do percurso de medição l_m (Figura 9.99):

$$R_a = \frac{1}{n}\sum_{i=1}^{n}|y_i|,$$

sendo n o número de valores considerados na medida e y_i o valor absoluto das ordenadas de afastamento em relação à linha média.

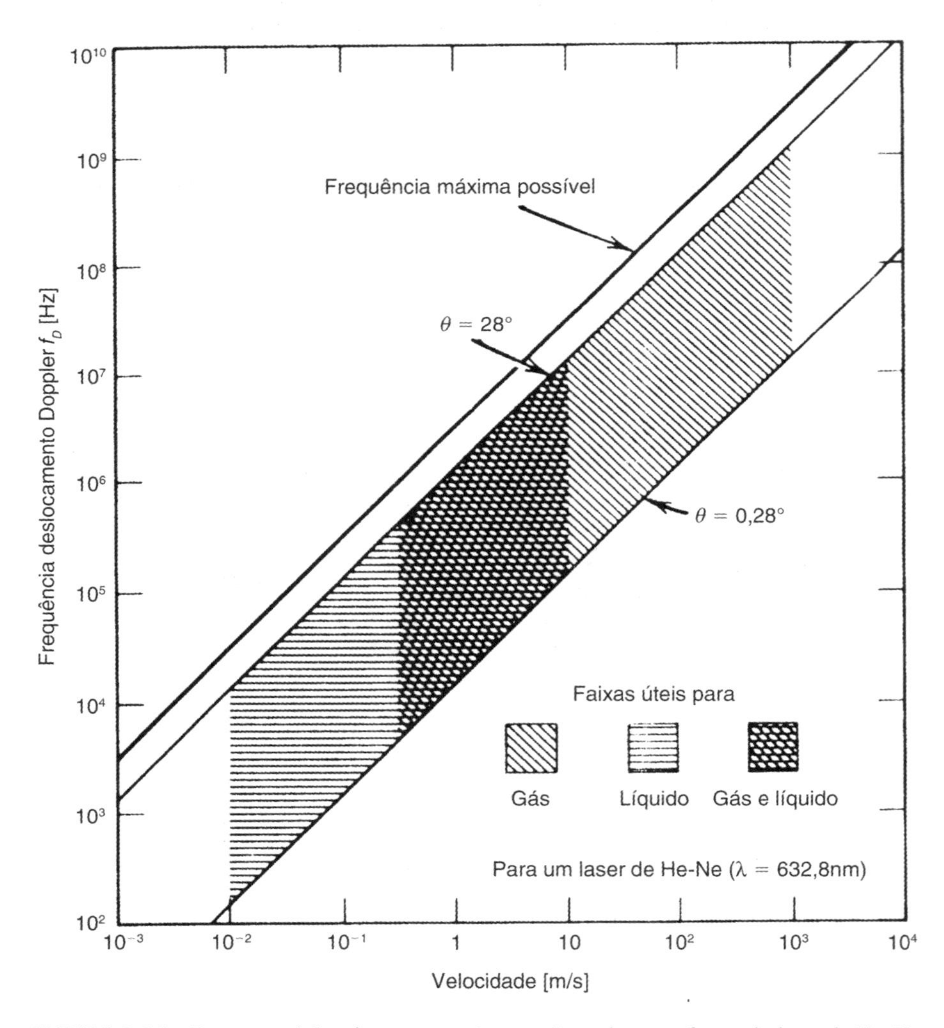

FIGURA 9.96 Resposta típica de um anemômetro Doppler com fonte de *laser* de He-Ne.

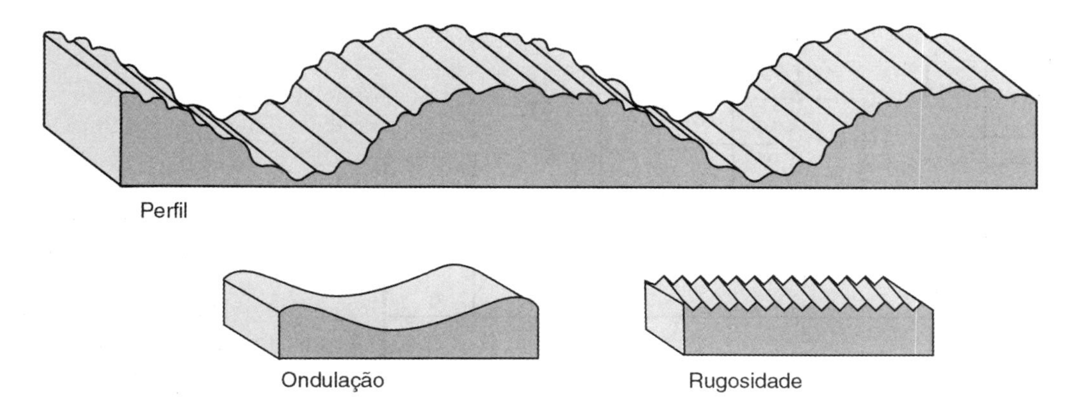

FIGURA 9.97 Textura secundária e primária (rugosidade).

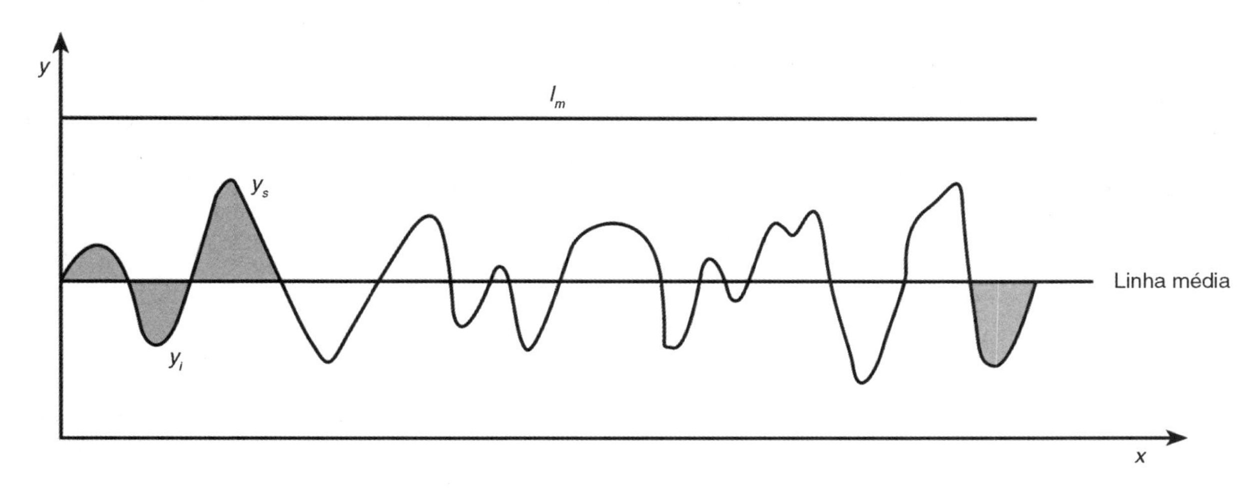

FIGURA 9.98 Ilustração da linha média para determinação da rugosidade.

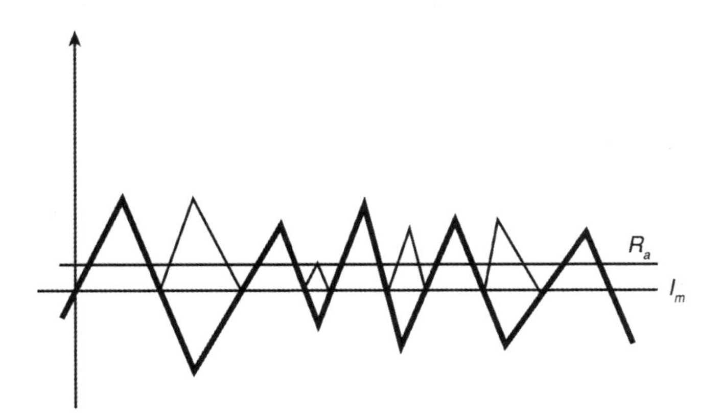

FIGURA 9.99 Parâmetro rugosidade média: R_a.

A Figura 9.100 apresenta outros parâmetros utilizados na caracterização da rugosidade: rugosidade média (R_z), rugosidade máxima ($R_{máx}$) e rugosidade quadrática média (R_q).

A rugosidade média (R_z) é a média aritmética dos cinco valores da rugosidade parcial Z_i (que corresponde à altura entre os pontos máximo e mínimo dentro do percurso de medição, definida como a soma dos valores absolutos das ordens dos pontos de maior afastamento, acima e abaixo da linha média, existentes dentro do percurso de medição). Rugosidade máxima ($R_{máx}$) é o maior valor das rugosidades parciais (Z_i) que se apresenta no percurso de medição I_m; e rugosidade quadrática média (R_q) é o desvio médio quadrático, que vale cerca de 1,25 vez o valor de R_a. A Figura 9.100 apresenta também as seguintes distâncias:

Percurso inicial (I_v): representa a extensão da primeira parte do primeiro trecho apalpado pelo transdutor do rugosímetro (extensão não utilizada para determinação dos parâmetros da rugosidade). Essa distância permite o amortecimento das oscilações mecânicas e elétricas do sistema e, além disso, o alinhamento do perfil da rugosidade.

Percurso de medição (l_m): trecho que representa a extensão útil do perfil de rugosidade usado diretamente na avaliação, incluindo também o comprimento de amostragem (l_e).

Percurso final (l_n): representa a extensão da última parte do trecho apalpado pelo transdutor do rugosímetro. Trecho projetado sobre a linha média e não utilizado na avaliação do parâmetro rugosidade.

Percurso de apalpamento (l_t): representa a soma dos percursos inicial, de medição e final.

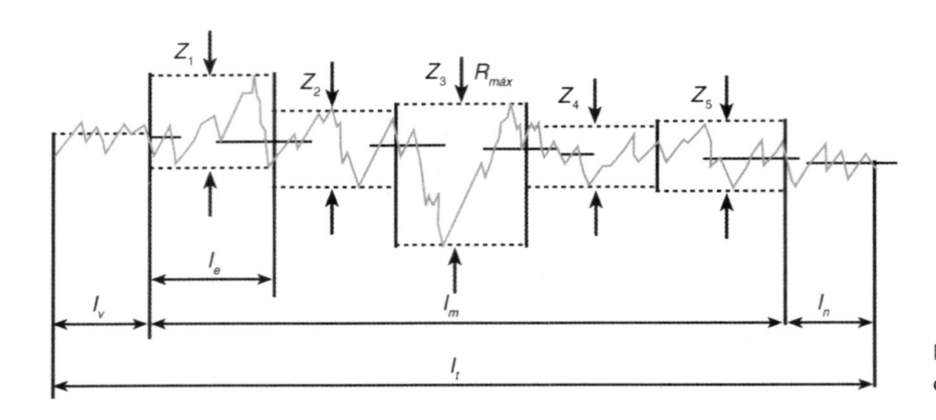

FIGURA 9.100 Outros parâmetros para caracterização da rugosidade.

O equipamento utilizado para medir rugosidade é chamado de rugosímetro, e seu diagrama de blocos pode ser visto na Figura 9.101. Resumidamente, uma sonda piezoelétrica ou de diamante percorre a superfície, traduzindo sua rugosidade em sinal elétrico. O importante a ressaltar é que esse método apresenta contato com o espécime a ser medido, cuja pressão no contato entre a cabeça de diamante do rugosímetro e a superfície da peça pode ser suficiente para causar danos permanentes em muitos materiais utilizados. Além disso, é importante destacar que:

- é um procedimento relativamente lento, o que pode prejudicar sua utilização em linha de produção;
- não pode ser utilizado para caracterização de superfícies poliméricas, tais como fitas magnéticas, devido à sua baixa dureza.

Nos últimos anos, diversos grupos de pesquisa e várias empresas têm desenvolvido métodos, dispositivos e equipamentos para caracterização da rugosidade por meios ópticos, que apresentam as seguintes vantagens:

- inexistência de contato entre o instrumento e o espécime — portanto, nenhum dano é causado à superfície;
- rapidez nas medições, o que facilita o emprego do método em sistemas que requerem confiabilidade ou em produtos de alta qualidade;
- realizações de medições em uma ampla gama de materiais;
- possibilidade de visualização em 2D e 3D do perfil da peça por meio de algoritmos de processamento de imagens;
- possibilidades concretas de uso em linha de produção (com aparato adequado e sistema de amortecimento contra vibrações; o alinhamento desse tipo de sistema é um parâmetro sensível).

Método da dispersão da luz

A Figura 9.102 apresenta o esboço de um aparato experimental para caracterizar rugosidade por meios ópticos. O princípio desse método está baseado no fato de que, quanto maior for a rugosidade de uma superfície, menor será a reflexão especular (no espelho plano ideal, ângulos incidentes e ângulos refletidos são iguais) e maior a reflexão difusa.

A luz colimada de um *laser* é direcionada para uma superfície. Os feixes refletidos são mapeados por um sistema de lentes e por uma câmera CCD, tal que a intensidade da luz dispersa em diferentes direções pode ser medida em variadas localizações no detector.

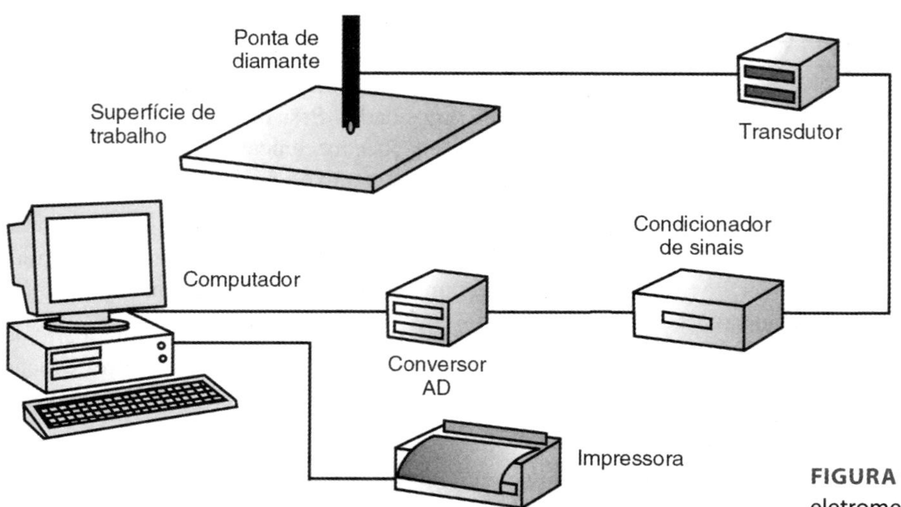

FIGURA 9.101 Diagrama de blocos do rugosímetro eletromecânico computadorizado.

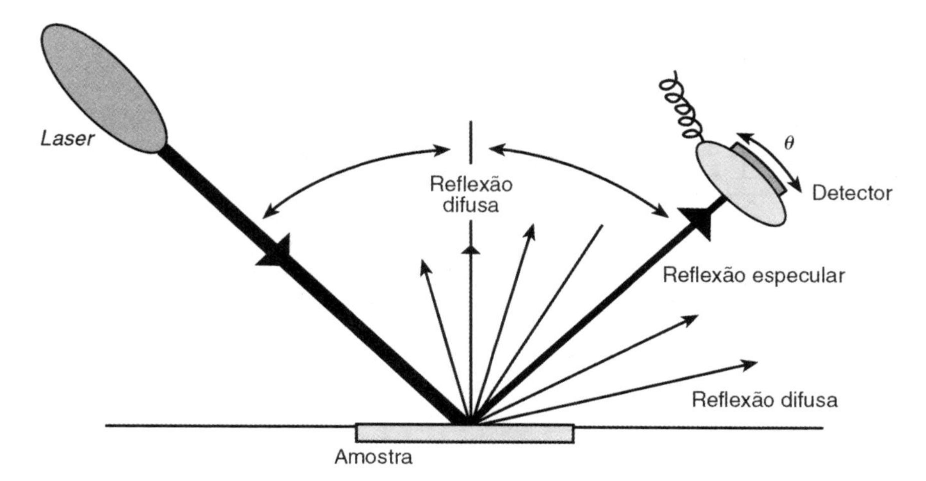

FIGURA 9.102 Arranjo de um rugosímetro eletro-óptico.

As medições da rugosidade são independentes da condutividade da superfície investigada, e a intensidade do feixe especular é dependente do ângulo do feixe incidente — um dos grandes problemas desse método, principalmente se for considerada sua implantação em uma linha de produção. Portanto, o aumento da intensidade está diretamente relacionado com o aumento da rugosidade da superfície e vice-versa. A dispersão da luz pela superfície rugosa pode ser observada ou adquirida por uma câmera CCD, posicionada no campo óptico, gerando uma imagem granular ou *speckle* — com o processamento desse modelo granular, é possível caracterizar a rugosidade de uma superfície. Uma das técnicas é capturar a dispersão total (simultaneamente os feixes especular e difuso) para determinar a intensidade total do *speckle*. O contraste dessa imagem pode, simplificadamente, ser obtido por

$$C = \frac{\sigma_i}{<I>}$$

em que $<I>$ é a intensidade média e σ_i o seu desvio padrão. Trabalhos experimentais comprovaram que a diminuição do contraste de uma imagem está relacionada com o aumento da rugosidade.

Além disso, para uma rugosidade quadrática média (R_q) muito menor do que o comprimento de onda λ da fonte luminosa, a intensidade do feixe especular I_{esp} é dada por

$$I_{esp} = I_o \cdot e^{-\left(\frac{4 \cdot \pi \cdot R_q \cdot \cos\theta_i}{\lambda}\right)^2},$$

sendo θ_i o ângulo do raio incidente e I_o a intensidade da dispersão da luz total (incluindo a luz especular).

Interferometria de luz branca

Interferômetros de luz branca podem ser utilizados para determinação de uma ampla faixa de rugosidade de superfícies. Um sistema de medição é baseado no princípio do interferômetro de Michelson, em que o espelho no feixe de medição é trocado pelo objeto a ser medido. Um LED, usado como fonte de luz, causa a interferência de luz branca, a qual exibe uma modulação típica como função do deslocamento de fase entre o feixe de medição e o feixe de referência, que é máximo quando nenhum deslocamento de fase existe, isto é, o objeto medido está no plano de referência (Figura 9.103). Quando comparado ao método da triangulação, este método apresenta a vantagem de que a iluminação e a observação estão na mesma direção, permitindo faixas maiores de medições. A topografia do objeto medido pode ser derivada da rugosidade da superfície medida.

É possível implementar campos de medição, dependendo do arranjo óptico, de 50 × 50 nm até 200 × 200 μm. A resolução lateral depende do campo de medição e do número de colunas e linhas da câmera CCD (no mínimo 512 × 512 *pixels*) e da geometria do *pixel*. A resolução na direção longitudinal é limitada pela rugosidade da superfície, e o tempo de medição é na faixa de minutos, dependendo do tamanho máximo da estrutura a ser medida.

Correlação do speckle

Utiliza o coeficiente de correlação de duas medições da superfície como uma medida do parâmetro padrão de rugosidade. A Figura 9.104 apresenta o esboço desse sistema. A luz de um *laser* é direcionada para o espécime em estudo (formando o *speckle*) capturada por um sistema de aquisição e processamento, cuja função é converter a imagem e obter a correlação. A avaliação da imagem é obtida por meio do coeficiente de correlação cruzada.

Estudos determinam que a frequência de amostragem espacial, neste caso o tamanho do *pixel* da câmera CCD ($d_{speckle}$), deve respeitar a frequência do sinal espacial (teorema de Shannon):

$$d_{speckle} > 2 \times d_{pixel}$$
$$d_{speckle} = \frac{4}{\pi} \times \frac{\lambda \times f}{2 \times \omega_0}$$

no qual λ é o comprimento de onda da luz utilizada, f o comprimento focal das lentes e ω_0 o diâmetro da área iluminada na superfície.

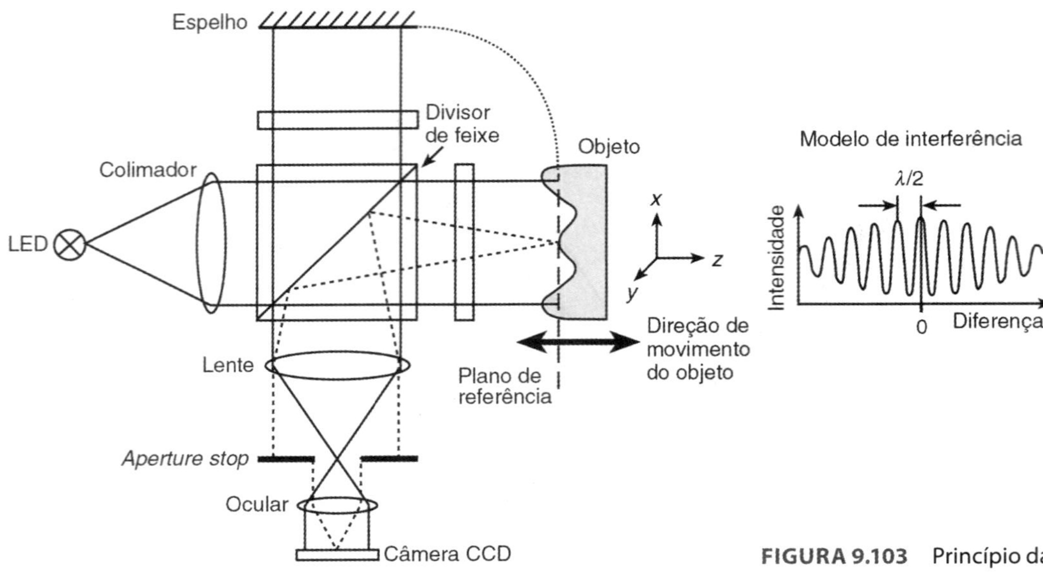

FIGURA 9.103 Princípio da interferometria de luz branca.

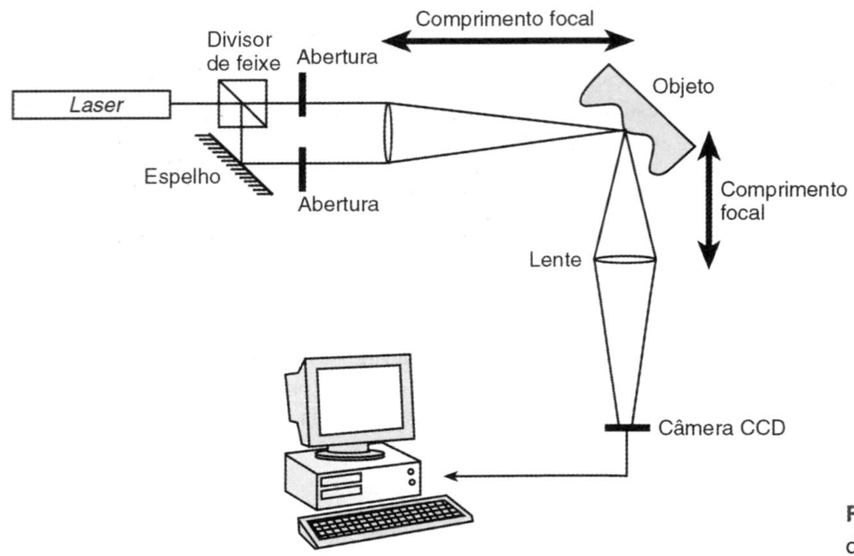

FIGURA 9.104 Esboço do sistema de correlação do *speckle*.

EXERCÍCIOS

Questões

1. Explique os conceitos da lei da reflexão, da refração e da difração. Qual é a importância desses conceitos no desenvolvimento de sistemas ópticos utilizados na área da instrumentação? Explique.
2. Considerando uma imagem qualquer, o que significa o termo intensidade?
3. O que é interferência e como este princípio pode ser utilizado em sistemas de instrumentação?
4. Considerando fontes de luz, explique o que é coerência.
5. O que é difração de Fraunhofer e de Fresnel?
6. O que é holografia e como pode ser utilizada em sistemas de instrumentação?
7. Listar os principais parâmetros utilizados na especificação de um sistema óptico utilizado em instrumentação.
8. Como pode ser determinada a eficiência de um detector de luz?
9. Quais são os principais tipos de fibras ópticas?
10. Como os métodos de sombra e de triangulação podem ser utilizados em sistemas de medição?
11. Quais são os principais métodos ópticos empregados na caracterização de superfícies?
12. Como funciona o vibrômetro Doppler?
13. Explique o que é PIV e seu princípio de funcionamento.

Problemas com respostas

1. Qual a relação entre a frequência, o comprimento de onda e a velocidade de uma onda eletromagnética?

   Resposta: A relação é dada pela equação $c = \lambda \times f$,

   em que c representa a velocidade, λ o comprimento da onda e f a frequência. Deixamos como sugestão a leitura de livros clássicos na área da óptica, pois é possível também considerar a radiação do ponto de vista da Mecânica Quântica.

2. O que são pacotes de energia e o que representa a expressão $E = h \times f$?

   Resposta: De acordo com a Mecânica Quântica, a radiação se propaga de forma descontínua em pequenos pulsos de energia chamados de *quanta* ou fótons. De forma resumida o fóton representa a menor quantidade de luz que pode ser emitida ou absorvida. Esta relação representa a energia de um fóton indicada na expressão por E que é dependente da constante de Plank (h) e da frequência (f).

Problemas e questões para você resolver

1. Esboce e explique o experimento de Young.
2. Realize uma ampla pesquisa sobre os principais métodos ópticos empregados na medição de distâncias, deformações e vibrações. Apresente os diagramas de blocos e explique o correspondente funcionamento de cada sistema.
3. Considerando os elementos apresentados na Figura 9.105, descreva o funcionamento do sistema para medição de tensão mecânica por meios ópticos.

(*a*)

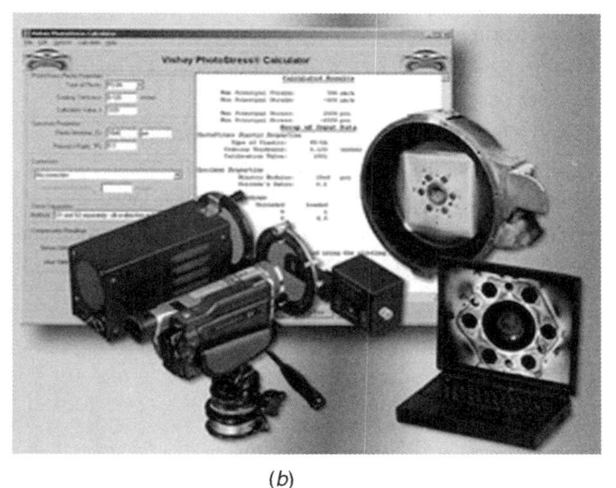

(*b*)

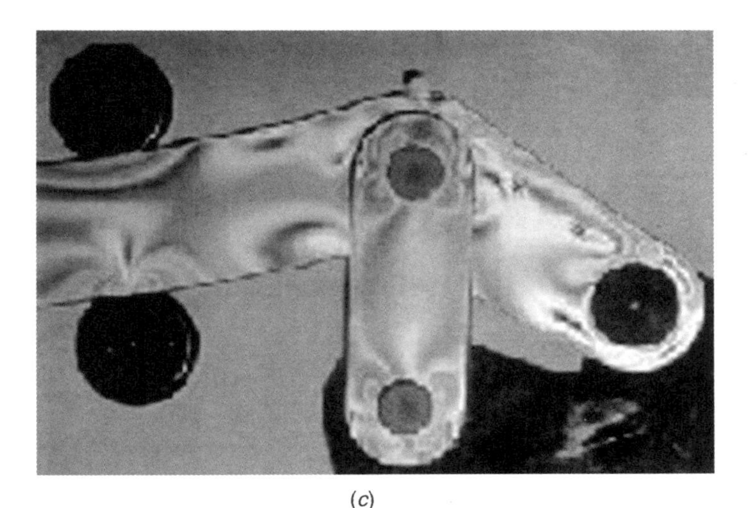

(*c*)

FIGURA 9.105 Sistema óptico para determinação de tensões mecânicas: (*a*) detalhe do sistema transmissor e receptor, (*b*) detalhe do sistema e exemplo do sinal obtido em um monitor de computador e (*c*) detalhe de uma peça que está sofrendo tensão mecânica. (Cortesia de Vishay Intertechnology, Inc.)

■ BIBLIOGRAFIA

BASS, M. e STRYLAND, E. W. V. *Fiber optics handbook: fiber, de-vices and systems for optical communications*. McGraw-Hill Pro-fessional, 2001.

BRINDLEY, K. *Sensors and transducers*. Heinemann, 1988.

CONSIDINE, D. M. *Process industrial instruments and controls hand-book*. McGraw-Hill, 1999.

DALLY, J. W.; RILEY, W. F. e McCONNELL, K. G. *Instrumentation for engineering measurements*. John Wiley&Sons, Inc., 2a ed., 1993.

DOEBELIN, O. E. *Measurement Systems: application and design*. McGraw-Hill, 1990.

FISCHER, R. F. e TADIC, B. *Optical system design*. McGraw-Hill Professional, 2000.

FRADEN, J. *Handbook of modern sensors: physics, designs and ap-plications*. Springer, 2004.

GARCIA, M. P. A.; ANTÓN, J. C. A.; ORTEGA, G. J. G. *Instrumen-tacion electrónica*. Thompson, 2004.

GASVIK, K. J. *Optical metrology*. John Wiley&Sons, 2002.

GIOZZA, W. F.; CONFORTI, E. e WALDMAN, H. *Fibras ópticas: tecnologia e projeto de sistemas*. Makron Books, 1991.

GROSS, H. *Handbook of optical systems, fundamentals of technical optics*. John Wiley&Sons, 2005.

HETENYI, M. *Handbook of experimental stress analysis*. John Wiley&Sons Inc., 1950.

HOBBS, P. C. D. *Building electro-optical systems: making it all work*. John Wiley&Sons, 2000.

HOLMAN, J. P. *Experimental methods for engineers*. McGraw-Hill, 1994.

INASAKI, T. *Sensors in manufacturing*. Artech House, 2004.

LADING, L.; WIGLEY, G. e BUCHHAVE, P. *Optical diagnostics for flow processes*. Plenum, 1994.

SEDRA, A. S. e SMITH, K. C. *Microelectronics circuits*. Holt, Rine-hart & Winston, 3a ed., 1991.

SMITH, W. J. *Modern optical engineering: the design of optical systems (optical and electro-optical engineering series)*. McGraw-Hill, 1990.

TEXAS INSTRUMENTS. *Datasheet do OPT301 — integrated pho-to-diode and amplifier*. Texas Instruments, Incorporated, 2006.

YODER, P. R. *Opto-mechanical systems design — optical engineer-ing*. Marcel Dekker, 1993.

WAYNANT, R. W. e EDIGER, M. N. *Electro-optics handbook*. Mc-Graw-Hill Companies, Inc., 2000.

WEBSTER, J. G. *Measurement, instrumentation and sensors hand-book*. CRC Press, 1999.

WILSON, J. S. *Sensor technology: handbook*. Newnes, 2005.

CAPÍTULO 10

Medição de Força

Alexandre Balbinot, Luiz Carlos Gertz e Valner João Brusamarello

10.1 Introdução

Força é uma grandeza física da qual dependem outras quantidades, tais como torque e pressão. Medidas precisas de força são necessárias em uma série de aplicações, como na determinação de forças de tração e ruptura de materiais, no controle de qualidade durante a produção, na pesagem, entre muitos outros processos. Na indústria aeronáutica, por exemplo, medidas de força são necessárias para testar a integridade estrutural da aeronave, assim como os componentes de modo geral.

Medidas precisas de força também são necessárias para determinar o peso de veículos, tanques, reservatórios etc. Ainda são necessárias em processos de automação, como conformação de metais, bem como no controle da pressão. Outras aplicações incluem medição de torque, dinamômetros, tensão de cabos em sistemas como elevadores, checagem de estruturas em relação a deslocamento e forças de cisalhamento, pesagem de alimentos em supermercados, pesagem de caminhões em autoestradas, entre muitas outras.

Força pode ser definida como uma quantidade capaz de mudar a forma, o tamanho ou o movimento de um objeto. Trata-se de uma grandeza vetorial e, como tal, possui magnitude, direção e sentido. Se um corpo está em movimento, a sua energia cinética pode ser quantificada como metade do produto da massa pela velocidade ao quadrado. Se um corpo está livre para movimentar-se, a ação da força mudará a sua velocidade. Existem quatro forças fundamentais na natureza: a gravitacional, a magnética, as forças nucleares fortes e as forças nucleares fracas. A mais fraca das quatro é a força gravitacional, que, no entanto, é a mais fácil de ser observada, pois atua em todos os corpos. A atração devida à força gravitacional entre dois corpos diminui com a distância, mas sempre está presente entre eles; sendo assim, para equilibrar a força da gravidade é necessária uma força de magnitude igual com sentido contrário. Isso de fato ocorre quando qualquer pessoa está parada sobre uma superfície: a força exercida pela aceleração da gravidade é equilibrada por uma força de magnitude igual atuando nos pés, no sentido contrário.

Mecânica é a ciência que estuda o movimento de corpos e os efeitos de forças sobre esse movimento. Divide-se em duas áreas: a **estática** e a **dinâmica**. A diferença entre ambas é que uma trata de objetos parados ou sujeitos a velocidade constante e a outra trata de objetos sujeitos a acelerações diferentes de zero. O matemático grego Arquimedes (287-212 a.C.) foi o primeiro a sistematizar a análise de forças paralelas e aplicou seus princípios a alavancas simples e a sistemas de polias. Quase dois mil anos se passaram até Simon Stevin (1548-1620) criar um sistema para resolver problemas com forças não paralelas (paralelogramo de forças) representando a força por uma flecha posicionada sobre uma linha — dando origem à ideia de direção e sentido —, atualmente denominado vetor. O francês René Descartes (1596-1650) decompôs os vetores em coordenadas cartesianas e introduziu a ideia de grandeza vetorial, com direção, módulo e sentido, diferenciando-a das grandezas escalares.

O estudo da dinâmica surgiu no século XVII com Galileu (1564-1642), que compreendeu a lei da inércia, afirmando que um corpo em movimento e livre de forças externas se manterá em movimento com velocidade constante. Também relacionou a aceleração com as forças externas aplicadas a um corpo e sua massa.

No ano da morte de Galileu, nasceu Isaac Newton (1642-1727), que deu continuidade aos estudos de Galileu e avançou na compreensão dos fenômenos da dinâmica esclarecendo os conceitos de força e massa. Newton sistematizou as descobertas experimentais de Galileu e publicou-as no clássico tratado *Principia* por meio das três leis que são a base da mecânica clássica:

Primeira lei. "Na ausência de forças aplicadas, uma partícula em repouso ou que se move com velocidade constante em linha reta permanecerá em repouso ou continuará a se mover com velocidade constante em linha reta."

Segunda lei. "Se uma partícula em repouso for submetida a uma força, a partícula será acelerada. A aceleração da partícula terá a direção e o sentido da força, e a magnitude da aceleração será proporcional à magnitude da força e inversamente proporcional à massa da partícula."

Terceira lei. "Para toda ação existe uma reação igual e oposta."

10.2 Fundamentos Teóricos

Em 1678, Robert Hooke estabeleceu a relação existente entre tensões e deformações de corpos submetidos a esforços mecânicos. Quando uma força é aplicada longitudinalmente em uma mola, ocorre uma deflexão descrita pela lei de Hooke:

$$F = kx$$

sendo F [N] a força, x [m] a deflexão mecânica e $k\left[\frac{N}{m}\right]$ a constante de rigidez da mola.

De fato, a lei de Hooke é uma aproximação do que realmente acontece com os corpos deformáveis, pois a relação entre a força e a deflexão é aproximadamente linear para pequenas variações. Essa teoria pode ser aplicada em outros sistemas físicos, como, por exemplo, em uma pequena barra de metal engastada. Nesse caso, ao aplicar-se uma carga, ocorre uma deflexão, que não pode ser percebida a olho nu. Porém, se as cargas e as deformações forem suficientemente pequenas, a relação entre a força e a deflexão também pode ser considerada linear.

A lei de Hooke também pode ser expressa por

$$\sigma = E\varepsilon$$

sendo σ a tensão mecânica $\left[\frac{N}{m^2}\right]$, ε a deformação percentual (%) e E o módulo de Young ou módulo de elasticidade expresso nas mesmas unidades que a tensão σ. Este último parâmetro é uma característica física do material e tem grande importância no projeto de células de carga.[1]

Tensão e deformação são as versões normalizadas de força e deflexão. Tensão é a força por unidade de área, e deformação é o alongamento por unidade de comprimento inicial. A Figura 10.1 mostra a curva de tensão mecânica σ *versus* a deformação ε em um sólido genérico.

O conceito de deformação é análogo ao conceito de deslocamento unitário

$$\varepsilon = \int_{o}^{l} \frac{dl}{l_o} = \frac{l_0 - l}{l_0}$$

em que l_0 é o comprimento inicial e l o comprimento final.

Em geral, aplica-se como unidade unitária uma microdeformação ($\mu\varepsilon$) que equivale a uma variação de 1×10^{-6} m em um comprimento inicial de 1 metro. Apesar de adimensional, a deformação relativa é geralmente relacionada com $\mu m/m$ (*microstrain*).

Para deslocamentos pequenos, para a grande maioria dos materiais, verifica-se a lei de Hooke, que estabelece a proporcionalidade direta entre tensões e deformações.

Além da deformação na direção em que a força é aplicada, eixo x, também ocorre uma redução (ou aumento) da secção transversal do corpo, eixos y e z, conforme esboço da

[1] Células de carga são transdutores de força nos quais uma estrutura mecanicamente rígida possui sensores fixados. Quando é aplicada uma carga mecânica, o sistema deforma-se, e essa informação é transmitida ao sensor.

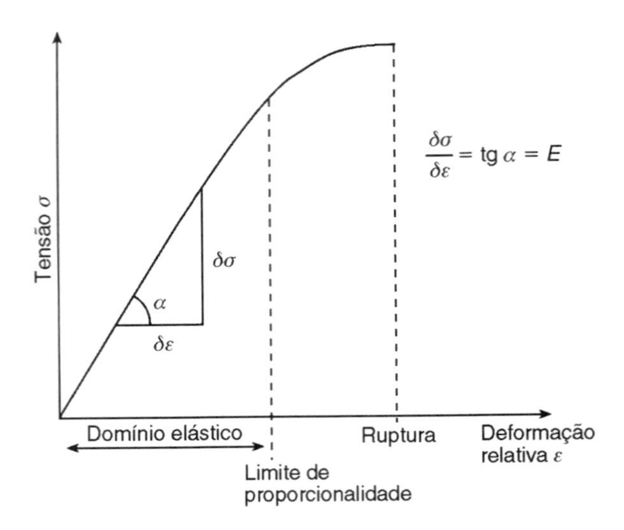

FIGURA 10.1 Curva tensão *versus* deformação.

Figura 10.2. A relação entre a deformação transversal e a longitudinal, para materiais isotrópicos, aqueles que apresentam as mesmas propriedades mecânicas para todas as direções, é representada pelo coeficiente de Poisson γ.

Nos eixos x, y, z, respectivamente, temos as seguintes deformações

$$\varepsilon_x = \frac{\sigma_x}{E} \qquad \varepsilon_y = -\gamma\frac{\sigma_x}{E} = -\gamma\varepsilon_x \qquad \varepsilon_z = -\gamma\frac{\sigma_x}{E} = -\gamma\varepsilon_x$$

Observa-se que os sinais negativos para ε_y e ε_z reduzem essa dimensão quando aplicada a tensão σ_x.

10.2.1 Tensão mecânica

Quando forças externas são aplicadas em um corpo, forças internas de direção e magnitudes variadas também são gera-

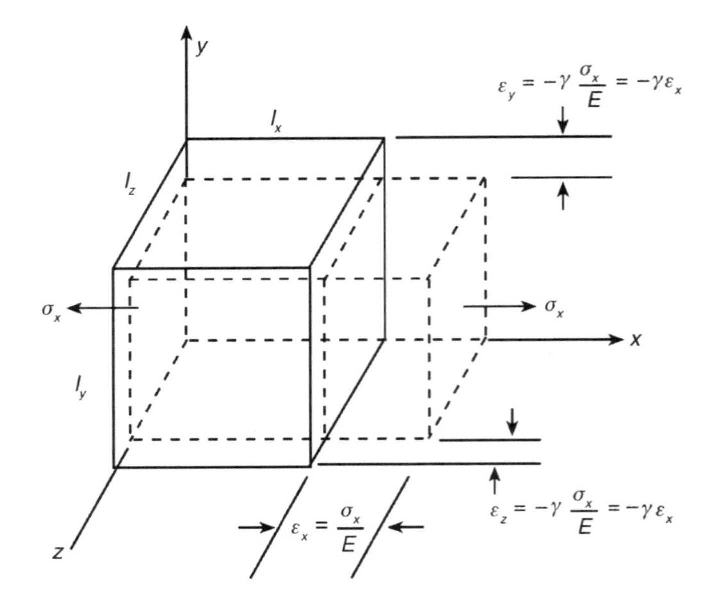

FIGURA 10.2 Representação gráfica do efeito de Poisson.

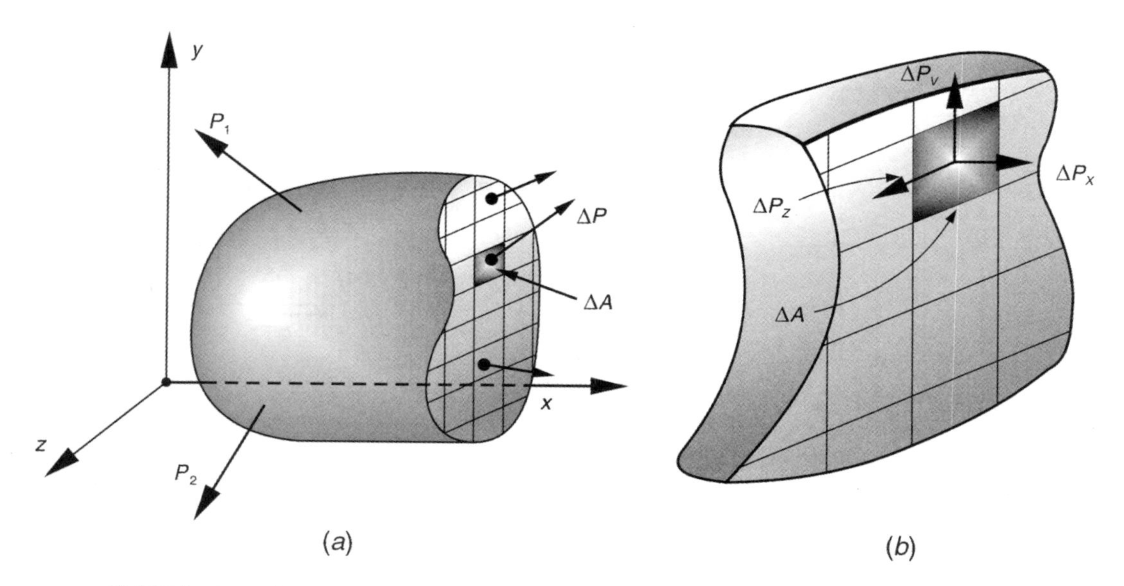

FIGURA 10.3 (a) Forças aplicadas sobre um corpo e (b) decomposição da força interna ΔP.

das. Essas forças internas podem ser decompostas em forças normais e paralelas à superfície de corte em análise. A Figura 10.3 mostra a decomposição do vetor ΔP. Para que o equilíbrio seja mantido, é necessário que o somatório das forças externas e internas seja nulo. Tensão é a força aplicada por unidade de área, ou seja,

$$\tau_{xx} = \lim_{\Delta A \to 0} \frac{\Delta P_x}{\Delta A} \qquad \tau_{xy} = \lim_{\Delta A \to 0} \frac{\Delta P_y}{\Delta A} \qquad \tau_{xz} = \lim_{\Delta A \to 0} \frac{\Delta P_z}{\Delta A}.$$

Os subíndices estão associados a um plano que contém o vetor tensão. No caso do exemplo utilizado, o primeiro x representa o plano perpendicular à direção x, e a segunda letra (x, y ou z) indica a direção da componente de tensão.

Quando as tensões são aplicadas perpendicularmente à superfície, são chamadas de normais e representadas por σ. As tensões aplicadas paralelamente à superfície do elemento em análise têm a denominação de tensão de cisalhamento ou de corte e são representadas por τ.

10.2.2 Tensor

Um tensor quantificando tensões em um sólido possui componentes que podem ser convenientemente representadas por uma matriz 3 × 3. Cada uma das três faces cartesianas de um segmento cúbico infinitesimal de volume é sujeita a alguma força. As componentes do vetor força também são três, em um espaço de três dimensões. Logo, 3 × 3 ou nove componentes são necessárias para descrever as tensões no segmento de sólido cúbico tratadas com o tensor.

A Figura 10.4 representa o estado geral das tensões em um elemento cúbico infinitesimal, bem como a convenção de sentido dos vetores.

Na Figura 10.4, pode-se observar que existem três tensões normais — $\tau_{xx} \equiv \sigma_x$, $\tau_{yy} \equiv \sigma_y$ e $\tau_{zz} \equiv \sigma_z$ — e seis tensões mecânicas de cisalhamento — τ_{xy}, τ_{yx}, τ_{yz}, τ_{zy}, τ_{zx} e τ_{xz}. Estas

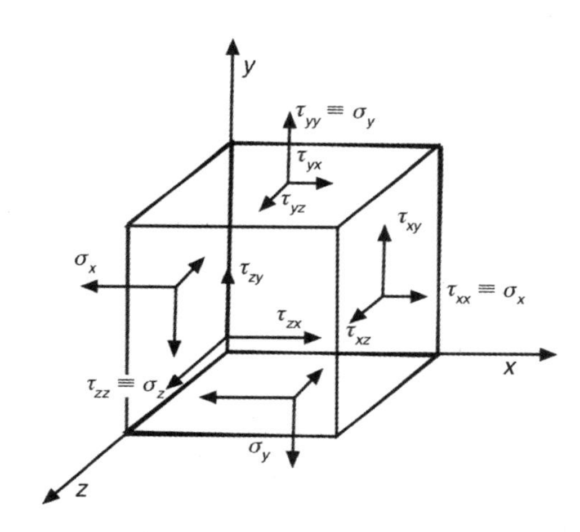

FIGURA 10.4 Estado geral de tensões mecânicas.

componentes podem ser representadas pela matriz do tensor de tensões:

$$\begin{pmatrix} \tau_{xx} & \tau_{xy} & \tau_{xz} \\ \tau_{yx} & \tau_{yy} & \tau_{xz} \\ \tau_{zx} & \tau_{zy} & \tau_{zz} \end{pmatrix} \equiv \begin{pmatrix} \sigma_x & \tau_{xy} & \tau_{xz} \\ \tau_{yx} & \sigma_y & \tau_{yz} \\ \tau_{zx} & \tau_{zy} & \sigma_z \end{pmatrix}.$$

10.2.3 Deformação elástica

Quando um material é submetido a uma tensão mecânica, uma compressão uniaxial ou um cisalhamento, ocorre uma deformação elástica até um valor de tensão mecânica, compressão ou força de cisalhamento críticos. A partir desse ponto, começa a ocorrer uma deformação plástica.

Durante a deformação elástica, os átomos do material são deslocados, mas tendem a voltar para a posição de equilíbrio quando a carga mecânica é removida. A Figura 10.5 mostra os três casos de deformação.

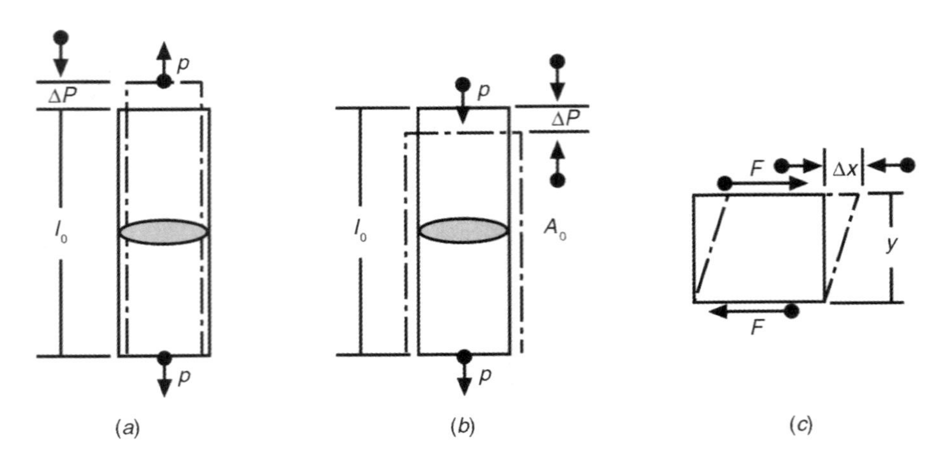

FIGURA 10.5 (*a*) Tensão e deformação uniaxiais, (*b*) compressão e deformação uniaxiais e (*c*) força de cisalhamento e deformação.

Nos casos da Figura 10.5, definem-se tensão e compressão uniaxiais como

$$\sigma = \frac{P}{A}$$

e, para as deformações relativas, como

$$\varepsilon = \frac{\Delta l}{l_0}$$

De modo semelhante, para o cisalhamento

$$\tau = \frac{F}{A}$$

e sua deformação relativa

$$\varepsilon = \frac{\Delta x}{y}$$

A razão de Poisson é a relação entre a deformação transversal e direta do corpo na região elástica (entre um quarto e um terço em metais).

A lei de Hooke relaciona as tensões mecânicas com as deformações:

$\sigma = E\varepsilon$ (tensão e compressão) e $\tau = G\varepsilon_\tau$, sendo E e G os módulos de elasticidade e de cisalhamento, característicos do material.

Uma variação relativa no volume também pode ser relacionada com deformação. Considerando um material com as mesmas propriedades em todas as direções (isotrópico), temos

$$\frac{\Delta V}{V} = \varepsilon(1 - 2\gamma)$$

em que γ é o módulo de Poisson.

Definindo um módulo para esse volume, temos

$$k = \frac{\Delta p}{\left(\frac{\Delta V}{V}\right)},$$

sendo Δp uma pressão que atua em um ponto. Para um sólido elástico com uma compressão uniaxial, temos

$$k = \frac{\sigma}{\left(\frac{\Delta V}{V}\right)} = \frac{\sigma}{\varepsilon(1 - 2\gamma)} = \frac{E}{(1 - 2\gamma)}.$$

Ou seja, um sólido é compressível desde que γ seja menor que 1/2, o que é verdade para a maioria dos metais.

10.3 Balanças e a Medição de Peso

Provavelmente uma balança formada por uma haste com dois pratos fixados nas extremidades por meio de cabos foi o primeiro instrumento utilizado na medição de peso. Esse instrumento utiliza um peso padrão em um dos pratos, sendo esse peso comparado com o produto contido no outro prato. A simplicidade do instrumento e do processo de medição faz com que essa balança seja utilizada até os dias de hoje. A Figura 10.6 traz o desenho de uma balança de braços iguais.

FIGURA 10.6 Balança de pratos com braços iguais.

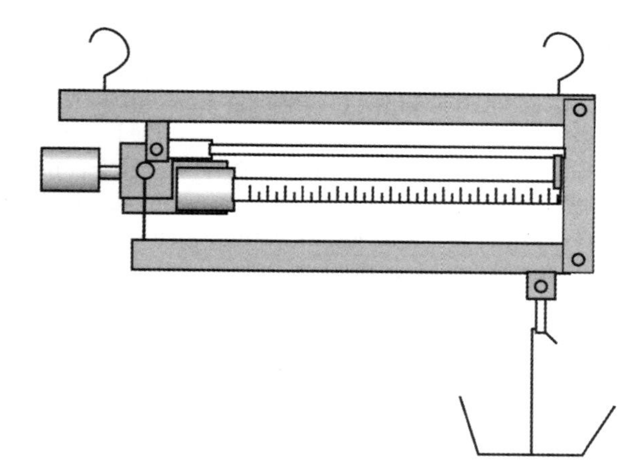

FIGURA 10.7 Balança com massa deslizante.

Com o refinamento mecânico necessário para a boa qualidade da medição, esse tipo de balança foi utilizado, em épocas passadas, para a comercialização de metais preciosos, principalmente ouro e prata.

A evolução da balança de dois pratos veio com a substituição de um dos pratos por uma massa deslizante sobre uma das hastes, conforme esboço da Figura 10.7.

As balanças das Figuras 10.6 e 10.7 funcionam com base no princípio de que a força aplicada pela atração gravitacional sobre a massa do corpo a ser medida será igual à força aplicada sobre a massa conhecida, a qual se encontra no prato oposto, quando esse sistema estiver em equilíbrio.

Se esse sistema for montado em um ponto no espaço, no qual o campo gravitacional seja menor, as forças atuantes em cada braço da balança serão menores, porém o sistema permanecerá em equilíbrio, fornecendo o mesmo resultado de medição. Dessa forma, pode-se afirmar que uma balança de dois pratos com braços iguais ou com massa deslizante mede a massa.

Existe um outro tipo de balança que também é composto por um sistema mecânico extremamente simples: são as balanças de mola, as quais não apresentam a mesma qualidade de medição que as anteriores, mas têm a vantagem de serem compactas e de não necessitarem dos corpos com massa conhecida (pesos padrão). As balanças de mola são baseadas na lei de Hooke, segundo a qual o deslocamento das extremidades de uma mola, na região elástica, é diretamente proporcional à força aplicada. Utiliza-se uma mola fixada em uma das extremidades, e na outra aplica-se uma carga com a força resultante da ação do campo gravitacional sobre a massa do corpo a ser medido.

Deve-se observar que, nesse caso, a medição de massa é indireta, já que o resultado da medição é proporcional ao deslocamento da extremidade da mola, causado pela força aplicada sobre a massa. Em última análise, mede-se força proporcional a um deslocamento. Se a balança de molas for utilizada em um ponto cujo campo gravitacional seja diferente do da Terra, a medição de massa estará errada, mas a medição de força estará correta. A Figura 10.8(*a*) mostra uma balança de mola (também denominada **dinamômetro**). A Figura 10.8(*b*) mostra a fotografia de um dinamômetro.

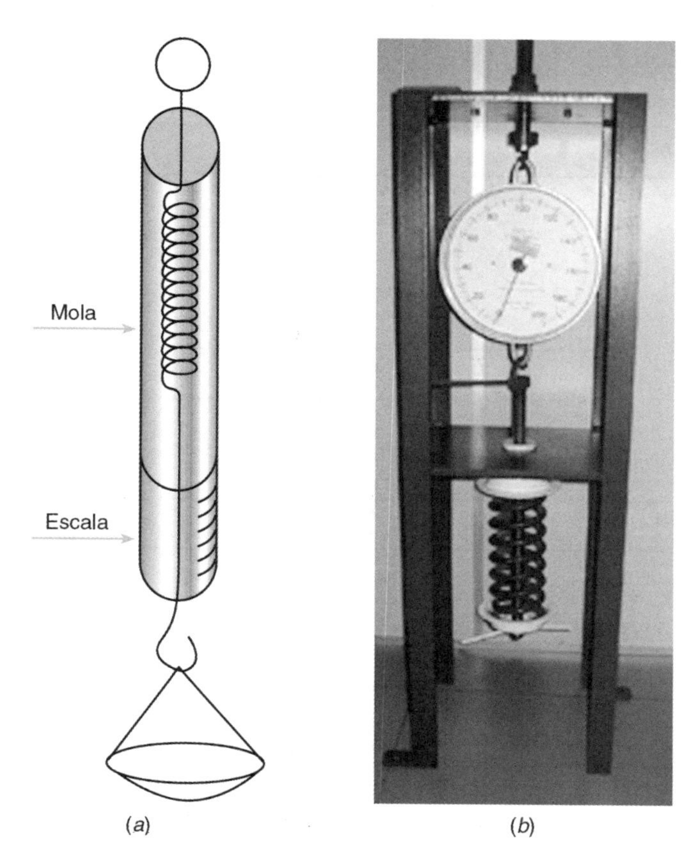

FIGURA 10.8 (*a*) Balança de mola ou dinamômetro e (*b*) fotografia de um dinamômetro.

Atualmente, é pouco comum encontrar balanças mecânicas em supermercados, farmácias ou açougues. Em geral são utilizadas balanças eletrônicas. O menor custo, a simplicidade de operação e principalmente a melhor qualidade de medição fizeram com que as balanças eletrônicas substituíssem as mecânicas. O desenvolvimento dos microprocessadores, de sensores e da eletrônica em geral permitiu que fossem construídos equipamentos para medição de força das formas mais variadas possíveis. O fato de esse tipo de medição estar associado a um sinal elétrico permite que a medição seja registrada por um computador (ou por um microcontrolador dedicado) e que processos em que existe pesagem sejam automatizados. Por exemplo, o empacotamento de granulados e de líquidos, entre outros, pode ser controlado por um sistema que monitora o peso da embalagem.

Em geral, balanças medem força aplicada estaticamente. Os sistemas eletrônicos de medição de força permitem que possam ser analisados eventos dinâmicos, tais como a força aplicada sobre o solo durante a caminhada, ou a força aplicada sobre uma peça da suspensão de um automóvel em deslocamento.

Atualmente, os instrumentos mais utilizados para medição de força são as células de cargas, as quais são tratadas como transdutores de força. Devido à sua importância, os sensores que formam as células de carga receberão destaque especial nas próximas seções.

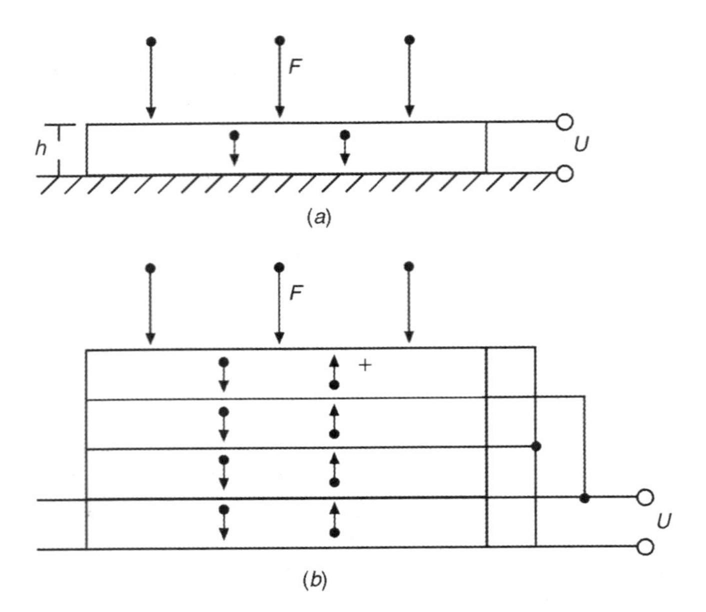

FIGURA 10.9 Sensor PZT: (*a*) disco único e (*b*) pilha de discos.

10.4 Transdutores de Força

10.4.1 Transdutor de força piezoelétrico

No Capítulo 8, Efeitos Físicos Utilizados em Sensores, foram apresentados alguns materiais, tais como as cerâmicas PZT (titanatos e zirconatos de chumbo), que apresentam a propriedade de gerar uma tensão elétrica ao serem submetidos a uma carga mecânica, sendo este um efeito reversível (ao aplicar-se tensão elétrica, ocorre uma deformação mecânica).

A fim de amplificar esse efeito, normalmente os sensores PZTs são construídos em forma de discos empilhados, como mostra a Figura 10.9.

Deve-se observar que, se forem ligados em paralelo, como mostra a Figura 10.9(*b*), apesar de a carga total ser dependente do número de discos, a tensão gerada é a mesma que em um disco único. As vantagens de utilizar uma pilha de discos são o aumento da carga, o aumento da capacitância e a consequente diminuição da impedância do elemento. Uma vez que a tensão elétrica aumenta quase que linearmente com a tensão mecânica aplicada, o PZT pode ser utilizado como sensor de força. Deve-se, entretanto, observar que as cargas elétricas surgem apenas quando a carga mecânica é aplicada. A carga elétrica será descarregada através da resistência de entrada do instrumento que é utilizado para fazer a medição. Dessa forma, não é possível utilizar o PZT na medição de força ou pressão estática.

O limite de frequência mínima do PZT será consequência da capacitância do sensor combinada com a resistência de entrada do instrumento utilizado na composição do circuito de medição. Por exemplo, para medir uma frequência de 20 Hz em um sensor com a capacitância de 1 nF,

$$f = \frac{1}{2\pi RC} \Rightarrow R > \frac{1}{40\pi \times 10^{-9}},$$
$$R > 8\ \text{M}\Omega$$

ou seja, uma alta impedância de entrada é necessária. Como alternativa, ainda se pode variar a capacitância, utilizando-se capacitores em paralelo com o PZT ou, ainda, mais discos na pilha.

Um sensor de força piezoelétrico é quase tão rígido quanto uma peça de aço. Essa característica permite que esses sensores sejam inseridos diretamente em partes de estruturas de máquinas. Sua alta frequência natural e o correspondente tempo de resposta tornam esses sensores ideais para medição de transientes de forças rápidos, tais como os gerados pelo impacto entre metais e vibrações de alta frequência.

Alguns sensores piezoelétricos têm forma de elementos flexores, como, por exemplo, duas tiras de PZT, conforme ilustra a Figura 10.10. Essas duas tiras são polarizadas na direção de sua espessura e fixadas juntas para definir o sensor conhecido como *bimorth*. Podem ser polarizadas em direções opostas (em série) ou na mesma direção (em paralelo).

A força aplicada *F* causa a flexão do elemento com uma tensão na tira superior e uma compressão na tira inferior. Quando as tiras têm polaridades opostas, os campos elétricos resultantes, assim como a tensão, possuem a mesma polaridade. Quando a polarização está na mesma direção, os campos elétricos gerados têm sinais opostos. Uma conexão paralela pode ser feita ligando-se uma das superfícies internas do sensor [Figura 10.10(*b*)].

Esses sensores de flexão possuem uma frequência de ressonância bem mais baixa que a dos sensores axiais que também possuem uma impedância elétrica e mecânica bem mais baixa. Sendo assim, são mais bem adaptados a movimentos suaves.

Apesar de a capacitância dos elementos de flexão ser mais elevada, gerando constantes de tempo altas, é necessário, em geral, aumentar ainda mais essa constante. Para isso, é preciso

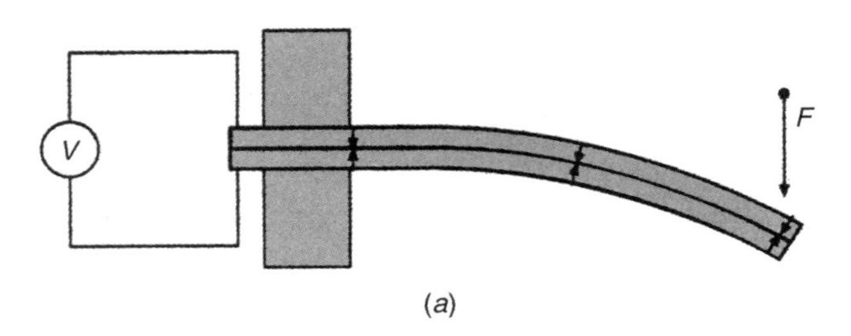

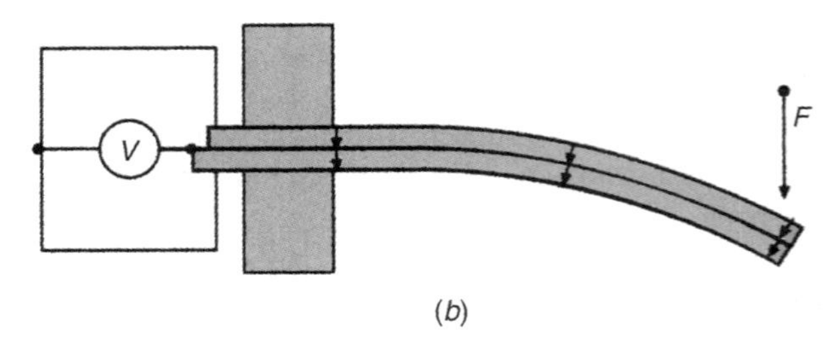

FIGURA 10.10 Sensores de força do tipo tiras: (*a*) em série e (*b*) em paralelo.

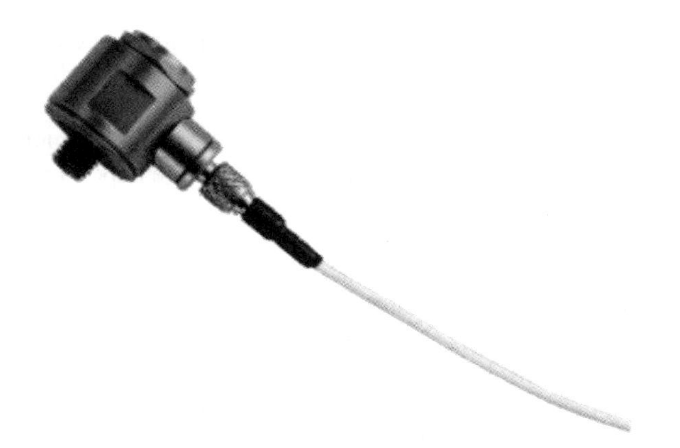

FIGURA 10.11 Exemplo de célula de carga (para medições dinâmicas) construída com sensores piezoelétricos. (© Copyright Omega Engineering, Inc. Todos os direitos reservados. Reproduzido com a permissão de Omega Engineering Inc. Stanford, CT06907, www.omega.com.)

conectar um capacitor em paralelo, o que também diminui a sensibilidade. A Figura 10.11 apresenta uma célula de carga construída com um sensor piezoelétrico.

Atualmente são disponibilizados materiais compósitos, materiais cuja composição é formada por outros componentes (outras fases). Esses materiais são utilizados para construir transdutores piezoelétricos flexíveis. Trata-se de tiras de material piezoelétrico depositadas em filmes poliméricos (poliamida) de forma interdigitada. Essas camadas de materiais formam um transdutor flexível, que pode ser fixado em uma superfície. Dessa forma, é possível a construção de estruturas inteligentes. Uma vez que o material piezoelétrico funciona como transdutor de entrada ou saída, podemos controlar os movimentos de uma superfície flexível, na qual o transdutor é fixado. Como as tiras piezoelétricas estão posicionadas em direções perpendiculares, é possível atuar em qualquer direção em um plano. Uma opção de transdutores dessa natureza é oferecida pela Smart Material (R). Esses transdutores são excitados com tensões elétricas elevadas, com faixas que vão desde –500 V até 1500 V.

Outra opção pode ser encontrada em www.mide.com; embora nesse caso exista uma direção de deformação preferencial, o transdutor opera a tensões mais baixas (–200 V a 200 V).

10.4.2 Transdutor de força capacitivo

O efeito capacitivo também pode ser utilizado para medir força. Se uma placa condutora flexível for utilizada como membrana, ao variar a distância entre outra placa (a qual pode ser fixa) ocorre uma variação na capacitância (veja o Capítulo 8, Efeitos Físicos Utilizados em Sensores). Considerando-se um capacitor de placas paralelas, sua capacitância (C) é dada por

$$C = \frac{\varepsilon_0 \varepsilon_r A}{d},$$

sendo ε_0 a constante dielétrica do ar, ε_r a constante dielétrica relativa do material isolante entre as placas (se houver algum), A a área das placas condutoras e d a distância entre as placas.

Uma tendência atual é a miniaturização de componentes, e muitos dispositivos sensores estão sendo fabricados diretamente em pastilhas semicondutoras. Esses sensores são conhecidos como MEMS (*micro electromechanical systems*). A medição de força está diretamente relacionada com a pressão, uma vez que essa variável é definida como força por unidade de área. No Capítulo 12, em que é feita uma abordagem sobre sensores de pressão, é detalhado o funcionamento de transdutores de pressão por meio do efeito capacitivo.

De fato, quando se utiliza um sensor de pressão, é fácil relacionar a força se é conhecida à área em que ela está sendo aplicada.

A Figura 10.12 mostra um sensor capacitivo de força no qual uma mola (material elastômero) mantém uma placa afastada da base, na qual existe a segunda placa do capacitor. Ao aplicar-se a força no botão, a mola se deforma e as placas condutoras se aproximam uma da outra, mudando o valor da capacitância. Pode-se observar nessa figura que não existe apenas um capacitor, mas um arranjo de quatro pares de placas.

O mesmo princípio de medição de forças por efeito capacitivo pode ser utilizado em outras aplicações. A Figura 10.13 mostra a aplicação de um sensor capacitivo de força para medição da distribuição das tensões mecânicas em um pé de sapato.

Outro exemplo de aplicação de um transdutor capacitivo de força pode ser visto na Figura 10.14. A figura mostra uma mola (elastômero), cuja função é manter um êmbolo móvel afastado das placas fixas na ausência de força externa. Quando uma força perpendicular atua no êmbolo, este se desloca, fazendo com que a área das placas varie.

Pode-se observar que os exemplos das Figuras 10.12 e 10.13 utilizam a variação da distância entre as duas placas, enquanto o exemplo da Figura 10.14 utiliza a variação da área das placas.

10.4.3 Resistor sensor de força (FSR— force sensitive resistor)

Um resistor sensor de força (*force sensitive resistor* — FSR) apresenta uma variação de resistência dependente da força (ou pressão) aplicada. Na verdade, o nome correto deveria ser "sensor de pressão" em vez de "sensor de força", uma vez que o mesmo é dependente da área onde a força é aplicada.

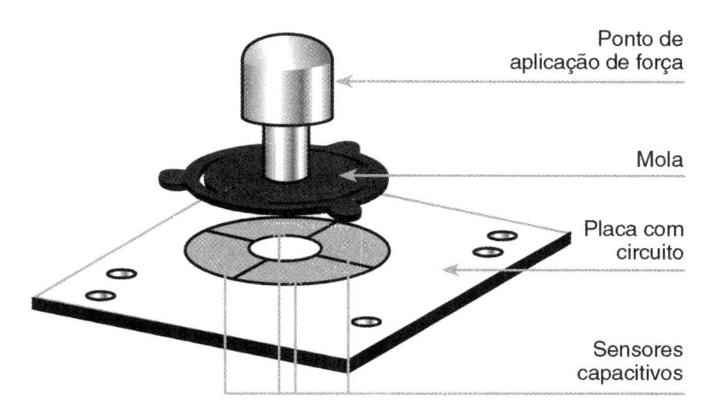

FIGURA 10.12 Sensor de força capacitivo.

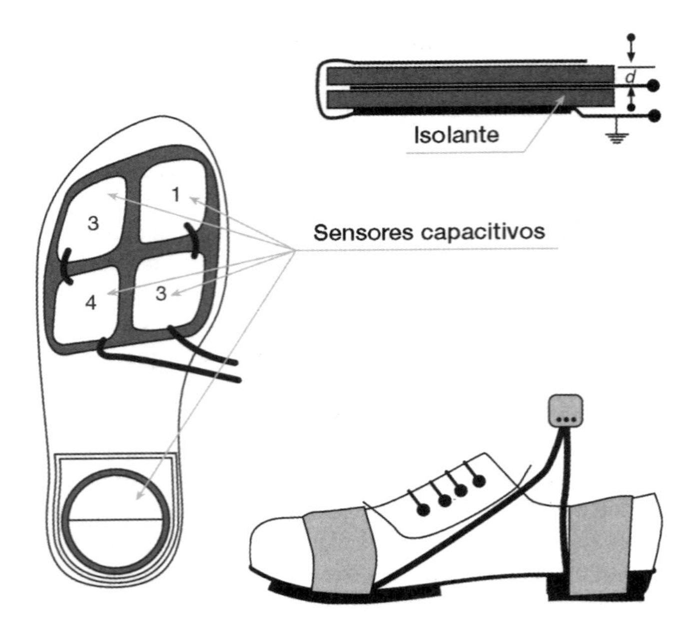

FIGURA 10.13 Sensor de força capacitivo colocado na sola de um sapato.

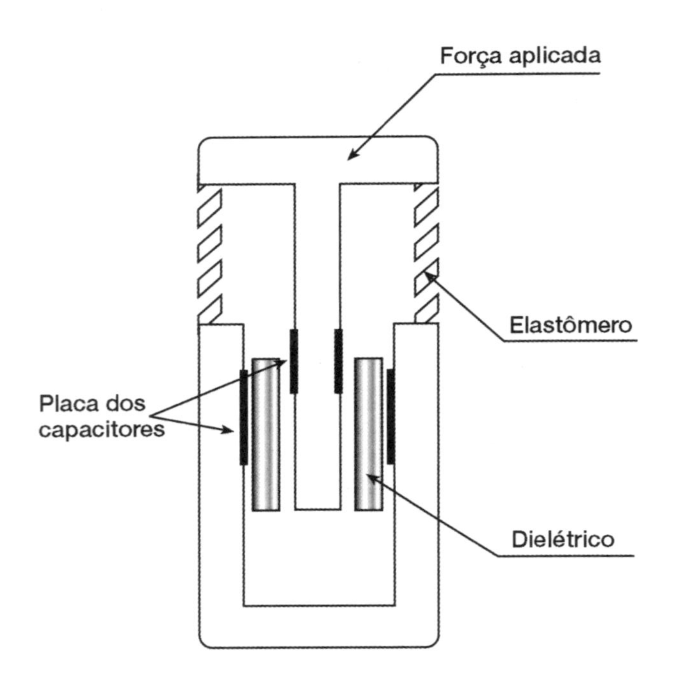

FIGURA 10.14 Transdutor de força capacitivo.

O FSR consiste em um polímero que exibe uma diminuição da resistência com um aumento da força na superfície ativa do sensor.

O material geralmente apresenta quatro camadas:

- um isolante;
- uma área ativa formada por condutores, os quais são conectados aos terminais;
- um espaçador plástico, o qual inclui uma abertura alinhada com a área ativa e uma entrada de ar;
- um substrato flexível revestido com um polímero condutor alinhado com a área ativa.

Quando uma força externa é aplicada ao sensor, o elemento resistor é deformado contra o substrato. O ar é expelido, e o material condutivo entra em contato com a área ativa. Quanto maior for a área ativa em contato com o material condutivo, menor será a resistência. Todos os FSRs precisam de uma força mínima aplicada para começar a responder à variação de resistência. Esse tipo de sensor não é tão preciso quanto um sensor de força clássico, como, por exemplo, um extensômetro de resistência elétrica, mas seu custo é mais baixo. A Figura 10.15 mostra os detalhes de construção de um FSR, as Figuras 10.16(*a*) e 10.16(*b*) trazem detalhes da grade interna, e a Figura 10.16(*c*) mostra uma fotografia desse tipo de sensor.

A Figura 10.17 apresenta a resposta típica de um sensor do tipo FSR.

Os sensores do tipo FSR são conhecidos pela precisão muito baixa, por erros da ordem de 25 % e pela não linearidade da saída (Figura 10.17).

Como o funcionamento desse tipo de sensor depende de sua deformação, o dispositivo deve ser montado em uma base firme e plana. A montagem em superfícies curvas é possível, porém a faixa do sensor é reduzida além da possibilidade do *drift* (deriva) de resistência. Uma alternativa é utilizar vários sensores com áreas ativas menores. É comum a fixação desses sensores no corpo ou em roupas. A Figura 10.18 mostra a aplicação de sensores FSR em uma luva para monitorar algumas funções da mão.

10.4.4 Extensômetro de resistência elétrica (*strain gauges*)

A extensometria é o método que utiliza o princípio da relação que existe entre tensões e deformações em corpos submetidos

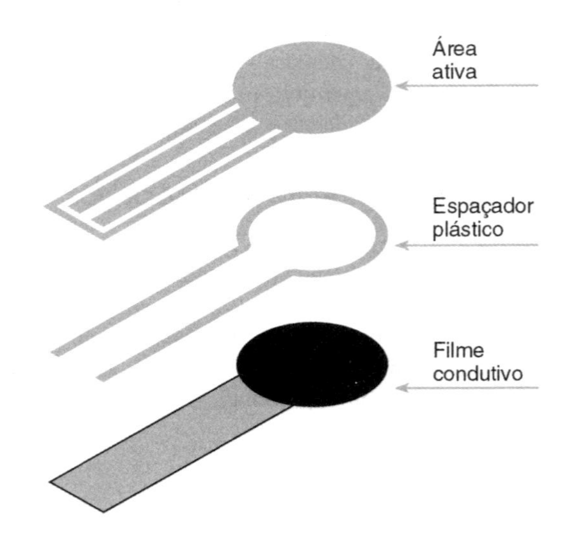

FIGURA 10.15 Detalhes da construção de um FSR. (Cortesia de Interlink Electronics.)

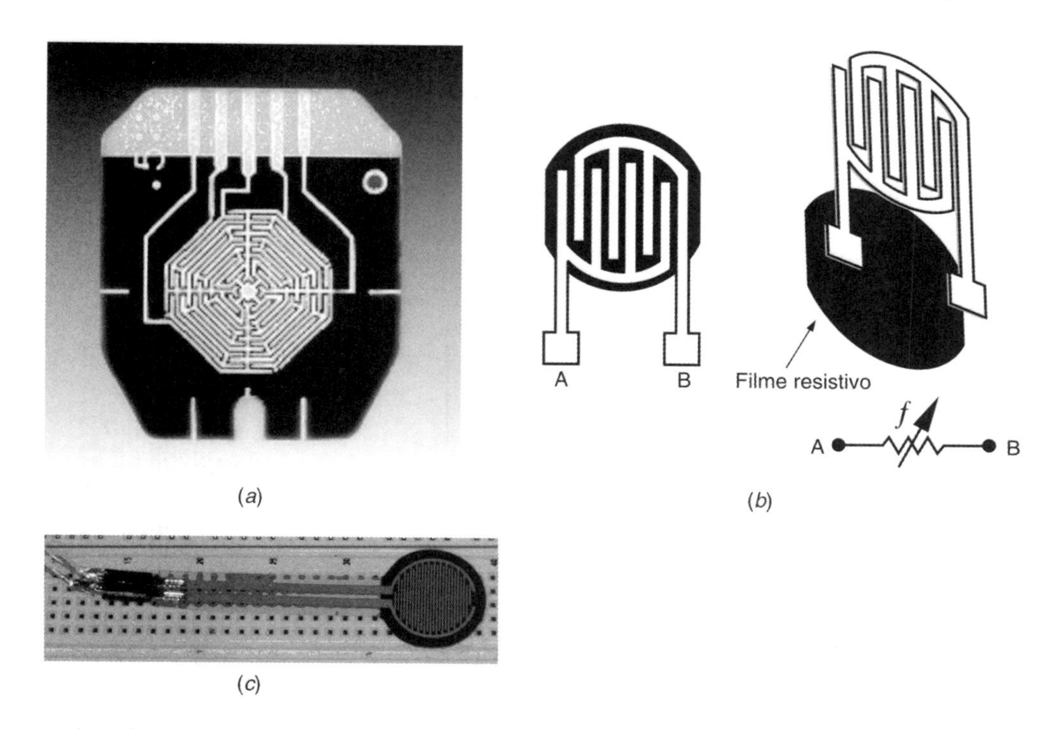

FIGURA 10.16 (*a*) e (*b*) Detalhes da grade interna; e (*c*) fotografia de um sensor do tipo FSR. (Cortesia de Interlink Electronics.)

a solicitações mecânicas, conforme estabelecido por Hooke e apresentado nas seções anteriores deste capítulo. O objetivo é a medição das deformações superficiais dos corpos, a qual está relacionada com a força mecânica.

Em 1856, Kelvin realizou experimentos utilizando fios de cobre e ferro e observou que a resistência elétrica de ambos mudava quando os materiais sofriam deformação na região elástica. A variação relativa da resistência sobre a variação relativa da deformação é uma constante. Assim, Kelvin observou que

$$\frac{\Delta R / R_0}{\Delta l / l_0} = K \text{ ou } K = \frac{\Delta R / R_0}{\varepsilon},$$

sendo K constante, R_0 a resistência inicial do fio metálico, l_0 o comprimento inicial, ΔR e Δl as variações de resistência e comprimento, respectivamente, e ε a deformação relativa.

Posteriormente, esse parâmetro viria a ser chamado de **"fator gauge"** ou **"fator do extensômetro"**. O fator do extensômetro caracteriza a sensibilidade do sensor; o sinal de entrada é a variação da deformação, e o sinal de saída é a variação de resistência, conforme mostra a Figura 10.19.

Em 1931, Carlson desenvolveu o primeiro extensômetro de fio (*unbonded strain gauge*), o qual pode ser visto na Figura 10.20(*a*), utilizando o princípio de Kelvin. Esse extensômetro deu origem ao extensômetro de resistência elétrica (*electrical bonded strain gauge*), mais utilizado nos dias

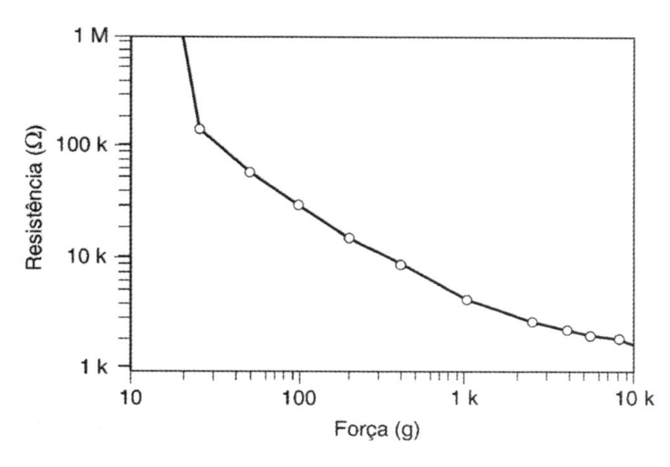

FIGURA 10.17 Resposta típica de um sensor do tipo FSR. (Cortesia de Interlink Electronics.)

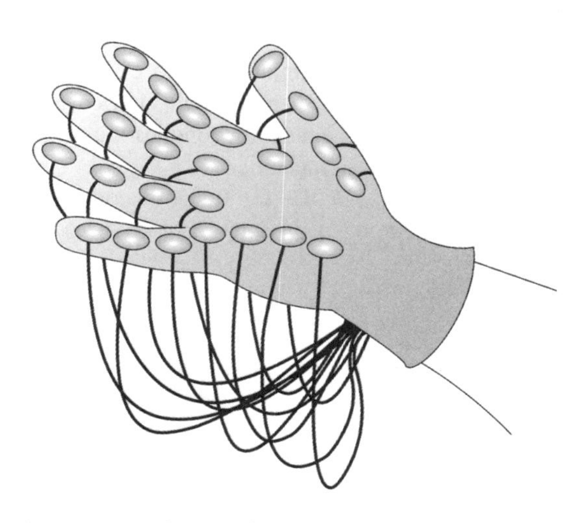

FIGURA 10.18 Aplicação de sensores FSR em uma luva.

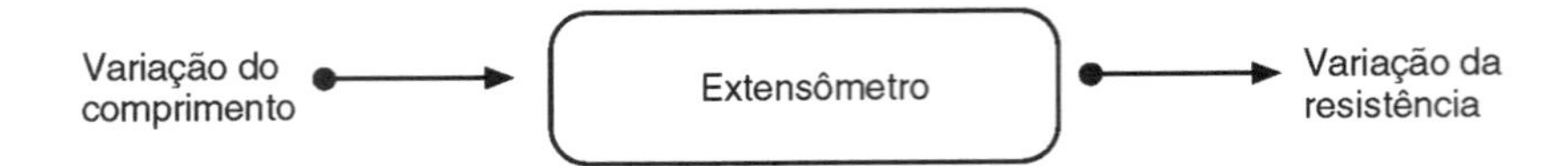

FIGURA 10.19 Princípio de funcionamento do extensômetro de resistência elétrica.

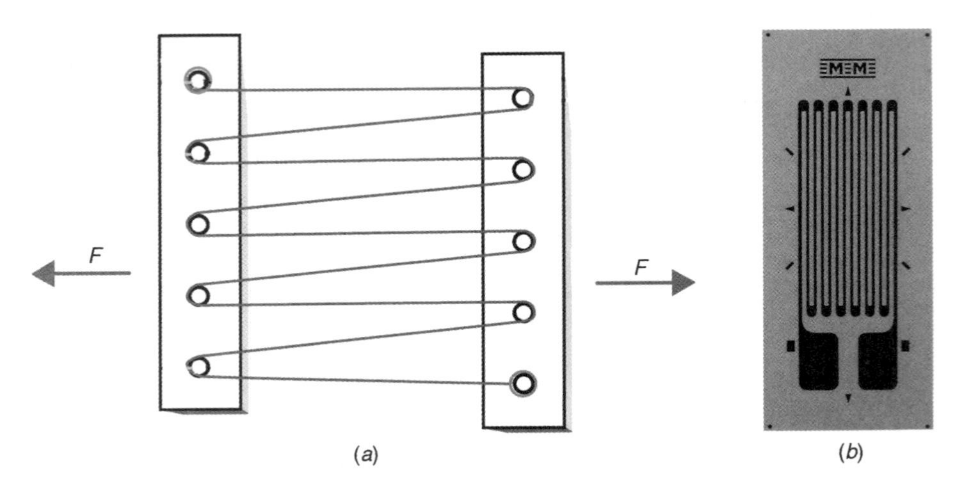

FIGURA 10.20 (*a*) Representação de um extensômetro de fio (*unbonded strain gauge*) e (*b*) extensômetro de resistência elétrica do tipo folha uniaxial. (Cortesia de Vishay Intertechnology, Inc.)

atuais. A Figura 10.20(*b*) mostra um extensômetro do tipo folha, o qual deve ser colado na superfície de uma estrutura na qual vai ser aplicada a força ou então medidas as tensões mecânicas. O extensômetro de resistência elétrica é utilizado nos mais variados ramos da engenharia desde a Segunda Guerra Mundial.

Os extensômetros de fio consistem em um fio fino esticado entre dois pontos. Quando a distância entre os pontos é modificada, a resistência na saída varia. Na prática, em vez de um, são esticados vários fios de modo que o efeito é amplificado.

Atualmente, os extensômetros de fios metálicos (*unbonded metal wire*) tornaram-se obsoletos.

Pode-se observar que o extensômetro do tipo folha tem o mesmo princípio de funcionamento que o extensômetro de fio. Portanto, extensômetros de resistência elétrica são baseados na variação da resistência de um condutor ou semicondutor quando sujeito à tensão mecânica.

A resistência elétrica R de um fio com comprimento l, seção A e resistividade ρ é dada por

$$R = \rho \frac{l}{A}.$$

Quando o fio é deformado longitudinalmente, cada uma das três quantidades que afetam R se altera. Considerando-se a área da seção do fio $A = \frac{\pi D^2}{4}$, em que D representa o diâmetro do fio, pode-se calcular a variação $\frac{dR}{dl}$

$$\frac{dR}{dl} = \frac{4}{\pi} \frac{d\left(\frac{\rho l}{D^2}\right)}{dl} = \frac{4}{\pi}\left[\frac{1}{D^2}\left(\rho + l\frac{d\rho}{dl}\right) - \frac{2\rho l}{D^3}\frac{dD}{dl}\right]$$

e, finalmente,

$$\frac{dR}{R} = \frac{dl}{l} + \frac{d\rho}{\rho} - 2\frac{dD}{D}.$$

Como a constante de Poisson é definida por $-\gamma = \frac{dD/D}{dl/l}$, temos

$$\frac{dR}{R} = \frac{d\rho}{\rho} + \frac{dl}{l}(1 + 2\gamma).$$

Como abordamos anteriormente, essa relação é válida para a região de deformação elástica.

Considerando-se pequenas variações, a resistência de um fio metálico pode ser considerada:

$$R = R_o + dR = R_o\left(1 + \frac{dR}{R_o}\right) \approx R_o(1 + K \cdot \varepsilon) = R_o(1 + x),$$

sendo R_0 a resistência quando não é aplicada nenhuma tensão mecânica, K o fator do extensômetro (fator *gauge*) e x a variação relativa na resistência causada pela força aplicada (usualmente $x < 0,02$).

EXEMPLO

Um extensômetro de 120 Ω apresentando um $K = 1{,}8$ é colado em uma coluna cilíndrica de alumínio ($E = 73$ GPa). O diâmetro dessa barra é 10,76 mm. Calcule a mudança na resistência quando a estrutura suporta 500 kg de carga.

$$R - R_o = \Delta R = R_o \cdot K \cdot \varepsilon = R_o \cdot K \frac{F/A}{E}.$$

Pela geometria, a área que suporta a força é

$$A = \frac{\pi \cdot (D^2)}{4} = \frac{\pi \cdot (10{,}76^2)}{4} \approx 91\ \text{mm}^2.$$

Portanto, com $R_o = 120\ \Omega$, $K = 1{,}8$, $F = 500$ kg ≈ 4900 N e $E = 73$ GPa temos

$$\Delta R = R_o \cdot K \cdot \varepsilon = R_o \cdot K \frac{F/A}{E} = 120\ \Omega \times 1{,}8 \times \frac{4900\ N}{91 \times 10^{-6}\ \text{m}^2 \times 73\text{GPa}} \approx 0{,}16\ \Omega,$$

ou seja, é menor do que 0,15 % da resistência inicial.

Cabe observar que qualquer fenômeno responsável por uma deformação mecânica pode ser analisado por meio de extensômetros de resistência elétrica, como, por exemplo, medições de pressão, deslocamento, temperatura, torque, vazão, força, entre outras grandezas.

O extensômetro de resistência elétrica (do tipo folha) é formado por dois elementos: a base e a grade. A base é uma lâmina de epóxi ou poliamida de grande elasticidade que tem três funções básicas:

- servir de base para a grade;
- possibilitar a cimentação do sensor à superfície elástica;
- isolar eletricamente a grade da superfície em que será fixado o extensômetro.

A grade geralmente é formada por uma liga metálica que serve como elemento resistivo. A Figura 10.21 mostra um típico extensômetro de resistência elétrica do tipo folha para medição uniaxial de força.

O uso dos extensômetros de resistência elétrica é relativamente simples: o sensor deve ser colado no objeto cujas deformações se pretende medir. Quando os fios metálicos da base são deformados mecanicamente, entre outros aspectos ocorre uma variação de comprimento, implicando uma mudança da resistência elétrica. Usando uma cola adequada de modo que a deformação da peça seja integralmente transmitida para o elemento resistivo (extensômetro), pode-se relacionar a variação relativa de resistência $\left(\frac{\Delta R}{R}\right)$ com a deformação relativa (ε) da peça no regime elástico.

Medir a resistência do extensômetro implica deixar percorrer uma corrente elétrica (que causa aquecimento). A máxima corrente é de 25 mA para sensores metálicos se a base do material for boa condutora de calor (aço, cobre, alumínio, magnésio, titânio) e de 5 mA se a base do material for pobre condutora de calor (plástico, quartzo, madeira). A máxima potência de dissipação é da ordem de 250 mW. Entretanto, existem muitos tipos e tamanhos diferentes de extensômetros, de modo que, antes da utilização, sempre se deve consultar o manual do fabricante.

Em condições ideais, o *strain gauge* deve ser muito pequeno, comparável à medição da deformação em um dado ponto. Na prática, esses dispositivos apresentam uma dimensão finita, supondo-se que a medição no ponto corresponde ao centro geométrico do sensor. Em superfícies rugosas, como, por exemplo, o concreto, deve-se trabalhar com extensômetros maiores e realizar diversas medições para obtenção da média. Esses sensores são também dependentes da luz, mas as influências são desprezíveis em condições convencionais de iluminação.

Os extensômetros de resistência elétrica do tipo folha são os sensores mais utilizados em medição de força (e grandezas relacionadas) em função do seu tamanho, da alta linearidade e da baixa impedância.

10.4.4.1 Extensômetros de resistência elétrica com compensação de temperatura

Os extensômetros de resistência elétrica são construídos de diferentes metais e ligas, tais como constantã ($Cu_{57}Ni_{43}$), Karma ($Ni_{75}Cr_{20}Fe_xAl_y$) e nicromo ($Ni_{80}Cr_{20}$). Também são produzidos em semicondutores, tais como o silício e o germânio. Basicamente, a escolha do sensor consiste na determinação de uma combinação de parâmetros compatíveis com o ambiente e com as condições de operação do sensor.

Em aplicações estáticas, tanto a ponte de Wheatstone como o extensômetro devem ser compensados para anular o efeito da temperatura. Quando a temperatura varia, podem ocorrer quatro efeitos:

1. O fator do extensômetro K varia com a temperatura.
2. A grade sofre um alongamento ou uma contração, $\frac{\Delta l}{l} = \alpha \Delta t$.

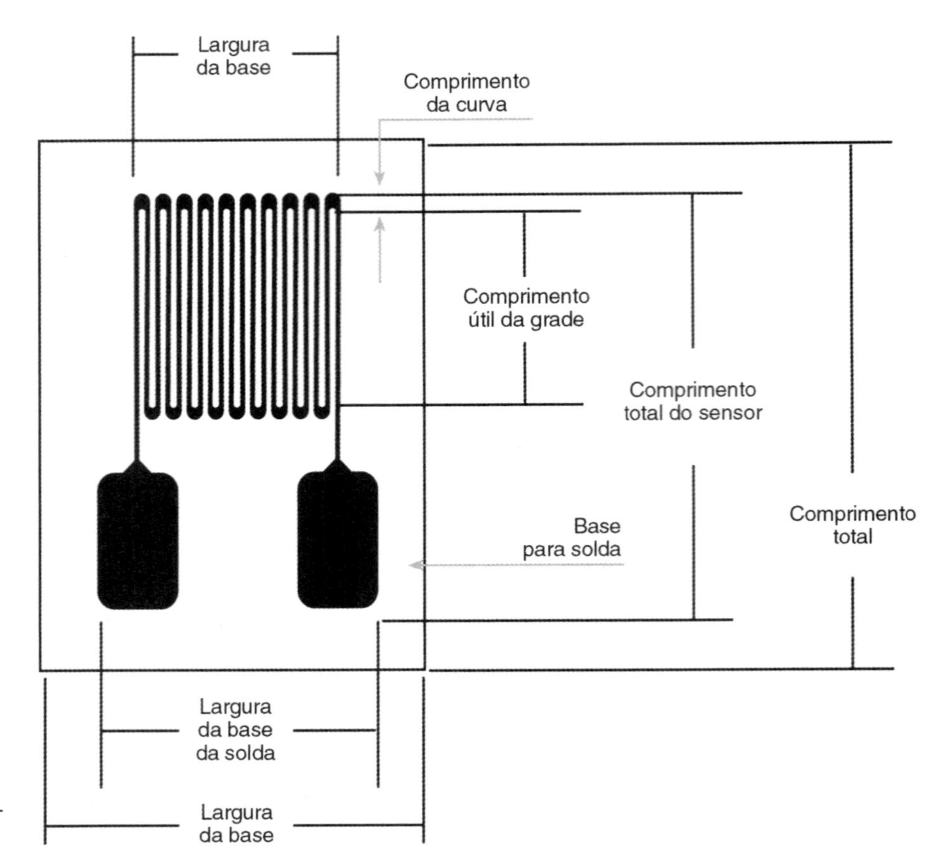

FIGURA 10.21 Extensômetro de resistência elétrica típico.

3. A célula se alonga ou se contrai, $\frac{\Delta l}{l} = \beta \Delta t$.
4. A resistência do extensômetro varia, $\frac{\Delta R}{R} = \tau \Delta t$.

A principal componente que determina as condições de operação do extensômetro é o material que compõe a grade. O constantã é uma liga antiga que continua a ser utilizada. Apresenta uma boa combinação de propriedades necessárias para as aplicações do *strain gauge*. Por exemplo, essa liga apresenta uma sensibilidade (fator do extensômetro) adequada. Sua resistividade é alta o suficiente para alcançar valores de resistência adequados, mesmo em superfícies sensoras pequenas. Além disso, possui alta capacidade de alongamento e boa resistência à fadiga. Entretanto, esse material apresenta *drift* contínuo a temperaturas acima de 65 °C.

As sensibilidades das duas ligas mais utilizadas em extensômetros (Advance e Karma) são funções lineares da temperatura. As sensibilidades de deformação aparente típicas dessas ligas $\Delta S / \Delta T$ são de 0,0000735/°C e –0,0000975/°C, respectivamente para Advance e Karma. A Figura 10.22 mostra o comportamento da sensibilidade aparente das ligas Karma e Advance em função da temperatura.

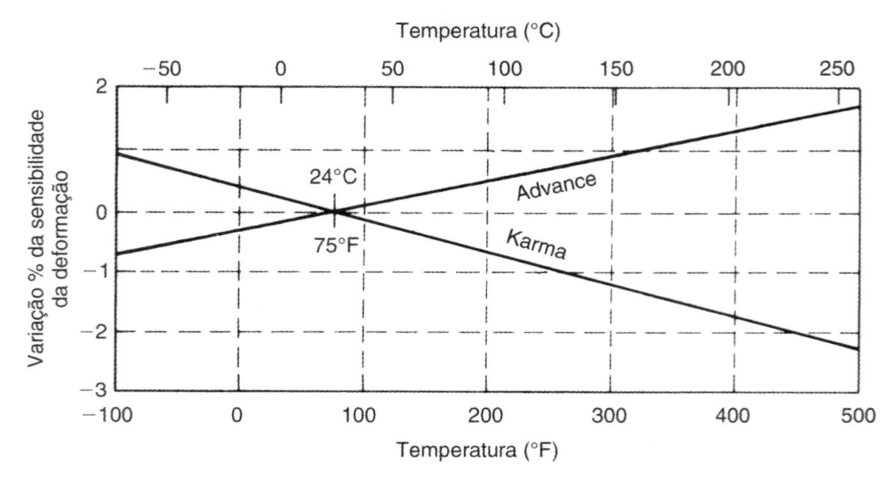

FIGURA 10.22 Sensibilidade como função da temperatura para as ligas Advance e Karma. (Cortesia de Vishay Intertechnology, Inc.)

Uma vez que são pequenas (menores que 1 % para uma variação de temperatura de 100 °C), essas variações são desconsideradas para variações de temperatura abaixo de 50 °C. Os efeitos restantes devidos à temperatura são muito mais efetivos e combinam-se para produzir uma variação na resistência do extensômetro, a qual pode ser expressa por

$$\left(\frac{\Delta R}{R}\right)_{\Delta T} = (\beta - \alpha)K\Delta T + \tau\Delta T$$

sendo α o coeficiente térmico de expansão da grade do extensômetro; β o coeficiente térmico de expansão do material da célula; τ o coeficiente de temperatura da resistividade do extensômetro.

Uma expansão diferencial entre a grade sensora do extensômetro e o material da célula ($\alpha \neq \beta$) submete o *strain gauge* a uma deformação mecânica causada por uma variação de temperatura $\varepsilon_T = (\beta - \alpha)\ \Delta T$. Essa deformação provoca uma saída da ponte, da mesma forma que uma carga mecânica na célula de carga. Ou seja, é impossível separar os dois efeitos.

Por outro lado, se a liga da grade do extensômetro tiver o mesmo efeito que a do material da célula ($\alpha = \beta$), o primeiro termo da equação é zerado, mas o termo da variação da resistividade ainda produz uma interferência no resultado. Um extensômetro completamente compensado é obtido quando todos os termos são zero ou então anulados.

É comum que os fabricantes de extensômetros selecionem ligas no intuito de compensar os efeitos dos parâmetros observados. Essa característica é conhecida como **autocompensação de temperatura**. *Strain gauges* com autocompensação de temperatura são projetados para apresentar o mínimo de deformação aparente em uma faixa aproximada de –45 a 200 °C.

O gráfico da Figura 10.23 mostra as respostas de três ligas para efeito de comparação. As ligas Karma (K) e Advance (A) são autocompensadas, enquanto a liga D não possui autocompensação. Pode-se observar que, na liga que não é autocompensada, ocorre uma deformação aparente muito maior que nos outros dois casos.

De fato, mesmo nas ligas autocompensadas, não ocorre um cancelamento perfeito dos efeitos da temperatura. Na Figura 10.23 pode-se observar que a deformação aparente causada por uma variação de temperatura de alguns graus Celsius em torno de 25 °C é desprezível (menor que $0{,}5\,{}^{\mu\varepsilon}\!/_{^\circ C}$); entretanto, quando ocorrem variações maiores, o desvio torna-se significativo e devem ser feitas correções.

10.4.4.2 Aspectos para escolha de extensômetros de resistência elétrica

Outras ligas (contendo o constantã) são indicadas para medidas de deformações grandes, da ordem de 5 % (5000 *microstrains*) ou mais. As ligas que contêm constantã são muito dúcteis e, em sensores com comprimentos maiores que 3 mm, podem alongar-se mais que 20 %.

Em aplicações em que a medida é dinâmica, é indicada uma liga isoelástica. Essa liga tem vida longa à fadiga, além de apresentar um fator de extensômetro de aproximadamente 3,2. Esse tipo de liga tem relação de saída não linear, e essa característica torna-se significativa a partir de 5000 *microstrains*.

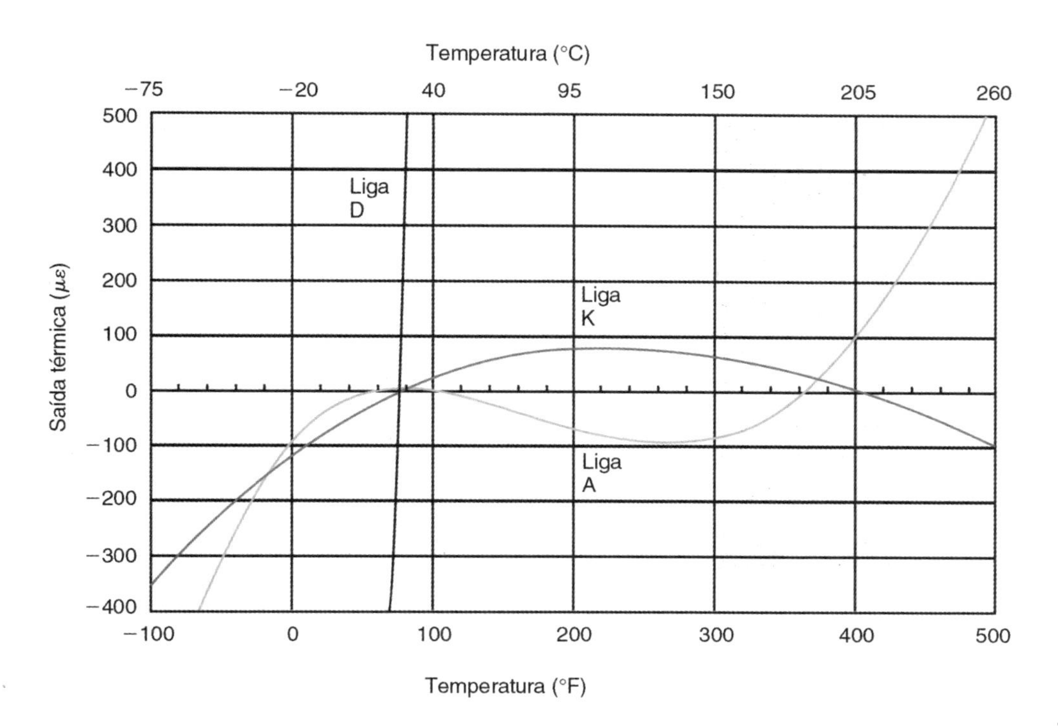

FIGURA 10.23 Diferença entre *strain gauges* autocompensados e sem a autocompensação de temperatura. (Cortesia de Vishay Intertechnology, Inc.)

Outras ligas caracterizam-se por longa vida quando submetidas à fadiga, e são ideais na medição de deformação estática em longos períodos (meses ou anos) a temperaturas ambientes ou em pequenos períodos de temperaturas um pouco mais elevadas.

Outro parâmetro a ser determinado na escolha de um extensômetro é o material da base. Alguns *strain gauges* são oferecidos com base de:

Poliamida: que é flexível, maleável e de fácil manuseio. Pode ser aplicado em faixas de temperaturas de –195 a 175 °C. A base de poliamida é indicada para aplicações genéricas estáticas ou dinâmicas. Com essa base é possível alcançar alongamentos superiores a 20 %.

Epoxifenólico: que possui um reforço de fibra de vidro que possibilita sua utilização em largas faixas de temperatura, de −269 a 290 °C. O alongamento máximo dessa base é bastante limitado, de 1 % a 2 %.

O extensômetro de uso geral e que é utilizado em aplicações genéricas pode ser visto na Figura 10.20(*b*), na Figura 10.21 e novamente na Figura 10.24. Esse tipo de sensor é geralmente utilizado em situações em que não são caracterizadas condições extremas de trabalho, como alta temperatura ou grandes deformações.

Também se pode observar, na Figura 10.24, a base de cobre que facilita o processo de soldagem do sensor aos cabos condutores.

Comprimento do sensor

O comprimento do sensor consiste na área ativa da grade. A parte do contorno dos fios (na grade), juntamente com os terminais de cobre, é considerada insensível e, portanto, fora do parâmetro de comprimento do sensor. Os extensômetros de resistência elétrica são oferecidos em uma ampla faixa de comprimentos: de 0,2 mm a 100 mm.

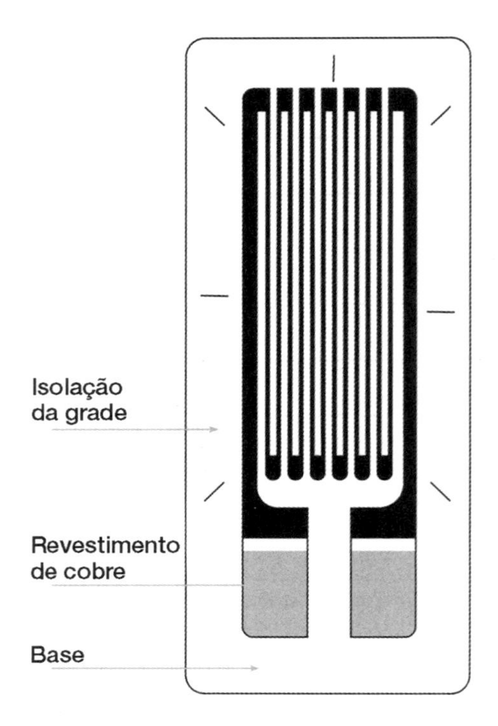

FIGURA 10.24 Extensômetro de uso geral.

O comprimento do extensômetro é um parâmetro muito importante no desempenho do transdutor. Geralmente as medidas das tensões mecânicas são executadas em um ponto crítico das estruturas ou partes mecânicas. Sabe-se, porém, que, na verdade, existe uma distribuição de tensões em torno de um ponto máximo. Quando um extensômetro é colado em uma região, é feita uma integração ou uma média da distribuição desses pontos sob a grade sensora. Dessa forma, o valor lido é sempre menor que o pico máximo de tensão. Quanto maior for a área da grade, menor será o valor de saída do extensômetro (em relação ao pico máximo de tensão). A Figura 10.25 ilustra esse aspecto do extensômetro de resistência elétrica.

Como uma regra empírica, quando possível o comprimento da grade não deve ser maior que 10 % do raio do furo, filete, ranhura ou qualquer outro detalhe na estrutura medida.

Strain gauges com menos que 3 mm de comprimento tendem a exibir desempenhos mais pobres principalmente em termos de alongamento máximo, estabilidade em condições estáticas e durabilidade.

Quando é possível, devem-se escolher os extensômetros mais longos (regulares), pois geralmente são mais fáceis de manusear e de instalar. Sua área maior também implica uma dissipação maior de calor. Essa propriedade pode ser bastante importante quando aplicados em plásticos ou outros materiais que são condutores pobres de calor. Dissipação inadequada do sensor causa aquecimento da grade, o que altera seu desempenho. Como regra geral, quando possível, comprimentos de 3 a 6 mm são preferíveis. Os comprimentos mais usuais e de melhor custo-benefício situam-se nessa faixa.

Extensômetros uniaxiais

Consistem nos *strain gauges* com o formato de grades mais simples (veja as Figuras 10.20(*b*), 10.21 e 10.24). Nessa configuração, a espessura das linhas da grade e dos terminais de soldagem é função do comprimento do sensor. As resistências típicas são 120 ou 350 Ω. Nesse aspecto, quando é possível a escolha, é melhor optar por resistências maiores, pois isso reduz tanto o aquecimento na grade quanto o efeito devido a conexões e soldas.

Na análise de tensões, deve-se utilizar uma grade uniaxial simples quando é conhecido o eixo principal da tensão, pois a fixação do extensômetro deve ser feita sempre na direção do alongamento das linhas da grade.

Extensômetros do tipo roseta

Para um estado de tensões biaxiais, é necessária a utilização de mais de um elemento. Nesse caso, existem os extensômetros do tipo roseta, que apresentam mais de uma grade sensora em uma mesma base.

Os extensômetros do tipo roseta devem ser escolhidos de acordo com a distribuição das tensões e posicionados de modo que as direções preferenciais de cada grade coincidam com as direções das componentes da tensão mecânica, ou,

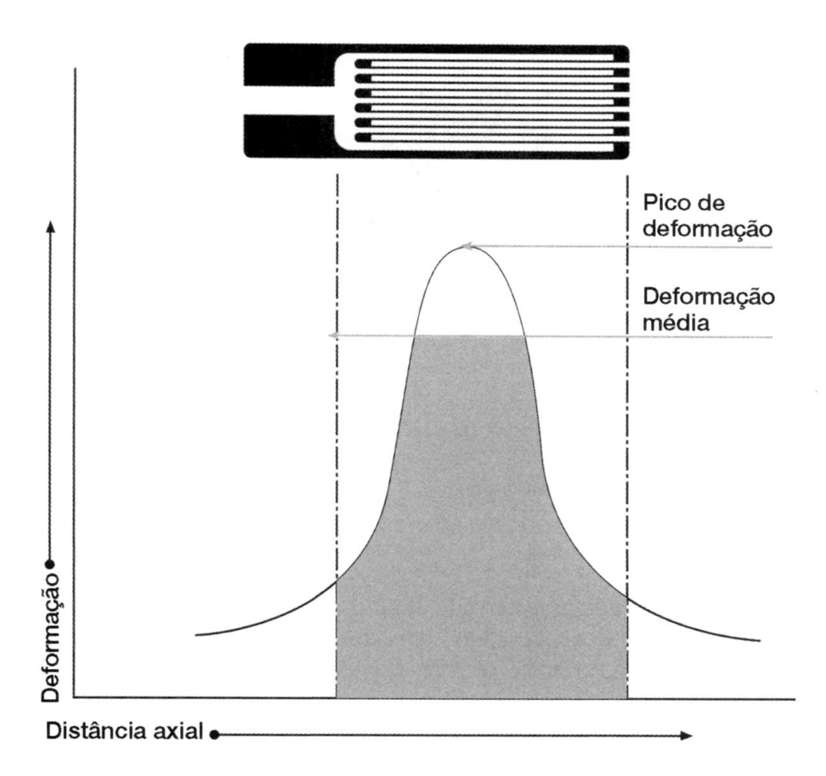

FIGURA 10.25 Ilustração da média da distribuição das tensões na região sob a grade sensora do extensômetro de resistência elétrica, resultando em uma saída mais baixa que o pico máximo.

em outros casos, quando não se conhece a direção de tensões principais. A Figura 10.26 mostra diferentes configurações de extensômetros do tipo roseta.

Na prática, com tensões superficiais e eixos principais desconhecidos, pode-se utilizar uma roseta com três elementos e determinar as direções preferenciais (conforme descreveremos em seção posterior deste capítulo).

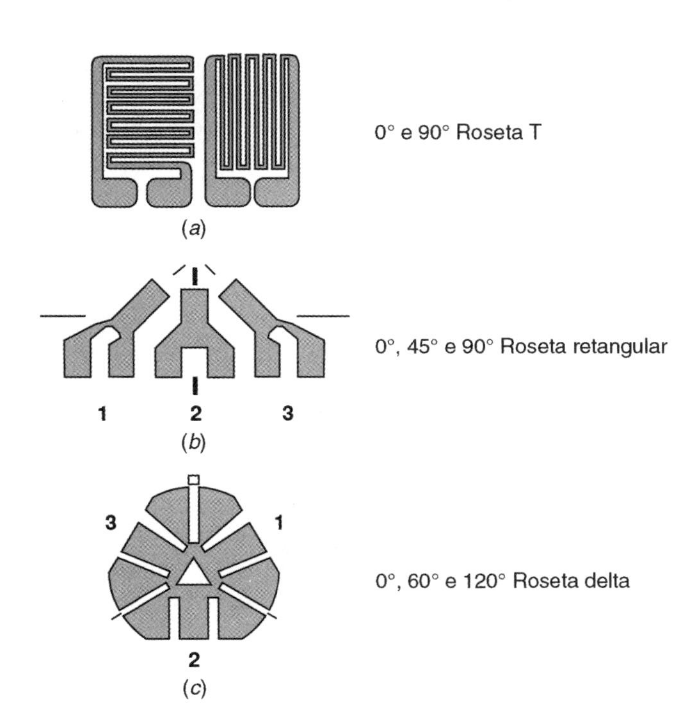

FIGURA 10.26 Extensômetros do tipo roseta: (*a*) tipo T, (*b*) retangular e (*c*) delta.

As rosetas podem ser do tipo planar ou empilhadas, como mostra a Figura 10.27. Geralmente a primeira é uma escolha mais vantajosa em relação à segunda. As rosetas empilhadas apresentam uma dificuldade maior na dissipação de calor das grades, e isso pode influir no desempenho e na estabilidade do sensor. Outra desvantagem é em relação a aplicações com pequenas amplitudes de tensões, nas quais as rosetas planares estão próximas da superfície submetida ao esforço, enquanto nas rosetas empilhadas a transmissão da deformação é mais pobre, uma vez que se faz pelas grades individuais.

A roseta empilhada é indicada para casos em que existe pouco espaço ou quando existem gradientes muito altos de tensão e deve ser feita uma medida pontual.

A Figura 10.28 mostra exemplos de diferentes tipos de extensômetros de resistência elétrica.

A Figura 10.29 mostra duas fotografias de *strain gauges* do tipo roseta (tipo T e retangular).

10.4.4.3 Campo de deformações e fator de sensibilidade transversal nos *strain gauges*

A sensibilidade de um condutor submetido a uma deformação unidirecional é definida como

$$S_L = \frac{dR/R}{\varepsilon} \approx \frac{\Delta R/R}{\varepsilon}.$$

S_L é a sensibilidade do condutor, R é a resistência, ΔR é a sua variação e ε a deformação relativa.

Em um extensômetro, o campo de deformações dificilmente será uniforme e unidirecional sobre toda a grade; sendo assim, a sensibilidade depende de outros fatores. De fato, uma boa aproximação pode ser feita quando se considera

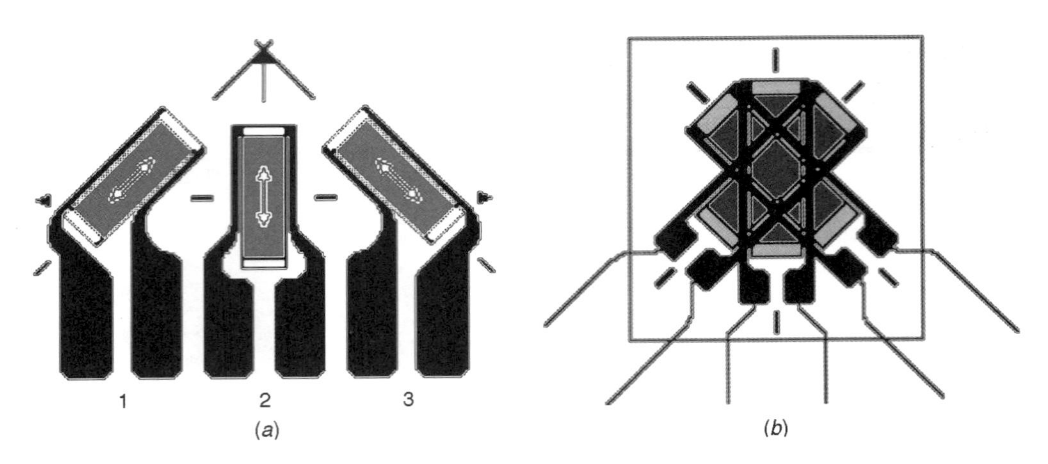

FIGURA 10.27 Rosetas (*a*) planares e (*b*) empilhadas.

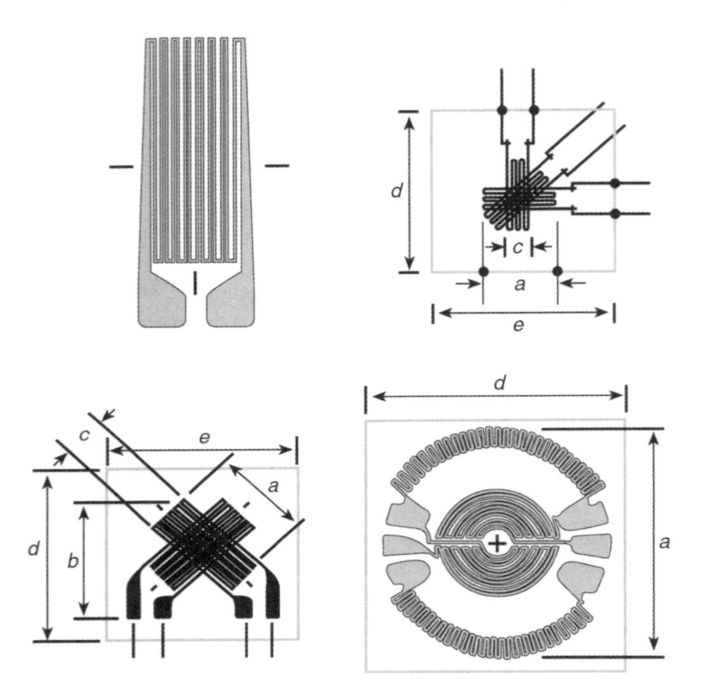

FIGURA 10.28 *Strain gauges* simples e múltiplos (tipo roseta).

um *strain gauge* colado em um corpo (como uma barra, por exemplo) e submetido a um esforço de tração ou compressão. A variação de sua resistência pode ser definida como

$$\frac{\Delta R}{R} = S_a \varepsilon_a + S_t \varepsilon_t + S_{cis} \gamma_{at},$$

sendo S_a o fator do extensômetro para a deformação na direção axial, ε_a a deformação ao longo da direção axial do extensômetro, S_t o fator do extensômetro para a deformação na direção transversal, ε_t a deformação ao longo da direção transversal do extensômetro, S_{cis} o fator do extensômetro para deformação de cisalhamento, γ_{at} a deformação de cisalhamento associada às direções a e t.

O fator do extensômetro para a deformação na direção do cisalhamento é pequeno e pode ser desprezado. Entretanto, o fator do extensômetro à deformação transversal é significativo, e os fabricantes definem um fator de sensibilidade transversal que relaciona a sensibilidade na direção axial para cada sensor

$$K_t = \frac{S_t}{S_a}.$$

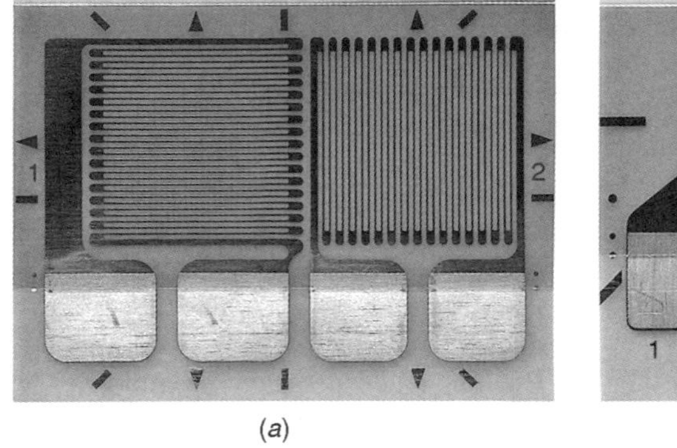

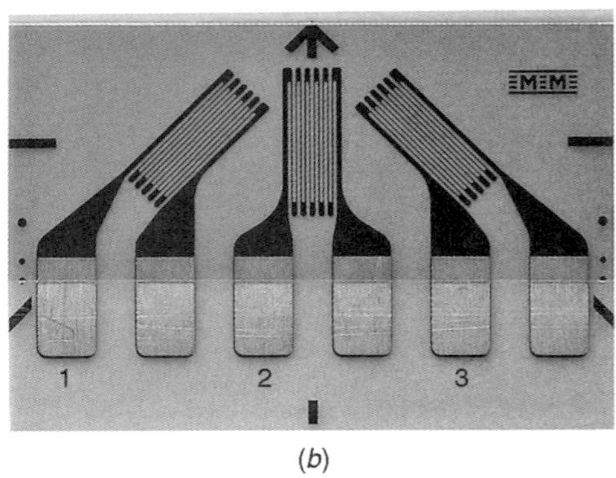

FIGURA 10.29 Fotografia de *strain gauges* do tipo roseta: (*a*) T (*tee*) e (*b*) retangular. (Cortesia de Vishay Intertechnology, Inc.)

Isso é feito porque, ao surgir uma deformação na direção axial, naturalmente ocorre uma deformação na direção transversal. E, dessa forma,

$$\frac{\Delta R}{R} = S_a(\varepsilon_a + K_t\varepsilon_t).$$

A sensibilidade do extensômetro é geralmente expressa pelo fabricante em termos de um fator K (como afirmamos anteriormente)

$$\frac{\Delta R}{R} = K\varepsilon_a.$$

O fator do extensômetro K (às vezes denominado Sg) é determinado pelo fabricante ao medir uma amostra de sensores de cada lote. Na calibração, os extensômetros são fixados em uma barra com uma razão de Poisson $\gamma = 0{,}285$.[2] Uma deformação axial conhecida é aplicada, a qual produz uma deformação transversal:

$$\varepsilon_t = -\gamma\varepsilon_a;$$

assim, a variação da resistência pode ser definida como

$$\frac{\Delta R}{R} = S_a\varepsilon_a(1 - \gamma K_t).$$

É possível observar que o fator do extensômetro K também pode ser definido por

$$K = S_a(1 - \gamma K_t).$$

Observa-se nesta equação que, mesmo se a deformação medida for apenas a longitudinal, há uma influência transversal devido à razão de Poisson. O erro devido à sensibilidade transversal só será zero se o extensômetro estiver fixado em um material com $\gamma = 0{,}285$ no qual é aplicado um campo uniaxial de tensões. Em qualquer caso diferente das condições de medida do fator K feitas pelo fabricante, será produzido um erro devido à sensibilidade transversal. Em outras palavras, se:

- o sensor for fixado em um material com γ diferente de 0,285;
- o sensor não for submetido a um campo de tensões uniaxial; ou,
- em um campo uniaxial de tensões, o sensor não estiver alinhado ao eixo principal de deformações,

surgirá um erro devido à sensibilidade transversal. Esse erro, em alguns casos, pode ser pequeno e desprezado, porém na maioria dos casos é necessário calculá-lo.

O erro devido à sensibilidade transversal para um extensômetro orientado em qualquer ângulo em qualquer campo de deformações pode ser calculado.

[2] Observa-se que o fator do extensômetro fornecido refere-se a um material com $\gamma = 0{,}285$. Se o extensômetro for utilizado em qualquer outro material, o fator K será alterado.

O fator de sensibilidade transversal foi definido anteriormente como $K_t = \frac{S_t}{S_a}$, e ainda sabendo que para a barra de calibração $\varepsilon_t = -\gamma_o\varepsilon_a$, em que $\gamma_o = 0{,}285$, podemos escrever

$$\frac{\Delta R}{R} = S_a\varepsilon_a\left(1 + K_t\frac{\varepsilon_t}{\varepsilon_a}\right),$$ sendo a possibilidade axial

$$S_a = \frac{K}{(1 - \gamma_o K_t)}$$ e, assim,

$$\frac{\Delta R}{R} = \frac{K\varepsilon_a}{(1 - \gamma_o K_t)}\left[1 + K_t\frac{\varepsilon_t}{\varepsilon_a}\right]$$

ou

$$\varepsilon_a = \frac{1}{K}\frac{\Delta R}{R}\left[\frac{(1 - \gamma_o K_t)}{1 + \frac{K_t\varepsilon_t}{\varepsilon_a}}\right]$$

Se definirmos uma deformação aparente $\varepsilon'_a = \frac{\Delta R}{R}\cdot\frac{1}{K}$, podemos também definir um erro de deformação, expresso pela diferença entre a deformação aparente e a real

$$\varepsilon'_a - \varepsilon_a = \frac{\Delta R}{R}\cdot\frac{1}{K} - \frac{1}{K}\frac{\Delta R}{R}\left[\frac{(1 - \gamma_o K_t)}{1 + \frac{K_t\varepsilon_t}{\varepsilon_a}}\right]$$

e

$$\varepsilon'_a - \varepsilon_a = \frac{1}{K}\frac{\Delta R}{R}\left[1 - \frac{(1 - \gamma_o K_t)}{1 + \frac{K_t\varepsilon_t}{\varepsilon_a}}\right]$$

ou

$$\varepsilon_{rr} = \varepsilon'_a\left[1 - \frac{(1 - \gamma_o K_t)}{1 + \frac{K_t\varepsilon_t}{\varepsilon_a}}\right]$$

Finalmente, podemos calcular o erro relativo:

$$\frac{\varepsilon'_a - \varepsilon_a}{\varepsilon_a}(100) = \varepsilon_{rr} = \frac{\frac{\frac{\Delta R}{R}}{K} - \left(\frac{\frac{\Delta R}{R}}{K}\right)\left[\frac{(1 - \gamma_o K_t)}{1 + K_t\frac{\varepsilon_t}{\varepsilon_a}}\right]}{\frac{\frac{\Delta R}{R}}{K}\frac{(1 - \gamma_o K_t)}{\left(1 + K_t\frac{\varepsilon_t}{\varepsilon_a}\right)}}(100) =$$

$$= K_t\frac{\left(\varepsilon_t/\varepsilon_a + \gamma_o\right)}{(1 - \gamma_o K_t)}(100)$$

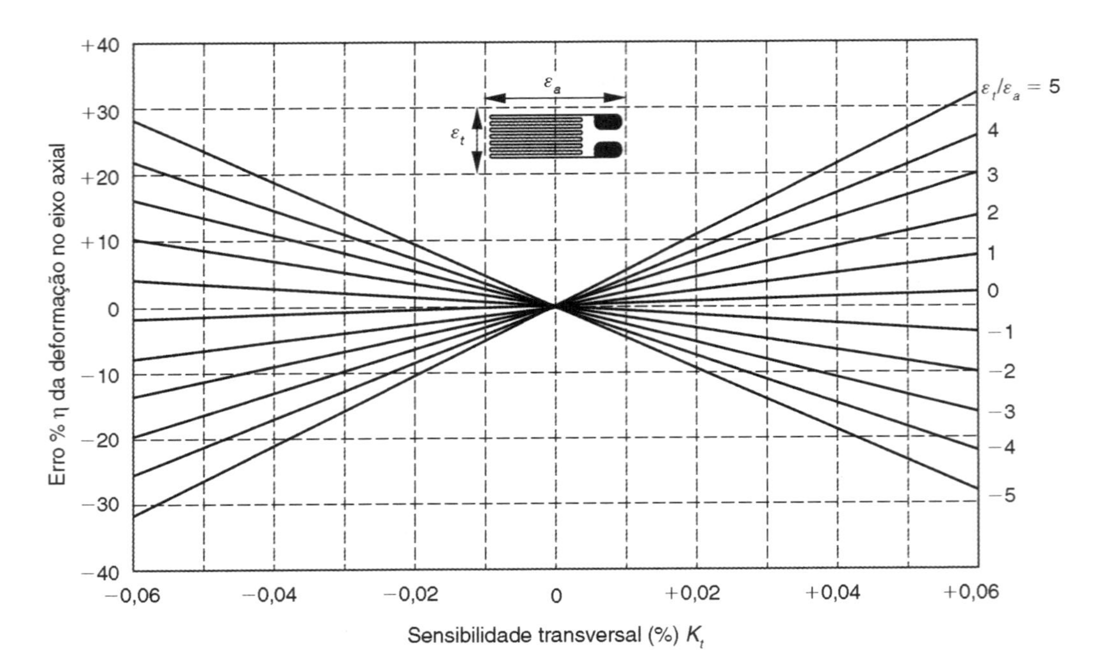

FIGURA 10.30 Erro devido à sensibilidade transversal para várias relações de deformação. (Cortesia de Vishay Intertechnology, Inc.)

Assim, erro devido à sensibilidade transversal para um extensômetro orientado em qualquer ângulo em qualquer campo de deformações pode ser expresso como

$$\eta_\varepsilon = \frac{K_t\left(\dfrac{\varepsilon_t}{\varepsilon_a} + \gamma\right)}{1 - \gamma K_t} \times 100,$$

sendo η_ε o erro percentual ao longo do eixo longitudinal do extensômetro, γ a razão de Poisson do material em que o extensômetro foi colado para definir o fator de extensômetro K (geralmente 0,285), ε_a e ε_t deformações nos eixos principal (longitudinal) e perpendicular (transversal), respectivamente.

Observe que esta equação prevê também a deformação causada pelas tensões perpendiculares em um campo biaxial σ_a e σ_t.

A Figura 10.30 mostra a variação do erro para diferentes razões de deformações transversais e longitudinais em função da sensibilidade transversal K_t.

A Figura 10.30 mostra uma aproximação para um cálculo rápido do erro devido à sensibilidade transversal:

$$\eta_\varepsilon \approx K_t \frac{\varepsilon_t}{\varepsilon_a} \times 100\ \%.$$

Essa relação é válida para valores de $\dfrac{\varepsilon_t}{\varepsilon_a}$ (em um campo biaxial de tensões) que não estão próximos de γ. Por exemplo, considere que se deseja medir a deformação de Poisson em um campo uniaxial de deformações, como mostra a Figura 10.31. Nesse caso, a deformação de Poisson é representada por ε_a e a deformação ao longo do eixo principal do *strain gauge* é ε_t.

Nesse caso,

$$\varepsilon_a = -\gamma\varepsilon_t \ \text{ e } \ \frac{\varepsilon_t}{\varepsilon_a} = -\frac{1}{\gamma}.$$

Se o material da barra for alumínio, uma vez que $\gamma = 0{,}32$, então

$$\frac{\varepsilon_t}{\varepsilon_a} = -\frac{1}{\gamma} = -3{,}125$$

Supondo-se que o fator de sensibilidade transversal K_t do extensômetro seja de 3 %, pode-se calcular o erro: com a equação desenvolvida, $\eta_\varepsilon = +8{,}5\ \%$, e, com a aproximação, $\eta_\varepsilon \approx +9{,}3\ \%$.

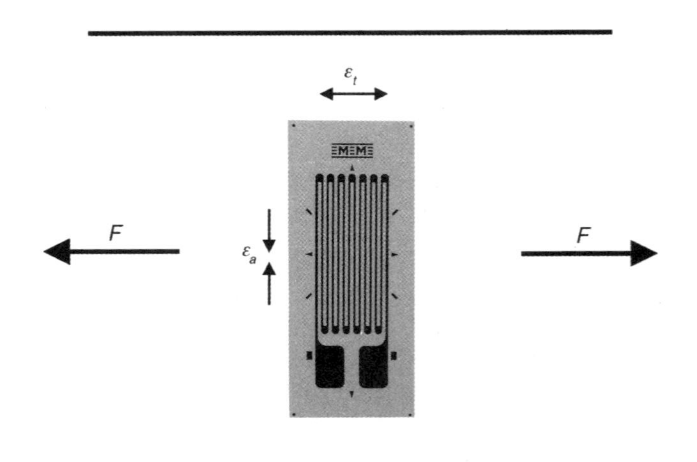

FIGURA 10.31 Esquema para medição da deformação de Poisson. (Cortesia de Vishay Intertechnology, Inc.)

Os efeitos da sensibilidade transversal devem sempre ser levados em conta na análise de campos de deformações com extensômetros de resistência elétrica.

Se for o caso, deve-se demonstrar que o erro é tão pequeno, que se deve desconsiderá-lo, ou então efetuar as devidas correções.

Em um campo uniaxial de tensões mecânicas, tal como em uma barra de seção circular sob tensão ou compressão, a tensão σ_x pode ser considerada a única componente não nula e com direção conhecida. Nesse caso, um extensômetro simples pode ser utilizado, orientando-se seu eixo longitudinal na direção da deformação ε_x. A tensão pode ser calculada pela lei de Hooke (mostrada anteriormente):

$$\sigma_x = E\varepsilon_x.$$

Para corrigir deformações transversais, é necessário medir a deformação nas duas direções: axial e transversal. Considerando $\hat{\varepsilon}_x$ e $\hat{\varepsilon}_y$ as deformações aparentes medidas nas direções x e y, respectivamente, então

$$\hat{\varepsilon}_x = \frac{1}{K}\frac{\Delta R}{R} \quad \text{e} \quad \hat{\varepsilon}_y = \frac{1}{K}\frac{\Delta R}{R}$$

mas, como definido anteriormente, o fator do extensômetro e a variação de resistência relativa $\frac{1}{K}\frac{\Delta R}{R}$ podem ser rearranjados para esta situação:

$$\hat{\varepsilon}_x = \frac{\varepsilon_x + K_t\varepsilon_y}{(1 - \gamma_0 K_t)} \quad \text{e} \quad \hat{\varepsilon}_y = \frac{\varepsilon_y + K_t\varepsilon_x}{(1 - \gamma_0 K_t)}.$$

Resolvendo essas equações simultaneamente, temos as deformações corrigidas:

$$\varepsilon_x = \frac{1 - \gamma_0 K_t}{1 - K_t^2}(\hat{\varepsilon}_x - K_t\hat{\varepsilon}_y)$$

e

$$\varepsilon_y = \frac{1 - \gamma_0 K_t}{1 - K_t^2}(\hat{\varepsilon}_y - K_t\hat{\varepsilon}_x)$$

Rosetas de dois elementos a 90° — roseta do tipo T (*tee rosettes*)

Em campos de deformações biaxiais, geralmente são utilizados os extensômetros do tipo roseta, nos quais existe mais de um eixo principal do extensômetro.

Se as direções das tensões principais forem conhecidas, dois extensômetros perpendiculares (roseta do tipo T) são suficientes para determinar a tensão mecânica naquele ponto. Os dois elementos devem ser orientados na estrutura com seus eixos principais coincidentes com os eixos principais das tensões x e y. As tensões em cada eixo são dadas pela equação de Hooke generalizada para duas dimensões:

$$\sigma_x = \frac{E}{1 - \gamma^2}(\varepsilon_x + \gamma\varepsilon_y)$$

$$\sigma_y = \frac{E}{1 - \gamma^2}(\varepsilon_y + \gamma\varepsilon_x)$$

Para corrigir erros de sensibilidade transversal ao longo de dois eixos perpendiculares quaisquer, pode-se proceder ao seguinte cálculo:

$$\varepsilon_x = \frac{(1 - \gamma_0 K_t)(\hat{\varepsilon}_x - K_t\hat{\varepsilon}_y)}{1 - K_t^2}$$

$$\varepsilon_y = \frac{(1 - \gamma_0 K_t)(\hat{\varepsilon}_y - K_t\hat{\varepsilon}_x)}{1 - K_t^2},$$

sendo $\hat{\varepsilon}_x$ as deformações não corrigidas do *strain gauge* 1 (medida no indicador), $\hat{\varepsilon}_y$ as deformações não corrigidas do *strain gauge* 2 (medida no indicador), ε_x e ε_y as deformações corrigidas ao longo dos eixos x e y, respectivamente, K_t a sensibilidade transversal, γ_0 o coeficiente de Poisson do material no qual o fabricante mediu o fator do extensômetro (geralmente $\gamma_0 = 0{,}285$).

O termo K_t^2 pode ser desprezado no denominador dessas equações, de modo que as mesmas podem ser expressas por uma aproximação:

$$\varepsilon_x = (1 - \gamma_0 K_t)(\hat{\varepsilon}_x - K_t\hat{\varepsilon}_y)$$

$$\varepsilon_y = (1 - \gamma_0 K_t)(\hat{\varepsilon}_y - K_t\hat{\varepsilon}_x).$$

Correção para tensão de cisalhamento: essa roseta também pode ser utilizada para a indicação da tensão de cisalhamento. Pode-se mostrar que a deformação devida ao cisalhamento nos eixos dos extensômetros, nesse caso, é numericamente igual à diferença das deformações normais nesses eixos. Dessa forma, quando os dois elementos da roseta são conectados em braços adjacentes de uma ponte de Wheatstone, a deformação indicada é igual à deformação indicada ao longo dos dois eixos, sendo necessária uma correção devido ao erro da sensibilidade transversal. O fator de correção nesse caso é

$$C_r = \frac{1 - \gamma_0 K_t}{1 - K_t}.$$

A deformação devida ao cisalhamento pode ser obtida multiplicando-se a deformação lida pelo fator de correção:

$$\varepsilon_\tau = C_r(\hat{\varepsilon}_x - \hat{\varepsilon}_y) = \frac{1 - \gamma_0 K_t}{1 - K_t}(\hat{\varepsilon}_x - \hat{\varepsilon}_y)$$

Procedimento geral para extensômetros do tipo roseta de três elementos

Na maioria dos casos, o eixo principal de tensões é desconhecido; portanto, σ_1, σ_2 e o ângulo ϕ em relação ao eixo principal devem ser determinados. Nesse caso, as rosetas de três elementos são utilizadas. Os três elementos são suficientes para determinar as tensões em um determinado ponto.

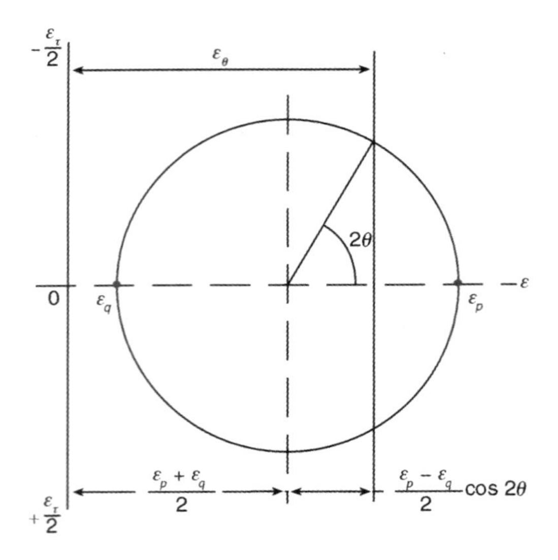

FIGURA 10.32 Círculo de Mohr para deformações.

As equações para o cálculo das deformações principais com uma roseta são derivadas de relações de direções das deformações medidas. Isso geralmente é feito calculando-se as duas deformações em direções ortogonais; o ângulo θ que as relaciona à direção de deformação principal ε_p representa a deformação no eixo principal, e ε_q, a deformação no eixo transversal (ortogonal a ε_p). O procedimento geralmente utilizado é aplicar o círculo de Mohr para as deformações (Figura 10.32).

Deve-se observar que, no círculo de Mohr, o ângulo θ tem o seu valor multiplicado por 2 em relação ao ângulo físico na superfície de teste. Também se pode observar, na Figura 10.32, que a tensão mecânica normal em qualquer ângulo θ do eixo principal é expressa por

$$\varepsilon_\theta = \frac{\varepsilon_P + \varepsilon_q}{2} + \frac{\varepsilon_P - \varepsilon_q}{2}\cos 2\theta.$$

Roseta retangular: considere a roseta da Figura 10.33, orientada segundo um ângulo θ em relação ao eixo de deformações principal ε_P.

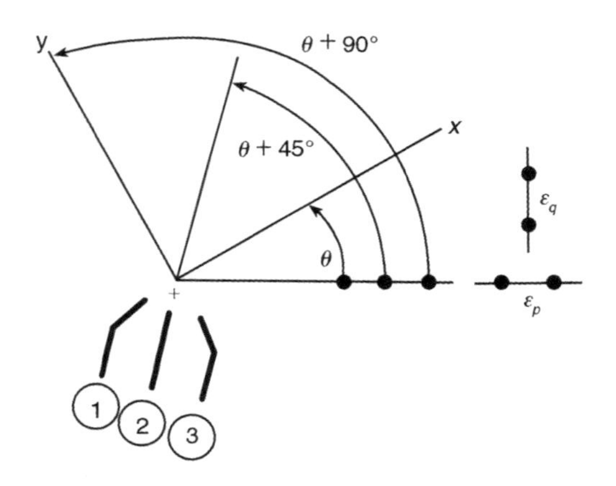

FIGURA 10.33 Roseta retangular a um ângulo θ de ε_P.

O círculo de Mohr com os eixos da roseta impostos pode ser visto na Figura 10.34.

Substituindo os ângulos para as direções das três grades, temos

$$\varepsilon_1 = \frac{\varepsilon_P + \varepsilon_q}{2} + \frac{\varepsilon_P - \varepsilon_q}{2}\cos 2\theta$$
$$\varepsilon_2 = \frac{\varepsilon_P + \varepsilon_q}{2} + \frac{\varepsilon_P - \varepsilon_q}{2}\cos 2(\theta + 45°)$$
$$\varepsilon_3 = \frac{\varepsilon_P + \varepsilon_q}{2} + \frac{\varepsilon_P - \varepsilon_q}{2}\cos 2(\theta + 90°)$$

Quando a roseta é instalada em uma peça sujeita à tensão, as variáveis no lado direito da equação são desconhecidas, mas as deformações ε_1, ε_2 e ε_3 podem ser medidas. Resolvendo-se as equações para ε_p, ε_q e θ, as deformações principais e o ângulo podem ser expressos em função das deformações medidas:

$$\varepsilon_p = \frac{\varepsilon_1 + \varepsilon_3}{2} + \frac{1}{\sqrt{2}}\sqrt{(\varepsilon_1 - \varepsilon_2)^2 + (\varepsilon_2 - \varepsilon_3)^2}$$
$$\varepsilon_q = \frac{\varepsilon_1 + \varepsilon_3}{2} + \frac{1}{\sqrt{2}}\sqrt{(\varepsilon_1 - \varepsilon_2)^2 + (\varepsilon_2 - \varepsilon_3)^2}$$
$$\theta = \frac{1}{2}\tan^{-1}\left(\frac{\varepsilon_1 - 2\varepsilon_2 + \varepsilon_3}{\varepsilon_1 - \varepsilon_3}\right)$$

em que ε_p e ε_q representam algebricamente as principais deformações (principal e transversal), respectivamente, enquanto representa o ângulo do eixo principal em relação à grade de referência da roseta. Na prática, é mais conveniente e mais fácil visualizar se esse ângulo for reescrito em função da grade 1 em relação ao eixo principal. Para isso, basta inverter o sinal:

$$\phi_{p,q} = -\theta = \frac{1}{2}\tan^{-1}\left(\frac{2\varepsilon_2 - \varepsilon_1 - \varepsilon_3}{\varepsilon_1 - \varepsilon_3}\right).$$

A direção física desse ângulo é sempre no sentido anti-horário, se positiva, e horário, se negativa. A única diferença é que θ é medido do eixo principal em relação à grade 1,

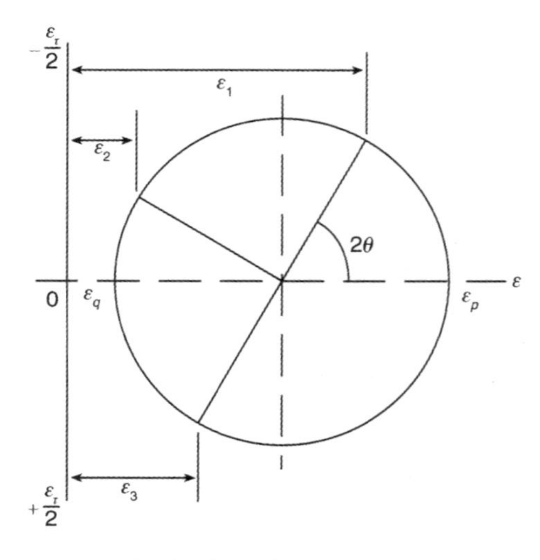

FIGURA 10.34 Círculo de Mohr com os eixos da roseta retangular.

enquanto ϕ é medido da grade 1 em relação ao eixo principal. Infelizmente, uma vez que $\tan 2\phi = \tan 2(\phi + 90°)$, o ângulo calculado pode referir-se a ambos os eixos principais (por isso a identificação $\phi_{p,q}$). Essa ambiguidade pode ser resolvida (para a roseta retangular) aplicando-se a seguinte regra

- Se $\varepsilon_1 > \varepsilon_3$, então $\phi_{p,q} = \phi_p$;
- Se $\varepsilon_1 < \varepsilon_3$, então $\phi_{p,q} = \phi_q$;
- Se $\varepsilon_1 = \varepsilon_3$ e $\varepsilon_2 < \varepsilon_1$, então $\phi_{p,q} = \phi_p = -45°$;
- Se $\varepsilon_1 = \varepsilon_3$ e $\varepsilon_2 > \varepsilon_1$, então $\phi_{p,q} = \phi_p = +45°$;
- Se $\varepsilon_1 = \varepsilon_2 = \varepsilon_3$, então $\phi_{p,q}$ é indeterminado.

Roseta do tipo delta: o procedimento anterior foi feito para um extensômetro roseta do tipo retangular. Entretanto, o mesmo procedimento pode ser aplicado para uma roseta tipo delta em que as grades estão a θ, $\theta + 60°$ e $\theta + 120°$. Resolvendo o mesmo sistema de equações anterior, temos

$$\varepsilon_{p,q} = \frac{\varepsilon_1 + \varepsilon_2 + \varepsilon_3}{3} \pm \frac{\sqrt{2}}{3}\sqrt{(\varepsilon_1 - \varepsilon_2)^2 + (\varepsilon_2 - \varepsilon_3)^2 + (\varepsilon_3 - \varepsilon_1)^2}$$

$$\theta = \frac{1}{2}\tan^{-1}\left(\frac{\sqrt{3}(\varepsilon_3 - \varepsilon_2)}{2\varepsilon_1 - \varepsilon_2 - \varepsilon_3}\right)$$

A Figura 10.35 mostra uma roseta do tipo delta.

Assim como no caso anterior, o ângulo calculado refere-se ao deslocamento angular da grade 1 em relação ao eixo principal. Pode-se inverter novamente o sentido invertendo-se o sinal. Assim, tem-se o ângulo da grade 1 em relação ao eixo principal dado por

$$\phi_{p,q} = -\theta = \frac{1}{2}\tan^{-1}\left(\frac{\sqrt{3}(\varepsilon_2 - \varepsilon_3)}{2\varepsilon_1 - \varepsilon_2 - \varepsilon_3}\right)$$

Em todos os casos, os ângulos devem ser interpretados no sentido anti-horário, se positivos, e horário, se negativos. A exemplo da roseta anterior, ocorre também um problema de ambiguidade devido a $\tan 2\phi = \tan 2(\phi + 90°)$. Isso também pode ser resolvido se for levada em conta a seguinte regra:

- Se $\varepsilon_1 > \dfrac{(\varepsilon_3 + \varepsilon_2)}{2}$, então $\phi_{p,q} = \phi_p$;
- Se $\varepsilon_1 < \dfrac{(\varepsilon_3 + \varepsilon_2)}{2}$, então $\phi_{p,q} = \phi_q$;
- Se $\varepsilon_1 = \dfrac{(\varepsilon_3 + \varepsilon_2)}{2}$ e $\varepsilon_2 < \varepsilon_1$, então $\phi_{p,q} = \phi_p = -45°$;
- Se $\varepsilon_1 = \dfrac{(\varepsilon_3 + \varepsilon_2)}{2}$ e $\varepsilon_2 > \varepsilon_1$, então $\phi_{p,q} = \phi_p = +45°$;
- Se $\varepsilon_1 = \varepsilon_2 = \varepsilon_3$, então $\phi_{p,q}$ é indeterminado.

Determinadas as deformações principais, o estado das tensões na superfície é completamente conhecido, e a máxima deformação de cisalhamento pode ser calculada:

$$\varepsilon_{\tau_{máx}} = \varepsilon_P - \varepsilon_q.$$

O objetivo usual da análise de tensões experimental é determinar a tensão principal para comparação com algum critério de falha. Utilizando-se a lei de Hooke para uma tensão

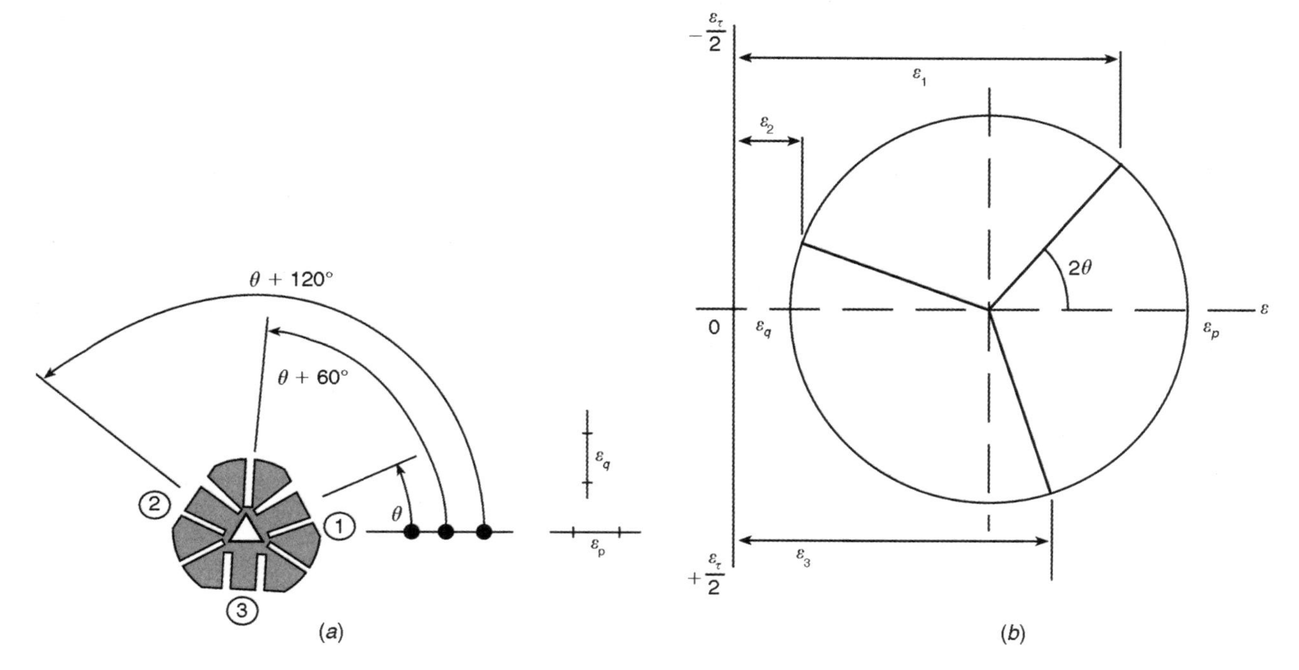

FIGURA 10.35 (*a*) Roseta do tipo delta em uma superfície com a grade 1 a um ângulo θ da direção de tensão principal e (*b*) eixos das grades da roseta no círculo de Mohr para deformações. Note que a grade 2 está a 60° (sentido anti-horário) da grade 1 e a 120° no círculo de Mohr.

biaxial, pode-se fazer a análise nos diferentes materiais, desde que estes sejam conhecidos (e que, além disso, algumas premissas sejam atendidas).

Se a sensibilidade transversal do extensômetro na roseta for diferente de zero, as leituras individuais terão um erro associado e a deformação principal calculada posteriormente também estará incorreta.

A correção para os efeitos da sensibilidade transversal pode ser feita nas leituras individuais dos elementos ou diretamente nas deformações principais, depois de calculadas.

Numerando-se os elementos consecutivamente em uma **roseta retangular** (com 3 elementos), sendo (1) e (3) as grades a 90° e (2) a grade a 45°, podem-se fazer as correções com as seguintes equações

$$\varepsilon_1 = \frac{(1-\gamma_0 K_t)(\hat{\varepsilon}_1 - K_t\hat{\varepsilon}_3)}{1-K_t^2}$$

$$\varepsilon_2 = \frac{(1-\gamma_0 K_t)[\hat{\varepsilon}_2 - K_t(\hat{\varepsilon}_1 + \hat{\varepsilon}_3 - \hat{\varepsilon}_2)}{1-K_t^2}$$

$$\varepsilon_3 = \frac{(1-\gamma_0 K_t)(\hat{\varepsilon}_3 - K_t\hat{\varepsilon}_1)}{1-K_t^2},$$

sendo $\hat{\varepsilon}_1$, $\hat{\varepsilon}_2$ e $\hat{\varepsilon}_3$ as deformações indicadas pelos elementos individuais, ε_1, ε_2 e ε_3 as deformações ao longo dos eixos dos elementos, e γ_0 o coeficiente de Poisson do material no qual o fabricante mediu o fator do extensômetro (geralmente $\gamma_0 = 0{,}285$).

Todas essas equações supõem que a sensibilidade transversal seja a mesma em todos os extensômetros e em todas as rosetas. Isso, porém, pode não ser verdadeiro para algumas rosetas.

A leitura individual de uma **roseta do tipo delta** (60°) pode ser corrigida para a sensibilidade transversal com as seguintes equações (quando uma sensibilidade transversal é comum a todos os elementos)

$$\varepsilon_1 = \frac{(1-\gamma_0 K_t)}{1-K_t^2}\left[\left(1+\frac{K_t}{3}\right)\hat{\varepsilon}_1 - \frac{2}{3}K_t(\hat{\varepsilon}_2 + \hat{\varepsilon}_3)\right]$$

$$\varepsilon_2 = \frac{(1-\gamma_0 K_t)}{1-K_t^2}\left[\left(1+\frac{K_t}{3}\right)\hat{\varepsilon}_2 - \frac{2}{3}K_t(\hat{\varepsilon}_3 + \hat{\varepsilon}_1)\right]$$

$$\varepsilon_3 = \frac{(1-\gamma_0 K_t)}{1-K_t^2}\left[\left(1+\frac{K_t}{3}\right)\hat{\varepsilon}_3 - \frac{2}{3}K_t(\hat{\varepsilon}_1 + \hat{\varepsilon}_2)\right],$$

sendo $\hat{\varepsilon}_1$, $\hat{\varepsilon}_2$ e $\hat{\varepsilon}_3$ as deformações indicadas pelos elementos individuais e ε_1, ε_2 e ε_3 as deformações ao longo dos eixos dos elementos.

Como mostramos anteriormente, pode-se considerar o denominador $(1 - K_t^2)$ próximo da unidade e fazer as simplificações pertinentes. Com qualquer roseta retangular, delta ou outras, é possível (e mais conveniente) calcular a deformação principal diretamente das leituras dos elementos não corrigidos e só depois fazer a correção diretamente nas tensões principais.

Isso é verdadeiro porque os erros nas deformações principais devidos à sensibilidade transversal são independentes do tipo de roseta implementado, desde que todos os elementos tenham o mesmo K_t.

Se as deformações principais foram calculadas diretamente das leituras dos elementos, podemos proceder com a correção das mesmas compensando o efeito da sensibilidade transversal.

$$\varepsilon_P = \frac{(1-\gamma_0 K_t)}{1-K_t^2}(\hat{\varepsilon}_P - K_t\hat{\varepsilon}_q)$$

$$\varepsilon_q = \frac{(1-\gamma_0 K_t)}{1-K_t^2}(\hat{\varepsilon}_q - K_t\hat{\varepsilon}_P).$$

Essas equações podem ainda ser reescritas como

$$\varepsilon_P = \hat{\varepsilon}_P\left[\frac{(1-\gamma_0 K_t)}{1-K_t^2}\left(1 - K_t\frac{\hat{\varepsilon}_q}{\hat{\varepsilon}_P}\right)\right]$$

$$\varepsilon_q = \hat{\varepsilon}_q\left[\frac{(1-\gamma_0 K_t)}{1-K_t^2}\left(1 - K_t\frac{\hat{\varepsilon}_P}{\hat{\varepsilon}_q}\right)\right].$$

As deformações dos três extensômetros se relacionam com uma orientação angular indicada no círculo de deformações de Mohr. Ao implementar-se um arranjo para redução de dados que produz uma distância ao centro do círculo de Mohr, e o raio desse círculo, é adotado um método simples de correção. Para corrigir o círculo de Mohr, a distância ao centro deve ser multiplicada por $\frac{(1-\gamma_0 K_t)}{1+K_t}$ e, para o raio do círculo, por $\frac{(1-\gamma_0 K_t)}{1-K_t}$. As deformações principais mínima e máxima são a diferença e a soma, respectivamente, da distância ao centro e o raio do círculo de Mohr das deformações.

Novamente, considerando-se um material de composição homogênea e com propriedades mecânicas isotrópicas, podem-se calcular as tensões principais com a lei de Hooke apresentada anteriormente para um campo de tensões biaxiais

$$\sigma_P = \frac{E}{1-\gamma^2}(\varepsilon_P + \gamma\varepsilon_q)$$

e

$$\sigma_q = \frac{E}{1-\gamma^2}(\varepsilon_q + \gamma\varepsilon_P).$$

E e γ representam o módulo de elasticidade e o módulo de Poisson do material, respectivamente.

Finalmente, fazendo-se as substituições adequadas, podem-se determinar as tensões principais para as rosetas de três elementos:

Roseta retangular

$$\sigma_{p,q} = \frac{E}{2}\left[\frac{\varepsilon_1 + \varepsilon_3}{1-\gamma} \pm \frac{\sqrt{2}}{1+\gamma}\sqrt{(\varepsilon_1 - \varepsilon_2)^2 + (\varepsilon_2 - \varepsilon_3)^2}\right];$$

Roseta delta

$$\sigma_{p,q} = \frac{E}{3}\left[\frac{\varepsilon_1 + \varepsilon_2 + \varepsilon_3}{1-\gamma} \pm \frac{\sqrt{2}}{1+\gamma}\sqrt{(\varepsilon_1 - \varepsilon_2)^2 + (\varepsilon_2 - \varepsilon_3)^2 + (\varepsilon_3 - \varepsilon_1)^2}\right].$$

10.4.4.4 Extensômetros semicondutores

Os *strain gauges* semicondutores foram inventados nos laboratórios da Bell Telephone Company nos anos 1950. No início da década de 1970, os primeiros extensômetros semicondutores foram aplicados na indústria automobilística.

Diferentemente dos sensores metálicos, os extensômetros semicondutores utilizam o efeito piezorresistivo do silício ou do germânio. O *strain gauge* semicondutor é geralmente construído com o elemento sensor difuso em um substrato de silício, e normalmente é necessário um cuidado muito especial para a colagem, porque nem sempre apresenta uma base como os extensômetros metálicos. A Figura 10.36(*a*) mostra um extensômetro metálico colado no detector de força (estrutura), a Figura 10.36(*b*) traz um extensômetro semicondutor colado na superfície do detector de força, a Figura 10.36(*c*) mostra um elemento sensor de filme fino colado molecularmente (sem necessidade de cola) em uma camada de cerâmica depositada diretamente sobre a superfície sensora, e a Figura 10.36(*d*) mostra um elemento semicondutor construído por processo de difusão.

O custo e o tamanho dos *strain gauges* semicondutores são mais baixos se comparados com os extensômetros metálicos do tipo folha. Os mesmos adesivos utilizados para a colagem de extensômetros do tipo folha são utilizados em semicondutores.

As principais vantagens dos extensômetros semicondutores são a alta sensibilidade e os valores de resistência elevados, além do tamanho reduzido. As comparações com os extensômetros populares (metálicos do tipo folha) são inevitáveis e muitas vezes controversas na literatura. Sabe-se que os *strain gauges* semicondutores são bastante sensíveis à variação de temperatura, apresentando forte tendência de *drift*. Outro problema dos semicondutores é o desvio de linearidade. Esses problemas, entretanto, podem ser consideravelmente minimizados com eletrônica e processamento adequados.

Uma grande evolução desses sensores foi o desenvolvimento de tecnologias de deposição por difusão, o que possibilitou a aplicação dos sensores sem a necessidade do processo de colagem, minimizando grande parte dos problemas.

Aplicações práticas atuais desse tipo de tecnologia podem ser encontradas em muitos sensores de pressão nos quais o diafragma é microusinado em silício e os extensômetros são difundidos neste substrato em forma de ponte (veja o Capítulo 12, Medição de Pressão). Geralmente esses dispositivos possuem compensação para variação de temperatura e são aplicados em condições moderadas.

Os extensômetros semicondutores para aplicações gerais são oferecidos em forma de tiras finas de diferentes formatos. A Figura 10.37 mostra alguns formatos de *strain gauges* semicondutores.

Muitas vezes, as tiras semicondutoras são fixadas em um substrato, formando rosetas, meias pontes, pontes completas ou então um elemento dual. A Figura 10.38 ilustra alguns desses elementos, além de um diafragma com um extensômetro depositado por difusão.

Extensômetros semicondutores são construídos em materiais com uma grande variedade de características físicas e elétricas. Dessa forma, as características de desempenho desses sensores são variadas (para diferentes fornecedores).

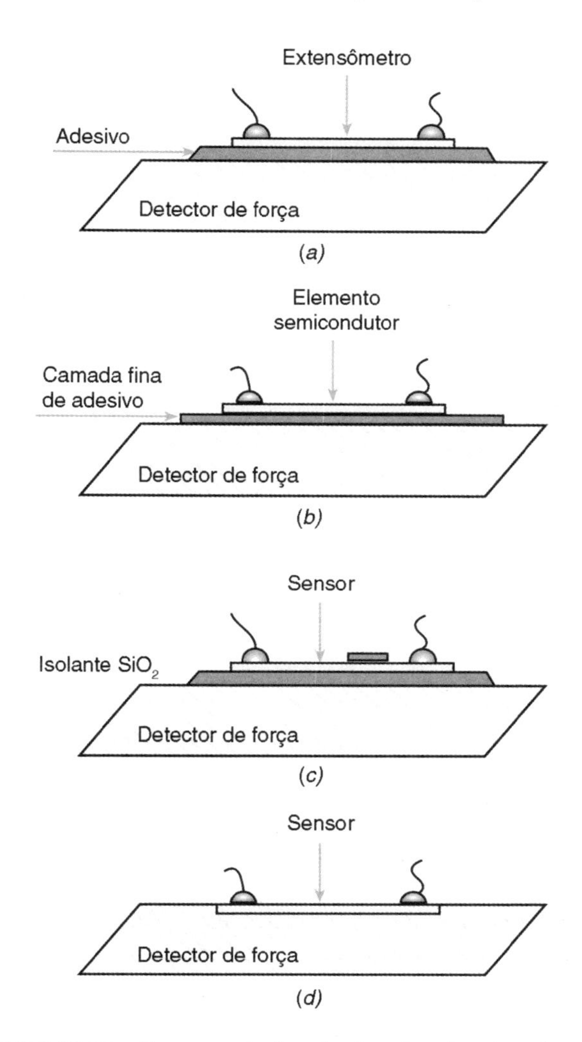

FIGURA 10.36 Processos de fixação de extensômetros de resistência elétrica: (*a*) extensômetro metálico tipo folha, (*b*) extensômetro semicondutor colado à superfície metálica, (*c*) extensômetro de filme fino colado molecularmente a uma cerâmica depositada no detector e (*d*) elemento semicondutor construído por processo de difusão.

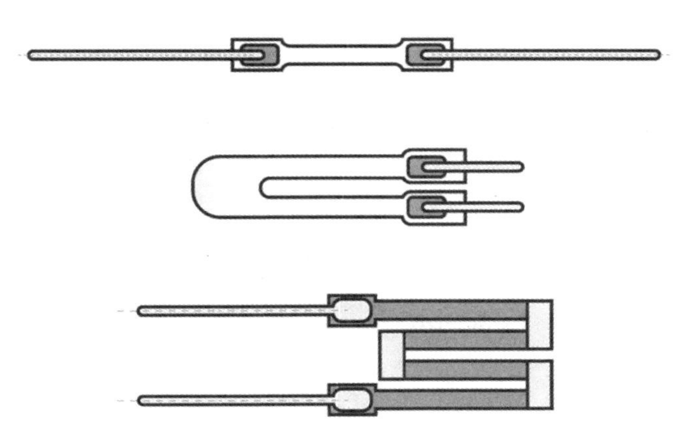

FIGURA 10.37 Diferentes formatos de extensômetros semicondutores.

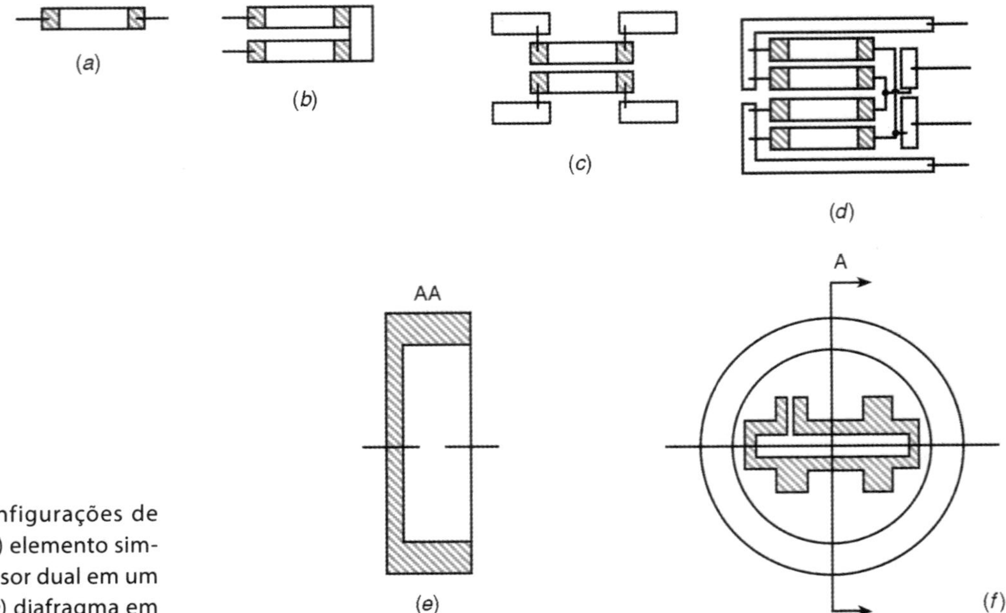

FIGURA 10.38 Diferentes configurações de *strain gauges* semicondutores: (*a*) elemento simples, (*b*) *strain gauge* em U, (*c*) sensor dual em um substrato, (*d*) ponte completa, (*e*) diafragma em silício e (*f*) *strain gauges* difusos.

Comparando-se os extensômetros metálicos do tipo folha e os extensômetros semicondutores, pode-se afirmar que os semicondutores são 25 a 50 vezes mais sensíveis que os *strain gauges*, além de possuir um tamanho mais reduzido (veja a Tabela 10.1).

Em termos práticos, isso implica que é necessária uma tensão menor nos extensômetros semicondutores, e além disso os transdutores podem ser construídos de forma mais robusta e mais protegida, uma vez que a estrutura mecânica pode trabalhar em uma região afastada da deformação plástica.

Com essa região de trabalho, os extensômetros semicondutores têm vida útil maior em relação à fadiga. Além disso, a alta sensibilidade permite que menores tensões mecânicas sejam medidas. Outra vantagem ocorre em relação à fluência (deslocamento mecânico com o tempo). Enquanto os extensômetros semicondutores possuem apenas uma camada de adesivo, os extensômetros do tipo folha possuem o adesivo mais um substrato orgânico.

As vantagens dos extensômetros do tipo folha incluem o baixo custo, a grande oferta e a popularidade, com a consequente oferta de recursos no que diz respeito ao processo de projeto das células de carga.

Os extensômetros semicondutores são indicados para medições dinâmicas. Neles, a orientação e a dopagem são os principais parâmetros de projeto (a resistividade depende desses parâmetros). Os extensômetros semicondutores para fixação (colados) são construídos com cristais de silício processados e são disponibilizados nos tipos *p* e *n*. Os fatores desses extensômetros, nesses casos, são opostos em seus sinais.

Os processos de difusão encontrados em circuitos integrados são os mesmos utilizados na fabricação de diafragmas para sensores de pressão. Nesses dispositivos, o diafragma é construído de silício, em vez de metal, e as impurezas são depositadas para formar *strain gauges* intrínsecos nas posições desejadas. Esse tipo de construção possibilita confecções a um custo mais baixo, uma vez que vários diafragmas podem ser feitos em uma única pastilha.

A Tabela 10.1 lista algumas características típicas dos *strain gauges*, e a Tabela 10.2 mostra o fator *gauge* (fator do extensômetro) de alguns metais.

10.4.4.5 Introdução ao projeto de transdutores de força

Um sistema mecânico (elemento mola) converte força em alongamento mecânico. A Figura 10.39 mostra o esquema (*a*) de um transdutor extensométrico e (*b*) de uma célula de carga típica do tipo viga engastada.

TABELA 10.1 Características típicas de extensômetros metálicos e semicondutores

Parâmetro	Metal	Semicondutor
Faixa de medição	de 0,1 $\mu\varepsilon$ a 50.000 $\mu\varepsilon$	de 0,001 $\mu\varepsilon$ a 3000 $\mu\varepsilon$
Fator *gauge* (G ou K)	de 1,8 a 4,5	de 40 a 200
Resistência nominal (Ω)	120, 350 (padrões), 500, 1000, 5000, ... (especiais)	de 1000 a 5000
Comprimento da grade (mm)	de 0,4 a 150 (padrão: de 3 a 10)	de 1 a 5

TABELA 10.2 Fator *gauge* de alguns materiais

Material	Fator *gauge*
Platina (Pt 100 %)	6,1
Platina-irídio (Pt 95 %, Ir 5 %)	5,1
Platina-tungstênio (Pt 92 %, W 8 %)	4
Isoelastic (Fe 55,5 %, Ni 36 %, Cr 8 %, Mn 0,5 %)*	3,6
Constantan / Advance / Copel (Ni 45 %, Cu 55 %)*	2,1
Nichrome V (Ni 80 %, Cr 20 %)*	2,1
Karma (Ni 74 %, Cr 20 %, Al 3 %, Fe 3 %)*	2
Armour D (Fe 70 %, Cr 20 %, Al 10 %) *	2
Monel (Ni 67 %, Cu 33 %)*	1,9
Manganin (Cu 84 %, Mn 12 %, Ni 4 %)*	0,47
Níquel (Ni 100 %)	−12,1

*Isoelastic, Constantan, Advance, Copel, Nichrome V, Karma, Armour D, Monel e Manganin são nomes de marcas comerciais.

Colando o *strain gauge* sobre o corpo submetido à tensão mecânica, ambos estarão submetidos à mesma deformação. Dessa forma, ocorrerá na saída uma variação de resistência, a qual é ligada a um circuito do tipo ponte, como será mostrado nas próximas seções. O elemento mola é determinado pela aplicação. O projeto mecânico desse elemento não é uma tarefa trivial (esse assunto foge ao escopo deste livro, porém nesta seção é mostrada uma breve introdução).

A função do elemento elástico é reagir à grandeza mecânica aplicada produzindo um campo de deformações isolado e uniforme (se possível), o qual é transmitido ao extensômetro. O transdutor utilizado para medir força é chamado "célula de carga".

A partir dos extensômetros de resistência elétrica, podem-se construir balanças digitais, torquímetros, manômetros, medidores de deformação, fluxímetros, entre outros.

O transdutor extensométrico apresenta etapas distintas desde o estímulo até a resposta. A solicitação mecânica ($\Delta G/G_N$), devida à força, ao momento, à pressão etc., provoca deformações relativas ε ($\Delta l/l_0$) no elemento elástico, que, por sua vez, provoca variações relativas da resistência inicial ($\Delta R/R$) nos extensômetros, colados na superfície do elemento elástico. As variações relativas das resistências dos extensômetros produzem um desbalanço nos terminais de saída de uma ponte de Wheatstone ($\Delta V_0/V_i$), excitada por uma tensão elétrica V_i (ou por uma corrente).

A Figura 10.40 mostra as etapas distintas de transdução desde o estímulo até a resposta.

Os extensômetros colados na superfície do elemento elástico e ligados em ponte de Wheatstone possibilitam a obtenção de um sinal elétrico proporcional à grandeza mecânica aplicada. Como as deformações elásticas são pequenas, necessita-se de um amplificador para medir o desbalanço de tensão elétrica ($\Delta V_0/V_i$).

O projeto de uma célula de carga pode ser dividido em duas partes: mecânico e elétrico. Para realizar o projeto mecânico, pode-se utilizar um método analítico, no qual se

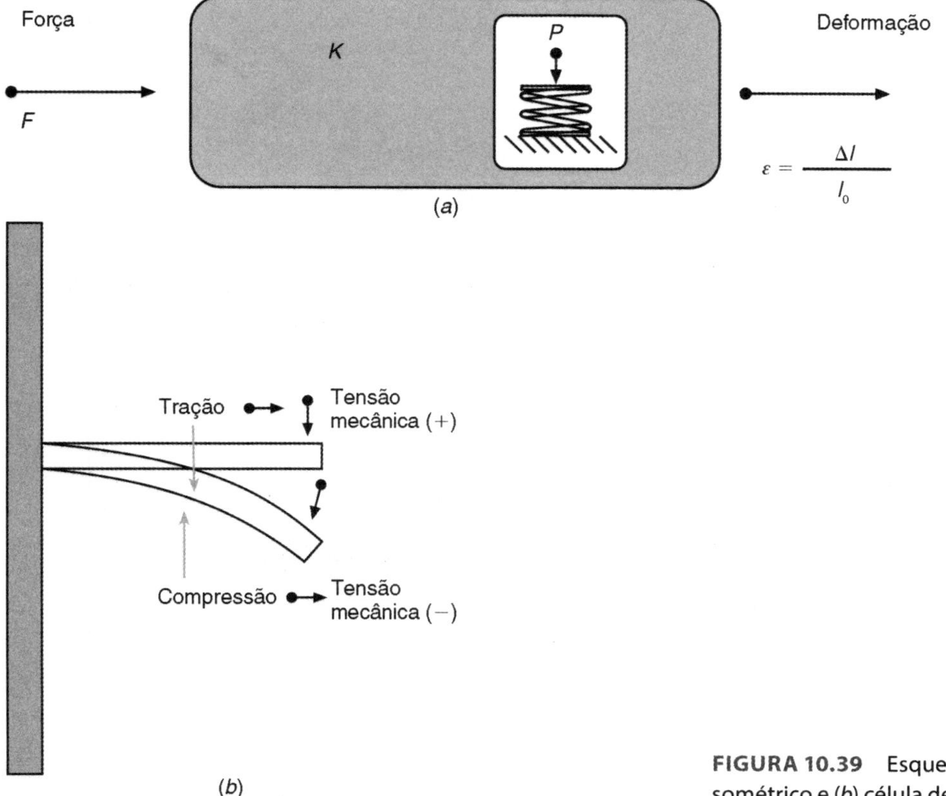

FIGURA 10.39 Esquema de (*a*) um transdutor de força extensométrico e (*b*) célula de carga do tipo viga engastada.

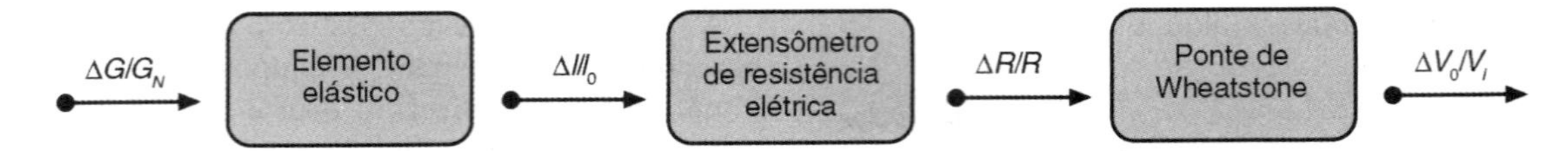

FIGURA 10.40 Etapas de transdução em um transdutor extensométrico.

aplicam equações deduzidas da resistência dos materiais, ou um método numérico quando a geometria é complexa. Normalmente, pressupõe-se que toda a deformação da superfície do elemento elástico seja integralmente transmitida à grade do extensômetro que está colado em sua superfície, não prejudicando a medida da deformação, ou seja, a espessura da camada de cola e da base do extensômetro deve ser desprezível frente à espessura do elemento elástico ao qual o extensômetro está colado.

Inicialmente, é preciso definir a forma do elemento elástico, que está relacionada com o tipo de carregamento a que o transdutor deve ser sensível. Em alguns casos, essa etapa pode exigir muito trabalho e criatividade, dependendo da complexidade do que se quer medir. O dimensionamento do elemento elástico deve ser feito de forma que, nos pontos em que forem colados os sensores, as tensões principais (σ_1, σ_2, σ_3) gerem deformações específicas relativas (ε_1, ε_2, ε_3) que não excedam a deformação especificada pelo fabricante do sensor, e que, principalmente, não gerem uma deformação plástica no elemento elástico.

Resumidamente, pode-se dizer que o projeto de uma célula de carga se inicia com a definição de quais solicitações se deseja medir, e em seguida define-se a forma do elemento elástico do transdutor; depois vem o dimensionamento e, finalmente, a colagem dos sensores.

Processo de colagem dos extensômetros de resistência elétrica

A montagem incorreta dos extensômetros na estrutura pode causar erros, como fluência, isolação elétrica pobre da peça, entre outros. O alinhamento dos *strain gauges* também é importante para eliminar os erros e deve ser fixado na direção principal das tensões.

Esses detalhes, juntamente com a escolha adequada do extensômetro, vão definir parâmetros, como estabilidade, precisão, máximo alongamento, tempo de vida e facilidade de instalação, entre outros. Os extensômetros de resistência elétrica podem ser colados em quase todos os tipos de materiais, desde que sua superfície seja adequadamente preparada. Como regra geral, devem-se adotar as instruções específicas sugeridas pelos fabricantes. Nesta seção, será abordado um procedimento geral e independente dos produtos químicos específicos de cada fornecedor.

a. **Limpeza da superfície**: inicialmente, a superfície a ser colada deve ser cuidadosamente limpa e desengraxada. Como regra geral, deve-se utilizar um solvente (de preferência, produtos recomendados pelos fabricantes) juntamente com um tecido macio, tal como uma gaze. É preciso ainda ter o cuidado de manusear a gaze com uma pinça, com movimentos em um único sentido, sem reutilizar essa gaze. Depois de limpa, a superfície não deve permanecer muito tempo exposta, para evitar oxidação. O desengraxamento deve ser feito na área em volta do ponto em que o sensor será colado para a garantia da remoção de contaminantes, graxas, resíduos de óleos, entre outros. A Figura 10.41 ilustra o procedimento de limpeza da peça.
b. **Abrasão da superfície**: em geral, depende das condições da superfície. Se existe algum adesivo no local, deve ser removido. A abrasão é feita utilizando-se lixas abrasivas gradativas até atingir uma rugosidade adequada. O acabamento ótimo para a colagem depende da natureza e da intenção da instalação. Em termos gerais, essa rugosidade deve estar entre 0,4 e 6,4 μm. A Figura 10.42 ilustra o procedimento de abrasão da peça.
c. **Traçado das linhas de orientação**: nesta etapa, são traçadas linhas de referência para a orientação dos sensores. A marcação deve ser feita com alguma ferramenta que não

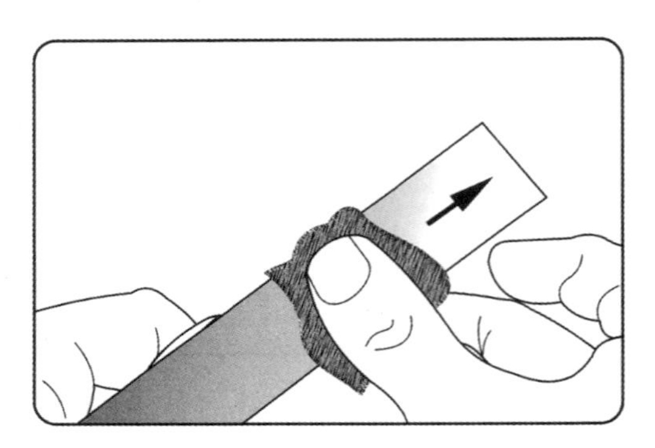

FIGURA 10.41 Ilustração do procedimento de limpeza da peça. (Cortesia de Vishay Intertechnology, Inc.)

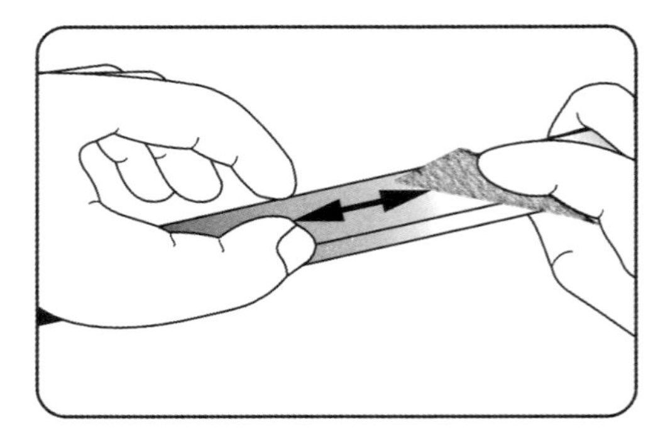

FIGURA 10.42 Ilustração do procedimento de abrasão da peça. (Cortesia de Vishay Intertechnology, Inc.)

risque nem arranhe o material, para evitar concentração de tensões. A Figura 10.43 ilustra o procedimento do traçado da peça.

d. **Limpeza final**: nesta etapa, é realizada uma nova limpeza, com um novo desengraxamento, e opcionalmente é feito um processo em que se provoca um ataque químico com algum tipo de solução ácida (indicada pelo fornecedor do extensômetro). Posteriormente, utiliza-se um neutralizador, para que o pH da superfície fique neutro. O processo de limpeza deve ser feito com uma pinça e um tecido macio, tal como uma gaze, com movimentos suaves em uma única direção, e não se reutiliza a gaze. A Figura 10.44 ilustra o procedimento de limpeza e neutralização da superfície.

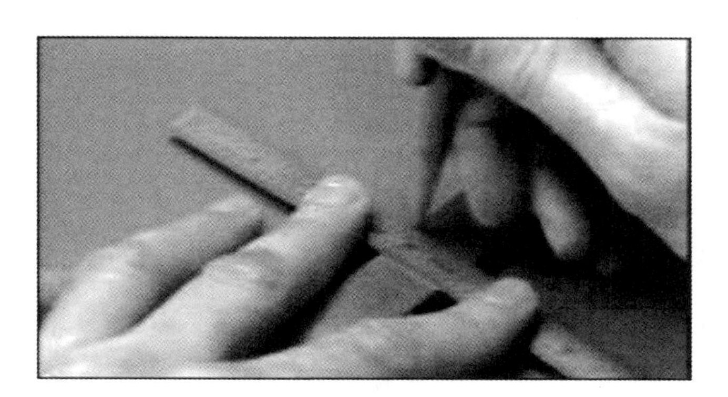

FIGURA 10.43 Procedimento de traçado da peça. (Cortesia de Vishay Intertechnology, Inc.)

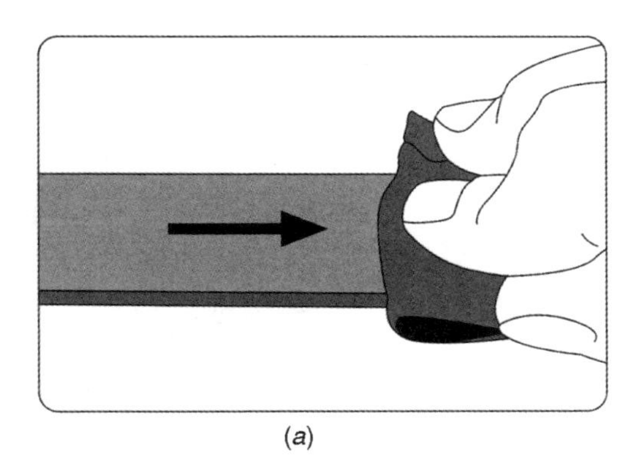

(*a*)

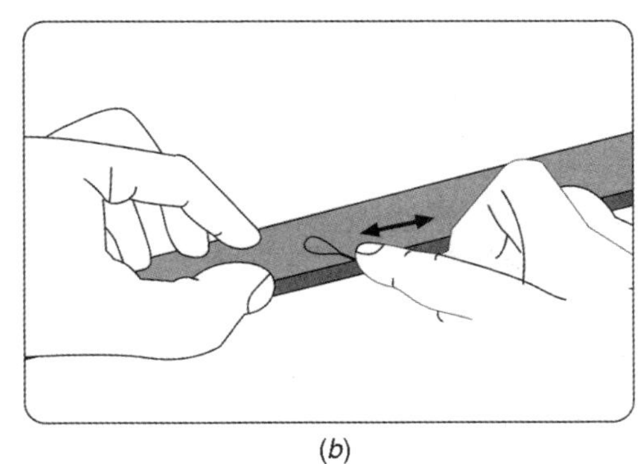

(*b*)

FIGURA 10.44 Procedimento de (*a*) limpeza e (*b*) de neutralização da superfície. (Cortesia de Vishay Intertechnology, Inc.)

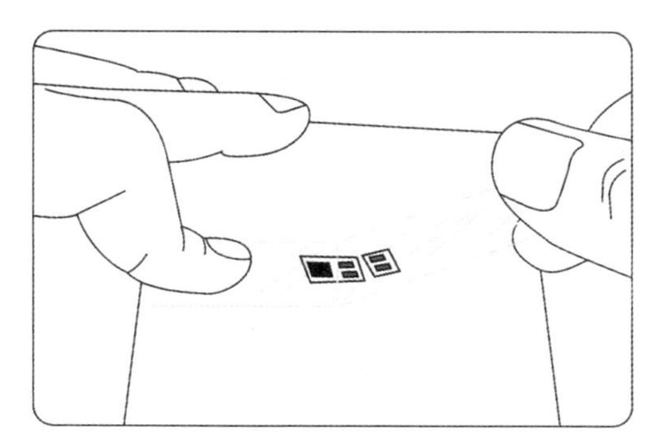

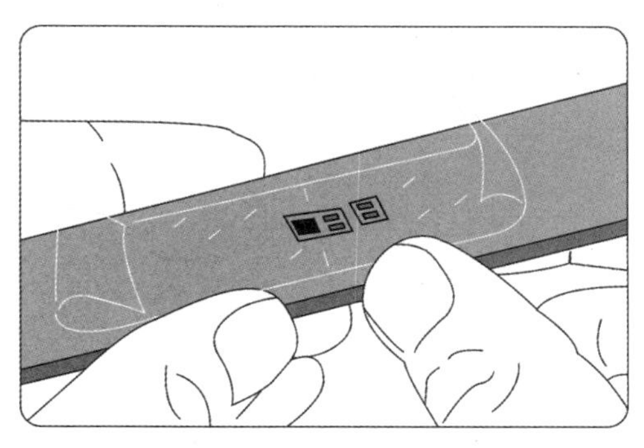

FIGURA 10.45 Cuidados no manuseio do extensômetro de resistência elétrica. (Cortesia de Vishay Intertechnology, Inc.)

e. **Manuseio do extensômetro**: o extensômetro nunca deve ser manipulado diretamente com os dedos (devido à gordura das mãos), e sim com uma pinça adequada para o posicionamento. Se o extensômetro não possuir terminais de soldagem (*leads*), podem-se utilizar os terminais[3] de solda em separado, os quais são colados juntamente com o sensor (a uma distância de aproximadamente 2 mm abaixo da grade). O extensômetro e os terminais de solda devem ser posicionados com o lado a ser colado para cima, ficando com a pinça sobre uma superfície quimicamente neutra e limpa. Uma fita adesiva, neutra, deve, então, ser colocada, tanto sobre o extensômetro como sobre os terminais de solda. A Figura 10.45 ilustra esse procedimento.

f. **Posicionamento do extensômetro**: o manuseio do sensor pode ser feito com a fita adesiva, e o mesmo deve ser cuidadosamente posicionado conforme as linhas de referência traçadas no item c. Esse processo pode ser repetido levantando-se uma das bordas do adesivo até que se acerte o posicionamento do sensor em relação à referência, tendo sempre cuidado para que as superfícies, tanto do extensômetro como da estrutura que será colada, não sejam contaminadas. A Figura 10.46 ilustra o manuseio e o posicionamento do extensômetro.

g. **Colagem**: com a fita adesiva presa apenas por um lado, o adesivo do sensor deve ser colocado em ambas as superfícies da estrutura e do extensômetro. Rapidamente, após a aplicação, o extensômetro deve ser colocado em contato

[3] Consistem em pequenos olhais de suporte para a soldagem. Esses olhais são necessários quando o extensômetro não possui os terminais de solda na mesma base.

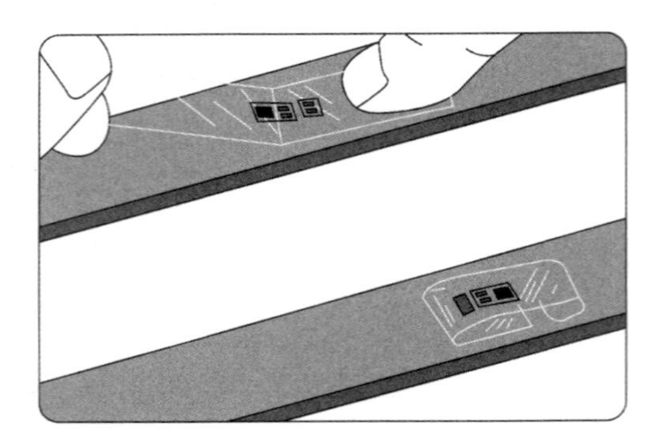

FIGURA 10.46 Manuseio e posicionamento do extensômetro. (Cortesia de Vishay Intertechnology, Inc.)

com a superfície e com uma gaze, e o sensor deve ser pressionado durante aproximadamente 1 minuto contra a estrutura em que está sendo colado. Posteriormente, a fita adesiva pode ser removida e então os terminais podem ser soldados aos fios que vão ao amplificador. A Figura 10.47 ilustra algumas fases dos processos de colagem e solda do extensômetro.

h. **Proteção**: geralmente é interessante proteger o local em que o sensor foi colado para evitar choques ou outro tipo de problema que venha inutilizar o sensor. Isso pode ser feito com a utilização de um material macio, o qual é indicado pelo fabricante, ou então com um material tal como um silicone. Geralmente as células de carga comerciais

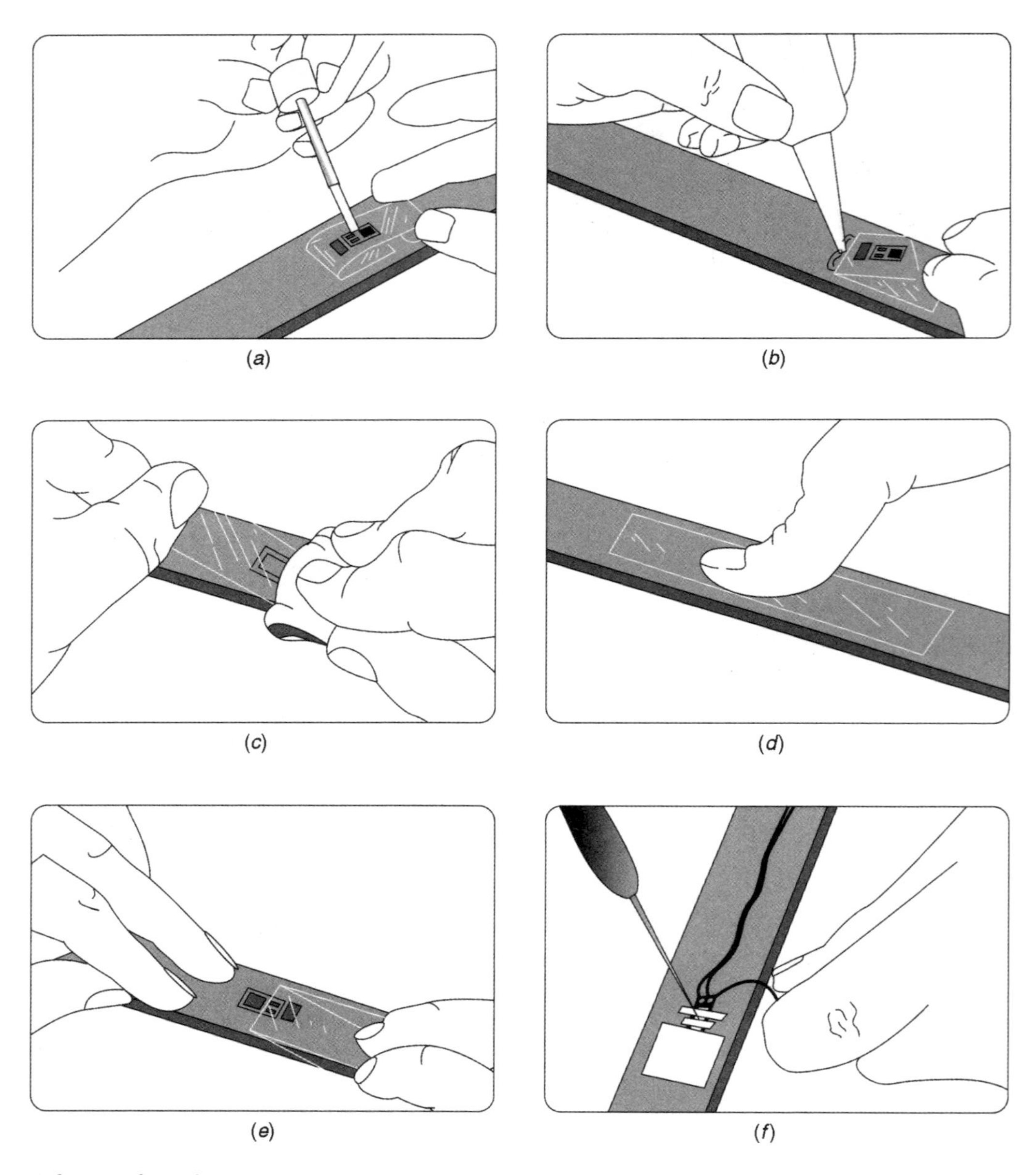

FIGURA 10.47 Diferentes fases dos processos de colagem e solda do extensômetro na superfície do elemento mola: (*a*) e (*b*) colagem do extensômetro, (*c*) e (*d*) pressão no elemento, (*e*) remoção da fita e (*f*) soldagem dos condutores. (Cortesia de Vishay Intertechnology, Inc.)

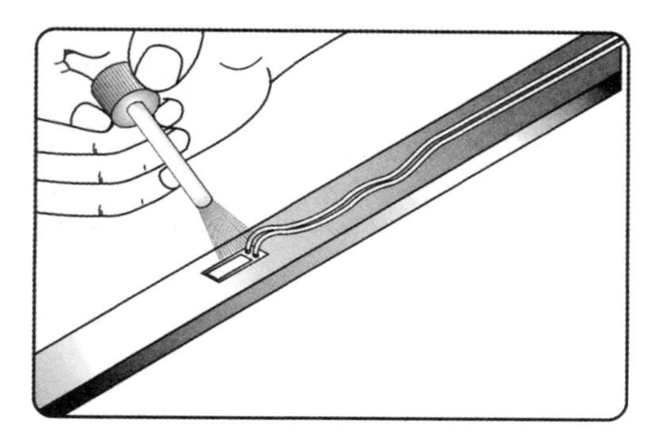

FIGURA 10.48 Processo de proteção e isolamento do extensômetro. (Cortesia de Vishay Intertechnology, Inc.)

possuem a região em que foram colados os extensômetros extremamente protegida e isolada. Apesar de dificultar a troca de calor, uma região extremamente protegida evita problemas de choques mecânicos que podem facilmente danificar o transdutor. A Figura 10.48 ilustra o processo de proteção da área dos sensores na célula de carga.

A utilização dos terminais de solda (citada nos procedimentos anteriores) é uma prática comum por introduzir robustez ao processo. Os terminais evitam que uma tração nos cabos atinja diretamente os extensômetros, protegendo o sistema. A Figura 10.49 mostra diferentes terminais de solda para configurações diversas em duas ou três conexões.

Projeto da célula de carga

A sensibilidade da célula de carga é diretamente influenciada pelo número de extensômetros, pela posição dos extensômetros e pela configuração na ponte de Wheatstone.

Considerando a Figura 10.50, pode-se observar um extensômetro ativo em tração ou compressão uniaxial. A disposição do sensor na ponte permite que seja calculada a tensão de saída E_0. Como esta ponte é excitada por uma fonte de tensão E, pode-se calcular a relação $\frac{E_0}{E}$ para que o resultado seja dependente apenas do sensor e das resistências da ponte.

Na ponte de Wheatstone, $f(\varepsilon)$ representa a variação da resistência R do extensômetro $\pm\Delta R$ em função da deformação causada pela tração $(+\Delta R)$ ou pela compressão $(-\Delta R)$.

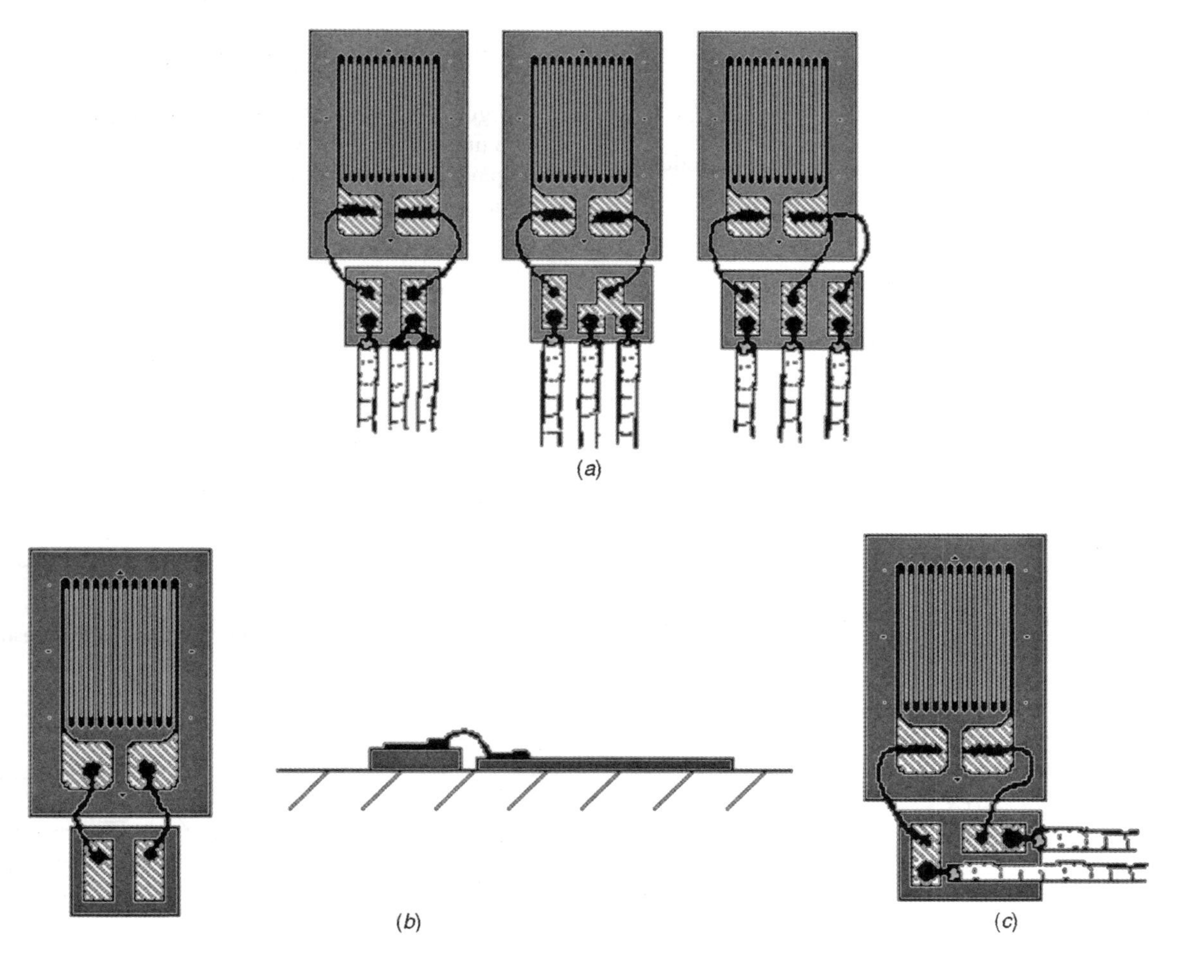

FIGURA 10.49 Terminais de solda: (*a*) configuração de três terminais, (*b*) configuração de dois terminais com vista lateral e (*c*) configuração com dois terminais em "L". (Cortesia de Vishay Intertechnology, Inc.)

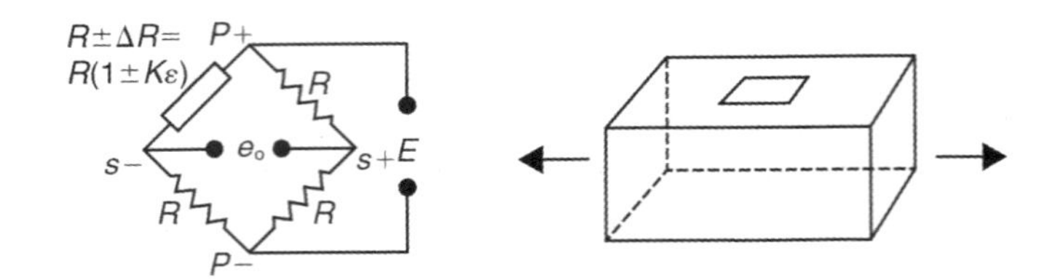

FIGURA 10.50 Um extensômetro ativo sob compressão ou tração uniaxial.

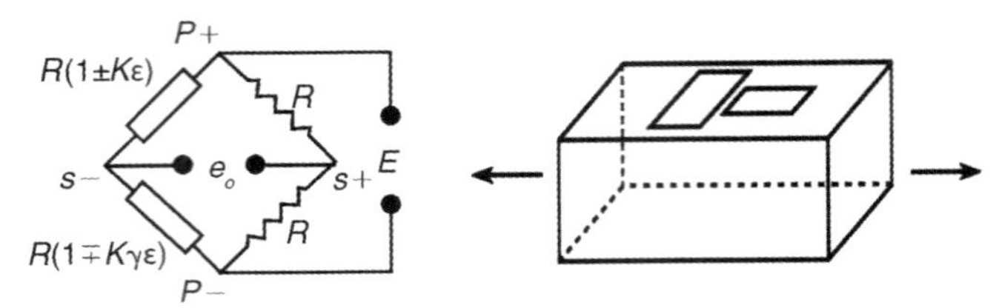

FIGURA 10.51 Dois extensômetros em um campo uniaxial de tensões.

Calculando a saída do circuito, considerando todas as resistências da ponte iguais a R e o extensômetro $R \pm \Delta R$, temos

$$e_o = -\frac{E}{2} + \frac{E(R \pm \Delta R)}{R + R \pm \Delta R}.$$

Esta equação pode ser simplificada para

$$\frac{e_o}{E} = \frac{\pm \Delta R}{4R \pm 2\Delta R}.$$

Dividindo o denominador e o numerador por R, temos

$$\frac{e_o}{E} = \frac{\pm \dfrac{\Delta R}{R}}{4\dfrac{R}{R} \pm 2\dfrac{\Delta R}{R}}.$$

Como foi definido anteriormente, $K = \dfrac{\Delta R/R}{\varepsilon}$, sendo K o fator do extensômetro e a deformação relativa. Pode-se reduzir a equação a

$$\frac{e_o}{E} = \frac{\pm K\varepsilon}{4 \pm 2K\varepsilon}.$$

Como a relação de tensão está nas unidades $\left[\mathrm{V}/\mathrm{V}\right]$, pode-se ainda multiplicar o numerador por um fator de 1000 e fazer a unidade de saída $\left[\mathrm{mV}/\mathrm{V}\right]$. Fazendo-se ε ter unidade $\left[\mu\mathrm{m}/\mathrm{m}\right]$, é necessário um fator de $\times 10^{-6}$, e assim:

$$\frac{e_o}{E} = \frac{\pm K\varepsilon \times 10^{-3}}{4 \pm 2K\varepsilon \times 10^{-6}}\left[\mathrm{mV}/\mathrm{V}\right] \text{ com } \varepsilon \text{ em } \textit{microstrains}.$$

A Figura 10.51 mostra dois extensômetros ativos em um campo uniaxial de tensões, um alinhado com a tensão principal máxima e outro transversal. Nesse caso, pode-se repetir o procedimento de cálculo e verificar que

$$\frac{e_o}{E} = \frac{K\varepsilon(1+\gamma) \times 10^{-3}}{4 + 2K\varepsilon(1-\gamma) \times 10^{-6}}\left[\mathrm{mV}/\mathrm{V}\right] \text{ com } \varepsilon \text{ em } \textit{microstrains}.$$

A Figura 10.52 mostra dois extensômetros com a mesma deformação, porém de sinais contrários, típico de arranjo de viga em balanço. Pode-se mostrar que

$$\frac{e_o}{E} = \frac{K\varepsilon \times 10^{-3}}{2}\left[\mathrm{mV}/\mathrm{V}\right] \text{ com } \varepsilon \text{ em } \textit{microstrains}.$$

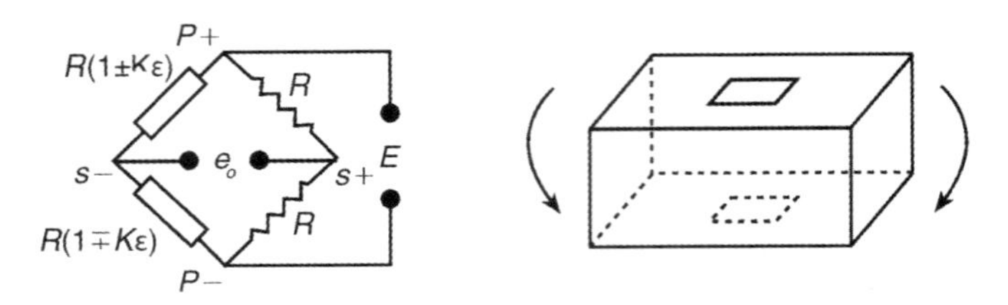

FIGURA 10.52 Dois extensômetros com a mesma deformação, porém com sinais contrários.

A Figura 10.53 mostra dois extensômetros ativos com a mesma deformação e o mesmo sinal. Pode-se mostrar que

$$\frac{e_o}{E} = \frac{K\varepsilon \times 10^{-3}}{2 + K\varepsilon \times 10^{-6}}\left[\mathrm{mV}/\mathrm{V}\right] \text{ com } \varepsilon \text{ em } \textit{microstrains}.$$

A Figura 10.54 mostra quatro extensômetros ativos em um campo uniaxial de tensões, dois alinhados com a deformação principal e dois transversais. A relação de saída dessa configuração pode ser calculada como

$$\frac{e_o}{E} = \frac{K\varepsilon(1+\gamma) \times 10^{-3}}{2 + K\varepsilon(1-\gamma) \times 10^{-6}}\left[\mathrm{mV}/\mathrm{V}\right] \text{ com } \varepsilon \text{ em } \textit{microstrains}.$$

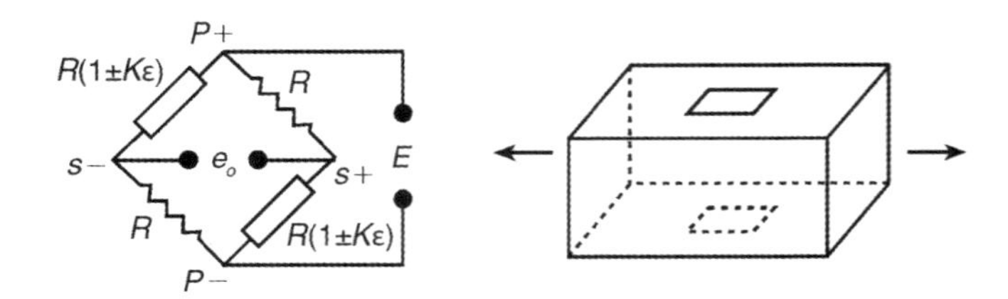

FIGURA 10.53 Dois extensômetros ativos com a mesma deformação e o mesmo sinal.

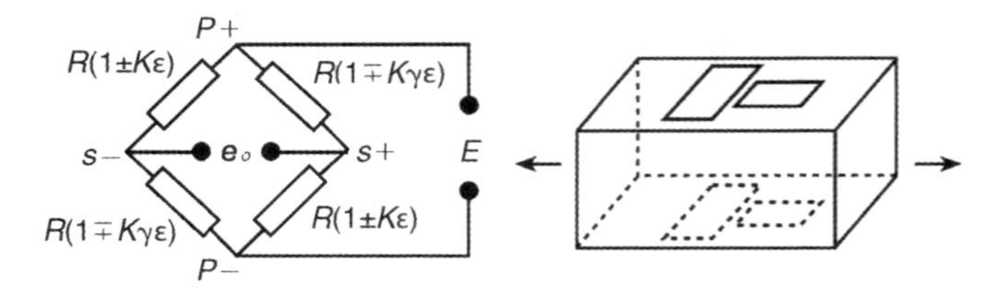

FIGURA 10.54 Quatro extensômetros ativos em um campo uniaxial de tensões.

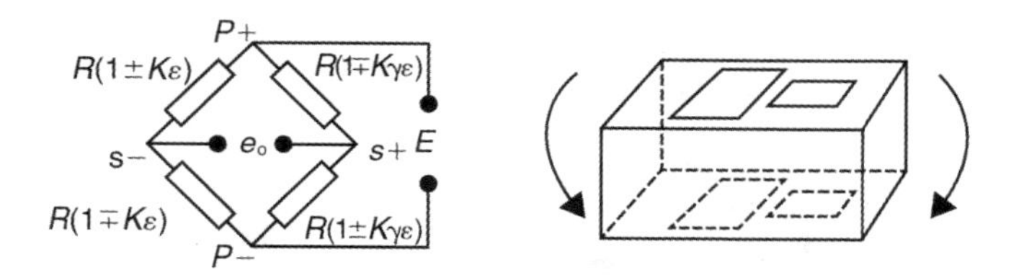

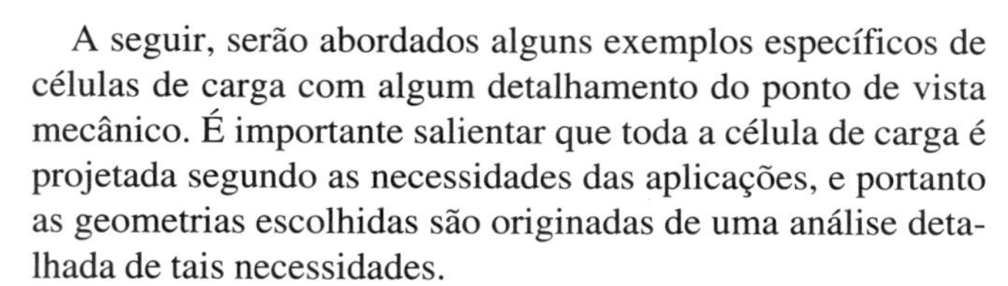

FIGURA 10.55 Quatro extensômetros ativos sob momento.

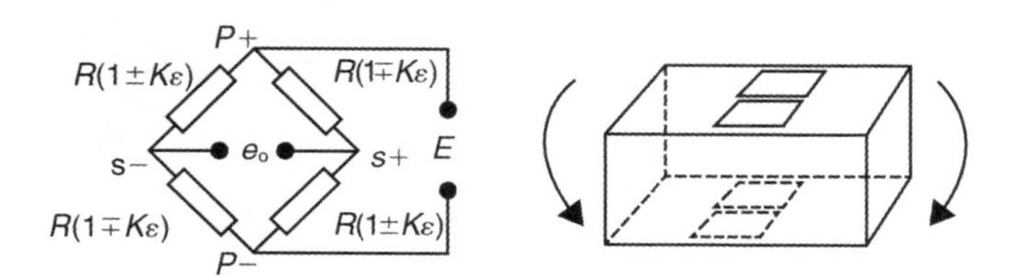

FIGURA 10.56 Quatro extensômetros ativos com pares sujeitos a deformações iguais e sinais contrários.

A Figura 10.55 mostra quatro extensômetros ativos. Desses quatro extensômetros, dois estão no eixo principal, porém um deles está sob tração, e o outro, sob compressão. Os dois extensômetros restantes encontram-se na direção transversal. Enquanto um deles está tracionando, o outro está comprimindo.

$$\frac{e_o}{E} = \frac{K\varepsilon(1+\gamma)\times 10^{-3}}{2}\left[{}^{\mathrm{mV}}\!/_{\mathrm{V}}\right] \text{ com } \varepsilon \text{ em } \textit{microstrains}.$$

A Figura 10.56 mostra quatro extensômetros ativos com pares sujeitos a deformações iguais e sinais contrários. Pode-se mostrar que

$$\frac{e_o}{E} = K\varepsilon \times 10^{-3}\left[{}^{\mathrm{mV}}\!/_{\mathrm{V}}\right] \text{ com } \varepsilon \text{ em } \textit{microstrains}.$$

A seguir, serão abordados alguns exemplos específicos de células de carga com algum detalhamento do ponto de vista mecânico. É importante salientar que toda a célula de carga é projetada segundo as necessidades das aplicações, e portanto as geometrias escolhidas são originadas de uma análise detalhada de tais necessidades.

a. Célula de carga do tipo coluna

Uma célula de carga simples do tipo coluna pode ser vista na Figura 10.57(*a*), em que a carga F pode ser uma tensão ou uma compressão. Os quatro extensômetros estão colados na célula. Dois *strain gauges* são colados na direção longitudinal, enquanto os outros dois estão na direção transversal. A disposição desses elementos na ponte é mostrada na Figura 10.57(*b*).

Quando uma carga é aplicada na célula, surge uma deformação axial e outra transversal:

$$\varepsilon_a = \frac{F}{AE} \text{ e } \varepsilon_t = -\frac{\gamma F}{AE},$$

sendo A a área da secção da coluna, E o módulo de elasticidade do material, γ o módulo de Poisson do material, ε_a e ε_t as deformações nas direções axial e transversal, respectivamente.

Nesta configuração de célula e ponte, temos

$$\frac{\Delta R_1}{R_1} = \frac{\Delta R_3}{R_3} = K\varepsilon_a$$

e

$$\frac{\Delta R_2}{R_2} = \frac{\Delta R_4}{R_4} = -\gamma K\varepsilon_a.$$

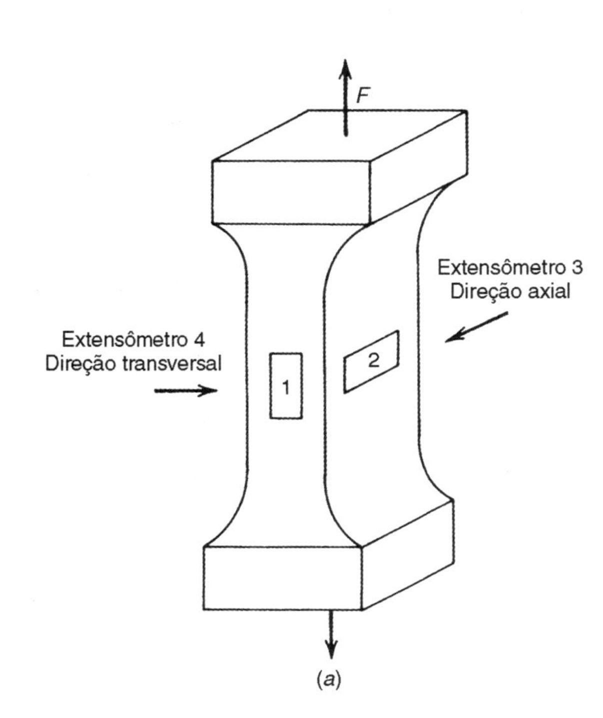

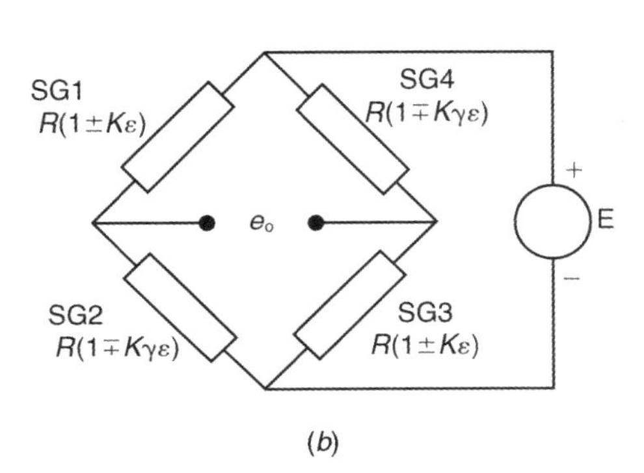

FIGURA 10.57 (*a*) Célula de carga do tipo coluna e (*b*) disposição dos extensômetros na ponte de Wheatstone.

Fazendo as substituições e calculando a saída da ponte de Wheatstone segundo a configuração proposta, temos

$$e_o = \frac{KF(1+\gamma)}{2AE + KF(1-\gamma)} E_{\text{Fonte}}$$

Com $2\,AE \gg KF\,(1-\gamma)$, pode-se simplificar a equação: $e_o = \dfrac{KF(1+\gamma)}{2AE} E_{\text{Fonte}}$ ou, isolando-se a carga aplicada,

$$F = \frac{2AE}{K(1+\gamma)E_{\text{Fonte}}} e_o = Ce_o.$$

Essa equação indica a proporcionalidade entre a carga aplicada e a tensão de saída por uma constante que depende do fator do extensômetro, da razão de Poisson do material, do módulo de elasticidade do material e da área da secção da coluna.

Muitas células de carga desse tipo são construídas com aço do tipo AISI 4340, o qual possui um módulo de elasticidade $E = 30.000.000$ psi, e módulo de Poisson $\gamma = 0{,}30$, o qual é tratado para apresentar fadiga acima de 80.000 psi.

É comum representar a característica de sensibilidade da célula de carga em função da tensão de saída pela tensão de excitação da ponte. Nesse caso,

$$\frac{e_o}{E_{\text{Fonte}}} = \frac{K(1+\gamma)}{2AE} F.$$

Considerando-se a tensão limite convencional de fadiga do material (σ_0), a força máxima que pode ser aplicada à célula de carga é

$$F_{\text{máxima}} = \sigma_0 \times A.$$

b. Transdutor de força do tipo lâmina ou barra engastada

Um momento fletor aplicado em uma extremidade de uma lâmina (de altura h e largura b) engastada em uma extremidade provoca uma tensão longitudinal σ. A lâmina engastada pode ser vista na Figura 10.58. Se I é o momento de inércia, temos

$$\frac{M}{I} = \frac{\sigma}{y} \text{ e } I = \frac{bh^3}{12},$$

sendo y a distância até o centro $(h/2)$.

Como, no caso, interessam as tensões na superfície, temos

$$\frac{M}{I} = \frac{\sigma}{(h/2)}$$

e, então,

$$\sigma = \frac{6M}{bh^2}.$$

Considerando-se que não existe nenhuma força externa aplicada sobre a superfície da lâmina e que a tensão transversal da lâmina é zero (desprezando-se o efeito de Poisson, $\sigma_2 = \gamma\sigma_1$), obtém-se

$$\varepsilon_2 = \varepsilon_3 = 0 \text{ e } \varepsilon_1 = \frac{\sigma_1}{E},$$

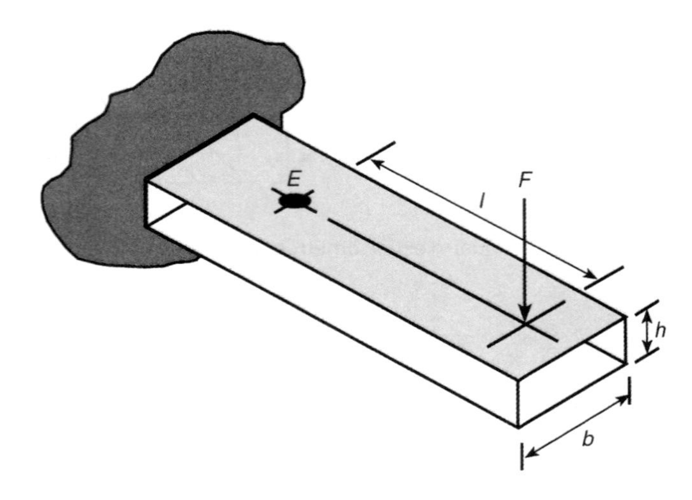

FIGURA 10.58 Lâmina engastada com um extensômetro na direção axial.

sendo ε_1 a deformação na direção longitudinal, σ_1 a tensão longitudinal, ε_2 a deformação na direção transversal e ε_3 a deformação na direção da espessura.

A uma distância l do ponto de medição (centro do *strain gauge*) até o ponto de aplicação da força F, temos

$$M = F \cdot l \text{ e } \sigma = \frac{6l}{bh^2} F$$

de modo que o sensor colado a uma distância l e na direção axial sofre uma deformação dada por

$$\varepsilon_1 = \frac{6l}{bh^2E} F.$$

Assim, utilizando-se somente um extensômetro, a sensibilidade da célula de carga é

$$S_{\text{axial}} = \frac{6l}{bh^2E}.$$

Se o sensor fosse colado transversalmente, e considerando-se o efeito de Poisson, a deformação seria

$$\varepsilon_2 = -1\gamma\varepsilon_1,$$

e se os dois sensores (direção axial e transversal) fossem utilizados, a sensibilidade seria

$$S_{\text{axial,transv}} = (1+\gamma)S_{\text{axial}}$$

Se forem colados quatro extensômetros (dois na parte superior e dois na parte inferior), como mostra a Figura 10.59(a), temos as quatro deformações locais definidas por

$$\varepsilon_1 = \varepsilon_2 = \varepsilon_3 = \varepsilon_4 = \frac{6l}{bh^2E} F$$

e as variações relativas dos valores das resistências dos elementos são

$$\frac{\Delta R1}{R1} = -\frac{\Delta R2}{R2} = \frac{\Delta R3}{R3} = -\frac{\Delta R4}{R4} = \frac{6Kl}{Ebh^2} F$$

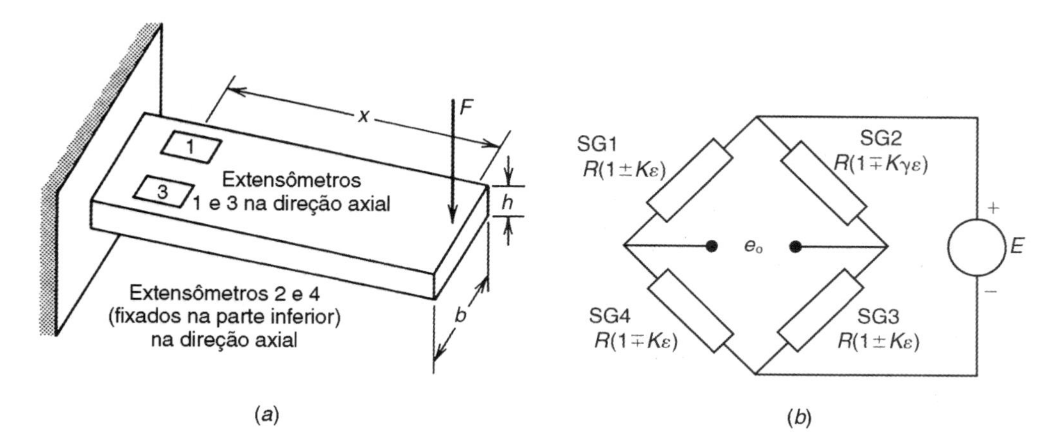

FIGURA 10.59 *(a)* Viga engastada com quatro extensômetros e *(b)* disposição dos *strain gauges* na ponte de Wheatstone.

Se a ponte for construída como na Figura 10.59(*b*), a tensão de saída pode ser calculada como

$$\frac{e_o}{E_{\text{Fonte}}} = \frac{6Kl}{Ebh^2}F$$

ou, isolando-se a carga aplicada, como

$$F = \frac{Ebh^2 e_o}{6KlE_{\text{Fonte}}}.$$

Calculando a sensibilidade desta célula, observa-se que ela depende da forma da barra, das medidas de b e h (área da secção da barra), do módulo de elasticidade do material, da distância da aplicação da carga em relação à posição dos extensômetros l, do fator do extensômetro K e da tensão de alimentação:

$$S_{\text{cel}} = \frac{e_o}{F} = \frac{6Kl}{Ebh^2 E_{\text{Fonte}}}$$

Considerando-se a tensão limite convencional de fadiga do material (σ_0), a força máxima que pode ser aplicada na célula de carga da Figura 10.59(*a*) é dada por

$$F_{\text{máxima}} = \sigma_0 \frac{b \times h^2}{6 \times x}$$

A sensibilidade deste sistema pode ser melhorada se forem usados dois ou quatro extensômetros, com a vantagem adicional de permitir a compensação mais efetiva dos efeitos devidos às variações de temperatura.

No primeiro caso, um dos extensômetros deve ser colado na face superior e o outro na face inferior da viga, seguindo a direção longitudinal. As deformações dos extensômetros são simétricas, o que implica que, quando integrados na ponte de medição, ocupem braços adjacentes para que os efeitos sejam adicionados. Neste caso, e fazendo uma análise semelhante à apresentada anteriormente, pode-se concluir que a sensibilidade do sistema será duplicada.

No caso de existirem quatro extensômetros contribuindo ativamente para o sinal de desequilíbrio da ponte de medição, a sensibilidade será quatro vezes maior. Neste segundo caso, dois extensômetros são colados na face superior e dois na face inferior. Os extensômetros de cada face deverão ser integrados em braços opostos da ponte de medição.

c. Célula de carga do tipo anel

Esse tipo de célula de carga é feito com material elástico, em forma de anel, solicitado por esforços de flexão e pode ser usada para tração e compressão, como mostra a Figura 10.60(*a*). O projeto dessa estrutura pode ser feito para cobrir uma larga faixa de cargas (tipicamente 1 kN a 1MN), variando-se parâmetros como o raio, a espessura e a largura do anel.

A distribuição das deformações em uma célula de carga do tipo anel é uma função complexa da sua geometria. Sua distribuição está ilustrada na Figura 10.61. Pode-se observar na Figura 10.61 que, nos pontos centrais em que os extensômetros são colados, a distribuição da deformação é praticamente uniforme.

A deformação nesses pontos pode ser calculada com

$$\varepsilon = \frac{3FR}{Ewt^2}\left(1 - \frac{2}{\pi}\right)$$

em que F é a força aplicada, R o raio, w a espessura do anel e t a parede.

A célula de carga mostrada na Figura 10.62 oferece algumas vantagens em relação à célula de carga do tipo anel, clássica, da Figura 10.62. Além de ser mais simples e, em decorrência, sua confecção ser mais barata, o anel quadrado também melhora a linearidade.

d. Transdutor de força composto por duas vigas biengastadas

O transdutor de força formado por duas vigas biengastadas é um dos mais utilizados em balanças eletrônicas. Isso se explica por seu baixo custo, pela altura reduzida e, principalmente, por medir força em apenas uma direção e não ser sensível a momentos. Com um prato fixo em uma das extremidades, por exemplo, é possível medir a força peso de um corpo localizado em qualquer posição do prato, mesmo que

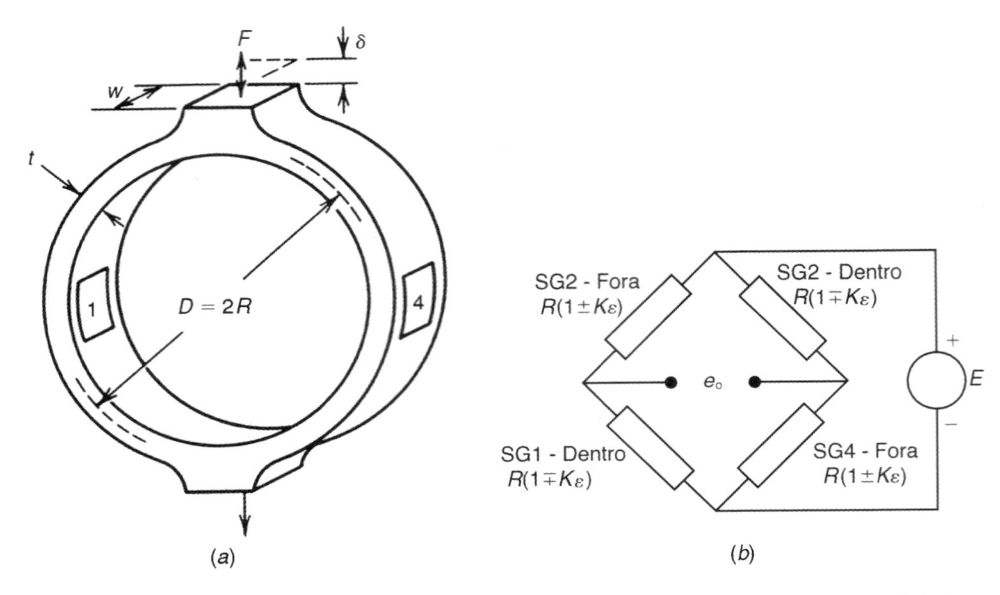

FIGURA 10.60 (*a*) Célula de carga do tipo anel e (*b*) ligação dos quatro elementos na ponte de Wheatstone.

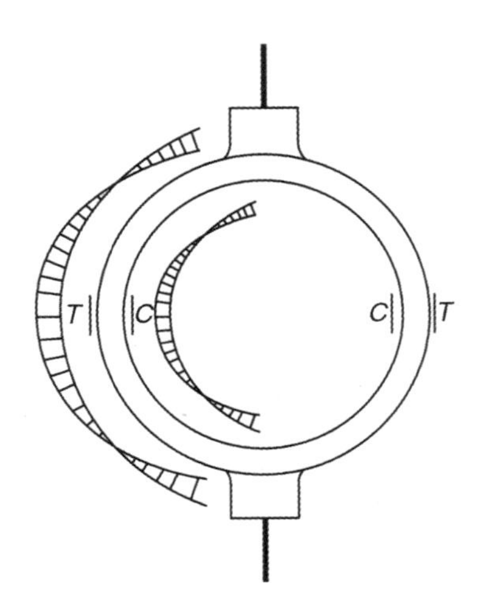

FIGURA 10.61 Distribuição da deformação em uma célula de carga do tipo anel.

esse corpo gere uma força normal e um momento como mostram as Figuras 10.63(*a*) e 10.63(*b*).

As Figuras 10.63(*c*) e 10.63(*d*) mostram apenas o efeito da força normal. Os sensores R_1 e R_4 são tracionados, enquanto os sensores R_2 e R_3 são comprimidos. Se os sensores forem montados na configuração de ponte completa, conforme mostra a Figura 10.64, as deformações dos sensores provocarão um desbalanço, já que

$$(R_1 + \Delta R_1) \cdot (R_4 + \Delta R_4) \neq (R_2 - \Delta R_2) \cdot (R_3 - \Delta R_3)$$

sendo $R_1 = R_2 = R_3 = R_4$ as resistências nominais dos extensômetros e ΔR_1, ΔR_2, ΔR_3 e ΔR_4 suas respectivas variações.

As Figuras 10.63(*e*) e 10.63(*f*) mostram apenas o efeito do momento. Nesse caso, os sensores R_1 e R_2 serão tracionados, e R_3 e R_4 serão comprimidos. Para a mesma configuração de montagem da ponte de Wheatstone não ocorrerá desbalanço, já que $(R_1 + \Delta R_1) \cdot (R_4 - \Delta R_4) = (R_2 + \Delta R_2) \cdot (R_3 - \Delta R_3)$, uma vez que na célula os extensômetros devem ser iguais ($R_1 = R_2 = R_3 = R_4$) e, dessa forma, o sistema não é sensível ao momento aplicado sobre a extremidade do transdutor.

Observa-se que o arranjo da ponte de Wheatstone apresentado na Figura 10.64 não é sensível à variação de temperatura, pois todos os sensores sofrerão a mesma deformação e, consequentemente, a mesma variação de resistência elétrica, sem provocar o desbalanço da ponte (detalhes de compensação de temperatura serão abordados nas próximas seções).

e. Medida de força e momento

Um transdutor para força e momento simples utiliza uma barra engastada, tal como mostra a Figura 10.65. Admite-se que essa barra seja quadrada, com os extensômetros fixados

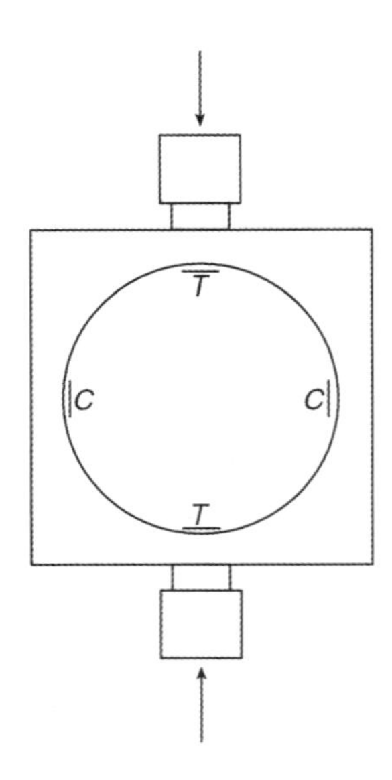

FIGURA 10.62 Evolução da célula de carga do tipo anel.

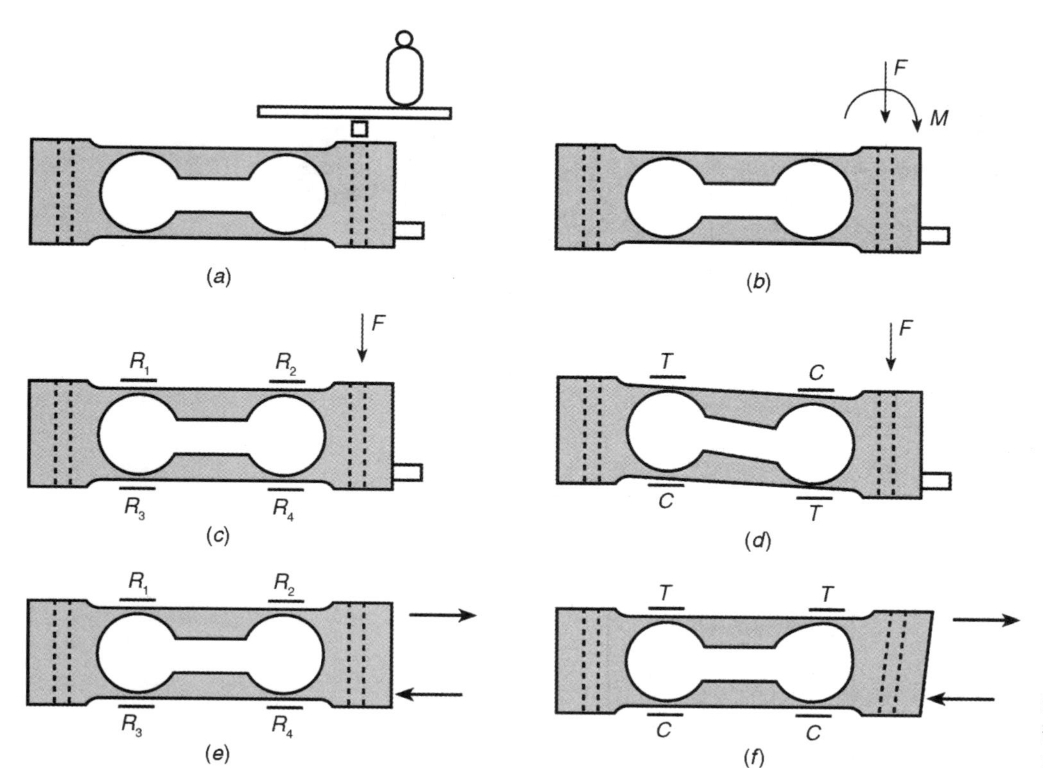

FIGURA 10.63 Transdutor de força composto por duas vigas biengastadas.

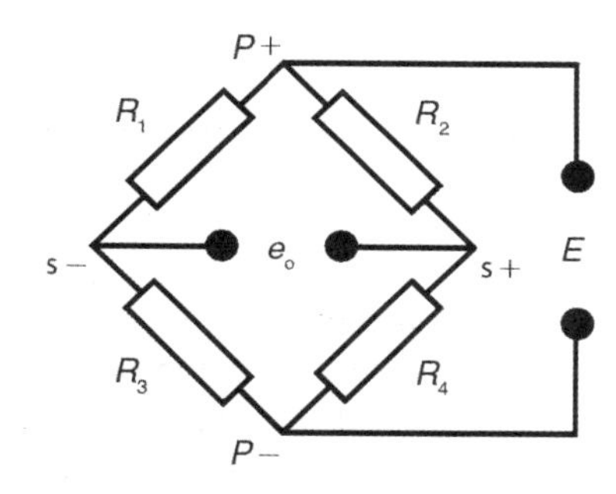

FIGURA 10.64 Ponte de Wheatstone.

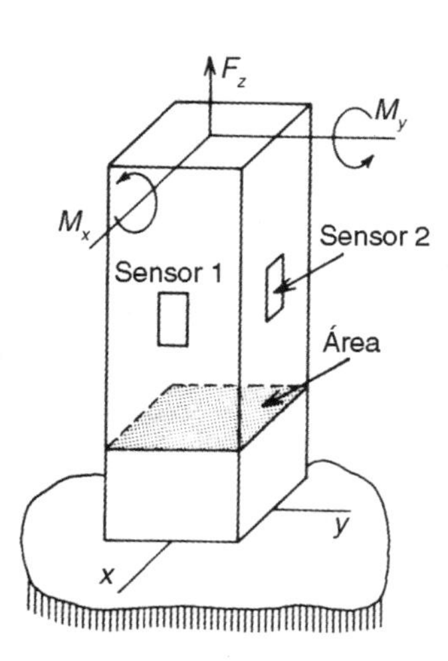

FIGURA 10.65 Célula para medição de momento e força axial.

no centro das quatro faces e alinhados com a direção z, e que uma força axial F_z seja aplicada. Consideram-se ainda os elementos 1 e 3 em uma ponte de Wheatstone, como mostra a Figura 10.66(a), nas posições 1 e 3. R tem valor nominal igual aos extensômetros. Dessa forma, a tensão de saída pode ser calculada como

$$\frac{e_o}{E_{\text{Fonte}}} = \left[\frac{R_3 + \Delta R_3}{R + R_3 + \Delta R_3} - \frac{R_1}{R + R_1 + \Delta R_1} \right].$$

Uma vez que $\dfrac{\Delta R_1}{R_1} = \dfrac{\Delta R_3}{R_3} = K\varepsilon = \dfrac{KF_z}{AE}$, sendo $A = h^2$ (A é a área da secção e h o comprimento de um lado), pode-se calcular a tensão de saída como

$$e_o = \frac{KF_z}{2AE + KF_z} E_{\text{Fonte}}.$$

Se $2AE \gg KF_z$ pode-se ainda simplificar

$$e_o = \frac{KE_{\text{Fonte}}}{2AE} F_z.$$

Mede-se o momento M_x conectando-se os extensômetros 2 e 4 à ponte de Wheatstone conforme mostra a Figura 10.66(b). Com os elementos 2 e 4 nos braços da ponte nas posições sugeridas e com R assumindo o valor nominal dos extensômetros, na saída ponte temos:

$$\frac{e_o}{E_{\text{Fonte}}} = \left[\frac{R_2 + \Delta R_2}{R + R_2 + \Delta R_2} - \frac{(R_4 + \Delta R_4)}{R + R_4 + \Delta R_4} \right]$$

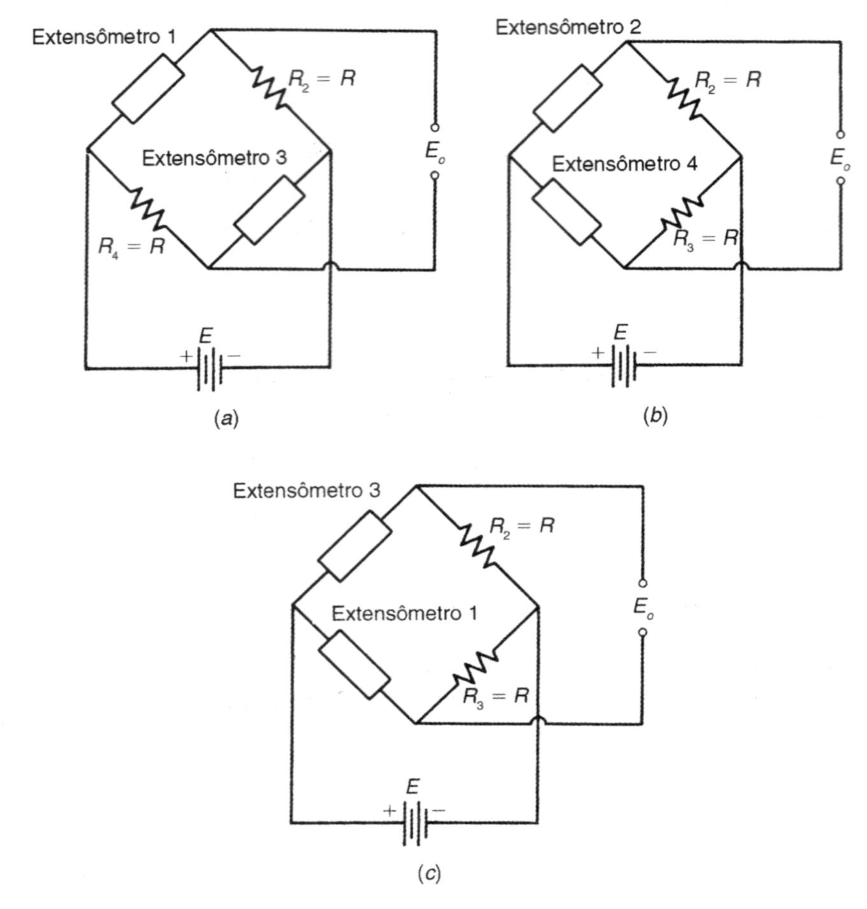

FIGURA 10.66 Arranjos para medição de momento ou força: (*a*) para medição de força axial, (*b*) para medição de momento M_x e (*c*) para medição de momento M_y.

A resposta do extensômetro pode ser calculada da seguinte maneira:

$$\frac{\Delta R_1}{R_1} = -\frac{\Delta R_4}{R_4} = K\varepsilon = \frac{6KM_x}{Eh^3}$$

sendo h a dimensão de um dos lados da secção quadrada da barra. Dessa forma, a tensão de saída é:

$$\frac{e_o}{E_{\text{Fonte}}} = \frac{2K\varepsilon}{4-(K\varepsilon)^2} \text{ e}$$

$$\frac{e_o}{E_{\text{Fonte}}} = \frac{12KM_x}{4Eh^3-(12KM_x)^2}$$

Se $4Eh^3 \gg (12KM_x)^2$, podemos simplificar:

$$e_o = \frac{3KE_{\text{Fonte}}}{Eh^3}M_x$$

De modo semelhante, podemos medir o momento M_y conectando os extensômetros 3 e 1 à ponte de Wheatstone conforme mostra a Figura 10.66(*c*). Com os elementos 3 e 1 nos braços da ponte nas posições 1 e 4 e com R assumindo o valor nominal dos extensômetros, na saída da ponte temos

$$e_o = \frac{3KE_{\text{Fonte}}}{Eh^3}M_y.$$

f. Plataforma de força para medição de força e momento

A Figura 10.67 mostra a estrutura composta por quatro elementos elásticos em forma de lâmina engastada. Esse tipo de equipamento é conhecido como plataforma de força. Sobre a estrutura em forma de "H" é montada uma placa rígida, fixada nas extremidades de cada uma das lâminas. A superfície da chapa recebe os carregamentos que são transmitidos para as vigas engastadas.

O funcionamento dessa plataforma de força é semelhante a uma mesa em que cada pé foi substituído por uma mola. Quando uma carga é aplicada no centro da mesa, cada mola sofre uma deflexão igual; porém, se a carga for deslocada sobre a superfície da mesa, a mola mais próxima deflexiona-se mais que a mola mais distante, mas a deflexão total das quatro molas será a mesma. O princípio de medição por meio de sensores extensométricos conectados em ponte (completa) de Wheatstone é semelhante ao descrito anteriormente. Sendo assim, a medição de força aplicada sobre a superfície da placa independe do ponto de aplicação.

A Figura 10.67 mostra um esquema representativo da estrutura da plataforma de força e as posições de fixação dos sensores, que podem ser utilizados para medir tanto força como momento, dependendo da maneira como forem montados na ponte de Wheatstone. Essa estrutura possui dois

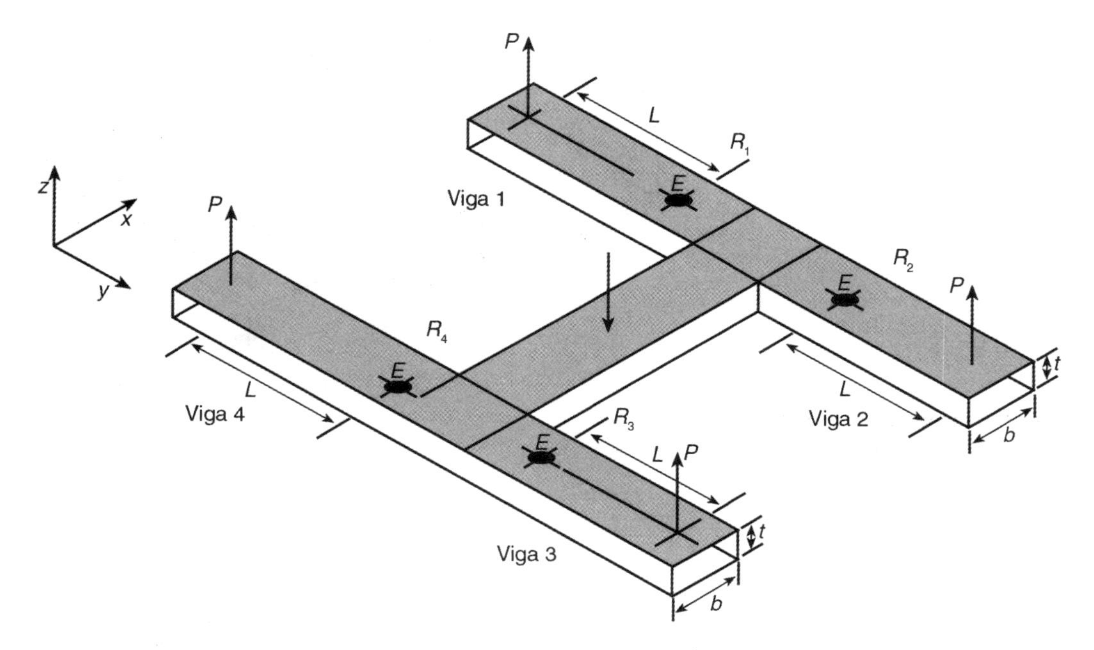

FIGURA 10.67 Parte superior da plataforma de força; observa-se que R_2 e R_4 estão fixados na face inferior.

sensores colados na parte superior das vigas 1 e 3 e dois colados na parte inferior das vigas 2 e 4.

Analisando três situações distintas, temos

- **Primeira: força F_z aplicada no eixo z no centro da estrutura**

Uma força aplicada no centro da placa (*4P*), e na direção *z*, será transmitida para as extremidades das quatro vigas engastadas 1, 2, 3 e 4, que fletirão de maneira idêntica. Nesse caso, os extensômetros R_1 e R_3 sofrem uma compressão, e os extensômetros R_2 e R_4, uma tração, conforme se pode ver na Figura 10.68.

- **Segunda: momento M_x aplicado no eixo x**

Um momento positivo (sentido anti-horário) aplicado no eixo *x* fletirá as vigas 1 e 4 para baixo e as vigas 2 e 3 para cima. Os extensômetros 1 e 2 sofrem compressão, e os extensômetros 3 e 4 sofrem tração, conforme pode ser visto na Figura 10.69.

- **Terceira: momento M_y aplicado no eixo y**

Um momento positivo (sentido anti-horário) gerado no eixo *y* fletirá as vigas 1 e 2 para cima e as vigas 3 e 4 para baixo. Os extensômetros 1 e 4 sofrem tração, e os extensômetros 2 e 3 sofrem uma compressão, conforme pode ser verificado na Figura 10.70.

A Tabela 10.3 mostra um resumo das três situações descritas anteriormente.

Utilizando as informações da Tabela 10.3, observa-se que, se os extensômetros R_1, R_2, R_3 e R_4 forem ligados em ponte conforme a Figura 10.71(*a*), só ocorrerá desbalanço quando a força F_z for aplicada.

Se a ponte for montada de acordo com a Figura 10.71(*b*), só ocorrerá desbalanço quando um momento M_x no eixo *x* for aplicado.

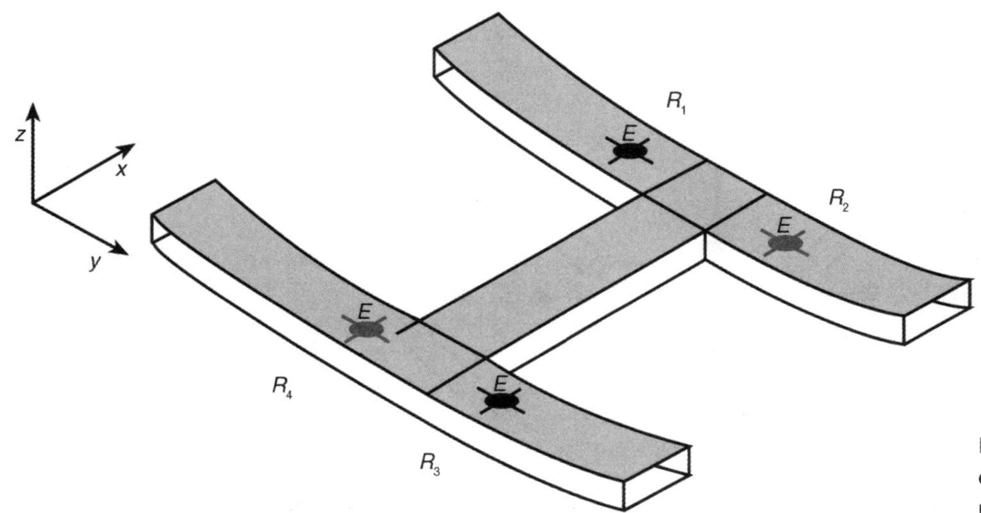

FIGURA 10.68 Deformação que ocorre quando uma força F_z é aplicada no centro e na direção *z*.

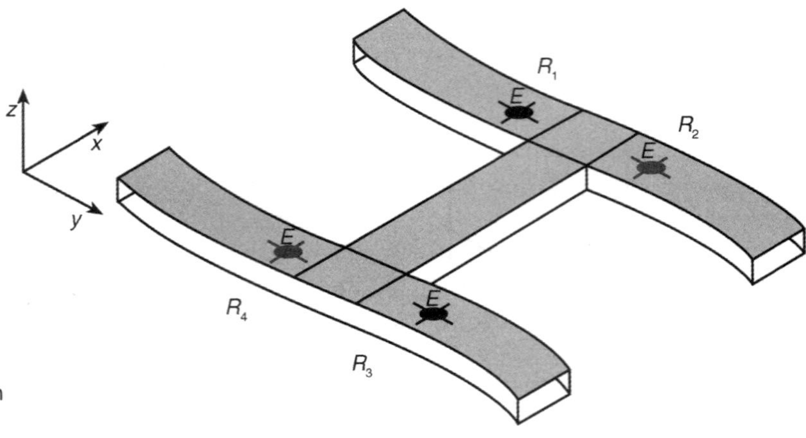

FIGURA 10.69 Deformação que ocorre quando um momento M_x positivo é aplicado no eixo x.

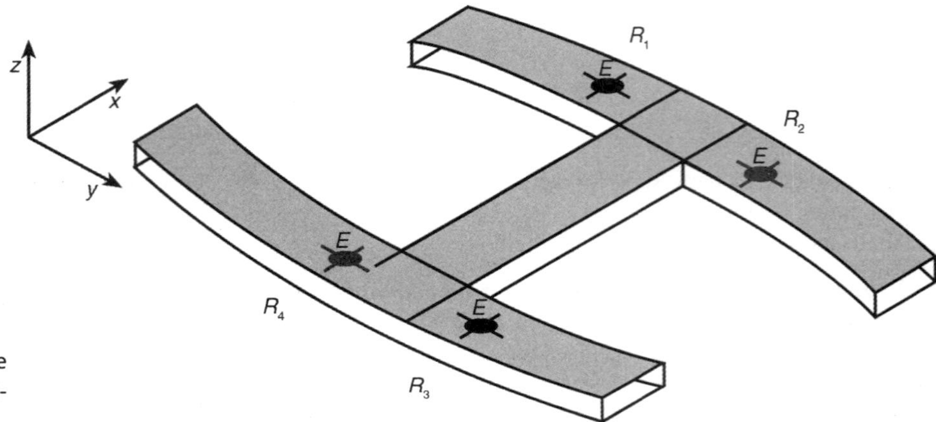

FIGURA 10.70 Deformação que ocorre quando um momento M_y positivo é aplicado no eixo y.

TABELA 10.3 Comportamento dos sensores da plataforma nas diferentes solicitações, conforme Figuras 10.70 a 10.72

	R_1	R_2	R_3	R_4
1º: F_z	Compressão	Tração	Compressão	Tração
2º: M_x	Compressão	Compressão	Tração	Tração
3º: M_y	Tração	Compressão	Compressão	Tração

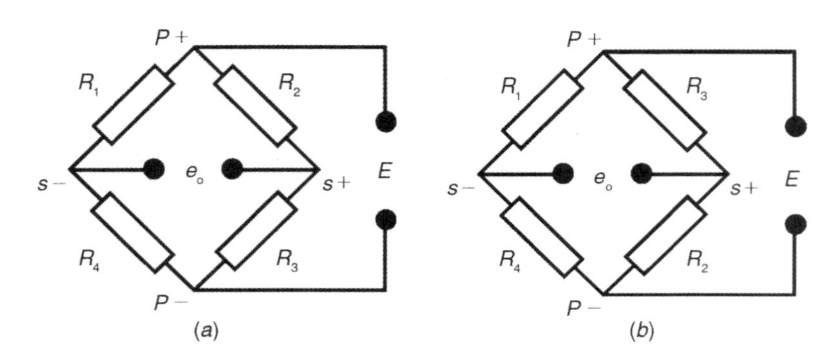

FIGURA 10.71 Duas propostas de ligação dos sensores em ponte para a plataforma da Figura 10.65.

TABELA 10.4 Comportamento dos sensores devido a solicitações de força e momento

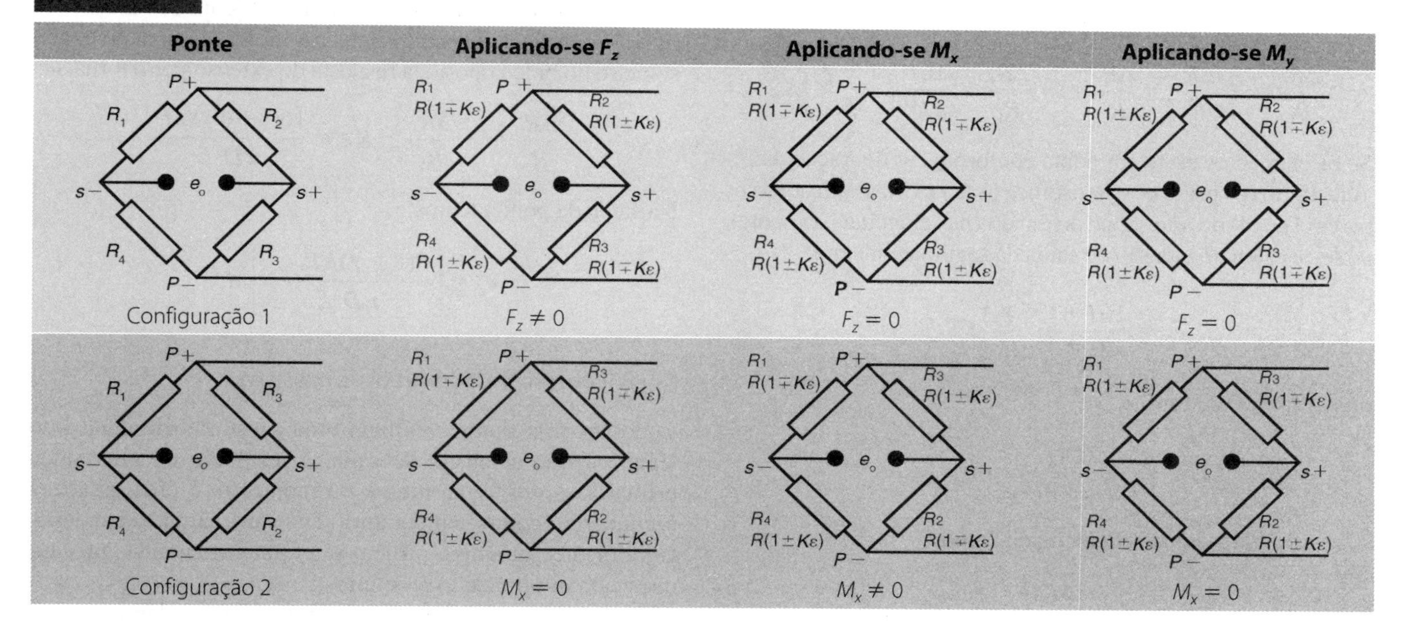

A Tabela 10.4 mostra a análise das duas configurações da Figura 10.71 quando submetidas a diferentes situações de forças e momentos.

g. Transdutor de torque

Um transdutor de força que utiliza um elemento elástico em forma de uma barra pode ser utilizado para medição de força longitudinal ao seu comprimento. Para isso, devem ser fixados extensômetros de resistência elétrica orientados de acordo com as tensões principais, para medir tanto tração como compressão. Porém esse mesmo elemento elástico pode ser utilizado para medição de torque se os sensores forem fixados a 45° (Figura 10.72), já que, para o caso de torção, essa é a direção das tensões principais. Nesse caso, um par de extensômetros estará sujeito à tração e outro par estará sujeito à compressão.

Considerando-se o esquema da Figura 10.72(*b*), os extensômetros 1 e 3 são montados no braço direito da hélice que representa a tração e a consequente deformação positiva, enquanto os extensômetros 2 e 4 montados no braço esquerdo da hélice representam compressão e a consequente deformação negativa. As duas hélices a 45° representam os eixos das direções das deformações e tensões principais.

A tensão de cisalhamento no eixo é relacionada ao torque aplicado por

$$\tau_{xz} = \frac{TD}{2J} = \frac{16T}{\pi D^3},$$

sendo D o diâmetro do eixo e J o momento de inércia da secção circular.

Uma vez que as tensões normais $\sigma_x = \sigma_y = \sigma_z = 0$ para um eixo circular sujeito a uma torção, é fácil mostrar que

$$\sigma_1 = -\sigma_2 = \tau_{xz} = \frac{16T}{\pi D^3}.$$

Pode-se utilizar, então, a lei de Hooke para determinação das deformações principais:

$$\varepsilon_1 = \frac{16T}{\pi D^3}\left(\frac{1+\gamma}{E}\right)$$

e

$$\varepsilon_2 = -\frac{16T}{\pi D^3}\left(\frac{1+\gamma}{E}\right)$$

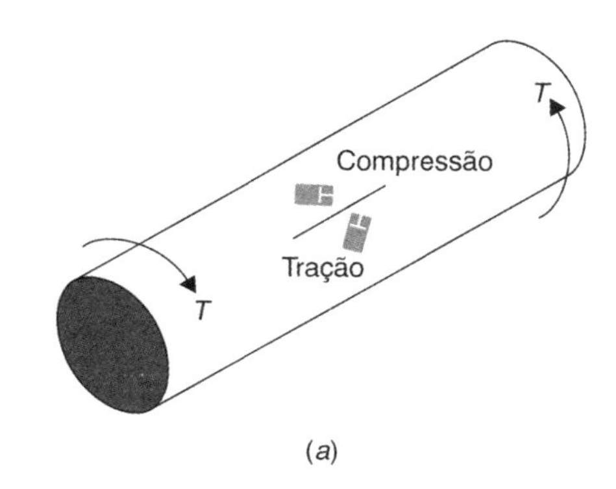

(*a*)

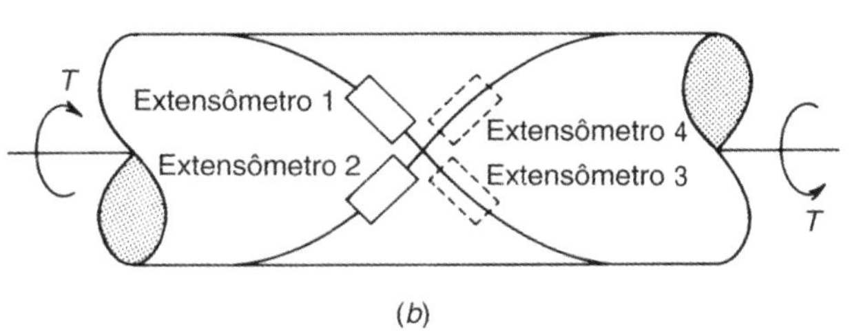

(*b*)

FIGURA 10.72 (*a*) Transdutor extensométrico para medição de torque e (*b*) esquema de quatro extensômetros colados em um eixo para a medição de torque.

Dessa maneira, as variações relativas das resistências dos extensômetros podem ser calculadas como

$$\frac{\Delta R_1}{R_1} = -\frac{\Delta R_2}{R_2} = \frac{\Delta R_3}{R_3} = -\frac{\Delta R_4}{R_4} = \frac{16T}{\pi D^3}\left(\frac{1+\gamma}{E}\right)K.$$

Se os elementos estão em ponte conforme configuração da Figura 10.56 (os pares de extensômetros (2) e (3), assim como os pares (1) e (4) devem ser posicionados nas diagonais da ponte), pode-se calcular a tensão de saída da seguinte maneira:

$$e_o = \frac{16T}{\pi D^3}\left(\frac{1+\gamma}{E}\right)KE_{\text{Fonte}}$$

ou em função do torque:

$$T = \frac{\pi D^3 E}{16K(1+\gamma)E_{\text{Fonte}}}e_o = Ce_o$$

A sensibilidade pode ser calculada como

$$S = \frac{e_o}{T} = \frac{16K(1+\gamma)E_{\text{Fonte}}}{\pi D^3 E}.$$

Pode-se observar que a sensibilidade de uma célula de torque depende do diâmetro do eixo D, do módulo de elasticidade E e do módulo de Poisson γ do material do eixo, do fator do extensômetro K e da fonte de alimentação, E_{Fonte}.

A Figura 10.73 mostra um arranjo para medição de força axial e de torque M_z.

O eixo engastado possui uma secção circular. Para medir a força axial F_z, os elementos A e C são conectados na ponte nas posições de 1 e 3, respectivamente. Admitindo o valor nominal dos extensômetros, pode-se calcular a saída de tensão como

$$e_o = \frac{KE_{\text{Fonte}}}{2AE} \cdot F_z.$$

O torque é medido conectando-se os extensômetros B e D à ponte nas posições 1 e 2, como mostra a Figura 10.73(b). Com os resistores de valores fixos iguais ao valor nominal do extensômetro no braço oposto, a resposta do extensômetro torna-se:

$$\frac{\Delta R_1}{R_1} = -\frac{\Delta R_4}{R_4} = K\varepsilon = \frac{16(1+\gamma)KM_z}{\pi D^3 E}$$

Na saída da ponte, temos

$$e_o = \left[\frac{8(1+\gamma)KE_{\text{Fonte}}}{\pi D^3 E}\right]M_z.$$

Sensibilidade dual (acoplamento)

Todos os transdutores exibem uma sensibilidade dual. Isso significa que a tensão de saída é resultado de uma saída primária, como força, torque ou momento, e uma grandeza secundária, como temperatura ou uma carga secundária. Geralmente, durante o projeto são tomadas algumas precauções para minimizar esses efeitos.

Como exemplo de sensibilidade dual ou acoplamento com a temperatura, pode-se considerar a célula de carga do tipo coluna sujeita a uma força F_z e uma mudança de temperatura que ocorre durante o processo de medição.

Nesse caso, os extensômetros vão responder à deformação causada pela força aplicada e também pela deformação aparente causada pela variação de temperatura. A resposta pode então ser expressa como

$$\frac{\Delta R_1}{R_1} = \left.\frac{\Delta R}{R}\right|_{F_z} + \left.\frac{\Delta R}{R}\right|_{\Delta T} = K(\varepsilon + \varepsilon')$$

O mesmo fenômeno ocorre nos outros três elementos da ponte. Se os quatro extensômetros são idênticos, então todos sofrem a mesma influência da temperatura, e o efeito é automaticamente compensado pela ponte de Wheatstone.

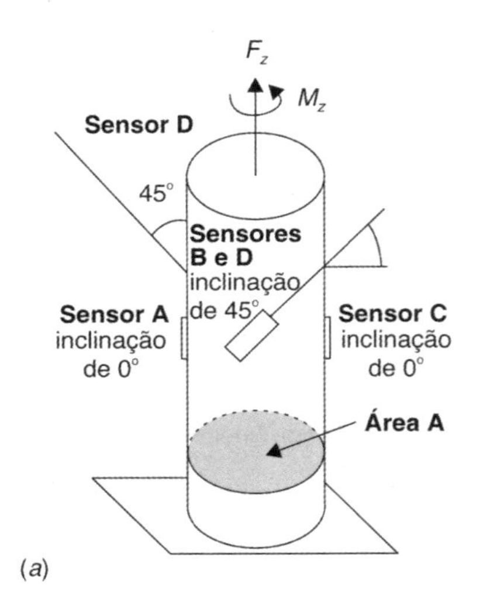

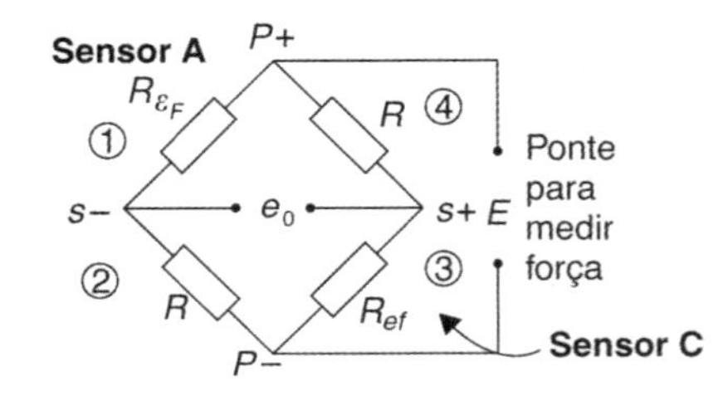

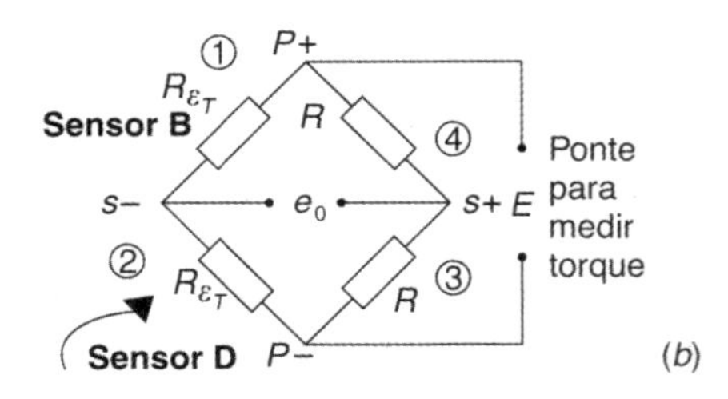

FIGURA 10.73 Arranjo para medição de força axial e torque: (a) elemento elástico com extensômetros e (b) detalhe das montagens dos sensores na ponte de Wheatstone.

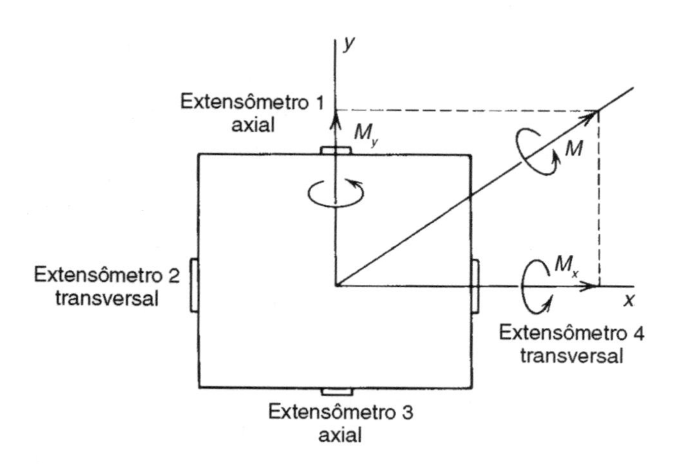

FIGURA 10.74 Momento aplicado à seção do elemento elástico de uma célula do tipo coluna.

Outro tipo de sensibilidade dual aparece em situações como na aplicação de uma célula do tipo coluna. Nesse caso, é muito difícil fazer a força axial F_z coincidir com o eixo centroide da célula. A consequência é que surge uma força axial juntamente com um momento. Geralmente as células são projetadas para minimizar esse efeito. No exemplo da célula tipo coluna, pode-se eliminar o acoplamento pela disposição adequada dos elementos.

Arbitrando-se um momento aplicado à célula de carga da Figura 10.74 e decompondo-se o mesmo nas coordenadas cartesianas, o efeito de M_x surge no eixo x, de modo que $\varepsilon_{a1} = -\varepsilon_{a3}$.

Uma vez que os elementos transversais estão em uma posição neutra para uma torção no eixo x,

$$\varepsilon_{t2} = \varepsilon_{t4} = 0$$

e, assim,

$$\frac{\Delta R_1}{R_1} = -\frac{\Delta R_3}{R_3}$$

e

$$\frac{\Delta R_2}{R_2} = -\frac{\Delta R_4}{R_4} = 0$$

Essas equações, quando substituídas na equação da tensão de saída da ponte de Wheatstone, resultam na insensibilidade aos momentos (tanto M_x como M_y). Dessa forma, mesmo que a força a ser medida não seja aplicada na direção correta e que surjam momentos indesejados na célula, tudo isso será cancelado pela disposição adequada dos extensômetros.

10.4.4.6 Circuitos eletrônicos aplicados em extensômetros de resistência elétrica

Nesta seção será feita uma abordagem genérica de circuitos em ponte utilizados em células de carga. Alguns dos tópicos já foram inevitavelmente citados em pontos dispersos deste capítulo quando houve necessidade, mas são intencionalmente repetidos nesta seção por uma questão de sequência lógica adotada pelos autores.

Como já foi exposto neste capítulo, os extensômetros de resistência elétrica utilizam as pontes de Wheatstone (Capítulo 5, no Volume 1 desta obra). Esse tipo de circuito utiliza a ideia de balancear uma tensão no centro de uma ponte formada por elementos, entre os quais pode haver um ou mais sensores medindo uma determinada grandeza de interesse. A Figura 10.75 mostra pontes de Wheatstone típicas.

Uma vez que a condição de balanço tenha sido alcançada, temos

$$R_3 = R_4 \frac{R_2}{R_1}.$$

Dessa forma, mudanças em R_3 são diretamente proporcionais às mudanças produzidas em R_4 para balancear a ponte. Esse método de medição pode também ser utilizado como detector de polaridade, pois a saída é positiva ou negativa, dependendo de x.

A condição $R_3 = R_4 \frac{R_2}{R_1}$ é obtida independentemente da fonte de alimentação e suas possíveis variações. Em muitas aplicações, essa condição não precisa ser linear; só precisa indicar a condição de balanço. Pela condição equacionada, pode-se também deduzir que é possível alterar a fonte e o detector em suas posições sem afetar a medida.

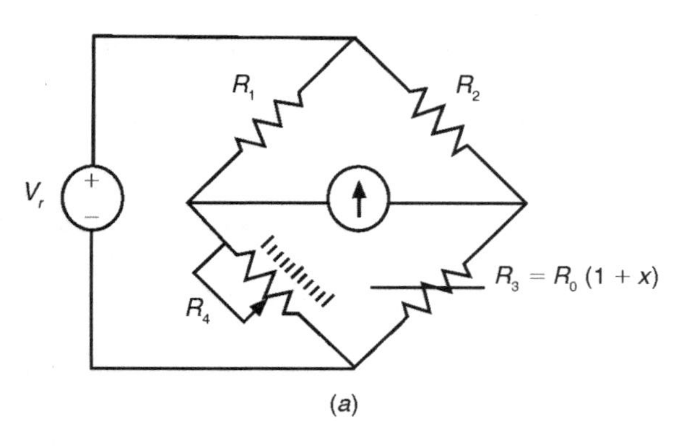

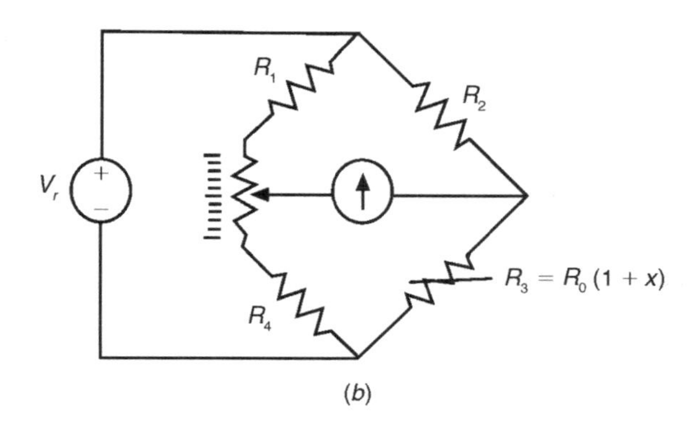

FIGURA 10.75 (*a*) Medição por comparação pelo método da ponte de Wheatstone e (*b*) arranjo para cancelar o efeito da resistência de contato no balanço.

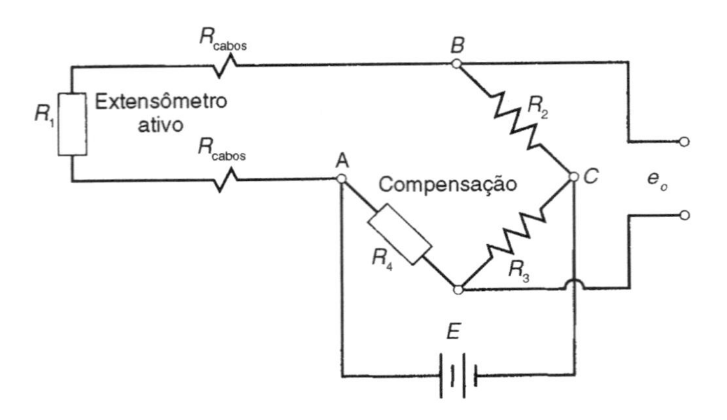

FIGURA 10.76 Influência da resistência dos cabos no circuito da ponte de Wheatstone.

A Figura 10.75(*b*) mostra um arranjo para eliminação da influência que a resistência de contato no braço ajustável da ponte tem sobre a medição.

Para sensores remotos, é preciso considerar os fios longos cujas resistências adicionam a resistência do sensor. Ligas condutoras como o constantã apresentam alta resistividade ($\rho \approx 44\ \mu\Omega \times$ cm). Inversamente, fios de cobre apresentam baixa resistividade ($\rho = 1{,}7\ \mu\Omega \times$ cm).

De fato, quando o extensômetro tem de ser conectado à ponte por meio de dois longos cabos, podem ocorrer dois problemas: a atenuação do sinal e a perda da compensação de temperatura.

Pode-se observar na Figura 10.76 que, nesse caso, tem-se a inclusão das resistências do cabo em um braço da ponte.

A variação relativa da resistência do braço (devida à influência dos cabos) pode ser reescrita como

$$\frac{\Delta R_1}{R_1} = \frac{\Delta R_{extens}}{R_{extens} + 2R_{cabos}} = \frac{\Delta R_{extens}}{R_{extens}}\left[\frac{1}{\left(1 + \left(2R_{cabos}\big/R_{extens}\right)\right)}\right].$$

Esta equação pode ser arranjada de modo a deixar a perda explícita:

$$\frac{\Delta R_1}{R_1} = \frac{\Delta R_{extens}}{R_{extens}}[1 - \mathrm{P}]$$

em que

$$\mathrm{P} = \frac{2R_{cabos}\big/R_{extens}}{1 + \left(2R_{cabos}\big/R_{extens}\right)}.$$

O erro causado por esse fator pode ser reduzido a menos de 1 % se $\frac{R_{cabos}}{R_{extens}} < 0,005$.

A Tabela 10.5 mostra os valores de resistências para um condutor de cobre de diferentes diâmetros.

Como mostramos no Capítulo 5, no Volume 1 desta obra, o método Siemens ou de três fios (Figura 10.77) resolve o problema da inclusão das resistências dos cabos. Os fios 1 e 3 precisam ser iguais e sofrer a mesma mudança de temperatura (R_{f_1} e R_{f2}). As características do fio 2 são irrelevantes (R_{f_2}), pois na condição de balanço não existe corrente no braço central da ponte. A Figura 10.77(*a*) mostra a aplicação do método dos três fios de forma genérica em uma ponte de Wheatstone.

O erro relativo na medição de R_3 é

$$\varepsilon_{erro} = \frac{R_4 R_2/R_1 - R_3}{R_3} = \frac{R_f}{R_3}\left(1 - \frac{R_4}{R_1}\right),$$

sendo R_f a resistência dos cabos.

A Figura 10.77(*b*) mostra um método alternativo com o mesmo objetivo (o erro é similar). Em ambos os casos, o erro diminui quando $R_3 \gg R_f$. A Figura 10.77(*c*) mostra como aplicar esse método para mais de um sensor usando um simples conjunto de três longos fios.

O segundo efeito devido à resistência dos fios é a perda da compensação de temperatura, considerando-se o caso de uma ponte com um *strain gauge* ativo e outro para compensação (*dummy*) como se pode observar na Figura 10.76. Se ambos os extensômetros e os cabos sofrerem a mesma variação de temperatura ΔT, a saída da ponte apresentará uma parcela referente à variação da resistência do extensômetro, uma parcela referente à variação de temperatura, uma parcela referente à variação das resistências dos cabos devido à temperatura e, por fim, uma parcela referente à variação do extensômetro de compensação (*dummy*) devido ao efeito de temperatura. Nesse caso, não ocorre a compensação da temperatura. Esse efeito também pode ser consideravelmente reduzido implementando-se o sistema a três fios, como na Figura 10.77 (veja o Capítulo 5, no Volume 1 desta obra). Tanto o sensor ativo como o *dummy* encontram-se próximos à estrutura em que a medição está ocorrendo, e o terceiro fio serve apenas para levar a alimentação ao braço da ponte. No caso da ligação a três fios, considerando-se as condições impostas, ocorre a compensação de temperatura.

Muitas vezes, é necessário medir a variação da deformação (e das tensões mecânicas) envolvida em vários pontos de uma estrutura. Nesse caso, é comum a utilização de chaves para conectar diferentes extensômetros a uma única ponte. As chaves utilizadas para esse fim devem apresentar baixas resistências de contato (menores que 500 $\mu\Omega$). Além disso, devem ser repetitivas. A maior desvantagem de sistemas chaveados é o *drift* térmico devido ao aquecimento dos extensômetros e resistores quando a energia é aplicada aos mesmos. Geralmente, esse *drift* ocorre até alguns minutos após o equilíbrio ser alcançado.

Quando são aplicados extensômetros em elementos rotativos, geralmente se utilizam anéis coletores para completar as conexões do sistema (*slip rings*). O sinal é transmitido por escovas rotativas, as quais podem chegar a altas velocidades (por exemplo 24.000 rpm).

Imperfeições nos contatos das escovas e sujeiras nas escovas provocam flutuações no sinal. Uma forma de reduzir esse efeito é ligar várias escovas em paralelo para cada conexão. Entretanto, mesmo com a utilização de escovas em paralelo, a flutuação entre os anéis e as escovas tende a ser tão elevada

TABELA 10.5 Tabela de condutores de cobre

AWG*	Diâmetro (polegadas)	Diâmetro (mm)	Ohms por 1000 pés	Ohms por quilômetros	Máxima corrente (A) para uso geral	Máxima corrente (A) para transmissão de energia
0000	0,46	11,684	0,049	0,16072	380	302
000	0,4096	10,40384	0,0618	0,202704	328	239
00	0,3648	9,26592	0,0779	0,255512	283	190
0	0,3249	8,25246	0,0983	0,322424	245	150
1	0,2893	7,34822	0,1239	0,406392	211	119
2	0,2576	6,54304	0,1563	0,512664	181	94
3	0,2294	5,82676	0,197	0,64616	158	75
4	0,2043	5,18922	0,2485	0,81508	135	60
5	0,1819	4,62026	0,3133	1,027624	118	47
6	0,162	4,1148	0,3951	1,295928	101	37
7	0,1443	3,66522	0,4982	1,634096	89	30
8	0,1285	3,2639	0,6282	2,060496	73	24
9	0,1144	2,90576	0,7921	2,598088	64	19
10	0,1019	2,58826	0,9989	3,276392	55	15
11	0,0907	2,30378	1,26	4,1328	47	12
12	0,0808	2,05232	1,588	5,20864	41	9,3
13	0,072	1,8288	2,003	6,56984	35	7,4
14	0,0641	1,62814	2,525	8,282	32	5,9
15	0,0571	1,45034	3,184	10,44352	28	4,7
16	0,0508	1,29032	4,016	13,17248	22	3,7
17	0,0453	1,15062	5,064	16,60992	19	2,9
18	0,0403	1,02362	6,385	20,9428	16	2,3
19	0,0359	0,91186	8,051	26,40728	14	1,8
20	0,032	0,8128	10,15	33,292	11	1,5
21	0,0285	0,7239	12,8	41,984	9	1,2
22	0,0254	0,64516	16,14	52,9392	7	0,92
23	0,0226	0,57404	20,36	66,7808	4,7	0,729
24	0,0201	0,51054	25,67	84,1976	3,5	0,577
25	0,0179	0,45466	32,37	106,1736	2,7	0,457
26	0,0159	0,40386	40,81	133,8568	2,2	0,361
27	0,0142	0,36068	51,47	168,8216	1,7	0,288
28	0,0126	0,32004	64,9	212,872	1,4	0,226
29	0,0113	0,28702	81,83	268,4024	1,2	0,182
30	0,01	0,254	103,2	338,496	0,86	0,142
31	0,0089	0,22606	130,1	426,728	0,7	0,113
32	0,008	0,2032	164,1	538,248	0,53	0,091
MG 2,0	0,00787	0,200	169,39	555,61	0,51	0,088
33	0,0071	0,18034	206,9	678,632	0,43	0,072
MG 1,8	0,00709	0,180	207,5	680,55	0,43	0,072
34	0,0063	0,16002	260,9	855,752	0,33	0,056
MG 1,6	0,0063	0,16002	260,9	855,752	0,33	0,056
35	0,0056	0,14224	329	1079,12	0,27	0,044

(*continua*)

TABELA 10.5 Tabela de condutores de cobre (*continuação*)

AWG*	Diâmetro (polegadas)	Diâmetro (mm)	Ohms por 1000 pés	Ohms por quilômetros	Máxima corrente (A) para uso geral	Máxima corrente (A) para transmissão de energia
MG 1,4	0,00551	0,140	339	1114	0,26	0,043
36	0,005	0,127	414,8	1360	0,21	0,035
MG 1,25	0,00492	0,125	428,2	1404	0,20	0,034
37	0,0045	0,1143	523,1	1715	0,17	0,0289
MG 1,12	0,00441	0,112	533,8	1750	0,163	0,0277
38	0,004	0,1016	659,6	2163	0,13	0,0228
MG1	0,00394	0,1000	670,2	2198	0,126	0,0225
39	0,0035	0,0889	831,8	2728	0,11	0,0175
40	0,0031	0,07874	1049	3440	0,09	0,0137

**American wire gauge* (AWG): pode-se calcular o diâmetro aplicando-se a fórmula $D(AWG) = 0{,}005 \cdot 92^{((36-AWG)/39)}$ (em polegadas). Para 00, 000, 0000, deve-se utilizar −1, −2, −3. Nesse sistema, a cada seis decrementos (do índice AWG) ocorre o dobro do diâmetro do fio, e a cada três decrementos ocorre o dobro da área da secção (como em níveis de sinais em decibéis).
Metric Gauge (MG): neste sistema, o valor é 10 vezes o diâmetro em milímetros; assim, 50 (*metric wire gauge*) significa um diâmetro de 5 mm. Note que, quando a medida AWG diminui, o sistema métrico aumenta

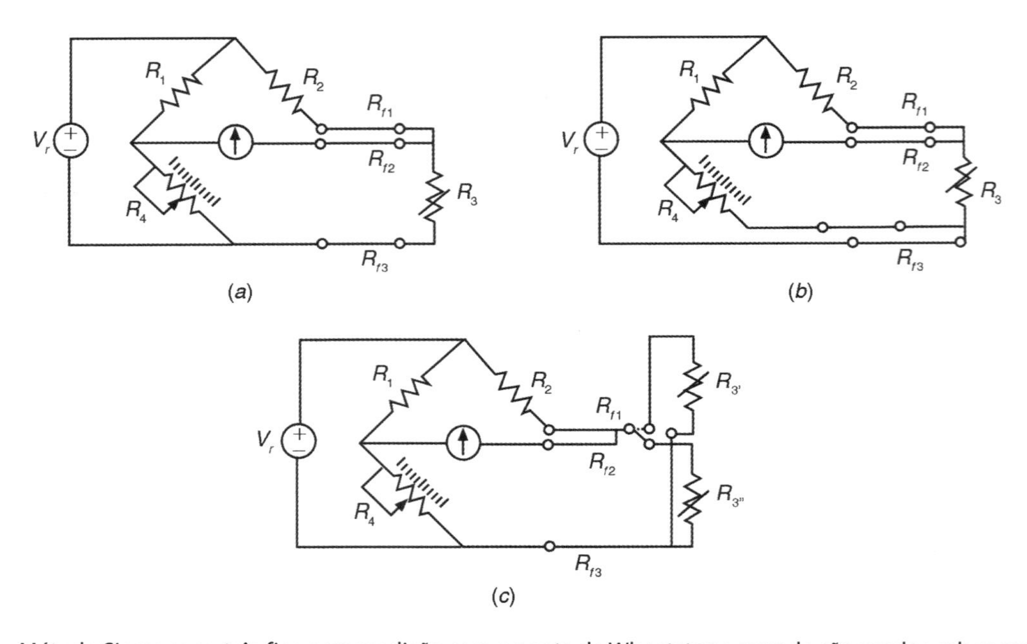

FIGURA 10.77 Método Siemens ou três fios para medição com a ponte de Wheatstone quando são usados cabos condutores longos.

que esses dispositivos não são ligados a um braço de ponte. Utiliza-se geralmente uma ponte completa. Esses anéis coletores são utilizados apenas para ligar a alimentação à ponte e o sinal ao condicionador.

A tensão de saída da ponte de Wheatstone causada pela variação da resistência de um extensômetro é de apenas alguns milivolts. Dessa forma, os ruídos eletromagnéticos induzidos são um problema constante. A maioria desses problemas ocorre devido a campos magnéticos causados por correntes em cabos próximos da célula de carga.

Como regra geral, três precauções podem ser tomadas para minimizar o ruído eletromagnético: (a) todos os cabos devem ser trançados e/ou arranjados sobre uma barra condutora (para reduzir efeitos do laço do sinal); (b) devem-se utilizar apenas cabos blindados. A blindagem deve ser conectada apenas no polo negativo da fonte de alimentação da ponte. A blindagem deve ser aterrada sem formar laços, mantendo qualquer ruído gerado no potencial de terra. A fonte de tensão deve flutuar em relação à referência; (c) devem-se utilizar amplificadores diferenciais, de modo que o ruído comum em ambas as entradas seja anulado pela característica de rejeição de modo comum. Amplificadores de instrumentação de boa qualidade apresentam o parâmetro de CMRR (*common mode rejection rate*) bastante elevado.

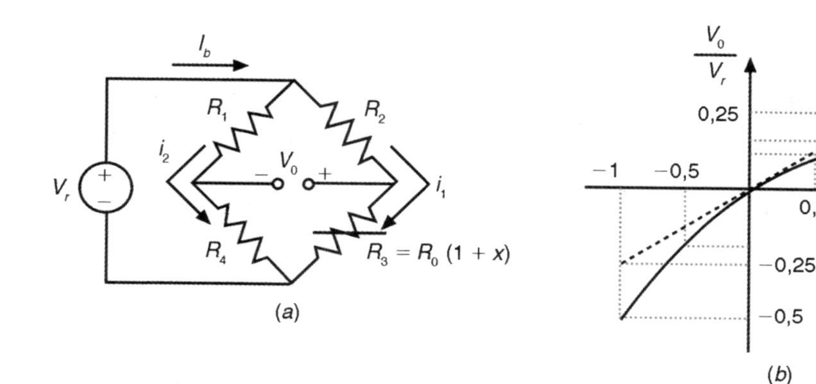

FIGURA 10.78 (*a*) Ponte de Wheatstone em que se utiliza o método da deflexão e (*b*) suas características ideal e real quando $k = 1$.

Sensibilidade e linearidade

Pontes de Wheatstone são muitas vezes usadas no modo deflexão. Em vez de medir a ação necessária para restaurar o balanço da ponte, esse método mede a diferença de tensão entre os divisores de tensão ou corrente por meio de um detector. Usando a notação da Figura 10.78(*a*) em configuração 1/4 de ponte (com apenas um extensômetro), se a ponte está balanceada quando $x = 0$, que é usualmente a situação de equilíbrio (ou sem carga), pode-se definir um parâmetro k como

$$k = \frac{R_1}{R_4} = \frac{R_2}{R_0}.$$

A diferença de tensão entre os dois braços é

$$v_0 = V_r\left(\frac{R_3}{R_2 + R_3} - \frac{R_4}{R_1 + R_4}\right) = V_r\frac{k \cdot x}{(k+1)\cdot(k+1+x)}.$$

Essa saída de tensão é proporcional às mudanças em R_3 somente quando $x \ll k + 1$. Dessa forma, a sensibilidade depende de x, k e V_r. Para $x = 0$, a sensibilidade é

$$S_0 = \left.\frac{dv_0}{d(xR_0)}\right|_{x=0} = \frac{V_r \cdot k}{R_0}\cdot\frac{1}{(k+1)^2}.$$

A sensibilidade máxima, como função de k, é obtida por meio de $\frac{dS_0}{dk} = 0$, em que $k = 1$. Pelo cálculo da segunda derivada, pode-se verificar que esse ponto é de máximo.

Observa-se que a saída

$$v_0 = V_r\left(\frac{R_3}{R_2 + R_3} - \frac{R_4}{R_1 + R_4}\right) = V_r\frac{k \cdot x}{(k+1)\cdot(k+1+x)}$$

pode ser considerada linear apenas para valores muito pequenos de x. A Figura 10.78(*b*) mostra como a saída diverge de uma linha reta a partir da origem para $k = 1$ quando x é muito grande.

Se a ponte é alimentada por uma corrente constante I_r, a tensão de saída é

$$v_0 = I_r R_0 \frac{k \cdot x}{2(k+1)+x}.$$

Para haver uma saída aproximadamente linear, é necessário que $x \ll 2(k + 1)$ e $x \ll 4$ quando $k = 1$. A linearidade não é necessária para uma boa exatidão, porém a saída é mais facilmente interpretada e processada quando é proporcional ao mensurando.

Para os *strain gauges*, x raramente excede 0,02. Em geral $k = 1$ ou menor quando se deseja uma alta linearidade. Calculando-se x da tensão de saída ou corrente, com $k = 1$, obtém-se

$$x = \frac{4 \cdot v_0}{V_r}\frac{1}{1 - \frac{2 \cdot v_0}{V_r}}.$$

EXEMPLO

Considere um indicador de deformação mecânica incorreto (linear) baseado em uma ponte de Wheatstone com $k = 1$ em que se utiliza um extensômetro tal como na Figura 10.78, com $K = 1$ (fator do extensômetro). Determine a deformação quando a leitura é de 10.000 $\mu\varepsilon$ na compressão.

(*continua*)

(*continuação*)

Solução

De acordo com $R = R_0 = dR = R_0\left(1 + \frac{dR}{R_0}\right) \cong R_0(1 + K \cdot \varepsilon) = R_0(1 + x)$, a fração de mudança na resistência é $x = K\varepsilon$. Portanto, quando $-10.000\ \mu\varepsilon$, $x = -0{,}01$. Contudo, a deformação na verdade não é $10.000\ \mu\varepsilon$, pois o indicador está incorreto correspondendo a $\frac{4v_0}{V_r}$; com base em $x = \frac{4 \cdot v_0}{V_r}\frac{1}{1 - \frac{2 \cdot v_0}{V_r}}$, pode-se calcular o novo x:

$$x = -0{,}01\frac{1}{1 + 0{,}005} \cong -0{,}009950$$

A deformação é

$$\varepsilon = \frac{x}{K} = \frac{-0{,}009950}{1} = -9950\ \mu\varepsilon.$$

Isso significa um erro relativo de aproximadamente 0,5 %.

Podemos também em outra abordagem analisar a variação da saída da ponte para a variação das resistências individuais. Para isso, podemos partir da equação de saída da ponte definida anteriormente

$$v_0 = V_r\left(\frac{R_3}{R_2 + R_3} - \frac{R_4}{R_1 + R_4}\right) =$$

$$= V_r\left(\frac{R_3(R_1 + R_4) - R_4(R_2 + R_3)}{(R_2 + R_3)(R_1 + R_4)}\right)$$

$$= V_r\left(\frac{R_3R_1 - R_4R_2}{(R_2 + R_3)(R_1 + R_4)}\right).$$

Se $R_1R_3 = R_2R_4$, então $v_0 = 0$.

Ao diferenciar essa equação para cada uma das resistências, temos

$$\frac{\partial v_0}{\partial R_1} = \frac{R_2}{(R_1 + R_2)^2}V_r$$

$$\frac{\partial v_0}{\partial R_2} = -\frac{R_1}{(R_1 + R_2)^2}V_r$$

$$\frac{\partial v_0}{\partial R_3} = \frac{R_4}{(R_4 + R_4)^2}V_r$$

$$\frac{\partial v_0}{\partial R_4} = -\frac{R_3}{(R_3 + R_4)^2}V_r;$$

Somando as parcelas individuais:

$$\frac{\partial v_0}{V_r} = \frac{\partial R_1R_2 - \partial R_2R_1}{(R_1 + R_2)^2} - \frac{\partial R_3R_4 - \partial R_4R_3}{(R_3 + R_4)^2}.$$

Se a ponte estiver inicialmente balanceada, então $R_1 = R_2 = R_3 = R_4$, e podemos analisar apenas as variações

$$\Delta v_0 = V_r\frac{R_1R_2}{(R_1 + R_2)^2}\left[\frac{\Delta R_1}{R_1} - \frac{\Delta R_2}{R_2} + \frac{\Delta R_3}{R_3} - \frac{\Delta R_4}{R_4}\right].$$

Ou ainda, fazendo $r = \frac{R_2}{R_1}$, temos

$$\Delta v_0 = V_r\frac{r}{(r + 1)^2}\left[\frac{\Delta R_1}{R_1} - \frac{\Delta R_2}{R_2} + \frac{\Delta R_3}{R_3} - \frac{\Delta R_4}{R_4}\right].$$

Nesse caso, para apenas um sensor ativo (em 1/4 de ponte), temos

$$\Delta v_0 = \frac{\Delta R}{4R} \cdot V_r.$$

Como $\frac{\Delta R}{R} = K\varepsilon$, $\Delta v_0 = \frac{KV_r}{4} \times \varepsilon$.

Para o caso da meia ponte,

$$\Delta v_0 = V_r\frac{r}{(1 + r)^2}\left[\frac{\Delta R_1}{R_1} - \frac{\Delta R_2}{R_2} + \frac{\Delta R_3}{R_3} - \frac{\Delta R_4}{R_4}\right] =$$

$$V_r\frac{2\Delta R}{4R} = V_r\frac{K\varepsilon}{2}.$$

E finalmente para a ponte completa:

$$\Delta v_0 = V_r\frac{r}{(1 + r)^2}\left[\frac{\Delta R_1}{R_1} - \frac{\Delta R_2}{R_2} + \frac{\Delta R_3}{R_3} - \frac{\Delta R_4}{R_4}\right] =$$

$$V_r\frac{\Delta R}{R} = V_rK\varepsilon.$$

Linearização analógica das pontes resistivas

A saída de uma ponte de Wheatstone que inclui um simples sensor linear é não linear, pois a corrente que percorre o sensor depende de sua resistência. Para obter uma tensão proporcional a qualquer mudança em uma das resistências da ponte de Wheatstone, pode-se modificar a estrutura da ponte e aplicar uma corrente constante. Na Figura 10.79(*a*), a tensão resultante na saída de um amplificador operacional ideal é

$$v_0 = -V_r \frac{x}{2}.$$

Esse método, contudo, necessita de uma ponte com cinco terminais acessíveis. Sendo assim, a ponte precisa ser aberta em uma das junções em que o sensor é conectado. A pseudoponte da Figura 10.79(*b*) resolve essa limitação. O amplificador operacional precisa ter uma baixa tensão de *offset*, baixa(s) corrente(s) de entrada e baixo *drift*.

Calibração e balanço das pontes

A equação $S_0 = \left.\frac{dv_0}{d(xR_0)}\right|_{x=0} = \frac{V_r \cdot k}{R_0} \cdot \frac{1}{(k+1)^2}$ mostra que a linearidade de um sensor na ponte depende do fornecimento de tensão V_r, da resistência R_0 e da razão do braço da ponte k. Para evitar a necessidade de medir k, que pode necessitar da abertura das junções da ponte, pode-se determinar S com o auxílio de um circuito de calibração *shunt* como o da Figura 10.80. Quando a chave é aberta, para $x = 0$, a ponte é ajustada até $v_o = 0$ V. Após o fechamento da chave e com o sensor em repouso, a deflexão de saída é igual à obtida para uma mudança x em R_3

$$\frac{R_0 \cdot R_c}{R_0 + R_c} = R_0(1 + x) = R_3$$

$$x = -\frac{R_0}{R_0 + R_c}.$$

A sensibilidade da ponte em $x = 0$ é, então,

$$S_0 = \frac{\Delta V_0}{\Delta R_3} = \frac{V_0 - 0}{R_0(1+x) - R_0} = \frac{V_0}{xR_0} = -\frac{V_0}{R_0}\left(1 + \frac{R_c}{R_0}\right).$$

Logo, é necessário medir somente R_0 e realizar a calibração do resistor para fazer o cálculo da sensibilidade da ponte na medição de v_0. Para calibrar a ponte para variações positivas da resistência, substitui-se R_2 por uma resistência calibrada. Se a ponte tem mais que um braço ativo, outros resistores calibrados podem ser conectados (um por vez), assim fechando a respectiva chave.

A Figura 10.80 mostra como adicionar um controle de balanço através de R_a e R_b. As condições da medição podem ser diferentes das condições da calibração, resultando em uma saída diferente de zero na condição de equilíbrio. Esse problema, contudo, pode ser resolvido pela modificação da ponte, que consiste na adição de dois resistores conhecidos R em série com R_3 e R_4. Qualquer junção entre R e R_3 ou entre R e R_4 solicita uma corrente I tal que a ponte é "rebalanceada" nas condições de medição.

Medição de diferenças e compensações

Os circuitos em ponte apresentam a vantagem adicional, quando comparados com os divisores de tensão, de possibilitar a medição das diferenças entre quantidades ou suas médias. O circuito da Figura 10.81 serve para medir uma diferença pela inclusão de dois sensores nos braços da ponte.

A tensão de saída é

$$v_0 = V_r \frac{k(x_1 - x_2)}{(k + 1 + x_1)(k + 1 + x_2)}.$$

Contudo, quando $x_1, x_2 \ll k + 1$, pode-se fazer a aproximação:

$$v_0 = V_r \frac{k(x_1 - x_2)}{(k+1)(k+1)}.$$

A Figura 10.82 mostra dois *strain gauges* posicionados em uma estrutura e conectados em uma ponte.

A tensão de saída neste caso é

$$v_0 = V_r \frac{x(1+\gamma)}{2[2 + x(1-\gamma)]} \approx V_r \frac{x(1+\gamma)}{4}.$$

Portanto, o extensômetro adicional aumenta a sensibilidade pelo coeficiente de Poisson (γ). Dois extensômetros sobre

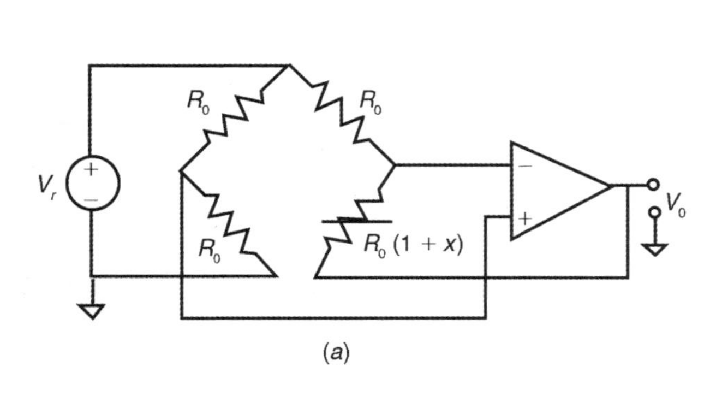

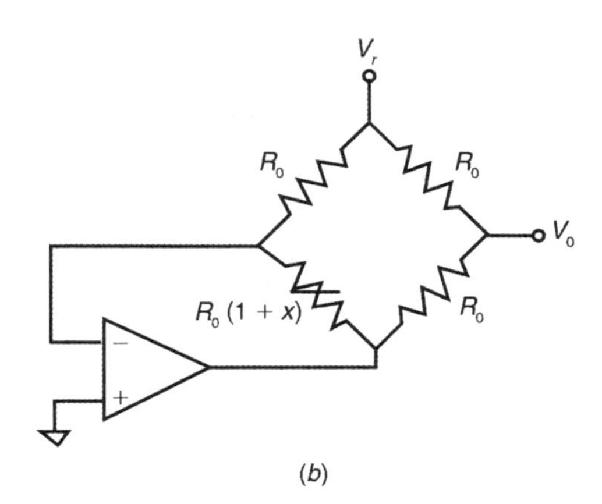

FIGURA 10.79 Forçando uma corrente constante em (*a*) uma ponte resistiva com cinco terminais e (*b*) uma ponte comum com quatro terminais.

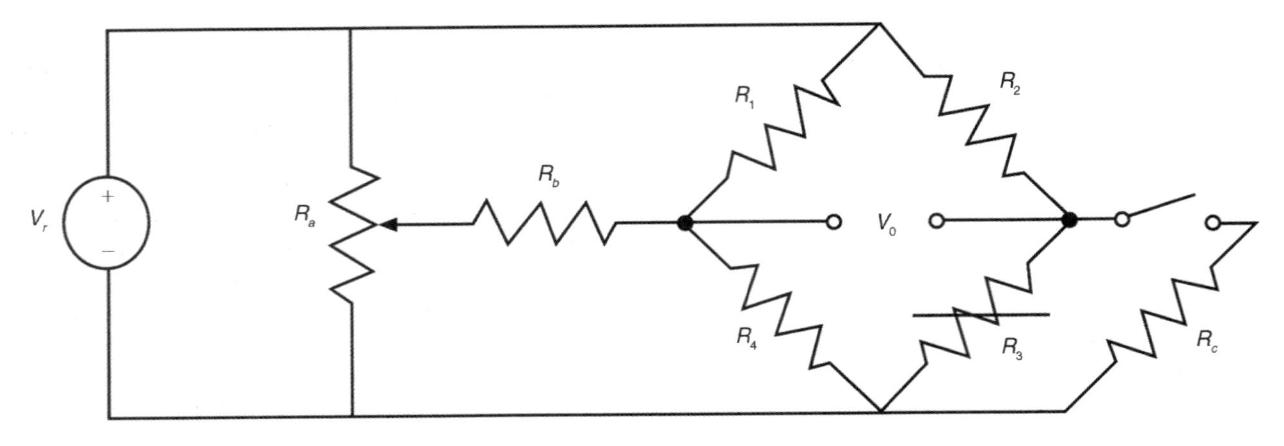

FIGURA 10.80 Calibração *shunt* de um sensor resistivo em ponte.

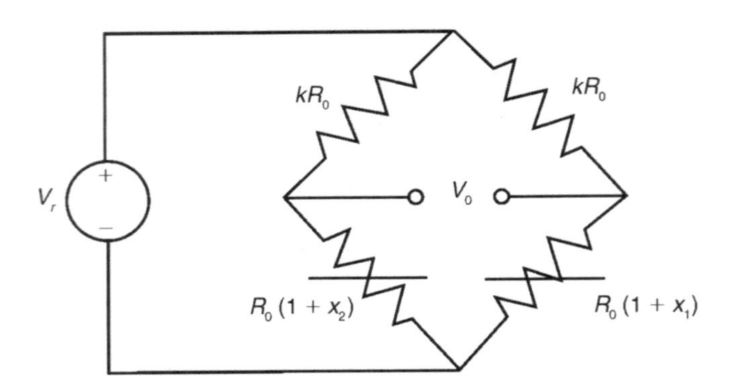

FIGURA 10.81 Ponte resistiva com dois sensores em braços opostos medindo suas diferenças.

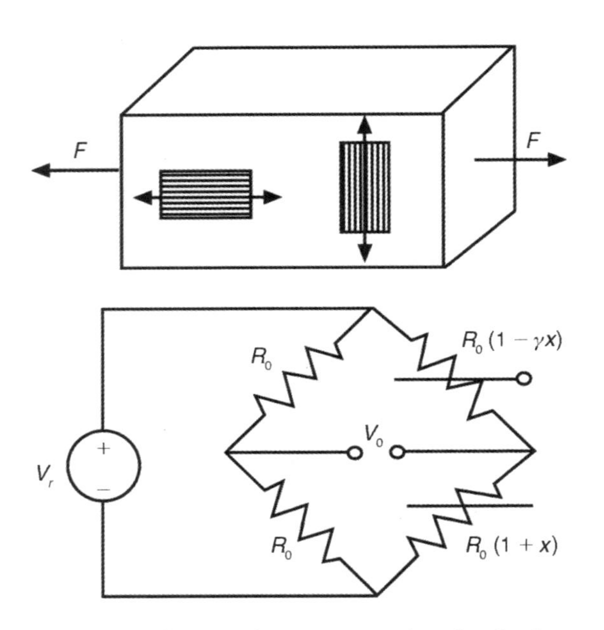

FIGURA 10.82 Dois *strain gauges*, um longitudinal e outro transversal, em uma medição em ponte aumentam a sensibilidade pela razão de Poisson γ.

tensões mecânicas de mesma magnitude, mas opostos em sinal, e conectados como mostra na Figura 10.83 têm a saída em tensão:

$$v_0 = V_r \frac{x}{2}.$$

Esta configuração, além de aumentar a sensibilidade, tem a saída linear (se comparada com uma ponte com apenas um extensômetro). A ponte da Figura 10.84(*a*) combina dois *strain gauges* iguais, do tipo roseta, cada qual em um lado na viga engastada, como mostra a Figura 10.84(*b*).

Nesse caso, a saída de tensão é

$$v_0 = V_r \times x$$

que também é linear e cuja sensibilidade é quatro vezes maior do que a configuração com somente um *strain gauge*.

Essas diferentes conexões são respectivamente denominadas um quarto de ponte (um sensor), meia ponte (dois sensores) e ponte completa (quatro sensores).

A Figura 10.85 mostra quatro configurações de pontes com suas respectivas saídas e seus erros de linearidade para uma excitação em tensão constante.

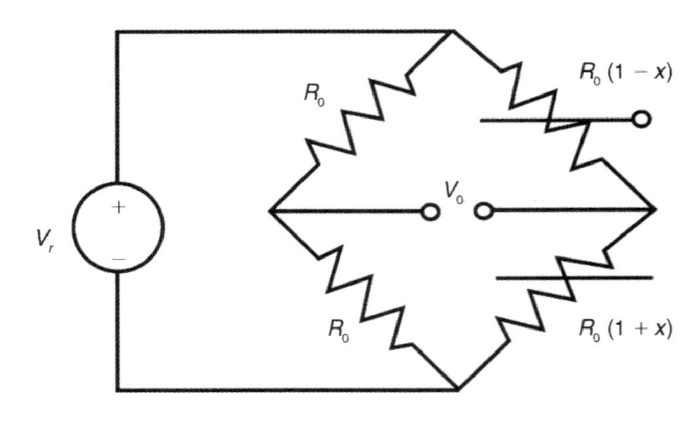

FIGURA 10.83 Dois *strain gauges* ativos que enfrentam variações opostas e com saída linear.

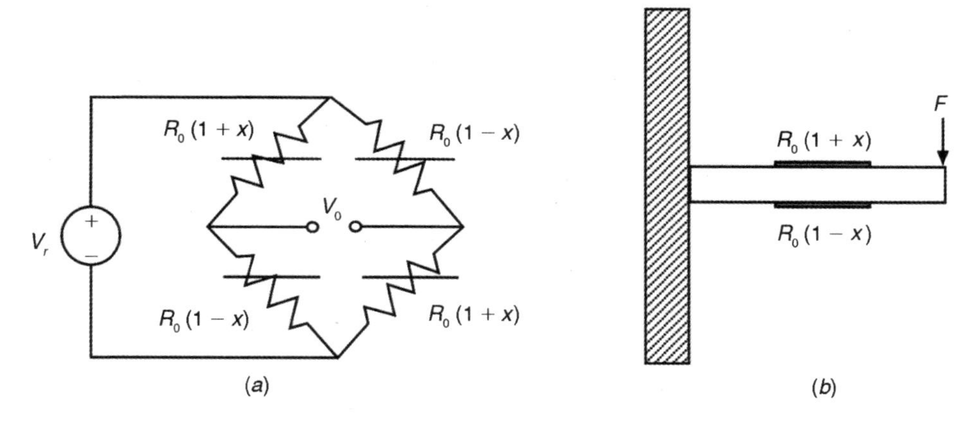

FIGURA 10.84 Dois *strain gauges* do tipo roseta: (*a*) configuração da ponte e (*b*) disposição mecânica.

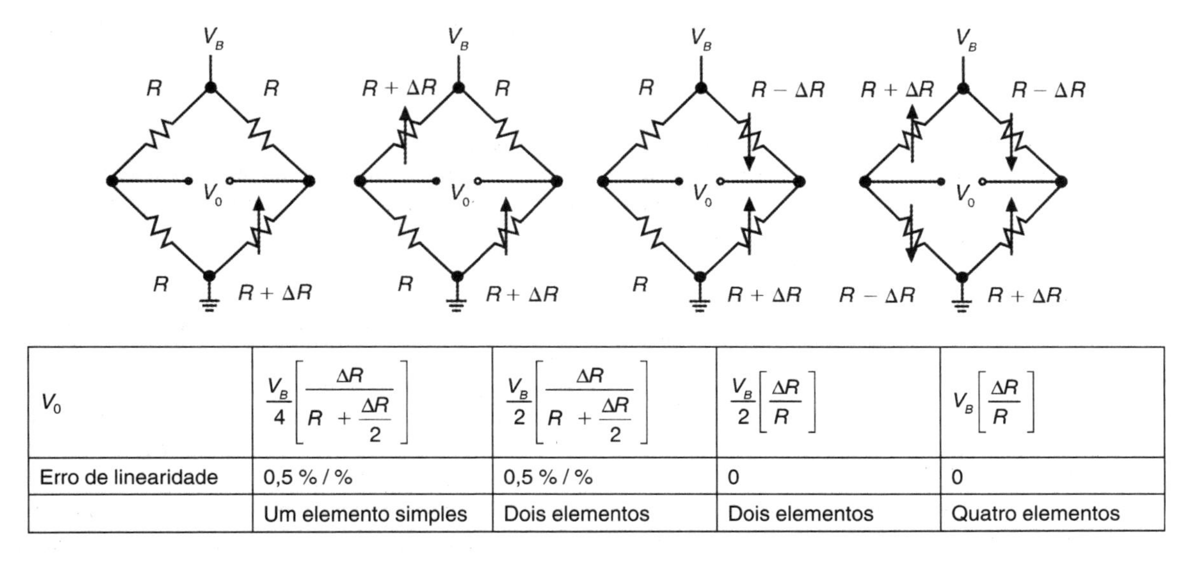

V_0	$\frac{V_B}{4}\left[\frac{\Delta R}{R + \frac{\Delta R}{2}}\right]$	$\frac{V_B}{2}\left[\frac{\Delta R}{R + \frac{\Delta R}{2}}\right]$	$\frac{V_B}{2}\left[\frac{\Delta R}{R}\right]$	$V_B\left[\frac{\Delta R}{R}\right]$
Erro de linearidade	0,5 % / %	0,5 % / %	0	0
	Um elemento simples	Dois elementos	Dois elementos	Quatro elementos

FIGURA 10.85 Tensão de saída e erro de linearidade para uma alimentação em tensão constante em diferentes configurações de ponte. (Cortesia de Analog Devices.)

Por exemplo, em ¼ de ponte se $R = 100\ \Omega$ e $\Delta R = 0{,}1\ \Omega$ (0,1 % da resistência nominal), para uma tensão de alimentação de 10 V a saída será 2,49875 mV. O erro (ε) diferencial pode ser calculado por

$$\varepsilon = 2{,}50000 - 2{,}49875 = 0{,}00125 \text{ mV}.$$

Convertendo para fundo de escala percentual e dividindo por 2,5 V, observa-se um erro de aproximadamente 0,05 %. Se $\Delta R = 1\ \Omega$ (1 % de variação da resistência nominal), a saída da ponte é 24,8756 mV, o que representa um erro de não linearidade de aproximadamente 0,5 %. O cálculo da não linearidade de ¼ de ponte pode ser aproximado por:

$$\text{Erro de linearidade} \approx \%\ \text{da mudança na resistência} \div 2.$$

Deve-se observar que o cálculo da linearidade apresentado é devido à ponte apenas. Como o sensor também apresenta não linearidades, estas devem ser levadas em conta no resultado final.

Na Figura 10.85, observam-se dois casos de pontes com dois elementos variando. No primeiro caso, ambos os elementos variam para o mesmo lado. Isso acontece quando dois extensômetros idênticos são fixados lado a lado em uma viga que é flexionada (ou situação similar). A não linearidade é a mesma que no caso de um elemento sensor apenas, com a diferença de que o ganho é duas vezes maior.

A segunda configuração de ponte com dois elementos sensores requer dois extensômetros variando em direções opostas. Isso acontece quando dois *strain gauges* estão fixados nas duas faces de uma viga que sofre uma deflexão. Um dos sensores sofre uma tensão, enquanto o outro sofre uma compressão. Nesse caso, observa-se a linearidade da saída. No último caso, temos a configuração em ponte completa, na qual a sensibilidade é maior e a saída apresenta característica linear. Essa é a configuração escolhida na maioria das células de carga comerciais.

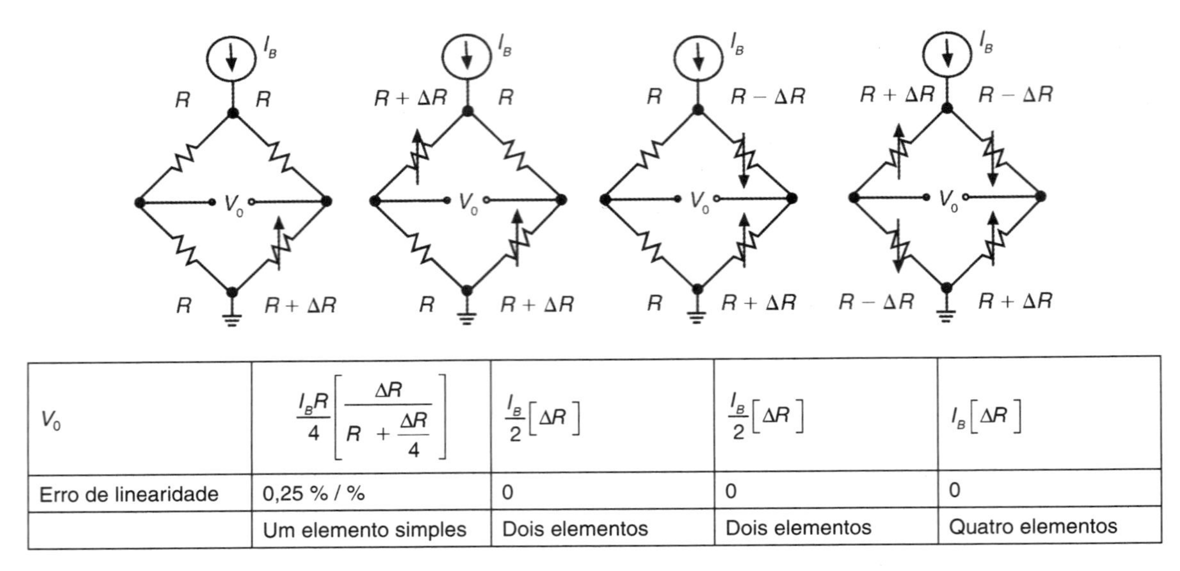

FIGURA 10.86 Tensão de saída e erro de linearidade para uma alimentação em corrente constante em diferentes configurações de ponte.

A excitação (ou alimentação) por corrente tem a vantagem de não introduzir erros de medida devido às resistências dos cabos quando a célula se encontra a certa distância do condicionador. A Figura 10.86 mostra as quatro configurações de ponte da Figura 10.85 com excitação em corrente.

Pode-se observar na Figura 10.86 que, com exceção do caso de $\frac{1}{4}$ de ponte, todas as demais apresentam tensão de saída linear quando a excitação é por corrente.

Sensibilidades típicas de células de carga são de $1\,\mathrm{mV/V}$ a $10\,\mathrm{mV/V}$. Enquanto as excitações altas causam uma dissipação elevada, com aquecimento da célula, as excitações baixas requerem um ganho mais alto do circuito condicionador, aumentando a sensibilidade ao ruído.

Independentemente do valor e da forma de excitação, a estabilidade da fonte afeta a precisão da saída do circuito. A Tabela 10.6 apresenta um resumo das tensões de saída para o fornecimento de tensões constantes ou correntes constantes em algumas configurações de pontes.

Compensação de temperatura da ponte resistiva

A ponte resistiva ou ponte de Wheatstone é um dispositivo eletrônico que mede a variação de um (ou mais) resistor. Essa variação resistiva causa uma pequena variação na tensão diferencial e_{ab}. Dessa forma, geralmente utiliza-se um amplificador com ganho alto (da ordem de centenas de vezes). Qualquer variação de resistência na ponte causará uma variação da tensão aplicada. Nesse contexto, é inevitável que a variação da temperatura ambiente, devido a qualquer natureza, terá um papel importante na qualidade da medida.

Existem várias técnicas de minimização dos efeitos da temperatura. Nesta seção abordaremos alguns dos mais importantes.

TABELA 10.6 Tensões de saída para diferentes conexões com *strain gauges* com excitação em tensão constantes ou corrente constante

R_1	R_2	R_3	R_4	V_r	I_r
R_0	R_0	$R_0(1+x)$	R_0	$V_r\frac{x}{2(2+x)}$	$I_r \cdot R_0\frac{x}{4+x}$
$R_0(1+x)$	R_0	$R_0(1+x)$	R_0	$V_r\frac{x}{2+x}$	$I_r \cdot R_0\frac{x}{2}$
R_0	R_0	$R_0(1+x)$	$R_0(1-x)$	$V_r\frac{x}{4-x^2}$	$I_r \cdot R_0\frac{x}{2}$
R_0	$R_0(1-x)$	$R_0(1+x)$	R_0	$V_r\frac{x}{2}$	$I_r \cdot R_0\frac{x}{2}$
$R_0(1-x)$	R_0	$R_0(1+x)$	R_0	$V_r\frac{-x^2}{4-x^2}$	$I_r \cdot R_0\frac{-x^2}{4}$
$R_0(1+x)$	$R_0(1-x)$	$R_0(1+x)$	$R_0(1-x)$	$V_r \cdot x$	$I_r \cdot R_0 \cdot x$

a. **Compensação do efeito da temperatura nos sensores com a configuração da ponte**: é possível compensar o efeito da temperatura em uma ponte originalmente com apenas um extensômetro (1/4 de ponte). Isso é feito adicionando-se mais um extensômetro, configurando um extensômetro ativo e outro passivo. A função do extensômetro adicionado na ponte é apenas compensar a temperatura. Esse elemento é geralmente chamado de *dummy gauge*. A Figura 10.87 mostra uma ponte resistiva com um *dummy gauge* para cancelamento da temperatura.

Veja que $\frac{\Delta R_1}{R_1} = \frac{\Delta R_\varepsilon}{R_1} + \frac{\Delta R_T}{R_1}$ e $\frac{\Delta R_4}{R_4} = \frac{\Delta R_T}{R_4}$; como $R_1 = R_4 = R$

$$\Delta V_{ab} = \frac{E}{4}\left(\frac{\Delta R_\varepsilon}{R} + \frac{\Delta R_T}{R} - \frac{\Delta R_T}{R}\right) \text{ e } \Delta V_{ab} = \frac{E}{4}\frac{\Delta R_\varepsilon}{R} = \frac{E}{4}K\varepsilon;$$

ou seja, é anulado o efeito da temperatura.

Se um *dummy gauge* não pode ser fixado em uma posição isenta, é comum utilizar um extensômetro posicionado na direção transversal como mostra a Figura 10.88.

Na ponte da Figura 10.87, R_1 ($Sg1$) é o extensômetro ativo e R_4 ($Sg2$) o *dummy gauge*. Na carga uniaxial mostrada na Figura 10.88, temos $\varepsilon_1 = \varepsilon$ e $\varepsilon_4 = -\gamma\varepsilon$ ou $\Delta R_1 = \Delta R_\varepsilon$ e $\Delta R_4 = -\gamma\Delta R_\varepsilon$.

Para uma variação de temperatura ΔT, $\Delta R_1 = \Delta R_T$ e $R_4 = \Delta R_T$. E assim

$$\Delta V_{ab} = \frac{E}{4}\left(\frac{\Delta R_\varepsilon}{R} + \frac{\Delta R_T}{R} + \frac{\gamma\Delta R_\varepsilon}{R} - \frac{\Delta R_T}{R}\right).$$

E finalmente

$$\Delta V_{ab} = \left(\frac{1+\gamma}{4}\right)\frac{\Delta R_\varepsilon}{R}E = \left(\frac{1+\gamma}{4}\right)K\varepsilon E,$$

ou seja, é cancelado o efeito da temperatura, mas um erro surge devido à sensibilidade transversal do *dummy gauge*. **Observe que as configurações em ½ ponte e ainda em ponte completa possuem cancelamento automático dos efeitos de temperatura. Uma vez que as variações das resistências são aproximadamente iguais, esse efeito ocorre em ambos os extensômetros dessas configurações e assim cancelam-se naturalmente.**

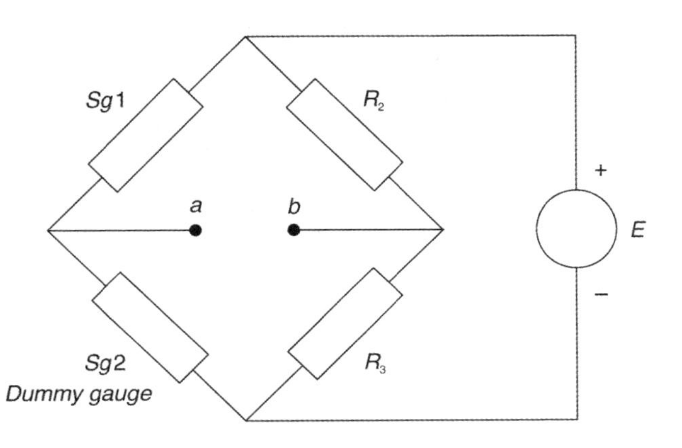

FIGURA 10.87 Ponte resistiva com *dummy gauge* para compensação de temperatura.

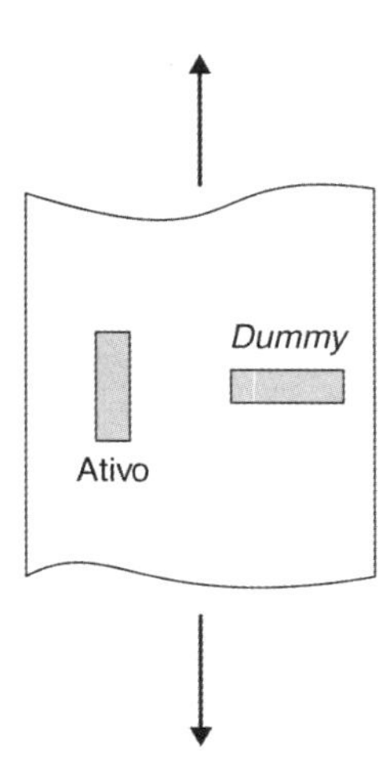

FIGURA 10.88 Compensação de temperatura com um extensômetro posicionado na direção transversal da aplicação da força.

Nesta obra, já foi mencionada a importância da utilização da configuração a três fios em circuitos com pontes resistivas devido ao cancelamento do efeito da resistência dos cabos. Para lembrar, considere os circuitos a dois e três fios da Figura 10.89.

Considerando o circuito a três fios, temos [Figura 10.89(*b*)]

$$\Delta V_{ab} = \frac{E(R+R_L)(R_2+R_L)}{(R+2R_L+R_2)^2}\left[\frac{\Delta R}{R+R_L}\right]$$

$$\Delta V_{ab} = \frac{E(R_2+R_L)R}{(R+2R_L+R_2)^2}\frac{\Delta R}{R}$$

$$\Delta V_{ab} = \frac{E(R_2+R_L)R}{(R+2R_L+R_2)^2}K\varepsilon$$

Se $R_2 = R$ e $R_T = R + R_L$, então

$$\Delta V_{ab} = \frac{ER_TR}{(2R_T)^2}K\varepsilon$$

e finalmente

$$\Delta V_{ab} = \frac{ER}{4R_T}K\varepsilon.$$

Para um circuito a dois fios [Figura 10.89(*a*)], teríamos

$$\Delta V_{ab} = \frac{E(R+2R_L)R_4}{(R+2R_L+R_4)^2}\left[\frac{\Delta R}{R+2R_L}\right]$$

sendo $R_1 = (R + 2R_L)$ e $\frac{\Delta R}{R} = K\varepsilon$,

$$\Delta V_{ab} = \frac{E(R+2R_L)RR_4}{(R+2R_L+R_4)^2(R+R_L)}K\varepsilon$$

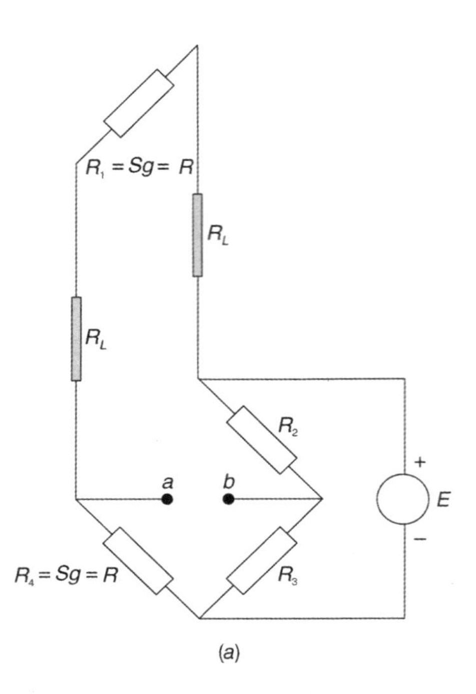

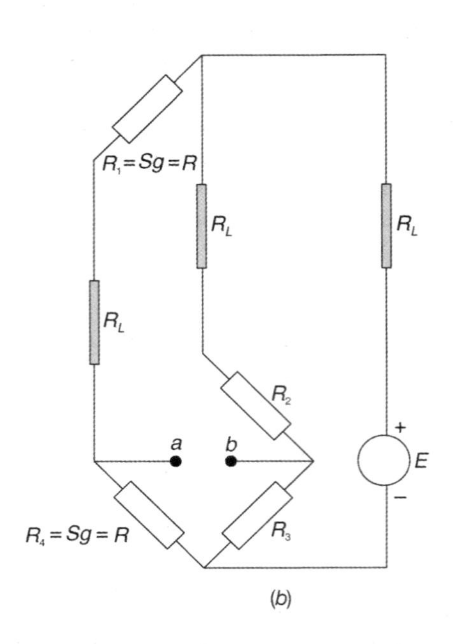

FIGURA 10.89 Ponte resistiva (*a*) a dois fios (*b*) a três fios. Considere que apenas o extensômetro representado por R_1 está fora do invólucro do instrumento.

e

$$\Delta V_{ab} = \frac{ERR_4}{(R + 2R_L + R_4)^2} K\varepsilon.$$

Nesse ponto, observe que, se $R_L = 0$,

$$\Delta V_{ab} = \frac{ERR_4}{(R + R_4)^2} K\varepsilon.$$

Fazendo $R_T = R + R_L$ e $R_4 = R$ no repouso,

$$\Delta V_{ab} = \frac{ERR_4}{(2R_T)^2} K\varepsilon$$

$$\Delta V_{ab} = \frac{ER}{4R_T}\left(\frac{R}{R_T}\right) K\varepsilon$$

e finalmente

$$\Delta V_{ab} = \frac{E}{4}\left(\frac{R}{R_T}\right)^2 K\varepsilon.$$

Desconsiderando as resistências dos cabos (caso em que o extensômetro está perto da ponte),

$$\Delta V_{ab} = \frac{E}{4} K\varepsilon.$$

Os cabos também sofrem efeito da temperatura. Considere novamente o circuito com dois fios da Figura 10.89. Se $R_3 = R_4 = R_1 = R_2 = R$, então

$$\Delta V_{ab} = E\frac{(R + 2R_L)R}{(2R + 2R_L)^2}\left(\frac{\Delta R_1}{R_1} - \frac{\Delta R_4}{R_4}\right).$$

Se a resistência do *strain gauge* e dos cabos varia com a temperatura, $\Delta V_{ab} = E\frac{(R + 2R_L)R}{(2R + 2R_L)^2}\left[\left(\frac{\Delta R}{R + R_L}\right)_\varepsilon + \left(\frac{\Delta R}{R + 2R_L}\right)_{\Delta T} + \left(\frac{2\Delta R_L}{R + 2R_L}\right)_{\Delta T} - \left(\frac{\Delta R}{R}\right)_{\Delta T}\right]$, ou seja, não ocorre nenhuma compensação dos efeitos da temperatura nessa configuração. Agora considere a ponte com três fios com um dos extensômetros ativo e outro passivo:

$$\Delta V_{ab} = E\frac{(R + R_L)^2}{(2R + 2R_L)^2}\left[\left(\frac{\Delta R}{R_L + R}\right)_\varepsilon + \left(\frac{\Delta R}{R_L + R}\right)_{\Delta T} + \left(\frac{\Delta R_L}{R_L + R}\right)_{\Delta T} - \left(\frac{\Delta R}{R_L + R}\right)_{\Delta T} - \left(\frac{\Delta R_L}{R_L + R}\right)_{\Delta T}\right]$$

$$\Delta V_{ab} = \frac{E(R + R_L)(R + R_L)}{(R_g + 2R_L + R_2)^2}\left[\frac{\Delta R}{R + R_L}\right] = \frac{E(R + R_L)R}{(R + 2R_L + R)^2}\frac{\Delta R}{R}$$

Se $R_T = R = R_L$, então

$$\Delta V_{ab} = \frac{E}{4}\left(\frac{R}{R_T}\right) K\varepsilon,$$

ou seja, nesse caso ocorreu a compensação dos efeitos da temperatura.

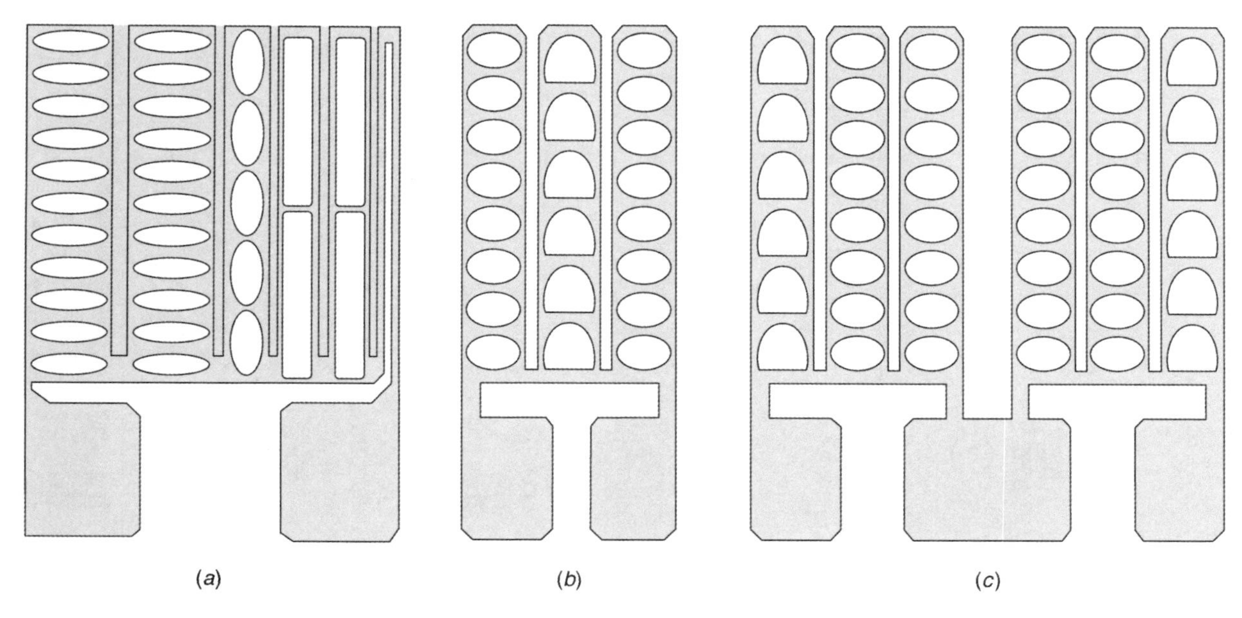

FIGURA 10.90 Resistores de compensação: padrão C, padrão D e padrão E.

b. **Utilização de resistores de ajuste manual (*trimmed resistors*)**: como visto neste capítulo, existem escolhas de extensômetros adequados para atuar em ambientes com variações de temperatura: os extensômetros autocompensados. Entretanto, em variações grandes de temperatura, ocorrem mudanças nos valores das resistências e no zero da saída da ponte resistiva. Como visto no item anterior, a utilização de estruturas de ponte completa ou meia ponte reduz a maior parte dos efeitos da variação da temperatura nos valores das resistências dos extensômetros. Entretanto, os extensômetros de resistência elétrica nunca são iguais, e isso faz com que continue ocorrendo o deslocamento de zero devido à variação da temperatura.

Outra maneira de compensar flutuações dos valores das resistências dos extensômetros é utilizando resistores de compensação como mostrado na Figura 10.90.

Esses resistores possuem trilhas de secções que podem ser cortadas para o ajuste individual de cada célula de carga (*trimmed resistors*). Existem resistores de compensação de diferentes materiais, cada qual com sua função em específico.

Balanço da ponte: uma vez que as resistências dos extensômetros são diferentes, e ainda que o amplificador utilizado nesse tipo de circuito possua um ganho alto, é difícil obter um balanço da ponte. Para isso, pode-se utilizar um resistor de constantan. Esse material possui um baixo coeficiente de temperatura e deve ser ligado entre os braços um e dois da ponte como mostrado na Figura 10.91 (posição A).

Compensação do deslocamento de zero devido à temperatura: para a compensação do efeito de deslocamento de zero devido à variação da temperatura, é utilizado um resistor de cobre, o qual possui um coeficiente de temperatura positivo. A Figura 10.92 ilustra um resistor de cobre ligado nos braços 3 e 4 da ponte (posição B). Quando ocorre um aumento da temperatura, ambas as resistências desses braços (R_3 e R_4) aumentam seus valores. Isso tende a reduzir o efeito de deslocamento de zero. No processo de calibração (o qual deve ser feito repetindo-se os ciclos de temperatura, nos quais a célula vai operar) os resistores são ajustados cortando as secções até obter-se o melhor resultado.

Compensação do deslocamento da faixa de trabalho (span) com a temperatura: feita com a inserção de um resistor com coeficiente de temperatura muito alto – BALCO (liga de Ni e Fe) em um dos cabos que vem da fonte, conforme se pode

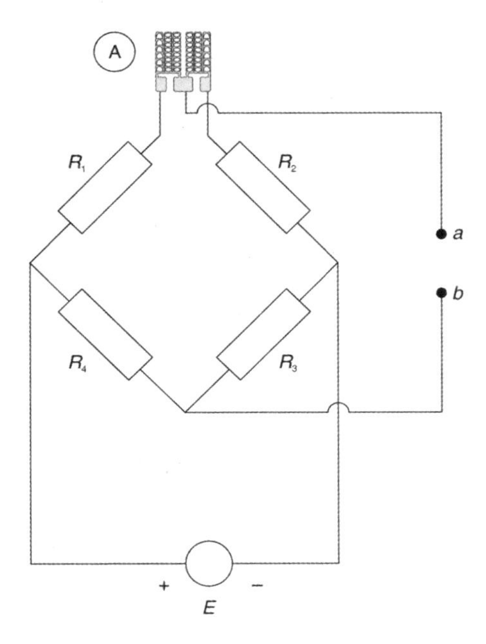

FIGURA 10.91 Inserção de um **resistor de constantan** para o balanço da ponte resistiva.

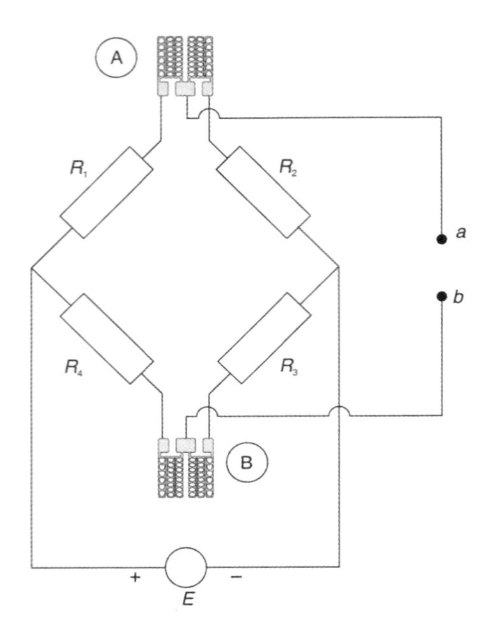

FIGURA 10.92 Inserção de um resistor de cobre para reduzir efeitos de deslocamento do zero devido à variação da temperatura.

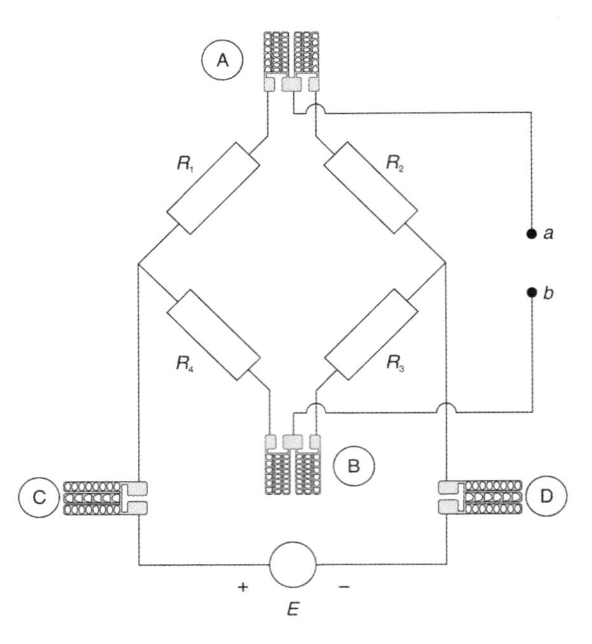

FIGURA 10.93 (A) Resistor de constantan para o ajuste do balanço da ponte resistiva, (B) resistor de cobre para compensação do efeito de desbalanço da ponte resistiva, devido a efeitos da temperatura, (C) resistor de BALCO para compensação dos efeitos da temperatura no ***span*** da ponte resistiva e (D) resistor de constantan para o ajuste do *span* da ponte resistiva.

observar na posição C da Figura 10.93. Quando a temperatura aumenta, a tendência é que a saída em tensão da ponte também aumente, uma vez que os valores de resistências aumentam. O resistor de BALCO faz com que a queda na resistência equivalente da ponte seja compensada, uma vez que sua resistência aumenta com a temperatura. O processo de ajuste (corte das secções) do resistor de BALCO deve ser feito em um ciclo de medidas com variação de temperatura. Também é aconselhável uma recalibração periódica da célula de carga.

Ajuste da variação de faixa ou span: feito com um resistor com baixo coeficiente de temperatura como o constantan ligado em um dos terminais da fonte de alimentação. Observe que o *span* está associado à sensibilidade do dispositivo. Sempre é interessante possuir um mecanismo de ajuste do *span*, uma vez que o sensor (ou sensores) pode ser substituído e uma configuração semelhante à anterior deve ser estabelecida. A Figura 10.93 mostra o resistor de ajuste de *span* na posição D, juntamente com os demais resistores de compensação.

c. **Outra forma de compensar os efeitos da temperatura é utilizar uma rede de compensação**, considerando-se a saída da ponte como

$$V_{ab} = E\alpha e + V_0.$$

Sendo E a fonte de excitação da ponte resistiva, e o estímulo (força, pressão etc.) e α a sensibilidade de cada resistor ao estímulo, definida como $\alpha = \dfrac{1}{R}\dfrac{dR}{de}$[4] e V_0 uma tensão de *offset* ou desequilíbrio.

[4] $R_x = R(1 + \alpha e)$; R é o valor nominal da resistência de um braço da ponte, e e é o estímulo.

Considerando V_0 independente da temperatura, podemos analisar a variação da tensão de saída V_{ab} com a temperatura

$$\frac{\partial V_{ab}}{\partial T} = e\left(\alpha\frac{\partial E}{\partial T} + E\frac{\partial \alpha}{\partial T}\right).$$

Uma vez que buscamos uma saída estável com a variação de temperatura, podemos escrever

$$\frac{\partial V_{ab}}{\partial T} = 0.$$

Isso nos leva a concluir que

$$\alpha\frac{\partial E}{\partial T} = -E\frac{\partial \alpha}{\partial T} \text{ ou ainda}$$

$$\frac{1}{E}\frac{\partial E}{\partial T} = -\frac{1}{\alpha}\frac{\partial \alpha}{\partial T} = -\beta$$

sendo β o coeficiente de variação da sensibilidade dos resistores com a temperatura. Dessa forma, busca-se essa condição com a utilização de circuitos incorporados à ponte resistiva. Existem algumas opções de circuitos:

Utilização de um sensor de temperatura em um circuito de compensação

A estratégia utilizada é montar uma rede cuja resistência equivalente R_{eq} é igual à resistência total da ponte resistiva R_P, ou seja $R_{eq} = R_P$. A Figura 10.94 mostra um esquema dessa configuração.

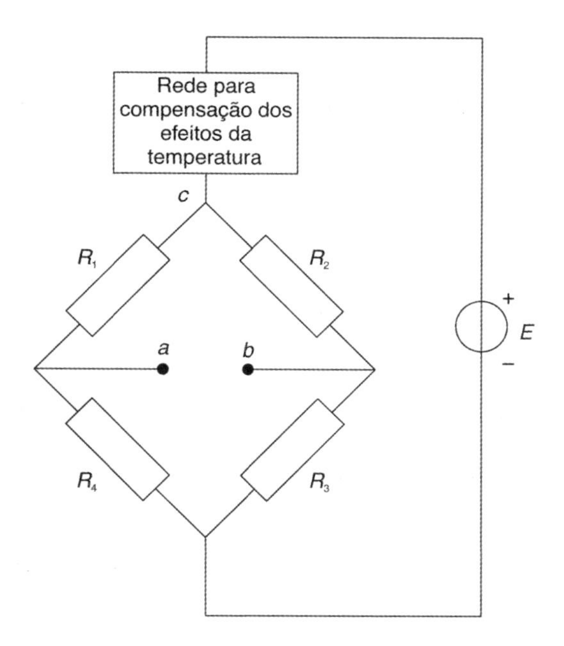

FIGURA 10.94 Esquema de uma rede para a compensação dos efeitos da variação de temperatura de um circuito em ponte.

A tensão elétrica na ponte pode ser calculada da seguinte forma

$$E_C = E\frac{R_P}{R_P + R_{eq}}.$$

Calculando sua derivada em relação à temperatura,

$$\frac{\partial E_C}{\partial T} = E\left[\frac{1}{R_P + R_{eq}}\frac{\partial R_P}{\partial T} - \frac{R_P}{(R_P + R_{eq})^2}\left(\frac{\partial R_P}{\partial T} + \frac{\partial R_{eq}}{\partial T}\right)\right].$$

Manipulando, temos

$$\frac{1}{E_C}\frac{\partial E_C}{\partial T} = \frac{1}{R_P}\frac{\partial R_P}{\partial T} - \frac{1}{R_P + R_{eq}}\left(\frac{\partial R_P}{\partial T} + \frac{\partial R_{eq}}{\partial T}\right).$$

Os quatro resistores da ponte possuem valores nominais R iguais (geralmente), e assim $R_P = R$. Dessa forma, a primeira parcela do lado direito pode ser definida como o coeficiente de variação da resistência da ponte com a temperatura δ; podemos então reescrever

$$-\beta = \delta - \frac{1}{R + R_{eq}}\left(\frac{\partial R}{\partial T} + \frac{\partial R_{eq}}{\partial T}\right).$$

Quando R, β e $\dfrac{\partial R}{\partial T}$ são conhecidos, podemos projetar um R_{eq} adequado. Esse R_{eq} deve incluir um sensor de temperatura (um termistor), além de cuidadosamente prever o ajuste do coeficiente de variação da sensibilidade e do coeficiente de variação da resistência da ponte com variação da temperatura. A Figura 10.95 mostra uma rede de compensação dos efeitos da temperatura de um circuito em ponte resistiva. Observe que o circuito possui um termistor do tipo NTC (coeficiente

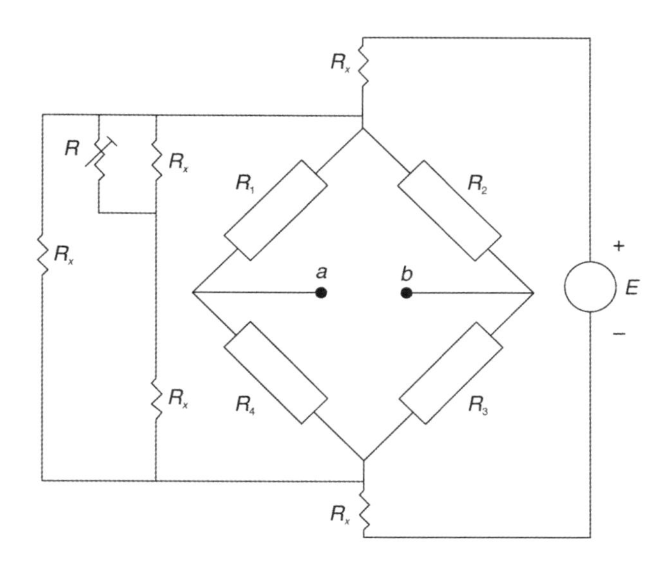

FIGURA 10.95 Rede resistiva contendo um NTC para compensação dos efeitos da temperatura em uma ponte resistiva.

de temperatura negativa). Essa técnica pode ser utilizada em faixas largas de variações de temperatura (–20 a +70 °C). R_x são resistores que devem ser ajustados.

Utilização de um resistor fixo para compensação dos efeitos da temperatura em uma ponte resistiva

Nesse caso, a rede de compensação é composta por um único resistor em série com o terminal da fonte de alimentação da ponte. Também nesse caso, esse resistor deve possuir um baixo coeficiente de variação da sensibilidade com a temperatura (menor que 50 ppm). Podemos então considerar que

$$\frac{1}{R_c}\frac{\partial R_c}{\partial T} = 0.$$

E o procedimento é simplificado

$$-\beta = \frac{\partial R}{\partial T}\left(\frac{1}{R} - \frac{1}{R + R_c}\right),$$

e R_c pode ser calculado como

$$R_c = -\frac{\beta R}{\partial R/\partial T + \beta R}$$

ou

$$R_c = -R\frac{\beta}{\delta + \beta}.$$

Assim, um resistor estável em série com a fonte de alimentação pode prover uma compensação (adequada para uma faixa de 25 a 15 °C) dos efeitos da variação da temperatura em uma ponte resistiva. A Figura 10.96 mostra uma rede de compensação composta por um resistor.

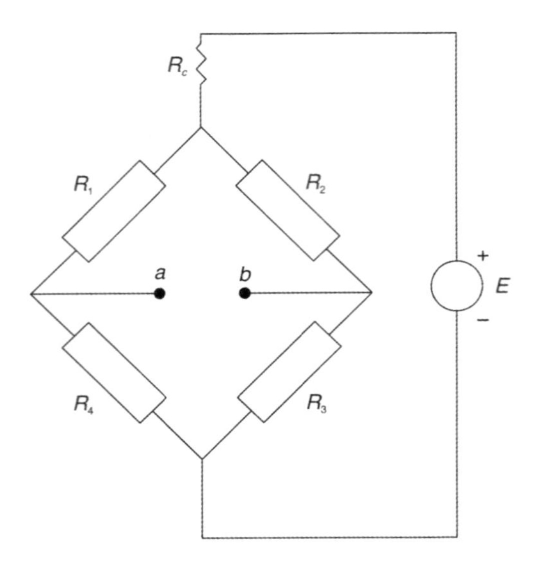

FIGURA 10.96 Rede de compensação de um circuito em ponte resistiva composta por um resistor R_c.

Utilização de uma fonte de tensão regulada com controle de temperatura

Consiste na inserção de uma fonte de tensão em série com a fonte de alimentação da ponte resistiva. A Figura 10.97 ilustra esse circuito.

A fonte de tensão E_c deve possuir um coeficiente de variação da sensibilidade do tipo

$$\beta_c = \beta\left(\frac{E}{E_c} - 1\right).$$

Uma vez que β é um parâmetro da ponte, podemos manipular E e E_c de modo a fazer uma compensação ótima. A fonte E_c deve ser composta por um componente cujas características são conhecidas (diodo, transistor etc.). Uma desvantagem desse método é que é necessário trabalhar em uma tensão em específico. Uma temperatura de trabalho para esse método é de 25 a ±25 °C.

Utilização de uma fonte de corrente

Esse circuito requer que o coeficiente de variação da sensibilidade β do circuito seja igual ao coeficiente de variação da resistência da ponte δ, porém com sinais opostos:

$$\delta = -\beta$$

A Figura 10.98 ilustra uma ponte resistiva com uma fonte de corrente para a compensação dos efeitos da temperatura.

Assim, a tensão sobre a ponte é calculada com:

$$E_c = I_c R_P$$

Uma vez que a fonte de corrente é independente da temperatura e os valores nominais dos quatro resistores da ponte são idênticos,

$$\frac{\partial E_C}{\partial T} = I_C \frac{\partial R}{\partial T} \text{ e, finalmente,}$$

$$\frac{1}{E_C}\frac{\partial E_C}{\partial T} = \frac{1}{R}\frac{\partial R}{\partial T}.$$

Uma desvantagem desse método é que a tensão de saída é limitada, além de existir a necessidade de caracterização individual dos sensores para faixas largas de variação de temperatura. Entretanto, é utilizável em faixas de até 50 °C com precisão de aproximadamente 2 % do fundo de escala.

Fontes de alimentação das pontes de Wheatstone

Para obter um sinal de saída de uma ponte de Wheatstone que inclui um ou mais sensores, é necessário alimentar a ponte

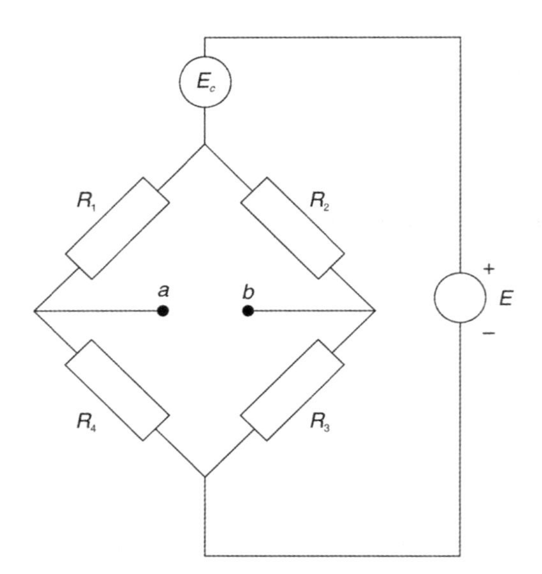

FIGURA 10.97 Fonte de tensão regulada com controle de temperatura para compensação do circuito em ponte resistiva.

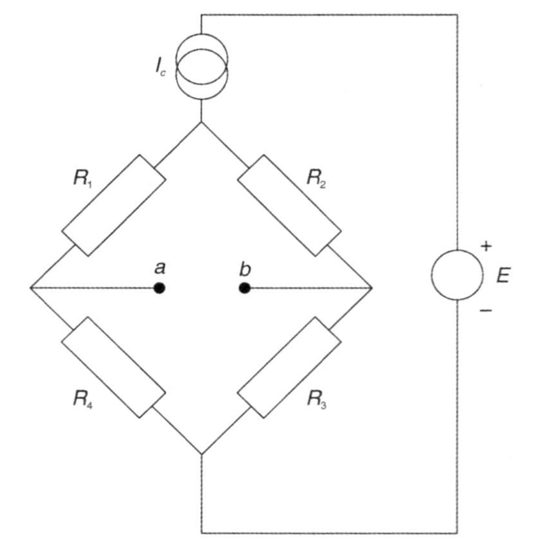

FIGURA 10.98 Compensação de um circuito em ponte resistiva com uma fonte de corrente.

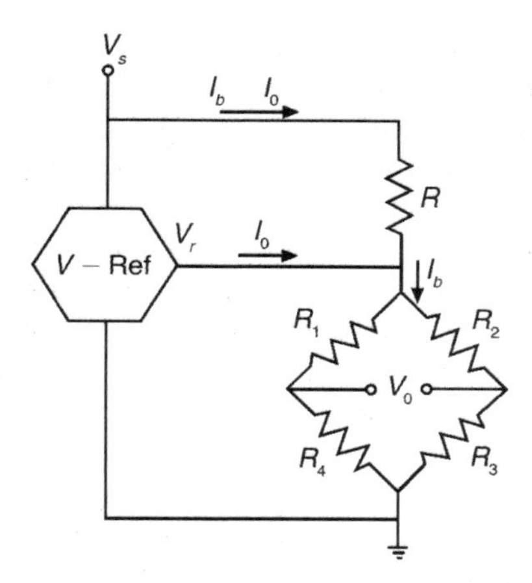

FIGURA 10.99 Um circuito integrado dedicado como referência de tensão alimentando uma ponte.

com uma tensão ou corrente AC ou DC. Essa fonte precisa ser estável em relação ao tempo e à temperatura. Caso contrário, seu *drift* será propagado para a saída. Em uma ponte resistiva alimentada por uma tensão DC, por exemplo, a tensão de saída é dada por

$$v_0 = V_r\left(\frac{R_3}{R_2 + R_3} - \frac{R_4}{R_1 + R_4}\right) = V_r\frac{k \cdot x}{(k+1)\cdot(k+1+x)}.$$

Considerando que x permanece constante, mas com um *drift* da tensão de alimentação, temos

$$\frac{dv_0}{v_0} = \frac{dV_r}{V_r},$$

que significa que a saída responde ao mesmo percentual da mudança. A Figura 10.99 mostra um método para fornecer uma corrente estável.

$$R = \frac{V_s - V_r}{I_b}$$
$$I_{\text{máx}} = I_b + I_{0+}$$
$$I_{\text{mín}} = I_b + I_{0-}$$

A Tabela 10.7 apresenta alguns circuitos integrados utilizados com referência de tensão.

Circuitos amplificadores e de linearização para pontes com extensômetros de resistência elétrica

A saída de uma ponte com um elemento variando pode ser ligada em um amplificador operacional como mostra a Figura 10.100. Esse circuito, apesar de simples, tem uma precisão de ganho pobre e também causa um desbalanço na ponte devido ao caminho de correntes pelo resistor R_F, além da corrente de entrada do amplificador operacional. O resistor R_F deve ser cuidadosamente escolhido para maximizar a rejeição de modo comum. Além desses problemas, a saída é não linear.

A única característica favorável desse circuito é que este trabalha com alimentação simples, sem necessidade de fonte simétrica, além da simplicidade do esquema. Deve-se observar que o resistor R_F está conectado a $Vs/2$ (metade da tensão de alimentação), em vez de ir para a referência. Dessa forma, valores positivos ou negativos de ΔR podem ser medidos e a referência de saída do amplificador é $Vs/2$.

Um circuito muito mais adequado é mostrado na Figura 10.101, em que é aplicado um amplificador operacional de instrumentação. Esse circuito garante uma precisão do ganho (ajustada com o resistor RG) e evita o desbalanço da ponte. Essa configuração também garante ótimas características

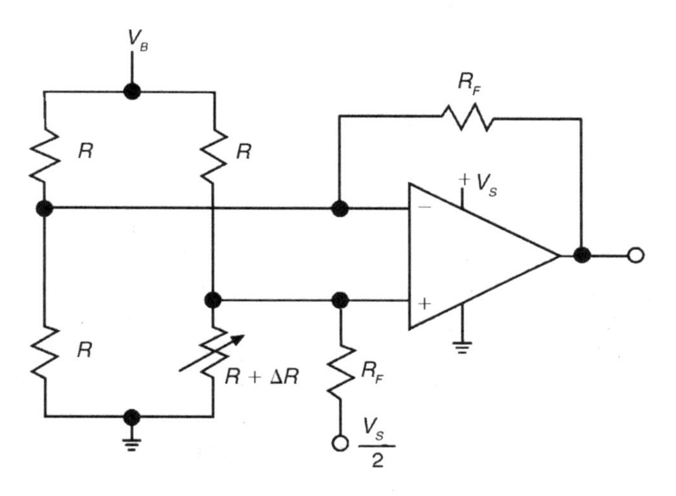

FIGURA 10.100 Um amplificador operacional ligado em uma configuração simples, diretamente à saída da ponte de Wheatstone. (Cortesia de Analog Devices.)

TABELA 10.7 Estabilidade de alguns componentes que fornecem uma tensão constante

Parâmetro	AD581L	LM399A	LT1021A	MAX671C	REF10A	REF102C
Saída $\left(V/mA\right)$	10/10	6,95/10	10/10	10/10	10/20	10/10
Drift temporal $\left(10^{-6}/100\,h\right)$	25	20	15	50	50	5
Drift térmico $\left(10^{-6}/K\right)$	5	0,6	2	1	8,5	2,5

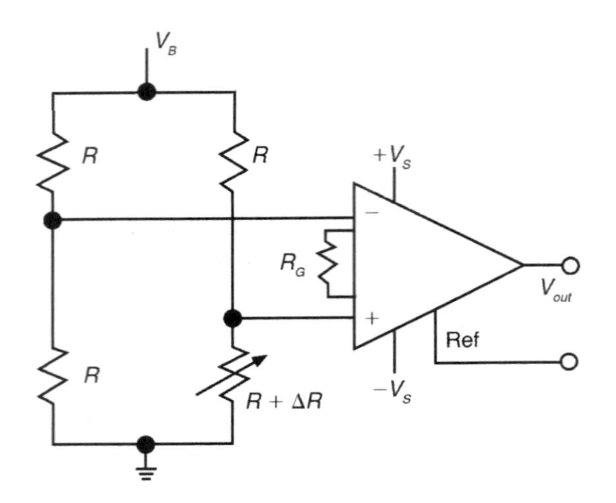

FIGURA 10.101 Amplificador de instrumentação ligado diretamente à saída da ponte de Wheatstone: $V_{out} = \frac{V_B}{4}\left[\frac{\Delta R}{R + \frac{\Delta R}{2}}\right]$[Ganho] (Cortesia de Analog Devices.)

de CMRR (razão de rejeição de modo comum), e a altíssima impedância de entrada assegura que a corrente de entrada do amplificador seja desprezível. A tensão de saída na configuração mostrada na Figura 10.101 é

$$V_{out} = \frac{V_B}{4}\left[\frac{\Delta R}{R + \frac{\Delta R}{2}}\right][\text{Ganho}].$$

Atualmente existe uma gama muito ampla de amplificadores de instrumentação. É possível alcançar ótimos resultados com amplificadores como o AD620, o AD6523 ou o AD627 da Analog Devices, os quais podem operar com alimentações simples, sem necessidade de fontes simétricas.

Existem várias técnicas de linearização de pontes, mas é importante diferenciar a linearidade do circuito e da resposta do sensor. A exemplo da Figura 10.79, a Figura 10.102(*a*) mostra um circuito para linearização de uma ponte com apenas um elemento variando, e a Figura 10.102(*b*) mostra outra configuração com dois amplificadores operacionais para a linearização.

O amplificador da Figura 10.102(*a*) força uma condição de equilíbrio adicionando uma tensão em série com o braço que faz variar a resistência. Essa tensão é igual em magnitude e oposta em polaridade à tensão incremental sobre o elemento, e é linear com ΔR. Essa configuração de "ponte ativa" tem o dobro do ganho da ponte com os resistores, e a saída é linear até para valores grandes de ΔR. O amplificador utilizado nessa função requer alimentação simétrica, para poder excursionar entre valores positivos e valores negativos.

Outro circuito para linearizar uma configuração de 1/4 de ponte pode ser visto na Figura 10.102(*b*). Nesse circuito, um amplificador operacional mantém a corrente passando pelo elemento sensor constante. O sinal de saída é lido do braço direito da ponte e amplificado por outro amplificador operacional em configuração não inversora. A saída é linear, mas esse circuito tem a desvantagem de necessitar de dois amplificadores operacionais. A saída desse circuito é

$$V_{out} = -\frac{V_B}{2}\left(\frac{\Delta R}{R}\right)\left[1 + \frac{R_2}{R_1}\right].$$

A Figura 10.103 mostra dois métodos para linearizar uma ponte com dois elementos sensores. O amplificador operacional utilizado nessa implementação necessita de alimentação simétrica.

A ponte ativa da Figura 10.103(*b*) utiliza um amplificador operacional, um resistor sensor de corrente e uma tensão de referência para manter a corrente constante pela ponte ($I_B = \frac{V_{ref}}{R_{sense}}$). A corrente se mantém constante nos dois braços da ponte, e, dessa forma, a variação da saída é uma função linear de ΔR. Um amplificador de instrumentação aparece na Figura 10.103(*b*) com a função de amplificar o sinal de saída. Esse circuito pode funcionar com uma alimentação simples, dependendo apenas da escolha dos amplificadores operacionais e do nível dos sinais. A saída em tensão desse circuito é

$$V_{out} = \frac{I_B}{2}\Delta R\ [\text{Ganho}].$$

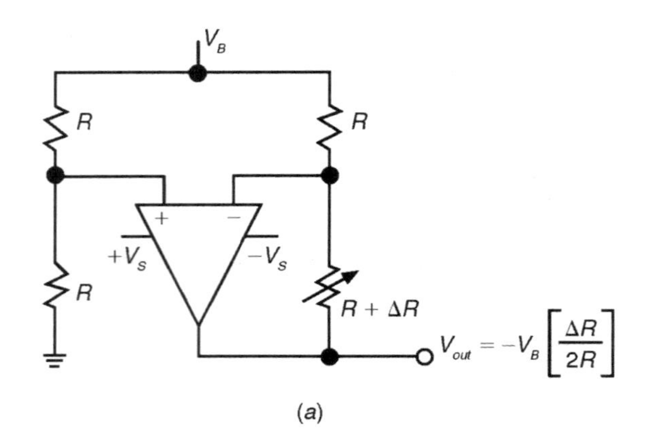

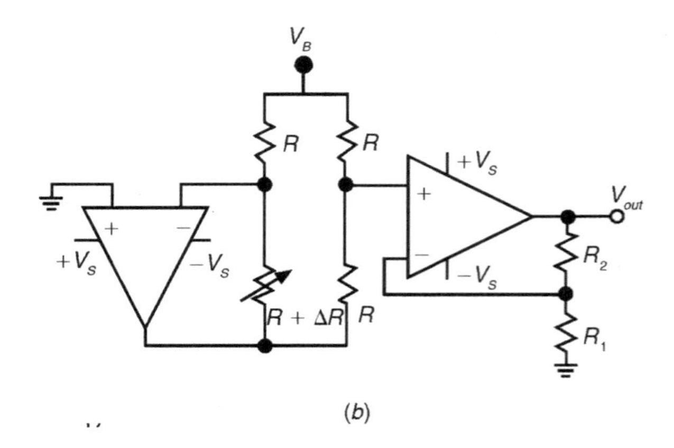

FIGURA 10.102 Dois métodos em que se utilizam os amplificadores operacionais na linearização de uma ponte com um elemento sensor. (Cortesia de Analog Devices.)

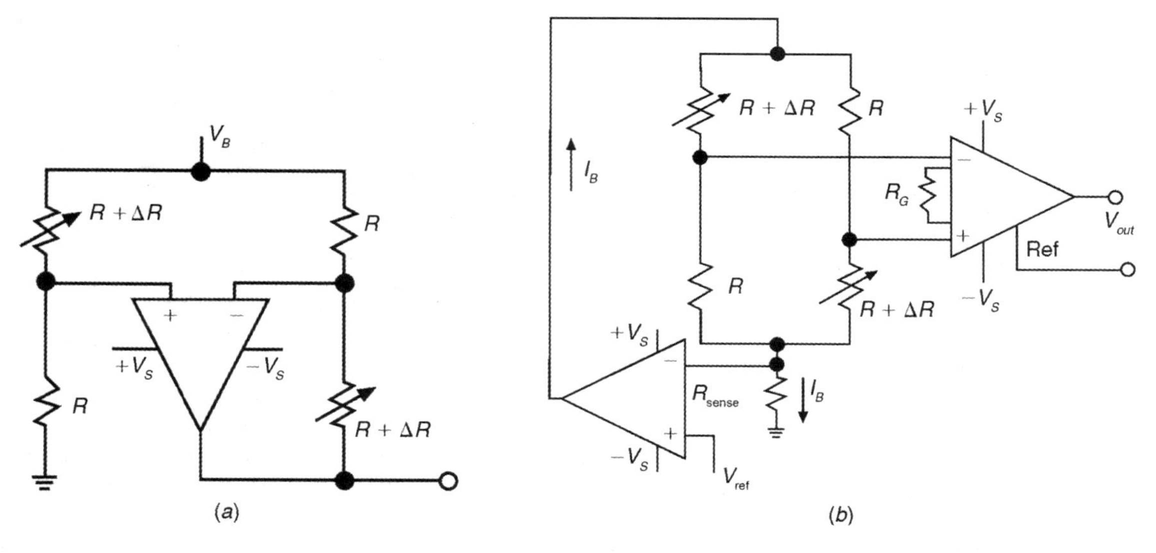

FIGURA 10.103 Duas configurações com amplificadores operacionais na linearização de uma ponte com dois elementos sensores. (Cortesia de Analog Devices.)

Como foi exemplificado nesta seção, as pontes de Wheatstone são extremamente poderosas na aplicação com *strain gauges*. Porém, deve-se observar a minimização de influências comuns a esse tipo de circuito. A resistência devida aos cabos e a indução de ruídos são exemplos de problemas nos circuitos em ponte. A Figura 10.104 mostra um extensômetro de 350 Ω que é conectado a uma distância de aproximadamente 30 m com uma parte de fio trançado. A resistência do fio a 25 °C é de $0{,}346\ \Omega/\mathrm{m}$; sendo assim, a resistência total é de aproximadamente 2 × 10,5 = 21 Ω. Conhecendo o coeficiente de temperatura do cobre, $CT_{cobre} = 0{,}385\ \%/{}^{\circ}\mathrm{C}$, pode-se calcular o *offset* devido ao aumento de 10 °C na temperatura dos cabos.

O fundo de escala da variação do *strain gauge* é de aproximadamente 1% do seu valor nominal. No caso da Figura 10.104, 1 % do valor nominal equivale a 3,5 Ω, o que causa um desbalanço na saída da ponte de +23,45 mV. Pode-se observar na Figura 10.104 que foi adicionado um resistor de 21 Ω para compensar a variação da resistência dos cabos e balancear a ponte novamente. Se a ponte não fosse compensada por esse resistor, haveria um *offset* de tensão de 145,63 mV. Admitindo-se que a temperatura aumenta 10 °C, isso resulta em um incremento de 10,5 × 0,00385 × 10 = +0,404 Ω em cada cabo ou 0,808 Ω no total, o que produz uma tensão de *offset* de 5,44 mV na saída da ponte. Foi visto nesta seção (e também no Capítulo 5 do Volume 1 deste livro) que a técnica da ligação com três fios minimiza os erros devido aos cabos, apresentando apenas um pequeno erro no ganho do sinal de saída da ponte.

O método dos três fios funciona bem para sensores resistivos localizados remotamente com apenas um elemento variando. Entretanto, a maioria das células de carga utiliza configurações de ponte completa, com todos os resistores da ponte atuando com sensores e, consequentemente, variando

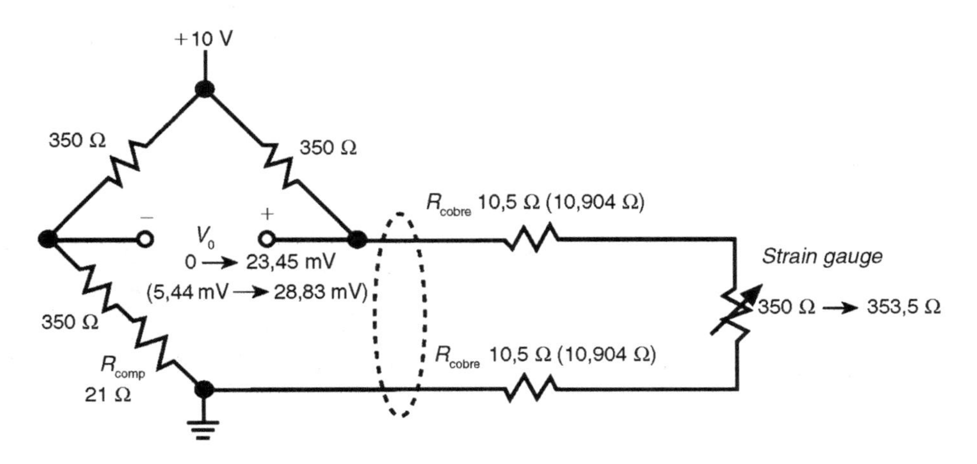

FIGURA 10.104 Influência da variação de temperatura na saída de uma ponte conectada a 30 m de distância com cabos de cobre. (Cortesia de Analog Devices.)

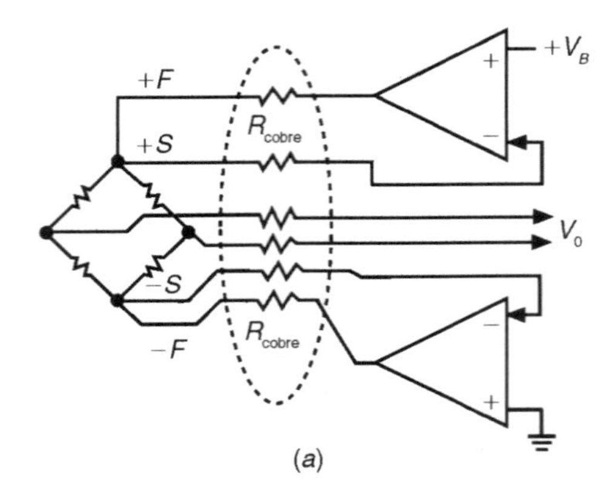

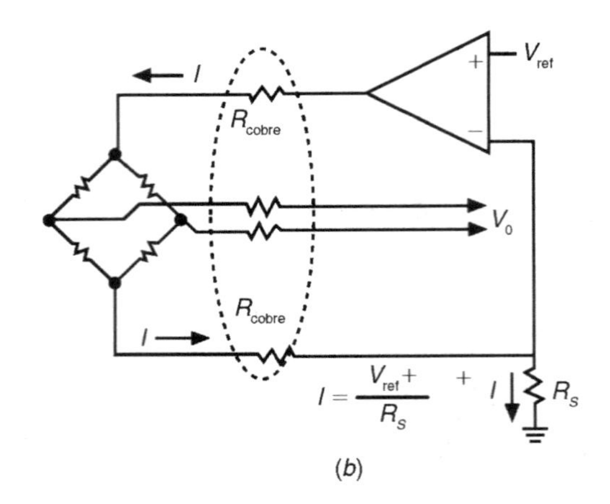

FIGURA 10.105 (*a*) Método dos quatro cabos, ou de Kelvin, aplicado a uma célula de carga com ponte completa e (*b*) excitação com uma fonte de corrente para eliminar influência dos cabos. (Cortesia de Analog Devices.)

seus valores. Nesse caso, técnicas especiais devem ser utilizadas para manter a precisão dos transdutores.

Muitas células de carga com ponte completa utilizam seis cabos para garantir a estabilidade: dois cabos para a saída da ponte, dois cabos para a excitação e dois cabos de *sense*. Esse método é mostrado na Figura 10.105(*a*), e conhecido como método de Kelvin (uma variação do mesmo método descrito no Capítulo 5 do Volume 1 desta obra).

As linhas de *sense* são ligadas nas entradas de alta impedância dos amplificadores operacionais, o que garante uma minimização do erro devido à queda de tensão sobre a resistência dos cabos. Os OPAMPs mantêm a tensão de excitação sempre igual a V_B (observa-se que essa fonte deve ser extremamente estável).

A utilização de uma excitação por corrente, como mostra a Figura 10.105(*b*), constitui outro método para minimizar os erros devido à resistência dos cabos. Deve-se observar, entretanto, que a precisão da tensão de referência, do resistor e do amplificador operacional influi em todo o sistema.

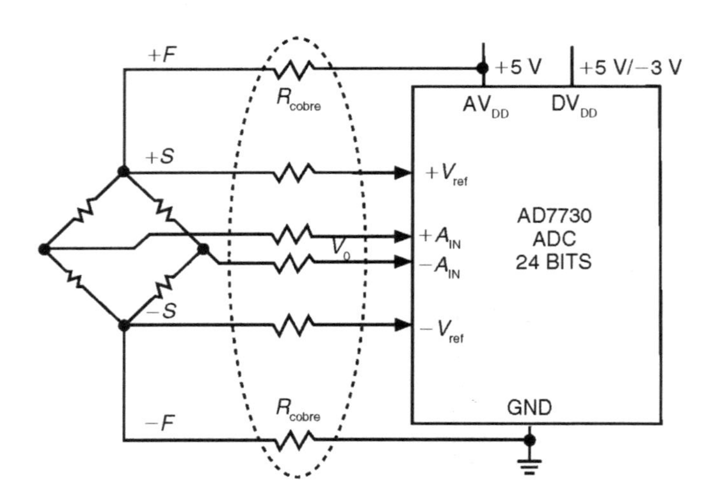

FIGURA 10.106 Utilização de um conversor AD (ADC7730) diretamente na leitura do sinal de saída de uma ponte completa. (Cortesia de Analog Devices.)

Uma técnica que elimina a necessidade de excitação bastante precisa é ilustrada na Figura 10.106. Um conversor AD da Analog Devices (ADC7730) excita a ponte e faz a medição da sua saída ligada diretamente à entrada de leitura de alta impedância do componente.

A utilização das saídas *sense* da ponte nas entradas das referências do conversor garante que não ocorre perda da precisão devido à alimentação. Por ser um conversor analógico digital de 24 bits, este componente garante uma excelente resolução.

Manter uma precisão de 0,1 % (ou melhor) de um fundo de escala de 20 mV requer que a soma dos erros seja menor que 20 μV. A Figura 10.107 mostra algumas fontes típicas de erros de *offset* que são inevitáveis, termopares parasitas cujas junções a temperaturas diferenciais podem gerar tensões de até dezenas de microvolts para uma variação de 1 °C.

A Figura 10.107 ilustra uma consequência da junção formada na placa de circuito impresso. A sensibilidade desse termopar é de aproximadamente 35 $\mu V/_{°C}$. Além dessa fonte de erros, ainda existe o *offset* do próprio amplificador operacional, ou nas correntes de entrada do mesmo.

Para projetos que requerem alta precisão, são necessários amplificadores operacionais com características de baixo *offset* e alta imunidade a ruídos, que podem ser encontrados em diferentes fornecedores.

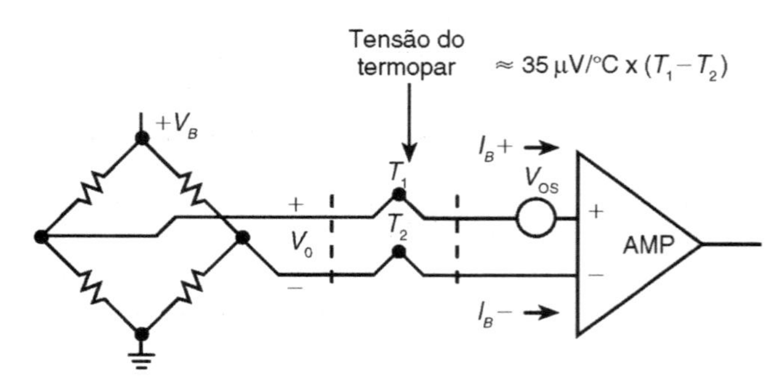

FIGURA 10.107 Efeito do termopar causando *offset* na tensão de saída de uma ponte. (Cortesia de Analog Devices.)

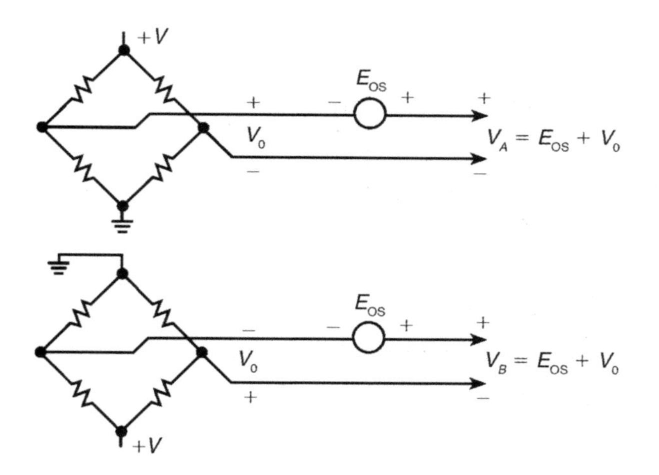

FIGURA 10.108 Compensação de efeitos de *offset* utilizando uma excitação AC em uma ponte de Wheatstone. (Cortesia de Analog Devices.)

Uma solução a ser levada em conta para o problema do *offset* nessas aplicações é a excitação AC da ponte. Nesse caso, a saída da ponte é medida em duas condições diferentes, como mostra a Figura 10.108. A primeira medida é feita em V_A, que representa a soma da saída da ponte e a tensão de *offset*

$$V_A = -V_0 + E_{OS}.$$

Na sequência, a polaridade da fonte é invertida e mede-se V_B, que representa novamente a soma das mesmas parcelas

$$V_B = -V_0 + E_{OS}.$$

Subtraindo V_B de V_A, observa-se que é cancelada apenas a parcela de *offset*

$$V_A - V_B = V_0 + E_{OS} - (-V_0) - E_{OS} = 2V_0.$$

Esse processo pode ser executado de forma analógica, utilizando-se um amplificador sintonizado, ou então de forma digital, com um conversor AD e um microcontrolador, para efetuar a subtração e todo o resto do processamento do sinal.

Um exemplo de circuito condicionador para uma célula de carga é mostrado na Figura 10.109. Nesse circuito, é utilizada uma excitação por corrente. O OP177 fornece uma corrente de 10 mA, com uma tensão de referência de 1,235 V. O extensômetro produz uma saída de $\frac{10,25 \text{ mV}}{1000\ \mu\text{m}/\text{m}}$. O sinal é amplificado por um OPAMP de instrumentação AD620 configurado com um ganho de 100. Ajustando o potenciômetro de ganho de 100 Ω, pode-se ajustar uma saída de –3,500 V para a deformação relativa de $-3500\ \mu\text{m}/\text{m}$. O capacitor de 100 nF na entrada do AD620 serve como filtro para interferências externas (em conjunto com a ponte de 1 kΩ).

Outro exemplo de condicionador para uma célula de carga para extensômetros de 350 Ω pode ser observado na Figura 10.110. Uma tensão de excitação de 10 V é feita com uma referência (OP177 e AD588) e um *buffer* 2N2219A para garantir uma corrente de 28,57 mA. A única recomendação desse circuito é que o resistor de 475 Ω e o potenciômetro de 100 Ω tenham baixos coeficientes de temperatura, para evitar problemas de *drift*.

A Figura 10.111 mostra um circuito condicionador implementado com uma fonte de alimentação simples. Neste circuito, é utilizada uma fonte de tensão de referência de 5 V (REF195). Como esse CI pode suprir uma corrente de até 30 mA, não é necessário nenhum *buffer* de corrente. Um OP213 é configurado com um ganho de 100:

$$G = 1 + \frac{10 \text{ k}\Omega}{1 \text{ k}\Omega} + \frac{20 \text{ k}\Omega}{196\ \Omega + 28,7\ \Omega} \cong 100$$

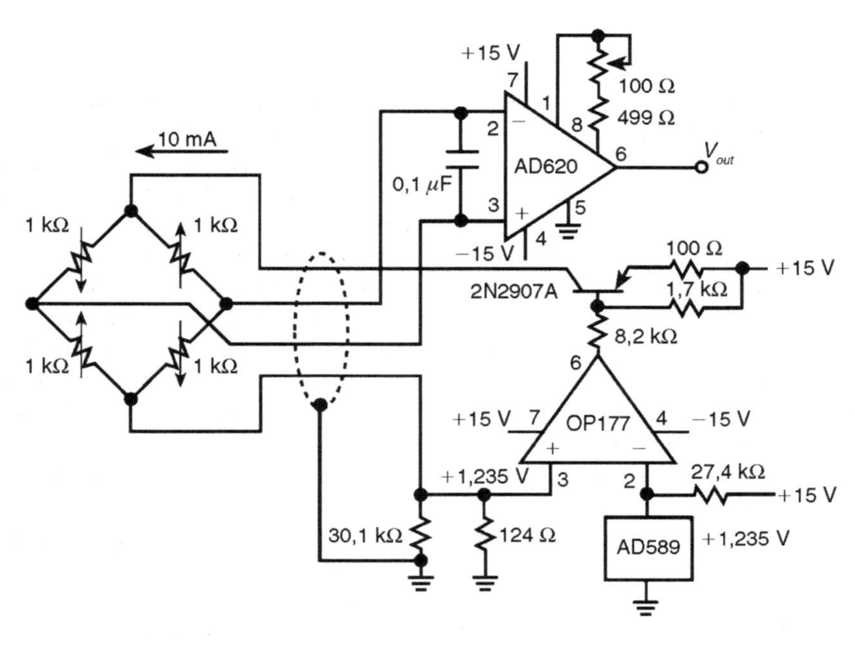

FIGURA 10.109 Exemplo de um condicionador para uma ponte completa. (Cortesia de Analog Devices.)

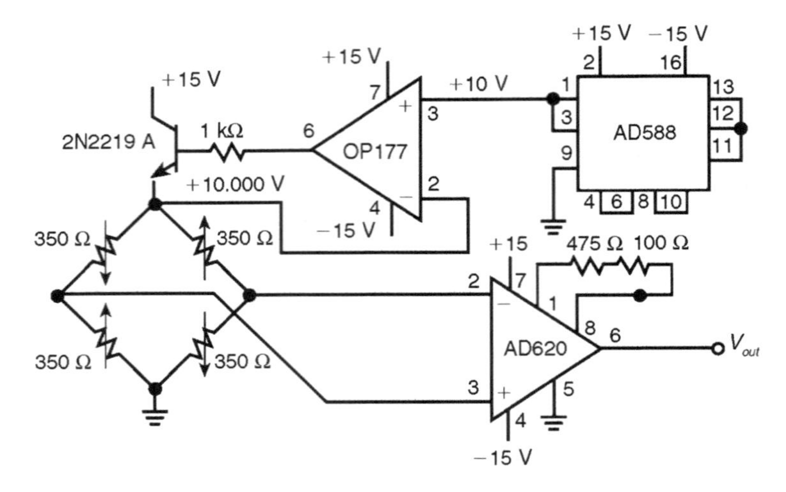

FIGURA 10.110 Exemplo de um condicionador para uma ponte completa de 350 Ω. (Cortesia de Analog Devices.)

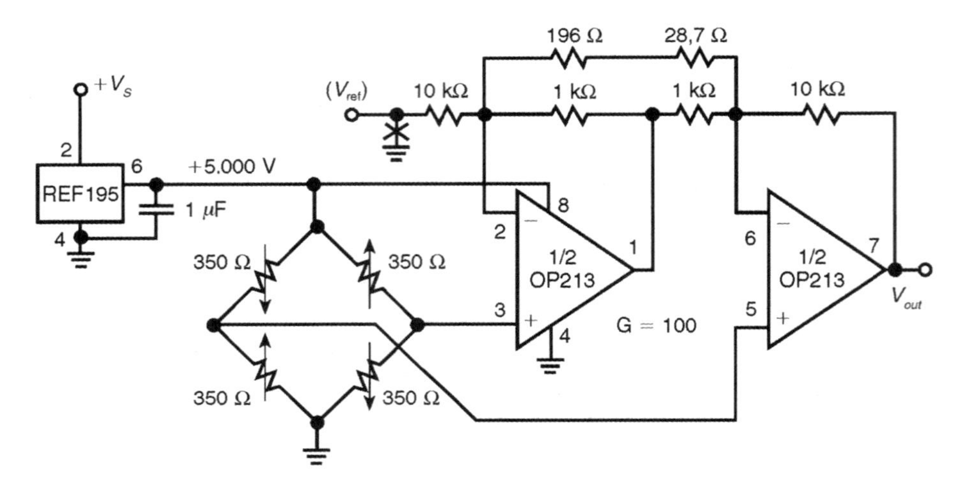

FIGURA 10.111 Exemplo de um condicionador para uma ponte completa de 350 Ω com alimentação simples. (Cortesia de Analog Devices.)

Para otimizar a rejeição de modo comum, as razões dos resistores devem ser precisas. Devem-se utilizar resistores com tolerâncias da ordem de ±0,5 % ou menos.

Nessa configuração, deve-se observar que o amplificador não é sensível a sinais negativos (pois a fonte é simples). Se for necessário um sinal com excursão negativa, é preciso que V_{ref} seja conectado a um ponto com metade da tensão de alimentação da ponte (2,5 V) em vez da referência GND. Quando V_{ref} não está em GND, a saída deve ser referenciada a V_{ref}. Além disso, na configuração da Figura 10.111 a saída na condição de equilíbrio da ponte deve apresentar um pequeno *offset* em função da limitação do OP213, já que a alimentação não é simétrica e a saída não vai alcançar o zero.

A Figura 10.112 mostra o esquema de uma ponte com excitação AC. Um AD8221 (alto CMRR mesmo em sinais com frequência variável) é responsável pelo ganho, enquanto um AD630AR faz a demodulação síncrona da forma de onda. Isso resulta em uma saída DC proporcional à variação da ponte livre de interferências DC, como o *offset* da tensão de saída. Nesse circuito, a excitação é feita com um sinal de 400 Hz; dessa forma, o sinal na entrada do AD8221, assim como no AD630, é uma tensão AC. Esse sinal torna-se DC apenas na saída do passa-baixas.

O sinal de 400 Hz é retificado; então é feita a média, e os erros DC são convertidos em um sinal AC e removidos na demodulação (nesta etapa, ocorre uma subtração do sinal de entrada sintonizada em 400 Hz).

Nesse tipo de aplicação, se uma fonte AC não estiver disponível, pode-se implementar, como alternativa, uma fonte com sinal quadrado, chaveando-se as fontes DC da alimentação.

Atualmente existe uma série de opções no que diz respeito à construção de circuitos para o condicionamento de sinais de ponte de *strain gauges*. Sempre que houver necessidade, devem-se examinar muito bem os fornecedores de dispositivos semicondutores. De acordo com a aplicação e o custo envolvido, haverá diferentes opções. Por exemplo, é possível construir o amplificador de instrumentação a partir de componentes discretos (com OPAMPs simples) como mostra a Figura 10.113. É claro que, além do amplificador de

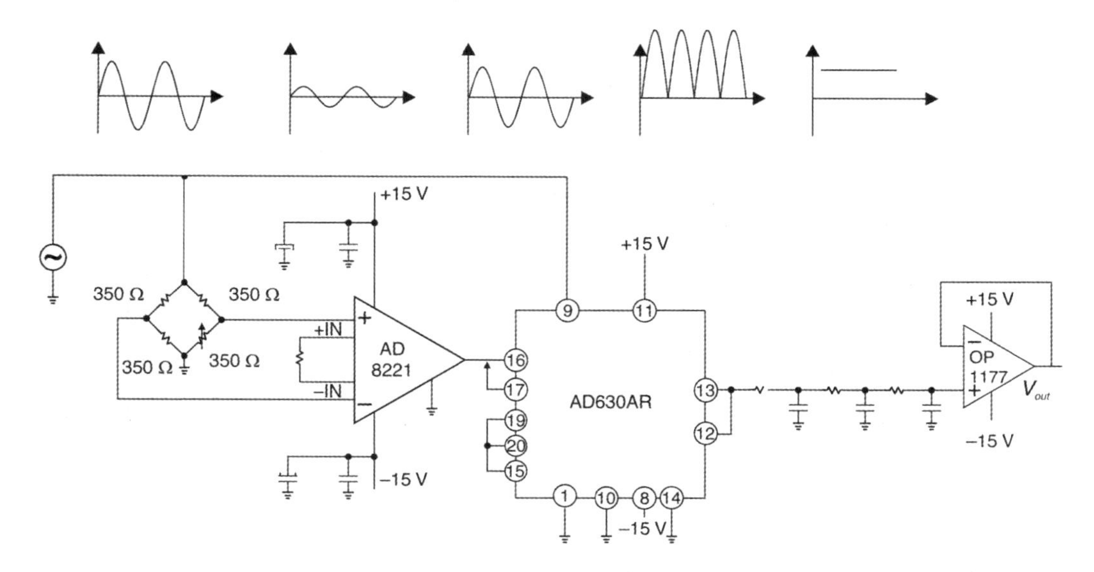

FIGURA 10.112 Exemplo de um condicionador AC para uma ponte completa de 350 Ω. (Cortesia de Analog Devices.)

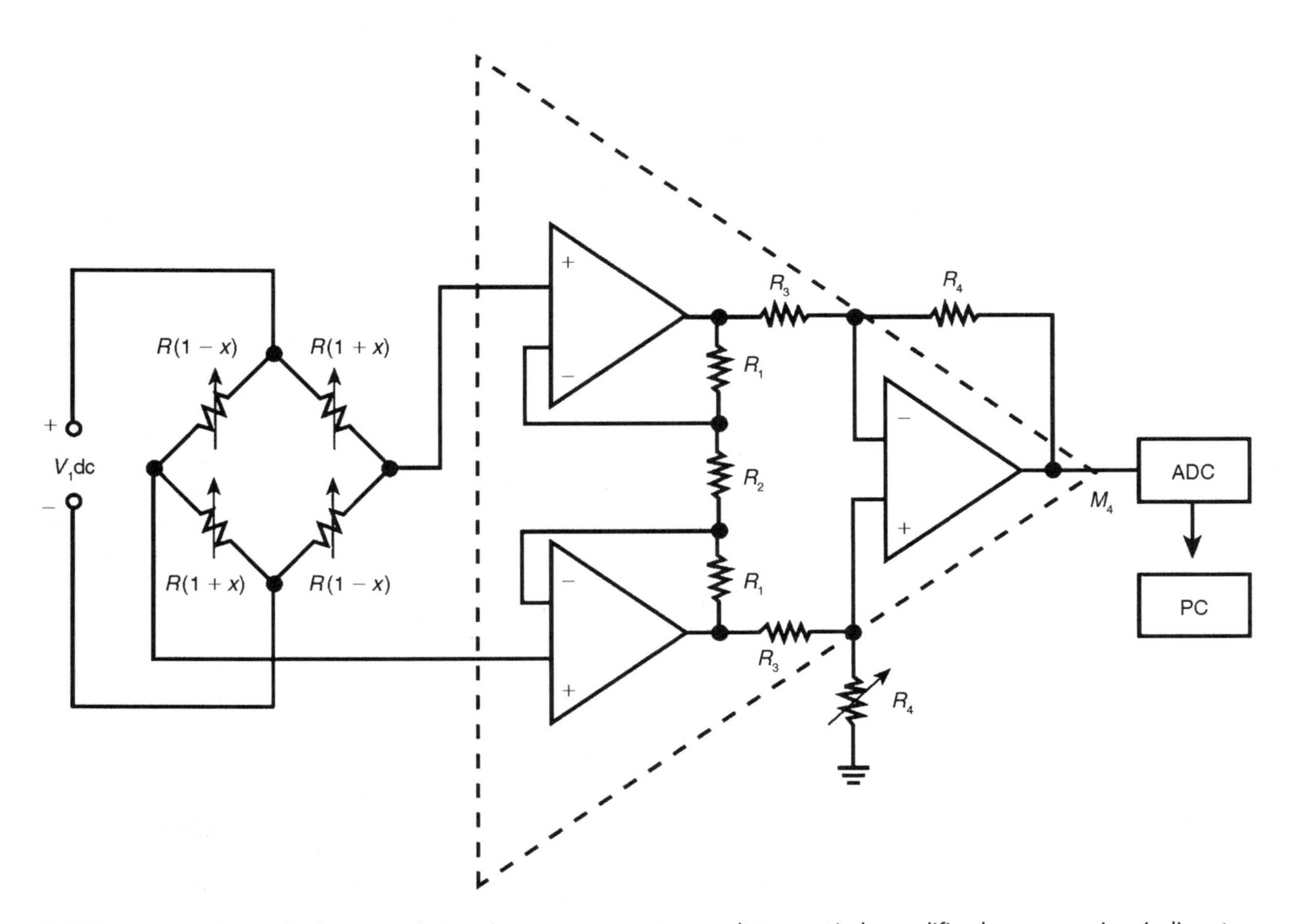

FIGURA 10.113 Exemplo de um condicionador para uma ponte completa a partir de amplificadores operacionais discretos.

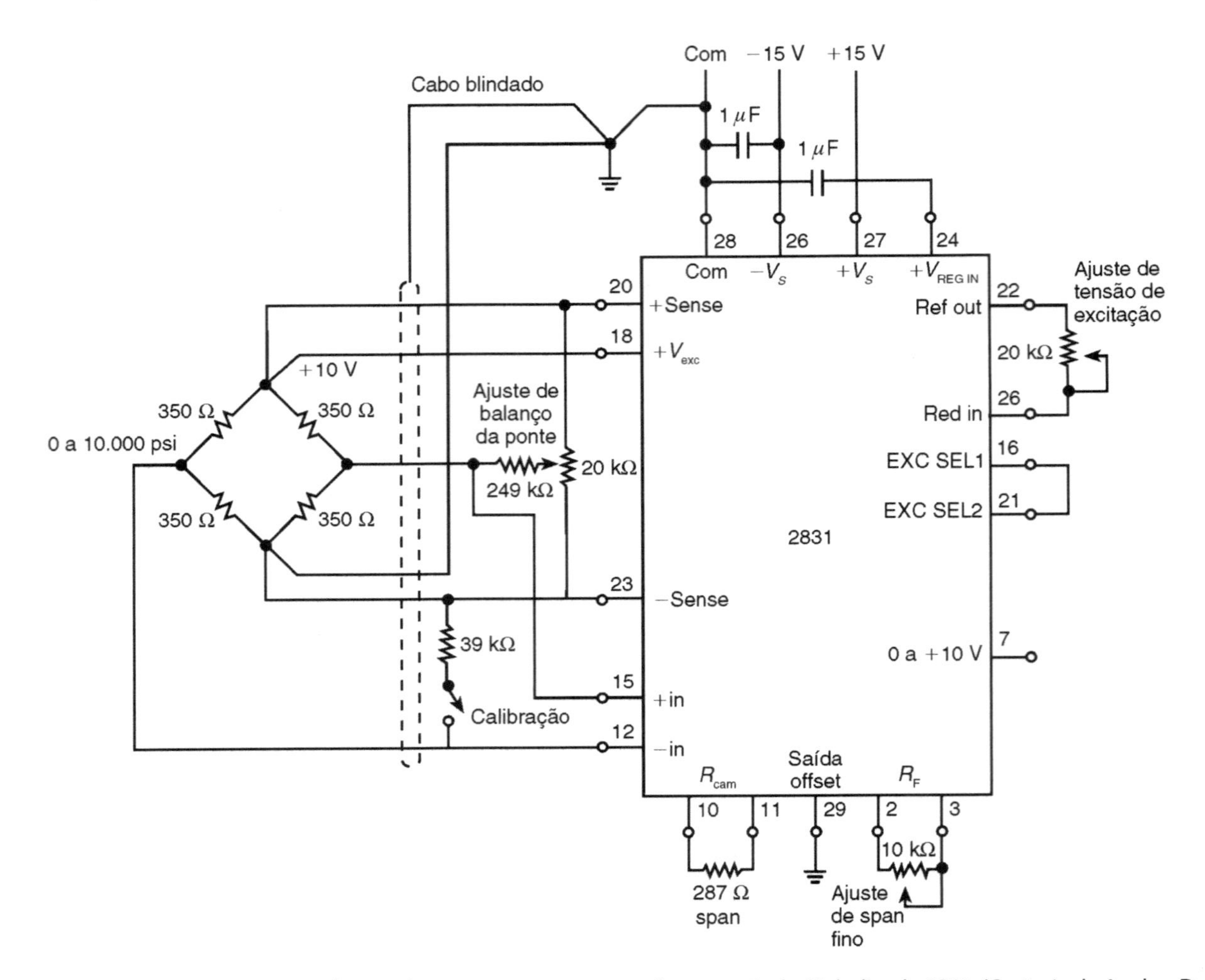

FIGURA 10.114 Exemplo de um condicionador para uma ponte completa a partir do CI dedicado 2B31. (Cortesia de Analog Devices.)

instrumentação implementado, serão necessários pequenos circuitos de compensação, ajuste e filtros, de modo que o projeto deve ser montado por etapas.

Certamente o circuito da Figura 10.113 será uma opção mais barata que o circuito da Figura 10.114. Nesta figura, é utilizado um CI dedicado (2B31), o qual contém três blocos: um amplificador de instrumentação de alta qualidade, um filtro passa-baixas de terceira ordem e uma excitação para o transdutor ajustável. Pode-se observar que o CI consiste em uma solução completa e que terá um desempenho melhor que o circuito montado na Figura 10.113, porém o custo do componente pode inviabilizar determinados projetos.

Como já foi citado neste capítulo, existem no mercado diferentes tipos de células de carga disponíveis, as quais cobrem uma grande gama de aplicações. Entretanto, para determinados casos específicos, é necessário fazer o projeto do transdutor. A Figura 10.115 ilustra algumas dessas células de carga disponíveis no comércio e algumas construídas em laboratório, seja por necessidades específicas ou apenas como ilustração didática.

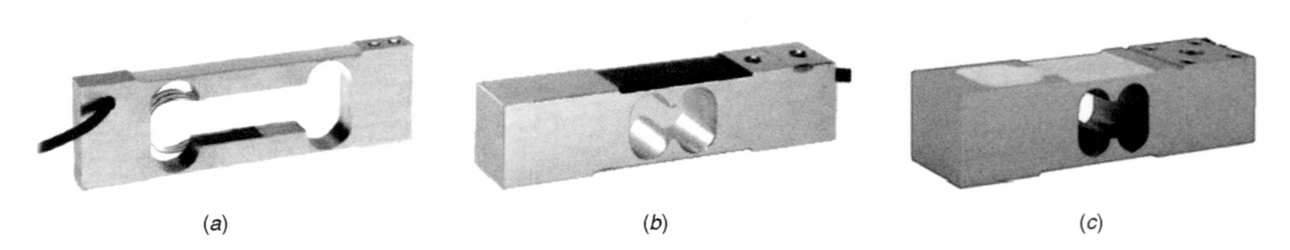

FIGURA 10.115 Exemplos de diferentes células de carga: (*a*) pontual de 0,3 a 3 kg; (*b*) pontual de 7 a 100 kg; (*c*) pontual de 50 a 250 kg. (*Continua*)

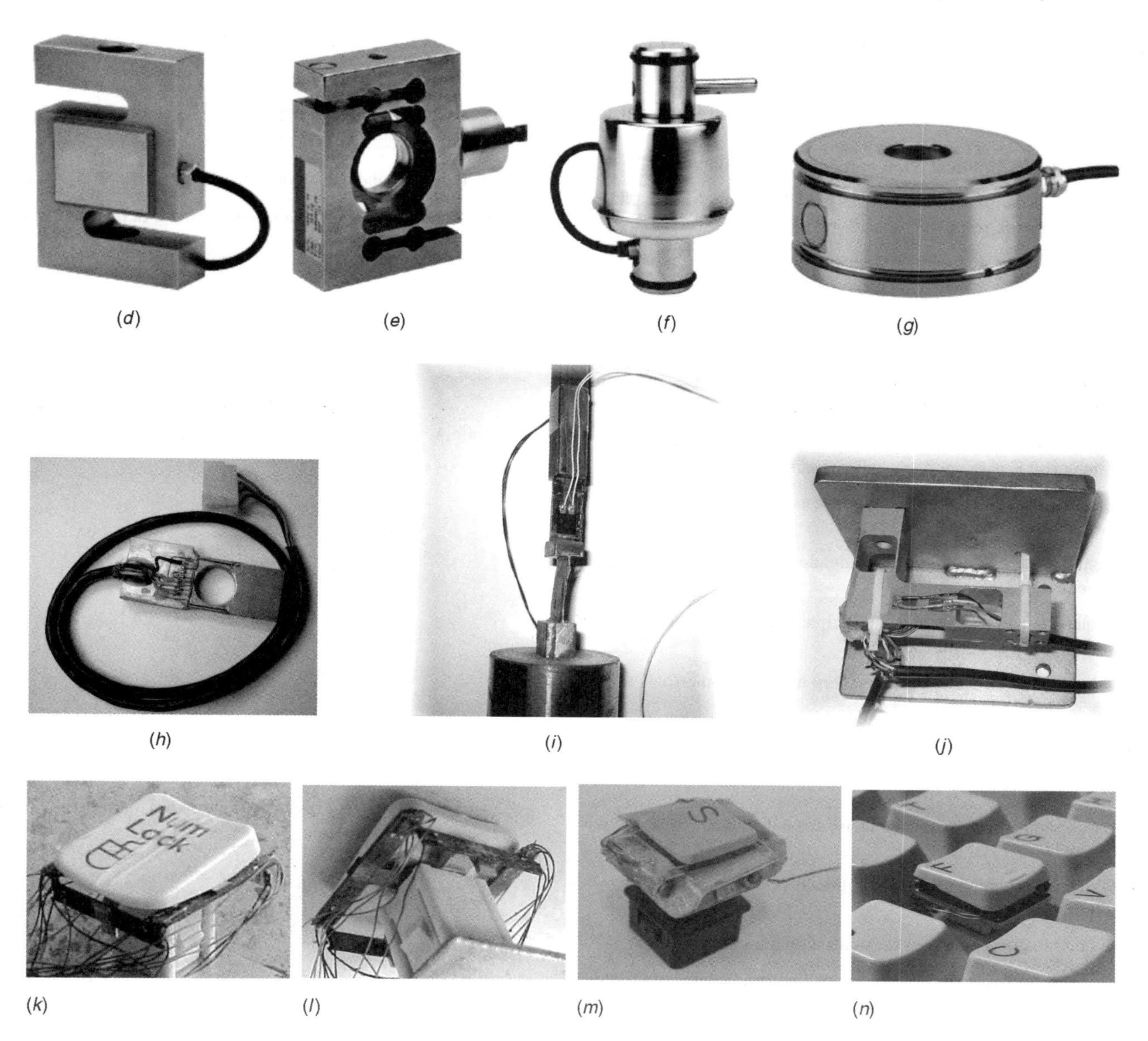

FIGURA 10.115 (*Continuação*) Exemplos de diferentes células de carga: (*d*) Tipo S de 50 a 5000 kg; (*e*) tipo S de 50 a 10.000 kg; (*f*) tipo coluna de 25.000 a 50.000 kg; (*g*) 5.000 a 50.000 kg; (*h*), (*i*) e (*j*) células de carga de uso genérico desenvolvidas em laboratório e (*k*), (*l*), (*m*) e (*n*) detalhes de uma célula de carga adaptada em uma tecla (de teclados convencionais) de computador para medir a força de digitação. [Cortesia de Vishay Intertechnology, Inc. – Figuras (*a*)-(*g*).]

EXERCÍCIOS

Questões

1. Quais as principais diferenças entre as áreas que estudam estática e dinâmica?

2. O que é o módulo de Young e para qual região da curva tensão mecânica *versus* deformação o mesmo é válido?

3. Por que é importante conhecer a curva tensão mecânica *versus* deformação de uma célula de carga?

4. Qual o significado físico do início da zona plástica de um sólido submetido a um ensaio mecânico de tração?

5. O que é deformação relativa? Qual a definição do *microstrain*?

6. O que determina o coeficiente de Poisson? Interprete o resultado de um coeficiente de Poisson positivo e outro negativo.

7. Explique o princípio de funcionamento: a) de uma balança de dois pratos com braços iguais; b) de uma balança de massa deslizante; e c) de uma balança de mola.

8. Os sensores piezoelétricos podem ser utilizados para medir força estática? Explique por quê.

9. Para que tipo de aplicação os transdutores de força piezoelétricos são indicados?

10. Explique o princípio do funcionamento de sensores de força capacitivos.
11. Explique o funcionamento do sensor de força capacitivo da Figura 10.14.
12. O que são FSRs e qual é seu princípio de funcionamento?
13. Quais as principais características dos FSRs em relação a precisão e tempo de resposta?
14. Explique o que é "fator do extensômetro".
15. Quais as funções da grade e da base em um *strain gauge* do tipo folha?
16. Explique o princípio de funcionamento dos extensômetros de resistência elétrica com autocompensação de temperatura. Em que situações esses *strain gauges* são indicados?
17. Quais tipos de extensômetros são indicados para grandes alongamentos? E para aplicações dinâmicas?
18. Qual a relação do comprimento do sensor com o pico de tensões mecânicas?
19. Qual o principal problema relacionado com extensômetros muito pequenos?
20. O que são rosetas? Quais as principais diferenças entre rosetas uniaxiais e rosetas planares?
21. O que é sensibilidade transversal em um extensômetro de resistência elétrica?
22. Cite as principais vantagens e desvantagens dos extensômetros semicondutores quando comparados com os extensômetros convencionais do tipo folha.
23. Quais são as principais vantagens dos extensômetros semicondutores?
24. O que é acoplamento de sensibilidade? Como ele pode ser minimizado?
25. O que são anéis coletores de sinais e qual a sua função?
26. Quais as principais diferenças em excitar uma ponte com fontes de tensão e corrente?
27. Explique o princípio de funcionamento de um condicionador para células de carga com excitação AC.

Problemas com respostas

1. Considerando um sensor piezoelétrico com uma capacitância de 0,5 nF, calcule a resistência de entrada de um instrumento para ser possível a medição de um sinal com frequência de 10 Hz.

Resposta:

$$f = \frac{1}{2\pi RC} \Rightarrow R = \frac{1}{20\pi \times 5 \times 10^{-10}}$$

$$R = 31{,}8\ M\Omega.$$

2. Calcule a sensibilidade de um sensor de força capacitivo de placas paralelas. O princípio de funcionamento desse sensor deve ser baseado na variação da distância entre placas.

Resposta: Sabemos que

$$C = \frac{\varepsilon A}{d}.$$

Se o princípio de funcionamento baseia-se na distância entre placas,

$$S = \frac{\partial C}{\partial d} = -\frac{\varepsilon A}{d^2}.$$

3. Considere um condutor hipotético com secção de área retangular. Calcule a variação $\frac{dR}{R}$ quando o mesmo é deformado longitudinalmente.

Resposta:

Sabemos que

$$R = \frac{\rho l}{A}$$

em que $A = a \times b$ com a e b, a largura e espessura do condutor. Podemos então calcular:

$$\frac{dR}{dl} = \frac{d\left(\frac{\rho l}{A}\right)}{dl} = \frac{1}{A}\left(\rho + l\frac{d\rho}{dl} - \frac{\rho l}{A}\frac{dA}{dl}\right)$$

$$dR = \frac{1}{A}\left(\rho dl + l d\rho - \frac{\rho l}{A} dA\right)$$

$$\frac{dR}{R} = \frac{dl}{l} + \frac{d\rho}{\rho} - \frac{dA}{A}$$

e, ainda, $\frac{dA}{A} = \frac{da}{a} + \frac{db}{b}$.

Considerando a constante de Poisson nas duas direções transversais, podemos definir

$$-\gamma = \frac{da/a}{dl/l} = \frac{db/b}{dl/l}$$

e, finalmente,

$$\frac{dR}{R} = \frac{d\rho}{\rho} + \frac{dl}{l}(1 + 2\gamma).$$

4. Determine a sensibilidade K de um extensômetro de resistência elétrica de fio, com comprimento l, de diâmetro d, resistência elétrica R, resistividade ρ e coeficiente de Poisson $\gamma = 0{,}3$. Considere a resistividade ρ uma constante.

Resposta:

$$K = \frac{\Delta R/R}{\Delta l/l}$$

como

$$\frac{dR}{R} = \frac{d\rho}{\rho} + \frac{dl}{l}(1 + 2\gamma)$$

para ρ constante

$$K = \frac{\Delta R/R}{\Delta l/l} = (1 + 2\gamma)$$

$$K = 1{,}6$$

5. Um extensômetro de 350 Ω com $K = 2$ é colado em uma barra de alumínio na direção axial, com diâmetro de 12 mm ($E = 73$ Gpa) de secção circular. Calcule a variação da resistência quando esta barra é comprimida com 500 kgf de carga.

Resposta:

Considerando as equações da célula de carga do tipo coluna (com unidades no SI):

$$\varepsilon_a = \frac{F}{AE} = \frac{500 \times 9{,}80665[N]}{\pi \times (0{,}006)^2[\text{m}^2] \times 73000000000\left[\frac{N}{\text{m}^2}\right]}$$

$$\varepsilon_a = 0{,}0005939,$$

sabendo que

$$K = \frac{\Delta R / R}{\varepsilon} \Rightarrow \Delta R = 0{,}0005939 \times 2 \times 350 \cong 0{,}41\ \Omega.$$

6. Determine as deformações principais, ε_P e ε_Q e o ângulo do eixo principal para uma roseta retangular de três elementos, com uma grade a 0°, outra a 45° e outra a 90°. Considere as deformações individuais de cada sensor medidas:

$$\varepsilon_1 = \varepsilon;\ \varepsilon_2 = 0{,}35\ \varepsilon;\ \varepsilon_3 = -0{,}3\ \varepsilon.$$

Resposta:

Utilizando as equações apresentadas no livro para esse tipo de roseta, deduzidas com o círculo de Mohr da Figura 10.34, temos:

$$\varepsilon_P = \frac{\varepsilon_1 + \varepsilon_3}{2} + \frac{1}{\sqrt{2}}\sqrt{(\varepsilon_1 - \varepsilon_2)^2 + (\varepsilon_2 - \varepsilon_3)^2}$$

$$\varepsilon_Q = \frac{\varepsilon_1 + \varepsilon_3}{2} - \frac{1}{\sqrt{2}}\sqrt{(\varepsilon_1 - \varepsilon_2)^2 + (\varepsilon_2 - \varepsilon_3)^2}$$

$$\theta = \frac{1}{2}\tan^{-1}\left(\frac{\varepsilon_1 - 2\varepsilon_2 + \varepsilon_3}{\varepsilon_1 - \varepsilon_3}\right)$$

$$\varepsilon_P = \frac{\varepsilon - 0{,}3\varepsilon}{2} + \frac{1}{\sqrt{2}}\sqrt{(0{,}65\varepsilon)^2 + (0{,}65\varepsilon)^2} = \varepsilon$$

$$\varepsilon_Q = \frac{\varepsilon - 0{,}3\varepsilon}{2} - \frac{1}{\sqrt{2}}\sqrt{(0{,}65\varepsilon)^2 + (0{,}65\varepsilon)^2} = -0{,}3\varepsilon$$

$$\theta = \frac{1}{2}\tan^{-1}\left(\frac{\varepsilon - 0{,}7\varepsilon - 0{,}3\varepsilon}{\varepsilon - (-0{,}3\varepsilon)}\right) = 0.$$

Esse resultado indica que o extensômetro do tipo roseta retangular foi fixado com o eixo 1 na direção principal da aplicação do esforço. Isso é confirmado quando se observa que os valores de ε_P e ε_Q são iguais a ε_1 e ε_3.

7. Quais seriam os valores medidos na roseta do Exercício 6, com o ângulo de fixação deslocado de +30°?

Resposta:

Nesse caso, os valores (medidos) de ε_1, ε_2 e ε_3 se alteram:

$$\varepsilon_1 = \frac{\varepsilon_p + \varepsilon_q}{2} + \frac{\varepsilon_p - \varepsilon_q}{2}\cos(2\theta) =$$
$$\frac{\varepsilon - 0{,}3\varepsilon}{2} + \frac{\varepsilon + 0{,}3\varepsilon}{2}\cos(60°) = 0{,}675\varepsilon$$

$$\varepsilon_2 = \frac{\varepsilon_p + \varepsilon_q}{2} + \frac{\varepsilon_p - \varepsilon_q}{2}\cos 2(\theta + 45°) =$$
$$\frac{\varepsilon - 0{,}3\varepsilon}{2} + \frac{\varepsilon + 0{,}3\varepsilon}{2}\cos(150°) = -0{,}2129\varepsilon$$

$$\varepsilon_2 = \frac{\varepsilon_p + \varepsilon_q}{2} + \frac{\varepsilon_p - \varepsilon_q}{2}\cos 2(\theta + 90°) =$$
$$\frac{\varepsilon - 0{,}3\varepsilon}{2} + \frac{\varepsilon + 0{,}3\varepsilon}{2}\cos(240°) = 0{,}025\varepsilon.$$

Podemos conferir o resultado, fazendo o caminho inverso e calculando ε_p e ε_q, juntamente com o ângulo θ:

$$\varepsilon_P = \frac{0{,}675\varepsilon + 0{,}025\varepsilon}{2} +$$
$$\frac{1}{\sqrt{2}}\sqrt{(0{,}675\varepsilon + 0{,}2129\varepsilon)^2 + (-0{,}2129\varepsilon - 0{,}025\varepsilon)^2} = \varepsilon$$

$$\varepsilon_Q = \frac{0{,}675\varepsilon + 0{,}025\varepsilon}{2} -$$
$$\frac{1}{\sqrt{2}}\sqrt{(0{,}675\varepsilon + 0{,}2129\varepsilon)^2 + (-0{,}2129\varepsilon - 0{,}025\varepsilon)^2} =$$
$$-0{,}3\varepsilon$$

$$\theta = \frac{1}{2}\tan^{-1}\left(\frac{0{,}675\varepsilon + 2 \times 0{,}2129\varepsilon + 0{,}025\varepsilon}{0{,}675\varepsilon - 0{,}025\varepsilon}\right) = 30°$$

8. Calcule as tensões principais do Exercício 6. Considere $E = 73$ GPa e $\gamma = 0{,}32$.

Resposta: Desconsiderando efeitos da sensibilidade transversal, basta aplicar:

$$\sigma_p = \frac{E}{1 - \gamma^2}(\varepsilon_p + \gamma\varepsilon_q)$$

$$\sigma_q = \frac{E}{1 - \gamma^2}(\varepsilon_q + \gamma\varepsilon_p).$$

Substituindo, temos nos resultados do Exercício 6:

$$\sigma_p = \frac{73\ 000000000}{1 - 0{,}1}(\varepsilon - 0{,}09\varepsilon) = 88898000000\varepsilon$$

$$\sigma_p = \frac{73\ 000000000}{1 - 0{,}1}(-0{,}3\varepsilon + 0{,}32\varepsilon) = 1622200000\varepsilon.$$

9. Deduza a relação da tensão de saída pela tensão de excitação para as configurações da Figura 10.51.

Resposta:

$$e_o = \frac{E}{2} - \frac{ER(1 \mp \gamma K\varepsilon)}{R(1 \pm K\varepsilon) + R(1 \mp \gamma K\varepsilon)}$$

$$\frac{e_o}{E} = \frac{1}{2} - \frac{R(1 \mp \gamma K\varepsilon)}{R(1 \pm K\varepsilon) + R(1 \mp \gamma K\varepsilon)} =$$
$$\frac{R(1 \pm K\varepsilon) + R(1 - \gamma K\varepsilon) - 2R(1 - \gamma K\varepsilon)}{2\left[R(1 \pm K\varepsilon) + R(1 - \gamma K\varepsilon)\right]}$$

$$\frac{e_o}{E} = \frac{K\varepsilon(1 \pm \gamma)}{2(2 + K\varepsilon(1 \mp \gamma)}.$$

10. Deduza a relação da tensão de saída pela tensão de excitação para as configurações da Figura 10.52.

Resposta:

$$e_o = \frac{E}{2} - \frac{ER(1 \pm K\varepsilon)}{R(1 \pm K\varepsilon) + R(1 \mp K\varepsilon)}$$

$$\frac{e_o}{E} = \frac{1}{2} - \frac{R(1 \pm K\varepsilon)}{2R} = \frac{R - R(1 \pm K\varepsilon)}{2R} =$$

$$\frac{e_o}{E} = \pm \frac{K\varepsilon}{2}.$$

11. Verifique se a célula de carga da Figura 10.57 é insensível a momento deduzindo as equações necessárias.

Resposta:

A direção principal das grades dos extensômetros 1 e 3 está alinhada com o eixo axial da célula, enquanto os extensômetros 2 e 4 estão na direção transversal.

No repouso a ponte está equilibrada e a saída $e_o = 0$.

Consideremos agora a aplicação de um momento, aplicado por meio de uma força na extremidade da face onde está fixado o extensômetro 1. Podemos considerar os extensômetros 2 e 4 insensíveis a este esforço. No entanto, verifica-se que o extensômetro 1 sofre um alongamento enquanto o extensômetro 3 sofre uma compressão.

A tensão no centro da ponte pode ser calculada como

$$e_o = \frac{ER(1 - K\varepsilon) - ER}{R(1 - K\varepsilon) + R}$$

$$\frac{e_o}{E} = \frac{K\varepsilon}{2 - K\varepsilon}.$$

Ou seja, a tensão $e_o \neq 0$ e, por isso, a configuração não é insensível ao momento.

12. Deduza as equações provando que a célula de carga da Figura 10.63 não é sensível a momentos.

Resposta: Consideremos a da Figura 10.63 (e) e (f) ligada conforme a ponte mostrada na Figura 10.64.

Verifica-se nessas figuras que os extensômetros 1 e 2 sofrem tração enquanto os extensômetros 3 e 4 sofrem compressão.

Procedendo com o cálculo da tensão no centro da ponte, temos

$$e_o = \frac{ER(1 - K\varepsilon) - ER(1 - K\varepsilon)}{R(1 + K\varepsilon) + R(1 - K\varepsilon)}.$$

$$e_o = 0,$$

ou seja, a ponte está equilibrada e, consequentemente, ocorre a compensação do momento.

13. Analise a estrutura da Figura 10.72 (a) considerando que a mesma tenha apenas dois extensômetros. Um para medir tração e outro para medir compressão. Deduza as equações de saída da ponte.

Resposta:

A ligação em meia ponte é indicada para esse caso:

$$e_o = \frac{ER(1 \mp K\varepsilon) - ER}{2R}$$

$$\frac{e_o}{E} = \frac{\mp K\varepsilon}{2}.$$

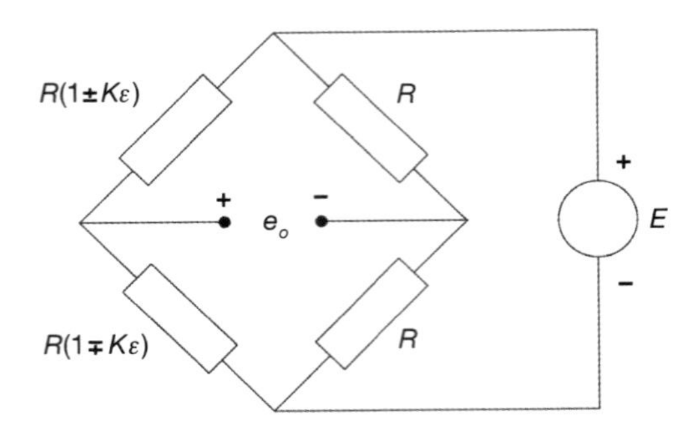

FIGURA 10.116 Resposta do Exercício 13.

Enquanto o extensômetro que sofre tração tem um aumento em sua resistência, o extensômetro que sofre compressão diminui sua resistência elétrica.

14. Deduza as tensões de saída para o circuito da Figura 10.76.

Resposta:

Nesse circuito observa-se a presença das resistências (parasitas) dos cabos. Considerando que a ponte é composta por $R_1 = R_2 = R_3 = R_4 = R$:

$$e_o = \frac{E}{2} - \frac{ER}{2R + 2R_{\text{cabos}}}$$

$$\frac{e_o}{E} = \frac{(2R + 2R_{\text{cabos}}) - 2R}{2(2R + 2R_{\text{cabos}})} = \frac{R_{\text{cabos}}}{2R + 2R_{\text{cabos}}}.$$

Verifique se, caso $R_{\text{cabos}} = 0$, a ponte estaria balanceada.

15. Aplique o método dos três fios no circuito da Figura 10.76 e recalcule a sua saída.

Resposta:

O método dos três fios pode ser visto na Figura 10.77. Consideremos a letra b. Observe que a inclusão do terceiro cabo fez com que os resistores (na condição de ponte balanceada e sem carga) $R_3 = R_2 = R + R_{\text{cabos}}$.

Com isso, observa-se que o braço da ponte formado por R_1 e R_4 e o braço formado por R_2 e R_3 estão em equilíbrio:

$$\frac{R_1}{R_4} = \frac{R_2}{R_3}$$

e isso garante que $e_o = 0$.

16. Mostre que o erro relativo de R_3 do método dos três fios na ponte resistiva da Figura 10.77(a) é $\varepsilon_{\text{erro}} = \frac{R_{\text{fio}}}{R_3}\left(1 - \frac{R_4}{R_1}\right)$.

Resposta:

Considerando a resistência do fio, temos, no equilíbrio da ponte,

$$(R_3^* + R_f)R_1 = (R_2 + R_f)R_4$$

$$R_3^* = (R_2 + R_f)\frac{R_4}{R_1} - R_f$$

Idealmente (com a resistência do fio nula), para a condição de equilíbrio, teríamos

$$R_1 R_3 = R_2 R_4$$

$$R_3 = \frac{R_2 R_4}{R_1}.$$

Definindo o erro relativo,

$$\varepsilon_{erro} = \frac{R_3 - R_3^*}{R_3}$$

$$\varepsilon_{erro}R_3 = \frac{R_2R_4}{R_1} - (R_2 + R_f)\frac{R_4}{R_1} + R_f$$

$$\varepsilon_{erro}R_3 = \frac{R_2R_4}{R_1} - \frac{R_2R_4}{R_1} - R_f\frac{R_4}{R_1} + R_f$$

$$\varepsilon_{erro} = \frac{R_f}{R_3}\left(1 - \frac{R_4}{R_1}\right).$$

17. Deduza as perdas de compensação em temperatura devido às influências dos cabos na ponte de Wheatstone.

Resposta: Dedução feita no decorrer do capítulo. Veja texto associado à Figura 10.89.

18. Analise uma ponte em configuração de um quarto, meia e completa do ponto de vista de linearidade e sensibilidade.

Resposta: A Figura 10.85 mostra a ponte nessas configurações. Pode-se observar nessa figura que as configurações em um quarto de ponte e em meia ponte com os extensômetros ativos em braços opostos não são lineares, enquanto a configuração em ponte completa e meia ponte, com extensômetros no mesmo braço tem saída linear.

Na Seção "Sensibilidade e Linearidade" também foi mostrado que a configuração em ponte completa é mais sensível que a configuração em meia ponte e que a configuração em meia ponte é mais sensível que a configuração em um quarto de ponte.

19. Uma dada célula construída com extensômetros de resistência elétrica de 350 Ω utiliza uma ponte completa, aparentemente danificada. O amplificador e a fonte alimentação são desconectados (terminais 1 e 2 da fonte e terminais 3 e 4 para a saída do sinal). Depois de medida a resistência entre dois terminais obtêm-se:

entre os terminais 1 e 2: 700 Ω, entre os terminais 1 e 3: 350 Ω, entre os terminais 1 e 4: 350 Ω, entre os terminais 2 e 3: 350 Ω, entre os terminais 2 e 4: 1050 Ω, entre os terminais 3 e 4: 700 Ω.

Todas as medições foram realizadas com as conexões abertas com relação ao par não medido. Determine o extensômetro danificado e o provável problema.

Resposta:

O extensômetro entre os terminais 2 e 4 está aberto. Isso pode ser verificado observando os valores a serem medidos em uma ponte completa com extensômetros de 350 Ω: entre os terminais 1 e 2, igualmente entre os terminais 3 e 4 deveríamos medir 350 Ω : *Req* = (350 + 350)//(350 + 350). E entre os pares de terminais 1 e 3, 1 e 4, 2 e 3, 2 e 4 deveríamos medir 233,3 Ω: : *Req* = (350 + 350 + 350)//(350).

20. Deduza a expressão das tensões de saída das configurações 10.102 e 10.103.

Resposta:

Considerando todos os amplificadores operacionais ideais, temos

10.102 a):

$$v^+ = \frac{V_B}{2}$$

$$v^+ = v^-$$

$$\frac{V_B/2 - v^+}{R} = \frac{v^+ - V_{out}}{R + \Delta R}$$

$$\frac{V_B - v^+}{R} = \frac{v^+ - V_{out}}{R + \Delta R}$$

$$\frac{V_B}{2R} = \frac{\frac{V_B}{2} - V_{out}}{R + \Delta R}$$

$$\frac{R}{2R} + \frac{\Delta R}{2R} = \frac{1}{2} - \frac{V_{out}}{V_B}$$

$$V_{out} = -V_B\frac{\Delta R}{2R}.$$

10.102 b):

No OPAMP da esquerda temos uma configuração inversora:

$$V_{o1} = -V_B\left(1 + \frac{\Delta R}{R}\right)$$

No OPAMP da direita temos uma configuração não inversora com ganho $\left(1 + \frac{R_2}{R_1}\right)$:

Dessa forma, basta calcular o valor da tensão na entrada não inversora e multiplicar pelo ganho:

$$V_{out} = \left(V_{o1} + \frac{V_B - V_{o1}}{2}\right)\left(1 + \frac{R_2}{R_1}\right)$$

$$V_{out} = \left(\frac{V_B}{2} + \frac{V_B\left(1 + \frac{\Delta R}{R}\right)}{2} - V_B\left(1 + \frac{\Delta R}{R}\right)\right)\left(1 + \frac{R_2}{R_1}\right)$$

$$V_{out} = \left(\frac{V_B}{2} - \frac{V_B\left(1 + \frac{\Delta R}{R}\right)}{2}\right)\left(1 + \frac{R_2}{R_1}\right)$$

$$V_{out} = -V_B\frac{\Delta R}{2R}\left(1 + \frac{R_2}{R_1}\right).$$

10.103 a):

Configuração diferencial:

$$\frac{V_B - \frac{V_BR}{2R + \Delta R}}{R} = \frac{\frac{V_BR}{2R + \Delta R} - V_o}{R + \Delta R}$$

$$\frac{V_B - \frac{V_BR}{2R + \Delta R}}{R} = \frac{\frac{V_BR}{2R + \Delta R} - V_o}{R + \Delta R}$$

$$V_o = \frac{-V_B + \frac{V_BR}{2R + \Delta R}}{R}(R + \Delta R) + \frac{V_BR}{2R + \Delta R}$$

$$V_o = \frac{-V_B(R + \Delta R)}{R} + \frac{V_B(R + \Delta R)}{2R + \Delta R} + \frac{V_BR}{2R + \Delta R}$$

$$V_o = \frac{-V_B(R + \Delta R)}{R} + \frac{V_B(2R + \Delta R)}{2R + \Delta R}$$

$$V_o = -V_B - \frac{V_B\Delta R}{R} + V_B$$

$$V_o = -\frac{V_B\Delta R}{R}.$$

10.103 b):

$$V_o = \left[\frac{I_B}{2}R - \frac{I_B}{2}(R + \Delta R)\right] \times G$$

$$V_o = -G\frac{I_B}{2}(\Delta R).$$

21. Considere as mesmas condições da situação do circuito da Figura 10.104 e recalcule a variação de tensão para um cabo de 50 m para uma variação de 10 °C.

Resposta:

$$l = 50 \text{ m}; \Delta T = 10 \text{ °C}.$$

Em cada cabo temos:

$$R_c = 50 \text{ m} \times 0{,}346 \ \Omega/\text{m}$$

$$R_c = 17{,}3 \ \Omega$$

e com a variação de temperatura:

$$\Delta R = 17{,}3 \times 0{,}00385 \times 10 = 0{,}67$$

Uma resistência de 34,6 Ω é necessária para cancelar o efeito da resistência dos cabos (veja a Figura 10.104 $R_{comp} = 34{,}6\ \Omega$).

Mesmo assim, com a variação de temperatura ocorrerá uma variação da tensão V_o (considerando a célula de carga em repouso):

$$V_o = 10\left[\frac{350 + 34{,}6 + 1{,}34}{700 + 34{,}6 + 1{,}34} - \frac{350 + 34{,}6}{700 + 34{,}6}\right] = 0{,}0087 \ V.$$

Conclusão: Mesmo com uma resistência de compensação, devido à variação de 10 °C, teremos uma variação de até 8,7 mV na saída da ponte.

Problemas para você resolver

1. Calcule a sensibilidade de um sensor capacitivo, o qual possui seu princípio de funcionamento baseado na variação das placas: a) com geometria quadrada e b) com geometria cilíndrica.

2. A resposta dos FSRs é não linear, como se pode observar na Figura 10.17. Baseado nesta figura, calcule uma curva exponencial que melhor se ajuste aos pontos fornecidos e avalie os maiores erros dentro das faixas estabelecidas.

3. Determine as deformações principais, ε_P e ε_Q e o ângulo do eixo principal para uma roseta delta de três elementos como a da Figura 10.35. Considere as deformações individuais de cada sensor medidas:

$$\varepsilon_1 = \varepsilon; \varepsilon_2 = -0{,}15\varepsilon; \varepsilon_3 = -0{,}15\varepsilon$$

4. Quais seriam os valores medidos na roseta do exercício anterior com o ângulo de fixação deslocado de +30°?

5. Calcule as tensões principais do Problema 3. Considere $E = 73$ GPa e $\gamma = 0{,}32$.

6. Deduza a relação da tensão de saída pela tensão de excitação para as configurações da Figura 10.53.

7. Deduza a relação da tensão de saída pela tensão de excitação para as configurações da Figura 10.54.

8. Deduza a relação da tensão de saída pela tensão de excitação para as configurações da Figura 10.55.

9. Deduza a relação da tensão de saída pela tensão de excitação para as configurações da Figura 10.56.

10. Deduza as equações para a célula de carga do tipo viga engastada, como mostrado na Figura 10.59(a), para uma configuração de quatro extensômetros ligados conforme a Figura 10.59(b).

11. Analise a estrutura da Figura 10.67, invertendo a posição dos extensômetros de resistência elétrica. Os sensores que estão na parte superior devem ir para a inferior, e vice-versa.

12. Analise a estrutura da Figura 10.73 e deduza as equações que relacionam a tensão elétrica na saída da ponte com as deformações dos extensômetros.

13. As configurações em um quarto, um meio e ponte completa têm compensação automática da variação de temperatura? Justifique a resposta mostrando os cálculos se necessário.

14. Deduza as tensões de saída para as configurações da Figura 10.86.

15. Calcule a tensão de saída do amplificador operacional para o circuito da Figura 10.100.

16. Explique o funcionamento do amplificador da Figura 10.111 e calcule a relação da tensão de saída com o sinal de desbalanço da célula de carga.

■ BIBLIOGRAFIA

AD7730 Data Sheet, Analog Devices, disponível em http://www.analog.com.

Application Note AN-683, *Strain Gauge Measurement Using an AC Excitation.* Analog Devices, disponível em http://www.analog.com.

ASTM Standard E251, Part III. *Standard test method for performance characteristics of bonded resistance strain gauges.*

AVRIL, J. *L'Effet Latéral des Jauges Électriques*. GAMAC Conference. April 25, 1967.

BAUMBERGER, R. e HINES, F. *Practical reduction formulas for use on bonded wire strain gauges in two dimensional stress fields. Proceedings of the Society for Experimental Stress Analysis* II: N°. 1, 113-127, 1944.

BORCHARDT, I. G. e ZARO, M. A. *Extensômetros de resistência elétrica*. Editora da Universidade, UFRGS, 1982, pp. 50-51.

BOSSART, K. J. e BREWER, G. A., *A Graphical method of rosette analysis. Proceedings of the society for experimental stress analysis* IV: N°. 1, 1–8, 1946.

BURDEA, G. *Force and touch feedback for virtual reality*. New York, NY: Wiley, 1996.

CAMPBELL, W. R. *Performance tests of wire strain gauges: iv axial and transverse sensitivities*. NACA TN1042, 1946.

CAUDURO, C. R. *Uma metodologia para auxílio ao projeto mecânico de transdutores extensométricos*. Universidade Federal do Rio Grande do Sul — PPGEMM, 1992.

DOEBELIN, E. O. *Measurement systems applications and design*, 4ª ed., McGraw-Hill, 1990.

FRADEN, J. *Handbook of modern sensors*, 2ª ed., New York, NY: Springer-Verlag, 1996.

GERTZ, L.C. e ZARO, M. A. *Célula de carga bidimensional para medição de força aplicada em tecla de computador*. Revista Brasileira de Biomecânica, São Paulo, ano 5, n. 9, p. 59-66, 2005.

GU, W. M. *A Simplified method for eliminating error of transverse sensitivity of strain gauge. Experimental Mechanics* 22: Nº. 1, 16-18, January 1982.

INTERACTIVE GUIDE TO STRAIN MEASUREMENT TECHNOLOGY. Vishay measurement group – Disponível em http://www. vishay.com/brands/measurements_group/guide/guide.htm.

INTERLINK ELECTRONICS, 2005, *FSR Integration Guide & Evaluation Parts Catalog* (http://www.interlinkelec.com/documents/users-guides/fsrguide.pdf), Company brochure, Camarillo, CA, 26 pp.

KESTER, W. (ed.) *Amplifier applications guide*, Section 2, 3, Analog Devices, Inc., 1992.

KESTER, W. (ed.) *System applications guide*, Section 1, 6, Analog Devices, Inc., 1993.

KYOWA, 1998. *Strain Gauges, a complete lineup of high performance strain gauges and accessories*, Cat. nº. 102b-U1.

LYWOOD, D. W.; EYKEN, A. e McPHERSON, J. M. *Small, triaxial force plate, medical & biological engineering & computing*, 25, 1987. pp. 698-701.

MEASUREMENTS GROUP – *Tech notes, errors due wheatstone bridge nonlinearity*, 1980.

MEIER, J. H. *The effect of transverse sensitivity of SR-4 gauges used as rosettes. handbook of experimental stress analysis*. M. Hetenyi (ed.). John Wiley & Sons, pp. 1950, 407-411.

MEIER, J. H. *On the transverse-strain sensitivity of foil gauges. Experimental Mechanics* 1: 39-40, July 1961.

MEYER, M. L. *A Unified rational analysis for gauge factor and cross-sensitivity of electric-resistance strain gauges. Journal of Strain Analysis* 2: Nº. 4, 324-331, 1967.

MEYER, M. L. *A Simple estimate for the effect of cross sensitivity on evaluated strain-gauge measurement. Experimental Mechanics* 7: 476-480, November 1967.

MURRAY, W. M e. Stein, P. K *Strain Gauge Techniques*. Massachusetts Institute of Technology, Cambridge, Massachusetts, pp. 1959. 56-81.

NASUDEVAN, M. *Note on the effect of cross-sensitivity in the determination of stress*. STRAIN 7: No. 2, 74-75, April 1971.

POPOV, E. P. *Introdução à mecânica dos sólidos*, Edgar Blücher, 1978, pp. 57-64.

PALLAS, R. e WEBSTER, J.G. *Sensors and signal conditioning*. New York: John Wiley, 1991.

SHEINGOLD, D. (ed.). *Transducer interfacing handbook*. Analog Devices, Inc., 1980.

STARR, J. E. *Some untold chapters in the story of the metal film strain gauges. Strain Gauge Readings* 3: No. 5, 31, December 1960-January 1961.

THE PRESSURE, STRAIN, AND FORCE HANDBOOK, Vol. 29, *Omega engineering, one omega drive*, P.O. Box 4047, Stamford CT, 06907-0047, 1995 (http://www.omega.com).

THE FLOW AND LEVEL HANDBOOK, Vol. 29. *Omega engineering, one omega drive*, P.O. Box 4047, Stamford CT, 06907-0047, 1995 (http://www.omega.com).

TOMPKINS, J. W. e WEBSTER, J. G,. *Interfacing sensors to the IBM PC*. Prentice Hall,1998.

TRIETLEY, H. L. *Transducers in mechanical and electronic design marcel dekker*, Inc., 1986.

WEBSTER, J. G. *Measurement, instrumentation and sensors handbook*. CRC Press, 1999.

WU, T. *Transverse sensitivity of bonded strain gauges. Experimental Mechanics* 2: 338-344, November 1962.

CAPÍTULO 11

Medição de Deslocamento, Posição, Velocidade, Aceleração e Vibração

Alexandre Balbinot, Rafael Antônio Comparsi Laranja e Valner João Brusamarello

Este capítulo apresenta a família de sensores destinados à medição de deslocamento, posição, velocidade, aceleração e vibração. Na maioria das aplicações industriais, a caracterização da posição ou do deslocamento de determinada peça em um processo é de extrema importância, como, por exemplo, na detecção da parada de um recipiente, em uma esteira automática, para envasamento de determinado líquido (tinta, refrigerante, entre outros).

Determinar o deslocamento, a velocidade ou a aceleração de objetos é uma constante em diversas aplicações, seja no setor veicular, industrial ou na engenharia biomédica, como, por exemplo, na caracterização de movimentos de membros do corpo humano. Diversos métodos podem ser empregados para medição de deslocamentos lineares (x) ou angulares (θ), velocidades lineares (v) ou angulares (ω) e acelerações lineares (a) ou angulares (α). Na maioria dos sistemas experimentais, a medição de deslocamento ou aceleração é realizada diretamente com um sensor adequado, ao passo que a velocidade é às vezes obtida pela integração do sinal de aceleração. As definições de velocidade, $\left(v = {dx}/{dt},\ \omega = {d\theta}/{dt}\right)$ e aceleração $\left(a = {dv}/{dt} = {d^2x}/{dt^2},\ \alpha = {d\omega}/{dt} = {d^2\theta}/{dt^2}\right)$ sugerem que, com a medida de uma delas, a outra pode ser determinada pela integração ou diferenciação do sinal adquirido pelo sistema experimental.

Outro parâmetro essencial, em diversas atividades do dia a dia, principalmente na indústria, é a medição de vibrações com o objetivo de atenuá-las e, assim, evitar desgastes e folgas prematuras em peças. No setor de saúde, as vibrações têm despertado grande interesse no desenvolvimento de máquinas manuais e no projeto de veículos, principalmente assentos e sistema de suspensão, com o fim de minimizar os efeitos que provocam danos à saúde, desconforto e fadiga.

11.1 Medição de Deslocamento

11.1.1 *Transdutores potenciométricos*

Os obstáculos impostos ao movimento eletrônico, tais como dispersões e colisões, são representados por uma propriedade mensurável denominada resistência elétrica R. Para uma tensão elétrica em volts [V], a resistência R em ohms [Ω] é definida por

$$R = \frac{V}{i}.$$

Essa definição indica que, quando se aplica uma diferença de potencial (V) entre os extremos de um resistor (R), uma corrente (i) circulará. Essa relação é conhecida como a Lei de Ohm:

$$V = R \times i$$

Como a resistência está relacionada com o fluxo de corrente, espera-se que também dependa da geometria do sólido (Figura 11.1); portanto, pode ser representada por

$$R = \rho \times \frac{L}{A},$$

sendo ρ a resistividade de um sólido [$\Omega \times$ m], L o comprimento em metros [m] e A a área da secção [m^2]. Essa expressão é interessante, pois o parâmetro ρ é independente da geometria do sólido (alguns valores de resistividade são fornecidos na Tabela 11.1). Tal relação mostra que a resistência de um condutor é diretamente proporcional ao seu comprimento e inversamente proporcional à sua área.

De acordo com a Tabela 11.1, percebe-se que a resistividade (ρ) pode variar significativamente, indicando sua importância na condução de corrente em diferentes sólidos. O parâmetro

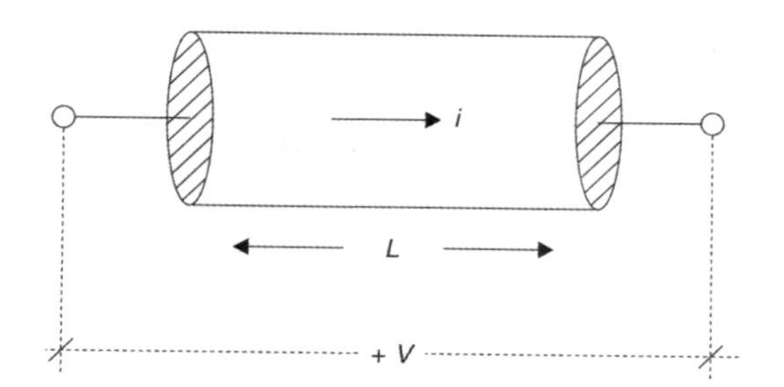

FIGURA 11.1 Dimensões físicas de um sólido qualquer.

TABELA 11.1 Valores típicos de resistividade de um metal, semicondutor e isolante

Material	Metal	Semicondutor	Isolante
	Al	Si	SiO_2
$\rho[\Omega \times m]$	$2{,}7 \times 10^{-8}$	$2{,}3 \times 10^{3}$	10^{12}

que indica a efetividade da condução de corrente é a condutividade $(\sigma)\left[S/_{m}\right]$:

$$\sigma = \frac{1}{\rho}.$$

A resistividade varia com a temperatura (T) conforme a relação empírica:

$$\rho - \rho_o = \alpha \times \rho_o(T - T_o),$$

sendo ρ_0 a resistividade medida à temperatura T_0, ρ a resistividade medida à temperatura T e α o coeficiente de variação da resistividade com a temperatura do material.

Sensores baseados na variação da resistência elétrica de um dispositivo são muito comuns, pois muitas quantidades físicas afetam a resistência elétrica de um material. Destacam-se, nesta família, os seguintes sensores:

- potenciômetros: a posição de um cursor altera a resistência elétrica;
- extensômetros: a deformação linear altera a resistência elétrica (assunto abordado no Capítulo 10);
- termorresistores: a temperatura altera a resistência elétrica (assunto abordado no Volume I, Capítulo 6 desta obra);
- fotorresitores: a intensidade luminosa altera a resistência elétrica (veja o Capítulo 9);
- magnetorresistores: o campo magnético altera a resistência elétrica (veja o Capítulo 8).

Os **transdutores potenciométricos** variam sua resistência em resposta à posição de um cursor, cuja função de transferência determina que a resistência é diretamente proporcional ao comprimento do condutor. Um potenciômetro é um dispositivo resistivo com um contato linear ou rotacional (Figura 11.2), cuja resistência elétrica entre o contato e o botão terminal é dada por

$$R = \frac{\rho}{A}x = \frac{\rho \times l}{A} \times \alpha$$

sendo ρ a resistividade, A a área da seção, l o comprimento, x a distância percorrida pelo botão terminal e a correspondente fração do comprimento.

Portanto, em um potenciômetro, a resistência é diretamente proporcional à movimentação do cursor, considerando-se os seguintes pressupostos ideais:

- a resistência é uniforme ao longo do comprimento l; caso contrário, limita a linearidade do potenciômetro;
- a manipulação ou movimentação do botão cursor fornece uma variação suave na resistência; sendo assim, apresenta resolução infinita (evidentemente no uso de elementos reais a resolução é finita e a resistência não é uniforme).

Além disso, com o passar do tempo e com o uso do dispositivo, ocorrem mudanças indesejáveis nas características do potenciômetro devido a fatores ambientais, principalmente a temperatura.

Com essas considerações, $R = \frac{\rho}{A}x = \frac{\rho \times l}{A} \times \alpha$ é válida somente se a resistência for alterada uniformemente com a temperatura. Fricção e inércia do botão cursor também limitam a validade do modelo matemático, pois adicionam carga mecânica ao sistema, exigindo bons contatos para serem desconsideradas; além disso, vibrações podem danificar o contato (existem diversos modelos com diferentes comprimentos e, sendo assim, com diferentes frequências de ressonância).

Cabe observar que o ruído pode aumentar em função da presença de poeira, umidade, oxidação e desgaste, que limitam a resolução do dispositivo. Mesmo com essas limitações, o potenciômetro pode ser caracterizado como um dispositivo simples, robusto, barato e que possibilita alta tensão com boa precisão (existem potenciômetros utilizados em equipamentos biomédicos de custo considerável).

São vários os tipos de potenciômetros existentes, como, por exemplo, os de filme de carbono (adicionado ao plástico

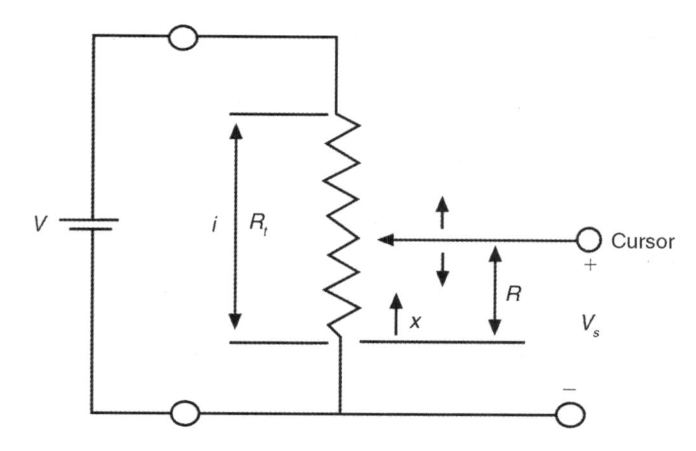

FIGURA 11.2 Potenciômetro linear ideal como divisor de tensão.

TABELA 11.2 Especificações básicas para potenciômetros lineares e rotacionais

Parâmetro	Linear	Rotacional
Faixa de entrada	2 mm a 8 m	1 a 60 voltas
Linearidade	de 0,002 % a 0,1 % do fundo de escala	
Resolução	50 μm	2° a 0,2°
Frequência máxima	3 Hz	
Potência	0,1 W a 50 W	
Resistência típica	20 Ω a 220 kΩ	
Coeficiente de temperatura	$20 \times 10^{-6}/°C$ a $1000 \times 10^{-6}/°C$	
Durabilidade	Até 10^8 ciclos	

ou a metais nobres), que normalmente apresentam alta resolução, longa durabilidade e custo moderado (apresentam alto coeficiente de variação da resistividade com a temperatura). Os potenciômetros cerâmicos, com metais do tipo níquel-cromo, níquel-cobre e metais preciosos, apresentam alta indutância, alta resolução e coeficiente de temperatura baixo. Outros potenciômetros apresentam, na sua configuração, metais preciosos nos contatos, melhorando o desempenho elétrico e a durabilidade, porém a um custo elevado. Para alta dissipação de potência e alta resolução, o elemento resistivo de certos modelos é baseado em partículas de metais preciosos em uma base de cerâmica (técnica de deposição). Os modelos comerciais aceitam movimentos lineares e rotacionais (uma ou mais voltas em unidades helicoidais). Para complementar esta discussão e ilustrar algumas especificações importantes, analise a Tabela 11.2.

A tensão de saída (V_s) do potenciômetro é dependente da tensão de alimentação e da posição do botão cursor; sendo assim, a razão entre a tensão de saída e a tensão de alimentação depende somente da posição do cursor.

Para medir o deslocamento, uma parte do potenciômetro precisa ser fixada direta ou indiretamente ao sistema de interesse. A Figura 11.3 ilustra alguns mecanismos que podem ser utilizados para transmitir o deslocamento ao potenciômetro, e a Figura 11.4 traz fotos de diversos mecanismos auxiliares (engrenagens, correias, entre outros) encontrados no mercado.

Resumidamente, um transdutor potenciométrico é alimentado por uma fonte de tensão, e seu contato móvel é interligado, de forma direta ou indireta, ao objeto em movimento. É importante ressaltar que a função de transferência experimental pode apresentar desvios de sua linearidade devido à não uniformidade física e geométrica da resistência ao longo do comprimento do potenciômetro. Idealmente é condicionado como um divisor de tensão (Figura 11.5), mas um circuito condicionador completo normalmente utiliza uma fonte de referência e um seguidor de tensão (veja a Figura 11.6). No exemplo da Figura 11.6 foi utilizado um regulador do tipo *shunt* programável, por exemplo, o TL431. Esse circuito pode ser adaptado para o uso de um CI de referência de precisão (por exemplo, as referências de tensão REF01A, REF02A, AD584, entre outros) ou por um amplificador de instrumentação contendo internamente uma referência de tensão de precisão, como, por exemplo, o INA125 ou outro similar.

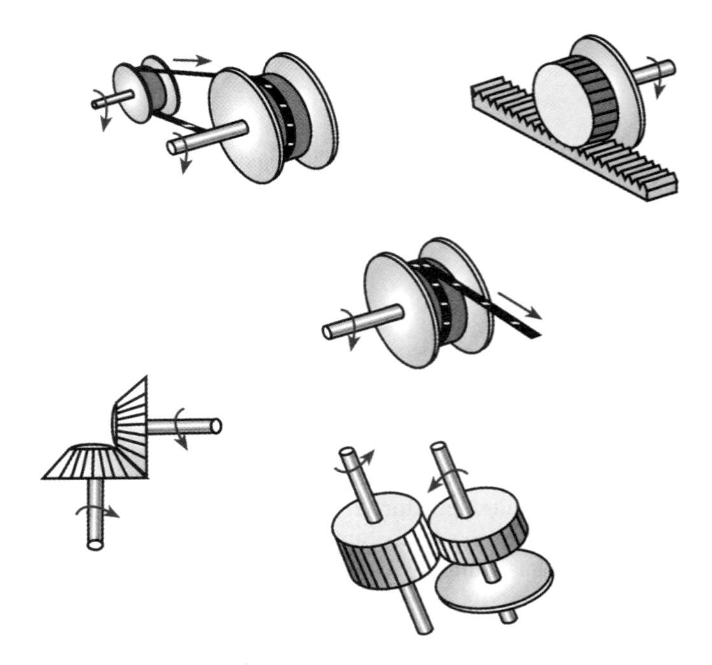

FIGURA 11.3 Mecanismos que podem ser utilizados para transmitir o deslocamento ao potenciômetro.

11.1.2 Sensores capacitivos e sensores indutivos

Os sensores sem contato destacam-se, pois podem monitorar ou medir pequenas partes frágeis sem contato físico (veja o Capítulo 8, Efeitos Físicos Aplicados em Sensores). Um sensor capacitivo ou indutivo consiste em uma sonda ou dispositivo físico que gera um campo eletromagnético e um *driver* ou circuito eletrônico que gera uma tensão elétrica de saída proporcional ao fenômeno medido (muitas sondas apresentam o *driver* integrado).

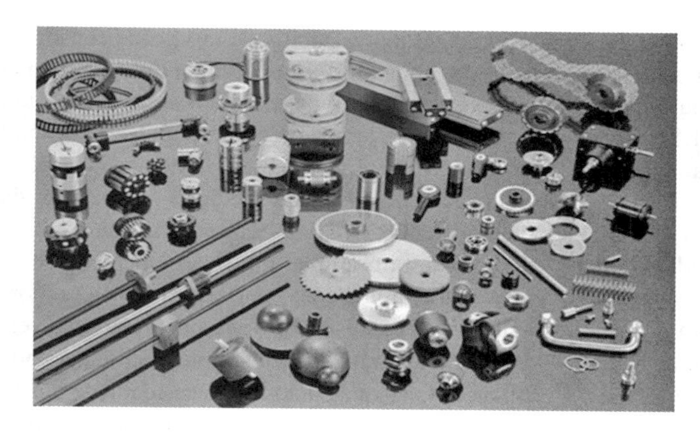

FIGURA 11.4 Fotos de mecanismos que podem ser utilizados para transmitir o deslocamento ao potenciômetro. (Cortesia de W.M.Berg, Inc.)

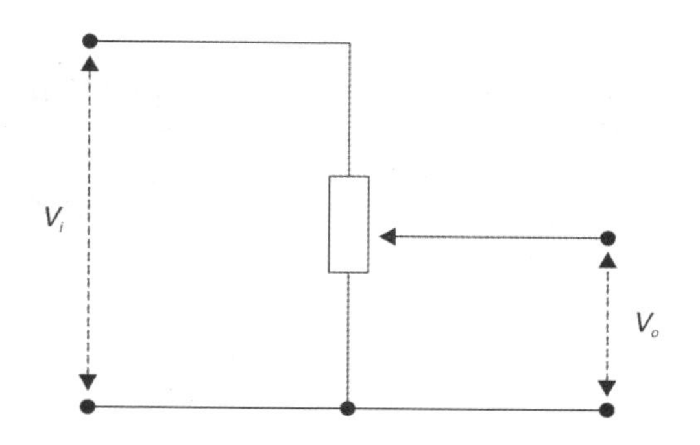

FIGURA 11.5 Potenciômetro como um divisor de tensão.

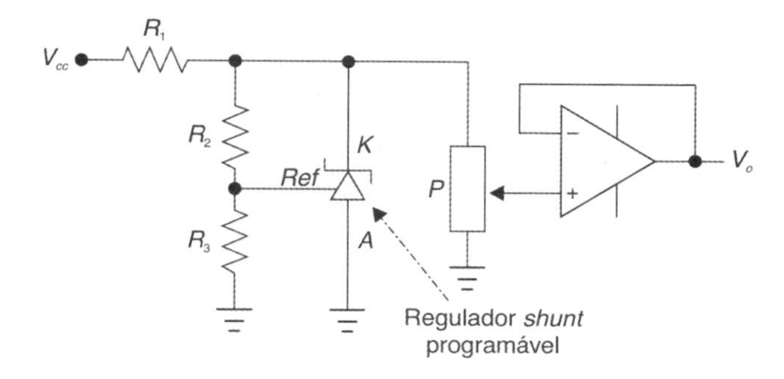

FIGURA 11.6 Condicionador para um potenciômetro (*P*) com referência de tensão e um seguidor de tensão.

Sensores capacitivos

Os sensores capacitivos podem medir uma variedade de movimentos, composições químicas, campo elétrico e, indiretamente, outras variáveis que possam ser convertidas em movimento ou constante dielétrica, tais como pressão, aceleração, nível e composição de fluidos. Como exemplo, podem-se citar algumas aplicações:

- detecção de um veículo e sua velocidade;
- implementação de acelerômetros e sensores de pressão;
- reconhecimento de digitais em sistemas de segurança (área denominada biometria);
- medição do percentual de água em óleos processados em refinarias;
- medição da quantidade de água em grãos armazenados;
- medição de nível em reservatórios, detectando alterações na capacitância entre placas condutoras imersas;
- avaliação do espaçamento, uma vez que, se um objeto metálico está próximo de um eletrodo capacitivo, a capacitância mútua é sensível à distância entre eles.

Os sensores de deslocamento capacitivo geralmente são utilizados para medir faixas de 10 μm a 10 mm. São sensíveis ao material encontrado no *gap* (normalmente o ar) entre o sensor e o objeto medido. Por essa razão, sensores capacitivos não são indicados para ambientes sujos que possam envolver dispersão de fluidos e/ou partículas metálicas e/ou de poeira.

Portanto, um capacitor (Figura 11.7) pode ser formado pela sonda, que representa uma das placas do capacitor, e pelo objeto a ser medido, que representa a outra placa do capacitor.

Sensores capacitivos detectam mudanças na capacitância entre o sensor e o objeto, pela criação de um campo elétrico alternado entre o sensor e o objeto. A capacitância é afetada pela dimensão da sonda, pela superfície do objeto, pela distância entre eles e pelo material que forma o *gap*.

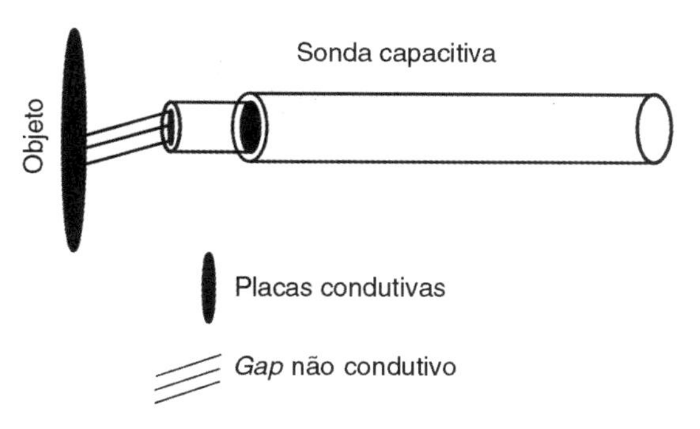

FIGURA 11.7 Esboço de um sensor capacitivo: o sensor é uma das placas do capacitor, e o objeto a ser medido é a outra placa.

Cabe observar que, na maioria das aplicações, a dimensão do sensor e do objeto não é alterada, e sim a distância entre eles. Sendo assim, a capacitância é um indicador da dimensão do *gap* ou da posição do objeto. As Figuras 11.8 e 11.9 apresentam diversas configurações de sondas capacitivas encontradas no mercado.

A Figura 11.10 apresenta algumas configurações de sensores capacitivos de deslocamento baseados na mudança da área, e na Figura 11.11 veem-se configurações de sensores capacitivos de deslocamento baseados na separação do eletrodo ou dielétrico. A configuração baseada na variação da distância entre eletrodos é a mais comum para medições de deslocamentos. A configuração baseada na variação da área é comum para medições de deslocamento na faixa de 1 cm a 10 cm. As aplicações mais comuns para sensores capacitivos são feitas em medições de deslocamento linear e rotacional.

Os detectores capacitivos, tais como sensores de proximidade, são aplicados em uma faixa duas vezes maior do que a dos sensores indutivos, e detectam não somente metais, mas também dielétricos, tais como papel, vidro, madeira e plástico. Na área de Engenharia Biomédica, sensores capacitivos podem ser utilizados na medição da pressão, da força e da aceleração. Os sensores capacitivos de variação de dielétrico encontram ampla aplicação em medições de umidade, entre outras aplicações, por serem considerados uma tecnologia de baixo custo, de funcionamento estável, que requer circuitos condicionadores simples. São adequados às muitas aplicações nas quais não há necessidade de ajustes de *offset* e de ganho. Como são sensíveis à umidade do ar, não toleram imersão ou condensação de umidade.

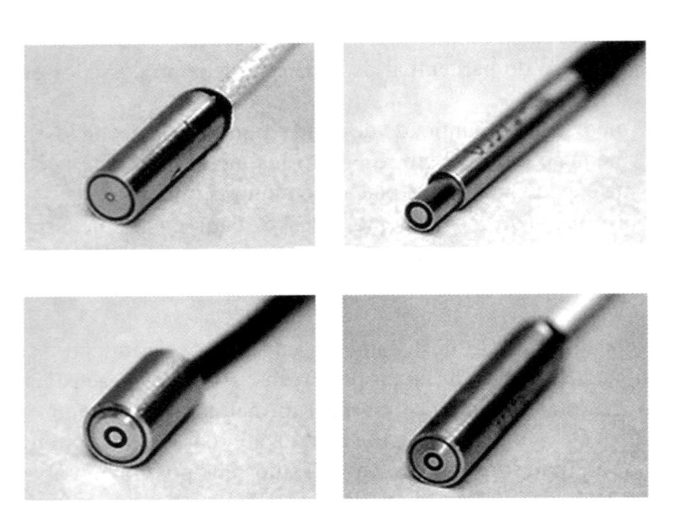

FIGURA 11.8 Diversos tipos de sondas cilíndricas capacitivas. (Cortesia de Lion Precision.)

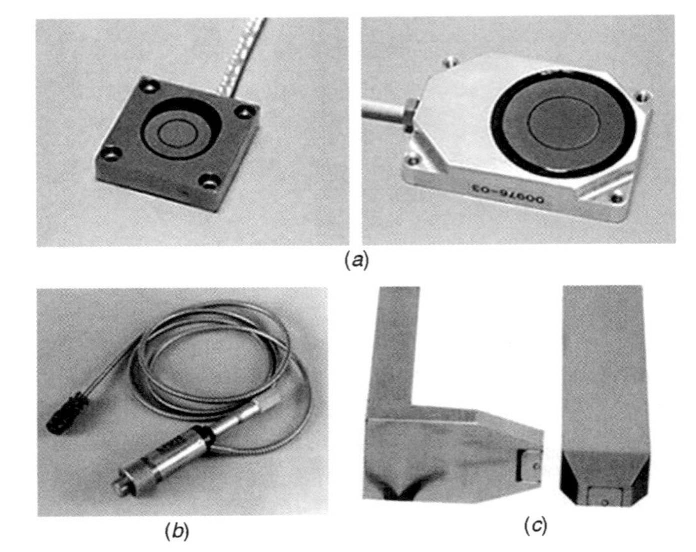

FIGURA 11.9 Sondas capacitivas: (*a*) retangular, (*b*) ajustável e (*c*) microssonda. (Cortesia de Lion Precision.)

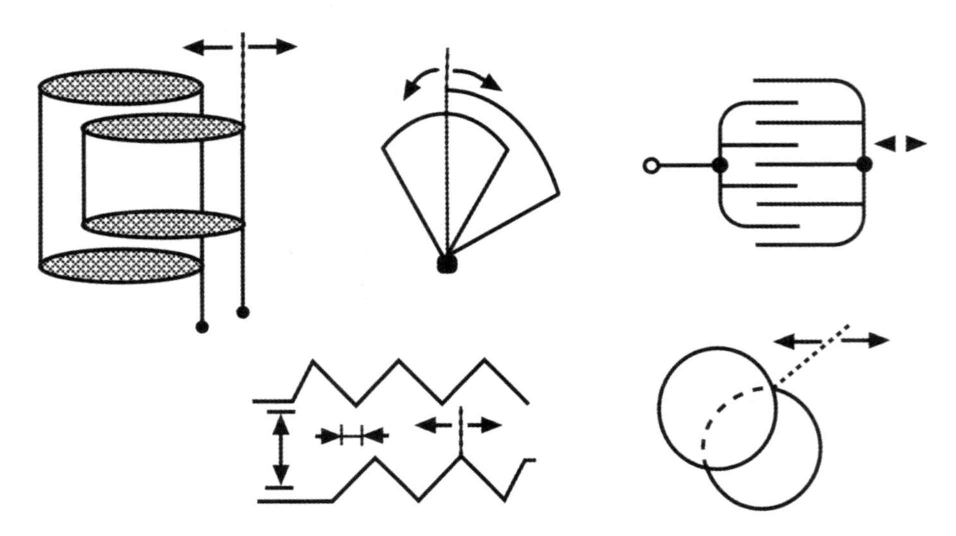

FIGURA 11.10 Configurações de sensores capacitivos de deslocamento baseados na mudança da área.

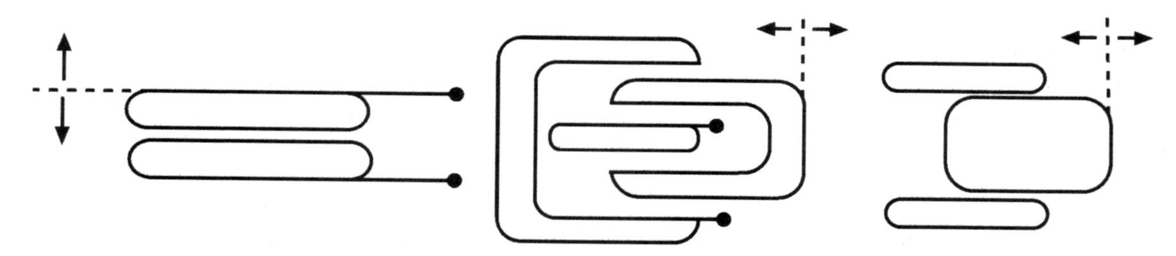

FIGURA 11.11 Configurações de sensores capacitivos de deslocamento baseados na separação do eletrodo ou dielétrico.

As geometrias mais utilizadas em sensores capacitivos são: placas simples, placas paralelas diferenciais e a cilíndrica. A Figura 11.12 mostra o esboço de cada uma dessas geometrias. As respectivas funções de transferência para essas geometrias são:

- configuração de placas paralelas simples: $C = \varepsilon A / d$
- configuração de placas paralelas diferencial: $C_1 = \varepsilon A / d - x$

  e $C_2 = \varepsilon A / d + x$ logo: $C_1 - C_2 \cong \frac{2\varepsilon A}{d^2} x$, para $x < d$
- configuração cilíndrica: $C = 2\pi\varepsilon h / in\left(r_2 / r_1\right)$

em que d representa a distância entre duas placas, x a distância de deslocamento da placa central em relação a duas placas fixas, r_1 e r_2 os raios da configuração cilíndrica, h a altura do cilindro, C a capacitância do sensor capacitivo, A a área da placa e ε a permissividade do dielétrico.

Como exemplo, podemos considerar um capacitor de placas paralelas (geometria simples) sendo utilizado nas seguintes configurações: (*a*) variação da distância entre placas, (*b*) variação da área de uma das placas do capacitor e (*c*) variação do dielétrico. A Figura 11.13 apresenta esses três exemplos.

Como exemplo, a Figura 11.14 apresenta alguns modelos de circuitos condicionadores utilizados em sensores capacitivos. De forma geral, o objetivo é transformar a variação de capacitância em uma tensão elétrica ou frequência.

O circuito da Figura 11.14(*a*) normalmente é utilizado nas configurações cuja variação é a área das placas (C_1 é o sensor, e C_2, um capacitor de referência) ou a distância entre as placas (C_1 é o capacitor de referência, e C_2, o sensor). Muitos sensores capacitivos são configurados como uma ponte, como, por exemplo, o circuito da Figura 11.14(*b*), cuja relação entre a saída e o deslocamento é linear (desconsiderando-se as capacitâncias parasitas das resistências). O circuito da Figura 11.14(*c*) apresenta um circuito oscilador RC com o sensor capacitivo no qual as variações na capacitância alteram a frequência de oscilação. Esse tipo de configuração pode ser útil se ocorrer a variação na distância entre as placas cuja frequência de oscilação será proporcional a essa distância. Também pode ser utilizado se a variação ocorrer na área das placas; nessa situação, a saída pode ser linearizada pela medição da duração dos pulsos. Esse circuito pode apresentar instabilidade devido às capacitâncias parasitas dos cabos de conexão e

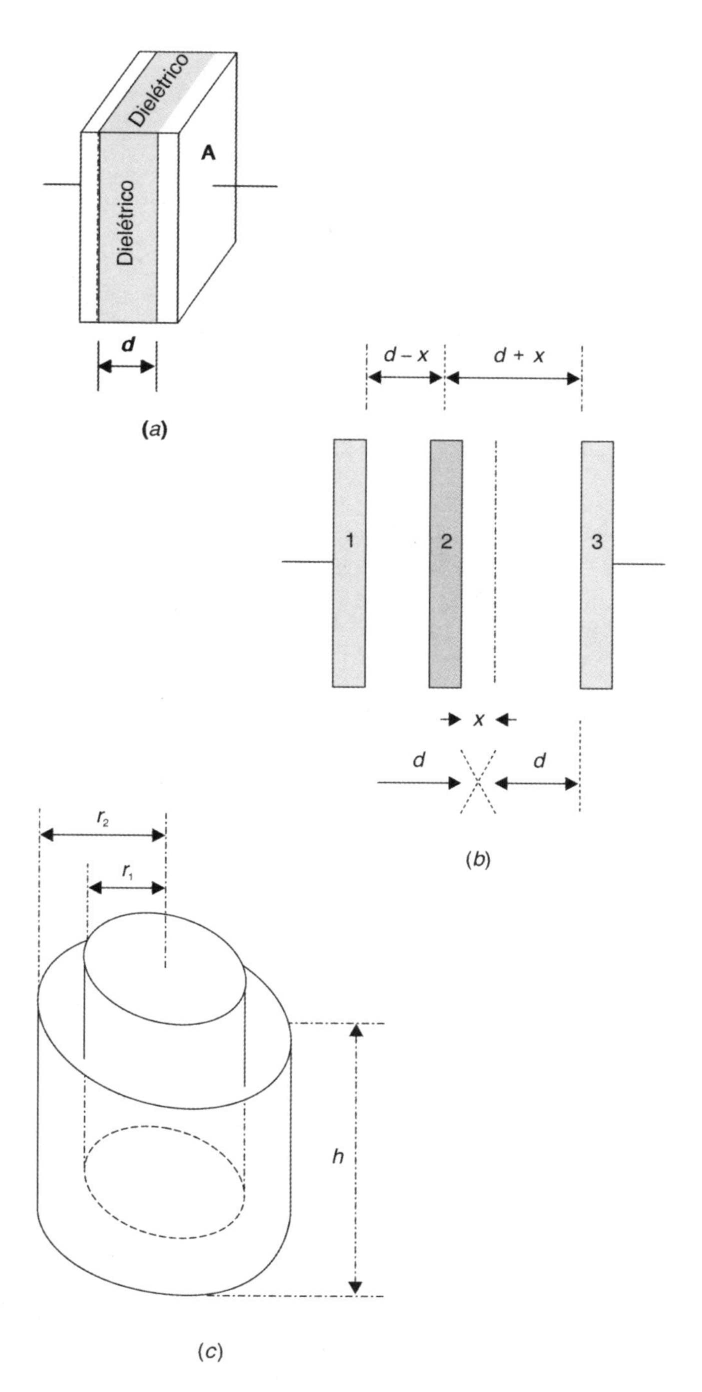

FIGURA 11.12 Típicas geometrias para sensores capacitivos: (*a*) simples, (*b*) diferencial e (*c*) cilíndrica.

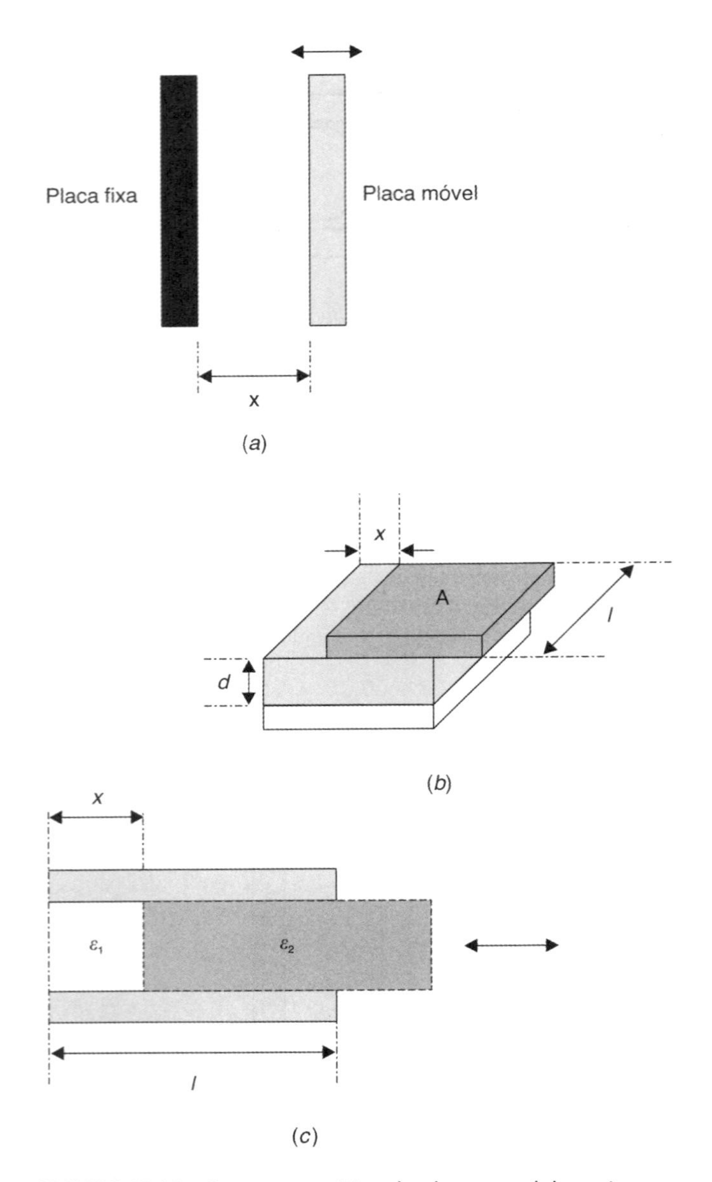

FIGURA 11.13 Sensor capacitivo de placas paralelas cuja capacitância varia em função (*a*) da variação da distância entre as placas, (*b*) da variação da área de uma das placas do capacitor e (*c*) da variação do dielétrico.

também em função do valor da resistência. Uma solução para possíveis problemas é a utilização de um demodulador síncrono [veja a Figura 11.14(*d*)], que é um circuito condicionador de maior precisão comparado aos anteriores. De forma resumida, seu funcionamento é similar ao de um retificador de onda dupla (realiza a chamada retificação em sincronismo com o sinal de excitação ou de sincronismo do circuito). Durante o primeiro semiciclo, o valor do sinal de excitação é superior a uma dada referência e o demodulador funciona como um retificador inversor. Durante o segundo semiciclo, o sinal de excitação é inferior à referência e o demodulador funciona como um seguidor de tensão, ou seja, a entrada do demodulador aparece na saída com ganho unitário. O filtro passa-baixa elimina a frequência da portadora e outros harmônicos indesejados. Resumidamente, a amplitude do sinal retificado e filtrado informa a magnitude do deslocamento e a polaridade o sentido do deslocamento. Existem diversos circuitos comerciais no mercado com o oscilador, amplificador, demodulador e filtro internos, como, por exemplo, o AD698 (desenvolvido para condicionar LVDT, mas pode ser utilizado com sensores capacitivos de placa paralela ou diferencial) da Analog Devices, o NE5521 da Philips, entre outros.

Nos últimos anos, a indústria tem apresentado crescente desenvolvimento de sensores em substrato de silício em função de algumas vantagens, como, por exemplo, maior sensibilidade, redução do tamanho do sensor e, por consequência, seu peso, redução nos custos de fabricação, maior número de aplicações, redução dos problemas derivados da temperatura, umidade, entre outras variáveis indesejadas em muitas aplicações. A lista dessa família de sensores tem apresentado crescimento e grande demanda em diversos tipos de mercados. Entre esses sensores, podem-se citar os sensores de aceleração, sensores de pressão, sensores de umidade relativa, além de outros. Tipicamente os sensores capacitivos em substrato de silício utilizam condicionadores de capacitância comutadas nos quais as resistências são substituídas por interruptores CMOS e capacitores em função da área reduzida de silício e da potência de dissipação desprezível.

Sensores indutivos

São dispositivos sem contato geralmente utilizados para medições de posição. Ao contrário dos sensores capacitivos, os indutivos podem ser imersos em líquidos e não são afetados pelo material existente entre a sonda e o objeto a ser medido (*gap*) se estes não forem condutores. São bem adaptados a ambientes hostis em que óleos e outros líquidos podem permanecer no *gap*. Porém são sensíveis ao tipo de material condutor que forma o objeto a ser medido. O cobre, o aço inoxidável e o alumínio, por exemplo, reagem diferentemente ao sensor. Portanto, para o desempenho do sistema de medição, o sensor indutivo precisa ser calibrado de acordo com o objeto a ser medido.

Considerando-se a leitura dos conceitos básicos relacionados ao **efeito indutivo** (veja o Capítulo 8), cabe observar que o campo eletromagnético de um sensor indutivo penetra no objeto. Pela passagem de uma corrente alternada através de uma bobina, o sensor indutivo gera um campo eletromagnético na extremidade da sonda. Quando o campo eletromagnético alcança o objeto a ser medido, pequenas correntes elétricas são induzidas no material (gerando seu próprio campo eletromagnético). Essas pequenas correntes reagem ao campo da sonda alterando a indutância total, de modo que circuitos eletrônicos podem medi-lo. A Figura 11.15 apresenta o esboço de um sensor indutivo e a foto de sensores disponíveis comercialmente.

Alguns sensores indutivos trabalham com materiais ferrosos e/ou não ferrosos (o ideal é que o objeto medido tenha uma área três vezes maior do que o diâmetro da sonda).

Outra característica importante é a dimensão do objeto, pois existe um valor mínimo (dependente das propriedades elétricas e magnéticas do material e da frequência de funcionamento da sonda) para o campo penetrar (veja o Capítulo 9 desta obra).

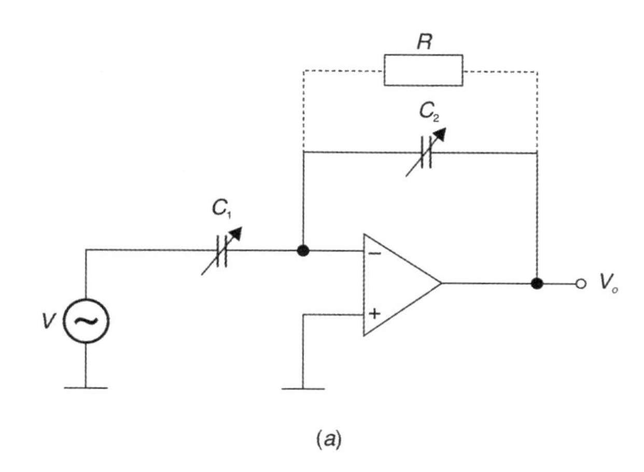

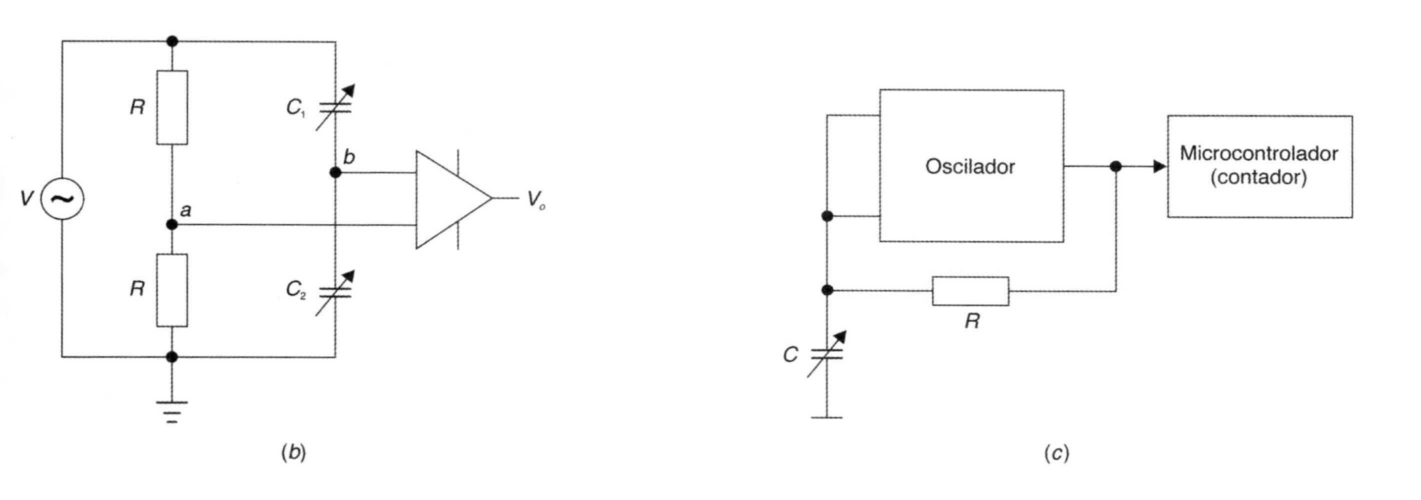

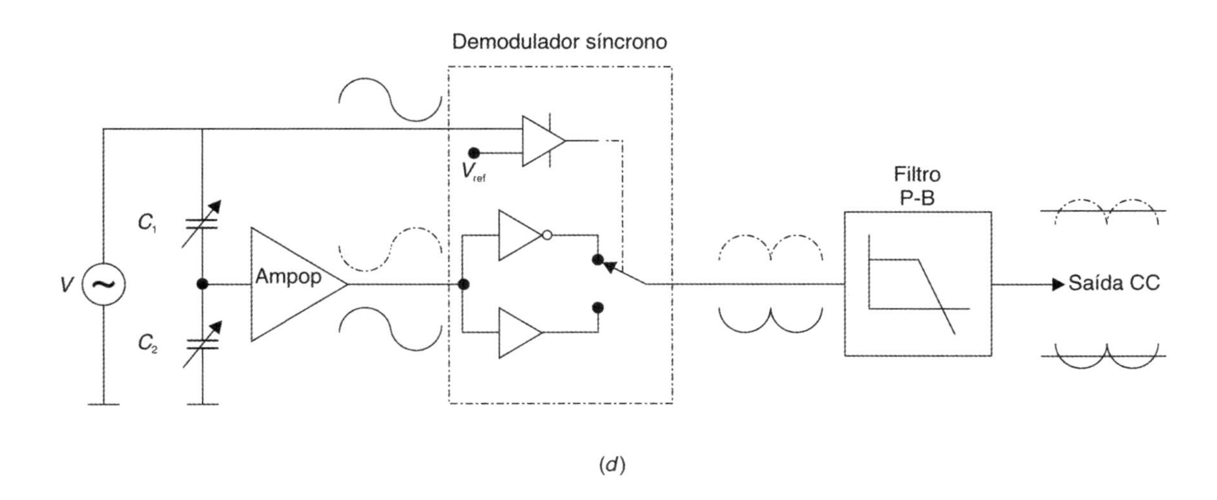

FIGURA 11.14 Típicos circuitos condicionadores para sensores capacitivos: (*a*) circuito de alternada: $V_o = -V\frac{C_1}{C_2}$, (*b*) circuito em ponte: $V_{ab} = V\left(\frac{1}{2} - \frac{C_1}{C_1 + C_2}\right)$, (*c*) sensor capacitivo como parte de um circuito oscilador: $f_{oscilador} = \frac{1}{1{,}4RC}$, e (*d*) esboço de um demodulador síncrono.

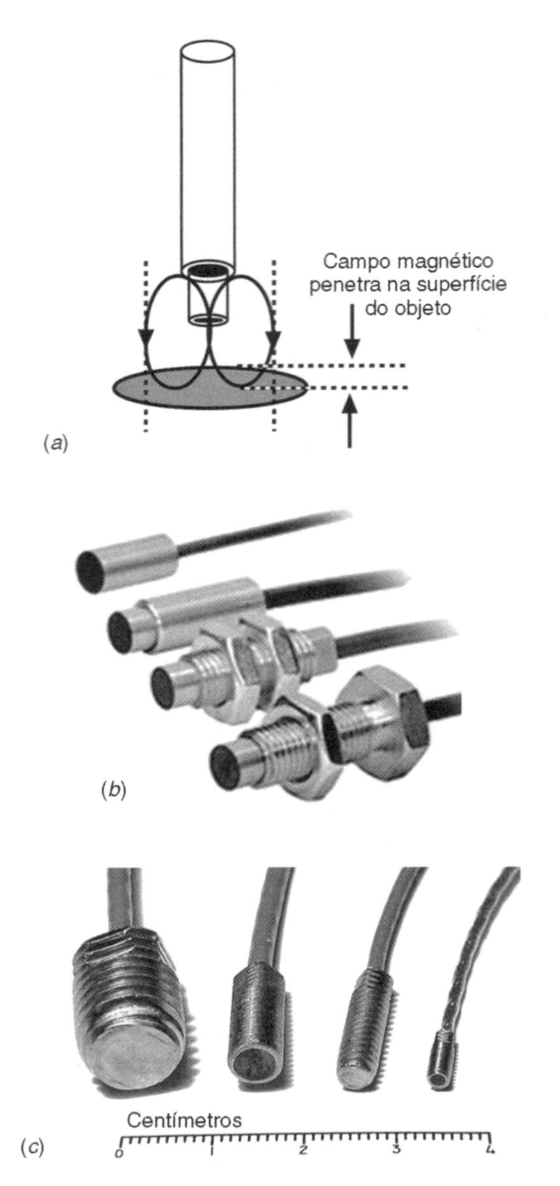

FIGURA 11.15 Sensor indutivo: (a) esboço, (*b*) e (*c*) fotos de sondas indutivas disponíveis comercialmente. (Cortesia de [item (*b*)]: Lion Precision e de [item] (*c*) LORD MicroStrain.)

Sensores de relutância variável

Qualquer variação na quantidade de espiras (N), na permeabilidade magnética do material (μ) ou na geometria (comprimento ou área), pode ser utilizada como efeito que provoca a variação de indutância na saída do transdutor. Muitos sensores indutivos são baseados na variação da relutância, e usualmente o parâmetro alterado é o deslocamento entre a sonda e o objeto (*gap*).

As Figuras 11.16 a 11.18 apresentam algumas configurações utilizadas como sensores. Na Figura 11.16, um cursor altera o número de voltas da bobina.

Na Figura 11.17, a indutância é alterada em função do deslocamento do núcleo magnético. Na Figura 11.18, a indutância é alterada em função de uma variação no *gap*. Essas ilustrações (Figuras 11.16 a 11.18) sugerem que aplicações comuns para os sensores de relutância variável são medições de deslocamento, medições de posição e detecção de proximidade para objetos metálicos. A Figura 11.19 apresenta alguns transdutores indutivos disponíveis comercialmente utilizados para determinar posição e rotação.

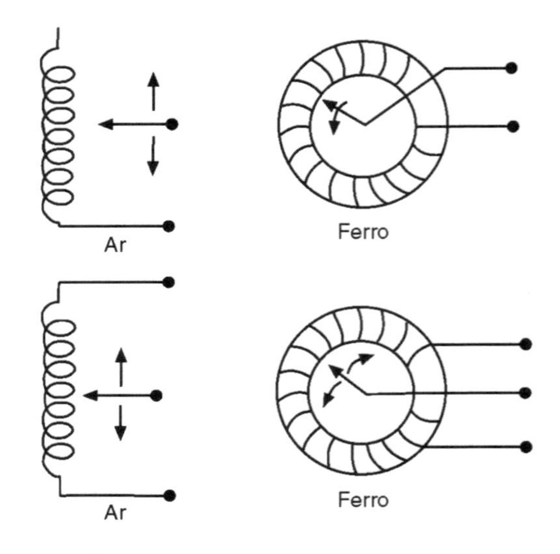

FIGURA 11.16 Diferentes configurações para sensores de relutância variável baseados na variação do número de espiras da bobina.

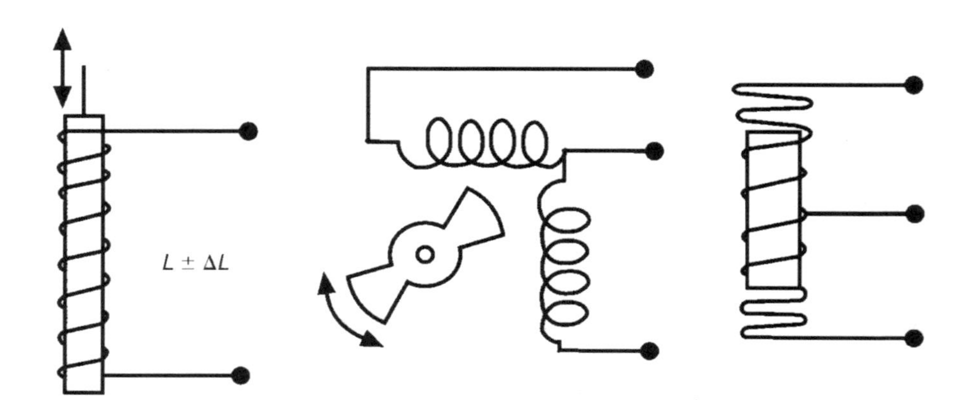

FIGURA 11.17 Diferentes configurações para sensores de relutância variável baseados no movimento do núcleo (indutância).

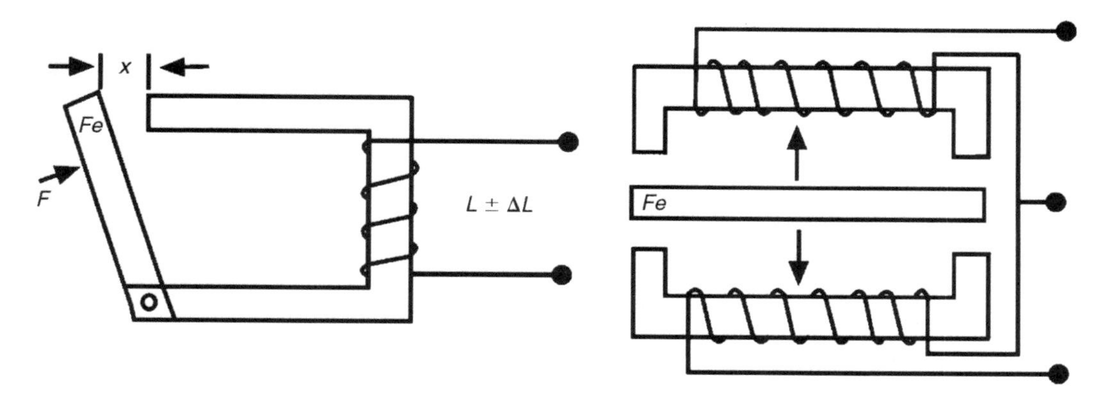

FIGURA 11.18 Diferentes configurações para sensores de relutância variável baseados na variação do *gap*.

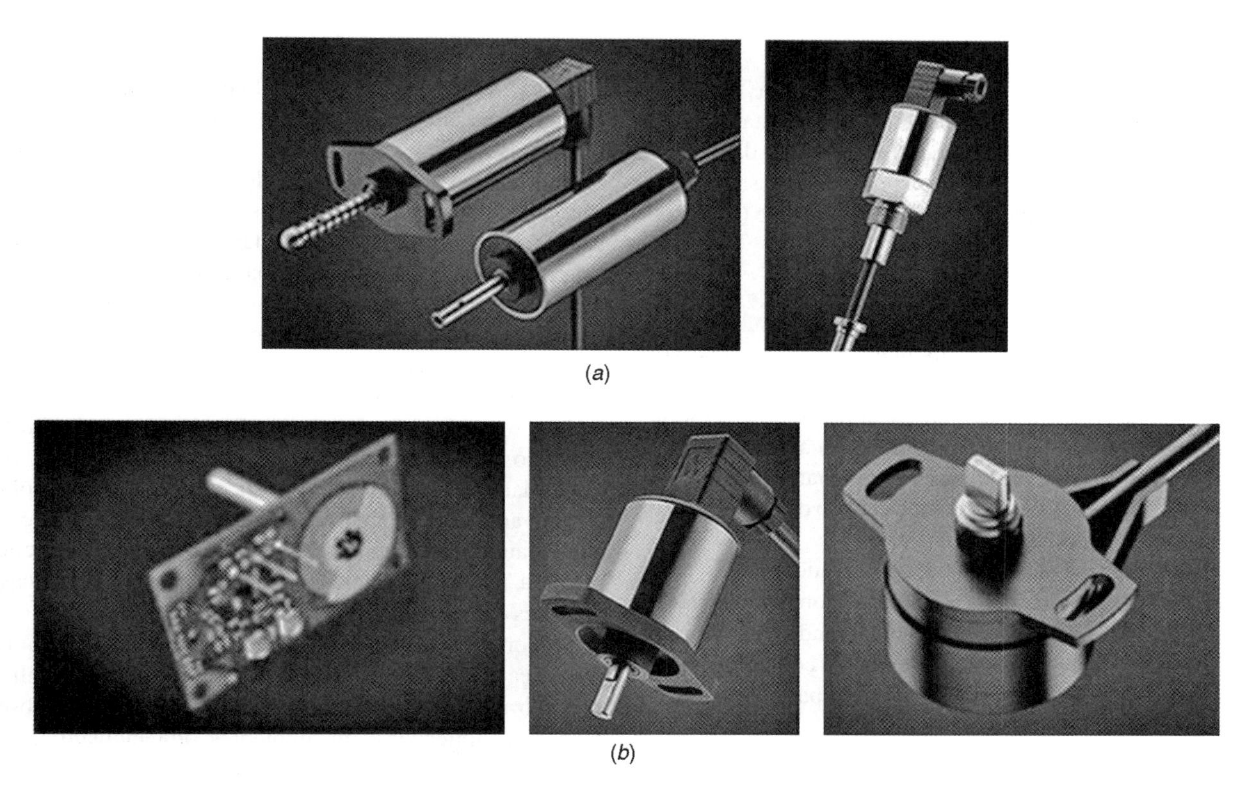

FIGURA 11.19 Transdutores indutivos para (*a*) posição e (*b*) rotação. (Cortesia de Positek.)

Circuitos de medida para típicos sensores indutivos são similares aos empregados em sensores capacitivos, como, por exemplo, medida de tensão em um sistema excitado por corrente, medida de corrente em um sistema excitado por tensão, circuitos ressonantes ou configurados como em ponte. Por exemplo, a Figura 11.20(*a*) apresenta o esboço de um sensor indutivo na configuração diferencial, ou seja, uma das bobinas aumenta a indutância e a outra a reduz. Nesse tipo de sistema é muito comum a utilização de circuitos em ponte [Figura 11.20(*b*)].

No circuito da Figura 11.20(*b*) podemos denominar que $L_1 = L_0 + \Delta L$ e $L_2 = L_0 - \Delta L$; logo,

$$L_1 + L_2 = 2L_0$$

Considerando o domínio da frequência:

$$V_B(\omega) = \frac{jV_m}{j\omega 2L_o} j\omega(L_o + \Delta L) = jV_m \frac{(L_o + \Delta L)}{2L_o}$$

$$V_A(\omega) = \frac{jV_m}{2}$$

$$V_B(\omega) - V_A(\omega) = \frac{jV_m L_o}{2L_o} + \frac{jV_m \Delta L}{2L_o} - \frac{jV_m}{2} = \frac{jV_m \Delta L}{2L_o}$$

ou no domínio do tempo:

$$V_B(t) - V_A(t) = \frac{\Delta L}{2L_o} V_m \text{sen}(\omega t)$$

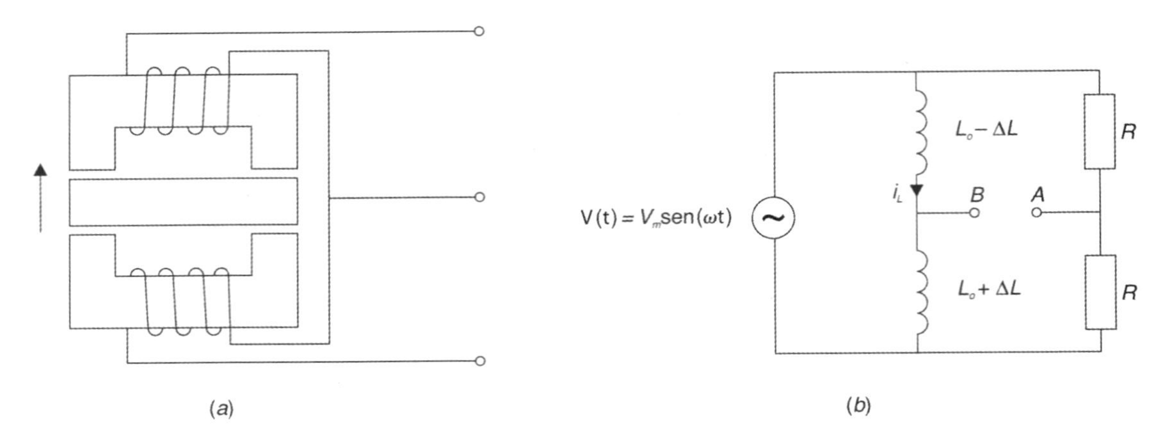

FIGURA 11.20 (*a*) Esboço de um sensor indutivo e (*b*) circuito em ponte para este sensor.

Muitas vezes, na utilização de sensores indutivos é importante a utilização de circuitos de medida que permitam detectar a direção de deslocamento baseado na detecção da fase do sinal. Uma das maneiras é medir o ângulo de defasagem em relação ao sinal de alimentação, como, por exemplo (considerar ainda o sensor e a ponte da Figura 11.20),

$$V(t) = V_m \text{sen}(\omega t);$$

quando o valor da variação da indutância ΔL for positivo, a fase do sinal da saída $V_B - V_A$ é nula, porém quando esse aumento é negativo a fase é de 180°. Um procedimento seria desenvolver um circuito que permita determinar que a saída é positiva, quando ΔL é positivo, e negativa, quando o aumento é negativo. A Figura 11.21 apresenta o esboço desse circuito e as correspondentes formas de onda.

Resumidamente, o sinal $V(t)$ é comparado com 0 para determinar o sinal quadrado V_C na saída do comparador. Esse sinal é multiplicado pelo sinal $V_B - V_A$ gerando um valor de saída V_S positivo ou negativo, dependendo da coincidência ou não das fases. V_S é filtrado pelo filtro passa-baixa gerando o sinal médio V_m.

Comparação entre sensores capacitivos e sensores indutivos

Existem diversos tipos de sensores capacitivos ou indutivos, destacando-se: por proximidade (também denominado chave de proximidade, ou chave booleana ou booliana), com saída analógica ou linear. Os sensores por proximidade são os mais comuns, fornecendo uma saída *on* ou *off* que indica quando um objeto está presente, ou não, na frente da sonda (veja o Capítulo 8). A distância necessária da sonda ao objeto, para ativar a chave de proximidade, pode ser ajustável ou fixa. As chaves de proximidade não fornecem qualquer indicação da posição real do objeto, e por isso não são indicadas para posicionamentos precisos. Os sensores com saída analógica fornecem uma tensão elétrica de saída que muda proporcionalmente com a alteração do *gap* (sonda-objeto). Esses sensores são úteis em sistemas de controle de servos.

Os sensores que têm saída linear produzem uma saída proporcional em tensão com a alteração no *gap*. São usados quando as medições de posições são críticas em aplicações de engenharia em que se necessita de precisão.

Em termos sucintos, as chaves de proximidade podem ser usadas para simplesmente detectar a presença de um objeto, sensores com saída analógica para controle simples de um processo e sensores com saída linear para medição precisa de posição, vibração ou movimento. Essa família de sensores está disponível em diversas formas e tamanhos, cabendo salientar que o tamanho físico da sonda é diretamente relacionado com a faixa de medição e *offset* do sensor. Assim como em todo sensor, características como tipo de saída, *offset*, linearidade, sensibilidade, resposta em frequência, resolução, fatores ambientais, precisão e faixa de atuação (*range*) são essenciais na escolha do dispositivo. Apenas como comparação, a Tabela 11.3 apresenta as características básicas dos sensores capacitivos e dos sensores indutivos.

Sensores indutivos e capacitivos sem contato indicam uma mudança de um estado conhecido, e por isso normalmente não são utilizados para medições absolutas. Cabe observar que, para aplicações em ambientes que incluam líquidos, lubrificantes ou outro material que possa interferir no *gap*, são indicados apenas os sensores indutivos. A seguir, são apresentadas aplicações para sensores capacitivos e para sensores indutivos.

Aplicações típicas

Posição relativa (deslocamento)

Trata-se da aplicação mais simples e típica dessa família de sensores [Figura 11.22(*a*)], cuja sonda é utilizada para monitorar a posição de um objeto. Alterações na saída indicam mudanças na posição do objeto. No uso de sensores lineares, a saída produzida é multiplicada pela sensibilidade do sensor para produzir diretamente um valor dimensional: *dimensão = saída × sensibilidade*, como, por exemplo, $1\ V \times \left(1\ \text{mm}/1\ \text{V}\right) = 1\ \text{mm}$.

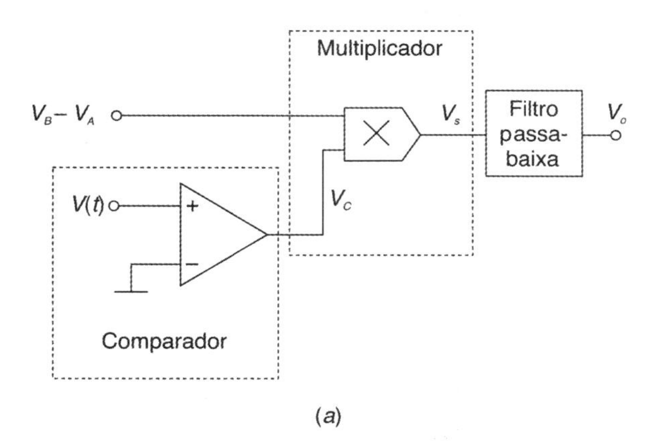

(a)

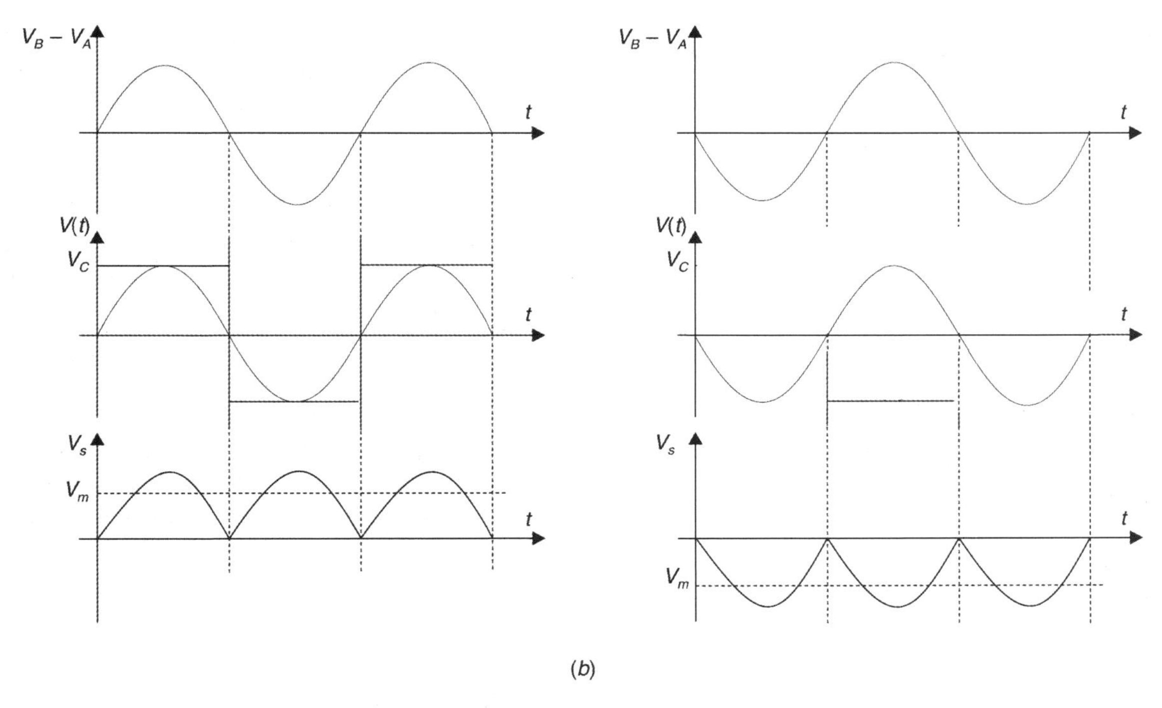

(b)

FIGURA 11.21 (*a*) Esboço do circuito detector e (*b*) formas de onda.

TABELA 11.3 Características básicas entre sensores capacitivos e indutivos

Parâmetro	Capacitivo	Indutivo
Faixa típica (mm)	de 0,01 a 10	de 0,1 a 15
Resolução (nm)	2	2
Material que forma o objeto a ser medido	Não afetado pelas diferenças de materiais. Pode ser utilizado para materiais não condutores, como, por exemplo, plásticos.	Afetado pelas diferenças de materiais; normalmente usado apenas com materiais condutores.
Material que forma o *gap*	Sensível alteração para *gap* não condutivo	Não sensível a *gap* não condutivo
Custo	Maior do que o indutivo	Menor do que o capacitivo

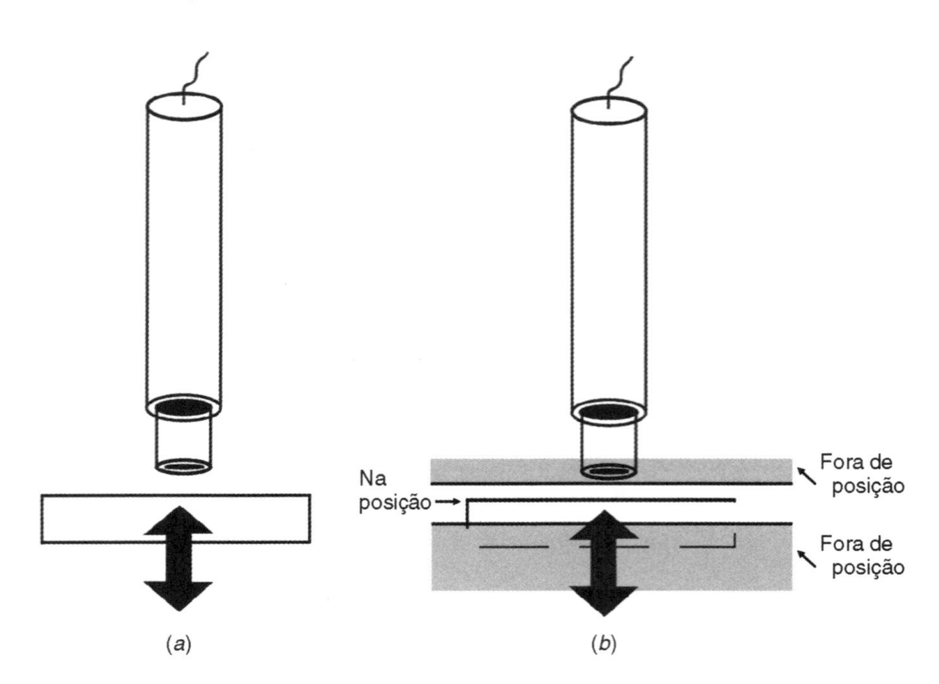

FIGURA 11.22 (*a*) Medição da posição relativa (deslocamento) e (*b*) medição de uma posição por meio de um simples sensor com duas saídas *on-off* (liga-desliga).

Posição

Aplicação específica na qual uma posição deve estar limitada a certas faixas. Normalmente são usados sensores analógicos com dois ou mais *setpoints* [Figura 11.22(*b*)].

Inspeção em linhas de produção

Diversas linhas de montagem incluem partes condutoras e partes não condutoras. Portanto, a montagem de objetos formados de peças metálicas pode ser detectada, tal como ilustra o esboço da Figura 11.23.

Vibração

Medida da posição em um dado tempo, fornecendo informações de movimento, velocidade ou aceleração do objeto (Figura 11.24).

Sistema detector da espessura de papel (contador de folhas de papel)

Os sensores capacitivos podem ser utilizados para detectar a espessura do papel ou como contador de folhas de papel em sistemas industriais. Como exemplo, a Figura 11.25 traz o esboço

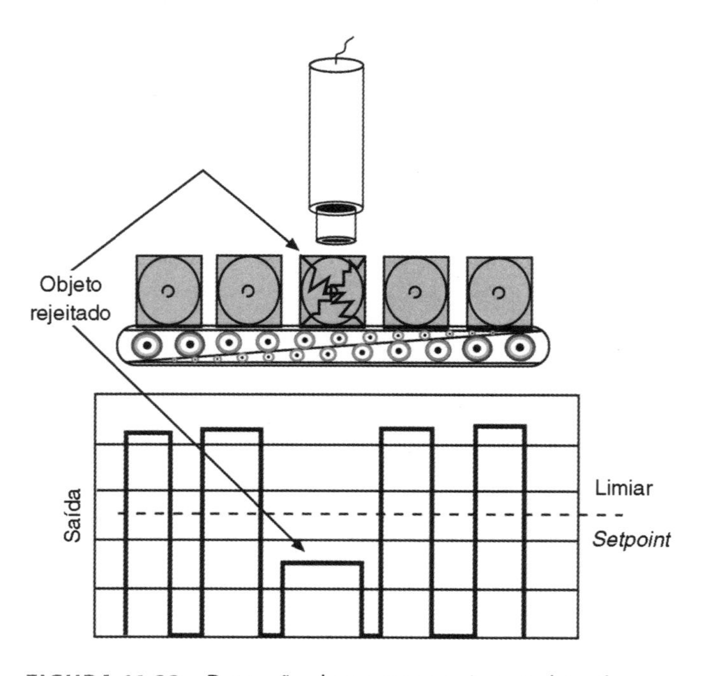

FIGURA 11.23 Detecção da montagem incompleta de uma peça em uma linha de produção.

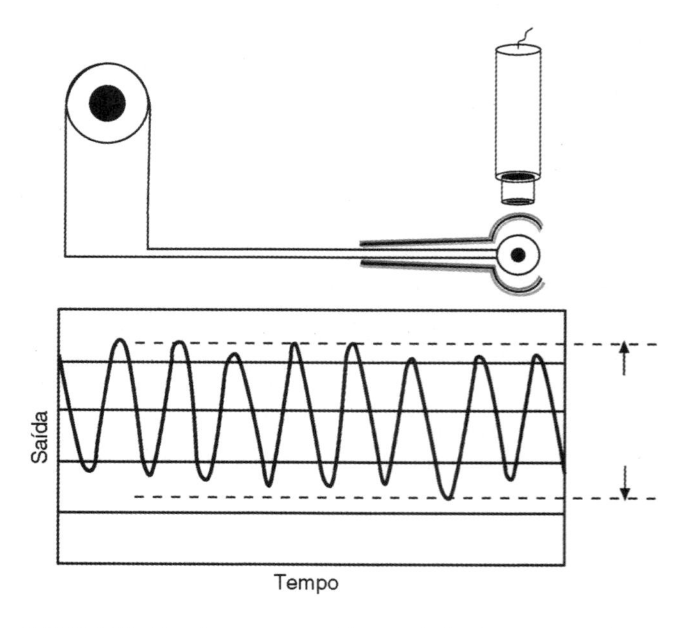

FIGURA 11.24 Sensor capacitivo ou indutivo para monitorar vibração.

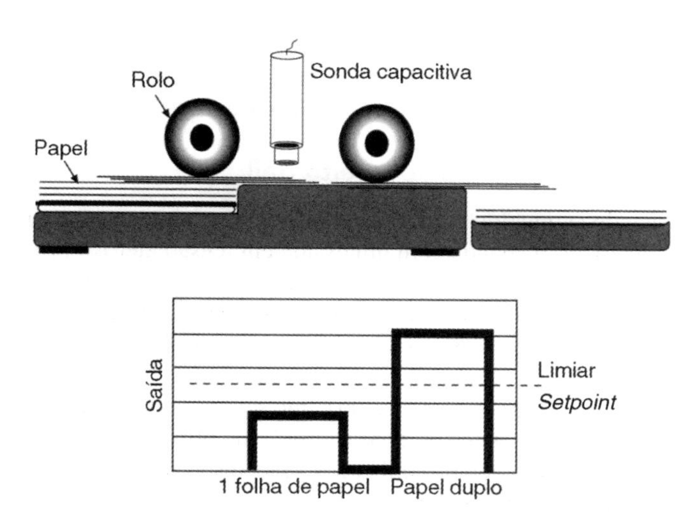

FIGURA 11.25 Sensor capacitivo detectando aumento de material no *gap*.

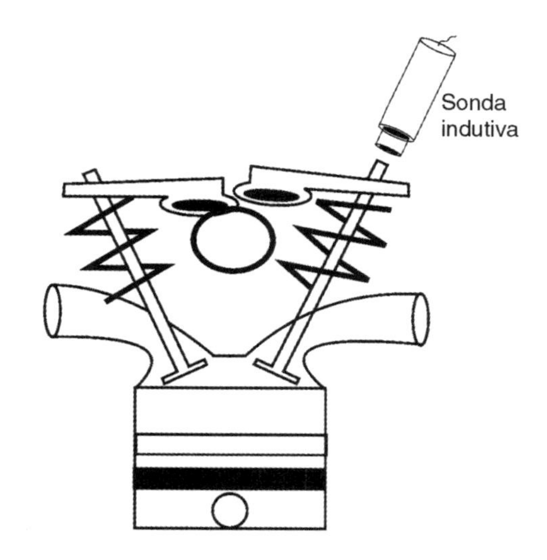

FIGURA 11.27 Sensor indutivo para monitorar o posicionamento das válvulas em um motor de combustão interna.

de uma impressora industrial cujo sensor capacitivo e cujo sistema eletrônico de indicação são utilizados para impedir a passagem de mais de uma folha de papel pelo rolo do sistema.

Rotação

Esse tipo de aplicação (Figura 11.26) normalmente encontra-se em ambiente contaminado por partículas. Para esse tipo de ambiente, são indicados os sensores indutivos, mesmo que apresentem pequenos erros em função de materiais ferrosos em rotação.

Motores de combustão interna

Sensores indutivos são adequados para testes e/ou monitoramento de motores de combustão interna, pois são imunes ao óleo (Figura 11.27).

11.1.3 Sensores diversos para posição e movimento

A detecção de posição está presente nos mais diversos ambientes, pois sensores de posição podem detectar um objeto, uma pessoa, uma substância ou o distúrbio de um campo eletromagnético. Esses dispositivos convertem, portanto, algum parâmetro físico em uma saída elétrica relacionada à posição do objeto. Dois métodos principais são utilizados para detectar a posição de um objeto: por contato ou sem contato com o objeto. Chaves limitadoras ou potenciômetros, por exemplo, envolvem contato físico com o objeto a ser detectado. Existem, porém, aplicações em que não pode haver contato, sendo utilizados sensores magnéticos, por efeito Hall, por ultrassom, fotoelétricos, entre outros.

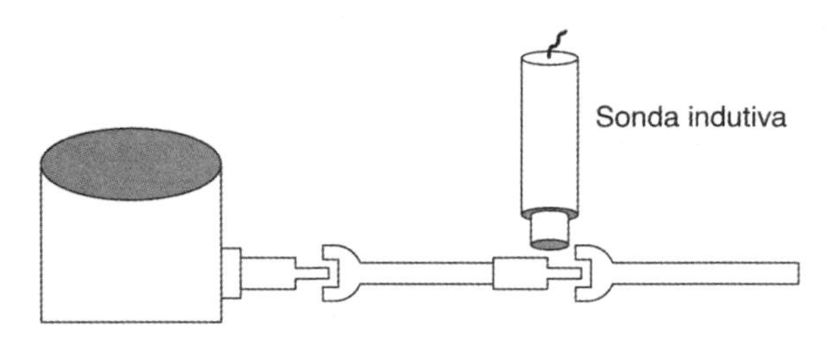

FIGURA 11.26 Sensor indutivo para medir a rotação quando o ambiente está sujo e não se necessita de boa precisão.

Chave limitadora

São dispositivos de contato eletromecânico, simples, de baixo custo e com uma variedade de tipos e tamanhos. Quando um objeto entra em contato com a chave limitadora, como, por exemplo, a ilustração da Figura 11.28, a chave aciona um sistema eletrônico para ligar, desligar ou contar a quantidade de produto, quando interligada a um sistema eletrônico apropriado.

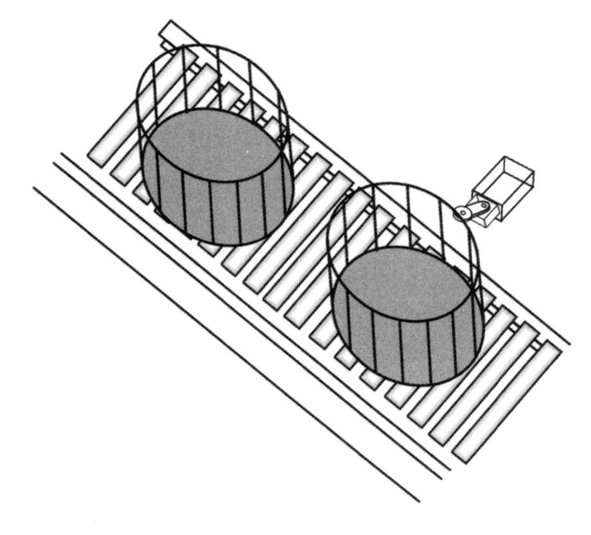

FIGURA 11.28 Exemplo de aplicação de uma chave limitadora.

A escolha do tipo de chave limitadora depende principalmente do tipo de atuador, da aplicação, do circuito eletrônico e da alimentação elétrica disponível. A Figura 11.29 traz o esboço de dois sistemas que apresentam contato com a chave limitadora.

Sensor de posição resistivo

Denominado potenciômetro ou simplesmente transdutor de posição, esse tipo de transdutor já foi discutido em outras etapas deste livro. Em geral, são utilizados como reostato ou como divisores de tensão. A grande vantagem é que são baratos e simples de operar.

Sensor de posição magnético

É possível usar as propriedades magnéticas para determinar posição detectando a presença ou a direção do campo magnético da Terra, de magnetos (ímãs), do campo gerado por uma corrente elétrica, assim como pelas atividades cerebrais. Essas propriedades podem ser medidas sem contato físico, e são utilizadas em muitas aplicações industriais, como, por exemplo, em sistemas de controle e de navegação (para mais detalhes sobre princípios físicos, consulte o Capítulo 8).

Sensor de posição por efeito Hall

Quando submetido a um campo magnético, um elemento ou sensor Hall responde com uma saída em tensão elétrica proporcional à intensidade do campo. Diversos fabricantes fornecem elementos de efeito Hall com circuito condicionador integrado (para mais detalhes sobre efeito Hall, consulte o Capítulo 8).

Esse sensor pode ser utilizado como sensor de proximidade. Em automóveis, pode detectar a posição do pistão e a abertura de vidros, entre outras utilidades. São disponibilizadas saídas digitais ou analógicas: os sensores digitais são boolianos (ligado ou desligado), e os analógicos fornecem uma saída em tensão contínua que aumenta com a intensidade do campo magnético. A Figura 11.30 ilustra o conceito de sensor de posição baseado no efeito Hall para detectar posicionamento.

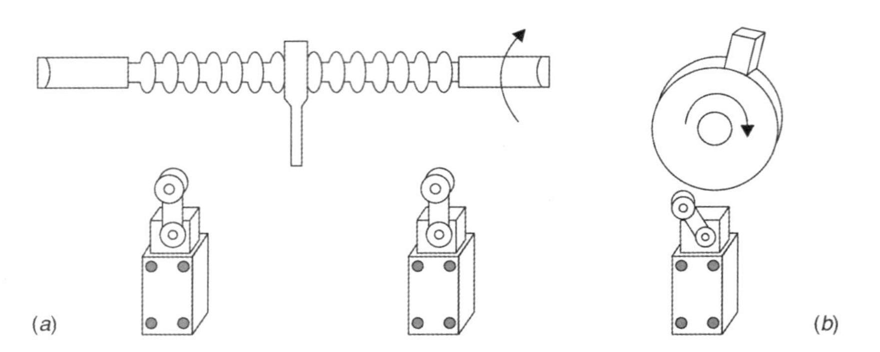

FIGURA 11.29 Exemplos de aplicações de chaves limitadoras: (*a*) movimento relativamente lento e (*b*) movimento relativamente rápido.

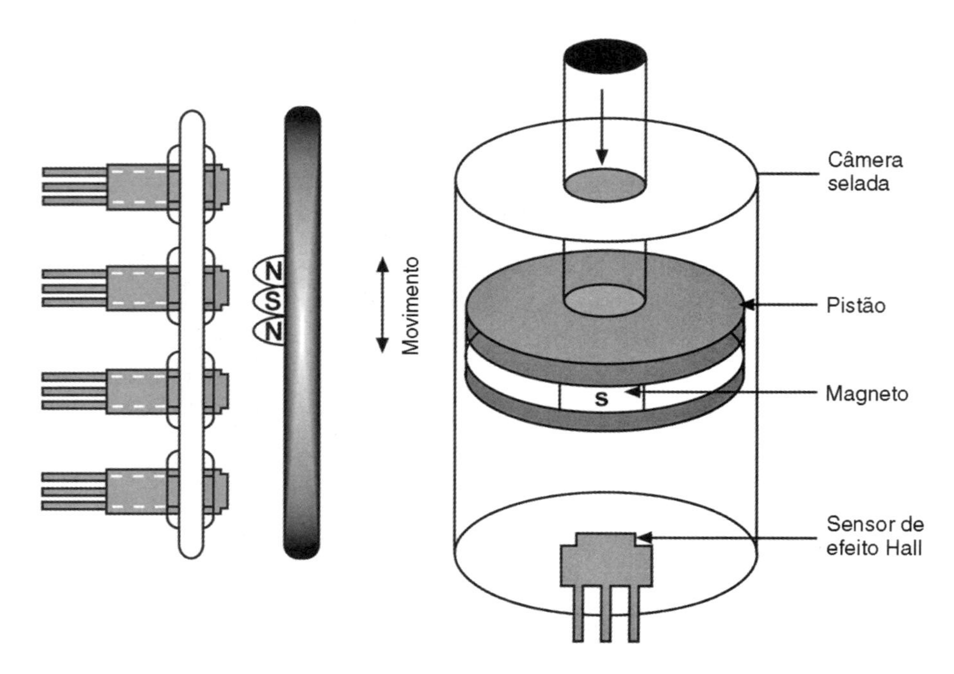

FIGURA 11.30 Sensor de efeito Hall como sensor de posição.

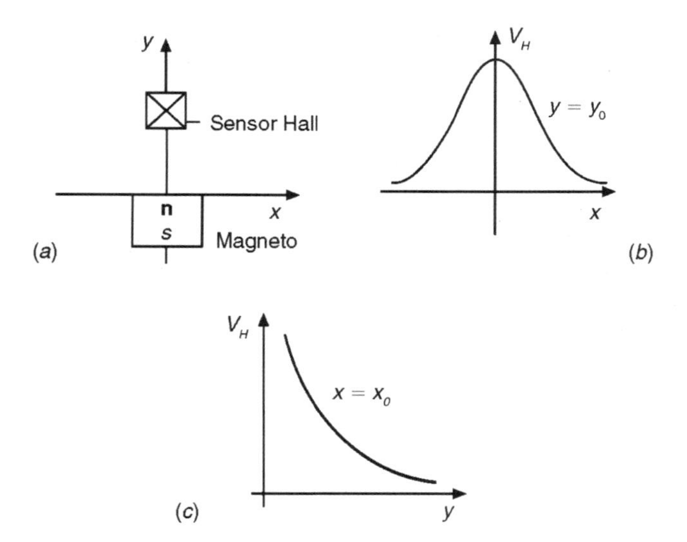

FIGURA 11.31 Sensor de efeito Hall usado como sensor de deslocamento: (*a*) configuração básica, (*b*) a tensão Hall, V_H, como função do deslocamento relativo ao longo do eixo *x*, e (*c*) a tensão Hall, V_H, como função do deslocamento relativo ao longo do eixo *y*.

Um sensor magnético pode, por efeito Hall, relacionar a informação de campo magnético com deslocamento mecânico. O princípio do transdutor de deslocamento envolvendo um sensor magnético é ilustrado na Figura 11.31, em que o transdutor consiste na combinação de um ímã permanente e um sensor magnético por efeito Hall.

O magneto, ou ímã, é acoplado ao objeto cujo deslocamento está sendo monitorado, enquanto o sensor de efeito Hall permanece estacionário. O campo magnético do ímã percebido pelo sensor depende da distância entre o ímã e o objeto monitorado.

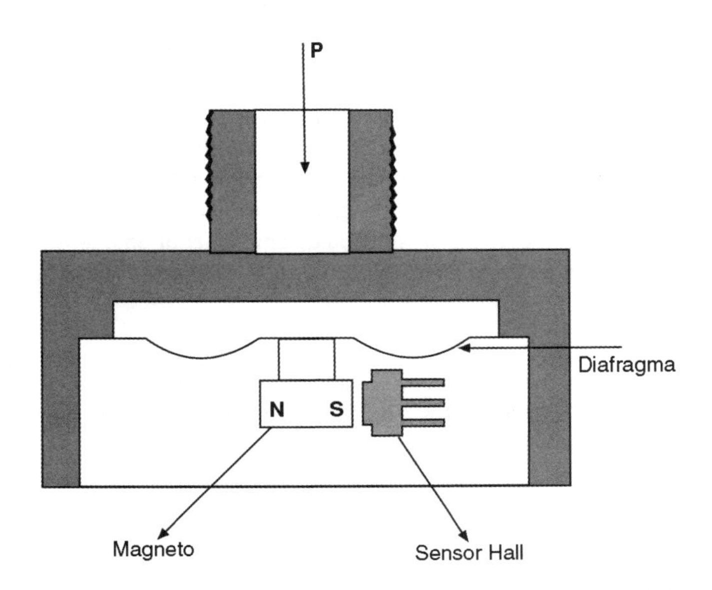

FIGURA 11.32 Transdutor de deslocamento por efeito Hall aplicado como sensor de pressão (o ímã permanente é fixo no diafragma). Quando o diafragma deflete devido a uma pressão, o sensor, por efeito Hall, detecta essa perturbação.

A Figura 11.32 apresenta uma aplicação para medição de deslocamentos na qual um transdutor de deslocamento se encontra dentro de uma câmara de pressão. Nesse arranjo, um ímã permanente é fixado a um diafragma de um sensor de pressão. Sob pressão, esse diafragma se desloca para baixo e o magneto se move em relação ao sensor de efeito Hall que está fixo. Essa pressão é então convertida em tensão Hall (V_H).

Muitos materiais podem ser utilizados como sensores de efeito Hall (InAs, Ge, GaAs e Si). Os sensores de efeito Hall podem ser integrados com um circuito condicionador em um substrato de silício. Como exemplo, pode-se desenvolver um detector de rotação com um sensor Hall, tal como ilustra a Figura 11.33.

O sensor AD22151 da Analog Devices (Figura 11.34) é um sensor de campo magnético linear, cuja saída em tensão elétrica é proporcional ao campo magnético aplicado perpendicularmente ao encapsulamento do circuito integrado. Esse circuito integrado combina um elemento Hall com circuito condicionador para minimizar os efeitos da temperatura.

Comparados aos sensores ópticos (par emissor-detector), os sensores de efeito Hall apresentam a vantagem de serem insensíveis a condições ambientais, como poeira, umidade e vibração. A Figura 11.35 mostra alguns métodos em que se utilizam sensores de efeito Hall para medições de movimento e como detectores de proximidade.

Na Figura 11.35(*a*), o movimento resulta em uma variação na distância entre um ímã permanente e o sensor. Se o sensor Hall interrompe um circuito elétrico para atuar como chave, funciona como detector de proximidade. O arranjo da Figura 11.35(*b*) é utilizado como detector de proximidade, e o da Figura 11.35(*c*) é usado para medir a velocidade de rotação.

Tipicamente para gerar um campo magnético que possa ser medido por um sensor de efeito Hall, é empregado um ímã permanente ou corrente elétrica. Tipicamente sensores Hall lineares são condicionados por uma etapa de amplificação diferencial adicionada a um transistor com emissor aberto, coletor aberto ou *push-pull* para uma melhor interface com outros dispositivos, como, por exemplo, o esboço da Figura 11.36.

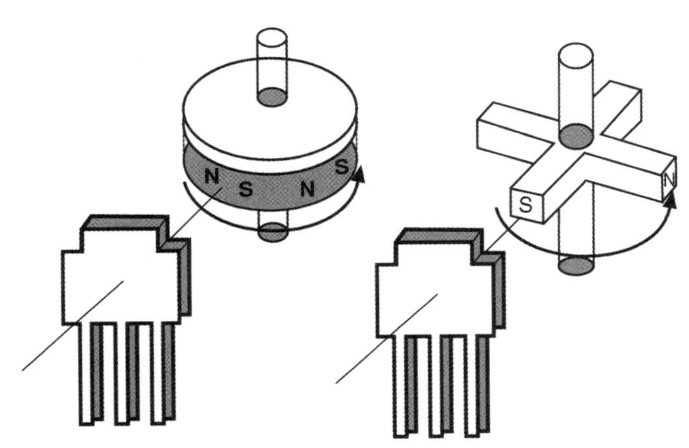

FIGURA 11.33 Sensor de efeito Hall usado como sensor de rotação.

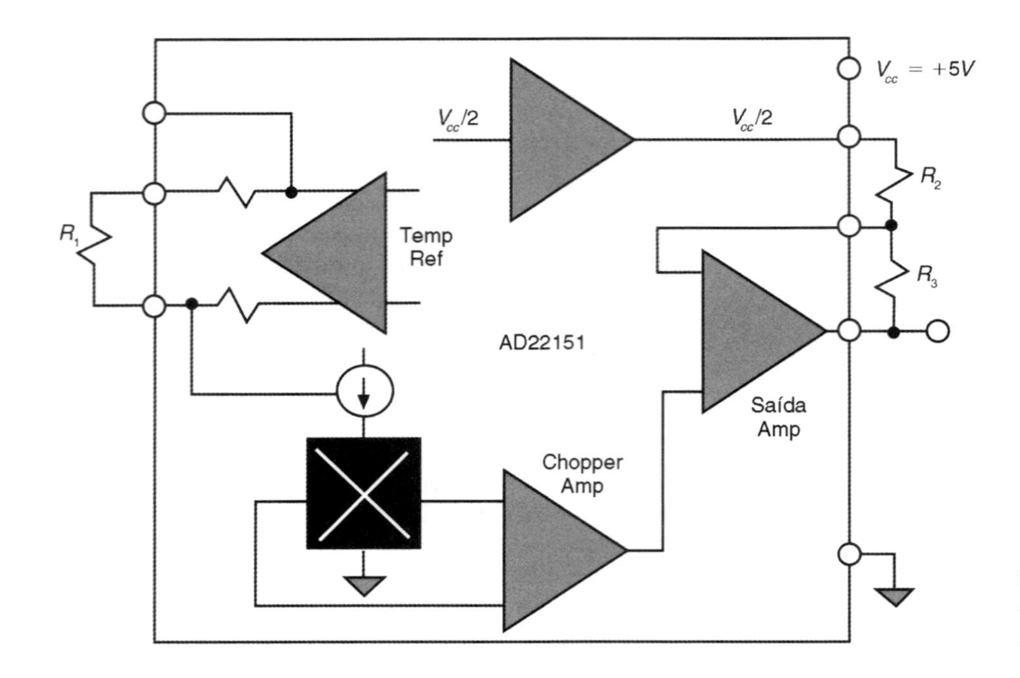

FIGURA 11.34 Sensor integrado de efeito Hall AD22151. (Cortesia de Analog Devices.)

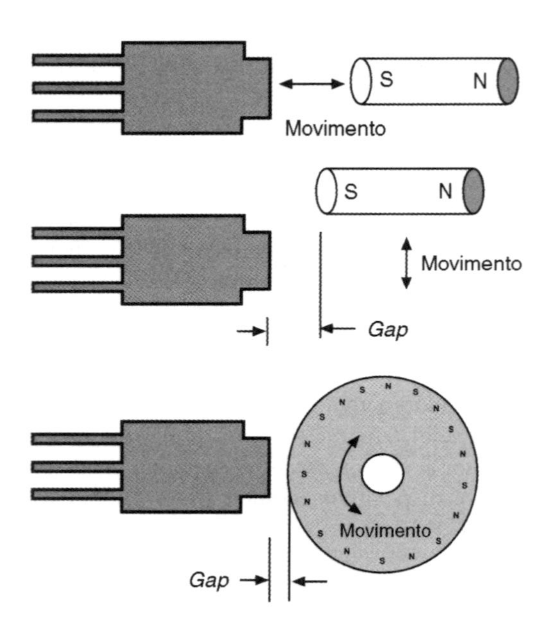

FIGURA 11.35 Diferentes arranjos para detecção de movimentos por meio de sensores de efeito Hall.

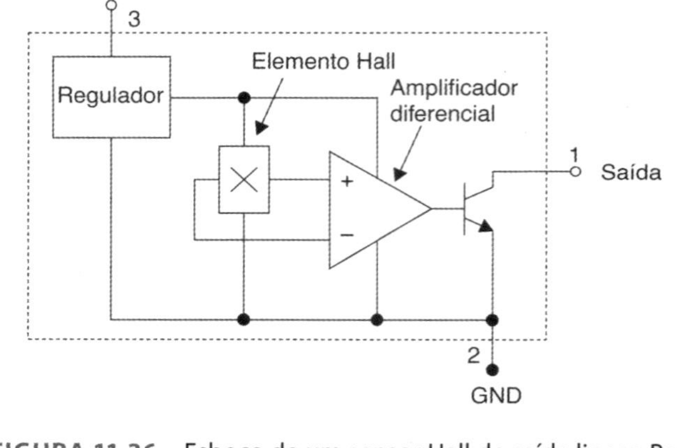

FIGURA 11.36 Esboço de um sensor Hall de saída linear. Para evitar que a saída do amplificador seja positiva ou negativa dependendo da polaridade do campo magnético, normalmente é incorporada uma tensão de polarização de forma que, com campo magnético nulo, tenha-se na saída do amplificador uma tensão positiva conhecida como *null off-set* ou *quiescent output voltage.*

Normalmente os sensores Hall de saída analógica permitem fácil integração ou interfaceamento com componentes padrões, como, por exemplo, um comparador não inversor ou um amplificador não inversor. Os sensores Hall de saída digital geralmente empregam na sua estrutura um comparador Schmitt-Trigger, como, por exemplo, o esboço da Figura 11.37.

Na ausência de campo magnético, o transistor de saída está cortado (estado *OFF*). Quando o campo magnético, perpendicular à superfície do sensor, está acima de determinado limiar (conhecido como *Operating Point* – B_{op}), o transistor de saída comuta em saturação (estado *ON*) — podendo conduzir corrente. Se o campo for reduzido a um valor inferior ao ponto *Release Point* (B_{rp}), o transistor estará aberto.

Sensor magnetorresistivo

Como exemplo de aplicação, a Figura 11.38 ilustra um sensor magnetorresistivo para medir velocidade, e a Figura 11.39 traz um arranjo para medição do deslocamento na direção *x*. Observe que, à medida que ocorre o deslocamento, altera a densidade do fluxo magnético na qual o sensor está imerso. Como

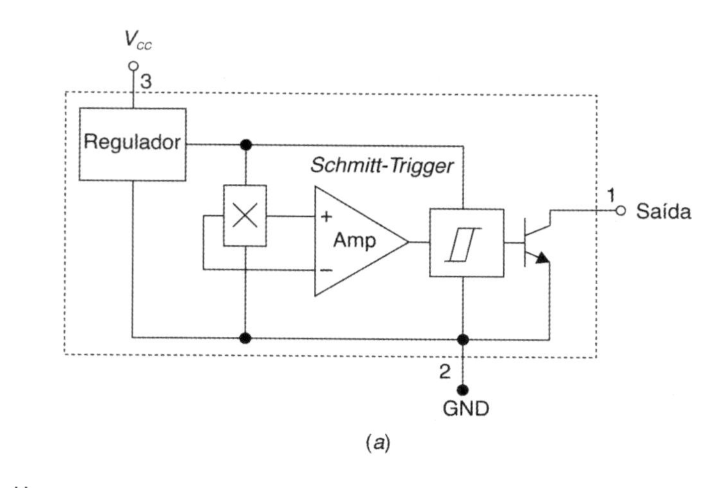

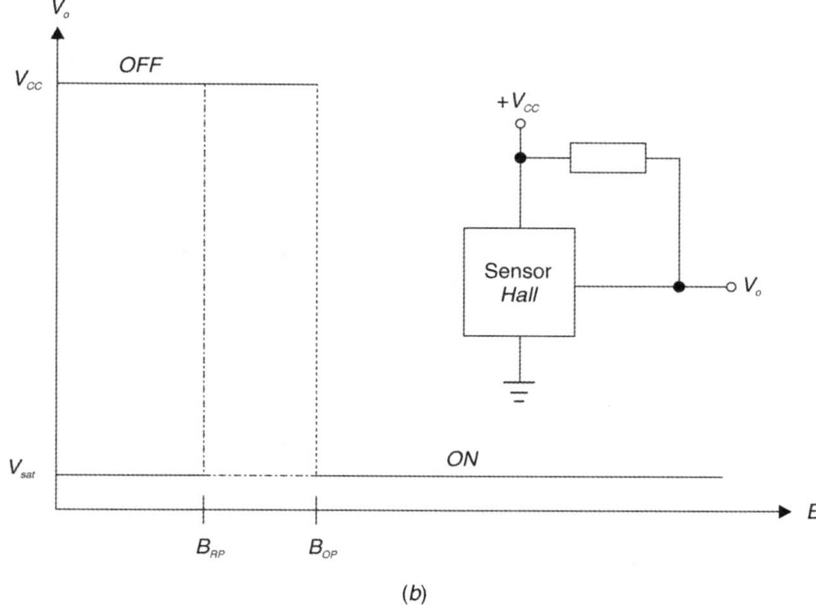

FIGURA 11.37 Esboço de um sensor Hall com saída digital.

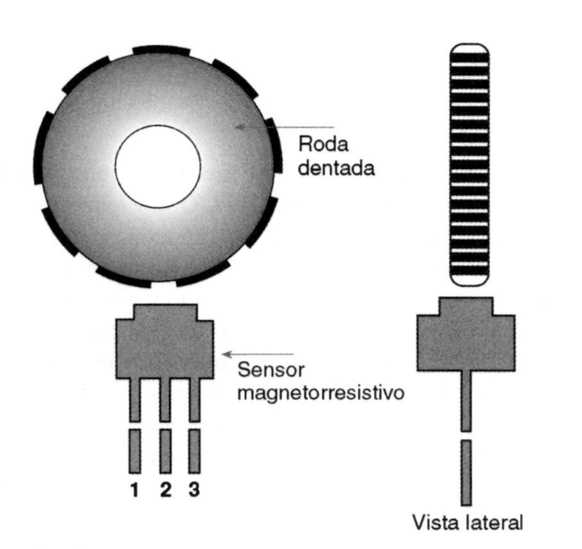

FIGURA 11.38 Utilização de um sensor magnetorresistivo para medir velocidade.

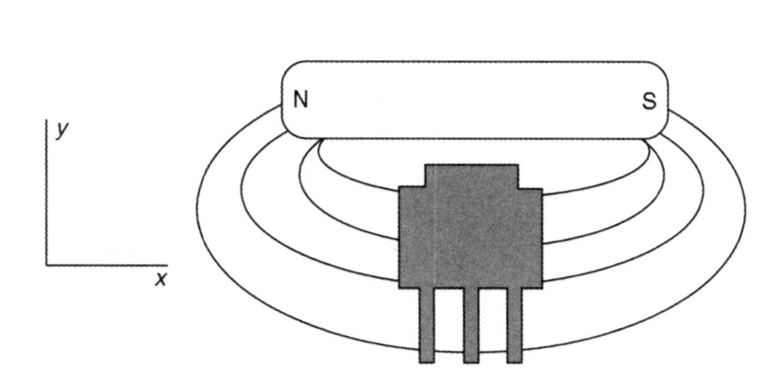

FIGURA 11.39 Utilização de um sensor magnetorresistivo como sensor de deslocamento.

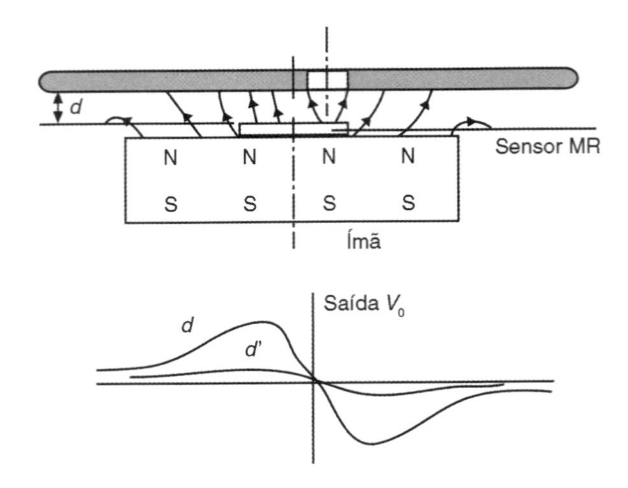

FIGURA 11.40 Detector de posição por meio de um sensor magnetorresistivo.

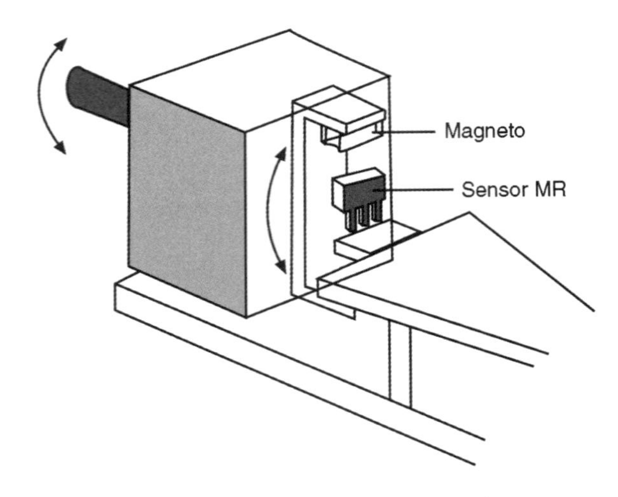

FIGURA 11.41 Medição de deslocamento angular com um sensor magnetorresistivo.

resultado, a resistência também varia. A Figura 11.40 ilustra um sensor magnetorresistivo instalado entre um ímã e uma peça com um furo (que serve de referência). A descontinuidade dessa peça é percebida pelo sensor como uma descontinuidade da homogeneidade das linhas de campo do magneto, cuja resposta ou saída está indicada na Figura 11.40. Observe também que, apesar de apresentar diferentes amplitudes para distâncias diferentes (entre a peça e o sensor), o ponto em que o sinal passa por zero é o mesmo.

A Figura 11.41 mostra um arranjo com um sensor magnetorresistivo para medir posição angular de um bloco inteiro. Um ímã permanente se desloca (rotaciona) juntamente com todo o bloco em volta do sensor. A Figura 11.42 apresenta uma aplicação de uma matriz de sensores magnetorresistivos para detectar a posição de um ímã fixado em um objeto em movimento.

O sensor magnetorresistivo é dependente da intensidade do campo magnético e, portanto, do ímã escolhido. A interface funcional é dependente do tipo de saída do sensor e das suas características elétricas. De maneira geral, sensores magnetorresistivos podem ser utilizados para medir:

- presença de um campo magnético;
- magnitude de um campo magnético;
- direção de um campo magnético;
- alteração no campo magnético devido à presença de um objeto ferromagnético;
- campo magnético da Terra para navegação e bússolas.

Os sensores magnetorresistivos apresentam alta sensibilidade, pequeno tamanho, imunidade a ruído e alta confiabilidade. Porém é preciso determinar alguns pontos essenciais para a especificação correta do sensor por efeito magnetorresistivo:

- os *gaps* mínimo e máximo entre o ímã e o sensor de posição;
- os limites de movimento do ímã;

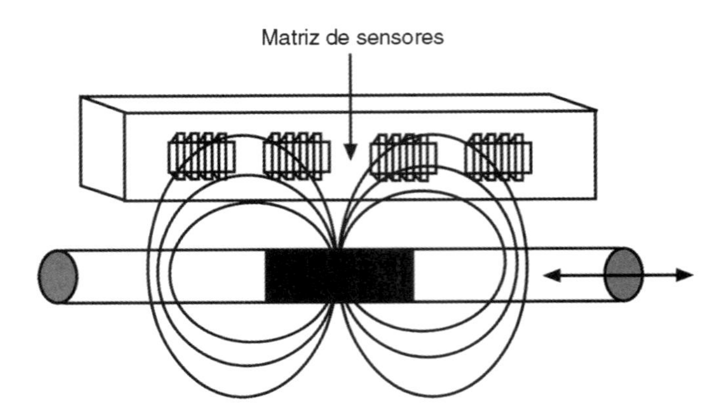

FIGURA 11.42 Matriz de sensores magnetorresistivos para detectar um ímã em um objeto em movimento.

- o tipo de saída do sensor;
- a faixa de temperatura de operação.

Sensor de posição por ultrassom

Para mais detalhes dos princípios e usos de sensores por ultrassom, consulte o Capítulo 8 desta obra. O funcionamento desse tipo de sensor baseia-se na excitação de um transdutor acústico, por pulsos de tensão, causando vibração (e a consequente emissão de ondas de ultrassom). A medida do tempo entre o feixe incidente e o feixe refletido determina a distância ou a posição do objeto. Esses sensores destacam-se pela possibilidade de uso em ambientes úmidos e sujos, com vapores e outros contaminantes, como alternativa a outros sensores de distâncias.

A frequência de chaveamento — ou seja, o tempo entre a emissão e o retorno do sinal acústico — é dependente da dimensão e da distância do objeto. É mais complicado detectar a posição de materiais que absorvem som de alta frequência, como, por exemplo, algodão e esponja, do que de espelhos, plásticos ou metais. Além disso, o acabamento superficial do

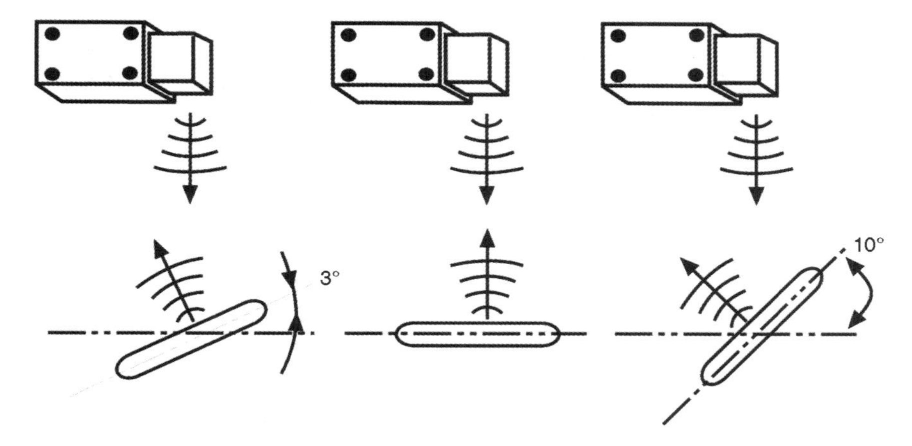

FIGURA 11.43 Faixas de inclinações (permissível, correta e errada) para utilização de sensores de posição ultrassônicos.

objeto a ser medido deve ser levado em consideração, assim como sua inclinação (a Figura 11.43 ilustra esse conceito).

Cabe observar que a velocidade do som no ar é dependente da temperatura; sendo assim, flutuações de ar quente derivado de objetos aquecidos devem ser evitadas, pois podem causar dispersão e refração da onda incidente, que refletem na precisão e na estabilidade da medida.

Sensor fotoelétrico

Os sensores fotoelétricos são aqueles que respondem a um sinal de luz (visível ou não) na presença de objetos transparentes ou opacos, de porte grande ou pequeno, estáticos ou em movimento. Essa família de sensores utiliza uma unidade emissora que produz um feixe de luz o qual é detectado por um receptor. Quando o feixe é interrompido, a presença do objeto é detectada. A fonte emissora de luz é modulada com um feixe na faixa do infravermelho ou da luz visível verde ou vermelha. Na maioria das aplicações, o feixe é pulsado a intervalos curtos para gerar um feixe de alta energia, permitindo a dispersão em distâncias ou a penetração em ambientes hostis, além de reduzir o consumo de energia. O receptor normalmente possui um fototransistor que produz o sinal de saída. O custo cada vez mais acessível das fibras ópticas possibilitou o uso dos sensores fotoelétricos em muitas aplicações e em diferentes ambientes.

A Figura 11.44 apresenta um sensor fotoelétrico com o emissor e o receptor encapsulados na mesma unidade (denominado sensor retrorrefletido). As grandes vantagens dessa configuração são o alinhamento fácil e o posicionamento do sensor em espaços pequenos.

Outra configuração está ilustrada na Figura 11.45, que apresenta emissor e receptor separados. Esse é considerado o método mais confiável, pois evita falsas reflexões, apresenta alta penetração em ambientes contaminados e percorre longas distâncias quando comparado à configuração retrorrefletida. A grande desvantagem desse método reside na dificuldade de alinhamento entre emissor e receptor.

A Figura 11.46 ilustra algumas aplicações para esta família de sensores.

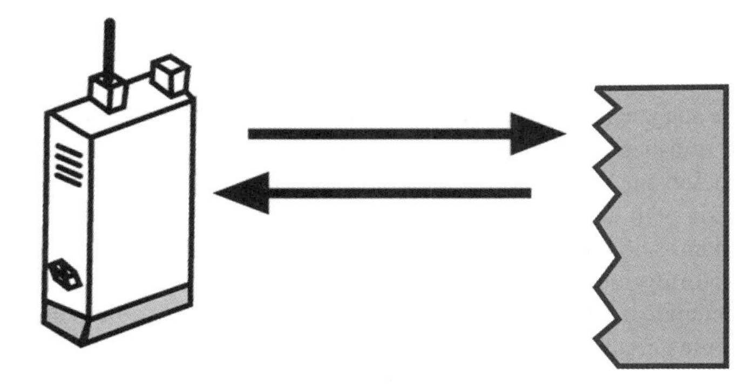

FIGURA 11.44 Sensor fotoelétrico com emissor e receptor na mesma unidade.

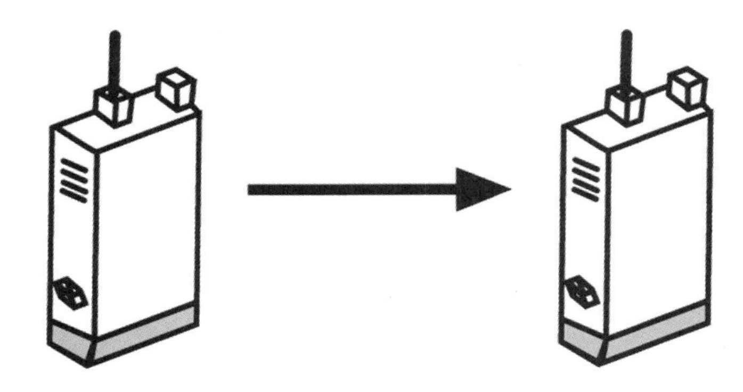

FIGURA 11.45 Sensor fotoelétrico com emissor e receptor em unidades diferentes.

Fotodiodo

Como visto no Capítulo 9 desta obra, fotodiodos são dispositivos que apresentam as mesmas características elétricas de diodos convencionais de junção *pn* quando não estão sujeitos a iluminação. Quando o fotodiodo é excitado por uma fonte luminosa de frequência adequada, sua corrente reversa aumenta. Suas características tensão *versus* corrente são similares às do transistor.

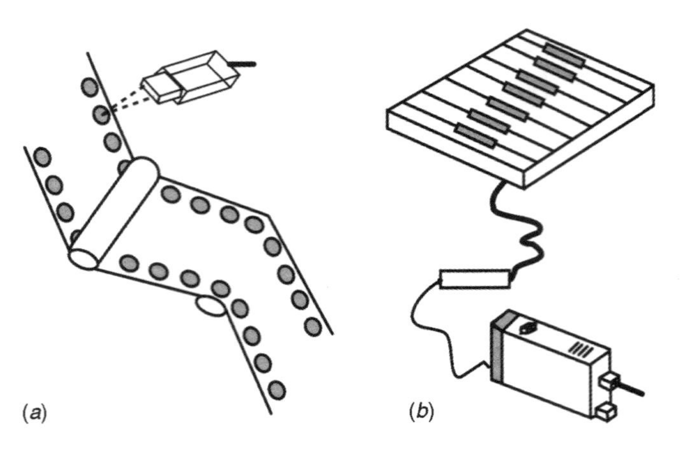

FIGURA 11.46 Aplicações em que se utilizam sensores fotoelétricos: (a) detecção de furos ou marcas na superfície de um objeto e (b) detecção de componentes eletrônicos em rolos.

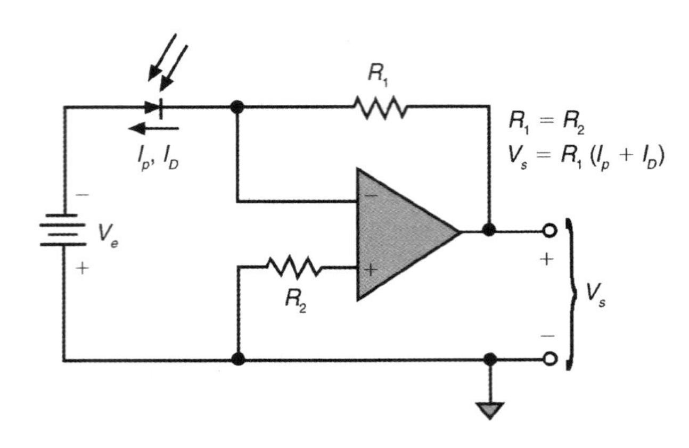

FIGURA 11.47 Esquema para operação linear de um fotodiodo.

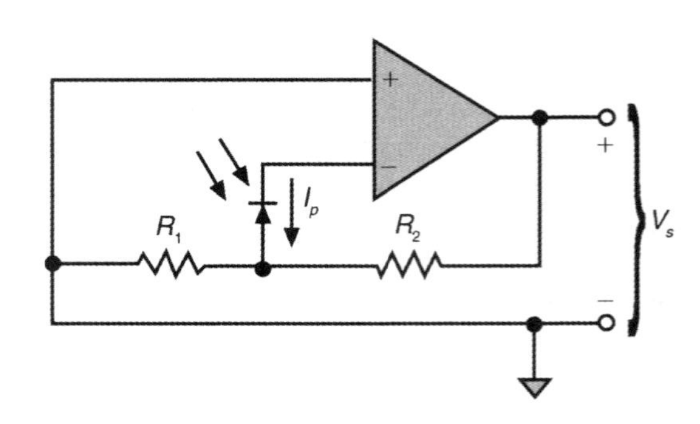

FIGURA 11.48 Esquema para operação logarítmica de um fotodiodo.

A resposta espectral de um fotodiodo depende da absorção de sua janela e do material de detecção. O silício, por exemplo, é transparente diante de radiação com comprimento de onda maior que 1100 nm; sendo assim, essa radiação não é absorvida nem detectada. Fotodiodos são disponíveis para comprimentos de onda nas faixas de 0,2 μm a 2 μm. Alguns sensores coloridos utilizam um filtro vermelho e um azul ou verde precedendo o fotodiodo. A cor é determinada pela medição da corrente gerada pela luz transmitida através de cada filtro.

Existem diversos fabricantes de fotodiodos, o que possibilita uma gama de tamanhos, níveis de ruído, limites de temperatura e limites de nível de iluminação e velocidade. Os fotodiodos exibem sua melhor linearidade quando utilizados com amplificadores de corrente, conforme esboço da Figura 11.47 e na Figura 11.48 para operação logarítmica, cuja tensão de saída (V_S) é dada por

$$V_s = \left(1 + \frac{R_2}{R_1}\right)\frac{k \cdot T}{q}\ln\left(1 + \frac{I_p}{I_s}\right),$$

sendo I_S a corrente de saturação, I_P a corrente no diodo, k a constante de Boltzmann, T a temperatura absoluta, q a carga de um elétron, R_1 e R_2 resistências elétricas.

Fototransistor

Como visto no Capítulo 9 desta obra, é a combinação de um fotodiodo e de um transistor, em que a radiação ilumina a base. A corrente de coletor é dada por

$$i_C = (\beta + 1)(i_p + i_D),$$

sendo i_p e i_D dados por

$$i_p = S \times P$$
$$i_D = i_s\left(e^{\frac{qv_D}{kT}} - 1\right),$$

em que S é a sensibilidade, P a potência incidente, i_s a corrente reversa de saturação, k a constante de Boltzmann, T a temperatura absoluta, q a carga de um elétron, V_D a tensão aplicada no diodo e β o ganho para o transistor na configuração emissor comum, não sendo constante esse ganho e depende da corrente — e, portanto, do nível de iluminação. Fototransistores trabalham com comprimento de onda de 0,4 μm a 1,1 μm. São utilizados como sensores no ambiente industrial, conforme esboço da Figura 11.49.

A resposta de um fototransistor é função da intensidade luminosa e do comprimento de onda. Esses dispositivos são utilizados em aplicações industriais, como moduladores de luz, sistemas de segurança, posicionamento de *encoders* e detectores dos mais diversos tipos. Combinando um diodo emissor infravermelho e um fototransistor, forma-se um optoacoplador/isolador.

11.1.4 Linear variable differential transformer (LVDT)

Conforme já discutimos nesta obra, em sensores indutivos (veja o Capítulo 8), a tensão (V) que aparece em uma bobina pode ser calculada por

$$V = L\frac{di}{dt},$$

sendo L a indutância e di/dt a variação na corrente em função da variação no tempo.

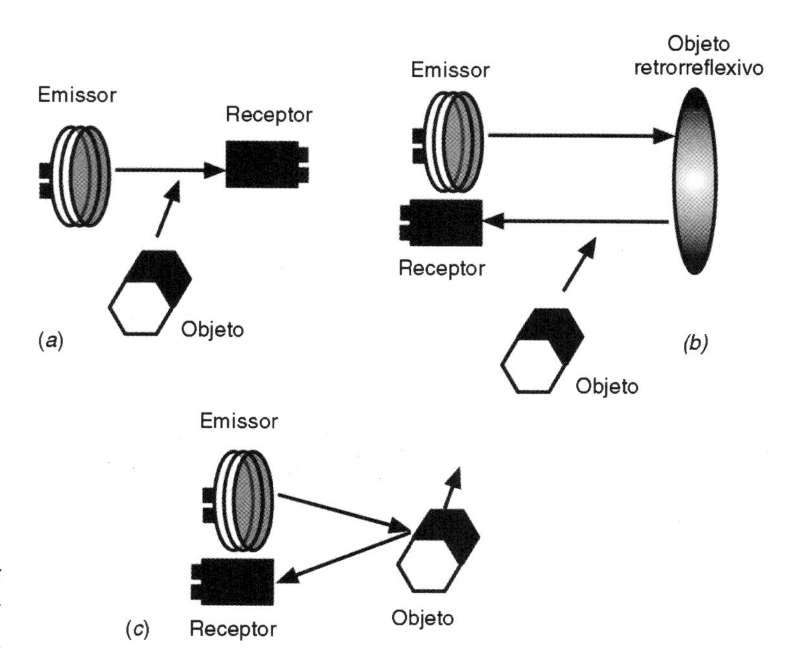

FIGURA 11.49 Modos fotoelétricos: (*a*) oposto ou por barreira, (*b*) retrorrefletivo ou reflexivo e (*c*) de proximidade ou por reflexão difusa.

É importante ressaltar que a corrente que varia em um circuito que contém uma bobina pode induzir uma resposta em um segundo circuito, contendo outra bobina, se o campo magnético gerado pelo primeiro atuar no segundo. Esse conceito pode ser representado matematicamente por

$$V_s = M_{ps}\frac{di_p}{dt},$$

em que a tensão no secundário é V_s, a corrente no primário é indicada por i_p, t é o tempo e M_{ps}, ou simplesmente M, é a **indutância mútua**. A polaridade de V_s depende da direção de enrolamento das bobinas, cuja constante de proporcionalidade é o coeficiente denominado indutância mútua entre o primário e o secundário (unidade em henry: H).

O LVDT é considerado um dos métodos mais precisos e confiáveis para determinação de distâncias lineares cuja saída é proporcional à posição de uma bobina magnética móvel, conforme esboço da Figura 11.50(*a*), que ilustra uma bobina interna movendo-se linearmente dentro de um transformador formado por um primário central e dois secundários. O primário é excitado por uma fonte de tensão AC (geralmente com alguns kHz), induzindo tensões no secundário que variam com a posição do núcleo magnético.

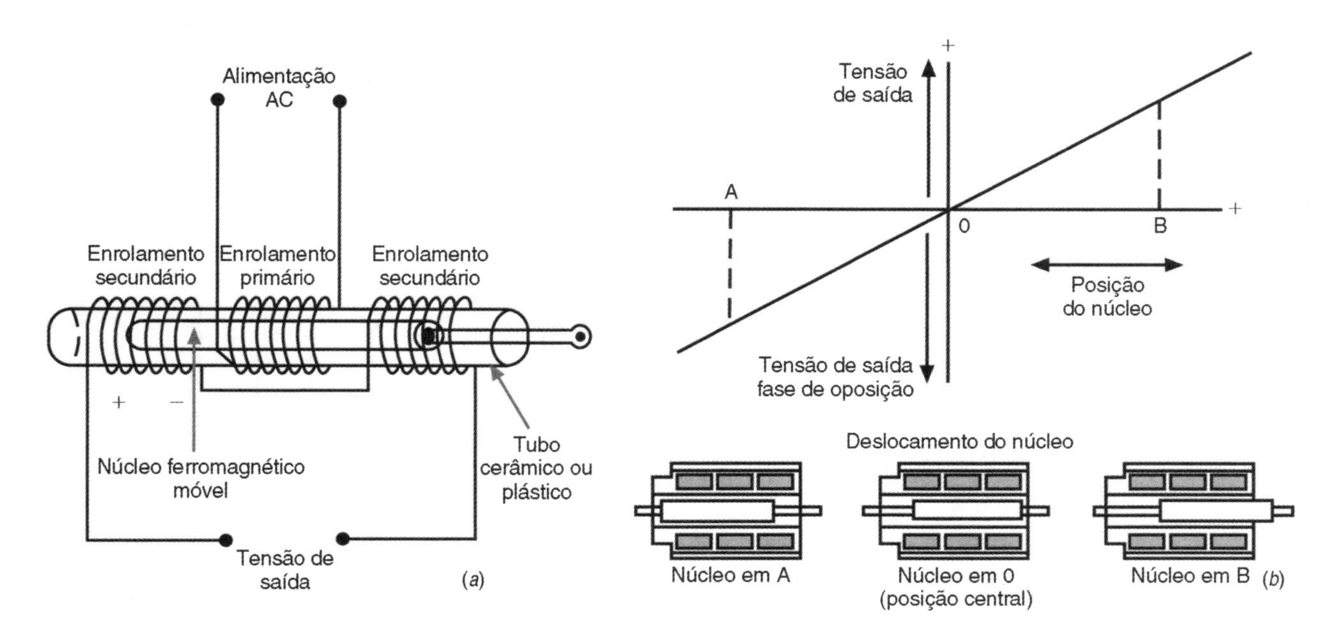

FIGURA 11.50 Sensor de posição LVDT (verificar a regra prática para o comprimento do núcleo ferromagnético: l_n).

Quando o núcleo se move da posição central, a tensão no secundário em determinada direção do movimento do núcleo aumenta, enquanto o oposto ao movimento do núcleo se reduz. O resultado é uma saída de tensão diferencial que varia linearmente com a posição do núcleo. Portanto, o LVDT detecta deslocamentos pelo movimento do núcleo ferromagnético.

A Figura 11.50(*b*) ilustra a estrutura interna do LVDT com três posições do núcleo, e o gráfico indica a variação da saída do ponto A até o ponto B, ou seja, de uma tensão limite negativa a uma tensão limite positiva (se for utilizado um circuito condicionador com detector de fase). Porém, observe que esse gráfico mostra uma variação de amplitude de tensão *versus* distância. Com um condicionamento adequado, podemos obter uma saída de tensão constante no tempo relacionada a uma posição dentro da faixa de operação do sensor.

O transformador tem um enrolamento primário e dois secundários (os três enrolamentos envolvendo o mesmo tubo isolante). O enrolamento primário está posicionado no centro do tubo, e os dois secundários (que têm o mesmo número de espiras e os enrolamentos no mesmo sentido) são conectados em série, mas em contrafase. Como ilustração, a Figura 11.51 apresenta o esboço das bobinas, e a Figura 11.52 mostra o detalhe da ligação dos enrolamentos secundários do LVDT.

Como regra prática, o comprimento do núcleo ferromagnético (l_n) é duas vezes a largura de uma das bobinas (l_b):

$$l_n \cong 2 \times l_b.$$

Relembrando, para um transformador ideal (sem perdas), a tensão é proporcional ao número de espiras da bobina:

$$\frac{V_s}{V_p} = \frac{N_s}{N_p},$$

em que N_s e N_p representam o número de bobinas no secundário e no primário, respectivamente, V_s é a tensão na saída (secundário) e V_p a tensão no primário do transformador.

Quando um núcleo ferromagnético desliza dentro do transformador, certo número de espiras é afetado pela proximidade desse núcleo, gerando, dessa forma, uma determinada tensão elétrica de saída (V_s), conforme ilustra a Figura 11.52.

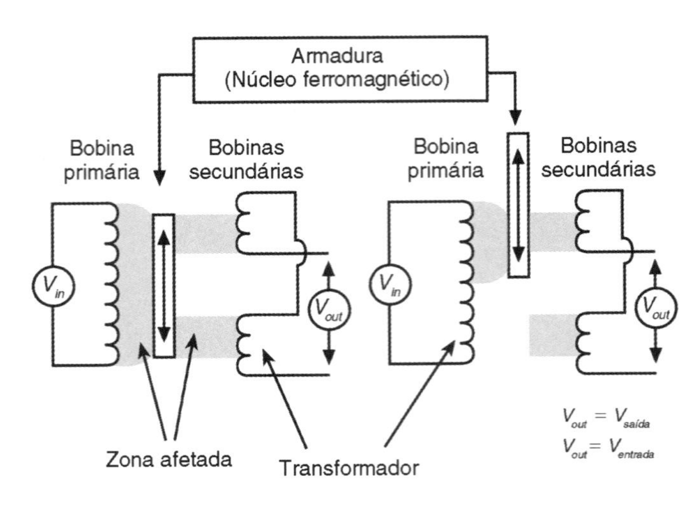

FIGURA 11.52 Esboço de um LVDT aberto.

Considerando-se que o número de espiras do enrolamento é uniformemente distribuído ao longo do transformador, a tensão de saída é proporcional ao deslocamento do núcleo ferromagnético quando o mesmo desliza ou se desloca dentro do transformador, podendo ser modelado simplificadamente por

$$d = M \times V_s,$$

sendo d o deslocamento do núcleo ferromagnético com relação ao transformador, M a sensibilidade do transformador (inclinação da curva deslocamento-tensão) e V_s a tensão elétrica de saída.

Outra configuração comum para o LVDT encontra-se na Figura 11.53, cujo deslocamento é dado pela relação:

$$d = M\frac{V_A - V_B}{V_A + V_B},$$

sendo d o deslocamento do núcleo ferromagnético com relação ao transformador, M a sensibilidade do transformador e $V_{A,B}$ as tensões elétricas de saída.

A Figura 11.54 apresenta com mais detalhes os componentes de um tradicional LVDT, formado por três bobinas separadas em três seções.

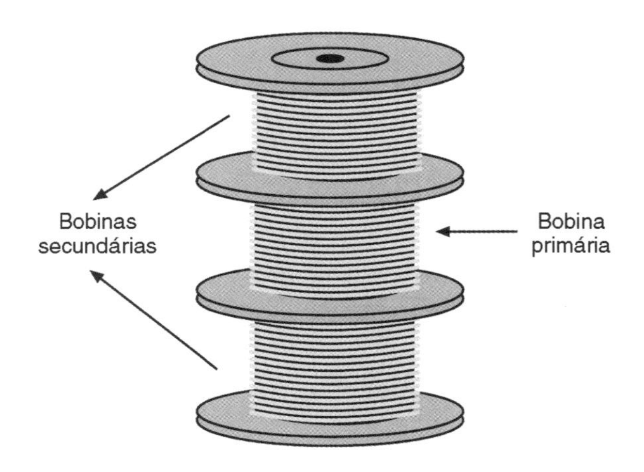

FIGURA 11.51 Esboço das bobinas do LVDT.

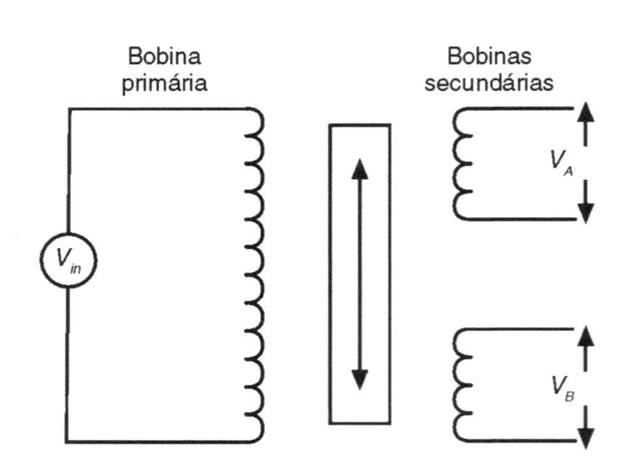

FIGURA 11.53 Outra configuração de LVDT.

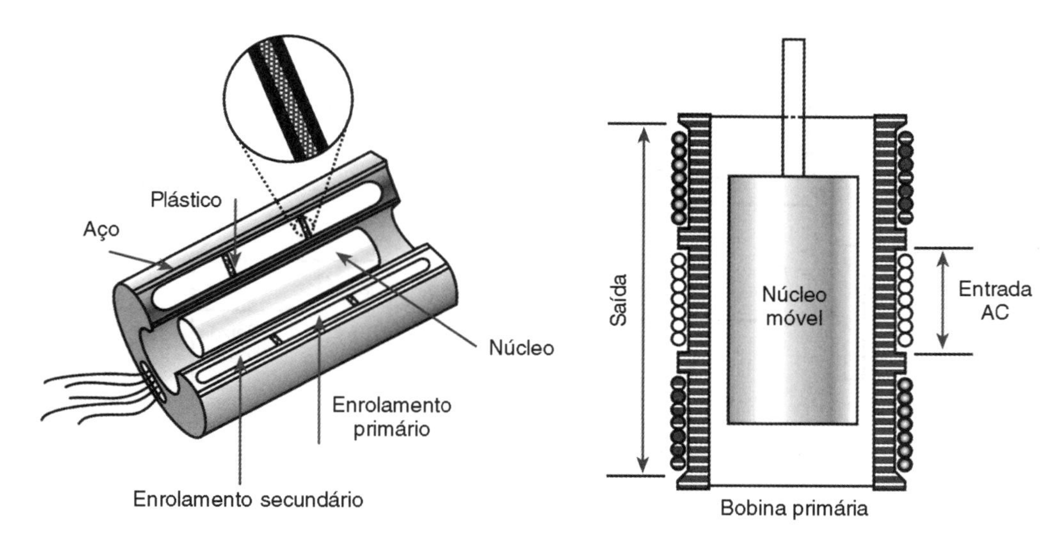

FIGURA 11.54 Detalhamento da estrutura interna de um LVDT.

A estrutura interna consiste em um enrolamento primário no centro da estrutura entre um par de idênticos enrolamentos secundários, simetricamente espaçados em volta do enrolamento primário.

Em sistemas em que há necessidade de altas precisões em relação às variações de temperatura, é recomendado o uso de um LVDT que não apresenta separação entre as bobinas secundárias, conforme esboço da estrutura interna apresentado na Figura 11.55. Nessa figura, as bobinas dos secundários são enroladas sobre a bobina do primário.

O princípio de funcionamento do LVDT baseia-se na variação da indutância mútua entre o primário e cada um dos secundários quando um núcleo ferromagnético se move. Quando o primário é alimentado por uma tensão AC, na posição central as tensões induzidas em cada secundário são iguais. Quando o núcleo se move dessa posição, uma das tensões do secundário aumenta e a outra diminui do mesmo valor. Usualmente os secundários são conectados em série, como mostra a Figura 11.56(*a*), para fornecer uma saída linear diferencial, conforme o gráfico da Figura 11.56(*b*).

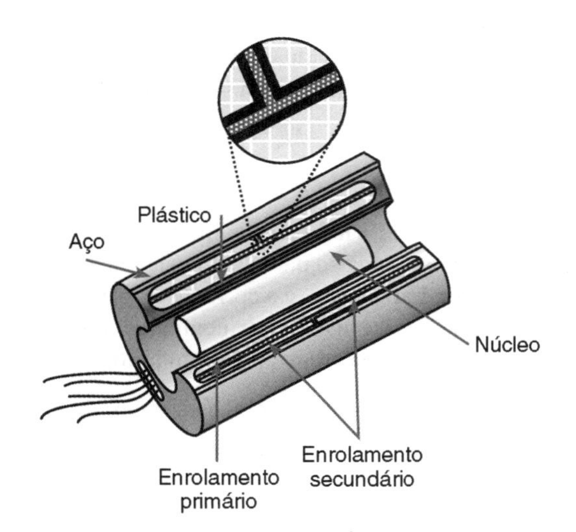

FIGURA 11.55 Detalhamento da estrutura interna de um LVDT que não apresenta separação entre as bobinas secundárias.

O circuito elétrico equivalente para o LVDT da Figura 11.56 encontra-se na Figura 11.57. Se a resistência total no secundário for indicada por R_2, então

$$R_2 = R_{c2} + R'_{c2} + R_L.$$

Logo, a tensão no primário V_1 é

$$V_1 = i_1(R_1 + sL_1) + i_2(-sM_1 + sM_2),$$

em que s é o operador de Laplace, R_1 a resistência equivalente do primário, L_1 a indutância no primário, $M_{1,2}$ as indutâncias mútuas e $i_{1,2}$ as correntes no primário e no secundário, respectivamente. A malha no secundário (V_2) é dada por

$$0 = i_1(-sM_1 + sM_2) + i_2(R_2 + sL_2 + sL'_2 - sM_3).$$

Fornecendo uma corrente no secundário i_2,

$$i_2 = \frac{s(M_2 - M_1) \times V_1}{s^2\left[L_1(L_2 + L'_2 - 2M_3) - (M_2 - M_1)^2\right] + s\left[R_2L_1 + R_1(L_2 + L'_2 - 2M_3)\right] + R_1R_2}.$$

Portanto, a tensão de saída (V_s) é dada por

$$V_s = R_L \times i_2$$

em que R_L representa uma carga resistiva.

Na posição central, as indutâncias mútuas são iguais ($M_2 = M_1$); sendo assim,

$$V_s = 0\ V.$$

Para outras posições do núcleo, a relação com a tensão de saída depende da carga resistiva R_L; assim, se nenhuma carga está conectada ao secundário, a tensão de saída torna-se

$$V_s = \frac{s(M_1 - M_2) \times V_1}{sL_1 + R_1} = s(M_1 - M_2) \times i_1,$$

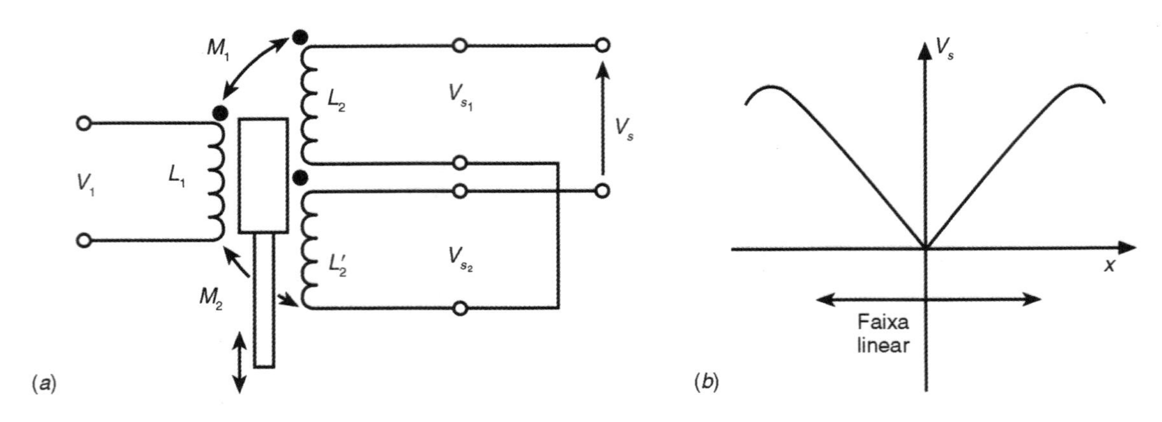

FIGURA 11.56 (*a*) Esboço de um LVDT e (*b*) tensão de saída (V_s) para um LVDT com secundários conectados em série.

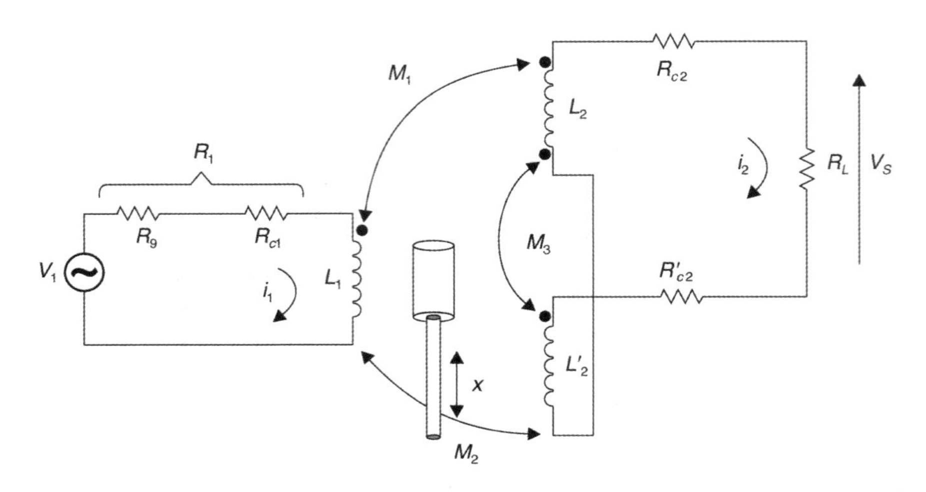

FIGURA 11.57 Circuito elétrico para o LVDT ilustrado na Figura 11.56 quando o primário é alimentado por uma tensão alternada de amplitude constante.

em que $i_1 \cong \dfrac{V_1}{sL_1 + R_1}$ é a corrente constante do primário. Portanto, V_s é proporcional à diferença entre as indutâncias mútuas, $M_2 - M_1$, ou seja, da posição do núcleo. Se existe uma carga conectada ao secundário, como, por exemplo, R_L, a tensão fica aproximadamente:

$$V_s = \frac{s(M_1 - M_2) \times V_1 \times R_L}{s^2(2L_1L_2) + s(R_2L_1 + 2R_1L_2) + R_1R_2}.$$

Dessa forma, a sensibilidade aumenta com a carga resistiva. Se o primário é excitado na frequência f_n,

$$f_n = \frac{1}{2\pi}\sqrt{\frac{R_1R_2}{2L_1L_2}}.$$

A tensão de saída é dada por

$$V_s = \left(\frac{(M_1 - M_2) \times R_L}{(R_2 \times L_1) + (2 \times R_1 \times L_2)}\right) \times V_1.$$

A Figura 11.58 apresenta algumas fotos de LVDTs.

Para o LVDT mostrado na Figura 11.59, as tensões induzidas no secundário são dependentes da indutância mútua entre o primário e bobinas individuais do secundário. Resumidamente, as tensões induzidas podem ser escritas como

$$V_1 = (M_1 \times i_p)\, s$$

$$V_2 = (M_2 \times i_p)\, s,$$

em que M_1 e M_2 são as indutâncias mútuas entre as bobinas do primário e do secundário para uma posição fixa do núcleo, s é o operador de Laplace e i_p é a corrente no primário.

Considerando-se que não existe nenhuma carga, a tensão de saída, sem qualquer corrente, no secundário é dada por

$$V_s = V_1 - V_2 = [(M_1 - M_2) \times i_p]s,$$

e, como $V_e = i_p\,(R\ sL_p)$, a função de transferência desse transdutor é

$$\frac{V_s}{V_e} = \frac{V_1 - V_2}{(R + sL_p) \times i_p} = \frac{\left[(M_1 - M_2) \times i_p\right]s}{(R + sL_p) \times i_p} = \frac{(M_1 - M_2)s}{(R + sL_p)}.$$

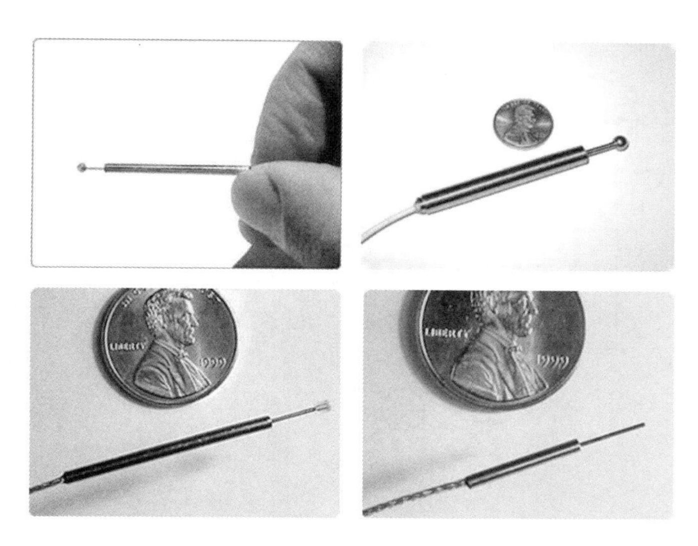

FIGURA 11.58 Fotos de LVDTs miniaturas comerciais. (Cortesia de LORD MicroStrain.)

Contudo, se existe corrente, as equações podem ser escritas como

$$V_s = R_m \times i_s$$
$$i_s = \frac{(M_1 - M_2)si_p}{R_s + R_m + sL_s}$$
$$V_e = i_p(R + sL_p) - (M_1 - M_2)si_s$$

e sua função de transferência de segunda ordem é

$$\frac{V_s}{V_e} = \frac{R_m(M_1 - M_2)s}{\left[(M_1 - M_2)^2 + L_sL_p\right]s^2 + \left[L_p(R + R_m) + RL_s\right]s + (R_s + R_m) + R}.$$

Essa expressão indica que, devido ao efeito do numerador, o ângulo de fase do sistema se altera de +90° em baixas frequências e −90° em altas frequências. Em aplicações práticas, a frequência é selecionada de tal forma que, na posição central ou nula do núcleo, o ângulo de fase do sistema seja 0°.

As amplitudes das tensões de saída das bobinas dos secundários são dependentes da posição do núcleo. Para movimentos rápidos do núcleo, os sinais podem ser convertidos para DC e a direção do movimento da posição central pode ser detectada. Existem diversas opções para isso, porém circuitos demoduladores e filtros são os mais utilizados. Um típico circuito encontra-se ilustrado na Figura 11.60, baseado em diodos. Esse arranjo é útil para deslocamentos "muito" lentos, usualmente inferiores a 1 ou 2 Hz. A ponte de diodos 1 atua como um circuito retificador para o secundário 1, e a ponte de diodos 2 atua como um retificador para o secundário 2. A tensão de saída é a diferença entre as saídas das duas pontes, como mostram as formas de onda da Figura 11.61.

Pode-se determinar a posição do núcleo pela amplitude de saída DC, e a direção do movimento do núcleo pode ser determinada pela polaridade da tensão. A tensão de saída V_s é dada por

$$V_s = V_{ab} + V_{cd}.$$

Quando o núcleo está abaixo da posição nula ou central, V_{ab} é maior que V_{cd} e apresenta uma amplitude de polaridade oposta a V_{cd}. Dessa forma, V_s tem a polaridade de V_{ab}. Como a corrente através de R é sempre de "*c*" para "*d*" e de "*b*" para "*a*", temos V_{cd} e V_{ab} sempre com polaridades opostas. Portanto, quando o núcleo se move acima ou abaixo da posição central, a polaridade de saída V_s se altera. Além disso, para eliminar o *ripple* na saída V_s, este é filtrado por um filtro passa-baixas. A grande desvantagem dessa configuração é a não linearidade inerente dos diodos.

Uma alternativa para o circuito detector de posição de deslocamento baseado na detecção de fase apresentado na Figura 11.21(*a*) é substituir o multiplicador analógico por outros dispositivos mais precisos, como, por exemplo, o circuito da Figura 11.62(*a*).

Dos comparadores 1 e 2, obtém-se um sinal quadrado com a mesma fase que V_{AB} e V_1, respectivamente. Se as fases forem iguais, a saída da porta XOR será nível lógico baixo e o canal do MUX selecionado será o canal 0; se ocorrer o contrário, os sinais estarão defasados 180°, a saída da porta estará em nível

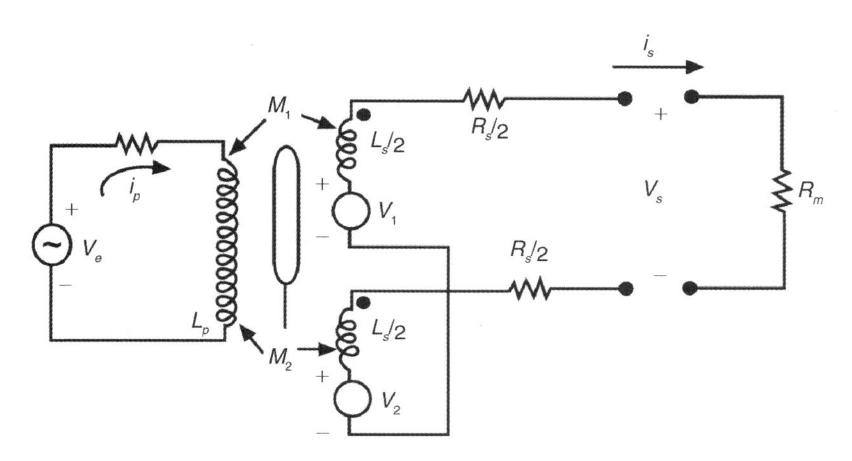

FIGURA 11.59 Circuito multiplicador analógico: transdutância de dois quadrantes.

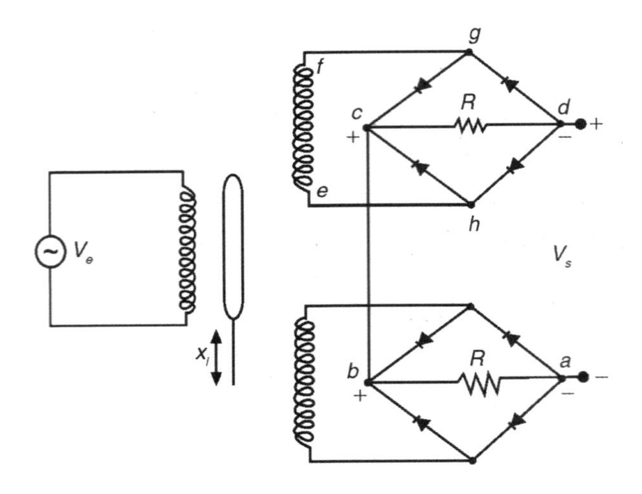

FIGURA 11.60 Circuito demodulador baseado em diodos.

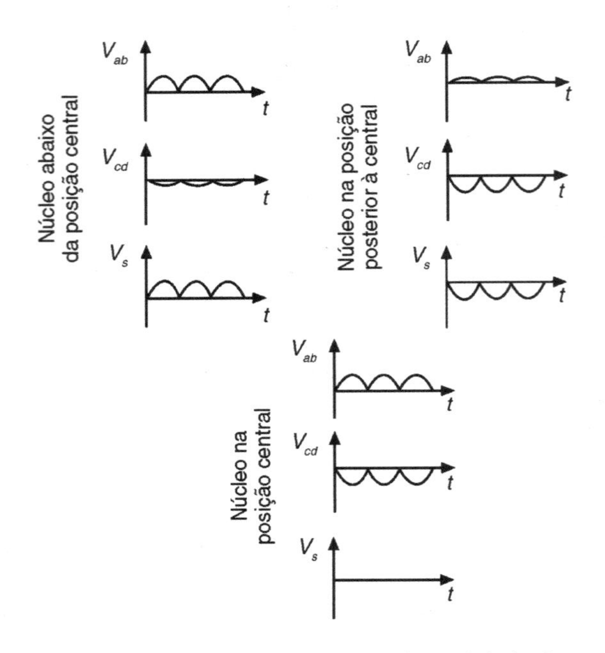

FIGURA 11.61 Formas de onda para o demodulador baseado em diodos.

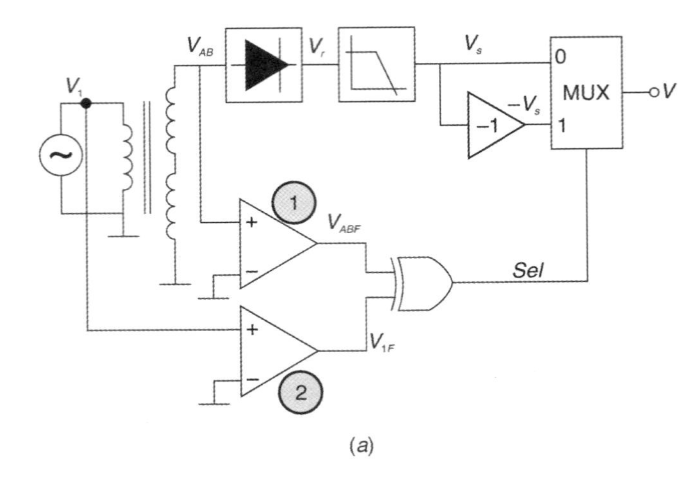

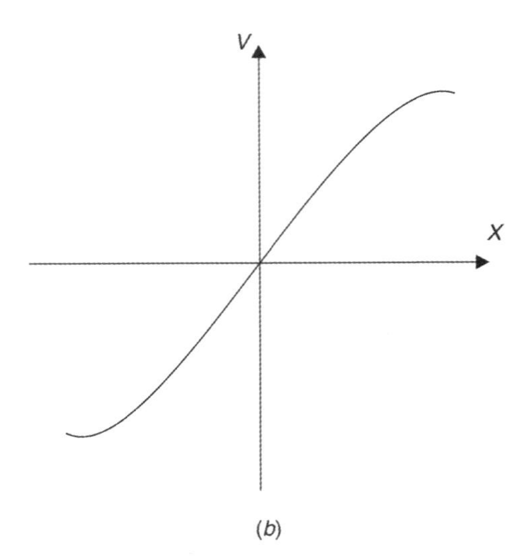

FIGURA 11.62 (*a*) Circuito para medir o deslocamento do núcleo de um LVDT e (*b*) função de transferência característica deste sistema representando o comportamento da tensão elétrica de saída (*V*) em função do deslocamento do núcleo (*x*).

alto e o canal do MUX será o 1. O canal 0 do MUX recebe o valor médio do sinal (foi retificado e passou por um filtro passa-baixas) e o canal 1 recebe este mesmo sinal, porém multiplicado por −1, ou seja, o mesmo valor absoluto, mas com sinal contrário. A Figura 11.63 apresenta as formas de onda para esse exemplo.

Nos últimos anos, circuitos dedicados foram desenvolvidos especialmente para condicionamento de LVDTs, permitindo a redução de custos e minimização de ruídos dos mais diversos tipos. Entre eles, podem-se destacar o componente AD598 da Analog Devices e o 5521 da Philips.

A Analog Devices fornece uma família específica de condicionadores para LVDT, destacando-se o AD598 (Figura 11.64) e o AD698 (Figura 11.65). O integrado AD598 realiza todas as operações necessárias para processar o sinal de um LVDT, cuja frequência de oscilação (de 20 Hz a 20 kHz) é determinada por um simples capacitor externo. Os circuitos denominados "valor absoluto" são seguidos por dois filtros usados para detectar a amplitude de dois canais de entrada *A* e *B*. Circuitos específicos geram a função $\frac{A-B}{A+B}$. Um resistor externo determina a tensão de excitação de aproximadamente 1 V_{rms} a 24 V_{rms} (esse condicionador é indicado para um LVDT de cinco fios).

O circuito condicionador AD698 processa o sinal do LVDT de maneira um pouco diferente: opera com LVDT de quatro fios e usa demodulação síncrona [Figura 11.65(*a*)]. Os sinais *A* e *B* resultam do processamento através de um bloco-valor absoluto seguido de um filtro. Divide-se então a saída de A por B para se obter uma saída final. Esse condicionador também pode ser usado na configuração meia ponte (similar a um autotransformador), como mostra a Figura 11.65(*b*). Nesse arranjo, a tensão do secundário é aplicada ao processo B,

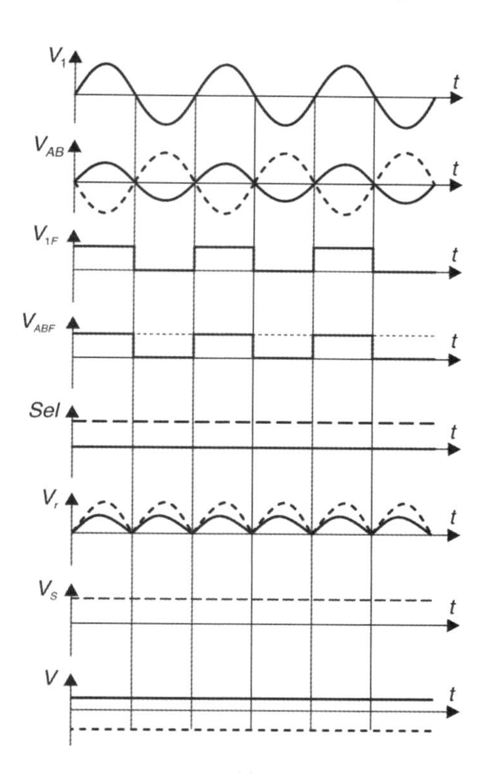

FIGURA 11.63 Formas de onda para o exemplo anterior.

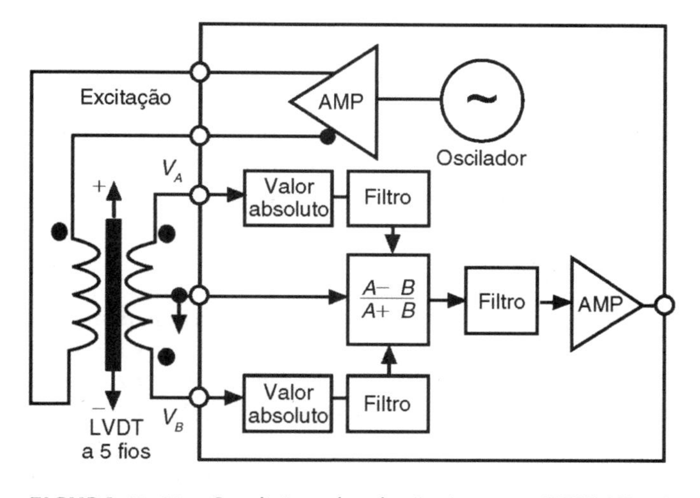

FIGURA 11.64 Condicionador de sinais para o LVDT AD598. (Cortesia de Analog Devices.)

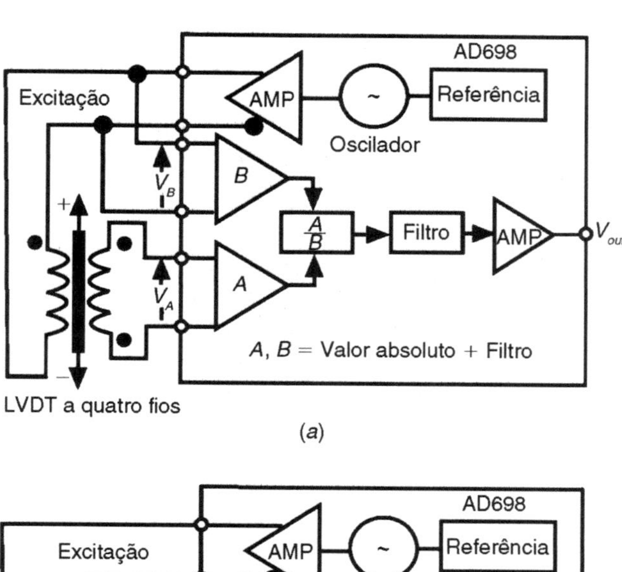

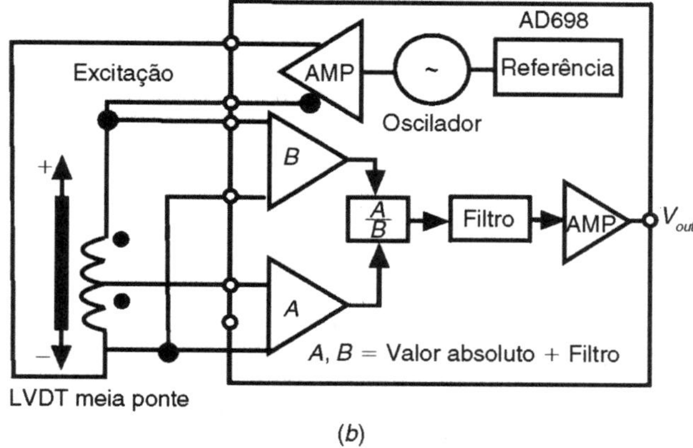

FIGURA 11.65 Condicionador de sinais para LVDT AD698: (*a*) esboço simplificado e (*b*) configuração em meia ponte. (Cortesia de Analog Devices.)

enquanto o ponto central é aplicado ao processo A. Essa configuração não produz uma tensão nula (a razão $^{A}/_{B}$ representa a faixa de movimento do núcleo).

O LVDT apresenta boa precisão, linearidade (típica de 0,5 %), sensibilidade e resolução de 0,1 %. O LVDT apresenta alta confiabilidade e durabilidade aproximadamente ilimitada. Possibilita isolação elétrica entre o primário e o secundário, assim como isolação elétrica entre o sensor (núcleo) e o circuito elétrico, pois o acoplamento entre eles é magnético (característica essencial em ambientes potencialmente explosivos). Além disso, oferece faixas de medições típicas de ± 100 μm a ± 25 cm com alimentações de 1 V_{rms} a 24 V_{rms}, com frequências de 50 Hz a 20 kHz, e faixas de sensibilidade de 0,1 $^{V}/_{cm}$ a 40 $^{mV}/_{\mu m}$ para cada volt da tensão de excitação. Alguns modelos integram circuitos eletrônicos, o que possibilita a alimentação com tensão DC. Os LVDTs normalmente são utilizados para medições de deslocamento e posição. Além disso, podem ser utilizados para medir outros parâmetros que realizem o movimento do núcleo, como exemplifica a Figura 11.67, que mostra o esboço de um LVDT utilizado como sensor de aceleração em um sistema massa-mola.

11.1.5 RVDT, resolver e síncrono

O conceito do LVDT pode ser aplicado na forma rotacional, cujo dispositivo mais comum é o **RVDT** (*rotary variable differential transducer*), utilizado para medir ângulos seguindo os mesmos princípios do sensor LVDT. Enquanto o LVDT utiliza um núcleo ferromagnético cilíndrico, o RVDT usa um núcleo ferromagnético rotacional, conforme esboço da Figura 11.67.

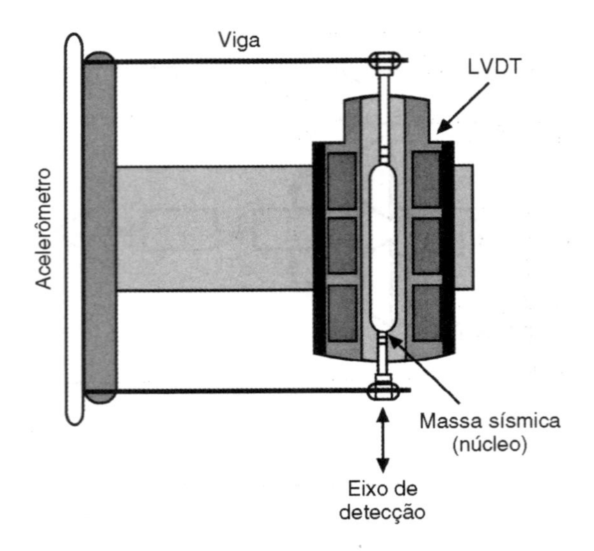

FIGURA 11.66 LVDT para medição de aceleração.

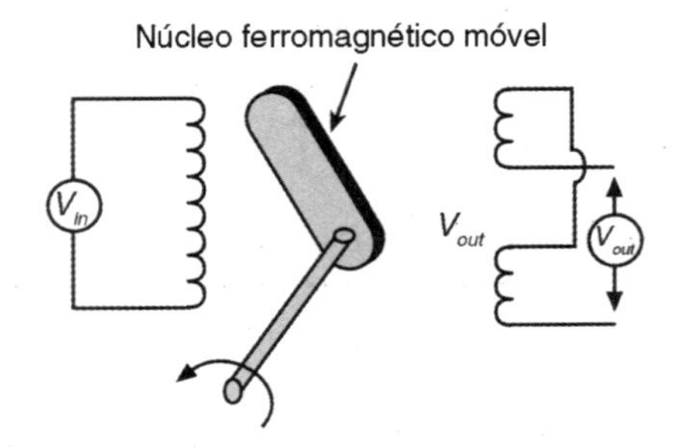

FIGURA 11.67 Esquema de um típico sensor RVDT: $V_{in} = V_e$ e $V_{out} = V_s$.

O **transformador síncrono** de três fases, ou simplesmente síncrono, é também um transformador variável, formado por estator cilíndrico de material ferromagnético com três enrolamentos posicionados a 120° e conexão estrela.

O ***resolver*** é outro tipo de transformador variável, similar ao síncrono, mas com enrolamentos a 90°, ambos no estator e no rotor. O *resolver* é o medidor eletromagnético rotativo para posição angular mais utilizada em função de sua precisão e robustez. São transformadores variáveis rotativos em que existem dois enrolamentos no estator (E_1 e E_2) dispostos a 90° e outros dois no rotor (R_1 e R_2) também a 90°, como mostra o esboço da Figura 11.68.

No ***resolver* elétrico** (Figura 11.69), são utilizados também dois enrolamentos no rotor a 90° e dois enrolamentos próximos ao estator, também a 90°.

Basicamente, o *resolver* é um transformador formado por três enrolamentos. Além da medição de ângulo, os *resolvers* são utilizados para realizar cálculos, particularmente relacionados à rotação do eixo e a transformações de coordenadas.

Se um dos enrolamentos do estator é excitado com sinal senoidal de frequência $F(E_1)$, o outro (E_2) não é alimentado ou é colocado em curto-circuito. Pela disposição espacial relativa dos enrolamentos, existe uma posição em que a

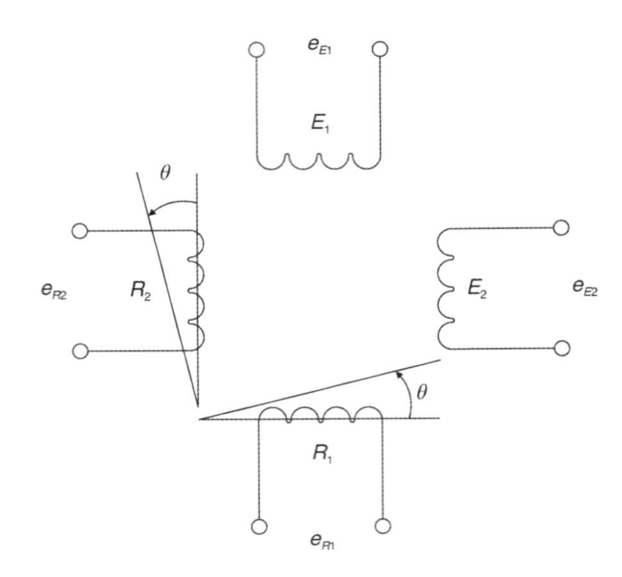

FIGURA 11.68 *Resolver* vetorial. O rotor atua no enrolamento primário, e ambos os enrolamentos do estator atuam como secundário.

tensão senoidal induzida no secundário do rotor R_1 é máxima, enquanto a tensão no secundário R_2 é nula. Se ocorre um deslocamento do rotor até um ângulo θ nessas condições, as tensões induzidas nos secundários são

$$e_{R1} = e_{E1} \times \cos\theta$$

$$e_{R2} = e_{E2} \times \text{sen}\,\theta.$$

Sendo assim, nas tensões de saída do *resolver*, suas amplitudes dependem do ângulo de posição do rotor em relação a uma posição de referência.

11.1.6 Encoder

Sensor que encontra bastante aceitação para medir, com excelente confiabilidade, a posição angular instantânea, ou o deslocamento angular relativo. Também pode ser utilizado para medir velocidade e aceleração, como será explicado a seguir.

Um ***encoder* incremental** (Figura 11.70) é um disco dividido em setores que são alternadamente transparentes e opacos. Uma fonte luminosa é posicionada em um dos lados do disco, e no outro lado há um sensor óptico. Com a rotação do disco, a saída do detector alterna entre dois estados — passando luz ou não — fornecendo, assim, uma saída digital. Podem-se contar os pulsos gerados para saber a posição angular da haste ou do cabo do sensor.

A resolução máxima é limitada pelo número de janelas (setores transparentes ou opacos) existentes em um disco, podendo ser aumentada pela detecção das bordas das janelas. Uma grande desvantagem do *encoder* incremental é a necessidade de contadores externos para determinar o ângulo absoluto para uma dada rotação. Na prática, um ***encoder* incremental de posição** pode ser formado por uma régua linear, ou por um disco de baixa inércia, interfaceado a um dispositivo cuja posição deve ser determinada (Figura 11.71).

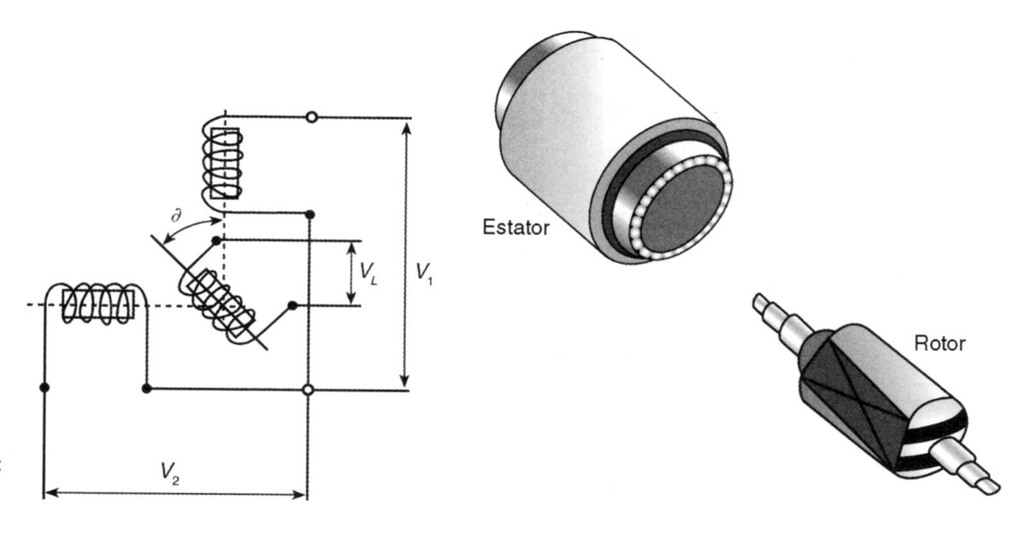

FIGURA 11.69 *Resolver* elétrico: esquema e construção.

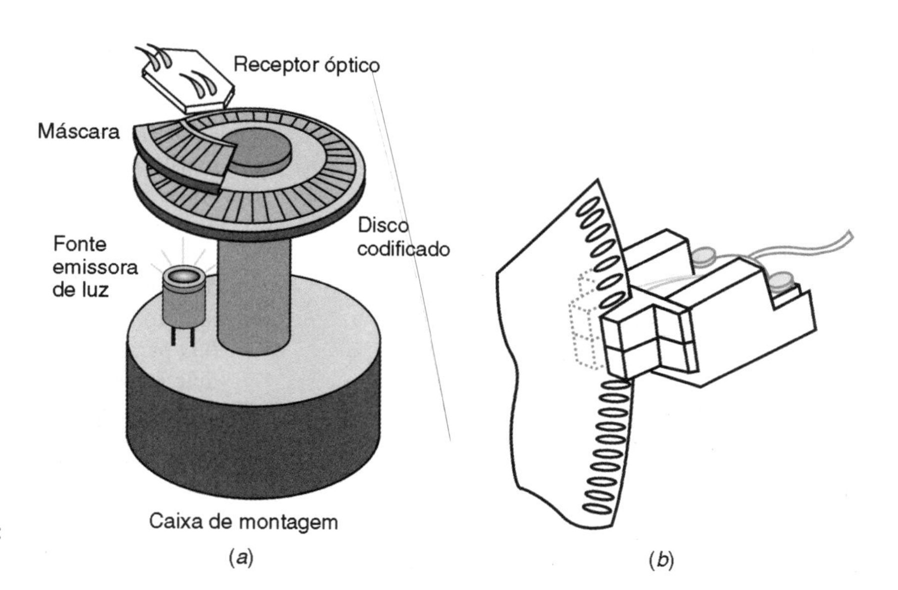

FIGURA 11.70 *Encoder* incremental: (*a*) e (*b*) esboços.

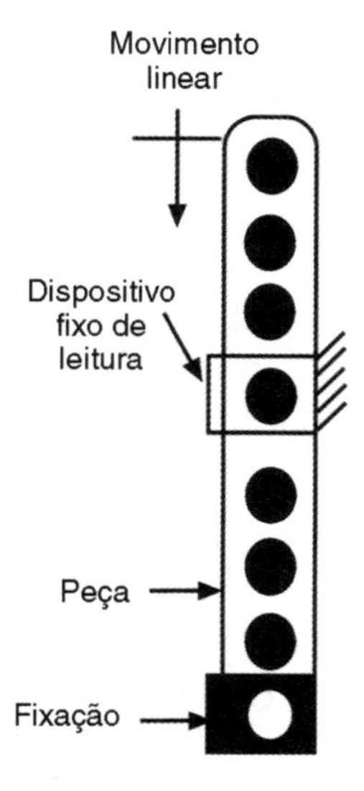

FIGURA 11.71 Esboço do *encoder* incremental linear.

A leitura é realizada por um dispositivo que define uma alteração na saída, quando ocorre um incremento da posição igual a duas vezes o *pitch* p (distância entre duas janelas). Um disco com diâmetro d fornece m pulsos para cada volta:

$$m = \frac{\pi d}{2p}.$$

O ***encoder* absoluto** tem como principal vantagem a memória. No caso do *encoder* incremental, é preciso uma referência inicial para detectar o zero do sistema, enquanto no *encoder* absoluto o zero inicial é a primeira posição. Como desvantagem, pode-se citar o custo. O *encoder* absoluto é dividido em N setores, sendo cada setor dividido radialmente, ao longo do comprimento das seções opacas e transparentes, formando uma única palavra digital de N bits com uma contagem máxima de $2^n - 1$ (usualmente é empregado o **código Gray**; veja a Tabela 11.4). A Figura 11.72 apresenta o aumento da resolução de um ***encoder*** por meio da alteração dos setores.

TABELA 11.4 Códigos decimal, binário e Gray

Decimal	Binário	Gray
0	0000	0000
1	0001	0001
2	0010	0011
3	0011	0010
4	0100	0110
5	0101	0111
6	0110	0101
7	0111	0100
8	1000	1100
9	1001	1101
10	1010	1111
11	1011	1110
12	1100	1010
13	1101	1011
14	1110	1001
15	1111	1000

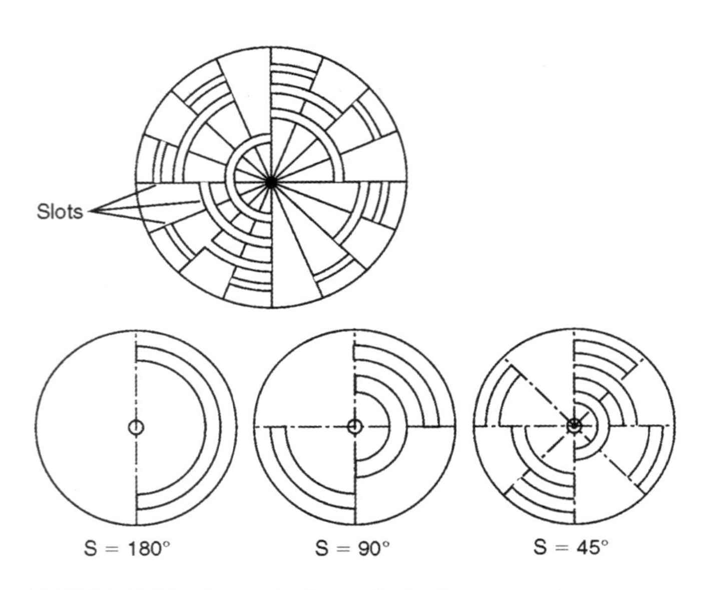

FIGURA 11.72 Aumento da resolução de um *encoder*.

O número de dígitos corresponde ao número de setores do disco. Na ilustração da Figura 11.73, o disco é constituído de quatro setores, indicados pelo código binário: $0_{10} = 0000_2$, $1_{10} = 0001_2$ até $15_{10} = 1111_2$. Esse tipo de sistema pode gerar erros, pois os números $7_{10} = 0111_2$ e $15_{10} = 1111_2$ são diferentes apenas no número mais significativo. Além disso, podem ocorrer erros na passagem de um número para outro. Por exemplo, na transição do número $7_{10} = 0111_2$ para $8_{10} = 1000_2$ ocorre uma variação em todos os *bits* da palavra. Esse fato pode gerar erro, uma vez que a transição deve ser simultânea.

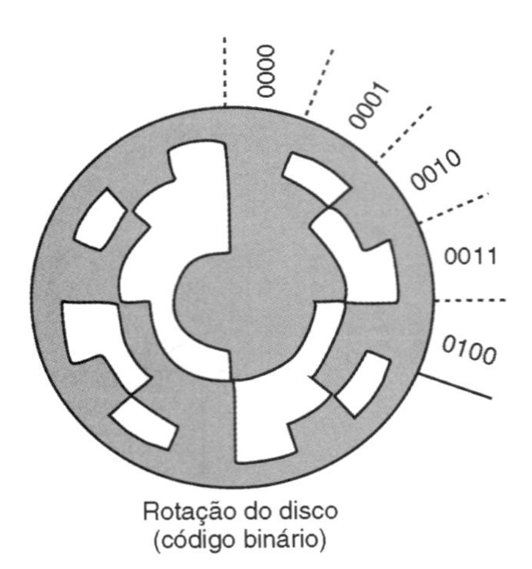

FIGURA 11.73 Arranjo da janela para um *encoder* codificado em binário.

Como solução prática, utiliza-se o código Gray na detecção da janela do *encoder*, conforme esboço da Figura 11.74.

O *encoder* absoluto apresenta um processo de leitura mais complexo quando comparado ao *encoder* incremental. Além disso, necessita de um bom alinhamento para evitar erros e geração de códigos errados.

Conforme salientamos anteriormente, o código Gray é um dos códigos mais comuns, e apresenta a mesma resolução do binário. A resolução de *encoders* absolutos é de 6 *bits* a 21 *bits* para o código Gray (de 8 a 12 *bits* é mais comum) com diâmetros de 50 mm a 175 mm para *encoders* rotacionais.

Emprego da tecnologia óptica nos *encoders*: essa tecnologia é baseada em regiões opacas e regiões transparentes que refletem ou não a luz (existem alguns modelos que funcionam com base em franjas de interferência). Nesses casos, é utilizada uma cabeça de leitura fixa que inclui uma fonte luminosa (LED infravermelho) e um fotodetector (fototransistor ou fotodiodo). Os principais problemas resultam de partículas de sujeira e efeitos devidos a vibrações. Quando se utilizam regiões opacas e

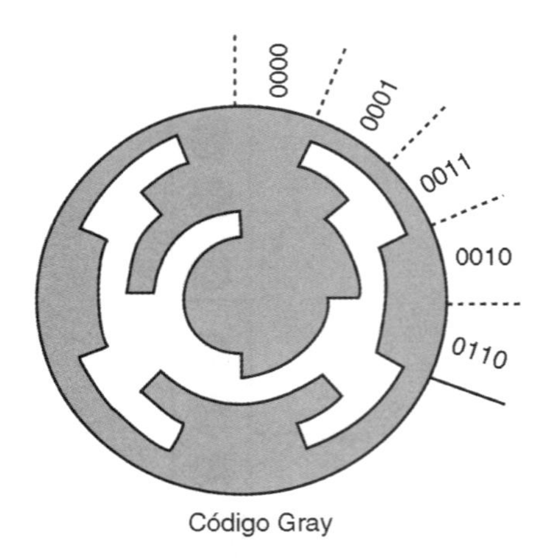

FIGURA 11.74 Arranjo da janela em código Gray para um *encoder*.

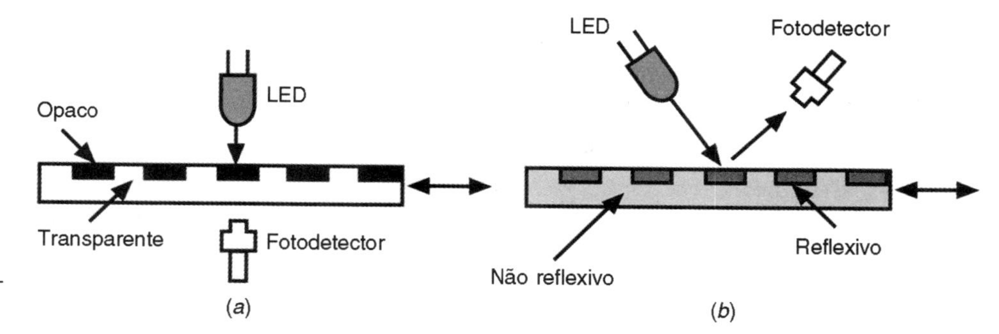

FIGURA 11.75 Princípio de funcionamento dos *encoders* por reflexão.

regiões transparentes (Figura 11.75), o emissor e o receptor precisam ser colocados em cada lado do elemento em movimento.

11.1.7 Giroscópio ou goniômetro

Giroscópio é um instrumento utilizado para medir deslocamento angular e apresenta grande utilidade em sistemas de navegação. São encontrados giroscópios mecânicos, semicondutores e por meios ópticos. A Figura 11.76 apresenta o esboço de um giroscópio mecânico.

O dispositivo ilustrado na Figura 11.76 mede deslocamento angular em um eixo apenas (em sistemas de navegação tridimensionais são necessários três desses dispositivos). A resposta desse sistema é de primeira ordem:

$$\frac{\theta_0}{\theta_i}(s) = \frac{K}{\tau s + 1},$$

sendo $K = H/\beta$, $\tau = M/\beta$, θ_i o ângulo de saída, s o operador de Laplace, H o momento angular, M o momento de inércia do sistema em relação ao eixo de medição e β o coeficiente de amortecimento.

Eletrogoniômetro, ou **giroscópio semicondutor** [Figura 11.77(*a*)], é um dispositivo que fornece um nível de tensão proporcional à velocidade de giro, do eixo normal em relação à superfície do encapsulamento do circuito integrado, como mostra a Figura 11.77(*b*).

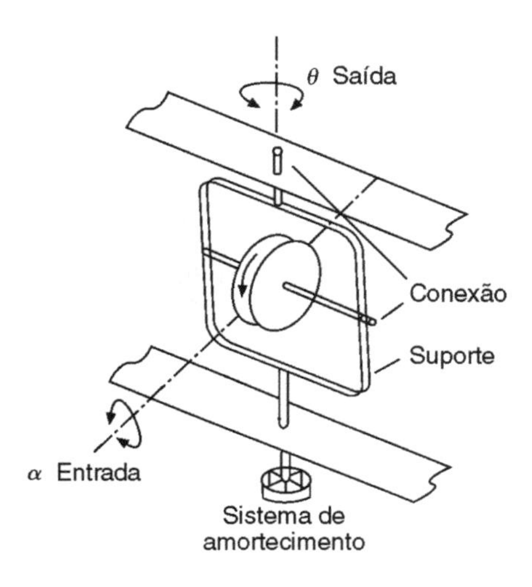

FIGURA 11.76 Esboço de um giroscópio mecânico.

Se esse dispositivo for posicionado sobre um braço humano (Figura 11.78), é possível determinar a direção do movimento de giro (Figura 11.79), tomando-se a superfície da Terra como referência para o movimento do braço.

11.2 Medição de Velocidade

Os parâmetros deslocamento, velocidade e aceleração podem ser determinados pela derivada ou pela integral de um deles; sendo assim, basta determinar um dos parâmetros para obter os outros por meio de processamento matemático, desde que a variação da distância seja menor que a velocidade média nessa distância.

A derivada das medições de deslocamento obtidas por qualquer método discutido anteriormente pode ser usada para determinar a velocidade linear (integração da aceleração ou diferenciação do deslocamento). Outra possibilidade é integrar o sinal da saída de um acelerômetro (sensor que será apresentado posteriormente).

Transdutores de velocidade rotacional são importantes em sistemas de medição de velocidade, destacando-se os tacômetros digitais e os analógicos, transdutores de velocidade por relutância variável e tacômetros por efeito Hall ou magnetorresistivos, entre outros.

Tacômetro digital

Tacômetros, em geral, são dispositivos que percebem a posição por meio da passagem de dentes ou marcas igualmente espaçadas em um disco ou eixo girante. São utilizados vários tipos de sensores, como, por exemplo, os ópticos, os indutivos, os magnéticos ou mesmo os *encoders*. Cada marca percebida é a entrada para um contador eletrônico de pulso, permitindo que a velocidade média do sistema seja calculada em função da contagem de pulsos por unidade de tempo. Portanto, para m pulsos gerados por volta, com frequência determinada por um circuito contador, a velocidade rotacional, n, em voltas por segundos, é dada por

$$n = \frac{N_c}{T_0} \times \frac{1}{m},$$

sendo N_c o número de pulsos contados durante o intervalo de tempo T_0[s].

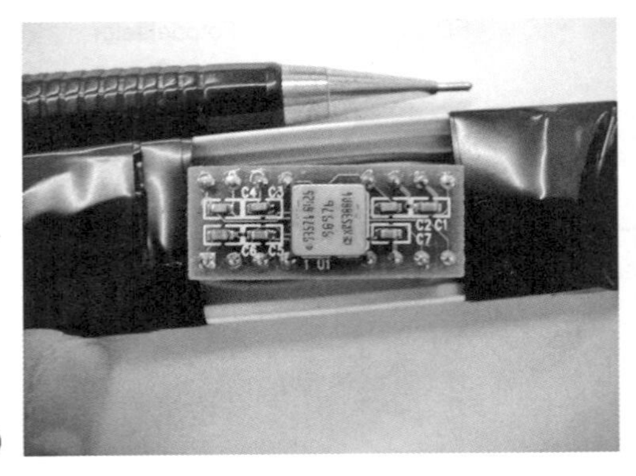

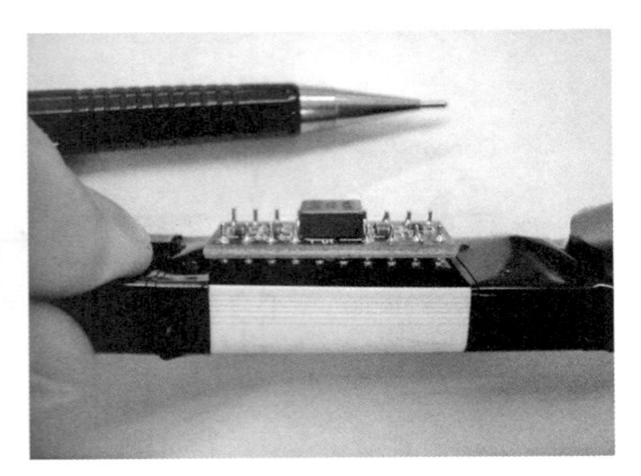

(a)

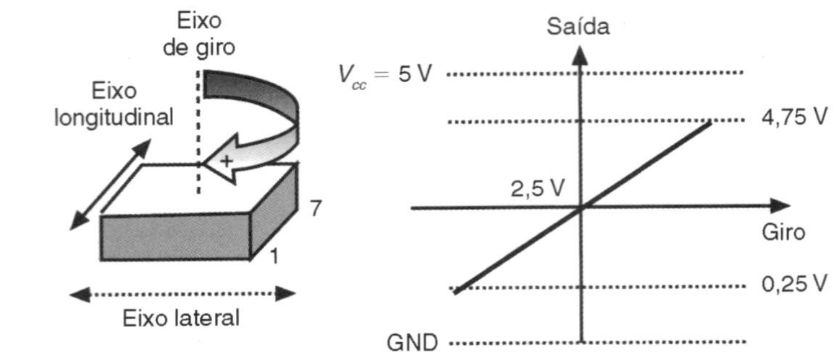

(b)

FIGURA 11.77 Eletrogoniômetro comercial: (*a*) fotos de um protótipo desenvolvido pelos autores para medição de movimentos e (*b*) princípio de funcionamento do eletrogoniômetro utilizado no protótipo. (Cortesia de Analog Devices.)

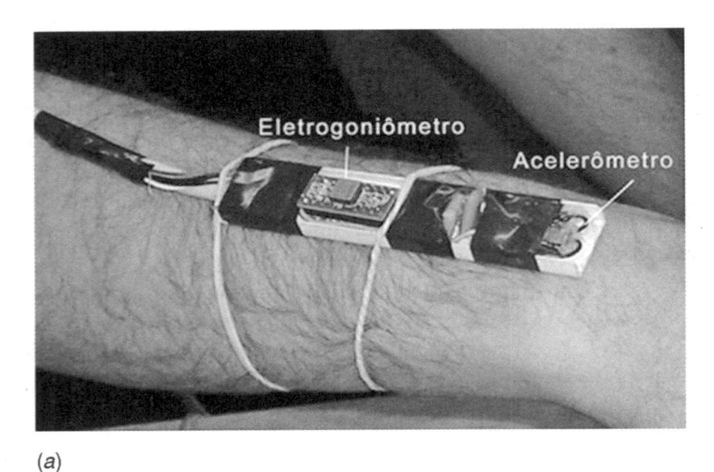

(a)

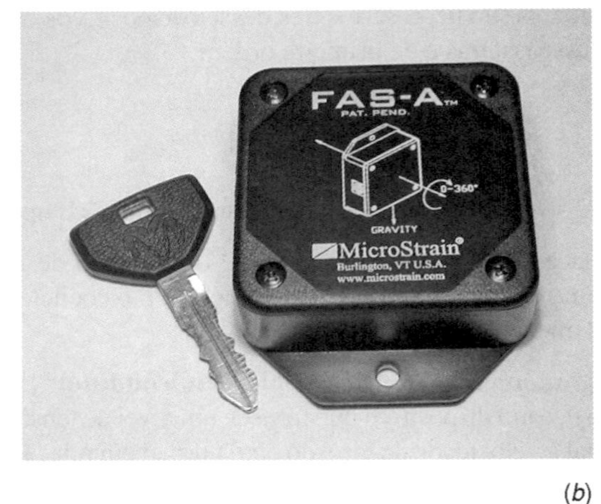

(b)

FIGURA 11.78 Eletrogoniômetro: (*a*) em destaque o eletrogoniômetro ADXRS300 da Analog Devices inserido em seu *kit* de avaliação (ADXRS300EB) para estudo dos movimentos do segmento mão-braço (protótipo e fixação provisória do sensor apenas para testes iniciais) e (*b*) eletrogoniômetro cortesia de LORD MicroStrain.

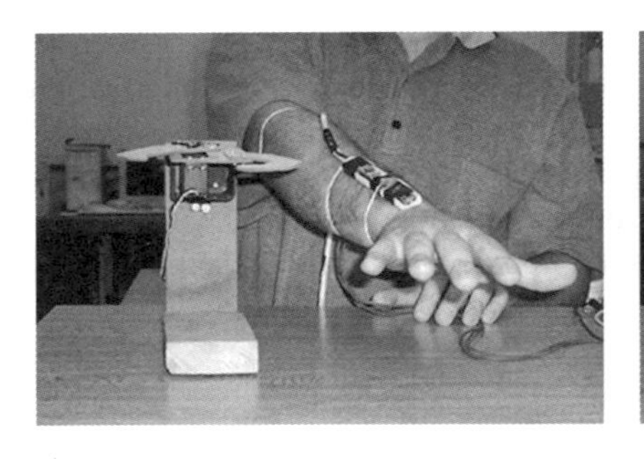

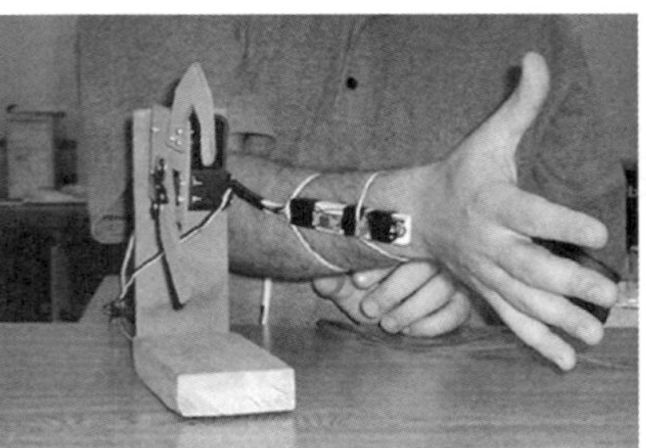

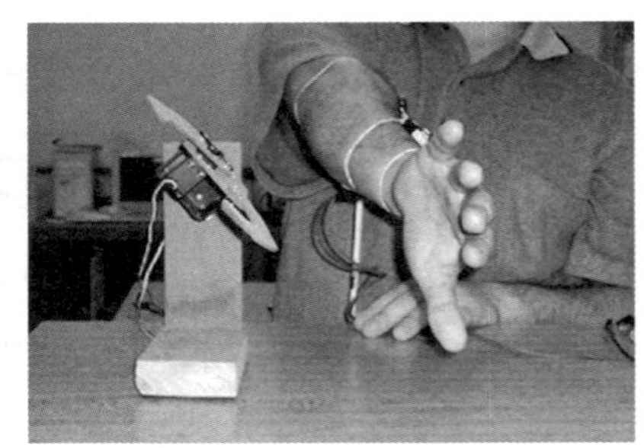

FIGURA 11.79 Fotos do protótipo desenvolvido para controle de uma mão robótica gerenciada pelos movimentos do braço humano por meio do processamento de sinais derivados de um eletromiógrafo, de um acelerômetro e de um eletrogoniômetro (o procedimento de fixação do sensor no braço foi provisório para testes iniciais).

Tacômetro digital com sensor óptico: conhecido também como tacômetro óptico, cujo pulso, em geral, é gerado por uma das técnicas apresentadas na Figura 11.80. Normalmente são utilizados *lasers* ou LED*s* como fonte luminosa, e fotodiodos ou fototransistores, como detectores. Essa é considerada a melhor tecnologia empregada em tacômetros digitais, porém não é confiável em ambientes contaminados ou sujos, cuja sujeira possa interferir no caminho óptico. São utilizadas duas técnicas: (a) a saída de um *encoder* interligada a um conversor de frequência em tensão (são encontrados no mercado diversos circuitos para converter frequência em tensão, como, por exemplo, os integrados da Analog Devices AD451, AD453 e da National Instruments LM331, entre outros) e (b) a saída de um *encoder* interfaceada a um microcontrolador com programa para aproximar a velocidade pela variação da distância em função da variação no tempo $\left(\Delta d / \Delta T\right)$.

Tacômetro digital com sensor indutivo: dispositivo cujo transdutor utilizado é o de relutância variável. Apresenta ampla aplicação no setor automotivo, como, por exemplo, em sistemas de freios antibloqueantes (popularmente conhecidos como freios ABS) e em controles de tração. A Figura 11.82 apresenta o esboço de um tacômetro com transdutor de relutância variável. No momento em que insertos metálicos estiverem sobre a sonda, a relutância será mínima, podendo detectar-se essa característica e relacionar com a posição.

Tacômetro digital com sensor de efeito Hall: alguns tacômetros digitais utilizam como sensor um dispositivo de efeito Hall ou um sensor magnetorresistivo que, com um condicionamento eletrônico adequado, produzem uma saída proporcional à velocidade de rotação da engrenagem.

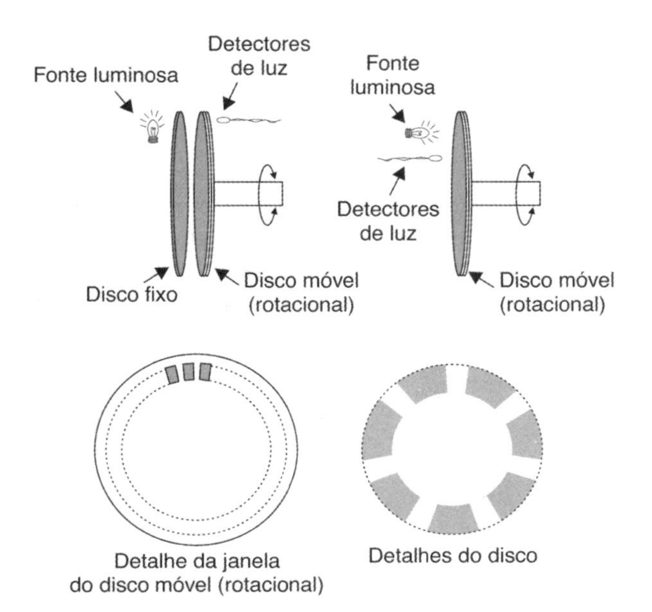

FIGURA 11.80 Principais técnicas utilizadas na geração de pulsos fotoelétricos em tacômetros digitais.

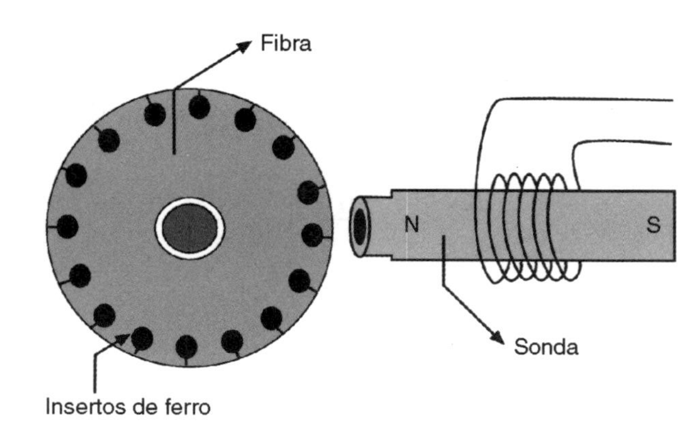

FIGURA 11.81 Transdutor de relutância variável.

Tacômetro analógico

Os tacômetros analógicos são menos precisos que os digitais, mas são utilizados em diversas aplicações. O **tacômetro DC** apresenta uma saída aproximadamente proporcional à sua velocidade de rotação. A estrutura básica encontra-se ilustrada na Figura 11.84, em que a saída DC fornece uma sensibilidade típica de $5\text{ V} / 1000\text{ rpm}$. A direção da rotação é determinada pela polaridade da tensão de saída (faixa máxima típica até 6000 rpm). Observa-se que nesses tacômetros é necessário o contato mecânico entre o instrumento e o eixo, no qual será medida a velocidade.

Relembrando, Faraday determinou que a tensão V induzida é dada por

$$V = -N\frac{d\Phi}{dt},$$

sendo N o número de voltas ou espiras da bobina (no caso, posicionado no rotor) e $d\Phi$ a variação no fluxo magnético em função da variação no tempo dt. Cabe observar que o fluxo magnético pode ser variável (através de uma corrente alternada, por exemplo) ou a posição do circuito pode ser alterada com relação a um fluxo magnético constante. Em um

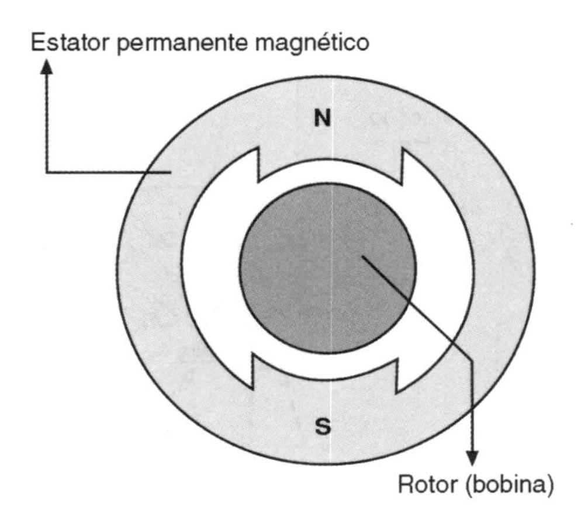

FIGURA 11.82 Tacômetro analógico DC.

tacômetro AC, a tensão induzida (V) em um circuito com N voltas movendo-se com uma velocidade angular, n, com relação a um campo magnético constante com uma densidade de fluxo magnético B é dada por

$$V = -N\frac{d\Phi}{dt} = -N\frac{d(B \times A \times \cos(\theta))}{dt} =$$
$$= N \times B \times A \times \text{sen}(\theta)\frac{d\theta}{dt}.$$

Como $\omega = 2\pi n = \frac{d\theta}{dt}$,

$$V = N \times B \times A \times \omega \times \text{sen} \int \omega dt.$$

A Figura 11.83 traz um esboço do tacômetro AC com uma saída em tensão elétrica com frequência constante e uma amplitude proporcional à velocidade de rotação.

O tacômetro AC apresenta uma saída aproximadamente proporcional à velocidade de rotação. Sua estrutura eletromecânica, ilustrada na Figura 11.84, tem a forma de um motor de indução de duas fases com dois enrolamentos. Um dos enrolamentos do estator é excitado por uma tensão AC, e o sinal medido é a tensão de saída induzida no segundo enrolamento. A magnitude dessa tensão de saída é zero quando o rotor está estacionário; caso contrário, é proporcional à velocidade angular do rotor. A direção de rotação é determinada pela fase da tensão elétrica de saída; sendo assim, a fase e a magnitude da tensão elétrica de saída podem ser medidas.

Quando o rotor gira a uma velocidade n, a tensão elétrica induzida (V) no enrolamento de saída é

$$V = k \times \omega \times n \times \text{sen}(\omega \times t + \phi).$$

Flyball

Dispositivo clássico (também chamado de **tacômetro centrífugo**) utilizado para medir velocidade rotacional em motores e turbinas, entre outros. A Figura 11.85 apresenta um esboço desse dispositivo. Nesse dispositivo, como a força centrífuga varia com o quadrado da velocidade de entrada (ω), ou rotação do eixo, a saída indicada no leitor ou no deslocamento do ponteiro (x_0) não varia linearmente com a velocidade, se for utilizado um sistema de amortecimento comum.

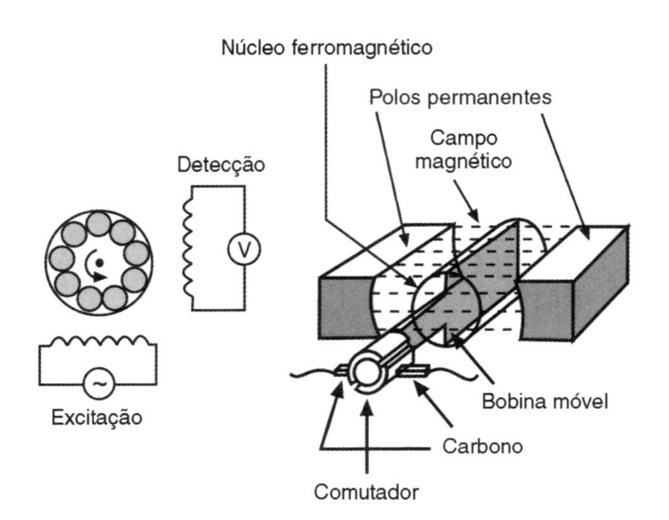

FIGURA 11.83 Esquemas de tacômetros AC.

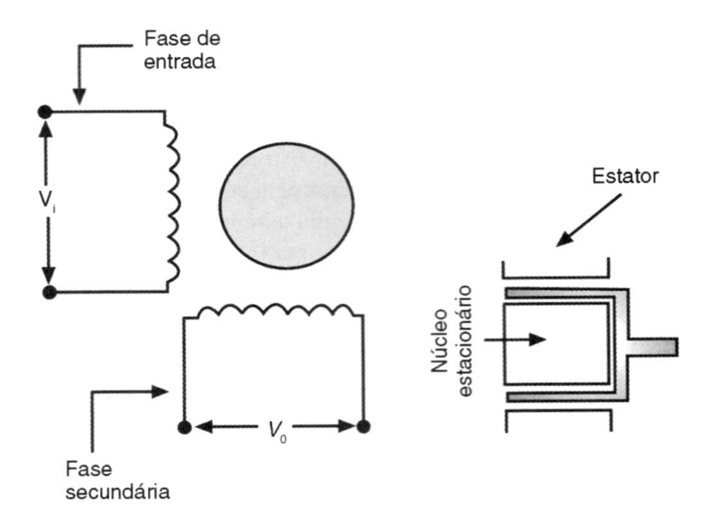

FIGURA 11.84 Esboço de um tacômetro analógico AC.

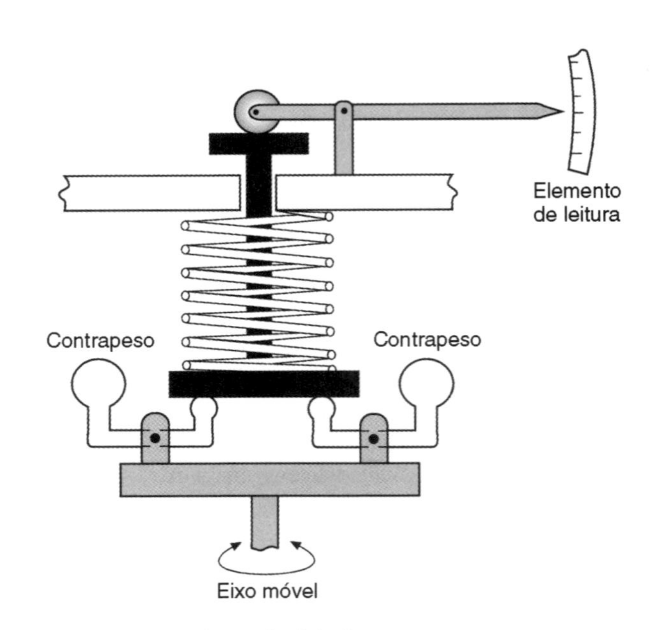

FIGURA 11.85 Esboço do *flyball*.

Considerando-se o equilíbrio, a força centrífuga (F_c) é balanceada pela força da mola (F_m):

$$F_c = K_c \times \omega^2$$
$$F_m = K_m \times x_0,$$

em que K_c e K_m são constantes do sistema mecânico. No equilíbrio:

$$F_c = F_m \therefore K_c \times \omega^2 = K_m \times x_0$$
$$\omega = \sqrt{\frac{K_m \times x_0}{K_c}}.$$

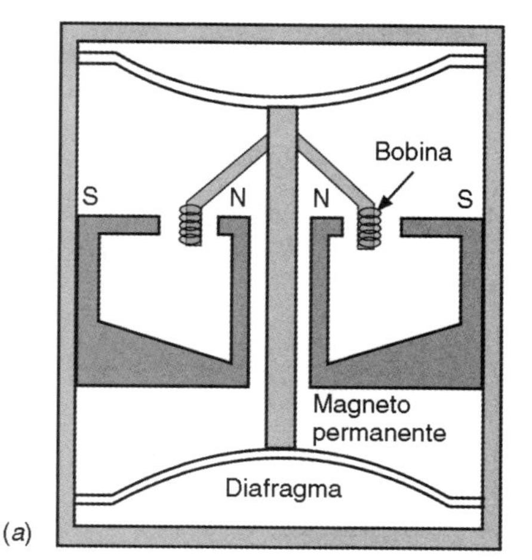

FIGURA 11.86 (*a*) Esboço de um sensor de velocidade baseado no movimento de uma bobina e (*b*) foto de um *shaker* (mesa vibratória) de laboratório.

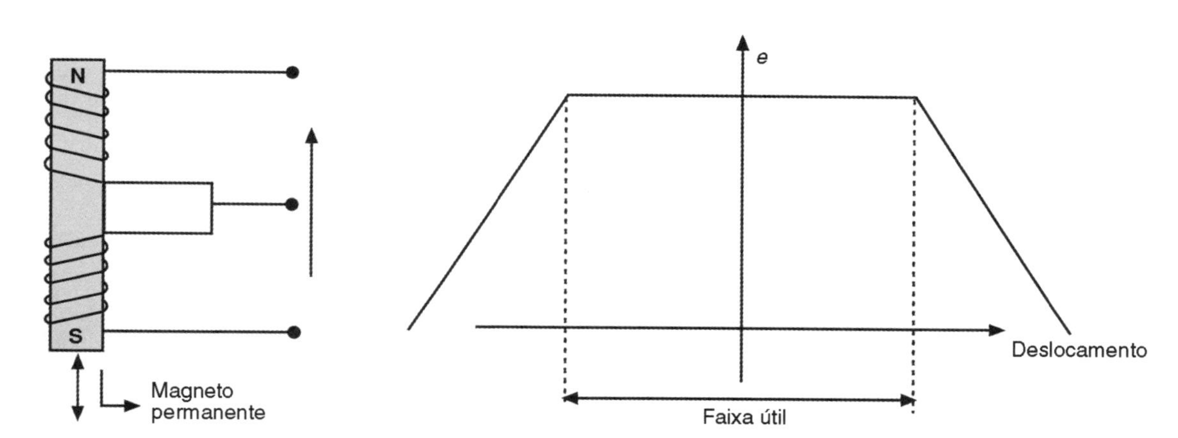

FIGURA 11.87 Sensor de velocidade linear baseado em um núcleo móvel.

Essa expressão envolve relações não lineares entre o deslocamento do ponteiro e a velocidade rotacional. Quando essa relação não é aceitável, pode ser linearizada com o uso de um sistema de amortecimento, no caso uma mola, com características não lineares, de tal forma que

$$F_m = K'_m \times x_0^2$$

$$\omega = x_0 \sqrt{\frac{K'_m}{K_c}}.$$

Sensores de velocidade linear

Considerando-se um condutor de comprimento l, perpendicular a um campo magnético com densidade de fluxo B e movendo-se (com velocidade linear v) na direção perpendicular a l e B, a tensão induzida (V) no condutor é dada por

$$V = B \times 1 \times v,$$

o que indica que essa tensão induzida é diretamente proporcional à densidade de fluxo magnético, ao comprimento do condutor e à velocidade. Esse princípio é utilizado em uma variedade de dispositivos para determinar a velocidade.

Como exemplo, considere um dispositivo com bobina móvel, similar a um alto-falante [Figura 11.86(*a*)], cuja velocidade movimenta uma bobina exposta a um magneto permanente fixo [princípio utilizado no desenvolvimento de mesas vibratórias (*shakers*) de laboratórios de P&D[1] para estudo e caracterização de sistemas dinâmicos; veja a Figura 11.86(*b*)].

Outro dispositivo parecido é o sensor de núcleo móvel (arranjo similar ao LVDT), que, no entanto, utiliza um magneto permanente no núcleo, cujo esboço encontra-se na Figura 11.87. A variação na tensão de saída é função do deslocamento do núcleo movendo-se a uma velocidade constante. É importante observar que os dispositivos utilizados para medição de deslocamento também servem para medir velocidade e aceleração.

11.3 Medição de Aceleração

Os sensores para aceleração (normalmente chamados de acelerômetros) fornecem uma saída proporcional à aceleração, à vibração ou ao choque. Os acelerômetros são encontrados em diversos tamanhos, diferentes tecnologias (com destaque

[1] P&D: Pesquisa e Desenvolvimento.

para os **piezoelétricos**, os **piezorresistivos** e os **capacitivos** e, ultimamente, os acelerômetros integrados, fabricados por meio de microeletrônica e denominados **MEMS**, *microelectromechanical systems*). Além disso, existem diversos tipos de encapsulamento, eixos de medição (uniaxiais, biaxiais e triaxiais), diferentes faixas de amplitude (normalmente caracterizadas em função da gravidade) e de frequência.

No setor industrial, a medição de aceleração é utilizada em diversos sistemas, principalmente no monitoramento da vibração em sistemas mecânicos: eixos, rolamentos, sistemas veiculares, entre outros. No setor de saúde, o acelerômetro pode ser utilizado, por exemplo, para caracterizar a inclinação de membros, aceleração e vibração ocupacional (área denominada **vibração humana**).

O princípio básico de qualquer acelerômetro é a ação da aceleração em uma massa para produzir força, seguindo a famosa **segunda lei de Newton**:

$$F = m \times a,$$

na qual F é a força [N], m a massa [kg] e a a aceleração m/s^2.

Portanto, nos acelerômetros é necessário o uso de uma massa, denominada massa inercial ou sísmica. Um sensor do tipo *strain-gage* (veja o Capítulo 10) pode ser conectado a uma massa inercial, com ou sem sistema de suspensão ou amortecimento (denominado elemento mola) para medir a aceleração. O acelerômetro mais comum utiliza uma massa inercial acoplada a um transdutor piezoelétrico. O uso desses transdutores facilita a obtenção de sinais bidimensionais que respondam a uma ampla faixa de frequências.

Conforme salientamos anteriormente, a unidade da aceleração no Sistema Internacional é m/s^2, porém na maioria das situações ela é medida com relação à aceleração da gravidade, g, cujo valor aproximado é 9,81 m/s^2; sendo assim, 1 g = $1 \times 9{,}81\ \mathrm{m}/\mathrm{s}^2$, 50 g = $50 \times 9{,}81 = 490{,}5\ \mathrm{m}/\mathrm{s}^2$, e assim por diante.

Em geral, o acelerômetro pode ser modelado matematicamente, como mostra a Figura 11.88.

Qualquer força inercial devida à aceleração movimenta a massa de acordo com a segunda lei de Newton, de forma que o sistema da Figura 11.88 pode ser modelado matematicamente por

$$\frac{x(s)}{a(s)} = \frac{1}{s^2 + \frac{b}{m} + s\frac{K}{m}},$$

em que s representa o operador de Laplace, x o deslocamento da massa da sua posição de repouso, a a aceleração a ser medida, b o coeficiente de amortecimento, m a massa destinada ao movimento e K a constante da mola do sistema. Às vezes, é interessante determinar a função de transferência de um sistema em função da frequência natural ω_n e do fator de qualidade Q. Nesse caso, o modelo matemático é dado por

$$\frac{x(s)}{a(s)} = \frac{1}{s^2 + \frac{\omega_n}{Q}s + \omega_n^2},$$

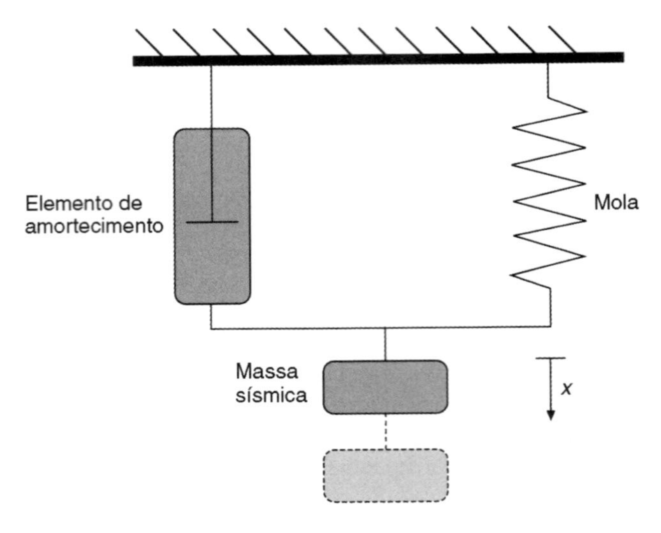

FIGURA 11.88 Modelo de um acelerômetro que consiste em uma massa sísmica, um elemento mola e um elemento de amortecimento.

com $Q = \frac{\omega_n \times m}{b} = \frac{\sqrt{m \times K}}{b}$,

$$\omega_n = \sqrt{\frac{K}{m}}$$

cuja sensibilidade (S) para um sistema não realimentado é dada por

$$S = \frac{m}{K},$$

sendo K a constante da mola e m a massa sísmica.

11.3.1 Parâmetros, características e princípios básicos

A Figura 11.89 apresenta o esboço de diferentes acelerômetros: tamanhos, massa, sensibilidade e eixos de medição (uniaxial e triaxial). Cabe ressaltar que diferenças na massa e na sensibilidade são dependentes da aceleração, ou seja, da aplicação a que se destina o acelerômetro.

Sensibilidade

Valores elevados de sensibilidade normalmente são encontrados em acelerômetros piezoelétricos relativamente grandes, e, portanto, relativamente pesados. Acelerômetros capacitivos apresentam baixa sensibilidade, mas hoje, com o uso de circuitos condicionadores apropriados, é possível utilizar esses sensores em diversas aplicações. A sensibilidade normalmente é dada em pC/g ou mV/g.

Massa

Fator importante na medição de sistemas leves, pois massas elevadas podem alterar significativamente o comportamento dinâmico do sistema. Por exemplo, na caracterização da

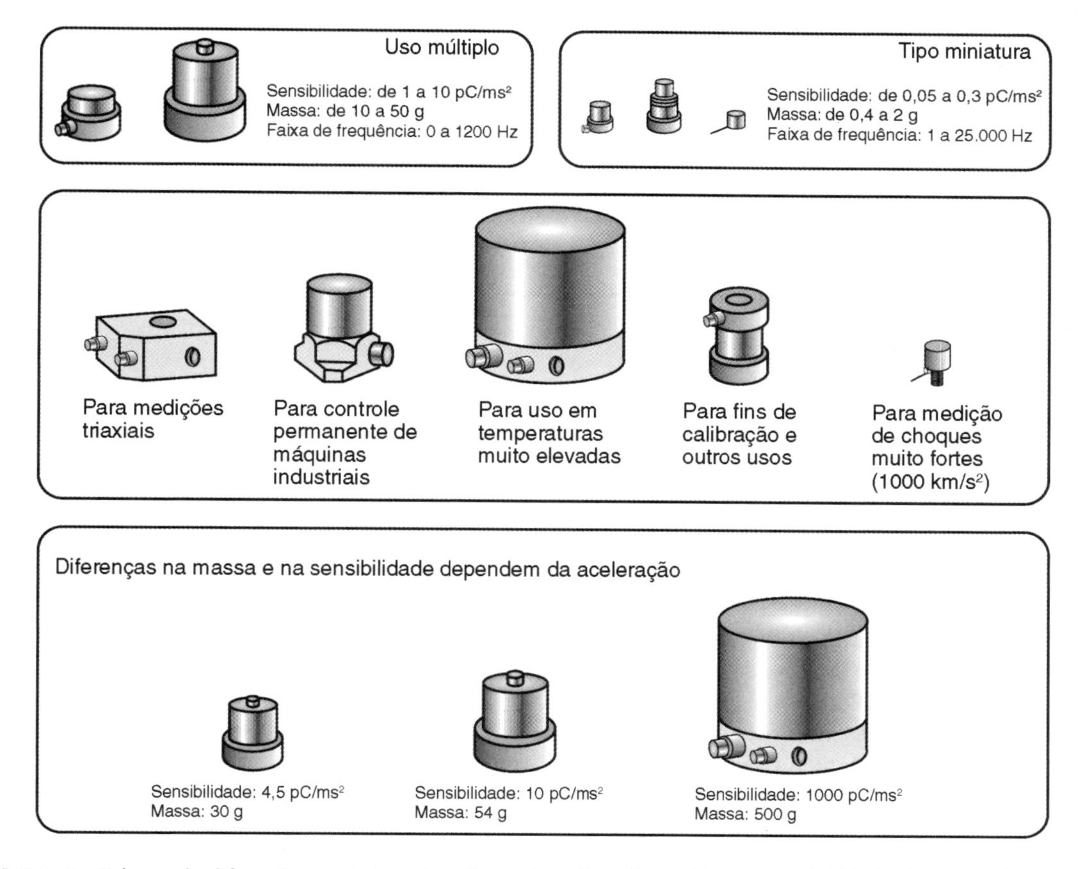

FIGURA 11.89 Esboço de diferentes acelerômetros: tamanho, eixos de medição e sensibilidade. (Cortesia de Brüel&Kjaer.)

vibração ocupacional ou da vibração humana, um acelerômetro fixado, por exemplo, no segmento mão-braço deve ser um microacelerômetro de massa menor do que 5 a 3 gramas para não alterar a elasticidade da pele, ou seja, o comportamento dinâmico do sistema a ser medido. Como regra geral, o tamanho do acelerômetro nunca pode exceder um décimo da massa dinâmica da peça sobre a qual o acelerômetro é posicionado ou fixado. O acelerômetro escolhido deve ser adequado à aplicação; portanto, deve apresentar sensibilidade, faixa de frequência, amplitude e faixa dinâmica apropriadas.

Faixa dinâmica

A faixa dinâmica deve ser levada em consideração em medições com níveis de aceleração muito baixos ou altos. É importante ressaltar que o limite inferior normalmente está relacionado com o ruído elétrico proveniente dos cabos de ligação e do circuito condicionador, enquanto o limite superior é determinado pelo comportamento estrutural do acelerômetro (Figura 11.90).

Acelerômetros comuns apresentam uma faixa linear, de 50.000 $^{m}/_{s^2}$ ($\approx$ 5096 g) a 100.000 $^{m}/_{s^2}$ ($\approx$ 10.192 g), enquanto nos acelerômetros indicados para medir choques mecânicos a faixa linear termina em aproximadamente 100.000 g. A maioria dos sistemas mecânicos apresenta comportamento dinâmico na faixa de frequência de 10 Hz a 1000 Hz, porém no estudo das vibrações humanas a faixa de interesse, dependendo do segmento em estudo, encontra-se entre 1 Hz e 300 Hz. A Figura 11.91 apresenta uma curva típica de resposta em frequência dos acelerômetros piezoelétricos. A Figura 11.92 ilustra o uso de dois acelerômetros de tamanhos, sensibilidades e faixas de frequência diferentes (adequados à aplicação proposta).

Os acelerômetros piezoelétricos apresentam um pico elevado de ressonância em sua resposta em frequência. Isso se

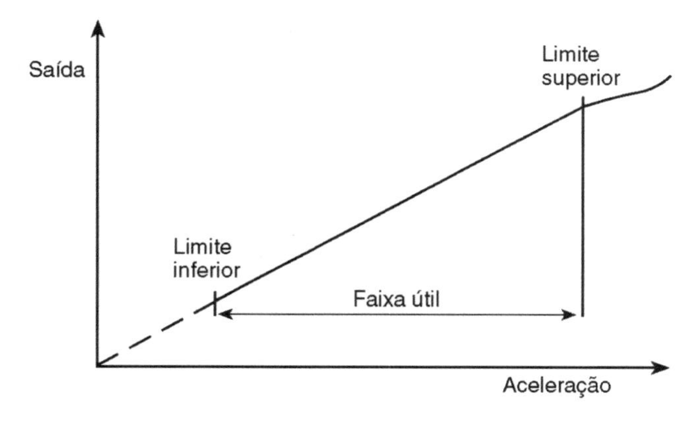

FIGURA 11.90 Ilustração da faixa (*range*) dinâmica de um acelerômetro genérico.

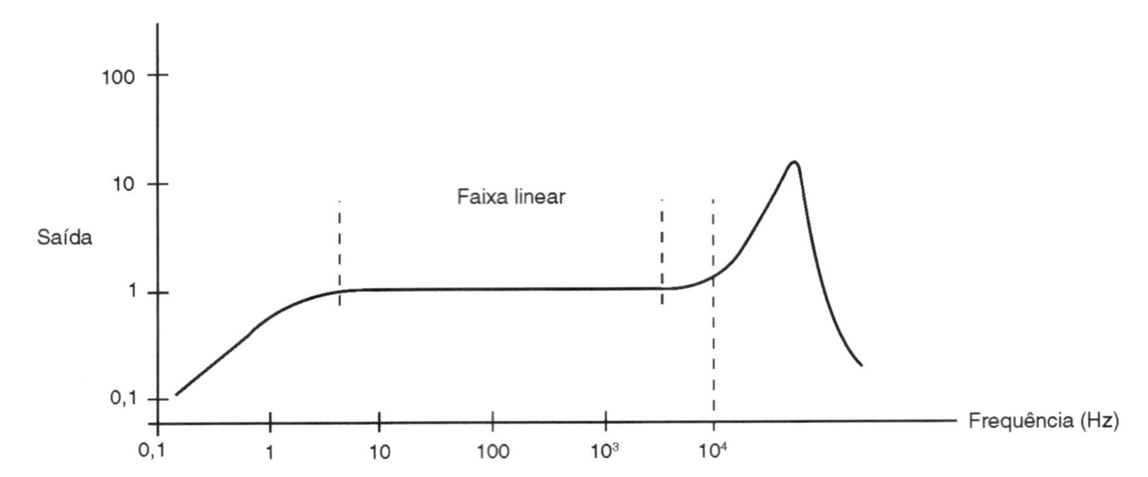

FIGURA 11.91 Resposta típica em frequência de um acelerômetro piezoelétrico (a faixa de frequência varia de acordo com o sensor escolhido).

deve ao fato de que, quando uma força dinâmica é aplicada ao material piezoelétrico, o único sistema de amortecimento é a fricção interna do material. Portanto, é possível utilizar esse tipo de sensor em frequências inferiores à frequência de ressonância do material (a saída precisa ser tratada através de um filtro passa-baixas, para prevenir a saturação do circuito amplificador utilizado). Como ilustração, a Tabela 11.5 apresenta valores típicos de faixa de frequência no estudo da vibração humana.

Fixação do acelerômetro

O acelerômetro deve ser fixado de acordo com a direção ou o sentido de medição, que deve coincidir com seu principal eixo de sensibilidade. Existem diversos procedimentos para fixação dos acelerômetros (consulte especificações do fabricante), os quais se devem respeitar a fim de evitar danos ao sensor e/ou medições equivocadas. Os principais procedimentos de fixação são por pino rosqueado (normalmente acompanha o acelerômetro), cimento ou cola apropriada, ímã permanente ou utilização de alguma ponta de prova (é importante observar que a superfície de fixação deve ser limpa, plana ou lisa). A fixação inadequada resulta em uma possível diminuição da faixa de frequência útil do acelerômetro, conforme ilustra a Figura 11.93. A Figura 11.94 mostra os eixos que devem ser levados em consideração no estudo das vibrações ocupacionais ou das vibrações humanas. A vibração humana deve ser medida de acordo com um sistema de coordenadas, originado em um ponto em que a vibração está entrando no corpo, entre as possibilidades mostradas na Figura 11.94(*a*). Para caracterização da vibração humana no segmento mão-braço, devem-se posicionar os transdutores na superfície das mãos, ou em

(*a*)

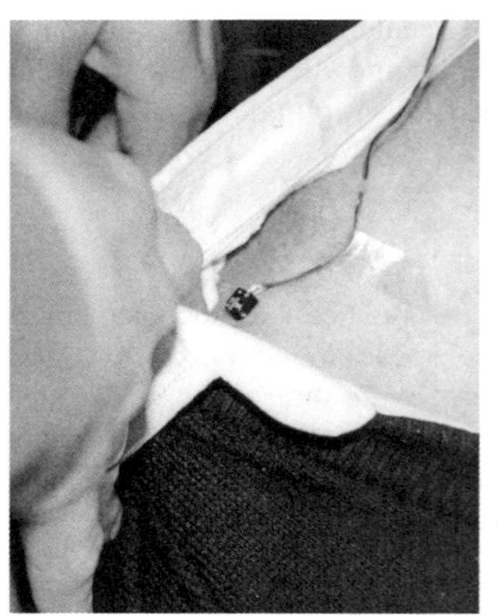
(*b*)

FIGURA 11.92 Fotos de duas aplicações baseadas em acelerômetros: (*a*) caracterização da vibração em chassi de um veículo (percebe-se que a área sob o acelerômetro foi tratada e limpa, tornando-a adequada para a fixação do acelerômetro com rosca apropriada) e (*b*) estudo da vibração humana (microacelerômetro fixado com fita de dupla face para estudo da transmissibilidade da vibração no segmento mão-braço-trapézio).

TABELA 11.5 Valores típicos de faixa de frequência no estudo da vibração humana

Frequência (Hz)	Sistema em estudo	Principais fontes de vibração
de 0 a 2	Vestibular	Barcos e veículos
de 2 a 30	Ressonância do corpo	Veículos e aeronaves
>20	Músculos, tendões e pele	Ferramentas manuais

áreas de contato com as mãos que são consideradas pontos de entrada da vibração, como, por exemplo, o cabo de uma ferramenta [Figura 11.94(*b*)]. Para mais informações, consulte as normas ISO apresentadas nas Referências Bibliográficas, no final do capítulo.

Como todo sensor ou transdutor, os acelerômetros também sofrem influência do meio ambiente, destacando-se erros devidos a flutuações de temperatura, tensões na base de fixação do acelerômetro, interferências eletromagnéticas, vibrações transversais, ruídos mecânicos, entre outros fatores.

11.3.2 *Acelerômetros piezoelétricos*

Princípios básicos

Como já vimos neste volume, os materiais piezoelétricos são sensíveis à temperatura, pois acima da temperatura de Curie todos os materiais piezoelétricos perdem suas propriedades. O quartzo, por exemplo, é utilizado até 260 °C, e o PZT, até 125 °C. Além disso, os materiais piezoelétricos apresentam alta impedância de saída (pequena capacitância com alta

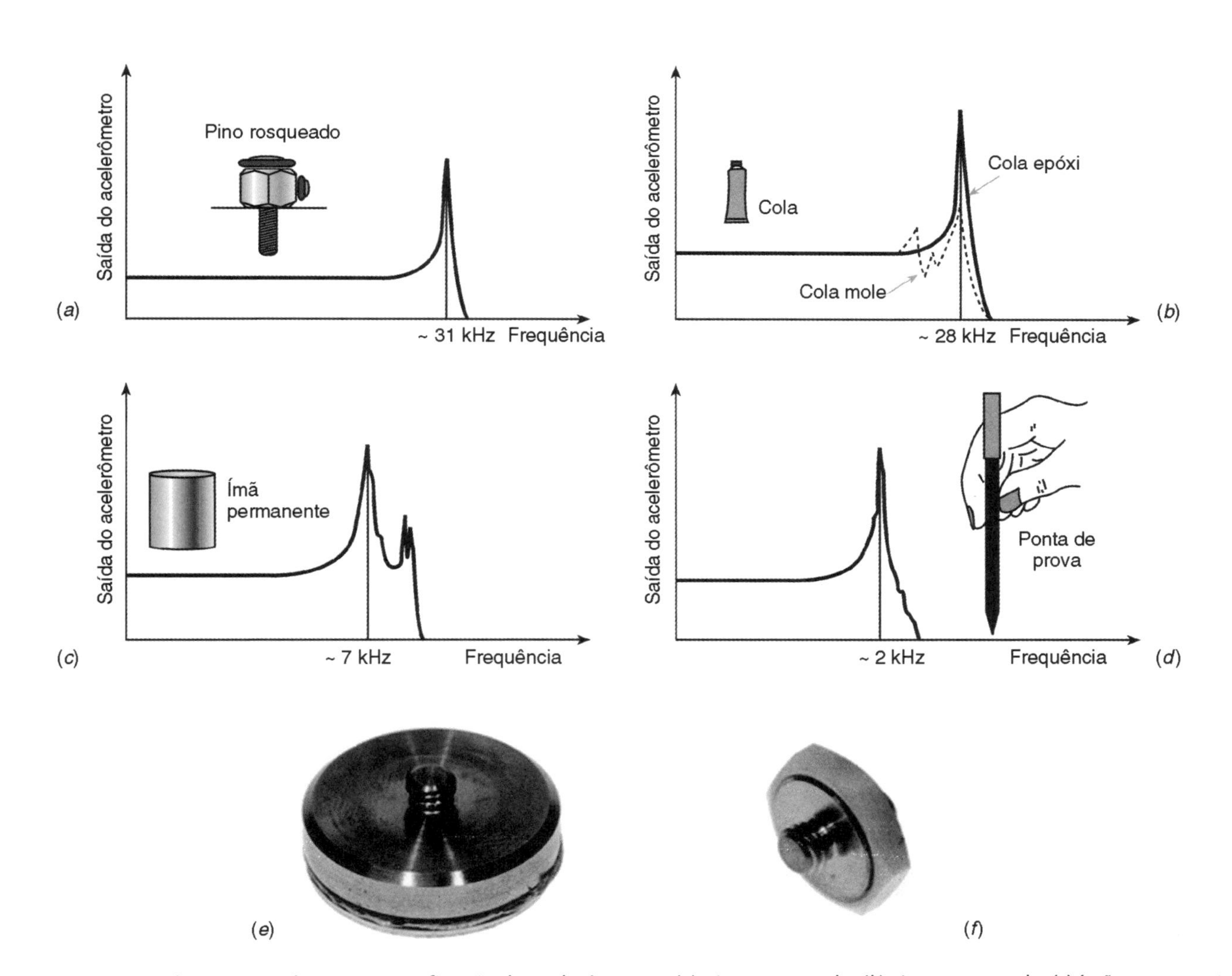

FIGURA 11.93 Alguns procedimentos para fixação de acelerômetros: (*a*) pino rosqueado, (*b*) cimento ou cola, (*c*) ímã permanente, (*d*) uso de uma ponta de prova; (*e*) modelo de fixador magnético comercial e (*f*) modelo de fixador do tipo rosca comercial. (Cortesia de Brüel&Kjaer.)

resistência); portanto, para medir o sinal gerado, é necessário utilizar um circuito condicionador (amplificador de carga; alguns sensores incluem um amplificador integrado, o que limita a temperatura de operação à faixa dos componentes semicondutores).

Os sensores piezoelétricos oferecem alta sensibilidade (mais de 1000 vezes superior, quando são comparados aos *strain-gages*) e usualmente apresentam baixo custo. Respondem a deformações menores do que 1 μm e são adequados para medição de esforços variáveis, tais como força, pressão e aceleração. Seu pequeno tamanho (podem ter menos de 1 mm) e a possibilidade de fabricação de dispositivos com sensibilidade unidirecional são propriedades interessantes em muitas aplicações, particularmente no monitoramento de vibrações.

A Figura 11.95 apresenta um arranjo de um material piezoelétrico usado para medir vibração, força, pressão ou deformação (usando um sistema massa-mola), em que as placas metálicas estão curto-circuitadas e a força F é aplicada.

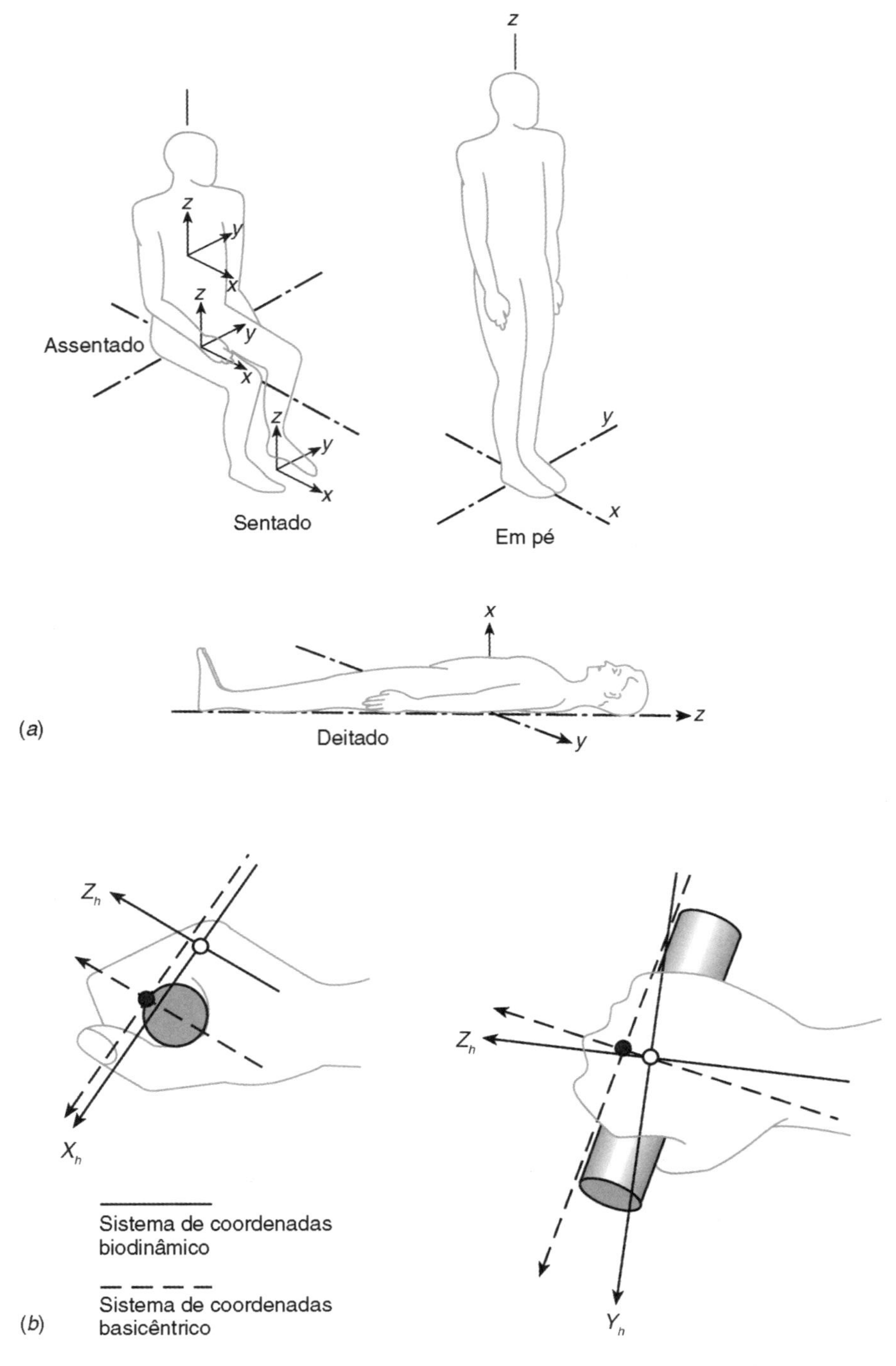

FIGURA 11.94 Ilustrações de alguns procedimentos para fixação de acelerômetros no estudo da vibração humana ou ocupacional: (*a*) eixos para estudo da vibração de corpo inteiro e (*b*) eixos para estudo da vibração do segmento mão-braço.

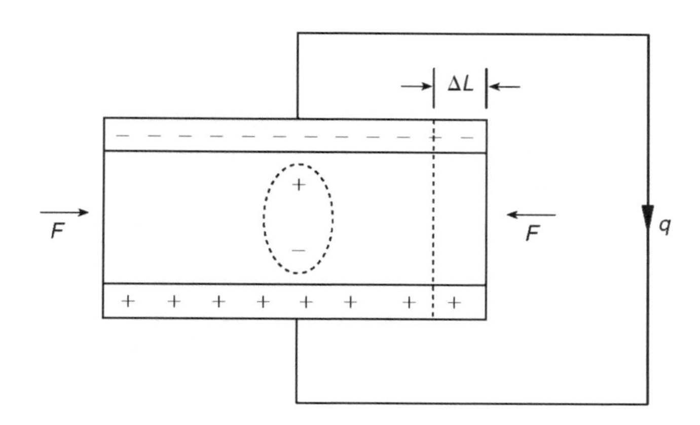

FIGURA 11.95 Aplicação do efeito piezoelétrico que pode ser utilizado para medir vibração, força, pressão ou deformação.

O resultado é que a polarização aparece em função da migração das cargas elétricas de uma placa a outra. Considerando-se que o campo elétrico é nulo ($E = 0$),

$$D = d \times T,$$

sendo D a densidade de carga, d a constante piezoelétrica e T a tensão mecânica $\left(F/A\right)$.

Os sensores piezoelétricos com eletrônica interna são mais confiáveis do que os sensores com eletrônica externa, pelo fato de a conexão ser menos crítica, o que é muito importante no monitoramento de vibrações e choques. Os acelerômetros piezoelétricos apresentam ampla faixa de frequência (0,1 Hz a 30 kHz), baixo consumo de energia e alta "sobrevivência" a choques.

Resumidamente, pode-se afirmar que os transdutores piezoelétricos são capazes de transformar pequena quantidade de energia mecânica em carga elétrica. Os acelerômetros piezoelétricos utilizam uma massa em contato direto com um elemento piezoelétrico.

Quando uma variação de movimento é aplicada ao acelerômetro, o sensor percebe uma variação na força de excitação ($F = m \times a$), gerando uma carga elétrica proporcional (q):

$$q = d_{ij} \times F = d_{ij} \times m \times a,$$

sendo q a carga gerada e d_{ij} o coeficiente do material piezoelétrico.

A sensibilidade normalmente é dada em pC/g (pico coulomb por gravidade) e o PZT é o material mais utilizado, pois sua constante piezoelétrica é aproximadamente 150 vezes maior que a do quartzo, ou seja, os sensores PZT são mais sensíveis e podem ter menores dimensões. Os acelerômetros piezoelétricos são indicados para altas frequências; sendo assim, não são indicados para medições em baixas frequências,

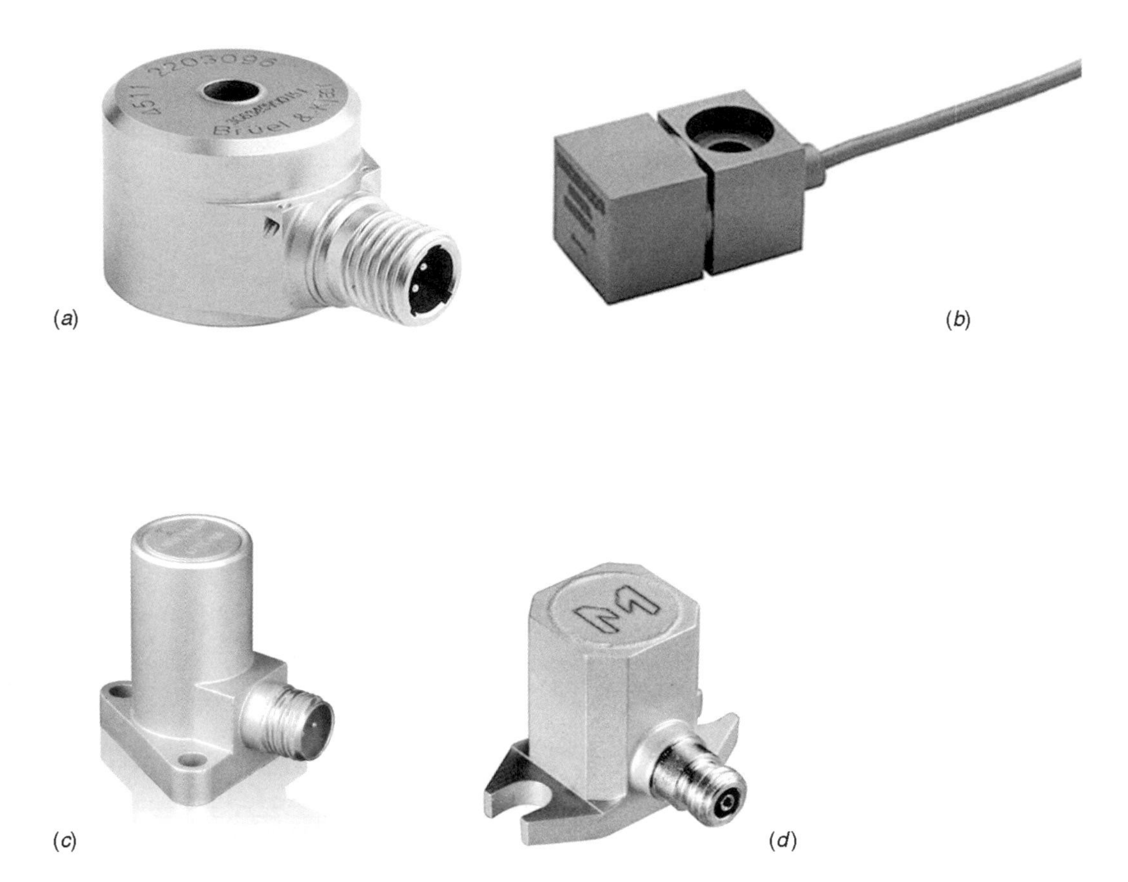

FIGURA 11.96 Exemplos de acelerômetros piezoelétricos para altas temperaturas: (*a*) modelo 4511, (*b*) modelo 6237, (*c*) modelo 6233C e (*d*) modelo 2248. (Cortesia: (*a*) Brüel&Kjaer e (*b*), (*c*) e (*d*) Meggitt (Orange County) Inc.)

conforme abordado no Capítulo 8 desta obra. As Figuras 11.96 a 11.98 mostram diferentes modelos de acelerômetros indicados para diversas situações experimentais. A Tabela 11.6 apresenta as principais características desses acelerômetros.

De forma geral, o modelo da Figura 11.95 pode ser representado pela seguinte equação diferencial:

$$F = m\frac{d^2x}{dt} = r\frac{dx}{dt} + sx$$

em que F representa a força aplicada no sensor piezoelétrico, m a massa do cristal, x a deformação produzida, r o coeficiente de viscosidade e s o coeficiente elástico. Conforme discutido no Capítulo 8, o efeito piezoelétrico provoca um acúmulo de carga q diretamente proporcional à deformação produzida x e inversamente à espessura do cristal piezoelétrico (e):

$$q = \frac{k'}{e}x$$

sendo k' uma constante do cristal piezoelétrico. Fechando esse circuito, uma corrente elétrica surgirá e será proporcional à velocidade de variação da deformação segundo

$$i = \frac{dq}{dt} = \frac{k'}{e}\frac{dx}{dt}$$

chamando $K = {}^{k'}\!/_{e}$:

$$i = \frac{dq}{dt} = K\frac{dx}{dt}$$

e considerando-se a expressão de força e de corrente:

$$F = \frac{mdi}{K\,dt} + \frac{r}{K}i + \frac{s}{K}\int idt.$$

(*a*) (*b*)

FIGURA 11.97 Exemplos de acelerômetros: (*a*) submerso, modelo 5958B e (*b*) industrial, modelo 8315D. (Cortesia de Brüel&Kjaer.)

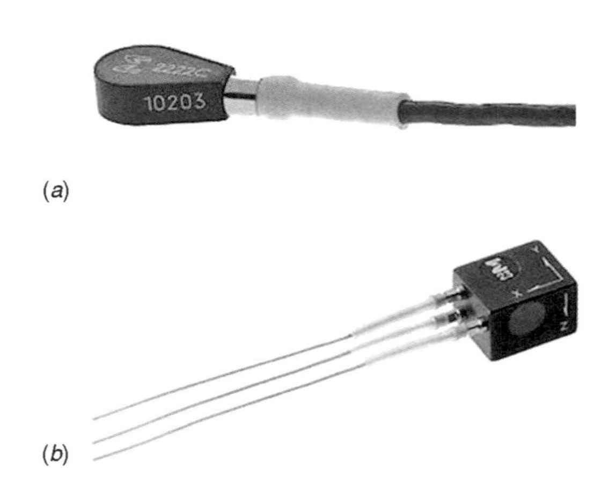

(*a*)

(*b*)

FIGURA 11.98 Acelerômetros de pequeno porte (massa pequena): (*a*) modelo 2222C e (*b*) modelo 23 (triaxial). (Cortesia de Meggitt (Orange County) Inc.)

TABELA 11.6 Principais características de alguns acelerômetros

Características principais	Modelos			
	4511	**6237**	**6233C**	**2248**
Sensibilidade	10 mV/g	10 pC/g	100 pC/g	3 pC/g
Frequência (Hz)	de 1 a 15 k	de 1 a 5 k	de 1 a 3 k	de 5 a 8 k
Faixa máxima de operação (g = gravidade)	500	500	500	500
Massa (kg)	0,035	0,030	0,110	0,013
Temperatura (°C)	de −51 a 150	de −55 a 650	de −55 a 482	de −54 a 482
Características principais	**Modelos**			
	5958B	**8315D**	**2222C**	**23**
Sensibilidade	10 mV/g	10 pC/g	1,4 pC/g	0,4 pC/g
Frequência (Hz)	de 1 a 14 k	de 1 a 10 k	de 0,5 a 10 k	de 1 a 8 k
Faixa máxima de operação (g = gravidade)	500	5000	1000	1000
Massa (kg)	0,044	0,102	0,005	0,008
Temperatura (°C)	de −50 a 100	de −196 a 260	de −73 a 177	de −73 a 149

Essa expressão tem o mesmo formato da equação de um circuito RLC série, o que permite determinar um circuito elétrico análogo ao comportamento de um sensor piezoelétrico, conforme a Figura 11.99.

Assim,

$$V = \lambda F = R_p i + L_p \frac{di}{dt} + \frac{1}{C_p} \int idt,$$

sendo λ um fator de conversão dimensional, R_p, L_p e C_p a resistência, indutância e capacitância do piezoelétrico. De forma geral, o piezoelétrico é basicamente o próprio capacitor; porém, conectado a qualquer instrumento ou elemento, sua capacitância C_p é (veja a Figura 11.100):

$$\frac{1}{C_p} = \frac{1}{C_1} + \frac{1}{C_2}.$$

Considerando a conexão deste sensor com uma carga Z, temos [Figura 11.101(a)]:

$$V_0 = \lambda F \frac{C_p}{C_2} \frac{1}{\sqrt{(1 + \omega^2 L_p C_p)^2 + \omega^2 R_p^2 C_p^2}}.$$

Considerando-se a premissa de que para a maioria dos cristais piezoelétricos $C_2 \gg C_1$:

$$V_0 \cong \frac{k_e}{\omega A} \frac{1}{\sqrt{(s - \omega^2 m)^2 + \omega^2 r^2}} F$$

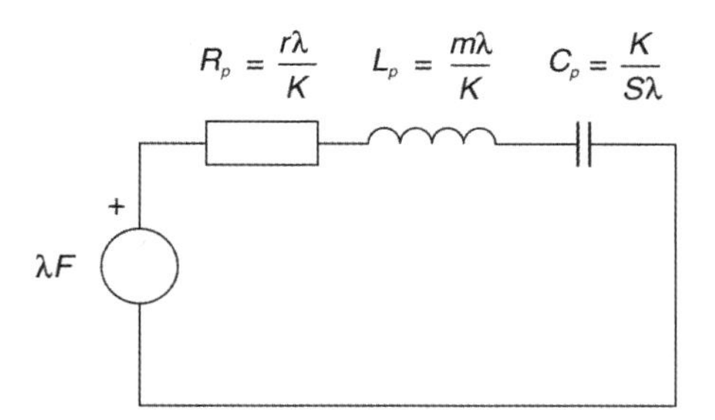

FIGURA 11.99 Circuito elétrico equivalente ao comportamento de um sensor piezoelétrico.

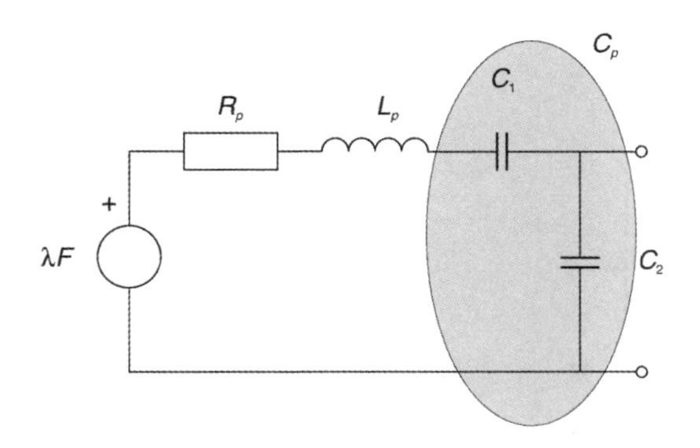

FIGURA 11.100 Circuito equivalente supondo a conexão do piezoelétrico a um dispositivo (considerando a capacitância deste elemento como C_2). Tipicamente, $C_2 \gg C_1$.

cuja frequência de ressonância [Figura 11.101(b)] é dada por

$$f_0 = \frac{1}{2\pi\sqrt{m/s}}.$$

O modelo teórico de um circuito baseado em um sensor piezoelétrico tipicamente considera uma impedância infinita (veja a Figura 11.101). Porém esse modelo não é prático, pois nenhum sistema de medida conectado ao sensor possui impedância infinita. Assim sendo, a carga na saída do modelo modificará o comportamento do mesmo pela introdução de um polo em baixa frequência, determinando a frequência de corte inferior conforme o esboço da curva de resposta do modelo da Figura 11.102. Sendo assim, é reduzida a margem de uso do sensor piezoelétrico.

É importante ressaltar que a presença de cabos de conexão altera o ganho e a frequência de ressonância do sistema. A capacitância introduzida pelo cabo e pelo amplificador reduz as frequências de uso do sistema, porém o maior problema é a alteração do ganho da zona de trabalho do sensor (região plana) devido à modificação da capacitância total do sistema.

Amplificadores de carga

No uso de um sensor piezoelétrico, é necessário converter a carga para um sinal eletricamente mais fácil de se trabalhar. Sendo assim, a carga do transdutor piezoelétrico precisa ser converti-

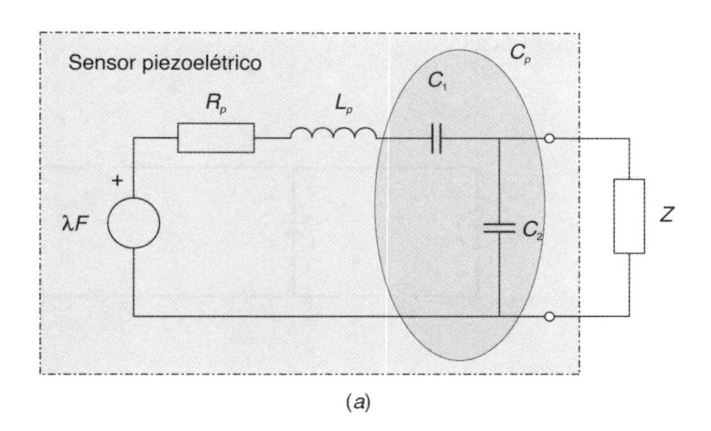

(a)

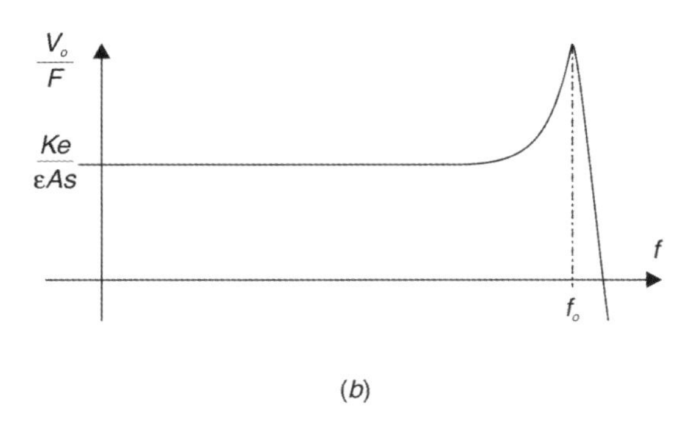

(b)

FIGURA 11.101 (a) Circuito da Figura 11.100 com carga conectada e (b) sua resposta em frequência. Nesta curva, foram desprezados os efeitos resistivos e indutivos.

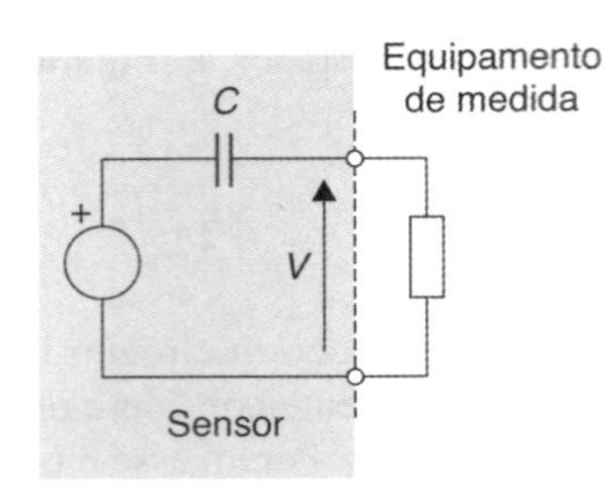

FIGURA 11.102 Modelo e curva de resposta de um sensor piezoelétrico considerando um equipamento de medida e, portanto, impedância finita. O efeito dessa impedância reduz a margem de frequência de uso do sistema.

da para uma saída em tensão elétrica, pelo uso, por exemplo, de um amplificador operacional com baixa impedância de saída. Um simples circuito elétrico equivalente para um acelerômetro piezoelétrico encontra-se ilustrado na Figura 11.103(*a*).

A carga (q) é igual à tensão de circuito aberto V_{aberto} multiplicada pela capacitância do acelerômetro C_a:

$$q = C_a \times V_{\text{aberto}}$$

A carga (q) gerada pelo acelerômetro é diretamente proporcional à aceleração. Nesse amplificador, o componente capacitivo da impedância de entrada é muito grande. A capacitância efetiva, C, de entrada do amplificador [Figura 11.103(*b*)] é

$$C_s = C_{re}(1 + A)$$

sendo C_{re} a capacitância de realimentação e A o ganho a laço aberto do amplificador.

Simplificadamente, o ganho do amplificador (A) pode ser aproximado por

$$A = \frac{1}{C_{re}},$$

e a frequência de corte é dada por

$$f = \frac{1}{2 \cdot \pi \cdot R \cdot C},$$

com $C = (C_c + C_s + C_a)$, em que C representa a soma da capacitância do cabo coaxial (C_c) da capacitância de entrada do amplificador operacional (C_s) e da capacitância do elemento piezoelétrico (C_a).

Um exemplo de circuito em que se utiliza um amplificador de carga com entrada FET encontra-se ilustrado na Figura 11.104.

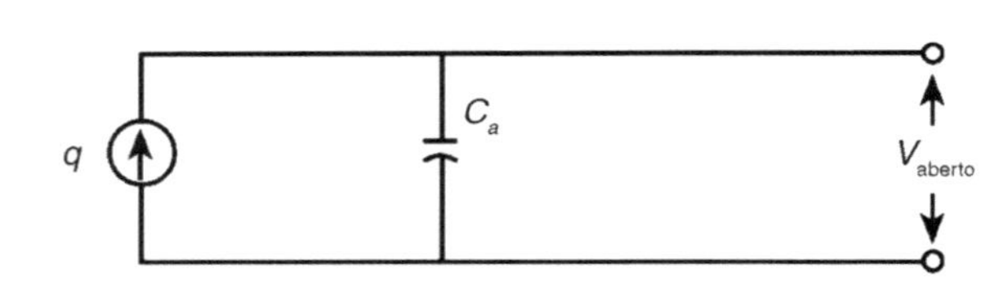

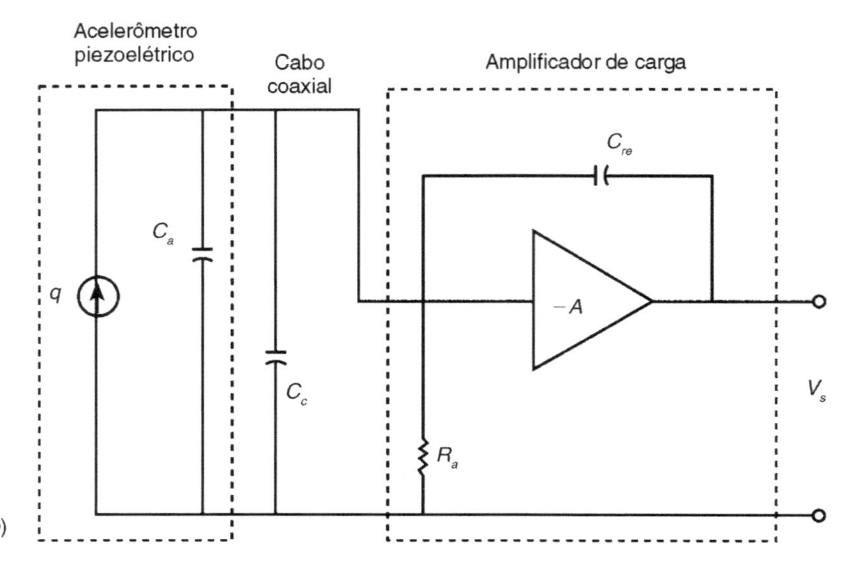

FIGURA 11.103 (*a*) Circuito equivalente para um acelerômetro piezoelétrico e (*b*) esboço da conexão do acelerômetro piezoelétrico a um amplificador de carga.

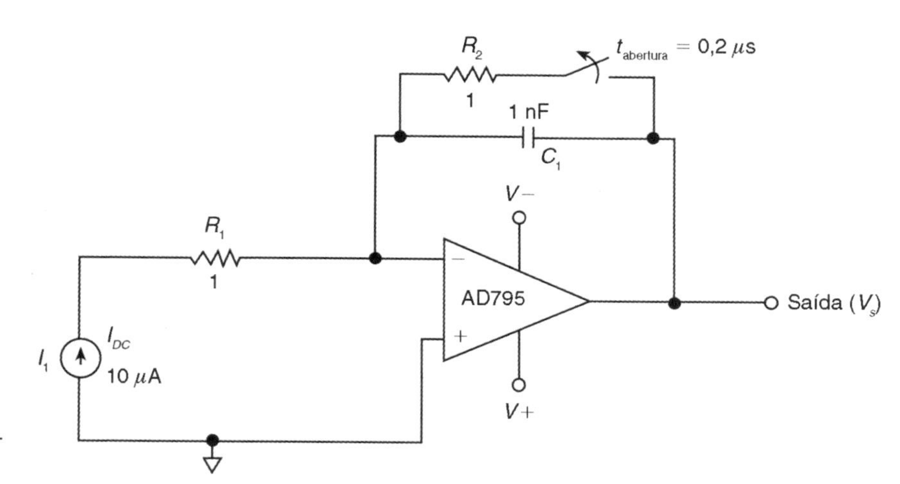

FIGURA 11.104 Modelo ideal do amplificador de carga AD795 da Analog Devices.

A realimentação desse amplificador contém um capacitor cuja corrente I_1 é dada por

$$I_1 = i_c = -\frac{d}{dt}(C_1 \times V_s),$$

e a tensão elétrica de saída (V_s) por

$$V_s = -\frac{1}{C_1}\int I_1 dt = -\left[\frac{I_1}{C_1}\right] \times t.$$

De maneira mais geral, a expressão

$$\frac{dq}{dt} = -C_1\frac{dV_s}{dt} \text{ ou } V_s = -\frac{1}{C_1} \times q$$

sugere o nome do circuito como amplificador de carga, mas seria mais correto denominá-lo circuito conversor de carga em tensão. A Figura 11.105 apresenta algumas fotos de amplificadores comerciais.

11.3.3 Acelerômetros piezorresistivos

Esses acelerômetros, como o próprio nome indica, são implementados com sensores *strain-gages* semicondutores, o que possibilita a miniaturização (sensores MEMS). Em geral, são implementados com dois *strain-gages* semicondutores (configuração meia ponte de Wheatstone) ou quatro *strain-gages* semicondutores (configuração ponte completa de Wheatstone). Podem apresentar sistemas de proteção contra sobrecarga, que evitam danos ao sensor em função de amplitudes elevadas. Essa família de acelerômetros é indicada para frequências baixas, por exemplo, inferiores a 1 Hz, e pode ser utilizada na caracterização de sistemas estáticos (apresenta uma vantagem significativa quando comparada à família dos piezoelétricos, pois pode ser usada em medições de inclinação onde a aceleração é uma constante), ao contrário dos acelerômetros piezoelétricos.

Segundo relatos históricos, essa tecnologia demorou a ser utilizada comercialmente devido a dois problemas principais: (1) dificuldade de proteção contra sobrecarga mecânica (a viga interna pode quebrar-se quando exposta a solicitações de grande amplitude), uma vez que para altas sensibilidades a viga precisa ser estreita e de massa considerável. Essas exigências contraditórias dificultam a fabricação do sensor; (2) dificuldade no controle do amortecimento, pois uma das características mais importantes de um acelerômetro é o desempenho em frequência (veja a Figura 11.91). Como uma

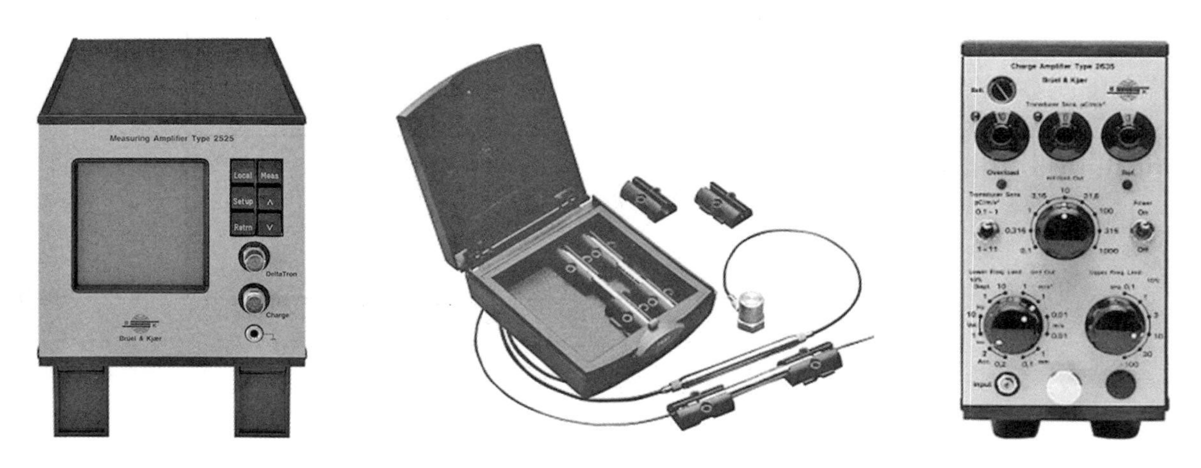

FIGURA 11.105 Fotos de alguns amplificadores comerciais de carga. (Cortesia de Brüel&Kjaer.)

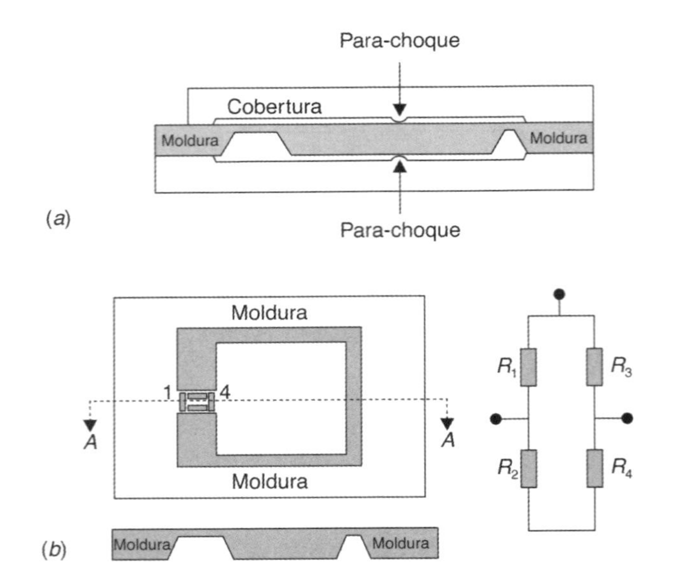

FIGURA 11.106 (*a*) Esboço típico de uma estrutura de um acelerômetro MEMS com amortecimento a ar e mecanismo de proteção contra amplitude excessiva (acima da faixa de operação) e (*b*) acelerômetro piezorresistivo, com uma ponte de Wheatstone formada pelos quatro elementos piezorresistivos.

estrutura viga-massa é basicamente um sistema massa-mola (sistema de segunda ordem; veja o Volume 1 desta obra), sua frequência natural é $\omega_o = \sqrt{K/m}$, sendo K a constante da mola da viga e m a massa efetiva da massa sísmica. Quando um sistema massa-mola é imerso em líquido (acetona ou metanol, por exemplo), com viscosidade maior que a do ar, o sistema é amortecido. Esse método de amortecimento viscoso (usando óleo) pode ser usado para acelerômetros convencionais, mas não é um procedimento de fácil implementação em acelerômetros MEMS. A Figura 11.106 apresenta uma estrutura típica de um acelerômetro MEMS piezorresistivo.

O sensor com essa estrutura viga-massa é prensado entre duas coberturas, feitas de silício, com cavidades. O ar nas cavidades das coberturas possibilita o amortecimento (a força de amortecimento é inversamente proporcional ao cubo do comprimento da cavidade, d. Usualmente comprimentos de d entre 20 μm e 40 μm fornecem um amortecimento crítico para sistemas MEMS). Os para-choques nas cavidades, de altura h, são menores do que d, de tal forma que existem pequenos *gaps* (espaços) entre a massa sísmica e as pontas dos para-choques. Os para-choques restringem o deslocamento da massa sísmica, e, dessa forma, a viga não é danificada por acelerações maiores do que a faixa nominal de operação do acelerômetro (as distâncias típicas dos *gaps* são de 5 μm a 10 μm). Esse sistema de amortecimento a ar apresenta desempenho superior ao amortecimento viscoso por um líquido, pois o amortecimento é facilmente controlado. Acelerômetros piezorresistivos são produzidos em massa desde 1980 e utilizados em diversas aplicações, entre elas sistemas de controle de *air bags* em automóveis.

Para melhor compreensão desse sistema, considere as propriedades mecânicas da estrutura clássica simplificada mostrada na Figura 11.107.

Suponha que esse acelerômetro esteja sujeito a uma aceleração, a, na direção z, gerando as seguintes equações diferenciais:

(a) $0 < x < L_1$ (região 1):

$$-E \times I_1 \times d_1''(x) = -m_0 + F_0 x$$

(b) $a_1 < x < a_2$ (região 2 ou da massa):

$$-E \times I_2 \times d_2''(x) = -m_0 + F_0 x - \frac{1}{2}(x - a_1)^2 b_2 h_2 \rho a,$$

com $I_1 = \frac{l_{\text{arg}1} e_1^3}{12}$, $F_0 = m \times a$ e $m = 2(L - L_1) \times e_2 \times l_{\text{arg}2} \times \rho$, sendo ρ a massa específica do material, L o comprimento, e a espessura, l_{arg} a largura no ponto 1 e $d(x)$ o deslocamento na direção x na região 1 ou 2.

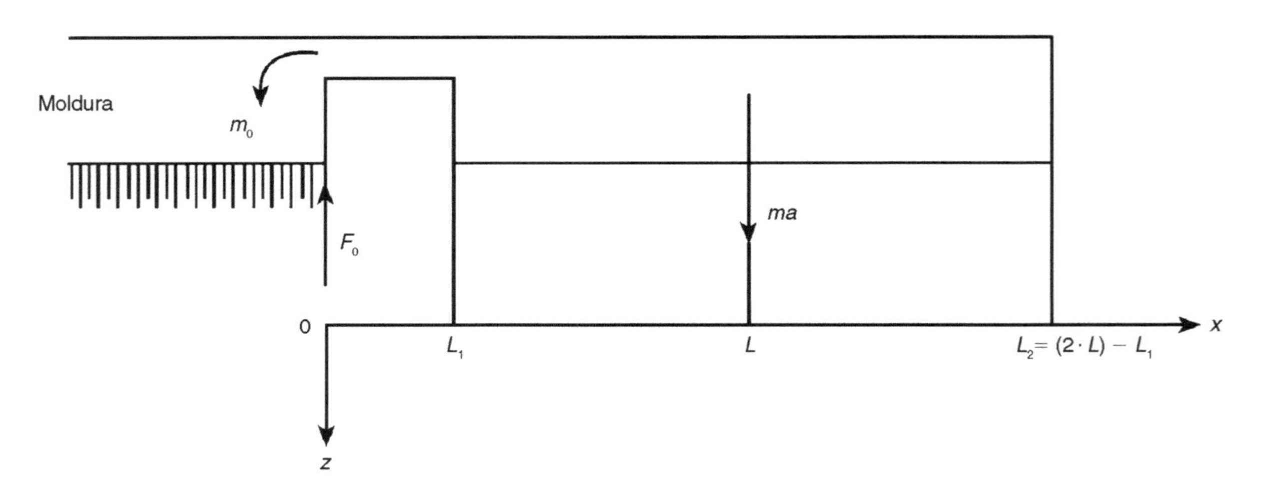

FIGURA 11.107 Modelo simplificado de um acelerômetro piezorresistivo com estrutura viga-massa com secção retangular.

Com condições de contorno apropriadas, é possível determinar a derivada segunda do deslocamento:

$$d_1''(x) = \frac{12(L - x) \times m \times a}{E \times l_{\text{arg}1} \times e_1^3},$$

cuja tensão na superfície (T_s) da viga $\left(z = -\frac{e_1}{2}\right)$ é dada por

$$T_s(x) = \frac{6 \times m \times a \times (L - x)}{l_{\text{arg}1} \times e_1^2}$$

e cuja máxima tensão ocorre para $x = 0$:

$$T_{s_{\text{máx}}} T_s(0) = \frac{6 \times m \times a \times L}{l_{\text{arg}1} \times e_1^2}.$$

A sensibilidade desse acelerômetro é determinada por

$$S \cong \frac{V_s}{a} = \left(\frac{3 \times m \times \left[L - \left(\frac{1}{2} \times L_1 \right) \right] \times \pi_{44}}{l_{\text{arg}1} \times e_1^2} \right) \times V_e$$

e o deslocamento da viga é determinado por

$$d_1(x) = \frac{2 \times m \times a \times (3L - x)x^2}{E \times l_{\text{arg}1} \times e_1^3},$$

que fornece um deslocamento máximo em $x = a_1$:

$$d_1(L_1) = \frac{2 \times m \times a \times (3L - L_1) \times L_1^2}{E \times l_{\text{arg}1} \times e_1^3}.$$

A aceleração (denominada aceleração de fratura: a_{fr}) que pode causar a quebra do feixe é dada por

$$a_{fr} = \left(\frac{l_{\text{arg}1} \times e_1^2}{6 \times m \times L} \right) \times T_{fr},$$

sendo T_{fr} a tensão de fratura para o silício (usualmente considerada $T_{fr} = 3 \times 10^8$ Pa).

Por exemplo, se os dados para esse acelerômetro são $a_1 = 300$ μm, $a_2 = 3300$ μm, $b_1 = 400$ μm, $b_2 = 2400$ μm, $h_1 = 20$ μm, $h_2 = 220$ μm, $\rho = 2330$ $^{\text{kg}}/_{\text{m}^3}$ e $\pi_{44} = {}^{80 \times 10^{-11}}/_{\text{Pa}}$ para os resistores, encontramos que $V_{out} = 3{,}67$ mV para uma aceleração de1 g $\left(9{,}81\ ^{\text{m}}/_{\text{s}^2}\right)$. Portanto, a sensibilidade do acelerômetro é $S = 7{,}32 \times 10^{-4}/V_s$/g ou $S = 7{,}45 \times 10^{-5}/\left(^{\text{m}}/_{\text{s}^2}\right)/V_s$, o que mostra que a sensibilidade é muito pequena para a espessura da viga. A aceleração de fratura é, aproximadamente, $1200\ ^{\text{m}}/_{\text{s}^2} = 122$ g, evidenciando, portanto, a necessidade de sistemas de proteção contra amplitudes elevadas, pois uma simples queda, dependendo da altura, pode gerar amplitudes na faixa de alguns milhares de gs (gravidade). A Figura 11.108 apresenta a foto de um acelerômetro piezorresistivo (modelo 7231C) com sensibilidade de 0,2 $^{\text{mV}}/_{\text{g}}$, faixa de frequência até 3 kHz, faixa máxima de operação de 750 g $\left(7500\ ^{\text{m}}/_{\text{s}^2}\right)$, massa de 0,024 kg e faixa de temperatura de −23 °C a 66 °C.

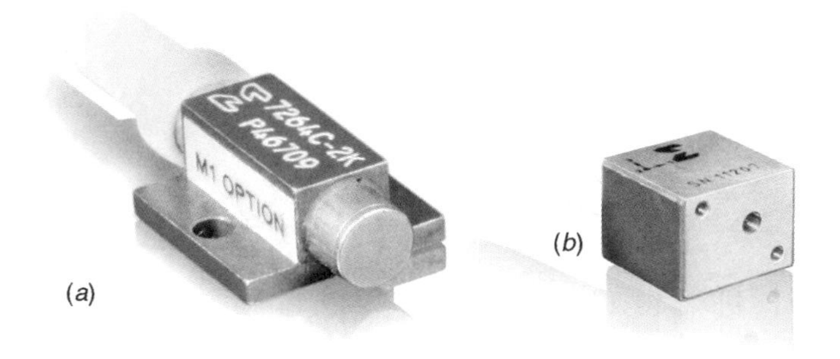

FIGURA 11.108 Foto de acelerômetros piezorresistivos: (a) modelo 7264C e (b) modelo 7268C (triaxial). (Cortesia de Meggitt (Orange County) Inc.)

11.3.4 Acelerômetros capacitivos

O acelerômetro com tecnologia capacitiva é outro membro da família de sensores MEMS que também pode ser utilizado em sistemas estáticos (apresentam uma vantagem significativa, quando comparados aos piezoelétricos, pois podem ser usados em medições de inclinação em que a aceleração é uma constante). São caracterizados por apresentarem uma resposta em frequência estável em função da temperatura.

Além disso, os acelerômetros MEMS piezorresistivos são suscetíveis a contaminação na superfície, o que pode causar sérios problemas de estabilidade. Devido a essas características, têm sido feitos esforços para desenvolver sensores MEMS, por meio de tecnologia capacitiva, que apresentem melhor estabilidade do que os piezorresistivos. Porém os sensores capacitivos são inerentemente não lineares, e a medição de pequenas capacitâncias de uma estrutura miniaturizada é muito difícil devido aos efeitos parasitas e a interferências eletromagnéticas do ambiente. Com circuitos condicionadores internos, os acelerômetros capacitivos apresentam um sinal de saída mais elevado quando comparados aos acelerômetros piezorresistivos. Diversas empresas apresentam um portfólio interessante de acelerômetros MEMS com tecnologia capacitiva, como, por exemplo, a Analog Devices (cuja família de sensores integrados para aceleração denomina-se iMEMS, *integrated microelectromechanical systems*) e a Motorola.

A Figura 11.109 traz um esboço de uma célula básica de um sensor iMEMS da Analog Devices, e a Figura 11.110 mostra algumas fotos de sensores dessa família.

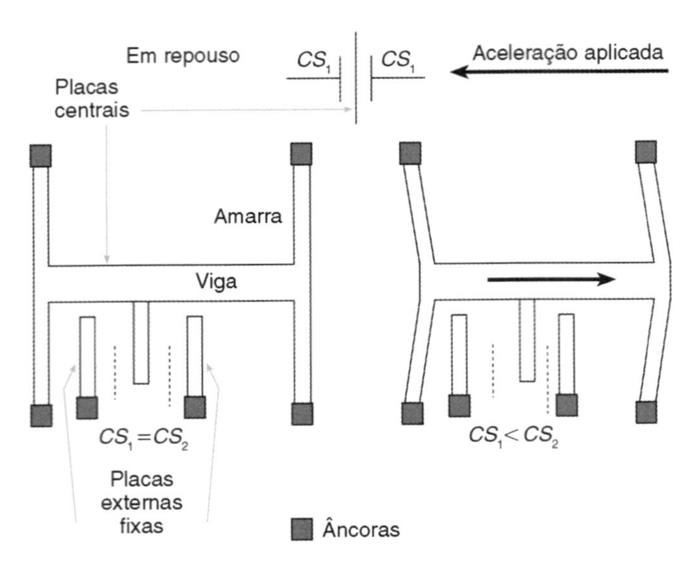

FIGURA 11.109 Esboço de uma célula básica de um acelerômetro iMEMS da família ADXL. (Cortesia de Analog Devices.)

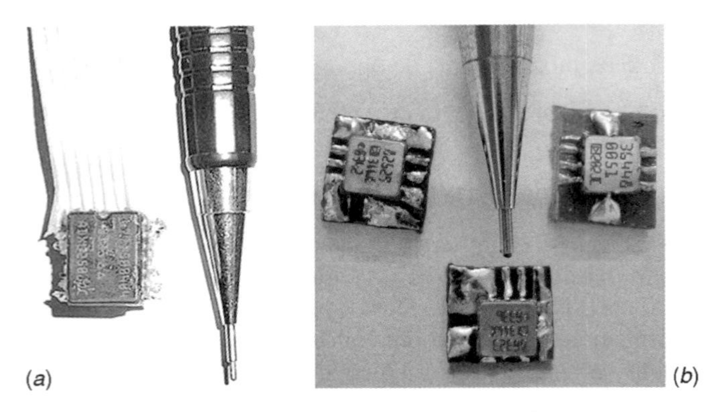

FIGURA 11.110 Acelerômetros iMEMS da família ADXL utilizados em protótipos: (*a*) ADXL250 e (*b*) ADXL 202. (Cortesia de Analog Devices.)

A tecnologia de fabricação de circuitos integrados baseados em silício está sendo empregada de forma crescente no desenvolvimento de sensores com algumas vantagens: maior sensibilidade, redução de peso, redução nos custos de fabricação, maior número de aplicações e redução dos problemas derivados da temperatura e da umidade. Existem diversos exemplos no mercado para sensores capacitivos em substrato de silício, como, por exemplo, sensores de umidade relativa, sensores de pressão, sensores de aceleração (MEMS), entre outros.

Neste exemplo da Analog Devices, a medida de aceleração pode ser determinada utilizando duas leis — a Lei de Hooke e a Segunda Lei de Newton:

$$F = Kx \text{ e } F = ma$$

Portanto: $Kx = ma$; logo,

$$a = \frac{K}{m}x.$$

Sendo assim, a medida de aceleração (a) é obtida pelo deslocamento (x) da massa sísmica (m). A variação de capacitância (Δc) desse elemento é dada por

$$\Delta C = \frac{2\varepsilon A}{d^2}x$$

sendo ε a permissividade do dielétrico, A a área entre as placas, d a distância entre as placas e x a variação de distância entre as placas do sensor capacitivo diferencial.

Essas células básicas são depositadas em um substrato de silício (em sensores dessa família normalmente são utilizadas, no mínimo, 10 células básicas). A base elétrica desse sensor são os capacitores diferenciais CS_1 e CS_2, formados por uma placa central, que é parte de uma viga móvel, e duas placas externas fixas. Os dois capacitores apresentam comportamento elétrico igual em repouso (nenhum movimento aplicado). Quando uma aceleração é aplicada, a viga (massa sísmica) movimenta-se alterando o comportamento dos capacitores CS_1 e CS_2, ou seja, alterando sua capacitância diferencial, formando o parâmetro elétrico básico para a determinação da aceleração. A aceleração pode ser medida pela diferença na capacitância, que é muito pequena (valor típico de 0,1 pF), necessitando, portanto, de circuitos eletrônicos apropriados (integrados ou não). Na atualidade, são fabricados acelerômetros MEMS capacitivos, com faixas de aceleração de 2 g, 50 g, entre outras, com crescente aplicação na indústria automotiva. Outra área de aplicação em crescente atualização são os sistemas de apoio à saúde, destacando-se, nesse caso, sistemas para caracterização de inclinação de diferentes membros. A Figura 11.111 ilustra o uso de um acelerômetro iMEMS, da família ADXL, como sensor de inclinação aplicada à Engenharia de Reabilitação.

Outro exemplo de acelerômetro MEMS capacitivo é o MMA2260D (da Motorola), destinado à medição da aceleração ou inclinação (denominado inclinômetro). A sensibilidade do acelerômetro MMA2260D é de 1,5 g ou 14,72 $^{m}/_{s^2}$. Para facilitar o uso desse componente, é possível adquirir o acelerômetro com circuito condicionador implementado externamente em uma placa de circuito impresso, o que permite sua avaliação, assim como testes do dispositivo. Uma estrutura típica para um acelerômetro MEMS capacitivo em viga está mostrada na Figura 11.112.

Para uma aceleração normal a, a força inercial na massa é dada por $m \times a$; portanto, o deslocamento $d(x)$ da massa no eixo x é dado por

$$d(x) = d(a_1) + d'(a_1)(x - a_1)$$

em que $d(a_1) = \left(\dfrac{2 \times m \times a}{E \times l_{\text{arg}1} \times e_1^3}\right) \times (3L - a_1) \times a_1^2$ e $d'(a_1) = \left(\dfrac{6 \times m \times a}{E \times l_{\text{arg}1} \times e_1^3}\right) \times (2L - a_1) \times a_1$ sendo L o comprimento, e a espessura, l_{arg} a largura e $d(x)$ o deslocamento na direção x nas regiões 1 ou 2. Usando a notação simplificada $A = d(a_1)$ e $B = d'(a_1)$, o deslocamento da massa é dado por

$$d(x) = A + B(x - a_1).$$

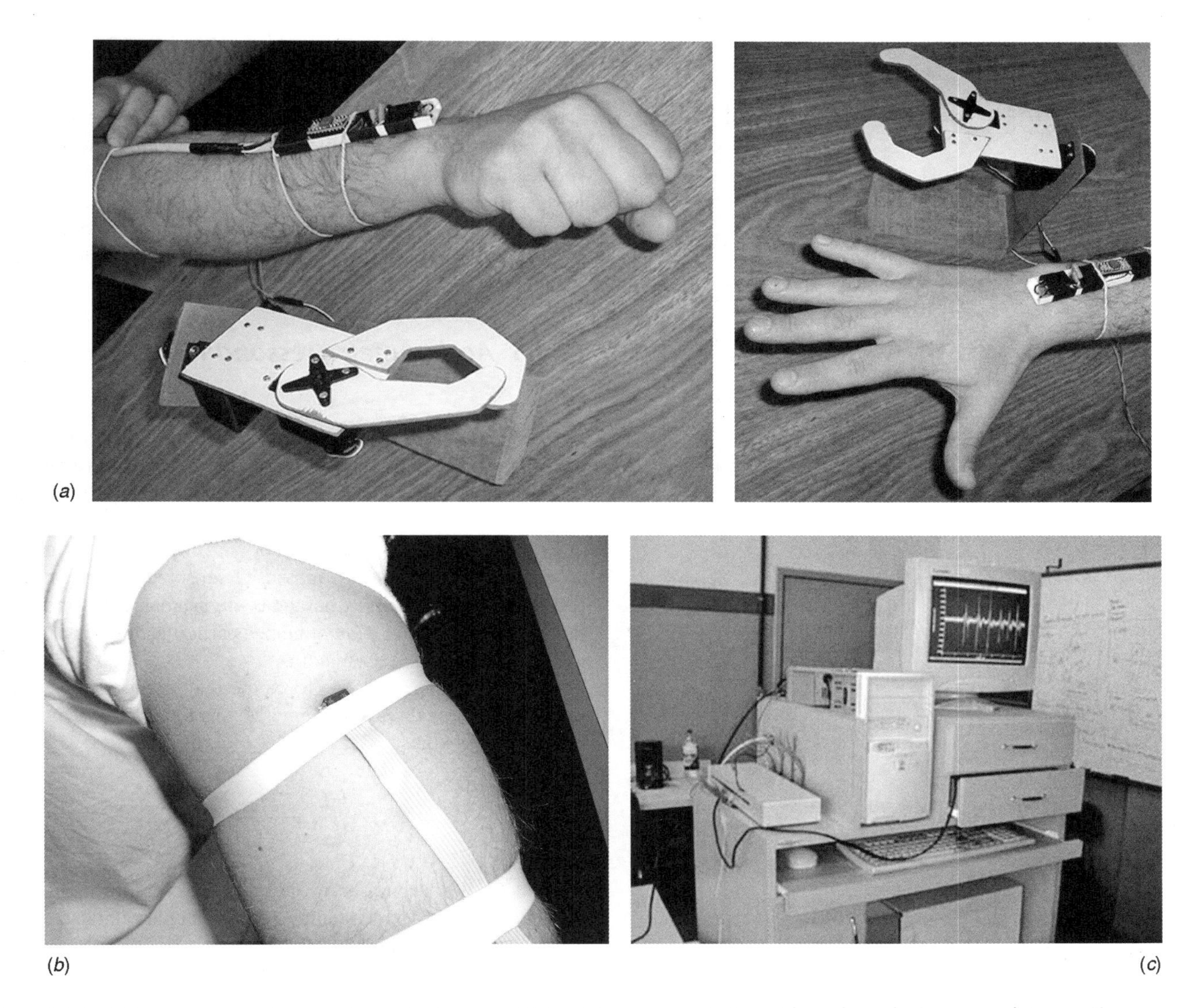

FIGURA 11.111 Fotos de aplicações dos acelerômetros iMEMS: (*a*) sistema protótipo utilizando acelerômetro e eletrogoniômetro para determinar a rotação do punho e a inclinação do braço; (*b*) detalhe da fixação provisória do acelerômetro; e (*c*) sistema utilizado para adquirir, analisar e caracterizar o deslocamento, a velocidade e a aceleração de um determinado movimento.

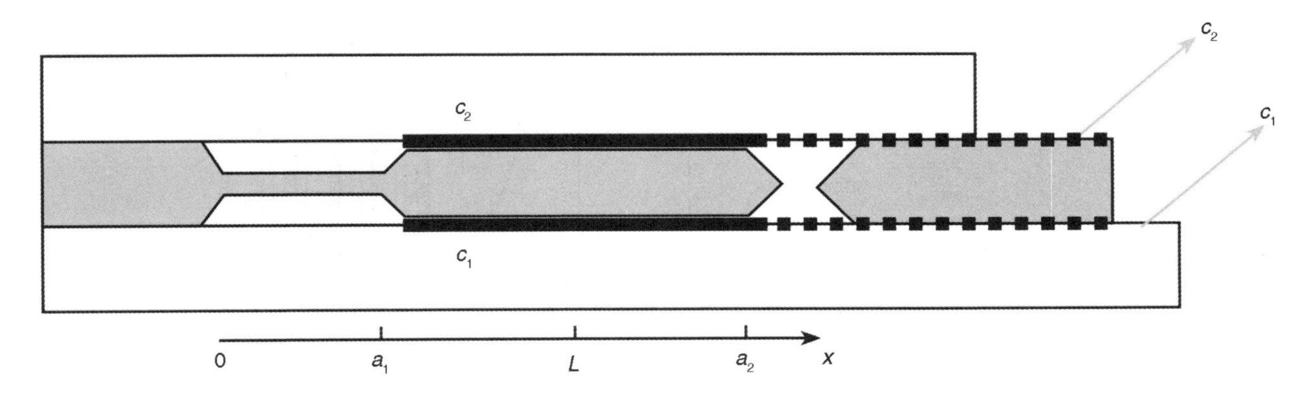

FIGURA 11.112 Esquema típico simplificado para um acelerômetro MEMS capacitivo.

Considerando $d_1 = d_0 - A$, $d_2 = d_0 + A$ e $l = a_2 - a_1$, a capacitância torna-se

$$C_1 = \int_{a_1}^{a_2}\left(\frac{\varepsilon\varepsilon_0 l_{\text{arg}2}}{d_1 - B(x - a_1)}\right)dx = -\left(\frac{\varepsilon\varepsilon_0 l_{\text{arg}2}}{B}\right)\times \ln\left(1 - \frac{Bl}{d_1}\right)$$

$$C_2 = \int_{a_1}^{a_2}\left(\frac{\varepsilon\varepsilon_0 l_{\text{arg}2}}{d_2 + B(x - a_1)}\right)dx = \left(\frac{\varepsilon\varepsilon_0 l_{\text{arg}2}}{B}\right)\times \ln\left(1 + \frac{Bl}{d_2}\right)$$

e a capacitância diferencial é dada por

$$\Delta C = (C_1 - C_2) = \left(\frac{\varepsilon\varepsilon_0 l_{\text{arg}2}}{B}\right)\times\left[-\ln\left(1 - \frac{Bl}{d_1}\right) - \ln\left(1 + \frac{Bl}{d_2}\right)\right].$$

Para pequenos deslocamentos,

$$\Delta C \cong C_0\left[\frac{2A + lB}{d_0} + \frac{A^3}{d_0^3}\left(2 + \frac{3lB}{A}\right)\right]$$

$C_0 = \dfrac{\varepsilon \times \varepsilon_0 \times l_{\text{arg}2} \times l}{d_0}$ e $\varepsilon_0\ l_{\text{arg}2}\ l$ representa a capacitância original para C_1 e C_2. Como Bl é usualmente muito maior do que A,

$$\left(\frac{\Delta C}{C_0}\right) \cong \left(\frac{2A + Bl}{d_0}\right)\times\left[1 + \left(\frac{3A^2}{d_0^2}\right)\right].$$

Usando a notação $A_1 = \left(\dfrac{2 \times m}{E \times l_{\text{arg}1} \times e_1^3}\right) \times (3L - a_1) \times a_1^2$, $B_1 = \left(\dfrac{6 \times m}{E \times l_{\text{arg}1} \times e_1^3}\right) \times (2L - a_1) \times a_1$, temos a sensibilidade capacitiva dada por

$$S = \frac{\Delta C}{C_0 a} = \frac{2A_1 + B_1 l}{d_0}$$

$$S = \left(\frac{12 \times m \times L \times a_1 \times a_2}{E \times l_{\text{arg}1} \times e_1^3 \times d_0}\right)\times\left[1 - \left(\frac{a_1}{2L}\right) + \left(\frac{a_1^2}{6 \times L \times a_2}\right)\right].$$

A sensibilidade desse acelerômetro pode ser melhorada com a redução da distância (entre o eletrodo móvel [a massa sísmica] e os eletrodos fixos) e o aumento da massa. Essas alterações ocasionam um amortecimento significativo se o ar entre os eletrodos não for retirado. Sendo assim, pode ocorrer a redução do comprimento de banda do acelerômetro.

11.3.5 Acelerômetro ressonante, térmico e a gás

Os **acelerômetros ressonantes** utilizam o princípio dos transdutores de pressão por ressonância. A estrutura de um acelerômetro ressonante encontra-se representada na Figura 11.113.

Esse acelerômetro está baseado na alteração da rigidez da estrutura que suporta a massa. O sensor consiste em um ressonador de duas vigas paralelas engastadas em ambos os lados, uma massa, uma âncora e duas articulações que conectam as vigas à massa e à âncora.

Para uma aceleração, a, a força inercial da massa é $m \times a$, sendo m a massa da placa sísmica, determinando uma rigidez elástica K das vigas:

$$K = \left(\frac{E \times l_{\text{arg}} \times e^3}{l^3}\right)$$

na qual l_{arg} é a largura, e a espessura e l o comprimento da viga. Portanto, o deslocamento d da massa para uma aceleração a pode ser calculado por

$$d = \frac{m \times a}{K}$$

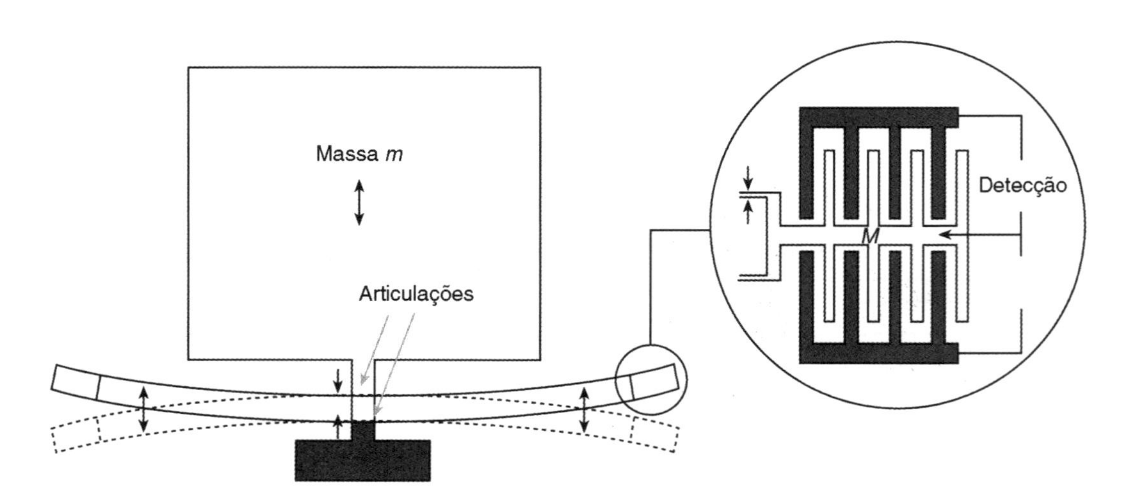

FIGURA 11.113 Estrutura básica de um acelerômetro ressonante.

e a frequência de ressonância ω_n do sistema viga-massa é

$$\omega_n = \sqrt{\frac{K}{m}}$$

sendo K a constante da mola ou a constante de rigidez da mola e m a massa sísmica.

Os **acelerômetros térmicos** são fabricados com tecnologia MEMS e, assim como quaisquer outros acelerômetros, apresentam uma massa sísmica suspensa por uma viga. Porém, nesse caso, tais acelerômetros são posicionados próximos a uma termopilha. O espaço entre esses componentes é preenchido com um gás condutor térmico. Esse acelerômetro baseia-se na convecção térmica e tem apenas um movimento bolha minúscula de ar aquecido, hermeticamente fechado no interior da cavidade do sensor. Quando é aplicada uma força externa, tal como o movimento, a inclinação, ou vibração, as bolhas se movem de maneira análoga à bolha de um nível.

A configuração física do sensor é formada por uma cavidade microusinada no substrato de silício. Uma resistência de silício está localizada no centro e é utilizada como elemento de aquecimento. Termopares (sensores de temperatura) são posicionados em ambos os lados do aquecedor, com um circuito uma ponte, de modo que qualquer variação de temperatura entre os termopares gera um sinal diferencial que é amplificado e condicionado. Veja a Figura 11.114.

Uma bolha (ou uma região) de gás aquecido é formada em volta do elemento de aquecimento. Quando submetido a uma aceleração, as moléculas desse gás aquecido, menos densas, movem-se na direção de aceleração e as moléculas de gás menos aquecidas, e mais densas, movem-se em sentido oposto, criando uma diferença de temperatura. A diferença de temperatura de um lado para o outro da estrutura MEMS é proporcional à aceleração. Esses acelerômetros são denominados HTG (*heated gas accelerometer*). São extremamente sensíveis a interferências como a temperatura ambiental e ruído eletromagnético. O **acelerômetro a gás** utiliza como massa sísmica o próprio gás e também é fabricado como um semicondutor. É capaz de medir faixas de aceleração de 1 g a ±100 g e pode medir tanto aceleração dinâmica (vibrações) como aceleração estática (por exemplo, gravidade). Sua utilização em ampla escala ainda é recente.

11.3.6 Acelerômetros wireless

Em muitas situações experimentais, é interessante a não existência de cabos conectando o transdutor ao sistema de condicionamento, principalmente em função da distância envolvida, do acesso complicado aos pontos de medida e do ruído devido aos cabos, entre outros fatores. Sistemas de **telemetria por celular**, por ***bluetooth***, entre outros, são anexados ao transdutor, possibilitando a transmissão do sinal de interesse sem o uso de fios. A Figura 11.115 apresenta alguns acelerômetros sem fio.

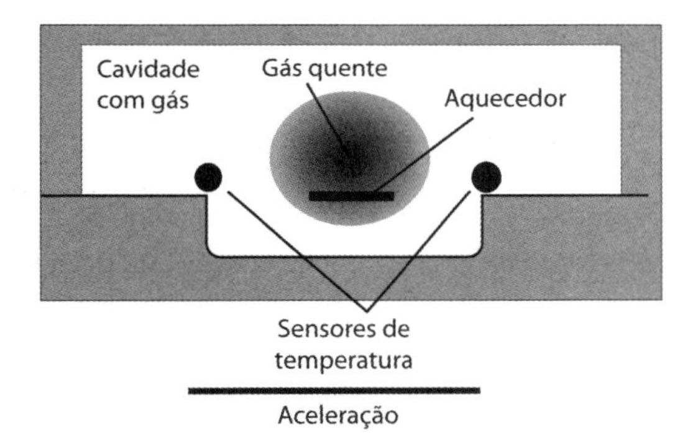

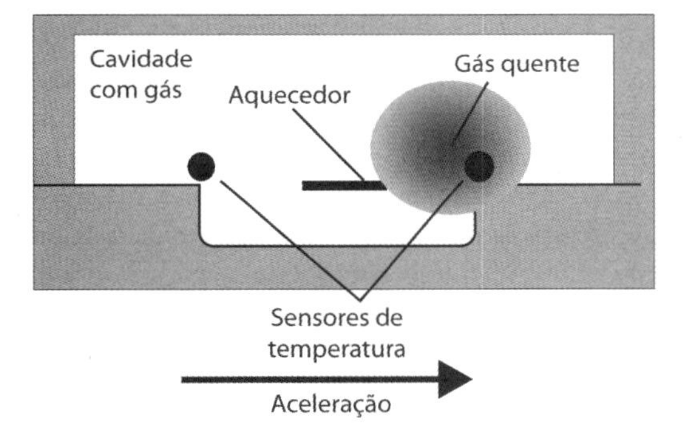

FIGURA 11.114 Princípio de funcionamento do acelerômetro térmico de gás quente – HTG.

FIGURA 11.115 Acelerômetros *wireless*. (Cortesia de LORD MicroStrain.)

Na atualidade, a tecnologia de integração de sensores com sistemas de comunicação e eletrônica digital tem permitido o desenvolvimento de sensores pequenos com condicionadores internos (como, por exemplo, a tecnologia iMEMS já citada) e sem fio, reduzindo custos. Basicamente, um sistema de medida baseado em ***sensor wireless*** é constituído por

- sensor;
- condicionador de sinais (amplificadores em geral programáveis);
- sistema de multiplexação;
- conversor(es) analógico(s) para digital(is);
- unidade microprocessada ou microcontrolada;
- sistema de alimentação (dependendo do custo, um sistema de *backup*);
- sistema de comunicação, como, por exemplo, um *transceiver* de RF (radiofrequência);
- sistema de armazenamento de informações (por exemplo, uma memória da família *flash*).

Com relação à rede de sensores *wireless,* são encontradas diversas topologias, entre elas a topologia estrela e a topologia híbrida (um exemplo é o padrão conhecido como *ZigBee*) e diversos padrões, como IEEE802.11, *bluetooth* (IEEE802.15.1 e IEEE802.15.2), IEEE802.15.4, IEEE1451.5, entre outros.

11.4 Vibrações: Uma Pequena Introdução

Na maioria das situações experimentais, a vibração mecânica[2] é caracterizada por meio dos seguintes parâmetros mensuráveis: aceleração, velocidade, deslocamento, frequência, amortecimento e tensão mecânica. Vibrações implicam necessariamente movimentos, e por isso os transdutores devem ser capazes de medir o movimento relativo a um espaço inercial. Os transdutores mais básicos envolvem um sistema massa-mola-amortecedor encapsulados com um sistema de medição do deslocamento da massa relativo à cápsula (acelerômetros).

Antes de determinarmos os procedimentos para medição da vibração, é essencial uma pequena introdução relacionada com a teoria básica de vibrações.

11.4.1 Conceitos básicos sobre vibrações

Vibrações livres

Como exemplo clássico, a Figura 11.116 apresenta um sistema linear de um grau de liberdade, que pode ser descrito a partir dos seguintes parâmetros: deslocamento, massa, coeficiente de amortecimento e rigidez mecânica.

Ao aplicar uma perturbação inicial ao sistema ilustrado na Figura 11.116 e deixá-lo vibrar livremente, pode-se descrever o movimento por

$$m\ddot{x} + c\dot{x} + Kx = 0,$$

[2] Neste capítulo, denominada apenas vibração.

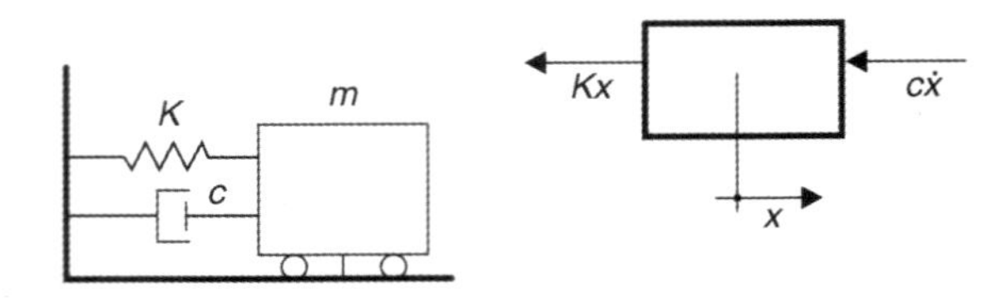

FIGURA 11.116 Esboço de um modelo de um grau de liberdade.

sendo x o deslocamento, m a massa, c o coeficiente de amortecimento viscoso e K a constante de rigidez.[3]

A solução dessa equação é um sinal senoidal (normalmente denominado, nesta área, vibração senoidal), cuja frequência é dependente da rigidez da massa. O valor do coeficiente de amortecimento viscoso afeta basicamente o decaimento da amplitude da vibração e tem pouca influência na frequência, sendo muitas vezes desprezível em casos de vibrações estruturais. Apenas para exemplificar, podem-se citar outros sistemas de primeira ordem: uma viga em balanço, o teto ou a parede de uma estrutura. Cabe salientar que o amortecimento de estruturas não é estritamente linear; porém, na maioria das situações experimentais, pode-se utilizar satisfatoriamente um coeficiente de amortecimento equivalente.

Considerando-se $c = 0$, a frequência natural angular (ω_n) pode ser escrita como:

$$\omega_n = \sqrt{\frac{K}{m}},$$

sendo m a massa e K a rigidez.

Cabe observar que a frequência angular (ω_n) está relacionada com a frequência cíclica (f) dada em hertz $\left(\text{Hz} = \frac{1}{s}\right)$ por

$$\omega = 2\pi f.$$

Para os casos em que o coeficiente de amortecimento é maior que zero ($c > 0$), utiliza-se um índice de amortecimento adimensional (ξ) que representa a relação entre o amortecimento (c) e um amortecimento crítico ($c_{crítico}$). Dessa forma, o índice de amortecimento adimensional (ξ) é definido por

$$\xi = \frac{c}{c_{crítico}} = \frac{c}{2 \times m \times \omega_n},$$

em que c representa o coeficiente de amortecimento viscoso, m a massa e ω_n a frequência angular.

Na maioria das aplicações, principalmente na área estrutural, casos com $\xi > 1$ são extremamente raros. Quando $\xi \geqslant 1$, não há oscilações; sendo assim, não serão analisados neste texto. Para $\xi < 1$, a solução final da equação diferencial do movimento é dada por

$$x(t) = \chi_0 \times e^{-\xi\omega_n t} \times \text{sen}(\omega_{na} t + \phi),$$

[3] Rigidez, constante de rigidez ou constante da mola (K) é definida como a força (F) necessária para modificar, a partir de uma posição de equilíbrio, o comprimento da mola de uma unidade de comprimento: $K = \frac{F}{x}$, e x o deslocamento.

sendo χ_0 a constante de amplitude do movimento, ξ o índice de amortecimento adimensional, t o tempo, ω_{na} a frequência natural amortecida e ϕ o ângulo de fase.

A frequência natural amortecida é dada por:

$$\omega_{na} = \omega_n \sqrt{1 - \xi^2},$$

em que ω_n é a frequência angular e ξ é o índice de amortecimento adimensional. Para estruturas, geralmente $\xi < 0{,}1$, cujas condições iniciais para o tempo $t = 0$ são

$$x(0) = x_0$$
$$\dot{x}(0) = \dot{x}_0$$

Assim, é possível determinar

$$\phi = \frac{(x_0 \times \omega_{na})}{\dot{x}_0 + (\xi \times \omega_n \times x_0)}$$
$$\chi = \sqrt{\left(\frac{\dot{x}_0 + \xi\omega_n x_0}{\omega_{na}}\right)^2 + x_0^2}.$$

Para casos submetidos a um impulso, as condições iniciais no tempo $t = 0$ são

$$x(0) = x_0$$
$$\dot{x}(0) = \dot{x}_0 = {}^{\text{impulso}}\!/_{\text{massa}}$$

que possibilitam determinar

$$\phi = 0$$
$$\chi = \frac{\dot{x}_0}{\omega_{na}}.$$

Sendo assim, a equação do movimento é dada por

$$x(t) = \chi_0 \operatorname{sen}(\omega_{na}t) \times e^{-\xi\omega_n t}$$

cujo resultado é útil para qualquer sistema submetido a uma força de curta duração $\left(< {}^1\!/_{10}\right)$ quando comparado com o período natural (τ):

$$\tau = \frac{2\pi}{\omega_{na}}.$$

Quando o interesse é a taxa à qual a amplitude de um sistema amortecido decai, pode-se determinar o **decremento logarítmico** (δ), que, por definição, é o logaritmo natural da razão de dois ou mais picos. O decremento logarítmico pode ser determinado visualmente por meio de um gráfico (veja a Figura 11.117) ou da seguinte equação:

$$\delta = \frac{1}{j}\ln\left(\frac{\chi_i}{\chi_{i+j}}\right),$$

na qual δ é o decremento logarítmico, χ_i a amplitude do i-ésimo ciclo e χ_{i+j} a amplitude do $(i + j)$ ciclo.

Na Figura 11.117, j tem um valor qualquer; portanto,

$$\delta = \frac{2\pi\xi}{\sqrt{1 - \xi^2}}$$

e, para um índice de amortecimento adimensional $\xi < 0{,}1$, o decremento logarítmico é dado por

$$\delta = 2\pi\xi.$$

Vibrações forçadas: resposta para excitações harmônicas

Para o caso em que exista uma força harmônica $F(t) = F_0 \times \operatorname{sen}(\omega t)$, a equação do movimento obtida por meio da segunda lei de Newton torna-se

$$m\dot{x} + c\dot{x} + Kx = F(t)$$
$$m\dot{x} + c\dot{x} + Kx = F_0 \times \operatorname{sen}(\omega t).$$

Para $F_0 = K\chi_0$, em que K é a constante da mola $\left(\omega_n^2 = {}^K\!/_m\right)$, χ_0 a amplitude do deslocamento e ω a frequência de excitação, temos

$$m\dot{x} + c\dot{x} + Kx = F_0 \times \operatorname{sen}(\omega t),$$

com $F_0 = K\chi_0$, $c = 2\xi m\omega_n$ e $\omega_n^2 \times m$:

$$m\dot{x} + c\dot{x} + Kx = K\chi_0 \operatorname{sen}(\omega t)$$
$$m\dot{x} + 2\xi m\omega_n \dot{x} + Kx = K\chi_0 \operatorname{sen}(\omega t)$$
$$m\dot{x} + 2\xi m\omega_n \dot{x} + \omega_n^2 mx = \omega_n^2 m\chi_0 \operatorname{sen}(\omega t)$$

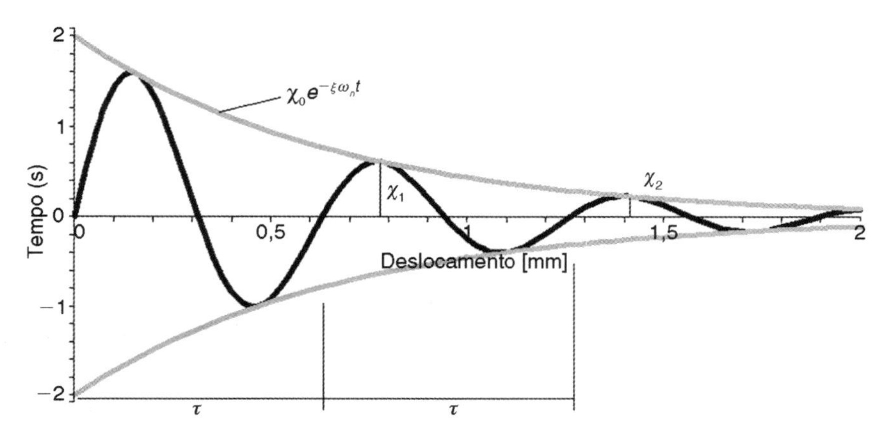

FIGURA 11.117 Exemplo de como obter o decremento logarítmico graficamente.

Dividindo-se toda a equação por m, resulta

$$\ddot{x} + 2\xi\omega_n\dot{x} + \omega_n^2 x = \omega_n^2\chi_0\,\text{sen}(\omega t).$$

A solução desta equação pode ser expressa por

$$x(t) = \chi_0|\chi|\text{sen}(\omega t - \phi),$$

sendo $|\chi|$ um parâmetro adimensional denominado inicialmente "**fator de amplificação**", determinado por

$$|\chi| = \frac{1}{\sqrt{\left[1-\left(\frac{\omega}{\omega_n}\right)^2\right]^2 + \left(2\xi\frac{\omega}{\omega_n}\right)^2}}$$

cujo ângulo de fase é

$$\text{tg}(\phi) = \frac{2\xi\left(\frac{\omega}{\omega_n}\right)}{1-\left(\frac{\omega}{\omega_n}\right)^2}.$$

Pelas expressões, é possível perceber que o "fator de amplificação" e o ângulo de fase são dependentes da frequência de excitação. Normalmente a relação da frequência de excitação com a frequência natural pode ser representada pelo índice r:

$$r = \frac{\omega}{\omega_n}$$

Em geral, a solução da equação do movimento mostra que a resposta para uma excitação harmônica é também harmônica e tem a mesma frequência que a excitação, alterando apenas a amplitude $\chi_0|\chi|$ e o ângulo de fase ϕ.

A análise de um gráfico da resposta como função do tempo proporciona pouca informação, mas é possível obter uma série de informações dos gráficos $|\chi|/\chi_0$ versus ω/ω_n (Figura 11.118) e ϕ versus ω/ω_n (Figura 11.119).

Pelos gráficos (Figuras 11.118 e 11.119) pode-se notar que,

- quando r é pequeno ($\omega \ll \omega_n$), o sistema responde como se a força fosse aplicada estaticamente, ou seja, $|\chi|/\chi_0 \cong 1$;
- quando r é muito grande ($\omega \gg \omega_n$), o sistema não tem condições de responder à variação da força de excitação, e, assim, $|\chi|/\chi_0 \to 0$;
- no caso de $r = 1$ quando $\xi = 0$, $|\chi|/\chi_0 \to \infty$;
- em casos com amortecimento, o valor máximo de $|\chi|/\chi_0$ ocorre para $r = \sqrt{1-2\xi^2}$ para valores de $\xi \leqslant \frac{1}{\sqrt{2}}$;
- no caso da fase ϕ, independentemente do amortecimento, quando $r = 1$, a fase é $\phi = 90°$;
- quando $r < 1$, o ângulo tende a 0°, e a 180° quando $r > 1$;
- existe ainda uma descontinuidade para $\xi = 0$ quando $r = 1$.

Observe também que, para os casos em que a força de excitação é dada por

$$F(t) = K\chi_0\cos(\omega t),$$

a resposta é

$$x(t) = \chi_0|\chi|\cos(\omega t - \phi).$$

Pode-se concluir que, para uma resposta harmônica, o tempo desempenha papel secundário em relação à frequência.

Definitivamente, as únicas informações significativas podem ser extraídas da magnitude e da fase. A resposta harmônica é chamada de resposta do estado estacionário. Geralmente, em sistemas lineares, a resposta para a excitação inicial é adicionada à força de excitação que representa uma resposta transiente (Figura 11.120). Tal fato ocorre devido ao amortecimento que qualquer sistema possui, fazendo com que a resposta transiente seja

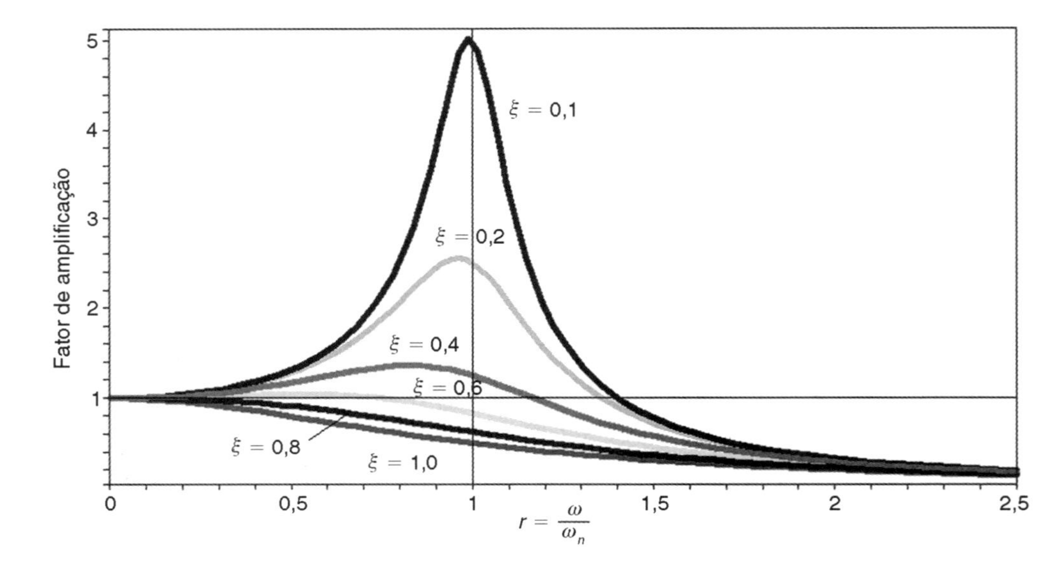

FIGURA 11.118 Fator de amplificação *versus* relação de frequências.

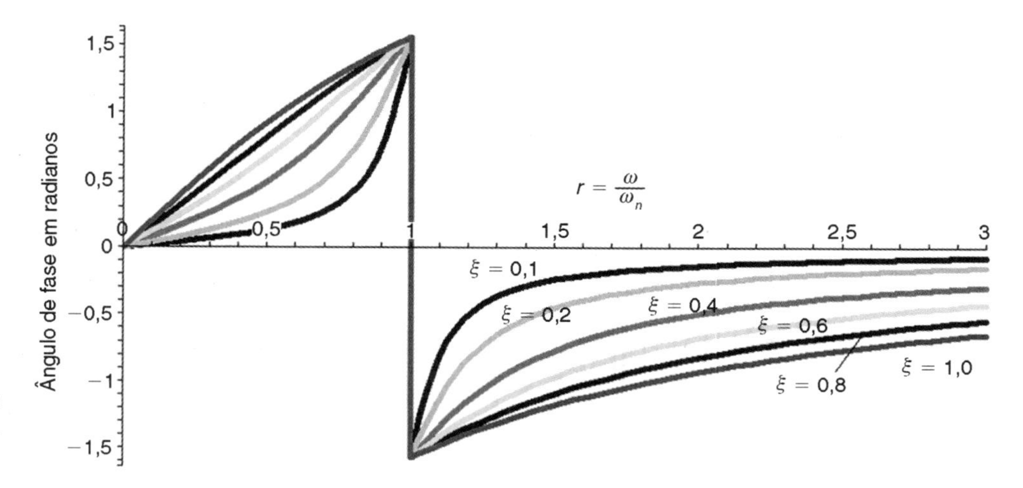

FIGURA 11.119 Ângulo de fase em radianos *versus* relação de frequências.

desprezada com o tempo, ao contrário da resposta do estado estacionário (Figura 11.121), como se pode ver na Figura 11.122.

Vibrações forçadas: isolamento de vibrações

Um dos problemas de grande interesse é a amplitude da força transmitida, principalmente quando se deseja trabalhar com isolamento de vibrações. Tal força é a combinação da força da mola (Kx) e do amortecedor ($c\dot{x}$), a qual, recorrendo-se à solução da equação para um deslocamento de uma excitação forçada $x(t) = \chi_0|\chi|\text{sen}(\omega t - \phi)$, pode ser escrita como

$$Kx = K\chi_0|\chi|\text{sen}(\omega t - \phi)$$

$$c\dot{x} = c\omega\chi_0|\chi|\cos(\omega t - \phi)$$

Dessa forma, a magnitude da força será

$$F_{transmitida} = \sqrt{(K\chi_0|\chi|)^2 + (c\omega\chi_0|\chi|)^2}$$

$$F_{transmitida} = K\chi_0|\chi|\sqrt{1 + \left(2\xi\frac{\omega}{\omega_n}\right)^2}.$$

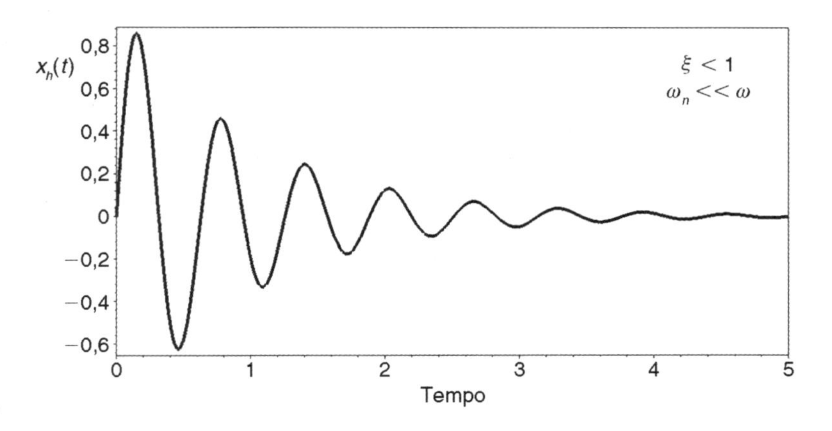

FIGURA 11.120 Resposta transiente.

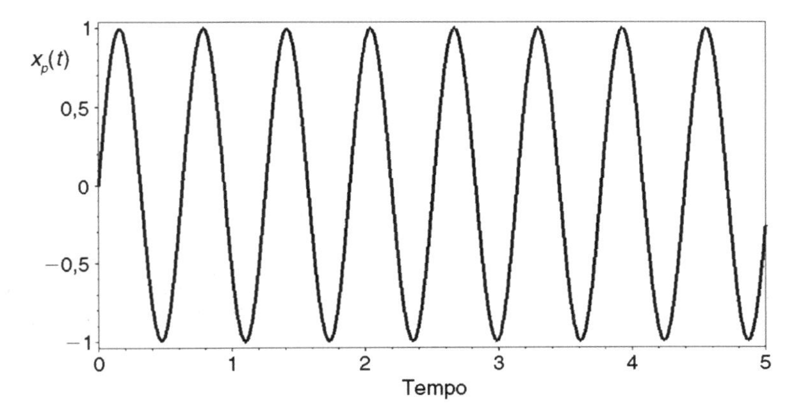

FIGURA 11.121 Resposta estacionária.

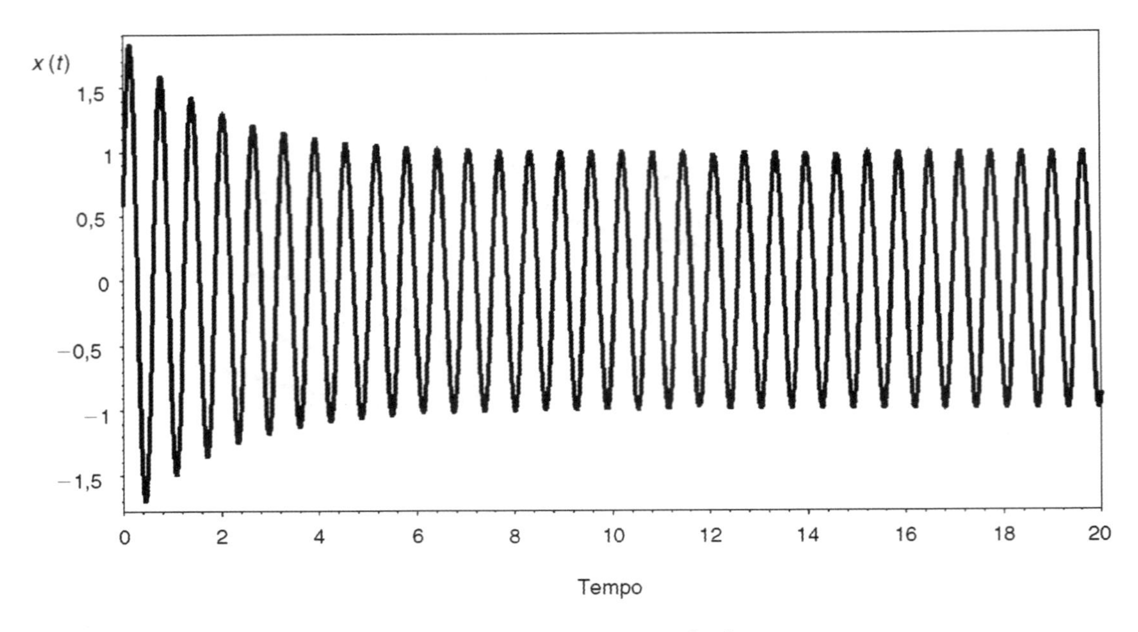

FIGURA 11.122 Resposta final.

Como $F_0 = K\chi_0$ é a amplitude da força de excitação harmônica, a força transmitida ($F_{transmitida}$) para a base pode ser determinada por

$$T = \frac{F_{transmitida}}{F_0} = |\chi|\sqrt{1 + \left(2\xi\frac{\omega}{\omega_n}\right)^2}$$

ou seja,

$$T = \frac{F_{transmitida}}{F_0} = \sqrt{\frac{1 + \left(2\xi\frac{\omega}{\omega_n}\right)^2}{\left[1 - \left(\frac{\omega}{\omega_n}\right)^2\right]^2 + \left(2\xi\frac{\omega}{\omega_n}\right)^2}}$$

que representa um valor adimensional denominado **transmissibilidade** (T), cujo gráfico pode ser visualizado na Figura 11.123 para vários valores de ξ.

Observa-se na Figura 11.123 que o valor máximo para cada índice de amortecimento ocorre quando

$$r = \frac{\omega}{\omega_n} = \frac{\sqrt{-1 + \sqrt{1 + 8\xi^2}}}{2\xi},$$

ou seja, para $r < 1$. Além disso, duas considerações importantes devem ser feitas quanto ao gráfico:

- a força transmitida dinamicamente para a base só é menor que a força estática, se $r < \sqrt{2}$;

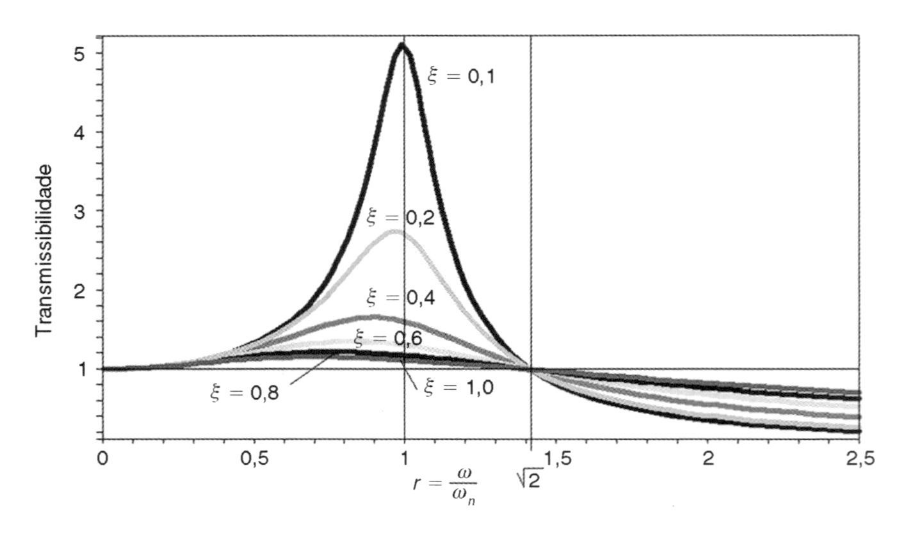

FIGURA 11.123 Fator de amplificação *versus* relação de frequências.

- quando $r > \sqrt{2}$, diminuindo-se o amortecimento diminui-se também a transmissão de forças.

Assim, para que exista o isolamento ($I = 1 - T$), deve-se ter $T < 1$ ou $r < \sqrt{2}$.

Para o correto funcionamento de um isolador, a frequência natural deve ser muito menor que a frequência de excitação. Uma vez que é difícil obter frequências naturais baixas, pode-se ter alguma dificuldade no projeto de isolamentos. Outra forma de escrever a equação da frequência natural é

$$\omega_n = \sqrt{\frac{K}{m}} = \sqrt{\frac{g}{\delta_{est}}},$$

sendo g o valor da aceleração da gravidade e δ_{est} a deflexão estática.

Vibrações forçadas: resposta para qualquer excitação

Na área de vibrações, em diversas situações experimentais as forças excitadoras não são harmônicas; sendo assim, novos procedimentos matemáticos são apresentados aqui para a obtenção da resposta de um dado problema.

Resposta para uma força periódica

Certas excitações repetem-se de tempos em tempos e são denominadas periódicas (cujo intervalo entre uma repetição e outra é chamado de período). Apesar de as funções harmônicas serem periódicas, as funções periódicas não necessariamente são harmônicas. Entretanto, matematicamente, por meio de séries de Fourier, podem-se expressar funções periódicas como uma combinação linear de funções harmônicas. Tais séries podem ser expressas em forma trigonométrica ou exponencial, com a função tempo desempenhando papel secundário. Portanto, a força $P = P(Z)$ pode ser expressa pela série de Fourier (para mais detalhes, consulte o Volume 1 desta obra):

$$P(z) = a_0 + \sum_{n=1}^{\infty} (a_n \cos nz + b_n \operatorname{sen} nz)$$

sendo n um número natural, e a_0, a_n e b_n os coeficientes da série de Fourier determinados por

$$a_0 = \frac{1}{2\pi}\int_0^{2\pi} P\,dz$$
$$a_n = \frac{1}{\pi}\int_0^{2\pi} P\cos nz\,dz$$
$$b_n = \frac{1}{\pi}\int_0^{2\pi} P\operatorname{sen} nz\,dz.$$

Com a obtenção dos coeficientes, a série de Fourier define a função periódica, que, neste exemplo, é a força de excitação. Para a equação do movimento de um sistema de um grau de liberdade com amortecimento submetido a uma força arbitrária periódica,

$$m\ddot{x} + c\dot{x} + Kx = a_0 + \sum_{n=1}^{\infty}\left[a_n \cos(nt\omega) + b_n \operatorname{sen}(nt\omega)\right].$$

Para solucionar esta equação, deve-se aplicar o princípio da superposição, considerando-se somente a solução não homogênea, pois é a que produz o estado estacionário. Com o princípio da superposição, encontra-se a solução para cada parcela da força:

1º a solução específica do termo a_0 é

$$x_p = \frac{a_0}{K};$$

2º a solução para $a_n \cos(n\omega t)$ é

$$x_p = \frac{a_n/K}{\sqrt{(1 - r_n^2)^2 + (2\xi r_n)^2}}\cos(n\omega t - \psi_n);$$

3º a solução para $b_n \operatorname{sen}(n\omega t)$ é

$$x_p = \frac{b_n/K}{\sqrt{(1 - r_n^2)^2 + (2\xi r_n)^2}}\operatorname{sen}(n\omega t - \psi_n).$$

Com

$$\operatorname{tg}\psi = \frac{2\xi r_n}{1 - r_n^2}$$

e

$$r_n = nr = n\left(\frac{\omega}{\omega_n}\right).$$

Com a superposição das soluções parciais, determina-se a solução para o estado estacionário:

$$x_p(t) = \left(\frac{a_0}{K}\right) + \sum_{n=1}^{\infty}\frac{a_n/K}{\sqrt{(1 - r_n^2)^2 + (2\xi r_n)^2}}\cos(n\omega t - \psi_n)$$
$$+ \sum_{n=1}^{\infty}\frac{b_n/K}{\sqrt{(1 - r_n^2)^2 + (2\xi r_n)^2}}\operatorname{sen}(n\omega t - \psi_n).$$

Observe que

- quando n aumenta, os coeficientes do seno e do cosseno tornam-se pequenos, de maneira que a influência desses termos é pouco significativa. É por isso que em geral se utilizam poucos termos;
- a solução transitória poderia ter sido incluída, mas não é muito importante nesse tipo de excitação.

Resposta a um impulso unitário

Existem processos que não apresentam uma variação definida da força no tempo, como, por exemplo, os impulsos e os impactos, entre outros. Para determinar o comportamento de um sistema de um grau de liberdade, exposto a uma força arbitrária, é necessário conhecer sua resposta a um impulso unitário. Como exemplo, considere o sistema representado na Figura 11.124, submetido a uma força instantânea de grande magnitude e curta duração.

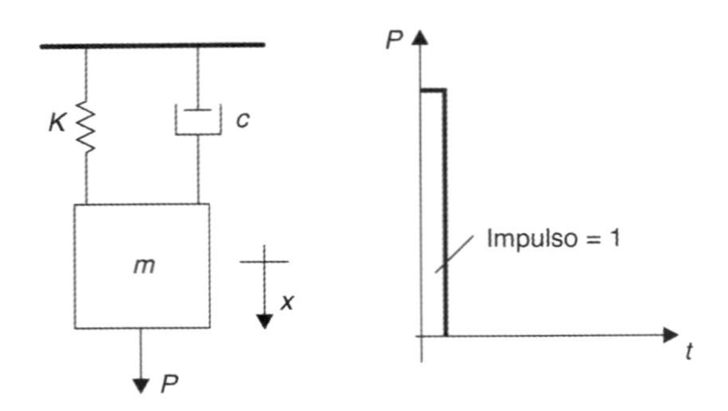

FIGURA 11.124 Sistema de um grau de liberdade submetido a um impulso unitário.

Para esse exemplo, a equação do movimento é dada por

$$m\ddot{x} + Kx + c\dot{x} = 0.$$

A equação é homogênea pelo fato de a força estar aplicada em um tempo infinitamente pequeno. Sendo assim, suas condições iniciais são

$$x_0 = 0$$
$$m\dot{x}_0 = 1.$$

Considerando-se as condições iniciais e um amortecimento subcrítico, a solução da equação do movimento é dada por

$$x(t) = \frac{1}{m\omega_{nd}} e^{-\omega_n \xi t} \operatorname{sen} \omega_{nd} t$$

em que m é a massa do sistema, ω_n a frequência natural, $\xi = \dfrac{c}{2m\omega_n}$ o índice de amortecimento e $\omega_{nd} = \omega_n\sqrt{1-\xi^2}$ a frequência natural amortecida.

Resposta para uma força excitadora qualquer

Considere uma força arbitrária, como aquela ilustrada na Figura 11.125.

Para determinar a resposta do sistema de um grau de liberdade a essa força, procede-se da seguinte maneira: imagina-se um impulso $P(\tau)d\tau$ aplicado no tempo e obtém-se a resposta a esse impulso no tempo t, resultando em

$$dx(t) = \frac{1}{m\omega_{nd}} e^{-\xi\omega_n(t-\tau)} \operatorname{sen} \omega_{nd}(t-\tau)P(\tau)d\tau.$$

Considerando-se que a força é composta por infinitos impulsos, o deslocamento é dado pela **integral de Duhamel**:

$$x(t) = \frac{1}{m\omega_{nd}} \int_0^t e^{-\xi\omega_n(t-\tau)} \operatorname{sen} \omega_{nd}(t-\tau)P(\tau)d\tau,$$

cuja equação completa, considerando-se as condições iniciais, torna-se:

$$x(t) = \frac{1}{m\omega_{nd}} \int_0^t e^{-\xi\omega_n(t-\tau)} \operatorname{sen} \omega_{nd}(t-\tau)P(\tau)d\tau + e^{-\xi\omega_n t}\left(\frac{\dot{x}_0 + \xi\omega_n x_o}{\omega_{nd}} \operatorname{sen} \omega_{nd} t + x_0 \cos \omega_{nd} t\right).$$

Em alguns casos, é importante calcular a aceleração do sistema. Com esse objetivo, deriva-se a equação anterior duas vezes:

$$\frac{d}{dt}\int_{\phi_1(t)}^{\phi_2(t)} F(\tau, t)d\tau = \int_{\phi_1(t)}^{\phi_2(t)} \frac{\partial^2 F}{\partial t^2} d\tau - \frac{\partial F(\phi_1, t)}{dt}\frac{d\phi_1}{dt} + \frac{\partial F(\phi_2, t)}{dt}\frac{d\phi_2}{dt} + F(\phi_2, t)\frac{d^2\phi_2}{dt^2}.$$

Considerando-se

$$F(\tau, t) = P(\tau)e^{-\xi\omega_n(t-\tau)} \operatorname{sen} \omega_{nd}(t-\tau)$$
$$\phi_1(t) = 0$$
$$\phi_2(t) = t,$$

obtém-se

$$\frac{\partial^2 F}{\partial t^2} = (\xi^2\omega_n^2 - \omega_{nd}^2)P(\tau)e^{-\xi\omega_n(t-\tau)} \operatorname{sen} \omega_{nd}(t-\tau) - 2\xi\omega_n\omega_{nd}P(\tau)e^{-\xi\omega_n(t-\tau)} \cos \omega_{nd}(t-\tau)$$

$$\frac{\partial F(\phi_2, t)}{dt} = P(t)\omega_{nd}$$

$$\frac{d\phi_2}{dt} = 1$$

$$\frac{\partial F(\phi_1, t)}{\partial t} = P(0)e^{-\xi\omega_n t}\omega_{nd} \cos \omega_{nd} t - P(0)e^{-\xi\omega_n t}\xi\omega_n \operatorname{sen} \omega_{nd} t$$

$$\frac{d\phi_1}{dt} = 0$$

$$F(\phi_2, t) = 0.$$

Substituindo-se as expressões anteriores, obtém-se a expressão da derivada da integral, ou seja,

$$(\xi^2\omega_n^2 - \omega_{nd}^2)\int_0^t P(\tau)e^{-\xi\omega_n(t-\tau)} \operatorname{sen} \omega_{nd}(t-\tau)d\tau - \left\{2\xi\omega_n\omega_{nd}\int_0^t P(\tau)e^{-\xi\omega_n(t-\tau)} \cos \omega_{nd}(t-\tau)d\tau + P(t)\omega_{nd}\right\}\frac{1}{m\omega_{nd}}.$$

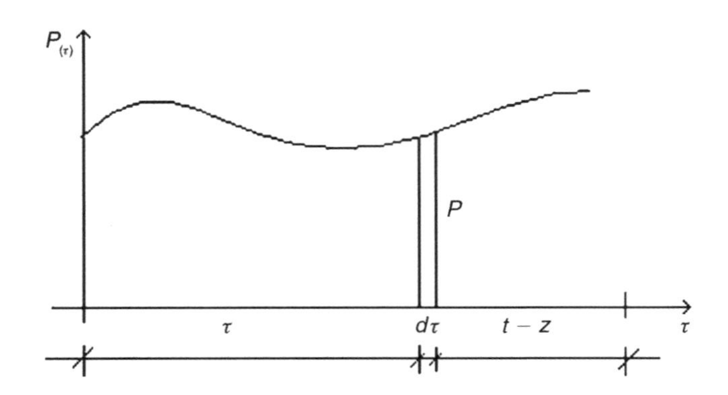

FIGURA 11.125 Força arbitrária.

Logo, a expressão da aceleração, considerando-se as condições iniciais, torna-se:

$$\ddot{x}(t) = \left\{ \begin{array}{l} (\xi^2\omega_n^2 - \omega_{nd}^2)\int_0^t P(\tau)e^{-\xi\omega_n(t-\tau)} \operatorname{sen}\omega_{nd}(t-\tau)\,d\tau \\ -2\xi\omega_n\omega_{nd}\int_0^t P(\tau)e^{-\xi\omega_n(t-\tau)} \cos\omega_{nd}(t-\tau)\,d\tau + P(t)\omega_{nd} \end{array} \right\} \frac{1}{m\omega_{nd}}$$
$$+ \xi^2\omega_n^2 e^{-\xi\omega_n t}\left(\frac{\dot{x}_0 + \xi\omega_n x_0}{\omega_{nd}} \operatorname{sen}\omega_{nd} + x_0\omega_{nd} t\right)$$
$$- 2\xi\omega_n e^{-\xi\omega_n t} \cdot \left|(\dot{x}_0 + \xi\omega_n x_0)\cos\omega_{nd} t - x_0\omega_{nd} \operatorname{sen}\omega_{nd} t\right|$$
$$+ e^{-\xi\omega_n t} \cdot \left|-(\dot{x}_0\xi\omega_n x_0)\omega_{nd} \operatorname{sen}\omega_{nd} t + x_0\omega^2{}_{nd}\cos\omega_{nd} t\right|.$$

Vibrações para sistemas de vários graus de liberdade

Por meio das leis de Newton, podem-se determinar as equações de movimento para um modelo de um grau de liberdade; porém muitas vezes um modelo de um grau de liberdade não é o mais indicado para representar um dado sistema. Nesse tipo de situação, é necessário utilizar modelos mais sofisticados de mais de um grau de liberdade, como, por exemplo, os que a Figura 11.126 apresenta.

Cabe observar que para cada modelo de n *g.l.* há n frequências naturais de vibração, cada qual correspondente a uma maneira de vibrar do sistema, chamado de modo de vibração. Como exemplo, considere os sistemas representados na Figura 11.127. Para vários graus de liberdade, os sistemas tornam-se mais complexos, e assim se faz uso da notação matricial para generalizar o processo.

Para os dois exemplos mostrados na Figura 11.127, as equações diferenciais podem ser escritas matricialmente como

$$\underset{\sim}{M}\ddot{\vec{x}} + \underset{\sim}{K}\vec{x} = \vec{0},$$

sendo $\underset{\sim}{M}$ a matriz massa (que representa as propriedades de inércia do sistema). Para o exemplo da Figura 11.127(a), elas podem ser escritas como

$$\underset{\sim}{M} = \begin{pmatrix} m_1 & 0 \\ 0 & m_2 \end{pmatrix}$$

e, para o exemplo da Figura 11.127(b), como

$$M = \begin{pmatrix} m & 0 \\ 0 & J \end{pmatrix}.$$

Considera-se que essas matrizes são diagonais (propriedade dos sistemas discretos) e quadradas ($n \times n$), sendo n o número de graus de liberdade.

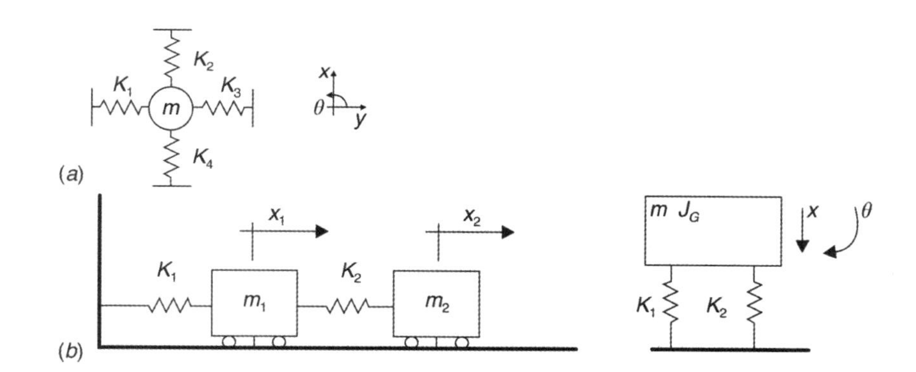

FIGURA 11.126 Sistemas de vários graus de liberdade: (a) três graus de liberdade (3 *g.l.*) e (b) dois graus de liberdade (2 *g.l.*).

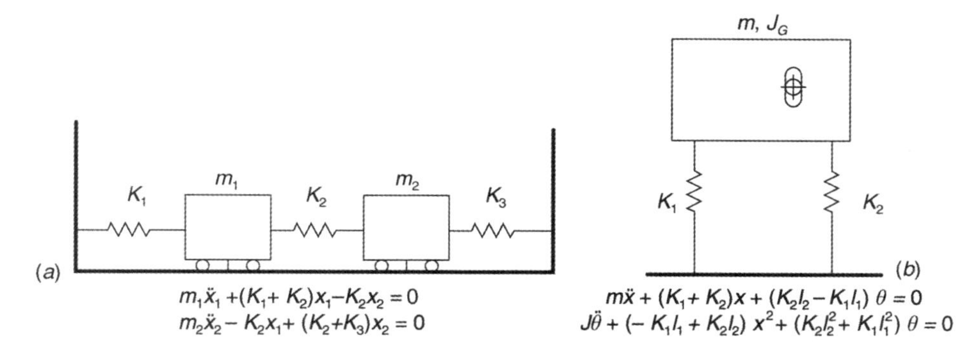

FIGURA 11.127 Sistemas de vários graus de liberdade.

$\underset{\sim}{K}$ é a matriz de rigidez ($n \times n$) que representa a rigidez elástica do sistema; para o exemplo da Figura 11.127(a),

$$\underset{\sim}{K} = \begin{pmatrix} K_1 + K_2 & -K_2 \\ -K_2 & K_2 + K_3 \end{pmatrix}$$

e, para o exemplo da Figura 11.127(b),

$$\underset{\sim}{K} = \begin{pmatrix} K_1 + K_2 & K_2 l_2 - K_1 l_1 \\ K_2 l_2 - K_1 l_1 & K_2 l_2^2 + K_1 l_1^2 \end{pmatrix}$$

sendo $\vec{x}$ o vetor deslocamento ($n \times 1$), e, para o exemplo da Figura 11.127(a),

$$\vec{x} = \begin{Bmatrix} x_1 \\ x_2 \end{Bmatrix}.$$

Para o exemplo da Figura 11.127(b),

$$\vec{x} = \begin{Bmatrix} x \\ \theta \end{Bmatrix}$$

sendo $\ddot{\vec{x}}$ o vetor deslocamento ($n \times 1$); para o exemplo da Figura 11.127(a),

$$\ddot{\vec{x}} = \begin{Bmatrix} \ddot{x}_1 \\ \ddot{x}_2 \end{Bmatrix}$$

e, para o exemplo da Figura 11.127(b),

$$\ddot{\vec{x}} = \begin{Bmatrix} \ddot{x} \\ \ddot{\theta} \end{Bmatrix}.$$

EXEMPLO

Considere o clássico sistema de três graus de liberdade da Figura 11.128.

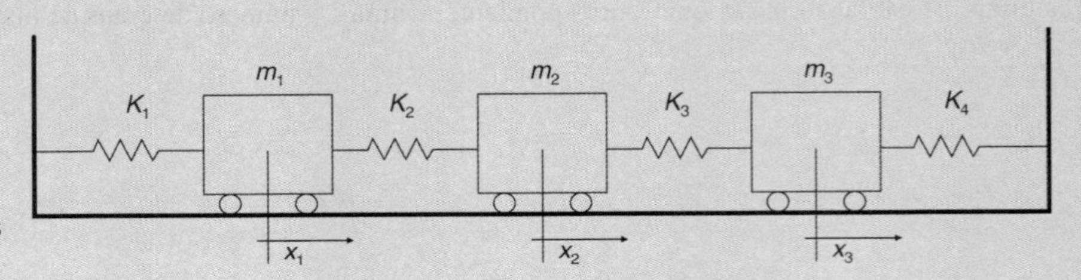

FIGURA 11.128 Sistema de três graus de liberdade.

Para esse exemplo,

$$K_1 = K_2 = K_3$$
$$K_4 = 0$$
$$m_1 = m_2 = m_3$$

Assim,

$$\underset{\sim}{K} = \begin{pmatrix} K_1 + K_2 & -K_2 & 0 \\ -K_2 & K_2 + K_3 & -K_3 \\ 0 & -K_3 & K_3 + K_4 \end{pmatrix}$$

$$\underset{\sim}{M} = \begin{pmatrix} m_1 & 0 & 0 \\ 0 & m_2 & 0 \\ 0 & 0 & m_3 \end{pmatrix}.$$

Portanto, a equação do movimento é dada por

$$\begin{pmatrix} m_1 & 0 & 0 \\ 0 & m_2 & 0 \\ 0 & 0 & m_3 \end{pmatrix} \begin{Bmatrix} \ddot{x}_1 \\ \ddot{x}_2 \\ \ddot{x}_3 \end{Bmatrix} + \begin{pmatrix} K_1 + K_2 & -K_2 & 0 \\ -K_2 & K_2 + K_3 & -K_3 \\ 0 & -K_3 & K_3 + K_4 \end{pmatrix} \begin{Bmatrix} x_1 \\ x_2 \\ x_3 \end{Bmatrix} = \begin{Bmatrix} 0 \\ 0 \\ 0 \end{Bmatrix}$$

$$\underset{\sim}{M}\ddot{\vec{x}} + \underset{\sim}{K}\vec{x} = \vec{0}.$$

Equações características

Partindo-se da equação do movimento, para sistemas com n graus de liberdade e sem amortecimento,

$$\underset{\sim}{M}\ddot{\vec{x}} + \underset{\sim}{K}\vec{x} = \vec{0}.$$

Esta equação constitui, no caso de $\underset{\sim}{M}$ e $\underset{\sim}{K}$ serem independentes de x, um conjunto de n equações diferenciais ordinárias (com coeficientes constantes) acopladas. Quando $\underset{\sim}{K}$ é positiva definida, pode-se escrever:

$$\underset{\sim}{K}^{-1}\underset{\sim}{M}\ddot{\vec{x}} + \vec{x} = 0,$$

em que

$$\underset{\sim}{D} = \underset{\sim}{K}^{-1}\underset{\sim}{M},$$

chamada de matriz dinâmica, leva a

$$\underset{\sim}{D}\ddot{\vec{x}} + \vec{x} = \vec{0}.$$

Agora, se se admitir uma solução da forma

$$\vec{x} = \vec{X}f(t),$$

na qual $\vec{X}$ é um vetor com coeficientes constantes e independentes de t, por substituição nas equações anteriores tem-se:

$$\underset{\sim}{D}\vec{X}\frac{d^2f(t)}{dt^2} + \vec{X}f(t) = \vec{0}$$

e, dividindo-se ambos os membros por $f(t)$,

$$\frac{\frac{d^2f(t)}{dt^2}}{f(t)}\underset{\sim}{D}\vec{X} + \vec{X} = \vec{0}$$

Essa solução só é possível se

$$\frac{\frac{d^2f(t)}{dt^2}}{f(t)} = cte.$$

Uma vez que $\underset{\sim}{D}$ e $\vec{X}$ são independentes de t,

$$\frac{d^2f(t)}{dt^2} + \omega_n^2 f_n(t) = 0$$

em que ω_n^2 é constante ainda não determinada. Assim, a solução geral da equação anterior é dada por

$$f(t) = A \times \text{sen}(\omega_n t + \phi_n).$$

Finalmente, a equação

$$\underset{\sim}{D}\vec{X}\frac{d^2f(t)}{dt^2} + \vec{X}f(t) = \vec{0}$$

pode ser escrita como

$$\left(\underset{\sim}{D} - \frac{1}{\omega_n^2}\underset{\sim}{I}\right)\vec{X} = \vec{0}$$

e se $\lambda = \dfrac{1}{\omega_n^2}$:

$$(\underset{\sim}{D} - \lambda_n \underset{\sim}{I})\vec{X} = \vec{0}.$$

A solução da equação $\underset{\sim}{D}\ddot{\vec{x}} + \vec{x} = \vec{0}$ só existe se o determinante do sistema for nulo, ou seja, se a matriz $(\underset{\sim}{D} - \lambda_n\underset{\sim}{I})$ for singular. Dessa forma, a solução será um sistema de autovalores e autovetores.

A observação da equação $\left(\underset{\sim}{D} - \frac{1}{\omega_n^2}\underset{\sim}{I}\right)\vec{X} = \vec{0}$ revela que os autovalores de $\underset{\sim}{D}$ definem, por meio da equação $(\underset{\sim}{D} - \lambda_n\underset{\sim}{I})\vec{X} = \vec{0}$, as **frequências naturais do sistema**. O vetor $\vec{X}$ associado a cada frequência constitui fisicamente o modo de vibração. A solução da equação $\underset{\sim}{D}\ddot{\vec{x}} + \vec{x} = \vec{0}$ mostra que, quando o sistema oscila em uma de suas frequências naturais, a forma da configuração deformada não varia com o tempo, modificando-se apenas a sua amplitude.

Modos normais em sistemas com amortecimento viscoso

Em sistemas com amortecimento viscoso que respondem à equação

$$\underset{\sim}{M}\ddot{\vec{x}} + \underset{\sim}{C}\dot{\vec{x}} + K\vec{x} = 0,$$

os modos de vibração, no sentido clássico, existem quando a matriz dos coeficientes de amortecimento $\underset{\sim}{C}$ satisfaz certas condições que serão apresentadas a seguir. Nessa situação, a resposta para as condições iniciais torna-se

$$\vec{x} = a\vec{X}_r e^{-\xi\omega_r t}\,\text{sen}\left(\omega_r t + \frac{\pi}{2}\right).$$

Nas oscilações livres, os pontos de deslocamento zero não variam de posição com o tempo; em consequência, também se apresentam modos estacionários. A fim de determinar em que casos existem modos de vibração, deve-se introduzir uma transformação linear. No caso de amortecimento viscoso, a equação básica é do tipo

$$\vec{x} = a\vec{X}_r e^{-\xi\omega_r t}\,\text{sen}\left(\omega_{dr} t + \frac{\pi}{2}\right)$$

na qual $\omega_{dr} = \omega_r\sqrt{1 - \xi_r^2}$ é a frequência do sistema com amortecimento.

Isso significa que, dependendo das características de $\underset{\sim}{C}$, quando não é pequeno, o amortecimento influi nos modos e frequências de vibração. Uma observação importante a ser feita é que modos e frequências naturais são características de sistemas lineares. Em sistemas não lineares, podem-se obter apenas os modos e as frequências instantâneas.

Vibrações forçadas de sistemas lineares com *n* graus de liberdade

Na solução de sistemas com vários graus de liberdade submetidos a cargas variáveis com o tempo, um dos métodos mais utilizados é o dos modos normais.

O princípio desse método pode ser descrito por (lembrando a equação de movimento de um sistema linear com amortecimento viscoso)

$$\underset{\sim}{M}\ddot{\vec{x}} + \underset{\sim}{C}\dot{\vec{x}} + \underset{\sim}{K}\vec{x} = \vec{F}(t),$$

em que $\vec{x}$, $\dot{\vec{x}}$ e $\ddot{\vec{x}}$ são os vetores posição, velocidade e aceleração generalizadas, respectivamente, $\underset{\sim}{M}$ a matriz massa, $\underset{\sim}{C}$ a matriz de coeficientes de amortecimento e $\underset{\sim}{K}$ a matriz de rigidez. Considera-se que os coeficientes do vetor de cargas externas $\vec{F}(t)$ são funções arbitrárias do tempo t.

Caso sem amortecimento

Nesse tipo de circunstância, será verificado que a transformação de coordenadas

$$\vec{x}(t) = \underset{\sim}{\Phi}\vec{\eta} = \sum_{r=1}^{n} \vec{X}_r \eta_r(t)$$

permite desacoplar o sistema de equações, quando este não for amortecido, isto é, $\underset{\sim}{C} = 0$, sendo $\underset{\sim}{\Phi}$ a matriz de colunas modais, ou matriz modal, formada pelos autovetores normalizados da equação

$$\underset{\sim}{\Phi} = (\vec{X}_1 \vdots \vec{X}_2 \vdots \vec{X}_3 \vdots \cdots \vdots \vec{X}_n),$$

que são os autovetores do sistema homogêneo. Como não varia com o tempo, pode-se dizer que

$$\dot{\vec{x}} = \underset{\sim}{\Phi}\dot{\vec{\eta}}$$

e

$$\ddot{\vec{x}} = \underset{\sim}{\Phi}\ddot{\vec{\eta}}$$

Assim sendo, a equação do movimento assume a forma:

$$\underset{\sim}{M}\underset{\sim}{\Phi}\ddot{\vec{\eta}} + \underset{\sim}{K}\underset{\sim}{\Phi}\vec{\eta} = \vec{F}(t)$$
$$\underset{\sim}{M}_r\ddot{\vec{\eta}} + \underset{\sim}{K}_r\vec{\eta} = \underset{\sim}{\Phi}^T\vec{F}(t).$$

Com as matrizes $\underset{\sim}{M}_r$ e $\underset{\sim}{K}_r$ diagonais, as chamadas matrizes de massa e de rigidez generalizadas ($\underset{\sim}{M}_r$ e $\underset{\sim}{K}_r$) estão desacopladas, fornecendo, portanto,

$$\begin{pmatrix} M_1 & & \\ & \ddots & \\ & & M_n \end{pmatrix} \begin{Bmatrix} \ddot{\eta}_1 \\ \vdots \\ \ddot{\eta}_n \end{Bmatrix} + \begin{pmatrix} K_1 & & \\ & \ddots & \\ & & K_n \end{pmatrix} \begin{Bmatrix} \eta_1 \\ \vdots \\ \eta_n \end{Bmatrix} = \begin{Bmatrix} \vec{X}_1^T\vec{F} \\ \vdots \\ \vec{X}_n^T\vec{F} \end{Bmatrix},$$

o que resulta em

$$\ddot{\vec{\eta}}_r = \omega_r \vec{\eta}_r = \frac{\vec{X}_r^T\vec{F}}{M_r}.$$

É importante observar que essa equação só é válida para funções transientes, como, por exemplo, para impactos. A solução geral da equação anterior para condições iniciais $\vec{\eta}_{r0}$ e $\dot{\vec{\eta}}_{r0}$ é

$$\eta_r(t) = \frac{1}{\omega_r}\int_0^t \text{sen}(\omega_r(t-\tau))\frac{\vec{X}_r^T\vec{F}(\tau)}{M_r}d\tau + \eta_{r0}\cos\omega_r t + \dot{\eta}_{r0}\frac{\text{sen}\,\omega_r t}{\omega_r}.$$

Se as componentes de $\vec{F}$ forem estacionárias, como, por exemplo, em funções periódicas, a solução da equação anterior deve ser obtida empregando-se os procedimentos de um sistema de um grau de liberdade submetido a excitação harmônica.

Caso com amortecimento proporcional

Utilizando-se a mudança de coordenadas que desacopla o sistema de amortecimento quando a matriz $\underset{\sim}{C}$ satisfaz a condição de restrição, isto é, quando o sistema apresenta amortecimento proporcional, temos

$$M_r\ddot{\eta}_r + C_r\dot{\eta}_r + K_r\eta_r = \vec{X}_r^T\vec{F}(t)$$

para $r = 1, 2, \ldots, n$, cuja solução geral para o estado inicial em repouso é

$$\eta_r(t) = \frac{1}{\omega_{dr}}\int_0^t e^{-\xi_r\omega_r(t-\tau)}\,\text{sen}(\omega_{dr}(t-\tau))\frac{\vec{X}_r^T\vec{F}(\tau)}{M_r}d\tau$$

que é a integral de Duhamel. Mais uma vez, convém lembrar que $\omega_{dr} = \omega_r\sqrt{1-\xi_r^2}$.

Observe que na equação anterior o amortecimento não faz parte da equação, o que significa que ela pode ser usada para pequenos amortecimentos.

Agora, se o amortecimento for significativo, deve-se utilizar a integração numérica diretamente na equação do movimento (por meio de diferenças finitas ou pelo método de Newmark; consulte as Referências Bibliográficas no final deste capítulo):

$$\underset{\sim}{M}\ddot{\vec{x}} + \underset{\sim}{C}\dot{\vec{x}} + \underset{\sim}{K}\vec{x} = \vec{F}(t).$$

11.4.2 *Medição de vibrações*

Devido à necessidade de quantificar algumas características vibratórias, tais como frequência, deslocamento, aceleração e velocidade, entre outras, faz-se necessário medir essas grandezas com algum tipo de transdutor. Em termos práticos, a caracterização da vibração pode ser dividida em três etapas:

- medição de uma das grandezas listadas anteriormente;
- análise do sinal derivado do sistema transdutor-condicionador;
- controle do sistema para minimizar os efeitos das vibrações.

Como o procedimento de análise do sinal vibratório é posterior ao uso de um transdutor ou de um processo de medição, é extremamente importante realizar o procedimento experimental corretamente para não se comprometerem os procedimentos posteriores: análise e controle.

O leitor deve estar perguntando: "qual é o motivo para se medirem vibrações?" Poder-se-iam escrever diversas páginas para justificar a importância da medição, da análise e do controle da vibração. Uma boa resposta é listar algumas aplicações:

- vibrações de máquinas;
- análise de falha por fadiga;
- auxiliar no projeto de isoladores para vibrações;
- identificação de níveis de aceleração danosos ou não ao corpo humano;
- análise sísmica;
- avaliação de testes de choques, impactos e explosões, além da análise modal de estruturas.

O processo de medição inicia-se na identificação de um determinado fenômeno vibratório, passando pela introdução de um transdutor (que tem como função converter o sinal mecânico em sinal elétrico), a amplificação do sinal e a apresentação desse sinal, que pode ser armazenado ou não, possibilitando assim a posterior análise (Figura 11.129).

Os principais sensores para medição de vibrações são:

- sensores de deslocamentos;
- sensores de velocidade;
- sensores de aceleração (acelerômetros);
- sensores de fase e de frequência.

Escolha do sensor

Quando se escolhe um sensor para medição de vibração, devem ser considerados alguns aspectos, destacando-se:

- a faixa de frequência e a amplitude: um dos principais parâmetros para a determinação do instrumento a ser usado é sua faixa de frequência. A baixas frequências, geralmente a amplitude do deslocamento é elevada; sendo assim, os vibrômetros são os mais indicados. A altas frequências, as amplitudes do deslocamento são baixas e, em consequência, as amplitudes da aceleração são altas; sendo assim, os acelerômetros apresentam maior sensibilidade e são os mais indicados. Os sensores de velocidade são genéricos, ou seja, apresentam desempenho razoável tanto a baixas como a altas frequências. O mais importante é que em uma situação prática sejam observadas e respeitadas as características específicas do sensor e do sistema a ser medido (faixas de amplitudes e de frequências);
- o tamanho e a massa da máquina ou estrutura: o tamanho e a massa do equipamento ou estrutura a ser medida são fatores importantes, porque, uma vez que a vibração depende da massa do sistema, instrumentos que possuam grandes massas quando comparados ao sistema a ser medido influem nas medições podendo distorcer os resultados;
- as condições de operação: equipamentos que operam em condições de funcionamento adversas, tais como em ambientes úmidos, radioativos, corrosivos ou abrasivos, tendem a limitar o uso da grande maioria dos sensores. É de suma importância que os instrumentos não sofram alterações de funcionamento, pois tais alterações tendem a distorcer os valores medidos;
- o tipo de análise dos dados: a maneira como os dados obtidos são analisados é um fator importante na escolha do sensor, o qual muitas vezes, é determinado pelo modo de apresentar os dados para a análise pretendida.

É importante ressaltar que esses transdutores já foram apresentados em capítulos anteriores, porém serão mostrados brevemente para manter a coerência com esta área.

11.4.2.1 Transdutores de resistência variável

O princípio de funcionamento desse tipo de transdutor é a variação da resistência elétrica em função de um movimento. O transdutor mais utilizado é o extensômetro de resistência elétrica (*strain-gage*), cujas características principais foram apresentadas no Capítulo 10, Medição de Força. Quando é utilizado em conjunto com outros componentes que permitem o processamento e a transmissão do sinal, o extensômetro é denominado *pickup*. Na medição de vibração, o extensômetro é montado em um elemento elástico de um sistema massa-mola, como mostra o esboço da Figura 11.130. A deformação em qualquer ponto do membro elástico [(viga engastada livre) é proporcional à deflexão da massa ($x(t)$)] a ser medida.

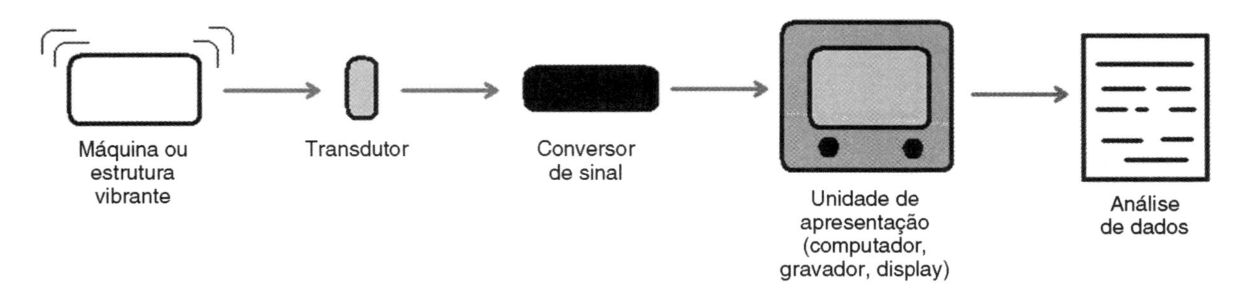

FIGURA 11.129 Esquema básico de medição de vibrações.

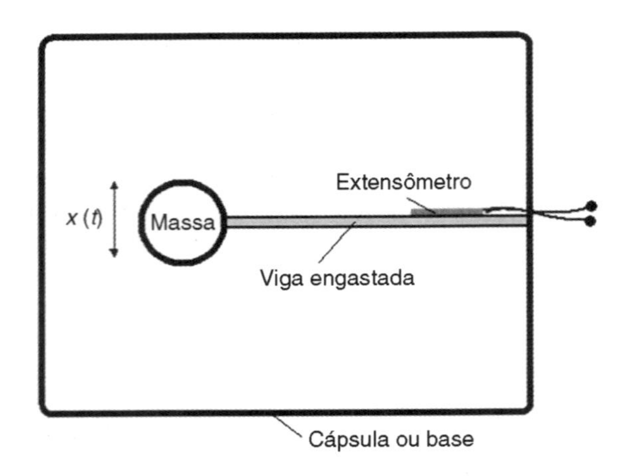

FIGURA 11.130 Esquema básico do *strain-gage* para medição de vibrações.

11.4.2.2 Sensores de proximidade

Diversos sensores de proximidade (indutivos, capacitivos, entre outros) foram apresentados na Seção 11.1, Medição de Deslocamento. De forma geral e dependendo do modelo, um sensor de proximidade (veja a Figura 11.131) gera um campo magnético dependente das propriedades magnéticas da peça a ser medida (no caso das vibrações, essa peça, em geral, é um eixo). A variação do campo magnético é proporcional à saída em tensão elétrica, que pode ser medida com algum instrumento adequado, como, por exemplo, um multímetro ou um osciloscópio.

A variação do campo magnético é proporcional ao deslocamento existente entre o sensor e a peça que se movimenta, e por isso é um transdutor de deslocamento. Entre as vantagens operacionais, pode-se citar que o sensor não possui partes móveis e trabalha com corrente contínua. A principal desvantagem é que o sensor pode ser afetado pelas propriedades magnéticas do eixo. Normalmente, esse tipo de sensor é utilizado no monitoramento permanente, sendo instalado em máquinas que apresentam um deslocamento máximo de 2 mm e com frequências variando até 200 Hz.

11.4.2.3 Transdutores eletrodinâmicos

Quando um condutor elétrico, em forma de um solenoide, move-se em um campo magnético produzido por um ímã permanente ou por um eletroímã, como mostra o esquema da Figura 11.132, é gerada uma tensão elétrica V_s[V], nesse mesmo condutor, dada por

$$V_s = B \times l \times v,$$

sendo B a densidade de fluxo magnético $\left[T = {}^{\text{Wb}}\!/_{\text{m}^2}\right]$, l o comprimento do condutor [m] e v a velocidade do condutor em relação ao campo magnético $\left[{}^{\text{m}}\!/_{\text{s}}\right]$.

Em virtude da proporcionalidade entre a tensão de saída e a velocidade de deslocamento do condutor em relação ao ímã, os transdutores eletromagnéticos são frequentemente utilizados como sensores de velocidade. Reescrevendo a equação em termos de força, temos

$$Bl = \frac{V_s}{v} = \frac{F}{I},$$

sendo B a densidade de fluxo magnético $\left[T = {}^{\text{Wb}}\!/_{\text{m}^2}\right]$, l o comprimento do condutor [m], V_s a tensão de saída [V], v a velocidade do condutor em relação ao campo magnético $\left[{}^{\text{m}}\!/_{\text{s}}\right]$ e F [N] a força que atua sobre o solenoide quando por ele passa uma corrente I[A]. Esse tipo de transdutor pode também ser utilizado como um excitador de vibrações (denominado mesa vibratória ou *shaker*; veja a Figura 11.86), desde que uma corrente elétrica seja introduzida no sistema.

11.4.2.4 LVDT

Um transformador diferencial linear variável, também chamado de LVDT, é um transdutor que transforma deslocamento em tensão elétrica (para mais detalhes, veja a Subseção 11.1.4). Os LVDTs disponíveis no mercado apresentam ampla aplicação, principalmente em função das faixas de deslocamento disponíveis: de 0,0002 cm a 40 cm.

Nesses transdutores, a saída em tensão elétrica é proporcional ao deslocamento entre o núcleo e os enrolamentos; assim, esses dispositivos são indicados para medição de deslocamentos relativos entre dois pontos. Esses dispositivos apresentam um comportamento linear com a frequência, com resposta dinâmica limitada pela frequência da fonte que alimenta os enrolamentos e pela massa do núcleo. Como regra

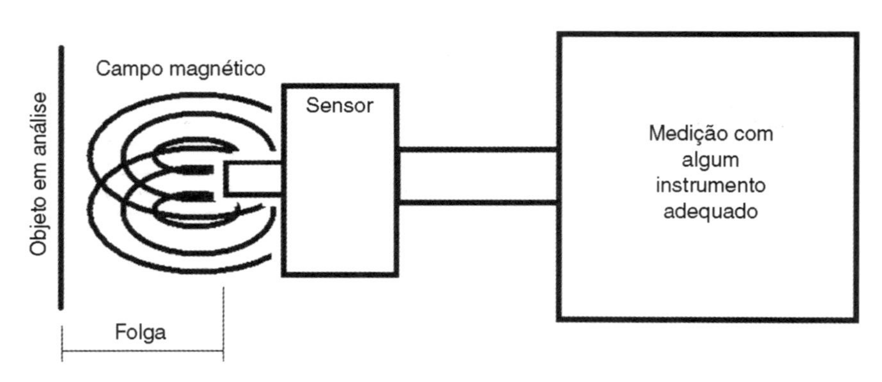

FIGURA 11.131 Esquema de um sensor de proximidade.

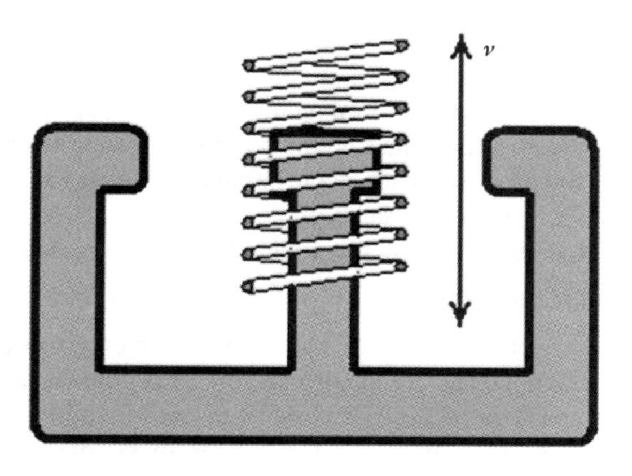

FIGURA 11.132 Esboço de um transdutor eletrodinâmico.

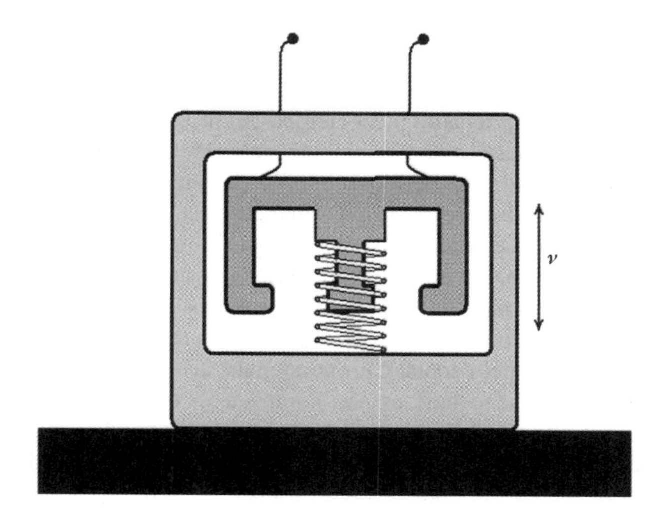

FIGURA 11.133 Esboço de um transdutor eletrodinâmico de velocidade.

prática, para uma correta medição é conveniente usá-los em frequências de até um décimo da frequência da fonte de alimentação.

Em geral, na área de vibrações, os LVDTs são utilizados na medição de deslocamentos em estruturas, sistemas e tubulações que vibram a baixa frequência e com grande amplitude.

11.4.2.5 Transdutor de velocidade

O transdutor de velocidade é indicado para medir a velocidade do corpo vibratório. Derivando a equação que representa a resposta para o deslocamento, obtém-se a velocidade do corpo vibratório

$$\dot{y}(t) = Y\omega\cos(\omega t).$$

De acordo com os conceitos básicos apresentados anteriormente, a velocidade do movimento relativo é igual à velocidade do movimento da base, com um atraso determinado pelo ângulo de fase. Como nessa situação o valor da relação entre a frequência natural do transdutor e a frequência forçada deve ser grande, necessariamente o instrumento deve possuir uma frequência natural baixa. Os sensores de velocidade são largamente utilizados na medição de vibração em indústrias, em função principalmente do baixo custo (geralmente são transdutores eletromagnéticos).

A Figura 11.133 apresenta o esquema de um transdutor eletrodinâmico utilizado na prática.

Os transdutores eletrodinâmicos de velocidade normalmente são constituídos por uma bobina, imersa em um campo magnético e fixada por suportes flexíveis. Posicionado sobre uma superfície vibratória, o aparelho gera um sinal elétrico (tensão elétrica) proporcional à velocidade de vibração para determinada faixa de frequências. As principais vantagens desse tipo de transdutor são: baixo custo, baixa manutenção, robustez, baixa impedância (gera pouco ruído) e medição da velocidade absoluta. Entretanto, esse tipo de sensor tem como desvantagem o fato de ser não linear a baixas frequências. Sendo assim, é indicado para medição de velocidades a partir de uma frequência de cerca de 10 Hz. Além disso, possui muitas partes móveis, tamanho relativamente grande e é sensível à orientação e a campos magnéticos. A não linearidade a baixas frequências tem como origem a aproximação da frequência natural, já que o sistema massa-mola que compõe o transdutor opera na faixa acima da ressonância, como mostra a Figura 11.134 (a frequência natural desse tipo de transdutor é muito baixa: aproximadamente 1 Hz).

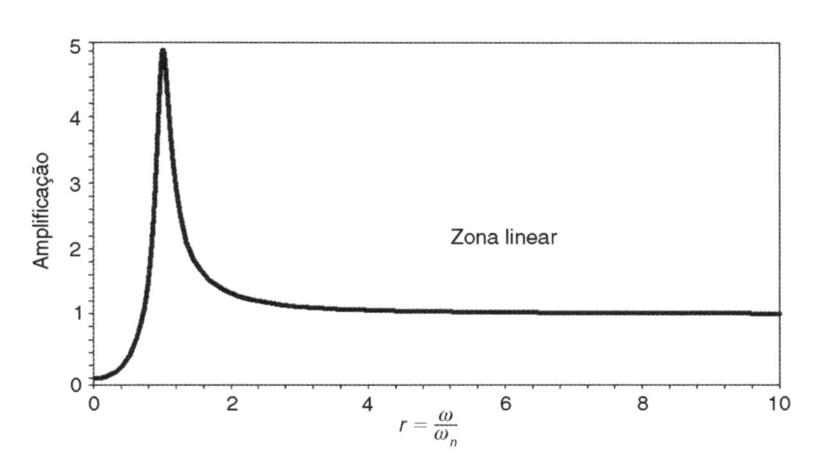

FIGURA 11.134 Gráfico típico do fator de amplificação de um transdutor eletrodinâmico de velocidade.

11.4.2.6 Transdutor piezoelétrico

Transdutores piezoelétricos são aqueles que utilizam materiais com propriedades piezoelétricas, conforme abordado no Capítulo 8 desta obra — que, por sua vez, geram um sinal elétrico quando submetidos a uma força (para mais detalhes, consulte a Subseção 11.3.2). De maneira resumida, um acelerômetro piezoelétrico possui uma pequena massa que é pressionada contra um cristal piezoelétrico por meio de uma mola. Quando a base vibra, a carga exercida pela massa sobre o cristal varia com a aceleração e, portanto, a tensão elétrica de saída gerada pelo cristal é proporcional à aceleração. Os acelerômetros piezoelétricos são compactos, resistentes, apresentam alta sensibilidade e podem ser utilizados a altas faixas de frequência. Os acelerômetros são amplamente utilizados em medições de vibrações industriais e de terremotos. Uma das vantagens da medição da aceleração é que a velocidade e o deslocamento podem ser obtidos por integração, o que é computacionalmente fácil. Lembremos rapidamente as equações do movimento:

$$y(t) = Y \times \text{sen}(\omega t + \phi) \rightarrow \text{para o deslocamento}$$

$$\dot{y}(t) = \omega \times Y \times \cos(\omega t + \phi) \rightarrow \text{para a velocidade}$$

$$\ddot{y}(t) = -Y \times \omega^2 \times \text{sen}(\omega t + \phi) \rightarrow \text{para a aceleração}$$

Devido à sua construção, a frequência natural do instrumento deve ser muito maior em comparação com a frequência que deve ser medida. Dessa maneira, os acelerômetros devem possuir massa pequena e grande rigidez, o que possibilita a construção de instrumentos compactos, resistentes e de alta sensibilidade. *Na prática, os acelerômetros piezoelétricos são os melhores instrumentos para medir vibrações, tendo como desvantagem o custo, quando comparado com outros instrumentos mais simples.*

Principais vantagens desses acelerômetros: não possuem partes móveis, são compactos e pequenos, possuem grande estabilidade e podem ser montados em qualquer orientação, além de possuir uma sensibilidade transversal da ordem de 3 %. Como desvantagem desse tipo de dispositivo pode ser citada a sua alta impedância, que gera ruído elétrico e exige cabos blindados. Em consequência, para acelerômetros pequenos, os cabos são muito delicados.

Na medição de fenômenos físicos com acelerômetros piezoelétricos, é interessante observar as seguintes dicas:

- quando é necessário utilizar um acelerômetro próximo de sua ressonância, deve-se usar um filtro passa-baixas ou, por meios matemáticos, eliminar esse pico na análise de frequências;
- em relação à temperatura, geralmente um acelerômetro comum pode ser usado a temperaturas de até 250 °C, ocorrendo porém uma pequena mudança em sua sensibilidade. Quando é necessário fixar o instrumento em superfícies cuja temperatura seja superior a 250 °C, isola-se a superfície por meio de uma arruela de mica combinada com um dispositivo de dispersão de calor, podendo ser usado ainda um jato de ar frio sobre o instrumento para ajudar na redução da temperatura no sensor;
- devido à alta impedância de saída, existem sérios problemas de ruído elétrico provocados pelos cabos de ligação. Os problemas com os cabos diminuem significativamente quando se utilizam acelerômetros com pré-amplificador incorporado e fixam-se adequadamente os cabos (evitando-se ao máximo a vibração dos cabos);
- a sensibilidade magnética típica de um acelerômetro é de aproximadamente 0,01 $^{m}/_{s^2}$ a 0,25 $^{m}/_{s^2}$ por kGauss; assim, deve-se ter o cuidado ao instalar o instrumento sobre uma base magnética. A umidade não apresenta grandes influências, mas é necessário, em ambientes muito úmidos, isolar os conectores com massa de calafetar, massa plástica, silicone ou resina de borracha.

Antes de selecionar um acelerômetro, considere os seguintes comentários e sugestões:

- o ideal é que o acelerômetro piezoelétrico tenha alta sensibilidade, ampla faixa de frequências e o mínimo de peso. Porém, como a sensibilidade entra em conflito com o mínimo de peso e a grande faixa de frequências, esses dois fatores devem ser observados;
- a massa do acelerômetro deve ser pelo menos dez vezes menor que a massa do sistema em que ele está montado;
- estime a faixa de frequências do sistema, pois o acelerômetro deve funcionar dentro dessa faixa;
- observe todas as condições ambientais desfavoráveis e verifique se o acelerômetro pode ser submetido a tais condições;
- os sinais de um acelerômetro devem sempre passar por um pré-amplificador antes de serem analisados, exceto quando os acelerômetros já possuem instalados internamente tais pré-amplificadores. Dependendo da utilização, existem amplificadores de tensão e de carga. Os amplificadores de tensão têm a característica de que a sensibilidade decresce com o aumento da capacitância originada pelo uso de cabos longos. Entretanto, nos amplificadores de carga, o comprimento do cabo não altera a sensibilidade de carga do acelerômetro. Assim, recomenda-se o uso de amplificadores de carga quando os cabos forem longos;
- existem diversas formas de calibrar um acelerômetro. Os métodos de calibração são classificados de duas maneiras: calibração absoluta e calibração por comparação;
- quando a sensibilidade de um acelerômetro é determinada por medições baseadas em unidades fundamentais e derivadas das quantidades físicas envolvidas temos uma calibração absoluta;
- quando a sensibilidade de um transdutor é medida em relação a um transdutor padrão com sensibilidade conhecida, temos uma calibração por comparação;
- em geral, a maioria dos usuários de acelerômetros utiliza a calibração por comparação, por ser mais barata e simples de ser realizada; entretanto, deve-se ter em mente que a calibração por comparação sempre será menos precisa do que a calibração absoluta.

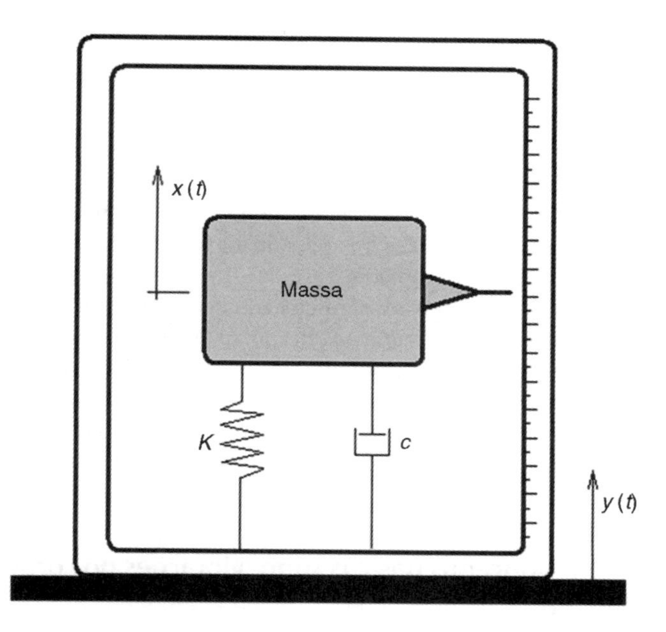

FIGURA 11.135 Instrumento sísmico.

11.4.2.7 *Pickups*

Os *pickups*, ou sensores de vibração, são instrumentos que contêm um mecanismo medidor associado a um transdutor. Como exemplo, a Figura 11.135 apresenta um instrumento sísmico montado em um corpo vibratório. Nesse caso, o movimento vibratório é medido por meio do deslocamento da massa em relação à base na qual é montado. O instrumento nada mais é que uma massa m, uma mola com rigidez K e um amortecedor com constante de amortecimento c, inseridos em uma cápsula ligada a um sistema oscilante. Assim, o conjunto massa-mola-amortecedor ($x(t)$) vibra com a cápsula ($y(t)$), e o movimento da massa em relação à caixa será $z(t) = x(t) - y(t)$.

Admitindo um movimento puramente harmônico, temos

$$y(t) = Y \times \text{sen}(\omega t).$$

A correspondente equação do movimento é dada então por

$$m\ddot{x} + c(\dot{x} - \dot{y}) + K(x - y) = 0,$$

e a equação do movimento em relação à caixa será então

$$m\ddot{z} + c\dot{z} + Kz = -m\ddot{y},$$

ou seja,

$$m\ddot{z} + c\dot{z} + Kz = m\omega^2 Y \,\text{sen}(\omega t),$$

cuja solução é

$$z(t) = Z \,\text{sen}(\omega t - \phi),$$

sendo Z e ϕ dados por

$$Z = \frac{Y\omega^2}{\left[(K - m\omega^2)^2 + (c\omega)^2\right]^{1/2}} = \frac{r^2 Y}{\left[(1 - r^2)^2 + (2\xi r)^2\right]^{1/2}}$$

$$\phi = \text{tg}^{-1}\left(\frac{c\omega}{K - m\omega^2}\right) = \text{tg}^{-1}\left(\frac{2\xi r}{1 - r^2}\right)$$

com $r = \left(\frac{\omega}{\omega_n}\right)$ e $\xi = \left(\frac{c}{2m\omega_n}\right)$.

Graficamente, a relação Z/Y é denominada **fator de amplificação**, com a resposta de frequência ilustrada na Figura 11.136. Esse parâmetro é essencial na escolha do instrumento de medição, que deve ser determinada pela faixa de frequências.

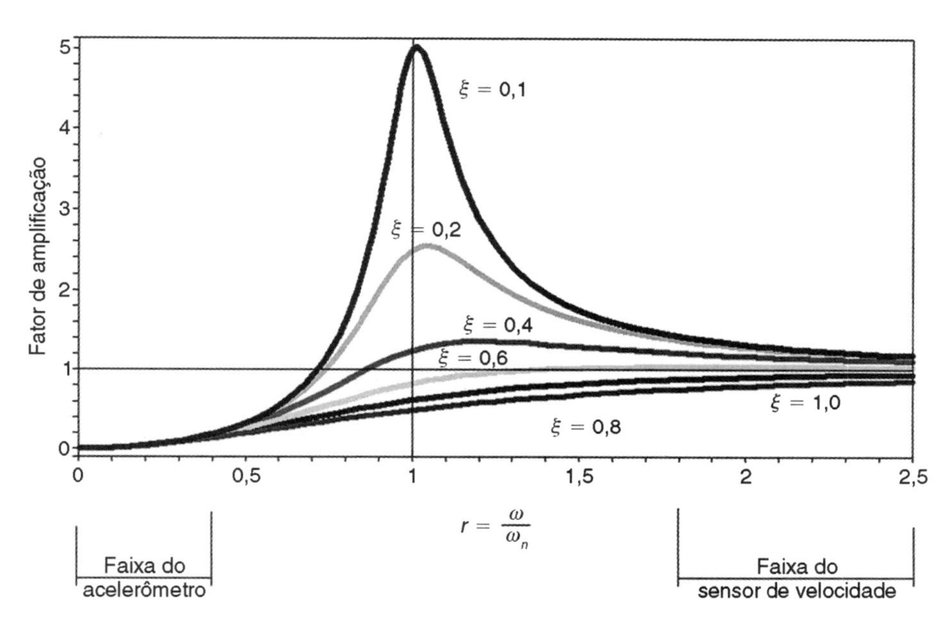

FIGURA 11.136 Resposta típica de um instrumento sísmico.

11.4.2.8 Tacômetros de Fullarton e de Frahm

O **tacômetro de Fullarton** consiste em uma viga engastada (viga em balanço) com uma massa em sua extremidade livre. A outra extremidade da viga é presa por um parafuso de forma que seu comprimento possa ser alterado facilmente (veja a Figura 11.136).

Como cada comprimento da viga corresponde a uma frequência natural diferente, é marcada uma escala ao longo do comprimento em termos de sua frequência natural. Na prática, a extremidade presa é ligada a um corpo vibratório, e o mecanismo do parafuso é manipulado alterando-se o comprimento da fita até que a extremidade livre atinja a maior amplitude de vibração, quando a frequência da excitação é praticamente igual à frequência natural do instrumento, podendo ser lida diretamente da escala.

O **tacômetro de Frahm** é um instrumento que consiste em várias vigas engastadas com pequenas massas nas suas extremidades livres. Cada viga possui uma determinada frequência natural; logo, quando o instrumento é montado sobre um sistema vibratório, a viga cuja frequência natural mais se aproxima da frequência da vibração entrará em ressonância.

11.4.2.9 Estroboscópio

Instrumento que produz pulsos luminosos com frequência alterável. Quando um ponto específico do objeto vibratório for observado por meio da luz de um estroboscópio, esse dará a impressão de estar em repouso quando a frequência da luz coincidir com a frequência do sistema.

11.4.2.10 Excitador de vibração

Conhecido como *shaker* ou, mais popularmente, como mesa vibratória [veja a Figura 11.86(*b*)]. Normalmente são transdutores que funcionam de forma inversa aos medidores, pois são utilizados para provocar a vibração em um sistema, com amplitudes e frequências controladas. Pode ser mecânico, eletromagnético, eletrodinâmico ou hidráulico.

Em geral, um **excitador mecânico** é um mecanismo biela-manivela que se pode utilizar para aplicar na estrutura uma força harmônica. Normalmente é utilizado para produzir vibração de baixa frequência (aproximadamente 30 Hz) e pequenas cargas (até 700 N). O outro tipo de excitador tem como princípio de funcionamento a força centrífuga, criada por duas massas excêntricas que giram à mesma velocidade de rotação em sentidos opostos. Esse tipo de excitador pode gerar cargas que chegam a 20.000 N. Se as duas massas m girarem com velocidade angular ω, com uma excentricidade R, a força vertical gerada será

$$F(t) = 2mR\omega^2 \cos\omega t.$$

Assim, as componentes horizontais das duas massas se cancelam e a força $F(t)$ será aplicada no sistema em que esse dispositivo estiver acoplado.

Um **excitador eletrodinâmico** nada mais é que um grande alto-falante com uma mola de retorno. Quando a corrente elétrica passa em um enrolamento imerso em um campo magnético, é gerada uma força proporcional a uma corrente e a uma intensidade de fluxo magnético que acelera a base do excitador. Assim, o movimento terá a mesma forma que o sinal de alimentação.

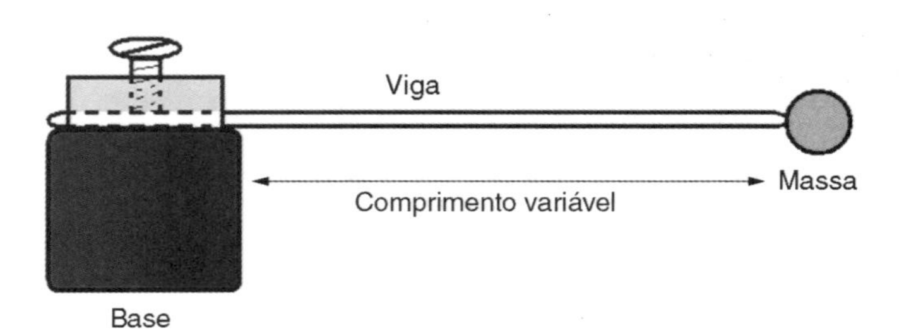

FIGURA 11.137 Tacômetro de Fullarton.

11.4.3 Conceitos básicos sobre vibrações no corpo humano

Conforme salientamos anteriormente, os sensores acelerômetros são os mais utilizados para medir vibrações e choques, pois apresentam as seguintes vantagens quando comparados aos sensores de velocidade:

- faixa de frequência considerável;
- possibilidade de se obter a determinação de deslocamento ou velocidade por processamento matemático (integração ou diferenciação da aceleração), por meios eletrônicos ou por *software*.

Segundo dados da Organização Mundial de Saúde (OMS), milhões de pessoas exercem atividades ocupacionais que podem causar problemas relacionados à saúde. Estima-se que acidentes relacionados ao trabalho sejam responsáveis por mortes e incapacitação parcial ou total do trabalhador. Como problemas mais comuns, podem-se listar doenças respiratórias e cardiovasculares, perda de audição, distúrbios musculoesqueléticos, distúrbios de reprodução, enfermidades mentais e neurológicas, entre outros. Em geral, muitos trabalhadores estão expostos, no espaço de trabalho, a fatores físicos (vibrações, radiações, calor etc.), substâncias químicas, biológicas (vírus, bactérias, fungos etc.), problemas psicossociais e de ergonomia (ICD-10[4]).

Na atualidade, a vibração é um dos riscos ocupacionais mais comuns no ramo industrial. Porém, em diversos países a caracterização e o estudo da exposição à vibração com relação à saúde são incompletos ou inexistentes. Mesmo assim, vários estudos (veja a Bibliografia no final deste capítulo) indicam que a exposição regular à vibração pode contribuir para o surgimento de distúrbios musculoesqueléticos, problemas no sistema circulatório e/ou dores nas costas em motoristas profissionais.

[4] International Statistical Classification of Diseases and Related Health Problems (ICD-10). World Health Organization Sustainable Development and Health Environment e International Labour Organization, ILO. Dados extraídos do endereço: www.who.int.

Vibração no corpo humano

Vibração no corpo humano, também denominada vibração de corpo inteiro, é, por definição, a vibração produzida por um evento externo atuando no corpo humano. O corpo humano é considerado uma sofisticada estrutura biomecânica; sendo assim, na caracterização e no estudo da sensibilidade à vibração, devem-se considerar diversos fatores, como, por exemplo, a postura corporal, a tensão muscular, a frequência, a amplitude e a direção da vibração, além da duração e da dose da exposição. Cabe observar que critérios determinando limites de exposição vibração, com vistas à saúde e à fadiga da população, foram propostos inicialmente em 1967 e então incorporados às **normas ISO** (International Standard Organization, como, por exemplo, as normas ISO 2631-1, ISO 8041, ISO 5008) e às normas BS (British Standard, como, por exemplo, a norma BS 6841), entre outras. De maneira geral, as normas determinam o seguinte:

- a vibração deve ser medida de acordo com um sistema de coordenadas [Figura 11.94(*a*)], originado em uma região próxima à entrada da vibração no corpo humano (para cada eixo desse sistema, existem limites de exposição distintos que devem ser consultados nas normas adequadas);
- os transdutores, no caso acelerômetros adequados (a Figura 11.138(*a*) a 11.138(*b*) apresenta alguns exemplos de acelerômetros destinados à biomecânica), devem ser posicionados na interface entre o corpo humano e a fonte de vibração, ou o mais próximo possível de tal ponto ou área;
- o parâmetro para avaliação da amplitude da vibração é a aceleração r.m.s. (*root mean square*) expressa em m/s^2;
- dependendo da aplicação e da postura da pessoa, a aceleração r.m.s. deve ser compensada (ponderada) com pesos diferentes, segundo as normas apresentadas no final deste capítulo (podem ser realizadas medições em faixas de terços de oitava e/ou medições ponderadas em frequência), pois o corpo humano é mais sensível a determinadas frequências;
- a direção na qual o corpo humano é mais sensível às vibrações é a vertical;

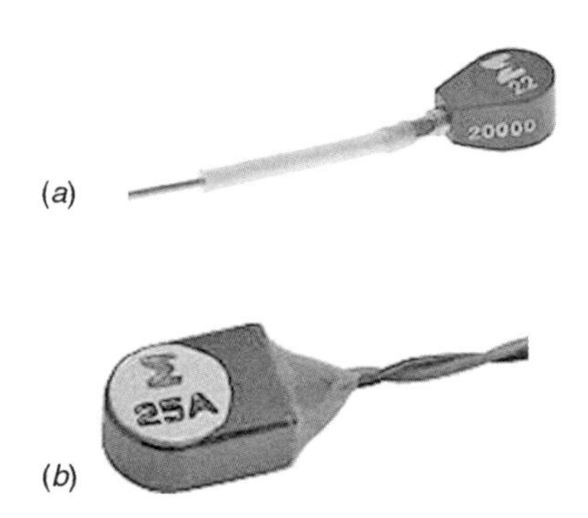

FIGURA 11.138 Exemplos de acelerômetros que podem ser utilizados na biomecânica: (*a*) acelerômetro piezoelétrico, modelo 22 (massa: 0,14 g) e (*b*) acelerômetro piezoelétrico, modelo 25A (massa: 0,2 g). (Cortesia de Meggitt (Orange County) Inc.)

- na direção vertical, a faixa de frequência de 4 Hz a 8Hz é considerada a faixa das frequências naturais do corpo humano (massa abdominal, ombros e pulmões) cujas regiões apresentam grande sensibilidade; por isso os limites de exposição à vibração devem ser mais estreitos.

A aceleração compensada ou ponderada é dada por

$$a_w = \left[\frac{1}{T}\int_0^T a_w^2(t)\,dt\right]^{\frac{1}{2}}$$

sendo a_w a aceleração compensada em m/s^2 e T a duração da medição em segundos [s]. Quando possível, a vibração em veículos deve ser medida entre o banco do motorista (ou do passageiro) e o corpo do motorista (ou o corpo do passageiro). Portanto, é necessário que o transdutor (normalmente o acelerômetro) seja colocado entre o corpo e o banco [Figura 11.138(*d*)].

Cabe ressaltar que o transdutor, além de mover-se com a estrutura, não deve alterar as propriedades dinâmicas do banco e/ou do corpo (há no mercado dispositivos adequados para essa aplicação). Existem diversos parâmetros para determinar a taxa ou dose de exposição do corpo humano à vibração, destacando-se o parâmetro denominado valor dose de vibração, ou *VDV* (*vibration dose value*):

$$VDV = \left[\frac{T_s}{N}\sum x^4(i)\right]^{1/4}$$

sendo $VDV\left[m/s^{1,75}\right]$ uma medida cumulativa (usualmente calculada com a aceleração ponderada $x(i)$ dada em m/s^2), $T_s[s]$ o período de duração do movimento, ou seja, o período total do dia durante o qual a vibração pode ocorrer, e N a quantidade de amostras.

Nos apêndices das normas BS 6841 e ISO 2631-1, são apresentadas outras considerações sobre métodos que permitem estimar os efeitos da vibração no corpo humano, com vistas à saúde e ao conforto humanos. Segundo a BS 6841, é razoável supor que um aumento no tempo de exposição à vibração acarreta um aumento no risco de ocorrência de danos aos tecidos. Um parâmetro *VDV* alto pode causar sério desconforto, dores e ferimentos, indicando, portanto, a gravidade da exposição à vibração (não existe consenso na comunidade científica quanto à relação precisa entre o *VDV* e o risco de ferimentos a que o corpo humano está sujeito). Amplitudes de vibração e durações que produzem um *VDV* na faixa de 15 $m/s^{1,75}$ geralmente causam sério desconforto e, acima de 8,5 $m/s^{1,75}$, desconforto médio. Além disso, as seguintes faixas de aceleração podem ser utilizadas simplificadamente como uma indicação das reações com relação ao conforto (a análise mais precisa deve considerar o comportamento da aceleração no domínio da frequência):

- 0,315 $m/s^2 \rightarrow$ confortável;
- de 0,315 m/s^2 a 0,63 $m/s^2 \rightarrow$ um pouco desconfortável;

- de 0,8 m/s^2 a 1,6 m/s^2 → desconfortável;
- de 1,25 m/s^2 a 2,5 m/s^2 → muito desconfortável;
- 2,0 m/s^2 → extremamente desconfortável.

Introdução aos efeitos, na saúde, da exposição à vibração

Diversos fatores podem modificar os efeitos da vibração nas pessoas, como, por exemplo, a ressonância de partes do corpo humano, a duração da exposição e a variabilidade individual de cada pessoa, entre outras variáveis. Além disso, os efeitos da vibração no corpo humano são determinados pela faixa de frequência envolvida. Os prováveis efeitos da exposição às vibrações são:

- na atividade muscular, na faixa de 1 Hz a 30 Hz, as pessoas apresentam dificuldades de manter a postura, além de apresentar reflexos lentos;
- no sistema cardiovascular, a frequências inferiores a 20 Hz, observa-se aumento da frequência cardíaca;
- aparentemente existem alterações nas condições de ventilação pulmonar e na taxa respiratória com vibrações na ordem de 4,9 m/s^2 na faixa de 1 Hz a 10 Hz;
- na faixa de frequência de 0,1 Hz a 0,7 Hz, diversas pessoas apresentam enjoo, náuseas, perda de peso, redução da acuidade visual, insônia e distúrbios do labirinto.

Diversos autores (veja Bibliografia no final deste capítulo) modelam o corpo humano como um sistema linear, na faixa de frequência de 1 Hz a 30 Hz, para torná-lo semelhante a um simples sistema massa-mola-amortecedor (o mesmo sistema utilizado para explicar o funcionamento de um acelerômetro piezoelétrico). A Figura 11.139 apresenta um modelo resumido que mostra partes do corpo humano com suas respectivas frequências de ressonância (valores aproximados). Pelo modelo, percebe-se que a ressonância ocorre a diferentes frequências para diferentes pontos do sistema — portanto, diferentes faixas de frequência ocasionam ressonância de partes diferentes do corpo.

A Tabela 11.7 apresenta alguns dos critérios considerados para estabelecer a vibração como doença ocupacional.

Cabe ressaltar que a expressão *dor nas costas* é utilizada para designar a dor na coluna cervical, torácica e lombar e que não esteja relacionada a infecções, tumores, doenças sistêmicas ou fraturas.

Vibração segmentada

Quando a área de interesse é a região das mãos (considerada a área principal exposta à vibração), diz-se que a vibração é segmentada, do segmento mão-braço, ou localizada. Essa vibração ocorre, em geral, nas ocupações que utilizam ferramentas manuais, como por exemplo britadeiras e lixadeiras.

Em 1918, Hamilton verificou que trabalhadores que extraíam pedra calcária das minas reclamavam de formigamento nos dedos, observando que os ataques normalmente aconteciam na presença de temperaturas frias. Esse fato é considerado um dos primeiros relatos a respeito de problemas, no segmento mão-braço, derivados de vibrações.

O Dr. Maurice Raynaud foi o primeiro a descrever que os dedos de determinadas mulheres branqueavam após a exposição a temperaturas baixas, mas ele não relacionou o problema à vibração. Em 1911, Loriga, na Itália, foi o primeiro a descrever esses sintomas em mineiros que usavam ferramentas manuais pneumáticas, porém não os associou à vibração das ferramentas. Após o estudo de Hamilton, a associação entre o uso de ferramentas vibratórias e a doença ficou evidente (a que ele denominou fenômeno de Raynaud de origem profissional).

Nos últimos anos, vários estudos associam a vibração das ferramentas à chamada "doença dos dedos brancos". Atualmente, essa condição é denominada "síndrome da vibração mão-braço", pois a vibração no segmento mão-braço parece causar danos não apenas aos vasos sanguíneos, mas também aos ossos, aos músculos e aos tendões das mãos. Essa síndrome atinge o sistema circulatório dos dedos, e os principais sinais e sintomas incluem entorpecimento, dor e coloração esbranquiçada dos dedos.

A vibração pode ser transmitida às mãos e aos braços dos operadores de ferramentas por máquinas ou ambientes de trabalho que causem vibração nessa região. A vibração segmentada é frequentemente fonte de desconforto e possivelmente reduz a eficiência no trabalho. O uso contínuo de ferramentas manuais que vibram pode estar relacionado aos vários tipos de distúrbios que afetam principalmente os vasos sanguíneos, os nervos, as articulações, os músculos ou os tecidos da mão e do antebraço.

Os principais pontos a serem considerados na caracterização da vibração segmentada são:

- a vibração transmitida às mãos é medida de acordo com o sistema de coordenadas ortogonais sugerido na Figura 11.94(*b*);
- o parâmetro para avaliação da magnitude da vibração é a aceleração r.m.s. (*root mean square*) expressa em m/s^2;
- a aceleração r.m.s. deve ser compensada (veja as normas específicas), e sua faixa de frequência de interesse é de 6,3 Hz a 1250 Hz;
- os transdutores devem ser instalados na superfície das mãos, ou em áreas de contato com as mãos que são consideradas pontos de entrada da vibração, como, por exemplo, o cabo de uma ferramenta (veja a Figura 11.140);
- a extensão dos danos causados nas mãos e/ou nos braços depende da energia transmitida pela superfície que está vibrando. Movimentos de baixa frequência, em torno de 5 Hz a 20 Hz, são potencialmente mais nocivos do que movimentos de alta frequência. Frequências abaixo de 2 Hz e acima de 1500 Hz não causam danos ao segmento mão-braço. O dano causado pela vibração transmitida às mãos está relacionado à aceleração média a que essa região está exposta durante um dia de trabalho definido como exposição diária à vibração.

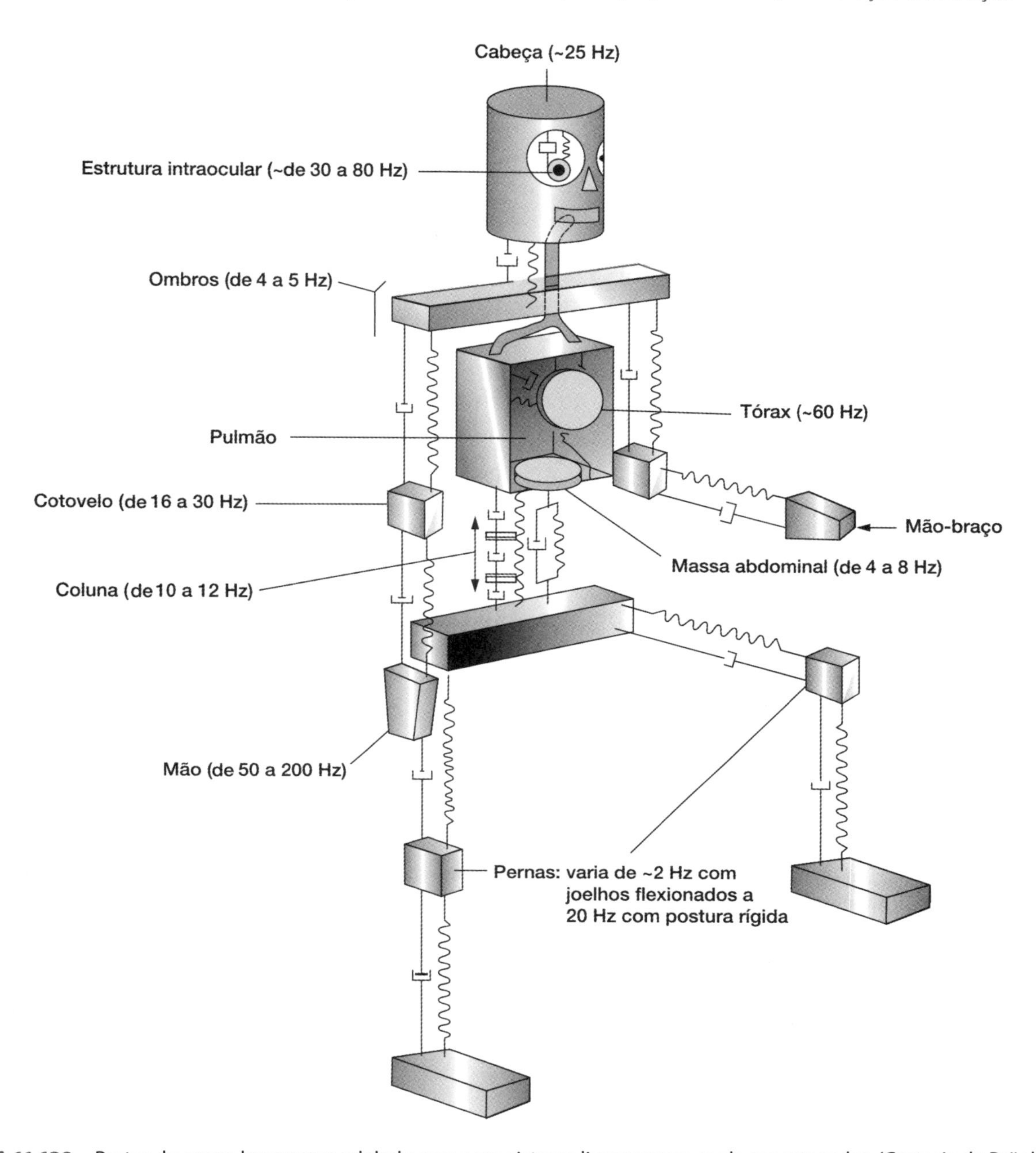

FIGURA 11.139 Partes do corpo humano modelado como um sistema linear massa-mola-amortecedor. (Cortesia de Brüel&Kjaer.)

TABELA 11.7 Alguns dos critérios adotados para considerar a vibração como doença ocupacional

País	Critério de diagnóstico	Critérios de exposição	
		Duração	Intensidade
Bélgica	Dores nas costas, sinais clínicos e radiológicos de degeneração	> 5 anos	$>0{,}63\ m/s^2$ (exposição média em 8 horas)
Alemanha	Dores nas costas e sinais radiológicos	> 10 anos	$>0{,}8\ m/s^2$
Holanda	Dores nas costas	> 5 anos	$0{,}5\ m/s^2$
		> 2,5 anos	$0{,}7\ m/s^2$
França	Dor ciática com hérnia de disco	> 5 anos	

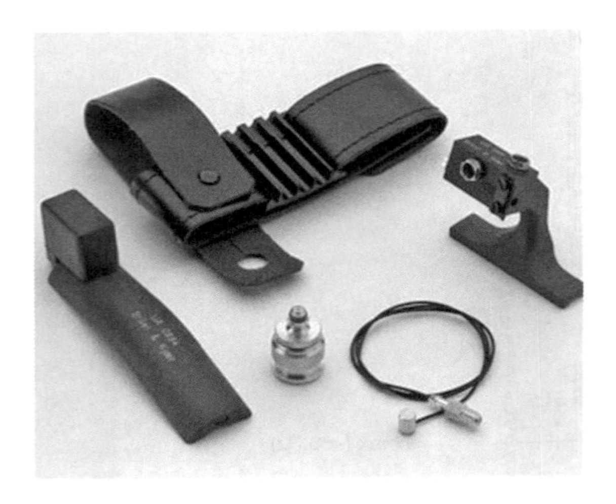

FIGURA 11.140 Conjunto de dispositivos para medição da vibração no segmento mão-braço: acelerômetro, cabos e dispositivos de fixação. (Cortesia de Brüel&Kjaer.)

11.5 Som e Ruído Acústico

Conceitos básicos

Por definição, **som** é qualquer oscilação de pressão, seja no ar, na água ou em outro meio físico qualquer, que o ouvido humano pode perceber. O som, ou onda sonora, faz parte do dia a dia de todos os seres vivos, ao ouvir uma música, uma conversa entre pessoas em uma sala de reuniões, o latido de um cão, o funcionamento do motor de um veículo, a sirene de uma fábrica, entre outros inúmeros exemplos que podemos encontrar em nosso cotidiano.

De maneira geral, quando o som é indesejado, prejudicial ou incômodo, é chamado de **ruído**. É importante observar, porém, que muitas vezes esse julgamento é subjetivo, pois um som pode ser suportável durante o dia e insuportável no período noturno. Do ponto de vista da saúde ocupacional, o ruído excessivo pode ser prejudicial, pois pode danificar estruturas, como, por exemplo, as estruturas internas do ouvido humano, causando surdez temporária em alguns casos e surdez permanente em outros. A **faixa audível humana** vai de aproximadamente 20 Hz a 20 kHz, como se vê na Figura 11.141; os sons agudos apresentam alta frequência, enquanto os sons graves são os de baixa frequência. A área da ciência que estuda a distribuição do som, por exemplo, em uma sala de cinema, assim como a minimização do ruído é a **acústica**.

Níveis sonoros e suas medidas básicas

Por definição, *pressão sonora* (p) é a diferença entre a pressão instantânea e a pressão ambiente média para certo ponto. A pressão sonora é determinada em função de um valor de referência (p_{ref}) indicado pelo nível de pressão sonora (*SPL*), que vale 20 μPa (a unidade de pressão sonora é o Pascal (Pa) ou $^{N}/_{m^2}$). O *nível de pressão sonora* (L_p) é determinado por

$$L_p = 10 \times \log\left(\frac{p}{p_{ref}}\right)^2 = 20 \times \log\left(\frac{p}{p_{ref}}\right)$$

$$= 20 \times \log\left(\frac{p}{20 \times 10^{-6}}\right) [\text{dB}].$$

Normalmente a pressão sonora e o nível de pressão sonora referem-se ao valor r.m.s. A pressão sonora, contudo, não é considerada uma unidade de referência na área da **acústica**. Uma pressão igual ao valor de referência é igual a 0 dB (este valor corresponde ao limiar de audição em 1000 Hz para uma pessoa jovem com audição normal), enquanto 1 Pa é igual a 93,98 dB.

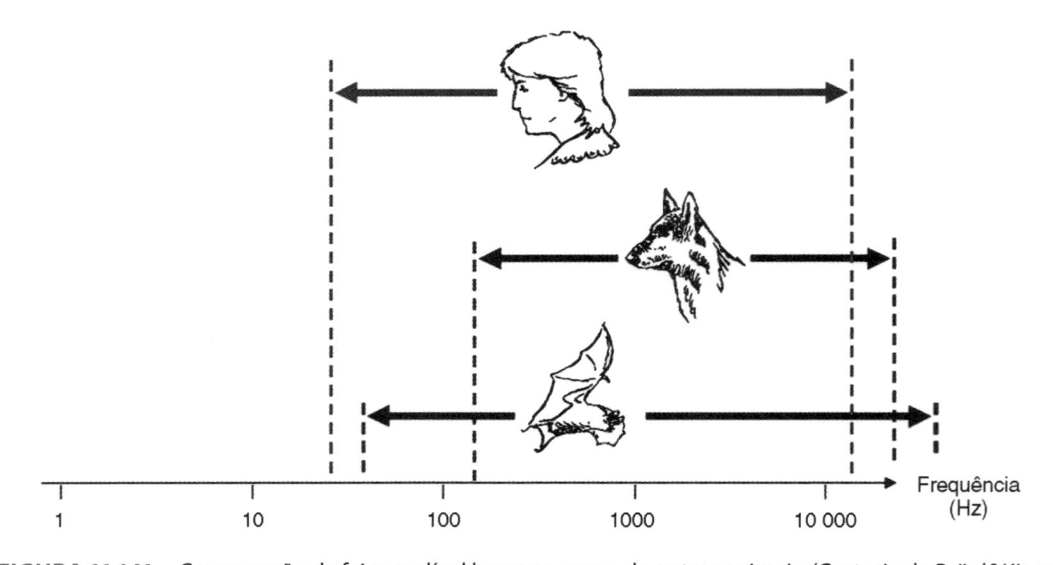

FIGURA 11.141 Comparação da faixa audível humana com a de outros animais. (Cortesia de Brüel&Kjaer.)

A Figura 11.142 apresenta algumas faixas de pressão sonora com as fontes que as produzem. O efeito gerado nos seres humanos varia conforme a intensidade, desde o desconforto de níveis muito baixos que dificultam a audição, passando por níveis agradáveis até valores de intensidade que provocam dor.

Por outro lado, a gama de sensibilidade da audição humana se estende de 20 μPa a 100 Pa e não apresenta comportamento linear, mas sim logarítmico. Em função disso, os parâmetros que descrevem o som são determinados por uma razão logarítmica denominada decibel (dB).

A Figura 11.143 representa os limites de audição em dB em função da frequência.

A conversão de Pa em dB é dada pela seguinte expressão (sendo p dado em Pa):

$$L_p = 20 \times \log\left(\frac{p}{p_{ref}}\right) = 20 \times \log\left(\frac{p}{20 \times 10^{-6}\ \text{Pa}}\right) [\text{dB}]$$

Por exemplo, a pressão sonora $p = 10$ Pa equivale em dB:

$$L_p = 20 \times \log\left(\frac{10\ \text{Pa}}{20 \times 10^{-6}\ \text{Pa}}\right) \cong 113{,}98\ \text{dB}$$

A velocidade (v) de uma partícula no ar é, por definição, a velocidade de um pequeno volume de ar (considera-se partícula

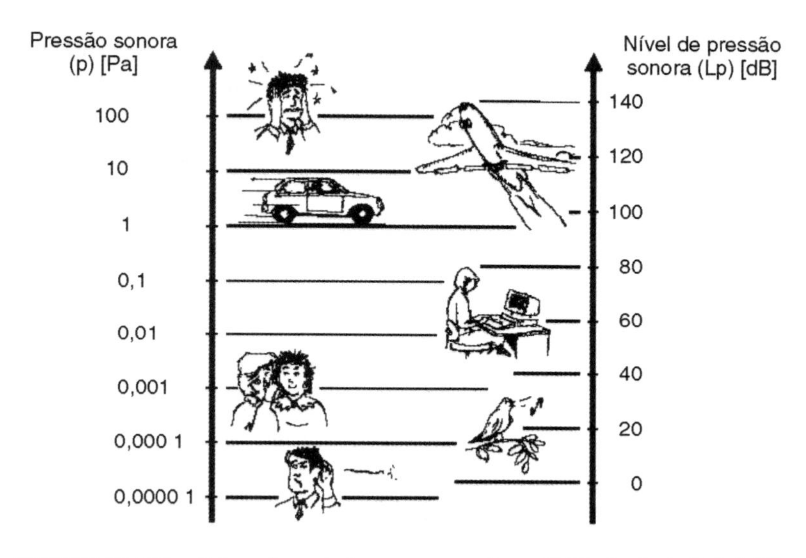

FIGURA 11.142 Faixas de pressão sonora em Pa e dB. (Cortesia de Brüel&Kjaer.)

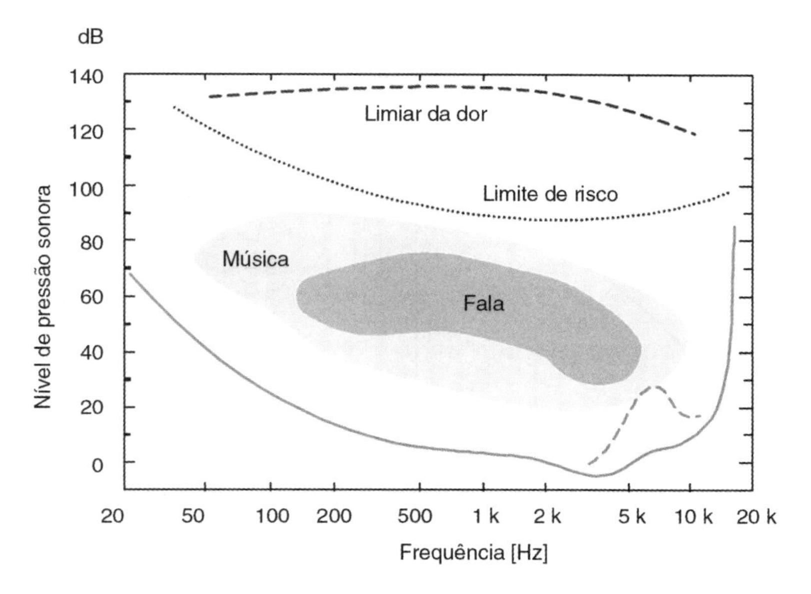

FIGURA 11.143 Alguns limiares da audição. (Cortesia de Brüel&Kjaer.)

o volume cujas dimensões são muito pequenas quando comparadas com o comprimento de onda do sinal sonoro). Essa velocidade depende principalmente da pressão sonora e das condições desse sinal. O **nível de velocidade de partícula** (L_v) é definido por

$$L_v = 10 \times \log\left(\frac{v}{v_{ref}}\right)^2 = 20 \times \log\left(\frac{v}{v_{ref}}\right)$$
$$= 20 \times \log\left(\frac{v}{1\ \text{nm}/\text{s}}\right) [\text{dB}].$$

A **intensidade sonora** $\left[\text{W}/\text{m}^2\right]$, por definição, é a potência acústica por unidade de área (a intensidade sonora I é função da direção de propagação da onda sonora). O **nível de intensidade sonora** (L_I) é determinado por:

$$L_I = 10 \times \log\left(\frac{I}{I_{ref}}\right) = 10 \times \log\left(\frac{I}{10^{-12}\ \text{W}/\text{m}^2}\right) [\text{dB}].$$

Ponderação A, B, C e D

Instrumentos padrões, como, por exemplo, microfones e analisadores de espectro, podem ser utilizados para caracterizar a voz, a música e o ruído, porém a audição é expressa em termos de parâmetros subjetivos determinados experimentalmente. Cabe lembrar que o ouvido humano não é sensível a todas as frequências, e esse efeito é evidenciado quando os níveis de pressão sonora são baixos; por isso, para medir uma grandeza física que corresponde à resposta do ouvido humano foram elaboradas escalas de ponderação ou compensação (Figura 11.144). No uso de instrumentos de medição, essas curvas (denominadas A, B, C e D) são geradas por circuitos elétricos cuja sensibilidade é variável com a frequência. Em geral, a escala A é a mais utilizada, pois é similar à curva elaborada experimentalmente para avaliar o desconforto e o risco de lesões auditivas em função do nível de ruído.

Esta subseção descreve resumidamente os níveis sonoros utilizados para quantificar os sons tanto estáveis como variáveis no tempo. Os medidores de níveis sonoros obtêm, em decibéis [dB], um nível sonoro com ponderação em frequência e ponderação temporal exponencial. Por convenção, essas medidas são conhecidas como níveis sonoros. A ponderação temporal exponencial normalizada que encontra mais aplicação é conhecida como **nível sonoro lento e rápido**, dado pela expressão:

$$L_A(t) = 10 \times \log\left(\frac{\frac{1}{\tau} \times \int_{t_s}^{t}\left(P_A^2(\xi) \times e^{-\left(\frac{t-\xi}{\tau}\right)}\right)d\xi}{P_{ref}^2}\right) [\text{dB}]$$

na qual $L_A(t)$ representa um nível sonoro com ponderação A, em decibéis [dB], para qualquer tempo de observação t de um sinal de pressão sonora com ponderação em frequência A e para uma ponderação exponencial de tempo $e^{-\left(\frac{t-\xi}{\tau}\right)}$. $P_A^2(\xi)$ é o quadrado da pressão sonora instantânea com ponderação de frequência A [Pa], ξ é uma variável de integração e P_{ref}^2 é o quadrado da pressão sonora de referência de 20 μPa. Os valores normalizados para as constantes de tempo rápida e lenta são 0,125 s e 1 s, respectivamente. A constante de tempo (τ) é igual ao tempo necessário para que uma quantidade que varie exponencialmente com o tempo aumente de um fator $1 - (1 - e)$ ou diminua de um fator $1/e$. Portanto, ao utilizar uma ponderação temporal rápida, os sons que foram produzidos em 1 s, antes do tempo de detecção, sofrem uma ponderação de $e^{-\frac{1}{0,125}} =$ 0,0003; sendo assim, em 1 s antes do tempo de detecção, a pressão sonora ao quadrado, ponderada em frequência, deve ser mais elevada do que a medida no momento de detecção para influenciar o nível sonoro.

O nível sonoro contínuo equivalente é dado por

$$L_{eq} = 10 \times \log\left(\frac{\frac{1}{T} \times \left(\int_{t_2}^{t_1} P_A^2(t)\,dt\right)}{P_{ref}^2}\right) [\text{dBA}]$$

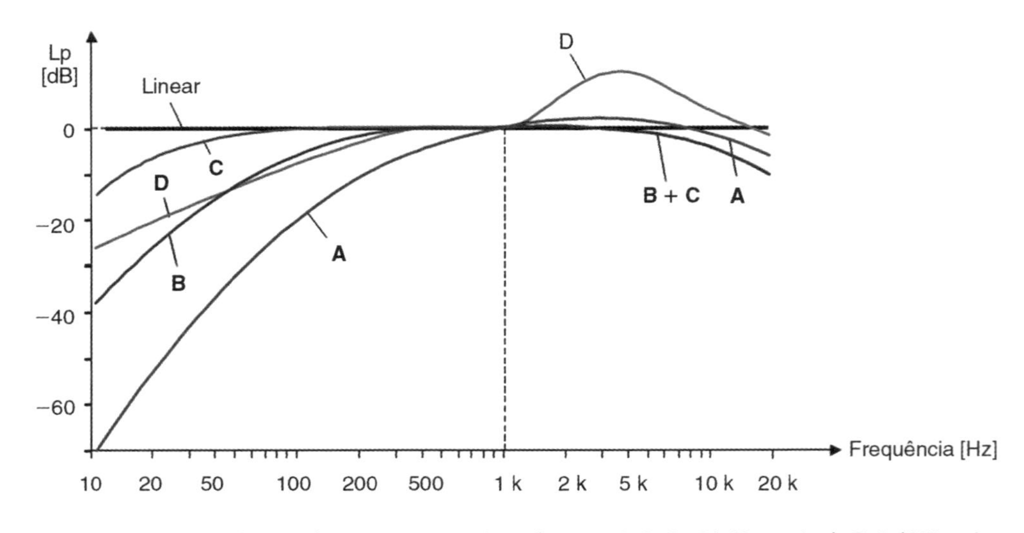

FIGURA 11.144 Curvas de compensação (ponderação A, B, C e D). (Cortesia de Brüel&Kjaer.)

T é o intervalo de tempo, t_1, t_2 são os tempos inicial e final, $P_A^2(t)$ é a pressão sonora instantânea com ponderação A, e P_{ref}^2 é a pressão de referência normalizada 20 Pa. Esse parâmetro representa o nível de ruído estável que corresponde à média no tempo da pressão sonora ao quadrado com ponderação em frequência produzida por fontes de sons estáveis, flutuantes, intermitentes, irregulares ou impulsivas no mesmo intervalo de tempo.

Nível de potência sonora e nível de exposição sonora

O **nível de potência sonora** (L_w), que indica a potência acústica (W) emitida pela fonte sonora, é dado por

$$L_W = 10 \times \log\left(\frac{W}{W_0}\right) [dB]$$

sendo W a potência sonora dada em watts e W_0 a potência de referência (-10^{-12} W). O **nível de exposição sonora** (SEL) indica o nível constante considerado durante 1 s que tem a mesma energia ponderada A do ruído que está sendo produzido durante o período de medição, ou seja, é o L_{eqA} normalizado em 1 s de medição, que é determinado pela expressão:

$$SEL = 10 \times \log\left(\frac{1}{t_0}\right) \times \int_{t_1}^{t_2}\left(\frac{P_a(t)}{P_{ref}}\right)^2 dt,$$

em que t_0 é o tempo de referência (1 s), $P_a(t)$ é a pressão instantânea ponderada A, P_{ref} é a pressão de referência (20 μPa) e t_2 e t_1 são os limites do intervalo de tempo suficiente para incluir todo o ruído significativo.

Uma breve introdução aos possíveis problemas devidos à exposição excessiva ao ruído

Como o ruído é o som indesejável que perturba o meio ambiente, cada vez mais sua medição, sua caracterização e a minimização de seus efeitos crescem em importância. Os efeitos do ruído, quando acima de limites estabelecidos ou recomendados, tornam-se uma fonte causadora de diversas doenças ocupacionais, além de outros distúrbios de outra natureza, como, por exemplo, o estresse. Podem-se citar alguns dos efeitos mais comuns:

- mascaramento da voz humana;
- alteração temporária do limiar de audição (surdez temporária);
- surdez permanente;
- irregularidade no sono (evento essencial para a saúde humana);
- outros sintomas cumulativos e secundários, como, por exemplo, o aumento da pressão arterial.

Níveis excessivos de ruído devem ser reduzidos por meio da

- modificação da fonte geradora;
- modificação do local de trabalho;
- utilização de equipamentos de proteção, como, por exemplo, protetores auriculares.

TABELA 11.8 Níveis sonoros em dBA

Nível sonoro (dBA)	Sala de aula	Dormitório	Sala de estar
Para conforto	40	35	40
Aceitável	50	45	50

A Tabela 11.8 apresenta exemplos de alguns níveis sonoros para conforto e níveis sonoros aceitáveis para determinados locais.

Medição de ruído acústico

Normalmente se utiliza o parâmetro nível global de pressão sonora ponderada, e muitas vezes é necessário avaliar a faixa de frequência do ruído para caracterizar os componentes do ruído. O equipamento utilizado para medir o ruído deve ser apropriado, corretamente calibrado para obter o nível de pressão sonora (normalmente na curva de ponderação A, indicada na Figura 11.144). Para cada ambiente de medição, devem-se consultar as normas, mas, de maneira geral, as medições exteriores devem, sempre que possível, levar em consideração as seguintes especificações básicas:

- o microfone do medidor deve estar a 1,20 m do solo e afastado 1,50 m das paredes ou anteparos refletores, voltado para a fonte de ruído;
- o microfone do aparelho deve estar sempre afastado, no mínimo, 1,20 m de qualquer obstáculo e protegido contra o vento.

Medidas interiores devem ser realizadas com as janelas abertas e depois fechadas. Além disso, é necessário determinar as condições do local, como, por exemplo, a natureza do ambiente (residencial, comercial ou mista), a condição do tempo, da hora e do dia da medição (período noturno, diurno, fim de semana), entre outros parâmetros. Um sinal sonoro produzido por um alto-falante dentro de uma tubulação produz uma onda sonora que se propaga à velocidade de 344 $^{m}/_{s}$. A relação entre a velocidade (v), o comprimento de onda (λ) e a frequência (f) é dada por (veja a Figura 11.145)

$$\lambda = \frac{v}{f}\left[m = \frac{^{m}/_{s}}{^{1}/_{s}} = \frac{m}{s} \times \frac{s}{1}\right].$$

Como apresentamos anteriormente, a caracterização de uma onda sonora, no domínio da frequência, é importante na definição do tipo de instrumento a ser utilizado na medição. Da mesma forma que a análise no domínio da frequência é importante em sinais dinâmicos, o mesmo ocorre na área da acústica, pois esta análise mostra que o sinal

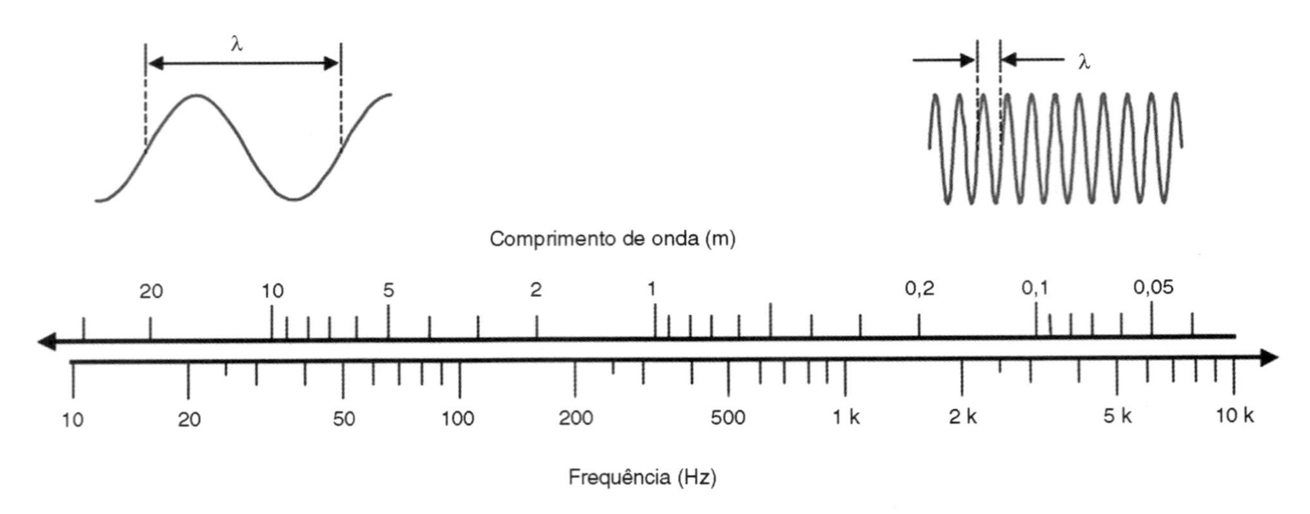

FIGURA 11.145 Relação entre comprimento de onda (λ) e a frequência (*f*). (Cortesia de Brüel&Kjaer.)

sonoro pode ser composto de um número de frequências discretas em níveis individuais simultaneamente presentes. Para exemplificar esse conceito, podemos observar, na Figura 11.146, que diferentes situações do dia a dia geram sinais sonoros indicados no domínio do tempo e no domínio da frequência.

Na análise de sinais sonoros, devem ser utilizados filtros (na área da acústica normalmente se utiliza a denominação banco de filtros) para seleção da faixa de interesse. A Figura 11.147 apresenta o esboço de um sistema comercial para análise de um sinal sonoro. O sinal sonoro captado pelo microfone é amplificado, seguido de um estágio de filtragem (mostrado na figura como um filtro ideal). O sinal filtrado é posteriormente retificado e, por fim, convertido para decibéis e mostrado em um dispositivo de saída, como, por exemplo, um *display* de cristal líquido.

Microfones

Microfones fornecem um sinal de saída analógico proporcional à variação da pressão acústica atuante no diafragma flexível. Esse sinal de saída pode ser utilizado para transmitir,

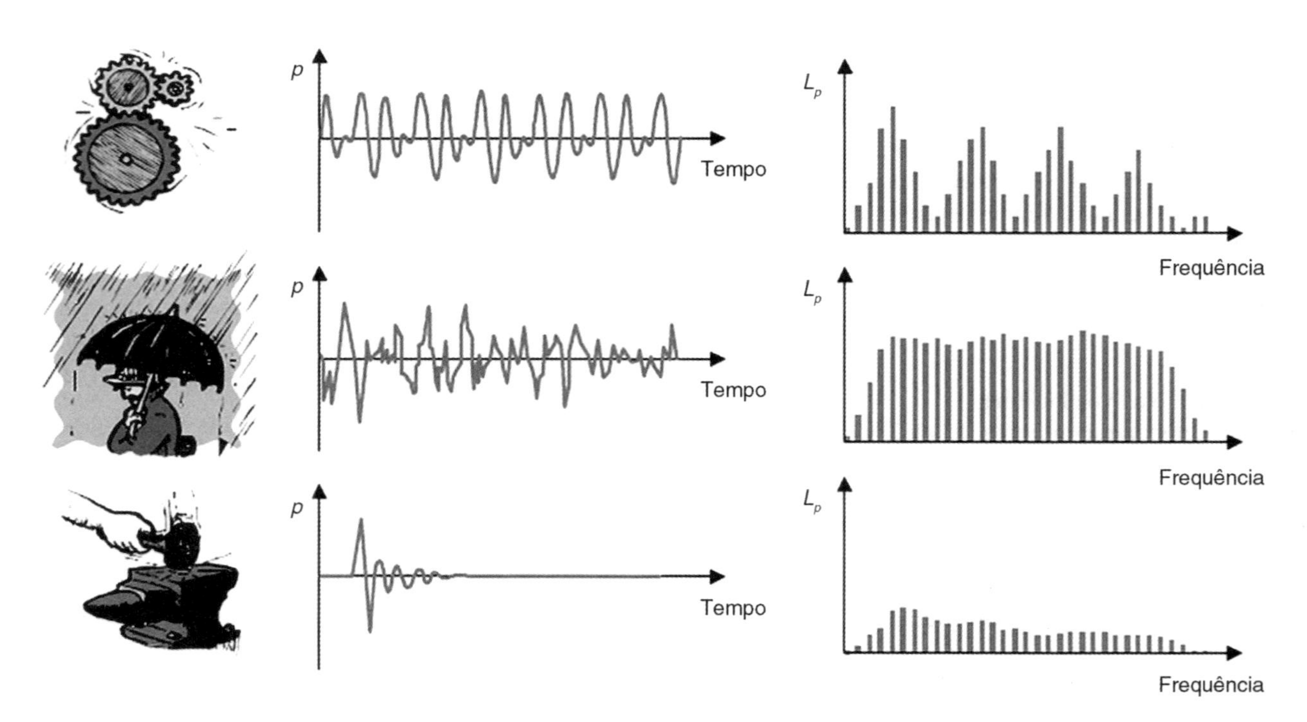

FIGURA 11.146 Exemplos de situações do dia a dia gerando sinais sonoros representados no domínio do tempo e da frequência. (Cortesia de Brüel&Kjaer.)

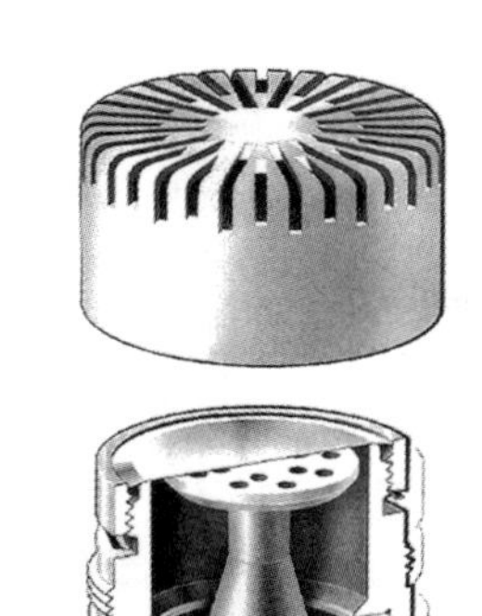
(a)

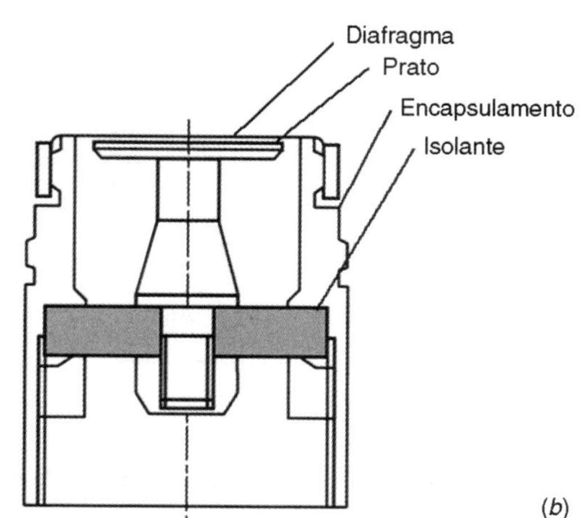

(b)

FIGURA 11.147 Microfone do tipo capacitor: (a) estrutura clássica e (b) vista da secção cruzada. (Cortesia de Brüel&Kjaer.)

registrar ou medir as características do sinal acústico. De maneira geral, um microfone deve apresentar as seguintes características:

- bom desempenho acústico e elétrico (faixa de frequência adequada, baixo ruído interno e baixa distorção);
- menor influência do ambiente (baixa influência da pressão, da temperatura e da umidade ambientes, baixa sensibilidade a vibrações e aos efeitos de campos eletromagnéticos, boa robustez mecânica e química e boa resistência à corrosão);
- alta estabilidade e sensibilidade à faixa de frequência.

Os principais tipos de microfone utilizados para medições são:

- *piezoelétrico*: a força da pressão sonora atuante no diafragma é transmitida a um elemento piezoelétrico, gerando uma carga proporcional à força aplicada. São muito utilizados em situações de alta pressão, como, por exemplo, explosões;
- *capacitor (condensador)*: o movimento de um diafragma relativo a um plano fixo produz uma variação na capacitância proporcional à deflexão do diafragma. Um circuito elétrico converte a variação de capacitância para uma variação em tensão. As principais características desses microfones são: alta sensibilidade, ampla faixa dinâmica, baixo ruído interno, baixa distorção e alta estabilidade. Cabe observar que o microfone capacitor é considerado o transdutor acústico padrão para medição de som e ruído, devido à sua alta precisão.

A Figura 11.147 apresenta o esboço de um **microfone do tipo condensador** ou capacitor.

Esse tipo de microfone consiste em um encapsulamento metálico, um isolante elétrico, um prato montado como um diafragma paralelo. A distância entre o prato e o diafragma geralmente é de 20 μm, e o diafragma e o prato formam o capacitor ativo, que gera um sinal de saída do microfone condensador. Essa capacitância é tipicamente de 2 pF a 60 pF, dependendo principalmente do diâmetro do prato.

O microfone do tipo condensador converte a pressão sonora em capacitância, que pode ser convertida em tensão elétrica, por exemplo utilizando uma carga elétrica constante (amplificador de carga). Essa carga elétrica constante pode ser aplicada externa ou internamente. O método externo, denominado fonte de polarização externa, emprega uma fonte de tensão externa para microfones. O método interno ou de polarização interna consiste no uso de um polímero carregado permanentemente, denominado eletreto, e utilizado em microfones pré-polarizados. O **princípio da transdução** de um microfone condensador por meio de **polarização externa** encontra-se ilustrado na Figura 11.148. As placas desse tipo de capacitor usado como microfone são o diafragma e a placa, que são polarizados externamente por uma fonte de tensão que fornece uma carga através de um resistor (geralmente de 109 Ω a 1010 Ω).

Uma das placas (o diafragma) precisa ser deslocada pela pressão sonora enquanto a outra placa fica estacionária. O valor instantâneo da tensão de saída pode ser determinado pela expressão

$$E \times C = Q_0$$

$$(E_0 + e) \times \left(\frac{\varepsilon \times A}{D_0 + d} \right) = E_0 \times \left(\frac{\varepsilon \times A}{D_0} \right)$$

$$e = E_0 \times \frac{d}{D_0}$$

na qual A é a área da placa do capacitor, C a capacitância instantânea entre as placas, D_0 a distância entre as placas na posição de repouso, d o deslocamento da placa móvel (diafragma) da posição inicial, E a tensão elétrica instantânea entre as placas, E_0 a tensão elétrica de polarização, e a alteração na tensão elétrica causada pelo deslocamento da placa, Q_0 a carga constante da placa do capacitor e a constante dielétrica do ar. A tensão elétrica de saída desse sistema é proporcional ao deslocamento da placa móvel, ou seja, existe uma relação linear entre a tensão de saída (V) e o deslocamento (d); sendo assim, essa relação pode ser representada simplificadamente por $\frac{\Delta V}{V} = \frac{\Delta d}{d}$. Considere um microfone típico da Brüel&Kjaer (modelo 4190) com as seguintes dimensões: diâmetro de 12,5 mm; espessura do diafragma de

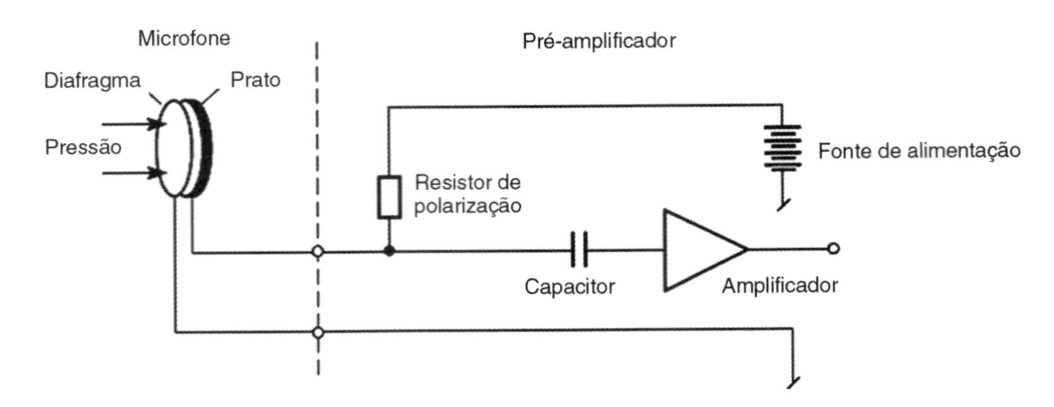

FIGURA 11.148 Princípio da transdução do microfone capacitivo. (Cortesia de Brüel&Kjaer.)

5 μm; distância entre o diafragma e a outra placa de 20 μm; tensão elétrica de polarização de 200 V e sensibilidade de 50 mV/Pa. Para uma pressão sonora de 1 Pa, o movimento do diafragma é dado por

$$\Delta d = \frac{\Delta V \times d}{V} = \frac{50 \text{ mV} \times 20\ \mu\text{m}}{200 \text{ mV}} = 5 \text{ nm}.$$

O microfone de **pré-polarização** utiliza um **eletreto**, que consiste em um polímero estável aplicado na base da placa, conforme esboço da Figura 11.149.

A sensibilidade de um microfone capacitivo $S(P_s)$ é dada por

$$S(P_s) = S(P_{s,ref}) \times \left(\frac{100}{(100 - F) + \left(\left(\frac{P_s}{P_{s,ref}} \right) \times F \right)} \right)$$

sendo $S(P_s)$ a sensibilidade do microfone (como função da pressão estática), P_S a pressão estática, $P_{S,ref}$ a pressão estática de referência e F a fração de deslocamento do ar em percentual na pressão estática de referência.

O sinal elétrico originado por um microfone do tipo condensador precisa ser amplificado. Esse pré-amplificador tem de estar conectado o mais próximo possível do transdutor, permitindo o uso de cabos longos e conexões com equipamentos de impedância relativamente baixa. Esse pré-amplificador deve ter alta impedância de entrada (tipicamente de 1 $G\Omega$ a 100 $G\Omega$) e capacitância de entrada na faixa de 0,1 pF a 1 pF. A Figura 11.150 apresenta um simples modelo para cálculo da resposta em frequência de um microfone capacitivo e seu pré-amplificador.

A resposta em frequência desse circuito é dada por

$$\frac{V_0}{V_{oc}} = \left(\frac{C_m}{C_m + C_i} \right) \times \left(\frac{j\omega(C_m + C_i) \times R_i}{1 + j\omega(C_m + C_i) \times R_i} \right) \times g \times \left(\frac{1}{1 + j\omega C_c R_o} \right)$$

$$G = \left(\frac{C_m}{C_m + C_i} \right) \times g$$

$$G[\text{dB}] = 20 \times \log \left(\frac{C_m}{C_m + C_i} \right) + g[\text{dB}]$$

sendo G o ganho do microfone e do pré-amplificador, V_{oc} a tensão elétrica a circuito aberto do microfone, C_m a capacitância do microfone, C_i a capacitância de entrada do pré-amplificador, R_i a resistência de entrada do pré-amplificador, g o ganho do amplificador, R_o a resistência de saída do pré-amplificador, C_c a capacitância do cabo e V_o a tensão elétrica de saída.

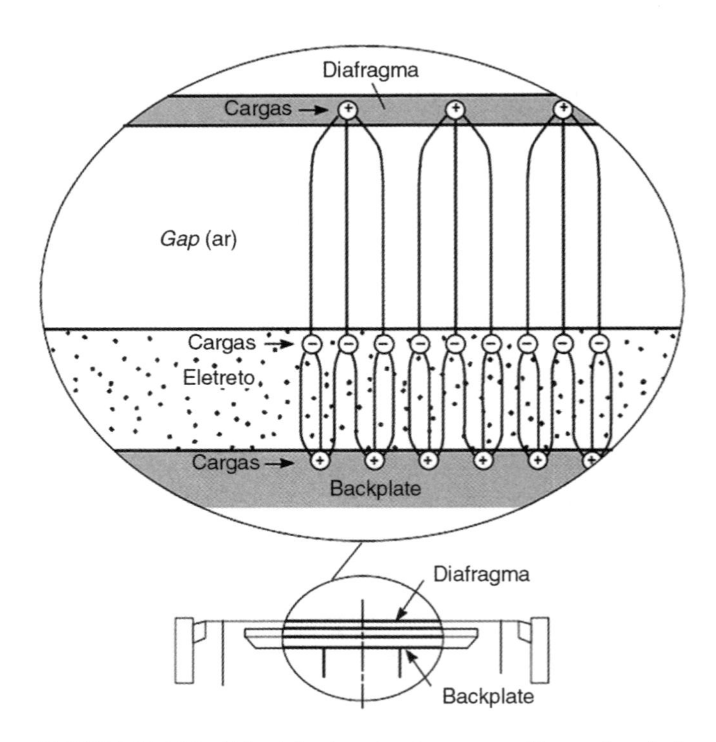

FIGURA 11.149 Princípio do microfone capacitivo pré-polarizado com eletreto (polímero que contém carga elétrica permanente). (Cortesia de Brüel&Kjaer.)

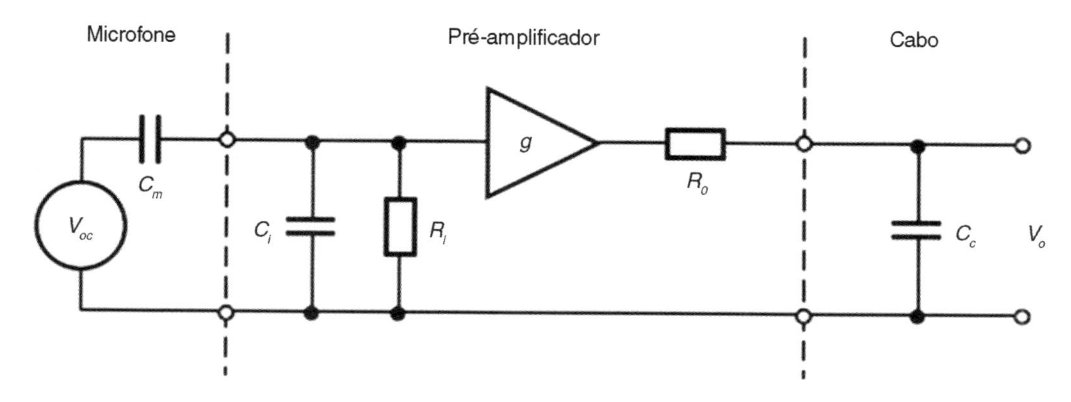

FIGURA 11.150 Circuito típico da conexão do microfone capacitivo, do pré-amplificador e do cabo. (Cortesia de Brüel&Kjaer.)

EXERCÍCIOS

Questões

1. Explique as principais diferenças entre um acelerômetro e um LVDTs utilizados na medição de vibrações.
2. Escolha o melhor sensor para medição de vibrações de baixa frequência e grande amplitude.
3. Explique o que é frequência natural, ressonância e modos de vibração.
4. O que significa o fator de amplificação ou resposta em frequência?
5. Para que serve a resposta em frequência de um sistema, de que modo pode ser usada de forma prática?
6. Tal como na Questão 5, para que serve a transmissibilidade, e de que modo pode ser utilizada de forma prática?
7. Determine a resposta de um sistema massa-mola para uma força com excitação do tipo dente de serra caracterizada na Figura 11.151.
8. Considere o sistema, ilustrado na Figura 11.152, de dois graus de liberdade submetido a uma excitação harmônica. Considere que $K_1 = K_2 = 1$, $K_3 = 2$, $m_1 = 1$, $m_2 = 2$, $F(t) = F_0 \times \cos(\ t)$. Determine a equação do movimento.
9. Foi solicitada a construção de um pêndulo para analisar o amortecimento do sistema, cujo sinal de saída deve ser dado por um transdutor potenciométrico. Apresente, no formato de diagrama de blocos, esse pêndulo e explique como se deve proceder para obter essa forma de onda em um computador pessoal. Explique como é possível determinar a sensibilidade desse sistema.
10. Quais são os principais tipos de potenciômetros encontrados no mercado? Apresente as principais vantagens e desvantagens de cada um.
11. Desenhe e explique o funcionamento de cinco mecanismos auxiliares utilizados com transdutores potenciométricos.
12. Quais são as vantagens e desvantagens da utilização de sensores capacitivos e indutivos como medidores de posição?
13. Explique como um sensor capacitivo pode ser utilizado na biometria como detector de impressões digitais.
14. Apresente duas configurações de sensores capacitivos de deslocamento baseados na alteração de área e na separação do eletrodo ou dielétrico. Explique seu funcionamento.
15. O que é relutância variável e de que modo pode ser utilizada como elemento sensor?
16. Descreva as características básicas dos principais sensores de posição e movimento.
17. Como um sensor de efeito Hall pode ser utilizado para detectar rotação de uma peça?

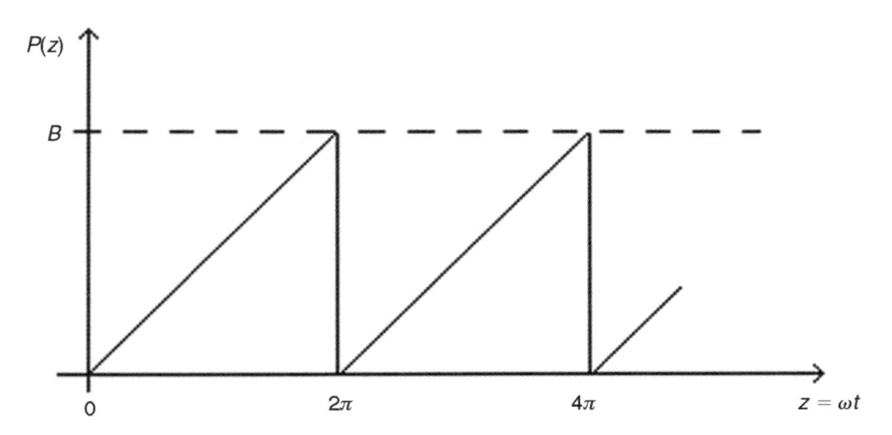

FIGURA 11.151 Excitação do tipo dente de serra referente à Questão 7.

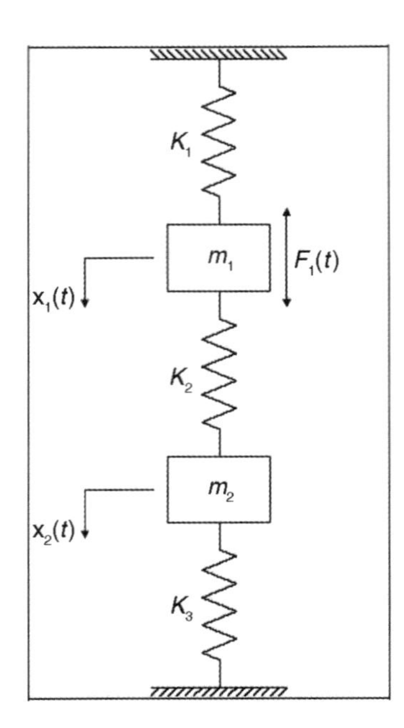

FIGURA 11.152 Sistema de dois graus de liberdade submetido a uma excitação harmônica referente à Questão 8.

18. Explique o que é efeito magnetorresistivo e de que forma pode ser utilizado como elemento sensor.

19. Explique o que é ultrassom e de que forma ele pode ser utilizado como elemento sensor.

20. O que é efeito fotoelétrico?

21. Explique o funcionamento de um LVDT. O que é indutância mútua?

22. Considere o circuito representado na Figura 11.60. Explique o que ocorre com a tensão de saída em relação à posição do núcleo.

23. Considere que um determinado LVDT pode ser utilizado para detectar a dilatação de um metal quando exposto à iluminação natural. Explique como e quais seriam as características ou especificações básicas desse transdutor para utilização nessa aplicação.

24. Quais são as diferenças entre RVDT, *resolver* e síncrono?

25. Quais são as principais diferenças entre *encoder* incremental e absoluto?

26. Como um *encoder* (ou mais de um) pode ser utilizado para a determinação de posições bidimensionais?

27. Esquematize como um acelerômetro pode ser utilizado para detectar o deslocamento de uma perna humana. Com esse sensor, é possível medir a força desse movimento?

28. Considere um sinal derivado de um sensor de deslocamento. Como se deve proceder para determinar a velocidade e a aceleração?

29. Explique os principais tipos de tacômetros.

30. Qual é a importância da sensibilidade, da massa e da faixa dinâmica no uso de acelerômetros?

31. Explique a importância dos tipos de acelerômetro ilustrados na Figura 11.96.

32. Quais são os principais procedimentos para fixação de acelerômetros? Qual é a relação entre o procedimento de fixação e a faixa dinâmica? Explique.

33. Como o efeito piezoelétrico pode ser utilizado para medir vibrações?

34. Uma estudante de fisioterapia solicitou o projeto de um eletrogoniômetro com as seguintes características básicas: baixo custo, fácil manutenção e sinais apresentados em um computador pessoal. Após uma breve pesquisa de preços, os sensores do tipo acelerômetros e eletrogoniômetros foram descartados em função do custo. Considere que a solução encontrada, em função das características solicitadas, foi um transdutor potenciométrico. Projete esse equipamento.

35. Um LVDT pode ser utilizado como sensor para determinar rugosidade de peças metálicas? Explique.

36. No formato de diagrama de blocos, projete um braço robótico com uma garra similar a uma mão humana. Explique como se deve proceder para determinar os movimentos desse braço e a força empregada na garra. Quais funções seriam necessárias acrescentar nesse braço para que merecesse a denominação "prótese artificial"?

37. No Laboratório de Pesquisa, existem diversos acelerômetros uniaxiais. Um determinado sistema de medição, utilizado para caracterizar vibrações no corpo humano, tem como especificação básica a medida em três eixos, ou triaxial. Explique como se deve proceder para obter essa medida em três eixos com acelerômetros uniaxiais.

38. Considere um *shaker* ou uma mesa vibratória [semelhante àquela ilustrada na Figura 11.86(*b*)] com as seguintes especificações: sinal de saída ou de excitação senoidal com faixa de amplitude de 0 g a 2 g e frequência de 1 Hz a 1 kHz. Projete essa mesa.

39. Com a mesa do Exercício 38, como se pode realizar um experimento com uma viga engastada para demonstrar o que é frequência de ressonância? Se essa viga for uma régua ou outra peça similar, é possível romper a viga com essa mesa?

40. Explique e determine matematicamente: (a) por que, ao aumentar a massa do sistema mecânico ilustrado na Figura 11.153(*a*), ocorre a redução na frequência de oscilação; e (b) por que, ao aumentar o amortecimento do sistema mecânico da Figura 11.153(*b*), ocorre redução na amplitude de oscilação. É possível desenvolver modelos elétricos para ambos os sistemas mecânicos? Em caso positivo, faça-os; caso contrário, explique o motivo.

41. Explique o significado das formas de onda apresentadas na Figura 11.154 no domínio do tempo e no domínio da frequência.

42. Os fabricantes de acelerômetros apresentam diversos dados, entre eles os representados nos quatro desenhos da Figura 11.155. Explique individualmente seus significados e sua importância no uso do acelerômetro.

43. O *inductosyn* é um dispositivo muito utilizado para determinar posição ou deslocamento em máquinas industriais. A Figura 11.156 apresenta um esboço desse dispositivo, no qual se percebe que é composto por uma régua estática e um cursor móvel. Na régua existe um filme metálico formando uma onda periódica quadrada de período T (normalmente em milímetros). Como o cursor é semelhante, se for posicionado paralelamente à régua ele se comporta como um transformador plano, ou seja, a régua estática se comporta como o secundário do transformador e o cursor funciona como o primário do transformador. Prove e explique por que a tensão no secundário (Vs) do *inductosyn* é dada por $Vs = Vx \times \text{sen}(\omega t + Td)$, em que é a frequência da excitação, t o tempo, T o período e d o deslocamento da bobina V_1 em um período. (*Sugestão*: Aplique as tensões $V_1 = V \times \text{sen}(\omega t)$ e $V_2 = V \times \cos(\omega t)$ no primário.)

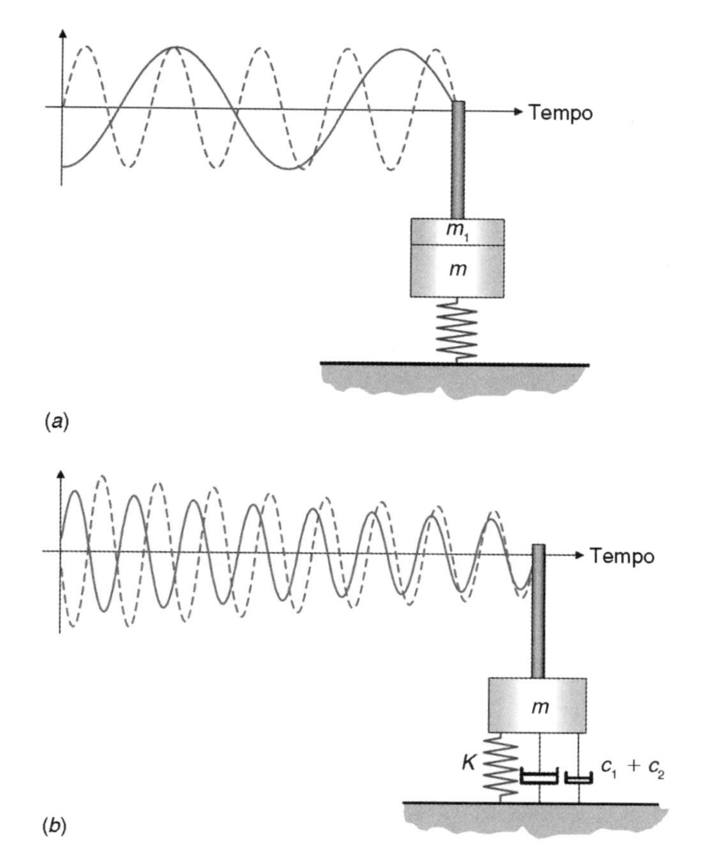

FIGURA 11.153 Sistemas mecânicos referentes à Questão 40. (Cortesia de Brüel&Kjaer.)

44. Existem diversos tipos de condicionadores para transdutores capacitivos, como, por exemplo, os apresentados na Figura 11.157. No circuito ilustrado na Figura 11.157(*a*), a capacitância do transdutor (indicado por C_1) é alterada pela fonte de corrente constante dada por R_1 e V_1. A tensão aplicada na entrada do amplificador operacional depende da capacitância C_1, que é proporcional ao estímulo aplicado no transdutor ou sensor capacitivo (lembre-se de que esses termos são utilizados nesta obra de maneira similar). Determine a tensão de saída (V_s) do condicionador ilustrado na Figura 11.157(*a*). Além disso, explique o que é realimentação e complete o circuito da Figura 11.157(*a*), se for necessário.

45. O circuito mostrado na Figura 11.157(*b*) utiliza a estrutura de uma ponte de Wheatstone para determinar a alteração na capacitância do transdutor capacitivo (indicado no circuito por C_1). Explique como se deve proceder para balancear essa ponte e como utilizá-la para determinar a capacitância do transdutor.

46. Defina ruído, som e acústica.

47. Qual é a faixa audível humana e qual a sua importância? Pesquise como foi determinada essa faixa.

48. Quais são os principais parâmetros para determinação de níveis sonoros? Explique cada um.

49. Qual é a importância das curvas de ponderação no desenvolvimento de um medidor de intensidade sonora (popularmente conhecido como decibelímetro)?

50. Sugira um sistema eletrônico para implementar essas curvas de ponderação.

51. Faça uma pesquisa sobre os principais efeitos do ruído no corpo humano.

52. Escolha alguns ambientes e faça um levantamento do nível sonoro (pesquise normas). Discuta esses resultados comparando-os com os do Exercício 19.

53. Qual é a importância da caracterização do nível sonoro no domínio da frequência?

54. Pesquise sobre os filtros de 1 oitava e de 1/3 de oitava e explique a sua importância na acústica. Considere na discussão a Figura 11.158 e a Figura 11.159.

55. Para o filtro de 1 oitava a frequência [Hz] f_2 é obtida por $f_2 = 2 \times f_1$, e a banda, por $B = 0{,}7 \times f_0$. Para o filtro de um terço de oitava a frequência f_2 é dada por $f_2 = \sqrt[3]{2} \times f_1 = 1{,}25 \times f_1$, e a banda, por $B = 0{,}23 \times f_0 \cong 23\ \%$. Explique os gráficos da Figura 11.159.

56. Utilizando as discussões das Questões 53 a 55, complemente a Tabela 11.9. Explique a utilidade dessa tabela na acústica e em vibrações.

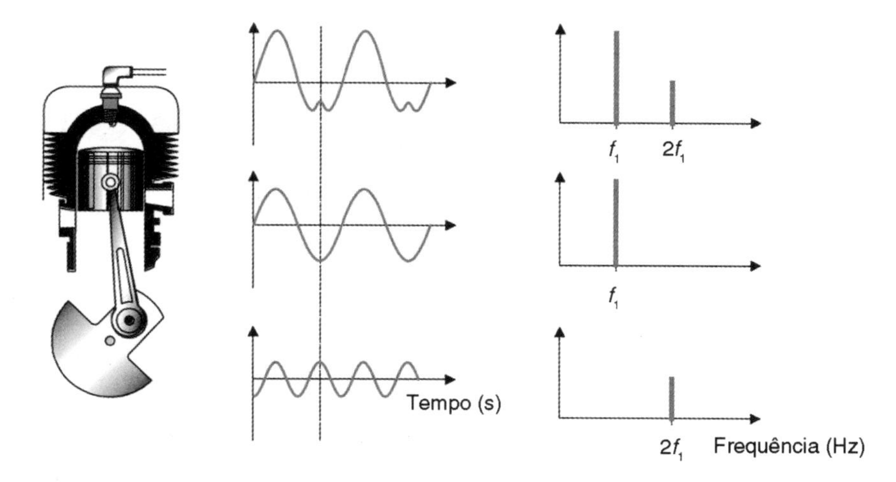

FIGURA 11.154 Sistema mecânico referente à Questão 41. (Cortesia de Brüel&Kjaer.)

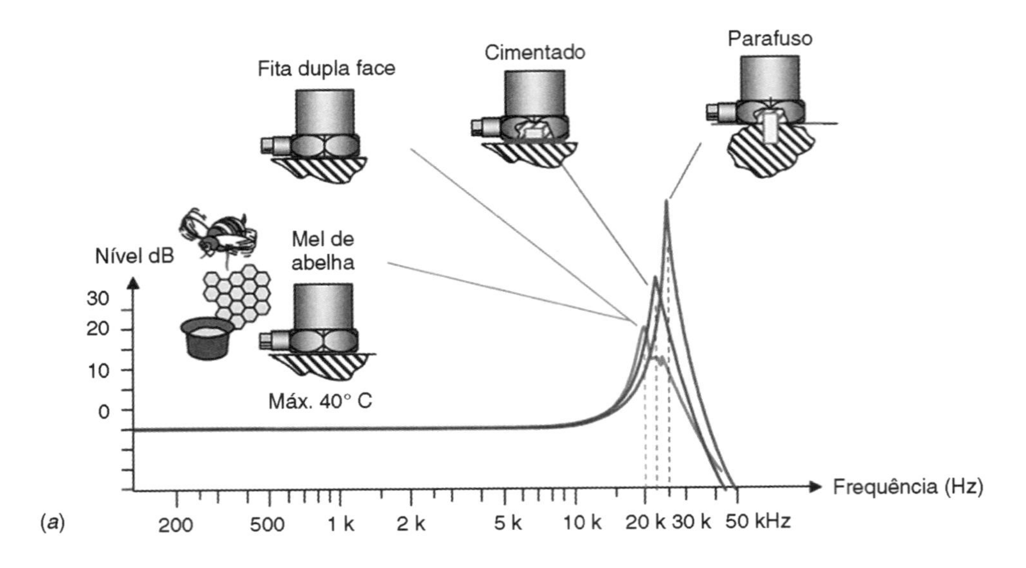

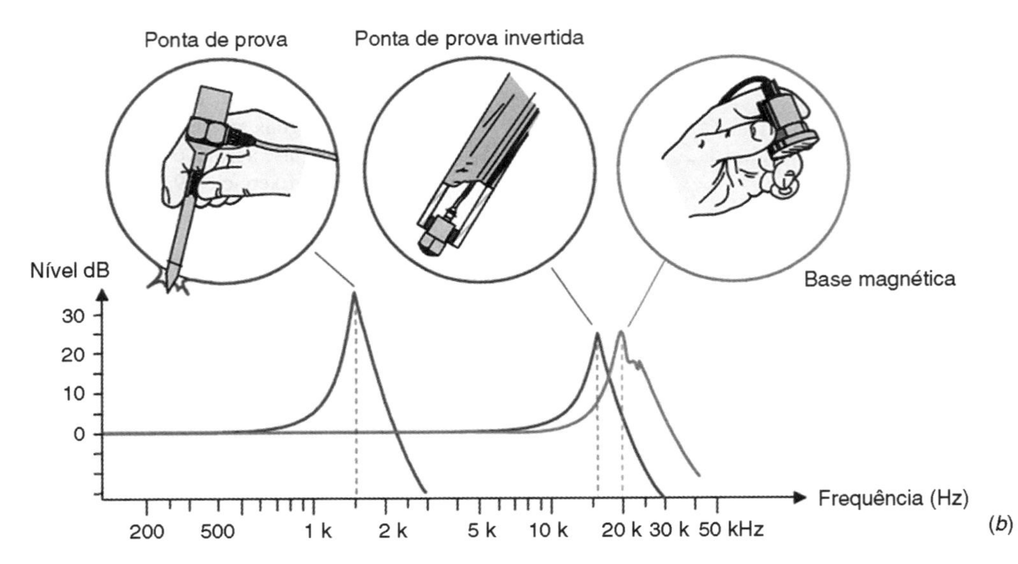

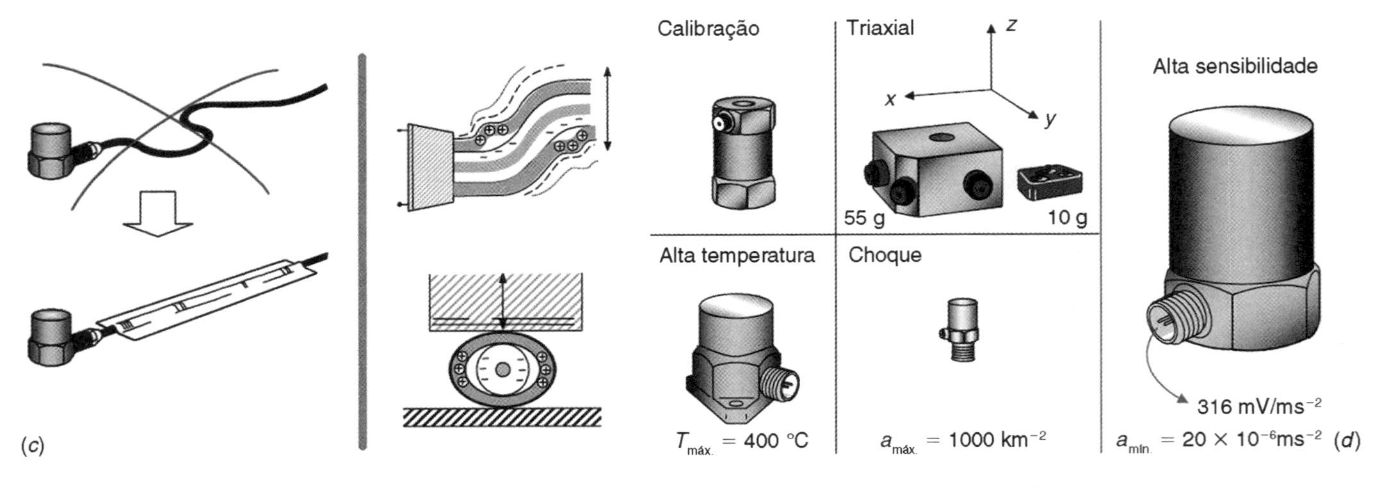

FIGURA 11.155 Desenhos referentes à Questão 42. (Cortesia de Brüel&Kjaer.)

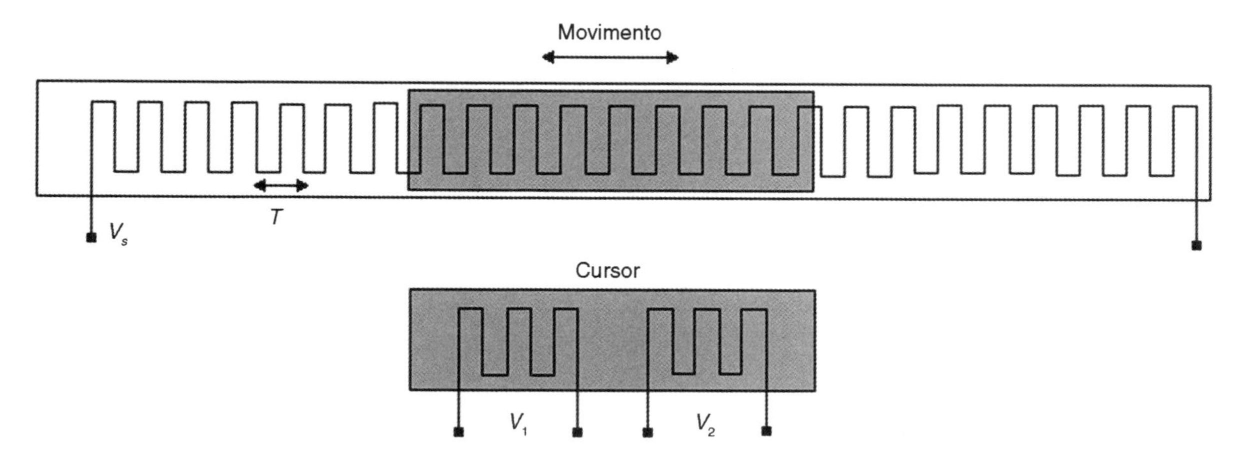

FIGURA 11.156 Esboço de um *inductosyn*.

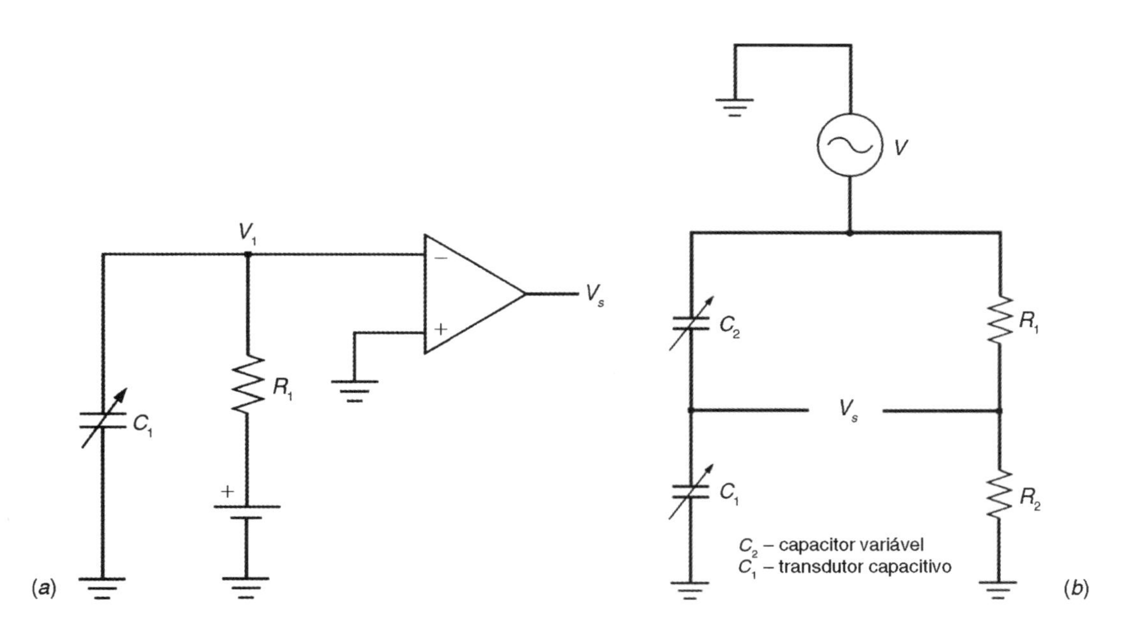

FIGURA 11.157 Dois exemplos de condicionadores para transdutores capacitivos: (*a*) circuito (denominado eletrômetro) referente à Questão 44 (verifique a necessidade da realimentação) e (*b*) circuito referente à Questão 45.

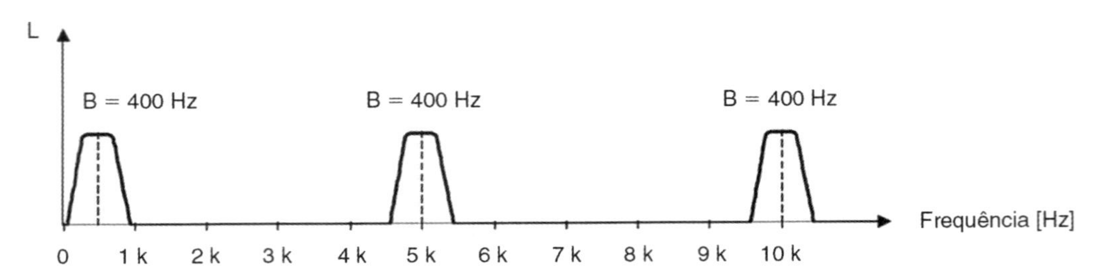

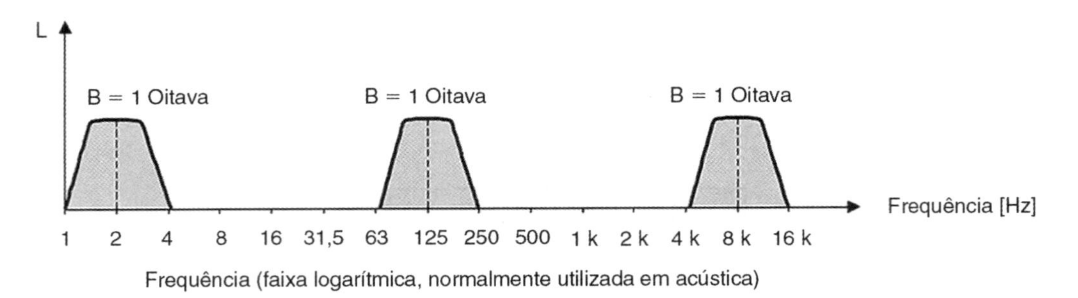

FIGURA 11.158 Exemplos de filtros utilizados em vibrações e na acústica. (Cortesia de Brüel&Kjaer.)

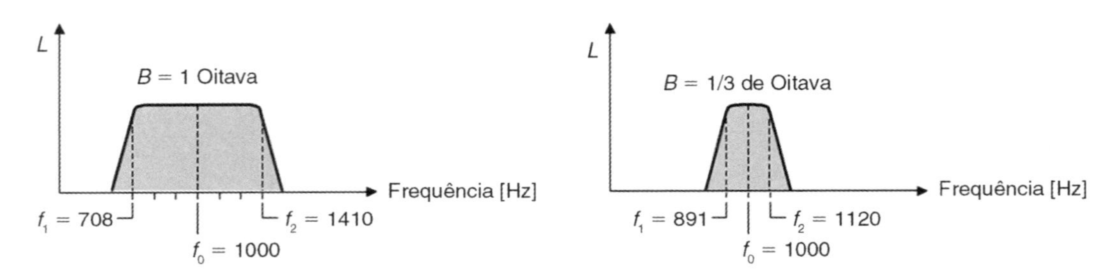

FIGURA 11.159 Comparação dos filtros de 1 oitava e de um terço de oitava. (Cortesia de Brüel&Kjaer.)

TABELA 11.9 Algumas bandas, frequências centrais, banda passante de um terço de oitava e de um oitavo de oitava

Banda	Frequência central (Hz)	Banda passante de 1/3 de oitava (Hz)	Banda passante de 1/8 de oitava (Hz)
1	1,25	de 1,12 a 1,41	de 1,41 a 2,82 (bandas 1 a 4)
2	1,6	de 1,41 a 1,78	
3	2	de 1,78 a 2,24	
4	2,5	de 2,24 a 2,82	
5	3,15	de 2,82 a 3,55	de 2,82 a 5,62 (bandas 5 a 8)
6	4	de 3,55 a 4,47	
7			
8			
9			

Problemas com respostas

1. Para uma viga engastada, a frequência natural ω_n [Hz] é dada por $\omega_n = 0{,}55\sqrt{\frac{E \times I}{m \times L^4}}$. Considere um módulo de Young (E) de $28{,}3 \times 10^6 \, {}^{N}\!/_{m^2}$, a massa ($m$) por unidade de comprimento de $0{,}00043 \, {}^{km}\!/_{m}$, o comprimento ($L$) de 0,0001 m e o momento de inércia (I) de $6{,}5 \times 10^{-6}$ m^4. Qual a frequência natural dessa viga hipotética? É possível construir tal viga? Explique.

Resposta:

$$\omega_n = 0{,}55\sqrt{\frac{28{,}3 \times 10^6 \times 6{,}5 \times 10^{-6}}{(0{,}00043 \times 0{,}0001) \times 0{,}0001^4}} = 3{,}65 \times 10^{12} \text{ Hz}$$

É possível construir essa viga, apesar de estar na ordem micrométrica. Uma das formas de construção e/ou uso é por meio de micromáquinas, objetos mecânicos fabricados em geral como circuitos integrados. Esses microssistemas mecânicos são muito utilizados em sistemas microeletromecânicos (MEMS), como os acelerômetros MEMS, e mais recentemente na tecnologia manométrica, como os sistemas NEMS.

2. Em um dia de chuva, um professor de educação física resolveu inovar e chamar a atenção, para evitar que todos dormissem em suas aulas. Para tanto, ele construiu um estrado sobre o qual iria ministrar suas aulas. Devido à falta de infraestrutura, esse estrado foi construído com o uso de uma folha de compensado marítimo montada sobre dois cavaletes. O professor, forte e musculoso, possui massa de 95 kg e consegue fazer polichinelo com uma frequência considerável. Para resolver o problema da transmissão de vibração para o solo durante o exercício, ou seja, isolar o sistema, é necessário determinar a frequência de excitação do sistema. Imagine que de alguma forma você conseguiu medir a deformação estática e o máximo da deformação dinâmica do compensado que são, respectivamente, 1 polegada e 2,5 polegadas, ambas medidas no ponto de máxima deformação. Logo, sabendo de tudo isso, qual a frequência do polichinelo do professor?

Resposta:

A partir dos dados do problema, podemos dizer que o fator de amplificação do sistema é de 2,5, pois a resposta dinâmica é 2,5 vezes maior do que a estática. Assim:

$$|\chi| = 2{,}5$$

Como $|\chi| = \frac{1}{\sqrt{\left(1 - \left(\frac{\omega}{\omega_n}\right)^2\right)^2 + \left(2\xi\frac{\omega}{\omega_n}\right)^2}}$, e considerando uma solução com amortecimento desprezível, podemos dizer que a razão $\frac{\omega}{\omega_n}$ vale:

$$|\chi| = 2{,}5 = \frac{1}{\sqrt{\left(1 - \left(\frac{\omega}{\omega_n}\right)^2\right)^2}} = \frac{1}{1 - \left(\frac{\omega}{\omega_n}\right)^2}$$

$$1 - \left(\frac{\omega}{\omega_n}\right)^2 = \frac{1}{2{,}5}$$

$$\frac{\omega}{\omega_n} = 0{,}7746$$

Lembrando que $\omega_n = \sqrt{\frac{k}{m}}$, e que uma força estática (F_0) é igual a uma deformação estática (δ) multiplicada pela rigidez k, e que a força peso é também uma força estática e que pode ser obtida multiplicando-se a massa (m) pela aceleração da gravidade $\left(g = 9{,}81 \, {}^{m}\!/_{s^2}\right)$, assim:

$$F_0 = k \times \delta = m \times g$$

$\frac{k}{m} = \frac{g}{\delta}$, e como $\omega_n = \sqrt{\frac{k}{m}}$, logo

$$\omega_n = \sqrt{\frac{g}{\delta}} = \sqrt{\frac{9{,}81}{0{,}0254}} = 19{,}64 \, {}^{rad}\!/_{s}$$

Portanto, como $\frac{\omega}{\omega_n} = 0{,}7746$ e $\omega_n = 19{,}64 \, {}^{rad}\!/_{s}$, tem-se que:

$$\frac{\omega}{\omega_n} = 0{,}7746 = \frac{\omega}{14{,}64}$$

$$\omega = 0{,}7746 \times 19{,}64 = 15{,}215 \, {}^{rad}\!/_{s} \text{ ou } \omega = 2{,}42 \text{ Hz}$$

3. Considerando o amplificador de carga da Figura 11.104 onde a fonte de corrente é representada por um acelerômetro que apresenta uma capacitância intrínseca de 0,5nF e sensibilidade de 100pC/(m/s^2). Tipicamente a resistência R_1 protege o amplificador operacional quando o sensor está desconectado do sistema. Desconsiderando-se os resistores R_1 e R_2, qual é o valor de C_1 para uma saída v_o de −100mV/(m/s^2)?

Resposta:

Considerando-se o modelo simplificado do acelerômetro, como por exemplo, uma fonte de tensão (v_s) em série com um capacitor (C_s) e apenas o componente do amplificador de carga C_1, a correspondente tensão de saída pode ser calculada por:

$$v_0 = -v_s\frac{C_s}{C_1} = -\frac{q_s}{C_1}$$

Portanto, o capacitor do laço de ganho será:

$$C_1 = \frac{\frac{100pC}{\left(\frac{m}{s^2}\right)}}{\frac{100mV}{\left(\frac{m}{s^2}\right)}} = 1000pF$$

4. Considere um acelerômetro piezoelétrico com capacitância de 100pF e sensibilidade de 10mV/g cuja gravidade g é igual a 9,8m/s^2. Este acelerômetro deverá ser utilizado em um sistema para caracterizar choque mecânico em determinada estrutura veicular. Foi solicitado que para um choque de 10g a saída de determinado amplificador produza uma saída de 10V. Qual deve ser o ganho deste amplificador (considerar o mesmo ideal)?

Resposta:

$$G = \frac{\frac{10V}{10g}}{\frac{10mV}{g}} = 100$$

Problemas para você resolver

1. A capacitância (C) de um transdutor capacitivo é dada por $C = 0{,}225\frac{A}{d}$, sendo A a área (m^2) e d [cm] a distância entre as placas paralelas (considere que a constante dielétrica seja igual a 1) Determine a incerteza propagada de C, considerando A 0,002 m^2 ± 10 % e d = 0,00001 cm ± 1 %. Explique como esse transdutor pode ser utilizado para determinar distâncias.
2. Considere que um experimento baseado em um LVDT (não comercial) apresenta, na região linear, os seguintes dados:

x [mm]	V_s [mV]
0	01
1	11
2	21
3	31
4	41
5	51

em que x[mm] representa o deslocamento ou a posição do núcleo e Vs [mV] representa a tensão elétrica de saída. Determine a expressão que representa a incerteza dessa medida (a medida de deslocamento apresenta uma incerteza de ±1 %, e o sinal de saída, uma incerteza de 0,5 %).
3. Considere uma massa sísmica (m) sustentada na parte de cima por um amortecedor (c) e, na parte de baixo, por uma mola (K). Como um transdutor de deslocamento (do tipo potenciométrico) pode ser utilizado para determinar o movimento da massa sísmica exposta a um movimento $x = A \times \cos(\omega t)$? Esboce o diagrama de blocos desse sistema e a correspondente equação do movimento.
4. Considere uma massa sísmica (m) sustentada por uma viga engastada, na qual são posicionados extensômetros (*strain gauges*). Explique de que forma esse sistema pode ser utilizado como um instrumento sísmico para determinar deslocamentos relativos (apresente também as suas limitações). Esboce o diagrama de blocos desse sistema e a correspondente equação do movimento.
5. Considere uma massa sísmica (m) sustentada na parte de cima por uma mola (K) e, na parte de baixo, por um cristal piezoelétrico. Explique de que modo esse sistema pode ser utilizado como um instrumento sísmico. Esboce o diagrama de blocos desse sistema e a correspondente equação do movimento.
6. Considere o circuito ilustrado na Figura 11.160(a) que contém um sensor piezoelétrico e um seguidor de tensão (amplificador com ganho unitário, muitas vezes denominado *buffer*). A capacitância do circuito equivalente (considerando-se o transdutor, o cabo e a entrada do amplificador) é dada por $C = C_t + C_c + C_s$. Utilizando o circuito equivalente, é possível determinar que $i = i_1 + i_2 = \dot{q} = S_q \times \dot{a}$, sendo q a carga gerada pelo sensor PZT, S_q a sensibilidade do transdutor e a a aceleração a ser medida (que, na verdade, pode representar a quantidade a ser medida: aceleração, força, pressão, entre outros parâmetros possíveis de caracterizar por meio de um piezoelétrico). Prove que: (a) $i_1 = C \times \dot{v}_1$, $i_2 = C_b \times (\dot{v}_1 - \dot{v}) = \frac{V_0}{R}$ e (b) $V_0 = \left(\frac{jRC_{eq}\omega}{1 + jRC_{eq}\omega}\right) \times \left(\frac{S_q \times a_0}{C}\right)$, considerando $C_{eq} = C$ e $a = a_0 e^{j\omega t}$.

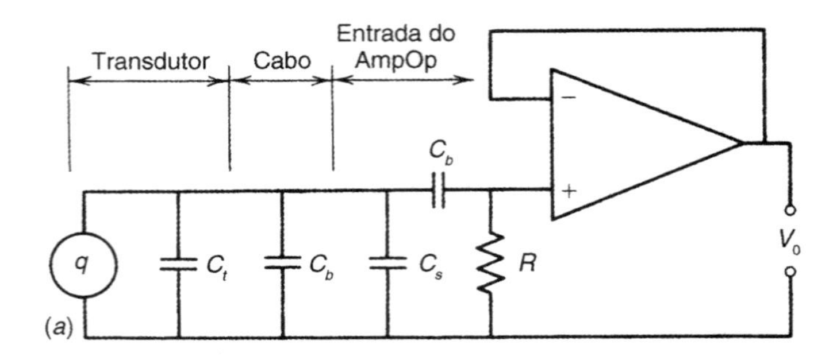

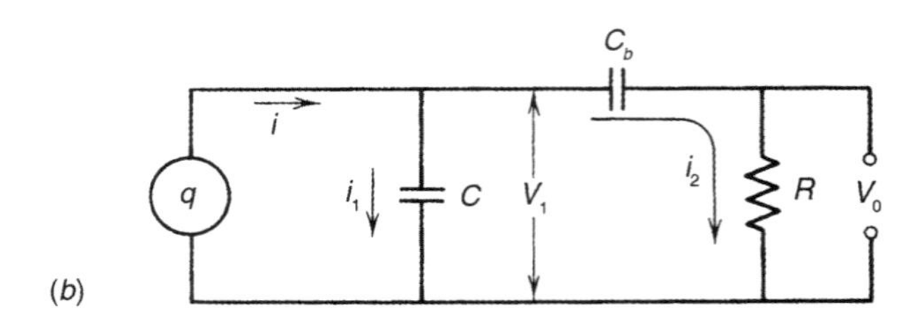

FIGURA 11.160 Circuito de medição com um sensor piezoelétrico e um amplificador configurado como seguidor de tensão e (b) circuito equivalente; circuitos referenes ao Exercício 6.

7. Considere que a sensibilidade do sistema do Exercício 6 é $S_q = \frac{V_0}{a_0} = \frac{S_q}{C}$. Explique seu significado.
8. Prove que a resposta em frequência para o sistema do Exercício 6 é dada por $H(\omega) = \frac{CV_0}{S_q a_0} = \frac{jRC_{eq}\omega}{1 + jRC_{eq}\omega} = \frac{\omega\tau}{\sqrt{1 + (\omega\tau)^2}} e^{j\phi}$. Considere que $\tau = RC_{eq}$ e $\phi = \frac{\pi}{2} - \text{tg}^{-1}(\omega t)$. Qual é o significado de τ e ϕ?
9. Determine graficamente a resposta em frequência para o Exercício 8.
10. Considere o condicionador com amplificador de carga para um sensor piezoelétrico (Figuras 11.161 e 11.162). Prove que $i = S_q \times \dot{a}$, $V_2 = -G_1 \times V_1$, $V_0 = -\left(\frac{1}{b}\right) \times V_2$, $C_{eq} = C_a \times \left(1 + \frac{C}{C_a \times G_1}\right)$ e $S_v = \frac{S_{q_x}}{C_a}$ com $S_{q_x} = {}^{S_q}\!/_{b}$.
11. Considere um simples transdutor sísmico, engastado em uma base, com os seguintes componentes: uma massa sísmica m, interligada nos extremos por duas molas com constante ${}^{K}\!/_{2}$, e um amortecedor posicionado na região central entre as molas com constante de amortecimento c. Esse sistema é descrito pela seguinte equação de movimento: $m\ddot{y} + c(\dot{y} - \dot{x}) + K(y - x) = F(t)$; x, $\dot{x}$ e $\ddot{x}$ representam o deslocamento, a velocidade e a aceleração do plano-base, y, $\dot{y}$ e $\ddot{y}$ representam o deslocamento, a velocidade e a aceleração da massa sísmica e $F(t)$ a função força, dependente do tempo, que atua na massa sísmica devido a uma força ou pressão [$F(t) = A \times p(t)$]. Desenhe esse modelo e apresente o diagrama de corpo livre da massa sísmica.
12. Considere que a resposta dinâmica do sistema do Exercício 11 é dada por $R(t) = F(t) - m\ddot{x}$. Determine a resposta em frequência para uma excitação senoidal e para uma excitação transiente.

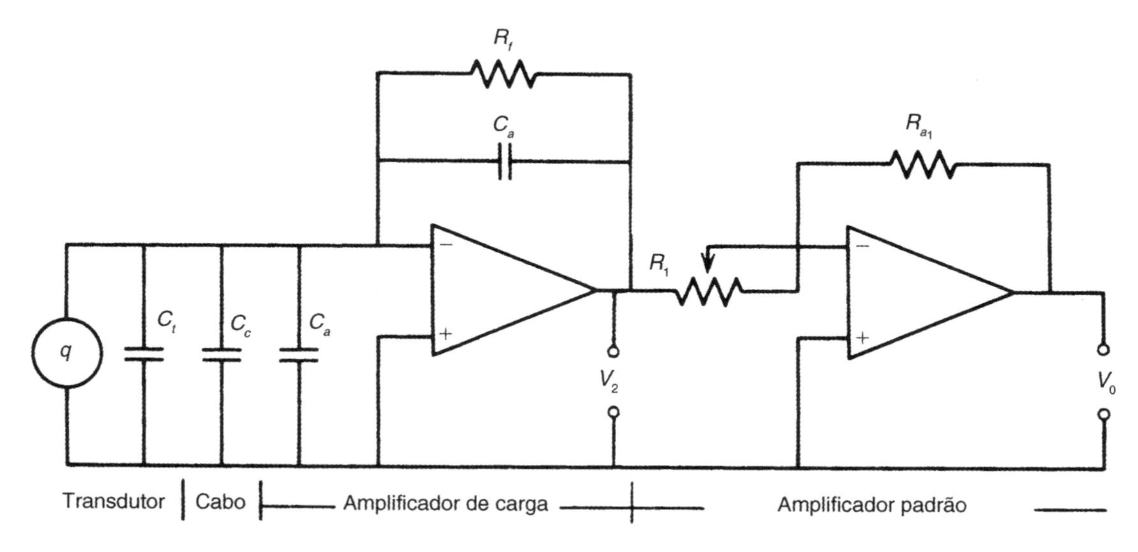

FIGURA 11.161 Circuito de medição com um sensor piezoelétrico e um amplificador de carga.

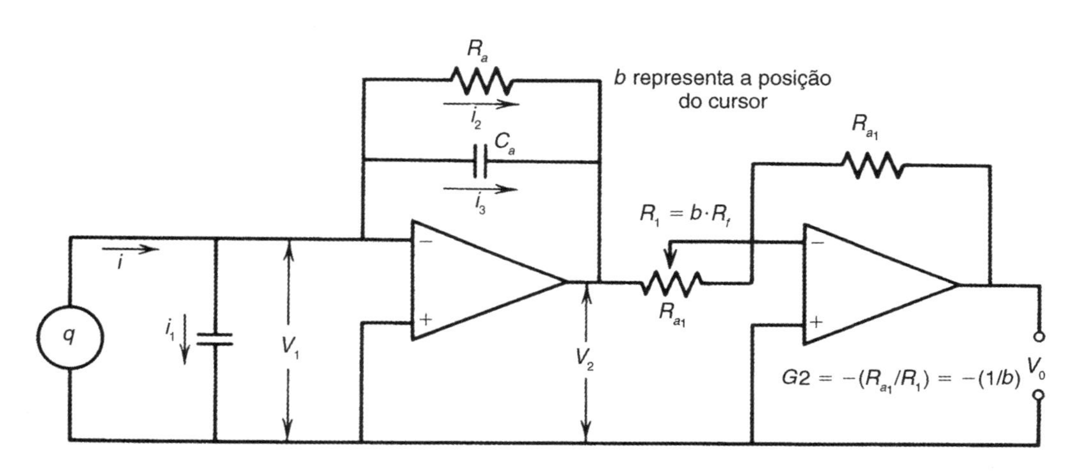

FIGURA 11.162 Circuito elétrico equivalente ao circuito da Figura 11.129.

13. Considere o esquema de um sistema para calibração de acelerômetros, denominado sistema gravimétrico (analise a Figura 11.163). O procedimento desse sistema é posicionar a "massa de teste" (cilindro e acelerômetro) a ser calibrada no transdutor de força e medir a tensão V_{mg} quando a massa é rapidamente removida. Posteriormente, a "massa de teste" é reposicionada, e é aplicado um impulso e simultaneamente medida a tensão V_f do transdutor de força e a tensão derivada do acelerômetro V_a. Explique o significado das seguintes equações que representam esse sistema de calibração:

$$F_{mg} = mg = \frac{V_{mg}}{S_f},\ F = \frac{V_f}{S_f},\ \frac{V_a}{S_a} = \frac{a}{g},\ \text{e}\ S_a = V_{mg} \times \left(\frac{V_a}{V_f}\right);$$

S_f representa a sensibilidade do transdutor de força e S_a a sensibilidade do acelerômetro.

14. Considere uma mesa vibratória [Figura 11.86(*b*)], utilizada para calibrar dinamicamente um transdutor de força, conforme esboço da Figura 11.164. Explique como se deve proceder para realizar essa calibração e determine a equação diferencial que descreve o movimento do transdutor de força durante a calibração (considere uma força aplicada ao transdutor de força dada por $F(t) = m_c\ddot{y}$). Como determinar a sensibilidade desse sistema?

15. Descreva o funcionamento do sistema de calibração ilustrado na Figura 11.165 e determine sua resposta em frequência.

16. Considere o esboço do sistema mecânico ilustrado na Figura 11.166. Explique seu funcionamento e o que significa $f_n = \frac{1}{T_s}[\text{Hz}]$ e $\omega_n = 2\pi f_n = \sqrt{\frac{K}{m}}$.

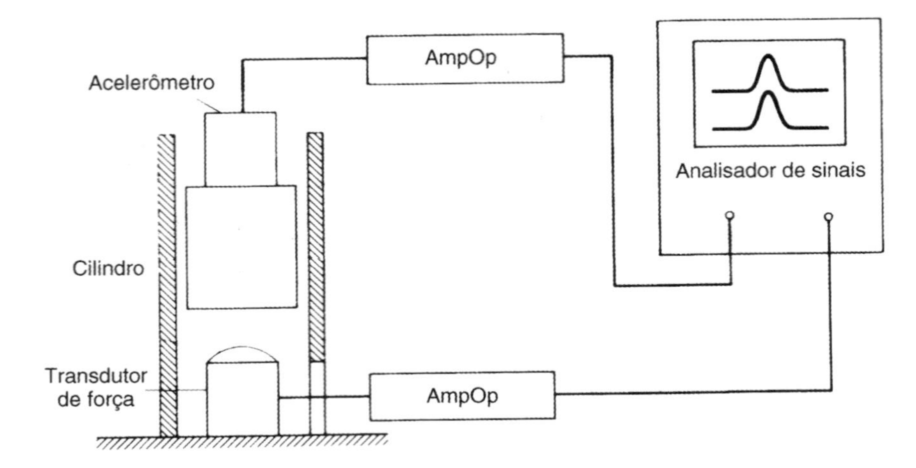

FIGURA 11.163 Diagrama de blocos do sistema gravimétrico referente ao Exercício 13.

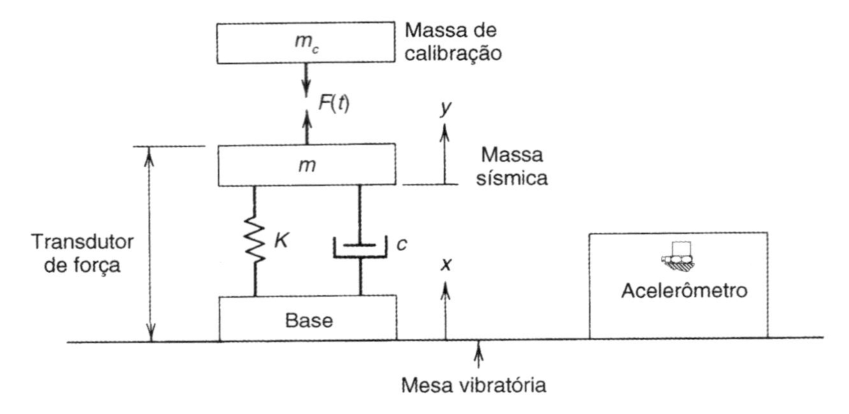

FIGURA 11.164 Diagrama de blocos do sistema de calibração para um transdutor de força que utiliza uma mesa vibratória, referente ao Exercício 14.

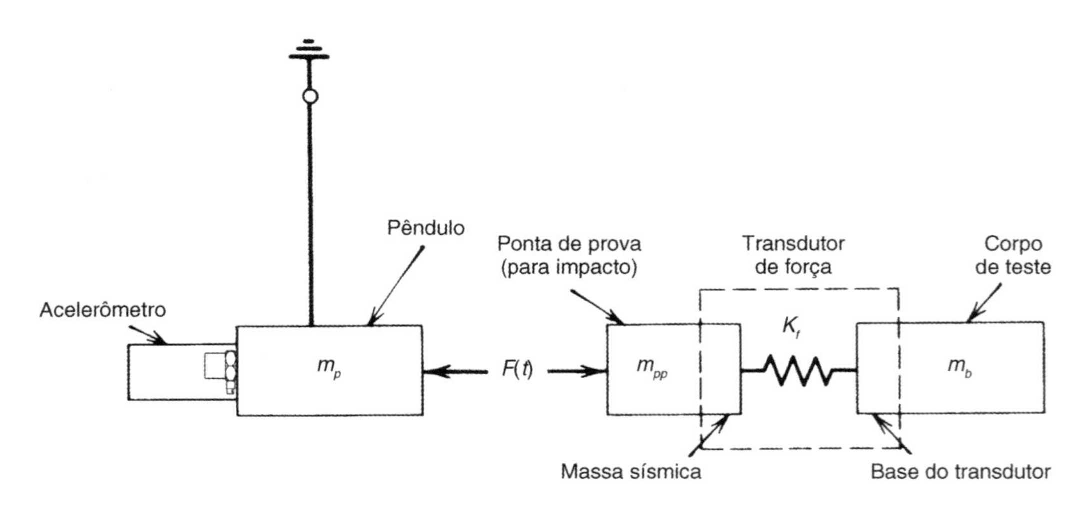

FIGURA 11.165 Diagrama de blocos do sistema de calibração em que se utilizam um pêndulo, acelerômetro e transdutor de força, referente ao Exercício 15.

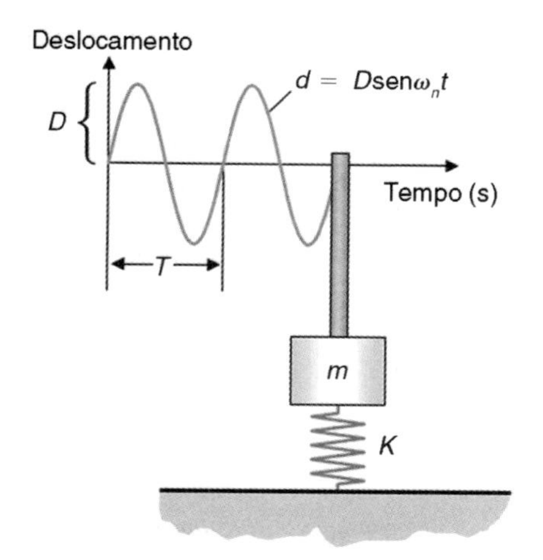

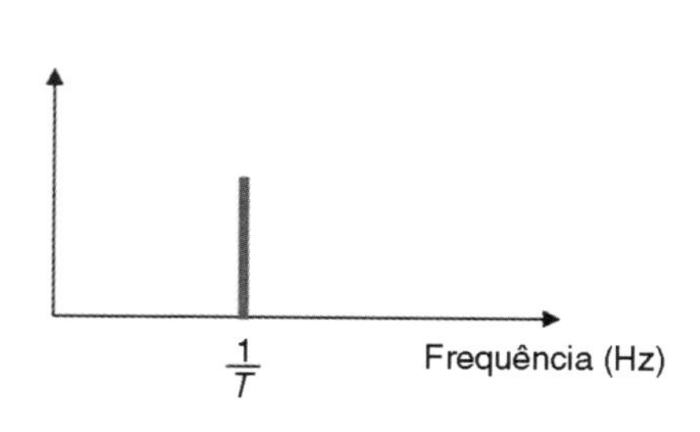

FIGURA 11.166 Sistema mecânico referente ao Exercício 16. (Cortesia de Brüel&Kjaer.)

■ BIBLIOGRAFIA

ANDERSSON, G. B. J. *Epidemiologic aspects on low-back pain in industry*. USA: Spine, 1981 pp. 53-60.

ANSI S3.34. *Guide for the measurement and evaluation of human exposure to vibration transmitted to the hand*. USA: American National Standard, 1986.

ARENY, R. P. e WEBSTER, J. G. *Sensors and signal conditioning*. New York: John Wiley, 1991.

BALBINOT, A.; BAGESTEIRO, L. e TAMAGNA, A. *A preliminary study of the drivers/seat interface to driver's shoulder transmissibility on urban buses in Porto Alegre-Brazil*. 2nd International Conference on Whole-body Vibration Injuries. Siena, Italy, 2000.

BALBINOT, A.; BAGESTEIRO, L.; TAMAGNA, A. *A study of the vibration levels on urban buses in Porto Alegre-Brazil*. 2nd International Conference on Whole-body Vibration Injuries. Siena, Italy, 2000.

BALBINOT, A.; BRUSAMARELLO, V.; TOMASZEWSKI, J. R.; Laranja, R. C. e Gertz, L. C. *Avaliação do sinal eletromiográfico e sistema de aquisição para controle de uma mão eletromecânica*. XI Congresso Brasileiro de Biomecânica. João Pessoa, 2005.

BALBINOT, A. e TOMASZEWSKI, J. R. *Desenvolvimento de uma prótese experimental controlada por eletromiografia*. V Congresso Internacional de Automação, Sistemas e Instrumentação — ISA, South America. InTech, São Paulo, vol. 77, 2005.

BALBINOT, A.; BRUSAMARELLO, V.; GERTZ, L. C. e LARANJA, R. C. *Vibração e temperatura localizada — sua relação com a coluna vertebral*. IV Congresso Internacional de Automação, Sistemas e Instrumentação — ISA South America. InTech, São Paulo, vol. 67, 2004, pp. 98-99.

BAO, M.-H. *MicroMechanical Transducers: pressure sensors, accelerometers and gyroscopes*. USA: Elsevier, 2000.

BARRAQUÉ, M. D. *Noise and hearing loss. Audiology for the physician*. Londres, Oxford Journals, 213-237, 1991.

BERANEK, L. L. E ISTVÁN, L.V. *Noise and vibration control engineering: principles and applications*. USA: John Wiley & Sons, 1992.

BOVENZI, M. e ZADINI, A. *Self-reported low back symptoms in urban bus drivers exposed to whole-body vibration*. USA: Spine, 1992, pp. 1048-59.

BOVENZI, M. *Low back pain disorders and exposure to whole-body vibration in the workplace*. Seminars in Perinatology Londres, 1996, pp. 38-53.

BRÜEL&KJAER. *Acoustic noise measurements. Technical Documentation*. Brüel&Kjaer, 0010-12.

BRÜEL&KJAER. *Le vibrazioni del corpo umano — Lecture Note*. Brüel & Kjaer Sound and Vibration Measurement A/S. Dinamarca, 2000.

BRÜEL&KJAER. Lectura Note — BA 7674-12. *Brüel&Kjaer Sound and Vibration Measurement A/S*. Dinamarca, 1998.

BRÜEL&KJAER. *Noise control — principles and practice. Technical Documentation*. Brüel&Kjaer, 188-81.

BRÜEL&KJAER. *Microphone handbook*, Vol. I — *theory. Technical Documentation*. Brüel&Kjaer, 1996.

BS 6841. *Measurement and evaluation of human exposure to whole-body mechanical vibration and repeated shock*. Inglaterra, British Standard Guide, 1987.

BS 6842. *Measurement and evaluation of human exposure to vibration to the hand*. Inglaterra, British Standard Guide, 1987.

BS 7085. *Safety aspects of experiments in which people are exposed to mechanical vibration and shock*. Inglaterra, British Standard Guide, 1989.

BS 6055. *Methods for measurement of whole-body vibration of the operators of agricultural wheeled tractors and machinery*. Inglaterra, British Standard Guide, 1981.

BS 6414. *Methods for specifying characteristics of vibration and shock isolators*. Inglaterra, British Standard Guide, 1983.

BS 6472. *Guide to evaluation of human exposure to vibration in buildings (1 Hz to 80 Hz)*. Inglaterra, British Standard Guide, 1992.

BS 28041. *Human response to vibration — measuring instrumentation*. Inglaterra, British Standard Guide, 1993.

CHAFFIN, D. B.; ANDERSSON, G. B. J. e MARTIN, B. J. *Occupational biomechanics*. USA: Wiley-Interscience, 1999.

CONSIDINE, D. M. *Process/industrial instruments and controls handbook*. New York: McGraw-Hill, 1999.

CRAIG Jr., R. R. *Structural dynamics: an introduction to computer methods*. New York: John Willey & Sons, 1981.

CZEILER, D. *Traffic noise as a risk factor for myocardial infarction*. New York, Symposium on noise and diasease, 1981.

DALLY, J. W.; RILEY, W. F. e MCCONNELL, K. G. *Instrumentation for engineering measurements*. New York: John Wiley & Sons, Inc., 1993.

DE ALMEIDA, M.T. *Vibrações mecânicas para engenheiros*. São Paulo: Edgard Blücher, 1987.

DIMAROGONAS, A. D. *Vibration engineering*, St. Paul: West Publishing Co., 1976.

DOEBELIN, O. E. *Measurement systems: application and design*. McGraw-Hill, 1990.

DOEBELIN, E. O. *Measurement systems: application and design*. New York: McGraw-Hill, 2004.

GARCIA, M. A. P.; Antón, J.C.A; Ortega G.J.G. *Instrumentación Electrónica*. Thomson, 2004.

GARCIA, M. A. P. *et al*. *Instrumentación Electrónica*. Thomson Editores Spain, Paraninfo S.A., 2a ed., 2008.

GILLESPIE, T. D. *Fundamentals of vehicle dynamics*. Society of Automotive Engineers, USA, 1992.

GREENWOOD, D.T. *Principles of dynamics*, New York: Prentice-Hall, 1965.

GRIFFIN, M. J. *Handbook of human vibration*. USA, Academic Press, 1990.

GUPTA, A. e MCCABE, S. J. *Vibration white finger*. Occupational diseases of the hand, USA: 1993, pp. 325-337.

HARRIS, C. M. *Manual de medidas acusticas y control del ruido*, 3a ed., McGraw-Hill, Espanha, 1995.

HARRIS, C. M. *Shock and vibration handbook*, USA: McGraw-Hill, 1995.

HOLMAN, J. P. *Experimental methods for engineers*. USA: McGraw-Hill, 1994.

HOY, J.; MURABARAK, N. *The effect of whole-body vibration on forklift drivers*. 2nd International Conference on Whole-Body Vibration Injuries, Italy, 2000, pp. 19-20.

HULSHOF, C. T. J.; VAN DER LAAN, G. J.; BRAAM, I. T. J. e VERBEEK, J. *Criteria for recognition of whole-body vibration injury as occupational disease*: a review. 2nd International Conference on Whole-Body Vibration Injuries, USA, 2000, pp. 57-58, 2000.

INASAKI, T. *Sensors in manufacturing*. Artech House, 2004.

ISO 2631-1. *Mechanical vibration and shock — evaluation of human exposure to whole-body vibration*, Part I: *general requirements*. International Standard, USA, 1997.

ISO 5008. *Methods for measurement of whole-body vibration of the operators of agricultural wheeled tractors and machinery*. International Standard, USA, 1979.

ISO 5349. *Mechanical vibration — guidelines for the measurement and the assessment of human exposure to hand-transmitted vibration*. International Standard, USA, 1986.

ISO 7505. *Forestry machinery — chain saws — measurement of hand-transmitted vibration*. International Standard, USA, 1986.

ISO 7962. *Mechanical vibration and shock-mechanical transmissibility of the human body in the z direction*. International Standard, USA, 1987.

ISO 8041. *Human response to vibration-measuring instrumentation*. International Standard, USA, 1990.

JOHANNING, E. *Back disorders and health problems among subway train operators exposed to whole-body vibration*. Scand. Journal Work Environ. USA: Health, 1991, pp. 414-419.

JURGEN, R. K. *Automotive electronics handbook*. New York: McGraw-Hill Handbooks, 1999.

KINSLER, L. E. *Fundamentals of acoustic*. New York: Wiley, 1982.

LEVITT, V. P. *Findlay's Practical physical chemistry*. Longman Group. Londres, 1973.

MANSFIELD, N. J. e GRIFFIN, M. J. *Effect of posture and vibration magnitude on apparent mass and pelvis rotation during exposure to whole-body vertical vibration*. 2nd International Conference on Whole-Body Vibration Injuries. Italy, 2000, pp. 43-44.

MEHTA, C. R.; SHYAM, M.; SINGH, P. e VERMA, R. N. *Ride vibration on tractor-implement system*. Londres: Applied Ergonomics, 2000, pp. 323-328.

MEIROVITCH, L. *Fundamentals of vibrations*. New York: McGraw-Hill, 2000.

MEIROVITCH, L., *Elements of vibration analysis*. New York: McGraw-Hill, 1975.

MEIROVITCH, L. *Principles and techniques of vibrations*. New York: Prentice Hall, 1997.

MINISTÉRIO DA SAÚDE. *Lista de doenças relacionadas ao trabalho*. Portaria 1339/GM, Brasília, 1999.

MORRIS, A. S. *Measurement & instrumentation principles*. New York: Elsevier, 2001.

NBR10152. *Associação brasileira de normas técnicas*. Rio de Janeiro, 1987.

NIOSH. *Criteria for a recommended standard: occupational exposure to hand-arm vibration*. U.S. Department of Health and Human Services. USA, 1989.

OKUNO, E. *et al*. *Física para ciências biológicas e biomédicas*. São Paulo: Harbra, 1986.

RAO, S. S. *Mechanical vibrations*. New York: Addison-Wesley Publishing Company, 1995.

RIERA, J. D. *Introdução à análise de vibrações em estruturas*. UFRGS, Curso de Pós-Graduação em Engenharia Civil, Laboratório de Dinâmica Estrutural e Confiabilidade. Porto Alegre, 1996.

SHAEVITZ, H. *The linear variable differential transformer*. Proceedings of the SASE, Vol. IV, nº. 2, USA, 1946.

SMITH, S. D. *Modeling differences in the vibration response characteristics of the human body*. USA Journal of Biomechanics, 2000, pp. 1513-1516.

STAYNER, R. *Whole-body health effects-vibration or shock*. 2nd International Conference on Whole-Body Vibration Injuries. Italy, 2000.

TAMAGNA, A. *Introdução ao estudo de vibrações*. Porto Alegre, UFR-GS, DEMEC, Caderno Técnico da Engenharia Mecânica, CTM004, 1993.

THOMSON, W.T. *Teoria da vibração com aplicações*. São Paulo: Interciência, 1973.

TRIETLEY, H. L. *Transducers in mechanical and electronic design*. Marcel Dekker, Inc., 1986.

WASSERMAN, D. E. *Human aspects of occupational vibration*. USA: Elsevier Science Publishers B. V., 1987.

WEBSTER, J. G. *The measurement, instrumentation and sensors handbook*. USA: CRC Press and IEEE Press, 1999.

WHITE, A. A. e PANJABI, M. M. *Biomechanics of the spine*, 2nd Edition. New York: Lippincott Williams & Wilkins, 1990.

WILSON, J. S. *Sensor technology: handbook*. New York: Newnes, 2005.

WORLD HEALTH ORGANIZATION. *Sustainable development and health Environments*. "International statistical classification of diseases and related health problems (ICD-10) in occupational health". New York:WHO, 1999.

CAPÍTULO 12

Medição de Pressão

12.1 Introdução

Em um fluido, a pressão em um dado ponto é independente da direção e dependente da profundidade. Assim, se dois recipientes com vasos que se comunicam contiverem um líquido, ambos apresentarão a mesma altura ou o mesmo nível. Isto ocorre porque os fluidos são meios contínuos e a pressão imposta aos mesmos é transmitida a todos os pontos até as paredes do vaso, independentemente da forma do recipiente. Esse princípio é utilizado por pedreiros, quando querem garantir o mesmo nível entre dois pontos. Geralmente utiliza-se como recipiente uma mangueira com água no seu interior. Como a pressão atmosférica atua sobre ambas as extremidades, a altura, ou o nível da água, é igual nas duas extremidades. Esse princípio é ilustrado no Capítulo 13, Medição de Nível.

Quando um líquido é confinado em um ambiente fechado, é possível aumentar a pressão total aplicando uma força externa. Esse é o princípio de Pascal, amplamente utilizado na área da Mecânica — por exemplo, quando se aplica uma força F_1 em um pistão com área A_1 a um cilindro interligado (Figura 12.1) a um segundo pistão com área A_2. Uma vez que o caminho é preenchido pelo mesmo fluido, surge uma força F_2, definida por

$$F_2 = \frac{F_1}{A_1} A_2.$$

Isso ocorre porque em um fluido a força é distribuída, de modo que não podem ocorrer diferenças pontuais. Sendo assim, uma pequena força aplicada no pistão 1 resulta em uma força grande aplicada no pistão 2. Nesse processo, deve-se observar que o volume de fluido movido pelo pistão 1 é o mesmo movido pelo pistão 2; logo, deve-se esperar que, apesar de a força F_2 ser maior que F_1, o deslocamento seja menor. Na aplicação de um sistema hidráulico como o representado na Figura 12.1, são utilizados bombas, válvulas e reservatórios que permitem um deslocamento adequado de uma plataforma. Um exemplo típico de aplicação desse princípio é o macaco hidráulico. Outro exemplo que pode ser citado é uma ampola de injeção. Quando se aplica uma força na ampola, o

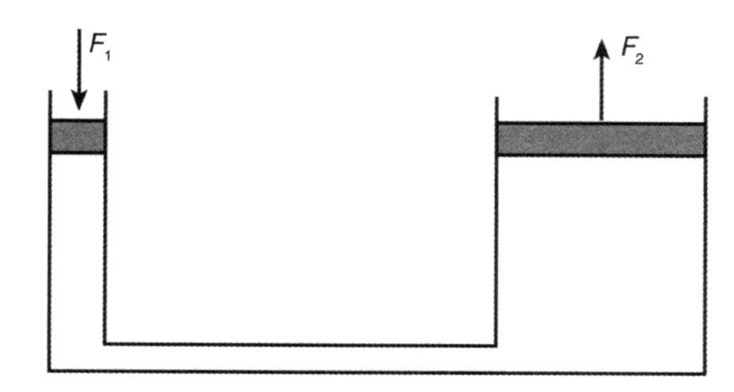

FIGURA 12.1 Dois cilindros com áreas diferentes conectados.

líquido é forçado a passar pela agulha com a mesma pressão e, em consequência, com uma força que depende da relação das áreas das secções.

A pressão também pode ser gerada pelo peso (massa *versus* gravidade). Dessa forma, em vez de aplicar uma força bruta na superfície A_1, pode-se aplicar um peso conhecido. Como o peso é a força exercida pela gravidade em uma massa, espera-se o surgimento de um erro, uma vez que o campo gravitacional varia levemente sobre a superfície do nosso planeta. Segundo a lei de Newton, $F = mg$, em que F, nesse caso, é o peso, m a massa e g a aceleração local da gravidade. Essa equação ainda pode ser utilizada em sua forma modificada, a qual inclui uma constante b:

$$F = bma,$$

sendo F a força (que pode ser o peso), m a massa, a a aceleração e b uma constante definida de acordo com as unidades escolhidas (veja a Tabela 12.1).

Por acordo internacional, a unidade de aceleração da gravidade padrão é 9,80665 m/s^2. Como referência (Geodetic Survey), existem dados de que a gravidade varia menos que ±0,3 % sobre os Estados Unidos e menos que ±3 % entre as cidades industrializadas do mundo.

Se a pressão pode ser causada pela ação da gravidade em uma massa, é natural que em uma coluna de líquido ocorra uma diferença de pressão. Esta depende da altura da coluna e da massa específica do líquido. A pressão em uma determinada

TABELA 12.1 Diferentes valores para a constante b

b	Fator numérico para manter a consistência das unidades
b	= 1 ➔ P em newtons, m em quilogramas, g em m/s²
b	= 1 ➔ P em dinas,[1] m em gramas, g em cm/s²
b	= 1 ➔ P em poundals,[2] m em libras-massa,[3] g em ft/s²
b	= 1 ➔ P em libras-força,[4] m em slugs,[5] g em ft/s²
b	= 1 ➔ P em libras-força, m em libras-massa, g em gravidade
b	= 1/32,17405 ➔ P em libras-força, m em libras-massa, g em ft/s²
b	= 1/980,665 ➔ P em libras-força, m em libras-massa, g em cm/s²
b	= 1/9,80665 ➔ P em quilogramas-força, m em quilogramas-massa, g em m/s²

[1] dina [dyn] é unidade de força do sistema cgs que equivale a 10^{-5} N.
[2] poundal [pdl] é uma unidade de força que faz parte do sistema fps. Equivale a 0,138254954376 N.
[3] libra-massa [lbm] é unidade de massa do sistema fps. Equivale a 0,4535924 kg.
[4] libra-força [lbf] é unidade de força do sistema fps. Equivale a 4,448222 N.
[5] slug [slug] é unidade de massa do sistema fps. Equivale aproximadamente a 14,5939 kg.

altura é independente da área e da forma do recipiente. Sendo assim, ignorando-se as variações da gravidade, pode-se definir a pressão da coluna de um líquido como $P = \rho_l hg$, sendo P a pressão, ρ_l a massa específica do líquido, g a aceleração da gravidade e h a altura de onde se deseja calcular a pressão.

Uma variável crítica nesse processo de medição é a temperatura do fluido, uma vez que a massa específica varia com a temperatura. A maioria dos líquidos é incompressível e, sendo assim, as variações são insignificantes. Entretanto, se o fluido for compressível (como nos gases) essas variações serão significativas. Dessa forma, a pressão atmosférica não varia diretamente com a altitude, porém a pressão da água é diretamente proporcional à profundidade, uma vez que o fluido da primeira é um gás e o da segunda é um líquido.

Para as paredes de um recipiente contendo determinado fluido permanecerem estacionárias, a força exercida pelo meio pressurizado deve ser balanceada com uma força oposta e de igual intensidade. Quando a força devida à pressão do fluido é maior que a força oposta, o vaso rompe-se ou então ocorre o movimento de uma peça móvel (como no caso de um pistão). Somando todas as forças causadas pela pressão de um fluido em todas as áreas infinitesimais do pistão, pode-se concluir que a força total é igual à pressão vezes a área total, conforme a lei de Pascal. Entretanto, ao aplicar uma força e observar apenas o efeito, podem-se obter apenas conclusões sobre o comportamento estático. Ao monitorar o período de transição, ou pequenas variações de pressão em pequenas variações de tempo, faz-se uma análise dinâmica da pressão. Geralmente a medição de pressão dinâmica é uma tarefa mais complicada e cara que a medição de pressão estática. Nesse caso, deve-se considerar a resposta em frequência do sistema, do recipiente e ainda de sistemas ligados aos dois primeiros.

12.2 Definição e Conceitos

A pressão é geralmente definida como força aplicada na direção perpendicular por unidade de área e geralmente representada por unidades como psi (libras/polegada quadrada), bar, atmosfera, pascal e milímetros de mercúrio. No sistema internacional (SI), no qual a força é expressa em N, e a área em m², a unidade é o Pa (pascal $= \frac{N}{m^2}$). A Tabela 12.2 mostra a relação do Pa com outras unidades de pressão.

Um vaso (recipiente fechado) com gás em seu interior contém átomos e moléculas que estão em constante choque com as paredes. A pressão é a força média desses átomos e moléculas nas paredes do recipiente.

TABELA 12.2 Relação de unidades de pressão

	Pa (N/m²)	Atm	Bar	Torr (mmHg)	Psi
1 Pa (N/m²)	1	$9{,}87 \times 10^{-6}$	10^{-5}	$7{,}53 \times 10^{-3}$	$1{,}45 \times 10^{-4}$
1 atm	$1{,}013 \times 10^{5}$	1	1,013	760	14,696
1 bar	10^{5}	0,987	1	750	14,503
1 torr (mmHg)	133,32	$1{,}315 \times 10^{-3}$	$1{,}33 \times 10^{-3}$	1	$1{,}933 \times 10^{-2}$
1 psi	6894,76	$6{,}804 \times 10^{-2}$	0,06894	51,714	1

A pressão atmosférica (ou barométrica) é a pressão exercida pelo ar que está sendo atraído, por gravidade, para a Terra. Sendo assim, se a altitude aumenta, a **coluna de ar** diminui e a pressão cai. Da mesma forma, a pressão exercida sobre um mergulhador deve ser calculada a partir da pressão superficial, somada com a pressão exercida pela **coluna de água**, cuja massa específica é consideravelmente mais elevada que a massa específica do ar. A cada 10 m de água (profundidade), tem-se um incremento de pressão de aproximadamente 1 atm.

Os padrões básicos de pressão variam em uma faixa que vai de pressões muito baixas, próximas de 10^{-14} mmHg, até valores da ordem de 500 MPa. Naturalmente, as medições das diferentes faixas de pressão requerem diferentes tipos de instrumento. A faixa intermediária que vai de 10^{-1} mmHg a alguns MPa pode ser medida com manômetros (de coluna) e medidores do tipo peso morto, que incluem métodos com pistões e instrumentos baseados em propriedades elásticas de alguns materiais. A maioria das medições de pressão é baseada na comparação de pesos conhecidos aplicados sobre áreas conhecidas ou então na deflexão de elementos elásticos submetidos a pressões desconhecidas. Para a medição de pressões mais baixas ou então mais altas são aplicadas outras técnicas que geralmente levam a resultados melhores.

A pressão pode ser medida em termos absolutos ou diferenciais. De fato, são comuns as definições de **pressão absoluta** — diferença entre a pressão em um determinado ponto em um fluido e a pressão absoluta zero, ou seja, vácuo completo. O barômetro é um exemplo de medidor de pressão absoluta, porque a altura da coluna de mercúrio mede a diferença entre a pressão atmosférica local e a pressão do vácuo que existe acima da coluna de mercúrio. Quando é medida a diferença entre a pressão desconhecida e a pressão atmosférica local, essa pressão é conhecida como **pressão manométrica** (*gauge pressure*). Quando o sensor mede a diferença entre duas pressões desconhecidas, nenhuma delas sendo a pressão atmosférica, então a medida é conhecida como **pressão diferencial**. Dessa forma, a pressão absoluta pode ser calculada em função da pressão local mais a pressão manométrica:

$$P_{absoluta} = P_{local} + P_{manométrica}$$

Podem ocorrer erros quando não se levam em conta as variações causadas pelas diferenças de pressões em diferentes pontos. Em uma determinada cidade no topo de uma serra, pode-se esperar uma pressão atmosférica mais baixa do que em uma cidade litorânea. Até aproximadamente 10.000 m de altitude pode-se utilizar a seguinte relação:

$$P = p_0\left(1 - \frac{BZ}{T_0}\right)^{5,26}$$

sendo p_0 a pressão ao nível do mar (760 mmHg), Z a altitude (m), $B = 0{,}0065\ \frac{\text{K}}{\text{m}}$, e $T_0 = 288{,}16$ K. Outra expressão também utilizada é **pressão da coluna de líquido**. Nesse caso, refere-se à pressão em um determinado ponto no interior de um recipiente, acima do qual existe uma altura h de líquido com massa específica ρ. A Figura 12.2 ilustra a pressão da coluna de um líquido.

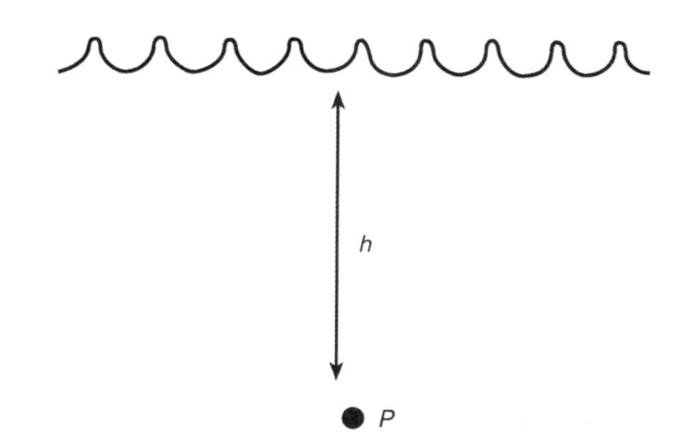

FIGURA 12.2 Pressão de coluna de um líquido em um ponto P a uma altura h.

Como citado anteriormente, a medição de pressão ainda pode ser classificada como estática ou dinâmica. A medição de pressão estática refere-se a um processo sem mudanças (ao menos sem mudanças bruscas) no tempo. Um exemplo de medição estática é a medição da pressão de gases ou fluidos dentro de um reservatório. Quando um determinado fluido está em movimento em uma tubulação, temos a possibilidade de mudanças bruscas de pressão, e nesse caso a medição é dinâmica. A medição da pressão de uma câmara de um cilindro automotivo é um exemplo que exige uma medição dinâmica de pressão.

A Figura 12.3 ilustra as diferentes definições de pressão descritas anteriormente. Podem-se ainda encontrar referências de **pressões relativas confinadas** (*sealed gauge pressure*). Nesse caso, existe um recipiente que contém fluido sob pressão que serve como referência para a medida que está sendo tomada pelo sensor. Geralmente esse recipiente encontra-se junto ao sensor.

Pressões de vácuo são pressões medidas abaixo da pressão atmosférica. Sendo assim, o vácuo é uma pressão relativa negativa. O vácuo perfeito consiste no zero absoluto e indica ausência completa de pressão. A Figura 12.4 apresenta as definições das pressões de vácuo.

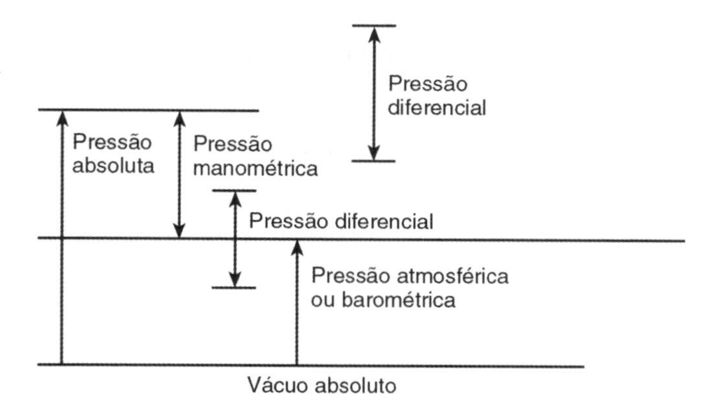

FIGURA 12.3 Ilustração das diferentes definições de pressão.

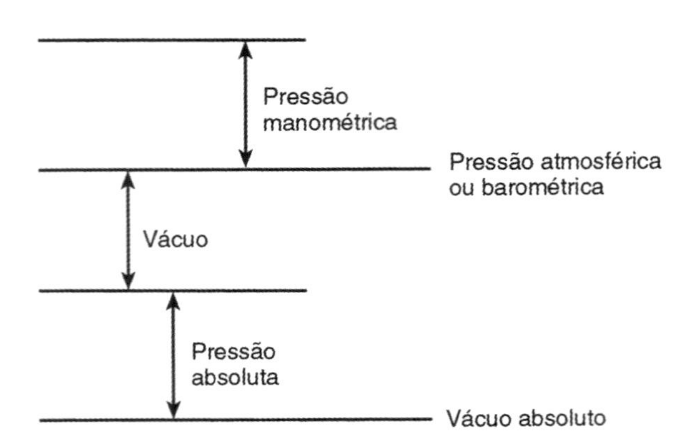

FIGURA 12.4 Ilustração das definições de pressão de vácuo.

Pressão de fluidos em movimento

Considere o escoamento de um líquido com vazão constante sobre toda a tubulação. Quando ocorre a passagem de um tubo mais grosso para outro mais fino, a velocidade de escoamento varia de modo a preservar a vazão. Dessa forma, considerando-se um intervalo de tempo Δt, os volumes de líquido fluindo (V_1 e V_2) devem ser os mesmos tanto em uma área de secção A_1 [m^2] como em uma área de secção A_2 [m^2]. Assim,

$$\frac{V_1}{\Delta t} = \frac{V_2}{\Delta t}.$$

Considerando que os volumes V de líquido [m^3] estão em uma tubulação de áreas diferentes, pode-se relacioná-los com a velocidade v, uma vez que $V = Ax$, sendo x o comprimento do tubo percorrido pelo líquido no tempo Δt[s]. Sabendo a definição de velocidade

$$v = \frac{x}{\Delta t},$$

pode-se afirmar que $A_1v_1 = A_2v_2$. Em outras palavras, isso significa que, em uma tubulação, dois pontos diferentes têm uma relação constante de velocidade e área de secção, conforme ilustra a Figura 12.5(*a*). Levando em consideração a área e a velocidade para o tubo cônico da Figura 12.5(*a*), observa-se que

$$A_1v_1 = A_2v_2,$$

sendo $A_2 < A_1$, $v_2 > v_1$, $P_2 < P_1$, ou seja, diminuindo a área, aumenta a velocidade, e aumentando a velocidade, diminui a pressão. Essas observações são interessantes na análise intuitiva de fluxos de fluidos, mesmo quando estes não são unidimensionais. Por exemplo, quando um fluido passa por um corpo, as linhas de fluxo ficam próximas, aumentando a velocidade e diminuindo a pressão. Um exemplo típico de aplicação é o efeito asa de avião, o qual pode ser verificado na Figura 12.5(*b*). A asa tem um desenho tal que em ângulos diferentes a velocidade do ar na parte superior é diferente da velocidade na parte inferior. Dessa maneira, no primeiro caso da Figura 12.5(*b*), a asa está na horizontal e o resultado é uma pressão igual em ambas as faces do aerofólio. No segundo caso, existe uma inclinação, de modo que a pressão resultante na parte inferior é maior, o que causa uma diferença de pressão e uma consequente força (denominada força de sustentação) resultante, vertical, que possibilita que o avião suba. Nessa situação o ar causa uma pequena resistência de atrito. Em outra situação o ângulo é aumentado e o ar não flui uniformemente, passando para um estado de turbulência, o que faz com que a resistência de atrito aumente consideravelmente. Isso ocorre na aterrissagem do avião.

A relação entre a velocidade do fluido e a pressão é extremamente importante na engenharia, como será visto no Capítulo 14, Medição de Fluxo, em que será apresentado o tubo de Pitot. Este instrumento mede o fluxo ou, no caso de aeronaves ou embarcações, a velocidade do próprio veículo.

Para medição de pressões variáveis no tempo, deve-se levar em conta a resposta em frequência do sensor. Isso é feito para determinar qual é a máxima frequência do sinal que pode ser medida sem haver distorção introduzida pela limitação do sensor.

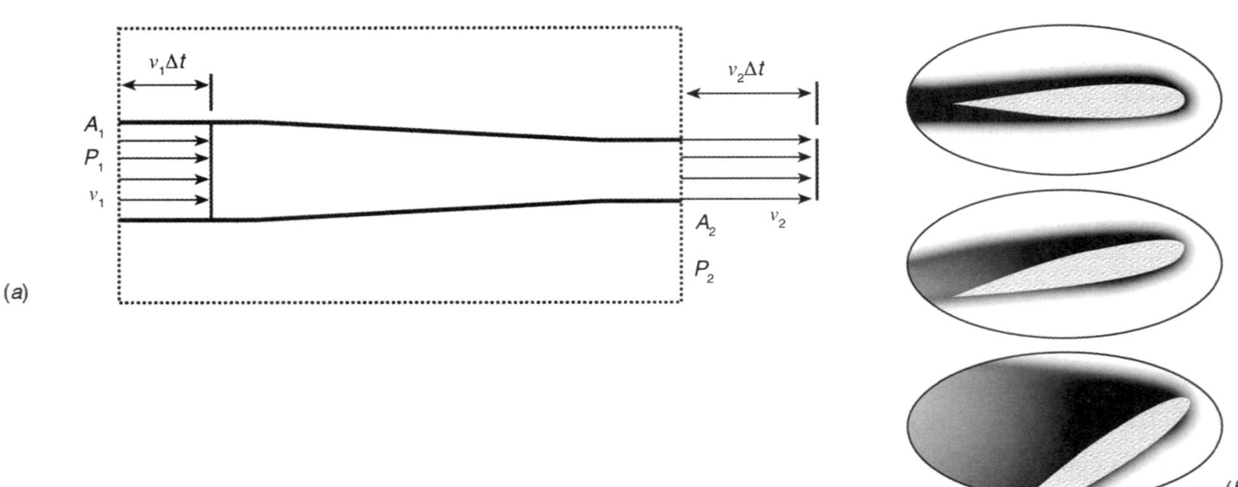

FIGURA 12.5 (*a*) Tubo cônico e (*b*) efeito asa de avião em diferentes ângulos.

A medição da pressão sanguínea, por exemplo, em geral é apresentada em dois valores de pressão (momentaneamente estáticas) que representam valores da pressão sistólica e diastólica. Porém esses valores representam apenas dois pontos da variação da pressão sanguínea, e, por isso, em situações críticas, esta é monitorada. Os gases diferem dos líquidos em pelo menos dois aspectos importantes: são muito compressíveis e podem preencher completamente qualquer recipiente fechado em que são colocados. A variação não linear do ar com a altitude (Figura 12.6) é um efeito da compressibilidade dos gases.

A pressão estática (do ar) é a pressão atmosférica em um determinado ponto. Para medir a pressão estática em uma aeronave, o ideal é fazer com que o ponto de medida fique posicionado de maneira que a direção do fluxo não possa influenciar na medida. A medida da pressão estática serve também como um meio de medição da altura. A Figura 12.6(*b*) mostra a implementação de um altímetro bastante simples. Nesse dispositivo existe uma cápsula com gás pressurizado que, com a diminuição da pressão atmosférica (estática), expande-se, causando um movimento mecânico e deslocando um ponteiro, mas poderia movimentar o núcleo de um LVDT, por exemplo (para detalhes desse tipo de sensor, veja o Capítulo 11, seção Medição de Deslocamento).

A cápsula utilizada no altímetro é denominada aneroide. Pode ser utilizada para implementar um barômetro, uma vez que consegue perceber a variação de pressão atmosférica. A Figura 12.7(*a*) mostra um aneroide simples.

Esse dispositivo pode ser levemente modificado para fornecer na sua saída um sinal elétrico. A Figura 12.7(*b*) mostra um aneroide implementado de forma que em seu diafragma existem duas placas paralelas. Essas placas constituem um capacitor que tem seu valor alterado quando ocorre uma variação de pressão externa. A Figura 12.7(*c*) mostra um aneroide implementado com uma bobina no seu interior, de forma que existe um caminho magnético formado pela bobina e a estrutura. Quando uma variação mecânica no diafragma é causada pela variação da pressão externa, a relutância desse caminho é alterada, podendo ser percebida por um dispositivo eletrônico externo. Nesse caso o diafragma deve ser construído com material ferromagnético. A Figura 12.7(*d*) mostra a fotografia de cápsulas utilizadas em aneroides.

12.3 Medidores Mecânicos de Pressão

Os medidores mecânicos constituem os meios mais simples para medição da pressão.

12.3.1 Manômetros de fluido do tipo tubo de vidro

Esses instrumentos são utilizados na medição de pressões de fluidos em condições de repouso (estáticas) e/ou de laboratório. Considerando-se o manômetro do tipo tubo em U [Figura 12.8(*a*)], a diferença de pressão entre as duas extremidades é determinada com a altura h da seguinte maneira:

$$h = \frac{P_1 - P_2}{\rho g},$$

em que g é a gravidade local, ρ é a massa específica do fluido, e P_1 e P_2 são as pressões nas extremidades do tubo.

O formato dos tubos caracteriza o tipo de manômetro dessa natureza, e a massa específica do fluido, geralmente água ou mercúrio, é responsável pela sensibilidade do medidor. A Figura 12.8 mostra alguns tipos de manômetros dessa natureza.

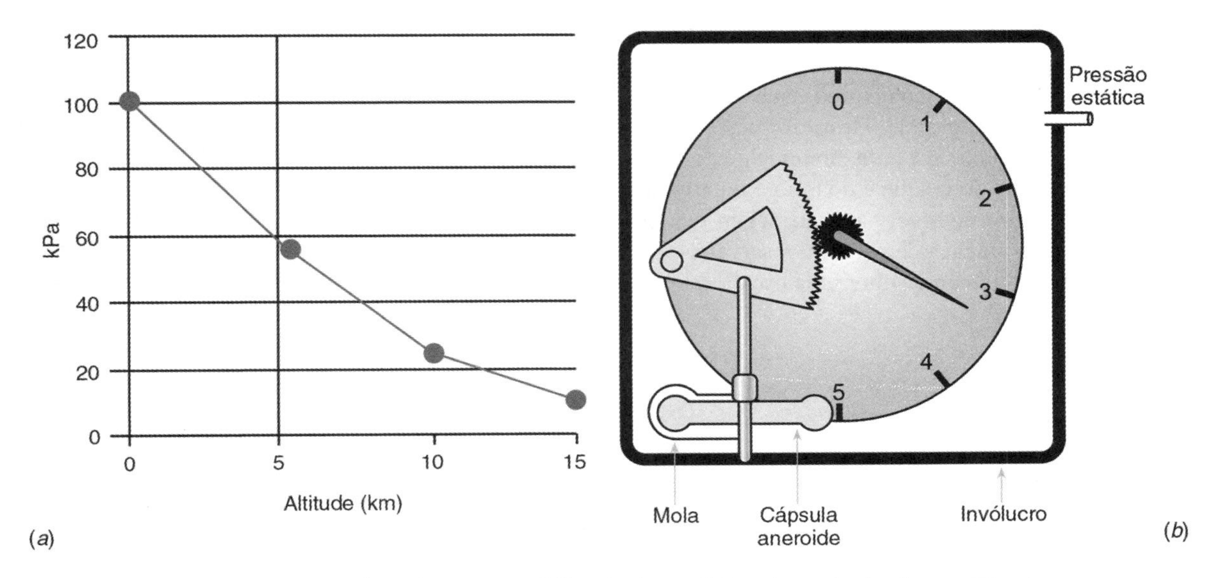

FIGURA 12.6 (*a*) Efeito da compressibilidade do ar e (*b*) implementação de um altímetro.

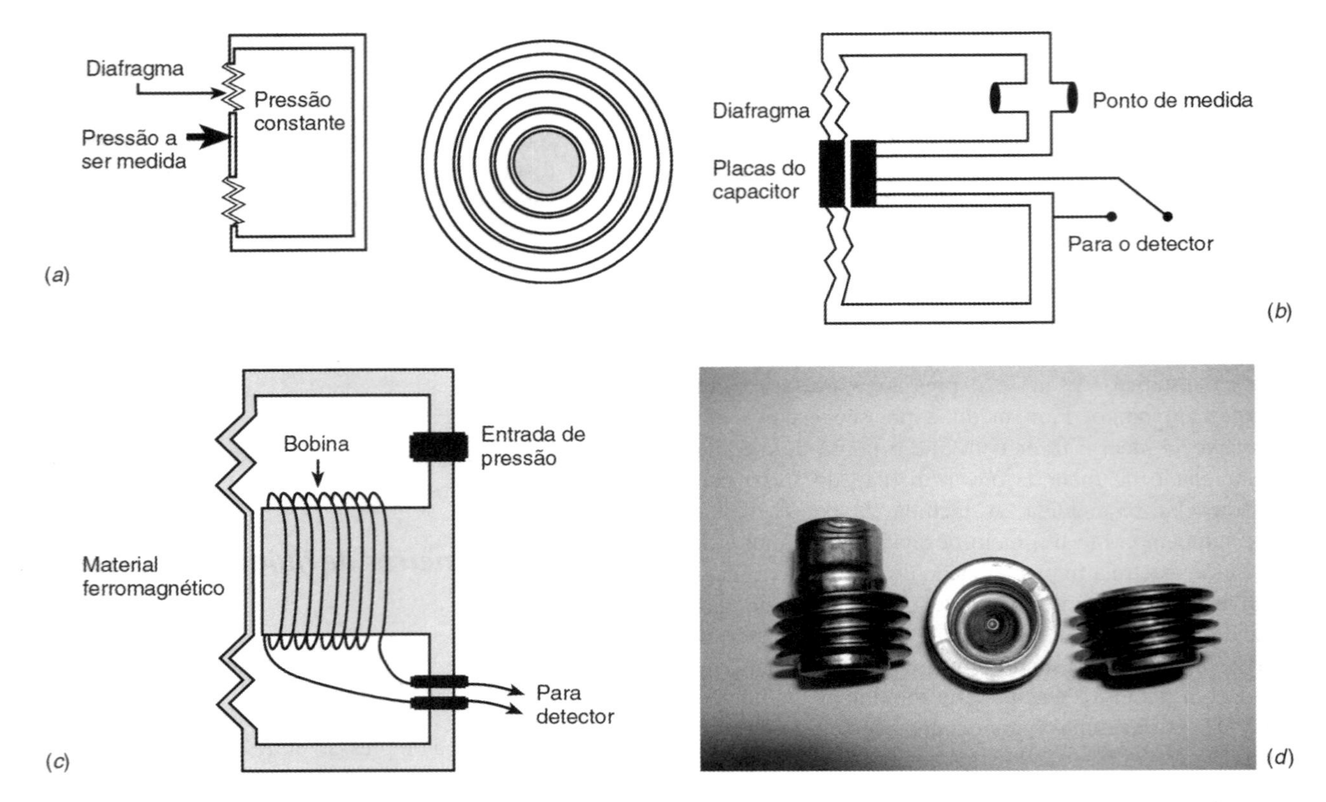

FIGURA 12.7 (*a*) Aneroide implementado com uma cápsula fechada com gás pressurizado, (*b*) aneroide implementando um sensor capacitivo, (*c*) aneroide implementando um sensor de relutância variável e (*d*) fotografia da cápsula de um aneroide.

O sistema entra em equilíbrio (altura do líquido) de acordo com a pressão que atua sobre o tubo em ambas as extremidades. A Figura 12.8(*a*) mostra um manômetro do tipo U. Nesse caso, a diferença de pressão pode ser calculada de acordo com

$$\Delta P = \rho hg \text{ (como descrito anteriormente).}$$

Para o mercúrio, a massa específica é 0,0361 $^{\text{lb}}/_{\text{in}^3}$, o que equivale, em unidades do sistema métrico, a 0,0136 $^{\text{kg}}/_{\text{cm}^3}$. Nesse caso, $P = 0{,}0136\ h$, em que h é dado em centímetros.

A Figura 12.8(*b*) mostra um manômetro do tipo tanque. Nesse tipo de manômetro, um braço do tubo é substituído por um tanque com um diâmetro grande. Dessa forma, a leitura da diferença de pressão no tanque é feita diretamente no tubo. A razão entre os diâmetros do tanque e do tubo é importante e deve ser mantida a maior possível para que sejam reduzidos erros resultantes da mudança de nível no reservatório. A medida pode ser feita diretamente sobre uma escala estática e, nesse caso,

$$P_2 - P_1 = \rho gh\left(1 + \frac{A_1}{A_2}\right),$$

sendo A_1 a área de secção do tubo e A_2 a área do tanque. A razão dessas áreas produz o erro desse tipo de manômetro, o qual pode ser compensado na escala.

O manômetro do tipo tubo inclinado que se vê na Figura 12.8(*c*) é utilizado para medir pequenas diferenças de pressão. O efeito da inclinação é gerar uma escala mais longa, de modo que a variação é percebida mais lentamente, uma vez que a altura é definida por

$$h = l\operatorname{sen}\theta,$$

sendo l o comprimento do tubo inclinado preenchido pelo líquido e θ o ângulo entre esse tubo e a linha horizontal. Assim, a leitura é feita com

$$P_2 - P_1 = \rho gl\operatorname{sen}\theta.$$

A Figura 12.8(*d*) mostra um barômetro simples construído com uma estrutura parecida com a do manômetro do tipo tanque. A diferença é que um dos lados do tubo é fechado.

Para construir esse tipo de manômetro, deve-se utilizar um tubo com um comprimento mínimo de 76,2 cm. O tubo é preenchido completamente com mercúrio e mantido fechado. Deve-se então preencher parcialmente um tanque também com mercúrio e retirar o lacre do tubo contendo o mercúrio dentro do tanque. A coluna de mercúrio deve então descer e se estabilizar a uma altura h. Na ponta fechada do tubo é criado vácuo. Dessa forma, a diferença de pressão medida na coluna de mercúrio é a própria pressão atmosférica.

O vácuo não é alcançado absolutamente, de modo que uma pressão de aproximadamente 0,005 mmHg pode ser desconsiderada durante as medidas. Apesar de clássico, esse método é pouco utilizado na indústria. Além de a saída do sistema ser visual e a técnica pouco prática, a utilização de mercúrio é evitada por representar um risco à saúde.

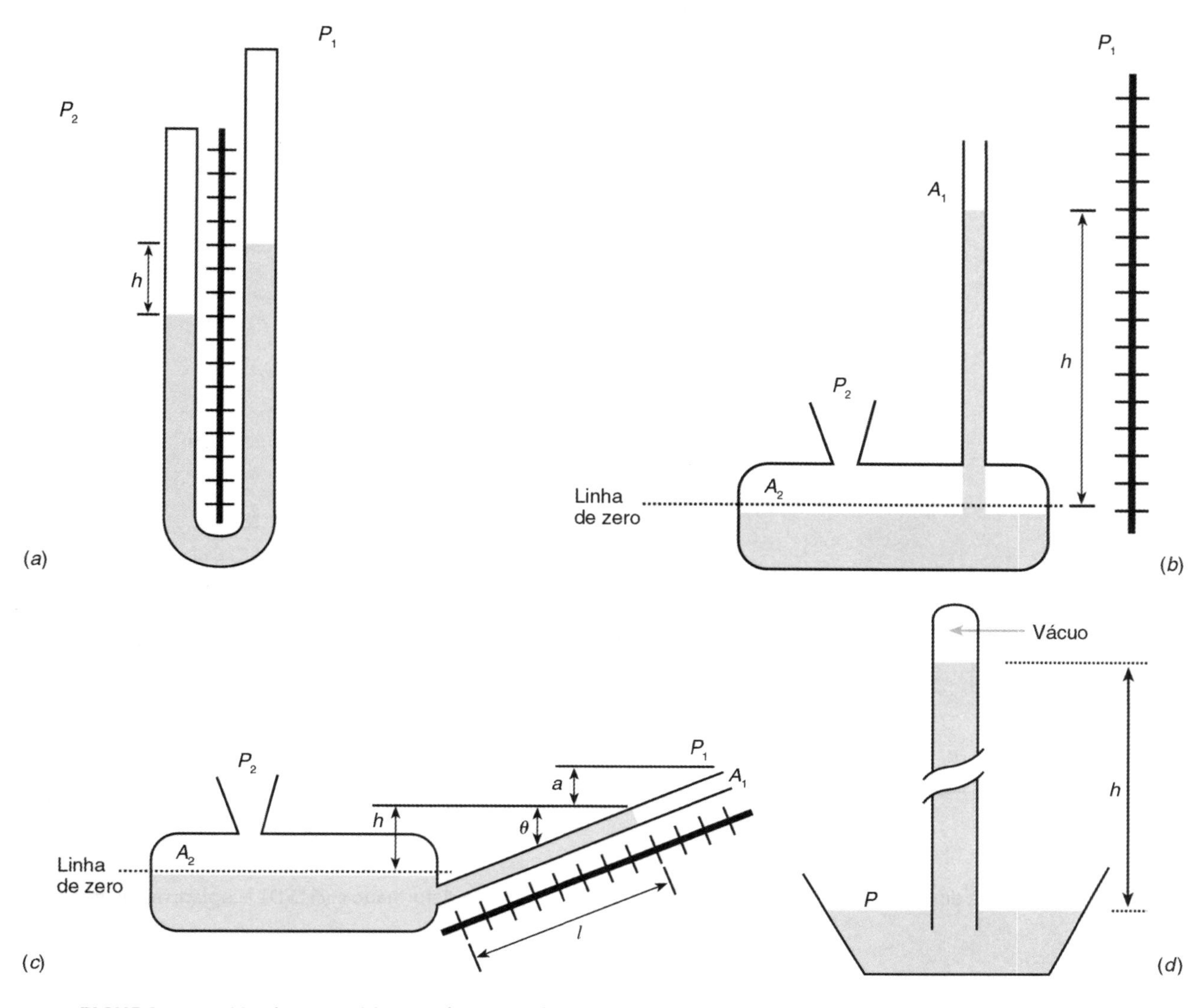

FIGURA 12.8 Manômetros: (*a*) tipo tubo em U, (*b*) tipo tanque, (*c*) barômetro inclinado e (*d*) barômetro simples.

12.3.2 Manômetros baseados na deformação mecânica de elementos

Esse é o princípio de funcionamento mais usual em medidores de pressão. Consiste em confinar o fluido em um recipiente com forma adequada e detectar a deformação elástica causada pela pressão exercida em uma das paredes afetadas.

Diafragmas e foles

O funcionamento desses dispositivos baseia-se na deformação elástica de membranas pela ação da diferença de pressão entre dois pontos quaisquer ou entre a pressão a ser medida e a pressão atmosférica local. A Figura 12.9 mostra o esquema de dois tipos de diafragmas.

A Figura 12.10(*a*) mostra um diafragma diferencial, e a Figura 12.10(*b*) ilustra um diafragma se deformando quando sob pressão com uma membrana presa nas bordas de um tubo. Esse tipo de estrutura possibilita que sejam colados extensômetros de resistência elétrica (para mais detalhes sobre esse sensor, veja o Capítulo 10, Medição de Força), e com esse tipo de estrutura é possível conseguir precisões da ordem de 0,5 % do fundo de escala de medida. A deformação máxima do diafragma mostrado na Figura 12.10(*b*) em

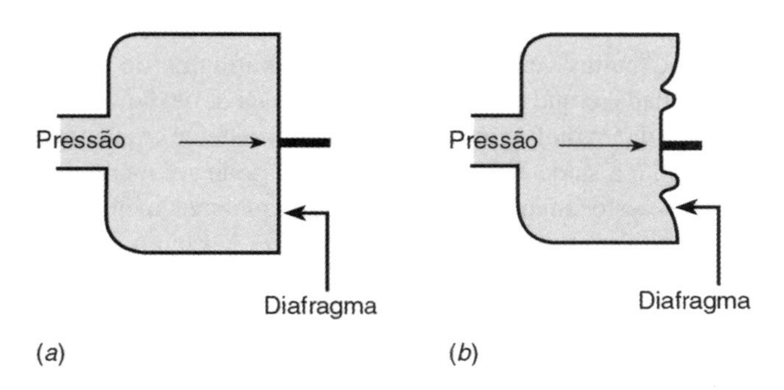

FIGURA 12.9 Tipos de diafragma utilizados na medição de pressão: (*a*) liso e (*b*) com superfície ondulada.

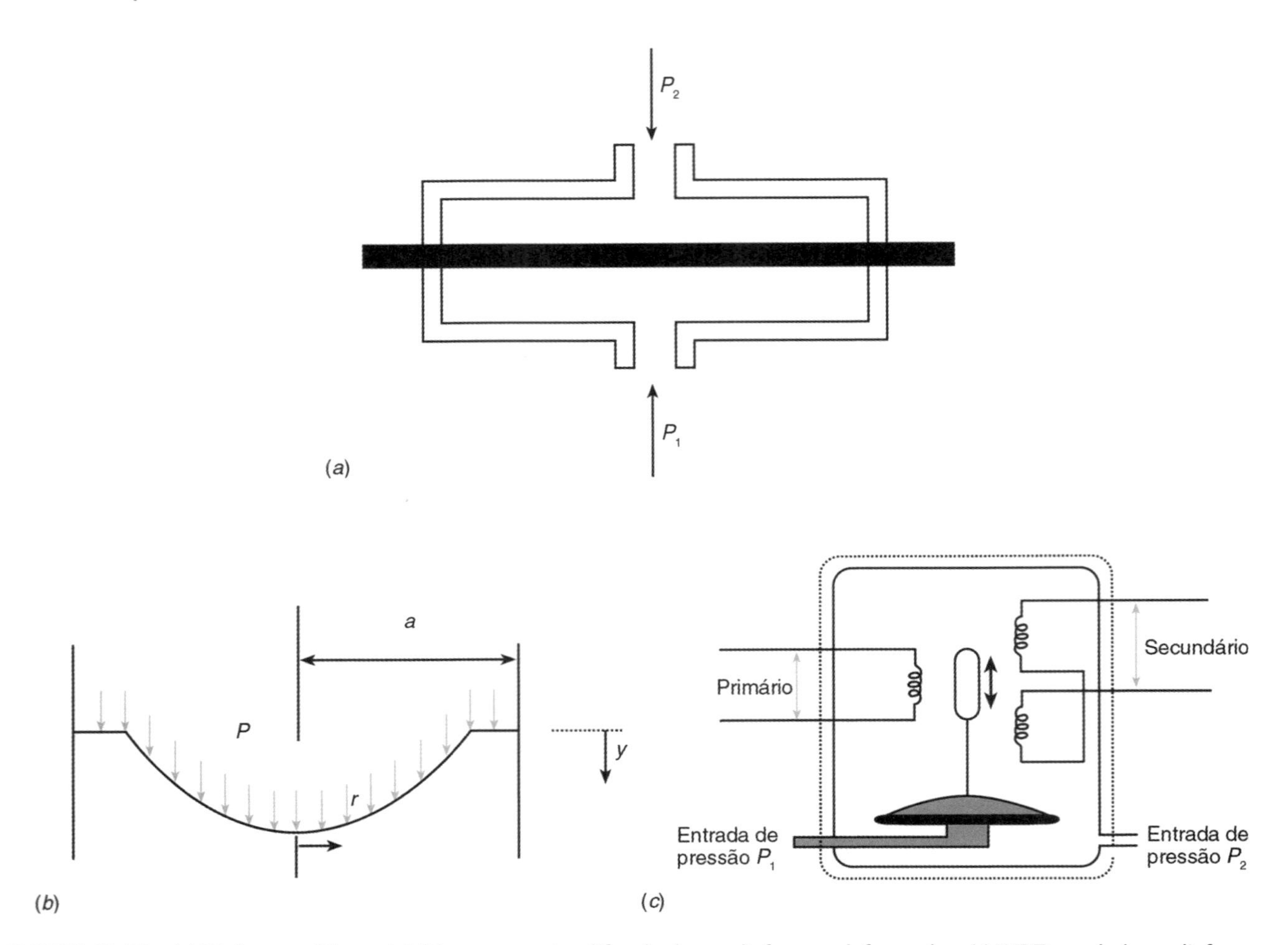

FIGURA 12.10 (*a*) Diafragma diferencial, (*b*) esquema simplificado de um diafragma deformado e (*c*) LVDT acoplado ao diafragma.

condições ideais, tais como distribuição uniforme de carga, pode ser calculada da seguinte maneira:

$$y_{\max} = \frac{3P}{16Et^3}a^4(1-\gamma^2),$$

sendo P a pressão, E o módulo de elasticidade, t a espessura, a a distância da borda ao centro do diafragma e γ o coeficiente de Poisson.

Para facilitar, a linearidade da resposta é imposta à regra de que o deslocamento máximo do diafragma deve ser um terço da espessura do diafragma. A fim de melhorar ainda mais essa resposta, muitas vezes se opta por um diafragma de superfície ondulada, o que possibilita o aumento da deflexão. Pode-se observar que o diafragma consiste em um sistema cuja entrada é pressão e a saída é deformação, a qual pode ser medida por meio do deslocamento. Dessa maneira, qualquer método que detecte deslocamento pode ser aplicado. A Figura 12.10(*c*) apresenta um diafragma fixado ao núcleo móvel de um LVDT. Além desses, aparatos que medem deslocamento por meio dos efeitos capacitivo, indutivo, piezoelétrico ou outros podem ser utilizados na medição da pressão por meio de diafragmas.

Como todo sistema natural, o diafragma também apresenta limitações de resposta em frequência. Em certas aplicações é de primordial importância conhecer esses limites. O cálculo da frequência natural f[Hz] de um diafragma circular fixado em seu perímetro pode ser feito conforme Hetenyi:

$$f = \frac{10{,}21}{a^2}\sqrt{\frac{g_c E t^2}{12(1-\gamma^2)\rho}}\,[\text{Hz}],$$

no qual E é o módulo de elasticidade, t a espessura, a o raio do diafragma, ρ a massa específica do material, g_c a constante de conversão dimensional $\left(g_c = 1\,\frac{\text{kgm}}{\text{Ns}^2}\right)$ e γ o coeficiente de Poisson. Segundo Holman, para um disco de aço pode-se simplificar a equação para

$$f = 4{,}912 \times 10^4\,\frac{t}{\pi a^2},$$

com t e a em metros.

A Figura 12.11 mostra o esquema de um fole. Nesse dispositivo, o fluido penetra em uma câmara e faz com que a extremidade dela sofra um deslocamento.

Assim como o diafragma, o fole pode facilmente ser adaptado a um transdutor que transforme a variável mecânica de deslocamento em uma variável tal como tensão elétrica.

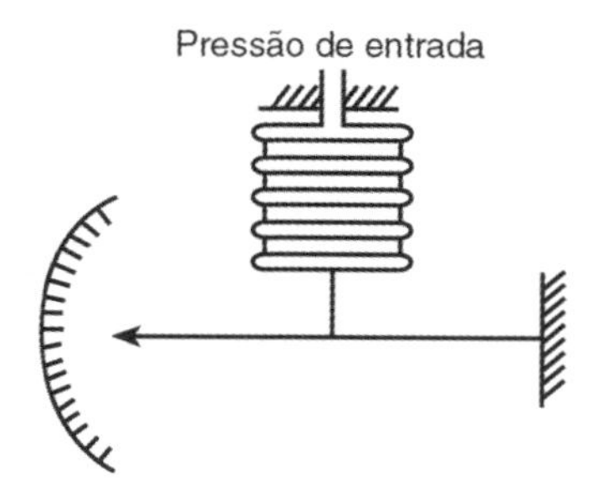

FIGURA 12.11 Esquema de um fole acoplado a um mecanismo de visualização.

Tubos

Esses tipos de medidores de pressão são geralmente implementados com tubos de secção elíptica de diferentes formatos. Os tubos, especialmente o tubo de Bourdon, constituem o modo mais popular e de mais baixo custo em medições industriais de pressões estáticas.

A configuração mais comum do tubo de Bourdon tem o formato em C. Uma das extremidades (a inferior) é presa a um quadrante pivotado. A outra extremidade (a superior) está conectada a um sistema dentado, que, por sua vez, está conectado aos dentes de uma engrenagem que movimenta o ponteiro, ou seja, a deformação produzida no tubo é amplificada mecanicamente e transformada em movimento angular de um ponteiro associado a uma escala previamente calibrada. A Figura 12.12 mostra um tubo de Bourdon em formato C, e a Figura 12.13(*a*) ilustra um tubo de Bourdon do tipo tubo torcido, no qual a aplicação de pressão causa um movimento de torção. A Figura 12.13(*b*) mostra um tubo de Bourdon do tipo helicoidal, e na Figura 12.13(*c*) vê-se um tubo de Bourdon do tipo espiral.

Os tubos são fabricados de diferentes materiais, dependendo da natureza do fluido cuja pressão deve ser medida (bronze, aço inoxidável, entre outros). O comportamento de tais sensores varia bastante, não só em decorrência do desenho básico, mas também devido aos materiais envolvidos e às condições de uso. As principais fontes de erro são histerese mecânica do tubo, mudança de sensibilidade por causa da temperatura e efeitos de atrito. Comercialmente, os tubos de Bourdon são encontrados com precisões na faixa de 0,5 % a 2 % do fundo de escala.

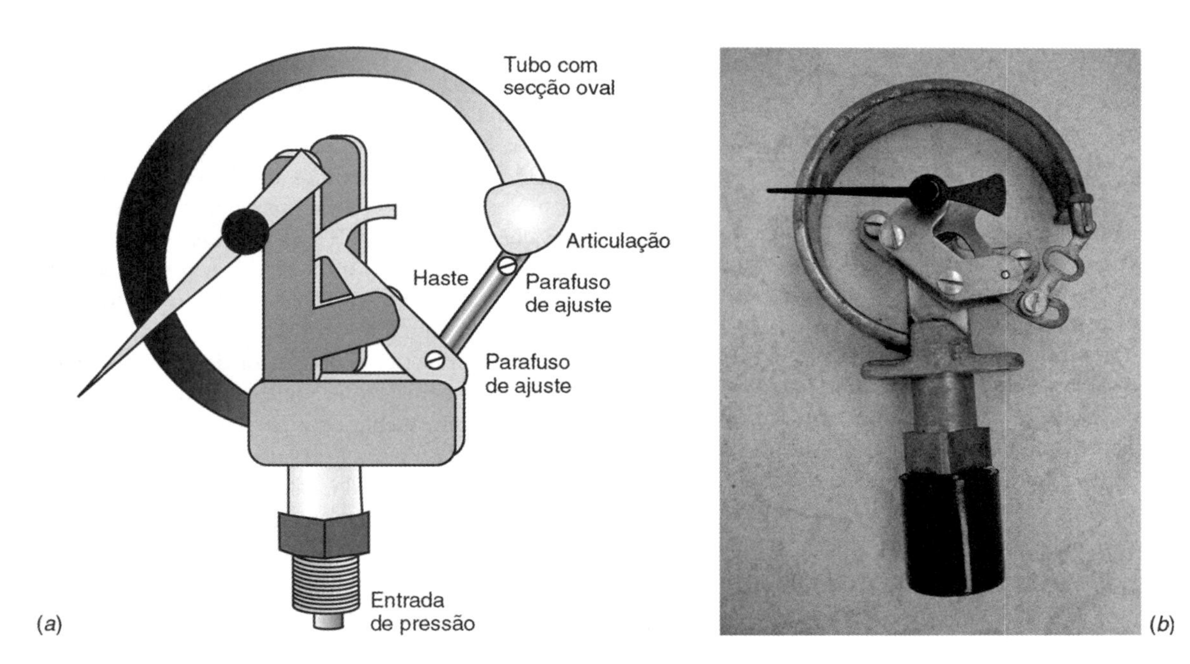

FIGURA 12.12 (*a*) Esquema do tubo de Bourdon em formato C, e (*b*) fotografia de um tubo de Bourdon.

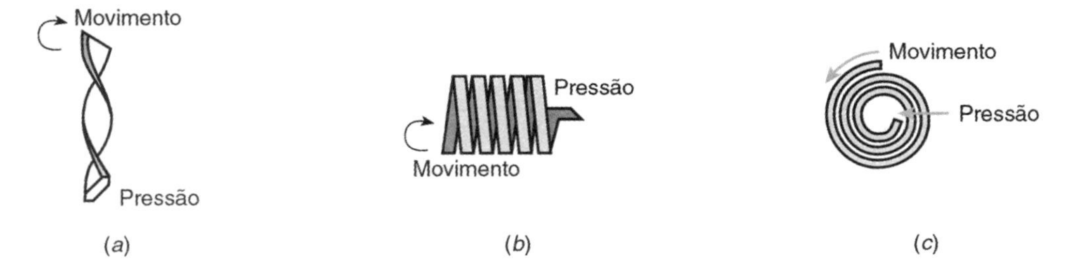

FIGURA 12.13 Tubo de Bourdon dos tipos: (*a*) torcido, (*b*) helicoidal e (*c*) espiral.

Também no caso dos tubos, é simples fazer o acoplamento de um transdutor elétrico para que a saída seja processada de forma eletrônica.

12.4 Métodos de Detecção de Pressão

Os métodos mais comuns de medição de pressão baseiam-se na deformação de dispositivos, como comentamos na seção anterior. É muito comum a utilização de indicadores visuais de pressão. Basta observar, por exemplo, as linhas de ar comprimido em uma indústria qualquer. Entretanto, muitas vezes é necessário um controle automático de algum processo. Nesse caso, a saída da medida deve ser em forma de uma variável elétrica. Os sensores de pressão considerados universais atualmente são os sensores capacitivos, os sensores piezoelétricos e os sensores piezorresistivos. Nos dias de hoje, é muito comum que esses dispositivos sensores com partes mecânicas sejam construídos na própria pastilha semicondutora, denominados "sensores de estado sólido" ou dispositivos MEMs (*microelectromechanical systems*).

Os sensores de estado sólido medem a pressão exercida sobre um lado de um diafragma. Entretanto, diferem dos dispositivos eletromecânicos, uma vez que têm todas as suas partes construídas em silício e integradas em um bloco sólido único.

Esses sensores têm dimensões reduzidas (aproximadamente 12 por 6 por 4 mm). São calibrados e compensados (em relação à variação de temperatura) na fábrica, o que facilita significativamente a sua utilização. As faixas de pressões desses sensores são bastante variadas, por isso os manuais dos fabricantes devem ser consultados sempre que for necessário. É possível encontrar sensores que medem desde pressões de vácuo até altas pressões.

Sensores dessa natureza podem ser fabricados especificamente para aplicações que utilizam interfaces digitais, o que gera um significativo aumento de flexibilidade e, em consequência, abre uma gama muito ampla de possibilidades de aplicação.

12.4.1 *Sensores de pressão capacitivos*

Os sensores de pressão capacitivos são utilizados em uma faixa extensa de pressão (de 10^{-3} a 10^{7} Pa). Um diafragma de metal ou silício é utilizado como elemento sensor e constitui um eletrodo do capacitor de placas paralelas. O outro eletrodo (estacionário) é formado por um metal depositado sobre um substrato cerâmico ou de vidro. Quando o sistema é submetido a uma pressão, a membrana movimenta-se, modificando a distância entre as placas do capacitor e seu valor de capacitância (veja o Capítulo 8, Efeitos Físicos Aplicados em Sensores):

$$C = \frac{\varepsilon A}{d},$$

sendo ε a permissividade ou a constante dielétrica do material entre as placas, A a área das placas e d a distância entre elas.

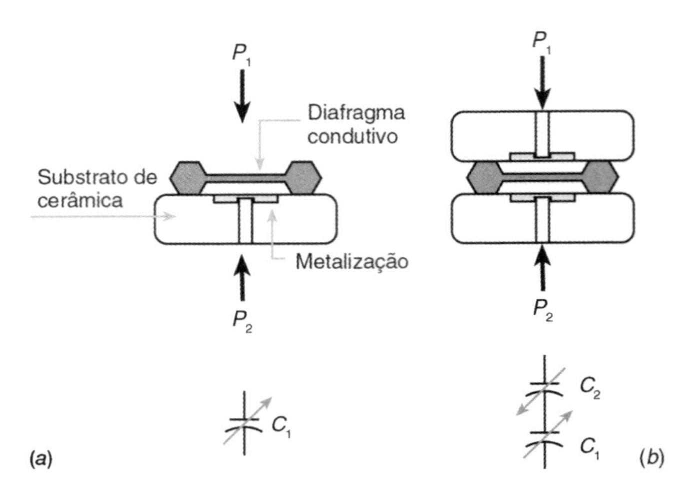

FIGURA 12.14 Detalhe interno de um sensor de pressão capacitivo: (*a*) simples e (*b*) diferencial.

Em um capacitor diferencial, o diafragma é colocado entre dois eletrodos fixos. Quando submetido a uma pressão, um dos capacitores terá sua capacitância aumentada, enquanto no outro a capacitância é diminuída. Essa configuração é utilizada para cancelar efeitos comuns indesejados. A Figura 12.14 mostra um esquema de sensores capacitivos de pressão.

Geralmente, esses sensores possuem internamente diafragmas isolados que transmitem o movimento às placas condutoras, as quais, por sua vez, são separadas por óleos que otimizam as características do dielétrico. Com a utilização de procedimentos eletrônicos adequados, é possível medir variações de até 10^{-18} F no sensor. A Figura 12.15(*a*) mostra detalhes da construção interna de sensores de pressão capacitivos, e a Figura 12.15(*b*) mostra o esquema elétrico de condicionamento.

O condicionamento do sensor de pressão capacitivo pode ser feito por meio de uma ponte capacitiva. A variação da capacitância é tipicamente uma percentagem pequena da capacitância total. Deve-se observar também que a variação da capacitância em função da distância entre as placas não é linear.

Para excitar a ponte capacitiva, é utilizado um oscilador de alta frequência. Ao variar a capacitância com a pressão, a ponte é desequilibrada e uma tensão pode então ser medida.

Os sensores capacitivos são amplamente utilizados, devido principalmente às grandes faixas de pressão em que atuam. Sensores desse tipo podem fornecer precisões da ordem de 0,1 % da leitura ou 0,01 % do fundo de escala. Os sensores capacitivos modernos utilizam técnicas de fabricação que os tornam mais resistentes a ambientes corrosivos e menos sensíveis a capacitâncias parasitas e a influências externas. A Figura 12.15(*b*) mostra um sensor capacitivo ligado a uma representação simplificada de um circuito do tipo ponte.

12.4.2 *Sensores de pressão piezoelétricos*

Os transdutores de pressão piezoelétricos são construídos com materiais que produzem uma diferença de potencial quando submetidos a uma deformação mecânica (veja o Capítulo 8,

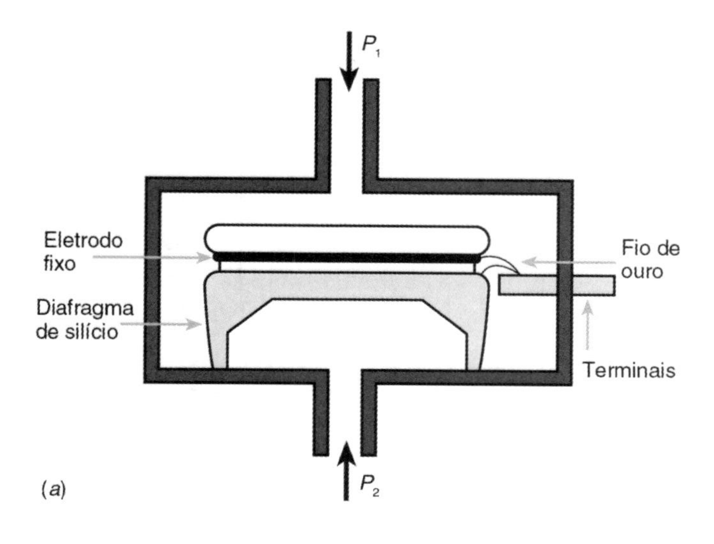

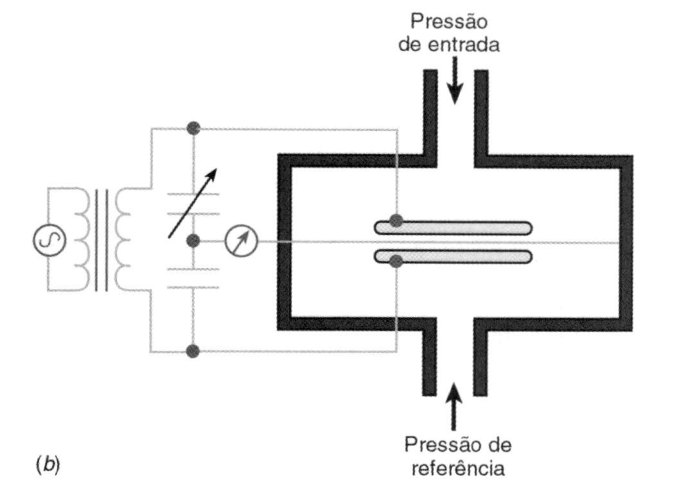

FIGURA 12.15 (*a*) Construção interna de um sensor capacitivo e (*b*) esquema simplificado de um circuito para condicionamento.

Efeitos Físicos Aplicados em Sensores). Isso acontece porque, quando submetidos à deformação mecânica, alguns materiais apresentam suas estruturas atômicas desalinhadas, gerando dipolos elétricos. Entretanto, o equilíbrio é atingido novamente quando o sistema entra em repouso. Por essa razão, o sensor piezoelétrico não é utilizado para medição de pressões estáticas, mas sim de pressões dinâmicas, como ocorre em explosões (como em um cilindro de um carro) ou em qualquer pulso de pressão.

Esses dispositivos têm a vantagem de não necessitarem de excitação externa para o sensor, mas requerem a construção de circuitos para o condicionamento.

Geralmente esses sensores de pressão são montados com uma pilha de elementos piezoelétricos que transformam o movimento ou a deformação devidos à aplicação de pressão em um sinal de tensão elétrica. A Figura 12.16(*a*) mostra um arranjo de sensores piezoelétricos, e a Figura 12.16(*b*) traz o esquema de um sensor piezoelétrico para a medição de pressão.

Alguns projetos de transdutores piezoelétricos incluem componentes eletrônicos de modo que a saída possa ser pré-amplificada para um nível de tensão da ordem de milivolts com uma baixa impedância de saída, reduzindo problemas de cabos e simplificando o condicionamento do sinal.

Uma vez que os sensores piezoelétricos são dependentes da força aplicada na geração das cargas que irão polarizar o dispositivo, se a variação da tensão mecânica é cessada, as cargas voltam ao equilíbrio — ou, em outras palavras, ocorre a descarga elétrica. A taxa de descarga depende da capacitância e da resistência do sensor, dos cabos e do amplificador utilizado. O valor da capacitância do sistema multiplicado pelo valor da resistência em ohms caracteriza a constante de tempo de descarga τ em segundos em um decaimento característico exponencial de um circuito RC. Um sistema piezoelétrico para medição de pressão com uma constante de tempo grande pode ser utilizado para a medição de pulsos de pressão

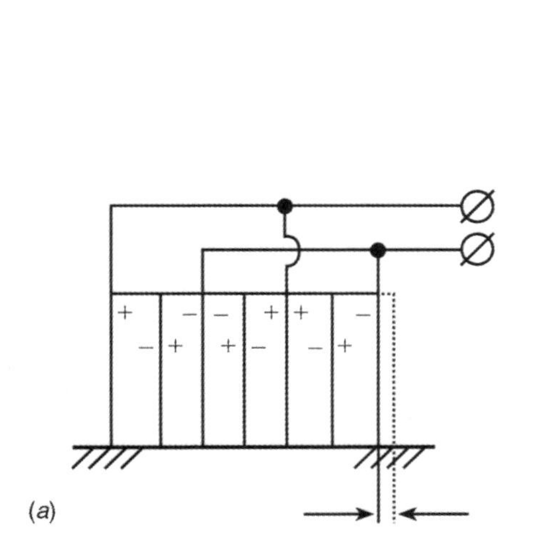

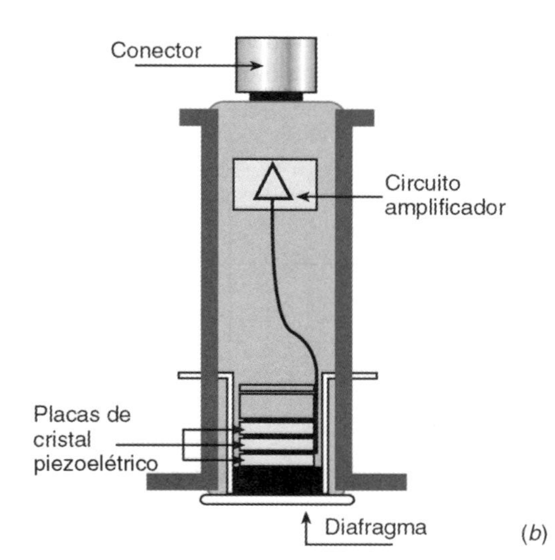

FIGURA 12.16 (*a*) Pilha de sensores piezoelétricos e (*b*) esquema de um sensor piezoelétrico para a medição de pressão.

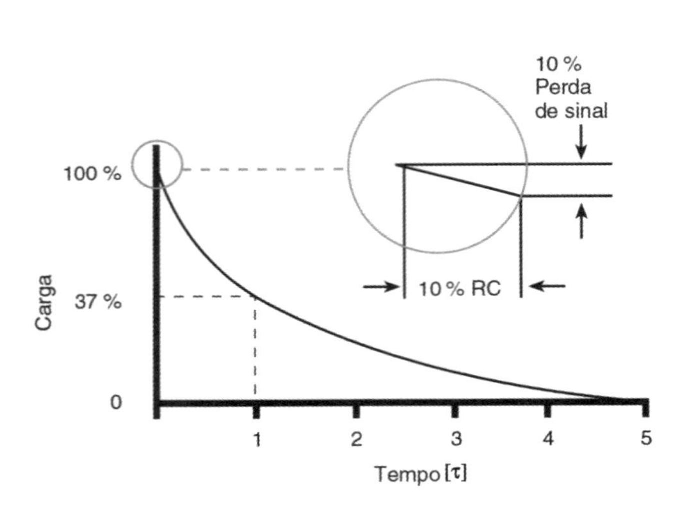

FIGURA 12.17 Descarga de um sensor piezoelétrico para um estímulo de pressão do tipo salto unitário.

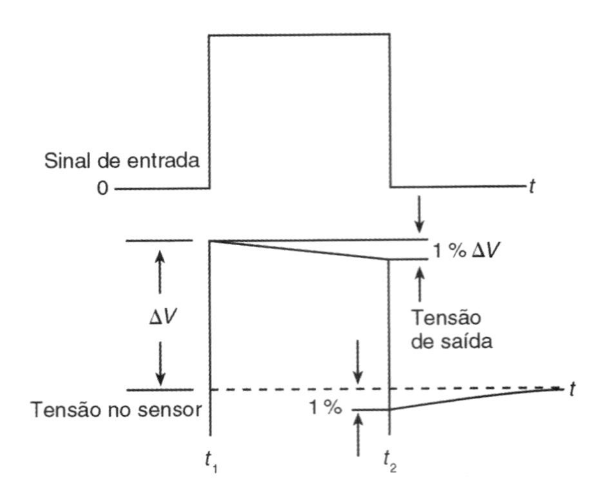

FIGURA 12.18 Resposta de um sensor piezoelétrico para um pulso de pressão com verificação da saída a 1 % da constante de tempo de descarga (tempo decorrido); nesta figura, t_2 representa 0,01 da constante de tempo.

longos. Essa aplicação é conhecida como "medição de pressão quase estática". A Figura 12.17 mostra uma curva característica de descarga de um sensor piezoelétrico para uma excitação do tipo salto de pressão.

Quando é necessária a medição de pulsos de pressão de longa duração, pode-se aplicar uma regra prática, cujos erros podem ser desprezados: o sinal de saída e o tempo têm uma relação de 1 para 1 nos primeiros 10 % da constante de tempo. Assim, se o sensor tem uma constante de tempo de 500 s, nos primeiros 50 s a tensão na sua saída deve cair 10 %. Para uma precisão de 1 %, os dados devem ser verificados em 1 % da constante de tempo. Para uma precisão de 5 %, os dados devem ser verificados em 5 % da constante de tempo. A Figura 12.18 ilustra esse processo. Observa-se também que, depois de cinco constantes de tempo, o sinal de saída cai praticamente a zero (decaimento maior que 99 %, como mostra a Figura 12.17).

Tal como ocorre a baixas frequências, existe um limite de altas frequências que deve ser considerado nesses transdutores (geralmente a resposta é da ordem de microssegundos e a frequência de ressonância é da ordem de centenas de kHz). As principais vantagens dos transdutores piezoelétricos consistem na robustez e na sua independência de partes eletrônicas. Além dessas vantagens, o sensor piezoelétrico é interessante por medir faixas largas de pressões com resposta rápida. Entretanto, se não forem devidamente compensados, podem apresentar grandes mudanças de sensibilidade devido às variações de temperatura.

Esses sensores naturalmente possuem alta impedância de saída, de modo que são necessários cuidados especiais com cabos e conexões até o amplificador de cargas. A principal função do amplificador é converter a alta impedância de saída em um sinal de baixa impedância, para que o sinal seja processado. Em configurações para medidas quase estáticas de pressão (frequências muito baixas), a impedância dos componentes internos do sensor de pressão fica na ordem de 10^{13} Ω. Em consequência, os cabos, conectores e amplificadores utilizados devem ter altíssima impedância de isolação para manter a integridade do sinal. A Figura 12.19 mostra o esquema elétrico de um sistema montado com um sensor de pressão piezoelétrico e o sistema para a medição.

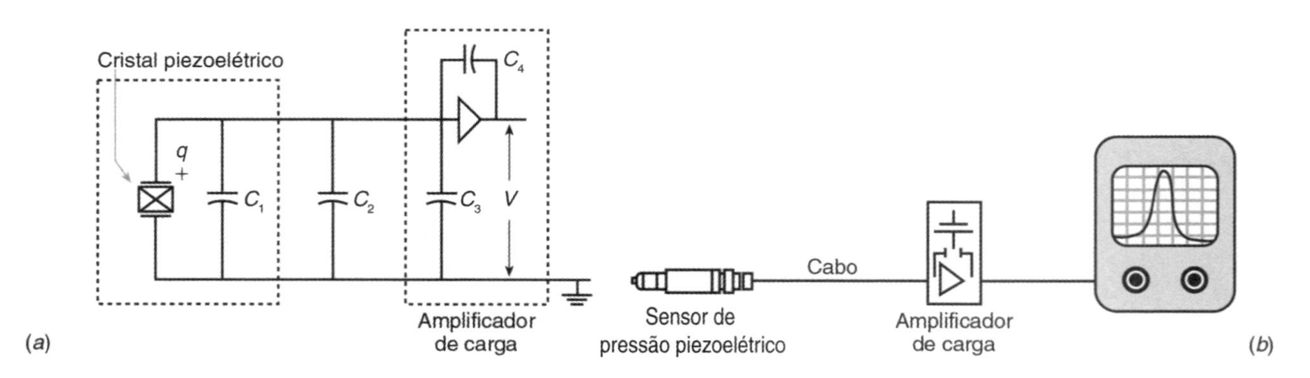

FIGURA 12.19 (*a*) Esquema elétrico de um sensor de pressão piezoelétrico com amplificador de carga e (*b*) sistema de medição completo.

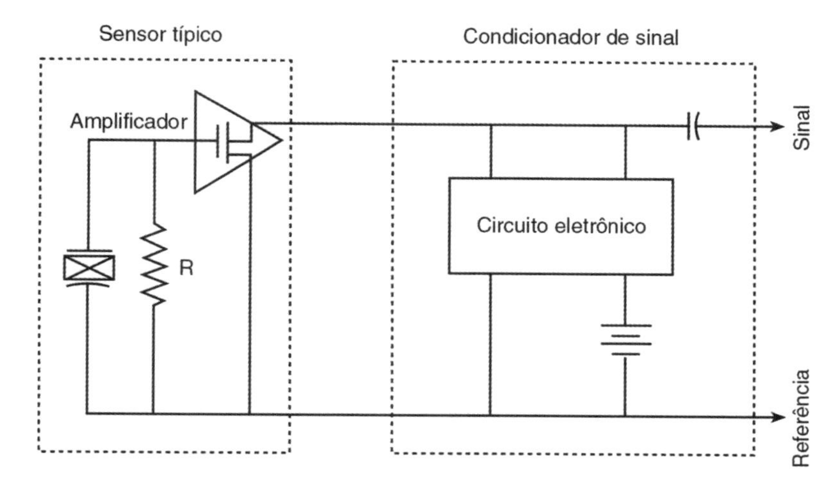

FIGURA 12.20 Esquema elétrico de um sensor de pressão piezoelétrico com o amplificador embutido.

Existem módulos piezoelétricos para medição de pressão que trazem junto ao elemento sensor um amplificador que tem a função de baixar a impedância do sistema, caracterizando-se como um transdutor embutido mais versátil que o primeiro. A utilização de um encapsulamento adequado, bem como a alimentação com uma bateria interna, garante a robustez ao transdutor. A Figura 12.20 mostra o esquema de um transdutor de pressão piezoelétrico com o amplificador embutido.

Os detalhes de montagem e manuseio desses transdutores devem ser rigorosamente seguidos conforme os manuais do fabricante para as diversas aplicações e suas adversidades. Por exemplo, ocorrem problemas quando são necessárias medições em ambientes quentes e fechados, tais como em um cilindro de carro. Mesmo que o sensor tenha certa insensibilidade às variações de temperatura, sua estrutura não apresenta tal sensibilidade, e inevitavelmente vai dilatar-se. Existem diferentes cuidados que devem ser tomados nesse caso. Além disso, outras precauções precisam ser tomadas com os cabos e com os amplificadores para que sejam garantidas a estabilidade e a precisão informadas pelos fabricantes.

12.4.3 Sensores de pressão piezorresistivos

Os sensores de pressão piezorresistivos variam a resistência elétrica de elementos sensores quando submetidos a uma força e uma consequente deformação. Os extensômetros de resistência elétrica (*strain gages*) são os sensores fundamentais geralmente utilizados para esta função na fabricação de células de carga, como se pode ver no Capítulo 10, que trata da medição de força.

Os extensômetros podem ser fixados em um diafragma de área determinada, medindo as deformações causadas pela aplicação de uma pressão. Entretanto, a maioria dos dispositivos de pressão piezorresistivos é construída com a integração dos elementos sensores em um diafragma no próprio silício com a mesma tecnologia utilizada nos circuitos integrados (CIs). Com isso, é possível construir sensores menores e mais uniformes com características muito bem definidas e repetitivas. A Figura 12.21(*a*) mostra o esquema de um diafragma, e a Figura 12.21(*b*) ilustra um sensor de pressão com os quatro sensores piezorresistivos no substrato de silício.

Os elementos piezorresistivos, o diafragma e a estrutura do sensor são construídos na mesma pastilha de silício.

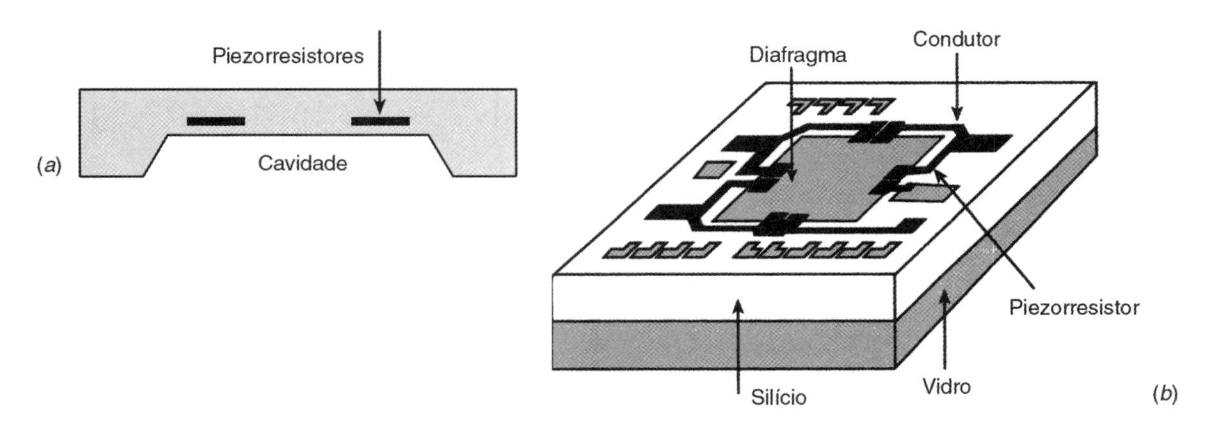

FIGURA 12.21 (*a*) Diafragma em corte transversal e (*b*) os detalhes internos de um sensor de pressão em um substrato de silício.

É feita uma cavidade em um bloco semicondutor, e é deixada uma membrana para funcionar como um diafragma. Uma pequena deflexão mecânica causa a variação nos valores de resistência de pequenos resistores implantados nesse substrato. Essa variação de resistência é convertida em uma variação de tensão, a qual pode ser bastante fiel à variação de pressão que atua no diafragma. Graças a técnicas modernas de microeletrônica, podem ser feitas compensações de temperatura, que otimizam os resultados e garantem excelentes desempenhos desse tipo de sensor.

Avanços dessas técnicas vêm possibilitando a miniaturização dos sensores, o que significa redução da quantidade de silício e de material para invólucro. Os custos desses componentes também caíram significativamente nos últimos anos, sem redução na confiabilidade e na precisão. Isso garante a otimização das características da estrutura mecânica.

A geração de sinais relativamente pequenos, além da sensibilidade a variações de temperatura, está entre as principais desvantagens desses sensores. Isso faz com que seja necessário um cuidado bastante grande no que diz respeito à implementação eletrônica desses instrumentos.

De modo geral, existem várias opções de sensores de pressão em silício; por isso, recomenda-se ao usuário checar com cuidado as opções que existem no mercado bem como as características descritas pelo fabricante.

Os circuitos eletrônicos utilizados no condicionamento dos sinais de sensores de pressão são parecidos com os usados na amplificação de sinais de células de carga, uma vez que os sensores fundamentais também constituem uma ponte de Wheatstone. A Figura 12.22 ilustra um circuito em ponte de um sensor de pressão em silício.

Aplicações típicas de sensores de pressão integrados incluem microfones, instrumentação biomédica (pressão sanguínea e de outros fluidos), sensores de vácuo e aplicações automotivas (potência e aceleração), entre outros. Exemplos de sensores de pressão incluem a família Motorola MPXV2102DP.

Os sensores piezorresistivos geralmente têm características, como sensibilidade maior que 10 $^{mV}\!/_{V}$, boa linearidade sob temperatura constante e capacidade de perceber mudanças de pressão sem apresentar histerese. A Figura 12.23 mostra o esquema de um sensor Motorola MPXV2100DP em um circuito transmissor de 4 a 20 mA (para mais detalhes, veja *Applications Notes* AN1082 da Motorola).

A Figura 12.24 mostra diferentes encapsulamentos para sensores de pressão.

No processo de construção do sensor, como já comentamos, inicialmente é feito um diafragma na pastilha de silício em direção apropriada. Esse diafragma é construído com geometria quadrada ou circular com áreas de até 7 mm × 7 mm e espessura de 5 a 50 mícrons. A área e a espessura final dependem da faixa de pressão desejada.

Quando submetido a uma pressão, surgem altas tensões mecânicas nas bordas desse diafragma e os resistores semicondutores transformam a variação da tensão, mecânica em variação de resistência elétrica. Posicionando esses resistores nas áreas de altas tensões, temos uma configuração que garante alta sensibilidade. Naturalmente, também surgem problemas, tais como assimetrias em relação ao diafragma, o que contribui para erros devido a variações da temperatura e não linearidade. Entretanto, dentro de limitações que podem ser previamente estabelecidas, pode-se compensar esses efeitos e reduzir consideravelmente problemas com a utilização de técnicas de condicionamento eletrônico.

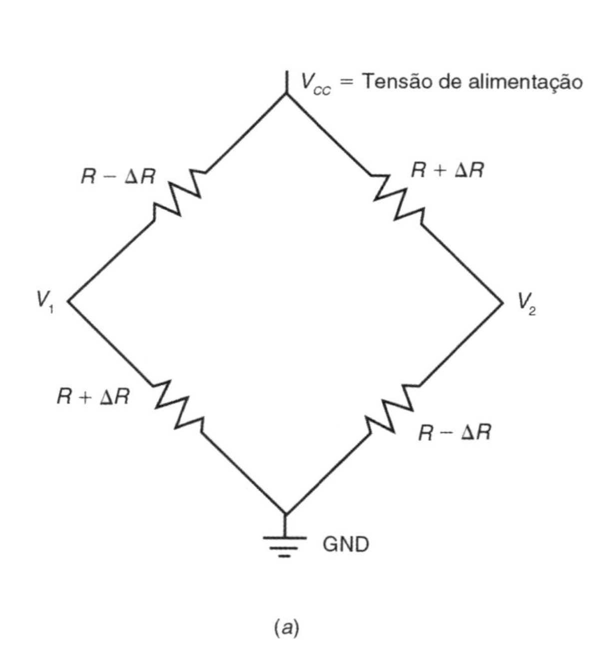

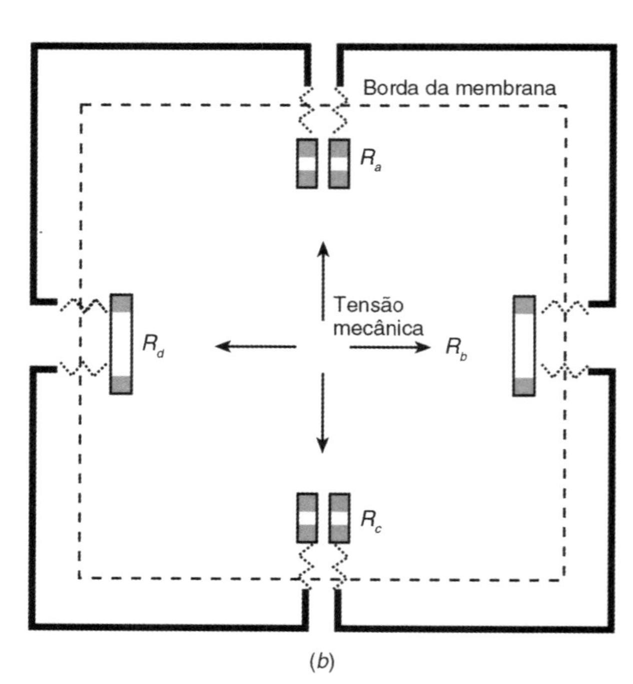

FIGURA 12.22 Circuito em ponte de um sensor de pressão em silício: (*a*) esquema elétrico e (*b*) disposição dos elementos sensores.

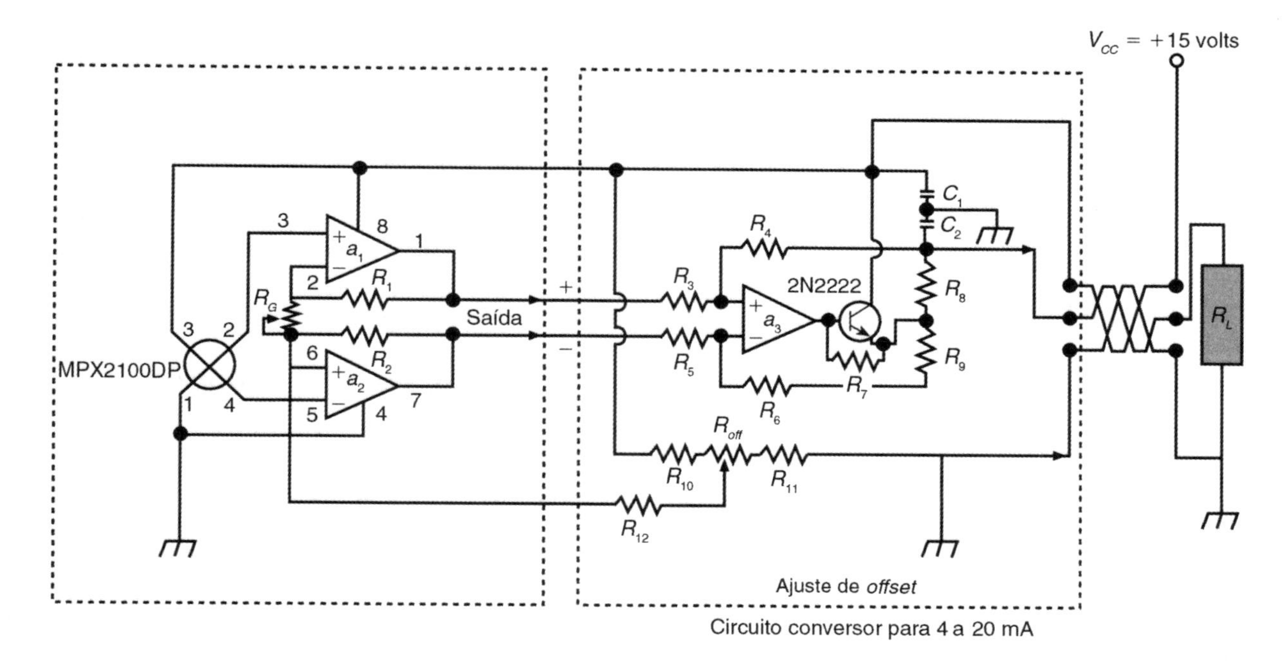

FIGURA 12.23 Transmissor de 4 a 20 mA com um sensor Motorola MPXV2100DP.

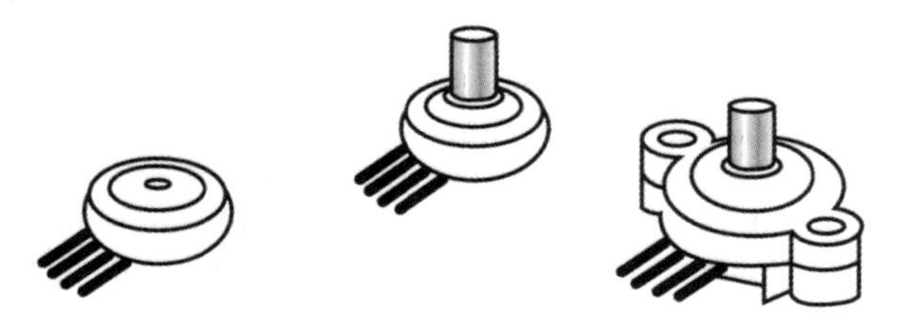

FIGURA 12.24 Diferentes encapsulamentos de sensores de pressão.

É interessante observar que os sensores integrados utilizam a implantação de íons no silício (caracterizando a dopagem do semicondutor). Esse processo consiste em um controle da ordem de 1 para 1 milhão de átomos, e por isso a implantação dos resistores na pastilha é feita monoliticamente, sem alterar as propriedades mecânicas da estrutura, o que aconteceria se o sensor do tipo extensômetro de resistência elétrica fosse colado.

Quanto ao processo de condicionamento, existem vários parâmetros característicos dos sensores de pressão e que variam para cada fabricante, o que dificulta comparações detalhadas. Entretanto, alguns parâmetros são básicos:

α Coeficiente de temperatura das resistências

P_{nom} Pressão nominal: a faixa de pressão em que o fabricante garante os parâmetros fornecidos

$P_{máx}$ Pressão máxima: a máxima pressão que o sensor suporta sem risco de danificar-se

R_B Resistência da ponte: a resistência de toda a ponte entre os terminais da fonte, a qual varia com a temperatura

α_B Coeficiente de temperatura das resistências da ponte

V_{os} Tensão de *offset*: a tensão diferencial da ponte (em milivolts), a uma tensão constante e à temperatura ambiente sem aplicação de pressão

α_{vos} Coeficiente de temperatura de *offset*: a mudança no *offset* como função da variação da temperatura $\left(\mathrm{mV}/\mathrm{K}\right)$

S Sensibilidade: descreve a relação entre a variação da saída do sensor e a variação da pressão aplicada à temperatura de referência

α_S Coeficiente de temperatura da sensibilidade: a mudança na sensibilidade com a variação da temperatura.

A linearidade consiste na relação do sensor tensão de saída/pressão de entrada, e geralmente desvios menores que 1 % são típicos.

Variações (ao longo do tempo) da sensibilidade e a da histerese ficam abaixo de 0,1 %, podendo, portanto, ser desconsideradas para a maioria das aplicações.

Como foi citado anteriormente, a aplicação dos sensores de pressão piezorresistivos deve ser feita apenas após a compensação de *offset* e de outros efeitos dependentes de temperatura.

Para sensores de precisão média, a utilização de uma rede resistiva é suficiente para compensação de *offset* e *drift*. Por exemplo, um pequeno divisor resistivo na base da ponte corrige o *offset* inicial. Os resistores, entretanto, têm um coeficiente de temperatura positivo, o que faz com que a tensão de saída da ponte cresça com o aumento da temperatura. Para solucionar esse problema, pode-se colocar um resistor em paralelo com a ponte e com a alimentação. Observe que com o aumento da temperatura a tensão de excitação na ponte tende a aumentar. Isso faz com que a corrente em R_{TS} tenda a aumentar e consequentemente reequilibrar a tensão na ponte e compensar o efeito da temperatura. Veja, no Capítulo 10 dessa obra, "utilização de um resistor fixo para compensação dos efeitos da temperatura em uma parte resistiva". Além disso, um resistor da alimentação para o meio da ponte tende a reduzir o efeito do *offset* com a temperatura.

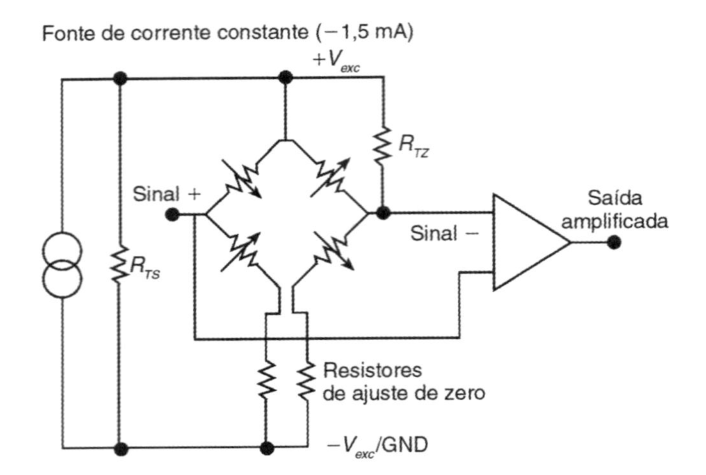

FIGURA 12.25 Esquema de um sensor piezorresistivo com um circuito de compensação para os efeitos de temperatura.

Todos esses ajustes, juntos, necessitam de uma calibração interativa antes de o equipamento entrar em operação definitiva. A Figura 12.25 ilustra o esquema de um sensor piezorresistivo ligado ao circuito de compensação.

Existem ainda circuitos integrados dedicados para a compensação de temperatura de sensores de pressão piezorresistivos. Por exemplo, o MAX1457 (da Maxim Semiconductors) tem por função fazer a compensação eletrônica de erros de linearidade e efeitos de temperatura. O fabricante garante precisão de ±0,1 % na faixa de temperatura de operação. Além desses, existem ainda outros componentes, tais como o MAX1478 e o MAX1450, que têm funções semelhantes. Basicamente esses circuitos integrados incorporam uma fonte de corrente controlada para alimentar a ponte (do sensor de pressão) e um amplificador de ganho programável (AGP).

A Figura 12.26 mostra a ligação de um MAX1450 a um sensor de pressão.

Tanto no caso dos sensores de pressão piezorresistivos como para os sensores que utilizam outras técnicas de detecção, devem-se observar as recomendações do fabricante para as diversas faixas e diferentes aplicações.

12.4.4 Outros sensores de pressão

Técnicas que convertem movimento em sinal elétrico podem ser aplicadas na medição de pressão. Técnicas como variação de relutância, variação de indutância, força, vibração de fios, filmes piezoelétricos, efeito Hall, entre outros, já foram experimentadas na medição de pressão. Recentemente, foram lançadas algumas variedades de fibras ópticas também para esse fim. Tais fibras fazem uso de propriedades de refletância variável, fase, além de outros efeitos de microdeformações para converter sinal de pressão em variações de sinal óptico, transportado pela própria fibra. Esses sensores podem apresentar vantagens em ambientes com campos eletromagnéticos intensos. Alguns sistemas híbridos utilizam transdutores convencionais, convertendo sinais elétricos em sinais ópticos para a transmissão por meio de fibra óptica.

Quando muitos pontos são necessários, os sistemas de medição de pressão por varredura constituem a melhor escolha. Podem ser implementados sistemas mecânicos e

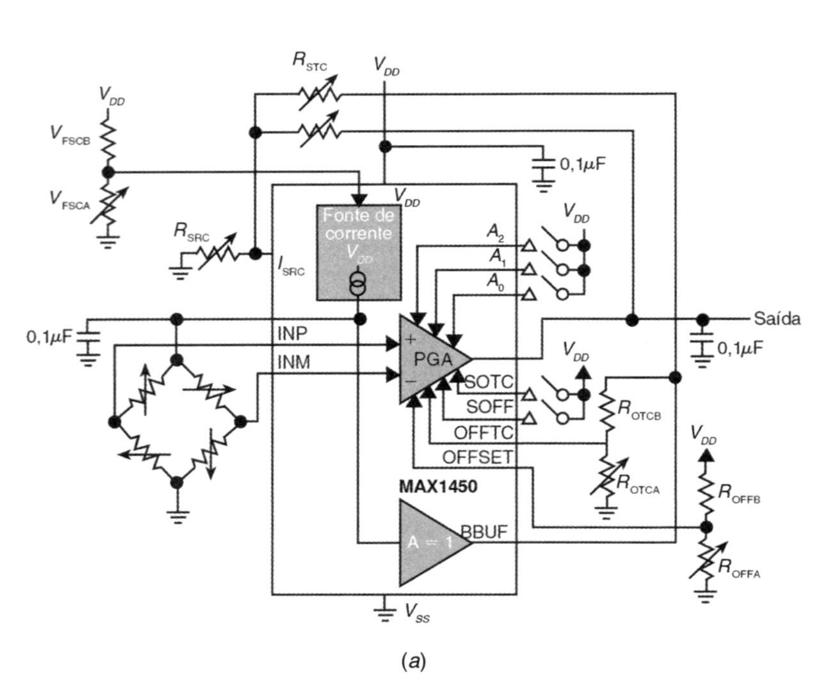

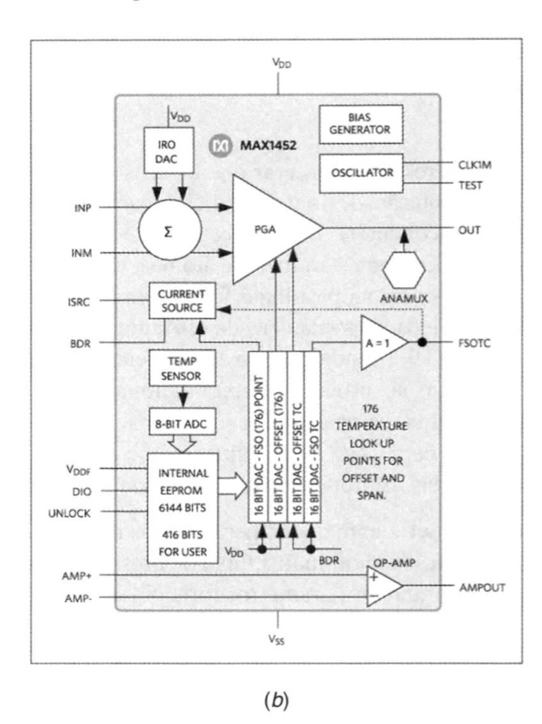

FIGURA 12.26 (*a*) Implementação do condicionamento de um sensor de pressão piezorresistivo com um MAX1450 (para mais detalhes, veja *Application Notes* 871 da Maxim Semiconductors) (*b*) Detalhe do MAX1452 – um condicionador de sinais analógicos, versão evoluída do 1450. Imagem utilizada com permissão e direitos autorais de Maxim Integrated Products, Inc. A Maxim Integrated não se responsabiliza pelo conteúdo desta publicação.

eletrônicos. Sistemas de varredura mecânicos utilizam um único sensor, e este, mecanicamente, varre cada ponto de interesse. Os sistemas de varredura eletrônicos utilizam vários sensores em um corpo comum. Os sinais de pressão são multiplexados e direcionados aos equipamentos de aquisição de dados.

12.5 Medição de Baixas Pressões

A medição de pressões muito baixas é um campo específico que requer, antes de mais nada, cuidado especial por parte do usuário. Como abordamos nas seções anteriores, atualmente existem muitas opções de sensores encapsulados, e o avanço tecnológico não permite que sejam escritos nestas páginas os limites futuros desses sensores.

Os manômetros com colunas de líquidos e foles são utilizados em pressões da ordem de 0,1 mmHg, tubos de Bourdon na ordem de 10 mmHg e diafragmas da ordem de 0,001 mmHg. Em valores de pressões mais baixas, são necessários outros tipos de medidores. A literatura nesta área é extensa e bastante específica. Neste trabalho, serão descritas apenas algumas das variadas técnicas de medição de baixas pressões (ou quase vácuo).

12.5.1 Método de McLeod

Existem muitas variações do método de McLeod. Neste trabalho, será considerada apenas a mais básica. O princípio de funcionamento do método consiste em comprimir uma amostra do gás a ser medido a uma pressão alta o suficiente para ler com um manômetro de coluna de líquido. Considerando-se o fluido no interior do sistema de mercúrio, este deve encontrar-se inicialmente em uma posição em que o gás cuja pressão se deseja medir preencha o espaço de dois ambientes em dois capilares. Ao iniciar a compressão, por meio de um sistema mecânico, o mercúrio se desloca da base para o topo, confinando uma amostra do gás em um dos capilares, enquanto o outro continua aberto ao gás. Esse procedimento de compressão deve continuar até que o mercúrio alcance o zero no capilar aberto. Nesse momento, faz-se a leitura direta da pressão no capilar fechado com a amostra de gás. A Figura 12.27 mostra um esquema do método de McLeod.

A pressão desconhecida do gás é calculada por meio da lei de Boyle:

$$P_g V = PAh$$
$$P = P_g + h\mu$$
$$P_g = \frac{\mu A h^2}{V - Ah}.$$

Quando $V \gg Ah$,

$$P_g = \frac{\mu A h^2}{V},$$

sendo P_g a pressão do gás (por exemplo, gerado por uma bomba de vácuo), V o volume do bulbo, A a área da secção do capilar, μ o peso específico do líquido e h a altura da coluna. Observe que, se a unidade de pressão for mmHg, $\mu = 1$.

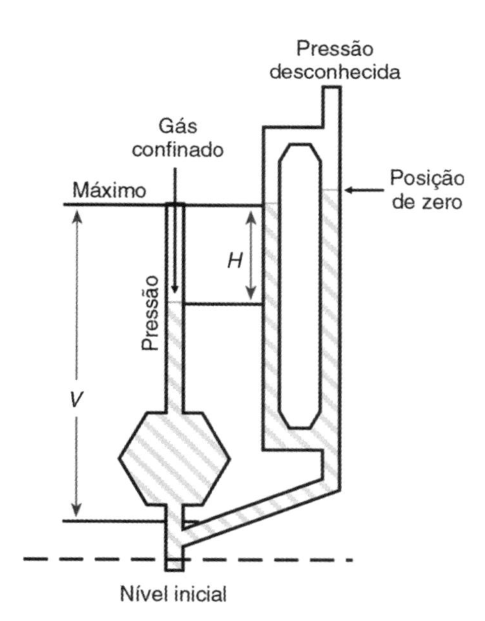

FIGURA 12.27 Método de McLeod para medição de baixas pressões.

É importante perceber que, se o gás contém vapor ou algum outro contaminante que possa condensar-se no processo de compressão, ocorrerá um erro na medida. A principal vantagem desse método reside no fato de o mesmo não ser influenciado pelo tipo de gás. As principais desvantagens são a falta de uma saída contínua para leitura além de limitações a pressões muito baixas.

12.5.2 Método de Knudsen

Esse método apresenta a grande vantagem de ser insensível à composição do gás cuja pressão, P_g, deseja-se medir. Consiste em confinar o gás em uma câmara na qual existem duas placas fixas e aquecidas a uma temperatura T_{pf}. No interior da câmara, e conforme se pode ver na Figura 12.28, ainda existe uma placa móvel, que se encontra à temperatura do gás, T_g. O espaço entre as placas fixas e a placa móvel deve ser menor que o livre caminho médio das moléculas enquanto o processo de medição ocorre. A teoria dos gases diz que as moléculas que se encontram próximas às placas fixas aquecidas possuem uma velocidade maior do que aquelas próximas à placa móvel (à temperatura do gás). Dessa forma, a placa móvel faz um movimento que pode ser medido pela deflexão do espelho, através da reflexão de um feixe de luz. O movimento da placa móvel é função da massa específica molecular; portanto, está relacionado à pressão da câmara. Para pequenas diferenças entre as temperaturas T_{pf} e T_g, a pressão do gás pode ser descrita na seguinte forma:

$$P_g = 4F \frac{T_g}{T_{pf} - T_g},$$

sendo F a força. Esse método independe do gás e pode ser utilizado como referência padrão para pressões na faixa de 10^{-6} a 1 Pa.

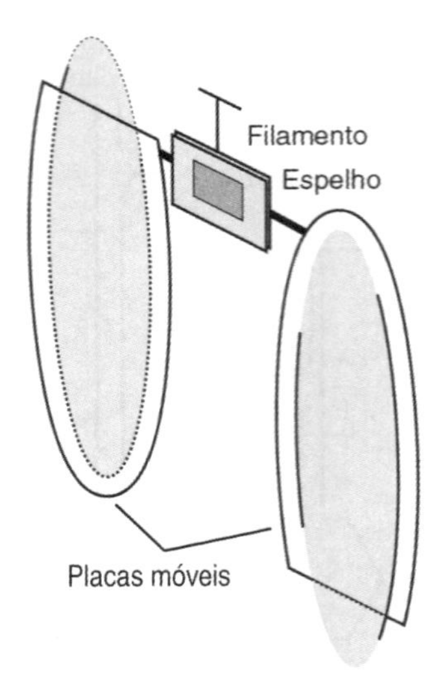

FIGURA 12.28 Método de Knudsen.

12.5.3 *Método de Pirani*

A baixas pressões, a condutividade térmica dos gases diminui com o decréscimo da pressão. O método de Pirani mede a pressão pela mudança da condutividade térmica dos gases. Por esse método, um filamento metálico é colocado no interior de um bulbo e aquecido eletricamente. A perda de calor do filamento é dependente da sua temperatura e da condutividade térmica do gás. Quanto mais baixa a pressão, mais baixa será a condutividade e mais alta a temperatura do filamento. A medida poderia ser feita diretamente pela medição da temperatura, mas neste caso é medida a variação da resistência do próprio filamento (de tungstênio, platina ou outros). A resistência pode ser medida por meio de uma ponte de Wheatstone, como mostra a Figura 12.29. Na prática, dois bulbos são ligados em série fazendo um braço da ponte. Entretanto, um desses bulbos está fechado e sob vácuo, de modo que serve como referência para as variações do outro. Dessa forma, o bulbo fechado e o bulbo aberto são colocados no mesmo ambiente e a diferença é medida.

O método de Pirani exige que a calibração seja feita de modo empírico e geralmente é utilizado em faixas de 0,1 a 100 Pa. Deve-se observar ainda que o filamento apresenta perdas de calor com o meio através do seu suporte além do próprio bulbo. Além disso, em sua aplicação é necessário esperar um tempo de estabilização da temperatura antes de a medida ser executada.

12.5.4 *Medição por ionização*

Os métodos de medição por ionização foram utilizados durante longo tempo para medição de baixas pressões. Consistem em medir as variações em um dispositivo muito parecido com a antiga válvula do tipo triodo. A Figura 12.30 mostra um arranjo para medição de pressão por ionização com catodo quente. Nessa figura pode-se ver um catodo (filamento) que serve de fonte de excitação de elétrons, uma vez que, ao aquecer-se o catodo, a energia cinética dos elétrons aumenta. Através de um campo elétrico, esses elétrons excitados do filamento são acelerados em direção à grade. No entanto, colidem com as moléculas do gás cuja pressão se pretende medir, o que faz com que as moléculas ionizem-se positivamente. Na outra extremidade do dispositivo existe uma placa, a qual é mantida com uma polaridade negativa. Essa placa tem a função de coletar os íons positivos produzidos pelas colisões, produzindo uma corrente i_p. Os elétrons e os íons negativos são coletados pela grade, produzindo uma corrente i_g. A pressão do gás é proporcional à relação das correntes de placa e da grade, e é dada por

$$P = \frac{1}{S}\frac{i_p}{i_g},$$

em que S é a sensibilidade do dispositivo. Um valor típico para o nitrogênio é $S = 2{,}67\ \text{kPa}^{-1}$. Essa constante é dependente da geometria do tubo e do tipo de gás.

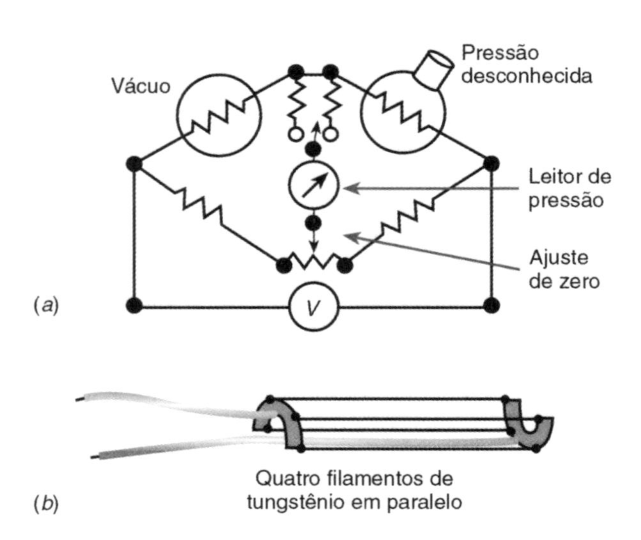

FIGURA 12.29 Medição de baixas pressões pelo método de Pirani: (*a*) ligação em ponte e (*b*) elemento sensor.

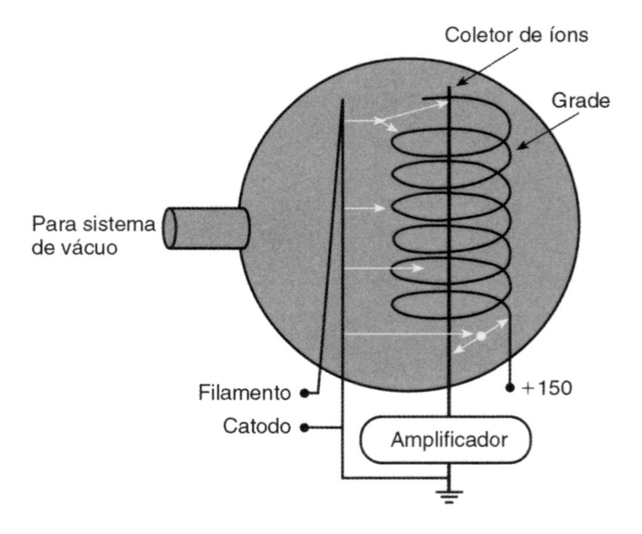

FIGURA 12.30 Medição de pressão pelo método de ionização com catodo quente.

Algumas desvantagens desse método decorrem do uso de um catodo quente sujeito à queima do filamento quando este, ainda aquecido, é exposto ao ar. Além disso, pode acarretar a contaminação do gás medido por outros gases expelidos do filamento.

O método de medição por ionização com catodo quente pode medir pressões dentro de uma faixa de aproximadamente 10^{-10} a 1 torr.

O método de ionização por meio de um catodo frio resolve o problema do filamento quente. Esse método utiliza um catodo frio e uma alta tensão elétrica de aceleração (superior a 2000 V). O campo magnético imposto faz com que os elétrons sejam excitados no catodo e se desloquem até o anodo. O longo caminho percorrido faz surgirem mais colisões com moléculas de gás provocando maior ionização. A Figura 12.31 mostra a utilização do método de ionização implementado com catodo frio.

O método de ionização com catodo frio é utilizado em faixas de 10^{-5} a 10^{-2} torr.

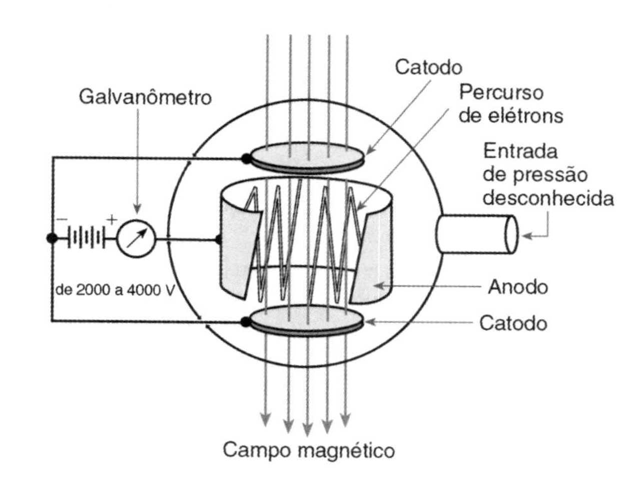

FIGURA 12.31 Medição de pressão pelo método de ionização com catodo frio.

EXERCÍCIOS

Questões

1. Explique a diferença entre pressão manométrica, diferencial e absoluta.
2. Explique, utilizando os conceitos de vasos comunicantes, como é possível comparar nível de dois pontos com uma mangueira transparente comum.
3. Defina pressão manométrica. Qual a diferença entre pressão manométrica e pressão absoluta?
4. Carros que alcançam altas velocidades, como, por exemplo, os carros de Fórmula 1, possuem aerofólio. Qual a razão de utilizar esse dispositivo?
5. Explique, através de uma análise qualitativa, como deve estar posicionada a asa de um avião em relação ao fluxo do ar nas condições de decolagem, de voo planar e aterrissagem.
6. Explique o funcionamento de um altímetro.
7. O que é tubo de Bourdon?
8. Desenhe o esquema de um tubo de Bourdon conectado a um LVDT.
9. O que são sensores de pressão de estado sólido?
10. Explique em detalhes o princípio de funcionamento do método de detecção capacitivo, piezorresistivo e piezoelétrico.
11. Por que os sensores piezoelétricos não podem medir pressões estáticas?
12. Quais as vantagens e desvantagens dos sensores piezoelétricos?
13. Explique o princípio de funcionamento do método de Knudsen.
14. Por que o método de Pirani exige uma calibração empírica?
15. Explique os métodos de medição de baixas pressões por ionização por catodo quente e com catodo frio.
16. Explique por que são necessários cuidados com cabos ao utilizar um sensor piezoelétrico.
17. Explique por que sensores piezoelétricos possuem alta impedância de saída.
18. No circuito da Figura 12.25, explique a função dos resistores RTs e RTz. Explique também os resistores posicionados no final dos braços da ponte.

Problemas com respostas

1. Um tanque de água possui profundidade de 7,0 pés (ft). Qual a pressão na base do tanque em psi e Pa? (densidade da água $\rho = 10^3$ kg/m³).

Resposta: Por simplificação, $g = 9{,}80665\dfrac{\text{m}}{s^2}$

$$7{,}0 \ \text{ft} = 2{,}1336 \ \text{m}$$

$$P[\text{Pa}] = \rho\left[\frac{\text{kg}}{\text{m}^3}\right]g\left[\frac{\text{m}}{s^2}\right]h[\text{m}] = 1000 \times 9{,}80665 \times 2{,}1336 = 20936 \ \text{Pa}$$

$$P[\text{psi}] = \frac{1 \ \text{lfb}}{(1 \ \text{in})^2} = \frac{4{,}44822 \ N}{(0{,}0254 \ \text{m})^2} = 6894{,}8 \ \frac{N}{\text{m}^2}.$$

Assim,

$$P[\text{psi}] = \frac{20936}{6894{,}8} = 3{,}0365.$$

2. Considerando o sistema hidráulico da Figura 12.1, calcule a relação dos diâmetros dos cilindros para uma relação de forças de 1:10.

Resposta:

$$A = \pi r^2 = \frac{\pi D^2}{4}.$$

Fazendo $\dfrac{F_2}{F_1} = 10,$

$$\frac{F_2}{F_1} = 10 = \frac{A_2}{A_1} = \frac{(D_2)^2}{(D_1)^2}$$

$$\sqrt{10} = \frac{D_2}{D_1}.$$

3. Considerando os cilindros da questão anterior, calcule a relação de deslocamentos resultante.

Considerando o sistema hidráulico com um fluido incompressível, a relação de deslocamentos está fundamentada na conservação de volume. Assim,

$$\frac{V_2}{V_1} = 1 = \frac{A_2 d_2}{A_1 d_1} = 10\frac{d_2}{d_1}$$

$$d_1 = 10 d_2.$$

4. Um diafragma de aço para medir pressão ($E = 2 \times 10^{11}\ \frac{N}{m^2}$ e $\gamma = 0{,}3$) com diâmetro de 4 cm deve ser construído para medir uma pressão de 1 MPa. Calcule a espessura do diafragma, de modo que a deflexão máxima seja de um terço desta espessura. Calcule também a frequência de ressonância dessa estrutura.

$$a = 2\text{ cm} = 0{,}02\text{ m}$$

$$y = \frac{3P}{16\,Et^3}a^4(1-\gamma^2)$$

$$\frac{t}{3} = \frac{3 \times 1000000\left[{}^{N}\!/_{m^2}\right]}{16 \times 2 \times 10^{11}\left[{}^{N}\!/_{m^2}\right]t^3}(0{,}02\text{ m})^4(1-(0{,}3)^2)$$

$$t \cong 0{,}0008\text{ m} = 0{,}8\text{ mm}.$$

Considerando o material um aço (de acordo com o valor de E), para calcular a frequência natural do sistema, podemos utilizar

$$f = 4{,}912 \times 10^4\frac{t}{\pi a^2} = 49120 \times \frac{0{,}0008}{\pi \times (0{,}02)^2} = 31271\text{ Hz}.$$

5. Um manômetro tipo U possui um fluido de densidade de $750\frac{\text{kg}}{\text{m}^3}$. Sabendo que a pressão local é de 11 atm e que a coluna medida é de 10 cm, calcule a pressão da fonte medida em Pa.

Resposta:

$$\Delta P[\text{Pa}] = \rho\left[\frac{\text{kg}}{\text{m}^3}\right]g\left[\frac{\text{m}}{s^2}\right]h[\text{m}] = 750 \times 9{,}80665 \times 0{,}01 = 73{,}55\text{ Pa}.$$

Como 1 atm = 101325 Pa, dependendo de qual das colunas do manômetro ficou mais alta, podemos ter

$$P = 101398{,}55\text{ Pa ou } P = 101249{,}45\text{ Pa}.$$

6. Calcule a pressão atmosférica em mmHg em uma cidade localizada a 750 m de altitude do nível do mar (considere a temperatura de 25 °C).

$$P = 760\left[{}^{\text{mm}}\!/_{\text{Hg}}\right]\left(1 - \frac{0{,}0065\left[{}^{K}\!/_{\text{m}}\right] \times 750\ [\text{m}]}{288{,}16[K]}\right)^{5{,}26}$$

$$P = 760\left(1 - \frac{0{,}0065\left[{}^{K}\!/_{\text{m}}\right] \times 750[\text{m}]}{288{,}16[K]}\right)^{5{,}26}$$

$$P = 694{,}76\text{ mmHg}.$$

7. Um medidor de pressão implementando o método de McLeod possui um volume total de 120 mm^3. Sabendo que o capilar tem um raio igual a 0,0025 m, determine a leitura do manômetro a uma pressão de 1 Pa.

Resposta:

Considerando uma situação em que $V \gg Ah$,

$$P = \frac{\mu A h^2}{V}$$

$$1\ [\text{Pa}] = 0{,}0075\text{ mmHg} = \frac{1 \times \pi \times (2{,}5\text{ mm})^2 h^2}{120\text{ mm}^3}.$$

A leitura está relacionada com a altura h:

$$h = \sqrt{0{,}0075 \times 120 \div (6{,}25 \times \pi)} = 0{,}21\text{ mm}.$$

8. Um manômetro tipo U é construído para medir pressão diferencial, com um dos pontos de medida composto por ar a 14 MPa e 25 °C. Considere uma leitura de 100 mm, com um fluido que apresenta densidade de $0{,}85\ \frac{\text{kg}}{\text{m}^3}$. Calcule a pressão diferencial em psi e atm.

Resposta:

$$\Delta P[\text{Pa}] = \rho\left[\frac{\text{kg}}{\text{m}^3}\right]g\left[\frac{\text{m}}{s^2}\right]h[\text{m}]$$

$$\Delta P[\text{Pa}] = 0{,}85 \times 9{,}80665 \times 0{,}1 = 0{,}8336$$

$$\Delta P = 0{,}000121\text{ psi}$$

$$\Delta P = 8{,}227 \times 10^{-6}\text{ atm}.$$

9. Repita o exercício anterior para um fluido com densidade de 0,9. O ar está a 400 kPa e 0 °C. Calcule a pressão diferencial em Pa e psi para uma leitura de 15 cm.

Resposta:

$$\Delta P[\text{Pa}] = \rho\left[\frac{\text{kg}}{\text{m}^3}\right]g\left[\frac{\text{m}}{s^2}\right]h[\text{m}]$$

$$\Delta P[\text{Pa}] = 0{,}9 \times 9{,}80665 \times 0{,}15 = 1{,}3239$$

$$\Delta P = 0{,}000192\text{ psi}.$$

10. Calcule o erro inserido devido à pressão em um processo sendo executado em uma cidade que está a 450 m de altitude do nível do mar a 20 °C, considerando-se a medida de pressão atmosférica em uma cidade ao nível do mar de 30 polegadas de mercúrio.

Resposta:

Se a pressão da coluna de ar (altitude) não for levada em conta medida, temos

$$30 \times 25{,}4 = 762\text{ mm};$$

em pascal,

$$P_o = 101591{,}6\text{ Pa}$$

$$P = 101591{,}6\left(1 - \frac{0{,}0065\left[{}^{K}\!/_{\text{m}}\right] \times 450\ [\text{m}]}{283{,}16[K]}\right)^{5{,}26}$$

$$P = 96191{,}7\text{ Pa}$$

ou

$$\Delta P = (101591{,}6 - 96191{,}7) = 5399{,}88\text{ Pa} = 40{,}5\text{ mmHg}.$$

11. Se na mesma cidade do problema anterior fosse medida uma pressão de 50 kPa, qual seria o erro dessa medida?

Resposta:

Como vimos anteriormente,

$$\Delta P = 5399{,}88 \text{ Pa}.$$

Podemos corrigir o valor lido somando essa diferença devido à pressão atmosférica medida.

12. Um manômetro do tipo tanque utiliza Hg para medir pressão de água a 50 °C. Sabendo que a coluna tem 3 mm de diâmetro e o tanque tem 6 cm de diâmetro, calcule a pressão diferencial para uma leitura de 20 cm a partir do nível zero.

$$\Delta P[\text{Pa}] = \rho\left[\frac{\text{kg}}{\text{m}^3}\right] g\left[\frac{\text{m}}{s^2}\right] h[\text{m}]\left(1+\frac{A_1}{A_2}\right)$$

$$\Delta P[\text{Pa}] = 13579 \times 9{,}80665 \times 0{,}2 \times \left(1+\frac{\pi \times (0{,}0015)^2}{\pi \times (0{,}03)^2}\right) = 26699 \text{ Pa}.$$

13. Calcule a pressão em Pa no fundo de uma piscina de 6 m de profundidade que se encontra em uma cidade a 400 m do nível do mar a 25 °C. Considere a densidade da água $\rho = 1000$ kg/m^3.

Considerando a pressão atmosférica ao nível do mar de 1 atm,

$$P_o = 1 \text{ atm} = 101325 \text{ Pa}$$

$$P = 101325\left(1-\frac{0{,}0065\left[{K}/{\text{m}}\right] \times 400[\text{m}]}{288{,}16[K]}\right)^{5{,}26} = 96607{,}66 \text{ Pa}.$$

Calculando a pressão da coluna de água,

$$P_c = \rho g h = 1000 \times 9.80665 \times 6 = 59490 \text{ Pa}$$

$$P + P_c = 96607{,}66 + 59490 = 1560947{,}66 \text{ Pa}.$$

14. Calcule a pressão exercida em um mergulhador, em Pa, quando o mesmo se encontra no fundo de uma represa a 30 m da superfície. Considere que essa represa está a um nível de 1000 m acima do mar (a 25 °C).

Resposta:

Considerando a pressão atmosférica ao nível do mar de 1 atm,

$$P_o = 1 \text{ atm} = 101325 \text{ Pa}$$

$$P = 101325\left(1-\frac{0{,}0065\left[{K}/{\text{m}}\right] \times 1000[\text{m}]}{288{,}16[K]}\right)^{5{,}26} = 89866{,}49 \text{ Pa}.$$

Calculando a pressão da coluna de água,

$$P_c = \rho g h = 1000 \times 9.80665 \times 30 = 297200 \text{ Pa}$$

$$P + P_c = 89866{,}49 + 297200 = 397066{,}49 \text{ Pa}.$$

15. Considere a Figura 12.32. Calcule a razão das velocidades v1 e v2 do fluido no interior do tubo.

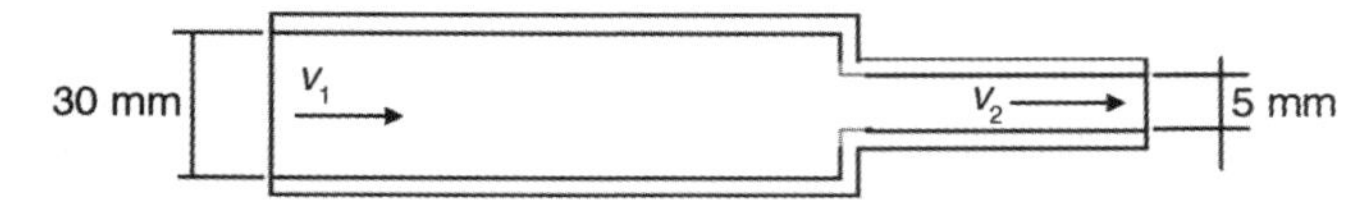

FIGURA 12.32 Tubo referente à Questão 15.

Resposta: Considerando condições ideais, os volumes na entrada e na saída do dispositivo devem ser iguais em um intervalo de tempo Δt:

$$V_1/\Delta t = V_2/\Delta t$$

$$v_1\left[\frac{\text{m}}{s}\right] \times A_1[\text{m}^2] = v_2\left[\frac{\text{m}}{s}\right] \times A_2[\text{m}^2]$$

$$\frac{v_1}{v_2} = \frac{A_2}{A_1} = \frac{(r_2)^2}{(r_1)^2} = \frac{(0{,}0025)^2}{(0{,}015)^2} = 0{,}0278.$$

16. Considere que a diferença de pressão medida por um tubo de Pitot é de 1616,12 Pa construído por um tubo tipo U. Sabendo que a densidade do ar em determinada condição de temperatura e pressão é de 1,293 *g/l*, calcule qual a velocidade do veículo que transporta esse instrumento.

Resposta: Veja a Subseção 14.1.4 deste volume.

$$1{,}293\,\frac{g}{l} = 1{,}293\,\frac{\text{kg}}{\text{m}^3}$$

$$v_1 = \sqrt{\frac{2\Delta P}{\rho}} = \sqrt{\frac{3232{,}24}{1{,}293}} = 50\,\frac{\text{m}}{s}.$$

17. Considere um avião que sobrevoa a uma altitude de 5000 m. Supondo as condições de pressão e temperatura, sabe-se que a densidade do ar é de $\rho_{5000} = 0{,}7361$ kg/m^3. Calcule a medida em Pa indicada por um manômetro acoplado a um tubo de Pitot, para uma aeronave deslocando-se a uma velocidade de 250 m/s. Desconsidere possíveis influências externas.

Resposta: Veja a Subseção 14.1.4 deste volume.

$$v_1 = \sqrt{\frac{2\Delta P}{\rho}} = \sqrt{\frac{2\Delta P}{0{,}7361}} = 250\,\frac{\text{m}}{s}$$

$$\Delta P = 62500 \times 0{,}7361 \times \frac{1}{2} = 23003{,}125 \text{ Pa}.$$

ΔP representa a diferença entre a pressão causada pelo fluido em movimento (dinâmica) e a pressão estática.

18. Um sensor capacitivo (de placas paralelas) quando submetido a uma pressão P deforma seu diafragma de maneira que a distância entre as placas fica reduzida em 1 %. Calcule a variação da capacitância.

Resposta:

$$C_o = \varepsilon\frac{A}{d}$$

$$C = \varepsilon\frac{A}{0{,}99d} = \frac{C_o}{0{,}99}$$

$$\Delta C = C_o\left(\frac{1}{0{,}99} - 1\right) = 0{,}0101C_o.$$

19. Utilizando um sensor de pressão piezoelétrico em uma situação quase estática, para garantir uma precisão de 1 % quanto, no máximo, deve variar a saída para uma constante de tempo de 300 s?

Resposta:

Utilizando a regra prática descrita na Subseção 12.4.2, podemos simplesmente assumir a variação máxima de 1 % da tensão para 1 % da constante de tempo (300 s). Em outras palavras, podemos assumir uma variação de tensão de 1 % nos primeiros 3 s.

20. Considere um medidor de pressão implementado com o método de McLeod com um volume $V = 200$ cm^3. Com um capilar de 2 mm (diâmetro) com Hg, calcule a altura medida para uma pressão de 5 Pa.

Resposta:

Supondo uma situação em que $V \gg Ah$,

$$P = \frac{\mu A h^2}{V}$$

$$5\ [\text{Pa}] = 0{,}0375\ \text{mmHg} = \frac{1 \times \pi \times (1\ \text{mm})^2 h^2}{200000\ \text{mm}^3}.$$

A leitura está relacionada com a altura h:

$$h = \sqrt{0{,}0375 \times 200000 \div \pi} = 48{,}86\ \text{mm}.$$

Problemas para você resolver

1. Um medidor de pressão implementando o método de McLeod possui um volume total de 150 mm^3. Sabendo que o capilar tem um raio igual a 0,0012 m, calcule a pressão em mmHg indicada por uma leitura cuja altura é de 5 cm.
2. Deduza uma relação para calcular a pressão atmosférica a cada 100 metros de altitude a partir do nível do mar (imponha limite).
3. Um LVDT é acoplado a um diafragma, como mostrado na Figura 12.10(*c*). Considerando que este LVDT possui uma resolução de 5 nm e o diafragma é construído de aço ($E = 2 \times 10^{11}$ Pa e $\gamma = 0{,}3$) com raio $r = 10$ cm, calcule a espessura desse diafragma, levando em conta a regra de manter o deslocamento máximo igual a um terço da espessura. Qual será a resolução (em Pa) desse instrumento?
4. Calcule a frequência natural do diafragma do exercício anterior.
5. Considere um manômetro tipo U com tubos de diâmetros diferentes. Uma das pernas possui diâmetro de 2 cm e está aberta ao ar livre, e outra, de 3 cm, está conectada em uma fonte de pressão. Sabendo que a altura de Hg medida é de 5 cm, pergunta-se qual seria a medida em mm, se os dois tubos tivessem o mesmo diâmetro?
6. Um diafragma de aço ($E = 2 \times 10^{11}$ Pa e $\gamma = 0{,}3$) com raio a = 4 cm e espessura 1 mm é submetido a uma carga de 5 MPa. Calcule a deflexão total.
7. No exercício anterior, qual a pressão necessária para fazer o diafragma deflexionar 0,1 mm?
8. Um manômetro tipo U contém um fluido com densidade de 1,6. O fluido é utilizado na medição de diferença de pressão de água. Qual a diferença de pressão para uma leitura de 12 cm?
9. Calcule a pressão barométrica padrão no topo de uma montanha a 8000 m de altitude.
10. Um macaco hidráulico é utilizado para suspender um carro de 2000 kg. O pistão maior tem um cilindro com área de 0,75 m^2 e o menor 0,02 m^2. Qual a força que deve ser aplicada ao cilindro menor para equilibrar o peso do carro?
11. Um manômetro tipo U é preenchido o equivalente a uma altura $h = 2{,}5$ cm com Hg. O restante é preenchido com água. Sabendo que a pressão atmosférica local equivale a 760 mmHg e ainda $\rho_{H_2O} = 1000\ \text{kg/m}^3$ e $\rho_{Hg} = 13600\ \text{kg/m}^3$, calcule a diferença de altura entre a coluna de água e a coluna de Hg.
12. Você tem a tarefa de projetar um indicador visual para ser acoplado em um tubo de Pitot a ser colocado em um barco a fim de medir sua velocidade. Sabendo que o barco pode chegar a uma velocidade de 10 nós e que a densidade da água é $\rho_{H_2O} = 1000\ \text{kg/m}^3$, faça uma tabela de conversão com 5 pontos de pressão *versus* velocidade.
13. Deduza a equação da pressão em função da altura para o manômetro tipo tanque da Figura 12.8(*b*).
14. Calcule o ângulo de um manômetro tipo tubo inclinado para que o mesmo tenha o dobro da sensibilidade de um tubo tipo U.
15. Desenhe o esquema de um sensor de pressão implementado com um diafragma no qual são colados extensômetros de resistência elétrica em configuração de ponte completa. Calcule a saída do mesmo para uma variação da resistência dos extensômetros de 1 %.

■ BIBLIOGRAFIA

APPLICATION NOTE 871 – Maxim - *Dallas Semiconductors APP871, Demystifying piezoresistive pressure sensors*, Dec 07,2001.

CLARK, S. e WISE, K. *Pressure sensitivity in anisotropically etched thin-diaphragm pressure sensors*. IEEE. Transactions on Electron Devices, Vol. ED-26, No. 12, December 1979, pp. 1887-1896.

DOEBELIN, O. E. *Measurement systems: application and design*. McGraw-Hill, 1990.

HAUPTMANN, P. *Sensors: principles & applications*. Hertfordshire, UK: Carl Hanser Verlag, 1991.

HETENYI, M. *Handbook of experimental stress analysis*. New York: John Wiley & Sons Inc., 1950.

HOLMAN J. P. *Experimental methods for engineers*. McGraw-Hill, Inc. 6ª ed., 1994.

JAEGER, R. C. *Introduction to microelectronic fabrication*. Reading, MA: Addison-Wesley, 1993.

JOHNSON, C. D. *"Pressure Principles". Process control instrumentation technology*. Prentice Hall – PTB, 1997.

MOON, K.L.; LEE, B.N. e JUNG, M.S. *A bipolar integrated silicon pressure sensor*. Sensors & Actuators A (Physical), Vol. 34, July 1992, pp. 1-6.

MOTOROLA *Semiconductor application note AN1082D, Simple design for a 4-20 ma interface using a motorola pressure sensor*, 2002.

MOTOROLA *Semiconductor application note AN1984, handling freescale pressure sensors*, 2004.

NOLTINGK, B.E. *Instrument technology — mechanical measurements*, 4ª ed., Vol. 1. Butterworths, 1985.

Sensorsmag.com, *Pressure measurement: principles and practice*, http://www.sensorsmag.com/articles/0103/19/main.shtml (acessado em janeiro de 2006).

SCHNATZ, F. V. *et al*. *Smart CMOS capacitive pressure transducer with on-chip calibration capability*. Sensors & Actuators A (Physical), Vol. 34, July 1992, pp. 77-82.

SINCLAIR, I.R. *Pressure and transducers*, 3ª ed. Newnes, 2001.

WEBSTER, J. G. *Measurement, instrumentation and sensors handbook*. CRC Press, 1999.

WILLIAMS, R. *Pressure transducers*, Flow Control, March, 1998.

CAPÍTULO 13

Medição de Nível

13.1 Introdução

Pode-se definir nível como a altura de preenchimento de um líquido ou de algum tipo de material em um reservatório ou recipiente. A medição normalmente é realizada do fundo do recipiente em direção à superfície ou a um ponto de referência do material a ser medido.

A aplicação de medidas de nível é necessária em muitos processos, podendo ser citadas a medição de nível de grãos em silos, em reservatórios de combustíveis, em reservatórios de água, o nível de lagos e oceanos, entre tantos outros.

A variedade de métodos nesse tipo de medição também é grande. Nos dias atuais, existem medidores que empregam técnicas, como flutuadores, medição de pressão por ultrassom, por pressão diferencial, entre outros. Outro fator comum, devido principalmente à introdução de processadores eletrônicos na instrumentação, é a integração de medidas de nível a outras tarefas do processo, tais como transmissão, controle, filtros, além da possibilidade de procedimentos remotos, como calibração e interação com outras partes do processo.

Um fato bastante comum na medição de nível é a aplicação de detectores. Nesse caso, são implementados sistemas que monitoram estados de níveis, tais como estado de nível máximo e estado de nível mínimo. Ainda é possível, com esse tipo de procedimento, o monitoramento do nível de determinado produto de acordo com a quantidade e a posição dos detectores, o que caracteriza uma saída digital.

13.2 Medição de Nível por Métodos Diretos

Métodos diretos são aqueles em que se utilizam técnicas que medem diretamente a altura da superfície em relação ao fundo de um recipiente.

13.2.1 Indicadores e visores de nível

Normalmente esses dispositivos são simples e produzem apenas uma saída visual. A medição direta é feita pela inserção de uma régua no interior do reservatório, de modo que o zero da régua coincida com o fundo do reservatório. A superfície do líquido marcará o ponto de leitura na régua, que poderá ser então retirada, podendo a leitura do nível ser feita na marca.

No caso de um reservatório translúcido, a régua pode ser colocada encostada no reservatório e a leitura será feita sem o contato com o conteúdo.

A Figura 13.1 mostra a medida de nível em um reservatório com a utilização de uma régua e um **visualizador externo** de vidro. A técnica de medida da Figura 13.1 é baseada na lei dos vasos comunicantes. Anexo ao reservatório existe um vaso, ou tubo transparente, graduado, que, por igualdade de pressão na superfície, mantém o líquido no mesmo nível. De forma um pouco mais rústica, os trabalhadores da construção civil utilizam esse mesmo princípio para alinhar paredes por meio de uma mangueira transparente contendo água, conforme se pode observar na Figura 13.2.

A principal vantagem dos visores de vidro é o baixo custo. Por esse motivo, esses dispositivos são bastante utilizados na monitoração local do nível de líquidos em reservatórios, exceto em locais em que as condições de pressão e temperatura impeçam sua utilização.

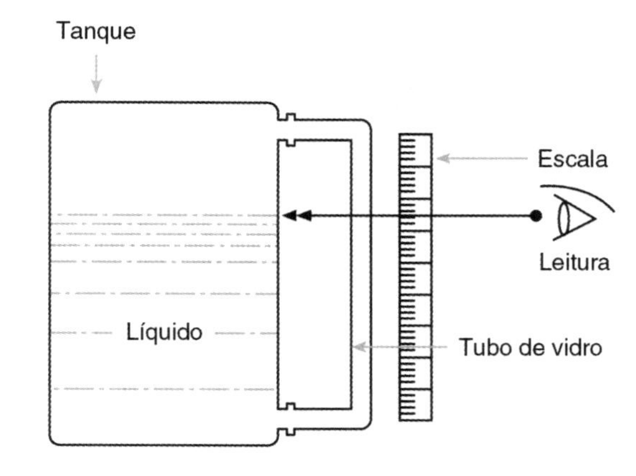

FIGURA 13.1 Medição direta de nível com a utilização de um visualizador.

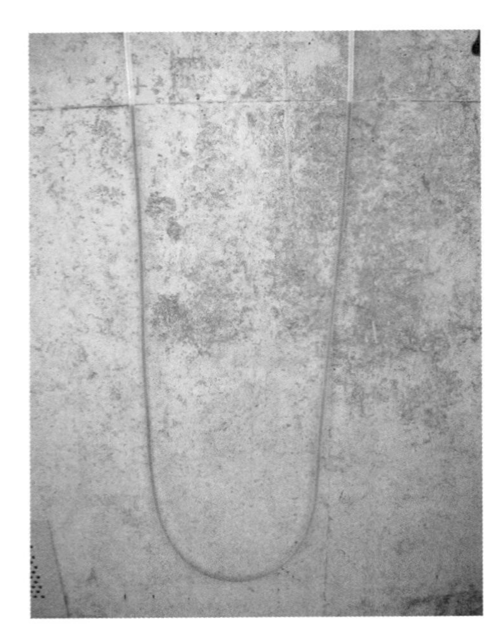

FIGURA 13.2 Fotografia da medição de nível com uma mangueira transparente.

As formas e os tipos de visores variam e devem ser analisados de acordo com a aplicação. Os visores de vidro tubulares consistem em tubos conectados a válvulas de bloqueio que podem variar de acordo com as necessidades. O comprimento e o diâmetro do tubo dependem das condições de utilização (temperatura e pressão) e devem ser rigorosamente analisados no momento da escolha do dispositivo. Os visores de vidro tubulares possuem diâmetro e comprimento padronizados, de modo que esses valores estão relacionados com as temperaturas e as pressões máximas. De maneira geral, não se recomenda a utilização de visores de vidro em sistemas que contenham líquidos tóxicos ou inflamáveis, ou ainda que possuam pressão e temperatura superiores às especificadas pelos fabricantes, devido à facilidade de rompimento e à possibilidade de acidentes. Também é recomendado que os visores não ultrapassem o comprimento máximo especificado. Em casos de necessidade de faixas muito grandes, recomenda-se a utilização de dois ou mais visualisadores.

Outro tipo de geometria utilizada são os visores de vidro plano. De fato, pelas características de construção esses visores tornam-se mais robustos e substituíram muitas aplicações antes feitas com visores tubulares. A Figura 13.3 mostra o aspecto dos visores de vidro planos, que podem ser compostos por um ou mais módulos (secções) de visores. A principal desvantagem dos visores com módulos é a não visibilidade entre as secções, porém eles podem trabalhar em faixas mais altas de temperatura e pressão, além de oferecer riscos menores de ruptura por choque mecânico.

Outro método bastante simples para a monitoração de nível é a utilização de uma vareta molhada (*dipstick*). Esse método é comumente utilizado no monitoramento do óleo em motores de combustão e combustíveis em postos de abastecimento. Consiste em inserir uma vareta no reservatório até o fundo e observar a extensão da vareta que é molhada pelo fluido. A Figura 13.4 ilustra a utilização desse método.

13.2.2 Medidores de nível com boias e flutuadores

Outro método de medição direta de nível consiste na utilização de **boias** ou **flutuadores**. Nesse caso, são utilizados elementos com massa específica menor que o fluido a ser medido, de

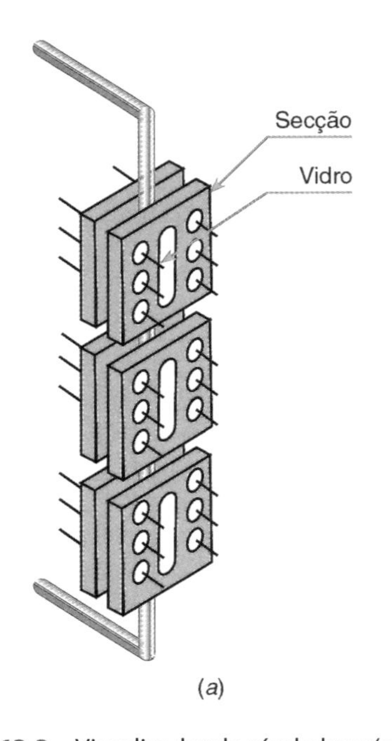

FIGURA 13.3 Visualizador de nível plano (*a*) esquema; (*b*) fotografias. (Cortesia de Indubrás Indústria e Comércio Ltda.)

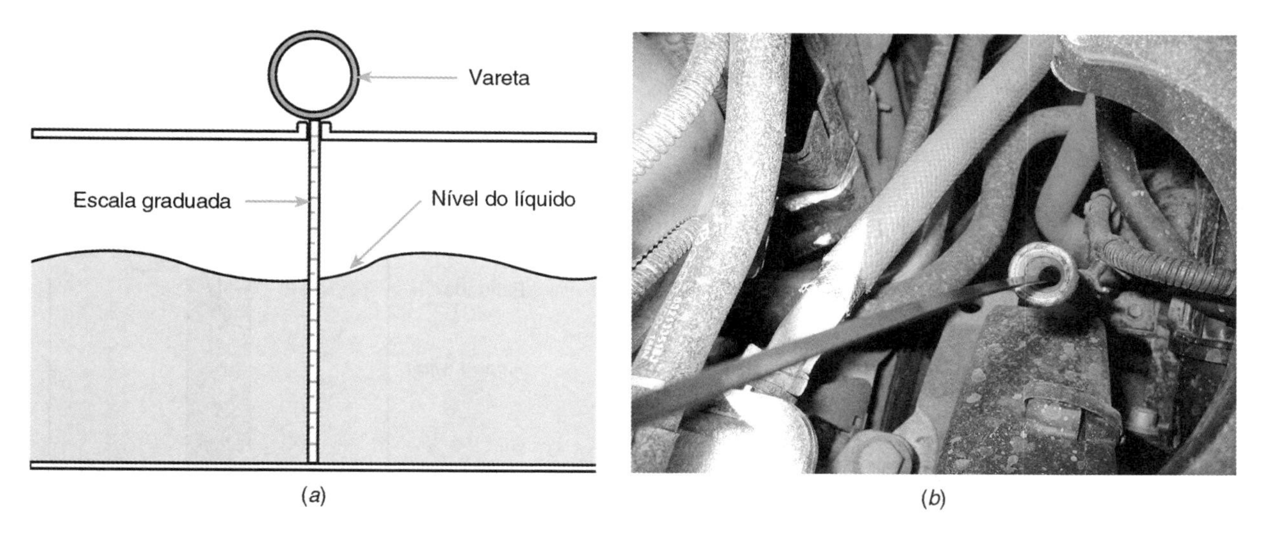

FIGURA 13.4 (*a*) Método da vareta molhada e (*b*) fotografia de aplicação em um reservatório de óleo automotivo.

modo que, de acordo com a variação do nível, a posição do flutuador em relação ao fundo varia. Esse movimento pode ser acoplado a um dispositivo para a visualização. Tal dispositivo pode ser mecânico ou eletrônico, como mostra a Figura 13.5.

Aqui o monitoramento é contínuo, pois em toda a extensão haverá uma saída associada ao nível. Mas existem casos em que apenas pontos limites e pontos intermediários são suficientes. Nesse caso, podem ser utilizados detectores popularmente conhecidos como chaves, que podem ser mecânicas ou magnéticas. A Figura 13.6 mostra as fotografias de sensores de nível do tipo boia que utilizam o chaveamento de um *reed-switch* (para detalhes desse sensor, veja o Capítulo 8). Nesse caso, o flutuador é fixado a um braço que funciona como uma alavanca. Com a variação de nível, a boia que contém um ímã movimenta-se em direção ao detector magnético, o qual converte o movimento mecânico em um acionamento elétrico. O mesmo esquema pode ser implementado com chaves mecânicas, bastando para isso que, no lugar do ímã e do detector magnético, seja utilizada uma chave mecânica acionada pelo movimento do braço, como exemplifica a Figura 13.7. Esse dispositivo é utilizado na maioria dos controles de nível de água em reservatórios residenciais.

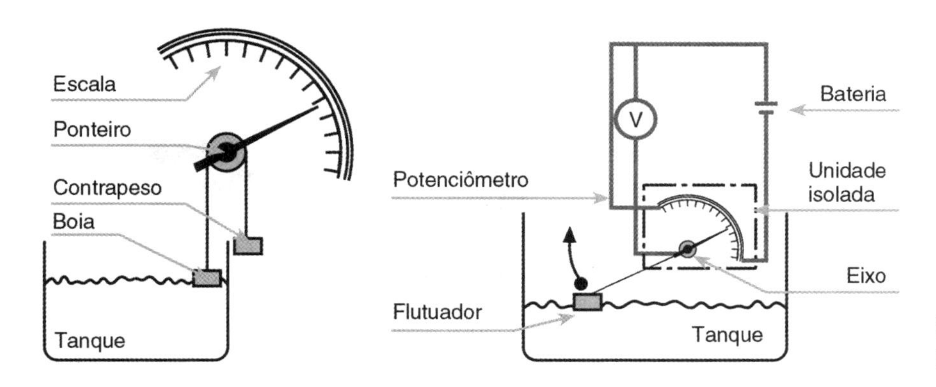

FIGURA 13.5 Utilização de flutuadores para medição de nível.

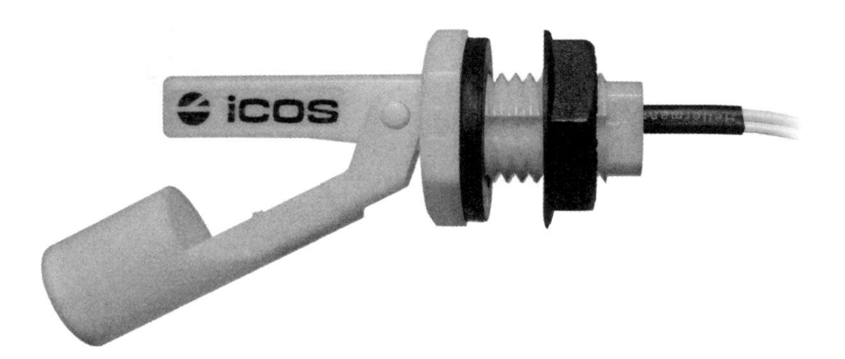

FIGURA 13.6 Fotografias de detectores comerciais de nível com chaves que utilizam uma boia, um ímã interno e um *reed-switch*. (Cortesia de Icos Excetec Ltda.)

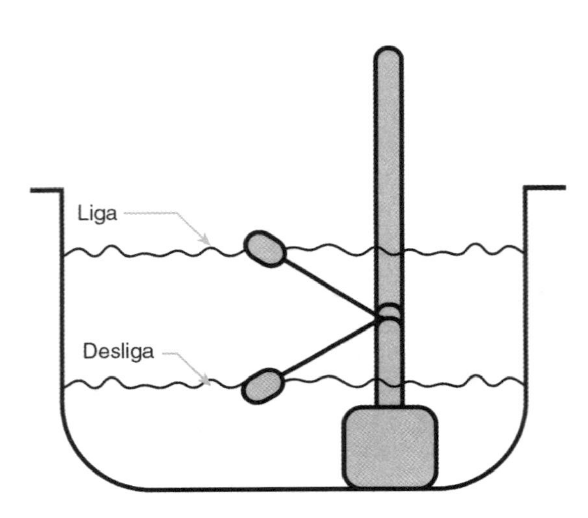

FIGURA 13.7 Acionamento de um detector de nível por meio de um braço mecânico chaveando uma válvula.

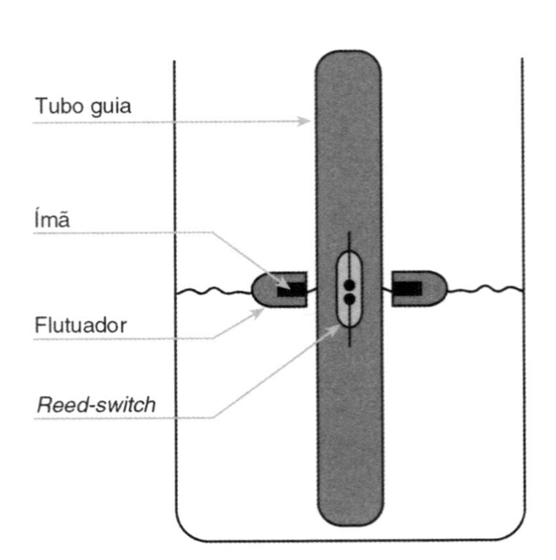

FIGURA 13.8 Esquema de utilização de detectores magnéticos para monitoramento de nível.

A utilização de detectores magnéticos do tipo *reed-switches* também possibilita que sejam fixados ímãs permanentes aos flutuadores que deslizam sobre um eixo. Ao se deslocarem, esses flutuadores se aproximam dos detectores magnéticos de posição (*reed-switches*) e tornam possível o acionamento elétrico diretamente ou o interfaceamento da informação a um sistema microprocessado que faz a tomada de decisão. O esquema de funcionamento de um *reed-switch* juntamente com a boia e o ímã deslizando sobre o eixo pode ser visto na Figura 13.8. A Figura 13.9 mostra a fotografia de sensores desse tipo.

Muitas vezes, é necessária a detecção de mais de um ou mais de dois pontos de nível, sendo normalmente utilizados os detectores multipontos. O funcionamento desses dispositivos segue o mesmo princípio abordado. A única diferença é que existem mais boias *reed-switches* no corpo do sensor. O sensor da Figura 13.9(*b*), no entanto, consiste em uma boia com um ímã e uma haste, na qual estão inseridos vários *reed-switches* que são chaveados de acordo com o deslocamento do flutuador. Em uma das extremidades dos *reed-switches* ainda existem resistores, os quais vão sendo inseridos no circuito, de modo que o sinal de saída é em corrente. Com esse tipo de medidor, é possível obter uma resolução de até 10 mm em faixas de até 2 m e de 20 mm em faixas de 2 a 6 m.

Além dos métodos anteriormente descritos existem outros tipos de chaves mecânicas para monitoramento de nível. Um exemplo são os detectores de mercúrio. Nesse caso, temos

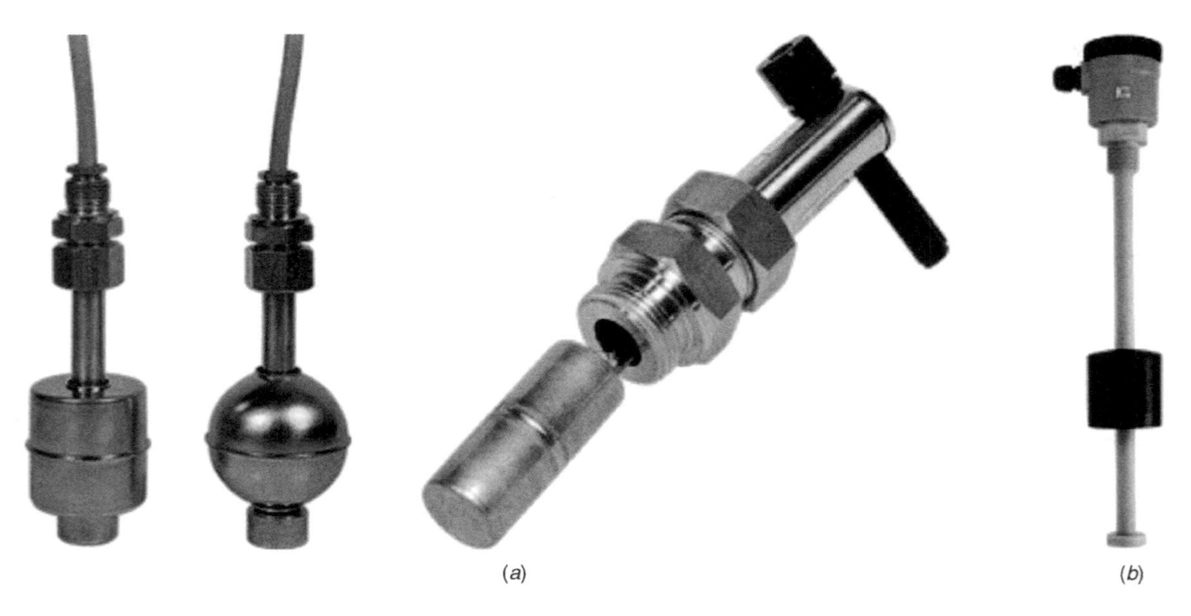

FIGURA 13.9 Fotografias de detectores de nível de (*a*) ponto único e (*b*) detector de nível (quase) contínuo. (Cortesia de Kobold Instruments Inc.)

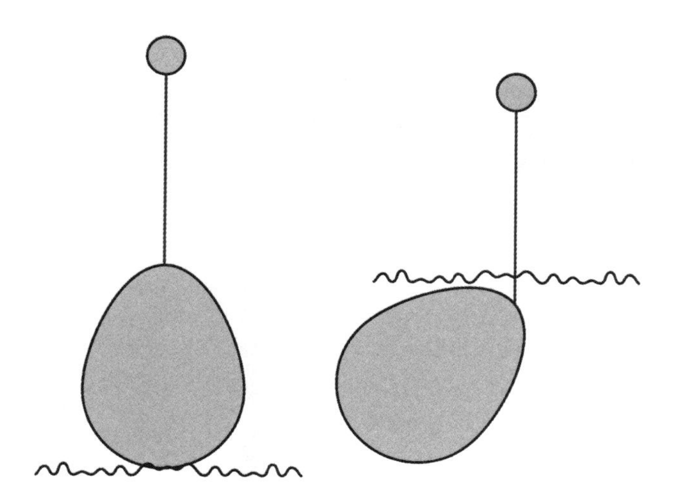

FIGURA 13.10 Cápsula de mercúrio para monitoramento de nível.

uma cápsula com dois contatos mecânicos, parcialmente preenchida com mercúrio (Hg). Por ser um metal, o mercúrio pode conduzir corrente. Os contatos são construídos de modo que se fechem apenas quando o nível ultrapassar um certo limite, quando a cápsula se inclinar. A Figura 13.10 mostra um esboço desse tipo de sensor.

13.2.3 Indicador de nível magnético

Uma alternativa para os famosos vidros de visualização de nível são os indicadores magnéticos. Esses constituem um processo similar aos flutuadores, mas existe uma comunicação entre o flutuador e o indicador totalmente magnético (também denominado *bypass*).

O flutuador contém um forte ímã permanente. Todo esse sistema desloca-se sobre uma coluna auxiliar (vaso comunicante) ou no interior dela. Juntamente com essa coluna encontra-se, externamente, outra sobre a qual se desloca, atraído pelo ímã do flutuador, um seguidor metálico que tem a função de indicar o nível. A Figura 13.11 mostra o esquema de um medidor de nível utilizando um indicador magnético.

Muitos fabricantes disponibilizam flutuadores para diferentes fluidos como butano, propano, óleos, ácidos, água ou mesmo a interface entre dois fluidos, caracterizando uma grande gama de diferentes flutuadores, os quais podem suportar altas temperaturas, altas pressões e fluidos corrosivos.

Esses dispositivos ainda podem estar integrados a outras tecnologias, como a medição de nível por efeito magnetostritivo, abordado no Capítulo 8.

13.3 Medição de Nível por Métodos Indiretos

A medição de nível por métodos indiretos é realizada por meio de grandezas relacionadas com o nível, tais como força de empuxo, tempo de propagação, pressão, capacitância, entre outras.

13.3.1 Medidor de nível do tipo deslocador

A utilização de um corpo no interior de uma câmara que contenha um líquido de modo que uma força vertical resultante seja a diferença entre o peso e a força de empuxo medida é denominada **método do deslocador**. O princípio de funcionamento é que o corpo que flutua está parcialmente inserido no líquido, de modo que, à medida que o nível aumenta, a força de empuxo também aumenta, aumentando a força resultante. Essa forma de medição é baseada na lei enunciada por Arquimedes: "Todo corpo mergulhado em um fluido sofre a

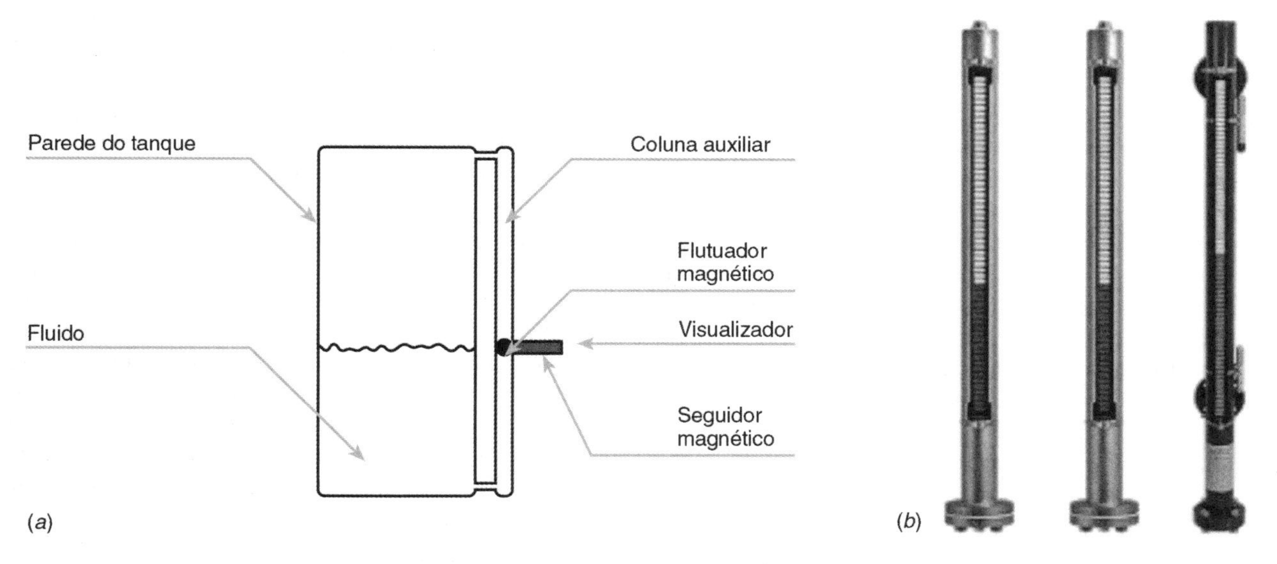

FIGURA 13.11 (*a*) Esquema de um indicador de nível magnético e (*b*) fotografias de indicadores de nível que utilizam esse princípio. (Cortesia de Kobold Instruments Inc.)

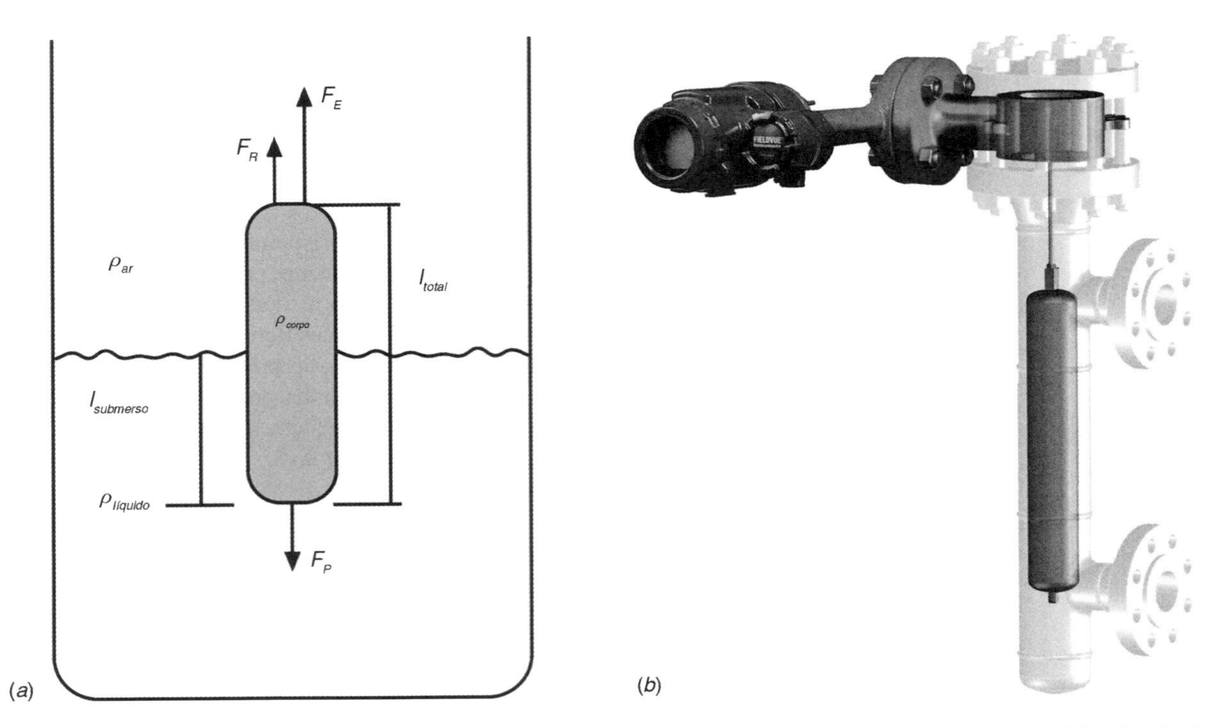

FIGURA 13.12 (*a*) Princípio de funcionamento do medidor de nível do tipo deslocador e (*b*) fotografia de um medidor de nível do tipo deslocador. (Cortesia de Emerson Process Management.)

ação de uma força vertical dirigida de baixo para cima igual ao peso do fluido deslocado." A força de empuxo F_E é definida como

$$F_E = g \cdot A \cdot \rho_{líquido} \cdot l_{submerso}$$

sendo g a aceleração da gravidade, A a área da secção do corpo, $l_{submerso}$ a altura do flutuador submerso no líquido (Al total é o volume total do flutuador, o qual depende da geometria) e $\rho_{líquido}$ a massa específica do fluido. Pode-se ainda fazer a correção preciosista do empuxo no meio ambiente:

$$F_E = gA\rho_{líquido}l_{submerso} + gA\rho_{ar}\,(l_{total} - l_{\text{submerso}}).$$

O flutuador (deslocador) apresenta uma conexão mecânica com uma espécie de dinamômetro que indiretamente indica nível. O peso medido é o chamado *peso aparente*, igual à diferença entre o peso do corpo fora do fluido (peso real) e o peso do fluido deslocado ou a força de empuxo.

A força peso é $F_P = mg$, sendo m a massa que é função do comprimento total do corpo l, da área da secção A e da massa específica ρ_{corpo}. Observa-se que o corpo deve ter uma massa específica menor que a do líquido, para que possa flutuar. O princípio de funcionamento desse método é mostrado na Figura 13.12.

Pode-se calcular a força resultante F_R estabelecendo a diferença entre a força peso F_P e a força de empuxo F_E.

$$F_R = F_P - F_E$$

$$F_R = gA\rho_{corpo}l_{total} - [gA\rho_{líquido}l_{submerso} + gA\rho_{ar}\,(l_{total} - l_{submerso})]$$

A vantagem desse método é a precisão, mas esse sistema requer constante manutenção. Isso ocorre porque o volume do corpo do flutuador afeta a força resultante, de modo que é comum que resíduos fiquem depositados sobre ele. Periodicamente esse corpo deverá ser removido e limpo.

Geralmente esse tipo de medidor proporciona precisão da ordem de 0,5 % do fundo da escala. Com os recursos introduzidos por meio da utilização de microprocessadores integrados ao sistema de medição, é possível fazer calibração remota, transmissão de sinal padronizado em corrente de 4 a 20 mA, ajuste de zero e alarmes, entre outros. A Figura 13.13 mostra a ilustração de um medidor de nível e sua instalação em uma configuração externa e interna.

Esse equipamento funciona transformando a força de empuxo da boia em um movimento de torção em um braço que está acoplado a um magneto (ímã) [Figura 13.13(*a*)]. Dessa forma, o ímã desloca-se sob um sensor magnético de efeito Hall, gerando um sinal analógico proporcional ao nível do líquido. Esse método caracteriza uma medição sem contato e, consequentemente, sem força de atrito. Deve-se observar ainda que esse método depende da massa específica do líquido do tanque. Assim, para os casos em que no reservatório se encontrem dois fluidos imiscíveis (ou seja, que não se misturam) e de massa específica diferentes, é possível fazer a medição do nível de interface.[1] Sabe-se que o fluido com menor massa específica fica acima do fluido com maior massa específica.

[1] Interface significa o ponto de contato entre duas substâncias distintas e imiscíveis que estão em contato direto, como, por exemplo, água e óleo.

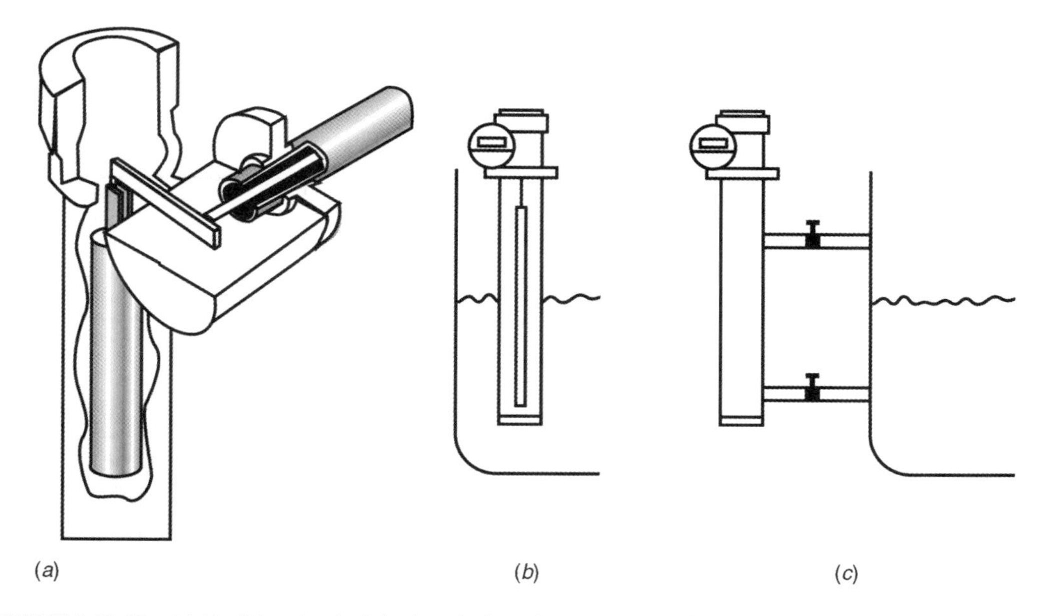

FIGURA 13.13 (*a*) Medidor de nível do tipo deslocador e esquema de instalação (*b*) interna e (*c*) externa.

Conhecendo-se as massas específicas, o empuxo total será um somatório dos empuxos causados por cada um dos fluidos. Assim, determina-se a interface de dois líquidos imiscíveis diferentes com a curva de resposta desse sensor.

13.3.2 Medidor de nível do tipo hidrostático

Medindo-se a pressão no fundo do reservatório, também é possível determinar o nível de um líquido, visto que a **medição da pressão hidrostática** está relacionada com a altura da coluna:

$$P = \rho \cdot g \cdot h,$$

sendo P a pressão, ρ a massa específica do líquido, g a aceleração da gravidade e h a altura da coluna. A Figura 13.14(*a*) mostra a ligação de uma tomada de pressão em um reservatório para a medição de nível, (*b*) a curva de resposta pressão × nível e (*c*) a fotografia de um transmissor de pressão comercial.

Um dos pontos é conhecido como ponto de baixa pressão (acima da coluna de líquido, A) enquanto o outro é o ponto de alta pressão (na base do reservatório, B).

No tanque fechado, a pressão interior é diferente da pressão atmosférica. Os lados de alta e baixa pressão são conectados individualmente por tubos na parte alta e na parte baixa do tanque, denominado transmissor de pressão diferencial.

Caso o reservatório esteja sob pressão, a medida será influenciada pela pressão da fase gasosa. Nesse caso, utiliza-se a **medição de nível por pressão diferencial**. Dessa forma, é computada apenas a diferença de pressão entre os dois pontos, com dependência apenas da coluna de líquido, anulando-se o efeito de pressão da fase gasosa. A Figura 13.15 mostra detalhes de uma tomada de pressão diferencial.

Quando é necessário medir nível em um tanque fechado contendo vapor, deve-se preencher a conexão da tomada de alta pressão com água para evitar a condensação na tubulação, o que provocaria erros de medição. Nesse caso, temos a transmissão de pressão úmida ou preenchida. A adição de um líquido garante que o mesmo já tenha seus efeitos na tubulação computados na calibração do sistema.

Erros de zero (supressão e elevação de zero) podem ocorrer com as configurações de medida de pressão para determinação de nível. A supressão ocorre quando o zero do medidor está abaixo do zero real da grandeza. A elevação de zero ocorre quando o zero medido está acima do zero real da grandeza. A Figura 13.16 mostra o efeito de uma medição de nível por meio de pressão com efeito de supressão e elevação de zero. O efeito de elevação indicado nessa figura ocorre porque o valor medido de pressão (h) está adicionado de um *offset* acima do zero real, enquanto o valor de pressão baixa (e) indicado está abaixo do valor real. Medidores de pressão diferenciais para essa aplicação geralmente possuem ajustes mecânicos ou eletrônicos para efeitos de elevação e supressão de zero, bem como para o *spam* desses parâmetros.

Ainda fazendo o monitoramento da variável pressão, é possível executar a **medição de nível com um borbulhador**. Com esse sistema, é possível medir o nível em fluidos corrosivos, uma vez que não haverá contato do medidor com o fluido.

O sistema é composto por um medidor de pressão, uma válvula e um suprimento de ar com pressão pelo menos 20 % maior que a pressão produzida pela coluna líquida quando o reservatório estiver totalmente cheio.

Uma tubulação conecta o ar comprimido à válvula e conecta a válvula ao fundo do reservatório. Na linha que liga a válvula ao reservatório é instalado o medidor, e a válvula é ajustada para que uma pequena vazão de ar passe a sair pela ponta mergulhada da tubulação, de modo a garantir a saída de uma pequena quantidade de bolhas. O medidor de pressão indicará a pressão provocada pela coluna líquida, e dessa forma mede-se a altura. A Figura 13.17 mostra um medidor de nível com um borbulhador.

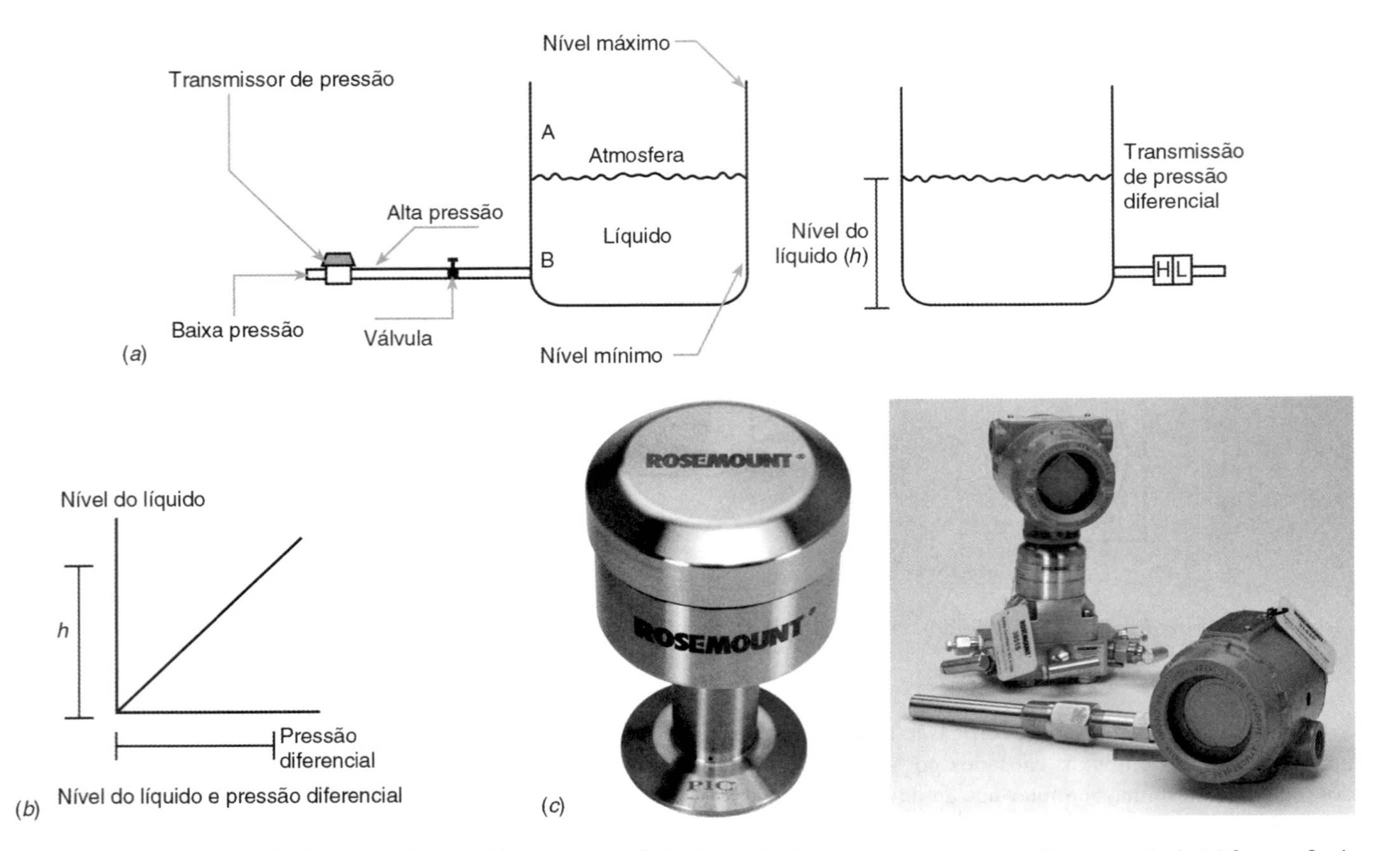

FIGURA 13.14 (*a*) Tomada de pressão hidrostática para a medição de nível, (*b*) curva de resposta pressão *versus* nível e (*c*) fotografia de transmissores de pressão comerciais. (Cortesia de Emerson Process Management.)

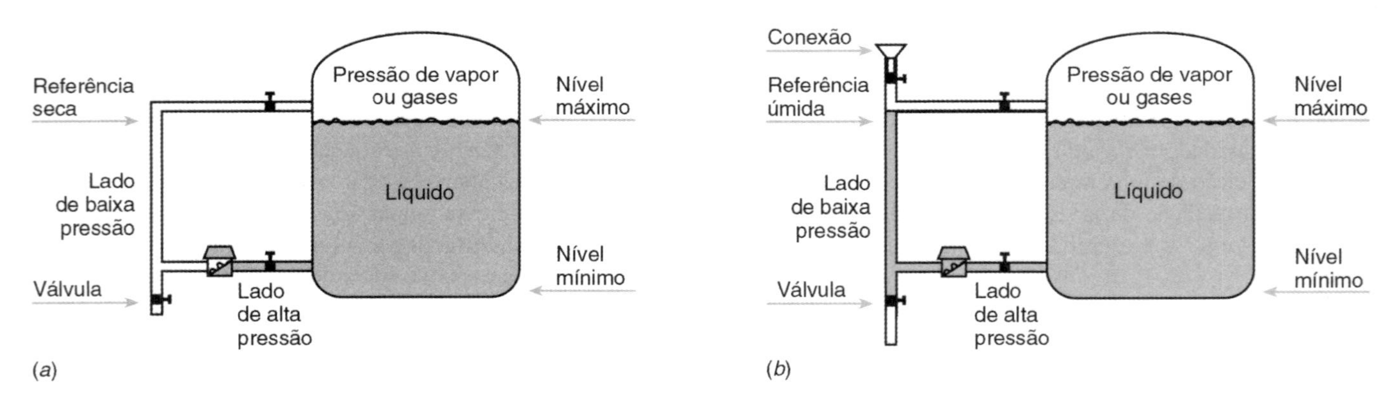

FIGURA 13.15 Tomada de pressão diferencial para a medição de nível (*a*) com referência seca e (*b*) com referência úmida.

Desprezando a perda de carga na tubulação e a massa específica do gás, a pressão é

$$P = \rho \cdot g \cdot h,$$

em que ρ é a massa específica do líquido, g a aceleração da gravidade local e h a altura do líquido no tanque.

Como a massa específica dos líquidos varia com a temperatura, para que boas precisões sejam alcançadas é necessário que sejam feitas compensações relacionadas com esse parâmetro.

Através da tubulação é feita a medição de um ponto de alta pressão, enquanto um ponto de baixa pressão é deixado aberto à atmosfera. Caso o reservatório seja pressurizado, o ponto de baixa pressão é conectado ao topo do reservatório, de modo que seja possível fazer o cálculo da pressão diferencial, causada pelo líquido apenas.

Atualmente, os transmissores de pressão diferencial são extensamente utilizados. Em geral, são utilizadas tecnologias recentes de comunicação e processamento aplicados a sinais

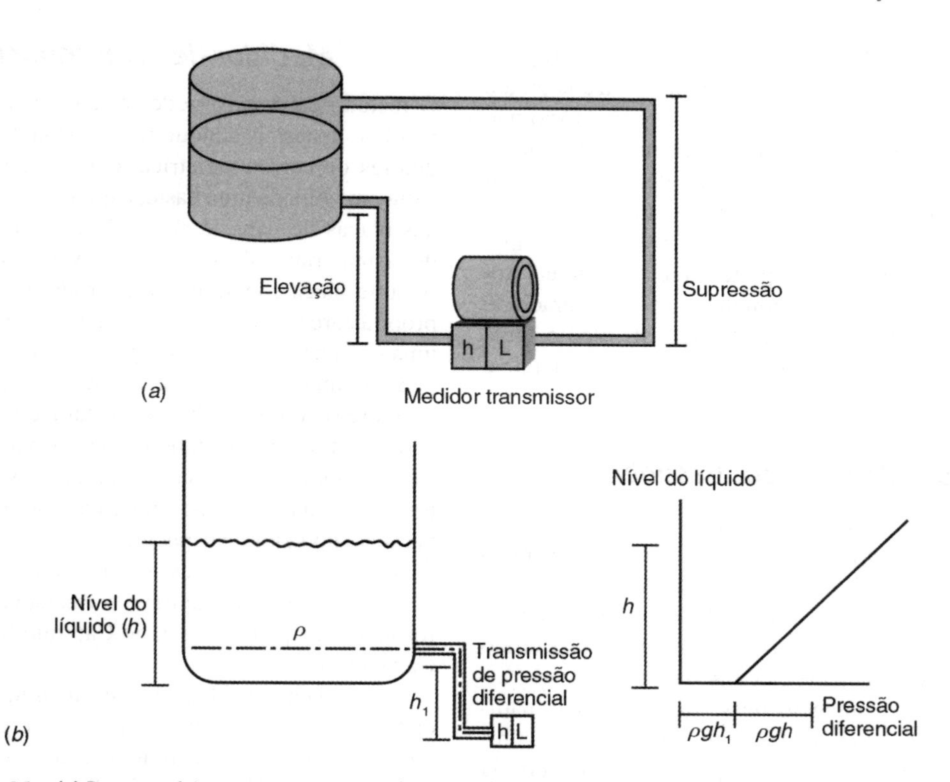

FIGURA 13.16 (*a*) Reservatório com supressão e elevação de zero e (*b*) efeito de um sistema com elevação de zero.

convencionais de 4 a 20 mA com CLPs (controladores lógicos programáveis) ou outros dispositivos inteligentes, resultando em flexibilidade e confiabilidade nas aplicações, além de permitir monitoramento remoto.

O procedimento conhecido como HTG (*hydrostatic tank gauging*) consiste em uma aplicação específica na qual é feita a padronização de medição e monitoramento de operações em tanques e similares. Os sistemas HTG podem fornecer informações precisas de massa, massa específica e volume (entre outras) de cada tanque monitorado. Esses dados podem ainda ser disponibilizados em forma digital via rede e acessados de computadores remotos. A Figura 13.18 mostra um sistema que incorpora um transmissor de pressão (TP) a um transmissor de temperatura (TT) e ainda a um transmissor de nível (TN) para detectar o acúmulo de água no fundo do tanque. Pode-se calcular a massa do conteúdo do tanque com os dados da pressão da coluna (medida pelo TP) de líquido

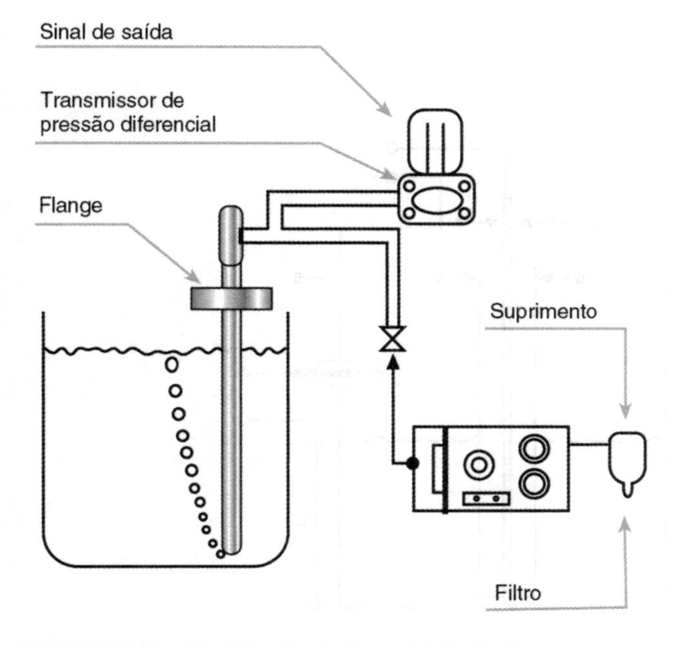

FIGURA 13.17 Medidor de nível com borbulhador.

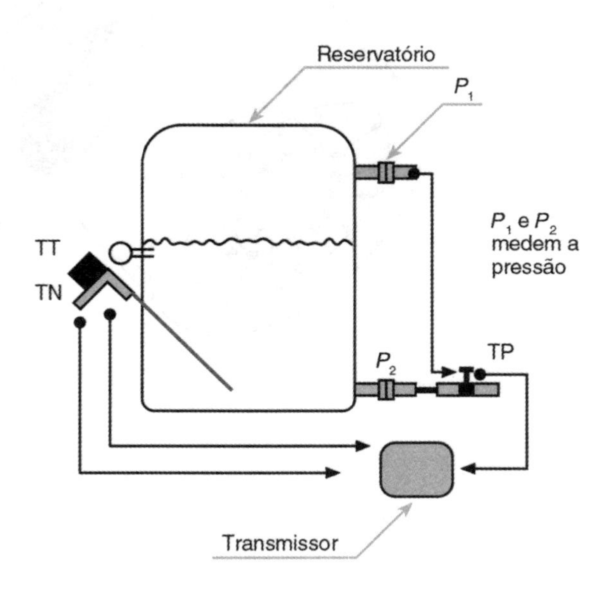

FIGURA 13.18 Sistema HTG.

multiplicada pela área do tanque. A relação entre a temperatura e a massa específica do líquido pode ser utilizada para o cálculo do volume e do nível, desde que o reservatório não esteja sob pressão. Esses dados podem alimentar um sistema microprocessado que faz todos os cálculos de forma automática, disponibilizando os resultados para monitoramento.

A Figura 13.18 mostra o transmissor de nível (TN), com o medidor instalado em ângulo na parte inferior do reservatório. Isso é feito para detectar o acúmulo de água, separado do óleo. Mais do que isso, medindo a interface de óleo e água, o transmissor de nível (TN) provê uma forma de corrigir o verdadeiro nível de óleo.

13.3.3 Medidor de nível por pesagem

A medida de nível por pesagem consiste na aplicação direta de uma célula de carga incorporada ao reservatório. Conforme o reservatório vai sendo preenchido com determinado material, a força ou o peso que atuam nessa célula vão aumentando. Conhecendo a geometria do reservatório e o peso específico do material, pode-se facilmente calcular o nível.

Uma das principais vantagens desse método é que, naturalmente, o processo de medida é feito sem contato; entretanto, para que o método possa ser aplicado, a estrutura da célula de carga deve ser projetada especificamente para esse fim. Outra dificuldade ocorre quando a estrutura ou todo o sistema se degrada, perdendo massa; ou então, ao contrário, quando agrega massa através de resíduos; ou ainda quando agentes externos, como vento ou outros fenômenos, causam uma variação de carga na célula. Isso faz com que ocorram variações no peso total, de modo que é necessário fazer ajustes de zero, bem como calibrações constantemente.

13.3.4 Medidor de nível capacitivo

O método capacitivo pode ser empregado para medição do nível de materiais condutores ou isolantes. Em líquidos condutores de corrente elétrica, deve-se utilizar uma capa isolante em volta de uma haste, a qual serve como eletrodo (uma das placas do capacitor). Nesse caso, a constante dielétrica desse material isolante deve ser levada em conta nos cálculos. A outra placa condutora ou eletrodo do capacitor pode ser a própria carcaça do reservatório (se esta for metálica) ou então uma nova haste com uma capa isolante.

Se o líquido for isolante, os eletrodos podem estar em contato direto com ele (observa-se também, nesse caso, que, se o reservatório for metálico, pode servir como uma das placas do capacitor). Dessa forma, quando o nível varia, ocorre a variação da constante dielétrica que, por sua vez, causa a variação do valor de capacitância.

Na maioria das vezes, os reservatórios são cilíndricos e o valor da capacitância deve ser calculado de acordo com a forma do recipiente. Veja, no Capítulo 8, a Seção 8.9, Efeito Capacitivo.

Caso haja necessidade de introduzir um isolante em um dos eletrodos, tem-se mais um cilindro. A Figura 13.19 ilustra um tanque e o capacitor cilíndrico equivalente, no qual o nível está sendo medido pela variação da capacitância. Podem-se observar um eletrodo de diâmetro d_1, um isolante de diâmetro d_2 e um tanque de diâmetro d_3. Dessa forma, a capacitância do sistema pode ser definida por

$$C = \frac{2\pi\varepsilon_0 L}{\frac{1}{\varepsilon_1}\ln\left(\frac{d_2}{d_1}\right) + \frac{1}{\varepsilon_2}\ln\left(\frac{d_3}{d_2}\right)},$$

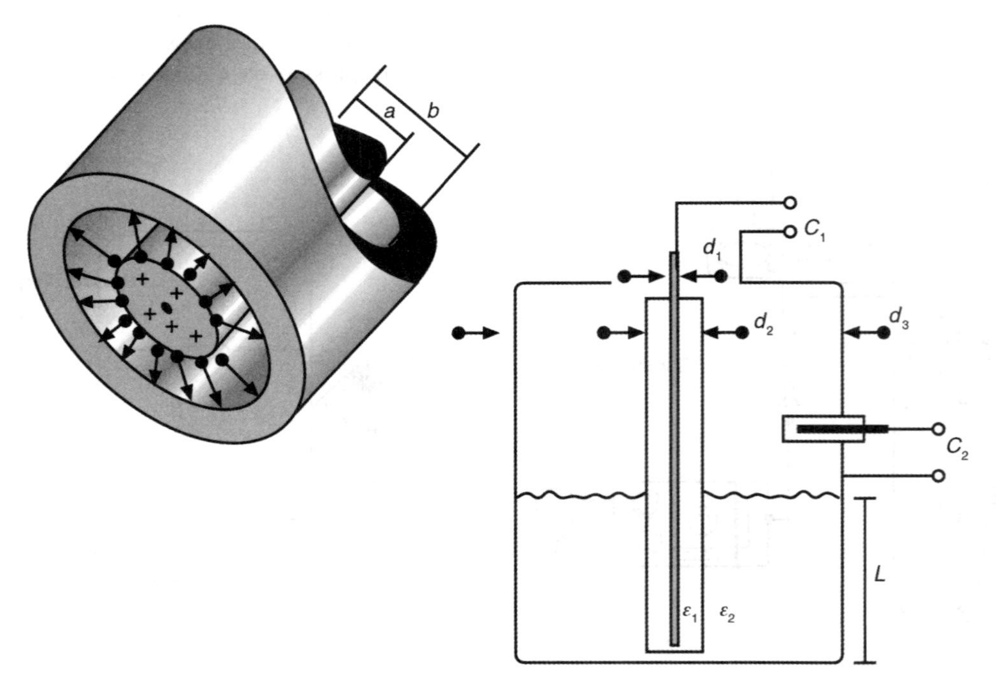

FIGURA 13.19 Medição de nível por variação de capacitância e seu capacitor cilíndrico equivalente.

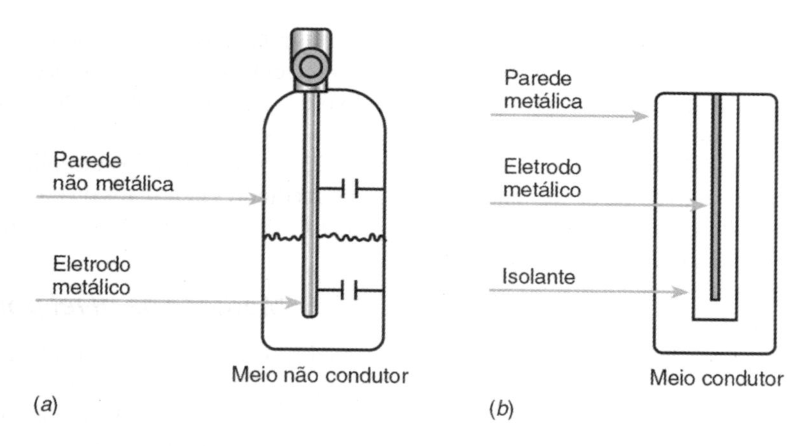

FIGURA 13.20 Medição de nível pelo método capacitivo em (*a*) um líquido isolante e (*b*) um líquido condutor.

em que L é o nível do reservatório e ε_0, ε_1 e ε_2 as constantes dielétricas do vácuo, do isolante e do líquido, respectivamente.

A Figura 13.20(*a*) mostra um processo em que um sensor capacitivo está medindo o nível de um líquido não condutor. Nesse caso, o eletrodo metálico está em contato direto com o material e o recipiente metálico funciona como um segundo eletrodo. A Figura 13.20(*b*) mostra um sensor capacitivo medindo o nível de um líquido condutor. Nesse caso, o eletrodo deve ser isolado e mais um dielétrico é adicionado ao processo.

Na Figura 13.22 pode-se observar um eletrodo sensor conectado diretamente a um transmissor, que é montado na parte externa do tanque. Nesse tipo de medidor, o sensor é montado verticalmente e o sistema pode ser utilizado para medir nível contínuo ou apenas em determinados pontos.

Além disso, outros canais de comunicação podem ser estabelecidos para que seja possível executar funções variadas à distância, tais como mudança de faixa e calibração, com o dispositivo comunicando-se com um sistema de controle distribuído (SCD), um controlador lógico programável (CLP) ou um computador pessoal.

Medidores de nível por variação de capacitância oferecem algumas vantagens, como a simplicidade de projeto, uma vez que eles não contêm partes móveis, o que reduz a manutenção. Um dos principais problemas desses equipamentos é que a constante dielétrica é afetada pela mudança de temperatura — sendo, portanto, uma das principais fontes de erro.

Sensores capacitivos também são utilizados como detectores. Nesse caso, os sensores são fixados a distâncias preestabelecidas no reservatório. Quando é alcançado o nível em que o detector está, a permissividade relativa percebida varia, mudando o estado do sensor que detecta apenas uma condição digital. A Figura 13.22 mostra a aplicação de detectores capacitivos para o controle de níveis máximo e mínimo em um reservatório gerenciado por um CLP (controlador lógico programável), método extensamente empregado na indústria.

A utilização de sensores capacitivos restringe-se a aplicações com materiais não condutores (ou condutores com o artifício de capas isolantes), os quais são assim definidos quando apresentam condutividade menor que 0,1 μs/cm, ao passo que

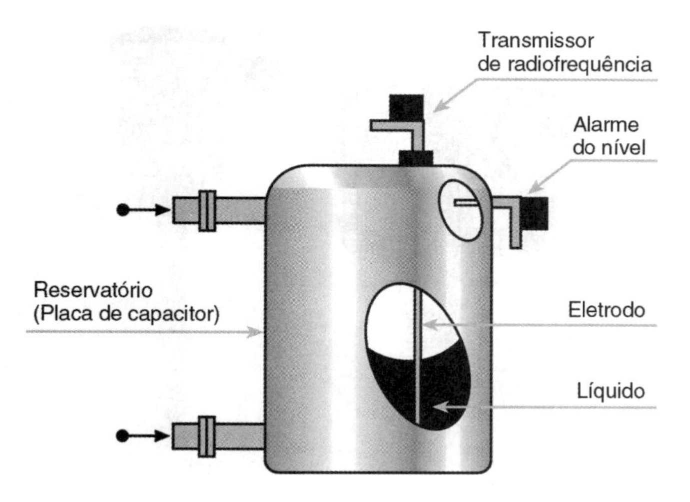

FIGURA 13.21 Medidor de nível capacitivo em um reservatório metálico.

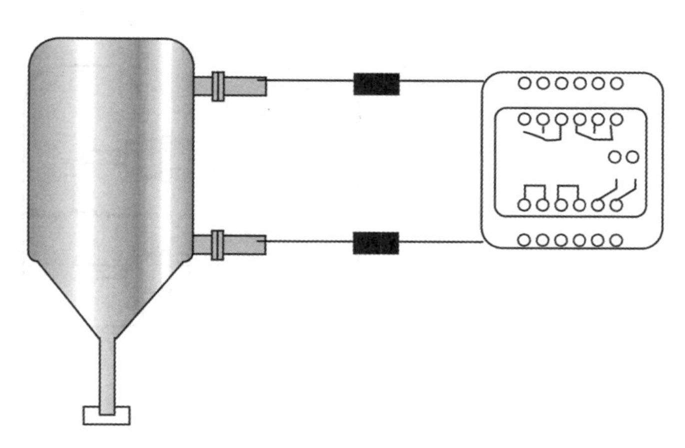

FIGURA 13.22 Controle de nível por meio de detectores capacitivos ligados a um CLP.

os materiais condutivos são classificados como aqueles que apresentam mais de 10 μs/cm. Quanto a materiais dentro da faixa citada, é preciso fazer uma avaliação mais aprofundada e específica antes da aplicação. A maioria das soluções aquosas está acima do limite de condutividade, enquanto os produtos derivados do petróleo ficam abaixo da faixa dos materiais não condutores. Alcoóis geralmente têm sua condutividade dentro da faixa estabelecida para materiais condutores e não condutores. Deve-se observar que nesse método praticamente não existe influência devida à variação de temperatura ou à composição do material do processo, uma vez que o isolante será dominante no sistema e é pouco influenciado pelos efeitos da variação de temperatura.

O método capacitivo é geralmente aplicado em conjunto com técnicas de **radiofrequência** (RF). Essas técnicas podem ser aplicadas em líquidos, meios viscosos aquosos, grãos ou interfaces de substâncias em um vaso (como detectores ou para medição contínua). A faixa de frequência nesses medidores varia de 30 kHz a 1 MHz.

O nível é monitorado pela medição da impedância Z ou admitância Y frente a um sinal de RF. A relação a seguir é válida para um sistema condutivo e capacitivo modelado por um resistor em série com capacitor:

$$Z = R + \frac{1}{j2C\pi f}$$

em que R representa a resistência em Ω e j representa um número complexo (devido à defasagem de 90° na tensão imposta pelo capacitor), C representa o valor do capacitor em F e f a frequência do sinal de excitação em Hz.

Um sensor de nível por medição de impedância mede a impedância total. Como a admitância Y é definida pelo inverso da impedância, é indiferente a utilização de uma ou outra forma:

$$Y = \frac{1}{Z}.$$

Erros comuns nas medidas de nível com o efeito capacitivo estão relacionados com a formação de camadas de resíduos em volta da ponta de prova. Nesse caso, surge mais um capacitor e os resultados passam a apresentar um erro. A Figura 13.23 mostra exemplos de aplicações de sensores de nível como medidores contínuos ou como detectores, além de fotografias de sensores disponíveis comercialmente.

13.3.5 Medidor de nível por condutividade

A medição de nível é realizada indiretamente, quando se mede a condutância elétrica do material, o qual geralmente é um líquido capaz de conduzir corrente com uma fonte de tensão relativamente baixa (abaixo de 20 V). Esse é um método simples e barato para detecção e controle de nível em um reservatório.

Uma forma comum de implementar esse método é utilizar dois ou mais eletrodos espaçados, eliminando-se assim a necessidade de referenciar (ao potencial de terra) o reservatório. As Figuras 13.24(*a*) e 13.24(*b*) mostram esquemas de medição de nível por efeito de condutividade com dois e três pontos, respectivamente. A Figura 13.24(*c*) traz fotografias de medidores por condutividade disponíveis comercialmente.

Nessa aplicação, pode-se observar que o nível máximo é detectado quando a substância condutora alcança um nível tal que ambos os eletrodos estejam submersos. A desvantagem é que esse método só consegue detectar níveis pontuais, apesar de ser possível implementar vários eletrodos de diferentes alturas. Além disso, o método tem sua aplicação restrita a meios condutores.

13.3.6 Medidor de nível por ultrassom

Medidores de nível por sinais ultrassônicos utilizam frequências entre 20 e 200 kHz. Alguns instrumentos, considerados sônicos, utilizam frequências inferiores a 10 kHz. O princípio de funcionamento desse método é medir o tempo de eco de

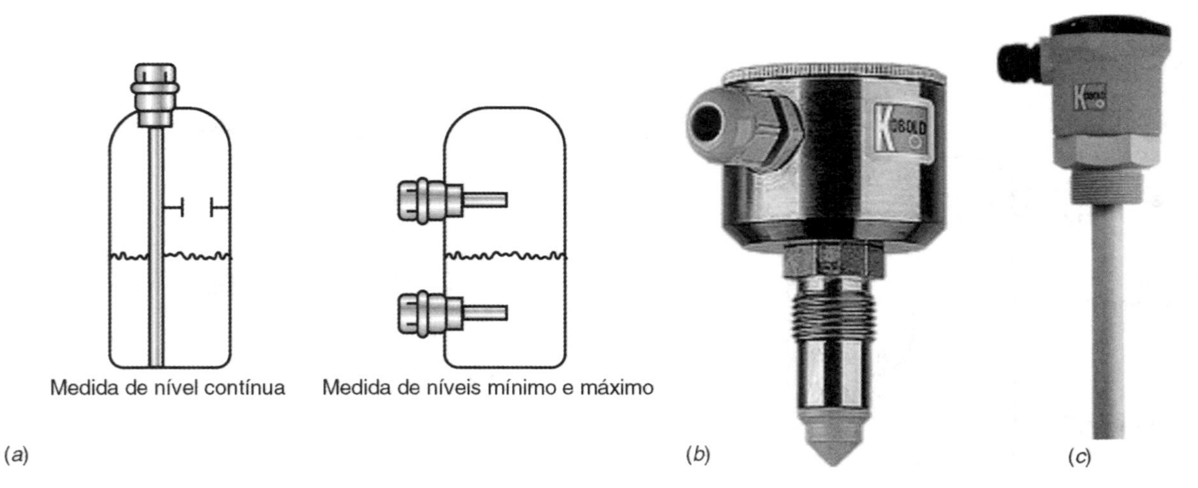

FIGURA 13.23 (*a*) Esquema de medição de nível com um sensor capacitivo em modo contínuo e como detector de nível mínimo e máximo; (*b*) e (*c*) fotografias de chaves capacitivas comerciais. (Cortesia de Kobold Instruments Inc.)

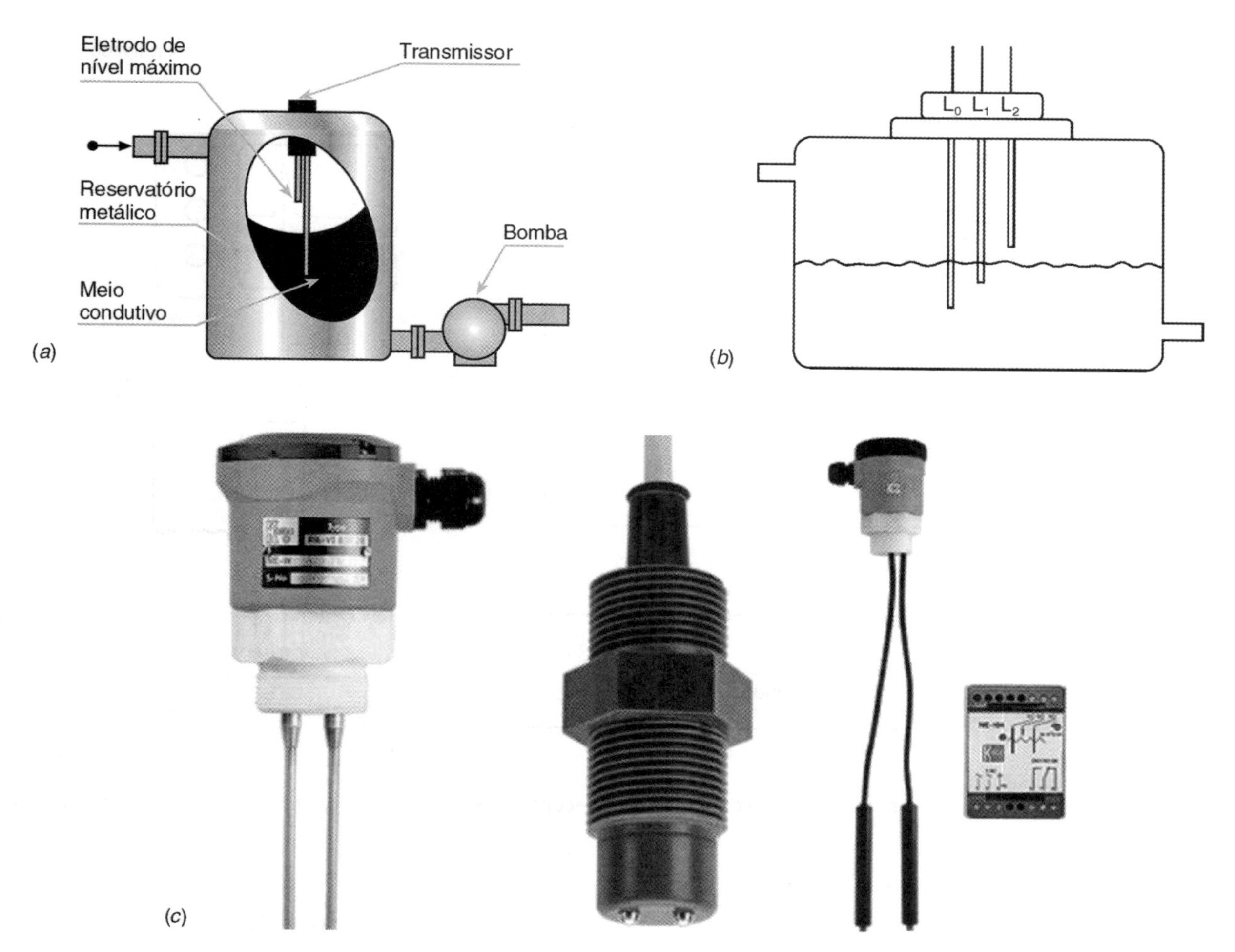

FIGURA 13.24 Esquema de detector de nível por condutividade: (*a*) com dois pontos e (*b*) com três pontos; (*c*) fotografias de detectores de nível por condutividade. (Cortesia de Kobold Instruments Inc.)

um sinal enviado por um transdutor piezoelétrico. A Figura 13.25 mostra os detalhes de uma medição de nível por ultrassom. O transdutor que transmite o sinal também pode fazer a leitura (ou podem ser módulos separados emissor-receptor). Quando esse transdutor atua como transmissor, é excitado com um sinal elétrico gerando uma onda mecânica. Quando atua como receptor, o transdutor recebe um sinal mecânico e converte-o em sinal elétrico.

Como se pode observar na Figura 13.25, o tempo entre o sinal enviado e o sinal de eco corresponde ao dobro da distância entre o medidor e a superfície cujo nível está sendo medido:

$$d = \frac{vt}{2}$$

sendo d a distância medida, v a velocidade do sinal e t o tempo entre o sinal e o eco.

Para aplicações práticas desse método, devem ser levadas em conta algumas considerações:

- a velocidade do som varia com a temperatura; assim, para reduzir os erros causados por essa variável, pode-se medir a temperatura e compensar os resultados empiricamente;
- a presença de resíduos na superfície do material cujo nível se deseja calcular pode absorver o sinal enviado. Essa absorção pode ser tão intensa que inviabiliza a utilização dessa técnica;
- turbulências extremas do líquido podem causar flutuações de leitura. Ajustes de amortecimentos e filtros no instrumento podem resolver o problema.

O método de ultrassom também pode ser empregado para medição de níveis pontuais, apesar de esta ser uma aplicação relativamente cara.

A Figura 13.26(*a*) mostra a aplicação de um medidor de ultrassom na parte superior de um reservatório contendo material líquido. A Figura 13.26(*b*) mostra a aplicação de um medidor de ultrassom na parte inferior de um reservatório que contém material líquido. A Figura 13.26(*c*) mostra fotografias de medidores de nível por ultrassom disponíveis comercialmente.

Quando o meio de propagação do ultrassom é um gás (ou o ar), pode-se utilizar um sensor que opera a baixas frequências. Quando o ultrassom opera imerso em líquido, utiliza-se uma frequência mais elevada.

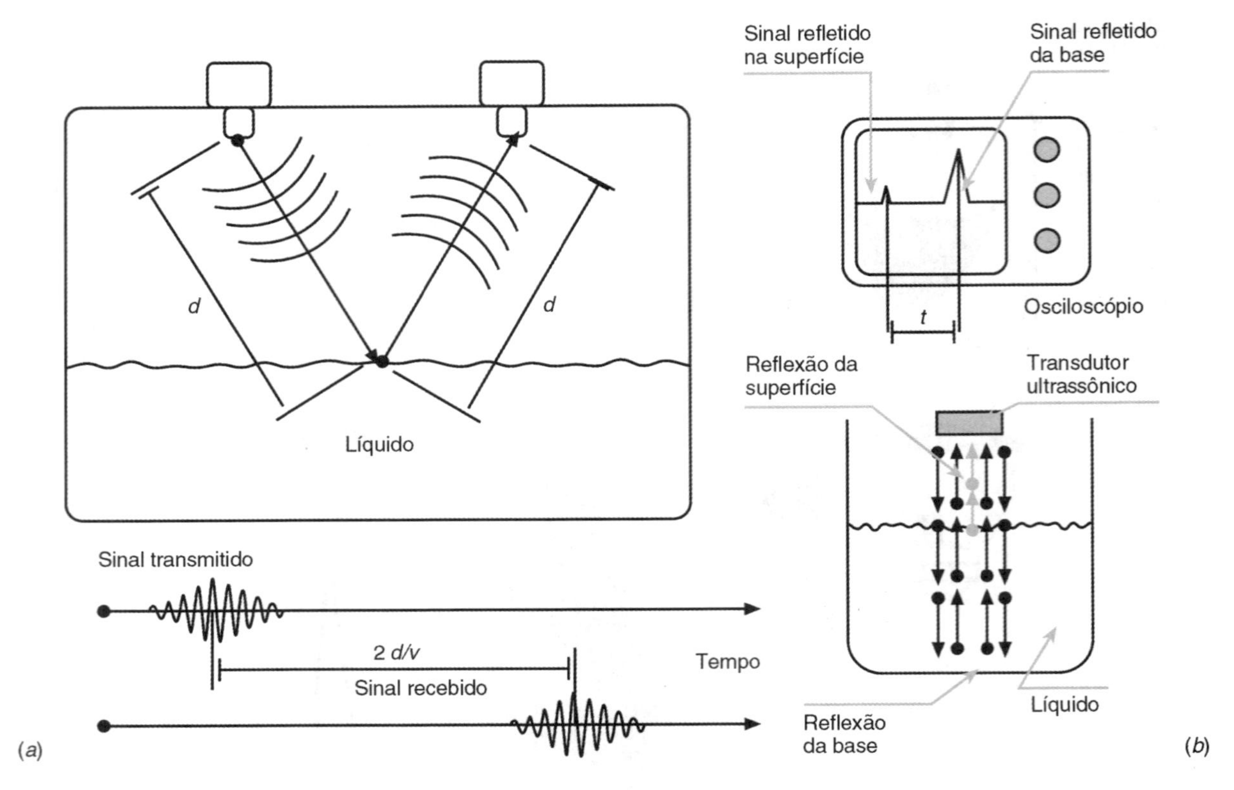

FIGURA 13.25 Medição de nível com ultrassom: (*a*) com emissor e receptor separados e (*b*) com emissor e receptor em um mesmo módulo.

13.3.7 Medição de nível por vibração

Esse tipo de medição é feito por meio de detectores que funcionam como chaves. Esses detectores são construídos em forma de um garfo com dentes simétricos preso por uma membrana que faz parte da montagem do sistema. O sistema é forçado a vibrar em sua frequência de ressonância quando estimulado por um cristal piezoelétrico. A Figura 13.27 mostra um detector de nível por vibração e fotografias de medidores comerciais. Esse garfo ressonante é construído de modo que, quando imerso em um líquido, a frequência de ressonância é deslocada 10 % a 20 %. A frequência de ressonância natural é medida por um transdutor piezoelétrico, e o deslocamento de frequência é detectado por um circuito de referência.

A principal característica desse tipo de detector é a robustez, uma vez que não necessita de partes móveis. Assim, o sistema pode ser montado em qualquer posição sem que seja necessário calibrá-lo, além de ter tamanho reduzido.

Os detectores de nível por vibração para aplicação em sólidos são semelhantes aos descritos anteriormente. Essas chaves consistem em duas tiras montadas em paralelo juntamente com uma membrana com frequência de ressonância de aproximadamente 120 Hz. Dois cristais piezoelétricos são montados na membrana; um serve para ser estimulado por um oscilador a 120 Hz, o que faz o sistema ressonar quando as tiras não estão cobertas pelo material medido. Em outra situação, quando o produto cobrir as tiras, ocorrerá uma atenuação da vibração que será detectada pelo segundo cristal.

13.3.8 Medição de nível por radar

A palavra radar é uma abreviatura da expressão ***ra**dio **d**etection **a**nd **r**anging*. O radar foi primeiramente utilizado em aplicações militares com a intenção de detectar aeronaves ainda na década de 1930.

Na aplicação de medição de nível, o método do radar tem mais de 50 anos de uso nas indústrias química, petrolífera, alimentícia, farmacêutica, entre outras.

O radar transmite uma onda eletromagnética em uma faixa de frequência de 3 a 30 GHz. A Figura 13.28(*a*) mostra o espectro das ondas eletromagnéticas, e a Figura 13.28(*b*) ilustra a aplicação de um radar na medição de nível.

Frequências tão elevadas quanto essa permitem a utilização de antenas de dimensões reduzidas, além de feixes estreitos. Essas características simplificam a instalação do instrumento. Uma vez que a faixa de frequência utilizada está bem abaixo dos raios X e dos raios gama, pode-se concluir que a radiação eletromagnética emitida por esses equipamentos é provavelmente tão segura quanto a de aparelhos celulares e televisores, entre outros. Além disso, a energia transmitida é muito menor que a energia emitida por equipamentos como fornos de micro-ondas, por exemplo.

Os dois tipos mais comuns de radares utilizados na medição de nível são **radar por pulso de sinal** e **radar por frequência modulada de sinal** (FMCW, *frequency modulated continuous wave*).

No **radar por pulso** utiliza-se a técnica de emissão de um pulso descontínuo. A medição do nível é feita indiretamente

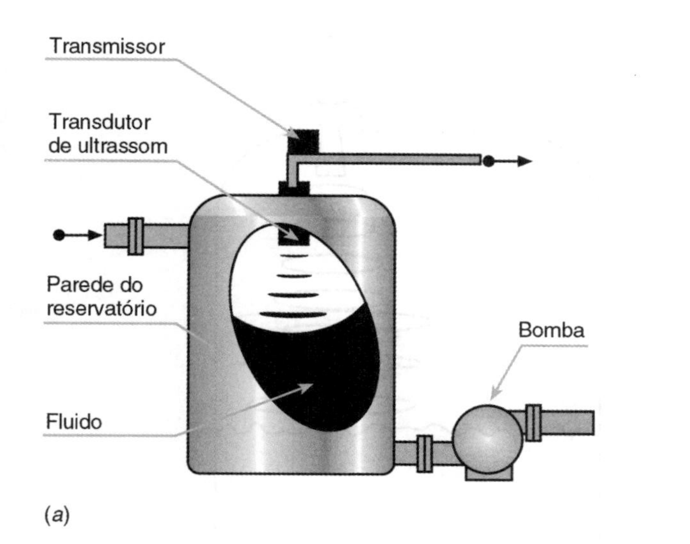

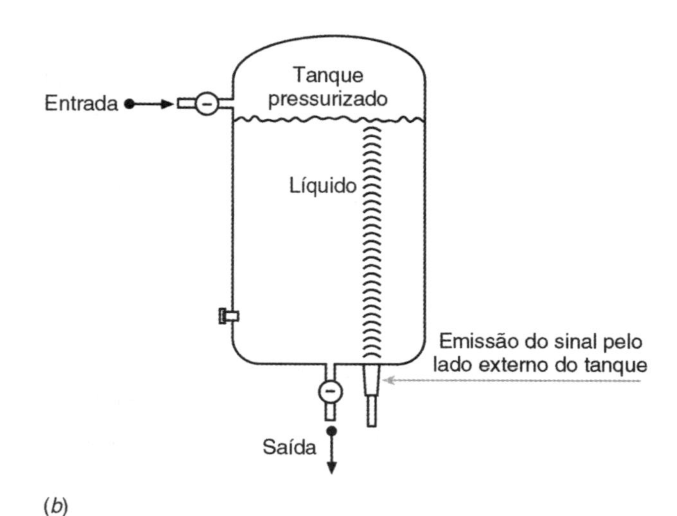

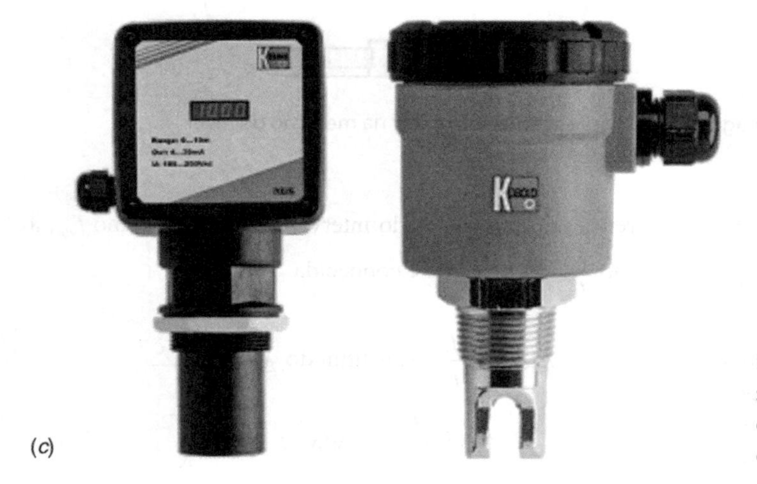

FIGURA 13.26 Medição de nível com ultrassom: (*a*) na parte superior do reservatório e (*b*) na parte inferior do reservatório; e (*c*) fotografias de medidores de nível por ultrassom comerciais. (Cortesia de Kobold Instruments Inc.)

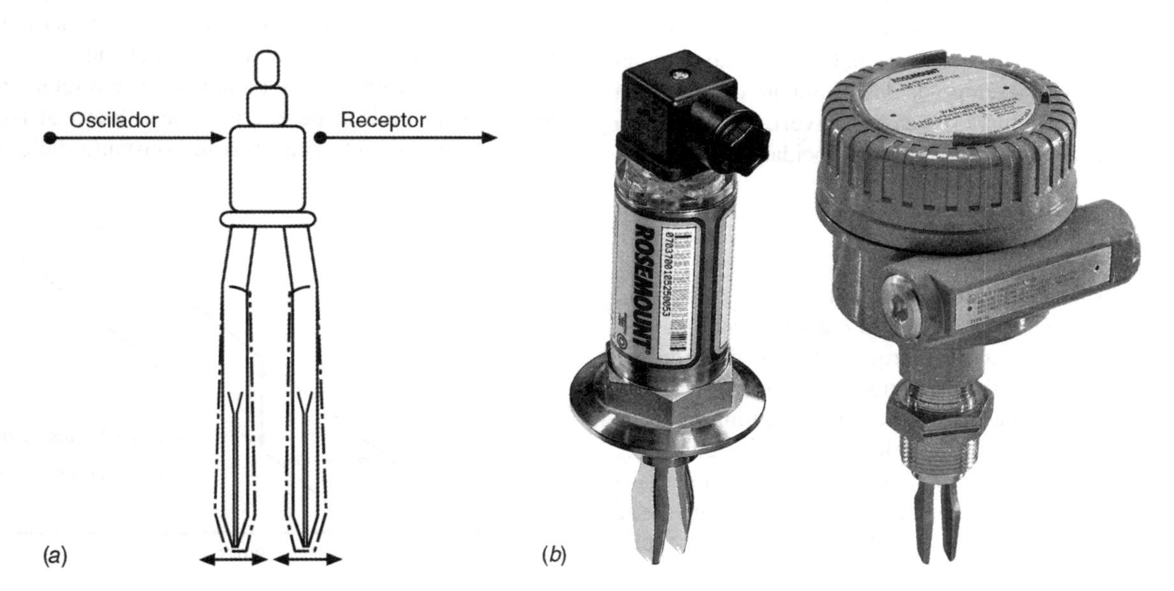

FIGURA 13.27 (*a*) Esquema e (*b*) fotografia de detectores de nível por vibração. (Cortesia de Emerson Process Management.)

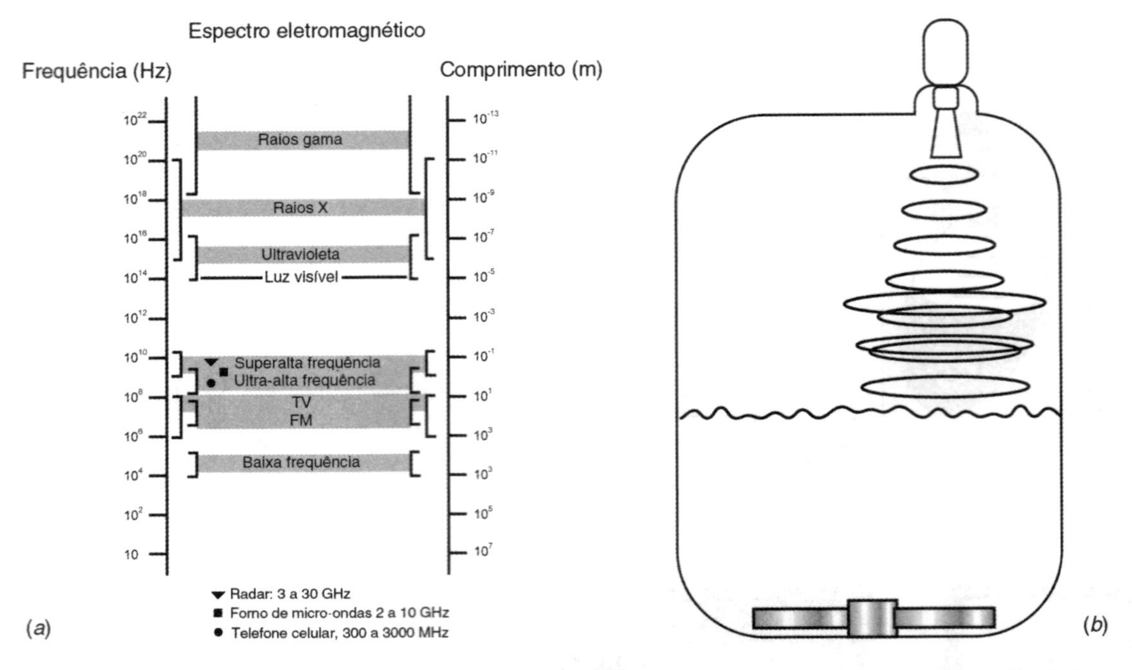

FIGURA 13.28 (*a*) Espectro de ondas eletromagnéticas; (*b*) aplicação de um radar na medição de nível.

relacionando-se o tempo de propagação de ida e volta do eco ou reflexão desse pulso pelo radar (similar à técnica de medição de nível por ultrassom). Uma vez que as ondas eletromagnéticas deslocam-se à velocidade da luz, 3×10^8 m/s, o tempo a ser registrado é muito curto (da ordem de picossegundos, 10^{-12} s). Do ponto de vista de engenharia, tempos dessa ordem são muito difíceis e caros de serem detectados e requerem um bom projeto eletrônico. Instrumentos desse tipo não conseguem grandes precisões, uma vez que falsos sinais de retorno são comuns e geram dificuldades de detecção.

O **radar por frequência modulada** transmite um sinal contínuo de frequência variável. Quando alcança a superfície do material, o sinal é refletido em direção ao emissor. Em vez de analisar o tempo de deslocamento, o receptor avalia a diferença de frequência entre o sinal transmitido e o sinal refletido. Sabe-se que o tempo de deslocamento do sinal está relacionado com a distância (no caso, o nível). Sabe-se ainda que a velocidade de deslocamento é a velocidade da luz c:

$$\Delta d = \frac{\Delta t \cdot c}{2},$$

sendo Δd a distância percorrida de ida e volta pelo sinal, Δt o tempo entre a emissão e o eco e c a velocidade da luz. O fator 2 aparece na equação porque o tempo registrado é entre o sinal emitido e o sinal refletido. Nessa técnica, o sinal emitido é varrido de uma frequência mínima a uma frequência máxima a uma taxa definida pelo tempo de varredura t_{var}. Tornando-se a taxa de varredura constante, o tempo de atraso do sinal é convertido em frequência e, consequentemente, é dependente da distância ou nível. A Figura 13.29 apresenta o gráfico de frequência *versus* tempo do sinal emitido e refletido da técnica de radar por modulação de frequência. Se a diferença de frequências do intervalo é definida como f_{var}, a relação $\frac{f_{var}}{t_{var}}$ é constante e conhecida. Tem-se:

$$\Delta f = \Delta t \frac{f_{var}}{t_{var}} \text{ substituindo } \Delta d = \frac{\Delta t \cdot c}{2}$$

$$\Delta f = \Delta d \frac{2 f_{var}}{c t_{var}} = \Delta d K \text{ e } \Delta d = \frac{\Delta f}{K}$$

sendo $K = \frac{2 f_{var}}{c t_{var}}$ uma constante conhecida.

O princípio básico do radar é baseado na capacidade da superfície de um determinado material de refletir um sinal eletromagnético. Essa característica depende da constante dielétrica do material. Esse parâmetro está diretamente relacionado à quantidade de energia que o material tem capacidade de refletir. O vácuo possui constante dielétrica 1 e,

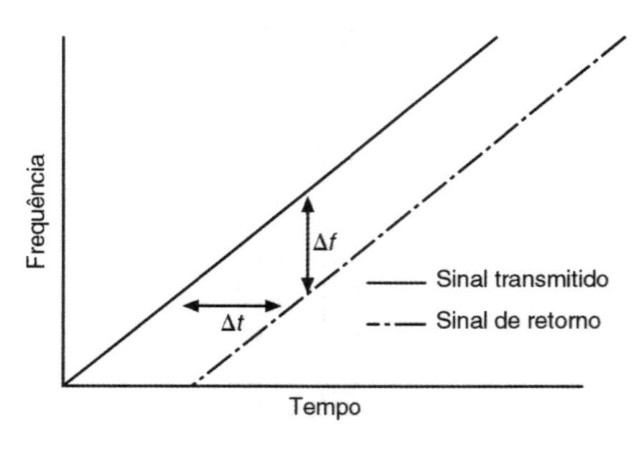

FIGURA 13.29 Radar por frequência modulada.

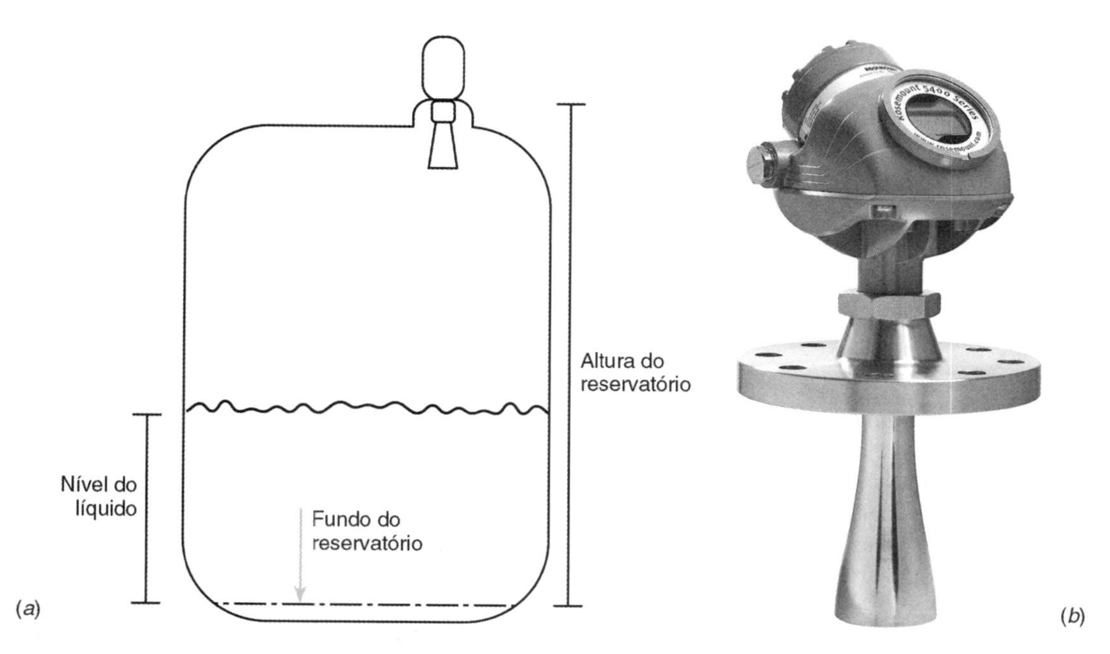

FIGURA 13.30 (*a*) Esquema de medição de nível utilizando radar e (*b*) fotografia de um medidor comercial. (Cortesia de Emerson Process Management.)

portanto, não é capaz de refletir o sinal de um radar. Qualquer material com uma constante dielétrica maior que 1,8, como água, óleos e amônia, pode refletir sinais de radar. Quanto maior for a constante dielétrica do material, maior será sua capacidade de refletir. Materiais como certos gases, vapores e espumas possuem constante dielétrica menor que 1,8 e o sinal não é refletido. Essa é uma das razões pelas quais o radar é uma excelente técnica para a medição de tanques, uma vez que os vapores, as espumas e os gases têm efeito mínimo nas medidas quando comparados a outras técnicas. Além disso, mudanças de outras variáveis físicas, como temperatura e pressão, também têm pouca influência.

O radar mede o nível de um produto detectando a distância entre o ponto em que o mesmo é fixado e a superfície do material cujo nível se deseja medir. A Figura 13.30 mostra o detalhe da medição de nível por radar e a fotografia de um medidor comercial.

O nível é calculado subtraindo-se o valor da distância medida do valor da altura do tanque (da base até o radar).

O radar é geralmente composto pela carcaça do instrumento, a qual protege a eletrônica responsável pelo processamento do sinal. A Figura 13.31 mostra o esquema de um radar comercial.

O sistema eletrônico é o grande responsável pelo funcionamento do radar. Basicamente, é produzido um sinal que é enviado ao emissor. O mesmo sistema também é responsável pela detecção do sinal refletido que passa por um guia de ondas. Esse guia constitui o caminho entre a parte eletrônica e a antena. Geralmente no formato de um cone construído de aço inox, a antena controla a largura do feixe, mantendo o sinal focalizado no seu alvo, evitando que o feixe se disperse, criando ecos falsos. Quanto maior a frequência de operação do radar, menor a dimensão da antena.

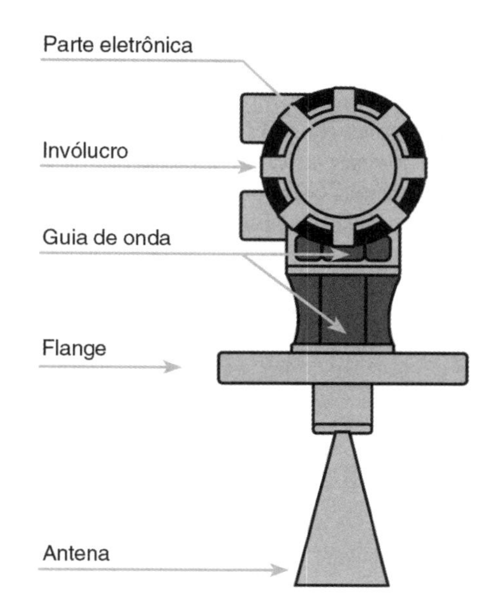

FIGURA 13.31 Estrutura de um radar para medição de nível.

Radares que operam em 24 GHz têm vantagens sobre outros que funcionam a frequências mais baixas. A frequência é relacionada com a largura do feixe e o diâmetro da antena por

$$\Theta_{feixe} = {}^{70°c}\!/_{f} \times \varnothing_{antena},$$

sendo Θ_{feixe} o ângulo de abertura do feixe, f a frequência e $\varnothing_{antena}$ o diâmetro da antena e c a velocidade da luz. A Tabela 13.1 mostra algumas relações de frequências, diâmetros de antenas e larguras de feixes a uma distância de 6,1 m.

TABELA 13.1 Relação entre frequências e larguras de feixes

Frequência (GHz)	$\varnothing_{antena}$ (mm)	Largura do feixe (m)
5	102	6,1
10	102	3
24	102	1,2
5	483	1,2
10	254	1,2

A tabela mostra que, quanto maior a frequência de operação do instrumento, menores o diâmetro da antena e a largura do feixe. Isso facilita a instalação, uma vez que o mesmo terá dimensões menores. Quanto mais estreito o feixe, menores serão as chances de ocorrer erros por ecos falsos causados por tubulações, agitadores ou outros dispositivos que possam estar no reservatório.

Os radares são recomendados em aplicações em que instrumentos convencionais encontram dificuldade de acesso ou devido à corrosão. Tais instrumentos são insensíveis a muitos problemas característicos de líquidos, como mudança de massa específica, dielétrico ou condutividade. Uma aplicação típica de medidores de nível por radar são reservatórios de instalações petroquímicas.

A instalação de um radar pode ser um trabalho complexo, se houver problemas de reflexão, principalmente devido a partes internas do reservatório. Para casos como esses, é possível utilizar transmissores integrados a dispositivos inteligentes que podem resolver, por meio de algoritmos, a maior parte dos problemas.

Uma alternativa é utilizar radares de onda guiada. Uma extensão rígida ou um cabo de antena flexível guia o feixe na faixa de micro-ondas do topo do reservatório até a superfície do material e depois no caminho de volta até o receptor. A Figura 13.32 mostra o esquema de um radar com onda guiada e uma fotografia de medidores desse tipo.

O radar de onda guiada é cerca de 20 vezes mais eficiente que o mesmo instrumento sem guia. Isso se deve ao fato de que o guia determina um foco da energia emitida e refletida. Com o auxílio de algumas configurações de antenas, é possível medir materiais com constante dielétrica $\leq 1,4$. Outra vantagem que o método oferece é a possibilidade de medição na posição horizontal, deslocando o guia em 90°.

Nessa técnica, são utilizados tubos metálicos verticais que funcionam como guias de ondas eletromagnéticas, nos quais quase não existem perdas. Quando a permissividade dielétrica do meio varia, parte do sinal enviado é refletida. Esse método pode ser aplicado para medição de nível em interfaces.

Dessa forma, o sistema inicia enviando um sinal, e cada vez que ocorre uma mudança de permissividade o sinal é refletido. A Figura 13.33 mostra o princípio de funcionamento dessa técnica, e podem-se perceber claramente as interfaces do ar, do fluido 1 e do fluido 2, bem como a reflexão devida ao final do tubo.

13.3.9 Medidor de nível por radiação

Esse tipo de medidor opera de acordo com o princípio da radiometria. Quando passa por determinado meio, a radiação tipo gama é atenuada. Essa atenuação depende apenas da fonte, do caminho de absorção e da massa específica do meio. Uma vez que a fonte e a distância percorrida pelo feixe são constantes, a medida é afetada apenas pela massa específica do meio. A absorção segue uma curva exponencial, e o efeito de mudança de massa específica no conteúdo do reservatório é praticamente desprezível. Da mesma forma, pode-se

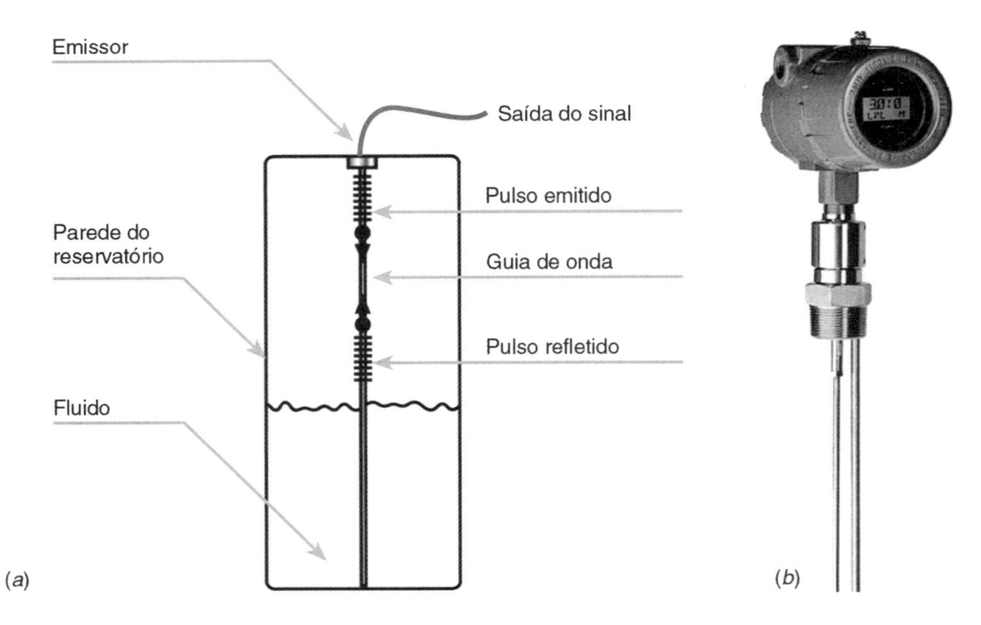

FIGURA 13.32 (*a*) O radar de onda guiada utiliza um caminho preferencial para o feixe de micro-ondas e (*b*) fotografia de um radar por onda guiada comercial. (Cortesia de Emerson Process Management.)

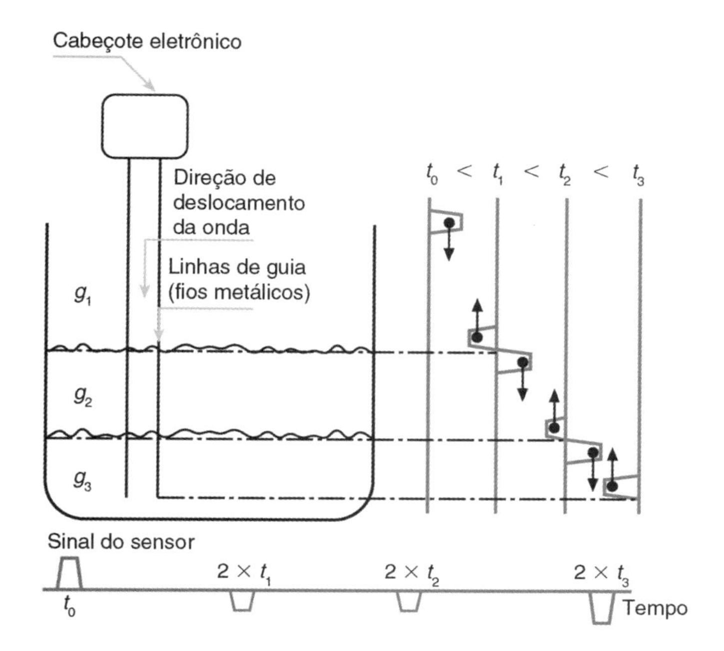

FIGURA 13.33 Onda guiada: método que utiliza a reflexão de um sinal eletromagnético nas interfaces a serem medidas.

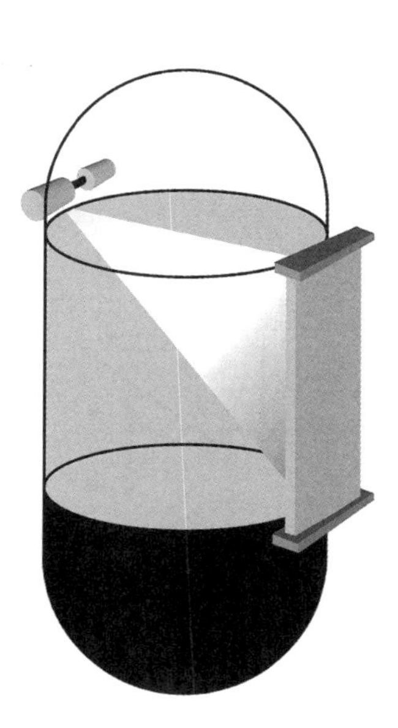

FIGURA 13.34 Princípio de funcionamento do sensor de nível radiométrico.

considerar que nem propriedades físicas nem químicas têm influências nessas medidas. A Figura 13.34 mostra o esquema de um medidor de nível radiométrico.

O método radiométrico de medição de nível caracteriza-se por praticamente não requerer manutenção. Para detectar a radiação gama, são utilizados cristais que, por sua vez, enviam o sinal digital para uma etapa eletrônica. Cristais com alta sensibilidade permitem a utilização de fontes de baixa atividade. Ainda são inseridas na etapa eletrônica compensações de efeitos de temperatura, entre outras. A utilização de sistemas microprocessados permite a flexibilidade e a integração desse equipamento a um sistema de controle da planta em que ele é instalado.

A Figura 13.35 mostra a aplicação de um sensor de nível radiométrico do tipo chave. O sensor é acionado com a presença ou ausência do material no campo de atuação do detector.

A Figura 13.36 mostra a aplicação de um sensor radiométrico na medição de nível de um forno de vidro.

Nessas condições, o vidro encontra-se fundido a altas temperaturas, de modo que a medição do nível consiste em uma tarefa não trivial. As dosagens de componentes, nesse caso, dependem do nível. Precisões da ordem de décimos de milímetros podem ser alcançadas por meio desse método.

13.3.10 *Sensores de nível magnetostritivos*

Os sensores de nível magnetostritivos contêm um ou mais flutuadores, e em seu interior encontram-se ímãs permanentes. Os outros componentes são o guia de ondas, um cabeçote sensor de deslocamento e filtros para interferências externas (veja, no Capítulo 8, a Seção 8.8). A Figura 13.37 mostra a fotografia de um sensor de nível magnetostritivo.

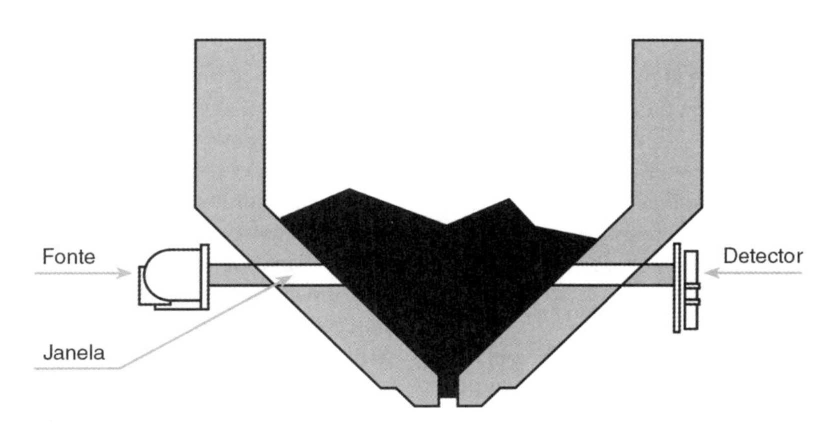

FIGURA 13.35 Aplicação de detecção de nível pontual com um sensor radiométrico.

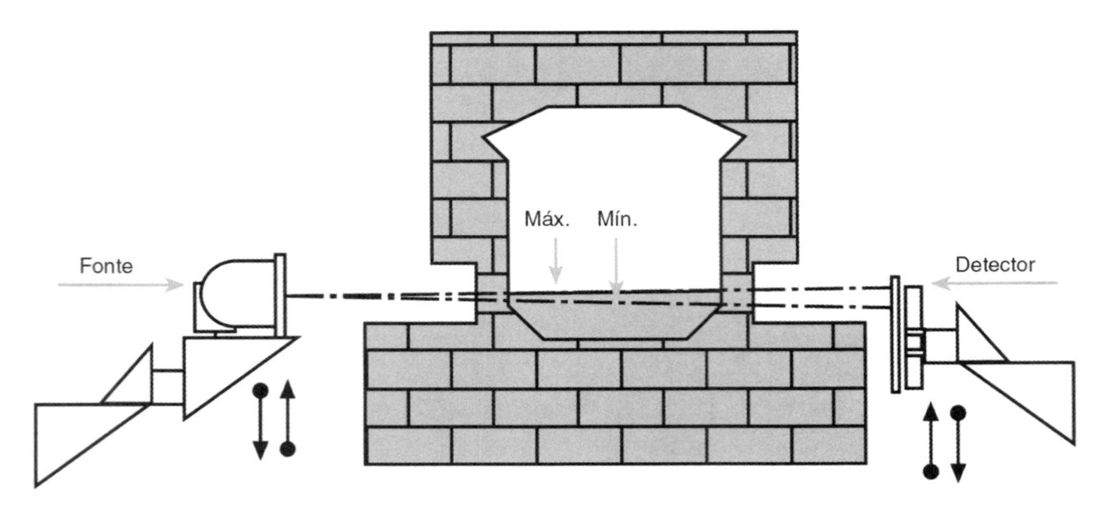

FIGURA 13.36 Aplicação de medidor de nível radiométrico em um forno de vidro.

FIGURA 13.37 Fotografia de um sensor de nível do tipo magnetostritivo. (Cortesia de Kobold Instruments Inc.)

Um sensor desse tipo pode medir o nível do produto e o nível de interface (entre produtos).

Magnetostrição é a propriedade que alguns materiais ferromagnéticos apresentam de contrair-se ou expandir-se quando imersos em um campo magnético, conforme descrito no Capítulo 8, Efeitos Físicos Aplicados em Sensores.

A medição de nível consiste na medida da distância entre a boia (com um ímã) e um ponto de referência (o cabeçote do instrumento). Uma sequência de eventos pode sintetizar o funcionamento desse medidor:

- primeiramente um pulso de corrente é aplicado no guia de ondas (material com propriedades magnetostritivas, em forma de tubo ou de fio), e um contador de tempo eletrônico é disparado;
- devido ao efeito Wiedemann, uma força de torção surge no local da posição do ímã permanente. Essa força produz uma onda de deformação, que transita pelo material com a velocidade do som nesse guia de ondas;
- quando a onda de deformação ou pulso de retorno alcança o cabeçote do sensor, o pulso é detectado e o contador de tempo é parado. Deve-se observar que outra onda percorre o ímã permanente na direção oposta à do cabeçote. Essa onda deve ser eliminada por um filtro, para evitar que cause interferência na medida;
- o tempo medido representa a distância entre a posição do ímã e o cabeçote do sensor.

O pulso de corrente é gerado internamente entre 1 e 4 vezes por segundo. Essa é a frequência com que a informação de posição é atualizada. A Figura 13.38 mostra o esquema de um sensor magnetostritivo para nível.

As principais vantagens desse método são que a velocidade do sinal é conhecida e constante, mesmo com a oscilação de temperatura e de pressão, e o fato de que o sinal também não é afetado por resíduos ou por falsos sinais de eco.

13.3.11 Transmissores de nível a laser

Os medidores de nível a *laser* operam segundo um princípio semelhante ao dos medidores de nível por ultrassom. Esse método é bastante preciso e pode ser aplicado na medição de nível de sólidos, substâncias com massa específica elevada, cimentos, líquidos opacos, produtos alimentícios (leite, por exemplo), entre outros.

Uma fonte de *laser* na parte superior do reservatório dispara um pulso que percorre a distância até a superfície do material, sendo então refletido e registrado por um detector. A Figura 13.39 mostra o esquema de um medidor de nível por *laser*.

O sistema de detecção é composto por um temporizador que registra o tempo e o converte em distância. O *laser*,

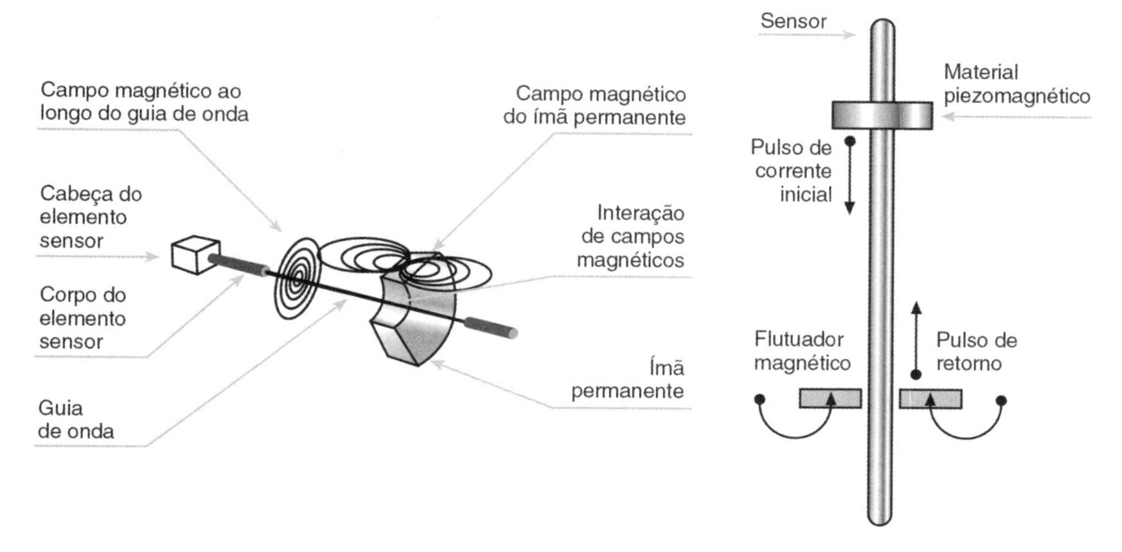

FIGURA 13.38 Detalhe do funcionamento de um sensor magnetostritivo para nível.

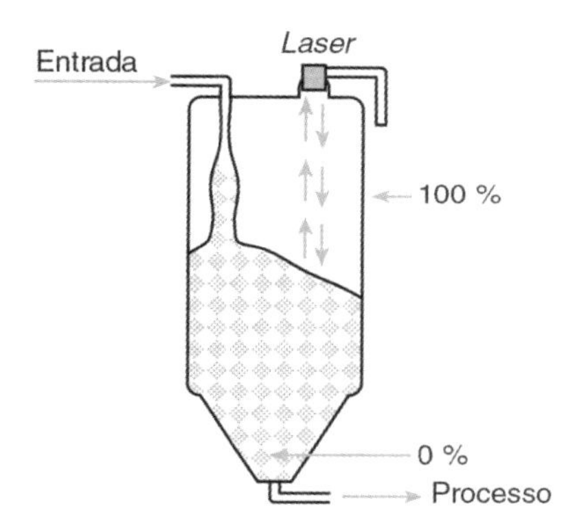

FIGURA 13.39 Esquema de um medidor de nível por *laser*.

por ser luz coerente, praticamente não apresenta dispersão, e dessa forma quase não tem abertura, o que elimina a possibilidade de falsos ecos do sinal emitido. Esses equipamentos são ideais para medição de nível em reservatórios com obstruções (obstáculos) e podem medir distâncias de até 450 m.

Para a aplicação em sistemas de alta pressão e alta temperatura, podem-se utilizar os *lasers* em conjunto com janelas de vidro para o isolamento do transmissor do processo. Essas janelas devem possibilitar a passagem do feixe de luz com a mínima atenuação e dispersão para que seja possível executar a medida.

O método caracteriza-se por ser bastante preciso (em alguns casos, menores que 0,02 % −40 mm em 250 m). Porém, esses valores dependem da natureza da aplicação, instalação, entre outros fatores. As desvantagens da medição de nível por *laser* são a possibilidade de falhas na presença de poeira e fumaça, entre outros agentes (visto que o sistema é óptico e sensível a partículas suspensas), e o fato de que esse equipamento tem um custo bastante elevado.

13.4 Guia de Seleção

A indústria do petróleo, com seus subprodutos, tais como combustíveis, gás propano, entre outros, necessita de métodos confiáveis e precisos na medição de nível. Para que possam ocorrer compensações de erros produzidos por influências externas, tais como temperatura e pressão atmosférica, a mensuração dessas influências deve ser feita e de alguma forma integrada ao sistema. Além disso, para que as condições de medição de instalações antigas possam ser atualizadas, é necessário que os sensores sejam não invasivos ou que causem o mínimo possível de mudanças.

Como vimos neste capítulo, existe uma série de tecnologias que se aplicam a essas condições. Nesta seção será feita uma análise comparativa entre os métodos mais utilizados. A escolha deve ser feita em função das características das condições de medida, bem como das limitações dos próprios medidores. Por exemplo, os medidores capacitivos (ou capacitivos RF) ou de admitância apresentam a desvantagem de serem sensíveis às mudanças da constante dielétrica do material. Medidores por ultrassom apresentam problemas com temperatura e pressão, uma vez que a velocidade do sinal varia com esses parâmetros. Além disso, a presença de outros líquidos, vapores, espumas e partículas em suspensão (pó) pode causar ecos que inviabilizam a medida. Nos radares, o sinal é refletido pela maioria das superfícies encontradas; dessa forma, o sinal pode dispersar-se devido a turbulências e espumas.

O **medidor de pressão diferencial** é indicado para medição de líquidos limpos. Não é indicado para medição de grãos, e, quando utilizado com materiais pastosos e interfaces, deve-se ter cuidado especial, de acordo com as características específicas do processo. A principal **vantagem** é que esse método pode ser instalado externamente e é de fácil adaptação em reservatórios já existentes. Além disso, pode ser facilmente isolado do processo por meio de válvulas para manutenção e testes. Existem algumas aplicações para medição de nível (tal como em vasos separadores dentro de um processo em que existe uma grande quantidade de materiais na composição da fase superior de alguns produtos) para as quais essa técnica é uma das poucas viáveis.

A **desvantagem** é que os medidores por pressão diferencial estão sujeitos a erros devidos à mudança na massa específica de líquidos. Essas variações são geralmente causadas por mudanças de temperatura ou mudança do produto. Se forem necessárias grandes precisões, devem ser feitas compensações. Essa técnica é indicada para líquidos limpos, e requer dois pontos de medição: um na base e outro na parte superior do reservatório. Medidores de nível por pressão diferencial não devem ser utilizados em líquidos que se solidificam com o aumento da concentração. A massa específica do fluido deve ser estável se forem necessárias medidas precisas. Apesar de os medidores por pressão diferencial serem mais baratos, geralmente implicam o trabalho adicional de adaptação de *hardware* e de instalação.

Os medidores de nível com **flutuadores e deslocadores** são indicados para a medição de nível de líquidos. Podem ainda ser adaptados com alguns cuidados especiais para aplicação em materiais pastosos e interfaces e não são indicados para aplicação em materiais granulados.

Esses medidores apresentam como principal **vantagem** o fato de que podem ser facilmente adaptados com precisão a uma grande variedade de fluidos de diferentes massas específicas. Além disso, também são disponibilizados em várias geometrias, o que facilita a sua instalação.

Uma **desvantagem** desses medidores é que os deslocadores são afetados pela alteração na massa específica do produto, o que muda a curva de calibração do dispositivo. Isso é particularmente problemático em interfaces em que dois líquidos mudam suas massas específicas. Outro problema se dá quando ocorre agregação ou degradação do flutuador do deslocador, o que faz com que a massa e o volume variem, introduzindo erros no processo de medição.

Deslocadores e flutuadores devem ser utilizados apenas em líquidos relativamente não viscosos e limpos. Esses dispositivos também funcionam muito bem como chaves, detectando níveis pontuais. O custo de instalação é alto, e muitas refinarias têm trocado deslocadores por outras tecnologias, devido a problemas com a mudança de massa específica do material. Entretanto, para temperaturas criogênicas, uma das técnicas disponíveis quando se necessita de alta confiabilidade é o uso de flutuadores com chaves magnéticas.

Os medidores do tipo **borbulhadores** são, na verdade, medidores de pressão hidrostática que funcionam por meio de um sistema de ar ou nitrogênio, os quais produzem bolhas. A pressão no tubo de onde o gás está saindo varia de acordo com o nível. As **vantagens** desse método são a aparente simplicidade de projeto e o baixo custo inicial, já que o sistema consiste em um transmissor de pressão, um regulador de pressão diferencial, um tubo e o sistema de ar ou algum gás.

Como **desvantagem**, pode-se dizer que esse método tem sua calibração diretamente afetada por mudanças na massa específica do produto. O dispositivo também requer manutenção frequente para limpeza das partes. A extremidade da tubulação pode acumular resíduos, reduzindo o diâmetro do orifício de saída do gás. Além disso, deve-se tomar cuidado especial ao aplicar essa técnica, uma vez que ela introduz elementos que podem contaminar o material.

Esse sistema não é indicado para reservatórios fechados. Também é preciso ter cuidado especial em sistemas que corram risco de congelamento (a temperaturas muito baixas). A precisão desse método depende do regulador do sistema de ar comprimido (ou de algum outro gás).

Os medidores de nível **ultrassônicos** ou **sônicos** são recomendados para uso em líquidos e materiais pastosos. Também podem ser utilizados, com certos cuidados, em materiais granulados, mas não se aplicam às interfaces de materiais. A principal **vantagem** é que esse método faz a medição sem contato com o produto. É facilmente instalado no reservatório (geralmente na parte superior ou na inferior) e, além disso, não possui partes móveis, o que diminui consideravelmente problemas e consequentes manutenções. Uma **desvantagem** desse método é que podem ocorrer várias influências no sinal de retorno, tais como partículas suspensas (pó), vapores e turbulências na superfície do produto. Essa técnica também não se aplica aos sistemas sob vácuo ou a altas pressões, e a temperatura elevada também pode ser um fator limitante. A medição por ultrassom depende da posição de montagem do transmissor.

Outra técnica de medição de nível sem contato, como foi observado neste capítulo, é a medição por meio de **radar**. Essa técnica é indicada para aplicações em materiais líquidos e pastosos, podendo ser utilizada ainda, com certos cuidados, na medição de grãos. O radar não é aplicado na medição de nível de interface de substâncias. Além do fato de ser uma técnica que não implica contato, entre as **vantagens** da utilização do radar destaca-se a precisão nos resultados. Além disso, o instrumento é imune à influência de características físicas do material e do meio, tais como vapores. A principal **desvantagem** é o alto custo. Além disso, os radares do tipo pulso não apresentam resultados precisos em casos em que a superfície do material não está a uma distância mínima, uma vez que o tempo de leitura, nesse caso, deve ser muito pequeno (ou rápido) para se obter uma medição precisa.

Os medidores de nível **radioativos** (ou radiométricos) são indicados para aplicações em líquidos e materiais pastosos. Também podem ser utilizados para grãos e não se aplicam à medição de nível de interfaces. Geralmente essa técnica é aplicada quando nenhuma das outras consegue atender às necessidades. Uma de suas grandes **vantagens** é que não existe a necessidade de invasão do reservatório pelo medidor. Assim sendo, essa técnica é indicada para aplicações em condições extremas de temperatura e pressão ou ainda quando o material é tóxico ou extremamente corrosivo. Uma possibilidade desse método é utilizar partes móveis, como, por exemplo, a fonte emissora, para melhorar o desempenho da técnica.

As principais **desvantagens** são os custos envolvidos, os quais devem ser calculados também no momento da instalação, quando é necessário licenciamento inicial, e a verificação periódica, feita por pessoal qualificado e geralmente a custos relativamente elevados. De modo geral, essa técnica torna-se mais cara do que as técnicas convencionais. Apesar de utilizar fonte radioativa, ao contrário do que muitas pessoas acreditam essa é uma técnica perfeitamente segura do ponto de vista da saúde de funcionários que trabalham próximo do reservatório.

Os métodos **capacitivos** são indicados para aplicação em líquidos. Ainda podem ser utilizados na medição de nível de grãos e interfaces. Nessa técnica, quando o material começa a cobrir o elemento sensor, ocorre uma variação de capacitância que, por sua vez, ocasiona um desequilíbrio de uma ponte de medição. O sinal é então amplificado, retificado e relacionado com o nível. Uma das **vantagens** desse método é que as técnicas por medição de capacitância podem ser aplicadas em condições extremas de pressão e temperatura. Geralmente apenas uma pequena invasão no reservatório é suficiente.

Uma das principais **desvantagens** desse método, além do fato de ser invasivo, consiste no fato de ser sensível à variação da constante dielétrica do material. Isso impossibilita a aplicação onde ocorre formação de camadas de substâncias ou acúmulo de resíduos sobre os eletrodos. Por isso, essa técnica é geralmente limitada a meios aquosos. Até em ambientes ácidos, em que não surge formação de camadas, o meio torna-se tão condutivo, que o método falha, causando erros muito elevados. Essa técnica tem cada vez mais perdido espaço para outras, em especial para a admitância ou impedância em radiofrequência, cujo princípio é semelhante mas produz resultados bem melhores.

A técnica de admitância RF aplica-se em líquidos, materiais pastosos, interfaces e ainda em grãos, se forem tomados alguns cuidados. A principal diferença dessa técnica para a medição de capacitância pura é que são introduzidos alguns componentes (circuitos como osciladores e *choppers*) que têm a função de separar a medida da resistência e do capacitor. Dessa forma, os valores de capacitância e resistência, de qualquer camada formada, podem ser medidos e subtraídos do valor original.

A medição de **admitância por radiofrequência** é uma técnica de medição capacitiva de uma geração mais avançada. Por isso, entre as principais **vantagens** destaca-se a possibilidade de aplicação em uma ampla faixa de temperatura (de temperaturas criogênicas a 850 °C) e em uma faixa de pressões desde vácuo até 10.000 psi. Outra vantagem é a inexistência de partes móveis. A aplicação dessa técnica exige uma única penetração, geralmente na parte superior do reservatório.

Como **desvantagem** destaca-se o fato de que essa é uma técnica invasiva. Para aplicações em materiais granulares isolantes, são necessários alguns cuidados com a localização do elemento sensor.

Em geral, é adicionado um sensor de referência para monitorar a constante dielétrica e fazer a alteração na curva de calibração. A técnica de medição de nível por ***laser*** aplica-se em líquidos, materiais pastosos e sólidos. A principal **vantagem** desse método é a grande precisão. Em contrapartida, a **desvantagem** é que esse é o método de custo mais elevado, além de ser sensível a vapores, particulados, espumas etc.

EXERCÍCIOS

Questões

1. Explique quais as diferenças entre os métodos diretos e indiretos na medição de nível.
2. Explique como funciona o método da vareta molhada para a medição de nível.
3. Mostre a implementação de um flutuador para uma medida contínua e outra para detecção de dois níveis apenas. Explique o funcionamento.
4. Por que certos sensores são denominados "chaves de nível"?
5. Qual o motivo para a utilização de um medidor de pressão diferencial para caracterizar o nível de um tanque aberto?
6. Qual é a diferença entre um medidor de pressão diferencial com referência seca e úmida ou preenchida? Explique a finalidade de cada uma das situações.
7. Explique o funcionamento do medidor de nível com borbulhador. Para quais situações o mesmo tem aplicação aconselhável?
8. Que tipos de medidores poderiam ser utilizados para monitorar nível de grãos?
9. Que tipo de medidor deve-se utilizar em reservatórios com água e óleo (líquidos imiscíveis) a fim de medir o nível da interface?
10. Explique o princípio de funcionamento da medição de nível por capacitância.
11. Em que consiste uma medição de nível pontual? Forneça um exemplo.
12. Explique a diferença entre um sensor capacitivo e um sensor de admitância RF.
13. Descreva as principais vantagens ou desvantagens da técnica de medição de nível por impedância RF quando comparada com a técnica capacitiva apenas.
14. É possível implementar uma chave multiníveis utilizando o método da condutividade? Se possível, mostre um exemplo de implementação.
15. Descreva as limitações de um medidor de nível por ultrassom.
16. Quais são as principais vantagens do método por ultrassom?
17. Descreva o princípio de funcionamento da medição de nível por RADAR.
18. Explique o princípio de funcionamento do RADAR com frequência modulada.
19. Explique o princípio de funcionamento de um RADAR guiado.
20. Explique quais as vantagens de um medidor de nível radiométrico. Em que situações este medidor é indicado
21. Em que consiste o efeito de magnetostrição?
22. Em que tipo de materiais é possível ocorrer o efeito magnetostritivo?

23. Que tipo de sensor é utilizado nos medidores magnetostritivos?

24. Descreva o princípio de funcionamento de um ciclo de medida de um sensor de nível magnetostritivo.

25. Quais as vantagens e desvantagens dos sensores magnetostritivos?

26. Descreva o funcionamento de um medidor de nível a *laser*.

27. Quais as vantagens e desvantagens do método de medição por *laser*?

Problemas com respostas

1. Calcule a força resultante de um flutuador com um diâmetro de 50 mm e comprimento de 250 mm totalmente imerso em água. Considere que a massa desse flutuador seja de 50 g.

Resposta:

Temos duas componentes:

a. força peso:

$$P = \text{mg} = 0{,}050 \times 9{,}80665 = 0{,}49\ N$$

b. empuxo:

$$E[N] = \rho\left[\frac{\text{kg}}{\text{m}^3}\right]V[\text{m}^3]g\left[\frac{\text{m}}{\text{s}^2}\right] = 1000 \times 0{,}250 \times \pi \times (0{,}025)^2 \times 9{,}80665$$

$$E[N] = 4{,}81\ N$$

$$F_R = 4{,}81 - 0{,}49 = 4{,}32\ N.$$

2. Considerando o mesmo flutuador do Exercício 5, trace a curva de resposta de força (F) *versus* nível (N) de um ponto mínimo a um máximo.

Resposta:

Nesse caso, presume-se que o comprimento (250 mm) esteja parcialmente imerso. Assim, basta traçar um gráfico para a seguinte expressão:

$$F_R = (gA\rho_{\text{água}}l_{\text{submerso}} + gA\rho_{\text{ar}}(l_{\text{Total}} - l_{\text{submerso}})) - 0{,}49.$$

Para simplificar, podemos desprezar a segunda parcela dentro dos parênteses e

$$F_R = 9{,}80665 \times \pi \times (0{,}025)^2 \times 1000 \times l_{\text{submerso}} - 0{,}49.$$

O parâmetro l_{submerso} indica o nível. Observe que trata-se de uma reta.

3. Um sensor capacitivo é formado por duas placas planas paralelas. Cada placa tem altura $h = 0{,}1$ m e comprimento $l = 0{,}5$ m. Conhecendo a distância $d = 0{,}01$ m entre as placas e a permeabilidade relativa do meio dielétrico $\varepsilon_r = 1$, determine a capacitância do dispositivo, $\varepsilon_0 = 8{,}85 \times 10^{-12}\dfrac{As}{Vm}$.

Resposta:

$$C = \varepsilon_r\varepsilon_0\frac{A}{d} = 8{,}85 \times 10^{-12}\frac{0{,}1 \times 0{,}5}{0{,}01} = 44{,}25\ pF.$$

4. Considerando que uma das placas do capacitor do exercício anterior é deslocada 100 mm, determine o novo valor da capacitância.

Resposta:

$$C = \varepsilon_r\varepsilon_0\frac{A}{d} = 8{,}85 \times 10^{-12}\frac{0{,}1 \times 0{,}5}{0{,}11} = 4{,}02\ pF.$$

5. Um capacitor de placas cilíndricas como o da Figura 13.19 é formado por um reservatório, o qual tem o diâmetro interno de 10 cm e o diâmetro externo 1 m. A altura do reservatório é de 2 m. Calcule a capacitância desse sistema quando o mesmo é preenchido por ar apenas.

Resposta:

$$C = L\frac{2\pi\varepsilon_r\varepsilon_0}{\ln\left(\frac{b}{a}\right)} = 2 \times \frac{2 \times \pi \times 8{,}85 \times 10^{-12}}{\ln\left(\frac{1}{0{,}1}\right)} = 48{,}3\ pF.$$

6. Repita o exercício anterior, considerando que o reservatório encontra-se 50 % preenchido por água ($\varepsilon_r = 80{,}4$).

Resposta:

$$C_1 = L\frac{2\pi\varepsilon_r\varepsilon_0}{\ln\left(\frac{b}{a}\right)} = 1 \times \frac{2 \times \pi \times 8{,}85 \times 10^{-12} \times 80{,}4}{\ln\left(\frac{1}{0{,}1}\right)} = 24{,}15\ pF$$

$$C_2 = L\frac{2\pi\varepsilon_r\varepsilon_0}{\ln\left(\frac{b}{a}\right)} = 1 \times \frac{2 \times \pi \times 8{,}85 \times 10^{-12} \times 80{,}4}{\ln\left(\frac{1}{0{,}1}\right)} = 1{,}94\ pF$$

$$C_T = C_1 + C_2 = 1{,}97\ nF.$$

7. Considere agora o caso da Figura 13.20(*a*). Recalcule a capacitância do cilindro como no caso dos Exercícios 5 e 6. Considere que existe ainda um isolante, mica ($\varepsilon_r = 3{,}2$), e seu diâmetro é de 20 cm.

Resposta:

a.

$$C = L\frac{2\pi\varepsilon_0}{\frac{1}{\varepsilon_1}\ln\left(\frac{d_2}{d_1}\right) + \frac{1}{\varepsilon_2}\ln\left(\frac{d_3}{d_2}\right)} = 2 \times \frac{2 \times \pi \times 8{,}85 \times 10^{-12}}{\frac{1}{3{,}2}\ln\left(\frac{0{,}2}{0{,}1}\right) + \ln\left(\frac{1}{0{,}2}\right)} = 60{,}9\ pF.$$

b.

$$C_1 = L\frac{2\pi\varepsilon_0}{\frac{1}{\varepsilon_1}\ln\left(\frac{d_2}{d_1}\right) + \frac{1}{\varepsilon_2}\ln\left(\frac{d_3}{d_2}\right)} = 1 \times \frac{2 \times \pi \times 8{,}85 \times 10^{-12}}{\frac{1}{3{,}2}\ln\left(\frac{0{,}2}{0{,}1}\right) + \ln\left(\frac{1}{0{,}2}\right)} = 30{,}45\ pF$$

$$C_2 = L\frac{2\pi\varepsilon_0}{\frac{1}{\varepsilon_1}\ln\left(\frac{d_2}{d_1}\right)+\frac{1}{\varepsilon_2}\ln\left(\frac{d_3}{d_2}\right)} =$$

$$1\times\frac{2\times\pi\times 8{,}85\times 10^{-12}}{\frac{1}{3{,}2}\ln\left(\frac{0{,}2}{0{,}1}\right)+\frac{1}{80{,}4}\ln\left(\frac{1}{0{,}2}\right)} = 235\ pF$$

$$C_T = C_1 + C_2 = 265{,}45\ nF.$$

8. Considere uma resistência de 10 Ω e uma capacitância de 100 *nF*. Calcule as admitâncias e impedâncias para as frequências de 100 Hz, 1 kHz, 10 kHz e 1 MHz.

Resposta:

Calculando as reatâncias:

$$X_1 = \frac{1}{2\times\pi\times 100\times 10^{-9}\times 100} = 15915$$

$$X_2 = \frac{1}{2\times\pi\times 10^{-9}\times 1000} = 1591{,}5$$

$$X_3 = \frac{1}{2\times\pi\times 10^{-9}\times 10000} = 159{,}15$$

$$X_4 = \frac{1}{2\times\pi\times 10^{-9}\times 1000000} = 1{,}5915$$

Impedâncias (em coordenadas retangulares):

$$Z_1 = 10 - j15915$$

$$Z_2 = 10 - j1591{,}5$$

$$Z_3 = 10 - j159{,}15$$

$$Z_4 = 10 - j1{,}5915$$

Admitâncias (em coordenadas retangulares):

$$Y_1 = 3{,}95\times 10^{-8} + 0{,}000063i$$

$$Y_2 = 0{,}00000395 + 0{,}00063i$$

$$Y_3 = 0{,}000393 + 0{,}0063i$$

$$Y_4 = 0{,}0975 + 0{,}0155i$$

9. A técnica de medição de nível por ultrassom utiliza a medição do tempo de deslocamento de uma onda. Considere o seguinte problema: Calcule o tempo entre a emissão e o eco de um sinal com velocidade $v = 340$ m/s a uma distância de 5 m de um alvo ideal.

Resposta:

$$v = \frac{d}{t}.$$

Sabemos que entre a emissão do sinal e a recepção do eco, a onda mecânica desloca-se em duas vezes a distância da fonte ao alvo. Assim, o tempo de emissão-recepção pode ser calculado:

$$t_{er} = \frac{2d}{v} = \frac{10}{340} = 0{,}0294\ \text{s}.$$

10. Assim como nos medidores por ultrassom, os sensores de nível magnetostritivos utilizam a técnica de medida de tempo entre um pulso e seu eco. Calcule a distância considerando que a velocidade de propagação do estímulo é de 2850 m/s e que o tempo gasto para receber o eco é de 0,35 ms.

Resposta:

Levando em conta que o tempo decorrido entre a emissão do sinal e seu eco é dado por

$$t_{er} = \frac{2d}{v}$$

$$d = 2850\times 0{,}00035\times\frac{1}{2} = 0{,}498\ \text{m}.$$

11. Considere a Figura 13.40. Calcule o diâmetro do feixe (para uma altura variável do medidor L) para uma antena de 100 mm para as frequências de 5,10 e 24 GHz.

Resposta:

$$\theta = 70°\frac{3\times 10^8\left[{}^{m}/_{s}\right]}{f[\text{Hz}]\varnothing_{\text{antena}}[\text{m}]}$$

$$\theta_1 = 70°\frac{3\times 10^8}{5\times 10^9\times 0{,}1} = 42°$$

$$\theta_2 = 70°\frac{3\times 10^8}{10\times 10^9\times 0{,}1} = 21°$$

$$\theta_3 = 70°\frac{3\times 10^8}{24\times 10^9\times 0{,}1} = 8{,}75°$$

Esse é o ângulo de abertura. Para calcular o diâmetro do feixe,

$$D = 2\times L\times\tan\left(\frac{\theta}{2}\right)$$

em que $L =$ *altura do medidor*. Assim,

$$D_1 = 2\times L\times\tan(21°) = 0{,}768\ \text{Lm}$$

$$D_2 = 2\times L\times\tan(10{,}5°) = 0{,}37\ \text{Lm}$$

$$D_3 = 2\times L\times\tan(10{,}5°) = 0{,}15\ \text{Lm}$$

12. Calcule a distância (ou o nível), considerando um RADAR com frequência modulada varrendo a faixa de frequência $\Delta f =$ GHz. Considere também um período $\Delta t = 3{,}3$ s e uma medida (na saída do equipamento) de uma frequência de 200 Hz.

Resposta:

$$K = 2\frac{f_{\text{var}}}{ct_{\text{var}}} = 2\frac{5\times 10^9}{3\times 10^8\times 3{,}3} \cong 10$$

$$\Delta d = \frac{\Delta f}{K} = \frac{200}{10} = 20\ \text{m}$$

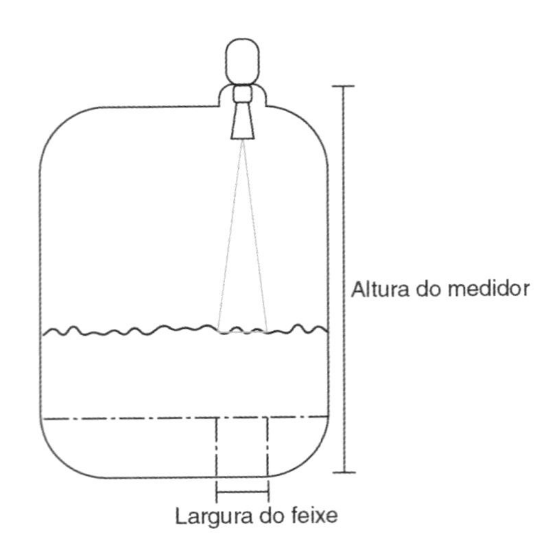

FIGURA 13.40 Reservatório com dimensões relativo ao Exercício 11.

Problemas para você resolver

1. Construa um fluxograma para a Figura 13.22, de modo que, quando o sensor de nível superior for acionado, uma bomba deve ser desligada e quando o indicador de nível mínimo for desligado a bomba deve ser ligada até o preenchimento máximo.
2. Projete um circuito digital para o Exercício 21 tendo como entradas os sinais dos sensores e como saída um sinal de "liga bomba" e outro "desliga bomba".
3. Utilizando 10 chaves para medir nível (qualquer), projete um visualizador de nível implementado pelo componente LM3914 (*driver* para 10 LEDs – *bargraph*).
4. Projete um medidor de nível utilizando o método do deslocador para uma faixa de 500 mm. Nesse medidor utilize também uma célula de carga com fundo de escala de 5 N.
5. Na questão anterior, considere o fato de utilizar este medidor para monitorar o nível de interface de água e um determinado óleo com massa específica $\rho_{\text{óleo}}$.

■ BIBLIOGRAFIA

BACON, J.M. *The changing world of level measurement*. InTech, June 1996.

BOYES, W. *The changing state of the art of level measurement*. Flow Control, Feb. 1999.

CONSIDINE, D. M. *Fluid level systems. process industrial instruments & control handbook*. 4ª Ed. New York: McGraw-Hill, 1993.

DOEBELIN, O. E. *Measurement systems: application and design*. McGraw-Hill, 1990.

ELGAR, P. *Sensors for measurement and control*. Ed. Logman, 1998.

GILLUM, D.R. *Industrial pressure, level, and density measurement*. ISA Resources for Measurement and Control Series, 1995.

JOHNSON, D. *Process instrumentations utility infielder*. Control Engineering, Nov. 1998.

KOENEMAN, D.W. *Evaluate the options for measuring process levels*. Chemical Engineering, July 2000.

LIPTAK B. E. *Level Measurement. instrument engineer's handbook: process measurements and analysis*, 3ª Ed., Vol. 2. Radnor, PA: Chilton Book Co.:269-397, 1995.

NOLTINGK, B.E. *Instrument technology — mechanical measurements* 4ª Ed. Vol. 1, Butterworths, 1985.

NYCE, D. *Magnetostriction-based linear position sensors. Sensors*, Vol. 4, Nº. 11, April 1994.

Omega complete flow and level measurement handbook and encyclopedia. Vol. 29, Stamford, CT: Omega Engineering Inc., 1995.

PARKER, S. *Selecting a level device based on application needs*. Chemical Processing, Fluid Flow Manual, 1999, pp. 75-80.

PAUL, B.O. *Seventeen level sensing methods. Chemical Processing*, Feb. 1999.

RUSSEL, J. *New developments in magnetostrictive position sensors. Sensors*, Vol. 14, No. 6, June 1997.

WEBSTER J.G. *Measurement, instrumentation and sensors handbook*. CRC Press, 1999.

CAPÍTULO 14

Medição de Fluxo

O movimento de um fluido, termo que define líquidos ou gases em uma tubulação, conduto ou canal, é denominado fluxo. Por definição, fluxo é a quantidade de matéria, volume ou massa que escoa por unidade de tempo em uma dada instalação, como, por exemplo, o canal mostrado na Figura 14.1.

Existem diversas unidades para expressar fluxo. Destacam-se: galão por minuto (gpm), polegadas cúbicas por minuto $\left(\text{in}^3/\text{min}\right)$, centímetros cúbicos por segundo $\left(\text{cm}^3/\text{s}\right)$, litros por segundo ($L$/s), pé cúbico por minuto $\left(\text{ft}^3/\text{min}\right)$ e pé cúbico padrão por minuto de ar a 20 °C a 1 atmosfera igual a 0,54579 grama por segundo $\left(\text{grama}/\text{s}\right)$.

Procedimentos ou métodos para caracterização, quantificação ou visualização de fluxo (veja o Capítulo 9, Introdução à Instrumentação Óptica) são essenciais em processos que envolvam transporte de energia e massa, permitindo seu controle ou monitoramento, destacando-se as aplicações em que estão envolvidas, entre outros processos industriais, a distribuição de água, gasolina ou diesel, a extração de óleo cru e a otimização do desempenho de diversos subsistemas de motores de combustão e injeção de combustível por módulos eletrônicos. A Tabela 14.1 apresenta resumidamente alguns dos principais métodos utilizados em medidores de fluxo, e a Tabela 14.2 traz as principais características que auxiliam na seleção dos medidores de fluxo discutidos no decorrer deste capítulo.

FIGURA 14.1 Foto de um canal em que é possível observar o fluxo de água e a turbulência gerada pela queda de água. (Cortesia de Flometrics.)

Pelos exemplos citados anteriormente, percebe-se que a medição de fluxo é essencial em processos industriais para garantir eficiência e economia no processo. Existem diversos métodos para medição de fluxo (veja a Tabela 14.1), destacando-se pressão diferencial, área variável, deslocamento positivo, turbina, eletromagnetismo, ultrassom, por massa térmica e por efeito Coriolis. Cada tipo ou modelo de medidor (veja a Tabela 14.2) está habilitado a medir diferentes tipos de fluxos, em diferentes faixas e custos. Medidores baseados na constante de calor medem a massa média de fluxo $\left(\text{kg}/\text{s}\right)$; técnicas baseadas em pressão diferencial medem o volume médio de fluxo ou fluxo volumétrico $\left(\text{m}^3/\text{s}\right)$, ao passo que medidores de fluxo eletromagnéticos e por ultrassom medem a velocidade média do fluido $\left(\text{m}/\text{s}\right)$, entre outros.

Portanto, na seleção de um medidor de fluxo devem-se levar em consideração, no mínimo, os seguintes pontos: tipo de fluido a ser medido e suas características (viscosidade, limpeza, condutividade), local de exibição da medida (no próprio local ou distante), faixas de fluxo, pressão e temperatura do processo a ser medido, tipo e tamanho da tubulação do processo, entre outros.

Conceitos fundamentais

Massa específica: parâmetro utilizado para caracterizar a matéria. Para fluidos, a massa específica (ρ) é função da pressão (P) e da temperatura (T) do fluido: $\rho = f(P,T)$. Para exemplificar, a água, em estado líquido, a uma temperatura de 0 °C e pressão de 1 atmosfera, apresenta massa específica de $1000\ \text{kg}/\text{m}^3 = 1\ \text{kg}/\text{cm}^3 = 1\ \text{kg}/L$.

TABELA 14.1 Principais métodos utilizados em medidores de fluxo

Método ou dispositivo utilizado	Sinal de entrada	Sinal de saída
Tubo de Pitot	Velocidade pontual ou local do fluido ou fluxo volumétrico	Pressão diferencial
Anemômetro (método do fio quente)	Velocidade pontual ou local do fluido	Temperatura
Eletromagnético	Velocidade média do fluido	Tensão elétrica
Ultrassom	Velocidade média do fluido	Tempo ou por frequência (Doppler)
Placa de orifício	Fluxo volumétrico	Pressão diferencial
Tubo de Venturi	Fluxo volumétrico	Pressão diferencial
Bocal	Fluxo volumétrico	Pressão diferencial
Turbina	Fluxo volumétrico	Ciclos ou revoluções
Deslocamento positivo	Fluxo volumétrico	Ciclos ou revoluções
Draga ou força de arrasto	Fluxo volumétrico	Força
Área variável (rotâmetro)	Fluxo volumétrico	Deslocamento do elemento flutuante
Vórtice	Fluxo volumétrico	Frequência
Efeito Coriolis	Massa média do fluxo	Força ou frequência de pulsos elétricos
Transporte térmico	Massa média do fluxo	Temperatura

TABELA 14.2 Características básicas para seleção dos principais medidores de fluxo encontrados no mercado

Medidor de fluxo	Recomendado principalmente para	Perda de pressão	Precisão típica (%)	Custo relativo
Placa de orifício	Líquidos limpos	Média	de ±2 a ±4 do fundo de escala	Baixo
Tubo de Venturi	Líquidos limpos, sujos e viscosos	Baixa	±1 do fundo de escala	Médio
Bocal	Líquidos limpos e sujos	Média	de ±1 a ±2 do fundo de escala	Médio
Tubo de Pitot	Líquidos limpos	Baixa	de ±3 a ±5 do fundo de escala	Baixo
Área variável	Líquidos limpos, sujos e viscosos	Média	de ±1 a ±10 do fundo de escala	Baixo
Deslocamento positivo	Líquidos limpos e viscosos	Alta	±0,5	Médio
Turbina	Líquidos limpos e viscosos	Alta	±0,25	Alto
Vórtice	Líquidos limpos e sujos	Média	±1	Alto
Eletromagnéticos	Líquidos condutivos limpos e sujos	Nenhuma	±0,5	Alto
Ultrassônico (efeito Doppler)	Líquidos sujos e viscosos	Nenhuma	±5 do fundo de escala	Alto
Ultrassônico (tempo)	Líquidos limpos e viscosos	Nenhuma	de ±1 a ±5 do fundo de escala	Alto
Efeito Coriolis (massa)	Líquidos limpos, sujos e viscosos	Baixa	±0,4	Alto
Massa térmica	Líquidos limpos, viscosos e sujos	Baixa	±1 do fundo de escala	Alto

Densidade: relação entre a massa volumétrica da matéria em estudo (análise) e a massa volumétrica ou volúmica da matéria de referência – normalmente a água. A massa volumétrica ou volúmica indica a proporção existente entre a massa de um corpo e seu volume.

Viscosidade (veja o Capítulo 15): propriedade dos fluidos cuja origem são as forças dissipativas existentes entre as moléculas; sendo assim, substâncias com elevado atrito interno são altamente viscosas (a viscosidade dos líquidos é significativamente maior do que nos gases). Além disso, a viscosidade[1] (η) depende da temperatura do fluido: à medida que a temperatura aumenta, a viscosidade cresce para os gases e diminui para os líquidos. Como exemplo, a viscosidade para o plasma sanguíneo é de 1,50 cp (37 °C), a do sangue é

[1] Viscosidade normalmente é determinada ou medida por meio da observação do tempo necessário para que uma dada quantidade de um fluido escoe de um tubo curto com pequena abertura. Frequentemente é dada em unidades métricas: poise $\left(1 \text{ poise[p]} = 1 \ {}^{g}\!/_{cm \times s} = 100 \text{ centipoises [cp]}\right)$ e stoke [st] $\left(1 \text{ stoke} = 1 \ {}^{cm^2}\!/_{s} = 100 \text{ centistokes}\right)$.

de 4,00 cp (37 °C) e a da água é de 0,282 cp (100 °C) ou 1,79 cp (0 °C). A unidade no Sistema Internacional para a viscosidade é o poiseuille (Pl), ou seja, 1 Pl = 1 Pa · s (o centipoise (cp) equivale a 10^{-2} Pl).

Condutividade: todo meio condutor pode ser caracterizado por sua condutividade elétrica, que depende da condutividade elétrica de cada tipo de íon que constitui o fluido.

Fluido incompressível: as variações de massa específica com a pressão são insignificantes. Normalmente, os líquidos são considerados incompressíveis, e os gases e os vapores fluidos são **compressíveis**, pois suas massas específicas podem variar significativamente.

Em 1883, Osborne Reynolds observou experimentalmente dois tipos de escoamento em tanques. A velocidades relativamente baixas, as partículas se movem muito regularmente, permanecendo paralelas em todas as partes. Esse tipo de escoamento é denominado **escoamento laminar**. A velocidades mais altas, ele observou o **escoamento turbulento**, ou seja, escoamento com fluxo não paralelo, movendo-se de forma desordenada ou aleatória. Em sua homenagem, um parâmetro adimensional recebeu o nome de **número de Reynolds** e é básico para a compreensão do movimento ou da mecânica de fluidos, pois a característica do fluxo pode ser determinada por meio desse parâmetro. O número de Reynolds (Re) representa fisicamente um quociente de forças: forças de inércia ($\rho \times \bar{v}$) e por forças de viscosidade (η/D), dado por

$$\Re = \text{Re} = \frac{\rho \times \bar{v} \times D}{\eta},$$

sendo ρ a massa específica, $\bar{v}$ a velocidade média, η a viscosidade do fluido e D o diâmetro da tubulação.

A relação entre o fluxo e a queda de pressão varia com o perfil da velocidade, que pode ser laminar ou turbulento em função do número de Reynolds (Re). Para números de Reynolds baixos (até Re $\leqslant$ 2000), o fluxo é laminar e o perfil de velocidade é parabólico. Para números de Reynolds altos, acima de Re $\geqslant$ 4000, o fluxo é completamente turbulento. A Figura 14.2 traz um esboço e uma foto mostrando o fluxo laminar e o turbulento.

14.1 Medidores de Fluxo Baseados na Pressão Diferencial

Essa família de medidores, amplamente utilizada para caracterização de fluxo, é baseada na obstrução da passagem de um determinado fluido. Nesses dispositivos, o fluxo é calculado pela medição da queda de pressão causada pela obstrução inserida no caminho do fluxo. Os tipos mais comuns de medidores de fluxo por pressão diferencial são: placa de orifício, tubo de Venturi, tubo de Pitot e medidor do tipo bocal.

O medidor de pressão diferencial é baseado nas equações de Bernoulli, que determinam a relação entre a velocidade do fluido (v), a pressão do fluido (P), a massa específica do fluido (ρ), a gravidade (g) e a altura (h) de pontos fixos (por exemplo, ponto 1 e ponto 2) em uma tubulação de área de secção variável (Figura 14.3):

$$\frac{P_1}{\rho g} + \frac{v_1^2}{2g} + h_1 = \frac{P_2}{\rho g} + \frac{v_2^2}{2g} + h_2.$$

Considerando-se $h_1 \cong h_2$ (Figura 14.4), pode-se reduzir a equação de Bernoulli para

$$\frac{P_1}{\rho g} + \frac{v_1^2}{2g} = \frac{P_2}{\rho g} + \frac{v_2^2}{2g}$$

$$\frac{P_1}{\rho} - \frac{P_2}{\rho} = \frac{v_2^2}{2} - \frac{v_1^2}{2} \therefore \frac{P_1 - P_2}{\rho} = \frac{v_2^2 - v_1^2}{2}$$

$$P_1 - P_2 = \rho\frac{v_2^2 - v_1^2}{2}$$

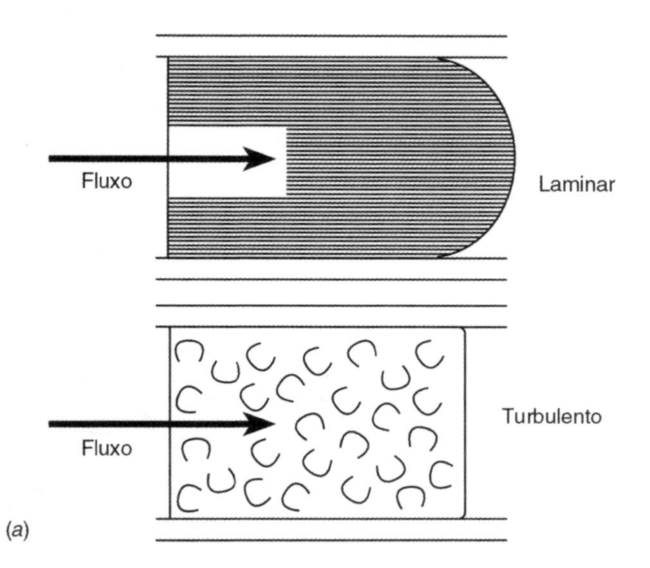

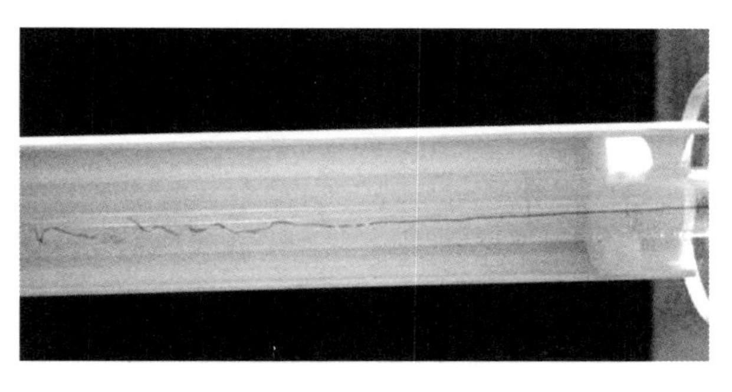

FIGURA 14.2 (*a*) Escoamento laminar e turbulento e (*b*) foto mostrando a transição do fluxo laminar para turbulento. (Cortesia de Flometrics.)

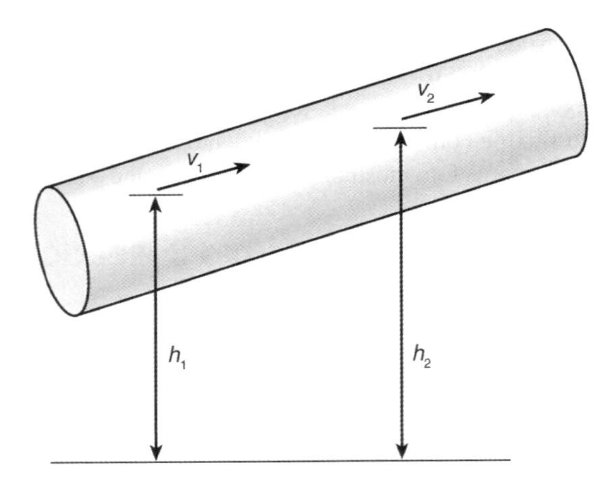

FIGURA 14.3 Fluxo de um fluido com massa específica ρ através de uma tubulação inclinada com redução da área da secção.

Pelo princípio da conservação de massa, temos

$$v_1 \cdot A_1 \cdot \rho = v_2 \cdot A_2 \cdot \rho$$

Substituindo $v_1 \cdot A_1 \cdot \rho = v_2 \cdot A_2 \cdot \rho$ em $P_1 - P_2 = \rho \frac{v_2^2 - v_1^2}{2}$, obtém-se:

$$Q = v_1 \cdot A_1 = \frac{A_2}{\sqrt{1 - \left(\frac{A_2}{A_1}\right)^2}} \sqrt{\frac{2(P_1 - P_2)}{\rho}}.$$

Essa expressão mostra que o fluxo volumétrico $\boldsymbol{Q}$ pode ser determinado pela medição da pressão $(\boldsymbol{P_1} - \boldsymbol{P_2})$ nas extremidades do obstáculo na tubulação — o princípio básico de todos os medidores de fluxo por pressão diferencial. A expressão anterior considera o fluido incompressível e, além disso, que o mesmo apresente viscosidade desprezível. Portanto, para uma área de secção de uma geometria conhecida **(*A*)**, o fluxo volumétrico pode ser determinado pela medição da diferença de pressão $P_1 - P_2$.

A equação para um elemento ideal $Q = A_2 \sqrt{\frac{2(P_1 - P_2)}{\rho\left(1 - \left(\frac{A_2}{A_1}\right)^2\right)}}$

pode ser modificada com o acréscimo do chamado **coeficiente de descarga** C_d (que pode ser determinado experimentalmente):

$$Q = C_d \cdot A_2 \sqrt{\frac{2(P_1 - P_2)}{\rho\left(1 - \left(\frac{A_2}{A_1}\right)^2\right)}}.$$

O coeficiente de descarga (coeficiente de ajuste para situações reais) é função da dimensão ou da abertura do orifício, cuja relação de área é dada por $\frac{A_{vc}}{A_2}$, sendo A_{vc} a área denominada "veia contraída" que representa a área mínima da restrição ou do obstáculo, conforme mostra a Figura 14.5.

Conforme descrevemos anteriormente, Bernoulli determinou que um fluido, ao passar através de um obstáculo, é acelerado e a energia para essa aceleração é obtida da pressão estática do fluido. Em decorrência, ocorre uma queda de pressão no ponto da restrição (Figura 14.5) denominado "veia contraída". Parte dessa queda de pressão é restaurada com o retorno do fluxo na tubulação após a restrição. A pressão diferencial $(\boldsymbol{P_1} - \boldsymbol{P_2})$ do fluxo é medida. Além disso, a velocidade **(*v*)**, o fluxo volumétrico **(*Q*)** e a massa do fluxo **(*m*)** podem ser calculados por meio das seguintes expressões gerais:

$$v = C_d \sqrt{\frac{(P_1 - P_2)}{\rho}}$$

$$Q = C_d \cdot A \sqrt{\frac{P_1 - P_2}{\rho}}$$

$$m = C_d \cdot A \sqrt{(P_1 - P_2) \cdot \rho}$$

sendo C_d o coeficiente de descarga do elemento, A a área da secção da tubulação e ρ a massa específica do fluido.

Cabe observar que o coeficiente de descarga C_d sofre influência da viscosidade do fluido (a viscosidade normalmente é

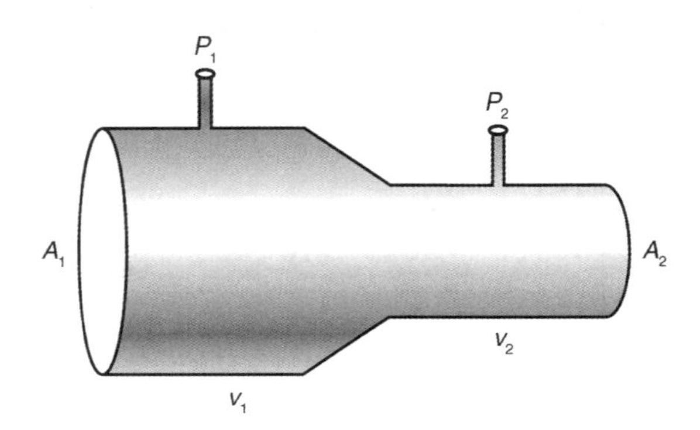

FIGURA 14.4 Utilização de uma restrição em uma tubulação para medir variação de fluxo de fluidos.

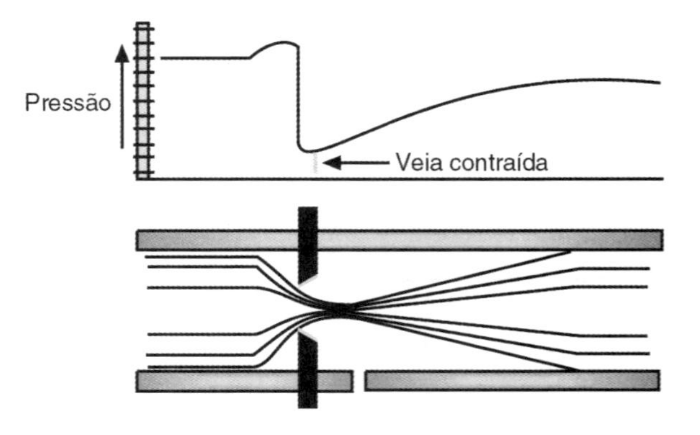

FIGURA 14.5 Representação da placa de orifício com destaque para a restrição e visualização da área "veia contraída".

indicada pelo parâmetro adimensional número de Reynolds) e da razão entre o diâmetro do orifício da restrição e o diâmetro interno da tubulação. Outros parâmetros ou fatores de correção podem ser usados na determinação do coeficiente C_d, dependendo do tipo de fluxo utilizado (normas apresentam diversos parâmetros, tabelas ou gráficos para obtenção dos fatores de correção).

A pressão diferencial pode ser medida, por exemplo, por um medidor de pressão diferencial (descrito no Capítulo 12, Medição de Pressão). De maneira geral, os medidores por pressão diferencial apresentam como principal vantagem o fato de que a incerteza da medição já é determinada sem a necessidade de procedimentos de calibração, pois o medidor de fluxo é fabricado e instalado segundo normas internacionais relacionadas a esses dispositivos. Além disso, são dispositivos simples, pois não apresentam partes móveis, o que os torna confiáveis. Como desvantagens podem ser citadas a faixa limitada e a perda de pressão permanente que é produzida na tubulação (para instalação permanente do dispositivo). Em sistemas nos quais essas limitações não são problemáticas e é permissível a instalação de um elemento invasivo no sistema de tubulações, pode-se utilizar o medidor de fluxo, por pressão diferencial. Resumidamente, o tubo de Venturi oferece a vantagem de alta precisão e pequena queda de pressão, enquanto a placa de orifício é consideravelmente mais barata. Os medidores de fluxo do tipo bocal e placa de orifício apresentam alta queda de pressão permanente. As unidades adequadas no SI para as equações determinadas anteriormente são

Fluxo volumétrico: Q dada em $\mathrm{m^3/s}$;

Área: A dada em $\mathrm{m^2}$;

Massa específica: ρ dada em $\mathrm{kg/m^3}$;

Pressão: ρ dada em $\mathrm{N/m^2}$.

14.1.1 Medidor de pressão diferencial — Placa de orifício

Uma placa de orifício, inserida na tubulação, é uma restrição ou obstáculo com uma pequena abertura comparada ao diâmetro da tubulação. Considerada o dispositivo mais simples de medir fluxo por pressão diferencial, apresenta, porém, turbulências próximo ao orifício. A Figura 14.6 traz o esboço de uma placa de orifício instalada em uma tubulação, e a Figura 14.7 mostra fotos de placas encontradas comercialmente. Após a passagem pelo obstáculo, o fluido continua contraído até a área "veia contraída" (Figura 14.5). Se for utilizada a equação

$$Q = v_1 \cdot A_1 = \frac{A_2}{\sqrt{1 - \left(\frac{A_2}{A_1}\right)^2}} \sqrt{\frac{2(P_1 - P_2)}{\rho}}$$

para o cálculo da variação do fluxo volumétrico de uma medição da queda de pressão através do orifício, isso resultará em erro, pois A_2 é estritamente a área da "veia contraída", que é

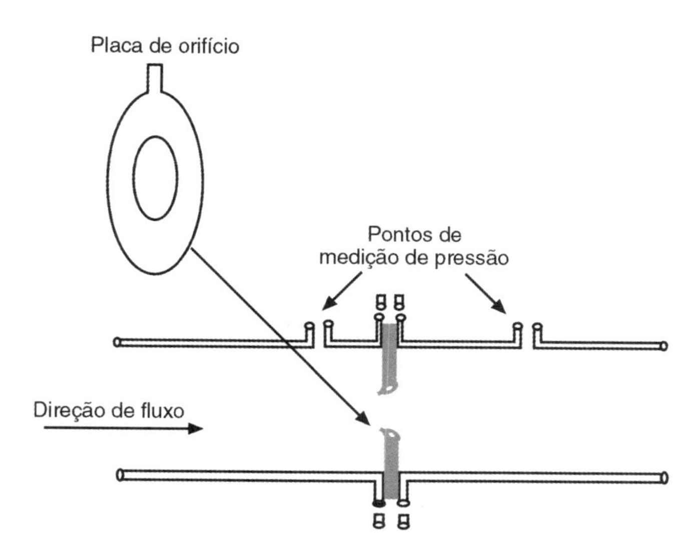

FIGURA 14.6 Esboço de uma placa de orifício instalada em uma tubulação.

desconhecida. Além disso, turbulência entre essa área e a tubulação resulta em perda de energia que não foi definida no modelo matemático anterior.

O fluxo volumétrico Q é corrigido com o acréscimo de dois fatores empíricos:

$$Q = \frac{C_d}{\sqrt{1 - \beta^4}} \varepsilon \frac{\pi}{4} d^2 \sqrt{\frac{2(P_1 - P_2)}{\rho}}$$

sendo ρ a massa específica do fluido posterior à placa de orifício, d o diâmetro do furo da placa de orifício, β a razão entre os diâmetros d/D e D o diâmetro da tubulação interna posterior à placa. Os dois fatores de correção determinados empiricamente são o coeficiente de descarga C_d e o fator de expansibilidade ε. C_d é afetado pelas alterações de β, pelo número de Reynolds ($\Re$), pela rugosidade (veja o Capítulo 9) da tubulação, pelo

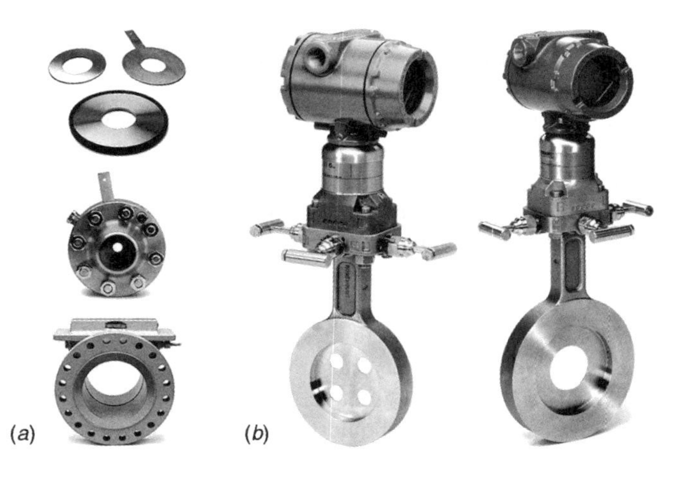

FIGURA 14.7 Fotos de dispositivos comerciais: (a) placas de orifício e (b) placas de orifício com leitor embutido. (Cortesia de Emerson Process.)

TABELA 14.3 Coeficiente de descarga (C_d) em função do número de Reynolds para a placa de orifício

	Número de Reynolds (Re)			
Razão entre os diâmetros: $d/D = \beta$	10^4	10^5	10^6	10^7
0,2	0,600	0,595	0,594	0,594
0,4	0,610	0,603	0,598	0,598
0,5	0,620	0,608	0,603	0,603
0,6	0,630	0,610	0,608	0,608
0,7	0,640	0,614	0,609	0,609

formato das bordas do orifício e pelos pontos em que a pressão diferencial é medida. Contudo, para uma geometria fixa, C_d só é dependente do número de Reynolds e tais coeficientes podem ser determinados para uma aplicação específica. O parâmetro ε é usado para aproximar a compressibilidade do fluido a ser monitorado. Os valores C_d e ε podem ser determinados pelas equações e tabelas estabelecidas por normas.

A Tabela 14.3 apresenta alguns valores de coeficiente de descarga em função do número de Reynolds (considera-se padrão um coeficiente de descarga de 0,6 para as placas de orifício).

A razão entre os fluxos máximo e mínimo de uma placa de orifício é denominada razão de rejeição e pode ser calculada por

$$RJ = \frac{Q_{\text{máx}}}{Q_{\text{mín}}}$$

em que $Q_{\text{máx}}$ representa o fluxo máximo e $Q_{\text{mín}}$ o fluxo mínimo. Essa razão para as placas de orifício é menor do que 5:1 (5 para 1), e sua precisão é pobre em razões baixas e extremamente dependente da geometria ou do formato do orifício.

A maior desvantagem da placa de orifício é sua limitada faixa de fluxos e sensibilidade a distúrbios. A placa de orifício normalmente é utilizada em líquidos limpos e sujos. Apresenta precisões na ordem de 2 % a 4 % do fundo de escala, e seu desempenho é significativamente dependente da viscosidade do líquido, apresentando, por outro lado, um custo relativamente baixo. Os orifícios normalmente encontrados são de três tipos: concêntrico (o mais tradicional), excêntrico e segmentado, conforme mostra a Figura 14.8.

A grande limitação do orifício concêntrico [Figura 14.8(*a*)] é na utilização com fluidos de múltiplas fases, uma vez que, em função do acúmulo de material, a abertura pode ser fechada. Para esse tipo de fluido, os orifícios dos tipos excêntrico e segmentado são mais indicados. No orifício excêntrico, Figura 14.8(*b*), a abertura encontra-se deslocada do centro, o que possibilita a utilização em fluidos nos quais a fase secundária, por exemplo, seja um gás (nesse caso, a abertura deve estar localizada em direção ao topo da tubulação); do contrário, se a fase secundária for um líquido em um gás, ou partículas em um líquido, a abertura do orifício excêntrico deve estar direcionada para a base da tubulação. Para aplicações com altas proporções de fase secundária, o orifício segmentado [Figura 14.8(*c*)] é mais indicado, devido à maior área de abertura.

Cabe observar que o bom desempenho de um medidor de fluxo de placa de orifício depende da qualidade das instalações. Além disso, destacam-se os seguintes fatores: localização, condicionamento da tubulação, corrosão, erosão e concentração de "água dura" (água com grande concentração de sais minerais, principalmente sais de cálcio e de magnésio), pois aumentam consideravelmente os depósitos na superfície do orifício, alterando significativamente a qualidade da medição.

14.1.2 *Medidor de pressão diferencial — Tubo de Venturi*

O tubo de Venturi (Herschel Venturi construiu seu medidor de fluxo em 1887) é similar à placa de orifício, mas apresenta um obstáculo ou restrição mais suave (Figuras 14.9 e 14.10). A alteração na área da secção, no tubo de Venturi, ocasiona uma alteração na pressão entre a secção convergente (com ângulo de 15° a 20°) e a "garganta"; sendo assim, pode-se determinar o fluxo volumétrico (Q) por essa diferença de pressão, fazendo apenas um pequeno ajuste com o fator de descarga, conforme $Q = C_d A_2 \sqrt{\frac{2(p_1 - p_2)}{\rho\left(1 - \left(\frac{A_2}{A_1}\right)^2\right)}}$. Após a área da restrição, o fluido atravessa um registrador de pressão na secção de saída, na qual até 80 % da pressão diferencial gerada pela restrição é registrada.

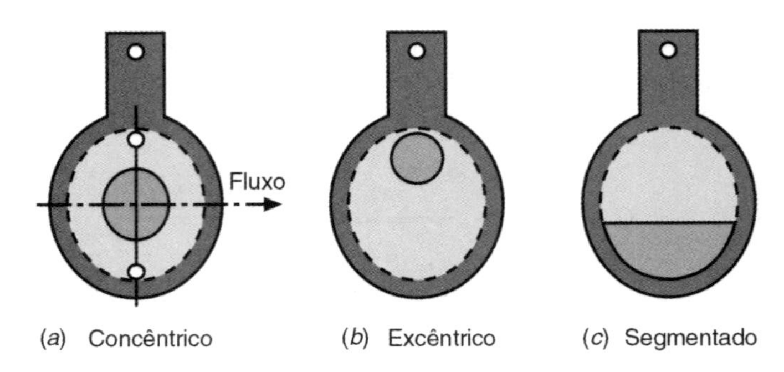

FIGURA 14.8 Placas de orifício mais comuns: (*a*) concêntrico, (*b*) excêntrico e (*c*) segmentado.

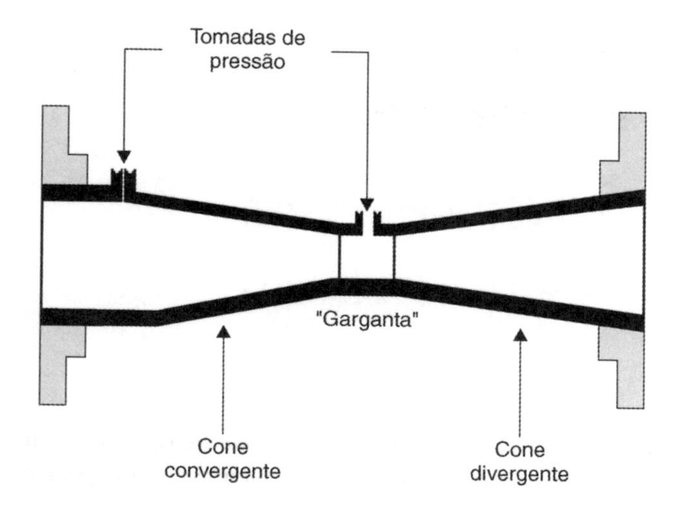

FIGURA 14.9 Medidor do tipo tubo de Venturi.

FIGURA 14.10 Medidor comercial do tipo tubo de Venturi. (Cortesia de Emerson Process.)

Devido à restrição mais gradual, quando comparada à placa de orifício, o coeficiente de descarga C_d é aproximadamente 0,975 (valor considerado padrão, mas para baixos valores do número de Reynolds o coeficiente de descarga varia consideravelmente). Em função do seu formato suave, o tubo de Venturi é menos sensível à erosão do que a placa de orifício, podendo, portanto, ser utilizado com gases ou líquidos sujos. Como desvantagens, podem-se citar o tamanho e o custo de fabricação (em função do custo, normalmente os tubos de Venturi são utilizados em instalações complexas ou de grande fluxo).

No mercado são encontrados diversos tamanhos de tubos de Venturi, que permitem a passagem de um fluxo 25 % a 50 % maior, comparados a uma placa de orifício com a mesma queda de pressão. Os tubos de Venturi podem ser utilizados em sistemas que apresentam baixa razão de rejeição (*RJ*); além disso, com instrumentação apropriada e calibração, podem fornecer um *RJ* de 10:1 (10 para 1), por exemplo.

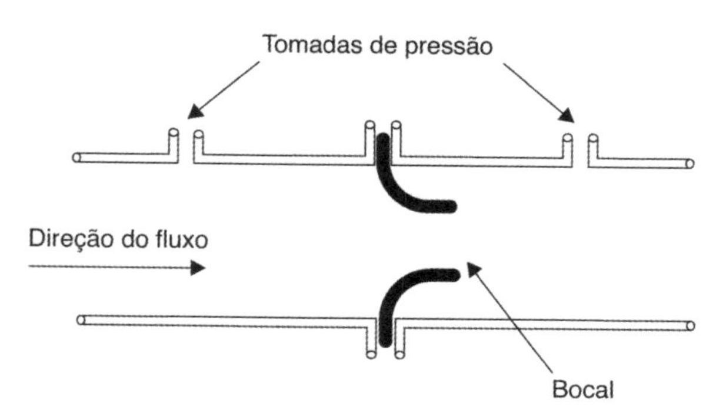

FIGURA 14.11 Medidor de fluxo por pressão diferencial do tipo bocal.

14.1.3 Medidor de pressão diferencial — Tipo bocal

O medidor de fluxo por pressão diferencial do tipo bocal é formado por uma restrição com seção reta elíptica (Figura 14.11). A pressão diferencial entre as localizações do diâmetro anterior e posterior à restrição é medida. Esse tipo de medidor é considerado um medidor de fluxo por pressão diferencial de qualidade intermediária entre a placa de orifício e o tubo de Venturi. Seu formato é compacto e apresenta um coeficiente de descarga unitário. A Figura 14.12 apresenta um medidor do tipo bocal disponível comercialmente.

Esse tipo de medidor pode ser utilizado para aplicações em que ocorram altas velocidades, altas temperaturas e fluidos sujos e abrasivos, pois sua geometria é mais suave quando comparada à da placa de orifício. Além disso, apresenta maior capacidade de fluxo do que a placa de orifício e necessita de um aporte de capital inferior ao tubo de Venturi. Muitas vezes os medidores do tipo bocal são usados como elemento de medição para fluxo de ar e gases em aplicações industriais. Sua razão de rejeição é semelhante à da placa de orifício. A Tabela 14.4 apresenta os coeficientes de descarga em função do número de Reynolds para o medidor do tipo bocal.

Em poucas palavras, esse tipo de medidor é indicado para líquidos limpos e sujos, com relativa perda de pressão média (quando comparada à dos outros medidores de pressão diferencial) e com precisão típica de 1 % a 2 % do fundo de escala.

FIGURA 14.12 Medidor de fluxo por pressão diferencial do tipo bocal. (Cortesia de Emerson Process.)

TABELA 14.4 Coeficiente de descarga em função do número de Reynolds para o medidor do tipo bocal

	Número de Reynolds (Re)			
Razão entre os diâmetros: $d/D = \beta$	10^4	10^5	10^6	10^7
0,2	0,968	0,988	0,994	0,995
0,4	0,957	0,984	0,993	0,995
0,6	0,950	0,981	0,992	0,995
0,8	0,940	0,978	0,991	0,995

14.1.4 Medidor de pressão diferencial — Tubo de Pitot

A relação entre a velocidade e a pressão do fluido pode ser determinada. O instrumento que executa esse tipo de medida tem seu princípio de funcionamento baseado nos seguintes conceitos básicos:

- **pressão estática:** é a pressão real ou a pressão termodinâmica que atua no fluido (definida também como a pressão indicada por um sensor que acompanha o fluido). Pode ser medida por meio do uso de um pequeno orifício feito na parede da tubulação ou de outra superfície alinhada com o escoamento, tendo-se o cuidado de que essa medição altere o mínimo possível o movimento do fluido.
- **pressão dinâmica:** pressão decorrente da transformação da energia cinética do fluido em pressão, por meio de uma desaceleração desse fluido.
- **pressão total ou de estagnação:** é a soma da pressão estática com a pressão dinâmica. A sua medição é realizada por meio de uma tomada de pressão voltada contra o escoamento e alinhada com o movimento do fluido, de forma a receber o impacto do mesmo.

Considerando o fluxo constante de determinado fluido por um duto convergente sem perdas devidas a atrito, são atendidas as restrições impostas pela equação de Bernoulli:

$$P + \frac{1}{2}\rho v^2 + \rho g h = K,$$

em que P é pressão, ρ massa específica, v é velocidade, g aceleração da gravidade, h altura, e K, uma constante.

O primeiro termo da equação de Bernoulli representa a **pressão estática**, o segundo termo representa a **pressão dinâmica** e o terceiro termo representa a **pressão hidrostática**. Se observarmos dois pontos nivelados (com a mesma altura), o termo da pressão hidrostática é nulo. A soma dos dois primeiros termos dessa equação (pressão estática e pressão dinâmica) é definida como a pressão de estagnação ou pressão total.

Considerando o fluxo laminar e ainda que a velocidade de entrada e saída do tubo ilustrada na Figura 14.13(*a*) é constante, e desconsiderando a energia potencial (essa energia é igual nos dois pontos), as pressões na entrada e na saída da tubulação são constantes. Observe que $Pg\,(h_2 - h_1) = 0$. Escrevendo a equação de Bernoulli para esses dois pontos, temos

$$P_1 - P_2 = \frac{1}{2}\rho(v_1^2 - v_2^2).$$

A aplicação mais imediata da equação de Bernoulli é a medida de velocidade do fluido com o tubo de Pitot (Henry Pitot, em 1732, construiu seu medidor para obter a velocidade do fluxo de fluidos). Esse instrumento consiste em um simples tubo curvado, tal como mostram o esquema da Figura 14.13(*b*) e a foto da Figura 14.13(*c*).

A Figura 14.13(*a*) mostra uma forma de medir as pressões estática, dinâmica e a pressão total, conforme descreve a equação de Bernoulli, através de tubos corretamente posicionados em relação ao fluxo. A primeira posição do tubo mede apenas a pressão estática, uma vez que a tomada é feita próximo à parede do duto. A segunda posição mede apenas a pressão dinâmica, uma vez que a tomada é realizada no centro de deslocamento do fluido. A terceira medida é implementada com as duas primeiras de tal modo que a saída indica a pressão diferencial da pressão estática e dinâmica, ou seja, a pressão total.

O tubo de Pitot mede a diferença de pressão entre um ponto de fluxo e um ponto próximo à superfície. Esse instrumento é construído de maneira que meça a pressão de estagnação ou pressão total. Dessa forma, para calcular a velocidade do fluido é necessário determinar sua massa específica (por meio de tabelas, por exemplo) e a pressão estática. O tubo de Pitot é muito utilizado para medição de velocidade de deslocamento. Na Figura 14.13(*a*) observa-se que a velocidade do fluido no ponto 2 é nula, uma vez que esse ponto está na entrada do tubo. Dessa forma, manipulando a equação de Bernoulli podemos chegar à velocidade no ponto 1:

$$v_1 = \sqrt{\frac{2(P_2 - P_1)}{\rho}}.$$

Essa equação determina a aplicação de um tubo de Pitot na medição da velocidade de um fluido em movimento. Esse tipo de procedimento é utilizado, entre outras aplicações, na medição de fluxo em aeronaves. Tubos de Pitot podem ser usados em instalações permanentes, instalados como sensores de fluxo, ou em monitoramento portátil, fornecendo dados

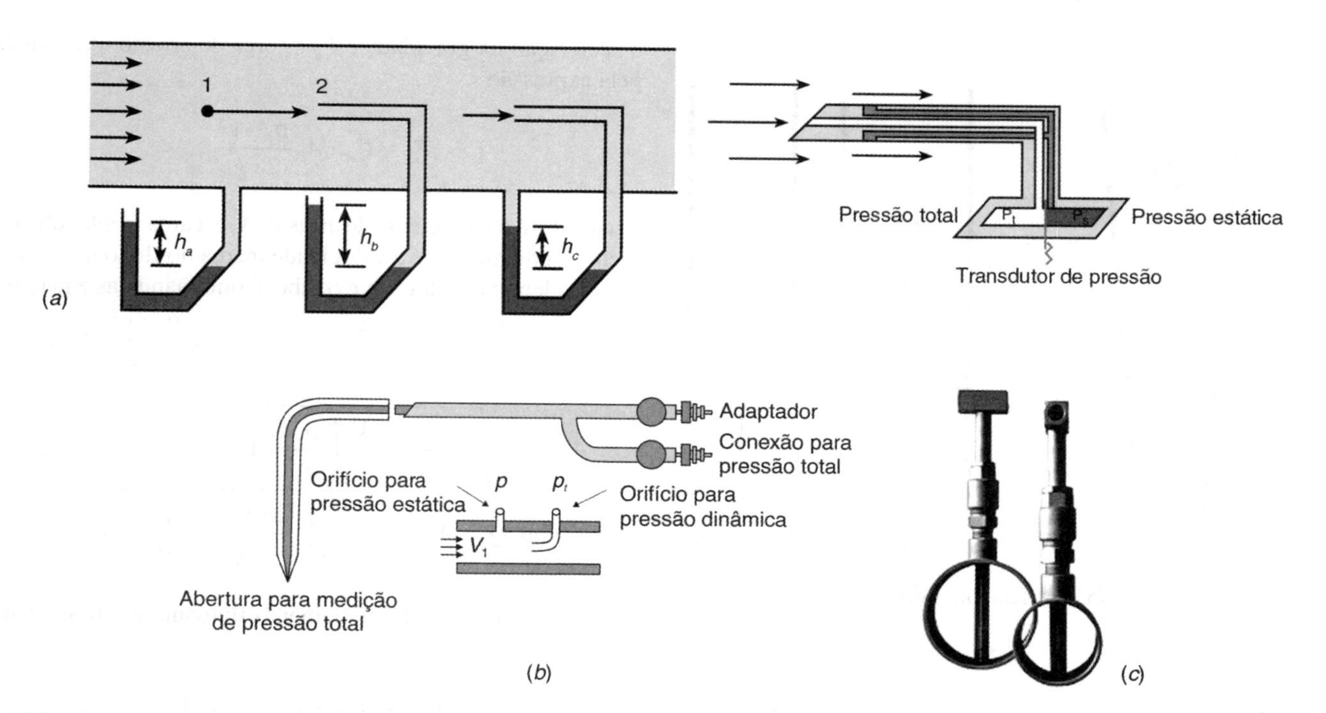

FIGURA 14.13 Esquema: (*a*) para a leitura das pressões estática, total e dinâmica, (*b*) de um tubo de Pitot e (*c*) fotografia de um tubo de Pitot. (Cortesia de Emerson Process.)

periodicamente. Cabe observar que vibrações podem causar falhas consideráveis em tubos de Pitot; portanto, antes de instalá-los devem-se levar em conta as frequências de ressonância das estruturas. O tubo de Pitot é considerado um dos mais simples sensores de fluxo e apresenta ampla faixa de aplicações, tais como medição da velocidade de ar em carros de corrida e em aplicações industriais, como medidores de fluxo de ar e líquidos em tubulações, dutos, canais etc. A precisão e a faixa são relativamente baixas, porém o tubo de Pitot é uma alternativa à placa de orifício, apresentando uma precisão de 0,5 % a 5 % do fundo de escala (comparável à placa de orifício). A principal diferença entre um e outro é que, enquanto o orifício mede o fluxo total, o tubo de Pitot detecta a velocidade local do fluxo. Uma grande vantagem do tubo de Pitot é que pode ser instalado em tubulações já existentes, pressurizadas, e requer pouca manutenção; contudo, apresenta baixa sensibilidade a baixas velocidades de fluido e não linearidade na relação pressão-velocidade.

Os principais fatores que determinam a escolha do modelo de medidor de fluxo, por pressão diferencial, são o desempenho desejado, as propriedades do fluido a ser medido, os requerimentos da instalação, o ambiente de instalação do instrumento e, evidentemente, o custo. Em poucas palavras (considerando-se apenas os medidores por pressão diferencial), em aplicações que envolvam alta temperatura e alta velocidade, o sensor do tipo bocal é o mais apropriado; quando a perda de pressão permanente é um fator importante no processo, o tubo de Venturi é uma boa solução. Para fluidos sujos, podem ser utilizados o tubo de Venturi ou o tipo bocal; a escolha dependerá dos custos e da perda de pressão especificada. Existem diversas normas que devem ser consultadas, uma vez que determinam os procedimentos para a instalação desses medidores; com isso se evitam erros de medida devidos à utilização e/ou à instalação inadequada.

14.2 Medidores de Fluxo por Área Variável

Devido à sua simplicidade e versatilidade, o medidor de fluxo por área variável amplamente utilizado no mercado é o **rotâmetro**, que opera em quedas de pressão relativamente constante e mede o fluxo de líquidos, gases e vapores. O rotâmetro consiste em um tubo de vidro ou plástico vertical com um bocal largo e um elemento flutuante que está livre para se mover dentro do tubo, cuja altura é uma indicação do fluxo. O tubo pode ser calibrado e graduado de forma apropriada (em unidades de fluxo, por exemplo). A Figura 14.14 apresenta diversos tipos de medidores de área variável, e a Figura 14.15 traz fotos de medidores disponíveis comercialmente.

A posição do elemento flutuante, do pistão ou da válvula é alterada com o aumento do fluxo, fornecendo, portanto, uma indicação visual do fluxo. A força de gravidade ou um elemento elástico é usado para retornar o elemento flutuante à posição inicial ou de repouso quando o fluxo diminui. Medidores baseados na ação da gravidade precisam ser instalados na posição vertical (rotâmetros), e aqueles baseados em molas podem ser utilizados em qualquer posição.

Considere o rotâmetro da Figura 14.16. Em função do fluxo, o elemento flutuante altera sua posição; portanto, sua área de secção é variável em função do fluxo.

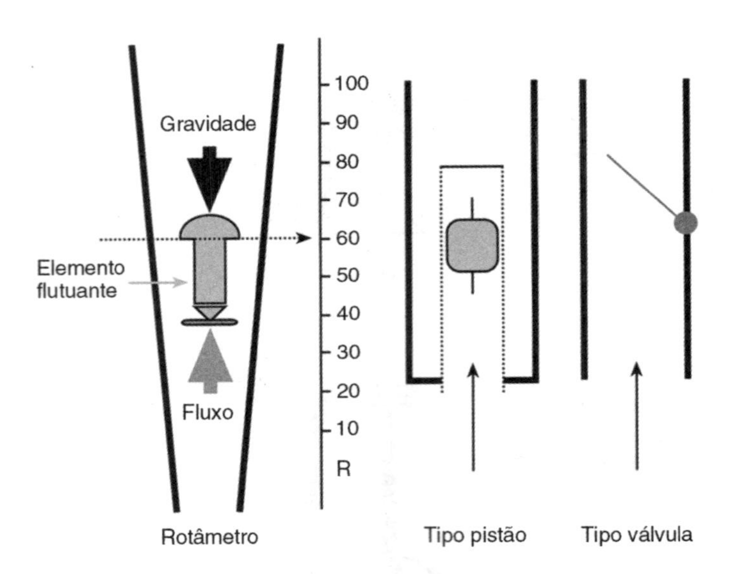

FIGURA 14.14 Diversos tipos de rotâmetro.

O fluxo entra pela base do tubo vertical fazendo o elemento flutuante (objeto flutuante) mover-se na direção do fluxo (a posição do elemento no tubo é uma indicação do fluxo). Esse elemento flutuante desloca-se até um ponto do tubo, de modo tal que as forças de arrasto são equilibradas pelo peso e por forças contrárias. A estabilidade no elemento é dada por

$$F_d + \rho_f \cdot V_b \frac{g}{g_c} = \rho_b \cdot V_b \frac{g}{g_c},$$

em que ρ_f e ρ_b são as massas específicas do fluido e do elemento flutuante, V_b é o volume total do elemento flutuante, g a aceleração da gravidade e F_d a força de arrasto que é dada pela expressão

$$F_d = C_d \cdot A_b \frac{\rho_f \cdot \bar{v}^2}{2 \cdot g_c},$$

em que C_d é o coeficiente de arrasto, A_b é a área frontal do elemento flutuante e $\bar{v}$ é a velocidade média do fluxo no espaço entre o elemento flutuante e o tubo. Combinando as equações $F_d + \rho_f \cdot V_b \frac{g}{g_c} = \rho_b \cdot V_b \frac{g}{g_c}$ e $F_d = C_d \cdot A_b \frac{\rho_f \cdot \bar{v}^2}{2 \cdot g_c}$, temos

$$\bar{v} = \sqrt{\frac{1}{C_d} \frac{2 \cdot g \cdot V_b}{A_b} \left(\frac{\rho_b}{\rho_f} - 1 \right)}$$

$$\text{ou } Q = A \cdot \bar{v} = A \sqrt{\frac{1}{C_d} \frac{2 \cdot g \cdot V_b}{A_b} \left(\frac{\rho_b}{\rho_f} - 1 \right)}$$

na qual A é a área entre o elemento flutuante e o tubo, dada por

$$A = \frac{\pi}{4} \left[(D + ay)^2 - d^2 \right],$$

sendo D o diâmetro da entrada do tubo, d o diâmetro máximo do elemento flutuante, y a distância vertical da entrada e a uma constante indicando o estreitamento do tubo.

Conforme apresentamos anteriormente, o coeficiente de arrasto C_d é dependente do número de Reynolds e, portanto, da viscosidade do fluido. Porém podem ser usados elementos flutuantes especiais, que apresentem coeficientes de arrasto constantes e que, por isso, são independentes da viscosidade. Se admitirmos que a equação da área $A = \frac{\pi}{4}\left[(D + ay)^2 - d^2 \right]$ é

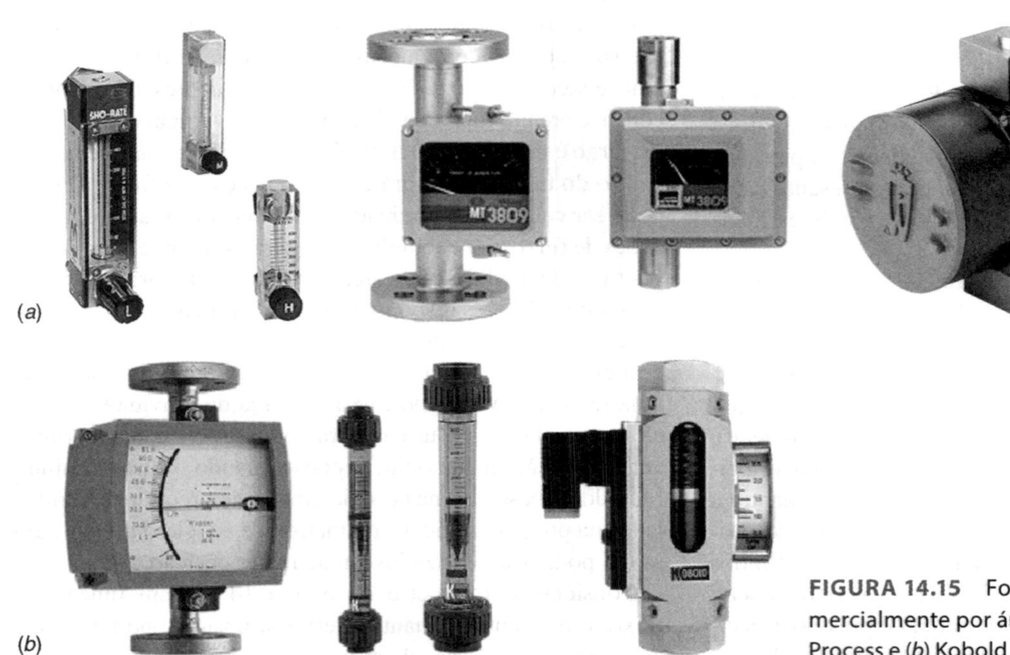

FIGURA 14.15 Fotos de medidores disponíveis comercialmente por área variável. (Cortesia: (*a*) Emerson Process e (*b*) Kobold Instruments, Inc.)

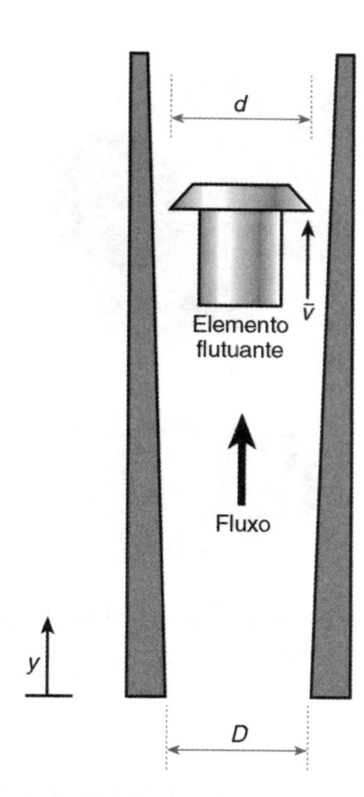

FIGURA 14.16 Rotâmetro com diâmetros internos do bocal da tubulação D e do elemento flutuante d.

aproximadamente linear para as dimensões dos tubos e de elementos flutuantes, a equação de massa do fluxo é dada por

$$\dot{m} = C_1 \cdot y\sqrt{(\rho_b - \rho_f) \cdot \rho_f}$$

sendo C_1 uma constante apropriada para o medidor. Frequentemente é vantajoso dispor de um rotâmetro, o qual fornece uma indicação que é independente da massa específica do fluido, isto é,

$$\frac{\partial \dot{m}}{\partial \rho_f} = 0$$
$$\rho_b = 2 \cdot \rho_f$$

e a massa do fluxo é dada por

$$\dot{m} = \frac{C_1 \cdot y \cdot \rho_b}{2}.$$

As principais características desse tipo de medidor são: construção simples, alta confiabilidade, possibilidade de ser aplicado na medição de gases e líquidos, apresentação de incertezas na ordem de 0,4 % a 4 % do fluxo máximo, além de uma atraente relação custo-benefício (investimento e instalação baixos). A razão de rejeição típica é de 12 para 1. O fluxo é linearmente proporcional à altura do elemento flutuante e é determinado pela simples leitura do nível do elemento flutuante (normalmente com escalas em milímetros em medidores de uso geral, ou fornecendo o fluxo diretamente).

Outro tipo de medidor de fluxo por área variável (Figura 14.17) é o **medidor de haste móvel**, considerado um dispositivo robusto e disponível para medição de fluxos elevados em

FIGURA 14.17 Esquema de um medidor de fluxo por área variável: tipo haste móvel.

que precisões moderadas são aceitas. O fluxo força a abertura da haste até que as forças dinâmicas do fluxo se estabilizem com a força de restauração devido ao elemento mola, cujo ângulo é a medida do fluxo, que pode ser diretamente indicada por um ponteiro fixo na haste e corretamente graduado (um elemento magnético; por exemplo, pode transmitir a posição da haste ao medidor). Esse tipo de sistema é utilizado, por exemplo, na medição de fluxo do ar em motores de automóveis com injeção de combustível.

14.3 Medidores de Fluxo por Eletromagnetismo

Esses aparelhos constituem uma família de medidores não invasiva e utilizada para medir a velocidade média em função da área da secção de diversos líquidos condutivos. Sua operação depende do fato de que um condutor, movendo-se perpendicularmente ao campo magnético, induz uma tensão elétrica sobre o condutor que é proporcional à velocidade do líquido. A Figura 14.18 apresenta o esboço de um medidor de fluxo por eletromagnetismo, com campo magnético $\vec{B}$ aplicado perpendicularmente na direção do fluxo. Uma força eletromotriz (f.e.m.) induzida é gerada perpendicularmente nas direções do fluxo e do campo magnético. Essa f.e.m. é descrita pela **lei de Faraday**:

$$V_e = \int_a^b \vec{v} \times \vec{B} \cdot dL,$$

na qual V_e é a força eletromotriz (f.e.m.) induzida do ponto a ao ponto b (V), $\vec{B}$ é a densidade de fluxo magnético (T), a e b são as localizações dos eletrodos (comprimento L em m) e $\vec{v}$ a velocidade do líquido $\left(\mathrm{m}/\mathrm{s}\right)$. Admitindo-se que $\vec{B}$ e $\vec{v}$ são uniformes e que $\vec{B}$, $\vec{v}$ e V_e são ortogonais, a seguinte relação resulta em

$$V_e = \vec{B} \cdot L \cdot \vec{v}$$

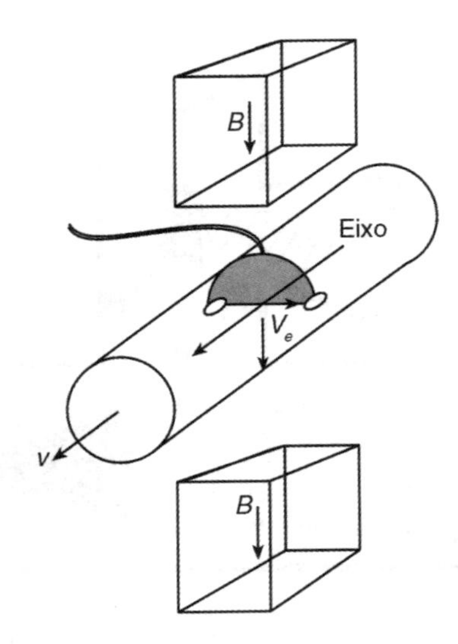

FIGURA 14.18 Princípio do medidor de fluxo por eletromagnetismo.

FIGURA 14.19 Medidor de fluxo por eletromagnetismo. (Cortesia de Emerson Process.)

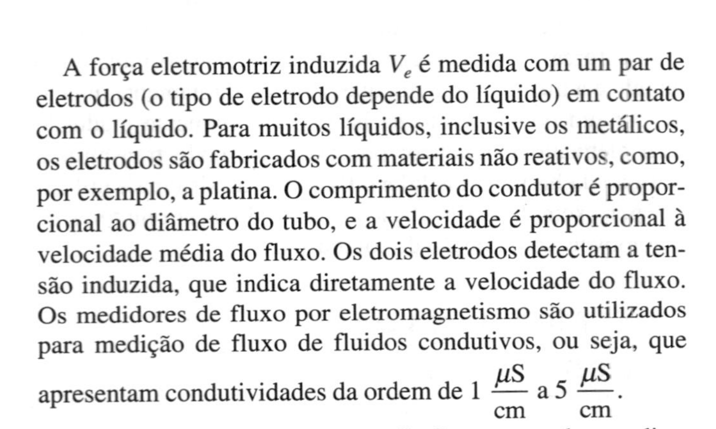

A força eletromotriz induzida V_e é medida com um par de eletrodos (o tipo de eletrodo depende do líquido) em contato com o líquido. Para muitos líquidos, inclusive os metálicos, os eletrodos são fabricados com materiais não reativos, como, por exemplo, a platina. O comprimento do condutor é proporcional ao diâmetro do tubo, e a velocidade é proporcional à velocidade média do fluxo. Os dois eletrodos detectam a tensão induzida, que indica diretamente a velocidade do fluxo. Os medidores de fluxo por eletromagnetismo são utilizados para medição de fluxo de fluidos condutivos, ou seja, que apresentam condutividades da ordem de $1\ \frac{\mu S}{cm}$ a $5\ \frac{\mu S}{cm}$.

Medidores de fluxo podem medir fluxo em ambas as direções, porém a reversão da direção altera a polaridade, mas não a magnitude do sinal. Quando as bobinas dos medidores são alimentadas por uma excitação AC, isso resulta em um fluxo de sinal aproximadamente senoidal cuja amplitude da onda é proporcional à velocidade. O medidor de fluxo magnético pode detectar fluxo de líquidos limpos, sujos, corrosivos, erosivos ou viscosos, desde que sua condutividade exceda o mínimo necessário, mas implica alto consumo de energia, em comparação com os outros medidores anteriormente descritos.

Medidores por eletromagnetismo são, muitas vezes, calibrados para determinar o fluxo volumétrico do líquido. O volume do fluxo de um líquido, $Q\left(\frac{L}{s}\right)$, pode estar relacionado à velocidade média do fluido $\overline{v}$ por

$$Q = A \cdot \overline{v}$$

Determinando a área da tubulação A (m^2), com diâmetro D, temos

$$A = \frac{\pi D^2}{4}$$

e, fornecendo a tensão elétrica induzida como uma função do fluxo, temos

$$V_e = \frac{4 \cdot B \cdot Q}{\pi \cdot D},$$

o que indica que a tensão induzida é proporcional somente ao fluxo do líquido. A Figura 14.19 apresenta a foto de um medidor de fluxo por eletromagnetismo.

14.4 Medidores de Fluxo Ultrassônicos

Muitas vezes são necessários medidores de fluxo sem partes móveis ou sem qualquer restrição. Os principais medidores de fluxo que apresentam essas características são os eletromagnéticos e os ultrassônicos. A velocidade de propagação do som em um fluido depende da massa específica do meio; sendo assim, em um fluido com massa específica constante, pode-se utilizar uma onda sonora ultrassônica (frequência acima da audível pelo ser humano) para determinar a velocidade média do fluxo. Os transdutores normalmente utilizados nesse tipo de medidores de fluxo são os **piezoelétricos**, pois convertem energia elétrica em energia mecânica (som). (Para mais detalhes, veja o Capítulo 8.)

Os principais medidores de fluxo por ultrassom operam por tempo ou por frequência (efeito Doppler). O princípio de funcionamento do **medidor de fluxo ultrassônico por tempo** está relacionado à diferença no tempo para um pulso ultrassônico alcançar uma distância fixa, sendo sensível a sólidos suspensos ou a bolhas de ar no fluido.

O tempo percorrido pelo sinal ultrassônico, no meio, é medido entre dois transdutores, cuja diferença no tempo determina a velocidade do fluxo.

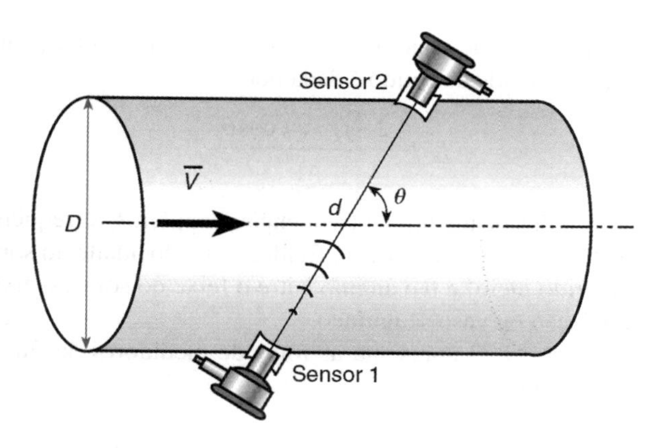

FIGURA 14.20 Medidor de fluxo ultrassônico por tempo com transdutores externos.

O método por tempo é considerado um dos mais simples procedimentos para medir fluxo por ultrassom, apresentando ampla aplicação nos meios industrial e hospitalar — por exemplo, em equipamentos biomédicos para medição de fluxo sanguíneo. A Figura 14.20 ilustra dois arranjos de transdutores usados nos medidores de fluxo por tempo.

A principal vantagem do arranjo ilustrado na Figura 14.20 são os transdutores externos à tubulação, que não interferem no fluxo. A velocidade de propagação da onda acústica (na faixa do ultrassom) e a velocidade do fluxo são somadas vetorialmente. Portanto, esse medidor determina o tempo diferencial entre dois pulsos ultrassônicos, t_{21} e t_{12}, através do fluxo. Um pulso ultrassônico é transmitido do sensor 1 ao sensor 2 com um fluido movendo-se a uma velocidade média $\overline{v}$ e com um ângulo θ em relação ao pulso de ultrassom. Os tempos de transmissão são dados por

$$t_{12} = \frac{d}{v_s + \vec{v} \cdot \cos\theta}$$

$$t_{21} = \frac{d}{v_s - \vec{v} \cdot \cos\theta}$$

sendo d a distância entre os dois transdutores de ultrassom, v_s a velocidade do som[2] nas condições de operação, θ o ângulo entre os eixos do condutor e o caminho acústico e $\vec{v}$ a velocidade média do fluido na distância d. Para fluxo laminar $\vec{v}$ é multiplicado por 1,33 e para fluxo turbulento é multiplicado por 1,07.

Geralmente os transdutores utilizados são transmissores e receptores (denominados *transceivers*); sendo assim, a diferença no tempo percorrido pode ser determinada com o mesmo par de transdutores, cuja velocidade média $\vec{v}$, ao longo do caminho, é dada por

$$\overline{v} = \frac{d}{2 \cdot \cos\theta}\left(\frac{1}{t_{21}} - \frac{1}{t_{12}}\right) = \frac{D}{2 \cdot \cos\theta \cdot \operatorname{sen}\theta}\left(\frac{1}{t_{12}} - \frac{1}{t_{21}}\right)$$

sendo D o diâmetro da tubulação.

[2] A velocidade média do som nos tecidos humanos é aceita como 1500 m/s para dispositivos de ultrassonografia na faixa de 2 a 3 MHz. Porém, essa velocidade depende das propriedades do meio de transmissão, assim como da frequência do ultrassom.

As principais vantagens desse tipo de medidor são:

- diversos tipos de líquidos ou gases podem ser monitorados;
- a direção do fluxo pode ser determinada;
- são relativamente insensíveis a viscosidade, temperatura e variações na massa específica do fluido;
- apresentam alta precisão.

Outros instrumentos empregados na medição de fluxo por ultrassom são os **medidores por efeito Doppler**. Esse tipo de medidor é considerado o modelo mais popular, mas de menor precisão quando comparado ao medidor baseado no tempo citado anteriormente. Baseia-se no princípio do deslocamento da frequência (denominada frequência Doppler) causado pelo som refletido ou disperso pelas suspensões no caminho do fluxo. Em 1842, Christian Doppler observou o seguinte fenômeno: o comprimento de onda do som, percebido por um observador estacionário, parece curto, quando a fonte está se aproximando, e longo quando a fonte está se afastando. Em sua homenagem, esse fenômeno passou a ser designado efeito Doppler. Esse deslocamento em frequência é a base de todos os medidores ultrassônicos por deslocamento Doppler, conforme ilustra a Figura 14.21.

Um sinal com frequência ultrassônica (0,640 MHz a 1,2 MHz) é transmitido através de um líquido, e qualquer descontinuidade, como, por exemplo, sólidos e bolhas, reflete o sinal até o elemento receptor. Com a velocidade do líquido, existe uma frequência deslocada até o receptor que é proporcional à velocidade. Precisões próximas de ± 5 % do fundo de escala podem ser obtidas com esse dispositivo com faixa de fluxo de 10:1 (10 para 1).

Os medidores detectam a velocidade da descontinuidade com mais precisão do que a velocidade do fluido, determinando o fluxo. A velocidade média do fluxo ($\overline{v}$) pode ser determinada por

$$\overline{v} = \frac{(f_0 - f_1) \cdot C_t}{2 \cdot f_0 \cdot \cos(\theta)},$$

sendo C_t a velocidade do som na superfície do transdutor, f_0 a frequência de transmissão, f_1 a frequência refletida e θ o ângulo dos cristais transmissores e receptores com relação ao

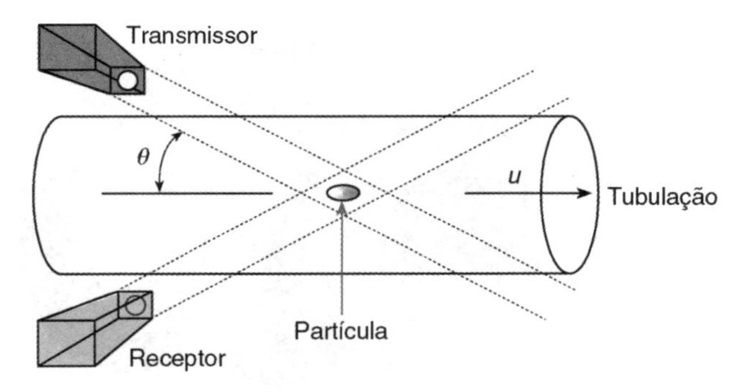

FIGURA 14.21 Esboço de um medidor de fluxo por efeito Doppler com transmissor e receptor em lados opostos.

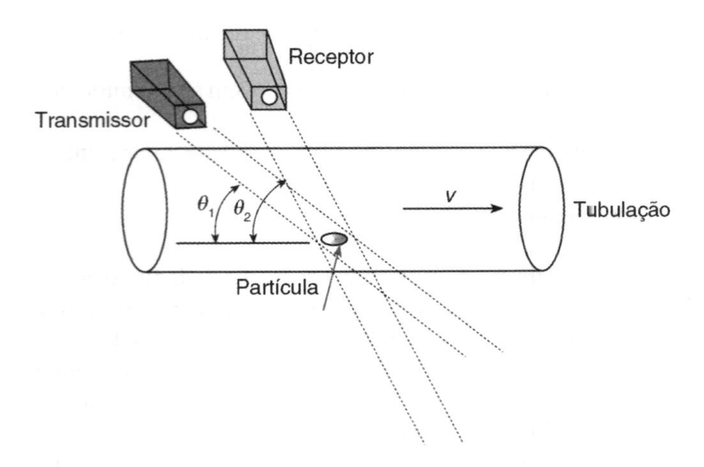

FIGURA 14.22 Arranjo para medição de fluxo por efeito Doppler com os transdutores no mesmo lado (operação denominada *transcutânea* na engenharia biomédica).

eixo da tubulação. Como $C_t / 2 \cdot f_0 \cdot \cos(\theta)$ é uma constante (K), a relação pode ser simplificada para

$$\bar{v} = (f_0 - f_1) \cdot K.$$

Dessa forma, a velocidade do fluxo $\bar{v}\left(\text{ft}/\text{s}\right)$ é diretamente proporcional à mudança na frequência. O fluxo Q (em gpm) em uma tubulação de diâmetro interno D_{int} (em polegadas) pode ser obtido por

$$Q = 2{,}45 \cdot \bar{v} \cdot (D_{int})^2 = 2{,}45 \cdot \left[(f_0 - f_1) \cdot K\right] \cdot (D_{int})^2.$$

É importante observar que as descontinuidades — sólidos, particulados, bolhas, entre outros (com quantidade e diâmetros dependentes do equipamento utilizado) — são essenciais para operações apropriadas dos medidores de fluxo por efeito Doppler. De maneira geral, esses medidores apresentam melhor desempenho em fluxos com velocidades de 40 a 50 ft/s (12,19 a 15,24 m/s). A Figura 14.22 mostra outro arranjo utilizado para medição de fluxo por efeito Doppler.

A expressão que relaciona esse deslocamento em frequência e a velocidade do fluido é dada por

$$f_d = \frac{2 \cdot f_s \cdot v \cdot \cos\theta}{v_s},$$

sendo f_d o deslocamento da frequência Doppler, f_s a frequência da fonte, v a velocidade do fluido, v_s a velocidade do som (no referido meio) e θ o ângulo entre o feixe do som e o eixo da tubulação ou vaso sanguíneo.

A Figura 14.23 apresenta as fotos de medidores de fluxo por ultrassom.

14.5 Medidores Térmicos de Fluxo de Massa

Esses medidores determinam diretamente a massa do fluxo. Sua grande vantagem é que não são dependentes da massa específica, da pressão e da viscosidade do fluido.

O medidor de fluxo térmico depende das propriedades térmicas do fluido, as quais variam muito pouco, de modo que são desprezadas. Esse medidor é classificado como mássico, basicamente porque as influências das variações de temperatura e pressão nas medidas são muito pequenas e, assim, desprezadas.

Um dos métodos mais simples de medição térmica de fluxo de massa é feito por meio de um **anemômetro de filme ou de fio quente**, normalmente utilizado para caracterização rápida das condições de variação de fluxo. Um fio é aquecido eletricamente e posicionado na trajetória do fluxo. A transferência de calor do fio ao fluido P é dada por

$$P = (a + b \cdot v^{0,5})(T_f - T_\infty),$$

sendo T_f a temperatura do fio, T_∞ a temperatura do fluido, v a velocidade do fluido e a, b as constantes obtidas da calibração do anemômetro. Essa razão de transferência de calor P também pode ser determinada pela expressão

$$P = i^2 \cdot R_f = i^2 \cdot R_0[1 + \alpha(T_f - T_0)],$$

na qual i é a corrente elétrica, R_0 a resistência do fio à temperatura T_0, R_f a resistência do fio à temperatura de referência T_f e α o coeficiente de temperatura da resistência.

FIGURA 14.23 Medidor de fluxo por ultrassom. (Cortesia de Emerson Process.)

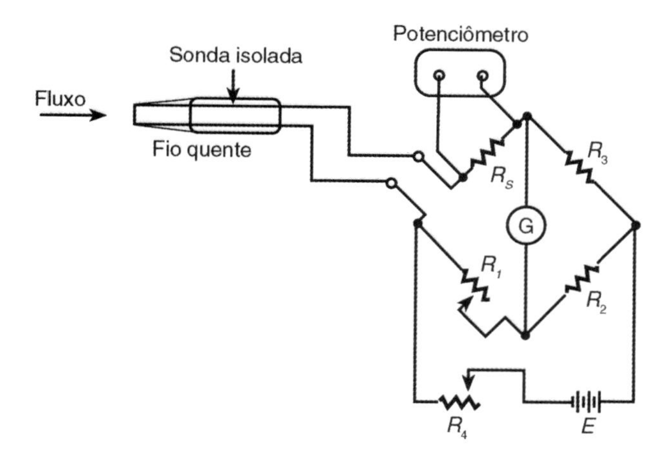

FIGURA 14.24 Circuito padrão para utilização do anemômetro com fio quente.

Para utilização do anemômetro, o fio quente deve ser conectado a um circuito do tipo ponte, como mostra a Figura 14.24. A corrente é determinada pela obtenção da tensão sobre a resistência padrão R_s, e a resistência do fio é determinada pelo circuito ponte. Com i e R_f determinados, a velocidade do fluxo pode ser calculada pela equação $P = (a + b \cdot v^{0,5})(T_f - T_\infty)$ e $P = i^2 \cdot R_f = i^2 \cdot R_0[1 + \alpha(T_f - T_0)]$. Sondas do tipo fio quente são amplamente empregadas para medição de fluxos turbulentos.

Uma modificação do método do fio quente consiste em um pequeno cilindro isolante que é coberto com um filme metálico (sensores do tipo filme indicados para ambientes contaminados). Esse dispositivo é denominado sonda de filme quente (extremamente sensível a flutuações em função da velocidade do fluido e utilizada para medições que envolvam frequências altas) e é esboçado na Figura 14.25.

Medidores térmicos de fluxo de massa são muitas vezes utilizados no monitoramento ou no controle de processos relacionados à massa, tais como reações químicas que dependam da massa relativa de ingredientes não reativos, entre outras aplicações.

Comercialmente, os componentes básicos de um medidor térmico de fluxo de massa incluem dois sensores de temperatura e um elemento que permite aquecer o fluido.

O aquecedor, ou elemento "quente", é constituído de fios de tungstênio, platina, platina com tungstênio e filmes metálicos,

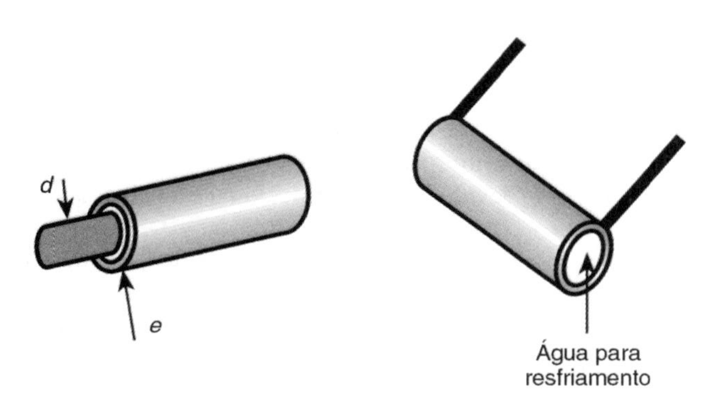

FIGURA 14.25 Esboço de uma sonda de filme quente.

entre outros. A passagem de corrente aquece o fluido, acima da temperatura ambiente por efeito Joule, cuja razão de transferência de calor é dada aproximadamente pela expressão

$$P = A(T_e - T_f) \cdot (C_0 + C_1 \cdot \sqrt{v}),$$

em que P é a razão de transferência de calor (W), A é a área efetiva do elemento "quente" (m²), T_e é a temperatura do elemento "quente" (°C), T_f é a temperatura do fluido (°C), v é a velocidade do fluido $\left(\frac{m}{s}\right)$, C_0 e C_1 são constantes empíricas determinadas pela estrutura do elemento quente e pelo calor específico do fluido.

Se o elemento e o fluido estiverem em equilíbrio térmico, a perda de calor para o fluido será a mesma do aquecimento por efeito Joule no elemento, ou seja,

$$P = R \cdot I^2$$

sendo P a potência do elemento (W), I a corrente através do elemento (A) e R a resistência do elemento (Ω). Combinando $P = A(T_e - T_f) \cdot (C_0 + C_1 \cdot \sqrt{v})$ e $P = R \cdot I^2$, obtemos

$$I^2 = \frac{A(T_e - T_f) \cdot (C_0 + C_1 \cdot \sqrt{v})}{R}.$$

Como R está relacionado a T_e em qualquer elemento resistivo, pode-se resolver a equação para v mantendo I ou R constantes. Se I for considerado constante, a temperatura do elemento irá variar com a variação da velocidade v do fluido, resultando em uma sensibilidade baixa para fluidos em alta velocidade. Portanto, normalmente R é mantido constante, o que resulta em T_e constante. Se a temperatura do fluido T_f é conhecida, pode-se resolver v em termos de I. Anexando todas as constantes em dois termos empíricos constantes K_1 e K_2 temos

$$v = K_1(I^2 - K_2)^2$$

Como esse elemento quente, seja fio ou filme, é um resistor com uma resistência com alto coeficiente de temperatura α, a dependência de temperatura pode ser modelada por

$$R = R_{ref}[1 + \alpha(T - T_{ref})]$$

sendo R a resistência na temperatura de operação T, R_{ref} a resistência na temperatura de referência T_{ref} e α o coeficiente de temperatura.

O posicionamento do elemento quente pode ser interno [Figura 14.26(*a*)] ou externo à tubulação [Figura 14.26(*b*)].

No modelo com elemento quente imerso no fluxo [Figura 14.26(*a*)], uma porção constante de calor (q) é adicionada por um aquecedor elétrico. Como o fluido escoa através da tubulação, os sensores de temperatura resistivos (por exemplo, RTDs, assunto abordado no Capítulo 6, Volume 1) medem o aumento na temperatura, enquanto a porção de calor introduzida é constante. O fluxo de massa (m) é calculado em função da diferença de temperatura ($T_2 - T_1$), do coeficiente do medidor (K), do calor (q) e do calor específico do fluido (C_e):

$$m = \frac{K \times q}{C_e \times (T_2 - T_1)}.$$

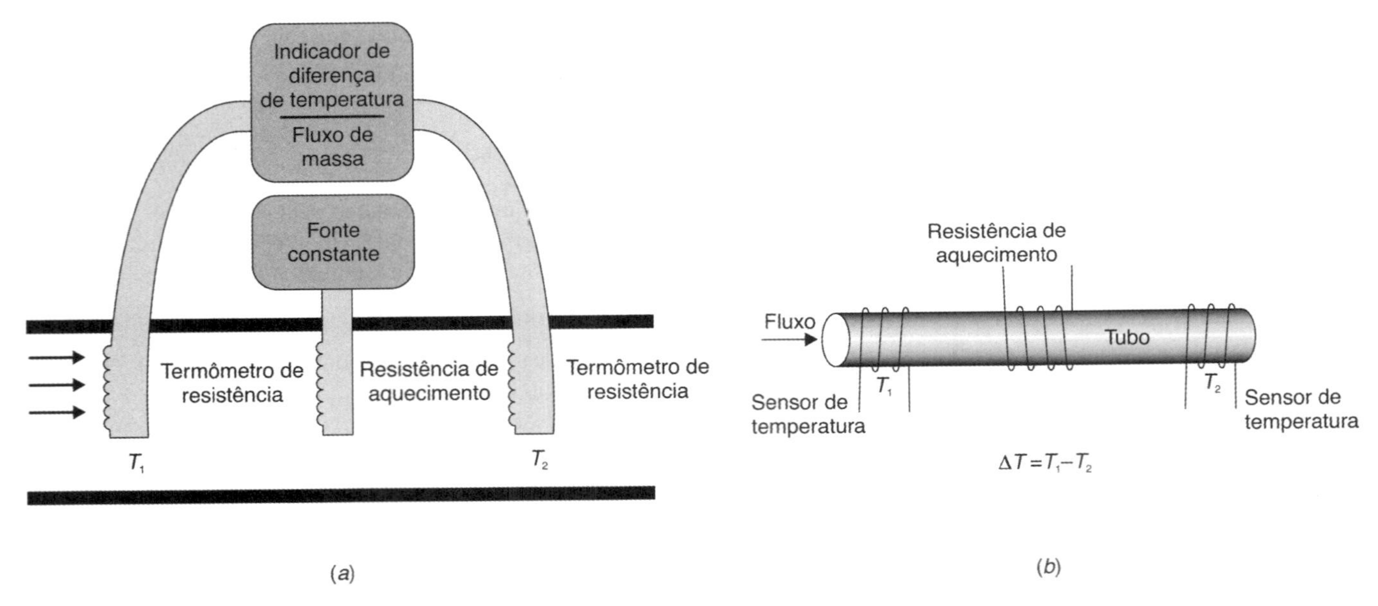

FIGURA 14.26 Esboço dos medidores térmicos de fluxo de massa: (*a*) elemento quente imerso no fluido e (*b*) elemento quente externo à tubulação.

Medidores de fluxo com elemento quente externo à tubulação foram desenvolvidos para proteger o aquecedor e os sensores contra os efeitos da corrosão e do fluido que está sendo processado. Na montagem dos sensores externos à tubulação [Figura 14.26(*b*)], os elementos sensores respondem mais lentamente, e a relação entre a massa do fluxo e as diferenças de temperatura não é linear (devido ao fato de que o aquecimento introduzido é distribuído em algumas porções da superfície da tubulação e transferido ao processo em diferentes razões ao longo do comprimento da tubulação). A temperatura da tubulação é mais alta próximo ao aquecedor [indicado como $T_f = T_2$ na Figura 14.26(*b*)]. A temperatura do fluido não aquecido pode ser detectada pela medição da temperatura na localização mais distante do aquecedor. O processo de transferência de calor é não linear, e a equação é dada por

$$m^{0,8} = \frac{K \times q}{C_e \times (T_2 - T_1)}.$$

Esse medidor de fluxo apresenta dois modos de operação: um mede a massa do fluxo através da entrada de potência elétrica constante detectando a alteração da diferença da temperatura; o outro modo mantém a diferença de temperatura constante e mede a quantidade de carga elétrica necessária para manter constante essa diferença. Esse segundo modo de operação possibilita maiores faixas de trabalho. Os medidores com elemento quente externo geralmente são utilizados para medições de fluxo limpo e homogêneo, em faixas moderadas de temperatura, e não são recomendados para aplicações nas quais a composição do fluido ou sua mistura seja variável, pois seu calor específico C_e é alterado. Além disso, não são afetados por alterações de pressão ou de temperatura. A diferença de temperatura (ou potência de aquecimento), a geometria do medidor de fluxo, a capacidade térmica, o calor específico e a viscosidade do fluido precisam permanecer constantes.

O fluxo médio da massa é dado pela expressão:

$$F = \frac{q}{C_e(T_d - T_v)},$$

na qual F é o fluxo da massa $\left(\text{kg}/\text{s}\right)$, q a quantidade de calor adicionado (W), C_e é o calor específico do fluido $\left(\text{J}/\text{kg}\cdot\text{K}\right)$, é a temperatura do fluido posterior ao elemento quente (°C), e T_d é a temperatura do fluido anterior ao elemento quente (°C). Essas temperaturas podem ser medidas com termistores ou termopares por meio das técnicas descritas para medição de temperaturas no Capítulo 6, no Volume 1 desta obra. A Figura 14.27 apresenta fotos de medidores comerciais baseados na massa térmica e de um calorímetro.

14.6 Medidores de Fluxo por Efeito Coriolis

Em 1835, Gustave Gaspard Coriolis observou que qualquer corpo, em movimento referido à superfície da Terra, tende a mudar seu curso devido à direção rotacional e à velocidade do nosso planeta.

O princípio desses medidores de fluxo é gerar artificialmente a aceleração de Coriolis e medir a massa pela detecção do momento angular. Quando um fluido escoa em uma tubulação, fica sujeito à aceleração de Coriolis, por meio da introdução mecânica de rotação da tubulação. A força total de deflexão gerada pela inércia de Coriolis é função da massa do fluido.

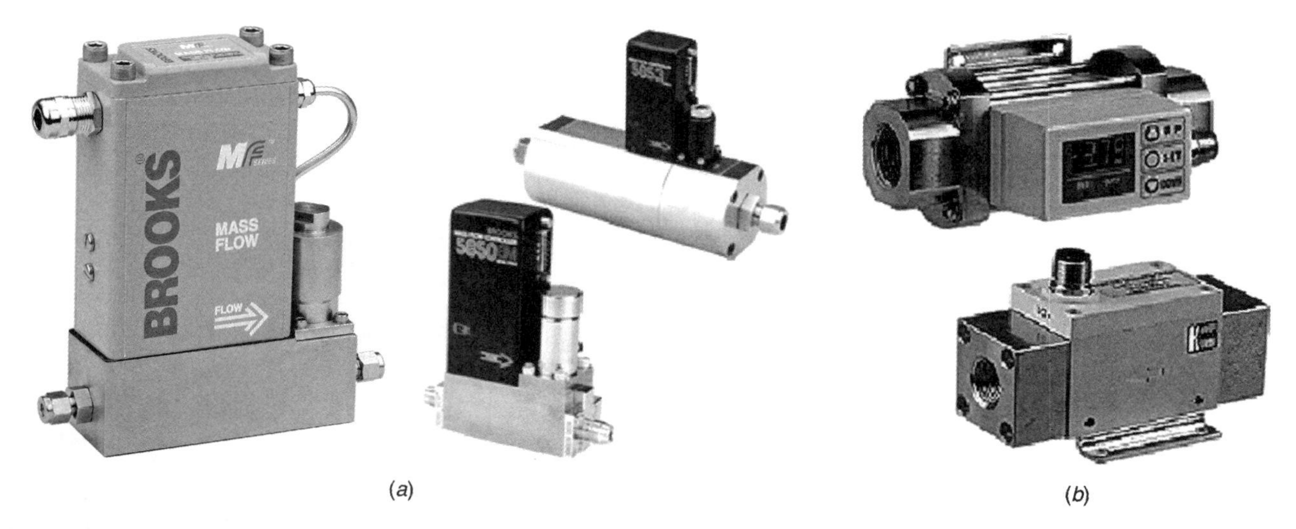

FIGURA 14.27 Medidor de fluxo: (*a*) por massa térmica e (*b*) calorímetro. (Cortesia: (*a*) Emerson Process e (*b*) Kobold Instruments, Inc.)

Considere, por exemplo, a Figura 14.28, com uma partícula de massa dm percorrendo uma tubulação T à velocidade $\boldsymbol{v}$. A tubulação está girando sobre um ponto fixo $\boldsymbol{P}$, e a partícula está a uma distância $\boldsymbol{r}$ do ponto fixo. A partícula move-se a uma velocidade angular ω com dois componentes de aceleração: a aceleração centrípeta ($\boldsymbol{a_c}$) e a aceleração denominada de Coriolis ($\boldsymbol{a}_{\mathbf{Coriolis}}$), dadas por

$$a_c = \omega^2 \times r$$

$$a_{Coriolis} = 2 \times \omega \times v.$$

Em função da aceleração de Coriolis, uma força, pela lei de Newton, $a_{Coriolis} \times dm$, é gerada na tubulação. O fluido reage a essa força com uma força de Coriolis igual e oposta:

$$F_{Coriolis} = a_{Coriolis} \times dm = 2 \times \omega \times v \times dm$$

Portanto, se o fluido tem massa específica ρ e trafega a uma velocidade constante dentro da tubulação de área A, um segmento da tubulação de comprimento x fica exposto à força de Coriolis de magnitude dada por

$$F_{Coriolis} = 2 \times \omega \times v \times \rho \times A \times x$$

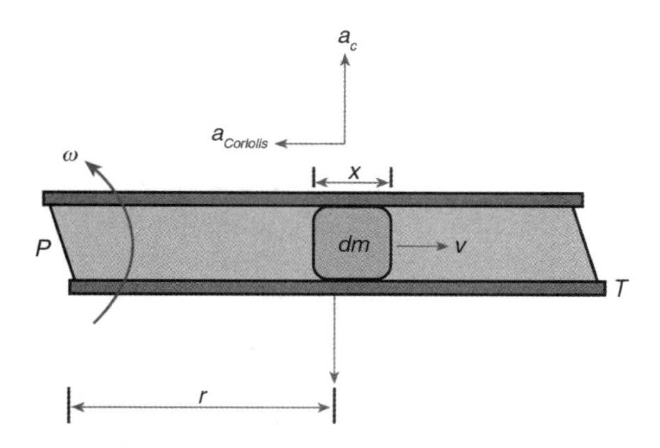

FIGURA 14.28 O princípio de Coriolis.

Como a massa do fluxo é dada por

$$dm = \rho \times v \times A$$

a força de Coriolis fica sendo

$$F_{Coriolis} = 2 \times \omega \times dm \times x$$

e, finalmente,

$$Massa\ do\ Fluxo = \frac{F_{Coriolis}}{2 \times \omega \times x} = dm.$$

Cabe observar que a rotação de uma tubulação industrial ou comercial não é prática, mas a oscilação ou a vibração da tubulação, ou de parte desta, pode gerar o mesmo efeito. Em muitos projetos, a tubulação é fixada em dois pontos, vibrando entre eles (funcionando como um sistema massa-mola). Um tubo pode ser curvado ou montado de forma apropriada, conforme ilustra a Figura 14.29.

Quando a tubulação é formada por dois tubos paralelos, o fluxo é dividido em duas seções com dispositivos que transmitem movimento ao tubo e causam vibração. Normalmente esses dispositivos são bobinas conectadas a um tubo, e um ímã conectado ao outro. O transmissor aplica uma corrente alternada à bobina, ocasionando movimentos forçados, com posição, velocidade ou aceleração dos tubos detectada por sensores eletromagnéticos. Portanto, uma tensão com saída senoidal da bobina representa o movimento dos tubos. Quando não existe fluxo nos dois tubos, a vibração causada pela bobina e pelo ímã resulta em deslocamentos iguais. Quando o fluxo está presente, forças de Coriolis atuam produzindo uma vibração secundária, resultando em pequenas diferenças de fases em relação aos movimentos (detectadas nos dois pontos — entrada e saída do fluido). A deflexão do tubo causada pela força de Coriolis só existe quando estão presentes o fluxo do fluido e a vibração do tubo. Vibração com fluxo zero, ou fluxo sem vibração, não produz saída no medidor.

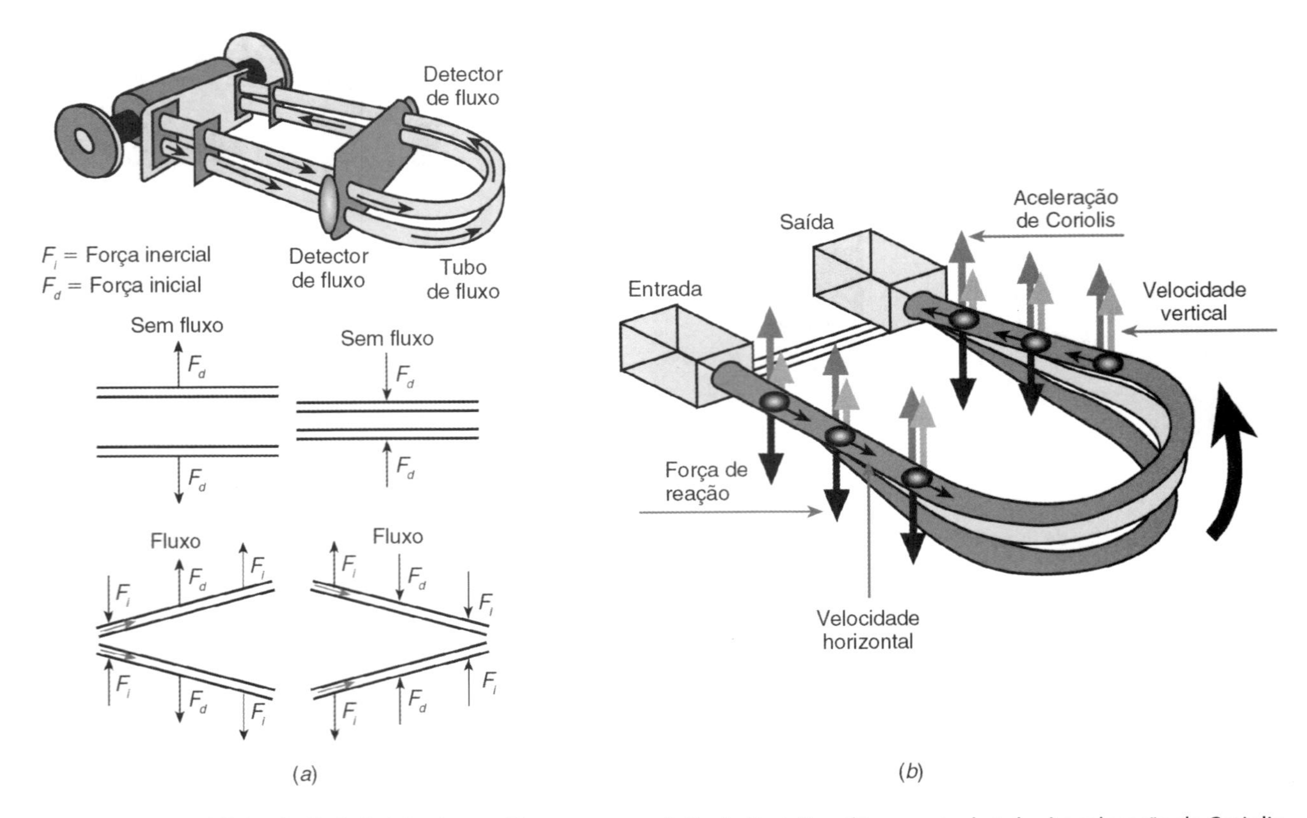

FIGURA 14.29 Efeito de Coriolis: (*a*) tubo em U para gerar o efeito de Coriolis e (*b*) resposta do tubo à aceleração de Coriolis.

A frequência de ressonância da tubulação é função de sua geometria, dos materiais de construção e de massa do tubo montado (massa do tubo mais massa do fluido interno ao mesmo). A massa do tubo é fixa. Como a massa do fluido é sua massa específica (ρ) multiplicada pelo seu volume (que também é fixo), a frequência de vibração pode ser relacionada à massa específica do fluido (ρ). Portanto, a massa específica do fluido pode ser determinada pela medição da frequência da oscilação do tubo. Os medidores de fluxo baseados no efeito de Coriolis evoluíram desde os primórdios de 1970, permitindo na atualidade reduzir as interferências externas devido a vibrações, reduzindo a potência necessária para vibrar os tubos e minimizando a energia vibratória nas estruturas dos tubos.

Recentes avanços incluem novos formatos de tubos com movimentos de torção (Figura 14.30). A Figura 14.31 apresenta um tubo comercial de Coriolis, um medidor e dois exemplos de utilização em uma planta de gás natural e em uma determinada empresa de criogenia com os respectivos medidores e transmissores de fluxo.

O efeito das forças de Coriolis na vibração do tubo é pequeno, com deflexões na ordem de dezenas de nm; portanto, os sensores utilizados precisam detectar deflexões dessa ordem em ambientes industriais nos quais a pressão do processo, a temperatura e a massa específica do fluido mudam e em que a vibração da tubulação interfere na medição. Medidores baseados em Coriolis possibilitam precisões na ordem de 0,1 % a 2 % para uma faixa de fluxo de 100:1. Erros são causados por pequenas bolhas de ar ou gases no fluido.

Medidores baseados no efeito de Coriolis podem detectar fluxo de todos os tipos de líquidos, com massa específica moderada de gases. Não existe qualquer limitação relacionada ao número de Reynolds; além disso, esses medidores são insensíveis a distorção no perfil de velocidade.

Pela capacidade de medir uma ampla gama de líquidos e gases, os medidores que funcionam por efeito Coriolis são considerados medidores universais.

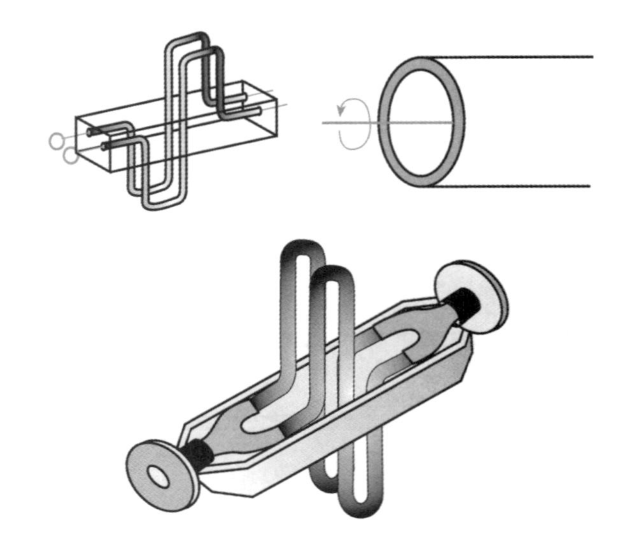

FIGURA 14.30 Esquemas de tubulação com movimentos de torção.

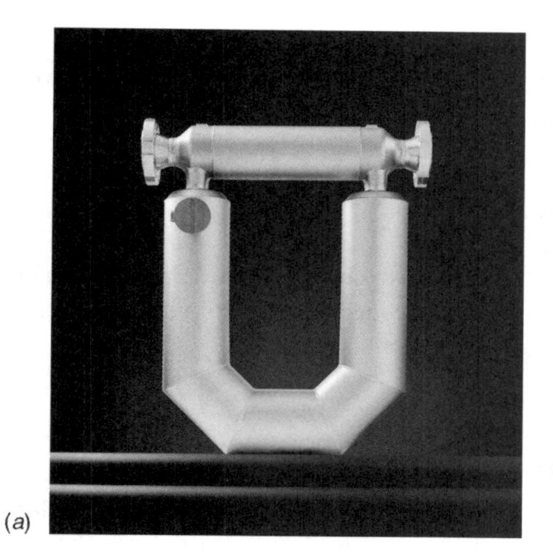

(*a*)

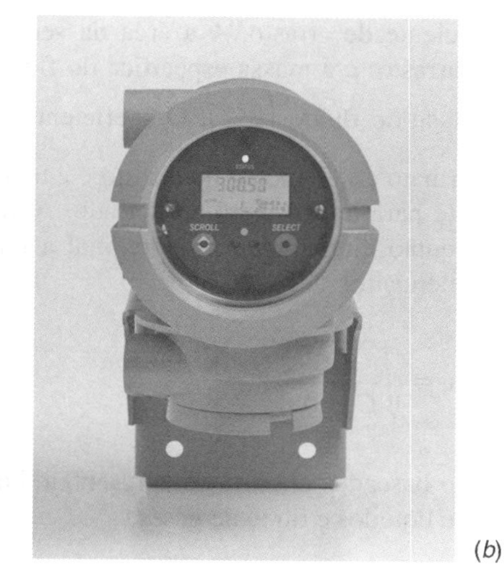

(*b*)

(*c*)

FIGURA 14.31 Medidor de fluxo por efeito de Coriolis: (*a*) tubo em U, (*b*) medidor comercial e (*c*) instalado em uma usina de gás natural e em uma empresa de criogenia para caracterização do fluxo. (Cortesia de Emerson Process.)

14.7 Medidores de Fluxo por Força de Arrasto[3]

Nesse tipo de medidor um objeto sólido denominado elemento de arrasto é exposto ao fluxo de um fluido que deve ser medido. A força exercida pelo fluido no elemento de arrasto é medida e convertida para um valor que representa a velocidade do fluxo. A Figura 14.32 apresenta um medidor do tipo arrasto que mede a velocidade do fluido. O fluxo flexiona o elemento de arrasto que então tensiona o sensor — por exemplo, um extensômetro de resistência elétrica (*strain gage*; veja o Capítulo 10) fixado no braço de suporte.

A força no elemento de arrasto é dada pela expressão

$$F_d = \frac{C_d \cdot A \cdot \rho \cdot v^2}{2},$$

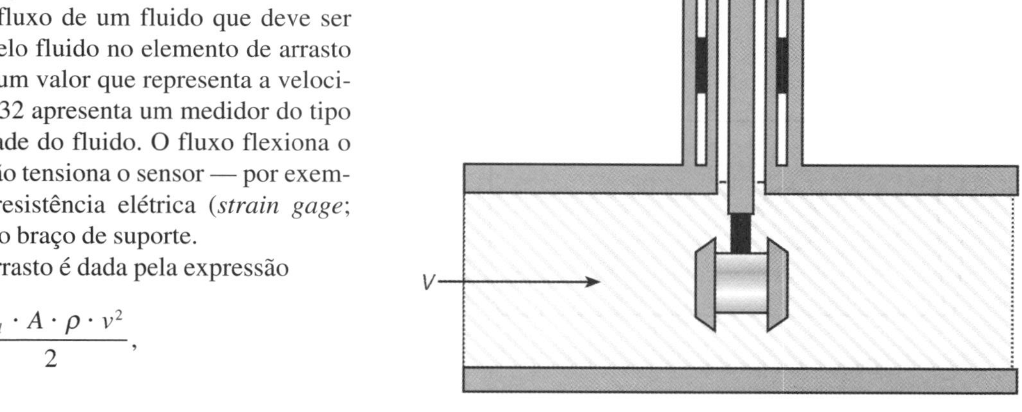

FIGURA 14.32 Medidor de fluxo por força de arrasto.

[3] Força mecânica gerada por um objeto sólido movendo-se em um fluido.

na qual C_d é o coeficiente de arrasto, A a área da secção (m^2) do elemento de arrasto, ρ a massa específica do fluido $\left({}^{kg}/{}_{m^3}\right)$ e v a velocidade do fluido $\left({}^{m}/{}_{s}\right)$. O coeficiente de arrasto depende do formato do elemento de arrasto e é aproximadamente constante para um formato apropriado. A velocidade do fluido é então diretamente proporcional à raiz quadrada da força no elemento:

$$v = \sqrt{\frac{2 \times F_d}{C_d \cdot A \cdot \rho}}.$$

Os medidores de fluxo baseados em arrasto apresentam boa resposta na medição de líquidos e fluxo de gases.

14.8 Medidores de Fluxo do Tipo Vórtice

Os medidores de fluxo do tipo vórtice operam baseados no princípio ilustrado na Figura 14.33. Quando um corpo é imerso no fluxo de um fluido, turbulências denominadas vórtices são alternadamente criadas. A frequência do vórtice é diretamente proporcional à velocidade do líquido. Sensores adequados (piezoelétricos ou capacitivos) detectam os vórtices, e dispositivos eletrônicos indicam o fluxo instantâneo ou o fluxo total em um dado intervalo de tempo.

Os vórtices (também denominados turbilhões) são formados naturalmente pela introdução de um corpo na tubulação cuja frequência de formação do vórtice é proporcional ao fluxo. Em 1991, Theodore von Karman descreveu os critérios de estabilidade para sua formação. Para uma grande classe de obstáculos, quando a velocidade aumenta o número de vórtices em um intervalo de tempo ou frequência, aumenta em proporção direta à velocidade.

O **número de Strouhal** (determinado experimentalmente e normalmente constante para uma ampla faixa do número de Reynolds), S_t, é utilizado para descrever as relações entre a frequência de formação do vórtice e a velocidade do fluido:

$$S_t = \frac{f \cdot d}{v},$$

sendo f a frequência de formação do vórtice, d o comprimento do corpo ou obstáculo e v a velocidade do fluido. Alternativamente,

$$v = \frac{f \cdot d}{S_t}.$$

Para fluxo confinado, ou seja, fluxo em uma tubulação, a velocidade média do fluido, $\bar{v}$, e o número de Strouhal, S_t', são dados por

$$\bar{v} = \frac{f \cdot d}{S_t'}.$$

Uma vez que a área da seção, A, da tubulação é fixa, é possível definir um fator K para o medidor de fluxo, que relaciona a razão de fluxo volumétrico, Q, à frequência de formação do vórtice:

$$Q = A \times \bar{v}$$

Com a manipulação das equações $\bar{v} = \frac{f \cdot d}{S_t'}$ e $Q = A \times \bar{v}$, temos

$$Q = \frac{A \times d}{S_t'} \times f.$$

A definição de $K = \frac{S_t'}{A \times d}$ resulta em

$$Q = \frac{f}{K}.$$

Para determinar a massa do fluxo, $\dot{m}$, temos

$$\dot{m} = \rho \times Q = \rho \times \frac{f}{K},$$

sendo ρ a massa específica do fluido nas condições de fluxo.

A Figura 14.34 apresenta medidores comerciais do tipo vórtice.

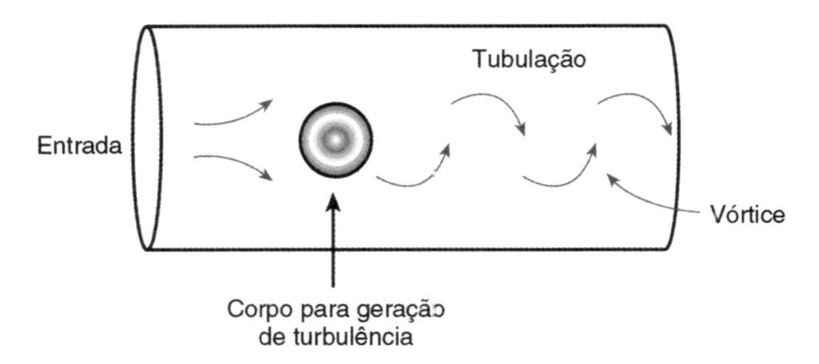

FIGURA 14.33 Esboço de um medidor do tipo vórtice.

FIGURA 14.34 Medidores de fluxo tipo vórtice com indicador embutido. (Cortesia de Emerson Process.)

Os medidores do tipo vórtice competem em preço com as placas de orifício, e em geral são construídos de aço inoxidável. O corpo imerso no fluxo apresenta diferentes tamanhos e formas. A geometria desse corpo altera pouco a linearidade, a limitação do número de Reynolds, a sensibilidade e a velocidade de fluxo do medidor. A maioria dos medidores do tipo vórtice utiliza sensores piezoelétricos ou capacitivos para detectar a oscilação na pressão próxima ao corpo imerso.

14.9 Medidores Mecânicos

Na caracterização de fluxos ou vazões de líquidos não voláteis, são utilizadas técnicas diretas baseadas no deslocamento de algum elemento mecânico. Os medidores mecânicos são utilizados para aplicações de alta precisão, como, por exemplo, na medição de água residencial. Medidores que utilizam partes móveis, engrenagens, rotores ou turbinas para medir fluxo são os constituintes dessa ampla família.

Os medidores de fluxo por **deslocamento positivo** não necessitam de fonte de alimentação para funcionar e são disponíveis em diversos tamanhos. Nesse tipo de medidor, o fluido precisa ser limpo, pois partículas podem danificar o medidor ou gerar erros consideráveis (sendo necessários procedimentos de filtragem); sendo assim, não são indicados para fluidos sujos ou abrasivos, devido à erosão e à corrosão.

Os medidores de **disco rotativo** (oscilante) são os mais comuns medidores mecânicos de deslocamento positivo, utilizados como medidores de água residenciais em diversas partes do mundo. A água flui através de uma câmara, girando um pino que rotaciona uma haste acoplada a um registrador mecânico ou a um transmissor de pulso em que se utiliza um ímã permanente como sensor externo. O fluxo é proporcional à velocidade rotacional do eixo (Figura 14.35). Observe que nesse dispositivo o fluxo de água faz com que um disco gire excentricamente. Quanto maior o fluxo, maior a velocidade de giro e oscilação em torno do eixo (chamado *nutating disk*).

O medidor residencial é usualmente construído em bronze ou plástico, para que resista à corrosão e ainda devido ao seu baixo custo. As partes internas normalmente são de bronze, alumínio, neoprene, entre outros materiais aceitos por normas regulamentares.

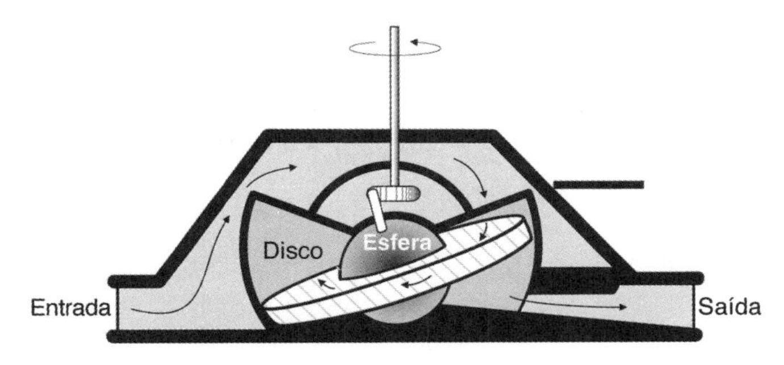

FIGURA 14.35 Esboço do medidor de fluxo de deslocamento positivo: disco rotativo.

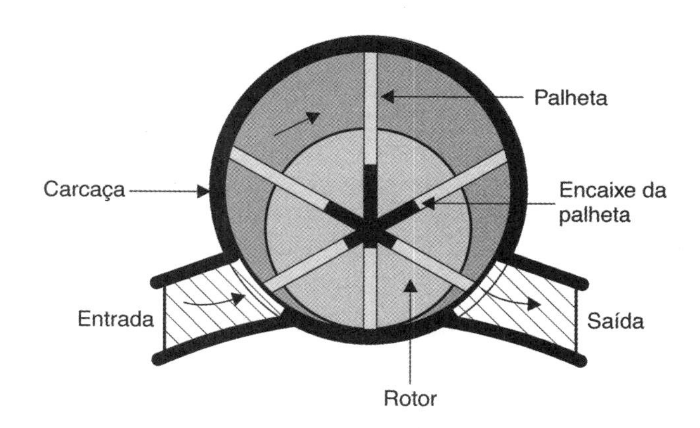

FIGURA 14.36 Medidor de fluxo de deslocamento positivo: tipo válvula ou membrana rotativa.

Outro tipo de medidor mecânico de deslocamento positivo é o de **válvula ou membrana rotativa**, conforme ilustra a Figura 14.36. Encontrados em diversos tamanhos, esses medidores são regularmente usados pela indústria de petróleo.

Esses dispositivos funcionam de forma semelhante à das bombas de deslocamento positivo porém ao contrário. Existem várias geometrias de medidores de deslocamento positivo, como de engrenagens ovais, de lóbulos rotativos, de engrenagens axiais, helicoidais, entre outros. Observa-se que, nesses medidores (que possuem limitações como velocidade, além de naturalmente impor atrito), pequenos volumes de fluido (caracterizados pelo volume da câmara na cavidade) são deslocados da entrada para a saída. Um totalizador é geralmente implementado com um sensor magnético, que tem a função de contar o número de ciclos executados pelas partes móveis (nas quais pode ser implantado um ímã permanente). Esse contador tem a função de quantificar o volume total de fluido em um período de tempo. Não importa se a densidade dos fluidos é diferente, como óleo ou água, o número de ciclos vezes o volume deslocado em um ciclo equivale ao volume total no período. Essa é uma diferença importante desse medidor, quando comparado com o medidor de fluxo por turbina.

O **medidor do tipo turbina** também faz parte dessa família. Inventado por Reinhard Woltman no século XVIII, o medidor de fluxo do tipo turbina é preciso e confiável para líquidos e gases. Consiste em um rotor balanceado com diâmetro um pouco menor quando comparado ao diâmetro interno da tubulação. Sua velocidade de rotação é proporcional à razão de fluxo volumétrico e pode ser detectada por dispositivos de estado sólido (relutância, indutância, capacitância ou por efeito Hall) bem como por sensores mecânicos. A Figura 14.37 apresenta o esboço de um medidor do tipo turbina, cuja rotação é detectada por indutância.

A turbina (utilizada para líquidos e gases) mede o volume médio de fluxo $\left(\mathrm{m}^3/\mathrm{s}\right)$ de um fluido com velocidade de rotação da turbina descrita por

$$\frac{Q}{n \cdot D^3} = f\left(n \cdot D^2 / \nu\right),$$

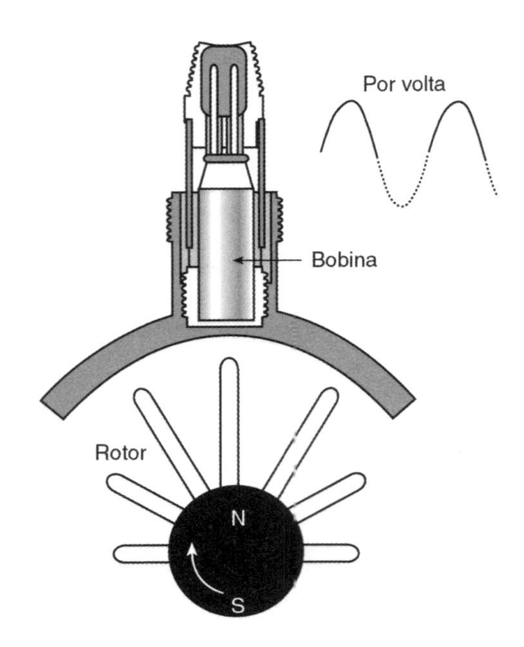

FIGURA 14.37 Medidor do tipo turbina.

sendo Q o volume de fluxo $\left(m^3/s\right)$, n a velocidade do rotor $\left(rev/s\right)$, D o diâmetro e v a viscosidade cinemática $\left(m^2/s\right)$. Normalmente, a turbina funciona na faixa linear na qual $\frac{Q}{n \cdot D^3}$ é constante, tal que a velocidade da turbina é diretamente proporcional ao volume médio do fluxo. Esse tipo de medidor de fluxo não é interessante para caracterizar fluxos em direção reversa, devido ao desempenho não linear a baixas velocidades. A Figura 14.38 apresenta medidores comerciais do tipo deslocamento positivo com o respectivo indicador.

Quando utilizamos o fluxímetro por turbina com água e depois com óleo (ou algum fluido viscoso), é fácil verificar que, para o mesmo volume passando pelo medidor, a turbina gira com velocidade menor para o óleo. Dessa forma, verifica-se que esse medidor depende de uma calibração de acordo com o fluido utilizado. A medição do fluxo também é feita com o monitoramento dos ciclos executados pela turbina.

(a)

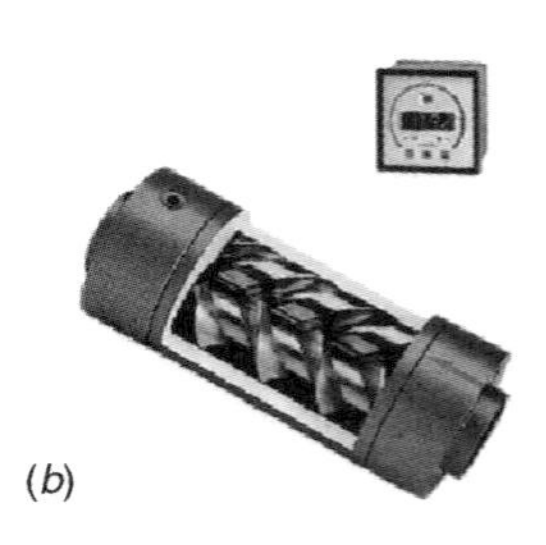

(b)

FIGURA 14.38 Medidores de fluxo por deslocamento positivo: (a) tipo turbina e (b) helicoidal. (Cortesia: (a) Emerson Process e (b) Kobold Instruments, Inc.)

EXERCÍCIOS

Problemas com respostas

1. Considere que $1\ cm^3/h = 3{,}531 \times 10^{-5}\ ft^3/h$. Converta cm^3/h para cm^3/s, ft^3/min e ft^3/s.

Respostas:

$$1\ \frac{cm^3}{h} = 2{,}78 \times 10^{-4}\ \frac{cm^3}{s}$$

$$1\ \frac{cm^3}{h} = 5{,}89 \times 10^{-7}\ \frac{ft^3}{min}$$

$$1\ \frac{cm^3}{h} = 9{,}81 \times 10^{-9}\ \frac{ft^3}{s}$$

2. Considere que $1\ cm^3/h = 0{,}0063401\ galão/dia$. Converta $1\ cm^3/h$ para $galão/h$, $galão/min$ e $galão/s$.

Respostas:

$$1\ \frac{cm^3}{h} = 0{,}00026\ \frac{gal}{h}$$

$$1\ \frac{cm^3}{h} = 4{,}403 \times 10^{-6}\ \frac{gal}{min}$$

$$1\ \frac{cm^3}{h} = 7{,}338 \times 10^{-8}\ \frac{gal}{s}$$

3. Considere que $1\ cm^3/h = 0{,}024\ l/dia$. Converta $1\ cm^3/h$ para l/h, l/min, l/s e ml/min.

Respostas:

$$1\ \frac{cm^3}{h} = 0{,}001\ \frac{l}{h}$$

$$1\ \frac{cm^3}{h} = 0{,}000005 \times \frac{l}{min}$$

$$1\,\frac{cm^3}{h} = 2{,}777 \times 10^{-7}\,\frac{l}{s}$$

$$1\,\frac{cm^3}{h} = 0{,}05\,\frac{ml}{\min}$$

4. Considere que $1\,{}^{m^3}\!/_{dia} = 41.666{,}67\,{}^{cm^3}\!/_{h}$. Converta $1\,{}^{m^3}\!/_{dia}$ para ${}^{cm^3}\!/_{min}$ e ${}^{cm^3}\!/_{s}$.

Respostas:

$$1\,\frac{m^3}{d} = 694{,}44\,\frac{cm^3}{\min}$$

$$1\,\frac{m^3}{d} = 11{,}574 \times \frac{cm^3}{s}$$

5. Considere que $1\,{}^{m^3}\!/_{dia} = 264{,}1721\,{}^{galão}\!/_{dia}$.Converta $1\,{}^{m^3}\!/_{dia}$ para ${}^{galão}\!/_{h}$ e ${}^{galão}\!/_{s}$.

Respostas:

$$1\,\frac{m^3}{d} = 11{,}007\,\frac{gal}{h}$$

$$1\,\frac{m^3}{d} = 0{,}00306\,\frac{gal}{s}$$

6. Considere que $1\,{}^{m^3}\!/_{dia} = 1000\,{}^{l}\!/_{d}$. Converta $1\,{}^{m^3}\!/_{dia}$ para ${}^{l}\!/_{min}$ e ${}^{l}\!/_{h}$.

Respostas:

$$1\,\frac{m^3}{d} = 0{,}694\,\frac{l}{\min}$$

$$1\,\frac{m^3}{d} = 41{,}666\,\frac{l}{h}$$

7. Um tubo de Venturi mede uma diferença de pressão ($\Delta p = p_1 - p_2$) = 262,62 mmHg, para um fluxo de ar a 25ºC (ρ = 1,1839 kg/m³ de 119,1 L/s. Sabendo que o ϕ_1 do tubo é de 7,98 cm, determine o ϕ da restrição do Tubo Venturi e o seu comprimento aproximado (considere: abertura 15º, com ambos os cones divergente e convergente de comprimentos iguais).

Resposta:

$A_1 = \pi R^2 = 3{,}14 \times (3{,}99)^2 = 50\ cm^2 = 0{,}005\ m^2$

$(p_1 - p_2) = (\Delta p = 262{,}52$ mmHg = 35000 Pa

$\rho_{25^\circ C} = 1{,}1839\,\frac{kg}{m^3}$

$Q = 119{,}1$ L/s $= 1{,}1191\,\frac{m^3}{s}$

Sabemos que $Cd = 0{,}975$. Assim: $Q = C_d A_2 \sqrt{\frac{2(p_1 - p_2)}{\rho(1 - (\frac{A_1}{A_2})^2)}}$),

e no SI

$$0{,}1191 = 0{,}975 A_2 \sqrt{\frac{2(35000)}{1{,}1839(1 - (\frac{A_1}{0{,}005})^2)}}) \longrightarrow A_2 = 5\ cm^2 \longrightarrow \phi_2 = 2{,}523\ cm$$

Para o cálculo do comprimento l:

$\tan(15^\circ) = \frac{3{,}99 - 1{,}2615}{l} \longrightarrow l = 10{,}183\ cm \longrightarrow$ o comprimento total é $2l = 20{,}63$ cm.

8. Uma placa de orifício com diâmetro ϕ_2 = 40 mm é inserida numa tubulação de água (densidade ρ = 1000 kg/m³) com diâmetro ϕ_1 = 80 mm. Observa-se uma diferença de pressão $\Delta p = p_1 - p_2$ = 2,9 psi. Considere o número de Reinolds $\Re = 10^4$ e o coeficiente $\varepsilon = 1$ e determine a vazão volumétrica e também a mássica.

Resposta:

A razão de diâmetros é calculada:

$\beta = \frac{40}{80} = 0{,}5$. Conforme a Tabela 14.3 com β =0,5 e $\Re = 10^4$, o coeficiente de arrasto é $C_d = 0{,}62$.

No SI, 2,9 psi → ≈ 20000 Pa. Assim, a vazão volumétrica pode ser calculada:

$$Q = \frac{C_d}{\sqrt{1-\beta^4}}\varepsilon\frac{\pi}{4}(\phi_2)^2\sqrt{\frac{2\Delta p}{p}} = \frac{0{,}62}{\sqrt{1-(0{,}5)^4}}\frac{\pi}{4}(0{,}04)^2\sqrt{\frac{40000}{1000}} =$$

$$= 5{,}089 \times 10^{-3} m^3/s = 5{,}089 L/s.$$

Para converter para vazão mássica, basta multiplicar pela densidade. No caso:

$Q_M = Q \times 1000$ kg/m³ = 5,089 kg/s.

9. Considere as seguintes massas específicas na tabela a seguir. Determine o número de Reynolds para cada tipo de fluido, considerando uma tubulação com diâmetro de 1 cm e com velocidade média de 0,1111 ${}^{m}\!/_{s}$. (Pesquise a viscosidade desses fluidos.)

Fluido	Massa específica aproximada (ρ) em ${}^{kg}\!/_{m^3}$
Água destilada (4° C)	1000
Água do mar (15° C)	1026
Mercúrio	13.620
Petróleo	880

Resposta:

O número de Reinolds pode ser calculado com $\Re = \frac{\rho\overline{V\phi}}{\eta}$. Vamos utilizar as unidades no SI densidade [kg/m³]:

(a) $\Re = \frac{1000 \times 11{,}11 \times 1}{0{,}0015705} = 7074180 \rightarrow$ fluxo turbulento

$\Re = \frac{1000 \times 0{,}1111 \times 0{,}01}{0{,}0015705} = 707 \rightarrow$ fluxo laminar

(b) $\Re = \frac{1026 \times 11{,}11 \times 1}{0{,}00123} = 9267366 \rightarrow$ fluxo turbulento

$\Re = \frac{1000 \times 0{,}1111 \times 0{,}01}{0{,}00123} = 927 \rightarrow$ fluxo laminar

(c) $\Re = \frac{13620 \times 11{,}11 \times 1}{0{,}0015} = 100878800 \rightarrow$ fluxo turbulento

$\Re = \frac{13629 \times 0{,}1111 \times 0{,}01}{0{,}0015}$ $10088 \rightarrow$ fluxo turbulento

(d) $\Re = \dfrac{870 \times 11{,}11 \times 1}{0{,}0093}$ 1039323 → fluxo turbulento

$$\Re = \frac{870 \times 0{,}1111 \times 0{,}01}{0{,}0093} = 104 \to \text{fluxo laminar}$$

Observação: Os valores de densidade e viscosidade variam de acordo com a temperatura, além de outras variáveis.

10. Considere a tubulação da Figura 14.3 com $h_1 = 2{,}0$ cm, $h_2 = 2{,}5$ cm, $v_2 = 0{,}75 \times v_1$, $v_1 = 0{,}5\ {}^{m}\!/_{s}$ com água no estado líquido (0 °C) e pressão de 1 atmosfera. Com $P_1 = 1500{,}123$ mm de mercúrio, determine P_2. Esse medidor ou esses valores são possíveis?

Resposta:

$h_1 = 0{,}02$ m; $h_2 = 0{,}025$ m; $v_1 = 0{,}5$ m/s; $v_2 = 0{,}375$ m/s; $P_{atm} =$ 1 atm;

$p_1 = 1500$; 123 mmHg = 200000 pa; $\rho_0 = 1000$ kg/m³; $g \approx 10$ m/s:

$$\frac{p_1}{\rho g} + \frac{(v_1)^2}{2g} + h_1 = \frac{p_2}{\rho g} + \frac{(v_2)^2}{2g} + h_2 \to \frac{200000}{1000 \times 10} + \frac{(0{,}5)^2}{2 \times 10} + 0{,}02 =$$

$$= \frac{p_2}{1000 \times 10} + \frac{(0{,}375)^2}{2 \times 10} + 0{,}025$$

$P_2 = 200004$; 68 Pa = 1500, 158 mmHg. Observa-se que esse medidor deverá ser muito sensível!

11 Considere um projeto de um medidor de fluxo sanguíneo eletromagnético, cujo comportamento é descrito pela seguinte expressão:

$$V = \frac{Q \times B}{50 \times \pi \times r_{art}},$$

na qual V é a tensão em μV, Q o fluxo volumétrico em ${}^{cm^3}\!/_{s}$, B a massa específica de fluxo magnético em Gauss e r_{art} o raio da artéria ou veia em centímetros (cm). Para $B = 170$ G, para artérias com raio máximo de 0,8 cm e mínimo 0,6 cm e um $Q \cong$ 200 ${}^{cm^3}\!/_{s}$, determine as tensões máxima e mínima geradas para o sangue que flui nas artérias de raio máximo e mínimo.

Resposta:

$$V_{mín} = \frac{200 \times 170}{50 \times \pi \times 0{,}8} = = 270{,}7\ \mu V$$

$$V_{mín} = \frac{200 \times 170}{50 \times \pi \times 0{,}6} = = 360{,}9\ \mu V$$

12. Determine a velocidade dos fluidos apresentados na tabela a seguir para o fluido ser laminar ou turbulento. Considere uma tubulação com diâmetro constante. A viscosidade dos seguintes fluidos é

Líquidos (poise)		Densidade kg/m³	Gases (10^{-4} poise)		Densidade kg/m³
Glicerina (20 °C)	8,3	1261	Ar (20 °C)	1,81	1,20
Água (100 °C)	0,0028	958	Água (20 °C)	1,32	998
Mercúrio (20 °C)	0,0154	13546	CO_2 (15 °C)	1,45	777

Resposta:

Considere que o cálculo do número de Reinolds é dado por: $\Re = \dfrac{\rho \overline{V} \phi}{\eta}$. A tabela fornece o η em poise e este deve ser convertido para Pas e o ρ nas unidades do SI. Assim, basta executar a equação para cada substância. Como o diâmetro da tubulação não é fornecido, a resposta dependerá dessa constante. Assim, no primeiro caso, temos:

$$\Re = \frac{1261 \overline{V} D}{0{,}83} = 1519\ \overline{V} D.$$ Para $\Re < 2000$, o fluxo é laminar; para $\Re > 4000$, o fluxo é turbulento. Para os demais casos, basta repetir o procedimento.

13. O fluxo em uma determinada tubulação com placa de orifício é de $Q = 10\ {}^{L}\!/_{s}$. Considere a pressão diferencial $(P_1 = P_2) = 2$ psi e a água líquida como fluido a 0 °C e 1 atmosfera, para um $C_d =$ 0,640 com $\Re e = 10^4$. Determine o diâmetro do furo da placa de orifício. Qual seria o diâmetro interno dessa tubulação?

Resposta:

São dados o fluxo Q = 10 l/s = 0,01 kg/s, Δp = (p1 − p2) = 2 psi = 13789,5 Pa, ρ = 1000 kg/m3, ε ≈ 1, $C_d = 0{,}640$, para $\Re$ = 10000. Pede-se o diâmetro do furo da placa de orifício e diâmetro da tubulação. Pela Tabela 14.3, podemos obter a constante $\beta = \dfrac{d}{D} = 0{,}7$, nossas variáveis de interesse.

$$Q = \frac{C_d}{\sqrt{1-\beta^4}} \varepsilon \frac{\pi}{4} (\phi_2)^2 \sqrt{\frac{2\Delta p}{p}} \to 0{,}01 = \frac{0{,}64}{\sqrt{1-(\beta)^4}} \frac{\pi}{4} (d)^2 \sqrt{\frac{2 \times 13789{,}5}{1000}} \to d = 5{,}75\ cm$$

e consequentemente o diâmetro da tubulação D = 8,21 cm.

14. Considere o fluxo $Q = 10\ {}^{L}\!/_{s}$ do Exercício 13, como máximo. Qual seria o fluxo mínimo para uma razão de rejeição de 4?

Resposta:

$$R_j = 4 = \frac{10}{Q_{mín}} \to Q_{mín} = 2{,}5 L/s$$

Exercícios para você resolver

1. Quais são as principais variáveis de entrada encontradas nos medidores de fluxo revisados neste capítulo?
2. Explique o que são massa específica, viscosidade e condutividade.
3. Qual é a principal diferença entre fluido incompressível e fluido compressível?
4. O que são escoamento laminar e escoamento turbulento?
5. Qual é a importância do número de Reynolds na medição de fluxo?
6. Qual a importância da equação de Bernoulli na medição de fluxo?
7. O que ocorre com o fluxo em uma tubulação quando inserimos uma restrição?
8. Qual a importância do coeficiente de descarga em tubulações reais?
9. O que significa o termo "veia contraída"?
10. O que significa o termo "razão de rejeição"?
11. Descreva as principais características, vantagens e desvantagens dos medidores de fluxo por pressão diferencial.

12. O que ocorre com o fluxo no uso das placas de orifício dos tipos concêntrica, excêntrica e segmentada?
13. Explique o que são pressão estática e pressão total e mostre sua importância no uso do tubo de Pitot.
14. Apresente o esboço de um medidor de fluxo por área variável e explique seu funcionamento.
15. Pesquise em quais equipamentos biomédicos o rotâmetro pode ser utilizado.
16. Apresente o esboço e explique o funcionamento de um medidor de fluxo eletromagnético.
17. Qual a importância da lei de Faraday para os medidores de fluxo eletromagnéticos?
18. Explique o funcionamento dos medidores de fluxo por ultrassom. Além disso, pesquise diferentes aplicações para esses medidores em diferentes áreas da engenharia.
19. Pesquise a velocidade do som em dez materiais diferentes.
20. Implemente um medidor térmico de fluxo de massa experimental. Utilize uma tubulação com fluxo constante e determine a temperatura na entrada e na saída desse medidor (utilize um circuito elétrico do tipo ponte). Apresente as especificações de seu medidor e seus resultados.
21. Explique o efeito de Coriolis e como podemos utilizá-lo para medir fluxo.
22. O que é vórtice?
23. Descreva o funcionamento de um medidor mecânico utilizado como medidor residencial de água.
24. Explique o funcionamento do medidor de fluxo do tipo turbina.
25. Para uma determinada tubulação, como pode ser implementado um medidor de fluxo baseado em extensômetro de resistência elétrica (*strain gages*)? Quais são os procedimentos para calibrar esse sistema? Quais seriam as principais fontes de erro desse sistema?
26. Considere o mesmo fluido e a mesma pressão diferencial do Exercício 10. Admita utilizar uma placa de orifício com área da seção de 25 cm^2 e coeficiente de descarga de 0,2 a 0,9. Determine no formato gráfico a faixa de valores para a velocidade do fluido (v) e o fluxo volumétrico (Q).

■ BIBLIOGRAFIA

ANDERSON, J. D. *Computational fluid dynamics*. McGraw-Hill Science, 1995.

ARENY, P. R. e WEBSTER, J. G. *Sensors and signal conditioning*. Wiley Interscience, 2001.

ASSY, T. M. *Mecânica dos fluidos: fundamentos e aplicações*. LTC Editora, 2004.

CHAPMAN, C. J. *High speed flow*. Cambridge, 2000.

DAGAN, G. e NEUMAN, S. P. *Subsurface flow and transport*. Cambridge, 2005.

DALLY, J. W.; RILEY, W. F. e MCCONNELL, K. G. *Instrumentation for engineering measurement*. John Wiley & Sons, Inc., 1993.

DOEBELIN, E. O. *Measurement systems: application and design*. McGraw-Hill, 2004.

FINCHAM, A. M. e SPEDDING, G. R. *Low cost, high resolution DPIV for measurement of turbulent fluid flow*. Experiments in fluid, 1997.

FRADEN, J. *Handbook of modern sensors: physics, designs and applications*. Springer, 2004.

HOLMAN, J. P. *Experimental methods for engineers*. McGraw-Hill, 1994.

JUNG, W. *Op amp applications handbook. Analog Devices Series*. Newnes, 2005.

JURGEN, R. K. *Automotive electronics handbook*. McGraw-Hill Handbooks, 1999.

LADING, L.; WIGLEY, G. e BUCHHAVE, P. *Optical diagnostics for flow processes*. Plenum, 1994.

LAKEL, L. W.; BRYANT, S. L. e ARAQUE-MARTINEZ, A. N. *Geochemistry and fluid flow*. Elsevier Science, 2003.

LOMAX, H.; PULLIAM, T. H. e ZINGG, D. W. *Fundamentals of computational fluid dynamics*. Springer, 2004.

MORRIS, A. S. *Measurement & instrumentation principles*. Elsevier, 2001.

OMEGA, Inc. *Omega Transactions in measurement & control series*. Volume IV: flow and level measurement. Omega Press, 2005.

OKIISHI, T. H.; YOUNG, D. F. e MUNSON, B. R. *Fundamentos da mecânica dos fluidos*. Edgard Blucher, 1997.

ROSNER, D. E. *Transport processes in chemically reacting flow systems*. Dover Science, 2000.

SIGIRCI, A.; SENOL, M.; AYDIN, E.; KUTLU, R.; ALTINOK, M. T.; BAYSAL, T. e SARAC, K. *Doppler waveforms and blood flow parameters of the superior and inferior mesenteric arteries in patients having Behçet disease with and without gastrointestinal symptoms: preliminary data*. Journal Ultrasound Medicine, 2003.

SISSOM, L. E. e PITTS, D. R. *Fenômenos de transporte*. Editora Guanabara, 1988.

SORENSEN, K. E.; CELERMAJER, D. S.; SPIEGELHALTER, D. J.; GEORGAKOPOULOS, D.; ROBINSON, J.; THOMAS, O. e DEANFIELD, J. E. *Non-invasive measurement of humam endothelium dependent arterial response: accuracy and reproductibility*. British Heart Journal, 247-253, 1995.

THORN, R.; JOHANSEN, G. A. e HAMMER, E. A. *Recent developments in three-phase flow measurement*. Measurement Science Technology, 691-701, 1997.

TOMPKINS, W. J. e WEBSTER, J. G. *Interfacing sensors to the IBM PC*. Prentice Hall, 1988.

TORO, E. F. *Rieman solvers numerical methods for fluid dynamics: a practical introduction*. Springer, 1999.

VERSTEEG, H. e MALALASEKRA, W. *An introduction to computational fluid dynamics: the finite volume method approach*. Prentice Hall, 1996.

WEBSTER, J. G. *The measurement, instrumentation and sensors handbook*. CRC Press and IEEE Press, 1999.

WHITE, F. M. *Mecânica dos fluidos*. McGraw-Hill, 2002.

WILSON, J. S. *Sensor technology: handbook*. Newnes, 2005.

WOLF, S. e SMITH, R. F. M. *Student reference manual for electronic instrumentation laboratories*. Pearson: Prentice Hall, 2004.

CAPÍTULO 15

Medição de Umidade, pH e Viscosidade

Este capítulo apresenta uma abordagem diferenciada do restante do livro, pois envolve, de forma resumida, diferentes variáveis: umidade, pH e viscosidade.

15.1 Umidade

Por definição, umidade é a quantidade ou concentração de vapor de água no ar ou em um gás. Existem diversos parâmetros para expressar a concentração de umidade, destacando-se:

- **umidade absoluta** (U_{abs}): expressa a quantidade de vapor de água como a razão entre a massa de vapor de água em relação ao volume de ar [quilogramas de vapor de água (m_{vapor}) por metro cúbico de ar (V_{ar})]: $U_{abs} = \frac{m_{vapor}}{V_{ar}}\left[\text{kg}_{vapor}/\text{m}^3_{ar}\right]$;
- **umidade específica** (U_{espec}): expressa a quantidade de vapor no ar utilizando a razão entre a massa de vapor de água e a massa de ar seco [quilogramas de vapor de água (m_{vapor}) por quilogramas de ar (m_{ar})]: $U_{espec} = \frac{m_{vapor}}{m_{ar}}$;
- **umidade relativa** ($U_{relativa}$): expressa em termos percentuais a razão entre a pressão de vapor de água, em qualquer gás (especialmente ar, chamado de pressão de vapor absoluta: [PVA]), em relação à pressão de vapor em equilíbrio ou à pressão de vapor de saturação (PVS): $U_{relativa} = \frac{PVA}{PVS}$. Em outras palavras, é a razão que indica o conteúdo da mistura do ar comparado ao nível de mistura saturado à mesma temperatura e pressão.

Algumas das principais tecnologias empregadas são: sensores de condutividade térmica (chamados de sensores de umidade absoluta, por serem capazes de medir a umidade absoluta usando dois termistores em ponte), sensores capacitivos e sensores resistivos.

Sensor de umidade relativa capacitivo

Sensores capacitivos (tecnologia apresentada no Capítulo 8) são utilizados como sensores de umidade relativa ($U_{relativa}$) e dominam o mercado nessa área. Nessa família de sensores, a alteração na constante dielétrica é diretamente proporcional à umidade relativa ambiental. Sensores típicos apresentam capacitâncias da ordem de 0,2 pF a 0,5 pF para alterações de 1 % da $U_{relativa}$. Normalmente apresentam baixo coeficiente de temperatura, o que favorece sua utilização a altas temperaturas, geralmente até **200 °C**.

Os sensores capacitivos de umidade relativa, baseados em polímeros, detectam diretamente alterações na saturação relativa como uma alteração na capacitância do sensor. Saturação relativa é o mesmo que umidade ambiente relativa quando o sensor está à temperatura ambiente; sendo assim, a alteração na capacitância do sensor é a medida da alteração na umidade relativa. A resposta do sensor baseado em polímeros é dada, em geral, como a absorção (A_{absor}):

$$A_{absor} = R \times T \times \ln\left(\frac{P}{P_0}\right),$$

na qual R representa a constante do gás, P a pressão do vapor de água e P_0 a pressão de vapor de água saturada (a relação P/P_0 é a mesma que a umidade relativa ambiente quando o sensor está à temperatura ambiente). A pressão de vapor (PV) é a pressão parcial exercida pelo vapor de água em um dado volume de ar que indica a quantidade de mistura no ar. Basicamente, compreende na pressão de vapor de água sobre a superfície da fase líquida. Uma mistura de água com outro componente (solução) apresenta uma pressão de vapor menor que água pura. Isso significa que a água pura é mais volátil do que a solução. Quanto maior for a pressão de vapor, menor será a temperatura de ebulição.

A pressão de vapor na saturação (PVS) é a pressão de vapor quando existe equilíbrio com a fase líquida. Em outras palavras, a saturação ocorre quando a quantidade de moléculas evaporando e condensando é igualmente atingida. Esse ponto depende da temperatura e é expresso como a temperatura do ponto de orvalho. Eis um exemplo: Se tivermos um copo de água pela metade e colocarmos uma tampa sobre o mesmo, o processo de evaporação seguirá até atingir o ponto em que a quantidade de água retornando ao copo for igual à quantidade de água sendo evaporada. De modo geral, em uma câmara selada onde existe água no estado líquido em contato com o ar, e os dois estão em equilíbrio, a pressão de vapor do vapor de água no ar (isto é, a pressão parcial de vapor de água no ar) será a pressão de vapor na saturação de água a uma determinada temperatura. A PVS é a máxima PV que pode existir a uma temperatura qualquer. À medida que a temperatura aumenta, a pressão de vapor de saturação também aumenta. A principal vantagem desse tipo de sensor é que sua tensão elétrica de saída é aproximadamente linear.

Sensor de umidade resistivo

O sensor de umidade resistivo determina a alteração na impedância que usualmente apresenta uma relação exponencial com a umidade. Normalmente esses sensores são construídos com eletrodos metálicos depositados em um substrato polimérico condutivo. Em geral, apresentam uma impedância de 1 kΩ a 100 MΩ com precisões da ordem de ±2 % da $U_{relativa}$.

As principais vantagens dessa família de sensores são o baixo custo, o tamanho reduzido e uma boa estabilidade ao longo do tempo de uso. Tais sensores apresentam uma resposta não linear às alterações de umidade. A faixa de operação nominal em temperatura é de –40 °C a 100 °C com expectativa de vida menor que cinco anos em aplicações residenciais, comerciais e falhas prematuras em ambientes contaminados (exposição a vapores químicos e outros contaminantes). A Figura 15.1 apresenta fotos de um sensor resistivo de umidade relativa, e a Figura 15.2 ilustra um típico circuito condicionador.

O sensor resistivo (UPS 500) é encapsulado por um polímero que é solúvel em água; sendo assim, deve-se evitar sua exposição a condensação, neblina ou água líquida, assim

(*a*)

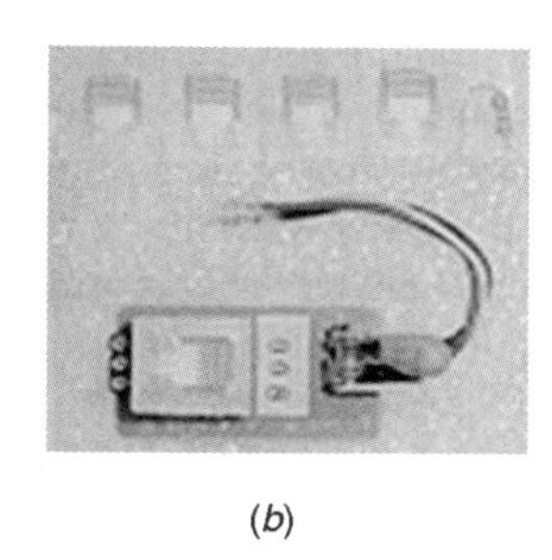

(*b*)

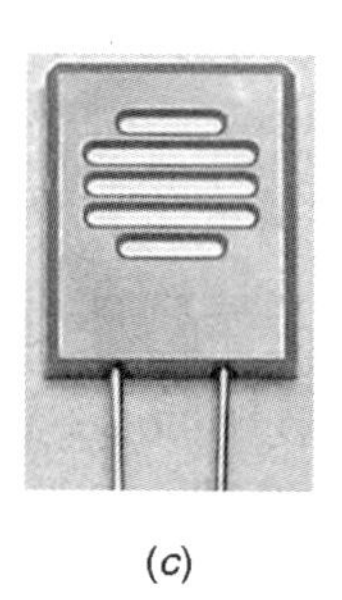

(*c*)

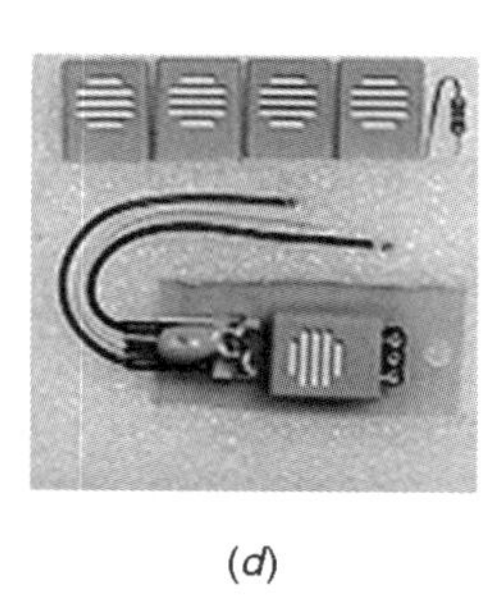

(*d*)

FIGURA 15.1 Fotos do sensor de umidade relativa resistivo: (*a*) modelo UPS 500, (*b*) *kit* de desenvolvimento para o UPS 500, (*c*) modelo UPS 600 e (*d*) *kit* de desenvolvimento para o UPS 600. (Cortesia de Ohmic Instruments Corporation.)

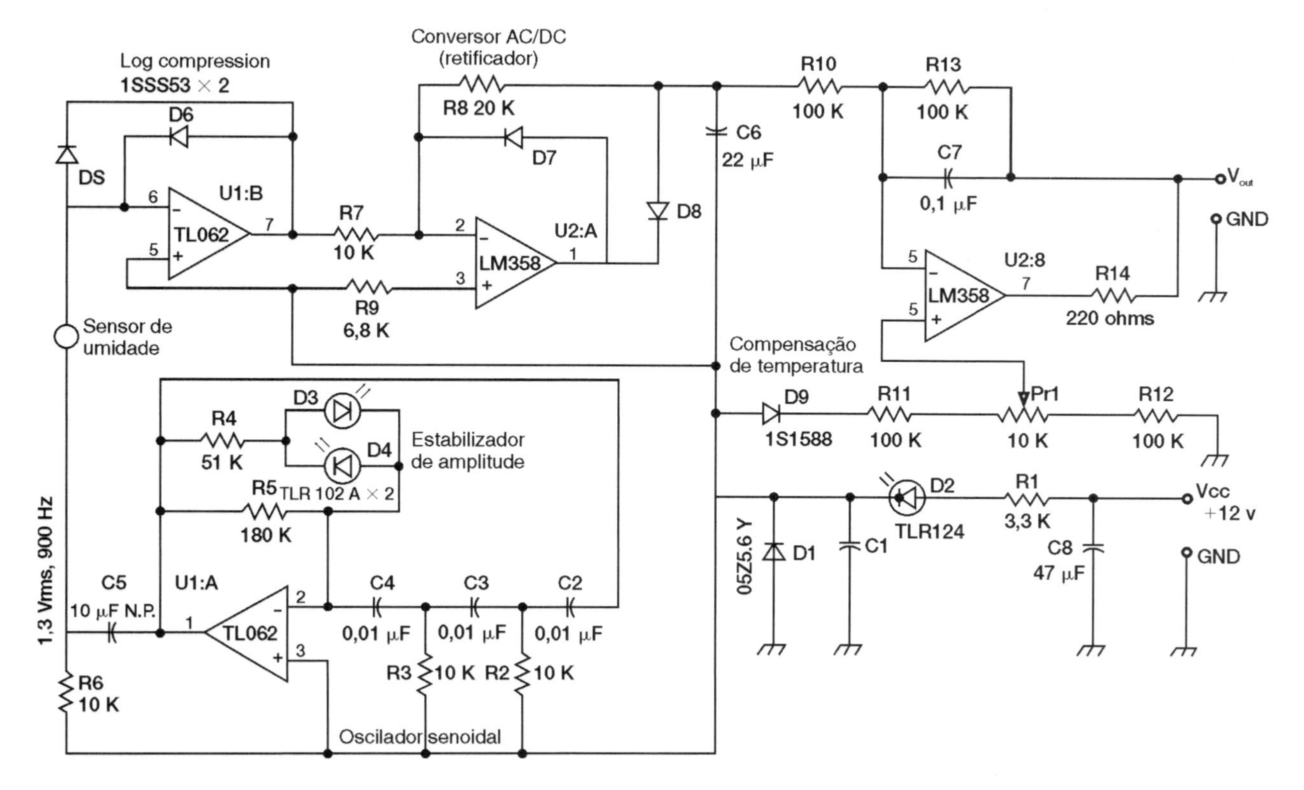

FIGURA 15.2 Circuito típico para utilização do sensor de umidade UPS500. (Cortesia de Ohmic Instruments Corporation.)

TABELA 15.1 Constantes em função da faixa de impedância

Z[MΩ]	A	B	C	D
$30 < Z$	2,795953	−2346,986	0,1299848	4,067295
$12 < Z \leq 30$	10,83324	−2368,839	28,18587	3,016073
$5 < Z \leq 12$	29,29039	−2426,034	49399,25	1,993527
$0,05 < Z \leq 5$	2,79711	−7813,2	100848,4	9,437572
$0,005 < Z \leq 0,05$	5,729313	−5357,106	19934420	4,242907
$Z \leq 0,05$	3,158756	−6368,854	1247857	5,748199

como a vapores químicos e ácidos. Esse tipo de sensor pode ser interfaceado a um microprocessador cuja relação (válida para faixa de temperatura de 41 °F a 113 °F ou de 5 °C a 45 °C) permite converter a impedância em $\%U_{relativa}$:

$$\%U_{relativa} = A(CZ)^{\left(\frac{T + 459,7}{D(T + 459,7) + B}\right)}$$

em que $\%U_{relativa}$ representa a umidade relativa percentual, *A*, *B*, *C*, *D* constantes para faixas específicas de impedância (veja a Tabela 15.1) e *T* a temperatura do bulbo seco (temperatura medida com um termômetro comum) em graus Fahrenheit (°F). A Figura 15.2 apresenta um circuito típico para uso desse sensor.

O elemento *U*1: A gera um sinal senoidal de 900 Hz ($1,3V_{rms}$). *D*3 e *D*4 são utilizados para estabilizar a amplitude. *U*1 **:** *B* utiliza a característica tensão-corrente do diodo de silício para produzir um sinal logarítmico. A alteração na corrente resultante da alteração na impedância é reduzida logaritmicamente. *U*1 necessita de uma entrada do tipo FET, pois a impedância do sensor excede a 100 MΩ para baixa umidade. A impedância do sensor é afetada pela umidade e pela temperatura. Um método de compensação de temperatura pode ser utilizado com um microprocessador para executar a equação do sensor anteriormente apresentada. A Figura 15.3 apresenta outro exemplo de sensor resistivo de umidade relativa.

Sensor de umidade por condutividade térmica

Os sensores de umidade por condutividade térmica (denominados sensores de umidade absoluta) medem a umidade absoluta pela diferença entre a condutividade térmica do ar seco e ar contendo vapor de água. Normalmente esses sensores são construídos com dois termistores (NTC; veja, no Volume 1 desta obra, o Capítulo 6, Medição de Temperatura) em um circuito em ponte, conforme esboço da Figura 15.4; em geral, um dos termistores está exposto (unidade lacrada) ao nitrogênio seco, enquanto o outro está exposto ao ambiente. A diferença na resistência entre os dois termistores é diretamente proporcional à umidade absoluta U_{abs}.

Construídos normalmente em vidro, material semicondutor, plástico de alta temperatura e alumínio, esses sensores são duráveis e resistentes a vapores químicos e a ambientes corrosivos, fornecendo a melhor resolução em temperaturas superiores a 93 °C.

Para exemplificar, a Figura 15.5 apresenta um sensor de umidade disponível comercialmente, baseado na condutividade térmica.

Sensores de umidade medem a massa de vapor de água por unidade de volume de ar (ou outro gás), normalmente expresso em grama/m^3. A Figura 15.6 apresenta um circuito típico em ponte balanceada na umidade de referência 0 grama/m^3. Quando a tensão é aplicada, os termistores são aquecidos a

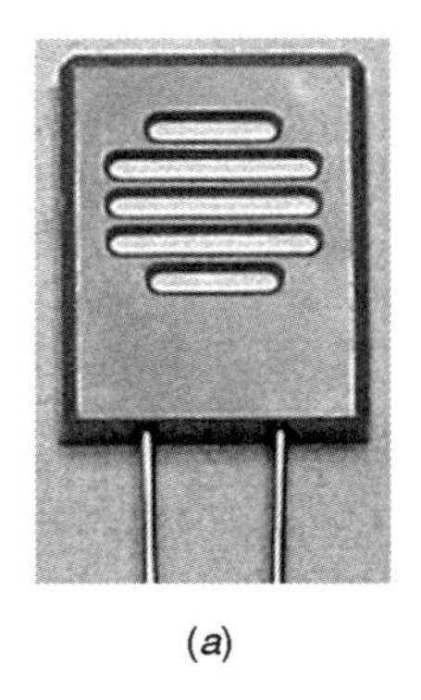

(*a*)

(*b*)

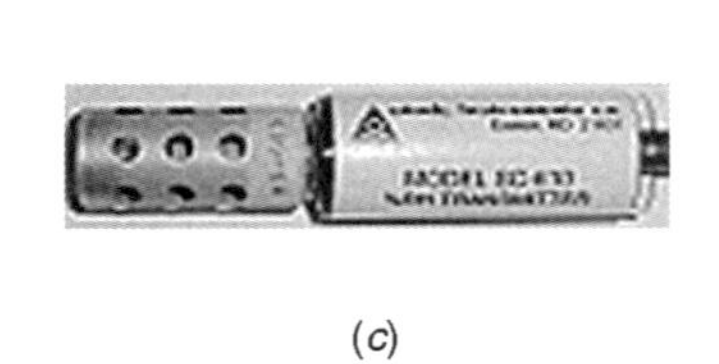

(*c*)

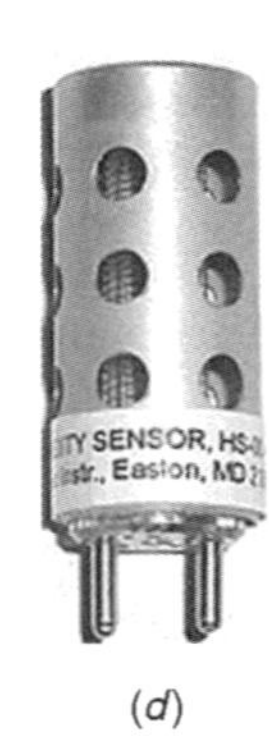

(*d*)

FIGURA 15.3 Sensor de umidade relativa resistivo UPS600: (*a*) foto do sensor, (*b*) foto do sensor com circuito condicionador embutido, (*c*) circuito condicionador selado e (*d*) dispositivo para abrigar o sensor. (Cortesia de Ohmic Instruments Corporation.)

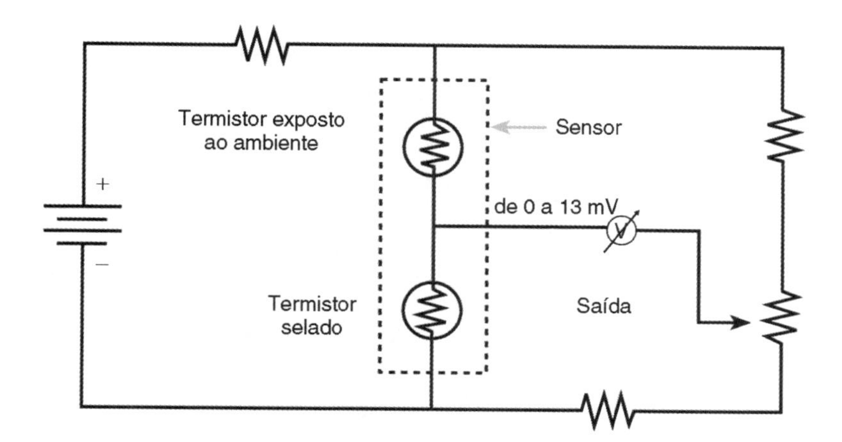

FIGURA 15.4 Esboço do sensor de umidade baseado na condutividade térmica.

FIGURA 15.5 Foto de um sensor de umidade absoluta baseado na condutividade térmica. (Cortesia de Ohmic Instruments Corporation.)

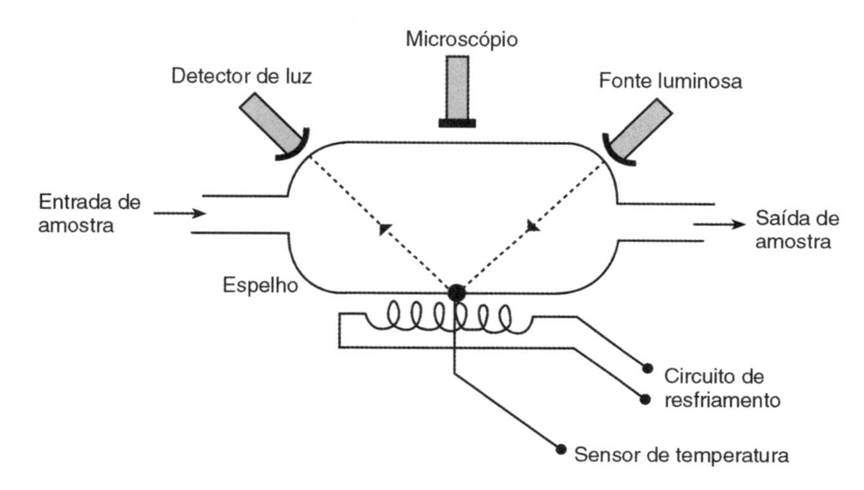

FIGURA 15.6 Esboço do medidor de ponto de orvalho (*dew point*).

200 °C ou mais, e a diferença de temperatura entre os termistores, resultante do nível de umidade, tira a ponte do balanço e gera uma saída em tensão elétrica proporcional ao nível de mistura da atmosfera.

O circuito elétrico ilustrado na Figura 15.4 fornece uma tensão elétrica de saída de 0 mV a 13 mV para a faixa de umidade 0 g/m^3 a 130 g/m^3. A relação entre a umidade absoluta (U_{abs}) em g/m^3, a umidade relativa percentual ($U_{relativa}$) e a temperatura em °C (para uma temperatura máxima de até 60 °C) é dada por

$$U_{relativa} = \frac{U_{abs} \times (273{,}16 + T)}{13{,}243 \times e^{[17{,}269 \times T + (272{,}3 + T)]}}.$$

Equipamentos para medição de umidade

No mercado são encontrados diversos tipos e marcas de equipamentos destinados à medição de umidade, mas três tipos se destacam:

- **higrômetro**: equipamento que mede a alteração na capacitância ou na condutividade de um material higroscópico[1] em função da alteração do nível de mistura. Esse equipamento é indicado para medições de nível de mistura entre 15 % e 95 %, com incertezas da ordem de 3 %;
- **psicrômetro**: equipamento que possui dois sensores de temperatura, um exposto à atmosfera e outro enclausurado em um ambiente conhecido. A diferença de temperatura entre os dois sensores está relacionada ao nível de umidade;
- **medidor *dew point*** (medidor de **ponto de orvalho**): a Figura 15.6 mostra um medidor de ponto de orvalho no qual uma amostra é introduzida em um recipiente com superfície espelhada resfriada eletricamente. A superfície do espelho é resfriada até que os sistemas emissor e detector de luz detectem a formação de orvalho no espelho, e a temperatura de condensação é então medida pelo sensor posicionado na superfície do espelho. O ponto de orvalho é a tempe-

[1] Materiais (orgânicos e alguns inorgânicos) que apresentam a propriedade de absorver a umidade do ambiente.

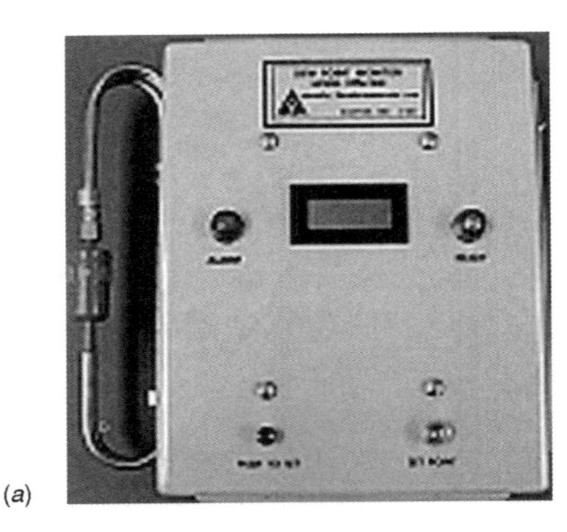

(a)

(b)

FIGURA 15.7 Fotos de medidores de ponto de orvalho: (*a*) modelo DPM-35XRN e (*b*) *kit* de desenvolvimento DPSC-35XR. (Cortesia de Ohmic Instruments Corporation.)

ratura à qual a amostra fica saturada com água. Portanto, a temperatura está relacionada com o nível de mistura da amostra (normalmente esse equipamento vem acompanhado de um sistema de lentes ou de um microscópio para observação). A Figura 15.7 apresenta fotos de medidores comerciais de ponto de orvalho.

Uma forma mais usual para medir a temperatura de ponto de orvalho (*dew point*) é medir a umidade relativa e utilizar uma expressão que associe essas duas variáveis. Uma vez que ar quente retém mais vapor que ar frio, e que a umidade relativa varia quando a temperatura ambiente varia, pode-se qualitativamente perceber que essa expressão é não linear, como será mostrado a seguir.

A umidade relativa e a temperatura do ponto de orvalho são dois indicadores universais da quantidade de umidade no ar. A conversão exata ou mesmo aproximada com uma boa precisão é uma tarefa complexa de ser executada sem o auxílio de um computador (ou um dispositivo microprocessado).

A umidade relativa, como descrita anteriormente, pode ser definida como a razão da pressão de vapor da água P_{va} em um gás com a pressão de equilíbrio do vapor sobre um plano de água, ou (mais usual) pressão vapor de saturação P_s.

$$UR = 100\frac{P_{va}}{P_s}$$

ou ainda como a razão do vapor de água de uma mistura de massa de ar seco w com a mesma massa no ponto de equilíbrio ou saturação w_s a temperatura e pressão ambientes. $UR = 100\frac{w}{w_s}$. As duas definições estão relacionadas:

$$w = \frac{\varepsilon P_{va}}{(P - P_{va})} \text{ e } w = \frac{\varepsilon P_s}{(P - P_s)},$$

em que ε é a razão dos pesos moleculares da água e do ar seco e P é a pressão ambiente.

Para muitas aplicações, as duas definições são equivalentes porque normalmente $P_{va} \leq P_s \leq P$. Entretanto, próximas à temperatura de ponto de orvalho a diferença entre ambas pode não ser desprezível.

A temperatura em que uma quantidade de ar a uma temperatura T e pressão P deve ser resfriada isobaricamente para tornar-se saturada pode ser definida como a temperatura de ponto de orvalho T_{PO}. Em outras palavras, a mistura inicial w que é conservada torna-se w_s a temperatura T_{PO}. E, em termos de pressão de vapor, temos

$$P_s(T_{PO}) = P(T).$$

Existem várias expressões matemáticas relacionando a temperatura de ponto de orvalho T_{PO} e a umidade relativa UR. Uma das equações mais utilizadas é a expressão (empírica) de Magnus:

$$P_s = C_1 e^{\left(\frac{A_1 T}{B_1 + T}\right)}.$$

Fazendo as constantes $A_1 = 17{,}625$, $B_1 = 243{,}04$ °C, e $C_1 = 610{,}94$ Pa, é possível obter valores de P_s com erros da ordem de 0,4 % na faixa de −40 °C a 50 °C.

Substituindo essa equação em $P_s(T_{PO}) = P(T)$, podemos isolar T_{PO}:

$$T_{PO} = \frac{B_1 \ln\left(\frac{P}{C_1}\right)}{A_1 - \ln\left(\frac{P}{C_1}\right)}$$

e finalmente podemos escrever a expressão (relativamente precisa) em termos de UR:

$$T_{PO} = \frac{B_1 \ln\left(\frac{UR}{100}\right) + \frac{A_1 T}{B_1 + T}}{A_1 - \ln\left(\frac{UR}{100}\right) - \frac{A_1 T}{B_1 + T}}.$$

Outra forma analítica para P_s pode ser obtida resolvendo-se a equação de Clausius-Clapeyron:

$$\frac{dP_s}{dT} = \frac{LP_s}{R_{va}T^2},$$

em que T é a temperatura em K, R_{va} é a constante do gás para o vapor de água (461,5 $JK^{-1}kg^{-1}$) e L é a entalpia da vaporização, a qual varia entre $L = 2{,}501 \times 10^6$ Jkg^{-1} na temperatura de $T = 273{,}15$ K e $L = 2{,}257 \times 10^6$ Jkg^{-1} a $T = 373{,}15$ K. Assumindo que L é aproximadamente constante na faixa de temperatura encontrada em baixas atmosferas, é possível integrar essa equação para obtermos

$$P_s = C_2 e^{\left(\frac{-L/R_{va}}{T}\right)},$$

em que C_2 depende da referência de temperatura para a qual o valor de L é escolhido (por exemplo $C_2 = 2{,}53 \times 10^{11}$ Pa a $T = 273{,}15$ K). Reescrevendo essa equação, evidencia-se T_{PO} em função da umidade relativa:

$$T_{PO} = T\left[1 - \frac{T\ln\left(\frac{UR}{100}\right)}{L/R_{va}}\right]^{-1}.$$

Essa equação fornece uma boa aproximação da expressão anterior quando T está próximo do valor de temperatura para o qual L foi escolhido.

É evidente, nas duas equações apresentadas, que a relação entre T_{PO} e UR é não linear, porém uma análise mais cuidadosa permite concluir que, para $UR \geqslant 50$ %, essas expressões tornam-se praticamente lineares. Esse fato permite que, dentro de uma faixa restrita de umidade relativa, a relação entre T_{PO} e UR seja expressa por uma equação bastante simples.

15.2 pH

Qualquer rio ou riacho, e até mesmo aquário, contém cálcio e magnésio em quantidades variáveis. Em termos de qualidade da água, os elementos mais importantes são o bicarbonato de cálcio [$Ca(HCO_3)_2$] e o sulfato de cálcio ($CaSO_4$). Água rica em sais de cálcio é chamada de "água dura", enquanto a água pobre é chamada de "água mole". A **dureza da água** é medida em graus de dureza, e 1 grau de dureza é igual a 10 mg de cálcio por litro de água.

Outro parâmetro para indicar a qualidade da água é o **pH (potencial de hidrogênio)**, que denota o valor do grau de acidez da água indicando uma alteração de um ponto quimicamente neutro (esse valor é comparado com o grau de acidez da água quimicamente pura, cujo pH é 7,0). Água neutra (H_2O) contém partes iguais de íons de hidrogênio (H^+) e íons de hidróxidos (OH^-). Cabe ressaltar que os íons de hidrogênio tornam a água mais ácida (pH < 7,0) e os íons de hidróxidos a tornam mais alcalina (pH > 7,0).

Alterações nas concentrações de H^+ e OH^- podem ser medidas em gramas; sendo assim, o pH igual a 7,0 significa

TABELA 15.2 Escala típica para o pH

pH	Concentração $\left(g/l\right)$ do íon H^+
1	$10^{-1} = 1/10$
2	10^{-2}
3	10^{-3}
4	10^{-4}
5	10^{-5}
6	10^{-6}
7	10^{-7}
8	10^{-8}
9	10^{-9}
10	10^{-10}
11	10^{-11}
12	10^{-12}
13	10^{-13}
14	10^{-14}

que 10^{-7} de um grama de H^+ é dissolvido em 1 litro de água. Com o mesmo procedimento, um pH de 4,0 indica 10^{-4} gramas de íons H^+ em 1 litro de água, e assim sucessivamente. A Tabela 15.2 apresenta a escala típica para o pH.

Portanto, o parâmetro pH quantifica o nível de acidez ou alcalinidade de uma concentração química e pode ser expresso por

$$\text{pH} = \log_{10}\left|\frac{1}{H^+}\right|,$$

sendo H^+ a concentração de íons de hidrogênio na solução. Para valores de pH = 1, a concentração é considerada muito ácida; para valores pH = 14, é muito alcalina e, pH = 7, é neutra.

A medição do pH é de extrema importância em diversos processos industriais, principalmente os relacionados à produção de alimentos, bebidas, cosméticos, entre outros. Em aquários, é uma medida essencial a fim de garantir uma boa qualidade de vida para os diversos peixes ornamentais, uma vez que um aquário deve repetir o hábitat natural das espécies nele contidas, seja ele alcalino, como, por exemplo, muitos rios da Malásia, ou ácido, como diversos rios do Amazonas.

Os principais passos do **procedimento manual** utilizando-se indicadores (veja a Figura 15.8) para determinar o pH de uma concentração, principalmente da água, são:

- coleta da água em um recipiente apropriado;
- mistura dessa amostra com reagente apropriado;
- verificação da cor da amostra após a mistura com comparação com uma escala de cores.

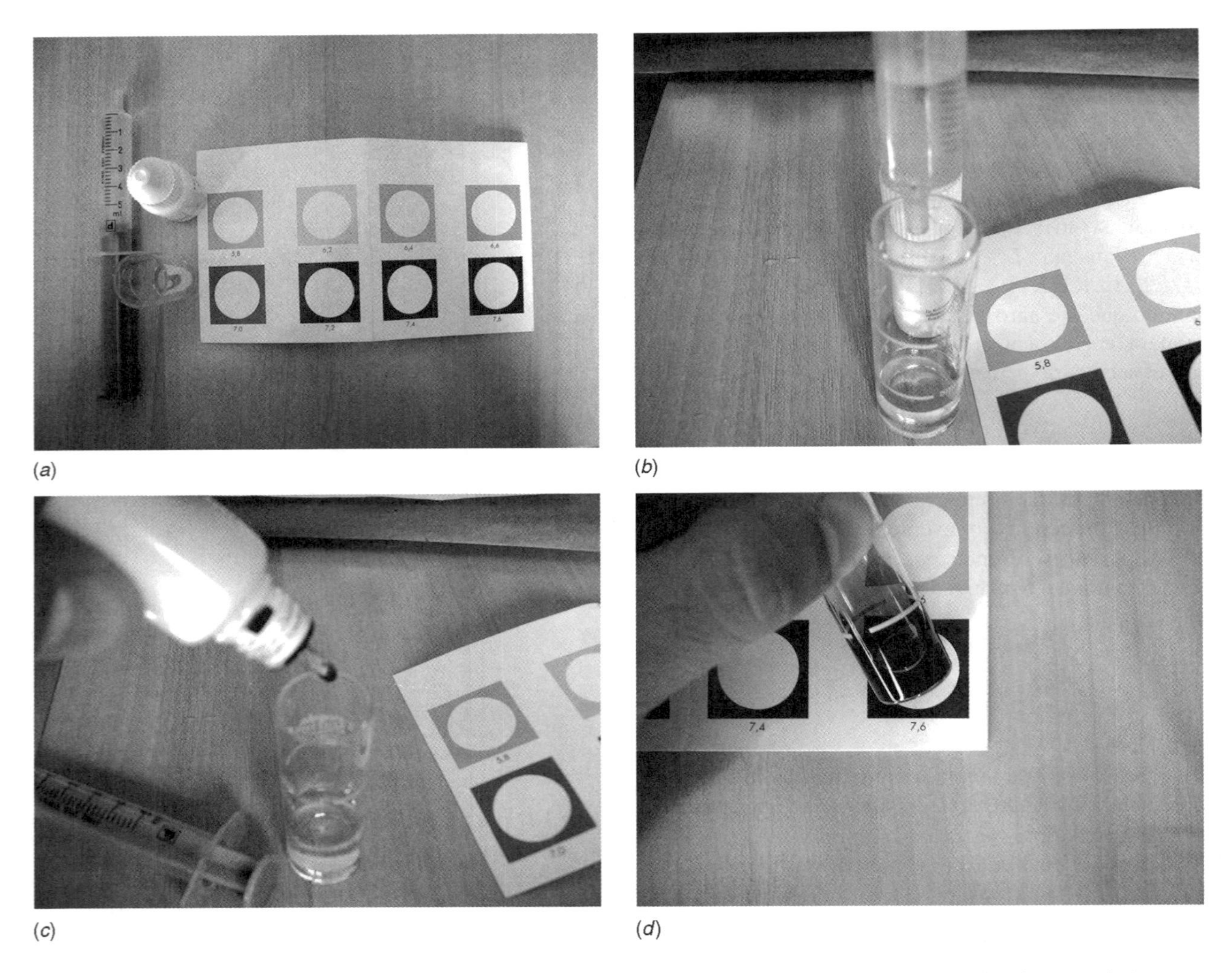

FIGURA 15.8 Medição manual do pH: (*a*) *kit* doméstico — escala de cores de pH, reagente e recipiente, (*b*) colocação da água no recipiente, (*c*) colocação do reagente e (*d*) após a mistura, comparação com a escala de cores: pH = 7,6 (água alcalina neste exemplo).

Em aplicações nas quais a medição manual com indicadores (método calorimétrico ou com papel tornassol) não é adequada, normalmente se utilizam sensores do tipo **eletrodo de vidro especial** (permeável somente aos íons de hidrogênio), que atuam como uma membrana, conforme esboço da Figura 15.9(*a*). O potencial ΔV [Figura 15.9(*b*)] entre o eletrodo de vidro (membrana) e o eletrodo de referência é dado por

$$\Delta V = -2{,}30 \times \left(\frac{\Re \times T}{\Im}\right) \times \log\left(\frac{C_s}{C_{vidro}}\right)$$
$$= -1{,}98 \times 10^{-4}\ T \text{ (unidades de pH)},$$

sendo $\Re$ a constante universal dos gases ($8314\ {}^{\text{J}}\!/_{\text{kg}} \times \text{mol} \times \text{K}$), T a temperatura absoluta (K), $\Im$ a constante de Faraday ($0{,}647 \times 10^7\ {}^{\text{C}}\!/_{\text{kg}} \times \text{mol}$), C_s a concentração de íons de hidrogênio na solução e C_{vidro} a concentração de íons de hidrogênio no eletrodo de vidro ($C_{vidro} = 1$ para HCL).

Como a resistência da membrana de vidro é muito alta (da ordem de 100 MΩ, pois o vidro não é um bom condutor), é preciso utilizar um amplificador com alta impedância de entrada, como, por exemplo, algum amplificador operacional que apresente a configuração ilustrada na Figura 15.10(*a*), de um amplificador de instrumentação.

A solução no interior do eletrodo de vidro pode ser ácido clorídrico (HCL) de concentração fixa (0,1 ou 1 M) ou uma solução tampão de cloreto. Essa solução fica em contato com o eletrodo interno de prata revestido com cloreto de prata. Esse medidor fornece uma tensão elétrica proporcional ao pH, cujo circuito condicionador deve ser ajustado com a inserção dos eletrodos em soluções de referência (de pH conhecido), para possibilitar o ajuste correto do medidor.

A membrana tem a função de uma barreira, só permitindo a passagem dos íons de hidrogênio. Esse vidro é quimicamente dopado com íons de lítio, um reagente eletroquímico aos íons de hidrogênio. O outro eletrodo (denominado eletrodo de referência) constitui uma solução química neutra (em geral cloreto de potássio) que permite a troca de íons com a solução do processo, formando uma conexão de baixa resistência para testar a solução. A Figura 15.11(*a*) apresenta o esquema simplificado de um eletrodo de vidro, e a Figura 15.11(*b*) exemplifica um eletrodo de referência.

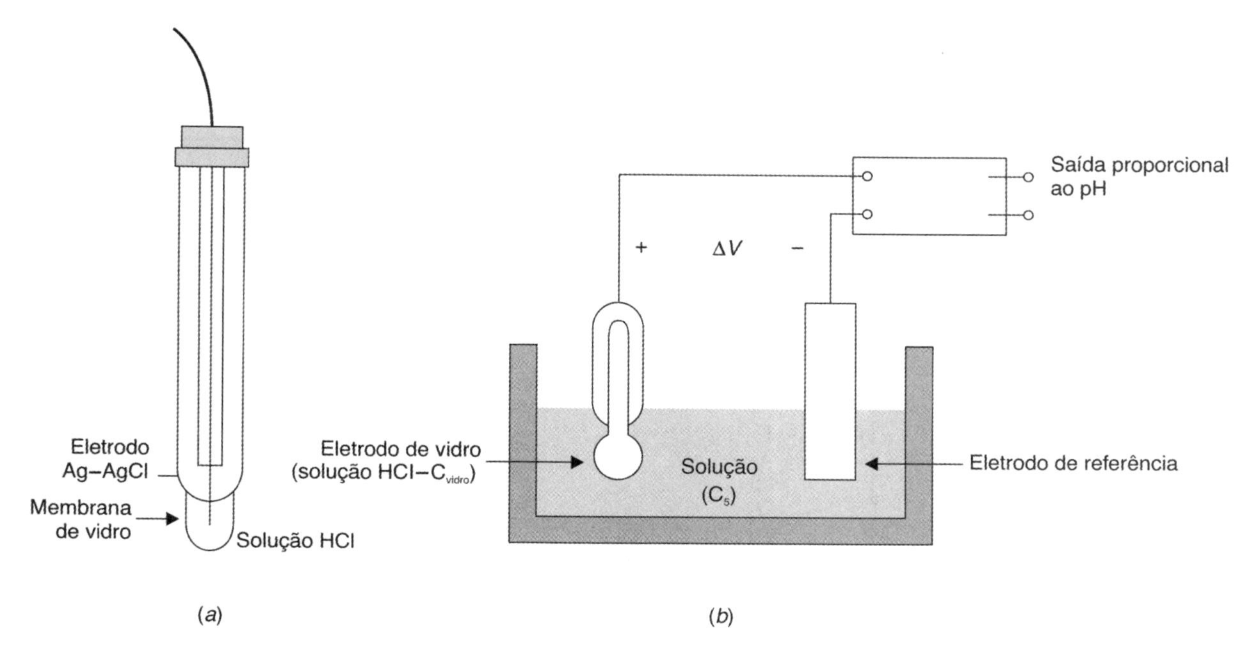

FIGURA 15.9 Medição do pH: (*a*) esboço de um sensor de pH do tipo eletrodo de vidro e (*b*) uso típico de um eletrodo de vidro e de referência para determinar o pH de uma solução química.

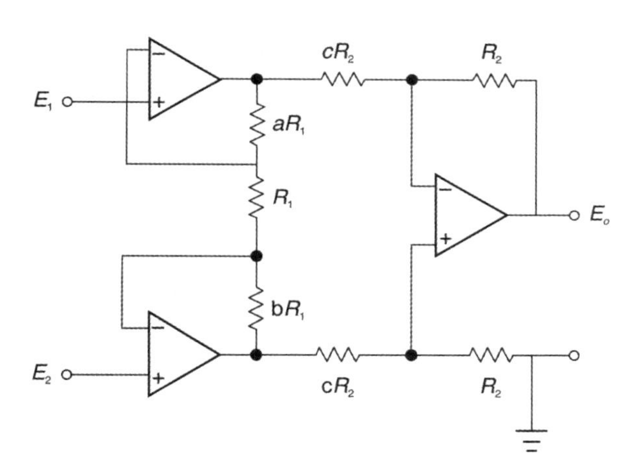

FIGURA 15.10 Típica configuração de circuito condicionador com alta impedância de entrada e modo de rejeição comum $\left(Ganho = E_0 / E_2 - E_1 \right)$.

O eletrodo de referência consiste em uma meia célula potencial constante e determinada. No interior do bulbo, o elemento de referência acha-se imerso em um eletrólito, que através dos poros da junção [Figura 15.11(*b*)], entra em contato com a amostra, onde se formam pontes salinas que desenvolvem um potencial mínimo. Os eletrodos de referência mais utilizados são calomelano (Hg/Hg_2Cl_2) e prata/cloreto de prata.

O eletrodo calomelano pode ser um décimo normal (0,1N), normal (1N) ou saturado em relação à concentração do eletrólito KCl, aos quais correspondem potenciais padrões de: –0,334 V, –0,281 V e –0,242 V a 25 °C. O tipo saturado é o mais utilizado.

A função do eletrodo de vidro é gerar uma diferença de potencial elétrica utilizada para determinar o pH da solução. Esse potencial é gerado na espessura do vidro entre um fio de prata e a solução. O eletrodo de referência (impedância da ordem de kΩ) tem por objetivo fornecer uma conexão estável em relação à solução, de forma que um circuito elétrico possa ser utilizado para medir a tensão do eletrodo de vidro (impedância da ordem de 100 MΩ). A Figura 15.12 apresenta o circuito equivalente desse medidor. Um voltímetro de alta impedância de entrada (idealmente, 59,19 mV por unidade de pH à temperatura ambiente) pode ser utilizado para determinar a tensão e relacioná-la ao pH da solução. A melhor solução é utilizar um circuito amplificador similar ao da Figura 15.10. Por tratar-se de um sistema de alta impedância, interferências de variáveis espúrias com a variação da temperatura são significativas e devem ser compensadas.

Os sistemas automáticos de controle do pH podem ser usados para otimizar processos de fabricação e garantir a qualidade de produtos (legislações ambientais, em diversos países, exigem que os efluentes descarregados sejam neutralizados, e em muitos processos é necessária a caracterização do pH). Um sistema industrial genérico de medição de pH (Figura 15.13) consiste em cinco elementos básicos:

- sistema para monitoramento, controle e registro;
- eletrodos de medição do pH;
- tanque ou recipiente para análise do efluente;
- bombas químicas e tanques de armazenagem de reagentes (acidificantes e alcalinizantes);
- misturadores ou agitadores.

Nesse sistema, o fluido percorre um tanque no qual um eletrodo de pH (sensor de pH) transmite a informação ao

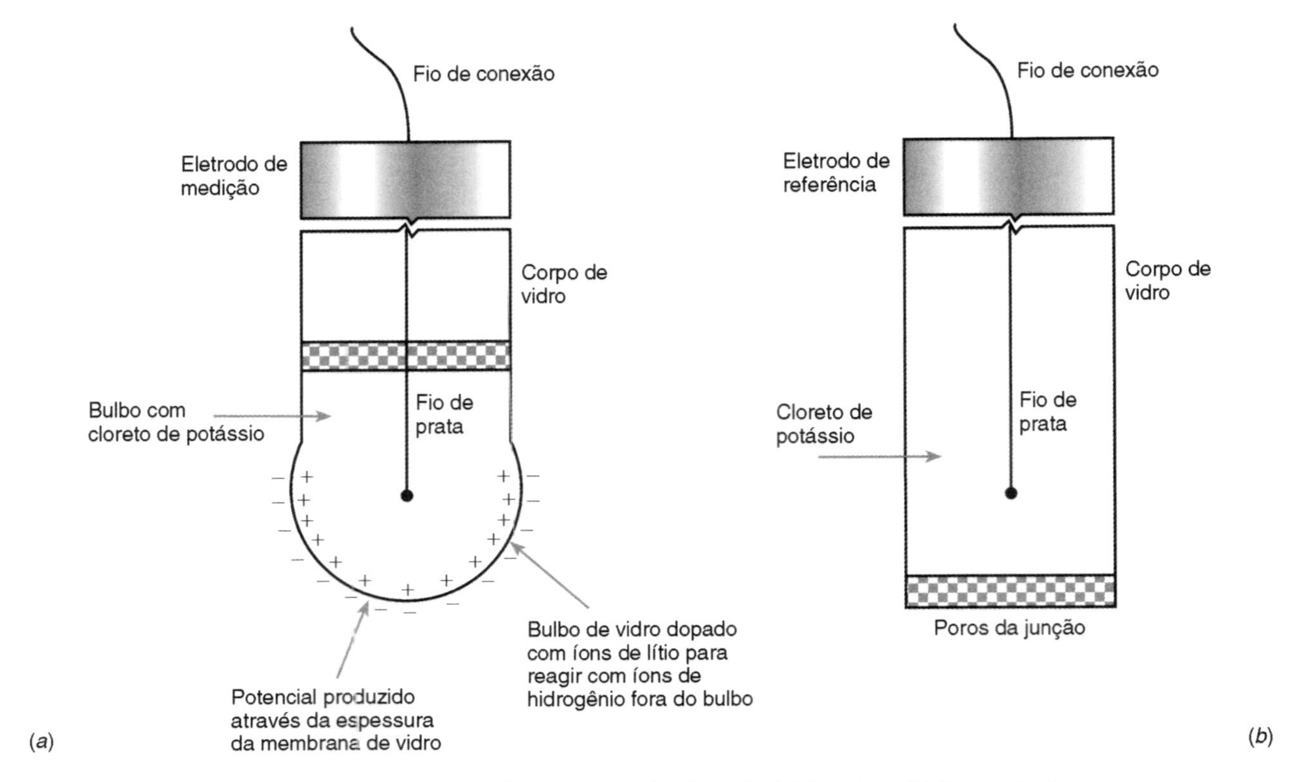

FIGURA 15.11 Esquema da construção do eletrodo: (*a*) de vidro e (*b*) de referência.

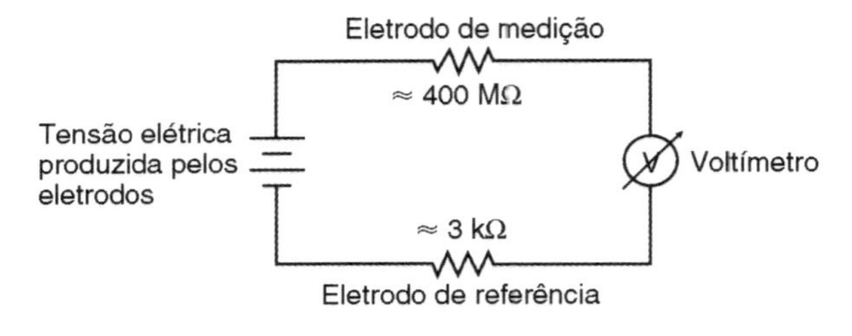

FIGURA 15.12 Circuito equivalente do medidor de pH com eletrodo de vidro e eletrodo de referência.

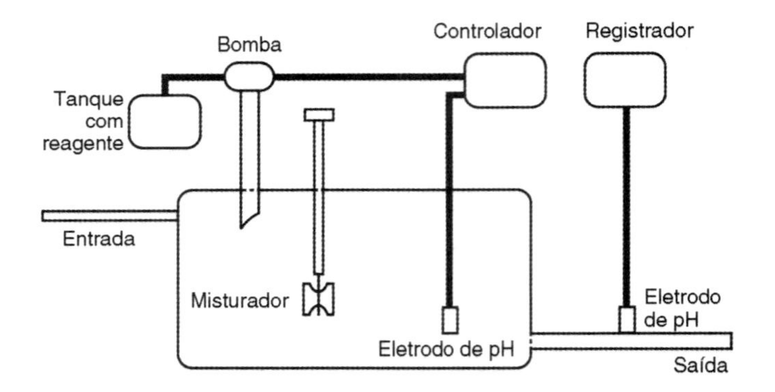

FIGURA 15.13 Esquema genérico de um sistema de controle de pH.

controlador de pH. Esse controlador opera uma bomba para injetar ácido ou base alcalina até neutralizar a solução ou selecionar uma faixa ou valor desejado (o misturador serve para tornar homogênea a solução). Após neutralizar a solução ou ajustá-la na faixa ou valor desejado, o efluente é descarregado enquanto um segundo eletrodo verifica o pH na saída do efluente e transmite essa informação para um registrador. Muitos problemas encontrados em sistemas desse tipo devem-se ao eletrodo de pH. A escolha incorreta, além de armazenagem e manutenção inadequadas, é fonte comum de problemas.

15.3 Viscosidade

A propriedade de viscosidade descreve a maneira como ocorre o fluxo de um fluido quando sujeito a uma força aplicada. Para compreender o significado do termo viscosidade em líquidos, considere um cubo elementar ou duas placas paralelas contendo um fluido contínuo entre elas. Aplicando uma força F a uma das faces de área A do cubo, experimentalmente é possível verificar que o fluido é acelerado até atingir uma velocidade constante denominada velocidade terminal (que é diretamente proporcional à força aplicada).

A viscosidade é a resistência apresentada por um fluido à alteração de sua forma, ou aos movimentos internos de suas moléculas, umas em relação às outras. Portanto, a viscosidade de um fluido indica sua resistência ao escoamento. O parâmetro inverso é denominado fluidez.

Considerando-se que o perfil do líquido entre as placas se separa em lâminas paralelas, o efeito da força aplicada produz diferenças de velocidade entre as lâminas adjacentes.

A lâmina adjacente à placa móvel se move junto com ela, e a lâmina adjacente à placa imóvel também permanece imóvel. O atrito entre lâminas adjacentes ocasiona dissipação de energia mecânica e é o que causa a viscosidade no líquido. A força aplicada F necessária para manter o movimento da placa com velocidade v constante é dada por

$$F = \eta \times \left(\frac{A \times v}{L} \right) \therefore \eta = \frac{F \times L}{A \times v},$$

sendo F a força aplicada, η o coeficiente de viscosidade do fluido (dependente do tipo de fluido e da temperatura), A a área das placas, v a velocidade e L a distância entre as placas. A viscosidade pode ser dinâmica ou cinemática. η é chamado de viscosidade dinâmica ou absoluta, medida em unidades de poise ou $N \times s / m^2$. A viscosidade cinemática, indicada pelo termo τ (medida em unidades de stokes ou m^2/s), é dada por

$$\tau = \frac{\eta}{\rho}$$

sendo η a viscosidade dinâmica e ρ a massa específica do fluido.

Experimentalmente, pode-se verificar que a viscosidade dos líquidos deve-se ao atrito interno das forças de coesão entre as moléculas. De modo geral, para os líquidos, com o aumento da temperatura, a viscosidade é reduzida, pois a energia cinética média das moléculas diminui; sendo assim, o intervalo de tempo que as moléculas passam juntas é reduzido, tornando menos efetivas as forças intermoleculares (o óleo lubrificante, por exemplo, reduz a viscosidade com o aumento da temperatura de um motor). Com relação aos gases ocorre o oposto, ou seja, a viscosidade aumenta com o aumento da temperatura. Apenas como exemplo, a Tabela 15.3 apresenta alguns valores de coeficientes de viscosidade dinâmica (uma curiosidade: a viscosidade dos óleos lubrificantes, utilizados em veículos, é expressa em SAE, sigla de Society of Automotive Engineers).

Portanto, quanto maior a viscosidade, menor a velocidade com que o fluido se movimenta. Muitos fluidos, como, por exemplo, a água e a maioria dos gases, respeitam a relação $F = \eta \times \left(\frac{A \times v}{L} \right) \therefore \eta = \frac{F \times L}{A \times v}$, sendo por isso denominados fluidos newtonianos. Em contrapartida, os fluidos não newtonianos apresentam um comportamento não linear. Popularmente, a viscosidade pode ser percebida como a "grossura" ou a resistência ao despejamento; sendo assim, descreve a resistência interna que um fluido apresenta para fluir. Dessa forma, a água é "fina" (baixa viscosidade) quando comparada com algum óleo lubrificante que seja "grosso" (alta viscosidade).

TABELA 15.3 Valores típicos de viscosidades dinâmicas

Líquidos (poise)		Gases (10^{-4} poise)	
Água (0 °C)	0,0179	Ar (0 °C)	1,71
Água (100 °C)	0,0028	Ar (20 °C)	1,81
Mercúrio (20 °C)	0,0154	Água (100 °C)	1,32

Procedimentos básicos para medição da viscosidade

A grande maioria dos viscosímetros, instrumentos destinados à medição da viscosidade, utiliza três princípios físicos:

- o fluxo de um líquido através de um tubo e de um capilar;
- o fluxo de um corpo através de um líquido (esfera descendente);
- a rotação.

Viscosímetro de tubo e capilar

A lei de Poiseuille determina que a vazão de escoamento de um líquido viscoso, em um tubo estreito, é inversamente proporcional ao comprimento do tubo e ao coeficiente de viscosidade do líquido; por outro lado, a vazão de escoamento é diretamente proporcional à quarta potência do raio do tubo e à diferença das pressões entre suas extremidades.

Portanto, deixando-se um líquido fluir exposto à ação da gravidade em um tubo de área conhecida, o tubo pode variar de um diâmetro capilar a um diâmetro considerável. A diferença de pressão entre as extremidades do tubo e o tempo para uma dada quantidade de líquido fluir é medida, e então a viscosidade do líquido (η), para fluidos newtonianos, pode ser determinada por

$$\eta = \frac{\pi \times r^4 \times P \times t}{8 \times L \times V},$$

sendo r o raio do tubo (m), P a diferença de pressão entre as extremidades do tubo $\left(N/m^2 \right)$, L o comprimento (m) e V o volume de líquido (m^3) que flui no tempo t (s). Para líquidos não newtonianos, é preciso fazer correções (esse assunto não será abordado nesta obra; veja Bibliografia no final deste capítulo). Quando se utiliza um viscosímetro comercial, as dimensões são constantes (r, L, V); portanto,

$$\eta = K \times P \times T,$$

sendo K a constante do viscosímetro.

Os viscosímetros mais comuns, do tipo capilar, são os conhecidos Barber, Engler, Ostwald (veja a Figura 15.14) e Saylbolt (Figura 15.15).

O **viscosímetro de Ostwald** (Friedrich Wilhelm Ostwald) permite determinar o coeficiente de viscosidade por comparação com uma substância-padrão. O procedimento é comparar o tempo de vazão do fluido de viscosidade conhecida, em geral a água, com o tempo de vazão do fluido de viscosidade desconhecida. Considerando-se $\eta = \frac{\pi \times r^4 \times P \times t}{8 \times L \times V}$, é possível determinar o valor absoluto da viscosidade de medidas consecutivas das viscosidades de dois fluidos distintos

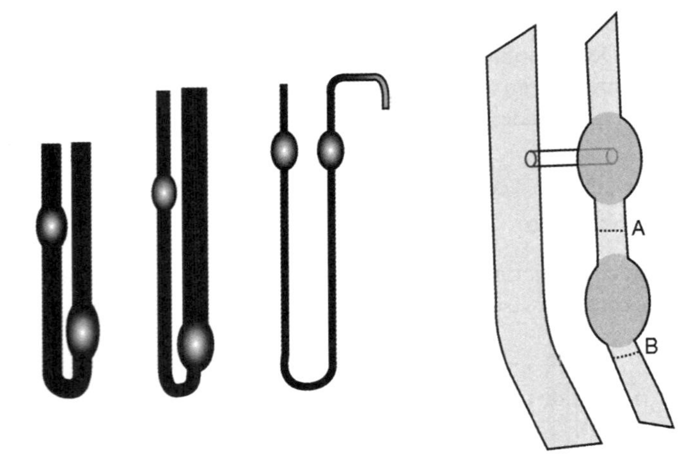

FIGURA 15.14 Exemplos de viscosímetro de Ostwald (tipo capilar), destacando-se os dois bojos e faixas de medição A e B.

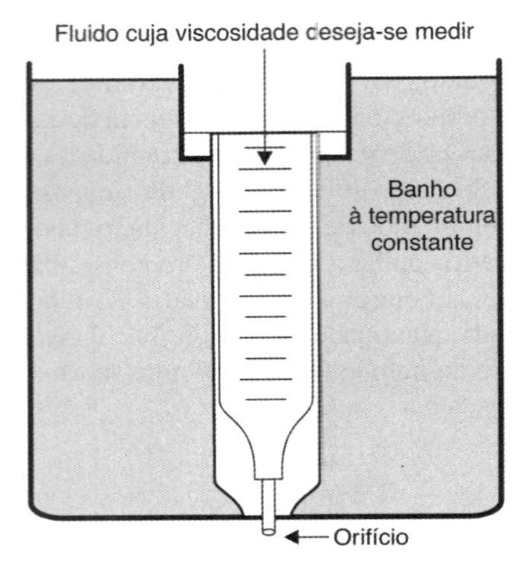

FIGURA 15.15 Esboço simplificado do viscosímetro de Saylbolt (tipo capilar com banho a temperatura constante).

com esse viscosímetro. Considerando-se que o mesmo volume (V) é utilizado para os dois fluidos, a viscosidade para o primeiro fluido será

$$\eta_1 = \frac{\pi \times r^4 \times \Delta P_1 \times t_1}{8 \times \Delta L \times V},$$

e, para o segundo fluido,

$$\eta_2 = \frac{\pi \times r^4 \times \Delta P_2 \times t_2}{8 \times \Delta L \times V}.$$

Considerando-se que $dP_1 = r_1 g dL \therefore \frac{dP_1}{dl} = r_1 g$ e dividindo-se η_1/η_2, é possível obter

$$\eta_{1,2} = \frac{\eta_1}{\eta_2} = \frac{\rho_1 \times t_1}{\rho_2 \times t_2},$$

ou seja, conhecendo-se a viscosidade de um dos fluidos, é possível determinar a viscosidade do outro medindo os tempos de escoamento t_1 e t_2 para um mesmo volume V desses fluidos (considerando-se as mesmas condições ambientais, especialmente a temperatura, e conhecendo-se as massas específicas ρ_1 e ρ_2 dos fluidos). Na prática, mede-se o intervalo de tempo que o volume de fluido contido em um dos bojos superiores leva para escoar através do capilar.

Viscosímetro de Saylbolt

Basicamente é um tubo vertical metálico em cuja parte central inferior é adaptado um orifício calibrado (tipicamente o orifício universal (diâmetro 1,765 mm) ou o furol (diâmetro 3,15 mm – furol: *fuel and road oils*). O conjunto fica imerso em um banho de óleo que envolve o tubo em toda sua extensão e que tem por finalidades básicas:

a. no aquecimento: propiciar uniformicidade na transferência de calor do banho para a amostra;
b. na determinação: manter a temperatura da amostra durante o escoamento.

Na operação usam-se dois termômetros, um para a temperatura do banho (t_b) e outro para a temperatura da amostra (t_a), um cronômetro e um frasco receptor na escala ml. A condição térmica de equilíbrio para a determinação da viscosidade Saylbolt à temperatura t_a é $t_b - t_a \leqslant 2$ °C.

Para determinar a viscosidade fecha-se o orifício. Enche-se o tubo Saylbolt com o óleo em análise e aquece-se o banho. Atingindo o equilíbrio térmico na temperatura desejada, retira-se a rolha e cronometra-se o tempo de escoamento de, por exemplo, 60 ml da amostra. O tempo em segundos de escoamento de 60 ml da amostra, através do orifício calibrado do aparelho, nas condições padronizadas de ensaio, é a viscosidade Saylbolt na temperatura do equilíbrio térmico. É chamada de SSU (*Segundo Saylbolt Universal*) se o orifício for universal e SSF (*Segundo Saylbolt Furol*) se o orifício for o furol. SSF é recomendada para os derivados do petróleo que têm viscosidade superior a 1000 SSU, tais como óleos combustíveis e outros produtos residuais.

Viscosímetro de esfera descendente

O uso de viscosímetro de esfera descendente (Figura 15.16) é recomendado para medições de fluidos de alta viscosidade. Seu princípio básico está relacionado com a medição do tempo que um corpo esférico leva para percorrer uma determinada distância através do líquido. Sendo assim, esse método consiste em um tubo cilíndrico contendo um fluido de viscosidade desconhecida; uma pequena esfera de massa específica e raio conhecidos percorre o líquido. Para fluidos newtonianos, a viscosidade é dada pela expressão de Stokes:

$$\eta = \frac{r^2 \times g \times (\rho_s - \rho_l)}{450 \times v},$$

na qual η (poise) é a viscosidade, r o raio da esfera (m), g a aceleração da gravidade $\left(\mathrm{m}/_{\mathrm{s}^2}\right)$, ρ_s e ρ_l as massas específicas

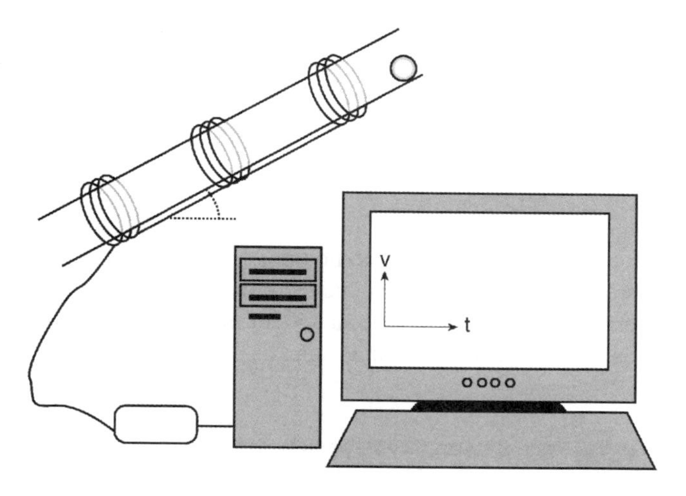

FIGURA 15.16 Viscosímetro de esfera descendente.

da esfera e do líquido $\left(\frac{g}{m^3}\right)$ e v a velocidade da esfera $\left(\frac{m}{s}\right)$. A velocidade de queda da esfera pode ser determinada, por exemplo, com o auxílio de graduações presentes no tubo do viscosímetro.

Viscosímetro rotacional

Os viscosímetros rotacionais possuem internamente um elemento que gira a uma taxa constante. Esse equipamento determina a viscosidade por meio da medição do torque necessário para girar um elemento submerso em um fluido a uma velocidade constante, sendo o torque proporcional à viscosidade. Considere o esboço da Figura 15.17.

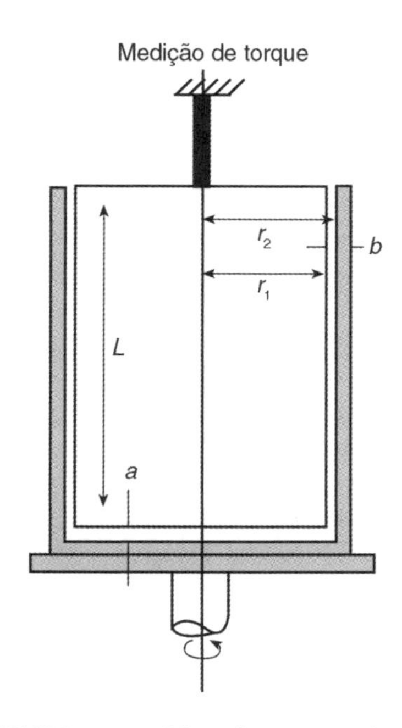

FIGURA 15.17 Viscosímetro rotacional.

O cilindro interno fica estacionário e fixo em um dispositivo para medição de torque, enquanto outro cilindro gira a uma velocidade angular constante (ω). Simplificadamente, a viscosidade (η) pode ser determinada por

$$\eta = \frac{T \times b}{2\pi \times r_1^2 \times r_2 \times L \times \omega},$$

sendo T o torque, b o espaço entre os dois cilindros (deve ser suficientemente pequeno: $b \ll r_1$), r_1 e r_2 os raios dos dois cilindros, L o comprimento do cilindro e ω a velocidade angular constante.

Pode-se citar como aplicação dos viscosímetros a sua utilização em postos de gasolina para garantia da qualidade da gasolina, na caracterização de piches, géis, fluidos ultraviscosos, entre outros.

Métodos não clássicos de medição de viscosidade

Todos os métodos anteriormente apresentados caracterizam-se por possuírem dispositivos com partes móveis e de difícil aplicação em ambiente industrial. O método mais utilizado, sem partes móveis, é o método do ultrassom, na faixa de megahertz (MHz), segundo o qual é possível, mediante análise de parâmetros acústicos, determinar a velocidade de propagação, a atenuação, a impedância característica e o coeficiente de transmissão e de reflexão do meio, entre outros fatores.

O esquema de um aparato típico de um viscosímetro por ultrassom encontra-se ilustrado na Figura 15.18.

Um transdutor piezoelétrico (transmissor) gera uma onda na faixa do ultrassom, a qual percorre a amostra líquida e é recebida pelo receptor posicionado paralelamente ao transmissor. A taxa de decaimento do sinal recebido (na Figura 15.18,

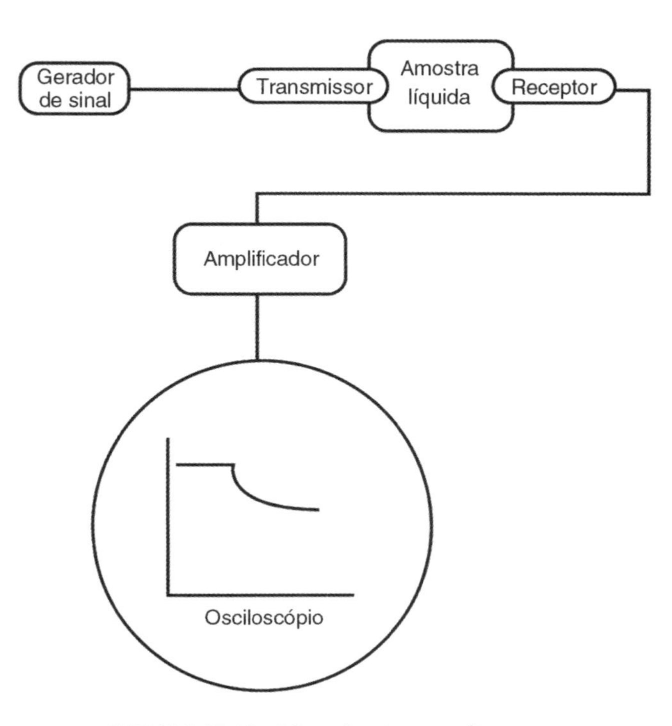

FIGURA 15.18 Viscosímetro por ultrassom.

representada em um osciloscópio) e amplificado fornece uma medida do coeficiente de absorção (α) do líquido. O sinal recebido pelo receptor de ultrassom apresenta um decaimento na amplitude dado por

$$a = a_0 \times e^{-[cnst + (\alpha \times c)] \times t}$$

sendo a a amplitude de decaimento recebida, a_0 a amplitude de entrada, *cnst* a constante do sistema, c a velocidade da onda sonora no líquido e t o tempo. A constante do sistema depende das perdas devidas, entre outros fatores, ao transdutor e ao recipiente. Essa constante pode ser determinada pela medição da atenuação de um líquido padrão. Para baixas frequências, a viscosidade (η) é dada pela expressão

$$\eta = \left[\left(\frac{\alpha \times \rho \times c^3}{2\pi^2 \times f^2}\right) - \eta_v\right] \times \frac{3}{4},$$

na qual α é o coeficiente de absorção, a massa específica, c a velocidade da onda sonora no líquido, η_v a viscosidade volumétrica (é a medida da resistência do fluxo volumétrico considerando-se uma tensão mecânica em três dimensões) e f a frequência do sistema de ultrassom.

EXERCÍCIOS

Questões

1. Explique o que são umidade absoluta, umidade específica e umidade relativa.
2. Quais são os principais sensores utilizados para determinar umidade? Explique o funcionamento de cada um.
3. A resposta de um sensor capacitivo de umidade relativa é dada por absorção: $A_{absor} = R \times T \times \ln\left(\frac{P}{P_0}\right)$. Explique o funcionamento deste sensor.
4. Explique o funcionamento do circuito condicionador ilustrado na Figura 15.2.
5. Como proceder para interfacear o circuito sugerido no Exercício 4 com um sistema de aquisição de dados?
6. Quais são os principais equipamentos utilizados para medir umidade?
7. O que é dureza da água?
8. que é pH?
9. Explique como proceder para medir pH manualmente. Qual o princípio de funcionamento desse sistema?
10. Considere o sensor de pH do tipo eletrodo de vidro. Explique seu funcionamento.
11. Explique o funcionamento do condicionador ilustrado na Figura 15.10.
12. Explique o sistema ilustrado na Figura 15.13. Sugira modificações para aperfeiçoar esse método.
13. Defina o que é viscosidade.
14. Quais são os procedimentos básicos para medir viscosidade?
15. No formato de diagrama de blocos, determine um sistema automático para determinar a viscosidade baseada no viscosímetro rotacional. Como proceder para calibrar esse sistema?

■ BIBLIOGRAFIA

ATKINS, P. W. *Físico-Química*, Volume II. Rio de Janeiro: LTC Editora, 1999.

BARBISCH, S. *Biological aspects and self-evaluation of shiftwork adaptation*. Occupational Environmental Health. Londres, Oxford Journals, 61, 379-84, 1991.

BARRAQUÉ, M. D. *Noise and hearing loss. Audiology for the physician*. Londres, Oxford Journals, 213-237, 1991.

BRÜEL&KJAER. *Acoustic noise measurements. Technical Documentation*. Brüel&Kjaer, 0010-12.

BRÜEL&KJAER. *Noise control — principles and practice. Technical Documentation*. Brüel&Kjaer, 188-81.

BRÜEL&KJAER. *Microphone handbook*, Vol. I — *theory. Technical Documentation*. Brüel&Kjaer, 1996.

CZEILER, D. *Traffic noise as a risk factor for myocardial infarction*. New York, Symposium on noise and diasease, 1981.

DOEBELIN, O. E. *Measurement systems: application and design*. McGraw-Hill, 1990.

HARRIS, C. M. *Manual de medidas acusticas y control del ruido*, 3ª ed., McGraw-Hill, Espanha, 1995.

KINSLER, L. E. *Fundamentals of acoustic*. New York: Wiley, 1982.

LEVITT, V. P. *Findlay's Practical physical chemistry*. Longman Group. Londres, 1973.

NBR10152. *Associação brasileira de normas técnicas*. Rio de Janeiro, 1987.

OKUNO, E. et al. *Física para ciências biológicas e biomédicas*. São Paulo: Harbra, 1986.

WEBSTER J. G. *Measurement, instrumentation and sensors handbook*. CRC Press, 1999.

CAPÍTULO 16

Procedimentos Experimentais

Este capítulo (páginas 361 a 510) encontra-se integralmente *online*, disponível no site **www.grupogen.com.br**. Consulte a página de Materiais Suplementares após o Prefácio para detalhes sobre acesso e *download*.

Índice

As marcações em bold correspondem ao capítulo 16 (páginas 361 a 510) que encontra-se na íntegra no GEN-IO.

V

Cromosete
Gráfica e editora ltda.
Impressão e acabamento
Rua Uhland, 307
Vila Ema-Cep 03283-000
São Paulo - SP
Tel/Fax: 011 2154-1176
adm@cromosete.com.br

2019
1
2
3
4
5
6
7
8
9
10